# 新版建筑工程施工质量验收规范汇编

## （2014 年版）

中国建筑工业出版社　编

中国建筑工业出版社
中国计划出版社

**图书在版编目（CIP）数据**

新版建筑工程施工质量验收规范汇编：2014 年版/中国
建筑工业出版社编. —北京：中国建筑工业出版社，2014.10（2020.12 重印）
ISBN 978-7-112-17059-3

Ⅰ.①新… Ⅱ.①中… Ⅲ.①建筑工程-工程质量-工
程验收-规范-汇编-中国-2014 Ⅳ.①TU712-65

中国版本图书馆 CIP 数据核字（2014）第 150324 号

**新版建筑工程施工质量验收规范汇编**

（2014 年版）

中国建筑工业出版社 编

\*

中国建筑工业出版社
中国计划出版社 出版

各地新华书店、建筑书店经销
北京红光制版公司制版
北京圣夫亚美印刷有限公司印刷

\*

开本：787×1092 毫米 1/16 印张：41½ 字数：1585 千字
2014 年 8 月第三版 2020 年 12 月第四十二次印刷
定价：98.00 元
ISBN 978-7-112-17059-3
（25244）

# 修 订 说 明

《新版建筑工程施工质量验收规范汇编》自 2002 年 9 月第一版,2003 年 11 月修订出版以来,深受建筑行业广大读者的欢迎,为国家标准规范的宣传、贯彻、实施提供了极大的方便。

但近两年来,国家工程建设标准主管部门先后对其中的 8 本标准规范进行了全面和局部的修订,特别是其统领标准《建筑工程施工质量验收统一标准》GB 50300—2013 近期得以出版,使得原书不再适合读者使用。

有鉴于此,我社根据最新的标准规范发布和出版信息,修订了原版汇编,替换了 8 本废止规范,并增加了《建筑节能工程施工质量验收规范》GB 50411—2007。至此,本书收录了 16 本最重要、最常用的国家建筑工程施工质量验收规范。

读者朋友在使用过程中有何意见和建议,请及时与我社联系,以便及时改进,更好地为行业和读者服务。

中国建筑工业出版社

2014 年 6 月 20 日

# 目　　录

中华人民共和国国家标准

# 建筑工程施工质量验收统一标准

Unified standard for constructional quality
acceptance of building engineering

GB 50300—2013

主编部门：中华人民共和国住房和城乡建设部
批准部门：中华人民共和国住房和城乡建设部
施行日期：2０１４年６月１日

# 中华人民共和国住房和城乡建设部
# 公　告

## 第 193 号

### 住房城乡建设部关于发布国家标准
### 《建筑工程施工质量验收统一标准》的公告

现批准《建筑工程施工质量验收统一标准》为国家标准，编号为 GB 50300－2013，自 2014 年 6 月 1 日起实施。其中，第 5.0.8、6.0.6 条为强制性条文，必须严格执行。原《建筑工程施工质量验收统一标准》GB 50300—2001 同时废止。

本标准由我部标准定额研究所组织中国建筑工业出版社出版发行。

中华人民共和国住房和城乡建设部

2013 年 11 月 1 日

## 前　　言

本标准是根据原建设部《关于印发〈2007 年工程建设标准制订、修订计划（第一批）〉的通知》（建标［2007］125 号）的要求，由中国建筑科学研究院会同有关单位在原《建筑工程施工质量验收统一标准》GB 50300－2001 的基础上修订而成。

本标准在修订过程中，编制组经广泛调查研究，认真总结实践经验，根据建筑工程领域的发展需要，对原标准进行了补充和完善，并在广泛征求意见的基础上，最后经审查定稿。

本标准共分 6 章和 8 个附录，主要技术内容包括：总则，术语，基本规定，建筑工程质量验收的划分、建筑工程质量验收、建筑工程质量验收的程序和组织等。

本标准修订的主要内容是：

1　增加符合条件时，可适当调整抽样复验、试验数量的规定；

2　增加制定专项验收要求的规定；

3　增加检验批最小抽样数量的规定；

4　增加建筑节能分部工程，增加铝合金结构、地源热泵系统等子分部工程；

5　修改主体结构、建筑装饰装修等分部工程中的分项工程划分；

6　增加计数抽样方案的正常检验一次、二次抽样判定方法；

7　增加工程竣工预验收的规定；

8　增加勘察单位应参加单位工程验收的规定；

9　增加工程质量控制资料缺失时，应进行相应的实体检验或抽样试验的规定；

10　增加检验批验收应具有现场验收检查原始记录的要求。

本标准中以黑体字标志的条文为强制性条文，必须严格执行。

本标准由住房和城乡建设部负责管理和对强制性条文的解释，由中国建筑科学研究院负责具体技术内容的解释。在执行过程中，请各单位注意总结经验，积累资料，并及时将意见和建议反馈给中国建筑科学研究院（地址：北京市朝阳区北三环东路 30 号，邮政编码：100013，电子邮箱：GB 50300@ 163.com），以便今后修订时参考。

本标准主编单位：中国建筑科学研究院
本标准参编单位：北京市建设工程安全质量监督总站
　　　　　　　　中国新兴（集团）总公司
　　　　　　　　北京市建设监理协会
　　　　　　　　北京城建集团有限责任公司
　　　　　　　　深圳市建设工程质量监督检验总站
　　　　　　　　深圳市科源建设集团有限公司
　　　　　　　　浙江宝业建设集团有限公司
　　　　　　　　国家建筑工程质量监督检验中心
　　　　　　　　同济大学建筑设计研究院（集团）有限公司
　　　　　　　　重庆市建筑科学研究院
　　　　　　　　金融街控股股份有限公司

本标准主要起草人：邸小坛　陶　里（以下按姓氏笔画排列）

吕　洪　李丛笑　李伟兴
宋　波　汪道金　张元勃
张晋勋　林文修　罗　璇
袁欣平　高新京　葛兴杰

本标准主要审查人：杨嗣信　张昌叙　王　鑫
李明安　张树君　宋义仲
顾海欢　贺贤娟　霍瑞琴
张耀良　孙述璞　肖家远
傅慈英　路　戈　王庆辉
付建华

# 目 次

# Contents

# 1 总　则

**1.0.1** 为了加强建筑工程质量管理，统一建筑工程施工质量的验收，保证工程质量，制定本标准。

**1.0.2** 本标准适用于建筑工程施工质量的验收，并作为建筑工程各专业验收规范编制的统一准则。

**1.0.3** 建筑工程施工质量验收，除应符合本标准外，尚应符合国家现行有关标准的规定。

# 2 术　语

**2.0.1** 建筑工程　building engineering

通过对各类房屋建筑及其附属设施的建造和与其配套线路、管道、设备等的安装所形成的工程实体。

**2.0.2** 检验　inspection

对被检验项目的特征、性能进行量测、检查、试验等，并将结果与标准规定的要求进行比较，以确定项目每项性能是否合格的活动。

**2.0.3** 进场检验　site inspection

对进入施工现场的建筑材料、构配件、设备及器具，按相关标准的要求进行检验，并对其质量、规格及型号等是否符合要求作出确认的活动。

**2.0.4** 见证检验　evidential testing

施工单位在工程监理单位或建设单位的见证下，按照有关规定从施工现场随机抽取试样，送至具备相应资质的检测机构进行检验的活动。

**2.0.5** 复验　repeat test

建筑材料、设备等进入施工现场后，在外观质量检查和质量证明文件核查符合要求的基础上，按照有关规定从施工现场抽取试样送至试验室进行检验的活动。

**2.0.6** 检验批　inspection lot

按相同的生产条件或按规定的方式汇总起来供抽样检验用的，由一定数量样本组成的检验体。

**2.0.7** 验收　acceptance

建筑工程质量在施工单位自行检查合格的基础上，由工程质量验收责任方组织，工程建设相关单位参加，对检验批、分项、分部、单位工程及其隐蔽工程的质量进行抽样检验，对技术文件进行审核，并根据设计文件和相关标准以书面形式对工程质量是否达到合格作出确认。

**2.0.8** 主控项目　dominant item

建筑工程中对安全、节能、环境保护和主要使用功能起决定性作用的检验项目。

**2.0.9** 一般项目　general item

除主控项目以外的检验项目。

**2.0.10** 抽样方案　sampling scheme

根据检验项目的特性所确定的抽样数量和方法。

**2.0.11** 计数检验　inspection by attributes

通过确定抽样样本中不合格的个体数量，对样本总体质量做出判定的检验方法。

**2.0.12** 计量检验　inspection by variables

以抽样样本的检测数据计算总体均值、特征值或推定值，并以此判断或评估总体质量的检验方法。

**2.0.13** 错判概率　probability of commission

合格批被判为不合格批的概率，即合格批被拒收的概率，用 $\alpha$ 表示。

**2.0.14** 漏判概率　probability of omission

不合格批被判为合格批的概率，即不合格批被误收的概率，用 $\beta$ 表示。

**2.0.15** 观感质量　quality of appearance

通过观察和必要的测试所反映的工程外在质量和功能状态。

**2.0.16** 返修　repair

对施工质量不符合标准规定的部位采取的整修等措施。

**2.0.17** 返工　rework

对施工质量不符合标准规定的部位采取的更换、重新制作、重新施工等措施。

# 3 基 本 规 定

**3.0.1** 施工现场应具有健全的质量管理体系、相应的施工技术标准、施工质量检验制度和综合施工质量水平评定考核制度。施工现场质量管理可按本标准附录 A 的要求进行检查记录。

**3.0.2** 未实行监理的建筑工程，建设单位相关人员应履行本标准涉及的监理职责。

**3.0.3** 建筑工程的施工质量控制应符合下列规定：

1 建筑工程采用的主要材料、半成品、成品、建筑构配件、器具和设备应进行进场检验。凡涉及安全、节能、环境保护和主要使用功能的重要材料、产品，应按各专业工程施工规范、验收规范和设计文件等规定进行复验，并应经监理工程师检查认可；

2 各施工工序应按施工技术标准进行质量控制，每道施工工序完成后，经施工单位自检符合规定后，才能进行下道工序施工。各专业工种之间的相关工序应进行交接检验，并应记录；

3 对于监理单位提出检查要求的重要工序，应经监理工程师检查认可，才能进行下道工序施工。

**3.0.4** 符合下列条件之一时，可按相关专业验收规范的规定适当调整抽样复验、试验数量，调整后的抽样复验、试验方案应由施工单位编制，并报监理单位审核确认。

1 同一项目中由相同施工单位施工的多个单位工程，使用同一生产厂家的同品种、同规格、同批次的材料、构配件、设备；

**2** 同一施工单位在现场加工的成品、半成品、构配件用于同一项目中的多个单位工程;

**3** 在同一项目中,针对同一抽样对象已有检验成果可以重复利用。

**3.0.5** 当专业验收规范对工程中的验收项目未作出相应规定时,应由建设单位组织监理、设计、施工等相关单位制定专项验收要求。涉及安全、节能、环境保护等项目的专项验收要求应由建设单位组织专家论证。

**3.0.6** 建筑工程施工质量应按下列要求进行验收:

**1** 工程质量验收均应在施工单位自检合格的基础上进行;

**2** 参加工程施工质量验收的各方人员应具备相应的资格;

**3** 检验批的质量应按主控项目和一般项目验收;

**4** 对涉及结构安全、节能、环境保护和主要使用功能的试块、试件及材料,应在进场时或施工中按规定进行见证检验;

**5** 隐蔽工程在隐蔽前应由施工单位通知监理单位进行验收,并应形成验收文件,验收合格后方可继续施工;

**6** 对涉及结构安全、节能、环境保护和使用功能的重要分部工程,应在验收前按规定进行抽样检验;

**7** 工程的观感质量应由验收人员现场检查,并应共同确认。

**3.0.7** 建筑工程施工质量验收合格应符合下列规定:

**1** 符合工程勘察、设计文件的要求;

**2** 符合本标准和相关专业验收规范的规定。

**3.0.8** 检验批的质量检验,可根据检验项目的特点在下列抽样方案中选取:

**1** 计量、计数或计量-计数的抽样方案;

**2** 一次、二次或多次抽样方案;

**3** 对重要的检验项目,当有简易快速的检验方法时,选用全数检验方案;

**4** 根据生产连续性和生产控制稳定性情况,采用调整型抽样方案;

**5** 经实践证明有效的抽样方案。

**3.0.9** 检验批抽样样本应随机抽取,满足分布均匀、具有代表性的要求,抽样数量应符合有关专业验收规范的规定。当采用计数抽样时,最小抽样数量应符合表 3.0.9 的要求。

**表 3.0.9 检验批最小抽样数量**

| 检验批的容量 | 最小抽样数量 | 检验批的容量 | 最小抽样数量 |
|---|---|---|---|
| 2 ~ 15 | 2 | 151 ~ 280 | 13 |
| 16 ~ 25 | 3 | 281 ~ 500 | 20 |
| 26 ~ 90 | 5 | 501 ~ 1200 | 32 |
| 91 ~ 150 | 8 | 1201 ~ 3200 | 50 |

明显不合格的个体可不纳入检验批,但应进行处理,使其满足有关专业验收规范的规定,对处理的情况应予以记录并重新验收。

**3.0.10** 计量抽样的错判概率 $\alpha$ 和漏判概率 $\beta$ 可按下列规定采取:

**1** 主控项目:对应于合格质量水平的 $\alpha$ 和 $\beta$ 均不宜超过 5%;

**2** 一般项目:对应于合格质量水平的 $\alpha$ 不宜超过 5%,$\beta$ 不宜超过 10%。

# 4 建筑工程质量验收的划分

**4.0.1** 建筑工程施工质量验收应划分为单位工程、分部工程、分项工程和检验批。

**4.0.2** 单位工程应按下列原则划分:

**1** 具备独立施工条件并能形成独立使用功能的建筑物或构筑物为一个单位工程;

**2** 对于规模较大的单位工程,可将其能形成独立使用功能的部分划分为一个子单位工程。

**4.0.3** 分部工程应按下列原则划分:

**1** 可按专业性质、工程部位确定;

**2** 当分部工程较大或较复杂时,可按材料种类、施工特点、施工程序、专业系统及类别将分部工程划分为若干子分部工程。

**4.0.4** 分项工程可按主要工种、材料、施工工艺、设备类别进行划分。

**4.0.5** 检验批可根据施工、质量控制和专业验收的需要,按工程量、楼层、施工段、变形缝进行划分。

**4.0.6** 建筑工程的分部工程、分项工程划分宜按本标准附录 B 采用。

**4.0.7** 施工前,应由施工单位制定分项工程和检验批的划分方案,并由监理单位审核。对于附录 B 及相关专业验收规范未涵盖的分项工程和检验批,可由建设单位组织监理、施工等单位协商确定。

**4.0.8** 室外工程可根据专业类别和工程规模按本标准附录 C 的规定划分子单位工程、分部工程和分项工程。

# 5 建筑工程质量验收

**5.0.1** 检验批质量验收合格应符合下列规定:

**1** 主控项目的质量经抽样检验均应合格;

**2** 一般项目的质量经抽样检验合格。当采用计数抽样时,合格点率应符合有关专业验收规范的规定,且不得存在严重缺陷。对于计数抽样的一般项目,正常检验一次、二次抽样可按本标准附录 D 判定;

**3** 具有完整的施工操作依据、质量验收记录。

**5.0.2** 分项工程质量验收合格应符合下列规定:

**1** 所含检验批的质量均应验收合格；

**2** 所含检验批的质量验收记录应完整。

**5.0.3** 分部工程质量验收合格应符合下列规定：

**1** 所含分项工程的质量均应验收合格；

**2** 质量控制资料应完整；

**3** 有关安全、节能、环境保护和主要使用功能的抽样检验结果应符合相应规定；

**4** 观感质量应符合要求。

**5.0.4** 单位工程质量验收合格应符合下列规定：

**1** 所含分部工程的质量均应验收合格；

**2** 质量控制资料应完整；

**3** 所含分部工程中有关安全、节能、环境保护和主要使用功能的检验资料应完整；

**4** 主要使用功能的抽查结果应符合相关专业验收规范的规定；

**5** 观感质量应符合要求。

**5.0.5** 建筑工程施工质量验收记录可按下列规定填写：

**1** 检验批质量验收记录可按本标准附录 E 填写，填写时应具有现场验收检查原始记录；

**2** 分项工程质量验收记录可按本标准附录 F 填写；

**3** 分部工程质量验收记录可按本标准附录 G 填写；

**4** 单位工程质量竣工验收记录、质量控制资料核查记录、安全和功能检验资料核查及主要功能抽查记录、观感质量检查记录应按本标准附录 H 填写。

**5.0.6** 当建筑工程施工质量不符合要求时，应按下列规定进行处理：

**1** 经返工或返修的检验批，应重新进行验收；

**2** 经有资质的检测机构检测鉴定能够达到设计要求的检验批，应予以验收；

**3** 经有资质的检测机构检测鉴定达不到设计要求，但经原设计单位核算认可能够满足安全和使用功能的检验批，可予以验收；

**4** 经返修或加固处理的分项、分部工程，满足安全及使用功能要求时，可按技术处理方案和协商文件的要求予以验收。

**5.0.7** 工程质量控制资料应齐全完整。当部分资料缺失时，应委托有资质的检测机构按有关标准进行相应的实体检验或抽样试验。

**5.0.8** 经返修或加固处理仍不能满足安全或重要使用要求的分部工程及单位工程，严禁验收。

# 6 建筑工程质量验收的程序和组织

**6.0.1** 检验批应由专业监理工程师组织施工单位项目专业质量检查员、专业工长等进行验收。

**6.0.2** 分项工程应由专业监理工程师组织施工单位项目专业技术负责人等进行验收。

**6.0.3** 分部工程应由总监理工程师组织施工单位项目负责人和项目技术负责人等进行验收。

勘察、设计单位项目负责人和施工单位技术、质量部门负责人应参加地基与基础分部工程的验收。

设计单位项目负责人和施工单位技术、质量部门负责人应参加主体结构、节能分部工程的验收。

**6.0.4** 单位工程中的分包工程完工后，分包单位应对所承包的工程项目进行自检，并应按本标准规定的程序进行验收。验收时，总包单位应派人参加。分包单位应将所分包工程的质量控制资料整理完整，并移交给总包单位。

**6.0.5** 单位工程完工后，施工单位应组织有关人员进行自检。总监理工程师应组织各专业监理工程师对工程质量进行竣工预验收。存在施工质量问题时，应由施工单位整改。整改完毕后，由施工单位向建设单位提交工程竣工报告，申请工程竣工验收。

**6.0.6** 建设单位收到工程竣工报告后，应由建设单位项目负责人组织监理、施工、设计、勘察等单位项目负责人进行单位工程验收。

## 附录 A 施工现场质量管理检查记录

### 表 A 施工现场质量管理检查记录
开工日期：

| 工程名称 | | 施工许可证号 | |
|---|---|---|---|
| 建设单位 | | 项目负责人 | |
| 设计单位 | | 项目负责人 | |
| 监理单位 | | 总监理工程师 | |
| 施工单位 | | 项目负责人 | 项目技术负责人 |
| 序号 | 项 目 | 主要内容 | |
| 1 | 项目部质量管理体系 | | |
| 2 | 现场质量责任制 | | |
| 3 | 主要专业工种操作岗位证书 | | |
| 4 | 分包单位管理制度 | | |
| 5 | 图纸会审记录 | | |
| 6 | 地质勘察资料 | | |
| 7 | 施工技术标准 | | |
| 8 | 施工组织设计、施工方案编制及审批 | | |
| 9 | 物资采购管理制度 | | |
| 10 | 施工设施和机械设备管理制度 | | |
| 11 | 计量设备配备 | | |
| 12 | 检测试验管理制度 | | |
| 13 | 工程质量检查验收制度 | | |
| 14 | | | |

自检结果：

检查结论：

施工单位项目负责人：　　　　年 月 日　　　　总监理工程师：　　　　年 月 日

## 附录 B 建筑工程的分部工程、分项工程划分

### 表 B 建筑工程的分部工程、分项工程划分

| 序号 | 分部工程 | 子分部工程 | 分项工程 |
|---|---|---|---|
| 1 | 地基与基础 | 地基 | 素土、灰土地基，砂和砂石地基，土工合成材料地基，粉煤灰地基，强夯地基，注浆地基，预压地基，砂石桩复合地基，高压旋喷注浆地基，水泥土搅拌桩地基，土和灰土挤密桩复合地基，水泥粉煤灰碎石桩复合地基，夯实水泥土桩复合地基 |
| | | 基础 | 无筋扩展基础，钢筋混凝土扩展基础，筏形与箱形基础，钢结构基础，钢管混凝土结构基础，型钢混凝土结构基础，钢筋混凝土预制桩基础，泥浆护壁成孔灌注桩基础，干作业成孔桩基础，长螺旋钻孔压灌桩基础，沉管灌注桩基础，钢桩基础，锚杆静压桩基础，岩石锚杆基础，沉井与沉箱基础 |
| | | 基坑支护 | 灌注桩排桩围护墙，板桩围护墙，咬合桩围护墙，型钢水泥土搅拌墙，土钉墙，地下连续墙，水泥土重力式挡墙，内支撑，锚杆，与主体结构相结合的基坑支护 |
| | | 地下水控制 | 降水与排水，回灌 |
| | | 土方 | 土方开挖，土方回填，场地平整 |
| | | 边坡 | 喷锚支护，挡土墙，边坡开挖 |
| | | 地下防水 | 主体结构防水，细部构造防水，特殊施工法结构防水，排水，注浆 |
| 2 | 主体结构 | 混凝土结构 | 模板，钢筋，混凝土，预应力，现浇结构，装配式结构 |
| | | 砌体结构 | 砖砌体，混凝土小型空心砌块砌体，石砌体，配筋砌体，填充墙砌体 |
| | | 钢结构 | 钢结构焊接，紧固件连接，钢零部件加工，钢构件组装及预拼装，单层钢结构安装，多层及高层钢结构安装，钢管结构安装，预应力钢索和膜结构，压型金属板，防腐涂料涂装，防火涂料涂装 |
| | | 钢管混凝土结构 | 构件现场拼装，构件安装，钢管焊接，构件连接，钢管内钢筋骨架，混凝土 |
| | | 型钢混凝土结构 | 型钢焊接，紧固件连接，型钢与钢筋连接，型钢构件组装及预拼装，型钢安装，模板，混凝土 |
| | | 铝合金结构 | 铝合金焊接，紧固件连接，铝合金零部件加工，铝合金构件组装，铝合金构件预拼装，铝合金框架结构安装，铝合金空间网格结构安装，铝合金面板，铝合金幕墙结构安装，防腐处理 |
| | | 木结构 | 方木与原木结构，胶合木结构，轻型木结构，木结构的防护 |
| 3 | 建筑装饰装修 | 建筑地面 | 基层铺设，整体面层铺设，板块面层铺设，木、竹面层铺设 |
| | | 抹灰 | 一般抹灰，保温层薄抹灰，装饰抹灰，清水砌体勾缝 |
| | | 外墙防水 | 外墙砂浆防水，涂膜防水，透气膜防水 |
| | | 门窗 | 木门窗安装，金属门窗安装，塑料门窗安装，特种门安装，门窗玻璃安装 |
| | | 吊顶 | 整体面层吊顶，板块面层吊顶，格栅吊顶 |

| 序号 | 分部工程 | 子分部工程 | 分项工程 |
|---|---|---|---|
| 3 | 建筑装饰装修 | 轻质隔墙 | 板材隔墙，骨架隔墙，活动隔墙，玻璃隔墙 |
| | | 饰面板 | 石板安装，陶瓷板安装，木板安装，金属板安装，塑料板安装 |
| | | 饰面砖 | 外墙饰面砖粘贴，内墙饰面砖粘贴 |
| | | 幕墙 | 玻璃幕墙安装，金属幕墙安装，石材幕墙安装，陶板幕墙安装 |
| | | 涂饰 | 水性涂料涂饰，溶剂型涂料涂饰，美术涂饰 |
| | | 裱糊与软包 | 裱糊，软包 |
| | | 细部 | 橱柜制作与安装，窗帘盒和窗台板制作与安装，门窗套制作与安装，护栏和扶手制作与安装，花饰制作与安装 |
| 4 | 屋面 | 基层与保护 | 找坡层和找平层，隔汽层，隔离层，保护层 |
| | | 保温与隔热 | 板状材料保温层，纤维材料保温层，喷涂硬泡聚氨酯保温层，现浇泡沫混凝土保温层，种植隔热层，架空隔热层，蓄水隔热层 |
| | | 防水与密封 | 卷材防水层，涂膜防水层，复合防水层，接缝密封防水 |
| | | 瓦面与板面 | 烧结瓦和混凝土瓦铺装，沥青瓦铺装，金属板铺装，玻璃采光顶铺装 |
| | | 细部构造 | 檐口，檐沟和天沟，女儿墙和山墙，水落口，变形缝，伸出屋面管道，屋面出入口，反梁过水孔，设施基座，屋脊，屋顶窗 |
| 5 | 建筑给水排水及供暖 | 室内给水系统 | 给水管道及配件安装，给水设备安装，室内消火栓系统安装，消防喷淋系统安装，防腐，绝热，管道冲洗、消毒，试验与调试 |
| | | 室内排水系统 | 排水管道及配件安装，雨水管道及配件安装，防腐，试验与调试 |
| | | 室内热水系统 | 管道及配件安装，辅助设备安装，防腐，绝热，试验与调试 |
| | | 卫生器具 | 卫生器具安装，卫生器具给水配件安装，卫生器具排水管道安装，试验与调试 |
| | | 室内供暖系统 | 管道及配件安装，辅助设备安装，散热器安装，低温热水地板辐射供暖系统安装，电加热供暖系统安装，燃气红外辐射供暖系统安装，热风供暖系统安装，热计量及调控装置安装，试验与调试，防腐，绝热 |
| | | 室外给水管网 | 给水管道安装，室外消火栓系统安装，试验与调试 |
| | | 室外排水管网 | 排水管道安装，排水管沟与井池，试验与调试 |
| | | 室外供热管网 | 管道及配件安装，系统水压试验，土建结构，防腐，绝热，试验与调试 |
| | | 建筑饮用水供应系统 | 管道及配件安装，水处理设备及控制设施安装，防腐，绝热，试验与调试 |
| | | 建筑中水系统及雨水利用系统 | 建筑中水系统、雨水利用系统管道及配件安装，水处理设备及控制设施安装，防腐，绝热，试验与调试 |
| | | 游泳池及公共浴池水系统 | 管道及配件系统安装，水处理设备及控制设施安装，防腐，绝热，试验与调试 |
| | | 水景喷泉系统 | 管道系统及配件安装，防腐，绝热，试验与调试 |
| | | 热源及辅助设备 | 锅炉安装，辅助设备及管道安装，安全附件安装，换热站安装，防腐，绝热，试验与调试 |
| | | 监测与控制仪表 | 检测仪器及仪表安装，试验与调试 |

| 序号 | 分部工程 | 子分部工程 | 分项工程 |
|---|---|---|---|
| 6 | 通风与空调 | 送风系统 | 风管与配件制作，部件制作，风管系统安装，风机与空气处理设备安装，风管与设备防腐，旋流风口、岗位送风口、织物（布）风管安装，系统调试 |
| | | 排风系统 | 风管与配件制作，部件制作，风管系统安装，风机与空气处理设备安装，风管与设备防腐，吸风罩及其他空气处理设备安装，厨房、卫生间排风系统安装，系统调试 |
| | | 防排烟系统 | 风管与配件制作，部件制作，风管系统安装，风机与空气处理设备安装，风管与设备防腐，排烟风阀（口）、常闭正压风口、防火风管安装，系统调试 |
| | | 除尘系统 | 风管与配件制作，部件制作，风管系统安装，风机与空气处理设备安装，风管与设备防腐，除尘器与排污设备安装，吸尘罩安装，高温风管绝热，系统调试 |
| | | 舒适性空调系统 | 风管与配件制作，部件制作，风管系统安装，风机与空气处理设备安装，风管与设备防腐，组合式空调机组安装，消声器、静电除尘器、换热器、紫外线灭菌器等设备安装，风机盘管、变风量与定风量送风装置、射流喷口等末端设备安装，风管与设备绝热，系统调试 |
| | | 恒温恒湿空调系统 | 风管与配件制作，部件制作，风管系统安装，风机与空气处理设备安装，风管与设备防腐，组合式空调机组安装，电加热器、加湿器等设备安装，精密空调机组安装，风管与设备绝热，系统调试 |
| | | 净化空调系统 | 风管与配件制作，部件制作，风管系统安装，风机与空气处理设备安装，风管与设备防腐，净化空调机组安装，消声器、静电除尘器、换热器、紫外线灭菌器等设备安装，中、高效过滤器及风机过滤器单元等末端设备清洗与安装，洁净度测试，风管与设备绝热，系统调试 |
| | | 地下人防通风系统 | 风管与配件制作，部件制作，风管系统安装，风机与空气处理设备安装，风管与设备防腐，过滤吸收器、防爆波活门、防爆超压排气活门等专用设备安装，系统调试 |
| | | 真空吸尘系统 | 风管与配件制作，部件制作，风管系统安装，风机与空气处理设备安装，风管与设备防腐，管道安装，快速接口安装，风机与滤尘设备安装，系统压力试验及调试 |
| | | 冷凝水系统 | 管道系统及部件安装，水泵及附属设备安装，管道冲洗，管道、设备防腐，板式热交换器，辐射板及辐射供热、供冷地埋管，热泵机组设备安装，管道、设备绝热，系统压力试验及调试 |
| | | 空调（冷、热）水系统 | 管道系统及部件安装，水泵及附属设备安装，管道冲洗，管道、设备防腐，冷却塔与水处理设备安装，防冻伴热设备安装，管道、设备绝热，系统压力试验及调试 |
| | | 冷却水系统 | 管道系统及部件安装，水泵及附属设备安装，管道冲洗，管道、设备防腐，系统灌水渗漏及排放试验，管道、设备绝热 |
| | | 土壤源热泵换热系统 | 管道系统及部件安装，水泵及附属设备安装，管道冲洗，管道、设备防腐，埋地换热系统与管网安装，管道、设备绝热，系统压力试验及调试 |
| | | 水源热泵换热系统 | 管道系统及部件安装，水泵及附属设备安装，管道冲洗，管道、设备防腐，地表水源换热管及管网安装，除垢设备安装，管道、设备绝热，系统压力试验及调试 |
| | | 蓄能系统 | 管道系统及部件安装，水泵及附属设备安装，管道冲洗，管道、设备防腐，蓄水罐与蓄冰槽、罐安装，管道、设备绝热，系统压力试验及调试 |

| 序号 | 分部工程 | 子分部工程 | 分项工程 |
|---|---|---|---|
| 6 | 通风与空调 | 压缩式制冷（热）设备系统 | 制冷机组及附属设备安装，管道、设备防腐，制冷剂管道及部件安装，制冷剂灌注，管道、设备绝热，系统压力试验及调试 |
| | | 吸收式制冷设备系统 | 制冷机组及附属设备安装，管道、设备防腐，系统真空试验，溴化锂溶液加灌，蒸汽管道系统安装，燃气或燃油设备安装，管道、设备绝热，试验及调试 |
| | | 多联机（热泵）空调系统 | 室外机组安装，室内机组安装，制冷剂管路连接及控制开关安装，风管安装，冷凝水管道安装，制冷剂灌注，系统压力试验及调试 |
| | | 太阳能供暖空调系统 | 太阳能集热器安装，其他辅助能源、换热设备安装，蓄能水箱、管道及配件安装，防腐，绝热，低温热水地板辐射采暖系统安装，系统压力试验及调试 |
| | | 设备自控系统 | 温度、压力与流量传感器安装，执行机构安装调试，防排烟系统功能测试，自动控制及系统智能控制软件调试 |
| 7 | 建筑电气 | 室外电气 | 变压器、箱式变电所安装，成套配电柜、控制柜（屏、台）和动力、照明配电箱（盘）及控制柜安装，梯架、支架、托盘和槽盒安装，导管敷设，电缆敷设，管内穿线和槽盒内敷线，电缆头制作、导线连接和线路绝缘测试，普通灯具安装，专用灯具安装，建筑照明通电试运行，接地装置安装 |
| | | 变配电室 | 变压器、箱式变电所安装，成套配电柜、控制柜（屏、台）和动力、照明配电箱（盘）安装，母线槽安装，梯架、支架、托盘和槽盒安装，电缆敷设，电缆头制作、导线连接和线路绝缘测试，接地装置安装，接地干线敷设 |
| | | 供电干线 | 电气设备试验和试运行，母线槽安装，梯架、支架、托盘和槽盒安装，导管敷设，电缆敷设，管内穿线和槽盒内敷线，电缆头制作、导线连接和线路绝缘测试，接地干线敷设 |
| | | 电气动力 | 成套配电柜、控制柜（屏、台）和动力配电箱（盘）安装，电动机、电加热器及电动执行机构检查接线，电气设备试验和试运行，梯架、支架、托盘和槽盒安装，导管敷设，电缆敷设，管内穿线和槽盒内敷线，电缆头制作、导线连接和线路绝缘测试 |
| | | 电气照明 | 成套配电柜、控制柜（屏、台）和照明配电箱（盘）安装，梯架、支架、托盘和槽盒安装，导管敷设，管内穿线和槽盒内敷线，塑料护套线直敷布线，钢索配线，电缆头制作、导线连接和线路绝缘测试，普通灯具安装，专用灯具安装，开关、插座、风扇安装，建筑照明通电试运行 |
| | | 备用和不间断电源 | 成套配电柜、控制柜（屏、台）和动力、照明配电箱（盘）安装，柴油发电机组安装，不间断电源装置及应急电源装置安装，母线槽安装，导管敷设，电缆敷设，管内穿线和槽盒内敷线，电缆头制作、导线连接和线路绝缘测试，接地装置安装 |
| | | 防雷及接地 | 接地装置安装，防雷引下线及接闪器安装，建筑物等电位连接，浪涌保护器安装 |
| 8 | 智能建筑 | 智能化集成系统 | 设备安装，软件安装，接口及系统调试，试运行 |
| | | 信息接入系统 | 安装场地检查 |
| | | 用户电话交换系统 | 线缆敷设，设备安装，软件安装，接口及系统调试，试运行 |

| 序号 | 分部工程 | 子分部工程 | 分项工程 |
|---|---|---|---|
| 8 | 智能建筑 | 信息网络系统 | 计算机网络设备安装，计算机网络软件安装，网络安全设备安装，网络安全软件安装，系统调试，试运行 |
| | | 综合布线系统 | 梯架、托盘、槽盒和导管安装，线缆敷设，机柜、机架、配线架安装，信息插座安装，链路或信道测试，软件安装，系统调试，试运行 |
| | | 移动通信室内信号覆盖系统 | 安装场地检查 |
| | | 卫星通信系统 | 安装场地检查 |
| | | 有线电视及卫星电视接收系统 | 梯架、托盘、槽盒和导管安装，线缆敷设，设备安装，软件安装，系统调试，试运行 |
| | | 公共广播系统 | 梯架、托盘、槽盒和导管安装，线缆敷设，设备安装，软件安装，系统调试，试运行 |
| | | 会议系统 | 梯架、托盘、槽盒和导管安装，线缆敷设，设备安装，软件安装，系统调试，试运行 |
| | | 信息导引及发布系统 | 梯架、托盘、槽盒和导管安装，线缆敷设，显示设备安装，机房设备安装，软件安装，系统调试，试运行 |
| | | 时钟系统 | 梯架、托盘、槽盒和导管安装，线缆敷设，设备安装，软件安装，系统调试，试运行 |
| | | 信息化应用系统 | 梯架、托盘、槽盒和导管安装，线缆敷设，设备安装，软件安装，系统调试，试运行 |
| | | 建筑设备监控系统 | 梯架、托盘、槽盒和导管安装，线缆敷设，传感器安装，执行器安装，控制器、箱安装，中央管理工作站和操作分站设备安装，软件安装，系统调试，试运行 |
| | | 火灾自动报警系统 | 梯架、托盘、槽盒和导管安装，线缆敷设，探测器类设备安装，控制器类设备安装，其他设备安装，软件安装，系统调试，试运行 |
| | | 安全技术防范系统 | 梯架、托盘、槽盒和导管安装，线缆敷设，设备安装，软件安装，系统调试，试运行 |
| | | 应急响应系统 | 设备安装，软件安装，系统调试，试运行 |
| | | 机房 | 供配电系统，防雷与接地系统，空气调节系统，给水排水系统，综合布线系统，监控与安全防范系统，消防系统，室内装饰装修，电磁屏蔽，系统调试，试运行 |
| | | 防雷与接地 | 接地装置，接地线，等电位联接，屏蔽设施，电涌保护器，线缆敷设，系统调试，试运行 |
| 9 | 建筑节能 | 围护系统节能 | 墙体节能，幕墙节能，门窗节能，屋面节能，地面节能 |
| | | 供暖空调设备及管网节能 | 供暖节能，通风与空调设备节能，空调与供暖系统冷热源节能，空调与供暖系统管网节能 |
| | | 电气动力节能 | 配电节能，照明节能 |
| | | 监控系统节能 | 监测系统节能，控制系统节能 |
| | | 可再生能源 | 地源热泵系统节能，太阳能光热系统节能，太阳能光伏节能 |
| 10 | 电梯 | 电力驱动的曳引式或强制式电梯 | 设备进场验收，土建交接检验，驱动主机，导轨，门系统，轿厢，对重，安全部件，悬挂装置，随行电缆，补偿装置，电气装置，整机安装验收 |
| | | 液压电梯 | 设备进场验收，土建交接检验，液压系统，导轨，门系统，轿厢，对重，安全部件，悬挂装置，随行电缆，电气装置，整机安装验收 |
| | | 自动扶梯、自动人行道 | 设备进场验收，土建交接检验，整机安装验收 |

# 附录C 室外工程的划分

## 表C 室外工程的划分

| 单位工程 | 子单位工程 | 分部工程 |
|---|---|---|
| 室外设施 | 道路 | 路基、基层、面层、广场与停车场、人行道、人行地道、挡土墙、附属构筑物 |
| | 边坡 | 土石方、挡土墙、支护 |
| 附属建筑及室外环境 | 附属建筑 | 车棚，围墙，大门，挡土墙 |
| | 室外环境 | 建筑小品，亭台，水景，连廊，花坛，场坪绿化，景观桥 |

# 附录D 一般项目正常检验一次、二次抽样判定

**D.0.1** 对于计数抽样的一般项目，正常检验一次抽样可按表 D.0.1-1 判定，正常检验二次抽样可按表 D.0.1-2 判定。抽样方案应在抽样前确定。

**D.0.2** 样本容量在表 D.0.1-1 或表 D.0.1-2 给出的数值之间时，合格判定数可通过插值并四舍五入取整确定。

## 表 D.0.1-1 一般项目正常检验一次抽样判定

| 样本容量 | 合格判定数 | 不合格判定数 | 样本容量 | 合格判定数 | 不合格判定数 |
|---|---|---|---|---|---|
| 5 | 1 | 2 | 32 | 7 | 8 |
| 8 | 2 | 3 | 50 | 10 | 11 |
| 13 | 3 | 4 | 80 | 14 | 15 |
| 20 | 5 | 6 | 125 | 21 | 22 |

## 表 D.0.1-2 一般项目正常检验二次抽样判定

| 抽样次数 | 样本容量 | 合格判定数 | 不合格判定数 | 抽样次数 | 样本容量 | 合格判定数 | 不合格判定数 |
|---|---|---|---|---|---|---|---|
| (1) | 3 | 0 | 2 | (1) | 20 | 3 | 6 |
| (2) | 6 | 1 | 2 | (2) | 40 | 9 | 10 |
| (1) | 5 | 0 | 3 | (1) | 32 | 5 | 9 |
| (2) | 10 | 3 | 4 | (2) | 64 | 12 | 13 |
| (1) | 8 | 1 | 3 | (1) | 50 | 7 | 11 |
| (2) | 16 | 4 | 5 | (2) | 100 | 18 | 19 |
| (1) | 13 | 2 | 5 | (1) | 80 | 11 | 16 |
| (2) | 26 | 6 | 7 | (2) | 160 | 26 | 27 |

注：(1) 和 (2) 表示抽样次数，(2) 对应的样本容量为两次抽样的累计数量。

# 附录E 检验批质量验收记录

## 表E _____检验批质量验收记录

编号：____

| 单位(子单位)工程名称 | | 分部(子分部)工程名称 | | 分项工程名称 | |
|---|---|---|---|---|---|
| 施工单位 | | 项目负责人 | | 检验批容量 | |
| 分包单位 | | 分包单位项目负责人 | | 检验批部位 | |
| 施工依据 | | | 验收依据 | | |

| | | 验收项目 | 设计要求及规范规定 | 最小/实际抽样数量 | 检查记录 | 检查结果 |
|---|---|---|---|---|---|---|
| 主控项目 | 1 | | | | | |
| | 2 | | | | | |
| | 3 | | | | | |
| | 4 | | | | | |
| | 5 | | | | | |
| | 6 | | | | | |
| | 7 | | | | | |
| | 8 | | | | | |
| | 9 | | | | | |
| | 10 | | | | | |
| 一般项目 | 1 | | | | | |
| | 2 | | | | | |
| | 3 | | | | | |
| | 4 | | | | | |
| | 5 | | | | | |

| 施工单位检查结果 | 专业工长：<br>项目专业质量检查员：<br>年 月 日 |
|---|---|
| 监理单位验收结论 | 专业监理工程师：<br>年 月 日 |

## 附录 F 分项工程质量验收记录

### 表 F ＿＿＿＿＿＿分项工程质量验收记录

编号：＿＿＿

| 单位(子单位)工程名称 | | | 分部(子分部)工程名称 | | |
|---|---|---|---|---|---|
| 分项工程数量 | | | 检验批数量 | | |
| 施工单位 | | | 项目负责人 | | 项目技术负责人 |
| 分包单位 | | | 分包单位项目负责人 | | 分包内容 |

| 序号 | 检验批名称 | 检验批容量 | 部位/区段 | 施工单位检查结果 | 监理单位验收结论 |
|---|---|---|---|---|---|
| 1 | | | | | |
| 2 | | | | | |
| 3 | | | | | |
| 4 | | | | | |
| 5 | | | | | |
| 6 | | | | | |
| 7 | | | | | |
| 8 | | | | | |
| 9 | | | | | |
| 10 | | | | | |
| 11 | | | | | |
| 12 | | | | | |
| 13 | | | | | |
| 14 | | | | | |
| 15 | | | | | |

说明：

| 施工单位检查结果 | 项目专业技术负责人：<br>年 月 日 |
|---|---|
| 监理单位验收结论 | 专业监理工程师：<br>年 月 日 |

## 附录 G 分部工程质量验收记录

### 表 G ＿＿＿＿＿＿分部工程质量验收记录

编号：＿＿＿

| 单位(子单位)工程名称 | | 子分部工程数量 | | 分项工程数量 |
|---|---|---|---|---|
| 施工单位 | | 项目负责人 | | 技术(质量)负责人 |
| 分包单位 | | 分包单位负责人 | | 分包内容 |

| 序号 | 子分部工程名称 | 分项工程名称 | 检验批数量 | 施工单位检查结果 | 监理单位验收结论 |
|---|---|---|---|---|---|
| 1 | | | | | |
| 2 | | | | | |
| 3 | | | | | |
| 4 | | | | | |
| 5 | | | | | |
| 6 | | | | | |
| 7 | | | | | |
| 8 | | | | | |
| 质量控制资料 | | | | | |
| 安全和功能检验结果 | | | | | |
| 观感质量检验结果 | | | | | |
| 综合验收结论 | | | | | |

| 施工单位项目负责人：<br>年 月 日 | 勘察单位项目负责人：<br>年 月 日 | 设计单位项目负责人：<br>年 月 日 | 监理单位总监理工程师：<br>年 月 日 |
|---|---|---|---|

注：1 地基与基础分部工程的验收应由施工、勘察、设计单位项目负责人和总监理工程师参加并签字；

2 主体结构、节能分部工程的验收应由施工、设计单位项目负责人和总监理工程师参加并签字。

## 附录 H 单位工程质量竣工验收记录

**H.0.1** 单位工程质量竣工验收应按表 H.0.1-1 记录，单位工程质量控制资料及主要功能抽查核查应按表 H.0.1-2 记录，单位工程安全和功能检验资料核查应按表 H.0.1-3 记录，单位工程观感质量检查应按表 H.0.1-4 记录。

**H.0.2** 表 H.0.1-1 中的验收记录由施工单位填写，

验收结论由监理单位填写。综合验收结论经参加验收各方共同商定，由建设单位填写，应对工程质量是否符合设计文件和相关标准的规定及总体质量水平作出评价。

### 表 H.0.1-1　单位工程质量竣工验收记录

| 工程名称 | | 结构类型 | | 层数/建筑面积 | |
|---|---|---|---|---|---|
| 施工单位 | | 技术负责人 | | 开工日期 | |
| 项目负责人 | | 项目技术负责人 | | 完工日期 | |
| 序号 | 项目 | | 验收记录 | | 验收结论 |
| 1 | 分部工程验收 | | 共　　分部，经查符合设计及标准规定　　分部 | | |
| 2 | 质量控制资料核查 | | 共　　项，经核查符合规定　　项 | | |
| 3 | 安全和使用功能核查及抽查结果 | | 共核查　　项，符合规定　　项，共抽查　　项，符合规定　　项，经返工处理符合规定　　项 | | |
| 4 | 观感质量验收 | | 共抽查　　项，达到"好"和"一般"的　　项，经返修处理符合要求的　　项 | | |
| 综合验收结论 | | | | | |
| 参加验收单位 | 建设单位 | 监理单位 | 施工单位 | 设计单位 | 勘察单位 |
| | (公章)项目负责人：年 月 日 | (公章)总监理工程师：年 月 日 | (公章)项目负责人：年 月 日 | (公章)项目负责人：年 月 日 | (公章)项目负责人：年 月 日 |

注：单位工程验收时，验收签字人员应由相应单位的法人代表书面授权。

### 表 H.0.1-2　单位工程质量控制资料核查记录

| 工程名称 | | | | 施工单位 | | | |
|---|---|---|---|---|---|---|---|
| 序号 | 项目 | 资料名称 | 份数 | 施工单位 | | 监理单位 | |
| | | | | 核查意见 | 核查人 | 核查意见 | 核查人 |
| 1 | 建筑与结构 | 图纸会审记录、设计变更通知单、工程洽商记录 | | | | | |
| 2 | | 工程定位测量、放线记录 | | | | | |
| 3 | | 原材料出厂合格证书及进场检验、试验报告 | | | | | |
| 4 | | 施工试验报告及见证检测报告 | | | | | |
| 5 | | 隐蔽工程验收记录 | | | | | |
| 6 | | 施工记录 | | | | | |
| 7 | | 地基、基础、主体结构检验及抽样检测资料 | | | | | |
| 8 | | 分项、分部工程质量验收记录 | | | | | |
| 9 | | 工程质量事故调查处理资料 | | | | | |
| 10 | | 新技术论证、备案及施工记录 | | | | | |

### 续表 H.0.1-2

| 工程名称 | | | | 施工单位 | | | |
|---|---|---|---|---|---|---|---|
| 序号 | 项目 | 资料名称 | 份数 | 施工单位 | | 监理单位 | |
| | | | | 核查意见 | 核查人 | 核查意见 | 核查人 |
| 1 | 给水排水与供暖 | 图纸会审记录、设计变更通知单、工程洽商记录 | | | | | |
| 2 | | 原材料出厂合格证书及进场检验、试验报告 | | | | | |
| 3 | | 管道、设备强度试验、严密性试验记录 | | | | | |
| 4 | | 隐蔽工程验收记录 | | | | | |
| 5 | | 系统清洗、灌水、通水、通球试验记录 | | | | | |
| 6 | | 施工记录 | | | | | |
| 7 | | 分项、分部工程质量验收记录 | | | | | |
| 8 | | 新技术论证、备案及施工记录 | | | | | |
| 1 | 通风与空调 | 图纸会审记录、设计变更通知单、工程洽商记录 | | | | | |
| 2 | | 原材料出厂合格证书及进场检验、试验报告 | | | | | |
| 3 | | 制冷、空调、水管道强度试验、严密性试验记录 | | | | | |
| 4 | | 隐蔽工程验收记录 | | | | | |
| 5 | | 制冷设备运行调试记录 | | | | | |
| 6 | | 通风、空调系统调试记录 | | | | | |
| 7 | | 施工记录 | | | | | |
| 8 | | 分项、分部工程质量验收记录 | | | | | |
| 9 | | 新技术论证、备案及施工记录 | | | | | |
| 1 | 建筑电气 | 图纸会审记录、设计变更通知单、工程洽商记录 | | | | | |
| 2 | | 原材料出厂合格证书及进场检验、试验报告 | | | | | |
| 3 | | 设备调试记录 | | | | | |
| 4 | | 接地、绝缘电阻测试记录 | | | | | |
| 5 | | 隐蔽工程验收记录 | | | | | |
| 6 | | 施工记录 | | | | | |
| 7 | | 分项、分部工程质量验收记录 | | | | | |
| 8 | | 新技术论证、备案及施工记录 | | | | | |

续表 H.0.1-2

| 工程名称 | | 施工单位 | | | | | |
|---|---|---|---|---|---|---|---|
| 序号 | 项目 | 资料名称 | 份数 | 施工单位 | | 监理单位 | |
| | | | | 核查意见 | 核查人 | 核查意见 | 核查人 |
| 1 | 智能建筑 | 图纸会审记录、设计变更通知单、工程洽商记录 | | | | | |
| 2 | | 原材料出厂合格证书及进场检验、试验报告 | | | | | |
| 3 | | 隐蔽工程验收记录 | | | | | |
| 4 | | 施工记录 | | | | | |
| 5 | | 系统功能测定及设备调试记录 | | | | | |
| 6 | | 系统技术、操作和维护手册 | | | | | |
| 7 | | 系统管理、操作人员培训记录 | | | | | |
| 8 | | 系统检测报告 | | | | | |
| 9 | | 分项、分部工程质量验收记录 | | | | | |
| 10 | | 新技术论证、备案及施工记录 | | | | | |
| 1 | 建筑节能 | 图纸会审记录、设计变更通知单、工程洽商记录 | | | | | |
| 2 | | 原材料出厂合格证书及进场检验、试验报告 | | | | | |
| 3 | | 隐蔽工程验收记录 | | | | | |
| 4 | | 施工记录 | | | | | |
| 5 | | 外墙、外窗节能检验报告 | | | | | |
| 6 | | 设备系统节能检测报告 | | | | | |
| 7 | | 分项、分部工程质量验收记录 | | | | | |
| 8 | | 新技术论证、备案及施工记录 | | | | | |
| 1 | 电梯 | 图纸会审记录、设计变更通知单、工程洽商记录 | | | | | |
| 2 | | 设备出厂合格证书及开箱检验记录 | | | | | |
| 3 | | 隐蔽工程验收记录 | | | | | |
| 4 | | 施工记录 | | | | | |
| 5 | | 接地、绝缘电阻试验记录 | | | | | |
| 6 | | 负荷试验、安全装置检查记录 | | | | | |
| 7 | | 分项、分部工程质量验收记录 | | | | | |
| 8 | | 新技术论证、备案及施工记录 | | | | | |

结论:

施工单位项目负责人:　　　　　　总监理工程师:
　　　　　　年 月 日　　　　　　　　　年 月 日

表 H.0.1-3　单位工程安全和功能检验资料核查及主要功能抽查记录

| 工程名称 | | 施工单位 | | | | |
|---|---|---|---|---|---|---|
| 序号 | 项目 | 安全和功能检查项目 | 份数 | 核查意见 | 抽查结果 | 核查(抽查)人 |
| 1 | 建筑与结构 | 地基承载力检验报告 | | | | |
| 2 | | 桩基承载力检验报告 | | | | |
| 3 | | 混凝土强度试验报告 | | | | |
| 4 | | 砂浆强度试验报告 | | | | |
| 5 | | 主体结构尺寸、位置抽查记录 | | | | |
| 6 | | 建筑物垂直度、标高、全高测量记录 | | | | |
| 7 | | 屋面淋水或蓄水试验记录 | | | | |
| 8 | | 地下室渗漏水检测记录 | | | | |
| 9 | | 有防水要求的地面蓄水试验记录 | | | | |
| 10 | | 抽气(风)道检查记录 | | | | |
| 11 | 建筑与结构 | 外窗气密性、水密性、耐风压检测报告 | | | | |
| 12 | | 幕墙气密性、水密性、耐风压检测报告 | | | | |
| 13 | | 建筑物沉降观测测量记录 | | | | |
| 14 | | 节能、保温测试记录 | | | | |
| 15 | | 室内环境检测报告 | | | | |
| 16 | | 土壤氡浓度检测报告 | | | | |
| 1 | 给水排水与供暖 | 给水管道通水试验记录 | | | | |
| 2 | | 暖气管道、散热器压力试验记录 | | | | |
| 3 | | 卫生器具满水试验记录 | | | | |
| 4 | | 消防管道、燃气管道压力试验记录 | | | | |
| 5 | | 排水干管通球试验记录 | | | | |
| 6 | | 锅炉试运行、安全阀及报警联动测试记录 | | | | |
| 1 | 通风与空调 | 通风、空调系统试运行记录 | | | | |
| 2 | | 风量、温度测试记录 | | | | |
| 3 | | 空气能量回收装置测试记录 | | | | |
| 4 | | 洁净室洁净度测试记录 | | | | |
| 5 | | 制冷机组试运行调试记录 | | | | |
| 1 | 建筑电气 | 建筑照明通电试运行记录 | | | | |
| 2 | | 灯具固定装置及悬吊装置的载荷强度试验记录 | | | | |
| 3 | | 绝缘电阻测试记录 | | | | |
| 4 | | 剩余电流动作保护器测试记录 | | | | |
| 5 | | 应急电源装置应急持续供电记录 | | | | |
| 6 | | 接地电阻测试记录 | | | | |
| 7 | | 接地故障回路阻抗测试记录 | | | | |
| 1 | 智能建筑 | 系统试运行记录 | | | | |
| 2 | | 系统电源及接地检测报告 | | | | |
| 3 | | 系统接地检测报告 | | | | |

| 工程名称 | | | 施工单位 | | | |
|---|---|---|---|---|---|---|
| 序号 | 项目 | 安全和功能检查项目 | 份数 | 核查意见 | 抽查结果 | 核查(抽查)人 |
| 1 | 建筑节能 | 外墙节能构造检查记录或热工性能检验报告 | | | | |
| 2 | | 设备系统节能性能检查记录 | | | | |
| 1 | 电梯 | 运行记录 | | | | |
| 2 | | 安全装置检测报告 | | | | |
| 结论: | | | | | | |
| 施工单位项目负责人:　　　　　　　　总监理工程师:<br>　　　　　　　　　　年 月 日　　　　　　　　　　年 月 日 | | | | | | |

注:抽查项目由验收组协商确定。

### 表 H. 0. 1-4　单位工程观感质量检查记录

| 工程名称 | | 施工单位 | |
|---|---|---|---|
| 序号 | 项目 | 抽查质量状况 | 质量评价 |
| 1 | 主体结构外观 | 共检查　点,好　点,一般　点,差　点 | |
| 2 | 室外墙面 | 共检查　点,好　点,一般　点,差　点 | |
| 3 | 变形缝、雨水管 | 共检查　点,好　点,一般　点,差　点 | |
| 4 | 屋面 | 共检查　点,好　点,一般　点,差　点 | |
| 5 | 建筑与结构 室内墙面 | 共检查　点,好　点,一般　点,差　点 | |
| 6 | 室内顶棚 | 共检查　点,好　点,一般　点,差　点 | |
| 7 | 室内地面 | 共检查　点,好　点,一般　点,差　点 | |
| 8 | 楼梯、踏步、护栏 | 共检查　点,好　点,一般　点,差　点 | |
| 9 | 门窗 | 共检查　点,好　点,一般　点,差　点 | |
| 10 | 雨罩、台阶、坡道、散水 | 共检查　点,好　点,一般　点,差　点 | |
| 1 | 管道接口、坡度、支架 | 共检查　点,好　点,一般　点,差　点 | |
| 2 | 给水排水与供暖 卫生器具、支架、阀门 | 共检查　点,好　点,一般　点,差　点 | |
| 3 | 检查口、扫除口、地漏 | 共检查　点,好　点,一般　点,差　点 | |
| 4 | 散热器、支架 | 共检查　点,好　点,一般　点,差　点 | |
| 1 | 风管、支架 | 共检查　点,好　点,一般　点,差　点 | |
| 2 | 风口、风阀 | 共检查　点,好　点,一般　点,差　点 | |
| 3 | 通风与空调 风机、空调设备 | 共检查　点,好　点,一般　点,差　点 | |
| 4 | 管道、阀门、支架 | 共检查　点,好　点,一般　点,差　点 | |
| 5 | 水泵、冷却塔 | 共检查　点,好　点,一般　点,差　点 | |
| 6 | 绝热 | 共检查　点,好　点,一般　点,差　点 | |
| 1 | 配电箱、盘、板、接线盒 | 共检查　点,好　点,一般　点,差　点 | |
| 2 | 建筑电气 设备器具、开关、插座 | 共检查　点,好　点,一般　点,差　点 | |
| 3 | 防雷、接地、防火 | 共检查　点,好　点,一般　点,差　点 | |

| 工程名称 | | 施工单位 | |
|---|---|---|---|
| 序号 | 项目 | 抽查质量状况 | 质量评价 |
| 1 | 智能建筑 机房设备安装及布局 | 共检查　点,好　点,一般　点,差　点 | |
| 2 | | 现场设备安装 | 共检查　点,好　点,一般　点,差　点 | |
| 1 | 电梯 运行、平层、开关门 | 共检查　点,好　点,一般　点,差　点 | |
| 2 | | 层门、信号系统 | 共检查　点,好　点,一般　点,差　点 | |
| 3 | | 机房 | 共检查　点,好　点,一般　点,差　点 | |
| 观感质量综合评价 | | | |
| 结论:<br>施工单位项目负责人:　　　　　　　总监理工程师:<br>　　　　　　　年 月 日　　　　　　　　年 月 日 | | | |

注:1 对质量评价为差的项目应进行返修;

　　2 观感质量现场检查原始记录应作为本表附件。

## 本标准用词说明

1　为了便于在执行本标准条文时区别对待,对要求严格程度不同的用词说明如下:

　　1)表示很严格,非这样做不可的用词:

　　　　正面词采用"必须",反面词采用"严禁";

　　2)表示严格,在正常情况下均应这样做的用词:

　　　　正面词采用"应",反面词采用"不应"或"不得";

　　3)表示允许稍有选择,在条件许可时首先应这样做的用词:

　　　　正面词采用"宜",反面词采用"不宜";

　　4)表示有选择,在一定条件下可以这样做的用词,采用"可"。

2　条文中指明应按其他有关标准、规范执行的写法为:"应符合……规定"或"应按……执行"。

中华人民共和国国家标准

# 建筑工程施工质量验收统一标准

GB 50300—2013

条 文 说 明

# 修 订 说 明

《建筑工程施工质量验收统一标准》GB 50300－2013，经住房和城乡建设部 2013 年 11 月 1 日以第 193 号公告批准、发布。

本标准是在《建筑工程施工质量验收统一标准》GB 50300－2001 的基础上修订而成。上一版的主编单位是中国建筑科学研究院，参加单位是中国建筑业协会工程建设质量监督分会、国家建筑工程质量监督检验中心、北京市建筑工程质量监督总站、北京市城建集团有限责任公司、天津市建筑工程质量监督管理总站、上海市建设工程质量监督总站、深圳市建设工程质量监督检验总站、四川省华西集团总公司、陕西省建筑工程总公司、中国人民解放军工程质量监督总站。主要起草人是吴松勤、高小旺、何星华、白生翔、徐有邻、葛恒岳、刘国琦、王惠明、朱明德、杨南方、李子新、张鸿勋、刘俭。

本标准修订过程中，编制组进行了大量调查研究，鼓励"四新"技术的推广应用，提高检验批抽样检验的理论水平，解决建筑工程施工质量验收中的具体问题，丰富和完善了标准的内容。标准修订时与《建筑地基基础工程施工质量验收规范》GB 50202、《砌体结构工程施工质量验收规范》GB 50203、《建筑节能工程施工质量验收规范》GB 50411 等专业验收规范进行了协调沟通。

为便于广大设计、施工、科研、学校等单位有关人员在使用本标准时能正确理解和执行条文规定，《建筑工程施工质量验收统一标准》编制组按章、条顺序编制了本标准的条文说明，对条文规定的目的、依据以及在执行中应注意的有关事项进行了说明。但是，本条文说明不具备与标准正文同等的法律效力，仅供使用者作为理解和把握标准规定的参考。

# 目　次

# 1 总 则

**1.0.1** 本条是编制统一标准和建筑工程施工质量验收规范系列标准的宗旨和原则，以统一建筑工程施工质量的验收方法、程序和原则，达到确保工程质量的目的。本标准适用于施工质量的验收，设计和使用中的质量问题不属于本标准的范畴。

**1.0.2** 本标准主要包括两部分内容，第一部分规定了建筑工程各专业验收规范编制的统一准则。为了统一建筑工程各专业验收规范的编制，对检验批、分项工程、分部工程、单位工程的划分、质量指标的设置和要求、验收的程序与组织都提出了原则的要求，以指导和协调本系列标准各专业验收规范的编制。

第二部分规定了单位工程的验收，从单位工程的划分和组成，质量指标的设置到验收程序都做了具体规定。

**1.0.3** 建筑工程施工质量验收的有关标准还包括各专业验收规范、专业技术规程、施工技术标准、试验方法标准、检测技术标准、施工质量评价标准等。

# 2 术 语

本章中给出的 17 个术语，是本标准有关章节中所引用的。除本标准使用外，还可作为建筑工程各专业验收规范引用的依据。

在编写本章术语时，参考了《质量管理体系 基础和术语》GB/T 19000－2008、《建筑结构设计术语和符号标准》GB/T 50083－97、《统计学词汇及符号 第 1 部分：一般统计术语与用于概率的术语》GB/T 3358.1－2009、《统计学词汇及符号 第 2 部分：应用统计》GB/T 3358.2－2009 等国家标准中的相关术语。

本标准的术语是从本标准的角度赋予其含义的，主要是说明本术语所指的工程内容的含义。

# 3 基 本 规 定

**3.0.1** 建筑工程施工单位应建立必要的质量责任制度，应推行生产控制和合格控制的全过程质量控制，应有健全的生产控制和合格控制的质量管理体系。不仅包括原材料控制、工艺流程控制、施工操作控制、每道工序质量检查、相关工序间的交接检验以及专业工种之间等中间交接环节的质量管理和控制要求，还应包括满足施工图设计和功能要求的抽样检验制度等。施工单位还应通过内部的审核与管理者的评审，找出质量管理体系中存在的问题和薄弱环节，并制定改进的措施和跟踪检查落实等措施，使质量管理体系不断健全和完善，是使施工单位不断提高建筑工程施

工质量的基本保证。

同时施工单位应重视综合质量控制水平，从施工技术、管理制度、工程质量控制等方面制定综合质量控制水平指标，以提高企业整体管理、技术水平和经济效益。

**3.0.2** 根据《建设工程监理范围和规模标准规定》（建设部令第 86 号），对国家重点建设工程、大中型公用事业工程等必须实行监理。对于该规定包含范围以外的工程，也可由建设单位完成相应的施工质量控制及验收工作。

**3.0.3** 本条规定了建筑工程施工质量控制的主要方面：

**1** 用于建筑工程的主要材料、半成品、成品、建筑构配件、器具和设备的进场检验和重要建筑材料、产品的复验。为把握重点环节，要求对涉及安全、节能、环境保护和主要使用功能的重要材料、产品进行复检，体现了以人为本、节能、环保的理念和原则。

**2** 为保障工程整体质量，应控制每道工序的质量。目前各专业的施工技术规范正在编制，并陆续实施，施工单位可按照执行。考虑到企业标准的控制指标应严格于行业和国家标准指标，鼓励有能力的施工单位编制企业标准，并按照企业标准的要求控制每道工序的施工质量。施工单位完成每道工序后，除了自检、专职质量检查员检查外，还应进行工序交接检查，上道工序应满足下道工序的施工条件和要求；同样相关专业工序之间也应进行交接检验，使各工序之间和各相关专业工程之间形成有机的整体。

**3** 工序是建筑工程施工的基本组成部分，一个检验批可能由一道或多道工序组成。根据目前的验收要求，监理单位对工程质量控制到检验批，对工序的质量一般由施工单位通过自检予以控制，但为保证工程质量，对监理单位有要求的重要工序，应经监理工程师检查认可，才能进行下道工序施工。

**3.0.4** 本条规定了可适当调整抽样复验、试验数量的条件和要求。

**1** 相同施工单位在同一项目中施工的多个单位工程，使用的材料、构配件、设备等往往属于同一批次，如果按每一个单位工程分别进行复验、试验势必会造成重复，且必要性不大，因此规定可适当调整抽样复检、试验数量，具体要求可根据相关专业验收规范的规定执行。

**2** 施工现场加工的成品、半成品、构配件等符合条件时，可适当调整抽样复验、试验数量。但对施工安装后的工程质量应按分部工程的要求进行检测试验，不能减少抽样数量，如结构实体混凝土强度检测、钢筋保护层厚度检测等。

**3** 在实际工程中，同一专业内或不同专业之间对同一对象有重复检验的情况，并需分别填写验收资

料。例如混凝土结构隐蔽工程检验批和钢筋工程检验批，装饰装修工程和节能工程中对门窗的气密性试验等。因此本条规定可避免对同一对象的重复检验，可重复利用检验成果。

调整抽样复验、试验数量或重复利用已有检验成果应有具体的实施方案，实施方案应符合各专业验收规范的规定，并事先报监理单位认可。施工或监理单位认为必要时，也可不调整抽样复验、试验数量或不重复利用已有检验成果。

**3.0.5** 为适应建筑工程行业的发展，鼓励"四新"技术的推广应用，保证建筑工程验收的顺利进行，本条规定对国家、行业、地方标准没有具体验收要求的分项工程及检验批，可由建设单位组织制定专项验收要求，专项验收要求应符合设计意图，包括分项工程及检验批的划分、抽样方案、验收方法、判定指标等内容，监理、设计、施工等单位可参与制定。为保证工程质量，重要的专项验收要求应在实施前组织专家论证。

**3.0.6** 本条规定了建筑工程施工质量验收的基本要求：

**1** 工程质量验收的前提条件为施工单位自检合格，验收时施工单位对自检中发现的问题已完成整改。

**2** 参加工程施工质量验收的各方人员资格包括岗位、专业和技术职称等要求，具体要求应符合国家、行业和地方有关法律、法规及标准、规范的规定，尚无规定时可由参加验收的单位协商确定。

**3** 主控项目和一般项目的划分应符合各专业验收规范的规定。

**4** 见证检验的项目、内容、程序、抽样数量等应符合国家、行业和地方有关规范的规定。

**5** 考虑到隐蔽工程在隐蔽后难以检验，因此隐蔽工程在隐蔽前应进行验收，验收合格后方可继续施工。

**6** 本标准修订适当扩大抽样检验的范围，不仅包括涉及结构安全和使用功能的分部工程，还包括涉及节能、环境保护等的分部工程，具体内容可由各专业验收规范确定，抽样检验和实体检验结果应符合有关专业验收规范的规定。

**7** 观感质量可通过观察和简单的测试确定，观感质量的综合评价结果应由验收各方共同确认并达成一致。对影响观感及使用功能或质量评价为差的项目应进行返修。

**3.0.7** 本条明确给出了建筑工程施工质量验收合格的条件。需要指出的是，本标准及各专业验收规范提出的合格要求是对施工质量的最低要求，允许建设、设计等单位提出高于本标准及相关专业验收规范的验收要求。

**3.0.8** 对检验批的抽样方案可根据检验项目的特点进行选择。计量、计数检验可分为全数检验和抽样检验两类。对于重要且易于检查的项目，可采用简易快速的非破损检验方法时，宜选用全数检验。

本条在计量、计数抽样时引入了概率统计学的方法，提高抽样检验的理论水平，作为可采用的抽样方案之一。鉴于目前各专业验收规范在确定抽样数量时仍普遍采用基于经验的方法，本标准仍允许采用"经实践证明有效的抽样方案"。

**3.0.9** 本条规定了检验批的抽样要求。目前对施工质量的检验大多没有具体的抽样方案，样本选取的随意性较大，有时不能代表母体的质量情况。因此本条规定随机抽样应满足样本分布均匀、抽样具有代表性等要求。

对抽样数量的规定依据国家标准《计数抽样检验程序 第1部分：按接收质量限（AQL）检索的逐批检验抽样计划》GB/T 2828.1－2012，给出了检验批验收时的最小抽样数量，其目的是要保证验收检验具有一定的抽样量，并符合统计学原理，使抽样更具代表性。最小抽样数量有时不是最佳的抽样数量，因此本条规定抽样数量尚应符合有关专业验收规范的规定。表3.0.9适用于计数抽样的检验批，对计量-计数混合抽样的检验批可参考使用。

检验批中明显不合格的个体主要可通过肉眼观察或简单的测试确定，这些个体的检验指标往往与其他个体存在较大差异，纳入检验批后会增大验收结果的离散性，影响整体质量水平的统计。同时，也为了避免对明显不合格个体的人为忽略情况，本条规定对明显不合格的个体可不纳入检验批，但必须进行处理，使其符合规定。

**3.0.10** 关于合格质量水平的错判概率 $\alpha$，是指合格批被判为不合格的概率，即合格批被拒收的概率；漏判概率 $\beta$ 为不合格批被判为合格批的概率，即不合格批被误收的概率。抽样检验必然存在这两类风险，通过抽样检验的方法使检验批100%合格是不合理的也是不可能的，在抽样检验中，两类风险一向控制范围是：$\alpha = 1\% \sim 5\%$；$\beta = 5\% \sim 10\%$。对于主控项目，其 $\alpha$、$\beta$ 均不宜超过5%；对于一般项目，$\alpha$ 不宜超过5%，$\beta$ 不宜超过10%。

## 4 建筑工程质量验收的划分

**4.0.1** 验收时，将建筑工程划分为单位工程、分部工程、分项工程和检验批的方式已被采纳和接受，在建筑工程验收过程中应用情况良好，本次修订继续执行该划分方法。

**4.0.2** 单位工程应具有独立的施工条件和能形成独立的使用功能。在施工前可由建设、监理、施工单位商议确定，并据此收集整理施工技术资料和进行验收。

**4.0.3** 分部工程是单位工程的组成部分，一个单位工程往往由多个分部工程组成。

当分部工程量较大且较复杂时，为便于验收，可将其中相同部分的工程或能形成独立专业体系的工程划分成若干个子分部工程。

本次修订，增加了建筑节能分部工程。

**4.0.4** 分项工程是分部工程的组成部分，由一个或若干个检验批组成。

**4.0.5** 多层及高层建筑的分项工程可按楼层或施工段来划分检验批，单层建筑的分项工程可按变形缝等划分检验批；地基基础的分项工程一般划分为一个检验批，有地下层的基础工程可按不同地下层分划检验批；屋面工程的分项工程可按不同楼层屋面划分为不同的检验批；其他分部工程中的分项工程，一般按楼层划分检验批；对于工程量较少的分项工程可划为一个检验批。安装工程一般按一个设计系统或设备组别划分为一个检验批。室外工程一般划分为一个检验批。散水、台阶、明沟等含在地面检验批中。

按检验批验收有助于及时发现和处理施工中出现的质量问题，确保工程质量，也符合施工实际需要。

地基基础中的土方工程、基坑支护工程及混凝土结构工程中的模板工程，虽不构成建筑工程实体，但因其是建筑工程施工中不可缺少的重要环节和必要条件，其质量关系到建筑工程的质量和施工安全，因此将其列入施工验收的内容。

**4.0.6** 本次修订对分部工程、分项工程的设置进行了适当调整。

**4.0.7** 随着建筑工程领域的技术进步和建筑功能要求的提升，会出现一些新的验收项目，并需要有专门的分项工程和检验批与之相对应。对于本标准附录 B 及相关专业验收规范未涵盖的分项工程、检验批，可由建设单位组织监理、施工等单位在施工前根据工程具体情况协商确定，并据此整理施工技术资料和进行验收。

**4.0.8** 给出了室外工程的子单位工程、分部工程、分项工程的划分方法。

# 5 建筑工程质量验收

**5.0.1** 检验批是施工过程中条件相同并有一定数量的材料、构配件或安装项目，由于其质量水平基本均匀一致，因此可以作为检验的基本单元，并按批验收。

检验批是工程验收的最小单位，是分项工程、分部工程、单位工程质量验收的基础。检验批验收包括资料检查、主控项目和一般项目检验。

质量控制资料反映了检验批从原材料到最终验收的各施工工序的操作依据、检查情况以及保证质量所必需的管理制度等。对其完整性的检查，实际上是对过程控制的确认，是检验批合格的前提。

检验批的合格与否主要取决于对主控项目和一般项目的检验结果。主控项目是对检验批的基本质量起决定性影响的检验项目，须从严要求，因此要求主控项目必须全部符合有关专业验收规范的规定，这意味着主控项目不允许有不符合要求的检验结果。对于一般项目，虽然允许存在一定数量的不合格点，但某些不合格点的指标与合格要求偏差较大或存在严重缺陷时，仍将影响使用功能或观感质量，对这些部位应进行维修处理。

为了使检验批的质量满足安全和功能的基本要求，保证建筑工程质量，各专业验收规范应对各检验批的主控项目、一般项目的合格质量给予明确的规定。

依据《计数抽样检验程序 第 1 部分：按接收质量限（AQL）检索的逐批检验抽样计划》GB/T 2828.1－2012 给出了计数抽样正常检验一次抽样、二次抽样结果的判定方法。具体的抽样方案应按有关专业验收规范执行。如有关规范无明确规定时，可采用一次抽样方案，也可由建设、设计、监理、施工等单位根据检验对象的特征协商采用二次抽样方案。

举例说明表 D.0.1-1 和表 D.0.1-2 的使用方法：对于一般项目正常检验一次抽样，假设样本容量为 20，在 20 个试样中如果有 5 个或 5 个以下试样被判为不合格时，该检验批可判定为合格；当 20 个试样中有 6 个或 6 个以上试样被判为不合格时，则该检验批可判定为不合格。对于一般项目正常检验二次抽样，假设样本容量为 20，当 20 个试样中有 3 个或 3 个以下试样被判为不合格时，该检验批可判定为合格；当有 6 个或 6 个以上试样被判为不合格时，该检验批可判定为不合格；当有 4 或 5 个试样被判为不合格时，应进行第二次抽样，样本容量也为 20 个，两次抽样的样本容量为 40，当两次不合格试样之和为 9 或小于 9 时，该检验批可判定为合格，当两次不合格试样之和为 10 或大于 10 时，该检验批可判定为不合格。

表 D.0.1-1 和表 D.0.1-2 给出的样本容量不连续，对合格判定数有时需要进行取整处理。例如样本容量为 15，按表 D.0.1-1 插值得出的合格判定数为 3.571，取整可得合格判定数为 4，不合格判定数为 5。

**5.0.2** 分项工程的验收是以检验批为基础进行的。一般情况下，检验批和分项工程两者具有相同或相近的性质，只是批量的大小不同而已。分项工程质量合格的条件是构成分项工程的各检验批验收资料齐全完整，且各检验批均已验收合格。

**5.0.3** 分部工程的验收是以所含各分项工程验收为基础进行的。首先，组成分部工程的各分项工程已验收合格且相应的质量控制资料齐全、完整。此外，由于各分项工程的性质不尽相同，因此作为分部工程不能简单地组合而加以验收，尚须进行以下两类检查项目：

    1　涉及安全、节能、环境保护和主要使用功能的地基与基础、主体结构和设备安装等分部工程应进行有关的见证检验或抽样检验。

    2　以观察、触摸或简单量测的方式进行观感质量验收，并结合验收人的主观判断，检查结果并不给出"合格"或"不合格"的结论，而是综合给出"好"、"一般"、"差"的质量评价结果。对于"差"的检查点应进行返修处理。

**5.0.4**　单位工程质量验收也称质量竣工验收，是建筑工程投入使用前的最后一次验收，也是最重要的一次验收。验收合格的条件有以下五个方面：

    1　构成单位工程的各分部工程应验收合格。

    2　有关的质量控制资料应完整。

    3　涉及安全、节能、环境保护和主要使用功能的分部工程检验资料应复查合格，这些检验资料与质量控制资料同等重要。资料复查要全面检查其完整性，不得有漏检缺项，其次复核分部工程验收时要补充进行的见证抽样检验报告，这体现了对安全和主要使用功能等的重视。

    4　对主要使用功能应进行抽查。这是对建筑工程和设备安装工程质量的综合检验，也是用户最为关心的内容，体现了本标准完善手段、过程控制的原则，也将减少工程投入使用后的质量投诉和纠纷。因此，在分项、分部工程验收合格的基础上，竣工验收时再作全面检查。抽查项目是在检查资料文件的基础上由参加验收的各方人员商定，并用计量、计数的方法抽样检验，检验结果应符合有关专业验收规范的规定。

    5　观感质量应通过验收。观感质量检查须由参加验收的各方人员共同进行，最后共同协商确定是否通过验收。

**5.0.5**　检验批验收时，应进行现场检查并填写现场验收检查原始记录。该原始记录应由专业监理工程师和施工单位专业质量检查员、专业工长共同签署，并在单位工程竣工验收前存档备查，保证该记录的可追溯性。现场验收检查原始记录的格式可由施工、监理等单位确定，包括检查项目、检查位置、检查结果等内容。

    检验批质量验收记录应根据现场验收检查原始记录按附录E的格式填写，并由专业监理工程师和施工单位专业质量检查员、专业工长在检验批质量验收记录上签字，完成检验批的验收。

    附录E和附录F及附录G分别规定了检验批、分项工程、分部工程验收记录的填写要求，为各专业验收规范提供了表格的基本格式，具体内容应由各专业验收规范规定。

    附录H规定了单位工程质量验收记录的填写要求。单位工程观感质量检查记录中的质量评价结果填写"好"、"一般"或"差"，可由各方协商确定，也可按以下原则确定：项目检查点中有1处或多于1处"差"可评价为"差"，有60%及以上的检查点"好"可评价为"好"，其余情况可评价为"一般"。

**5.0.6**　一般情况下，不合格现象在检验批验收时就应发现并及时处理，但实际工程中不能完全避免不合格情况的出现，本条给出了当质量不符合要求时的处理办法：

    1　检验批验收时，对于主控项目不能满足验收规范规定或一般项目超过偏差限值的样本数量不符合验收规定时，应及时进行处理。其中，对于严重的缺陷应重新施工，一般的缺陷可通过返修、更换予以解决，允许施工单位在采取相应的措施后重新验收。如能够符合相应的专业验收规范要求，应认为该检验批合格。

    2　当个别检验批发现问题，难以确定能否验收时，应请具有资质的法定检测机构进行检测鉴定。当鉴定结果认为能够达到设计要求时，该检验批应可以通过验收。这种情况通常出现在某检验批的材料试块强度不满足设计要求时。

    3　如经检测鉴定达不到设计要求，但经原设计单位核算、鉴定，仍可满足相关设计规范和使用功能要求时，该检验批可予以验收。这主要是因为一般情况下，标准、规范的规定是满足安全和功能的最低要求，而设计往往在此基础上留有一些余量。在一定范围内，会出现不满足设计要求而符合相应规范要求的情况，两者并不矛盾。

    4　经法定检测机构检测鉴定后认为达不到规范的相应要求，即不能满足最低限度的安全储备和使用功能时，则必须进行加固或处理，使之能满足安全使用的基本要求。这样可能会造成一些永久性的影响，如增大结构外形尺寸，影响一些次要的使用功能。但为了避免建筑物的整体或局部拆除，避免社会财富更大的损失，在不影响安全和主要使用功能条件下，可按技术处理方案和协商文件进行验收，责任方应按法律法规承担相应的经济责任和接受处罚。需要特别注意的是，这种方法不能作为降低质量要求、变相通过验收的一种出路。

**5.0.7**　工程施工时应确保质量控制资料齐全完整，但实际工程中偶尔会遇到因遗漏检验或资料丢失而导致部分施工验收资料不全的情况，使工程无法正常验收。对此可有针对性地进行工程质量检验，采取实体检测或抽样试验的方法确定工程质量状况。上述工作应由有资质的检测机构完成，出具的检验报告可用于施工质量验收。

**5.0.8**　分部工程及单位工程经返修或加固处理后仍不能满足安全或重要的使用功能时，表明工程质量存在严重的缺陷。重要的使用功能不满足要求时，将导致建筑物无法正常使用，安全不满足要求时，将危及人身健康或财产安全，严重时会给社会带来巨大的安全隐患，因此对这类工程严禁通过验收，更不得擅自投入使用，需要专门研究处置方案。

# 6　建筑工程质量验收的程序和组织

**6.0.1**　检验批验收是建筑工程施工质量验收的最基本层次，是单位工程质量验收的基础，所有检验批均应由专业监理工程师组织验收。验收前，施工单位应完成自检，对存在的问题自行整改处理，然后申请专业监理工程师组织验收。

**6.0.2**　分项工程由若干个检验批组成，也是单位工程质量验收的基础。验收时在专业监理工程师组织下，可由施工单位项目技术负责人对所有检验批验收记录进行汇总，核查无误后报专业监理工程师审查，确认符合要求后，由项目专业技术负责人在分项工程质量验收记录中签字，然后由专业监理工程师签字通过验收。

在分项工程验收中，如果对检验批验收结论有怀疑或异议时，应进行相应的现场检查核实。

**6.0.3**　本条给出了分部工程验收组织的基本规定。就房屋建筑工程而言，在所包含的十个分部工程中，参加验收的人员可有以下三种情况：

　**1**　除地基基础、主体结构和建筑节能三个分部工程外，其他七个分部工程的验收组织相同，即由总监理工程师组织，施工单位项目负责人和项目技术负责人等参加。

　**2**　由于地基与基础分部工程情况复杂，专业性强，且关系到整个工程的安全，为保证质量，严格把关，规定勘察、设计单位项目负责人应参加验收，并要求施工单位技术、质量部门负责人也应参加验收。

　**3**　由于主体结构直接影响使用安全，建筑节能是基本国策，直接关系到国家资源战略、可持续发展等，故这两个分部工程，规定设计单位项目负责人应参加验收，并要求施工单位技术、质量部门负责人也应参加验收。

参加验收的人员，除指定的人员必须参加验收外，允许其他相关人员共同参加验收。

由于各施工单位的机构和岗位设置不同，施工单位技术、质量负责人允许是两位人员，也可以是一位人员。

勘察、设计单位项目负责人应为勘察、设计单位负责本工程项目的专业负责人，不应由与本项目无关或不了解本项目情况的其他人员、非专业人员代替。

**6.0.4**　《建设工程承包合同》的双方主体是建设单位和总承包单位，总承包单位应按照承包合同的权利义务对建设单位负责。总承包单位可以根据需要将建设工程的一部分依法分包给其他具有相应资质的单位，分包单位对总承包单位负责，亦应对建设单位负责。总承包单位就分包单位完成的项目向建设单位承担连带责任。因此，分包单位对承建的项目进行验收时，总承包单位应参加，检验合格后，分包单位应将工程的有关资料整理完整后移交给总承包单位，建设单位组织单位工程质量验收时，分包单位负责人应参加验收。

**6.0.5**　单位工程完成后，施工单位应首先依据验收规范、设计图纸等组织有关人员进行自检，对检查发现的问题进行必要的整改。监理单位应根据本标准和《建设工程监理规范》GB/T 50319 的要求对工程进行竣工预验收。符合规定后由施工单位向建设单位提交工程竣工报告和完整的质量控制资料，申请建设单位组织竣工验收。

工程竣工预验收由总监理工程师组织，各专业监理工程师参加，施工单位由项目经理、项目技术负责人等参加，其他各单位人员可不参加。工程预验收除参加人员与竣工验收不同外，其方法、程序、要求等均应与工程竣工验收相同。竣工预验收的表格格式可参照工程竣工验收的表格格式。

**6.0.6**　单位工程竣工验收是依据国家有关法律、法规及规范、标准的规定，全面考核建设工作成果，检查工程质量是否符合设计文件和合同约定的各项要求。竣工验收通过后，工程将投入使用，发挥其投资效应，也将与使用者的人身健康或财产安全密切相关。因此工程建设的参与单位应对竣工验收给予足够的重视。

单位工程质量验收应由建设单位项目负责人组织，由于勘察、设计、施工、监理单位都是责任主体，因此各单位项目负责人应参加验收，考虑到施工单位对工程负有直接生产责任，而施工项目部不是法人单位，故施工单位的技术、质量负责人也应参加验收。

在一个单位工程中，对满足生产要求或具备使用条件，施工单位已自行检验，监理单位已预验收的子单位工程，建设单位可组织进行验收。由几个施工单位负责施工的单位工程，当其中的子单位工程已按设计要求完成，并经自行检验，也可按规定的程序组织正式验收，办理交工手续。在整个单位工程验收时，已验收的子单位工程验收资料应作为单位工程验收的附件。

中华人民共和国国家标准

# 建筑地基基础工程施工质量验收规范

Code for acceptance of construction quality
of building foundation

GB 50202—2002

主编部门：上海市建设和管理委会员
批准部门：中华人民共和国建设部
施行日期：２００２年５月１日

# 关于发布国家标准《建筑地基基础工程施工质量验收规范》的通知

## 建标〔2002〕79号

根据建设部《关于印发〈一九九七年工程建设标准制订、修订计划〉的通知》（建标〔1997〕108号）的要求，上海市建设和管理委员会会同有关部门共同修订了《建筑地基基础工程施工质量验收规范》。我部组织有关部门对该规范进行了审查，现批准为国家标准，编号为 GB 50202—2002，自 2002 年 5 月 1 日起施行。其中，4.1.5、4.1.6、5.1.3、5.1.4、5.1.5、7.1.3、7.1.7 为强制性条文，必须严格执行。原《地基与基础工程施工及验收规范》GBJ 202—83 和《土方与爆破工程施工及验收规范》GBJ 201—83 中有关"土方工程"部分同时废止。

本规范由建设部负责管理和对强制性条文的解释，上海市基础工程公司负责具体技术内容的解释，建设部标准定额研究所组织中国计划出版社出版发行。

中华人民共和国建设部

二〇〇二年四月一日

# 前　　言

本规范是根据建设部《关于印发〈一九九七年工程建设标准制订、修订计划〉的通知》〔建标（1997）108号〕的要求，由上海建工集团总公司所属上海市基础工程公司会同有关单位共同对原国家标准《地基与基础工程施工及验收规范》GBJ 202—83 修订而成的。

在修订过程中，规范编制组开展了专题研究，进行了比较广泛的调查研究，总结了多年的地基与基础工程设计、施工的经验，适当考虑了近几年已成熟应用的新技术，按照"验评分离、强化验收、完善手段、过程控制"的方针，进行全面修改，形成了初稿，又以多种方式广泛征求了全国有关单位的意见，对主要问题进行了反复修改，最后经审定定稿。

本规范主要内容分 8 章，包括总则、术语、基本规定、地基、桩基础、土方工程、基坑工程及工程验收等内容。其中土方工程是将原《土方与爆破工程施工及验收规范》GBJ 201—83 中的土方工程内容予以修改后放入了本规范，基坑工程是为适应新的形势而增添的内容。

本规范将来可能需要进行局部修订，有关局部修订的信息和条文内容将刊登在《工程建设标准化》杂志上。

本规范以黑体字标志的条文为强制性条文，必须严格执行。

为了提高规范质量，请各单位在执行本标准的过程中，注意总结经验，积累资料，随时将有关的意见和建议反馈给上海市基础工程公司（上海市江西中路 406 号、邮编：200002、E-mail：zgs@ sfec. sh. cn），以供今后修订时参考。

本规范主编单位、参编单位和主要起草人：

**主 编 单 位：** 上海市基础工程公司

**参 编 单 位：** 中国建筑科学研究院地基所

　　　　　　　中港三航设计研究院

　　　　　　　建设部综合勘察研究设计院

　　　　　　　同济大学

**主要起草人：** 桂亚琨　叶柏荣　吴春林　李耀刚

　　　　　　　李耀良　陈希泉　高宏兴　郭书泰

　　　　　　　缪俊发　李康俊　邱式中　钱建敏

　　　　　　　刘德林

# 目 次

# 1 总 则

**1.0.1** 为加强工程质量监督管理，统一地基基础工程施工质量的验收，保证工程质量，制定本规范。

**1.0.2** 本规范适用于建筑工程的地基基础工程施工质量验收。

**1.0.3** 地基基础工程施工中采用的工程技术文件、承包合同文件对施工质量验收的要求不得低于本规范的规定。

**1.0.4** 本规范应与现行国家标准《建筑工程施工质量验收统一标准》GB 50300 配套使用。

**1.0.5** 地基基础工程施工质量的验收除应执行本规范外，尚应符合国家现行有关标准规范的规定。

# 2 术 语

**2.0.1 土工合成材料地基 geosynthetics foundation**
在土工合成材料上填以土（砂土料）构成建筑物的地基，土工合成材料可以是单层，也可以是多层。一般为浅层地基。

**2.0.2 重锤夯实地基 heavy tamping foundation**
利用重锤自由下落时的冲击能来夯实浅层填土地基，使表面形成一层较为均匀的硬层来承受上部载荷。强夯的锤击与落距要远大于重锤夯实地基。

**2.0.3 强夯地基 dynamic consolidation foundation**
工艺与重锤夯实地基类同，但锤重与落距要远大于重锤夯实地基。

**2.0.4 注浆地基 grouting foundation**
将配置好的化学浆液或水泥浆液，通过导管注入土体孔隙中，与土体结合，发生物化反应，从而提高土体强度，减小其压缩性和渗透性。

**2.0.5 预压地基 preloading foundation**
在原状土上加载，使土中水排出，以实现土的预先固结，减少建筑物地基后期沉降和提高地基承载力。按加载方法的不同，分为堆载预压、真空预压、降水预压三种不同方法的预压地基。

**2.0.6 高压喷射注浆地基 jet grouting foundation**
利用钻机把带有喷嘴的注浆管钻至土层的预定位置或先钻孔后将注浆管放至预定位置，以高压使浆液或水从喷嘴中射出，边旋转边喷射的浆液，使土体与浆液搅拌混合形成一固结体。施工采用单独喷出水泥浆的工艺，称为单管法；施工采用同时喷出高压空气与水泥浆的工艺，称为二管法；施工采用同时喷出高压水、高压空气及水泥浆的工艺，称为三管法。

**2.0.7 水泥土搅拌桩地基 soil-cement mixed pile foundation**
利用水泥作为固化剂，通过搅拌机械将其与地基土强制搅拌，硬化后构成的地基。

**2.0.8 土与灰土挤密桩地基 soil-lime compacted column**
在原土中成孔后分层填以素土或灰土，并夯实，使填土压密，同时挤密周围土体，构成坚实的地基。

**2.0.9 水泥粉煤灰、碎石桩 cement flyash gravel pile**
用长螺旋钻孔钻机成孔或沉管桩机成孔后，将水泥、粉煤灰、碎石混合搅拌后，泵压或经下料斗投入孔内，构成密实的桩体。

**2.0.10 锚杆静压桩 pressed pile by anchor rod**
利用锚杆将桩分节压入土层中的沉桩工艺。锚杆可用垂直土锚或临时锚在混凝土底板、承台中的地锚。

# 3 基 本 规 定

**3.0.1** 地基基础工程施工前，必须具备完备的地质勘察资料及工程附近管线、建筑物、构筑物和其他公共设施的构造情况，必要时应作施工勘察和调查以确保工程质量及临近建筑的安全。施工勘察要点详见附录 A。

**3.0.2** 施工单位必须具备相应专业资质，并应建立完善的质量管理体系和质量检验制度。

**3.0.3** 从事地基基础工程检测及见证试验的单位，必须具备省级以上（含省、自治区、直辖市）建设行政主管部门颁发的资质证书和计量行政主管部门颁发的计量认证合格证书。

**3.0.4** 地基基础工程是分部工程，如有必要，根据现行国家标准《建筑工程施工质量验收统一标准》GB 50300 规定，可再划分若干个子分部工程。

**3.0.5** 施工过程中出现异常情况时，应停止施工，由监理或建设单位组织勘察、设计、施工等有关单位共同分析情况，解决问题，消除质量隐患，并应形成文件资料。

# 4 地 基

## 4.1 一 般 规 定

**4.1.1** 建筑物地基的施工应具备下述资料：

1 岩土工程勘察资料。

2 临近建筑物和地下设施类型、分布及结构质量情况。

3 工程设计图纸、设计要求及需达到的标准，检验手段。

**4.1.2** 砂、石子、水泥、钢材、石灰、粉煤灰等原材料的质量、检验项目、批量和检验方法，应符合国家现行标准的规定。

**4.1.3** 地基施工结束，宜在一个间歇期后，进行质量验收，间歇期由设计确定。

**4.1.4** 地基加固工程，应在正式施工前进行试验段施工，论证设定的施工参数及加固效果。为验证加固效果所进行的载荷试验，其施加载荷应不低于设计载荷的 2 倍。

**4.1.5** 对灰土地基、砂和砂石地基、土工合成材料地基、粉煤灰地基、强夯地基、注浆地基、预压地基，其竣工后的结果（地基强度或承载力）必须达到设计要求的标准。检验数量，每单位工程不应少于 3 点，1000m² 以上工程，每 100m² 至少应有 1 点，3000m² 以上工程，每 300m² 至少应有 1 点。每一独立基础下至少应有 1 点，基槽每 20 延米应有 1 点。

**4.1.6** 对水泥土搅拌桩复合地基、高压喷射注浆桩复合地基、砂桩地基、振冲桩复合地基、土和灰土挤密桩复合地基、水泥粉煤灰碎石桩复合地基及夯实水泥土桩复合地基，其承载力检验，数量为总数的 0.5%～1%，但不应少于 3 处。有单桩强度检验要求时，数量为总数的 0.5%～1%，但不应少于 3 根。

**4.1.7** 除本规范第 4.1.5、4.1.6 条指定的主控项目外，其他主控项目及一般项目可随意抽查，但复合地基中的水泥土搅拌桩、高压喷射注浆桩、振冲桩、土和灰土挤密桩、水泥粉煤灰碎石桩及夯实水泥土桩至少应抽查 20%。

## 4.2 灰 土 地 基

**4.2.1** 灰土土料、石灰或水泥（当水泥替代灰土中的石灰时）等材料及配合比应符合设计要求，灰土应搅拌均匀。

**4.2.2** 施工过程中应检查分层铺设的厚度、分段施工时上下两层的搭接长度、夯实时加水量、夯压遍数、压实系数。

**4.2.3** 施工结束后，应检验灰土地基的承载力。

**4.2.4** 灰土地基的质量验收标准应符合表 4.2.4 的规定。

表 4.2.4 灰土地基质量检验标准

| 项 | 序 | 检查项目 | 允许偏差或允许值 | | 检查方法 |
|---|---|---|---|---|---|
| | | | 单位 | 数值 | |
| 主控项目 | 1 | 地基承载力 | 设计要求 | | 按规定方法 |
| | 2 | 配合比 | 设计要求 | | 按拌和时的体积比 |
| | 3 | 压实系数 | 设计要求 | | 现场实测 |
| 一般项目 | 1 | 石灰粒径 | mm | ≤5 | 筛分法 |
| | 2 | 土料有机质含量 | % | ≤5 | 试验室焙烧法 |
| | 3 | 土颗粒粒径 | mm | ≤15 | 筛分法 |
| | 4 | 含水量(与要求的最优含水量比较) | % | ±2 | 烘干法 |
| | 5 | 分层厚度偏差(与设计要求比较) | mm | ±50 | 水准仪 |

## 4.3 砂和砂石地基

**4.3.1** 砂、石等原材料质量、配合比应符合设计要求,砂、石应搅拌均匀。

**4.3.2** 施工过程中必须检查分层厚度、分段施工时搭接部分的压实情况、加水量、压实遍数、压实系数。

**4.3.3** 施工结束后,应检验砂石地基的承载力。

**4.3.4** 砂和砂石地基的质量验收标准应符合表 4.3.4 的规定。

表 4.3.4 砂及砂石地基质量检验标准

| 项 | 序 | 检查项目 | 允许偏差或允许值 | | 检查方法 |
|---|---|---|---|---|---|
| | | | 单位 | 数值 | |
| 主控项目 | 1 | 地基承载力 | 设计要求 | | 按规定方法 |
| | 2 | 配合比 | 设计要求 | | 检查拌和时的体积比或重量比 |
| | 3 | 压实系数 | 设计要求 | | 现场实测 |
| 一般项目 | 1 | 砂石料有机质含量 | % | ≤5 | 焙烧法 |
| | 2 | 砂石料含泥量 | % | ≤5 | 水洗法 |
| | 3 | 石料粒径 | mm | ≤100 | 筛分法 |
| | 4 | 含水量(与最优含水量比较) | % | ±2 | 烘干法 |
| | 5 | 分层厚度(与设计要求比较) | mm | ±50 | 水准仪 |

## 4.4 土工合成材料地基

**4.4.1** 施工前应对土工合成材料的物理性能(单位面积的质量、厚度、比重)、强度、延伸率以及土、砂石料等做检验。土工合成材料以 100m² 为一批,每批应抽查 5%。

**4.4.2** 施工过程中应检查清基、回填料铺设厚度及平整度、土工合成材料的铺设方向、接缝搭接长度或缝接状况、土工合成材料与结构的连接状况等。

**4.4.3** 施工结束后,应进行承载力检验。

**4.4.4** 土工合成材料地基质量检验标准应符合表 4.4.4 的规定。

表 4.4.4 土工合成材料地基质量检验标准

| 项 | 序 | 检查项目 | 允许偏差或允许值 | | 检查方法 |
|---|---|---|---|---|---|
| | | | 单位 | 数值 | |
| 主控项目 | 1 | 土工合成材料强度 | % | ≤5 | 置于夹具上做拉伸试验(结果与设计标准相比) |
| | 2 | 土工合成材料延伸率 | % | ≤3 | 置于夹具上做拉伸试验(结果与设计标准相比) |
| | 3 | 地基承载力 | 设计要求 | | 按规定方法 |
| 一般项目 | 1 | 土工合成材料搭接长度 | mm | ≥300 | 用钢尺量 |
| | 2 | 土石料有机质含量 | % | ≤5 | 焙烧法 |
| | 3 | 层面平整度 | | ≤20 | 用 2m 靠尺 |
| | 4 | 每层铺设厚度 | mm | ±25 | 水准仪 |

## 4.5 粉煤灰地基

**4.5.1** 施工前应检查粉煤灰材料,并对基槽清底状况、地质条件予以检验。

**4.5.2** 施工过程中应检查铺筑厚度、碾压遍数、施工含水量控制、搭接区碾压程度、压实系数等。

**4.5.3** 施工结束后,应检验地基的承载力。

**4.5.4** 粉煤灰地基质量检验标准应符合表 4.5.4 的规定。

表 4.5.4 粉煤灰地基质量检验标准

| 项 | 序 | 检查项目 | 允许偏差或允许值 | | 检查方法 |
|---|---|---|---|---|---|
| | | | 单位 | 数值 | |
| 主控项目 | 1 | 压实系数 | 设计要求 | | 现场实测 |
| | 2 | 地基承载力 | 设计要求 | | 按规定方法 |

续表 4.5.4

| 项 | 序 | 检查项目 | 允许偏差或允许值 | | 检查方法 |
|---|---|---|---|---|---|
| | | | 单位 | 数值 | |
| 一般项目 | 1 | 粉煤灰粒径 | mm | 0.001~2.000 | 过筛 |
| | 2 | 氧化铝及二氧化硅含量 | % | ≥70 | 试验室化学分析 |
| | 3 | 烧失量 | % | ≤12 | 试验室烧结法 |
| | 4 | 每层铺筑厚度 | mm | ±50 | 水准仪 |
| | 5 | 含水量(与最优含水量比较) | % | ±2 | 取样后试验室确定 |

## 4.6 强夯地基

**4.6.1** 施工前应检查夯锤重量、尺寸,落距控制手段,排水设施及被夯地基的土质。

**4.6.2** 施工中应检查落距、夯击遍数、夯点位置、夯击范围。

**4.6.3** 施工结束后,检查被夯地基的强度并进行承载力检验。

**4.6.4** 强夯地基质量检验标准应符合表 4.6.4 的规定。

表 4.6.4 强夯地基质量检验标准

| 项 | 序 | 检查项目 | 允许偏差或允许值 | | 检查方法 |
|---|---|---|---|---|---|
| | | | 单位 | 数值 | |
| 主控项目 | 1 | 地基强度 | 设计要求 | | 按规定方法 |
| | 2 | 地基承载力 | 设计要求 | | 按规定方法 |
| 一般项目 | 1 | 夯锤落距 | mm | ±300 | 钢索设标志 |
| | 2 | 锤重 | kg | ±100 | 称重 |
| | 3 | 夯击遍数及顺序 | 设计要求 | | 计数法 |
| | 4 | 夯点间距 | mm | ±500 | 用钢尺量 |
| | 5 | 夯击范围(超出基础范围距离) | 设计要求 | | 用钢尺量 |
| | 6 | 前后两遍间歇时间 | 设计要求 | | |

## 4.7 注浆地基

**4.7.1** 施工前应掌握有关技术文件(注浆点位置、浆液配比、注浆施工技术参数、检测要求等)。浆液组成材料的性能应符合设计要求,注浆设备应确保正常运转。

**4.7.2** 施工中应经常抽查浆液的配比及主要性能指标,注浆的顺序、注浆过程中的压力控制等。

**4.7.3** 施工结束后,应检查注浆体强度、承载力等。检查孔数为总量的 2%~5%,不合格率大于或等于 20% 时应进行二次注浆。检验应在注浆后 15d(砂土、黄土)或 60d(粘性土)进行。

**4.7.4** 注浆地基的质量检验标准应符合表 4.7.4 的规定。

表 4.7.4　注浆地基质量检验标准

| 项 | 序 | 检查项目 | | 允许偏差或允许值 | | 检查方法 |
|---|---|---|---|---|---|---|
| | | | | 单位 | 数值 | |
| 主控项目 | 1 | 原材料检验 | 水泥 | 设计要求 | | 查产品合格证书或抽样送检 |
| | | | 注浆用砂：粒径<br>细度模数<br>含泥量及有机物含量 | mm<br>%<br>% | <2.5<br><2.0<br><3 | 试验室试验 |
| | | | 注浆用粘土：塑性指数<br>粘粒含量<br>含砂量<br>有机物含量 | %<br>%<br>%<br>% | >14<br>>25<br><5<br><3 | 试验室试验 |
| | | | 粉煤灰：细度<br>烧失量 | 不粗于同时使用的水泥<br>% | <br><3 | 试验室试验 |
| | | | 水玻璃：模数 | 2.5～3.3 | | 抽样送检 |
| | | | 其他化学浆液 | 设计要求 | | 查产品合格证书或抽样送检 |
| | 2 | 注浆体强度 | | 设计要求 | | 取样检验 |
| | 3 | 地基承载力 | | 设计要求 | | 按规定方法 |
| 一般项目 | 1 | 各种注浆材料称量误差 | | % | <3 | 抽查 |
| | 2 | 注浆孔位 | | mm | ±20 | 用钢尺量 |
| | 3 | 注浆孔深 | | mm | ±100 | 量测注浆管长度 |
| | 4 | 注浆压力（与设计参数比） | | % | ±10 | 检查压力表读数 |

## 4.8　预压地基

**4.8.1**　施工前应检查施工监测措施，沉降、孔隙水压力等原始数据，排水设施，砂井（包括袋装砂井）、塑料排水带等位置。塑料排水带的质量标准应符合本规范附录 B 的规定。

**4.8.2**　堆载施工应检查堆载高度、沉降速率。真空预压施工应检查密封膜的密封性能、真空表读数等。

**4.8.3**　施工结束后，应检查地基土的强度及要求达到的其他物理力学指标，重要建筑物地基应做承载力检验。

**4.8.4**　预压地基和塑料排水带质量检验标准应符合表 4.8.4 的规定。

表 4.8.4　预压地基和塑料排水带质量检验标准

| 项 | 序 | 检查项目 | 允许偏差或允许值 | | 检查方法 |
|---|---|---|---|---|---|
| | | | 单位 | 数值 | |
| 主控项目 | 1 | 预压载荷 | % | ≤2 | 水准仪 |
| | 2 | 固结度（与设计要求比） | % | ≤2 | 根据设计要求采用不同的方法 |
| | 3 | 承载力或其他性能指标 | 设计要求 | | 按规定方法 |
| 一般项目 | 1 | 沉降速率（与控制值比） | % | ±10 | 水准仪 |
| | 2 | 砂井或塑料排水带位置 | mm | ±100 | 用钢尺量 |
| | 3 | 砂井或塑料排水带插入深度 | mm | ±200 | 插入时用经纬仪检查 |
| | 4 | 插入塑料排水带时的回带长度 | mm | ≤500 | 用钢尺量 |
| | 5 | 塑料排水带或砂井高出砂垫层距离 | mm | ≥200 | 用钢尺量 |
| | 6 | 插入塑料排水带的回带根数 | % | <5 | 目测 |

注：如真空预压，主控项目中预压载荷的检查为真空度降低值<2%。

## 4.9　振冲地基

**4.9.1**　施工前应检查振冲器的性能，电流表、电压表的准确度及填料的性能。

**4.9.2**　施工中应检查密实电流、供水压力、供水量、填料量、孔底留振时间、振冲点位置、振冲器施工参数等（施工参数由振冲试验或设计确定）。

**4.9.3**　施工结束后，应在有代表性的地段做地基强度或地基承载力检验。

**4.9.4**　振冲地基质量检验标准应符合表 4.9.4 的规定。

表 4.9.4　振冲地基质量检验标准

| 项 | 序 | 检查项目 | 允许偏差或允许值 | | 检查方法 |
|---|---|---|---|---|---|
| | | | 单位 | 数值 | |
| 主控项目 | 1 | 填料粒径 | 设计要求 | | 抽样检查 |
| | 2 | 密实电流（粘性土） | A | 50～55 | 电流表读数 |
| | | 密实电流（砂性土或粉土）（以上为功率30kW振冲器） | A | 40～50 | |
| | | 密实电流（其他类型振冲器） | $A_0$ | 1.5～2.0 | 电流表读数，$A_0$为空振电流 |
| | 3 | 地基承载力 | 设计要求 | | 按规定方法 |
| 一般项目 | 1 | 填料含量 | % | <5 | 抽样检查 |
| | 2 | 振冲器喷水中心与孔径中心偏差 | mm | ≤50 | 用钢尺量 |
| | 3 | 成孔中心与设计孔位中心偏差 | mm | ≤100 | 用钢尺量 |
| | 4 | 桩体直径 | mm | <50 | 用钢尺量 |
| | 5 | 孔深 | mm | ±200 | 量钻杆或重锤测 |

## 4.10　高压喷射注浆地基

**4.10.1**　施工前应检查水泥、外掺剂等的质量，桩位，压力表、流量表的精度和灵敏度，高压喷射设备的性能等。

**4.10.2**　施工中应检查施工参数（压力、水泥浆量、提升速度、旋转速度等）及施工程序。

**4.10.3**　施工结束后，应检验桩体强度、平均直径、桩身中心位置、桩体质量及承载力等。桩体质量及承载力检验应在施工结束后28d进行。

**4.10.4**　高压喷射注浆地基质量检验标准应符合表 4.10.4 的规定。

表 4.10.4　高压喷射注浆地基质量检验标准

| 项 | 序 | 检查项目 | 允许偏差或允许值 | | 检查方法 |
|---|---|---|---|---|---|
| | | | 单位 | 数值 | |
| 主控项目 | 1 | 水泥及外掺剂质量 | 符合出厂要求 | | 查产品合格证书或抽样送检 |
| | 2 | 水泥用量 | 设计要求 | | 查看流量表及水泥浆水灰比 |
| | 3 | 桩体强度或完整性检验 | 设计要求 | | 按规定方法 |
| | 4 | 地基承载力 | 设计要求 | | 按规定方法 |
| 一般项目 | 1 | 钻孔位置 | mm | ≤50 | 用钢尺量 |
| | 2 | 钻孔垂直度 | % | ≤1.5 | 经纬仪测钻杆或实测 |
| | 3 | 孔深 | mm | ±200 | 用钢尺量 |
| | 4 | 注浆压力 | 按设定参数指标 | | 查看压力表 |
| | 5 | 桩体搭接 | mm | >200 | 用钢尺量 |
| | 6 | 桩体直径 | mm | ≤50 | 开挖后用钢尺量 |
| | 7 | 桩身中心允许偏差 | ≤0.2D | | 开挖后桩顶下500mm处用钢尺量，D为桩径 |

## 4.11　水泥土搅拌桩地基

**4.11.1**　施工前应检查水泥及外掺剂的质量、桩位、搅拌机工作性能及各种计量设备完好程度（主要是水泥浆流量计及其他计量装置）。

**4.11.2**　施工中应检查机头提升速度、水泥浆或水泥注入量、搅拌桩的长度及标高。

**4.11.3**　施工结束后，应检查桩体强度、桩体直径及地基承载力。

**4.11.4**　进行强度检验时，对承重水泥土搅拌桩应取90d后的试件；对支护水泥土搅拌桩应取28d后的试件。

**4.11.5**　水泥土搅拌桩地基质量检验标准应符合表 4.11.5 的规定。

表 4.11.5　水泥土搅拌桩地基质量检验标准

| 项 | 序 | 检查项目 | 允许偏差或允许值 | | 检查方法 |
|---|---|---|---|---|---|
| | | | 单位 | 数值 | |
| 主控项目 | 1 | 水泥及外掺剂质量 | 设计要求 | | 查产品合格证书或抽样送检 |
| | 2 | 水泥用量 | 参数指标 | | 查看流量计 |
| | 3 | 桩体强度 | 设计要求 | | 按规定办法 |
| | 4 | 地基承载力 | 设计要求 | | 按规定办法 |
| 一般项目 | 1 | 机头提升速度 | m/min | ≤0.5 | 量机头上升距离及时间 |
| | 2 | 桩底标高 | mm | ±200 | 测头深度 |
| | 3 | 桩顶标高 | mm | +100 -50 | 水准仪(最上部500mm不计入) |
| | 4 | 桩位偏差 | | <50 | 用钢尺量 |
| | 5 | 桩径 | | <0.04$D$ | 用钢尺量,$D$为桩径 |
| | 6 | 垂直度 | % | ≤1.5 | 经纬仪 |
| | 7 | 搭接 | mm | >200 | 用钢尺量 |

## 4.12　土和灰土挤密桩复合地基

**4.12.1**　施工前应对土及灰土的质量、桩孔放样位置等做检查。

**4.12.2**　施工中应对桩孔直径、桩孔深度、夯击次数、填料的含水量等做检查。

**4.12.3**　施工结束后,应检验成桩的质量及地基承载力。

**4.12.4**　土和灰土挤密桩地基质量检验标准应符合表 4.12.4 的规定。

表 4.12.4　土和灰土挤密桩地基质量检验标准

| 项 | 序 | 检查项目 | 允许偏差或允许值 | | 检查方法 |
|---|---|---|---|---|---|
| | | | 单位 | 数值 | |
| 主控项目 | 1 | 桩体及桩间土干密度 | 设计要求 | | 现场取样检查 |
| | 2 | 桩长 | mm | +500 | 测桩管长度或垂球测孔深 |
| | 3 | 地基承载力 | 设计要求 | | 按规定的方法 |
| | 4 | 桩径 | mm | -20 | 用钢尺量 |
| 一般项目 | 1 | 土料有机质含量 | % | ≤5 | 试验室熔烧法 |
| | 2 | 石灰粒径 | % | ≤5 | 筛分法 |
| | 3 | 桩位偏差 | | 满堂布桩≤0.40$D$ 条基布桩≤0.25$D$ | 用钢尺量,$D$为桩径 |
| | 4 | 垂直度 | % | ≤1.5 | 用经纬仪测桩管 |
| | 5 | 桩径 | mm | -20 | 用钢尺量 |
| 注:桩径允许偏差负值是指个别断面。 | | | | | |

## 4.13　水泥粉煤灰碎石桩复合地基

**4.13.1**　水泥、粉煤灰、砂及碎石等原材料应符合设计要求。

**4.13.2**　施工中应检查桩身混合料的配合比、坍落度和提拔钻杆速度(或提拔套管速度)、成孔深度、混合料灌入量等。

**4.13.3**　施工结束后,应对桩顶标高、桩位、桩体质量、地基承载力以及褥垫层的质量做检查。

**4.13.4**　水泥粉煤灰碎石桩复合地基的质量检验标准应符合表 4.13.4 的规定。

表 4.13.4　水泥粉煤灰碎石桩复合地基质量检验标准

| 项 | 序 | 检查项目 | 允许偏差或允许值 | | 检查方法 |
|---|---|---|---|---|---|
| | | | 单位 | 数值 | |
| 主控项目 | 1 | 原材料 | 设计要求 | | 查产品合格证书或抽样送检 |
| | 2 | 桩径 | mm | -20 | 用钢尺量或计算填料量 |
| | 3 | 桩身强度 | 设计要求 | | 查28d试块强度 |
| | 4 | 地基承载力 | 设计要求 | | 按规定的办法 |
| 一般项目 | 1 | 桩身完整性 | 按桩基检测技术规范 | | 按桩基检测技术规范 |
| | 2 | 桩位偏差 | | 满堂布桩0.40$D$ 条基布桩0.25$D$ | 用钢尺量,$D$为桩径 |
| | 3 | 桩垂直度 | % | ≤1.5 | 用经纬仪测桩管 |
| | 4 | 桩长 | mm | +100 | 测桩管长度或垂球测孔深 |
| | 5 | 褥垫层夯填度 | | ≤0.9 | 用钢尺量 |

注:1　夯填度指夯实后的褥垫层厚度与虚体厚度的比值。

2　桩径允许偏差负值是指个别断面。

## 4.14　夯实水泥土桩复合地基

**4.14.1**　水泥及夯实用土料的质量应符合设计要求。

**4.14.2**　施工中应检查孔位、孔深、孔径、水泥和土的配比、混合料含水量等。

**4.14.3**　施工结束后,应对桩体质量及复合地基承载力做检验,褥垫层应检查其夯填度。

**4.14.4**　夯实水泥土桩的质量检验标准应符合表 4.14.4 的规定。

**4.14.5**　夯扩桩的质量检验标准可按本节执行。

表 4.14.4　夯实水泥土桩复合地基质量检验标准

| 项 | 序 | 检查项目 | 允许偏差或允许值 | | 检查方法 |
|---|---|---|---|---|---|
| | | | 单位 | 数值 | |
| 主控项目 | 1 | 桩径 | mm | -20 | 用钢尺量 |
| | 2 | 桩长 | mm | +500 | 测桩管深度 |
| | 3 | 桩体干密度 | 设计要求 | | 现场取样检查 |
| | 4 | 地基承载力 | 设计要求 | | 按规定的方法 |
| 一般项目 | 1 | 土料有机质含量 | % | ≤5 | 熔烧法 |
| | 2 | 含水量(与最优含水比) | % | ±2 | 烘干法 |
| | 3 | 土料粒径 | | ≤20 | 筛分法 |
| | 4 | 水泥质量 | 设计要求 | | 查产品质量合格证书或抽样送检 |
| | 5 | 桩位偏差 | | 满堂布桩0.40$D$ 条基布桩0.25$D$ | 用钢尺量,$D$为桩径 |
| | 6 | 桩孔垂直度 | % | ≤1.5 | 用经纬仪测桩管 |
| | 7 | 褥垫层夯填度 | | ≤0.9 | 用钢尺量 |

注:见表4.13.4。

## 4.15　砂桩地基

**4.15.1**　施工前应检查砂料的含泥量及有机质含量、样桩的位置等。

**4.15.2**　施工中应检查每根砂桩的桩位、灌砂量、标高、垂直度等。

**4.15.3**　施工结束后,应检验被加固地基的强度或承载力。

**4.15.4**　夯实水泥土桩的质量检验标准应符合表 4.14.4 的规定。

表 4.15.4　砂桩地基的质量检验标准

| 项 | 序 | 检查项目 | 允许偏差或允许值 | | 检查方法 |
|---|---|---|---|---|---|
| | | | 单位 | 数值 | |
| 主控项目 | 1 | 灌砂量 | % | ≥95 | 实际用砂量与计算体积比 |
| | 2 | 地基强度 | 设计要求 | | 按规定方法 |
| | 3 | 地基承载力 | 设计要求 | | 按规定方法 |
| 一般项目 | 1 | 砂料的含泥量 | % | ≤3 | 试验室测定 |
| | 2 | 砂料的有机质含量 | % | ≤5 | 焙烧法 |
| | 3 | 桩位 | mm | ≤50 | 用钢尺量 |
| | 4 | 砂桩标高 | mm | ±150 | 水准仪 |
| | 5 | 垂直度 | % | ≤1.5 | 经纬仪检查桩管垂直度 |

# 5　桩　基　础

## 5.1　一般规定

5.1.1　桩位的放样允许偏差如下：

群桩　　　　20mm；

单排桩　　　10mm。

5.1.2　桩基工程的桩位验收，除设计有规定外，应按下述要求进行：

　　1　当桩顶设计标高与施工场地标高相同时，或桩基施工结束后，有可能对桩位进行检查时，桩基工程的验收应在施工结束后进行。

　　2　当桩顶设计标高低于施工场地标高，送桩后无法对桩位进行检查时，对打入桩可在每根桩桩顶沉至场地标高时，进行中间验收，待全部施工结束，承台或底板开挖到设计标高后，再做最终验收。对灌注桩可对护筒位置做中间验收。

5.1.3　打（压）入桩（预制混凝土方桩、先张法预应力管桩、钢桩）的桩位偏差，必须符合表 5.1.3 的规定。斜桩倾斜度的偏差不得大于倾斜角正切值的15%（倾斜角系桩的纵向中心线与铅垂线间夹角）。

表 5.1.3　预制桩（钢桩）桩位的允许偏差（mm）

| 项 | 项　　目 | 允许偏差 |
|---|---|---|
| 1 | 盖有基础梁的桩：<br>(1)垂直基础梁的中心线<br>(2)沿基础梁的中心线 | 100+0.01H<br>150+0.01H |
| 2 | 桩数为1～3根桩基中的桩 | 100 |
| 3 | 桩数为4～16根桩基中的桩 | 1/2桩径或边长 |
| 4 | 桩数大于16根桩基中的桩：<br>(1)最外边的桩<br>(2)中间桩 | 1/3桩径或边长<br>1/2桩径或边长 |

注：H为施工现场地面标高与桩顶设计标高的距离。

5.1.4　灌注桩的桩位偏差必须符合表 5.1.4 的规定，桩顶标高至少要比设计标高高出 0.5m，桩底清孔质量按不同的成桩工艺有不同的要求，应按本章的各节要求执行。每浇注 50m³ 必须有 1 组试件，小于 50m³ 的桩，每根桩必须有 1 组试件。

表 5.1.4　灌注桩的平面位置和垂直度的允许偏差

| 序号 | 成孔方法 | | 桩径允许偏差（mm） | 垂直度允许偏差（%） | 桩位允许偏差（mm） | |
|---|---|---|---|---|---|---|
| | | | | | 1～3根、单排桩基垂直于中心线方向和群桩基础的边桩 | 条形桩基沿中心线方向和群桩基础的中间桩 |
| 1 | 泥浆护壁钻孔桩 | D≤1000mm | ±50 | <1 | D/6，且不大于100 | D/4，且不大于150 |
| | | D>1000mm | ±50 | | 100+0.01H | 150+0.01H |
| 2 | 套管成孔灌注桩 | D≤500mm | −20 | <1 | 70 | 150 |
| | | D>500mm | −20 | | 100 | 150 |
| 3 | 干成孔灌注桩 | | −20 | <1 | 70 | 150 |
| 4 | 人工挖孔桩 | 混凝土护壁 | +50 | <0.5 | 50 | 150 |
| | | 钢套管护壁 | +50 | <1 | 100 | 200 |

注：1　桩径允许偏差的负值是指个别桩面。
　　2　采用复打、反插法施工的桩，其桩径允许偏差不受上表限制。
　　3　H为施工现场地面标高与桩顶设计标高的距离，D为设计桩径。

5.1.5　工程桩应进行承载力检验。对地基基础设计等级为甲级或地质条件复杂，成桩质量可靠性低的灌注桩，应采用静载荷试验的方法进行检验，检验桩数不应少于总数的 1%，且不应少于 3 根，当总桩数少于 50 根时，不应少于 2 根。

5.1.6　桩身质量应进行检验。对设计等级为甲级或地质条件复杂，成检质量可靠性低的灌注桩，抽检数量不应少于总数的 30%，且不应少于 20 根；其他桩基工程的抽检数量不应少于总数的 20%，且不应少于 10 根；对混凝土预制桩及地下水位以上且终孔后经过核验的灌注桩，检验数量不应少于总桩数的 10%，且不得少于 10 根。每个柱子承台下不得少于 1 根。

5.1.7　对砂、石子、钢材、水泥等原材料的质量、检验项目、批量和检验方法，应符合国家现行标准的规定。

5.1.8　除本规范第 5.1.5、5.1.6 条规定的主控项目外，其他主控项目应全部检查，对一般项目，除已明确规定外，其他可按 20% 抽查，但混凝土灌注桩应全部检查。

## 5.2　静力压桩

5.2.1　静力压桩包括锚杆静压桩及其他各种非冲击式沉桩。

5.2.2　施工前应对成品桩（锚杆静压成品桩一般均由工厂制造，运至现场堆放）做外观及强度检验，接桩用焊条或半成品硫磺胶泥应有产品合格证书，或送有关部门检验，压桩用压力表、锚杆规格及质量也应进行检查。硫磺胶泥半成品应每 100kg 做一组试件（3 件）。

5.2.3　压桩过程中应检查压力、桩垂直度、接桩间歇时间、桩的连接质量及压入深度。重要工程应对电焊接桩的接头做 10% 的探伤检查。对承受反力的结构应加强观测。

5.2.4　施工结束后，应做桩的承载力及桩体质量检验。

5.2.5　锚杆静压桩质量检验标准应符合表 5.2.5 的规定。

表 5.2.5　静力压桩质量检验标准

| 项 | 序 | 检查项目 | | 允许偏差或允许值 | | 检查方法 |
|---|---|---|---|---|---|---|
| | | | | 单位 | 数值 | |
| 主控项目 | 1 | 桩体质量检验 | | 按基桩检测技术规范 | | 按基桩检测技术规范 |
| | 2 | 桩位偏差 | | 见本规范表5.1.3 | | 用钢尺量 |
| | 3 | 承载力 | | 按基桩检测技术规范 | | 按基桩检测技术规范 |
| 一般项目 | 1 | 成品桩质量：外观 | | 表面平整，颜色均匀，掉角深度<10mm，蜂窝面积小于总面积0.5% | | 直观 |
| | | 外形尺寸强度 | | 见本规范表5.4.5满足设计要求 | | 见本规范表5.4.5查产品合格证书或钻芯试压 |
| | 2 | 硫磺胶泥质量（半成品） | | 设计要求 | | 查产品合格证书或抽样送检 |
| | 3 | 接桩 | 电焊接桩：焊缝质量 | 见本规范表5.5.4-2 | | 见本规范表5.5.4-2 |
| | | | 电焊结束后停歇时间 | min | >1.0 | 秒表测定 |
| | | | 硫磺胶泥接桩：胶泥浇注时间 | min | <2 | 秒表测定 |
| | | | 浇注后停歇时间 | min | >7 | 秒表测定 |
| | 4 | 电焊条质量 | | 设计要求 | | 查产品合格证书 |
| | 5 | 压桩压力（设计有要求时） | | % | ±5 | 查压力表读数 |
| | 6 | 接桩时上下节平面偏差<br>接桩时节点弯曲矢高 | | | <10<br><1/1000l | 用钢尺量<br>用钢尺量，l为两节桩长 |
| | 7 | 桩顶标高 | | mm | ±50 | 水准仪 |

## 5.3　先张法预应力管桩

5.3.1　施工前应检查进入现场的成品桩，接桩用电焊条等产品质量。

5.3.2　施工过程中应检查桩的贯入情况、桩顶完整状况、电焊接桩质量、桩体垂直度、电焊后的停歇时间。重要工程应对电焊接头做 10% 的焊缝探伤检查。

5.3.3　施工结束后，应做承载力检验及桩体质量检验。

5.3.4　先张法预应力管桩的质量检验应符合表 5.3.4 的规定。

表 5.3.4　先张法预应力管桩质量检验标准

| 项 | 序 | 检查项目 | 允许偏差或允许值 单位 | 允许偏差或允许值 数值 | 检查方法 |
|---|---|---|---|---|---|
| 主控项目 | 1 | 桩体质量检验 | 按基桩检测技术规范 | | 按基桩检测技术规范 |
| | 2 | 桩位偏差 | 见本规范表 5.1.3 | | 用钢尺量 |
| | 3 | 承载力 | 按基桩检测技术规范 | | 按基桩检测技术规范 |
| 一般项目 | 1 | 成品桩质量 外观 | 无蜂窝、露筋、裂缝、色感均匀、桩顶处无孔隙 | | 直观 |
| | | 桩径 | mm | ±5 | 用钢尺量 |
| | | 管壁厚度 | mm | ±5 | 用钢尺量 |
| | | 桩尖中心线 | mm | <2 | 用钢尺量 |
| | | 顶面平整度 | mm | 10 | 用水平尺量 |
| | | 桩体弯曲 | | <1/1000l | 用钢尺量，l 为桩长 |
| | 2 | 接桩：焊缝质量 | 见本规范表 5.5.4-2 | | 见本规范表 5.5.4-2 |
| | | 电焊结束后停歇时间 | min | >1.0 | 秒表测定 |
| | | 上下节平面偏差 | mm | <10 | 用钢尺量 |
| | | 节点弯曲矢高 | | <1/1000l | 用钢尺量，l 为两节桩长 |
| | 3 | 停锤标准 | 设计要求 | | 现场实测或查沉桩记录 |
| | 4 | 桩顶标高 | mm | ±50 | 水准仪 |

### 5.4　混凝土预制桩

5.4.1　桩在现场预制时，应对原材料、钢筋骨架（见表 5.4.1）、混凝土强度进行检查；采用工厂生产的成品桩时，桩进场后应进行外观及尺寸检查。

5.4.2　施工中应对桩体垂直度、沉桩情况、桩体完整状况、接桩质量等进行检查，对电焊接桩，重要工程应做 10% 的焊缝探伤检查。

5.4.3　施工结束后，应对承载力及桩体质量做检验。

5.4.4　对长桩或总锤击数超过 500 击的锤击桩，应符合桩体强度及 28d 龄期的两项条件才能锤击。

5.4.5　钢筋混凝土预制桩的质量检验标准应符合表 5.4.5 的规定。

表 5.4.1　预制桩钢筋骨架质量检验标准（mm）

| 项 | 序 | 检查项目 | 允许偏差或允许值 | 检查方法 |
|---|---|---|---|---|
| 主控项目 | 1 | 主筋距桩顶距离 | ±5 | 用钢尺量 |
| | 2 | 多节桩锚固钢筋位置 | 5 | 用钢尺量 |
| | 3 | 多节桩预埋铁件 | ±3 | 用钢尺量 |
| | 4 | 主筋保护层厚度 | ±5 | 用钢尺量 |
| 一般项目 | 1 | 主筋间距 | ±5 | 用钢尺量 |
| | 2 | 桩尖中心线 | 10 | 用钢尺量 |
| | 3 | 箍筋间距 | ±20 | 用钢尺量 |
| | 4 | 桩顶钢筋网片 | ±10 | 用钢尺量 |
| | 5 | 多节桩锚固钢筋长度 | ±10 | 用钢尺量 |

表 5.4.5　钢筋混凝土预制桩的质量检验标准

| 项 | 序 | 检查项目 | 允许偏差或允许值 单位 | 允许偏差或允许值 数值 | 检查方法 |
|---|---|---|---|---|---|
| 主控项目 | 1 | 桩体质量检验 | 按基桩检测技术规范 | | 按基桩检测技术规范 |
| | 2 | 桩位偏差 | 见本规范表 5.1.3 | | 用钢尺量 |
| | 3 | 承载力 | 按基桩检测技术规范 | | 按基桩检测技术规范 |
| 一般项目 | 1 | 砂、石、水泥、钢材等原材料（现场预制时） | 符合设计要求 | | 查出厂质保文件或抽样送检 |
| | 2 | 混凝土配合比及强度（现场预制时） | 符合设计要求 | | 检查称量及查试块记录 |
| | 3 | 成品桩外形 | 表面平整，颜色均匀，掉角深度<10mm，蜂窝面积小于总面积 0.5% | | 直观 |
| | 4 | 成品桩裂缝（收缩裂缝或起吊、装运、堆放引起的裂缝） | 深度<20mm，宽度<0.25mm，横向裂缝不超过边长的一半 | | 裂缝测定仪，该项在地下水有侵蚀地区及锤击数超过 500 击的长桩不适用 |
| | 5 | 成品桩尺寸：横截面边长 | mm | ±5 | 用钢尺量 |
| | | 桩顶对角线差 | mm | <10 | 用钢尺量 |
| | | 桩尖中心线 | mm | <10 | 用钢尺量 |
| | | 桩体弯曲矢高 | | <1/1000l | 用钢尺量，l 为桩长 |
| | | 桩顶平整度 | mm | <2 | 用水平尺量 |

续表 5.4.5

| 项 | 序 | 检查项目 | 允许偏差或允许值 单位 | 允许偏差或允许值 数值 | 检查方法 |
|---|---|---|---|---|---|
| 一般项目 | 6 | 电焊接桩：焊缝质量 | 见本规范表 5.5.4-2 | | 见本规范表 5.5.4-2 |
| | | 电焊结束后停歇时间 | min | >1.0 | 秒表测定 |
| | | 上下节平面偏差 | mm | <10 | 用钢尺量 |
| | | 节点弯曲矢高 | | <1/1000l | 用钢尺量，l 为两节桩长 |
| | 7 | 硫磺胶泥接桩：胶泥浇注时间 | min | <2 | 秒表测定 |
| | | 浇注后停歇时间 | min | >7 | 秒表测定 |
| | 8 | 桩顶标高 | mm | ±50 | 水准仪 |
| | 9 | 停锤标准 | 设计要求 | | 现场实测或查沉桩记录 |

### 5.5　钢　　桩

5.5.1　施工前应检查进入现场的成品钢桩，成品桩的质量标准应符合本规范表 5.5.4-1 的规定。

5.5.2　施工中应检查钢桩的垂直度、沉入过程、电焊连接质量、电焊后的停歇时间、桩体锤击后的完整状况。电焊质量除常规检查外，应做 10% 的焊缝探伤检查。

5.5.3　施工结束后应做承载力检验。

5.5.4　钢桩施工质量检验标准应符合表 5.5.4-1 及表 5.5.4-2 的规定。

表 5.5.4-1　成品钢桩质量检验标准

| 项 | 序 | 检查项目 | 允许偏差或允许值 单位 | 允许偏差或允许值 数值 | 检查方法 |
|---|---|---|---|---|---|
| 主控项目 | 1 | 钢桩外径或断面尺寸：桩端桩身 | | ±0.5%D ±1D | 用钢尺量，D 为外径或边长 |
| | 2 | 矢高 | | <1/1000l | 用钢尺量，l 为桩长 |
| 一般项目 | 1 | 长度 | mm | +10 | 用钢尺量 |
| | 2 | 端部平整度 | mm | ≤2 | 用水平量 |
| | 3 | H 钢桩的方正度 h>300 | mm | T+T'≤8 | 用钢尺量，h、T、T' 见图示 |
| | | h<300 | mm | T+T'≤6 | |
| | 4 | 端部平面与桩中心线的倾斜值 | mm | ≤2 | 用水平尺量 |

表 5.5.4-2　钢桩施工质量检验标准

| 项 | 序 | 检查项目 | 允许偏差或允许值 单位 | 允许偏差或允许值 数值 | 检查方法 |
|---|---|---|---|---|---|
| 主控项目 | 1 | 桩位偏差 | 见本规范表 5.1.3 | | 用钢尺量 |
| | 2 | 承载力 | 按基桩检测技术规范 | | 按基桩检测技术规范 |
| 一般项目 | 1 | 电焊接桩焊缝：(1)上下节端部错口（外径≥700mm） | mm | ≤3 | 用钢尺量 |
| | | （外径<700mm） | mm | ≤2 | 用钢尺量 |
| | | (2)焊缝咬边深度 | mm | ≤0.5 | 焊缝检查仪 |
| | | (3)焊缝加强层高度 | mm | 2 | 焊缝检查仪 |
| | | (4)焊缝加强层宽度 | mm | 2 | 焊缝检查仪 |
| | | (5)焊缝电焊质量外观 | 无气孔，无焊瘤，无裂缝 | | 直观 |
| | | (6)焊缝探伤检验 | 满足设计要求 | | 按设计要求 |
| | 2 | 电焊结束后停歇时间 | min | >1.0 | 秒表测定 |
| | 3 | 节点弯曲矢高 | | <1/1000l | 用钢尺量，l 为两节桩长 |
| | 4 | 桩顶标高 | mm | ±50 | 水准仪 |
| | 5 | 停锤标准 | 设计要求 | | 用钢尺量或沉桩记录 |

## 5.6 混凝土灌注桩

**5.6.1** 施工前应对水泥、砂、石子(如现场搅拌)、钢材等原材料进行检查,对施工组织设计中制定的施工顺序、监测手段(包括仪器、方法)也应检查。

**5.6.2** 施工中应对成孔、清渣、放置钢筋笼、灌注混凝土等进行全过程检查,人工挖孔桩尚应复验孔底持力层土(岩)性。嵌岩桩必须有桩端持力层的岩性报告。

**5.6.3** 施工结束后,应检查混凝土强度,并应做桩体质量及承载力的检验。

**5.6.4** 混凝土灌注桩的质量检验标准应符合表5.6.4-1、表5.6.4-2的规定。

表5.6.4-1 混凝土灌注桩钢筋笼质量检验标准(mm)

| 项 | 序 | 检查项目 | 允许偏差或允许值 | 检查方法 |
|---|---|---|---|---|
| 主控项目 | 1 | 主筋间距 | ±10 | 用钢尺量 |
| | 2 | 长度 | ±100 | 用钢尺量 |
| 一般项目 | 1 | 钢筋材质检验 | 设计要求 | 抽样送检 |
| | 2 | 箍筋间距 | ±20 | 用钢尺量 |
| | 3 | 直径 | ±10 | 用钢尺量 |

表5.6.4-2 混凝土灌注桩质量检验标准

| 项 | 序 | 检查项目 | 允许偏差或允许值 | | 检查方法 |
|---|---|---|---|---|---|
| | | | 单位 | 数值 | |
| 主控项目 | 1 | 桩位 | | 见本规范表5.1.4 | 基坑开挖前量护筒,开挖后桩中心 |
| | 2 | 孔深 | mm | +300 | 只深不浅,用重锤测,或测钻杆、套管长度,嵌岩桩应保证进入设计要求的嵌岩深度 |
| | 3 | 桩体质量检验 | | 按基桩检测技术规范。如钻芯取样,大直径嵌岩桩应钻至桩尖下50cm | 按基桩检测技术规范 |
| | 4 | 混凝土强度 | | 设计要求 | 试件报告或钻芯取样送检 |
| | 5 | 承载力 | | 按基桩检测技术规范 | 按基桩检测技术规范 |
| 一般项目 | 1 | 垂直度 | | 见本规范表5.1.4 | 测套管或钻杆,或用超声波探测,干施工时吊垂球 |
| | 2 | 桩径 | | 见本规范表5.1.4 | 井径仪或超声波检测,干施工时吊垂球,人工挖孔桩不包括内衬厚度 |
| | 3 | 泥浆比重(粘土或砂性土中) | | 1.15~1.20 | 用比重计测,清孔后在距孔底50cm处取样 |
| | 4 | 泥浆面标高(高于地下水位) | m | 0.5~1.0 | 目测 |
| | 5 | 沉渣厚度:端承桩 摩擦桩 | mm mm | ≤50 ≤150 | 用沉渣仪或重锤测量 |
| | 6 | 混凝土坍落度:水下灌注 干施工 | mm mm | 160~220 70~100 | 坍落度仪 |
| | 7 | 钢筋笼安装深度 | mm | ±100 | 用钢尺量 |
| | 8 | 混凝土充盈系数 | | >1 | 检查每根桩的实际灌注量 |
| | 9 | 桩顶标高 | mm | +30 −50 | 水准仪,应扣除桩顶浮浆层及劣质桩体 |

**5.6.5** 人工挖孔桩、嵌岩桩的质量检验应按本节执行。

# 6 土方工程

## 6.1 一般规定

**6.1.1** 土方工程施工前应进行挖、填方的平衡计算,综合考虑土方运距最短、运程合理和各个工程项目的合理施工程序等,做好土方平衡调配,减少重复倒运。

土方平衡调配应尽可能与城市规划和农田水利相结合将余土一次性运到指定弃土场,做到文明施工。

**6.1.2** 当土方工程挖方较深时,施工单位应采取措施,防止基坑底部土的隆起并避免危害周边环境。

**6.1.3** 在挖方前,应做好地面排水和降低地下水位工作。

**6.1.4** 平整场地的表面坡度应符合设计要求,如设计无要求时,排水沟方向的坡度不应小于2‰。平整后的场地表面应逐点检查。检查点为每100~400m²取1点,但不应少于10点;长度、宽度和边坡均为每20m取1点,每边不应少于1点。

**6.1.5** 土方工程施工,应经常测量和校核其平面位置,水平标高和边坡坡度。平面控制桩和水准控制点应采取可靠的保护措施,定期复测和检查。土方不应堆在基坑边缘。

**6.1.6** 对雨季和冬季施工还应遵守国家现行有关标准。

## 6.2 土方开挖

**6.2.1** 土方开挖前应检查定位放线、排水和降低地下水位系统,合理安排土方运输车的行走路线及弃土场。

**6.2.2** 施工过程中应检查平面位置、水平标高、边坡坡度、压实度、排水、降低地下水位系统,并随时观测周围的环境变化。

**6.2.3** 临时性挖方的边坡值应符合表6.2.3的规定。

表6.2.3 临时性挖方边坡值

| 土的类别 | | 边坡值(高:宽) |
|---|---|---|
| 砂土(不包括细砂、粉砂) | | 1:1.25~1:1.50 |
| 一般性粘土 | 硬 | 1:0.75~1:1.00 |
| | 硬、塑 | 1:1.00~1:1.25 |
| | 软 | 1:1.50或更缓 |
| 碎石类土 | 充填坚硬、硬塑粘性土 | 1:0.50~1:1.00 |
| | 充填砂土 | 1:1.00~1:1.50 |

注:1 设计有要求时,应符合设计标准。
　　2 如采用降水或其他加固措施,可不受本表限制,但应计算复核。
　　3 开挖深度,对软土不应超过4m,对硬土不应超过8m。

**6.2.4** 土方开挖工程的质量检验标准应符合表6.2.4的规定。

表6.2.4 土方开挖工程质量检验标准(mm)

| 项 | 序 | 项目 | 允许偏差或允许值 | | | | | 检验方法 |
|---|---|---|---|---|---|---|---|---|
| | | | 柱基基坑基槽 | 挖方场地平整 | | 管沟 | 地(路)面基层 | |
| | | | | 人工 | 机械 | | | |
| 主控项目 | 1 | 标高 | −50 | ±30 | ±50 | −50 | −50 | 水准仪 |
| | 2 | 长度、宽度(由设计中心线向两边量) | +200 −50 | +300 −100 | +500 −150 | +100 | — | 经纬仪,用钢尺量 |
| | 3 | 边坡 | 设计要求 | | | | | 观察或用坡度尺检查 |
| 一般项目 | 1 | 表面平整度 | 20 | 20 | 50 | 20 | 20 | 用2m靠尺和楔形塞尺检查 |
| | 2 | 基底土性 | 设计要求 | | | | | 观察或土样分析 |

注:地(路)面基层的偏差只适用于直接在挖、填方上做地(路)面的基层。

## 6.3 土方回填

**6.3.1** 土方回填前应清除基底的垃圾、树根等杂物,抽除坑穴积水、淤泥,验收基底标高。如在耕植土或松土上填方,应在基底压实后再进行。

**6.3.2** 对填方土料应按设计要求验收方可填入。

**6.3.3** 填方施工过程中应检查排水措施,每层填筑厚度、含水量控制、压实程度。填筑厚度及压实遍数应根据土质,压实系数及所用机具确定。如无试验依据,应符合表6.3.3的规定。

**表 6.3.3 填土施工时的分层厚度及压实遍数**

| 压实机具 | 分层厚度(mm) | 每层压实遍数 |
|---|---|---|
| 平碾 | 250~300 | 6~8 |
| 振动压实机 | 250~350 | 3~4 |
| 柴油打夯机 | 200~250 | 3~4 |
| 人工打夯 | <200 | 3~4 |

**6.3.4** 填方施工结束后,应检查标高、边坡坡度、压实程度等,检验标准应符合表6.3.4的规定。

**表 6.3.4 填土工程质量检验标准(mm)**

| 项 | 序 | 检查项目 | 允许偏差或允许值 | | | | | 检查方法 |
|---|---|---|---|---|---|---|---|---|
| | | | 桩基基坑基槽 | 场地平整 | | 管沟 | 地(路)面基础层 | |
| | | | | 人工 | 机械 | | | |
| 主控项目 | 1 | 标高 | −50 | ±30 | ±50 | −50 | −50 | 水准仪 |
| | 2 | 分层压实系数 | 设计要求 | | | | | 按规定方法 |
| 一般项目 | 1 | 回填土料 | 设计要求 | | | | | 取样检查或直观鉴别 |
| | 2 | 分层厚度及含水量 | 设计要求 | | | | | 水准仪及抽样检查 |
| | 3 | 表面平整度 | 20 | 20 | 30 | 20 | 20 | 用靠尺或水准仪 |

# 7 基坑工程

## 7.1 一般规定

**7.1.1** 在基坑(槽)或管沟工程等开挖施工中,现场不宜进行放坡开挖,当可能对邻近建(构)筑物、地下管线、永久性道路产生危害时,应对基坑(槽)、管沟进行支护后再开挖。

**7.1.2** 基坑(槽)、管沟开挖前应做好下述工作:

1 基坑(槽)、管沟开挖前,应根据支护结构形式、挖深、地质条件、施工方法、周围环境、工期、气候和地面载荷等资料制定施工方案、环境保护措施、监测方案,经审批后方可施工。

2 土方工程施工前,应对降水、排水措施进行设计,系统应经检查和试运转,一切正常时方可开始施工。

3 有关围护结构的施工质量验收可按本规范第4章、第5章及本章7.2、7.3、7.4、7.6、7.7的规定执行,验收合格后方可进行土方开挖。

**7.1.3** **土方开挖的顺序、方法必须与设计工况一致,并遵循"开槽支撑,先撑后挖,分层开挖,严禁超挖"的原则。**

**7.1.4** 基坑(槽)、管沟的挖方应分层进行。在施工过程中基坑(槽)、管沟边堆置土方不应超过设计荷载,挖方时不应碰撞或损伤支护结构、降水设施。

**7.1.5** 基坑(槽)、管沟土方施工中应对支护结构、周围环境进行观察和监测,如出现异常情况应及时处理,待恢复正常后可继续施工。

**7.1.6** 基坑(槽)、管沟开挖至设计标高后,应对坑底进行保护,经验槽合格后,方可进行垫层施工。对特大型基坑,宜分区分块挖至设计标高,分区分块及时浇筑垫层。必要时,可加强垫层。

**7.1.7** 基坑(槽)、管沟土方工程验收必须确保支护结构安全和周围环境安全为前提。当设计有指标时,以设计要求为依据,如无设计指标时应按表7.1.7的规定执行。

**表 7.1.7 基坑变形的监控值(cm)**

| 基坑类别 | 围护结构墙顶位移监控值 | 围护结构墙体最大位移监控值 | 地面最大沉降监控值 |
|---|---|---|---|
| 一级基坑 | 3 | 5 | 3 |
| 二级基坑 | 6 | 8 | 6 |
| 三级基坑 | 8 | 10 | 10 |

注:1 符合下列情况之一,为一级基坑:
   1)重要工程或支护结构做主体结构的一部分;
   2)开挖深度大于10m;
   3)与临近建筑物,重要设施的距离在开挖深度以内的基坑;
   4)基坑范围内有历史文物、近代优秀建筑、重要管线等需严加保护的基坑。
   2 三级基坑为开挖深度小于7m,且周围环境无特别要求时的基坑。
   3 除一级和三级外的基坑属二级基坑。
   4 当周围已有的设施有特殊要求时,尚应符合这些要求。

## 7.2 排桩墙支护工程

**7.2.1** 排桩墙支护结构包括灌注桩、预制桩、板桩等类型桩构成的支护结构。

**7.2.2** 灌注桩、预制桩的检验标准应符合本规范第5章的规定。钢板桩均为工厂成品,新桩可按出厂标准检验,重复使用的钢板桩应符合表7.2.2-1的规定,混凝土板桩应符合表7.2.2-2的规定。

**表 7.2.2-1 重复使用的钢板桩检验标准**

| 序 | 检查项目 | 允许偏差或允许值 | | 检查方法 |
|---|---|---|---|---|
| | | 单位 | 数值 | |
| 1 | 桩垂直度 | % | <1 | 用钢尺量 |
| 2 | 桩身弯曲度 | | <2%l | 用钢尺量,l为桩长 |
| 3 | 齿槽平直度及光滑度 | | 无电焊渣或毛刺 | 用1m长的桩段做通过试验 |
| 4 | 桩长度 | | 不小于设计长度 | 用钢尺量 |

**表 7.2.2-2 混凝土板桩制作标准**

| 项 | 序 | 检查项目 | 允许偏差或允许值 | | 检查方法 |
|---|---|---|---|---|---|
| | | | 单位 | 数值 | |
| 主控项目 | 1 | 桩长度 | mm | +10 0 | 用钢尺量 |
| | 2 | 桩身弯曲度 | | <0.1%l | 用钢尺量,l为桩长 |
| 一般项目 | 1 | 保护层厚度 | mm | ±5 | 用钢尺量 |
| | 2 | 模截面相对两面之差 | mm | 5 | 用钢尺量 |
| | 3 | 桩尖对桩轴线的位移 | mm | 10 | 用钢尺量 |
| | 4 | 桩厚度 | mm | +10 0 | 用钢尺量 |
| | 5 | 凹凸槽尺寸 | mm | ±3 | 用钢尺量 |

**7.2.3** 排桩墙支护的基坑,开挖后应及时支护,每一道支撑施工应确保基坑变形在设计要求的控制范围内。

**7.2.4** 在含水地层范围内的排桩墙支护基坑,应有确实可靠的止水措施,确保基坑施工及邻近筑物的安全。

## 7.3 水泥土桩墙支护工程

**7.3.1** 水泥土墙支护结构指水泥土搅拌桩(包括加筋水泥土搅拌桩)、高压喷射注浆桩所构成的围护结构。

**7.3.2** 水泥土搅拌桩及高压喷射注浆桩的质量检验应满足本规范第4章4.10、4.11的规定。

**7.3.3** 加筋水泥土桩应符合表7.3.3的规定。

**表 7.3.3 加筋水泥土桩质量检验标准**

| 序 | 检查项目 | 允许偏差或允许值 | | 检查方法 |
|---|---|---|---|---|
| | | 单位 | 数值 | |
| 1 | 型钢长度 | mm | ±10 | 用钢尺量 |
| 2 | 型钢垂直度 | % | <1 | 经纬仪 |
| 3 | 型钢插入标高 | mm | ±30 | 水准仪 |
| 4 | 型钢插入平面位置 | mm | 10 | 用钢尺量 |

## 7.4 锚杆及土钉墙支护工程

**7.4.1** 锚杆及土钉墙支护工程施工前应熟悉地质资料、设计图纸及周围环境，降水系统应确保正常工作，必须的施工设备如挖掘机、钻机、压浆泵、搅拌机等应能正常运转。

**7.4.2** 一般情况下，应遵循分段开挖、分段支护的原则，不宜按一次挖就再行支护的方式施工。

**7.4.3** 施工中应对锚杆或土钉位置，钻孔直径、深度及角度，锚杆或土钉插入长度，注浆配比、压力及注浆量，喷锚墙面厚度及强度、锚杆或土钉应力等进行检查。

**7.4.4** 每段支护体施工完后，应检查坡顶或坡面位移，坡顶沉降及周围环境变化，如有异常情况应采取措施，恢复正常后方可继续施工。

**7.4.5** 锚杆及土钉墙支护工程质量检验应符合表7.4.5的规定。

表7.4.5 锚杆及土钉墙支护工程质量检验标准

| 项 | 序 | 检查项目 | 允许偏差或允许值 | | 检查方法 |
|---|---|---|---|---|---|
| | | | 单位 | 数值 | |
| 主控项目 | 1 | 锚杆土钉长度 | mm | ±30 | 用钢尺量 |
| | 2 | 锚杆锁定力 | 设计要求 | | 现场实测 |
| 一般项目 | 1 | 锚杆或土钉位置 | mm | ±100 | 用钢尺量 |
| | 2 | 钻孔倾斜度 | ° | ±1 | 测斜机倾角 |
| | 3 | 浆体强度 | 设计要求 | | 试样送检 |
| | 4 | 注浆量 | 大于理论计算浆量 | | 检查计量数据 |
| | 5 | 土钉墙面厚度 | mm | ±10 | 用钢尺量 |
| | 6 | 墙体强度 | 设计要求 | | 试样送检 |

## 7.5 钢或混凝土支撑系统

**7.5.1** 支撑系统包括围图及支撑，当支撑较长时（一般超过15m），还包括支撑下的立柱及相应的立柱桩。

**7.5.2** 施工前应熟悉支撑系统的图纸及各种计算工况，掌握开挖及支撑设置的方式，预应力及周围环境保护的要求。

**7.5.3** 施工过程中应严格控制开挖和支撑的程序及时间，对支撑的位置（包括立柱及立柱桩的位置）、每层开挖深度、预加顶力（如需要时）、钢围图与围护体或支撑与围图的密贴度应做周密检查。

**7.5.4** 全部支撑安装结束后，仍应维持整个系统的正常运转直至支撑全部拆除。

**7.5.5** 作为永久性结构的支撑系统尚应符合现行国家标准《混凝土结构工程施工质量验收规范》GB 50204的要求。

**7.5.6** 钢或混凝土支撑系统工程质量检验标准应符合表7.5.6的规定。

表7.5.6 钢及混凝土支撑系统工程质量检验标准

| 项 | 序 | 检查项目 | | 允许偏差或允许值 | | 检查方法 |
|---|---|---|---|---|---|---|
| | | | | 单位 | 数值 | |
| 主控项目 | 1 | 支撑位置 | 标高 | mm | 30 | 水准仪 |
| | | | 平面 | mm | 100 | 用钢尺量 |
| | 2 | 预加顶力 | | kN | ±50 | 油泵读数或传感器 |
| 一般项目 | 1 | 围图标高 | | mm | 30 | 水准仪 |
| | 2 | 立柱桩 | | 参见本规范第5章 | | 参见本规范第5章 |
| | 3 | 立柱位置 | 标高 | mm | 30 | 水准仪 |
| | | | 平面 | mm | 50 | 用钢尺量 |
| | 4 | 开挖超深（开挖放支撑不在此范围） | | mm | <200 | 水准仪 |
| | 5 | 支撑安装时间 | | 设计要求 | | 用钟表估测 |

## 7.6 地下连续墙

**7.6.1** 地下连续墙均应设置导墙，导墙形式有预制及现浇两种，现浇导墙形状有"L"型或倒"L"型，可根据不同土质选用。

**7.6.2** 地下墙施工前宜先试成槽，以检验泥浆的配比、成槽机的选型并可复核地质资料。

**7.6.3** 作为永久结构的地下连续墙，其抗渗质量标准可按现行国家标准《地下防水工程施工质量验收规范》GB 50208执行。

**7.6.4** 地下墙槽段间的连接接头形式，应根据地下墙的使用要求选用，且应考虑施工单位的经验，无论选用何种接头，在浇注混凝土前，接头处必须刷洗干净，不留任何泥砂或污物。

**7.6.5** 地下墙与地下室结构顶板、楼板、底板及梁之间连接可预埋钢筋或接驳器（锥螺纹或直螺纹），对接驳器也应按原材料检验要求，抽样复验。数量每500套为一个检验批，每批应抽查3件，复验内容为外观、尺寸、抗拉试验等。

**7.6.6** 施工前应检验进场的钢材、电焊条。已完工的导墙应检查其净空尺寸，墙面平整度与垂直度。检查泥浆用的仪器、泥浆循环系统应完好。地下连续墙应用商品混凝土。

**7.6.7** 施工中应检查成槽的垂直度、槽底的淤积物厚度、泥浆比重、钢筋笼尺寸、浇注导管位置、混凝土上升速度、浇注面标高、地下墙连接面的清洗程度、商品混凝土的坍落度、锁口管或接头箱的拔出时间及速度等。

**7.6.8** 成槽结束后应对成槽的宽度、深度及倾斜度进行检验，重要结构每段槽段都应检查，一般结构可抽查总槽段数的20%，每槽段应抽查1个段面。

**7.6.9** 永久性结构的地下墙，在钢筋笼沉放后，应做二次清孔，沉渣厚度应符合要求。

**7.6.10** 每50m³地下墙应做1组试件，每幅槽段不得少于1组，在强度满足设计要求后方可开挖土方。

**7.6.11** 作为永久性结构的地下连续墙，土方开挖后应进行逐段检查，钢筋混凝土底板也应符合现行国家标准《混凝土结构工程施工质量验收规范》GB 50204的规定。

**7.6.12** 地下墙的钢筋笼检验标准应符合本规范表5.6.4-1的规定。其他标准应符合表7.6.12的规定。

表7.6.12 地下墙质量检验标准

| 项 | 序 | 检查项目 | | 允许偏差或允许值 | | 检查方法 |
|---|---|---|---|---|---|---|
| | | | | 单位 | 数值 | |
| 主控项目 | 1 | 墙体强度 | | 设计要求 | | 查试件记录或取芯试压 |
| | 2 | 垂直度 | 永久结构 临时结构 | | 1/300 1/150 | 测声波测槽仪或成槽机上的监测系统 |
| 一般项目 | 1 | 导墙尺寸 | 宽度 | mm | W+40 | 用钢尺量，W为地下墙设计厚度 |
| | | | 墙面平整度 | mm | <5 | 用钢尺量 |
| | | | 导墙平面位置 | mm | ±10 | 用钢尺量 |
| | 2 | 沉渣厚度 | 永久结构 临时结构 | mm mm | ≤100 ≤200 | 重锤测或沉积物测定仪测 |
| | 3 | 槽深 | | mm | +100 | 重锤测 |
| | 4 | 混凝土坍落度 | | mm | 180~220 | 坍落度测定器 |
| | 5 | 钢筋笼尺寸 | | 见本规范表5.6.4-1 | | 见本规范表5.6.4-1 |
| | 6 | 地下墙表面平整度 | 永久结构 临时结构 插入式结构 | mm mm mm | <100 <150 <20 | 此为均匀粘土层，松散及易塌土层由设计决定 |
| | 7 | 永久结构时的预埋件位置 | 水平向 垂直向 | mm mm | <10 <20 | 用钢尺量 水准仪 |

## 7.7 沉井与沉箱

**7.7.1** 沉井是下沉结构，必须掌握确凿的地质资料，钻孔可按下述要求进行：

**1** 面积在200m²以下（包括200m²）的沉井（箱），应有一个钻孔（可布置在中心位置）。

**2** 面积在 200m² 以上的沉井(箱),在四角(圆形为相互垂直的两直径端点)应各布置一个钻孔。

**3** 特大沉井(箱)可根据具体情况增加钻孔。

**4** 钻孔底标高应深于沉井的终沉标高。

**5** 每座沉井(箱)应有一个钻孔提供土的各项物理力学指标、地下水位和地下水含量资料。

**7.7.2** 沉井(箱)的施工应由具有专业施工经验的单位承担。

**7.7.3** 沉井制作时,承垫木或砂垫层的采用,与沉井的结构情况、地质条件、制作高度等有关。无论采用何种型式,均应有沉井制作时的稳定计算及措施。

**7.7.4** 多次制作和下沉的沉井(箱),在每次制作接高时,应对下卧层作稳定复核计算,并确定确保沉井接高的稳定措施。

**7.7.5** 沉井采用排水封底,应确保终沉时,井内不发生管涌、涌土及沉井止沉稳定。如不能保证时,应采用水下封底。

**7.7.6** 沉井施工除应符合本规范规定外,尚应符合现行国家标准《混凝土结构工程施工质量验收规范》GB 50204 及《地下防水工程施工质量验收规范》GB 50208 的规定。

**7.7.7** 沉井(箱)在施工前应对钢筋、电焊条及焊接成形的钢筋半成品进行检验。如不用商品混凝土,则应对现场的水泥、骨料做检验。

**7.7.8** 混凝土浇注前,应对模板尺寸、预埋件位置、模板的密封性进行检验。拆模后应检查浇注质量(外观及强度),符合要求后方可下沉。浮运沉井尚需做起浮可能性检查。下沉过程中应对下沉偏差做过程控制检查。下沉后的接高应对地基强度、沉井的稳定做检查。封底结束后,应对底板的结构(有无裂缝)及渗漏做检查。有关渗漏验标准应符合现行国家标准《地下防水工程施工质量验收规范》GB 50208 的规定。

**7.7.9** 沉井(箱)竣工后的验收应包括沉井(箱)的平面位置、终端标高、结构完整性、渗水等进行综合检查。

**7.7.10** 沉井(箱)的质量检验标准应符合表 7.7.10 的要求。

表 7.7.10　沉井(箱)的质量检验标准

| 项 | 序 | 检查项目 | 允许偏差或允许值 | | 检查方法 |
|---|---|---|---|---|---|
| | | | 单位 | 数值 | |
| 主控项目 | 1 | 混凝土强度 | 满足设计要求(下沉前必须达到 70% 设计强度) | | 查试件记录或抽样送检 |
| | 2 | 封底前,沉井(箱)的下沉稳定 | mm/8h | <10 | 水准仪 |
| | 3 | 封底结束后的位置: | | | |
| | | 刃脚平均标高(与设计标高比) | mm | <100 | 水准仪 |
| | | 刃脚平面中心位移 | | <1%H | 经纬仪,H 为下沉总深度,H<10m 时,控制在 100mm 之内 |
| | | 四角中任何两角的底面高差 | | <1%l | 水准仪,l 为两角的距离,但不超过 300mm,H>10m 时,控制在 100mm 之内 |
| 一般项目 | 1 | 钢材、对接钢筋、水泥、骨料等原材料检查 | 符合设计要求 | | 查出厂质保书或抽样送检 |
| | 2 | 结构体外观 | 无裂缝,无风窝、空洞,不露筋 | | 直观 |
| | 3 | 平面尺寸:长与宽 | % | ±0.5 | 用钢尺量,最大控制在 100mm 之内 |
| | | 曲线部分半径 | % | ±0.5 | 用钢尺量,最大控制在 50mm 之内 |
| | | 两对角线差 | % | 1.0 | 用钢尺量 |
| | | 预埋件 | mm | 20 | 用钢尺量 |
| | | 高差 | % | 1.5~2.0 | 水准仪,但最大不超过 1m |
| | 4 | 下沉过程中的偏差 | | | |
| | | 平面轴线 | | <1.5%H | 经纬仪,H 为下沉深度,最大应控制在 300mm 之内,此数值不包括高差引起的中线位移 |
| | 5 | 封底混凝土坍落度 | cm | 18~22 | 坍落度测定器 |

注:主控项目 3 的三项偏差可同时存在,下沉总深度,系指下沉面后刃脚之高差。

## 7.8 降水与排水

**7.8.1** 降水与排水是配合基坑开挖的安全措施,施工前应有降水与排水设计。当在基坑外降水时,应有降水范围的估算,对重要建筑物或公共设施在降水过程中应监测。

**7.8.2** 对不同的土质应用不同的降水形式,表 7.8.2 为常用的降水形式。

表 7.8.2　降水类型及适用条件

| 降水类型 ＼ 适用条件 | 渗透系数(cm/s) | 可能降低的水位深度(m) |
|---|---|---|
| 轻型井点<br>多级轻型井点 | $10^{-2}$~$10^{-5}$ | 3~6<br>6~12 |
| 喷射井点 | $10^{-3}$~$10^{-6}$ | 8~20 |
| 电渗井点 | <$10^{-6}$ | 宜配合其他形式降水使用 |
| 深井井管 | ≥$10^{-5}$ | >10 |

**7.8.3** 降水系统施工完后,应试运转,如发现井管失效,应采取措施使其恢复正常,如无可能恢复则应报废,另行设置新的井管。

**7.8.4** 降水系统运转过程中应随时检查观测孔中的水位。

**7.8.5** 基坑内明排水应设置排水沟及集水井,排水沟纵坡宜控制在 1‰~2‰。

**7.8.6** 降水与排水施工的质量检验标准应符合表 7.8.6 的规定。

表 7.8.6　降水与排水施工质量检验标准

| 序 | 检查项目 | 允许值或允许偏差 | | 检查方法 |
|---|---|---|---|---|
| | | 单位 | 数值 | |
| 1 | 排水沟坡度 | ‰ | 1~2 | 目测:坑内不积水,沟内排水畅通 |
| 2 | 井管(点)垂直度 | % | 1 | 插管时目测 |
| 3 | 井管(点)间距(与设计相比) | % | ≤150 | 用钢尺量 |
| 4 | 井管(点)插入深度(与设计相比) | mm | ≤200 | 水准仪 |
| 5 | 过滤砂砾料填灌(与计算值比) | % | ≤5 | 检查回填料用量 |
| 6 | 井点真空度:轻型井点<br>喷射井点 | kPa<br>kPa | >60<br>>93 | 真空度表<br>真空度表 |
| 7 | 电渗井点阴阳极距离:轻型井点<br>喷射井点 | mm<br>mm | 80~100<br>120~150 | 用钢尺量<br>用钢尺量 |

# 8　分部(子分部)工程质量验收

**8.0.1** 分项工程、分部(子分部)工程质量的验收,均应在施工单位自检合格的基础上进行。施工单位确认自检合格后提出工程验收申请,工程验收时应提供下列技术文件和记录:

**1** 原材料的质量合格证和质量鉴定文件;

**2** 半成品如预制桩、钢桩、钢筋笼等产品合格证书;

**3** 施工记录及隐蔽工程验收文件;

**4** 检测试验及见证取样文件;

**5** 其他必须提供的文件或记录。

8.0.2 对隐蔽工程应进行中间验收。

8.0.3 分部(子分部)工程验收应由总监理工程师或建设单位项目负责人组织勘察、设计单位及施工单位的项目负责人、技术质量负责人，共同按设计要求和本规范及其他有关规定进行。

8.0.4 验收工作应按下列规定进行：

　　1 分项工程的质量验收应分别按主控项目和一般项目验收；

　　2 隐蔽工程应在施工单位自检合格后，于隐蔽前通知有关人员检查验收，并形成中间验收文件；

　　3 分部(子分部)工程的验收，应在分项工程通过验收的基础上，对必要的部位进行见证检验。

8.0.5 主控项目必须符合验收标准规定，发现问题应立即处理直至符合要求，一般项目应有80％合格。混凝土试件强度评定不合格或对试件的代表性有怀疑时，应采用钻芯取样，检测结果符合设计要求可按合格验收。

# 附录 A 地基与基础施工勘察要点

## A.1 一般规定

A.1.1 所有建(构)筑物均应进行施工验槽。遇到下列情况之一时，应进行专门的施工勘察：

　　1 工程地质条件复杂，详勘阶段难以查清时；

　　2 开挖基槽发现土质、土层结构与勘察资料不符时；

　　3 施工中边坡失稳，需查明原因，进行观测处理时；

　　4 施工中，地基土受扰动，需查明其性状及工程性质时；

　　5 为地基处理，需进一步提供勘察资料时；

　　6 建(构)筑物有特殊要求，或在施工时出现新的岩土工程地质问题时。

A.1.2 施工勘察应针对需要解决的岩土工程问题布置工作量，勘察方法可根据具体情况选用施工验槽、钻探取样和原位测试等。

## A.2 天然地基基础基槽检验要点

A.2.1 基槽开挖后，应检验下列内容：

　　1 核对基坑的位置、平面尺寸、坑底标高；

　　2 核对基坑土质和地下水情况；

　　3 空穴、古墓、古井、防空掩体及地下埋设物的位置、深度、性状。

A.2.2 在进行直接观察时，可用袖珍式贯入仪作为辅助手段。

A.2.3 遇到下列情况之一时，应在基坑底普遍进行轻型动力触探：

　　1 持力层明显不均匀；

　　2 浅部有软弱下卧层；

　　3 有浅埋的坑穴、古墓、古井等，直接观察难以发现时；

　　4 勘察报告或设计文件规定应进行轻型动力触探时。

A.2.4 采用轻型动力触探进行基槽检验时，检验深度及间距按表 A.2.4 执行。

表 A.2.4 轻型动力触探检验深度及间距表(m)

| 排列方式 | 基槽宽度 | 检验深度 | 检验间距 |
|---|---|---|---|
| 中心一排 | <0.8 | 1.2 | 1.0～1.5m 视地层复杂情况定 |
| 两排错开 | 0.8～2.0 | 1.5 | |
| 梅花型 | >2.0 | 2.1 | |

A.2.5 遇下列情况之一时，可不进行轻型动力触探：

　　1 基坑不深处有承压水层，触探可造成冒水涌砂时；

　　2 持力层为砾石层或卵石层，且其厚度符合设计要求时。

A.2.6 基槽检验应填写验槽记录或检验报告。

## A.3 深基础施工勘察要点

A.3.1 当预制打入桩、静力压桩或锤击沉管灌注桩的入土深度与勘察资料不符或对桩端下卧层有怀疑时，应核查桩端下主要受力层范围内的标准贯入击数和岩土工程性质。

A.3.2 在单柱单桩的大直径桩施工中，如发现地层变化异常或怀疑持力层可能存在破碎带或溶洞等情况时，应对其分布、性质、程度进行核查，评价其对工程安全的影响程度。

A.3.3 人工挖孔混凝土灌注桩应逐孔进行持力层岩土性质的描述及鉴别，当发现与勘察资料不符时，应对异常之处进行施工勘察，重新评价，并提供处理的技术措施。

## A.4 地基处理工程施工勘察要点

A.4.1 根据地基处理方案，对勘察资料中场地工程地质及水文地质条件进行核查和补充；对详勘阶段遗留问题或地基处理设计中的特殊要求进行有针对性的勘察，提供地基处理所需的岩土工程设计参数，评价现场施工条件及施工对环境的影响。

A.4.2 当地基处理施工中发生异常情况时，进行施工勘察，查明原因，为调整、变更设计方案提供岩土工程设计参数，并提供处理的技术措施。

## A.5 施工勘察报告

A.5.1 施工勘察报告应包括下列主要内容：

　　1 工程概况；

　　2 目的和要求；

　　3 原因分析；

　　4 工程安全性评价；

　　5 处理措施及建议。

# 附录 B 塑料排水带的性能

B.0.1 不同型号塑料排水带的厚度应符合表 B.0.1。

表 B.0.1 不同型号塑料排水带的厚度(mm)

| 型　号 | A | B | C | D |
|---|---|---|---|---|
| 厚度 | >3.5 | >4.0 | >4.5 | >6 |

B.0.2 塑料排水带的性能应符合表 B.0.2。

表 B.0.2 塑料排水带的性能

| 项　目 | | 单位 | A 型 | B 型 | C 型 | 条　件 |
|---|---|---|---|---|---|---|
| 纵向通水量 | | cm³/s | ≥15 | ≥25 | ≥40 | 侧压力 |
| 滤膜渗透系数 | | cm/s | | ≥5×10⁻⁴ | | 试件在水中浸泡 24h |
| 滤膜等效孔径 | | μm | | <75 | | 以 $D_{98}$ 计，$D$ 为孔径 |
| 复合体抗拉强度(干态) | | kN/10cm | ≥1.0 | ≥1.3 | ≥1.5 | 延伸率10%时 |
| 滤膜抗拉强度 | 干态 | N/cm | ≥15 | ≥25 | ≥30 | 延伸率10%时 |
| | 湿态 | | ≥10 | ≥20 | ≥25 | 延伸率 15%时，试件在水中浸泡 24h |
| 滤膜重度 | | N/m² | — | 0.8 | | |

注：1 A 型排水带适用于插入深度小于 15m。
　　2 B 型排水带适用于插入深度小于 25m。
　　3 C 型排水带适用于插入深度小于 35m。

## 本规范用词说明

1　为便于在执行本规范条文时区别对待,对要求严格程度不同的用词,说明如下:

　　1)表示很严格,非这样做不可的用词:

　　正面词采用"必须",反面词采用"严禁"。

2)表示严格,在正常情况下均应这样做的用词:

正面词采用"应",反面词采用"不应"或"不得"。

3)表示允许稍有选择,在条件许可时,首先应这样做的用词:

正面词采用"宜",反面词采用"不宜"。

表示有选择,在一定条件下可以这样做的用词,采用"可"。

2　本规范中指明应按其他有关标准、规范执行的写法为"应符合……要求或规定"或"应按……执行"。

中华人民共和国国家标准

# 建筑地基基础工程施工质量验收规范

GB 50202—2002

条 文 说 明

# 目 次

# 1 总　则

1.0.1　根据统一布置,现行国家标准《土方与爆破工程施工及验收规范》GBJ 201中的"土方工程"列入本规范中。因此,本规范包括了"土方工程"的内容。

1.0.2　铁路、公路、航运、水利和矿井巷道工程,对地基基础工程均有特殊要求,本规范偏重于建筑工程,对这些有特殊要求的地基基础工程,验收应按专业规范执行。

1.0.3　本规范部分条文是强制性的,设计文件或合同条款可以有高于本规范规定的标准要求,但不得低于本规范规定的标准。

1.0.4　现行国家标准《建筑工程施工质量验收统一标准》GB 50300对各个规范的编制起了指导性的作用,在具体执行本规范时,应同GB 50300标准结合起来使用。

1.0.5　地基基础工程内容涉及到砌体、混凝土、钢结构、地下防水工程以及桩基检测等有关内容,验收时除应符合本规范的规定外,尚应符合相关规范的规定。与本规范相关的国家现行规范有:

1　《砌体工程施工质量验收规范》GB 50203—2001

2　《混凝土结构工程施工质量验收规范》GB 50204—2001

3　《钢结构工程施工质量验收规范》GB 50205—2001

4　《地下防水工程施工质量验收规范》GB 50208—2001

5　《建筑工程基桩检测技术规范》JGJ/T 106—2002

6　《建筑地基处理技术规范》JGJ 79—2002

7　《建筑地基基础设计规范》GB 50007—2002

# 3 基本规定

3.0.1　地基与基础工程的施工,均与地下土层接触,地质资料极为重要。基础工程的施工又影响临近房屋和其他公共设施,对这些设施的结构状况的掌握,有利于基础工程施工的安全与质量,同时又可使这些设施得到保护。近几年由于地质资料不详或对临近建筑物和设施没有充分重视而造成的基础工程质量事故或临近建筑物、公共设施的破坏事故,屡有发生。施工前掌握必要的资料,做到心中有数是有必要的。

3.0.2　国家基本建设的发展,促进了大批施工企业应运而生,但这些企业良莠不齐,施工质量得不到保证。尤其是地基基础工程,专业性较强,没有足够的施工经验,应付不了复杂的地质情况,多变的环境条件,较高的专业标准。为此,必须强调施工企业的资质。对重要的、复杂的地基基础工程应有相应资质的施工单位。资质指企业的信誉,人员的素质,设备的性能及施工实绩。

3.0.3　基础工程为隐蔽工程,工程检测与质量见证试验的结果具有重要的影响,必须有权威性。只有具有一定资质水平的单位才能保证其结果的可靠与准确。

3.0.4　有些地基与基础工程规模较大,内容较多,既有桩基又有地基处理,甚至基坑开挖等,可按工程管理的需要,根据《建筑工程施工质量验收统一标准》所划分的范围,确定子分部工程。

3.0.5　地基基础工程大量都是地下工程,虽有勘探资料,但常与地质资料不符或没有掌握到的情况发生,致使工程不能顺利进行。为避免不必要的重大事故或损失,遇到施工异常情况出现应停止施工,待妥善解决后再恢复施工。

# 4 地　基

## 4.1　一般规定

4.1.3　地基施工考虑间歇期是因为地基土的密实,空隙水压力的消散,水泥或化学浆液的固结等均需有一个期限,施工结束即进行验收有不符实际的可能。至于间歇多长时间在各类地基规范中有所考虑,但仅是参照数字。具体可由设计人员根据要求确定。有些大工程施工周期较长,一部分已达到间歇要求,另一部分仍在施工,就不一定待全部工程施工结束后再进行取样检查,可先在已完工程部位进行,但是否有代表性就应由设计方确定。

4.1.4　试验工程目的在于取得数据,以指导施工。对无经验可查的工程更应强调,这样做的目的,能使施工质量更容易满足设计要求,即不造成浪费也不会造成大面积返工。对试验荷载考虑稍大一些,有利于分析比较,以取得可靠的施工参数。

4.1.5　本条所列的地基均不是复合地基,由于各地各设计单位的习惯、经验等,对地基处理后的质量检验指标均不一样,有的用标贯、静力触探,有的用十字板剪切强度等,有的就用承载力检验。对此,本条用何指标不予规定,按设计要求而定。地基处理的质量好坏,最终体现在这些指标中。为此,将本条列为强制性条文。各种指标的检验方法可按国家现行行业标准《建筑地基处理技术规范》JGJ 79的规定执行。

4.1.6　水泥土搅拌桩地基,高压喷射注浆桩地基,砂桩地基,振冲桩地基、土和灰土挤密桩地基、水泥粉煤灰碎石桩地基及夯实水泥土桩地基为复合地基,桩是主要施工对象,首先应检验桩的质量,检查方法可按国家现行行业标准《建筑工程基桩检测技术规范》JGJ 106的规定执行。

4.1.7　本规范第4.1.5、4.1.6条规定的各类地基的主控项目及数量是至少应达到的,其他主控项目及检验数量由设计确定,一般项目可根据实际情况,随时抽查,做好记录。复合地基中的桩的施工是主要的,应保证20%的抽查量。

## 4.2　灰土地基

4.2.1　灰土的土料宜用粘土、粉质粘土。严禁采用冻土、膨胀土和盐渍土等活动性较强的土料。

4.2.2　验槽发现有软弱土层或孔穴时,应挖除并用素土或灰土分层填实。最优含水量可通过击实试验确定。分层厚度可参考表1所示数值。

表1　灰土最大虚铺厚度

| 序 | 夯实机具 | 质量(t) | 厚度(mm) | 备　注 |
|---|---|---|---|---|
| 1 | 石夯、木夯 | 0.04～0.08 | 200～250 | 人力送夯,落距400～500mm,每夯搭接半夯 |
| 2 | 轻型夯实机械 | — | 200～250 | 蛙式或柴油打夯机 |
| 3 | 压路机 | 机重6～10 | 200～300 | 双轮 |

## 4.3　砂和砂石地基

4.3.1　原材料宜用中砂、粗砂、砾砂、碎石(卵石)、石屑。细砂应同时掺入25%～35%碎石或卵石。

4.3.2　砂和砂石地基每层铺筑厚度及最优含水量可参考表2所示数值。

表2 砂和砂石地基每层铺筑厚度及最优含水量

| 序 | 压实方法 | 每层铺筑厚度（mm） | 施工时的最优含水量（%） | 施工说明 | 备注 |
|---|---|---|---|---|---|
| 1 | 平振法 | 200～250 | 15～20 | 用平板式振捣器往复振捣 | 不宜使用干细砂或含泥量较大的砂所铺筑的砂地基 |
| 2 | 插振法 | 振捣器插入深度 | 饱和 | (1)用插入式振捣器<br>(2)插入点间距可根据机械振幅大小决定<br>(3)不应振至下卧粘性土层<br>(4)插入振捣完毕后,所留的孔洞,应用砂填实 | 不宜使用细砂或含泥量较大的砂所铺筑的砂地基 |
| 3 | 水撼法 | 250 | 饱和 | (1)注水高度应超过每次铺筑面层<br>(2)用钢叉摇撼捣实插入点距为100mm<br>(3)钢叉分四齿,齿的间距80mm,长300mm,木柄长90mm | |
| 4 | 夯实法 | 150～200 | 8～12 | (1)用木夯或机械夯<br>(2)木夯重40kg,落距400～500mm<br>(3)一夯压半夯全面夯实 | |
| 5 | 碾压法 | 250～350 | 8～12 | 6～12t压路机往复碾压 | 适用于大面积施工的砂和砂石地基 |

注:在地下水位以下的地基其最下层的铺筑厚度可比上表增加50mm。

## 4.4 土工合成材料地基

**4.4.1** 所用土工合成材料的品种与性能和填料土类,应根据工程特性和地基土条件,通过现场试验确定。垫层材料宜用粘性土、中砂、粗砂、砾砂、碎石等内摩阻力高的材料。如工程要求垫层排水,垫层材料应具有良好的透水性。

**4.4.2** 土工合成材料如用缝接法或胶接法连接,应保证主要受力方向的连接强度不低于所采用材料的抗拉强度。

## 4.5 粉煤灰地基

**4.5.1** 粉煤灰材料可用电厂排放的硅铝型低钙粉煤灰。$SiO_2$＋$Al_2O_3$总含量不低于70％(或$SiO_2$＋$Al_2O_3$＋$Fe_2O_3$总含量),烧失量不大于12％。

**4.5.2** 粉煤灰填筑的施工参数宜试验后确定。每摊铺一层后,先用履带式机具或轻型压路机初压1～2遍,然后用中、重型振动压路机振碾3～4遍,速度为2.0～2.5km/h,再静碾1～2遍,碾压轮迹应相互搭接,后轮必须超过两施工段的接缝。

## 4.6 强夯地基

**4.6.1** 为避免强夯振动对周边设施的影响,施工前必须对附近建筑物进行调查,必要时采取相应的防振或隔振措施,影响范围约10～15m。施工时应由邻近建筑物开始夯击逐渐向远处移动。

**4.6.2** 如无经验,宜先试夯取得各类施工参数后再正式施工。对透水性差、含水量高的土层,前后两遍夯击应有一定间歇期,一般2～4周。夯点超出需加固的范围为加固深度的1/2～1/3,且不小于3m。施工时要有排水措施。

**4.6.4** 质量检验应在夯后一定的间歇期之后进行,一般为两星期。

## 4.7 注浆地基

**4.7.1** 为确保注浆加固地基的效果,施工前应进行室内浆液配比试验及现场注浆试验,以确定浆液配方及施工参数。常用浆液类型见表3。

表3 常用浆液类型

| 浆 液 | | 浆 液 类 型 |
|---|---|---|
| 粒状浆液(悬液) | 不稳定粒状浆液 | 水泥浆 |
| | | 水泥砂浆 |
| | 稳定粒状浆液 | 粘土浆 |
| | | 水泥粘土浆 |
| 化学浆液(溶液) | 无机浆液 | 硅酸盐 |
| | 有机浆液 | 环氧树脂类 |
| | | 甲基丙烯酸脂类 |
| | | 丙烯酰胺类 |
| | | 木质素类 |
| | | 其他 |

**4.7.2** 对化学注浆加固的施工顺序宜按以下规定进行:

**1** 加固渗透系数相同的土层应自上而下进行。

**2** 如土的渗透系数随深度而增大,应自下而上进行。

**3** 如相邻土层的土质不同,应首先加固渗透系数大的土层。

检查时,如发现施工顺序与此有异,应及时制止,以确保工程质量。

## 4.8 预压地基

**4.8.1** 软土的固结系数较小,当土层较厚时,达到工作要求的固结度需时较长,为此,对软土预应设置排水通道,其长度及间距宜通过试压确定。

**4.8.2** 堆载预压,必须分级堆载,以确保预压效果并避免坍滑事故。一般每天沉降速率控制在10～15mm,边桩位移速率控制在4～7mm。孔隙水压力增量不超过预压荷载增量60％,以这些参考指标控制堆载速率。

真空预压的真空度可一次抽气至最大,当连续5d实测沉降小于每天2mm或固结度≥80％,或符合设计要求时,可停止抽气,降水预压可参考本条。

**4.8.3** 一般工程在预压结束后,做十字板剪切强度或标贯、静力触探试验即可,但重要建筑物地基应做承载力检验。如设计有明确规定应按设计要求进行检验。

## 4.9 振冲地基

**4.9.1** 为确切掌握好填料量、密实电流和留振时间,使各段桩体都符合规定的要求,应通过现场试成桩确定这些施工参数。填料应选择不溶于地下水,或不受侵蚀影响且本身无侵蚀性和性能稳定的硬粒料。对粒径控制的目的,确保振冲效果及效率。粒径过大,在边投边填过程中难以落入孔内;粒径过细小,在孔中沉入速度太慢,不易振密。

**4.9.2** 振冲置换造孔的方法有排孔法,即由一端开始到另一端结束;跳打法,即每排施工时隔一孔造一孔,反复进行;帷幕法,即先造外围2～3圈孔,再造内圈孔,此时或隔一圈造一圈或依次向中心区推进。振冲施工必须防止漏孔,因此要做好孔位编号并施工复查工作。

**4.9.3** 振冲施工对原土结构造成扰动,强度降低。因此,质量检验应在施工结束后间歇一定时间,对砂土地基间隔1～2周,粘性土地基间隔3～4周,对粉土、杂填土地基间隔2～3周。桩顶部位由于周围约束力小,密实度较难达到要求,检验取样应考虑此因素。对振冲密实法加固的砂土地基,如不加填料,质量检验主要是地基的密实度,可用标准贯入、动力触探等方面进行,但选点应有代表性。为此,本条提出了应在有代表性的地段做质量检验。在具体操作时,宜由设计、施工、监理(或业主方)共同确定位置后,再进行检验。

### 4.10 高压喷射注浆地基

**4.10.1** 高压喷射注浆工艺宜用普通硅酸盐工艺,强度等级不得低于32.5,水泥用量,压力宜通过试验确定,如无条件可参考下表:

表4 1m桩长喷射桩水泥用量表

| 桩径(mm) | 桩长(m) | 强度为32.5普硅水泥单位用量 | 喷射施工方法 | | |
|---|---|---|---|---|---|
| | | | 单管 | 二重管 | 三管 |
| φ600 | 1 | kg/m | 200～250 | 200～250 | — |
| φ800 | 1 | kg/m | 300～350 | 300～350 | — |
| φ900 | 1 | kg/m | 350～400(新) | 350～400 | — |
| φ1000 | 1 | kg/m | 400～450(新) | 400～450(新) | 700～800 |
| φ1200 | 1 | kg/m | — | 500～600(新) | 800～900 |
| φ1400 | 1 | kg/m | — | 700～800(新) | 900～1000 |

注:"新"系指采用高压水泥浆泵,压力为36～40MPa,流量80～110L/min的新单管法和二重管法。

水压比为0.7～1.0较妥,为确保施工质量,施工机具必须配置准确的计量仪表。

**4.10.2** 由于喷射压力较大,容易发生窜浆,影响邻孔的质量,应采用间隔跳打法施工,一般二孔间距大于1.5m。

**4.10.3** 如不做承载力或强度检验,则间歇期可适当缩短。

### 4.11 水泥土搅拌桩地基

**4.11.1** 水泥土搅拌桩对水泥压入量要求较高,必须在施工机械上配置流量控制仪表,以保证一定的水泥用量。

**4.11.2** 水泥土搅拌桩施工过程中,为确保搅拌充分,桩体质量均匀,搅拌机头提速不宜过快,否则会使搅拌桩体局部水泥量不足或水泥不能均匀地拌和在土中,导致桩体强度不一,因此规定了机头提升速度。

**4.11.4** 强度检验取90d的试样是根据水泥土的特性而定,如工程需要(如作为围护结构用的水泥土搅拌桩)可根据设计要求,以28d强度为准。由于水泥土搅拌桩施工的影响因素较多,故检查数量略多于一般桩基。

**4.11.5** 本规范表4.11.5中桩体强度的检查方法,各地有其他成熟的方法,只要可靠都行。如用轻便触探器检查均匀程度、用对比法判断桩身强度等,可参照国家现行行业标准《建筑地基处理技术规范》JGJ 79。

### 4.12 土和灰土挤密桩复合地基

**4.12.1** 施工前应在现场进行成孔、夯填工艺及挤密效果试验,以确定填料厚度、最优含水量、夯击次数及干密度等施工参数及质量标准。成孔顺序应先外后内,同排应间隔施工。填料含水量如过大,宜予干或预湿处理后再填入。

### 4.13 水泥粉煤灰碎石桩复合地基

**4.13.2** 提拔钻杆(或套管)的速度必须与泵入混合料的速度相配,否则容易产生缩颈或断桩,而且不同土层中提拔的速度不一

样,砂性土、砂质粘土、粘土中提拔的速度为1.2～1.5m/min,在淤泥质土中应适当放慢。桩顶标高应高出设计标高0.5m。由沉管方法成桩时,应注意新施工桩对已成桩的影响,避免挤桩。

**4.13.3** 复合地基检验应在桩体强度符合试验荷载条件时进行,一般宜在施工结束后2～4周后进行。

### 4.14 夯实水泥土桩复合地基

**4.14.3** 承载力检验一般为单桩的载荷试验,对重要、大型工程应进行复合地基载荷试验。

**4.14.5** 夯扩桩的施工工艺与夯实水泥土桩相似,质量标准参照夯实水泥土桩是合适的。

### 4.15 砂桩地基

**4.15.2** 砂桩施工应从外围或两则向中间进行,成孔宜用振动沉管工艺。

**4.15.3** 砂桩施工的间歇期为7d,在间歇期后才能进行质量检验。

# 5 桩基础

## 5.1 一般规定

**5.1.2** 桩顶标高低于施工场地标高时,如不做中间验收,在土方开挖后如有桩顶位移发生不易明确责任(究竟是土方开挖不妥,还是本身桩位不准,打入桩施工不慎,会造成挤土,导致桩体位移),加一次中间验收有利于责任区分,引起打桩及土方承包商的重视。

**5.1.3** 本规范表5.1.3中的数值未计及由于降水和基坑开挖等造成的位移,但由于打桩顺序不当,造成挤土而影响已入土桩的位移,是包括在表列数值中的。为此,必须在施工中考虑合适的顺序及打桩速率。布桩密集的基础工程应有必要的措施来减少沉桩的挤土影响。

**5.1.5** 对重要工程(甲级)应采用静载荷试验本检验桩的垂直承载力。工程的分类按现行国家标准《建筑地基基础设计规范》GB 50007第3.0.1条的规定。关于静载荷试验桩的数量,如果施工区域地质条件单一,当地又有足够的实践经验,数量可根据实际情况,由设计确定。承载力检验不仅是检验施工的质量而且也能检验设计是否达到工程的要求。因此,施工前的试桩如没有破坏又用于实际工程中应可作为验收的依据。非静载荷试验桩的数量,可按国家现行行业标准《建筑工程基桩检测技术规范》JGJ 106的规定执行。

**5.1.6** 桩身质量的检验方法很多,可按国家现行行业标准《建筑工程基桩检测技术规范》JGJ 106所规定的方法执行。打入桩制桩的质量容易控制,问题也较易发现,抽查数可较灌注桩少。

## 5.2 静力压桩

**5.2.1** 静力压桩的方法较多,有锚杆静压、液压千斤顶加压、绳索系统加压等,凡非冲击力沉桩均按静力压桩考虑。

**5.2.2** 用硫磺胶泥接桩,在大城市因污染空气且较少使用,但考虑到有些地区仍在使用,因此本规范仍放入硫磺胶泥接桩内容。半成品硫磺胶泥必须在进场后检验。压桩用压力表必须标定合格方能使用,压桩时的压力数值是判断承载力的依据,也是指导压桩施工的一项重要参数。

**5.2.3** 施工中检查压力目的在于检查压桩是否正常。按桩间歇时间对硫磺胶泥必须控制,间歇过短,硫磺胶泥强度未到达,容易被压坏;接头存在薄弱环节,甚至断桩。浇注硫磺胶泥时间必须快,慢了硫磺胶泥在容器内结硬,浇注入连接孔内不易均匀流淌,

质量也不易保证。

5.2.4 压桩的承载力试验，在有经验地区将最终压入力作为承载力估算的依据，如果有足够的经验是可行的，但最终应由设计确定。

### 5.3 先张法预应力管桩

5.3.1 先张法预应力管桩均为工厂生产后运到现场施打，工厂生产时的质量检验应由生产的单位负责，但运入工地后，打桩单位有必要对外观及尺寸进行检验并查看产品合格证书。

5.3.2 先张法预应力管桩，强度较高，锤击性能比一般混凝土预制桩好，抗裂性强。因此，总的锤击数较高，相应的电焊接桩质量要求也高，尤其是电焊后有一定间歇时间，不能焊完即锤击，这样容易使接头损伤。为此，对重要工程应对接头做 X 光拍片检查。

5.3.3 由于锤击次数多，对桩体质量进行检验是有必要的，可检查桩体是否被打裂，电焊接头是否完整。

### 5.4 混凝土预制桩

5.4.1 混凝土预制桩可在工厂生产，也可在现场支模预制，为此，本规范列出了钢筋骨架的质量检验标准。对工厂的成品桩虽有产品合格证书，但在运输过程中容易碰坏，为此，进场后应再做检查。

5.4.2 经常发生接桩时电焊质量较差，从而接头在锤击过程中断开，尤其接头对接的两端面不平整，电焊更不容易保证质量，对重要工程做 X 光拍片检查是完全必要的。

5.4.4 混凝土桩的龄期，对抗裂性有影响，这是经过长期试验得出的结果，不到龄期的桩就像不足月出生的婴儿，有先天不足的弊端。经长时期锤击或锤击拉应力稍大一些便会产生裂缝。故有强度龄期双控的要求，但对短桩，锤击数又不多，满足强度要求一项应是可行的。有些工程进度较急，桩又不是长桩，可以采用蒸养以求短期内达到强度，即可开始沉桩。

### 5.5 钢 桩

5.5.1 钢桩包括钢管桩、型钢桩等。成品桩也是在工厂生产，应有一套质检标准，但也会因运输堆放造成桩的变形，因此，进场后需再做检验。

5.5.2 钢桩的锤击性能较混凝土桩好，因而锤击次数要高得多，相应对电焊质量要求较高，故对电焊后的停歇时间，桩顶有否局部损坏均应做检查。

### 5.6 混凝土灌注桩

5.6.1 混凝土灌注桩的质量检验应较其他桩种严格，这是工艺本身要求，再则工程事故也较多，因此，对监测手段要事先落实。

5.6.2 沉渣厚度应在钢筋笼放入后，混凝土浇注前测定，成孔结束后，放钢筋笼、混凝土导管都会造成土体跌落，增加沉渣厚度，因此，沉渣厚度应是二次清孔后的结果。沉渣厚度的检查目前均用重锤，但因人为因素影响很大，应专人负责，用专一的重锤，有些地方用较先进的沉渣仪，这种仪器应预先做标定。人工挖孔桩一般对持力层有要求，而且到孔底察看土性是有条件的。

5.6.4 灌注桩的钢筋笼有时在现场加工，不是在工厂加工完后运到现场，为此，列出了钢筋笼的质量检验标准。

# 6 土 方 工 程

## 6.1 一 般 规 定

6.1.1 土方的平衡与调配是土方工程施工的一项重要工作。一般先由设计单位提出基本平衡数据，然后由施工单位根据实际情

况进行平衡计算。如工程量较大，在施工过程中还应进行多次平衡调整，在平衡计算中，应综合考虑土的松散率、压缩率、沉陷量等影响土方量变化的各种因素。

为了配合城乡建设的发展，土方平衡调配应尽可能与当地市、镇规划和农田水利等结合，将余土一次性运到指定弃土场，做到文明施工。

6.1.2 基底土隆起往往伴随着对周边环境的影响，尤其当周边有地下管线，建(构)筑物，永久性道路时应密切注意。

6.1.3 有不少施工现场由于缺乏排水和降低地下水位的措施，而对施工产生影响，土方施工应尽快完成，以避免造成集水、坑底隆起及对环境影响增大。

6.1.4 平整场地表面坡度本应由设计规定，但鉴于现行国家标准《建筑地基基础设计规范》GB 50007 中均无此项规定，故条文中规定，如设计无要求时，一般应向排水沟方面做成不小于 2‰ 的坡度。

6.1.5 在土方工程施工测量中，除开工前的复测放线外，还应配合施工对平面位置(包括控制边界线、分界线、边坡的上口线和底口线等)、边坡坡度(包括放坡线、变坡线等)和标高(包括各个地段的标高)等经常进行测量，校核是否符合设计要求。上述施工测量的基准——平面控制桩和水准控制点，也应定期进行复测和检查。

6.1.6 雨季和冬季施工可参照相应地方标准执行。

## 6.2 土 方 开 挖

6.2.2 土方工程在施工中应检查平面位置、水平标高、边坡坡度、排水、降水系统及周围环境的影响，对回填土方还应检查回填土料、含水量、分层厚度、压实度，对分层挖方，也应检查开挖深度等。

6.2.4 本规范表 6.2.4 所列数值适用于附近无重要建筑物或重要公共设施，且基坑暴露时间不长的条件。

## 6.3 土 方 回 填

6.3.3 填方工程的施工参数如每层填筑厚度、压实遍数及压实系数对重要工程均应做现场试验后确定，或由设计提供。

# 7 基 坑 工 程

## 7.1 一 般 规 定

7.1.1 在基础工程施工中，如挖方较深，土质较差或有地下水渗流等，可能对邻近建(构)筑物、地下管线、永久性道路等产生危害，或构成边坡不稳定。在这种情况下，不宜进行大开挖施工，应对基坑(槽)管沟壁进行支护。

7.1.2 基坑的支护与开挖方案，各地均有严格的规定，应按当地的要求，对方案进行申报，经批准后才能施工。降水、排水系统对维护基坑的安全极为重要，必须在基坑开挖施工期间安全运转，应时刻检查其工作状况。临近有建筑物或有公共设施，在降水过程中要予以观测，不得因降水而危及这些建筑物或设施的安全。许多围护结构由水泥土搅拌桩、钻孔灌注桩、高压水泥喷射桩等构成，因在本规范第4章、第5章中这类桩的验收已提及，可按相应的规定标准验收，其他结构在本章内均有标准可查。

7.1.3 重要的基坑工程，支撑安装的及时性极为重要，根据工程实践，基坑变形与施工时间有很大关系，因此，施工过程应尽量缩短工期，特别是在支撑体系未形成情况下的基坑暴露时间应予以减少，要重视基坑变形的时空效应。"十六字原则"对确保基坑开挖的安全是必须的。

7.1.4 基坑(槽)、管沟挖土要分层进行，分层厚度应根据工程具体情况(包括土质、环境)决定，开挖本身是一种卸荷过程，防止局部区域挖土过深、卸载过速，引起土体失稳，降低土体抗剪性能，

同时在施工中应不损伤支护结构,以保证基坑的安全。

7.1.7 本规范表7.1.7适用于软土地区的基坑工程,对硬土区应执行设计规定。

## 7.2 排桩墙支护工程

7.2.2 本规范表7.2.2-1中检查齿槽平直度不能用目测,有时看来较直,但施工时仍会产生很大的阻力,甚至将桩带入土层中,如用一根短样桩,沿着板桩的齿口,全长拉一次,如能顺利通过,则将来施工时不会产生大的阻力。

7.2.4 含水地层内的支护结构常因止水措施不当而造成地下水从坑外向坑内渗漏,大量抽排造成土颗粒流失,致使坑外土体沉降,危及坑外的设施。因此,必须有可靠的止水措施。这些措施有深层搅拌桩帷幕、高压喷射注浆止水帷幕、注浆帷幕,或者降水井(点)等,根据不同的条件选用。

## 7.3 水泥土桩墙支护工程

7.3.1 加筋水泥土桩是在水泥土搅拌桩内插入筋性材料如型钢、钢板桩、混凝土板桩、混凝土工字梁等。这些筋性材可以拔出,也可不拔,视具体条件而定。如要拔出,应考虑相应的填充措施,而且应同拔出的时间同步,以减少周围的土体变形。

## 7.4 锚杆及土钉墙支护工程

7.4.1 土钉墙一般适用于开挖深度不超过5m的基坑,如措施得当也可再加深,但设计与施工均应有足够的经验。

7.4.2 尽管有了分段开挖、分段支护,仍要考虑土钉与锚杆均有一段养护时间,不能为抢进度而不顾及养护期。

## 7.5 钢或混凝土支撑系统

7.5.1 工程中常用的支撑系统有混凝土围图、钢围图、混凝土支撑、钢支撑、格构式立柱、钢管立柱、型钢立柱等,立柱往往埋入灌注桩内,也有直接打入一根钢管桩或型钢桩,使桩柱合为一体。甚至有钢支撑与混凝土支撑混合使用的实例。

7.5.2 预应力应由设计规定,所用的支撑应能施加预顶力。

7.5.3 一般支撑系统不宜承受垂直荷载,因此不能在支撑上堆放钢材,甚至做脚手用。只有采取可靠的措施,并经复核后方可做他用。

7.5.4 支撑安装结束,即已投入使用,应对整个使用期做观测,尤其一些过大的变形应尽可能防止。

7.5.5 有些工程采用逆做法施工,地下室的楼板、梁结构做支撑系统用,此时应按现行国家标准《混凝土结构工程施工质量验收规范》GB 50204的要求验收。

## 7.6 地下连续墙

7.6.1 导墙施工是确保地下墙的轴线位置及成槽质量的关键工序。土层性质较好时,可选用倒"L"型,甚至预制钢导墙,采用"L"型导墙,应加强导墙背后的回填夯实工作。

7.6.2 泥浆配方及成槽机选型与地质条件有关,常发生配方或成槽机选型不当而产生槽段坍方的事例,因此一般情况下应试成槽,以确保工程的顺利进行。仅对专业施工经验丰富,熟悉土层性质的施工单位可不进行试成槽。

7.6.4 目前地下墙的接头型式多种多样,从结构性能来分有刚性、柔性、刚柔结合型,从材质来分有钢接头、预制混凝土接头等,但无论选用何种型式,从抗渗要求着眼,接头部位常是薄弱环节,严格这部分的质量要求确有必要。

7.6.5 地下墙作为永久结构,必然与楼板、顶盖等构成整体,工程中采用接驳器(锥螺纹或直螺纹)已较普遍,但生产接驳器厂商较多,使用部位又是重要结点,必须对接驳器的外形及力学性能复验以符合设计要求。

7.6.6 泥浆护壁在地下墙施工时是确保槽壁不坍的重要措施,必须有完整的仪器,经常地检验泥浆指标,随着泥浆的循环使用,泥浆指标将会劣化,只有通过检验,方可把好此关。地下连续墙需连续浇注,以在初凝期内完成一个槽段为好,商品混凝土可保证短期内的浇灌量。

7.6.7 检查混凝土上升速度与浇注面标高均为确保槽段混凝土顺利浇注及浇注质量的监测措施。锁口管(或称槽段浇注时的临时封堵管)拔得过快,入槽的混凝土将流淌到相邻槽段中给该槽段造成槽造成极大困难,影响质量,拔管过慢又会导致锁口管拔不出或拔断,使地下墙成隐患。

7.6.8 检查槽段的宽度及倾斜度宜用超声测槽仪,机械式的不能保证精度。

7.6.9 沉渣过多,施工后的地下墙沉降加大,往往造成楼板、梁系统开裂,这是不允许的。

## 7.7 沉井与沉箱

7.7.1 为保证沉井顺利下沉,对钻孔应有特殊的要求。

7.7.2 这也是确保沉井(箱)工程成功的必要条件,常发生由于施工单位无任何经验而使沉井(箱)沉偏或半路搁置的事例。

7.7.3 承垫木或砂垫层的采用,影响到沉井的结构,应征得设计的认同。

7.7.4 沉井(箱)在接高时,一次性加了一节混凝土重量,对沉井(箱)的刃脚踏面增加了载荷。如果踏面下土的承载力不足以承担该部分荷载,会造成沉井(箱)在浇注过程中,产生大的沉降,甚至突然下沉,荷载不均匀时还会产生大的倾斜。工程中往往在沉井(箱)接高之前,在井内回填部分黄砂,以增加接触面,减少沉井(箱)的沉降。

7.7.5 排水封底,操作人员可下井施工,质量容易控制。但当井外水位较高,井内抽水时,大量地下水涌入井内,或者井内土体的抗剪强度不足以抵挡井外较高的土体重量,产生剪切破坏而使大量土体涌入,沉井(箱)不能稳定,则必须井内灌水,进行不排水封底。

7.7.8 下沉过程中的偏差情况,虽然不作为验收依据,但是偏差太大影响终沉标高,尤当刚开始下沉时,应严格控制偏差不要过大,否则终沉标高不易控制在要求范围内。下沉过程中的控制,一般可控制四个角,当发生过大的纠偏动作后,要注意检查中心线的偏移。封底结束后,常发生底板与井墙交接处的渗水,地下水丰富地区,混凝土底板未达到一定强度时,还会发生地下水穿孔,造成渗水,渗漏验收要求可参照现行国家标准《地下防水工程施工质量验收规范》GB 50208。

## 7.8 降水与排水

7.8.1 降水会影响周边环境,应有降水范围估算以估计对环境的影响,必要时需有回灌措施,尽可能减少对周边环境的影响。降水运转过程中要设水位观测井及沉降观测点,以估计降水的影响。

7.8.2 电渗作为单独的降水措施已不多,在渗透系数不大的地区,为改善降水效果,可用电渗作为辅助手段。

7.8.3 常在降水系统施工后,发现抽出的是混水或无抽水量的情况,这是降水系统的失效,应重新施工直至达到效果为止。

# 8 分部(子分部)工程质量验收

8.0.4 质量验收的程序与组织应按现行国家标准《建筑工程施工质量验收统一标准》GB 50300的规定执行。作为合格标准主控项目应全部合格,一般项目合格数应不低于80%。

中华人民共和国国家标准

# 砌体结构工程施工质量验收规范

Code for acceptance of constructional
quality of masonry structures

GB 50203—2011

主编部门：陕 西 省 住 房 和 城 乡 建 设 厅
批准部门：中华人民共和国住房和城乡建设部
施行日期：２０１２ 年 ５ 月 １ 日

# 中华人民共和国住房和城乡建设部
# 公　告

## 第 936 号

### 关于发布国家标准《砌体结构
### 工程施工质量验收规范》的公告

现批准《砌体结构工程施工质量验收规范》为国家标准，编号为 GB 50203－2011，自 2012 年 5 月 1 日起实施。其中，第 4.0.1（1、2）、5.2.1、5.2.3、6.1.8、6.1.10、6.2.1、6.2.3、7.1.10、7.2.1、8.2.1、8.2.2、10.0.4 条（款）为强制性条文，必须严格执行。原《砌体工程施工质量验收规范》GB 50203－

2002 同时废止。

本规范由我部标准定额研究所组织中国建筑工业出版社出版发行。

中华人民共和国住房和城乡建设部

2011 年 2 月 18 日

## 前　　言

根据住房和城乡建设部《关于印发〈2008 年工程建设标准规范制订、修订计划（第一批）〉的通知》（建标〔2008〕102 号）的要求，由陕西省建筑科学研究院和陕西建工集团总公司会同有关单位在原《砌体工程施工质量验收规范》GB 50203－2002 的基础上修订完成的。

本规范在编制过程中，编制组经广泛调查研究，认真总结实践经验，参考有关国际标准和国外先进标准，并在广泛征求意见的基础上，最后经审查定稿。

本规范共分 11 章和 3 个附录，主要技术内容包括：总则、术语、基本规定、砌筑砂浆、砖砌体工程、混凝土小型空心砌块砌体工程、石砌体工程、配筋砌体工程、填充墙砌体工程、冬期施工、子分部工程验收。

本规范修订的主要内容是：

1　增加砌体结构工程检验批的划分规定；

2　增加"一般项目"检测值的最大超差值为允许偏差值的 1.5 倍的规定；

3　修改砌筑砂浆的合格验收条件；

4　修改砌体轴线位移、墙面垂直度及构造柱尺寸验收的规定；

5　增加填充墙与框架柱、梁之间的连接构造按照设计规定进行脱开连接或不脱开连接施工；

6　增加填充墙与主体结构间连接钢筋采用植筋方法时的锚固拉拔力检测及验收规定；

7　修改轻骨料混凝土小型空心砌块、蒸压加气混凝土砌块墙体墙底部砌筑其他块体或现浇混凝土坎台的规定；

8　修改冬期施工中同条件养护砂浆试块的留置

数量及试压龄期的规定；将氯盐砂浆法划入掺外加剂法；删除冻结法施工；

9　附录中增加填充墙砌体植筋锚固力检验抽样判定；填充墙砌体植筋锚固力检测记录。

本规范中以黑体字标志的条文为强制性条文，必须严格执行。

本规范由住房和城乡建设部负责管理和对强制性条文的解释，由陕西省住房和城乡建设厅负责日常管理，陕西省建筑科学研究院负责具体技术内容的解释。执行过程中如有意见或建议，请寄送陕西省建筑科学研究院（地址：西安市环城西路北段 272 号，邮编：710082）。

本 规 范 主 编 单 位：陕西省建筑科学研究院
　　　　　　　　　　　陕西建工集团总公司

本 规 范 参 编 单 位：四川省建筑科学研究院
　　　　　　　　　　　辽宁省建设科学研究院
　　　　　　　　　　　天津市建工工程总承包公司
　　　　　　　　　　　中天建设集团有限公司
　　　　　　　　　　　中国建筑东北设计研究院
　　　　　　　　　　　爱舍（天津）新型建材
　　　　　　　　　　　有限公司

本规范主要起草人员：张昌叙　高宗祺　吴　体
　　　　　　　　　　　张书禹　郝宝林　张鸿勋
　　　　　　　　　　　刘　斌　申京涛　吴建军
　　　　　　　　　　　侯汝欣　和　平　王小院

本规范主要审查人员：王庆霖　周九仪　吴松勤
　　　　　　　　　　　薛永武　高连玉　金　睿
　　　　　　　　　　　何益民　赵　瑞　王华生

# 目　次

# Contents

# 1 总　则

**1.0.1** 为加强建筑工程的质量管理，统一砌体结构工程施工质量的验收，保证工程质量，制定本规范。

**1.0.2** 本规范适用于建筑工程的砖、石、小砌块等砌体结构工程的施工质量验收。本规范不适用于铁路、公路和水工建筑等砌石工程。

**1.0.3** 砌体结构工程施工中的技术文件和承包合同对施工质量验收的要求不得低于本规范的规定。

**1.0.4** 本规范应与现行国家标准《建筑工程施工质量验收统一标准》GB 50300 配套使用。

**1.0.5** 砌体结构工程施工质量的验收除应执行本规范外，尚应符合国家现行有关标准的规定。

# 2 术　语

**2.0.1 砌体结构 masonry structure**

由块体和砂浆砌筑而成的墙、柱作为建筑物主要受力构件的结构。是砖砌体、砌块砌体和石砌体结构的统称。

**2.0.2 配筋砌体 reinforced masonry**

由配置钢筋的砌体作为建筑物主要受力构件的结构。是网状配筋砌体柱、水平配筋砌体墙、砖砌体和钢筋混凝土面层或钢筋砂浆面层组合砌体柱（墙）、砖砌体和钢筋混凝土构造柱组合墙和配筋小砌块砌体剪力墙结构的统称。

**2.0.3 块体 masonry units**

砌体所用各种砖、石、小砌块的总称。

**2.0.4 小型砌块 small block**

块体主规格的高度大于 115mm 而又小于 380mm 的砌块，包括普通混凝土小型空心砌块、轻骨料混凝土小型空心砌块、蒸压加气混凝土砌块等。简称小砌块。

**2.0.5 产品龄期 products age**

烧结砖出窑；蒸压砖、蒸压加气混凝土砌块出釜；混凝土砖、混凝土小型空心砌块成型后至某一日期的天数。

**2.0.6 蒸压加气混凝土砌块专用砂浆 special mortar for autoclaved aerated concrete block**

与蒸压加气混凝土性能相匹配的，能满足蒸压加气混凝土砌块砌体施工要求和砌体性能的砂浆，分为适用于薄灰砌筑法的蒸压加气混凝土砌块粘结砂浆；适用于非薄灰砌筑法的蒸压加气混凝土砌块砌筑砂浆。

**2.0.7 预拌砂浆 ready-mixed mortar**

由专业生产厂生产的湿拌砂浆或干混砂浆。

**2.0.8 施工质量控制等级 category of construction quality control**

按质量控制和质量保证若干要素对施工技术水平所作的分级。

**2.0.9 瞎缝 blind seam**

砌体中相邻块体间无砌筑砂浆，又彼此接触的水平缝或竖向缝。

**2.0.10 假缝 suppositious seam**

为掩盖砌体灰缝内在质量缺陷，砌筑砌体时仅在靠近砌体表面处抹有砂浆，而内部无砂浆的竖向灰缝。

**2.0.11 通缝 continuous seam**

砌体中上下皮块体搭接长度小于规定数值的竖向灰缝。

**2.0.12 相对含水率 comparatively percentage of moisture**

含水率与吸水率的比值。

**2.0.13 薄层砂浆砌筑法 the method of thin-layer mortar masonry**

采用蒸压加气混凝土砌块粘结砂浆砌筑蒸压加气混凝土砌块墙体的施工方法，水平灰缝厚度和竖向灰缝宽度为 2mm～4mm。简称薄灰砌筑法。

**2.0.14 芯柱 core column**

在小砌块墙体的孔洞内浇灌混凝土形成的柱，有素混凝土芯柱和钢筋混凝土芯柱。

**2.0.15 实体检测 in-situ inspection**

由有检测资质的检测单位采用标准的检验方法，在工程实体上进行原位检测或抽取试样在试验室进行检验的活动。

# 3 基本规定

**3.0.1** 砌体结构工程所用的材料应有产品合格证书、产品性能型式检验报告，质量应符合国家现行有关标准的要求。块体、水泥、钢筋、外加剂尚应有材料主要性能的进场复验报告，并应符合设计要求。严禁使用国家明令淘汰的材料。

**3.0.2** 砌体结构工程施工前，应编制砌体结构工程施工方案。

**3.0.3** 砌体结构的标高、轴线，应引自基准控制点。

**3.0.4** 砌筑基础前，应校核放线尺寸，允许偏差应符合表 3.0.4 的规定。

**表 3.0.4 放线尺寸的允许偏差**

| 长度 L、宽度 B（m） | 允许偏差（mm） |
| --- | --- |
| L（或 B）≤30 | ±5 |
| 30＜L（或 B）≤60 | ±10 |
| 60＜L（或 B）≤90 | ±15 |
| L（或 B）＞90 | ±20 |

**3.0.5** 伸缩缝、沉降缝、防震缝中的模板应拆除干净，不得夹有砂浆、块体及碎渣等杂物。

**3.0.6** 砌筑顺序应符合下列规定：

1 基底标高不同时，应从低处砌起，并应由高处向低处搭砌。当设计无要求时，搭接长度 L 不应小于基础底的高差 H，搭接长度范围内下层基础应扩大砌筑（图 3.0.6）；

2 砌体的转角处和交接处应同时砌筑，当不能同时砌筑时，应按规定留槎、接槎。

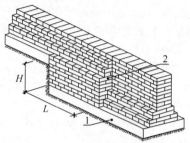

图 3.0.6 基底标高不同时的搭砌示意图（条形基础）
1—混凝土垫层；2—基础扩大部分

**3.0.7** 砌筑墙体应设置皮数杆。

**3.0.8** 在墙上留置临时施工洞口，其侧边离交接处墙面不应小于 500mm，洞口净宽度不应超过 1m。抗震设防烈度为 9 度地区建筑物的临时施工洞口位置，应会同设计单位确定。临时施工洞口应做好补砌。

**3.0.9** 不得在下列墙体或部位设置脚手眼：

1 120mm 厚墙、清水墙、料石墙、独立柱和附墙柱；

2 过梁上与过梁成 60° 角的三角形范围及过梁净跨度 1/2 的高度范围内；

3 宽度小于 1m 的窗间墙；

4 门窗洞口两侧石砌体 300mm，其他砌体 200mm 范围内；转角处石砌体 600mm，其他砌体 450mm 范围内；

5 梁或梁垫下及其左右 500mm 范围内；

6 设计不允许设置脚手眼的部位；

7 轻质墙体；

8 夹心复合墙外叶墙。

**3.0.10** 脚手眼补砌时，应清除脚手眼内掉落的砂浆、灰尘；脚手眼处砖及填塞用砖应湿润，并应填实砂浆。

**3.0.11** 设计要求的洞口、沟槽、管道应于砌筑时正确留出或预埋，未经设计同意，不得打凿墙体和在墙体上开凿水平沟槽。宽度超过 300mm 的洞口上部，应设置钢筋混凝土过梁。不应在截面长边小于 500mm 的承重墙体、独立柱内埋设管线。

**3.0.12** 尚未施工楼面或屋面的墙或柱，其抗风允许自由高度不得超过表 3.0.12 的规定。如超过表中限值时，必须采用临时支撑等有效措施。

表 3.0.12 墙和柱的允许自由高度（m）

| 墙（柱）厚（mm） | 砌体密度 >1600（kg/m³） | | | 砌体密度 1300~1600（kg/m³） | | |
|---|---|---|---|---|---|---|
| | 风载（kN/m²） | | | 风载（kN/m²） | | |
| | 0.3（约7级风） | 0.4（约8级风） | 0.5（约9级风） | 0.3（约7级风） | 0.4（约8级风） | 0.5（约9级风） |
| 190 | — | — | — | 1.4 | 1.1 | 0.7 |
| 240 | 2.8 | 2.1 | 1.4 | 2.2 | 1.7 | 1.1 |
| 370 | 5.2 | 3.9 | 2.6 | 4.2 | 3.2 | 2.1 |
| 490 | 8.6 | 6.5 | 4.3 | 7.0 | 5.2 | 3.5 |
| 620 | 14.0 | 10.5 | 7.0 | 11.4 | 8.6 | 5.7 |

注：1 本表适用于施工处相对标高 H 在 10m 范围的情况。如 10m < H ≤ 15m，15m < H ≤ 20m 时，表中的允许自由高度应分别乘以 0.9、0.8 的系数；如 H > 20m 时，应通过抗倾覆验算确定其允许自由高度；

2 当所砌筑的墙有横墙或其他结构与其连接，而且间距小于表中相应墙、柱的允许自由高度的 2 倍时，砌筑高度可不受本表的限制；

3 当砌体密度小于 1300kg/m³ 时，墙和柱的允许自由高度应另行验算确定。

**3.0.13** 砌筑完基础或每一楼层后，应校核砌体的轴线和标高。在允许偏差范围内，轴线偏差可在基础顶面或楼面上校正，标高偏差宜通过调整上部砌体灰缝厚度校正。

**3.0.14** 搁置预制梁、板的砌体顶面应平整，标高一致。

**3.0.15** 砌体施工质量控制等级分为三级，并应按表 3.0.15 划分。

表 3.0.15 施工质量控制等级

| 项 目 | 施工质量控制等级 | | |
|---|---|---|---|
| | A | B | C |
| 现场质量管理 | 监督检查制度健全，并严格执行；施工方有在岗专业技术管理人员，人员齐全，并持证上岗 | 监督检查制度基本健全，并能执行；施工方有在岗专业技术管理人员，人员齐全，并持证上岗 | 有监督检查制度；施工方有在岗专业技术管理人员 |
| 砂浆、混凝土强度 | 试块按规定制作，强度满足验收规定，离散性小 | 试块按规定制作，强度满足验收规定，离散性较小 | 试块按规定制作，强度满足验收规定，离散性大 |

| 项 目 | 施工质量控制等级 | | |
|---|---|---|---|
| | A | B | C |
| 砂浆拌合 | 机械拌合;配合比计量控制严格 | 机械拌合;配合比计量控制一般 | 机械或人工拌合;配合比计量控制较差 |
| 砌筑工人 | 中级工以上,其中,高级工不少于30% | 高、中级工不少于70% | 初级工以上 |

注:1 砂浆、混凝土强度离散性大小根据强度标准差确定;
　　2 配筋砌体不得为 C 级施工。

**3.0.16** 砌体结构中钢筋(包括夹心复合墙内外叶墙间的拉结件或钢筋)的防腐,应符合设计规定。

**3.0.17** 雨天不宜在露天砌筑墙体,对下雨当日砌筑的墙体应进行遮盖。继续施工时,应复核墙体的垂直度,如果垂直度超过允许偏差,应拆除重新砌筑。

**3.0.18** 砌体施工时,楼面和屋面堆载不得超过楼板的允许荷载值。当施工层进料口处施工荷载较大时,楼板下宜采取临时支撑措施。

**3.0.19** 正常施工条件下,砖砌体、小砌块砌体每日砌筑高度宜控制在 1.5m 或一步脚手架高度内;石砌体不宜超过 1.2m。

**3.0.20** 砌体结构工程检验批的划分应同时符合下列规定:

　　**1** 所用材料类型及同类型材料的强度等级相同;

　　**2** 不超过 250m³ 砌体;

　　**3** 主体结构砌体一个楼层(基础砌体可按一个楼层计);填充墙砌体量少时可多个楼层合并。

**3.0.21** 砌体结构工程检验批验收时,其主控项目应全部符合本规范的规定;一般项目应有 80% 及以上的抽检处符合本规范的规定;有允许偏差的项目,最大超差值为允许偏差值的 1.5 倍。

**3.0.22** 砌体结构分项工程中检验批抽检时,各抽检项目的样本最小容量除有特殊要求外,按不应小于 5 确定。

**3.0.23** 在墙体砌筑过程中,当砌筑砂浆初凝后,块体被撞动或需移动时,应将砂浆清除后再铺浆砌筑。

**3.0.24** 分项工程检验批质量验收可按本规范附录 A 各相应记录表填写。

# 4 砌筑砂浆

**4.0.1** 水泥使用应符合下列规定:

　　**1** 水泥进场时应对其品种、等级、包装或散装仓号、出厂日期等进行检查,并应对其强度、安定性

进行复验,其质量必须符合现行国家标准《通用硅酸盐水泥》GB 175 的有关规定。

　　**2** 当在使用中对水泥质量有怀疑或水泥出厂超过三个月(快硬硅酸盐水泥超过一个月)时,应复查试验,并按复验结果使用。

　　**3** 不同品种的水泥,不得混合使用。

　　抽检数量:按同一生产厂家、同品种、同等级、同批号连续进场的水泥,袋装水泥不超过 200t 为一批,散装水泥不超过 500t 为一批,每批抽样不少于一次。

　　检验方法:检查产品合格证、出厂检验报告和进场复验报告。

**4.0.2** 砂浆用砂宜采用过筛中砂,并应满足下列要求:

　　**1** 不应混有草根、树叶、树枝、塑料、煤块、炉渣等杂物;

　　**2** 砂中含泥量、泥块含量、石粉含量、云母、轻物质、有机物、硫化物、硫酸盐及氯盐含量(配筋砌体砌筑用砂)等应符合现行行业标准《普通混凝土用砂、石质量及检验方法标准》JGJ 52 的有关规定;

　　**3** 人工砂、山砂及特细砂,应经试配能满足砌筑砂浆技术条件要求。

**4.0.3** 拌制水泥混合砂浆的粉煤灰、建筑生石灰、建筑生石灰粉及石灰膏应符合下列规定:

　　**1** 粉煤灰、建筑生石灰、建筑生石灰粉的品质指标应符合现行行业标准《粉煤灰在混凝土及砂浆中应用技术规程》JGJ 28、《建筑生石灰》JC/T 479、《建筑生石灰粉》JC/T 480 的有关规定;

　　**2** 建筑生石灰、建筑生石灰粉熟化为石灰膏,其熟化时间分别不得少于 7d 和 2d;沉淀池中储存的石灰膏,应防止干燥、冻结和污染,严禁采用脱水硬化的石灰膏;建筑生石灰粉、消石灰粉不得替代石灰膏配制水泥石灰砂浆;

　　**3** 石灰膏的用量,应按稠度 120mm ± 5mm 计量,现场施工中石灰膏不同稠度的换算系数,可按表 4.0.3 确定。

**表 4.0.3　石灰膏不同稠度的换算系数**

| 稠度(mm) | 120 | 110 | 100 | 90 | 80 | 70 | 60 | 50 | 40 | 30 |
|---|---|---|---|---|---|---|---|---|---|---|
| 换算系数 | 1.00 | 0.99 | 0.97 | 0.95 | 0.93 | 0.92 | 0.90 | 0.88 | 0.87 | 0.86 |

**4.0.4** 拌制砂浆用水的水质,应符合现行行业标准《混凝土用水标准》JGJ 63 的有关规定。

**4.0.5** 砌筑砂浆应进行配合比设计。当砌筑砂浆的组成材料有变更时,其配合比应重新确定。砌筑砂浆

的稠度宜按表4.0.5的规定采用。

**表4.0.5　砌筑砂浆的稠度**

| 砌　体　种　类 | 砂浆稠度（mm） |
|---|---|
| 烧结普通砖砌体<br>蒸压粉煤灰砖砌体 | 70～90 |
| 混凝土实心砖、混凝土多孔砖砌体<br>普通混凝土小型空心砌块砌体<br>蒸压灰砂砖砌体 | 50～70 |
| 烧结多孔砖、空心砖砌体<br>轻骨料小型空心砌块砌体<br>蒸压加气混凝土砌块砌体 | 60～80 |
| 石砌体 | 30～50 |

注：1　采用薄灰砌筑法砌筑蒸压加气混凝土砌块砌体时，加气混凝土粘结砂浆的加水量按照其产品说明书控制；

2　当砌筑其他块体时，其砌筑砂浆的稠度可根据块体吸水特性及气候条件确定。

**4.0.6**　施工中不应采用强度等级小于 M5 水泥砂浆替代同强度等级水泥混合砂浆，如需替代，应将水泥砂浆提高一个强度等级。

**4.0.7**　在砂浆中掺入的砌筑砂浆增塑剂、早强剂、缓凝剂、防冻剂、防水剂等砂浆外加剂，其品种和用量应经有资质的检测单位检验和试配确定。所用外加剂的技术性能应符合国家现行有关标准《砌筑砂浆增塑剂》JG/T 164、《混凝土外加剂》GB 8076、《砂浆、混凝土防水剂》JC 474 的质量要求。

**4.0.8**　配制砌筑砂浆时，各组分材料应采用质量计量，水泥及各种外加剂配料的允许偏差为 ±2%；砂、粉煤灰、石灰膏等配料的允许偏差为 ±5%。

**4.0.9**　砌筑砂浆应采用机械搅拌，搅拌时间自投料完起算应符合下列规定：

1　水泥砂浆和水泥混合砂浆不得少于 120s；

2　水泥粉煤灰砂浆和掺用外加剂的砂浆不得少于 180s；

3　掺增塑剂的砂浆，其搅拌方式、搅拌时间应符合现行行业标准《砌筑砂浆增塑剂》JG/T 164 的有关规定；

4　干混砂浆及加气混凝土砌块专用砂浆宜按掺用外加剂的砂浆确定搅拌时间或按产品说明书采用。

**4.0.10**　现场拌制的砂浆应随拌随用，拌制的砂浆应在 3h 内使用完毕；当施工期间最高气温超过 30℃ 时，应在 2h 内使用完毕。预拌砂浆及蒸压加气混凝土砌块专用砂浆的使用时间应按照厂方提供的说明书确定。

**4.0.11**　砌体结构工程使用的湿拌砂浆，除直接使用外必须储存在不吸水的专用容器内，并根据气候条件采取遮阳、保温、防雨雪等措施，砂浆在储存过程中严禁随意加水。

**4.0.12**　砌筑砂浆试块强度验收时其强度合格标准应符合下列规定：

1　同一验收批砂浆试块强度平均值应大于或等于设计强度等级值的 1.10 倍；

2　同一验收批砂浆试块抗压强度的最小一组平均值应大于或等于设计强度等级值的 85%。

注：1　砌筑砂浆的验收批，同一类型、强度等级的砂浆试块不应少于 3 组；同一验收批砂浆只有 1 组或 2 组试块时，每组试块抗压强度平均值应大于或等于设计强度等级值的 1.10 倍；对于建筑结构的安全等级为一级或设计使用年限为 50 年及以上的房屋，同一验收批砂浆试块的数量不得少于 3 组；

2　砂浆强度应以标准养护，28d 龄期的试块抗压强度为准；

3　制作砂浆试块的砂浆稠度应与配合比设计一致。

抽检数量：每一检验批且不超过 250m³ 砌体的各类、各强度等级的普通砌筑砂浆，每台搅拌机应至少抽检一次。验收批的预拌砂浆、蒸压加气混凝土砌块专用砂浆，抽检可为 3 组。

检验方法：在砂浆搅拌机出料口或在湿拌砂浆的储存容器出料口随机取样制作砂浆试块（现场拌制的砂浆，同盘砂浆只应作 1 组试块），试块标养 28d 后作强度试验。预拌砂浆中的湿拌砂浆稠度应在进场时取样检验。

**4.0.13**　当施工中或验收时出现下列情况，可采用现场检验方法对砂浆或砌体强度进行实体检测，并判定其强度：

1　砂浆试块缺乏代表性或试块数量不足；

2　对砂浆试块的试验结果有怀疑或有争议；

3　砂浆试块的试验结果，不能满足设计要求；

4　发生工程事故，需要进一步分析事故原因。

# 5　砖砌体工程

## 5.1　一般规定

**5.1.1**　本章适用于烧结普通砖、烧结多孔砖、混凝土多孔砖、混凝土实心砖、蒸压灰砂砖、蒸压粉煤灰砖等砌体工程。

**5.1.2**　用于清水墙、柱表面的砖，应边角整齐，色泽均匀。

**5.1.3**　砌体砌筑时，混凝土多孔砖、混凝土实心砖、蒸压灰砂砖、蒸压粉煤灰砖等块体的产品龄期不应小于 28d。

**5.1.4**　有冻胀环境和条件的地区，地面以下或防潮层以下的砌体，不应采用多孔砖。

**5.1.5** 不同品种的砖不得在同一楼层混砌。

**5.1.6** 砌筑烧结普通砖、烧结多孔砖、蒸压灰砂砖、蒸压粉煤灰砖砌体时，砖应提前 1d～2d 适度湿润，严禁采用干砖或处于吸水饱和状态的砖砌筑，块体湿润程度宜符合下列规定：

    **1** 烧结类块体的相对含水率 60%～70%；

    **2** 混凝土多孔砖及混凝土实心砖不需浇水湿润，但在气候干燥炎热的情况下，宜在砌筑前对其喷水湿润。其他非烧结类块体的相对含水率 40%～50%。

**5.1.7** 采用铺浆法砌筑砌体，铺浆长度不得超过 750mm；当施工期间气温超过 30℃时，铺浆长度不得超过 500mm。

**5.1.8** 240mm 厚承重墙的每层墙的最上一皮砖，砖砌体的阶台水平面上及挑出层的外皮砖，应整砖丁砌。

**5.1.9** 弧拱式及平拱式过梁的灰缝应砌成楔形缝，拱底灰缝宽度不宜小于 5mm，拱顶灰缝宽度不应大于 15mm，拱体的纵向及横向灰缝应填实砂浆；平拱式过梁拱脚下面应伸入墙内不小于 20mm；砖砌平拱过梁底应有 1% 的起拱。

**5.1.10** 砖过梁底部的模板及其支架拆除时，灰缝砂浆强度不应低于设计强度的 75%。

**5.1.11** 多孔砖的孔洞应垂直于受压面砌筑。半盲孔多孔砖的封底面应朝上砌筑。

**5.1.12** 竖向灰缝不应出现瞎缝、透明缝和假缝。

**5.1.13** 砖砌体施工临时间断处补砌时，必须将接槎处表面清理干净，洒水湿润，并填实砂浆，保持灰缝平直。

**5.1.14** 夹心复合墙的砌筑应符合下列规定：

    **1** 墙体砌筑时，应采取措施防止空腔内掉落砂浆和杂物；

    **2** 拉结件设置应符合设计要求，拉结件在叶墙上的搁置长度不应小于叶墙厚度的 2/3，并不应小于 60mm；

    **3** 保温材料品种及性能应符合设计要求。保温材料的浇注压力不应对砌体强度、变形及外观质量产生不良影响。

## 5.2 主控项目

**5.2.1** 砖和砂浆的强度等级必须符合设计要求。

    抽检数量：每一生产厂家，烧结普通砖、混凝土实心砖每 15 万块，烧结多孔砖、混凝土多孔砖、蒸压灰砂砖及蒸压粉煤灰砖每 10 万块各为一验收批，不足上述数量时按 1 批计，抽检数量为 1 组。砂浆试块的抽检数量执行本规范第 4.0.12 条的有关规定。

    检验方法：查砖和砂浆试块试验报告。

**5.2.2** 砌体灰缝砂浆应密实饱满，砖墙水平灰缝的砂浆饱满度不得低于 80%；砖柱水平灰缝和竖向灰缝饱满度不得低于 90%。

    抽检数量：每检验批抽查不应少于 5 处。

    检验方法：用百格网检查砖底面与砂浆的粘结痕迹面积，每处检测 3 块砖，取其平均值。

**5.2.3** 砖砌体的转角处和交接处应同时砌筑，严禁无可靠措施的内外墙分砌施工。在抗震设防烈度为 8 度及 8 度以上地区，对不能同时砌筑而又必须留置的临时间断处应砌成斜槎，普通砖砌体斜槎水平投影长度不应小于高度的 2/3，多孔砖砌体的斜槎长高比不应小于 1/2。斜槎高度不得超过一步脚手架的高度。

    抽检数量：每检验批抽查不应少于 5 处。

    检验方法：观察检查。

**5.2.4** 非抗震设防及抗震设防烈度为 6 度、7 度地区的临时间断处，当不能留斜槎时，除转角处外，可留直槎，但直槎必须做成凸槎，且应加设拉结钢筋，拉结钢筋应符合下列规定：

    **1** 每 120mm 墙厚放置 1Φ6 拉结钢筋（120mm 厚墙应放置 2Φ6 拉结钢筋）；

    **2** 间距沿墙高不应超过 500mm，且竖向间距偏差不应超过 100mm；

    **3** 埋入长度从留槎处算起每边均不应小于 500mm，对抗震设防烈度 6 度、7 度的地区，不应小于 1000mm；

    **4** 末端应有 90° 弯钩（图 5.2.4）。

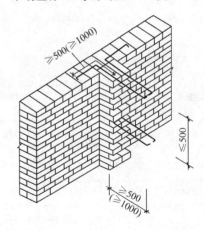

图 5.2.4 直槎处拉结钢筋示意图

    抽检数量：每检验批抽查不应少于 5 处。

    检验方法：观察和尺量检查。

## 5.3 一般项目

**5.3.1** 砖砌体组砌方法应正确，内外搭砌，上、下错缝。清水墙、窗间墙无通缝；清水墙中不得有长度大于 300mm 的通缝，长度 200mm～300mm 的通缝每间不超过 3 处，且不得位于同一面墙体上。砖柱不得采用包心砌法。

    抽检数量：每检验批抽查不应少于 5 处。

    检验方法：观察检查。砌体组砌方法抽检每处应为 3m～5m。

**5.3.2** 砖砌体的灰缝应横平竖直，厚薄均匀，水平灰缝厚度及竖向灰缝宽度宜为10mm，但不应小于8mm，也不应大于12mm。

抽检数量：每检验批抽查不应少于5处。

检验方法：水平灰缝厚度用尺量10皮砖砌体高度折算；竖向灰缝宽度用尺量2m砌体长度折算。

**5.3.3** 砖砌体尺寸、位置的允许偏差及检验应符合表5.3.3的规定。

表5.3.3 砖砌体尺寸、位置的允许偏差及检验

| 项次 | 项目 | | 允许偏差（mm） | 检验方法 | 抽检数量 |
|---|---|---|---|---|---|
| 1 | 轴线位移 | | 10 | 用经纬仪和尺或用其他测量仪器检查 | 承重墙、柱全数检查 |
| 2 | 基础、墙、柱顶面标高 | | ±15 | 用水准仪和尺检查 | 不应少于5处 |
| 3 | 墙面垂直度 | 每层 | 5 | 用2m托线板检查 | 不应少于5处 |
| | | 全高 ≤10m | 10 | 用经纬仪、吊线和尺或用其他测量仪器检查 | 外墙全部阳角 |
| | | 全高 >10m | 20 | | |
| 4 | 表面平整度 | 清水墙、柱 | 5 | 用2m靠尺和楔形塞尺检查 | 不应少于5处 |
| | | 混水墙、柱 | 8 | | |
| 5 | 水平灰缝平直度 | 清水墙 | 7 | 拉5m线和尺检查 | 不应少于5处 |
| | | 混水墙 | 10 | | |
| 6 | 门窗洞口高、宽（后塞口） | | ±10 | 用尺检查 | 不应少于5处 |
| 7 | 外墙上下窗口偏移 | | 20 | 以底层窗口为准，用经纬仪或吊线检查 | 不应少于5处 |
| 8 | 清水墙游丁走缝 | | 20 | 以每层第一皮砖为准，用吊线和尺检查 | 不应少于5处 |

# 6 混凝土小型空心砌块砌体工程

## 6.1 一般规定

**6.1.1** 本章适用于普通混凝土小型空心砌块和轻骨料混凝土小型空心砌块（以下简称小砌块）等砌体工程。

**6.1.2** 施工前，应按房屋设计图编绘小砌块平、立面排块图，施工中应按排块图施工。

**6.1.3** 施工采用的小砌块的产品龄期不应小于28d。

**6.1.4** 砌筑小砌块时，应清除表面污物，剔除外观质量不合格的小砌块。

**6.1.5** 砌筑小砌块砌体，宜选用专用小砌块砌筑砂浆。

**6.1.6** 底层室内地面以下或防潮层以下的砌体，应采用强度等级不低于C20（或Cb20）的混凝土灌实小砌块的孔洞。

**6.1.7** 砌筑普通混凝土小型空心砌块砌体，不需对小砌块浇水湿润，如遇天气干燥炎热，宜在砌筑前对其喷水湿润；对轻骨料混凝土小砌块，应提前浇水湿润，块体的相对含水率宜为40%~50%。雨天及小砌块表面有浮水时，不得施工。

**6.1.8** 承重墙体使用的小砌块应完整、无破损、无裂缝。

**6.1.9** 小砌块墙体应孔对孔、肋对肋错缝搭砌。单排孔小砌块的搭接长度应为块体长度的1/2；多排孔小砌块的搭接长度可适当调整，但不宜小于小砌块长度的1/3，且不应小于90mm。墙体的个别部位不能满足上述要求时，应在灰缝中设置拉结钢筋或钢筋网片，但竖向通缝仍不得超过两皮小砌块。

**6.1.10** 小砌块应将生产时的底面朝上反砌于墙上。

**6.1.11** 小砌块墙体宜逐块坐（铺）浆砌筑。

**6.1.12** 在散热器、厨房和卫生间等设备的卡具安装处砌筑的小砌块，宜在施工前用强度等级不低于C20（或Cb20）的混凝土将其孔洞灌实。

**6.1.13** 每步架墙（柱）砌筑完后，应随即刮平墙体灰缝。

**6.1.14** 芯柱处小砌块墙体砌筑应符合下列规定：

1 每一楼层芯柱处第一皮砌块应采用开口小砌块；

2 砌筑时应随砌随清除小砌块孔内的毛边，并将灰缝中挤出的砂浆刮净。

**6.1.15** 芯柱混凝土宜选用专用小砌块灌孔混凝土。浇筑芯柱混凝土应符合下列规定：

1 每次连续浇筑的高度宜为半个楼层，但不应大于1.8m；

2 浇筑芯柱混凝土时，砌筑砂浆强度应大于1MPa；

3 清除孔内掉落的砂浆等杂物，并用水冲淋孔壁；

4 浇筑芯柱混凝土前，应先注入适量与芯柱混凝土成分相同的去石砂浆；

5 每浇筑400mm~500mm高度捣实一次，或边浇筑边捣实。

**6.1.16** 小砌块复合夹心墙的砌筑应符合本规范第5.1.14条的规定。

## 6.2 主控项目

**6.2.1** 小砌块和芯柱混凝土、砌筑砂浆的强度等级

必须符合设计要求。

抽检数量：每一生产厂家，每1万块小砌块为一验收批，不足1万块按一批计，抽检数量为1组；用于多层以上建筑的基础和底层的小砌块抽检数量不应少于2组。砂浆试块的抽检数量应执行本规范第4.0.12条的有关规定。

检验方法：检查小砌块和芯柱混凝土、砌筑砂浆试块试验报告。

**6.2.2** 砌体水平灰缝和竖向灰缝的砂浆饱满度，按净面积计算不得低于90%。

抽检数量：每检验批抽查不应少于5处。

检验方法：用专用百格网检测小砌块与砂浆粘结痕迹，每处检测3块小砌块，取其平均值。

**6.2.3** 墙体转角处和纵横交接处应同时砌筑。临时间断处应砌成斜槎，斜槎水平投影长度不应小于斜槎高度。施工洞口可预留直槎，但在洞口砌筑和补砌时，应在直槎上下搭砌的小砌块孔洞内用强度等级不低于C20（或Cb20）的混凝土灌实。

抽检数量：每检验批抽查不应少于5处。

检验方法：观察检查。

**6.2.4** 小砌块砌体的芯柱在楼盖处应贯通，不得削弱芯柱截面尺寸；芯柱混凝土不得漏灌。

抽检数量：每检验批抽查不应少于5处。

检验方法：观察检查。

### 6.3 一般项目

**6.3.1** 砌体的水平灰缝厚度和竖向灰缝宽度宜为10mm，但不应小于8mm，也不应大于12mm。

抽检数量：每检验批抽查不应少于5处。

检验方法：水平灰缝厚度用尺量5皮小砌块的高度折算；竖向灰缝宽度用尺量2m砌体长度折算。

**6.3.2** 小砌块砌体尺寸、位置的允许偏差应按本规范第5.3.3条的规定执行。

# 7 石砌体工程

## 7.1 一般规定

**7.1.1** 本章适用于毛石、毛料石、粗料石、细料石等砌体工程。

**7.1.2** 石砌体采用的石材应质地坚实，无裂纹和无明显风化剥落；用于清水墙、柱表面的石材，尚应色泽均匀；石材的放射性应经检验，其安全性应符合现行国家标准《建筑材料放射性核素限量》GB 6566 的有关规定。

**7.1.3** 石材表面的泥垢、水锈等杂质，砌筑前应清除干净。

**7.1.4** 砌筑毛石基础的第一皮石块应坐浆，并将大面向下；砌筑料石基础的第一皮石块应用丁砌层坐浆砌筑。

**7.1.5** 毛石砌体的第一皮及转角处、交接处和洞口处，应用较大的平毛石砌筑。每个楼层（包括基础）砌体的最上一皮，宜选用较大的毛石砌筑。

**7.1.6** 毛石砌筑时，对石块间存在较大的缝隙，应先向缝内填灌砂浆并捣实，然后再用小石块嵌填，不得先填小石块后填灌砂浆，石块间不得出现无砂浆相互接触现象。

**7.1.7** 砌筑毛石挡土墙应按分层高度砌筑，并应符合下列规定：

1 每砌3皮~4皮为一个分层高度，每个分层高度应将顶层石砌平；

2 两个分层高度间分层处的错缝不得小于80mm。

**7.1.8** 料石挡土墙，当中间部分用毛石砌筑时，丁砌料石伸入毛石部分的长度不应小于200mm。

**7.1.9** 毛石、毛料石、粗料石、细料石砌体灰缝厚度应均匀，灰缝厚度应符合下列规定：

1 毛石砌体外露面的灰缝厚度不宜大于40mm；

2 毛料石和粗料石的灰缝厚度不宜大于20mm；

3 细料石的灰缝厚度不宜大于5mm。

**7.1.10** 挡土墙的泄水孔当设计无规定时，施工应符合下列规定：

1 泄水孔应均匀设置，在每米高度上间隔2m左右设置一个泄水孔；

2 泄水孔与土体间铺设长宽各为300mm、厚200mm的卵石或碎石作疏水层。

**7.1.11** 挡土墙内侧回填土必须分层夯填，分层松土厚度宜为300mm。墙顶土面应有适当坡度使流水流向挡土墙外侧面。

**7.1.12** 在毛石和实心砖的组合墙中，毛石砌体与砖砌体应同时砌筑，并每隔4皮~6皮砖用2皮~3皮丁砖与毛石砌体拉结砌合；两种砌体间的空隙应填实砂浆。

**7.1.13** 毛石墙和砖墙相接的转角处和交接处应同时砌筑。转角处、交接处应自纵墙（或横墙）每隔4皮~6皮砖高度引出不小于120mm与横墙（或纵墙）相接。

## 7.2 主控项目

**7.2.1** 石材及砂浆强度等级必须符合设计要求。

抽检数量：同一产地的同类石材抽检不应少于1组。砂浆试块的抽检数量执行本规范第4.0.12条的有关规定。

检验方法：料石检查产品质量证明书，石材、砂浆检查试块试验报告。

**7.2.2** 砌体灰缝的砂浆饱满度不应小于80%。

抽检数量：每检验批抽查不应少于5处。

检验方法：观察检查。

## 7.3 一般项目

**7.3.1** 石砌体尺寸、位置的允许偏差及检验方法应符合表 7.3.1 的规定。

**表 7.3.1  石砌体尺寸、位置的允许偏差及检验方法**

| 项次 | 项目 | | 允许偏差（mm） | | | | | | | 检验方法 |
|---|---|---|---|---|---|---|---|---|---|---|
| | | | 毛石砌体 | | 料石砌体 | | | | | |
| | | | | | 毛料石 | | 粗料石 | | 细料石 | |
| | | | 基础 | 墙 | 基础 | 墙 | 基础 | 墙 | 墙、柱 | |
| 1 | 轴线位置 | | 20 | 15 | 20 | 15 | 15 | 10 | 10 | 用经纬仪和尺检查，或用其他测量仪器检查 |
| 2 | 基础和墙砌体顶面标高 | | ±25 | ±15 | ±25 | ±15 | ±15 | ±15 | ±10 | 用水准仪和尺检查 |
| 3 | 砌体厚度 | | +30 | +20 -10 | +30 | +20 -10 | +15 | +10 -5 | +10 -5 | 用尺检查 |
| 4 | 墙面垂直度 | 每层 | — | 20 | — | 20 | — | 10 | 7 | 用经纬仪、吊线和尺检查或用其他测量仪器检查 |
| | | 全高 | — | 30 | — | 30 | — | 25 | 10 | |
| 5 | 表面平整度 | 清水墙、柱 | — | — | — | — | — | 10 | 5 | 细料石用2m靠尺和楔形塞尺检查，其他用两直尺垂直于灰缝拉2m线和尺检查 |
| | | 混水墙、柱 | — | — | — | 20 | — | 15 | — | |
| 6 | 清水墙水平灰缝平直度 | | — | — | — | — | — | 10 | 5 | 拉10m线和尺检查 |

抽检数量：每检验批抽查不应少于 5 处。

**7.3.2** 石砌体的组砌形式应符合下列规定：

1 内外搭砌，上下错缝，拉结石、丁砌石交错设置；

2 毛石墙拉结石每 0.7m² 墙面不应少于 1 块。

抽检数量：每检验批抽查不应少于 5 处。

检验方法：观察检查。

# 8  配筋砌体工程

## 8.1 一般规定

**8.1.1** 配筋砌体工程除应满足本章要求和规定外，尚应符合本规范第 5 章及第 6 章的要求和规定。

**8.1.2** 施工配筋小砌块砌体剪力墙，应采用专用的小砌块砌筑砂浆砌筑，专用小砌块灌孔混凝土浇筑芯柱。

**8.1.3** 设置在灰缝内的钢筋，应居中置于灰缝内，

水平灰缝厚度应大于钢筋直径 4mm 以上。

## 8.2 主控项目

**8.2.1** 钢筋的品种、规格、数量和设置部位应符合设计要求。

检验方法：检查钢筋的合格证书、钢筋性能复试试验报告、隐蔽工程记录。

**8.2.2** 构造柱、芯柱、组合砌体构件、配筋砌体剪力墙构件的混凝土及砂浆的强度等级应符合设计要求。

抽检数量：每检验批砌体，试块不应少于 1 组，验收批砌体试块不得少于 3 组。

检验方法：检查混凝土和砂浆试块试验报告。

**8.2.3** 构造柱与墙体的连接应符合下列规定：

1 墙体应砌成马牙槎，马牙槎凹凸尺寸不宜小于 60mm，高度不应超过 300mm，马牙槎应先退后进，对称砌筑；马牙槎尺寸偏差每一构造柱不应超过 2 处；

2 预留拉结钢筋的规格、尺寸、数量及位置应正确，拉结钢筋应沿墙高每隔 500mm 设 2 Φ 6，伸入墙内不宜小于 600mm，钢筋的竖向移位不应超过 100mm，且竖向移位每一构造柱不得超过 2 处；

3 施工中不得任意弯折拉结钢筋。

抽检数量：每检验批抽查不应少于 5 处。

检验方法：观察检查和尺量检查。

**8.2.4** 配筋砌体中受力钢筋的连接方式及锚固长度、搭接长度应符合设计要求。

抽检数量：每检验批抽查不应少于 5 处。

检验方法：观察检查。

## 8.3 一般项目

**8.3.1** 构造柱一般尺寸允许偏差及检验方法应符合表 8.3.1 的规定。

**表 8.3.1  构造柱一般尺寸允许偏差及检验方法**

| 项次 | 项目 | | 允许偏差（mm） | 检验方法 |
|---|---|---|---|---|
| 1 | 中心线位置 | | 10 | 用经纬仪和尺检查或用其他测量仪器检查 |
| 2 | 层间错位 | | 8 | 用经纬仪和尺检查或用其他测量仪器检查 |
| 3 | 垂直度 | 每层 | 10 | 用2m托线板检查 |
| | | 全高 ≤10m | 15 | 用经纬仪、吊线和尺检查或用其他测量仪器检查 |
| | | 全高 >10m | 20 | |

抽检数量：每检验批抽查不应少于 5 处。

**8.3.2** 设置在砌体灰缝中钢筋的防腐保护应符合本规范第 3.0.16 条的规定，且钢筋防护层完好，不应

有肉眼可见裂纹、剥落和擦痕等缺陷。

抽检数量：每检验批抽查不应少于5处。

检验方法：观察检查。

**8.3.3** 网状配筋砖砌体中，钢筋网规格及放置间距应符合设计规定。每一构件钢筋网沿砌体高度位置超过设计规定一皮砖厚不得多于一处。

抽检数量：每检验批抽查不应少于5处。

检验方法：通过钢筋网成品检查钢筋规格，钢筋网放置间距采用局部剔缝观察，或用探针刺入灰缝内检查，或用钢筋位置测定仪测定。

**8.3.4** 钢筋安装位置的允许偏差及检验方法应符合表8.3.4的规定。

**表8.3.4　钢筋安装位置的允许偏差和检验方法**

| 项　目 | | 允许偏差（mm） | 检　验　方　法 |
|---|---|---|---|
| 受力钢筋保护层厚度 | 网状配筋砌体 | ±10 | 检查钢筋网成品，钢筋网放置位置局部剔缝观察，或用探针刺入灰缝内检查，或用钢筋位置测定仪测定 |
| | 组合砖砌体 | ±5 | 支模前观察与尺量检查 |
| | 配筋小砌块砌体 | ±10 | 浇筑灌孔混凝土前观察与尺量检查 |
| 配筋小砌块砌体墙凹槽中水平钢筋间距 | | ±10 | 钢尺量连续三档，取最大值 |

抽检数量：每检验批抽查不应少于5处。

# 9　填充墙砌体工程

## 9.1　一般规定

**9.1.1**　本章适用于烧结空心砖、蒸压加气混凝土砌块、轻骨料混凝土小型空心砌块等填充墙砌体工程。

**9.1.2**　砌筑填充墙时，轻骨料混凝土小型空心砌块和蒸压加气混凝土砌块的产品龄期不应小于28d，蒸压加气混凝土砌块的含水率宜小于30%。

**9.1.3**　烧结空心砖、蒸压加气混凝土砌块、轻骨料混凝土小型空心砌块等的运输、装卸过程中，严禁抛掷和倾倒；进场后应按品种、规格堆放整齐，堆置高度不宜超过2m。蒸压加气混凝土砌块在运输及堆放中应防止雨淋。

**9.1.4**　吸水率较小的轻骨料混凝土小型空心砌块及采用薄灰砌筑法施工的蒸压加气混凝土砌块，砌筑前不应对其浇（喷）水湿润；在气候干燥炎热的情况下，对吸水率较小的轻骨料混凝土小型空心砌块宜在砌筑前喷水湿润。

**9.1.5**　采用普通砌筑砂浆砌筑填充墙时，烧结空心砖、吸水率较大的轻骨料混凝土小型空心砌块应提前

1d~2d浇（喷）水湿润。蒸压加气混凝土砌块采用蒸压加气混凝土砌块砌筑砂浆或普通砌筑砂浆砌筑时，应在砌筑当天对砌块砌筑面喷水湿润。块体湿润程度宜符合下列规定：

**1**　烧结空心砖的相对含水率60%~70%；

**2**　吸水率较大的轻骨料混凝土小型空心砌块、蒸压加气混凝土砌块的相对含水率40%~50%。

**9.1.6**　在厨房、卫生间、浴室等处采用轻骨料混凝土小型空心砌块、蒸压加气混凝土砌块砌筑墙体时，墙底部宜现浇混凝土坎台，其高度宜为150mm。

**9.1.7**　填充墙拉结筋处的下皮小砌块宜采用半盲孔小砌块或用混凝土灌实孔洞的小砌块；薄灰砌筑法施工的蒸压加气混凝土砌块砌体，拉结筋应放置在砌块上表面设置的沟槽内。

**9.1.8**　蒸压加气混凝土砌块、轻骨料混凝土小空心砌块不应与其他块体混砌，不同强度等级的同类块体也不得混砌。

注：窗台处和因安装门窗需要，在门窗洞口处两侧填充墙上、中、下部可采用其他块体局部嵌砌；对与框架柱、梁不脱开方法的填充墙，填塞填充墙顶部与梁之间缝隙可采用其他块体。

**9.1.9**　填充墙砌体砌筑，应待承重主体结构检验批验收合格后进行。填充墙与承重主体结构间的空（缝）隙部位施工，应在填充墙砌筑14d后进行。

## 9.2　主控项目

**9.2.1**　烧结空心砖、小砌块和砌筑砂浆的强度等级应符合设计要求。

抽检数量：烧结空心砖每10万块为一验收批，小砌块每1万块为一验收批，不足上述数量时按一批计，抽检数量为1组。砂浆试块的抽检数量执行本规范第4.0.12条的有关规定。

检验方法：查砖、小砌块进场复验报告和砂浆试块试验报告。

**9.2.2**　填充墙砌体应与主体结构可靠连接，其连接构造应符合设计要求，未经设计同意，不得随意改变连接构造方法。每一填充墙与柱的拉结筋的位置超过一皮块体高度的数量不得多于一处。

抽检数量：每检验批抽查不应少于5处。

检验方法：观察检查。

**9.2.3**　填充墙与承重墙、柱、梁的连接钢筋，当采用化学植筋的连接方式时，应进行实体检测。锚固钢筋拉拔试验的轴向受拉非破坏承载力检验值应为6.0kN。抽检钢筋在检验值作用下应基材无裂缝、钢筋无滑移宏观裂损现象；持荷2min期间荷载值降低不大于5%。检验批验收可按本规范表B.0.1通过正常检验一次、二次抽样判定。填充墙砌体植筋锚固力检测记录可按本规范表C.0.1填写。

抽检数量：按表9.2.3确定。

检验方法：原位试验检查。

**表 9.2.3　检验批抽检锚固钢筋样本最小容量**

| 检验批的容量 | 样本最小容量 | 检验批的容量 | 样本最小容量 |
|---|---|---|---|
| ≤90 | 5 | 281～500 | 20 |
| 91～150 | 8 | 501～1200 | 32 |
| 151～280 | 13 | 1201～3200 | 50 |

### 9.3　一　般　项　目

**9.3.1** 填充墙砌体尺寸、位置的允许偏差及检验方法应符合表 9.3.1 的规定。

**表 9.3.1　填充墙砌体尺寸、位置的**
**允许偏差及检验方法**

| 项次 | 项　目 | | 允许偏差（mm） | 检 验 方 法 |
|---|---|---|---|---|
| 1 | 轴线位移 | | 10 | 用尺检查 |
| 2 | 垂直度（每层） | ≤3m | 5 | 用 2m 托线板或吊线、尺检查 |
| | | >3m | 10 | |
| 3 | 表面平整度 | | 8 | 用 2m 靠尺和楔形尺检查 |
| 4 | 门窗洞口高、宽（后塞口） | | ±10 | 用尺检查 |
| 5 | 外墙上、下窗口偏移 | | 20 | 用经纬仪或吊线检查 |

抽检数量：每检验批抽查不应少于 5 处。

**9.3.2** 填充墙砌体的砂浆饱满度及检验方法应符合表 9.3.2 的规定。

**表 9.3.2　填充墙砌体的砂浆饱满度及检验方法**

| 砌体分类 | 灰缝 | 饱满度及要求 | 检验方法 |
|---|---|---|---|
| 空心砖砌体 | 水平 | ≥80% | 采用百格网检查块体底面或侧面砂浆的粘结痕迹面积 |
| | 垂直 | 填满砂浆，不得有透明缝、瞎缝、假缝 | |
| 蒸压加气混凝土砌块、轻骨料混凝土小型空心砌块砌体 | 水平 | ≥80% | |
| | 垂直 | ≥80% | |

抽检数量：每检验批抽查不应少于 5 处。

**9.3.3** 填充墙留置的拉结钢筋或网片的位置应与块体皮数相符合。拉结钢筋或网片置于灰缝中，埋置长度应符合设计要求，竖向位置偏差不应超过一皮高度。

抽检数量：每检验批抽查不应少于 5 处。

检验方法：观察和用尺量检查。

**9.3.4** 砌筑填充墙时应错缝搭砌，蒸压加气混凝土砌块搭砌长度不应小于砌块长度的 1/3；轻骨料混凝土小型空心砌块搭砌长度不应小于 90mm；竖向通缝

不应大于 2 皮。

抽检数量：每检验批抽查不应少于 5 处。

检验方法：观察检查。

**9.3.5** 填充墙的水平灰缝厚度和竖向灰缝宽度应正确，烧结空心砖、轻骨料混凝土小型空心砌块砌体的灰缝应为 8mm～12mm；蒸压加气混凝土砌块砌体当采用水泥砂浆、水泥混合砂浆或蒸压加气混凝土砌块砌筑砂浆时，水平灰缝厚度和竖向灰缝宽度不应超过 15mm；当蒸压加气混凝土砌块砌体采用蒸压加气混凝土砌块粘结砂浆时，水平灰缝厚度和竖向灰缝宽度宜为 3mm～4mm。

抽检数量：每检验批抽查不应少于 5 处。

检验方法：水平灰缝厚度用尺量 5 皮小砌块的高度折算；竖向灰缝宽度用尺量 2m 砌体长度折算。

## 10　冬　期　施　工

**10.0.1** 当室外日平均气温连续 5d 稳定低于 5℃时，砌体工程应采取冬期施工措施。

注：1　气温根据当地气象资料确定；
　　2　冬期施工期限以外，当日最低气温低于 0℃时，也应按本章的规定执行。

**10.0.2** 冬期施工的砌体工程质量验收除应符合本章要求外，尚应符合现行行业标准《建筑工程冬期施工规程》JGJ/T 104 的有关规定。

**10.0.3** 砌体工程冬期施工应有完整的冬期施工方案。

**10.0.4** 冬期施工所用材料应符合下列规定：

**1**　石灰膏、电石膏等应防止受冻，如遭冻结，应经融化后使用；

**2**　拌制砂浆用砂，不得含有冰块和大于 10mm 的冻结块；

**3**　砌体用块体不得遭水浸冻。

**10.0.5** 冬期施工砂浆试块的留置，除应按常温规定要求外，尚应增加 1 组与砌体同条件养护的试块，用于检验转入常温 28d 的强度。如有特殊需要，可另外增加相应龄期的同条件养护的试块。

**10.0.6** 地基土有冻胀性时，应在未冻的地基上砌筑，并应防止在施工期间和回填土前地基受冻。

**10.0.7** 冬期施工中砖、小砌块浇（喷）水湿润应符合下列规定：

**1**　烧结普通砖、烧结多孔砖、蒸压灰砂砖、蒸压粉煤灰砖、烧结空心砖、吸水率较大的轻骨料混凝土小型空心砌块在气温高于 0℃条件下砌筑时，应浇水湿润；在气温低于、等于 0℃条件下砌筑时，可不浇水，但必须增大砂浆稠度；

**2**　普通混凝土小型空心砌块、混凝土多孔砖、混凝土实心砖及采用薄灰砌筑法的蒸压加气混凝土砌块施工时，不应对其浇（喷）水湿润；

**3** 抗震设防烈度为9度的建筑物，当烧结普通砖、烧结多孔砖、蒸压粉煤灰砖、烧结空心砖无法浇水湿润时，如无特殊措施，不得砌筑。

**10.0.8** 拌合砂浆时水的温度不得超过80℃，砂的温度不得超过40℃。

**10.0.9** 采用砂浆掺外加剂法、暖棚法施工时，砂浆使用温度不应低于5℃。

**10.0.10** 采用暖棚法施工，块体在砌筑时的温度不应低于5℃，距离所砌的结构底面0.5m处的棚内温度也不应低于5℃。

**10.0.11** 在暖棚内的砌体养护时间，应根据暖棚内温度，按表10.0.11确定。

表 10.0.11 暖棚法砌体的养护时间

| 暖棚的温度（℃） | 5 | 10 | 15 | 20 |
|---|---|---|---|---|
| 养护时间（d） | ≥6 | ≥5 | ≥4 | ≥3 |

**10.0.12** 采用外加剂法配制的砌筑砂浆，当设计无要求，且最低气温等于或低于－15℃时，砂浆强度等级应较常温施工提高一级。

**10.0.13** 配筋砌体不得采用掺氯盐的砂浆施工。

# 11 子分部工程验收

**11.0.1** 砌体工程验收前，应提供下列文件和记录：

**1** 设计变更文件；

**2** 施工执行的技术标准；

**3** 原材料出厂合格证书、产品性能检测报告和进场复验报告；

**4** 混凝土及砂浆配合比通知单；

**5** 混凝土及砂浆试件抗压强度试验报告单；

**6** 砌体工程施工记录；

**7** 隐蔽工程验收记录；

**8** 分项工程检验批的主控项目、一般项目验收记录；

**9** 填充墙砌体植筋锚固力检测记录；

**10** 重大技术问题的处理方案和验收记录；

**11** 其他必要的文件和记录。

**11.0.2** 砌体子分部工程验收时，应对砌体工程的观感质量作出总体评价。

**11.0.3** 当砌体工程质量不符合要求时，应按现行国家标准《建筑工程施工质量验收统一标准》GB 50300有关规定执行。

**11.0.4** 有裂缝的砌体应按下列情况进行验收：

**1** 对不影响结构安全性的砌体裂缝，应予以验收，对明显影响使用功能和观感质量的裂缝，应进行处理；

**2** 对有可能影响结构安全性的砌体裂缝，应由有资质的检测单位检测鉴定，需返修或加固处理的，待返修或加固处理满足使用要求后进行二次验收。

# 附录 A 砌体工程检验批质量验收记录

**A.0.1** 为统一砌体结构工程检验批质量验收记录用表，特列出表A.0.1-1～表A.0.1-5，以供质量验收采用。

**A.0.2** 对配筋砌体工程检验批质量验收记录，除应采用表A.0.1-4外，尚应配合采用表A.0.1-1或表A.0.1-2。

**A.0.3** 对表A.0.1-1～表A.0.1-5中有数值要求的项目，应填写检测数据。

表 A.0.1-1 砖砌体工程检验批质量验收记录

| 工程名称 | | | 分项工程名称 | | 验收部位 | |
|---|---|---|---|---|---|---|
| 施工单位 | | | | | 项目经理 | |
| 施工执行标准名称及编号 | | | | | 专业工长 | |
| 分包单位 | | | | | 施工班组组长 | |
| | 质量验收规范的规定 | | | 施工单位检查评定记录 | 监理（建设）单位验收记录 | |
| 主控项目 | 1. 砖强度等级 | 设计要求 MU | | | | |
| | 2. 砂浆强度等级 | 设计要求 M | | | | |
| | 3. 斜槎留置 | 5.2.3 条 | | | | |
| | 4. 转角、交接处 | 5.2.3 条 | | | | |
| | 5. 直槎拉结钢筋及接槎处理 | 5.2.4 条 | | | | |
| | 6. 砂浆饱满度 | ≥80%（墙） | | | | |
| | | ≥90%（柱） | | | | |

| 质量验收规范的规定 | | 施工单位检查评定记录 | | | | | | | | 监理(建设)单位验收记录 |
|---|---|---|---|---|---|---|---|---|---|---|
| 一般项目 | 1. 轴线位移 | ≤10mm | | | | | | | | |
| | 2. 垂直度(每层) | ≤5mm | | | | | | | | |
| | 3. 组砌方法 | 5.3.1 条 | | | | | | | | |
| | 4. 水平灰缝厚度 | 5.3.2 条 | | | | | | | | |
| | 5. 竖向灰缝宽度 | 5.3.2 条 | | | | | | | | |
| | 6. 基础、墙、柱顶面标高 | ±15mm 以内 | | | | | | | | |
| | 7. 表面平整度 | ≤5mm(清水) | | | | | | | | |
| | | ≤8mm(混水) | | | | | | | | |
| | 8. 门窗洞口高、宽(后塞口) | ±10mm 以内 | | | | | | | | |
| | 9. 窗口偏移 | ≤20mm | | | | | | | | |
| | 10. 水平灰缝平直度 | ≤7mm(清水) | | | | | | | | |
| | | ≤10mm(混水) | | | | | | | | |
| | 11. 清水墙游丁走缝 | ≤20mm | | | | | | | | |

| 施工单位检查评定结果 | 项目专业质量检查员：  项目专业质量(技术)负责人：<br><br>年 月 日 |
|---|---|
| 监理(建设)单位验收结论 | 监理工程师(建设单位项目工程师)：<br><br>年 月 日 |

注：本表由施工项目专业质量检查员填写，监理工程师(建设单位项目技术负责人)组织项目专业质量(技术)负责人等进行验收。

表 A.0.1-2 混凝土小型空心砌块砌体
工程检验批质量验收记录

| 工程名称 | | | 分项工程名称 | | | 验收部位 | |
|---|---|---|---|---|---|---|---|
| 施工单位 | | | | | | 项目经理 | |
| 施工执行标准名称及编号 | | | | | | 专业工长 | |
| 分包单位 | | | | | | 施工班组组长 | |

| | 质量验收规范的规定 | | 施工单位检查评定记录 | | | | | | | | | | 监理(建设)单位验收记录 |
|---|---|---|---|---|---|---|---|---|---|---|---|---|---|
| 主控项目 | 1. 小砌块强度等级 | 设计要求 MU | | | | | | | | | | | |
| | 2. 砂浆强度等级 | 设计要求 M | | | | | | | | | | | |
| | 3. 混凝土强度等级 | 设计要求 C | | | | | | | | | | | |
| | 4. 转角、交接处 | 6.2.3 条 | | | | | | | | | | | |
| | 5. 斜槎留置 | 6.2.3 条 | | | | | | | | | | | |
| | 6. 施工洞口砌法 | 6.2.3 条 | | | | | | | | | | | |
| | 7. 芯柱贯通楼盖 | 6.2.4 条 | | | | | | | | | | | |
| | 8. 芯柱混凝土灌实 | 6.2.4 条 | | | | | | | | | | | |
| | 9. 水平缝饱满度 | ≥90% | | | | | | | | | | | |
| | 10. 竖向缝饱满度 | ≥90% | | | | | | | | | | | |
| 一般项目 | 1. 轴线位移 | ≤10mm | | | | | | | | | | | |
| | 2. 垂直度(每层) | ≤5mm | | | | | | | | | | | |
| | 3. 水平灰缝厚度 | 8mm～12mm | | | | | | | | | | | |
| | 4. 竖向灰缝宽度 | 8mm～12mm | | | | | | | | | | | |
| | 5. 顶面标高 | ±15mm 以内 | | | | | | | | | | | |
| | 6. 表面平整度 | ≤5mm(清水) | | | | | | | | | | | |
| | | ≤8mm(混水) | | | | | | | | | | | |
| | 7. 门窗洞口 | ±10mm 以内 | | | | | | | | | | | |
| | 8. 窗口偏移 | ≤20mm | | | | | | | | | | | |
| | 9. 水平灰缝平直度 | ≤7mm(清水) | | | | | | | | | | | |
| | | ≤10mm(混水) | | | | | | | | | | | |

| 施工单位检查评定结果 | 项目专业质量检查员：  项目专业质量(技术)负责人：<br><br>年 月 日 |
|---|---|
| 监理(建设)单位验收结论 | 监理工程师(建设单位项目工程师)：<br><br>年 月 日 |

注：本表由施工项目专业质量检查员填写，监理工程师(建设单位项目技术负责人)组织项目专业质量(技术)负责人等进行验收。

#### 表 A.0.1-3 石砌体工程检验批质量验收记录

| 工程名称 | | 分项工程名称 | | 验收部位 | |
|---|---|---|---|---|---|
| 施工单位 | | | | 项目经理 | |
| 施工执行标准<br>名称及编号 | | | | 专业工长 | |
| 分包单位 | | | | 施工班组<br>组长 | |

| | 质量验收规范的规定 | | 施工单位<br>检查评定记录 | 监理(建设)<br>单位验收记录 |
|---|---|---|---|---|
| 主控项目 | 1. 石材强度等级 | 设计要求 MU | | |
| | 2. 砂浆强度等级 | 设计要求 M | | |
| | 3. 砂浆饱满度 | ≥80% | | |
| 一般项目 | 1. 轴线位移 | 7.3.1条 | | |
| | 2. 砌体顶面标高 | 7.3.1条 | | |
| | 3. 砌体厚度 | 7.3.1条 | | |
| | 4. 垂直度(每层) | 7.3.1条 | | |
| | 5. 表面平整度 | 7.3.1条 | | |
| | 6. 水平灰缝平直度 | 7.3.1条 | | |
| | 7. 组砌形式 | 7.3.2条 | | |

| 施工单位检查<br>评定结果 | 项目专业质量检查员: 项目专业质量(技术)负责人:<br><br><br>年 月 日 |
|---|---|
| 监理(建设)单位<br>验收结论 | 监理工程师(建设单位项目工程师):<br><br><br>年 月 日 |

注：本表由施工项目专业质量检查员填写，监理工程师(建设单位项目技术负责人)组织项目专业质量(技术)负责人等进行验收。

## 表 A. 0. 1-4　配筋砌体工程检验批质量验收记录

| 工程名称 | | 分项工程名称 | | 验收部位 | |
|---|---|---|---|---|---|
| 施工单位 | | | | 项目经理 | |
| 施工执行标准名称及编号 | | | | 专业工长 | |
| 分包单位 | | | | 施工班组组长 | |

| | 质量验收规范的规定 | | 施工单位检查评定记录 | 监理(建设)单位验收记录 |
|---|---|---|---|---|
| 主控项目 | 1. 钢筋品种、规格、数量和设置部位 | 8.2.1条 | | |
| | 2. 混凝土强度等级 | 设计要求 C | | |
| | 3. 马牙槎尺寸 | 8.2.3条 | | |
| | 4. 马牙槎拉结筋 | 8.2.3条 | | |
| | 5. 钢筋连接 | 8.2.4条 | | |
| | 6. 钢筋锚固长度 | 8.2.4条 | | |
| | 7. 钢筋搭接长度 | 8.2.4条 | | |
| 一般项目 | 1. 构造柱中心线位置 | ≤10mm | | |
| | 2. 构造柱层间错位 | ≤8mm | | |
| | 3. 构造柱垂直度(每层) | ≤10mm | | |
| | 4. 灰缝钢筋防腐 | 8.3.2条 | | |
| | 5. 网状配筋规格 | 8.3.3条 | | |
| | 6. 网状配筋位置 | 8.3.3条 | | |
| | 7. 钢筋保护层厚度 | 8.3.4条 | | |
| | 8. 凹槽中水平钢筋间距 | 8.3.4条 | | |
| 施工单位检查评定结果 | 项目专业质量检查员：　　项目专业质量(技术)负责人：<br><br>　　　　　　　　　　　　　　　　　　　　年　月　日 | | | |
| 监理(建设)单位验收结论 | 监理工程师(建设单位项目工程师)：<br><br>　　　　　　　　　　　　　　　　　　　　年　月　日 | | | |

注：本表由施工项目专业质量检查员填写，监理工程师(建设单位项目技术负责人)组织项目专业质量(技术)负责人等进行验收。

## 表 A.0.1-5 填充墙砌体工程检验批质量验收记录

| 工程名称 | | | 分项工程名称 | | 验收部位 | |
|---|---|---|---|---|---|---|
| 施工单位 | | | | | 项目经理 | |
| 施工执行标准名称及编号 | | | | | 专业工长 | |
| 分包单位 | | | | | 施工班组组长 | |

| | | 质量验收规范的规定 | | 施工单位检查评定记录 | | | | | | | | | 监理(建设)单位验收记录 |
|---|---|---|---|---|---|---|---|---|---|---|---|---|---|
| 主控项目 | 1. 块体强度等级 | | 设计要求 MU | | | | | | | | | | |
| | 2. 砂浆强度等级 | | 设计要求 M | | | | | | | | | | |
| | 3. 与主体结构连接 | | 9.2.2条 | | | | | | | | | | |
| | 4. 植筋实体检测 | | 9.2.3条 | 见填充墙砌体植筋锚固力检测记录 | | | | | | | | | |
| 一般项目 | 1. 轴线位移 | | ≤10mm | | | | | | | | | | |
| | 2. 墙面垂直度(每层) | ≤3m | ≤5mm | | | | | | | | | | |
| | | >3m | ≤10mm | | | | | | | | | | |
| | 3. 表面平整度 | | ≤8mm | | | | | | | | | | |
| | 4. 门窗洞口 | | ±10mm | | | | | | | | | | |
| | 5. 窗口偏移 | | ≤20mm | | | | | | | | | | |
| | 6. 水平缝砂浆饱满度 | | 9.3.2条 | | | | | | | | | | |
| | 7. 竖缝砂浆饱满度 | | 9.3.2条 | | | | | | | | | | |
| | 8. 拉结筋、网片位置 | | 9.3.3条 | | | | | | | | | | |
| | 9. 拉结筋、网片埋置长度 | | 9.3.3条 | | | | | | | | | | |
| | 10. 搭砌长度 | | 9.3.4条 | | | | | | | | | | |
| | 11. 灰缝厚度 | | 9.3.5条 | | | | | | | | | | |
| | 12. 灰缝宽度 | | 9.3.5条 | | | | | | | | | | |

| 施工单位检查评定结果 | 项目专业质量检查员: 项目专业质量(技术)负责人:<br><br>年 月 日 |
|---|---|
| 监理(建设)单位验收结论 | 监理工程师(建设单位项目工程师):<br><br>年 月 日 |

注：本表由施工项目专业质量检查员填写，监理工程师(建设单位项目技术负责人)组织项目专业质量(技术)负责人等进行验收。

## 附录 B 填充墙砌体植筋锚固力检验抽样判定

**B.0.1** 填充墙砌体植筋锚固力检验抽样判定应按表 B.0.1-1、表 B.0.1-2 判定。

**表 B.0.1-1 正常一次性抽样的判定**

| 样本容量 | 合格判定数 | 不合格判定数 |
|---|---|---|
| 5 | 0 | 1 |
| 8 | 1 | 2 |
| 13 | 1 | 2 |
| 20 | 2 | 3 |
| 32 | 3 | 4 |
| 50 | 5 | 6 |

**表 B.0.1-2 正常二次性抽样的判定**

| 抽样次数与样本容量 | 合格判定数 | 不合格判定数 |
|---|---|---|
| （1）－5 | 0 | 2 |
| （2）－10 | 1 | 2 |
| （1）－8 | 0 | 2 |
| （2）－16 | 1 | 2 |
| （1）－13 | 0 | 3 |
| （2）－26 | 3 | 4 |
| （1）－20 | 1 | 3 |
| （2）－40 | 3 | 4 |
| （1）－32 | 2 | 5 |
| （2）－64 | 6 | 7 |
| （1）－50 | 3 | 6 |
| （2）－100 | 9 | 10 |

注：本表应用参照现行国家标准《建筑结构检测技术标准》GB/T 50344－2004 第3.3.14 条条文说明。

## 附录 C 填充墙砌体植筋锚固力检测记录

**C.0.1** 填充墙砌体植筋锚固力检测记录应按表 C.0.1 填写。

**表 C.0.1 填充墙砌体植筋锚固力检测记录**

共 页 第 页

| 工程名称 | | 分项工程名称 | | | 植筋日期 | |
|---|---|---|---|---|---|---|
| 施工单位 | | 项目经理 | | | | |
| 分包单位 | | 施工班组长 | | | 检测日期 | |
| 检测执行标准及编号 | | | | | | |

| 试件编号 | 实测荷载（kN） | 检测部位 | | 检测结果 | |
|---|---|---|---|---|---|
| | | 轴线 | 层 | 完好 | 不符合要求情况 |
| | | | | | |
| | | | | | |
| | | | | | |
| | | | | | |
| | | | | | |
| | | | | | |
| | | | | | |
| | | | | | |
| | | | | | |
| | | | | | |
| | | | | | |

| 监理（建设）单位验收结论 | |
|---|---|
| 备注 | 1. 植筋埋置深度（设计）： mm；<br>2. 设备型号： ；<br>3. 基材混凝土设计强度等级为（C ）；<br>4. 锚固钢筋拉拔承载力检验值：6.0kN。 |

复核： 检测： 记录：

## 本规范用词说明

**1** 为便于在执行本规范条文时区别对待，对要求严格程度不同的用词说明如下；

1）表示很严格，非这样做不可的用词：

正面词采用"必须"，反面词采用"严禁"；

2）表示严格，在正常情况下均应这样做的用词：

正面词采用"应"，反面词采用"不应"或"不得"；

3）表示允许稍有选择，在条件许可时首先应这样做的用词：

正面采用"宜"，反面词采用"不宜"；

4）表示有选择，在一定条件下可以这样做的用词，采用"可"。

**2** 条文中指明应按其他有关标准、规范执行的写法为"应符合……规定（或要求）"或"应按……

执行"。

## 引用标准名录

1 《建筑工程施工质量验收统一标准》GB 50300
2 《通用硅酸盐水泥》GB 175
3 《建筑材料放射性核素限量》GB 6566
4 《混凝土外加剂》GB 8076
5 《粉煤灰在混凝土及砂浆中应用技术规程》JGJ 28
6 《普通混凝土用砂、石质量及检验方法标准》JGJ 52
7 《混凝土用水标准》JGJ 63
8 《建筑工程冬期施工规程》JGJ/T 104
9 《砌筑砂浆增塑剂》JG/T 164
10 《砂浆、混凝土防水剂》JC 474
11 《建筑生石灰》JC/T 479
12 《建筑生石灰粉》JC/T 480

中华人民共和国国家标准

# 砌体结构工程施工质量验收规范

GB 50203—2011

条 文 说 明

# 修 订 说 明

本规范是在《砌体工程施工质量验收规范》GB 50203－2002 的基础上修订而成，上一版的主编单位是陕西省建筑科学研究设计院，参编单位是陕西省建筑工程总公司、四川省建筑科学研究院、天津建工集团总公司、辽宁省建设科学研究院、山东省潍坊市建筑工程质量监督站，主要起草人员是张昌叙、张鸿勋、侯汝欣、佟贵森、张书禹、赵瑞。

本规范修订继续遵循"验评分离、强化验收、完善手段、过程控制"的指导原则。

本规范修订过程中，编制组进行了大量调查研究，结合砌体结构"四新"的推广运用，丰富和完善了规范内容；通过"5·12"汶川大地震的震害调查，针对砌体结构施工质量的薄弱环节，充实了规范条文内容；与正修订的《砌体结构设计规范》GB 50003、《建筑工程施工质量验收统一标准》GB 50300、《建筑工程冬期施工规程》JGJ 104 等标准进行了协调沟通。此外，还参考国外先进技术标准，对我国目前砌体结构工程施工质量现状进行分析，为科学、合理确定我国规范的质量控制参数提供了依据。

为便于广大设计、施工、科研、学校等单位有关人员在使用本规范时能正确理解和执行条文规定，《砌体结构工程施工质量验收规范》编制组按章、节、条顺序编制了本规范的条文说明，对条文规定的目的、依据以及在执行中需注意的有关事项进行了说明。但是，本条文说明不具备与规范正文同等的法律效力，仅供使用者作为理解和把握规范规定的参考。

# 目　次

# 1 总　则

**1.0.1** 制定本规范的目的，是为了统一砌体结构工程施工质量的验收，保证安全使用。

**1.0.2** 本规范对砌体结构工程施工质量验收的适用范围作了规定。

**1.0.3** 本规范是对砌体结构工程施工质量的最低要求，应严格遵守。因此，工程承包合同和施工技术文件（如设计文件、企业标准、施工措施等）对工程质量的要求均不得低于本规范的规定。

当设计文件和工程承包合同对施工质量的要求高于本规范的规定时，验收时应以设计文件和工程承包合同为准。

**1.0.4** 国家标准《建筑工程施工质量验收统一标准》GB 50300 规定了房屋建筑各专业工程施工质量验收规范编制的统一原则和要求，故执行本规范时，尚应遵守该标准的相关规定。

**1.0.5** 砌体结构工程施工质量的验收综合性较强，涉及面较广，为了保证砌体结构工程的施工质量，必须全面执行国家现行有关标准。

# 3　基本规定

**3.0.1** 在砌体结构工程中，采用不合格的材料不可能建造出符合质量要求的工程。材料的产品合格证书和产品性能检测报告是工程质量评定中必备的资料，因此特提出了要求。

本次规范修订增加了"质量应符合国家现行标准的要求"，以强调对合格材料质量的要求。

块体、水泥、钢筋、外加剂等产品质量应符合下列国家现行标准的要求：

**1** 块体：《烧结普通砖》GB 5101、《烧结多孔砖》GB 13544、《烧结空心砖和空心砌块》GB 13545、《混凝土实心砖》GB/T 21144、《混凝土多孔砖》JC 943、《蒸压灰砂砖》GB 11945、《蒸压灰砂空心砖》JC/T 637、《粉煤灰砖》JC 239、《普通混凝土小型空心砌块》GB 8239、《轻集料混凝土小型空心砌块》GB/T 15229、《蒸压加气混凝土砌块》GB 11968 等。

**2** 水泥：《通用硅酸盐水泥》GB 175、《砌筑水泥》GB/T 3183、《快硬硅酸盐水泥》JC 314 等。

**3** 钢筋：《钢筋混凝土用钢　第 1 部分：热轧光圆钢筋》GB 1499.1、《钢筋混凝土用钢　第 2 部分：热轧带肋钢筋》GB 1499.2 等。

**4** 外加剂：《混凝土外加剂》GB 8076、《砂浆、混凝土防水剂》JC 474、《砌筑砂浆增塑剂》JC/T 164 等。

**3.0.2** 砌体结构工程施工是一项系统工程，为有条不紊地进行，确保施工安全，达到工程质量优、进度

快、成本低，应在施工前编制施工方案。

**3.0.4** 在砌体结构工程施工中，砌筑基础前放线是确定建筑平面尺寸和位置的基础工作，通过校核放线尺寸，达到控制放线精度的目的。

**3.0.5** 本条系新增加条文。针对砌体结构房屋施工中较普遍存在的问题，强调了伸缩缝、沉降缝、防震缝的施工要求。

**3.0.6** 基础高低台的合理搭接，对保证基础的整体性和受力至关重要。本次规范修订中补充了基底标高不同时的搭砌示意图，以便对条文的理解。

砌体的转角处和交接处同时砌筑可以保证墙体的整体性，从而提高砌体结构的抗震性能。从震害调查看到，不少砌体结构建筑，由于砌体的转角处和交接处未同时砌筑，接搓不良导致外墙甩出和砌体倒塌，因此必须重视砌体的转角处和交接处的砌筑。

**3.0.7** 本条系新增加条文。使用皮数杆对保证砌体灰缝的厚度均匀、平直和控制砌体高度及高度变化部位的位置十分重要。

**3.0.8** 在墙上留置临时洞口系施工需要，但洞口位置不当或洞口过大，虽经补砌，但也会程度不同地削弱墙体的整体性。

**3.0.9** 砌体留置的脚手眼虽经补砌，但它对砌体的整体性能和使用功能或多或少会产生不良影响。因此，在一些受力不太有利和使用功能有特殊要求的部位对脚手眼设置作了规定。本次修订增加了不得在轻质墙体、夹心复合墙外叶墙设置脚手眼的规定，主要是考虑在这类墙体上安放脚手架不安全，也会造成墙体的损坏。

**3.0.10** 在实际工程中往往对脚手眼的补砌比较随意，忽视脚手眼的补砌质量，故提出脚手眼补砌的要求。

**3.0.11** 建筑工程施工中，常存在各工种之间配合不好的问题，例如水电安装中的一些洞口、埋设管道等常在砌好的砌体上打凿，往往对砌体造成较大损坏，特别是在墙体上开凿水平沟槽对墙体受力极为不利。

本次规范修订时将过梁明确为钢筋混凝土过梁；补充规定不应在截面长边小于 500mm 的承重墙体、独立柱内埋设管线，以不影响结构受力。

**3.0.12** 表 3.0.12 的数值系根据 1956 年《建筑安装工程施工及验收暂行技术规范》第二篇中表一规定推算而得。验算时，为偏安全计，略去了墙或柱底部砂浆与楼板（或下部墙体）间的粘结作用，只考虑墙体的自重和风荷载进行倾覆验算。经验算，安全系数在 1.1～1.5 之间。为了比较切合实际和方便查对，将原表中的风压值改为 0.3、0.4、0.5 kN/m² 三种，并列出风的相应级数。

施工处标高可按下式计算：

$$H = H_0 + h/2 \qquad (1)$$

式中：$H$——施工处的标高；

$\quad\quad H_0$——起始计算自由高度处的标高；

$\quad\quad h$——表 3.0.12 内相应的允许自由高度。

对于设置钢筋混凝土圈梁的墙或柱，其砌筑高度未达圈梁位置时，$h$ 应从地面（或楼面）算起；超过圈梁时，$h$ 可从最近的一道圈梁算起，但此时圈梁混凝土的抗压强度应达到 5N/mm² 以上。

**3.0.14** 为保证混凝土结构工程施工中预制梁、板的安装施工质量而提出的相应规定。对原条文内容中的安装时应坐浆及砂浆的规定予以删除，原因是考虑该部分内容不属砌体结构工程施工的内容。

**3.0.15** 在采用以概率理论为基础的极限状态设计方法中，材料的强度设计值系由材料标准值除以材料性能分项系数确定，而材料性能分项系数与材料质量及施工水平相关。对于施工水平，由于在砌体的施工中存在大量的手工操作，所以，砌体结构的施工质量在很大程度上取决于人的因素。

在国际标准中，施工水平按质量监督人员、砂浆强度试验及搅拌、砌筑工人技术熟练程度等情况分为三级，材料性能分项系数也相应取为不同的数值。

为与国际标准接轨，在 1998 年颁布实施的国家标准《砌体工程施工及验收规范》GB 50203 - 98 中就参照国际标准，已将施工质量控制等级纳入规范中。随后，国家标准《砌体结构设计规范》GB 50003 - 2001 在砌体强度设计值的规定中，也考虑了砌体施工质量控制等级对砌体强度设计值的影响。

砂浆和混凝土的施工（生产）质量，可按强度离散性大小分为"优良"、"一般"和"差"三个等级。强度离散性分为"离散性小"、"离散性较小"和"离散性大"三个等次，其划分系按照砂浆、混凝土强度标准差确定。根据现行行业标准《砌筑砂浆配合比设计规程》JGJ/T 98 及原国家标准《混凝土检验评定标准》GBJ 107 - 87，砂浆、混凝土强度标准差可参见表 1 及表 2。

**表 1　砌筑砂浆质量水平**

| 强度标准差（MPa）<br>质量水平 | M5 | M7.5 | M10 | M15 | M20 | M30 |
|---|---|---|---|---|---|---|
| 优　良 | 1.00 | 1.50 | 2.00 | 3.00 | 4.00 | 6.00 |
| 一　般 | 1.25 | 1.88 | 2.50 | 3.75 | 5.00 | 7.50 |
| 差 | 1.50 | 2.25 | 3.00 | 4.50 | 6.00 | 9.00 |

**表 2　混凝土质量水平**

| 评定标准 | 生产单位 | 强度等级 | 优良 | | 一般 | | 差 | |
|---|---|---|---|---|---|---|---|---|
| | | | <C20 | ≥C20 | <C20 | ≥C20 | <C20 | ≥C20 |
| 强度标准差（MPa） | 预拌混凝土厂 | | ≤3.0 | ≤3.5 | ≤4.0 | ≤5.0 | >4.0 | >5.0 |
| | 集中搅拌混凝土的施工现场 | | ≥3.5 | ≤4.0 | ≤4.5 | ≤5.5 | >4.5 | >5.5 |
| 强度等于或大于混凝土强度等级值的百分率（%） | 预拌混凝土厂、集中搅拌混凝土的施工现场 | | ≥95 | | >85 | | ≤85 | |

对 A 级施工质量控制等级，砌筑工人中高级工的比例由原规范"不少于 20%"提高到"不少于 30%"，是考虑为适应近年来砌体结构工程施工中的新结构、新材料、新工艺、新设备不断增加，保证施工质量的需要。

**3.0.16** 从建筑物的耐久性考虑，现行国家标准《砌体结构设计规范》GB 50003 根据砌体结构的环境类别，对设置在砂浆中和混凝土中的钢筋规定了相应的防护措施。

**3.0.18** 在楼面上进行砌筑施工时，常常出现以下几种超载现象：一是集中堆载；二是抢进度或遇停电时，提前多备料；三是采用井架或门架上料时，接料平台高出楼面有坎，造成运料车对楼板产生较大的振动荷载。这些超载现象常使楼板底产生裂缝，严重时会导致安全事故。

**3.0.19** 本条系新增加条文。对墙体砌筑每日砌筑高度的控制，其目的是保证砌体的砌筑质量和生产安全。

**3.0.20** 本条系新增加条文。针对砌体结构工程的施工特点，将现行国家标准《建筑工程施工质量验收统一标准》GB 50300 对检验批的规定具体化。

**3.0.21** 现行国家标准《建筑工程施工质量验收统一标准》GB 50300 在制定检验批抽样方案时，对生产方和使用方风险概率提出了明确的规定。该标准经修订后，对于计数抽样的主控项目、一般项目规定了正常检查一次、二次抽样判定规定。本规范根据上述标准并结合砌体工程的实际情况，采用一次抽样判定。其中，对主控项目应全部符合合格标准；对一般项目应有 80% 及以上的抽检处符合合格标准，均比国家标准《建筑工程施工质量验收统一标准》的要求略严，且便于操作。

本条文补充了对一般项目中的最大超差值作了规定，其值为允许偏差值 1.5 倍。这是从工程实际的现状考虑的，在这种施工偏差下，不会造成结构安全问题和影响使用功能及观感效果。

**3.0.22** 本条为增加条文。为使砌体结构工程施工质量抽检更具有科学性，在本次规范修订中，遵照现行国家标准《建筑工程施工质量验收统一标准》GB 50300 的要求，对原规范条文抽检项目的抽样方案作了修改，即将抽检数量按检验批的百分数（一般规定为 10%）抽取的方法修改为按现行国家标准《逐批检查计数抽样程序及抽样表》GB 2828 对抽样批的最小容量确定。抽样批的最小容量的规定引用现行国家标准《建筑结构检测技术标准》GB/T 50344 第 3.3.13 条表 3.3.13，但在本规范引用时作了以下考虑：检验批的样本最小容量在检验批容量 90 及以下不再细分。针对砌体结构工程实际，检验项目的检验批容量一般不大于 90，故各抽检项目的样本最小容量除有特殊要求（如砖砌体和混凝土小型空心砌块砌体的承重墙、柱的轴线位移应全数检查；外墙阳角数量小于 5 时，垂直度检查应为全部阳角；填充墙后植锚固钢筋的抽检最小容量规定等）外，按不应小于 5 确定，以便于检验批的统计和质量判定。

# 4 砌筑砂浆

**4.0.1** 水泥的强度及安定性是判定水泥质量是否合格的两项主要技术指标，因此在水泥使用前应进行复验。

由于各种水泥成分不一，当不同水泥混合使用后有可能发生材性变化或强度降低现象，引起工程质量问题。

本条文参照现行国家标准《混凝土结构工程施工质量验收规范》GB 50204 的相关规定对原规范条文进行了个别文字修改。

**4.0.2** 砂中草根等杂物，含泥量、泥块含量、石粉含量过大，不但会降低砌筑砂浆的强度和均匀性，还导致砂浆的收缩值增大，耐久性降低，影响砌体质量。砂中氯离子超标，配制的砌筑砂浆、混凝土会对其中钢筋的耐久性产生不良影响。砂含泥量、泥块含量、石粉含量及云母、轻物质、有机物、硫化物、硫酸盐、氯盐含量应符合表 3 的规定。

**表 3　砂杂质含量**（%）

| 项　　目 | 指　　标 |
| --- | --- |
| 泥 | ≤5.0 |
| 泥块 | ≤2.0 |
| 云母 | ≤2.0 |
| 轻物质 | ≤1.0 |
| 有机物（用比色法试验） | 合格 |
| 硫化物及硫酸盐（折算成 $SO_3$ 按重量计） | ≤1.0 |
| 氯化物（以氯离子计） | ≤0.06 |
| 注：含量按质量计 | |

**4.0.3** 脱水硬化的石灰膏、消石灰粉不能起塑化作用又影响砂浆强度，故不应使用。建筑生石灰粉由于其细度有限，在砂浆搅拌时直接干掺起不到改善砂浆和易性及保水的作用。建筑生石灰粉的细度依照现行行业标准《建筑生石灰粉》JC/T 480 列于表 4 中，由表看出，建筑生石灰粉的细度远不及水泥的细度（0.08mm 筛的筛余不大于 10%）。

**表 4　建筑生石灰粉的细度**

| 项　　目 | | 钙质生石灰粉 | | | 镁质生石灰粉 | | |
| --- | --- | --- | --- | --- | --- | --- | --- |
| | | 优等品 | 一等品 | 合格品 | 优等品 | 一等品 | 合格品 |
| 细度 | 0.90mm 筛的筛余（%）不大于 | 0.2 | 0.5 | 1.5 | 0.2 | 0.5 | 1.5 |
| | 0.125mm 筛的筛余（%）不大于 | 7.0 | 12.0 | 18.0 | 7.0 | 12.0 | 18.0 |

为使石灰膏计量准确，根据原标准《砌体工程施工及验收规范》GB 50203-98 引入表 4.0.3。

**4.0.4** 当水中含有有害物质时，将会影响水泥的正常凝结，并可能对钢筋产生锈蚀作用。

**4.0.5** 砌筑砂浆通过配合比设计确定的配合比，是使施工中砌筑砂浆达到设计强度等级，符合砂浆试块合格验收条件，减小砂浆强度离散性的重要保证。

砌筑砂浆的稠度选择是否合适，将直接影响砌筑的难易和质量，表 4.0.5 砌筑砂浆稠度范围的规定主要是考虑了块体吸水特性、铺砌面有无孔洞及气候条件的差异。

**4.0.6** 该条内容系根据新修订的国家标准《砌体结构设计规范》GB 50003 的下述规定编写：当砌体用强度等级小于 M5 的水泥砂浆砌筑时，砌体强度设计值应予降低，其中抗压强度值乘以 0.9 的调整系数；轴心抗拉、弯曲抗拉、抗剪强度值乘以 0.8 的调整系数；当砌筑砂浆强度等级大于和等于 M5 时，砌体强度设计值不予降低。

**4.0.7** 由于在砌筑砂浆中掺用的砂浆增塑剂、早强剂、缓凝剂、防冻剂等产品种类繁多，性能及质量也存在差异，为保证砌筑砂浆的性能和砌体的砌筑质量，应对外加剂的品种和用量进行检验和试配，符合要求后方可使用。对砌筑砂浆增塑剂，2004 年国家已发布、实施了行业标准《砌筑砂浆增塑剂》JG/T 164，在技术性能的型式检验中，包括掺用该外加剂砂浆砌筑的砌体强度指标检验，使用时应遵照执行。

本条文由原规范的强制性条文修改为非强制性条文，是为了更方便地执行该条文的要求。

**4.0.8** 砌筑砂浆各组成材料计量不精确，将直接影响砂浆实际的配合比，导致砂浆强度误差和离散性加大，不利于砌体砌筑质量的控制和砂浆强度的验收。为确保砂浆各组分材料的计量精确，本条文增加了质量计量的允许偏差。

**4.0.9** 为了降低劳动强度和克服人工拌制砂浆不易搅拌均匀的缺点，规定砌筑砂浆应采用机械搅拌。同时，为使物料充分拌合，保证砂浆拌合质量，对不同品种砂浆分别规定了搅拌时间的要求。

**4.0.10** 根据以前规范编制组所进行的试验和收集的国内资料分析，在一般气候情况下，水泥砂浆和水泥混合砂浆在 3h 和 4h 使用完，砂浆强度降低一般不超过 20%，虽然对砌体强度有所影响，但降低幅度在 10% 以内，又因为大部分砂浆已之前使用完毕，故对整个砌体的影响只局限于很小的范围。当气温较高时，水泥凝结加速，砂浆拌制后的使用时间应予缩短。

近年来，设计中对砌筑砂浆强度普遍提高，水泥用量增加，因此将砌筑砂浆拌合后的使用时间作了一些调整，统一按照水泥砂浆的使用时间进行控制，这对施工质量有利，又便于记忆和控制。

**4.0.12** 我国近年颁布实施的现行国家标准《建筑结构可靠度设计标准》GB 50068 要求："质量验收标准宜在统计理论的基础上制定"。现行国家标准《建筑工程施工质量验收统一标准》GB 50300 - 2001 第 3.0.5 条规定，主控项目合格质量水平的生产方风险（或错判概率 $\alpha$）和使用方风险（或漏判概率 $\beta$）均不宜超过 5%。这些要求和规定都是编制建筑工程施工质量验收规范应遵循的原则。

国家标准《砌体工程施工质量验收规范》GB 50203 关于砌筑砂浆试块强度验收条件引自原《建筑安装工程质量检验评定标准 TJ 301 - 74 建筑工程》，并已执行多年。经分析发现，上述砌筑砂浆试块强度验收条件的确定较缺乏科学性，具体表现在以下几方面：

1）20 世纪 70 年代我国尚未采用极限状态设计方法，因此，对砌筑砂浆质量的评定也未考虑结构的可靠度原则。

2）当同一验收批砌筑砂浆试块抗压强度平均值等于设计强度等级所对应的立方体抗压强度时，其满足设计强度的概率太低，仅为 50%。

3）当砌筑砂浆试块强度等于设计强度等级所对应的立方体抗压强度的 75% 时，砌体强度较设计值小 9% ~ 13%，这将对结构的安全使用产生不良影响。

根据结构可靠度分析，当砌筑砂浆质量水平一般，即砂浆试块强度统计的变异系数为 0.25，验收批砌筑砂浆试块抗压强度平均值为设计强度的 1.10 倍时，砌筑砂浆强度达到和超过设计强度的统计概率为 65.5%，砌体强度达到 95% 规范值的统计概率

为 78.8%；砌筑砂浆试块强度最小值为 85% 设计强度时，砌体强度值只较规范设计值降低 2% ~ 8%，砌筑砂浆抗压强度等于和大于 85% 设计强度的统计概率为 84.1%。还应指出，当砌筑砂浆试块改为带底试模制作后，砂浆试块强度统计的变异系数将较砖底试模减小，这对砌筑砂浆质量的提高和砌体质量是有利的。此外，砌体强度除与块体、砌筑砂浆强度直接相关外，尚与施工过程的质量控制有关，如砌筑砂浆的拌制质量及强度的离散性、块体砌筑前浇水湿润程度、砌筑手法、灰缝厚度及砂浆饱满度等。因此欲保证砌体的强度，除应使块体和砌筑砂浆合格外，尚应加强施工过程控制，这是保证砌体施工质量的综合措施。

鉴于上述分析，同时考虑砂浆拌制后到使用时存在的时间间隔对其强度的不利影响，本次规范修订中对砌筑砂浆试块抗压强度合格验收条件较原规范作了一定提高。砌筑砂浆拌制后随时间延续的强度变化规律是：在一般气温（低于 30℃）情况下，砂浆拌制 2h ~ 6h 后，强度降低 20% ~ 30%，10h 降低 50% 以上，24h 降低 70% 以上。以上试验大多采用水泥混合砂浆。对水泥砂浆而言，由于水泥用量较多，砂浆的保水性又较水泥混合砂浆差，其影响程度会更大。当气温较高（高于 30℃）情况下，砂浆强度下降幅度也将更大一些。

当砂浆试块数量不足 3 组时，其强度的代表性较差，验收也存在较大风险，如只有 1 组试块时，其错判概率至少为 30%。因此，为确保砌体结构施工验收的可靠性，对重要房屋一个验收批砂浆试块的数量规定为不得少于 3 组。

试验表明，砌筑砂浆的稠度对试块立方体抗压强度有一定影响，特别是当采用带底试模时，这种影响将十分明显。为如实反映施工中砌筑砂浆的强度，制作砂浆试块的砂浆稠度应与配合比设计一致，在实际操作中应注意砌筑砂浆的用水量控制。此外，根据现行行业标准《预拌砂浆》JC/T 230 规定，预拌砂浆中的湿拌砂浆在交货时应进行稠度检验。

对工厂生产的预拌砂浆、加气混凝土专用砂浆，由于其材料稳定，计量准确，砂浆质量较好，强度值离散性较小，故可适当减少现场砂浆试块的制作数量，但每验收批各类、各强度等级砂浆试块不应少于 3 组。

根据统计学原理，抽检子样容量越大则结果判定越准确。对砌体结构工程施工，通常在一个检验批留置的同类型、同强度等级的砂浆试块数量不多，故在砌筑砂浆试块抗压强度验收时，为使砂浆试块强度具有更好的代表性，减小强度评定风险，宜将多个检验批的同类型、同强度等级的砌筑砂浆作为一个验收批进行评定验收；当检验批的同类型、同强度等级砌筑砂浆试块组数较多时，砂浆强度验收也可按检验批进

行，此时的砌筑砂浆验收批即等同于检验批。

**4.0.13** 施工中，砌筑砂浆强度直接关系砌体质量。因此，规定了在一些非正常情况下应测定工程实体中的砂浆或砌体的实际强度。其中，当砂浆试块的试验结果已不能满足设计要求时，通过实体检测以便于进行强度核算和结构加固处理。

# 5 砖砌体工程

## 5.1 一般规定

**5.1.1** 本条所列砖是指以传统标准砖基本尺寸240mm×115mm×53mm为基础，适当调整尺寸，采用烧结、蒸压养护或自然养护等工艺生产的长度不超过240mm，宽度不超过190mm，厚度不超过115mm的实心或多孔（通孔、半盲孔）的主规格砖及其配砖。

**5.1.3** 混凝土多孔砖、混凝土普通砖、蒸压灰砂砖、蒸压粉煤灰砖早期收缩值大，如果这时用于墙体上，很容易出现收缩裂缝。为有效控制墙体的这类裂缝产生，在砌筑时砖的产品龄期不应小于28d，使其早期收缩值在此期间内完成大部分。实践证明，这是预防墙体早期开裂的一个重要技术措施。此外，混凝土多孔砖、混凝土普通砖的强度等级进场复验也需产品龄期为28d。

**5.1.4** 有冻胀环境和条件的地区，地面以下或防潮层以下的砌体，常处于潮湿的环境中，对多孔砖砌体的耐久性能有不利影响。因此，现行国家标准《砌体结构设计规范》GB 50003对多孔砖的使用作出了以下规定，"在冻胀地区，地面以下或防潮层以下的砌体，不宜采用多孔砖，如采用时，其孔洞应用水泥砂浆灌实。"鉴于多孔砖孔洞小且量大，施工中用水泥砂浆灌实费工、耗材、不易保证质量，故作本条规定。

**5.1.5** 不同品种砖的收缩特性的差异容易造成墙体收缩裂缝的产生。

**5.1.6** 试验研究和工程实践证明，砖的湿润程度对砌体的施工质量影响较大：干砖砌筑不仅不利于砂浆强度的正常增长，大大降低砌体强度，影响砌体的整体性，而且砌筑困难；吸水饱和的砖砌筑时，会使刚砌的砌体尺寸稳定性差，易出现墙体平面外弯曲，砂浆易流淌，灰缝厚度不均，砌体强度降低。

砖含水率对砌体抗压强度的影响：湖南大学曾通过试验研究得出两者之间的相关性，即砌体的抗压强度随砖含水率的增加而提高，反之亦然。根据砌体抗压强度影响系数公式得到，含水率为零的烧结黏土砖的砌体抗压强度仅为含水率为15%砖的砌体抗压强度的77%。

砖含水率对砌体抗剪强度的影响，国内外许多学者都进行过这方面的研究，试验资料较多，但结论并不完全相同。可以认为，各国（地）砖的性质不同，是试验结论不一致的主要原因。一般来说，砖砌体抗剪强度随着砖的湿润程度增加而提高，但是如果砖浇得过湿，砖表面的水膜将影响砖和砂浆间的粘结，对抗剪强度不利。美国Robert等在专著中指出：砖的初始吸水速率是影响砌体抗剪强度的重要因素，并指出，初始吸水速率大的砖，必须在使用前预湿水，使其达到较佳范围时方能砌筑。前苏联学者认为，黏土砖的含水率对砌体粘结强度的影响还与砂浆的种类及砂浆稠度有关，砖含水率在一定范围时，砌体的抗剪强度得以提高。近年来，长沙理工大学等单位通过试验获取的数据和收集的国内诸多学者研究成果撰写的研究论文指出，非烧结砖的上墙含水率对砌体抗剪强度影响，存在着最佳相对含水率，其范围是43%~55%，并从试验结果看出，蒸压粉煤灰砖在绝干状态和吸水饱和状态时，抗剪强度均大大降低，约为最佳相对含水率的30%~40%。

鉴于上述分析，考虑各类砌筑用砖的吸水特性，如吸水率大小、吸水和失水速度快慢等的差异（有时存在十分明显的差异，例如从资料收集中得到，我国各地生产的烧结普通黏土砖的吸水率变化范围为13.2%~21.4%），砖砌筑时适宜的含水率也应有所不同。因此，需要在砌筑前对砖预湿的程度采用含水率控制是不适宜的，为了便于在施工中对适宜含水率有更清晰的了解和控制，块体砌筑时的适宜含水率宜采用相对含水率表示。根据国内外学者的试验研究成果和施工实践经验，以及国家标准《砌体工程施工质量验收规范》GB 50203－2002的相关规定，本次规范修订按照块体吸水、失水速度快慢对烧结类、非烧结类块体的预湿程度采用相对含水率控制，并对适宜相对含水率范围分别作出了规定。

**5.1.7** 砖砌体砌筑宜随铺浆随砌筑。采用铺浆法砌筑时，铺浆长度对砌体的抗剪强度影响明显，陕西省建筑科学研究院的试验表明，在气温15℃时，铺浆后立即砌砖和铺浆后3min再砌砖，砌体的抗剪强度相差30%。气温较高时砖和砂浆中的水分蒸发较快，影响工人操作和砌筑质量，因而应缩短铺浆长度。

**5.1.8** 从有利于保证砌体的完整性、整体性和受力的合理性出发，强调本条所述部位应采用整砖丁砌。

**5.1.9** 平拱式过梁是弧拱式过梁的一个特例，是矢高极小的一种拱形结构，拱底应有一定起拱量，从砖拱受力特点及施工工艺考虑，必须保证拱脚下面伸入墙内的长度，并保持楔形灰缝形态。

**5.1.10** 过梁底部模板是砌筑过程中的承重结构，只有砂浆达到一定强度后，过梁部位砌体方能承受荷载作用，才能拆除底模。本次经修订的规范将砖过梁底部的模板及其支架拆除时对灰缝砂浆强度进行了提高，是为了更好地保证安全。

**5.1.11** 多孔砖的孔洞垂直于受压面，能使砌体有较大的有效受压面积，有利于砂浆结合层进入上下砖块的孔洞中产生"销键"作用，提高砌体的抗剪强度和砌体的整体性。此外，孔洞垂直于受压面砌筑也符合砌体强度试验时试件的砌筑方法。

**5.1.12** 竖向灰缝砂浆的饱满度一般对砌体的抗压强度影响不大，但是对砌体的抗剪强度影响明显。根据四川省建筑科学研究院、南京新宁砖瓦厂等单位的试验结果得到：当竖缝砂浆很不饱满甚至完全无砂浆时，其对角加载砌体的抗剪强度约降低30%。此外，透明缝、瞎缝和假缝对房屋的使用功能也会产生不良影响。

**5.1.13** 砖砌体的施工临时间断处的接槎部位是受力的薄弱点，为保证砌体的整体性，必须强调补砌时的要求。

## 5.2 主控项目

**5.2.1** 在正常施工条件下，砖砌体的强度取决于砖和砂浆的强度等级，为保证结构的受力性能和使用安全，砖和砂浆的强度等级必须符合设计要求。

烧结普通砖、混凝土实心砖检验批的数量，系参考砌体检验批划分的基本数量（250m³ 砌体）确定；烧结多孔砖、混凝土多孔砖、蒸压灰砂砖及蒸压粉煤灰砖检验批数量根据产品的特点并参考产品标准作了适当调整。

**5.2.2** 水平灰缝砂浆饱满度不小于80%的规定沿用已久，根据四川省建筑科学研究院试验结果，当砂浆水平灰缝饱满度达到73%时，则可达到设计规范所规定的砌体抗压强度值。砖柱为独立受力的重要构件，为保证其安全性，在本次规范修订中对水平灰缝砂浆饱满度的要求有所提高，并增加了对竖向灰缝饱满度的规定。

**5.2.3、5.2.4** 砖砌体转角处和交接处的砌筑和接槎质量，是保证砖砌体结构整体性能和抗震性能的关键之一，地震震害充分证明了这一点。根据陕西省建筑科学研究院对交接处同时砌筑和不同留槎形式接槎部位连接性能的试验分析，同时砌筑的连接性能最佳；留踏步槎（斜槎）的次之；留直槎并按规定加拉结钢筋的再次之；仅留直槎不加设拉结钢筋的最差。上述不同砌筑和留槎形式试件的水平抗拉力之比为1.00、0.93、0.85、0.72。因此，对抗震设防烈度8度及8度以上地区，不能同时砌筑时应留斜槎。对抗震设计烈度为6度、7度地区的临时间断处，允许留直槎并按规定加设拉结钢筋，这主要是从实际出发，在保证施工质量的前提下，留直槎加设拉结钢筋时，其连接性能较留斜槎时降低有限，对抗震设计烈度不高的地区允许采用留直槎加设拉结钢筋是可行的。

多孔砖砌体斜槎长高比明确为不小于1/2，是从多孔砖规格尺寸、组砌方法及施工实际出发考虑的。

多孔砖砌体根据砖规格尺寸，留置斜槎的长高比一般为1：2。

斜槎高度不得超过一步脚手架高度的规定，主要是为了尽量减少砌体的临时间断处对结构整体性的不利影响。

## 5.3 一般项目

**5.3.1** 本条是从确保砌体结构整体性和有利于结构承载出发，对组砌方法提出的基本要求，施工中应予满足。砖砌体的"通缝"系指相邻上下两皮砖搭接长度小于25mm的部位。本次规范修订对混水墙的最大通缝长度作了限制。此外，参考原国家标准《建筑工程质量检验评定标准》GBJ 301－88第6.1.6条对砖砌体上下错缝的规定，将原规范"混水墙中长度大于或等于300mm的通缝每间不超过3处，且不得位于同一面墙体上"修改为"混水墙中不得有长度大于300mm的通缝，长度200mm～300mm的通缝每间不得超过3处，且不得位于同一面墙体上"。

采用包心砌法的砖柱，质量难以控制和检查，往往会形成空心柱，降低了结构安全性。

**5.3.2** 灰缝横平竖直，厚薄均匀，不仅使砌体表面美观，又使砌体的变形及传力均匀。此外，灰缝增厚砌体抗压强度降低，反之则砌体抗压强度提高；灰缝过薄将使块体间的粘结不良，产生局部挤压现象，也会降低砌体强度。湖南大学曾研究砌体灰缝厚度对砌体抗压强度的影响，经对国内外的一些试验数据进行回归分析后得出影响系数公式。根据该公式分析，对普通砖砌体而言，与标准水平灰缝厚度10mm相比较，12mm水平灰缝厚度砌体的抗压强度降低5.4%；8mm水平灰缝厚度砌体的抗压强度提高6.1%。对多孔砖砌体，其变化幅度还要大些，与标准水平灰缝厚度10mm相比较，12mm水平灰缝厚度砌体的抗压强度降低9.1%；8mm水平灰缝厚度砌体的抗压强度提高11.1%。

砌体竖向灰缝宽度过宽或过窄不仅影响观感质量，而且易造成灰缝砂浆饱满度较差，影响砌体的使用功能、整体性及降低砌体的抗剪强度。因此，在本次规范修订中增加了砖砌体竖向灰缝宽度的规定。

**5.3.3** 本条所列砖砌体一般尺寸偏差，对整个建筑物的施工质量、建筑美观和确保有效使用面积均会产生影响，故施工中对其偏差应予以控制。

对于钢筋混凝土楼、屋盖整体现浇的房屋，其结构整体性良好；对于装配整体式楼、屋盖结构，国家标准《砌体结构设计规范》GB 50003－2001经修订后，加强了楼、屋盖结构的整体性规定：在抗震设防地区，预制钢筋混凝土板板端应有伸出钢筋相互有效连接，并用混凝土浇筑成板带，其板端支承长度不应小于60mm，板带宽不小于80mm，混凝土强度等级不应低于C20。另外，根据工程实践及调研结果看到，实际工程中砌体的轴线位置和墙面垂直度的偏差值均不大，但有时也会出现略大于《砌体工程施工质量验收规范》GB 50203－2002 允许偏差值的规定，这不符合主控项目的验收要求，如要返工将十分困难。鉴于上述分析，墙体轴线位置和墙面垂直度尺寸的最大偏差值按表中允许偏差控制施工质量（允许有 20% 及以下的超差点的最大超差值为允许偏差值的 1.5 倍），墙体的受力性能和楼、屋盖的安全性是能保证的。

本次规范修订中，通过工程调查将门窗洞口高、宽（后塞口）的允许偏差由原规范的 ±5mm 增加为 ±10mm。

# 6 混凝土小型空心砌块砌体工程

## 6.1 一般规定

**6.1.2** 编制小砌块平、立面排块图是施工准备的一项重要工作，也是保证小砌块墙体施工质量的重要技术措施。在编制时，宜由水电管线安装人员与土建施工人员共同商定。

**6.1.3** 小砌块龄期达到 28d 之前，自身收缩速度较快，其后收缩速度减慢，且强度趋于稳定。为有效控制砌体收缩裂缝，检验小砌块的强度，规定砌体施工时所用的小砌块，产品龄期不应小于 28d。本次规范修订时，考虑到在施工中有时难于确定小砌块的生产日期，因此将本条文修改为非强制性条文。

**6.1.5** 专用的小砌块砌筑砂浆是指符合现行行业标准《混凝土小型空心砌块和混凝土砖砌筑砂浆》JC 860 的砌筑砂浆，该砂浆可提高小砌块与砂浆间的粘结力，且施工性能好。

**6.1.6** 用混凝土填小砌块砌体一些部位的孔洞，属于构造措施，主要目的是提高砌体的耐久性及结构整体性。现行国家标准《砌体结构设计规范》GB 50003 有如下规定："在冻胀地区，地面以下或防潮层以下的砌体……当采用混凝土砌块砌体时，其孔洞应采用强度等级不低于 Cb20 的混凝土灌实"。

**6.1.7** 普通混凝土小砌块具有吸水率小和吸水、失水速度迟缓的特点，一般情况下砌墙时可不浇水。轻骨料混凝土小砌块的吸水率较大，吸水、失水速度较普通混凝土小砌块快，应提前对其浇水湿润。

**6.1.8** 小砌块为薄壁、大孔且块体较大的建筑材料，单个块体如果存在破损、裂缝等质量缺陷，对砌体强度将产生不利影响；小砌块的原有裂缝也容易发展并形成墙体新的裂缝。条文经改动后较原规范条文"承重墙体严禁使用断裂小砌块"更全面。

**6.1.9、6.1.10** 确保小砌块砌体的砌筑质量，可简单归纳为六个字：对孔、错缝、反砌。所谓对孔，即在保证上下皮小砌块搭砌要求的前提下，使上皮小砌块的孔洞尽量对准下皮小砌块的孔洞，使上、下皮小

砌块的壁、肋可较好传递竖向荷载，保证砌体的整体性及强度；所谓错缝，即上、下皮小砌块错开砌筑（搭砌），以增强砌体的整体性，这属于砌筑工艺的基本要求；所谓反砌，即小砌块生产时的底面朝上砌筑于墙体上，易于铺放砂浆和保证水平灰缝砂浆的饱满度，这也是确定砌体强度指标的试件的基本砌法。

**6.1.11** 小砌块砌体相对于砖砌体，小砌块块体大，水平灰缝坐（铺）浆面窄小，竖缝面积大，砌筑一块费时多，为缩短坐（铺）浆后的间隔时间，减少对砌筑质量的不良影响，特作此规定。

**6.1.13** 灰缝经过刮平，将对表层砂浆起到压实作用，减少砂浆中水分的蒸发，有利于保证砂浆强度的增长。

**6.1.14** 凡有芯柱之处均应设清扫口，一是用于清扫孔洞底部撒落的杂物，二是便于上下芯柱钢筋连接。

芯柱孔洞内壁的毛边、砂浆不仅使芯柱断面缩小，而且混入混凝土中还会影响其质量。

**6.1.15** 小砌块灌孔混凝土系指符合现行行业标准《混凝土砌块（砖）砌体用灌孔混凝土》JC 861 的专用混凝土，该混凝土性能好，对保证砌体施工质量和结构受力十分有利。

"5·12"汶川地震的震害表明，在遭遇地震时芯柱将发挥重要作用，在地震烈度较高的地区，芯柱破坏较为严重，而破坏的芯柱多数都存在浇筑不密实的情况。由于芯柱混凝土较难以浇筑密实，因此，本次规范修订特别补充了芯柱的施工质量控制要求。

## 6.2 主控项目

**6.2.1** 在正常施工条件下，小砌块砌体的强度取决于小砌块和砌筑砂浆的强度等级；芯柱混凝土强度等级也是砌体力学性能能否满足要求最基本的条件。因此，为保证结构的受力性能和使用安全，小砌块和芯柱混凝土、砌筑砂浆的强度等级必须符合设计要求。

**6.2.2** 小砌块砌体施工时对砂浆饱满度的要求，严于砖砌体的规定。究其原因：一是由于小砌块壁较薄、肋较窄，小砌块与砂浆的粘结面不大；二是砂浆饱满度对砌体强度及墙体整体性影响远较砖砌体大，其中，抗剪强度较低又是小砌块的一个弱点；三是考虑了建筑物使用功能（如防渗漏）的需要。竖向灰缝饱满度对防止墙体裂缝和渗水至关重要，故在本次修订中，将垂直灰缝的饱满度要求由原来的 80% 提高至 90%。

**6.2.3** 墙体转角处和纵横墙交接处同时砌筑可保证墙体结构整体性，其作用效果参见本规范 5.2.3 条文说明。由于受小砌块块体尺寸的影响，临时间断处斜槎长度与高度比例不同于砖砌体，故在修订时对斜槎的水平投影长度进行了调整。

本次经修订的规范允许在施工洞口处预留直槎，但应在直槎处的两侧小砌块孔洞中灌实混凝土，以保证接槎处墙体的整体性。该处理方法较设置构造柱

简便。

**6.2.4** 芯柱在楼盖处不贯通将会大大削弱芯柱的抗震作用。芯柱混凝土浇筑质量对小砌块建筑的安全至关重要，根据5·12汶川地震震害调查分析，在小砌块建筑墙体中芯柱较普遍存在混凝土不密实的情况，甚至有的芯柱存在一段中缺失混凝土（断柱），从而导致墙体开裂、错位破坏较为严重。故在本次规范修订时增加了对芯柱混凝土浇筑质量的要求。

### 6.3 一般项目

**6.3.1** 小砌块水平灰缝厚度和竖向灰缝宽度的规定，可参阅本规范第5.3.2条说明，经多年施工经验表明，此规定是合适的。

## 7 石砌体工程

### 7.1 一般规定

**7.1.2** 对砌体所用石材的质量作出规定，以满足砌体的强度，耐久性及美观的要求。为了避免石材放射性物质对环境造成污染和人体造成的伤害，增加了对石材放射性进行检验的要求。

**7.1.4** 为使毛石基础和料石基础与地基或基础垫层结合紧密，保证传力均匀和石块平稳，故要求砌筑毛石基础时的第一皮石块应坐浆并将大面向下，砌筑料石基础时的第一皮石块应用丁砌层坐浆砌筑。

**7.1.5** 毛石砌体中一些重要受力部位用较大的平毛石砌筑，是为了加强该部位砌体的整体性。同时，为使砌体传力均匀及搁置的梁、楼板（或屋面板）平稳牢固，要求在每个楼层（包括基础）砌体的顶面，选用较大的毛石砌筑。

**7.1.6** 石砌体砌筑时砂浆是否饱满，是影响砌体整体性和砌体强度的一个重要因素。由于毛石形状不规则，棱角多，砌筑时容易形成空隙，为了保证砌筑质量，施工中应特别注意防止石块间无浆直接接触或有空隙的现象。

**7.1.7** 规定砌筑毛石挡土墙时，由于毛石大小和形状各异，因此应每砌3皮~4皮石块作为一个分层高度，并通过对顶层石块的砌平，即大致平整（为避免理解不准确，用"砌平"替代原规范的"找平"要求），及时发现并纠正砌筑中的偏差，以保证工程质量。

**7.1.8** 从挡土墙的整体性和稳定性考虑，对料石挡土墙，当设计未作具体要求时，从经济出发，中间部分可填砌毛石，但应使丁砌料石伸入毛石部分的长度不小于200mm，以保证其整体性。

**7.1.9** 石砌体的灰缝厚度按本条规定进行控制，经多年实践是可行的，既便于施工操作，又能满足砌体强度和稳定性要求。本次规范修订中，增加的毛石砌体外露面的灰缝厚度规定，系根据原规范对毛石挡土墙的相应规定确定的。

**7.1.10** 为了防止地面水渗入而造成挡土墙基础沉陷，或墙体受附加水压作用产生破坏或倒塌，因此要求挡土墙设置泄水孔，同时给出了泄水孔的疏水层的要求。

**7.1.11** 挡土墙内侧回填土的质量是保证挡土墙可靠性的重要因素之一；挡土墙顶部坡面便于排水，不会导致挡土墙内侧土含水量和墙的侧向土压力明显变化，以确保挡土墙的安全。

**7.1.12** 据本条规定毛石和实心砖的组合墙中，毛石砌体与砖砌体应同时砌筑，是为了确保砌体的整体性。每隔4皮~6皮砖用2皮~3皮丁砖与毛石砌体拉结砌合。这样既可保证拉结良好，又便于砌筑。

**7.1.13** 据调查，一些地区有时为了就地取材和适应建筑要求，而采用砖和毛石两种材料分别砌筑纵墙和横墙。为了加强墙体的整体性和便于施工，故参照砖墙的留槎规定和本规范7.1.12条对毛石和实心砖的组合墙的连接要求，作出本条规定。

### 7.2 主控项目

**7.2.1** 在正常施工条件下，石砌体的强度取决于石材和砌筑砂浆强度等级，为保证结构的受力性能和使用安全，石材和砌筑砂浆的强度等级必须符合设计要求。

**7.2.2** 砌体灰缝砂浆的饱满度，将直接影响石砌体的力学性能、整体性能和耐久性能。

### 7.3 一般项目

**7.3.1** 根据工程实践及调研结果，将原规范主控项目中的轴线位置和墙面垂直度尺寸允许偏差检验纳入本条文，条文说明参阅本规范第5.3.3条。砌体厚度项目中的毛石基础、毛料石基础和粗料石基础的一般尺寸允许偏差下限为"0"控制，即不允许出现负偏差，这一规定将有利于基础工程的安全可靠性。本次规范修订中考虑毛石墙砌体表面平整度难于检验，故删去了允许偏差的规定。毛石墙砌体表面平整情况可通过观感检查作出评价。

**7.3.2** 本条规定是为了加强砌体内部的拉结作用，保证砌体的整体性。

## 8 配筋砌体工程

### 8.1 一般规定

**8.1.1** 为避免重复，本章在"一般规定"，"主控项目"，"一般项目"的条文内容上，尚应符合本规范第5章及第6章的规定。

**8.1.2** 参见本规范第6.1.5条及6.1.15条文说明。

**8.1.3** 砌体水平灰缝中钢筋居中放置有两个目的：一是对钢筋有较好的保护；二是有利于钢筋的锚固。

## 8.2 主控项目

**8.2.1、8.2.2** 配筋砌体中的钢筋品种、规格、数量和混凝土、砂浆的强度直接影响砌体的结构性能，因此应符合设计要求。

**8.2.3** 构造柱是房屋抗震设防的重要措施，为保证构造柱与墙体的可靠连接，使构造柱能充分发挥其作用而提出了施工要求。外露的拉结钢筋有时会妨碍施工，必要时进行弯折是可以的，但不应随意弯折，以免钢筋在灰缝中产生松动和不平直，影响其锚固性能。

**8.2.4** 本条文为原规范第8.1.3、8.3.5条条文的合并及修改，因受力钢筋的连接方式及锚固、搭接长度对其受力至关重要，为保证配筋砌体的结构性能将该修改条文纳入主控项目。

## 8.3 一般项目

**8.3.1** 构造柱位置及垂直度的允许偏差系根据《设置钢筋混凝土构造柱多层砖房抗震技术规范》JGJ/T 13的规定而确定的，经多年工程实践，证明其尺寸允许偏差是适宜的。因构造柱位置及垂直度在允许偏差情况下不会明显影响结构安全，故将其由原规范"主控项目"修改为"一般项目"进行质量验收。

**8.3.4** 本条项目内容系引用现行国家标准《砌体结构设计规范》GB 50003的相关规定。

# 9 填充墙砌体工程

## 9.1 一般规定

**9.1.2** 轻骨料混凝土小型空心砌块，为水泥胶凝增强的块体，以28d强度为标准设计强度，且龄期达到28d之前，自身收缩较快；蒸压加气混凝土砌块出釜后虽然强度已达到要求，但出釜时含水率大多在35%～40%，根据有关实验和资料介绍，在短期（10d～30d）制品的含水率下降一般不会超过10%，特别是在大气湿度较高地区。为有效控制蒸压加气混凝土砌块上墙时的含水率和墙体收缩裂缝，对砌筑时的产品龄期进行了规定。

另外，现行行业标准《蒸压加气混凝土建筑应用技术规程》JGJ/T 17－2008第3.0.4条规定"加气混凝土制品砌筑或安装时的含水率宜小于30%"，本规范对此条规定予以引用。

**9.1.3** 用于填充墙的空心砖、蒸压加气混凝土砌块、轻骨料混凝土小型空心砌块强度不高，碰撞易碎，应在运输、装卸中做到文明装卸，以减少损耗和提高砌体外观质量。蒸压加气混凝土砌块吸水率可达70%，

为降低蒸压加气混凝土砌块砌筑时的含水率，减少墙体的收缩，有效控制收缩裂缝产生，蒸压加气混凝土砌块出釜后堆放及运输中应采取防雨措施。

**9.1.4、9.1.5** 块体砌筑前浇水湿润，是为了增强与砌筑砂浆的粘结和砌筑砂浆强度增长的需要。

本条系修改条文，主要修改内容为：一是对原规范条文中"蒸压加气混凝土砌块砌筑时，应向砌筑面适量浇水"的规定分为薄灰砌筑法砌筑和普通砌筑砂浆砌筑或蒸压加气混凝土砌块砌筑砂浆两种情况。其中，当采用薄灰砌筑法施工时，由于使用与其配套的专用砂浆，故不需对砌块浇（喷）水湿润；当采用普通砌筑砂浆或蒸压加气混凝土砌块砌筑砂浆砌筑时，应在砌筑当天对砌块砌筑面喷水湿润。二是考虑轻骨料小型空心砌块种类多，吸水率有大有小，因此对吸水率大的小砌块应提前浇（喷）水湿润。三是砌筑前对块体浇喷水湿润程度作出规定，并用块体的相对含水率表示，这更为明确和便于控制。

**9.1.6** 经多年的工程实践，当采用轻骨料混凝土小型空心砌块或蒸压加气混凝土填充施工时，除多水房间外可不需要在墙底部另砌烧结普通砖或多孔砖、普通混凝土小型空心砌块、现浇混凝土坎台等，因此本次规范修订将原规范条文进行了修改。

浇筑一定高度混凝土坎台的目的，主要是考虑有利于提高多水房间填充墙墙底的防水效果。混凝土坎台高度由原规范"不宜小于200mm"的规定修改为"宜为150mm"，是考虑踢脚线（板）便于遮盖填充墙底有可能产生的收缩裂缝。

**9.1.8** 在填充墙中，由于蒸压加气混凝土砌块砌体，轻骨料混凝土小型空心砌块砌体的收缩较大，强度不高，为防止或控制砌体干缩裂缝的产生，作出不应混砌的规定，以免不同性质的块体组砌在一起易引起收缩裂缝产生。对于窗台处和因构造需要，在填充墙底、顶部及填充墙门窗洞口两侧上、中、下局部处，采用其他块体嵌砌和填塞时，由于这些部位的特殊性，不会对墙体裂缝产生附加的不利影响。

**9.1.9** 本条文中"填充墙砌体的施工应待承重主体结构检验批验收合格后进行"系增加要求，这既是从施工实际出发，又对施工质量有保证；填充墙砌筑完成到与承重主体结构间的空（缝）隙进行处理的间隔时间由至少7d修改为14d。这些要求有利于承重主体结构施工质量不合格的处理，减少混凝土收缩对填充墙砌体的不利影响。

## 9.2 主控项目

**9.2.1** 为加强质量控制和验收，将原规范条文对砖、砌块的强度等级只检查产品合格证书、产品性能检测报告修改为查砖、小砌块强度等级的进场复验报告，并规定了抽检数量。

**9.2.2** 汶川"5·12"大地震震害表明：当填充墙与

主体结构间无连接或连接不牢，墙体在水平地震荷载作用下极易破坏和倒塌；填充墙与主体结构间的连接不合理，例如当设计中不考虑填充墙参与水平地震力作用，但由于施工原因导致填充墙与主体结构共同工作，使框架柱常产生柱上部的短柱剪切破坏，进而危及房屋结构的安全。

经修订的现行国家标准《砌体结构设计规范》GB 50003 规定，填充墙与框架柱、梁的连接构造分为脱开方法和不脱开方法两类。鉴于此，本次规范修订时对条文进行了相应修改。

**9.2.3** 近年来，填充墙与承重墙、柱、梁、板之间的拉结钢筋，施工中常采用后植筋，这种施工方法虽然方便，但常常因锚固胶或灌浆料质量问题，钻孔、清孔、注胶或灌浆操作不规范，使钢筋锚固不牢，起不到应有的拉结作用。同时，对填充墙植筋的锚固力检测的抽检数量及施工验收无相关规定，从而使填充墙后植拉结筋的施工质量验收流于形式。因此，在本次规范修订中修编组从确保工程质量考虑，增加应对填充墙的后植拉结钢筋进行现场非破坏性检验。检验荷载值系根据现行行业标准《混凝土结构后锚固技术规程》JGJ 145 确定，并按下式计算：

$$N_t = 0.90 A_s f_{yk} \qquad (2)$$

式中：$N_t$——后植筋锚固承载力荷载检验值；

$A_s$——锚筋截面面积（以钢筋直径6mm计）；

$f_{yk}$——锚筋屈服强度标准值。

填充墙与承重墙、柱、梁、板之间的拉结钢筋锚固质量的判定，系参照现行国家标准《建筑结构检测技术标准》GB/T 50344 计数抽样检测时对主控项目的检测判定规定。

### 9.3 一 般 项 目

**9.3.1** 本次规范修订中，通过工程调查将门窗洞口高、宽（后塞口）的允许偏差由原规范的 ±5mm 增加为 ±10mm。

**9.3.2** 填充墙体的砂浆饱满度虽不会涉及结构的重大安全，但会对墙体的使用功能产生影响，应予规定。砂浆饱满度的具体规定是参照本规范第 5 章、第 6 章的规定确定的。

**9.3.4** 错缝搭砌及竖向通缝长度的限制是增强砌体整体性的需要。

**9.3.5** 蒸压加气混凝土砌块尺寸比空心砖、轻骨料混凝土小型空心砌块大，故当其采用普通砌筑砂浆时，砌体水平灰缝厚度和竖向灰缝宽度的规定要稍大一些。灰缝过厚和过宽，不仅浪费砌筑砂浆，而且砌体灰缝的收缩也将加大，不利于砌体裂缝的控制。当蒸压加气混凝土砌块砌体采用加气混凝土粘结砂浆进行薄灰砌筑法施工时，水平灰缝厚度和竖向灰缝宽度可以大大减薄。

## 10 冬 期 施 工

**10.0.1** 室外日平均气温连续 5d 稳定低于 5℃时，作为划定冬期施工的界限，其技术效果和经济效果均比较好。若冬期施工期规定得太短，或者应采取冬期施工措施时没有采取，都会导致技术上的失误，造成工程质量事故；若冬期施工期规定得太长，将增加冬期施工费用和工程造价，并给施工带来不必要的麻烦。

**10.0.2** 砌体工程冬期施工，由于气温低，必须采取一些必要的冬期施工措施来确保工程质量，同时又要保证常温施工情况下的一些工程质量要求。因此，质量验收除应符合本章规定外，尚应符合本规范前面各章的要求及现行行业标准《建筑工程冬期施工规程》JGJ/T 104 的规定。

**10.0.3** 砌体工程在冬期施工过程中，只有加强管理，制定完整的冬期施工方案，才能保证冬期施工技术措施的落实和工程质量。

**10.0.4** 石灰膏、电石膏等若受冻使用，将直接影响砂浆强度。

砂中含有冰块和大于 10mm 的冻结块，将影响砂浆的均匀性、强度增长和砌体灰缝厚度的控制。

遭水浸冻的砖或其他块体，使用时将降低它们与砂浆的粘结强度，并因它们的温度较低而影响砂浆强度的增长，因此规定砌体用块体不得遭水浸冻。

**10.0.5** 为了解冬期施工措施（如掺用防冻剂或其他措施）的效果及砌筑砂浆的质量，应增留与砌体同条件养护的砂浆试块，测试检验所需龄期和转入常温 28d 的强度。

**10.0.6** 实践证明，在冻胀基土上砌筑基础，待基土解冻时会因不均匀沉降造成基础和上部结构破坏；施工期间和回填土前如地基受冻，会因地基冻胀造成砌体胀裂或因地基土解冻造成砌体损坏。

**10.0.7** 烧结普通砖、烧结多孔砖、蒸压灰砂砖、蒸压粉煤灰砖、烧结空心砖、蒸压加气混凝土砌块、吸水率较大的轻骨料混凝土小型空心砌块的湿润程度对砌体强度的影响较大，特别对抗剪强度的影响更为明显，故规定在气温高于 0℃条件下砌筑时，应浇水湿润。在气温低于、等于 0℃条件下砌筑时如再浇水，水将在块体表面结成冰薄膜，会降低与砂浆的粘结，同时也给施工操作带来诸多不便。此时，应适当增加砂浆稠度，以便施工操作、保证砂浆强度和增强砂浆与块体间的粘结效果。普通混凝土小型空心砌块、混凝土砖因吸水率小和初始吸水速度慢在砌筑施工中不需浇（喷）水湿润。

抗震设防烈度为 9 度的地区，因地震时产生的地震反应十分强烈，故对施工提出严格要求。

**10.0.8** 这是为了避免砂浆拌合时因水和砂过热造成水泥假凝而影响施工。

**10.0.9** 根据国家现有经济和技术水平，北方地区已极少采用冻结法施工，因此，正在修订的行业标准《建筑工程冬期施工规程》JGJ/T 104 取消了砌体冻结施工。所以，本规范也相应删去砌体冻结法施工的内容。

修订的行业标准《建筑工程冬期施工规程》JGJ/T 104 将氯盐砂浆法纳入外加剂法，为了统一，不再单提氯盐砂浆法。

砂浆使用温度的规定主要是考虑在砌筑过程中砂浆能保持良好的流动性，从而保证灰缝砂浆的饱满度和粘结强度。

**10.0.10** 主要目的是保证砌体中砂浆具有一定温度以利其强度增长。

**10.0.11** 为有利于砌体强度的增长，暖棚内应保持一定的温度。表中最少养护期是根据砂浆强度和养护温度之间的关系确定的。砂浆强度达到设计强度的30%，即达到砂浆允许受冻临界强度值后，拆除暖棚后遇到负温度也不会引起强度损失。

**10.0.12** 本条文根据修订的行业标准《建筑工程冬期施工规程》JGJ/T 104 相应规定进行了修改，以保证工程质量。有关研究表明，当气温等于或低于−15℃时，砂浆受冻后强度损失约为10% ~30%。

**10.0.13** 掺氯盐的砂浆氯离子含量较大，为避免氯离子对钢筋的腐蚀，确保结构的耐久性，作此规定。

# 11 子分部工程验收

**11.0.4** 砌体中的裂缝常有发生，且又涉及工程质量的验收。因此，本条分两种情况，对裂缝是否影响结构安全性作了不同的验收规定。

中华人民共和国国家标准

# 混凝土结构工程施工质量验收规范

Code for acceptance of constructional quality
of concrete structures

GB 50204—2002

（2010 年版）

主编部门：中华人民共和国建设部
批准部门：中华人民共和国建设部
实施日期：２００２年４月１日

# 中华人民共和国住房和城乡建设部
# 公　告

## 第 849 号

---

## 关于发布国家标准《混凝土结构
## 工程施工质量验收规范》局部修订的公告

现批准《混凝土结构工程施工质量验收规范》GB 50204－2002 局部修订的条文，自 2011 年 8 月 1 日起实施。其中，第 5.2.1、5.2.2 条为强制性条文，必须严格执行。经此次修改的原条文同时废止。

局部修订的条文及具体内容，将刊登在我部有关网站和近期出版的《工程建设标准化》刊物上。

中华人民共和国住房和城乡建设部

2010 年 12 月 20 日

## 修　订　说　明

本次局部修订系根据住房和城乡建设部《关于请组织开展〈混凝土结构工程施工质量验收规范〉局部修订的函》（建标标函〔2010〕68 号）的要求，由中国建筑科学研究院会同有关单位对《混凝土结构工程施工质量验收规范》GB 50204－2002 进行修订而成。

在修订过程中，调查了目前市场上出现的钢筋超限值冷拉制造冷拉钢筋的情况，并针对钢筋冷拉、机械调直等工艺对钢筋性能的影响进行了专项试验研究，广泛地征求了有关方面的意见，对具体修订内容进行了反复讨论、协调和修改，并与新颁布的相关国家标准进行了协调，最后经审查定稿。

本次局部修订共修订了 3 个条文，增加了 1 个条文，均与钢筋相关，其内容统计如下：

1. 钢筋原材料的强制性规定修改 2 条。

2. 钢筋调直加工的一般性规定修改 1 条。

3. 对调直钢筋的性能质量规定增加 1 条。

本规范条文下划线部分为修改的内容；用黑体字表示的条文为强制性条文，必须严格执行。

本次局部修订的主编单位：中国建筑科学研究院

本次局部修订的参编单位：北京市建设监理协会　北京市工程建设质量管理协会

本次局部修订主要起草人员：李东彬　徐有邻　王晓锋　张元勃　艾永祥

本次局部修订主要审查人员：杨嗣信　白生翔　李宏伟　汪道金　朱建国　张学军　刘曹威　张光伟

# 关于发布国家标准《混凝土结构工程施工质量验收规范》的通知

建标〔2002〕63号

根据建设部《关于印发一九九八年工程建设国家标准制定、修订计划（第二批）的通知》（建标〔1998〕244号）的要求，中国建筑科学研究院会同有关单位共同修订了《混凝土结构工程施工质量验收规范》。我部组织有关部门对该规范进行了审查，现批准为国家标准，编号为GB 50204－2002，自2002年4月1日起施行。其中，4.1.1、4.1.3、5.1.1、5.2.1、5.2.2、5.5.1、6.2.1、6.3.1、6.4.4、7.2.1、7.2.2、7.4.1、8.2.1、8.3.1、9.1.1为强制性条文，必须严格执行。原《混凝土结构工程施工及验收规范》GB 50204－92和《预制混凝土构件质量检验评定标准》GBJ 321－90同时废止。

本规范由建设部负责管理和对强制性条文的解释，中国建筑科学研究院负责具体技术内容的解释，建设部标准定额研究所组织中国建筑工业出版社出版发行。

中华人民共和国建设部

2002年3月15日

# 前　　言

本规范是根据建设部《关于印发一九九八年工程建设国家标准制订、修订计划（第二批）的通知》（建标〔1998〕244号）的要求，由中国建筑科学研究院会同有关单位对《建筑工程质量检验评定标准》GBJ 301－88中第五章、《预制混凝土构件质量检验评定标准》GBJ 321－90和《混凝土结构工程施工及验收规范》GB 50204－92修订而成的。

在修订过程中，编制组开展了专题研究和工程试点应用，进行了比较广泛的调查研究，总结了我国混凝土结构工程施工质量验收的实践经验，坚持了"验评分离、强化验收、完善手段、过程控制"的指导原则，并以多种方式广泛征求了有关单位的意见，最后经审查定稿。

本规范规定的主要内容有：混凝土结构工程及其分项工程施工质量验收标准、内容和程序；施工现场质量管理和质量控制要求；涉及结构安全的见证及抽样检测。

本规范将来可能需要进行局部修订，有关局部修订的信息和条文内容将刊登在《工程建设标准化》杂志上。

本规范以黑体字标志的条文为强制性条文，必须严格执行。

为了提高规范质量，请各单位在执行本规范过程中，注意总结经验，积累资料，随时将有关的意见和建议反馈给中国建筑科学研究院（通讯地址：北京市北三环东路30号；邮政编码：100013；E-mail：code _ ibs _ cabr @ 263. net. cn），以供今后修订时参考。

本规范主编单位、参编单位和主要起草人：

主编单位：中国建筑科学研究院

参编单位：北京建工集团有限责任公司
　　　　　北京城建集团有限责任公司混凝土分公司
　　　　　北京市建设工程质量监督总站
　　　　　上海市第一建筑有限公司
　　　　　中国建筑第一工程局第五建筑公司
　　　　　国家建筑工程质量监督检验中心
　　　　　中国人民解放军工程质量监督总站
　　　　　北京市建委开发办公室

主要起草人：徐有邻　程志军　白生翔
　　　　　　韩素芳　艾永祥　李东彬
　　　　　　张元勃　路来军　马兴宝
　　　　　　高小旺　马洪晔　蒋　寅
　　　　　　彭尚银　周磊坚　翟传明

# 目 次

# 1 总　则

**1.0.1** 为了加强建筑工程质量管理，统一混凝土结构工程施工质量的验收，保证工程质量，制定本规范。

**1.0.2** 本规范适用于建筑工程混凝土结构施工质量的验收，不适用于特种混凝土结构施工质量的验收。

**1.0.3** 混凝土结构工程的承包合同和工程技术文件对施工质量的要求不得低于本规范的规定。

**1.0.4** 本规范应与国家标准《建筑工程施工质量验收统一标准》GB 50300－2001 配套使用。

**1.0.5** 混凝土结构工程施工质量的验收除应执行本规范外，尚应符合国家现行有关标准的规定。

# 2 术　语

**2.0.1** 混凝土结构　concrete structure

以混凝土为主制成的结构，包括素混凝土结构、钢筋混凝土结构和预应力混凝土结构等。

**2.0.2** 现浇结构　cast-in-situ concrete structure

系现浇混凝土结构的简称，是在现场支模并整体浇筑而成的混凝土结构。

**2.0.3** 装配式结构　prefabricated concrete structure

系装配式混凝土结构的简称，是以预制构件为主要受力构件经装配、连接而成的混凝土结构。

**2.0.4** 缺陷　defect

建筑工程施工质量中不符合规定要求的检验项或检验点，按其程度可分为严重缺陷和一般缺陷。

**2.0.5** 严重缺陷　serious defect

对结构构件的受力性能或安装使用性能有决定性影响的缺陷。

**2.0.6** 一般缺陷　common defect

对结构构件的受力性能或安装使用性能无决定性影响的缺陷。

**2.0.7** 施工缝　construction joint

在混凝土浇筑过程中，因设计要求或施工需要分段浇筑而在先、后浇筑的混凝土之间所形成的接缝。

**2.0.8** 结构性能检验　inspection of structural performance

针对结构构件的承载力、挠度、裂缝控制性能等各项指标所进行的检验。

# 3 基 本 规 定

**3.0.1** 混凝土结构施工现场质量管理应有相应的施工技术标准、健全的质量管理体系、施工质量控制和质量检验制度。

混凝土结构施工项目应有施工组织设计和施工技术方案，并经审查批准。

**3.0.2** 混凝土结构子分部工程可根据结构的施工方法分为两类：现浇混凝土结构子分部工程和装配式混凝土结构子分部工程；根据结构的分类，还可分为钢筋混凝土结构子分部工程和预应力混凝土结构子分部工程等。

混凝土结构子分部工程可划分为模板、钢筋、预应力、混凝土、现浇结构和装配式结构等分项工程。

各分项工程可根据与施工方式相一致且便于控制施工质量的原则，按工作班、楼层、结构缝或施工段划分为若干检验批。

**3.0.3** 对混凝土结构子分部工程的质量验收，应在钢筋、预应力、混凝土、现浇结构或装配式结构等相关分项工程验收合格的基础上，进行质量控制资料检查及观感质量验收，并应对涉及结构安全的材料、试件、施工工艺和结构的重要部位进行见证检测或结构实体检验。

**3.0.4** 分项工程的质量验收应在所含检验批验收合格的基础上，进行质量验收记录检查。

**3.0.5** 检验批的质量验收应包括如下内容：

1　实物检查，按下列方式进行：

1）对原材料、构配件和器具等产品的进场复验，应按进场的批次和产品的抽样检验方案执行；

2）对混凝土强度、预制构件结构性能等，应按国家现行有关标准和本规范规定的抽样检验方案执行；

3）对本规范中采用计数检验的项目，应按抽查总点数的合格点率进行检查。

2　资料检查，包括原材料、构配件和器具等的产品合格证（中文质量合格证明文件、规格、型号及性能检测报告等）及进场复验报告、施工过程中重要工序的自检和交接检记录、抽样检验报告、见证检测报告、隐蔽工程验收记录等。

**3.0.6** 检验批合格质量应符合下列规定：

1　主控项目的质量经抽样检验合格；

2　一般项目的质量经抽样检验合格；当采用计数检验时，除有专门要求外，一般项目的合格点率应达到 80% 及以上，且不得有严重缺陷；

3　具有完整的施工操作依据和质量验收记录。

对验收合格的检验批，宜作出合格标志。

**3.0.7** 检验批、分项工程、混凝土结构子分部工程的质量验收可按本规范附录 A 记录，质量验收程序和组织应符合国家标准《建筑工程施工质量验收统一标准》GB 50300－2001 的规定。

# 4 模板分项工程

## 4.1 一 般 规 定

**4.1.1** 模板及其支架应根据工程结构形式、荷载大小、地基土类别、施工设备和材料供应等条件进行设计。模板及其支架应具有足够的承载能力、刚度和稳定性，能可靠地承受浇筑混凝土的重量、侧压力以及施工荷载。

**4.1.2** 在浇筑混凝土之前，应对模板工程进行验收。

模板安装和浇筑混凝土时，应对模板及其支架进行观察和维护。发生异常情况时，应按施工技术方案及时进行处理。

**4.1.3** 模板及其支架拆除的顺序及安全措施应按施工技术方案执行。

## 4.2 模板安装

### 主控项目

**4.2.1** 安装现浇结构的上层模板及其支架时，下层楼板应具有承受上层荷载的承载能力，或加设支架；上、下层支架的立柱应对准，并铺设垫板。

检查数量：全数检查。

检验方法：对照模板设计文件和施工技术方案观察。

**4.2.2** 在涂刷模板隔离剂时，不得沾污钢筋和混凝土接槎处。

检查数量：全数检查。

检验方法：观察。

### 一般项目

**4.2.3** 模板安装应满足下列要求：

1 模板的接缝不应漏浆；在浇筑混凝土前，木模板应浇水湿润，但模板内不应有积水；

2 模板与混凝土的接触面应清理干净并涂刷隔离剂，但不得采用影响结构性能或妨碍装饰工程施工的隔离剂；

3 浇筑混凝土前，模板内的杂物应清理干净；

4 对清水混凝土工程及装饰混凝土工程，应使用能达到设计效果的模板。

检查数量：全数检查。

检验方法：观察。

**4.2.4** 用作模板的地坪、胎模等应平整光洁，不得产生影响构件质量的下沉、裂缝、起砂或起鼓。

检查数量：全数检查。

检验方法：观察。

**4.2.5** 对跨度不小于4m的现浇钢筋混凝土梁、板，其模板应按设计要求起拱；当设计无具体要求时，起拱高度宜为跨度的1/1000~3/1000。

检查数量：在同一检验批内，对梁，应抽查构件数量的10%，且不少于3件；对板，应按有代表性的自然间抽查10%，且不少于3间；对大空间结构，板可按纵、横轴线划分检查面，抽查10%，且不少于3面。

检验方法：水准仪或拉线、钢尺检查。

**4.2.6** 固定在模板上的预埋件、预留孔和预留洞均不得遗漏，且应安装牢固，其偏差应符合表4.2.6的规定。

检查数量：在同一检验批内，对梁、柱和独立基础，应抽查构件数量的10%，且不少于3件；对墙和板，应按有代表性的自然间抽查10%，且不少于3间；对大空间结构，墙可按相邻轴线间高度5m左右划分检查面，板可按纵横轴线划分检查面，抽查10%，且均不少于3面。

检验方法：钢尺检查。

**4.2.7** 现浇结构模板安装的偏差应符合表4.2.7的规定。

检查数量：在同一检验批内，对梁、柱和独立基础，应抽查构件数量的10%，且不少于3件；对墙和板，应按有代表性的自然间抽查10%，且不少于3间；对大空间结构，墙可按相邻轴线间高度5m左右划分检查面，板可按纵、横轴线划分检查面，抽查10%，且均不少于3面。

**表4.2.6 预埋件和预留孔洞的允许偏差**

| 项　　　目 | | 允许偏差（mm） |
|---|---|---|
| 预埋钢板中心线位置 | | 3 |
| 预埋管、预留孔中心线位置 | | 3 |
| 插　　筋 | 中心线位置 | 5 |
| | 外露长度 | +10，0 |
| 预埋螺栓 | 中心线位置 | 2 |
| | 外露长度 | +10，0 |
| 预留洞 | 中心线位置 | 10 |
| | 尺　　寸 | +10，0 |

注：检查中心线位置时，应沿纵、横两个方向量测，并取其中的较大值。

**表4.2.7 现浇结构模板安装的允许偏差及检验方法**

| 项　　　目 | | 允许偏差（mm） | 检验方法 |
|---|---|---|---|
| 轴线位置 | | 5 | 钢尺检查 |
| 底模上表面标高 | | ±5 | 水准仪或拉线、钢尺检查 |
| 截面内部尺寸 | 基　　础 | ±10 | 钢尺检查 |
| | 柱、墙、梁 | +4，-5 | 钢尺检查 |
| 层高垂直度 | 不大于5m | 6 | 经纬仪或吊线、钢尺检查 |
| | 大于5m | 8 | 经纬仪或吊线、钢尺检查 |
| 相邻两板表面高低差 | | 2 | 钢尺检查 |
| 表面平整度 | | 5 | 2m靠尺和塞尺检查 |

注：检查轴线位置时，应沿纵、横两个方向量测，并取其中的较大值。

**4.2.8** 预制构件模板安装的偏差应符合表4.2.8的规定。

检查数量：首次使用及大修后的模板应全数检查；使用中的模板应定期检查，并根据使用情况不定期抽查。

**表4.2.8 预制构件模板安装的允许偏差及检验方法**

| 项目 | | 允许偏差(mm) | 检验方法 |
|---|---|---|---|
| 长度 | 板、梁 | ±5 | 钢尺量两角边，取其中较大值 |
| | 薄腹梁、桁架 | ±10 | |
| | 柱 | 0，-10 | |
| | 墙板 | 0，-5 | |
| 宽度 | 板、墙板 | 0，-5 | 钢尺量一端及中部，取其中较大值 |
| | 梁、薄腹梁、桁架、柱 | +2，-5 | |
| 高(厚)度 | 板 | +2，-3 | 钢尺量一端及中部，取其中较大值 |
| | 墙板 | 0，-5 | |
| | 梁、薄腹梁、桁架、柱 | +2，-5 | |
| 侧向弯曲 | 梁、板、柱 | $l/1000$ 且 ≤15 | 拉线、钢尺量最大弯曲处 |
| | 墙板、薄腹梁、桁架 | $l/1500$ 且 ≤15 | |
| 板的表面平整度 | | 3 | 2m靠尺和塞尺检查 |
| 相邻两板表面高低差 | | 1 | 钢尺检查 |
| 对角线差 | 板 | 7 | 钢尺量两个对角线 |
| | 墙板 | 5 | |
| 翘曲 | 板、墙板 | $l/1500$ | 调平尺在两端量测 |
| 设计起拱 | 薄腹梁、桁架、梁 | ±3 | 拉线、钢尺量跨中 |

注：$l$为构件长度（mm）。

### 4.3 模 板 拆 除

主 控 项 目

**4.3.1** 底模及其支架拆除时的混凝土强度应符合设计要求；当设计无具体要求时，混凝土强度应符合表4.3.1的规定。

检查数量：全数检查。

检验方法：检查同条件养护试件强度试验报告。

**表4.3.1 底模拆除时的混凝土强度要求**

| 构件类型 | 构件跨度（m） | 达到设计的混凝土立方体抗压强度标准值的百分率（%） |
|---|---|---|
| 板 | ≤2 | ≥50 |
| | >2，≤8 | ≥75 |
| | >8 | ≥100 |
| 梁、拱、壳 | ≤8 | ≥75 |
| | >8 | ≥100 |
| 悬臂构件 | — | ≥100 |

**4.3.2** 对后张法预应力混凝土结构构件，侧模宜在预应力张拉前拆除；底模支架的拆除应按施工技术方案执行，当无具体要求时，不应在结构构件建立预应力前拆除。

检查数量：全数检查。

检验方法：观察。

**4.3.3** 后浇带模板的拆除和支顶应按施工技术方案执行。

检查数量：全数检查。

检验方法：观察。

一 般 项 目

**4.3.4** 侧模拆除时的混凝土强度应能保证其表面及棱角不受损伤。

检查数量：全数检查。

检验方法：观察。

**4.3.5** 模板拆除时，不应对楼层形成冲击荷载。拆除的模板和支架宜分散堆放并及时清运。

检查数量：全数检查。

检验方法：观察。

## 5 钢筋分项工程

### 5.1 一 般 规 定

**5.1.1** 当钢筋的品种、级别或规格需作变更时，应办理设计变更文件。

**5.1.2** 在浇筑混凝土之前，应进行钢筋隐蔽工程验收，其内容包括：

**1** 纵向受力钢筋的品种、规格、数量、位置等；

**2** 钢筋的连接方式、接头位置、接头数量、接头面积百分率等；

**3** 箍筋、横向钢筋的品种、规格、数量、间距等；

**4** 预埋件的规格、数量、位置等。

### 5.2 原 材 料

主 控 项 目

**5.2.1** 钢筋进场时，应按国家现行相关标准的规定抽取试件作力学性能和重量偏差检验，检验结果必须符合有关标准的规定。

检查数量：按进场的批次和产品的抽样检验方案确定。

检验方法：检查产品合格证、出厂检验报告和进场复验报告。

**5.2.2** 对有抗震设防要求的结构，其纵向受力钢筋的性能应满足设计要求；当设计无具体要求时，对按一、二、三级抗震等级设计的框架和斜撑构件（含梯段）中的纵向受力钢筋应采用 HRB335E、HRB400E、HRB500E、HRBF335E、HRBF400E 或 HRBF500E 钢筋，其强度和最大力下总伸长率的实测值应符合下列规定：

　　1　钢筋的抗拉强度实测值与屈服强度实测值的比值不应小于 1.25；

　　2　钢筋的屈服强度实测值与屈服强度标准值的比值不应大于 1.30；

　　3　钢筋的最大力下总伸长率不应小于 9%。

　　检查数量：按进场的批次和产品的抽样检验方案确定。

　　检验方法：检查进场复验报告。

5.2.3　当发现钢筋脆断、焊接性能不良或力学性能显著不正常等现象时，应对该批钢筋进行化学成分检验或其他专项检验。

　　检验方法：检查化学成分等专项检验报告。

一　般　项　目

5.2.4　钢筋应平直、无损伤，表面不得有裂纹、油污、颗粒状或片状老锈。

　　检查数量：进场时和使用前全数检查。

　　检验方法：观察。

### 5.3　钢筋加工

主　控　项　目

5.3.1　受力钢筋的弯钩和弯折应符合下列规定：

　　1　HPB235 级钢筋末端应作 180° 弯钩，其弯弧内直径不应小于钢筋直径的 2.5 倍，弯钩的弯后平直部分长度不应小于钢筋直径的 3 倍；

　　2　当设计要求钢筋末端需作 135° 弯钩时，HRB335 级、HRB400 级钢筋的弯弧内直径不应小于钢筋直径的 4 倍，弯钩的弯后平直部分长度应符合设计要求；

　　3　钢筋作不大于 90° 的弯折时，弯折处的弯弧内直径不应小于钢筋直径的 5 倍。

　　检查数量：按每工作班同一类型钢筋、同一加工设备抽查不应少于 3 件。

　　检验方法：钢尺检查。

5.3.2　除焊接封闭环式箍筋外，箍筋的末端应作弯钩，弯钩形式应符合设计要求；当设计无具体要求时，应符合下列规定：

　　1　箍筋弯钩的弯弧内直径除应满足本规范第 5.3.1 条的规定外，尚应不小于受力钢筋直径；

　　2　箍筋弯钩的弯折角度：对一般结构，不应小于 90°；对有抗震等要求的结构，应为 135°；

　　3　箍筋弯后平直部分长度：对一般结构，不宜小于箍筋直径的 5 倍；对有抗震等要求的结构，不应小于箍筋直径的 10 倍。

　　检查数量：按每工作班同一类型钢筋、同一加工设备抽查不应少于 3 件。

　　检验方法：钢尺检查。

5.3.2A　钢筋调直后应进行力学性能和重量偏差的检验，其强度应符合有关标准的规定。

　　盘卷钢筋和直条钢筋调直后的断后伸长率、重量负偏差应符合表 5.3.2A 的规定。

**表 5.3.2A　盘卷钢筋和直条钢筋调直后的
断后伸长率、重量负偏差要求**

| 钢筋牌号 | 断后伸长率 A（%） | 重量负偏差（%） | | |
| --- | --- | --- | --- | --- |
| | | 直径 6mm ~12mm | 直径 14mm ~20mm | 直径 22mm ~50mm |
| HPB235、HPB300 | ≥21 | ≤10 | — | — |
| HRB335、HRBF335 | ≥16 | | | |
| HRB400、HRBF400 | ≥15 | ≤8 | ≤6 | ≤5 |
| RRB400 | ≥13 | | | |
| HRB500、HRBF500 | ≥14 | | | |

注：1　断后伸长率 A 的量测标距为 5 倍钢筋公称直径；

　　2　重量负偏差（%）按公式 $(W_0 - W_d)/W_0 \times 100$ 计算，其中 $W_0$ 为钢筋理论重量（kg/m），$W_d$ 为调直后钢筋的实际重量（kg/m）；

　　3　对直径为 28mm ~40mm 的带肋钢筋，表中断后伸长率可降低 1%；对直径大于 40mm 的带肋钢筋，表中断后伸长率可降低 2%。

　　采用无延伸功能的机械设备调直的钢筋，可不进行本条规定的检验。

　　检查数量：同一厂家、同一牌号、同一规格调直钢筋，重量不大于 30t 为一批；每批见证取 3 件试件。

　　检验方法：3 个试件先进行重量偏差检验，再取其中 2 个试件经时效处理后进行力学性能检验。检验重量偏差时，试件切口应平滑且与长度方向垂直，且长度不应小于 500mm；长度和重量的量测精度分别不应低于 1mm 和 1g。

一　般　项　目

5.3.3　钢筋宜采用无延伸功能的机械设备进行调直，也可采用冷拉方法调直。当采用冷拉方法调直时，HPB235、HPB300 光圆钢筋的冷拉率不宜大于 4%；HRB335、HRB400、HRB500、HRBF335、HRBF400、HRBF500 及 RRB400 带肋钢筋的冷拉率不宜大于 1%。

　　检查数量：每工作班按同一类型钢筋、同一加工设备抽查不应少于 3 件。

　　检验方法：观察，钢尺检查。

5.3.4　钢筋加工的形状、尺寸应符合设计要求，其偏差应符合表 5.3.4 的规定。

　　检查数量：按每工作班同一类型钢筋、同一加工设备抽查不应少于 3 件。

　　检验方法：钢尺检查。

**表 5.3.4　钢筋加工的允许偏差**

| 项　　　目 | 允许偏差（mm） |
|---|---|
| 受力钢筋顺长度方向全长的净尺寸 | ±10 |
| 弯起钢筋的弯折位置 | ±20 |
| 箍筋内净尺寸 | ±5 |

## 5.4　钢筋连接

### 主控项目

**5.4.1**　纵向受力钢筋的连接方式应符合设计要求。

检查数量：全数检查。

检验方法：观察。

**5.4.2**　在施工现场，应按国家现行标准《钢筋机械连接通用技术规程》JGJ 107、《钢筋焊接及验收规程》JGJ 18 的规定抽取钢筋机械连接接头、焊接接头试件作力学性能检验，其质量应符合有关规程的规定。

检查数量：按有关规程确定。

检验方法：检查产品合格证、接头力学性能试验报告。

### 一般项目

**5.4.3**　钢筋的接头宜设置在受力较小处。同一纵向受力钢筋不宜设置两个或两个以上接头。接头末端至钢筋弯起点的距离不应小于钢筋直径的 10 倍。

检查数量：全数检查。

检验方法：观察，钢尺检查。

**5.4.4**　在施工现场，应按国家现行标准《钢筋机械连接通用技术规程》JGJ 107、《钢筋焊接及验收规程》JGJ 18 的规定对钢筋机械连接接头、焊接接头的外观进行检查，其质量应符合有关规程的规定。

检查数量：全数检查。

检验方法：观察。

**5.4.5**　当受力钢筋采用机械连接接头或焊接接头时，设置在同一构件内的接头宜相互错开。

纵向受力钢筋机械连接接头及焊接接头连接区段的长度为 35 倍 $d$（$d$ 为纵向受力钢筋的较大直径）且不小于 500mm，凡接头中点位于该连接区段长度内的接头均属于同一连接区段。同一连接区段内，纵向受力钢筋机械连接及焊接的接头面积百分率为该区段内有接头的纵向受力钢筋截面面积与全部纵向受力钢筋截面面积的比值。

同一连接区段内，纵向受力钢筋的接头面积百分率应符合设计要求；当设计无具体要求时，应符合下列规定：

1　在受拉区不宜大于 50%；

2　接头不宜设置在有抗震设防要求的框架梁端、柱端的箍筋加密区；当无法避开时，对等强度高质量机械连接接头，不应大于 50%；

3　直接承受动力荷载的结构构件中，不宜采用焊接接头；当采用机械连接接头时，不应大于 50%。

检查数量：在同一检验批内，对梁、柱和独立基础，应抽查构件数量的 10%，且不少于 3 件；对墙和板，应按有代表性的自然间抽查 10%，且不少于 3 间；对大空间结构，墙可按相邻轴线间高度 5m 左右划分检查面，板可按纵横轴线划分检查面，抽查 10%，且均不少于 3 面。

检验方法：观察，钢尺检查。

**5.4.6**　同一构件中相邻纵向受力钢筋的绑扎搭接接头宜相互错开。绑扎搭接接头中钢筋的横向净距不应小于钢筋直径，且不应小于 25mm。

钢筋绑扎搭接接头连接区段的长度为 $1.3l_l$（$l_l$ 为搭接长度），凡搭接接头中点位于该连接区段长度内的搭接接头均属于同一连接区段。同一连接区段内，纵向钢筋搭接接头面积百分率为该区段内有搭接接头的纵向受力钢筋截面面积与全部纵向受力钢筋截面面积的比值（图 5.4.6）。

同一连接区段内，纵向受拉钢筋搭接接头面积百分率应符合设计要求；当设计无具体要求时，应符合下列规定：

1　对梁类、板类及墙类构件，不宜大于 25%；

2　对柱类构件，不宜大于 50%；

3　当工程中确有必要增大接头面积百分率时，对梁类构件，不应大于 50%；对其他构件，可根据实际情况放宽。

纵向受力钢筋绑扎搭接接头的最小搭接长度应符合本规范附录 B 的规定。

检查数量：在同一检验批内，对梁、柱和独立基础，应抽查构件数量的 10%，且不少于 3 件；对墙和板，应按有代表性的自然间抽查 10%，且不少于 3 间；对大空间结构，墙可按相邻轴线间高度 5m 左右划分检查面，板可按纵、横轴线划分检查面，抽查 10%，且均不少于 3 面。

检验方法：观察，钢尺检查。

图 5.4.6　钢筋绑扎搭接接头连接
区段及接头面积百分率

注：图中所示搭接接头同一连接区段内的搭接钢筋为两根，当各钢筋直径相同时，接头面积百分率为 50%。

**5.4.7**　在梁、柱类构件的纵向受力钢筋搭接长度范围内，应按设计要求配置箍筋。当设计无具体要求时，应符合下列规定：

　　**1** 箍筋直径不应小于搭接钢筋较大直径的 0.25 倍；

　　**2** 受拉搭接区段的箍筋间距不应大于搭接钢筋较小直径的 5 倍，且不应大于 100mm；

　　**3** 受压搭接区段的箍筋间距不应大于搭接钢筋较小直径的 10 倍，且不应大于 200mm；

　　**4** 当柱中纵向受力钢筋直径大于 25mm 时，应在搭接接头两个端面外 100mm 范围内各设置两个箍筋，其间距宜为 50mm。

　　检查数量：在同一检验批内，对梁、柱和独立基础，应抽查构件数量的 10%，且不少于 3 件；对墙和板，应按有代表性的自然间抽查 10%，且不少于 3 间；对大空间结构，墙可按相邻轴线间高度 5m 左右划分检查面，板可按纵、横轴线划分检查面，抽查 10%，且均不少于 3 面。

　　检验方法：钢尺检查。

### 5.5 钢筋安装

主控项目

**5.5.1** 钢筋安装时，受力钢筋的品种、级别、规格和数量必须符合设计要求。

　　检查数量：全数检查。

　　检验方法：观察，钢尺检查。

一般项目

**5.5.2** 钢筋安装位置的偏差应符合表 5.5.2 的规定。

　　检查数量：在同一检验批内，对梁、柱和独立基础，应抽查构件数量的 10%，且不少于 3 件；对墙和板，应按有代表性的自然间抽查 10%，且不少于 3 间；对大空间结构，墙可按相邻轴线间高度 5m 左右划分检查面，板可按纵、横轴线划分检查面，抽查 10%，且均不少于 3 面。

**表 5.5.2　钢筋安装位置的允许偏差和检验方法**

| 项　　目 | | | 允许偏差（mm） | 检验方法 |
|---|---|---|---|---|
| 绑扎钢筋网 | 长、宽 | | ±10 | 钢尺检查 |
| | 网眼尺寸 | | ±20 | 钢尺量连续三档，取最大值 |
| 绑扎钢筋骨架 | 长 | | ±10 | 钢尺检查 |
| | 宽、高 | | ±5 | 钢尺检查 |
| 受力钢筋 | 间距 | | ±10 | 钢尺量两端、中间各一点，取最大值 |
| | 排距 | | ±5 | |
| | 保护层厚度 | 基础 | ±10 | 钢尺检查 |
| | | 柱、梁 | ±5 | 钢尺检查 |
| | | 板、墙、壳 | ±3 | 钢尺检查 |

续表 5.5.2

| 项　　目 | | 允许偏差（mm） | 检验方法 |
|---|---|---|---|
| 绑扎箍筋、横向钢筋间距 | | ±20 | 钢尺量连续三档，取最大值 |
| 钢筋弯起点位置 | | 20 | 钢尺检查 |
| 预埋件 | 中心线位置 | 5 | 钢尺检查 |
| | 水平高差 | +3，0 | 钢尺和塞尺检查 |

　　注：1　检查预埋件中心线位置时，应沿纵、横两个方向量测，并取其中的较大值；

　　　　2　表中梁类、板类构件上部纵向受力钢筋保护层厚度的合格点率应达到 90% 及以上，且不得超过表中数值 1.5 倍的尺寸偏差。

## 6　预应力分项工程

### 6.1　一般规定

**6.1.1** 后张法预应力工程的施工应由具有相应资质等级的预应力专业施工单位承担。

**6.1.2** 预应力筋张拉机具设备及仪表，应定期维护和校验。张拉设备应配套标定，并配套使用。张拉设备的标定期限不应超过半年。当在使用过程中出现反常现象时或在千斤顶检修后，应重新标定。

　　注：1　张拉设备标定时，千斤顶活塞的运行方向应与实际张拉工作状态一致；

　　　　2　压力表的精度不应低于 1.5 级，标定张拉设备用的试验机或测力计精度不应低于 ±2%。

**6.1.3** 在浇筑混凝土之前，应进行预应力隐蔽工程验收，其内容包括：

　　**1** 预应力筋的品种、规格、数量、位置等；

　　**2** 预应力筋锚具和连接器的品种、规格、数量、位置等；

　　**3** 预留孔道的规格、数量、位置、形状及灌浆孔、排气兼泌水管等；

　　**4** 锚固区局部加强构造等。

### 6.2　原　材　料

主控项目

**6.2.1** 预应力筋进场时，应按现行国家标准《预应力混凝土用钢绞线》GB/T 5224 等的规定抽取试件作力学性能检验，其质量必须符合有关标准的规定。

　　检查数量：按进场的批次和产品的抽样检验方案确定。

　　检验方法：检查产品合格证、出厂检验报告和进场复验报告。

**6.2.2** 无粘结预应力筋的涂包质量应符合无粘结预应力钢绞线标准的规定。

检查数量：每60t为一批，每批抽取一组试件。

检验方法：观察，检查产品合格证、出厂检验报告和进场复验报告。

注：当有工程经验，并经观察认为质量有保证时，可不作油脂用量和护套厚度的进场复验。

**6.2.3** 预应力筋用锚具、夹具和连接器应按设计要求采用，其性能应符合现行国家标准《预应力筋用锚具、夹具和连接器》GB/T 14370 等的规定。

检查数量：按进场批次和产品的抽样检验方案确定。

检验方法：检查产品合格证、出厂检验报告和进场复验报告。

注：对锚具用量较少的一般工程，如供货方提供有效的试验报告，可不作静载锚固性能试验。

**6.2.4** 孔道灌浆用水泥应采用普通硅酸盐水泥，其质量应符合本规范第 7.2.1 条的规定。孔道灌浆用外加剂的质量应符合本规范第 7.2.2 条的规定。

检查数量：按进场批次和产品的抽样检验方案确定。

检验方法：检查产品合格证、出厂检验报告和进场复验报告。

注：对孔道灌浆用水泥和外加剂用量较少的一般工程，当有可靠依据时，可不作材料性能的进场复验。

一 般 项 目

**6.2.5** 预应力筋使用前应进行外观检查，其质量应符合下列要求：

**1** 有粘结预应力筋展开后应平顺，不得有弯折，表面不应有裂纹、小刺、机械损伤、氧化铁皮和油污等；

**2** 无粘结预应力筋护套应光滑、无裂缝，无明显褶皱。

检查数量：全数检查。

检验方法：观察。

注：无粘结预应力筋护套轻微破损者应外包防水塑料胶带修补，严重破损者不得使用。

**6.2.6** 预应力筋用锚具、夹具和连接器使用前应进行外观检查，其表面应无污物、锈蚀、机械损伤和裂纹。

检查数量：全数检查。

检验方法：观察。

**6.2.7** 预应力混凝土用金属螺旋管的尺寸和性能应符合国家现行标准《预应力混凝土用金属螺旋管》JG/T 3013 的规定。

检查数量：按进场批次和产品的抽样检验方案确定。

检验方法：检查产品合格证、出厂检验报告和进场复验报告。

注：对金属螺旋管用量较少的一般工程，当有可靠依据时，可不作径向刚度、抗渗漏性能的进场复验。

**6.2.8** 预应力混凝土用金属螺旋管在使用前应进行外观检查，其内外表面应清洁，无锈蚀，不应有油污、孔洞和不规则的褶皱，咬口不应有开裂或脱扣。

检查数量：全数检查。

检验方法：观察。

### 6.3 制作与安装

主 控 项 目

**6.3.1** 预应力筋安装时，其品种、级别、规格、数量必须符合设计要求。

检查数量：全数检查。

检验方法：观察，钢尺检查。

**6.3.2** 先张法预应力施工时应选用非油质类模板隔离剂，并应避免沾污预应力筋。

检查数量：全数检查。

检验方法：观察。

**6.3.3** 施工过程中应避免电火花损伤预应力筋；受损伤的预应力筋应予以更换。

检查数量：全数检查。

检验方法：观察。

一 般 项 目

**6.3.4** 预应力筋下料应符合下列要求：

**1** 预应力筋应采用砂轮锯或切断机切断，不得采用电弧切割；

**2** 当钢丝束两端采用镦头锚具时，同一束中各根钢丝长度的极差不应大于钢丝长度的1/5000，且不应大于5mm。当成组张拉长度不大于10m的钢丝时，同组钢丝长度的极差不得大于2mm。

检查数量：每工作班抽查预应力筋总数的3%，且不少于3束。

检验方法：观察，钢尺检查。

**6.3.5** 预应力筋端部锚具的制作质量应符合下列要求：

**1** 挤压锚具制作时压力表油压应符合操作说明书的规定，挤压后预应力筋外端应露出挤压套筒1~5mm；

**2** 钢绞线压花锚成形时，表面应清洁、无油污，梨形头尺寸和直线段长度应符合设计要求；

**3** 钢丝镦头的强度不得低于钢丝强度标准值的98%。

检查数量：对挤压锚，每工作班抽查5%，且不应少于5件；对压花锚，每工作班抽查3件；对钢丝镦头强度，每批钢丝检查6个镦头试件。

检验方法：观察，钢尺检查，检查镦头强度试验报告。

**6.3.6** 后张法有粘结预应力筋预留孔道的规格、数量、位置和形状除应符合设计要求外，尚应符合下列规定：

1 预留孔道的定位应牢固，浇筑混凝土时不应出现移位和变形；

2 孔道应平顺，端部的预埋锚垫板应垂直于孔道中心线；

3 成孔用管道应密封良好，接头应严密且不得漏浆；

4 灌浆孔的间距：对预埋金属螺旋管不宜大于30m；对抽芯成形孔道不宜大于12m；

5 在曲线孔道的曲线波峰部位应设置排气兼泌水管，必要时可在最低点设置排水孔；

6 灌浆孔及泌水管的孔径应能保证浆液畅通。

检查数量：全数检查。

检验方法：观察，钢尺检查。

6.3.7 预应力筋束形控制点的竖向位置偏差应符合表6.3.7的规定。

表6.3.7 束形控制点的竖向位置允许偏差

| 截面高（厚）度（mm） | $h \leqslant 300$ | $300 < h \leqslant 1500$ | $h > 1500$ |
|---|---|---|---|
| 允许偏差（mm） | ±5 | ±10 | ±15 |

检查数量：在同一检验批内，抽查各类型构件中预应力筋总数的5%，且对各类型构件均不少于5束，每束不应少于5处。

检验方法：钢尺检查。

注：束形控制点的竖向位置偏差合格点率应达到90%及以上，且不得有超过表中数值1.5倍的尺寸偏差。

6.3.8 无粘结预应力筋的铺设除应符合本规范第6.3.7条的规定外，尚应符合下列要求：

1 无粘结预应力筋的定位应牢固，浇筑混凝土时不应出现移位和变形；

2 端部的预埋锚垫板应垂直于预应力筋；

3 内埋式固定端垫板不应重叠，锚具与垫板应贴紧；

4 无粘结预应力筋成束布置时应能保证混凝土密实并能裹住预应力筋；

5 无粘结预应力筋的护套应完整，局部破损处应采用防水胶带缠绕紧密。

检查数量：全数检查。

检验方法：观察。

6.3.9 浇筑混凝土前穿入孔道的后张法有粘结预应力筋，宜采取防止锈蚀的措施。

检查数量：全数检查。

检验方法：观察。

## 6.4 张拉和放张

主控项目

6.4.1 预应力筋张拉或放张时，混凝土强度应符合设计要求；当设计无具体要求时，不应低于设计的混凝土立方体抗压强度标准值的75%。

检查数量：全数检查。

检验方法：检查同条件养护试件试验报告。

6.4.2 预应力筋的张拉力、张拉或放张顺序及张拉工艺应符合设计及施工技术方案的要求，并应符合下列规定：

1 当施工需要超张拉时，最大张拉应力不应大于国家现行标准《混凝土结构设计规范》GB 50010的规定；

2 张拉工艺应能保证同一束中各根预应力筋的应力均匀一致；

3 后张法施工中，当预应力筋是逐根或逐束张拉时，应保证各阶段不出现对结构不利的应力状态；同时宜考虑后批张拉预应力筋所产生的结构构件的弹性压缩对先批张拉预应力筋的影响，确定张拉力；

4 先张法预应力筋放张时，宜缓慢放松锚固装置，使各根预应力筋同时缓慢放松；

5 当采用应力控制方法张拉时，应校核预应力筋的伸长值。实际伸长值与设计计算理论伸长值的相对允许偏差为±6%。

检查数量：全数检查。

检验方法：检查张拉记录。

6.4.3 预应力筋张拉锚固后实际建立的预应力值与工程设计规定检验值的相对允许偏差为±5%。

检查数量：对先张法施工，每工作班抽查预应力筋总数的1%，且不少于3根；对后张法施工，在同一检验批内，抽查预应力筋总数的3%，且不少于5束。

检验方法：对先张法施工，检查预应力筋应力检测记录；对后张法施工，检查见证张拉记录。

6.4.4 张拉过程中应避免预应力筋断裂或滑脱；当发生断裂或滑脱时，必须符合下列规定：

1 对后张法预应力结构构件，断裂或滑脱的数量严禁超过同一截面预应力筋总根数的3%，且每束钢丝不得超过一根；对多跨双向连续板，其同一截面应按每跨计算；

2 对先张法预应力构件，在浇筑混凝土前发生断裂或滑脱的预应力筋必须予以更换。

检查数量：全数检查。

检验方法：观察，检查张拉记录。

一般项目

6.4.5 锚固阶段张拉端预应力筋的内缩量应符合设

计要求；当设计无具体要求时，应符合表 6.4.5 的规定。

检查数量：每工作班抽查预应力筋总数的 3%，且不少于 3 束。

检验方法：钢尺检查。

**表 6.4.5 张拉端预应力筋的内缩量限值**

| 锚具类别 | | 内缩量限值（mm） |
|---|---|---|
| 支承式锚具（镦头锚具等） | 螺帽缝隙 | 1 |
| | 每块后加垫板的缝隙 | 1 |
| 锥塞式锚具 | | 5 |
| 夹片式锚具 | 有顶压 | 5 |
| | 无顶压 | 6~8 |

**6.4.6** 先张法预应力筋张拉后与设计位置的偏差不得大于 5mm，且不得大于构件截面短边边长的 4%。

检查数量：每工作班抽查预应力筋总数的 3%，且不少于 3 束。

检验方法：钢尺检查。

### 6.5 灌浆及封锚

一主控项目

**6.5.1** 后张法有粘结预应力筋张拉后应尽早进行孔道灌浆，孔道内水泥浆应饱满、密实。

检查数量：全数检查。

检验方法：观察，检查灌浆记录。

**6.5.2** 锚具的封闭保护应符合设计要求；当设计无具体要求时，应符合下列规定：

**1** 应采取防止锚具腐蚀和遭受机械损伤的有效措施；

**2** 凸出式锚固端锚具的保护层厚度不应小于 50mm；

**3** 外露预应力筋的保护层厚度：处于正常环境时，不应小于 20mm；处于易受腐蚀的环境时，不应小于 50mm。

检查数量：在同一检验批内，抽查预应力筋总数的 5%，且不少于 5 处。

检验方法：观察，钢尺检查。

一般项目

**6.5.3** 后张法预应力筋锚固后的外露部分宜采用机械方法切割，其外露长度不宜小于预应力筋直径的 1.5 倍，且不宜小于 30mm。

检查数量：在同一检验批内，抽查预应力筋总数的 3%，且不少于 5 束。

检验方法：观察，钢尺检查。

**6.5.4** 灌浆用水泥浆的水灰比不应大于 0.45，搅拌后 3h 泌水率不宜大于 2%，且不应大于 3%。泌水应能在 24h 内全部重新被水泥浆吸收。

检查数量：同一配合比检查一次。

检验方法：检查水泥浆性能试验报告。

**6.5.5** 灌浆用水泥浆的抗压强度不应小于 $30N/mm^2$。

检查数量：每工作班留置一组边长为 70.7mm 的立方体试件。

检验方法：检查水泥浆试件强度试验报告。

注：1  一组试件由 6 个试件组成，试件应标准养护 28d；

2  抗压强度为一组试件的平均值，当一组试件中抗压强度最大值或最小值与平均值相差超过 20% 时，应取中间 4 个试件强度的平均值。

## 7 混凝土分项工程

### 7.1 一般规定

**7.1.1** 结构构件的混凝土强度应按现行国家标准《混凝土强度检验评定标准》GBJ 107 的规定分批检验评定。

对采用蒸汽法养护的混凝土结构构件，其混凝土试件应先随同结构构件同条件蒸汽养护，再转入标准条件养护共 28d。

当混凝土中掺用矿物掺合料时，确定混凝土强度时的龄期可按现行国家标准《粉煤灰混凝土应用技术规范》GBJ 146 等的规定取值。

**7.1.2** 检验评定混凝土强度用的混凝土试件的尺寸及强度的尺寸换算系数应按表 7.1.2 取用；其标准成型方法、标准养护条件及强度试验方法应符合普通混凝土力学性能试验方法标准的规定。

**表 7.1.2 混凝土试件尺寸及强度的尺寸换算系数**

| 骨料最大粒径（mm） | 试件尺寸（mm） | 强度的尺寸换算系数 |
|---|---|---|
| ≤31.5 | 100×100×100 | 0.95 |
| ≤40 | 150×150×150 | 1.00 |
| ≤63 | 200×200×200 | 1.05 |

注：对强度等级为 C60 及以上的混凝土试件，其强度的尺寸换算系数可通过试验确定。

**7.1.3** 结构构件拆模、出池、出厂、吊装、张拉、放张及施工期间临时负荷时的混凝土强度，应根据同条件养护的标准尺寸试件的混凝土强度确定。

**7.1.4** 当混凝土试件强度评定不合格时，可采用非破损或局部破损的检测方法，按国家现行有关标准的规定对结构构件中的混凝土强度进行推定，并作为处理的依据。

**7.1.5** 混凝土的冬期施工应符合国家现行标准《建筑工程冬期施工规程》JGJ 104 和施工技术方案的规定。

## 7.2 原材料

### 主控项目

**7.2.1** 水泥进场时应对其品种、级别、包装或散装仓号、出厂日期等进行检查，并应对其强度、安定性及其他必要的性能指标进行复验，其质量必须符合现行国家标准《硅酸盐水泥、普通硅酸盐水泥》GB 175 等的规定。

当在使用中对水泥质量有怀疑或水泥出厂超过三个月（快硬硅酸盐水泥超过一个月）时，应进行复验，并按复验结果使用。

钢筋混凝土结构、预应力混凝土结构中，严禁使用含氯化物的水泥。

检查数量：按同一生产厂家、同一等级、同一品种、同一批号且连续进场的水泥，袋装不超过 200t 为一批，散装不超过 500t 为一批，每批抽样不少于一次。

检验方法：检查产品合格证、出厂检验报告和进场复验报告。

**7.2.2** 混凝土中掺用外加剂的质量及应用技术应符合现行国家标准《混凝土外加剂》GB 8076、《混凝土外加剂应用技术规范》GB 50119 等和有关环境保护的规定。

预应力混凝土结构中，严禁使用含氯化物的外加剂。钢筋混凝土结构中，当使用含氯化物的外加剂时，混凝土中氯化物的总含量应符合现行国家标准《混凝土质量控制标准》GB 50164 的规定。

检查数量：按进场的批次和产品的抽样检验方案确定。

检验方法：检查产品合格证、出厂检验报告和进场复验报告。

**7.2.3** 混凝土中氯化物和碱的总含量应符合现行国家标准《混凝土结构设计规范》GB 50010 和设计的要求。

检验方法：检查原材料试验报告和氯化物、碱的总含量计算书。

### 一般项目

**7.2.4** 混凝土中掺用矿物掺合料的质量应符合现行国家标准《用于水泥和混凝土中的粉煤灰》GB 1596 等的规定。矿物掺合料的掺量应通过试验确定。

检查数量：按进场的批次和产品的抽样检验方案确定。

检验方法：检查出厂合格证和进场复验报告。

**7.2.5** 普通混凝土所用的粗、细骨料的质量应符合国家现行标准《普通混凝土用碎石或卵石质量标准及检验方法》JGJ 53、《普通混凝土用砂质量标准及检验方法》JGJ 52 的规定。

检查数量：按进场的批次和产品的抽样检验方案确定。

检验方法：检查进场复验报告。

注：1 混凝土用的粗骨料，其最大颗粒粒径不得超过构件截面最小尺寸的 1/4，且不得超过钢筋最小净间距的 3/4。
　　2 对混凝土实心板，骨料的最大粒径不宜超过板厚的 1/3，且不得超过 40mm。

**7.2.6** 拌制混凝土宜采用饮用水；当采用其他水源时，水质应符合国家现行标准《混凝土拌合用水标准》JGJ 63 的规定。

检查数量：同一水源检查不应少于一次。

检验方法：检查水质试验报告。

## 7.3 配合比设计

### 主控项目

**7.3.1** 混凝土应按国家现行标准《普通混凝土配合比设计规程》JGJ 55 的有关规定，根据混凝土强度等级、耐久性和工作性等要求进行配合比设计。

对有特殊要求的混凝土，其配合比设计尚应符合国家现行有关标准的专门规定。

检验方法：检查配合比设计资料。

### 一般项目

**7.3.2** 首次使用的混凝土配合比应进行开盘鉴定，其工作性应满足设计配合比的要求。开始生产时应至少留置一组标准养护试件，作为验证配合比的依据。

检验方法：检查开盘鉴定资料和试件强度试验报告。

**7.3.3** 混凝土拌制前，应测定砂、石含水率并根据测试结果调整材料用量，提出施工配合比。

检查数量：每工作班检查一次。

检验方法：检查含水率测试结果和施工配合比通知单。

## 7.4 混凝土施工

### 主控项目

**7.4.1** 结构混凝土的强度等级必须符合设计要求。用于检查结构构件混凝土强度的试件，应在混凝土的浇筑地点随机抽取。取样与试件留置应符合下列规定：

1 每拌制 100 盘且不超过 100m³ 的同配合比的

混凝土，取样不得少于一次；

**2** 每工作班拌制的同一配合比的混凝土不足100盘时，取样不得少于一次；

**3** 当一次连续浇筑超过1000m³时，同一配合比的混凝土每200m³取样不得少于一次；

**4** 每一楼层、同一配合比的混凝土，取样不得少于一次；

**5** 每次取样应至少留置一组标准养护试件，同条件养护试件的留置组数应根据实际需要确定。

检验方法：检查施工记录及试件强度试验报告。

**7.4.2** 对有抗渗要求的混凝土结构，其混凝土试件应在浇筑地点随机取样。同一工程、同一配合比的混凝土，取样不应少于一次，留置组数可根据实际需要确定。

检验方法：检查试件抗渗试验报告。

**7.4.3** 混凝土原材料每盘称量的偏差应符合表7.4.3的规定。

**表 7.4.3 原材料每盘称量的允许偏差**

| 材料名称 | 允许偏差 |
|---|---|
| 水泥、掺合料 | ±2% |
| 粗、细骨料 | ±3% |
| 水、外加剂 | ±2% |

注：1 各种衡器应定期校验，每次使用前应进行零点校核，保持计量准确；

2 当遇雨天或含水率有显著变化时，应增加含水率检测次数，并及时调整水和骨料的用量。

检查数量：每工作班抽查不应少于一次。

检验方法：复称。

**7.4.4** 混凝土运输、浇筑及间歇的全部时间不应超过混凝土的初凝时间。同一施工段的混凝土应连续浇筑，并应在底层混凝土初凝之前将上一层混凝土浇筑完毕。

当底层混凝土初凝后浇筑上一层混凝土时，应按施工技术方案中对施工缝的要求进行处理。

检查数量：全数检查。

检验方法：观察，检查施工记录。

一 般 项 目

**7.4.5** 施工缝的位置应在混凝土浇筑前按设计要求和施工技术方案确定。施工缝的处理应按施工技术方案执行。

检查数量：全数检查。

检验方法：观察，检查施工记录。

**7.4.6** 后浇带的留置位置应按设计要求和施工技术方案确定。后浇带混凝土浇筑应按施工技术方案进行。

检查数量：全数检查。

检验方法：观察，检查施工记录。

**7.4.7** 混凝土浇筑完毕后，应按施工技术方案及时

采取有效的养护措施，并应符合下列规定：

**1** 应在浇筑完毕后的12h以内对混凝土加以覆盖并保湿养护；

**2** 混凝土浇水养护的时间：对采用硅酸盐水泥、普通硅酸盐水泥或矿渣硅酸盐水泥拌制的混凝土，不得少于7d；对掺用缓凝型外加剂或有抗渗要求的混凝土，不得少于14d；

**3** 浇水次数应能保持混凝土处于湿润状态；混凝土养护用水应与拌制用水相同；

**4** 采用塑料布覆盖养护的混凝土，其敞露的全部表面应覆盖严密，并应保持塑料布内有凝结水；

**5** 混凝土强度达到1.2N/mm²前，不得在其上踩踏或安装模板及支架。

注：1 当日平均气温低于5℃时，不得浇水；

2 当采用其他品种水泥时，混凝土的养护时间应根据所采用水泥的技术性能确定；

3 混凝土表面不便浇水或使用塑料布时，宜涂刷养护剂；

4 对大体积混凝土的养护，应根据气候条件按施工技术方案采取控温措施。

检查数量：全数检查。

检验方法：观察，检查施工记录。

# 8 现浇结构分项工程

## 8.1 一 般 规 定

**8.1.1** 现浇结构的外观质量缺陷，应由监理（建设）单位、施工单位等各方根据其对结构性能和使用功能影响的严重程度，按表8.1.1确定。

**表 8.1.1 现浇结构外观质量缺陷**

| 名 称 | 现 象 | 严重缺陷 | 一般缺陷 |
|---|---|---|---|
| 露筋 | 构件内钢筋未被混凝土包裹而外露 | 纵向受力钢筋有露筋 | 其他钢筋有少量露筋 |
| 蜂窝 | 混凝土表面缺少水泥砂浆而形成石子外露 | 构件主要受力部位有蜂窝 | 其他部位有少量蜂窝 |
| 孔洞 | 混凝土中孔穴深度和长度均超过保护层厚度 | 构件主要受力部位有孔洞 | 其他部位有少量孔洞 |
| 夹渣 | 混凝土中夹有杂物且深度超过保护层厚度 | 构件主要受力部位有夹渣 | 其他部位有少量夹渣 |

| 名　称 | 现　　象 | 严重缺陷 | 一般缺陷 |
|---|---|---|---|
| 疏松 | 混凝土中局部不密实 | 构件主要受力部位有疏松 | 其他部位有少量疏松 |
| 裂缝 | 缝隙从混凝土表面延伸至混凝土内部 | 构件主要受力部位有影响结构性能或使用功能的裂缝 | 其他部位有少量不影响结构性能或使用功能的裂缝 |
| 连接部位缺陷 | 构件连接处混凝土缺陷及连接钢筋、连接件松动 | 连接部位有影响结构传力性能的缺陷 | 连接部位有基本不影响结构传力性能的缺陷 |
| 外形缺陷 | 缺棱掉角、棱角不直、翘曲不平、飞边凸肋等 | 清水混凝土构件有影响使用功能或装饰效果的外形缺陷 | 其他混凝土构件有不影响使用功能的外形缺陷 |
| 外表缺陷 | 构件表面麻面、掉皮、起砂、沾污等 | 具有重要装饰效果的清水混凝土构件有外表缺陷 | 其他混凝土构件有不影响使用功能的外表缺陷 |

**8.1.2** 现浇结构拆模后，应由监理（建设）单位、施工单位对外观质量和尺寸偏差进行检查，作出记录，并应及时按施工技术方案对缺陷进行处理。

## 8.2 外观质量

一般项目 主控项目

**8.2.1** 现浇结构的外观质量不应有严重缺陷。

对已经出现的严重缺陷，应由施工单位提出技术处理方案，并经监理（建设）单位认可后进行处理。对经处理的部位，应重新检查验收。

检查数量：全数检查。

检验方法：观察，检查技术处理方案。

一般项目

**8.2.2** 现浇结构的外观质量不宜有一般缺陷。

对已经出现的一般缺陷，应由施工单位按技术处理方案进行处理，并重新检查验收。

检查数量：全数检查。

检验方法：观察，检查技术处理方案。

## 8.3 尺寸偏差

主控项目

**8.3.1** 现浇结构不应有影响结构性能和使用功能的

尺寸偏差。混凝土设备基础不应有影响结构性能和设备安装的尺寸偏差。

对超过尺寸允许偏差且影响结构性能和安装、使用功能的部位，应由施工单位提出技术处理方案，并经监理（建设）单位认可后进行处理。对经处理的部位，应重新检查验收。

检查数量：全数检查。

检验方法：量测，检查技术处理方案。

一般项目

**8.3.2** 现浇结构和混凝土设备基础拆模后的尺寸偏差应符合表 8.3.2-1、表 8.3.2-2 的规定。

检查数量：按楼层、结构缝或施工段划分检验批。在同一检验批内，对梁、柱和独立基础，应抽查构件数量的 10%，且不少于 3 件；对墙和板，应按有代表性的自然间抽查 10%，且不少于 3 间；对大空间结构，墙可按相邻轴线间高度 5m 左右划分检查面，板可按纵、横轴线划分检查面，抽查 10%，且均不少于 3 面；对电梯井，应全数检查。对设备基础，应全数检查。

**表 8.3.2-1　现浇结构尺寸允许偏差和检验方法**

| 项　目 | | 允许偏差（mm） | 检验方法 |
|---|---|---|---|
| 轴线位置 | 基础 | 15 | 钢尺检查 |
| | 独立基础 | 10 | |
| | 墙、柱、梁 | 8 | |
| | 剪力墙 | 5 | |
| 垂直度 | 层高 ≤5m | 8 | 经纬仪或吊线、钢尺检查 |
| | 层高 >5m | 10 | 经纬仪或吊线、钢尺检查 |
| | 全高 (H) | H/1000 且 ≤30 | 经纬仪、钢尺检查 |
| 标高 | 层高 | ±10 | 水准仪或拉线、钢尺检查 |
| | 全高 | ±30 | |
| 截面尺寸 | | +8, −5 | 钢尺检查 |
| 电梯井 | 井筒长、宽对定位中心线 | +25, 0 | 钢尺检查 |
| | 井筒全高 (H) 垂直度 | H/1000 且 ≤30 | 经纬仪、钢尺检查 |
| 表面平整度 | | 8 | 2m 靠尺和塞尺检查 |
| 预埋设施中心线位置 | 预埋件 | 10 | 钢尺检查 |
| | 预埋螺栓 | 5 | |
| | 预埋管 | 5 | |
| 预留洞中心线位置 | | 15 | 钢尺检查 |

注：检查轴线、中心线位置时，应沿纵、横两个方向量测，并取其中的较大值。

**表 8.3.2-2 混凝土设备基础**
**尺寸允许偏差和检验方法**

| 项　　目 | | 允许偏差（mm） | 检验方法 |
|---|---|---|---|
| 坐标位置 | | 20 | 钢尺检查 |
| 不同平面的标高 | | 0，-20 | 水准仪或拉线、钢尺检查 |
| 平面外形尺寸 | | ±20 | 钢尺检查 |
| 凸台上平面外形尺寸 | | 0，-20 | 钢尺检查 |
| 凹穴尺寸 | | +20，0 | 钢尺检查 |
| 平面水平度 | 每米 | 5 | 水平尺、塞尺检查 |
| | 全长 | 10 | 水准仪或拉线、钢尺检查 |
| 垂直度 | 每米 | 5 | 经纬仪或吊线、钢尺检查 |
| | 全高 | 10 | |
| 预埋地脚螺栓 | 标高（顶部） | +20，0 | 水准仪或拉线、钢尺检查 |
| | 中心距 | ±2 | 钢尺检查 |
| 预埋地脚螺栓孔 | 中心线位置 | 10 | 钢尺检查 |
| | 深度 | +20，0 | 钢尺检查 |
| | 孔垂直度 | 10 | 吊线、钢尺检查 |
| 预埋活动地脚螺栓锚板 | 标高 | +20，0 | 水准仪或拉线、钢尺检查 |
| | 中心线位置 | 5 | 钢尺检查 |
| | 带槽锚板平整度 | 5 | 钢尺、塞尺检查 |
| | 带螺纹孔锚板平整度 | 2 | 钢尺、塞尺检查 |

注：检查坐标、中心线位置时，应沿纵、横两个方向量测，并取其中的较大值。

# 9　装配式结构分项工程

## 9.1　一般规定

**9.1.1**　预制构件应进行结构性能检验。结构性能检验不合格的预制构件不得用于混凝土结构。

**9.1.2**　叠合结构中预制构件的叠合面应符合设计要求。

**9.1.3**　装配式结构外观质量、尺寸偏差的验收及对缺陷的处理应按本规范第 8 章的相应规定执行。

## 9.2　预制构件

主　控　项　目

**9.2.1**　预制构件应在明显部位标明生产单位、构件型号、生产日期和质量验收标志。构件上的预埋件、插筋和预留孔洞的规格、位置和数量应符合标准图或设计的要求。

检查数量：全数检查。

检验方法：观察。

**9.2.2**　预制构件的外观质量不应有严重缺陷。对已经出现的严重缺陷，应按技术处理方案进行处理，并重新检查验收。

检查数量：全数检查。

检验方法：观察，检查技术处理方案。

**9.2.3**　预制构件不应有影响结构性能和安装、使用功能的尺寸偏差。对超过尺寸允许偏差且影响结构性能和安装、使用功能的部位，应按技术处理方案进行处理，并重新检查验收。

检查数量：全数检查。

检验方法：量测，检查技术处理方案。

一　般　项　目

**9.2.4**　预制构件的外观质量不宜有一般缺陷。对已经出现的一般缺陷，应按技术处理方案进行处理，并重新检查验收。

检查数量：全数检查。

检验方法：观察，检查技术处理方案。

**9.2.5**　预制构件的尺寸偏差应符合表 9.2.5 的规定。

检查数量：同一工作班生产的同类型构件，抽查 5% 且不少于 3 件。

**表 9.2.5　预制构件尺寸的允许偏差及检验方法**

| 项　　目 | | 允许偏差（mm） | 检验方法 |
|---|---|---|---|
| 长　度 | 板、梁 | +10，-5 | 钢尺检查 |
| | 柱 | +5，-10 | |
| | 墙板 | ±5 | |
| | 薄腹梁、桁架 | +15，-10 | |
| 宽度、高（厚）度 | 板、梁、柱、墙板、薄腹梁、桁架 | ±5 | 钢尺量一端及中部，取其中较大值 |
| 侧向弯曲 | 梁、柱、板 | $l/750$ 且 $\leq 20$ | 拉线、钢尺量最大侧向弯曲处 |
| | 墙板、薄腹梁、桁架 | $l/1000$ 且 $\leq 20$ | |
| 预埋件 | 中心线位置 | 10 | 钢尺检查 |
| | 螺栓位置 | 5 | |
| | 螺栓外露长度 | +10，-5 | |
| 预留孔 | 中心线位置 | 5 | 钢尺检查 |
| 预留洞 | 中心线位置 | 15 | 钢尺检查 |
| 主筋保护层厚度 | 板 | +5，-3 | 钢尺或保护层厚度测定仪量测 |
| | 梁、柱、墙板、薄腹梁、桁架 | +10，-5 | |
| 对角线差 | 板、墙板 | 10 | 钢尺量两个对角线 |
| 表面平整度 | 板、墙板、柱、梁 | 5 | 2m 靠尺和塞尺检查 |

4—17

续表9.2.5

| 项　目 | | 允许偏差（mm） | 检验方法 |
|---|---|---|---|
| 预应力构件预留孔道位置 | 梁、墙板、薄腹梁、桁架 | 3 | 钢尺检查 |
| 翘　曲 | 板 | $l/750$ | 调平尺在两端量测 |
| | 墙板 | $l/1000$ | |

注：1　$l$ 为构件长度（mm）；
　　2　检查中心线、螺栓和孔道位置时，应沿纵、横两个方向量测，并取其中的较大值；
　　3　对形状复杂或有特殊要求的构件，其尺寸偏差应符合标准图或设计的要求。

## 9.3　结构性能检验

**9.3.1**　预制构件应按标准图或设计要求的试验参数及检验指标进行结构性能检验。

检验内容：钢筋混凝土构件和允许出现裂缝的预应力混凝土构件进行承载力、挠度和裂缝宽度检验；不允许出现裂缝的预应力混凝土构件进行承载力、挠度和抗裂检验；预应力混凝土构件中的非预应力杆件按钢筋混凝土构件的要求进行检验。对设计成熟、生产数量较少的大型构件，当采取加强材料和制作质量检验的措施时，可仅作挠度、抗裂或裂缝宽度检验；当采取上述措施并有可靠的实践经验时，可不作结构性能检验。

检验数量：对成批生产的构件，应按同一工艺正常生产的不超过1000件且不超过3个月的同类型产品为一批。当连续检验10批且每批的结构性能检验结果均符合本规范规定的要求时，对同一工艺正常生产的构件，可改为不超过2000件且不超过3个月的同类型产品为一批。在每批中应随机抽取一个构件作为试件进行检验。

检验方法：按本标准附录C规定的方法采用短期静力加载检验。

注：1　"加强材料和制作质量检验的措施"包括下列内容：
　　1）钢筋进场检验合格后，在使用前再对用作构件受力主筋的同批钢筋按不超过5t抽取一组试件，并经检验合格；对经逐盘检验的预应力钢丝，可不再抽样检查；
　　2）受力主筋焊接接头的力学性能，应按国家现行标准《钢筋焊接及验收规程》JGJ 18检验合格后，再抽取一组试件，并经检验合格；
　　3）混凝土按5m³且不超过半个工作班生产的相同配合比的混凝土，留置一组试件，并经检验合格；
　　4）受力主筋焊接接头的外观质量、入模后的主筋保护层厚度、张拉预应力总值和构件的截面尺寸等，应逐件检验合格。

　　2　"同类型产品"是指同一钢种、同一混凝土强度等级、同一生产工艺和同一结构形式的构件。对同类型产品进行抽样检验时，试件宜从设计荷载最大、受力最不利或生产数量最多的构件中抽取。对同类型的其他产品，也应定期进行抽样检验。

**9.3.2**　预制构件承载力应按下列规定进行检验：

**1**　当按现行国家标准《混凝土结构设计规范》GB 50010的规定进行检验时，应符合下列公式的要求：

$$\gamma_u^0 \geqslant \gamma_0 [\gamma_u] \qquad (9.3.2\text{-}1)$$

式中　$\gamma_u^0$——构件的承载力检验系数实测值，即试件的荷载实测值与荷载设计值（均包括自重）的比值；

　　$\gamma_0$——结构重要性系数，按设计要求确定，当无专门要求时取1.0；

　　$[\gamma_u]$——构件的承载力检验系数允许值，按表9.3.2取用。

**2**　当按构件实配钢筋进行承载力检验时，应符合下列公式的要求：

$$\gamma_u^0 \geqslant \gamma_0 \eta [\gamma_u] \qquad (9.3.2\text{-}2)$$

式中　$\eta$——构件承载力检验修正系数，根据现行国家标准《混凝土结构设计规范》GB 50010按实配钢筋的承载力计算确定。

承载力检验的荷载设计值是指承载能力极限状态下，根据构件设计控制截面上的内力设计值与构件检验的加载方式，经换算后确定的荷载值（包括自重）。

**表9.3.2　构件的承载力检验系数允许值**

| 受力情况 | 达到承载能力极限状态的检验标志 | | $[\gamma_u]$ |
|---|---|---|---|
| 轴心受拉、偏心受拉、受弯、大偏心受压 | 受拉主筋处的最大裂缝宽度达到1.5mm，或挠度达到跨度的1/50 | 热轧钢筋 | 1.20 |
| | | 钢丝、钢绞线、热处理钢筋 | 1.35 |
| | 受压区混凝土破坏 | 热轧钢筋 | 1.30 |
| | | 钢丝、钢绞线、热处理钢筋 | 1.45 |
| | 受拉主筋拉断 | | 1.50 |
| 受弯构件的受剪 | 腹部斜裂缝达到1.5mm，或斜裂缝末端受压混凝土剪压破坏 | | 1.40 |
| | 沿斜截面混凝土斜压破坏，受拉主筋在端部滑脱或其他锚固破坏 | | 1.55 |
| 轴心受压、小偏心受压 | 混凝土受压破坏 | | 1.50 |

注：热轧钢筋系指HPB235级、HRB335级、HRB400级和RRB400级钢筋。

**9.3.3** 预制构件的挠度应按下列规定进行检验:

**1** 当按现行国家标准《混凝土结构设计规范》GB 50010 规定的挠度允许值进行检验时,应符合下列公式的要求:

$$a_s^0 \leqslant [a_s] \qquad (9.3.3-1)$$

$$[a_s] = \frac{M_k}{M_q(\theta - 1) + M_k}[a_f] \qquad (9.3.3-2)$$

式中 $a_s^0$ ——在荷载标准值下的构件挠度实测值;

$[a_s]$ ——挠度检验允许值;

$[a_f]$ ——受弯构件的挠度限值,按现行国家标准《混凝土结构设计规范》GB 50010 确定;

$M_k$ ——按荷载标准组合计算的弯矩值;

$M_q$ ——按荷载准永久组合计算的弯矩值;

$\theta$ ——考虑荷载长期作用对挠度增大的影响系数,按现行国家标准《混凝土结构设计规范》GB 50010 确定。

**2** 当按构件实配钢筋进行挠度检验或仅检验构件的挠度、抗裂或裂缝宽度时,应符合下列公式的要求:

$$a_s^0 \leqslant 1.2a_s^c \qquad (9.3.3-3)$$

同时,还应符合公式(9.3.3-1)的要求。

式中 $a_s^c$ ——在荷载标准值下按实配钢筋确定的构件挠度计算值,按现行国家标准《混凝土结构设计规范》GB 50010确定。

正常使用极限状态检验的荷载标准值是指正常使用极限状态下,根据构件设计控制截面上的荷载标准组合效应与构件检验的加载方式,经换算后确定的荷载值。

注:直接承受重复荷载的混凝土受弯构件,当进行短期静力加荷试验时,$a_s^c$ 值应按正常使用极限状态下静力荷载标准组合相应的刚度值确定。

**9.3.4** 预制构件的抗裂检验应符合下列公式的要求:

$$\gamma_{cr}^0 \geqslant [\gamma_{cr}] \qquad (9.3.4-1)$$

$$[\gamma_{cr}] = 0.95 \frac{\sigma_{pc} + \gamma f_{tk}}{\sigma_{ck}} \qquad (9.3.4-2)$$

式中 $\gamma_{cr}^0$ ——构件的抗裂检验系数实测值,即试件的开裂荷载实测值与荷载标准值(均包括自重)的比值;

$[\gamma_{cr}]$ ——构件的抗裂检验系数允许值;

$\sigma_{pc}$ ——由预加力产生的构件抗拉边缘混凝土法向应力值,按现行国家标准《混凝土结构设计规范》GB 50010确定;

$\gamma$ ——混凝土构件截面抵抗矩塑性影响系数,按现行国家标准《混凝土结构设计规范》GB 50010 计算确定;

$f_{tk}$ ——混凝土抗拉强度标准值;

$\sigma_{ck}$ ——由荷载标准值产生的构件抗拉边缘混凝土法向应力值,按现行国家标准《混凝土结构设计规范》GB 50010 确定。

**9.3.5** 预制构件的裂缝宽度检验应符合下列公式的要求:

$$w_{s,max}^0 \leqslant [w_{max}] \qquad (9.3.5)$$

式中 $w_{s,max}^0$ ——在荷载标准值下,受拉主筋处的最大裂缝宽度实测值(mm);

$[w_{max}]$ ——构件检验的最大裂缝宽度允许值,按表 9.3.5 取用。

**表 9.3.5 构件检验的最大裂缝宽度允许值(mm)**

| 设计要求的最大裂缝宽度限值 | 0.2 | 0.3 | 0.4 |
|---|---|---|---|
| $[w_{max}]$ | 0.15 | 0.20 | 0.25 |

**9.3.6** 预制构件结构性能的检验结果应按下列规定验收:

**1** 当试件结构性能的全部检验结果均符合本标准第 9.3.2～9.3.5 条的检验要求时,该批构件的结构性能应通过验收。

**2** 当第一个试件的检验结果不能全部符合上述要求,但又能符合第二次检验的要求时,可再抽两个试件进行检验。第二次检验的指标,对承载力及抗裂检验系数的允许值应取本规范第 9.3.2 条和第 9.3.4 条规定的允许值减 0.05;对挠度的允许值应取本规范第 9.3.3 条规定允许值的 1.10 倍。当第二次抽取的两个试件的全部检验结果均符合第二次检验的要求时,该批构件的结构性能可通过验收。

**3** 当第二次抽取的第一个试件的全部检验结果均已符合本规范第 9.3.2～9.3.5 条的要求时,该批构件的结构性能可通过验收。

### 9.4 装配式结构施工

主 控 项 目

**9.4.1** 进入现场的预制构件,其外观质量、尺寸偏差及结构性能应符合标准图或设计的要求。

检查数量:按批检查。

检验方法:检查构件合格证。

**9.4.2** 预制构件与结构之间的连接应符合设计要求。

连接处钢筋或埋件采用焊接或机械连接时,接头质量应符合国家现行标准《钢筋焊接及验收规程》JGJ 18、《钢筋机械连接通用技术规程》JGJ 107 的要求。

检查数量:全数检查。

检验方法:观察,检查施工记录。

**9.4.3** 承受内力的接头和拼缝,当其混凝土强度未达到设计要求时，不得吊装上一层结构构件；当设计无具体要求时，应在混凝土强度不小于 $10N/mm^2$ 或具有足够的支承时方可吊装上一层结构构件。

已安装完毕的装配式结构，应在混凝土强度到达设计要求后，方可承受全部设计荷载。

检查数量：全数检查。

检验方法：检查施工记录及试件强度试验报告。

### 一 般 项 目

**9.4.4** 预制构件码放和运输时的支承位置和方法应符合标准图或设计的要求。

检查数量：全数检查。

检验方法：观察检查。

**9.4.5** 预制构件吊装前，应按设计要求在构件和相应的支承结构上标志中心线、标高等控制尺寸，按标准图或设计文件校核预埋件及连接钢筋等，并作出标志。

检查数量：全数检查。

检验方法：观察，钢尺检查。

**9.4.6** 预制构件应按标准图或设计的要求吊装。起吊时绳索与构件水平面的夹角不宜小于 45°，否则应采用吊架或经验算确定。

检查数量：全数检查。

检验方法：观察。

**9.4.7** 预制构件安装就位后，应采取保证构件稳定的临时固定措施，并应根据水准点和轴线校正位置。

检查数量：全数检查。

检验方法：观察，钢尺检查。

**9.4.8** 装配式结构中的接头和拼缝应符合设计要求；当设计无具体要求时，应符合下列规定：

**1** 对承受内力的接头和拼缝应采用混凝土浇筑，其强度等级应比构件混凝土强度等级提高一级；

**2** 对不承受内力的接头和拼缝应采用混凝土或砂浆浇筑，其强度等级不应低于 C15 或 M15；

**3** 用于接头和拼缝的混凝土或砂浆，宜采取微膨胀措施和快硬措施，在浇筑过程中应振捣密实，并应采取必要的养护措施。

检查数量：全数检查。

检验方法：检查施工记录及试件强度试验报告。

# 10 混凝土结构子分部工程

## 10.1 结构实体检验

**10.1.1** 对涉及混凝土结构安全的重要部位应进行结构实体检验。结构实体检验应在监理工程师（建设单位项目专业技术负责人）见证下，由施工项目技术负责人组织实施。承担结构实体检验的试验室应具有相应的资质。

**10.1.2** 结构实体检验的内容应包括混凝土强度、钢筋保护层厚度以及工程合同约定的项目；必要时可检验其他项目。

**10.1.3** 对混凝土强度的检验，应以在混凝土浇筑地点制备并与结构实体同条件养护的试件强度为依据。混凝土强度检验用同条件养护试件的留置、养护和强度代表值应符合本规范附录 D 的规定。

对混凝土强度的检验，也可根据合同的约定，采用非破损或局部破损的检测方法，按国家现行有关标准的规定进行。

**10.1.4** 当同条件养护试件强度的检验结果符合现行国家标准《混凝土强度检验评定标准》GBJ 107 的有关规定时，混凝土强度应判为合格。

**10.1.5** 对钢筋保护层厚度的检验，抽样数量、检验方法、允许偏差和合格条件应符合本规范附录 E 的规定。

**10.1.6** 当未能取得同条件养护试件强度、同条件养护试件强度被判为不合格或钢筋保护层厚度不满足要求时，应委托具有相应资质等级的检测机构按国家有关标准的规定进行检测。

## 10.2 混凝土结构子分部工程验收

**10.2.1** 混凝土结构子分部工程施工质量验收时，应提供下列文件和记录：

1 设计变更文件；

2 原材料出厂合格证和进场复验报告；

3 钢筋接头的试验报告；

4 混凝土工程施工记录；

5 混凝土试件的性能试验报告；

6 装配式结构预制构件的合格证和安装验收记录；

7 预应力筋用锚具、连接器的合格证和进场复验报告；

8 预应力筋安装、张拉及灌浆记录；

9 隐蔽工程验收记录；

10 分项工程验收记录；

11 混凝土结构实体检验记录；

12 工程的重大质量问题的处理方案和验收记录；

13 其他必要的文件和记录。

**10.2.2** 混凝土结构子分部工程施工质量验收合格应符合下列规定：

1 有关分项工程施工质量验收合格；

2 应有完整的质量控制资料；

3 观感质量验收合格；

4 结构实体检验结果满足本规范的要求。

**10.2.3** 当混凝土结构施工质量不符合要求时，应按下列规定进行处理：

1 经返工、返修或更换构件、部件的检验批，应重新进行验收；

**2** 经有资质的检测单位检测鉴定达到设计要求的检验批，应予以验收；

**3** 经有资质的检测单位检测鉴定达不到设计要求，但经原设计单位核算并确认仍可满足结构安全和使用功能的检验批，可予以验收；

**4** 经返修或加固处理能够满足结构安全使用要求的分项工程，可根据技术处理方案和协商文件进行验收。

**10.2.4** 混凝土结构工程子分部工程施工质量验收合格后，应将所有的验收文件存档备案。

## 附录 A  质量验收记录

**A.0.1** 检验批质量验收可按表 A.0.1 记录。

### 表 A.0.1  检验批质量验收记录

| 工程名称 | | | 分项工程名称 | | 验收部位 | |
|---|---|---|---|---|---|---|
| 施工单位 | | | 专业工长 | | 项目经理 | |
| 分包单位 | | | 分包项目经理 | | 施工班组长 | |
| 施工执行标准名称及编号 | | | | | | |
| 检查项目 | | 质量验收规范的规定 | 施工单位检查评定记录 | | 监理（建设）单位验收记录 | |
| 主控项目 | 1 | | | | | |
| | 2 | | | | | |
| | 3 | | | | | |
| | 4 | | | | | |
| | 5 | | | | | |
| 一般项目 | 1 | | | | | |
| | 2 | | | | | |
| | 3 | | | | | |
| | 4 | | | | | |
| | 5 | | | | | |
| 施工单位检查评定结果 | | | 项目专业质量检查员　　　　年　月　日 | | | |
| 监理（建设）单位验收结论 | | | 监理工程师（建设单位项目专业技术负责人）年　月　日 | | | |

**A.0.2** 分项工程质量验收可按表 A.0.2 记录。

### 表 A.0.2  分项工程质量验收记录

| 工程名称 | | 结构类型 | | 检验批数 | |
|---|---|---|---|---|---|
| 施工单位 | | 项目经理 | | 项目技术负责人 | |
| 分包单位 | | 分包单位负责人 | | 分包项目经理 | |
| 序号 | 检验批部位、区段 | | 施工单位检查评定结果 | 监理（建设）单位验收结论 | |
| 1 | | | | | |
| 2 | | | | | |
| 3 | | | | | |
| 4 | | | | | |
| 5 | | | | | |
| 6 | | | | | |
| 7 | | | | | |
| 8 | | | | | |
| 检查结论 | | | 项目专业技术负责人　　　年　月　日 | 验收结论 | 监理工程师（建设单位项目专业技术负责人）　　　年　月　日 |

**A.0.3** 混凝土结构子分部工程质量验收可按表 A.0.3 记录。

### 表 A.0.3  混凝土结构子分部工程质量验收记录

| 工程名称 | | 结构类型 | | 层数 | |
|---|---|---|---|---|---|
| 施工单位 | | 技术部门负责人 | | 质量部门负责人 | |
| 分包单位 | | 分包单位负责人 | | 分包技术负责人 | |
| 序号 | 分项工程名称 | 检验批数 | 施工单位检查评定 | 验收意见 | |
| 1 | 钢筋分项工程 | | | | |
| 2 | 预应力分项工程 | | | | |
| 3 | 混凝土分项工程 | | | | |
| 4 | 现浇结构分项工程 | | | | |
| 5 | 装配式结构分项工程 | | | | |
| 质量控制资料 | | | | | |
| 结构实体检验报告 | | | | | |
| 观感质量验收 | | | | | |
| 验收单位 | 分包单位 | | 项目经理 | | 年　月　日 |
| | 施工单位 | | 项目经理 | | 年　月　日 |
| | 勘察单位 | | 项目负责人 | | 年　月　日 |
| | 设计单位 | | 项目负责人 | | 年　月　日 |
| | 监理（建设）单位 | | 总监理工程师（建设单位项目专业技术负责人） | | 年　月　日 |

## 附录 B 纵向受力钢筋的最小搭接长度

**B. 0. 1** 当纵向受拉钢筋的绑扎搭接接头面积百分率不大于25％时，其最小搭接长度应符合表 B. 0. 1 的规定。

**表 B. 0. 1 纵向受拉钢筋的最小搭接长度**

| 钢筋类型 | | 混凝土强度等级 | | | |
|---|---|---|---|---|---|
| | | C15 | C20~C25 | C30~C35 | ≥C40 |
| 光圆钢筋 | HPB235 级 | 45d | 35d | 30d | 25d |
| 带肋钢筋 | HRB335 级 | 55d | 45d | 35d | 30d |
| | HRB400 级、RRB400 级 | — | 55d | 40 d | 35d |

注：两根直径不同钢筋的搭接长度，以较细钢筋的直径计算。

**B. 0. 2** 当纵向受拉钢筋搭接接头面积百分率大于25％，但不大于50％时，其最小搭接长度应按本附录表 B. 0. 1 中的数值乘以系数 1. 2 取用；当接头面积百分率大于50％时，应按本附录表 B. 0. 1 中的数值乘以系数 1. 35 取用。

**B. 0. 3** 当符合下列条件时，纵向受力钢筋的最小搭接长度应根据本附录 B. 0. 1 条至 B. 0. 2 条确定后，按下列规定进行修正：

**1** 当带肋钢筋的直径大于 25mm 时，其最小搭接长度应按相应数值乘以系数 1. 1 取用；

**2** 对环氧树脂涂层的带肋钢筋，其最小搭接长度应按相应数值乘以系数 1. 25 取用；

**3** 当在混凝土凝固过程中受力钢筋易受扰动时（如滑模施工），其最小搭接长度应按相应数值乘以系数 1. 1 取用；

**4** 对末端采用机械锚固措施的带肋钢筋，其最小搭接长度可按相应数值乘以系数 0. 7 取用；

**5** 当带肋钢筋的混凝土保护层厚度大于搭接钢筋直径的 3 倍且配有箍筋时，其最小搭接长度可按相应数值乘以系数 0. 8 取用；

**6** 对有抗震设防要求的结构构件，其受力钢筋的最小搭接长度对一、二级抗震等级应按相应数值乘以系数 1. 15 采用；对三级抗震等级应按相应数值乘以系数 1. 05 采用。

在任何情况下，受拉钢筋的搭接长度不应小于300mm。

**B. 0. 4** 纵向受压钢筋搭接时，其最小搭接长度应根据本附录 B. 0. 1 条至 B. 0. 3 条的规定确定相应数值后，乘以系数 0. 7 取用。在任何情况下，受压钢筋的搭接长度不应小于200mm。

## 附录 C 预制构件结构性能检验方法

**C. 0. 1** 预制构件结构性能试验条件应满足下列要求：

**1** 构件应在 0℃ 以上的温度中进行试验；

**2** 蒸汽养护后的构件应在冷却至常温后进行试验；

**3** 构件在试验前应量测其实际尺寸，并检查构件表面，所有的缺陷和裂缝应在构件上标出；

**4** 试验用的加荷设备及量测仪表应预先进行标定或校准。

**C. 0. 2** 试验构件的支承方式应符合下列规定：

**1** 板、梁和桁架等简支构件，试验时应一端采用铰支承，另一端采用滚动支承。铰支承可采用角钢、半圆型钢或焊于钢板上的圆钢，滚动支承可采用圆钢；

**2** 四边简支或四角简支的双向板，其支承方式应保证支承处构件能自由转动，支承面可以相对水平移动；

**3** 当试验的构件承受较大集中力或支座反力时，应对支承部分进行局部受压承载力验算；

**4** 构件与支承面应紧密接触；钢垫板与构件、钢垫板与支墩间，宜铺砂浆垫平；

**5** 构件支承的中心线位置应符合标准图或设计的要求。

**C. 0. 3** 试验构件的荷载布置应符合下列规定：

**1** 构件的试验荷载布置应符合标准图或设计的要求；

**2** 当试验荷载布置不能完全与标准图或设计的要求相符时，应按荷载效应等效的原则换算，即使构件试验的内力图形与设计的内力图形相似，并使控制截面上的内力值相等，但应考虑荷载布置改变后对构件其他部位的不利影响。

**C. 0. 4** 加载方法应根据标准图或设计的加载要求、构件类型及设备条件等进行选择。当按不同形式荷载组合进行加载试验（包括均布荷载、集中荷载、水平荷载和竖向荷载等）时，各种荷载应按比例增加。

**1** 荷重块加载

荷重块加载适用于均布加载试验。荷重块应按区格成垛堆放，垛与垛之间间隙不宜小于 50mm。

**2** 千斤顶加载

千斤顶加载适用于集中加载试验。千斤顶加载时，可采用分配梁系统实现多点集中加载。千斤顶的加载值宜采用荷载传感器量测，也可采用油压表量测。

**3** 梁或桁架可采用水平对顶加载方法，此时构件应垫平且不应妨碍构件在水平方向的位移。梁也可采用竖直对顶的加载方法。

**4** 当屋架仅作挠度、抗裂或裂缝宽度检验时，可将两榀屋架并列，安放屋面板后进行加载试验。

**C. 0. 5** 构件应分级加载。当荷载小于荷载标准值时，每级荷载不应大于荷载标准值的20％；当荷载大于荷载标准值时，每级荷载不应大于荷载标准值的10%；当荷载接近抗裂检验荷载值时，每级荷载不应大于荷载标准值的5%；当荷载接近承载力检验荷载值时，每级荷载不应大于承载力检验荷载设计值的5%。

对仅作挠度、抗裂或裂缝宽度检验的构件应分级卸载。

作用在构件上的试验设备重量及构件自重应作为第一次加载的一部分。

注：构件在试验前，宜进行预压，以检查试验装置的工作是否正常，同时应防止构件因预压而产生裂缝。

**C.0.6** 每级加载完成后，应持续 10～15min；在荷载标准值作用下，应持续 30min。在持续时间内，应观察裂缝的出现和开展，以及钢筋有无滑移等；在持续时间结束时，应观察并记录各项读数。

**C.0.7** 对构件进行承载力检验时，应加载至构件出现本规范表 9.3.2 所列承载能力极限状态的检验标志。当在规定的荷载持续时间内出现上述检验标志之一时，应取本级荷载值与前一级荷载值的平均值作为其承载力检验荷载实测值；当在规定的荷载持续时间结束后出现上述检验标志之一时，应取本级荷载值作为其承载力检验荷载实测值。

注：当受压构件采用试验机或千斤顶加载时，承载力检验荷载实测值应取构件直至破坏的整个试验过程中所达到的最大荷载值。

**C.0.8** 构件挠度可用百分表、位移传感器、水平仪等进行观测。接近破坏阶段的挠度，可用水平仪或拉线、钢尺等测量。

试验时，应量测构件跨中位移和支座沉陷。对宽度较大的构件，应在每一量测截面的两边或两肋布置测点，并取其量测结果的平均值作为该处的位移。

当试验荷载竖直向下作用时，对水平放置的试件，在各级荷载下的跨中挠度实测值应按下列公式计算：

$$a_t^o = a_q^o + a_g^o \qquad (C.0.8\text{-}1)$$

$$a_q^o = v_m^o - \frac{1}{2}(v_l^o + v_r^o) \qquad (C.0.8\text{-}2)$$

$$a_g^o = \frac{M_g}{M_b}a_b^o \qquad (C.0.8\text{-}3)$$

式中 $a_t^o$——全部荷载作用下构件跨中的挠度实测值（mm）；

$a_q^o$——外加试验荷载作用下构件跨中的挠度实测值（mm）；

$a_g^o$——构件自重及加荷设备重产生的跨中挠度值（mm）；

$v_m^o$——外加试验荷载作用下构件跨中的位移实测值（mm）；

$v_l^o$、$v_r^o$——外加试验荷载作用下构件左、右端支座沉陷位移的实测值（mm）；

$M_g$——构件自重和加荷设备重产生的跨中弯矩

值（kN·m）；

$M_b$——从外加试验荷载开始至构件出现裂缝的前一级荷载为止的外加荷载产生的跨中弯矩值（kN·m）；

$a_b^o$——从外加试验荷载开始至构件出现裂缝的前一级荷载为止的外加荷载产生的跨中挠度实测值（mm）。

**C.0.9** 当采用等效集中力加载模拟均布荷载进行试验时，挠度实测值应乘以修正系数 $\psi$。当采用三分点加载时 $\psi$ 可取为 0.98；当采用其他形式集中力加载时，$\psi$ 应经计算确定。

**C.0.10** 试验中裂缝的观测应符合下列规定：

1 观察裂缝出现可采用放大镜。若试验中未能及时观察到正截面裂缝的出现，可取荷载—挠度曲线上的转折点（曲线第一弯转段两端点切线的交点）的荷载值作为构件的开裂荷载实测值；

2 构件抗裂检验中，当在规定的荷载持续时间内出现裂缝时，应取本级荷载值与前一级荷载值的平均值作为其开裂荷载实测值；当在规定的荷载持续时间结束后出现裂缝时，应取本级荷载值作为其开裂荷载实测值；

3 裂缝宽度可采用精度为 0.05mm 的刻度放大镜等仪器进行观测；

4 对正截面裂缝，应量测受拉主筋处的最大裂缝宽度；对斜截面裂缝，应量测腹部斜裂缝的最大裂缝宽度。确定受弯构件受拉主筋处的裂缝宽度时，应在构件侧面量测。

**C.0.11** 试验时必须注意下列安全事项：

1 试验的加荷设备、支架、支墩等，应有足够的承载力安全储备；

2 对屋架等大型构件进行加载试验时，必须根据设计要求设置侧向支承，以防止构件受力后产生侧向弯曲和倾倒；侧向支承应不妨碍构件在其平面内的位移；

3 试验过程中应注意人身和仪表安全；为了防止构件破坏时试验设备及构件坍落，应采取安全措施（如在试验构件下面设置防护支承等）。

**C.0.12** 构件试验报告应符合下列要求：

1 试验报告应包括试验背景、试验方案、试验记录、检验结论等内容，不得漏项缺检；

2 试验报告中的原始数据和观察记录必须真实、准确，不得任意涂抹篡改；

3 试验报告宜在试验现场完成，及时审核、签字、盖章，并登记归档。

## 附录 D　结构实体检验用同条件养护试件强度检验

**D.0.1** 同条件养护试件的留置方式和取样数量，应符合下列要求：

    **1** 同条件养护试件所对应的结构构件或结构部位，应由监理（建设）、施工等各方共同选定；

    **2** 对混凝土结构工程中的各混凝土强度等级，均应留置同条件养护试件；

    **3** 同一强度等级的同条件养护试件，其留置的数量应根据混凝土工程量和重要性确定，不宜少于10组，且不应少于3组；

    **4** 同条件养护试件拆模后，应放置在靠近相应结构构件或结构部位的适当位置，并应采取相同的养护方法。

**D.0.2** 同条件养护试件应在达到等效养护龄期时进行强度试验。

    等效养护龄期应根据同条件养护试件强度与在标准养护条件下28d龄期试件强度相等的原则确定。

**D.0.3** 同条件自然养护试件的等效养护龄期及相应的试件强度代表值，宜根据当地的气温和养护条件，按下列规定确定：

    **1** 等效养护龄期可取按日平均温度逐日累计达到600℃·d时所对应的龄期，0℃及以下的龄期不计入；等效养护龄期不应小于14d，也不宜大于60d；

    **2** 同条件养护试件的强度代表值应根据强度试验结果按现行国家标准《混凝土强度检验评定标准》GBJ 107的规定确定后，乘折算系数取用；折算系数宜取为1.10，也可根据当地的试验统计结果作适当调整。

**D.0.4** 冬期施工、人工加热养护的结构构件，其同条件养护试件的等效养护龄期可按结构构件的实际养护条件，由监理（建设）、施工等各方根据本附录第D.0.2条的规定共同确定。

## 附录 E　结构实体钢筋保护层厚度检验

**E.0.1** 钢筋保护层厚度检验的结构部位和构件数量，应符合下列要求：

    **1** 钢筋保护层厚度检验的结构部位，应由监理（建设）、施工等各方根据结构构件的重要性共同选定；

    **2** 对梁类、板类构件，应各抽取构件数量的2%且不少于5个构件进行检验；当有悬挑构件时，抽取的构件中悬挑梁类、板类构件所占比例均不宜小于50%。

**E.0.2** 对选定的梁类构件，应对全部纵向受力钢筋的保护层厚度进行检验；对选定的板类构件，应抽取不少于6根纵向受力钢筋的保护层厚度进行检验。对每根钢筋，应在有代表性的部位测量1点。

**E.0.3** 钢筋保护层厚度的检验，可采用非破损或局部破损的方法，也可采用非破损方法并用局部破损方法进行校准。当采用非破损方法检验时，所使用的检测仪器应经过计量检验，检测操作应符合相应规程的规定。

    钢筋保护层厚度检验的检测误差不应大于1mm。

**E.0.4** 钢筋保护层厚度检验时，纵向受力钢筋保护层厚度的允许偏差，对梁类构件为+10mm，−7mm；对板类构件为+8mm，−5mm。

**E.0.5** 对梁类、板类构件纵向受力钢筋的保护层厚度应分别进行验收。

    结构实体钢筋保护层厚度验收合格应符合下列规定：

    **1** 当全部钢筋保护层厚度检验的合格点率为90%及以上时，钢筋保护层厚度的检验结果应判为合格；

    **2** 当全部钢筋保护层厚度检验的合格点率小于90%但不小于80%，可再抽取相同数量的构件进行检验；当按两次抽样总和计算的合格点率为90%及以上时，钢筋保护层厚度的检验结果仍应判为合格；

    **3** 每次抽样检验结果中不合格点的最大偏差均不应大于本附录E.0.4条规定允许偏差的1.5倍。

## 本规范用词用语说明

    **1** 为了便于在执行本规范条文时区别对待，对要求严格程度不同的用词说明如下：

    （1）表示很严格，非这样做不可的用词：

        正面词采用"必须"；反面词采用"严禁"。

    （2）表示严格，在正常情况下均应这样做的用词：

        正面词采用"应"；反面词采用"不应"或"不得"。

    （3）表示允许稍有选择，在条件许可时首先这样做的用词：

        正面词采用"宜"；反面词采用"不宜"。

        表示有选择，在一定条件下可以这样做的，采用"可"。

    **2** 规范中指定应按其他有关标准、规范执行时，写法为："应符合……的规定"或"应按……执行"。

# 目 次

# 1 总　则

**1.0.1** 为加强建筑工程质量管理,统一钢结构工程施工质量的验收,保证钢结构工程质量,制定本规范。

**1.0.2** 本规范适用于建筑工程的单层、多层、高层以及网架、压型金属板等钢结构工程施工质量的验收。

**1.0.3** 钢结构工程施工中采用的工程技术文件、承包合同文件对施工质量验收的要求不得低于本规范的规定。

**1.0.4** 本规范应与现行国家标准《建筑工程施工质量验收统一标准》GB 50300 配套使用。

**1.0.5** 钢结构工程施工质量的验收除应执行本规范的规定外,尚应符合国家现行有关标准的规定。

# 2 术语、符号

## 2.1 术　语

**2.1.1** 零件　part

组成部件或构件的最小单元,如节点板、翼缘板等。

**2.1.2** 部件　component

由若干零件组成的单元,如焊接 H 型钢、牛腿等。

**2.1.3** 构件　element

由零件或由零件和部件组成的钢结构基本单元,如梁、柱、支撑等。

**2.1.4** 小拼单元　the smallest assembled rigid unit

钢网架结构安装工程中,除散件之外的最小安装单元,一般分平面桁架和锥体两种类型。

**2.1.5** 中拼单元　intermediate assembled structure

钢网架结构安装工程中,由散件和小拼单元组成的安装单元,一般分条状和块状两种类型。

**2.1.6** 高强度螺栓连接副　set of high strength bolt

高强度螺栓和与之配套的螺母、垫圈的总称。

**2.1.7** 抗滑移系数　slip coefficent of faying surface

高强度螺栓连接中,使连接件摩擦面产生滑动时的外力与垂直于摩擦面的高强度螺栓预拉力之和的比值。

**2.1.8** 预拼装　test assembling

为检验构件是否满足安装质量要求而进行的拼装。

**2.1.9** 空间刚度单元　space rigid unit

由构件构成的基本的稳定空间体系。

**2.1.10** 焊钉(栓钉)焊接　stud welding

将焊钉(栓钉)一端与板件(或管件)表面接触通电引弧,待接触面熔化后,给焊钉(栓钉)一定压力完成焊接的方法。

**2.1.11** 环境温度　ambient temperature

制作或安装时现场的温度。

## 2.2 符　号

**2.2.1** 作用及作用效应

$P$——高强度螺栓设计预拉力

$\Delta P$——高强度螺栓预拉力的损失值

$T$——高强度螺栓检查扭矩

$T_c$——高强度螺栓终拧扭矩

$T_0$——高强度螺栓初拧扭矩

**2.2.2** 几何参数

$a$——间距

$b$——宽度或板的自由外伸宽度

$d$——直径

$e$——偏心距

$f$——挠度、弯曲矢高

$H$——柱高度

$H_i$——各楼层高度

$h$——截面高度

$h_e$——角焊缝计算厚度

$l$——长度、跨度

$R_a$——轮廓算术平均偏差(表面粗糙度参数)

$r$——半径

$t$——板、壁的厚度

$\Delta$——增量

**2.2.3** 其他

$K$——系数

# 3 基 本 规 定

**3.0.1** 钢结构工程施工单位应具备相应的钢结构工程施工资质,施工现场质量管理应有相应的施工技术标准、质量管理体系、质量控制及检验制度,施工现场应有经项目技术负责人审批的施工组织设计、施工方案等技术文件。

**3.0.2** 钢结构工程施工质量的验收,必须采用经计量检定、校准合格的计量器具。

**3.0.3** 钢结构工程应按下列规定进行施工质量控制:

1 采用的原材料及成品应进行进场验收。凡涉及安全、功能的原材料及成品应按本规范规定进行复验,并应经监理工程师(建设单位技术负责人)见证取样、送样;

2 各工序应按施工技术标准进行质量控制,每道工序完成后,应进行检查;

3 相关各专业工种之间,应进行交接检验,并经监理工程师(建设单位技术负责人)检查认可。

**3.0.4** 钢结构工程施工质量验收应在施工单位自检基础上,按照检验批、分项工程、分部(子分部)工程进行。钢结构分部(子分部)工程中分项工程划分应按照现行国家标准《建筑工程施工质量验收统一标准》GB 50300 的规定执行。钢结构分项工程应有一个或若干检验批组成,各分项工程检验批应按本规范的规定进行划分。

**3.0.5** 分项工程检验批合格质量标准应符合下列规定:

1 主控项目必须符合本规范合格质量标准的要求;

2 一般项目其检验结果应有80%及以上的检查点(值)符合本规范合格质量标准的要求,且最大值不应超过其允许偏差值的1.2倍。

3 质量检查记录、质量证明文件等资料应完整。

**3.0.6** 分项工程合格质量标准应符合下列规定:

1 分项工程所含的各检验批均应符合本规范合格质量标准;

2 分项工程所含的各检验批质量验收记录应完整。

**3.0.7** 当钢结构工程施工质量不符合本规范要求时,应按下列规定进行处理:

1 经返工重做或更换构(配)件的检验批,应重新进行验收;

2 经有资质的检测单位检测鉴定能够达到设计要求的检验批,应予以验收;

3 经有资质的检测单位检测鉴定达不到设计要求,但经原设计单位核算认可能够满足结构安全和使用功能的检验批,可予以验收;

4 经返修或加固处理的分项、分部工程,虽然改变外形尺寸但仍能满足安全使用要求,可按处理技术方案和协商文件进行验收。

**3.0.8** 通过返修或加固处理仍不能满足安全使用要求的钢结构分部工程,严禁验收。

# 4 原材料及成品进场

## 4.1 一般规定

4.1.1 本章适用于进入钢结构各分项工程实施现场的主要材料、零(部)件、成品件、标准件等产品的进场验收。

4.1.2 进场验收的检验批原则上应与各分项工程检验批一致，也可以根据工程规模及进料实际情况划分检验批。

## 4.2 钢 材

### Ⅰ 主 控 项 目

4.2.1 钢材、钢铸件的品种、规格、性能等应符合现行国家产品标准和设计要求。进口钢材产品的质量应符合设计和合同规定标准的要求。

检查数量：全数检查。

检验方法：检查质量合格证明文件、中文标志及检验报告等。

4.2.2 对属于下列情况之一的钢材，应进行抽样复验，其复验结果应符合现行国家产品标准和设计要求。

1 国外进口钢材；

2 钢材混批；

3 板厚等于或大于40mm，且设计有Z向性能要求的厚板；

4 建筑结构安全等级为一级，大跨度钢结构中主要受力构件所采用的钢材；

5 设计有复验要求的钢材；

6 对质量有疑义的钢材。

检查数量：全数检查。

检验方法：检查复验报告。

### Ⅱ 一 般 项 目

4.2.3 钢板厚度及允许偏差应符合其产品标准的要求。

检查数量：每一品种、规格的钢板抽查5处。

检验方法：用游标卡尺量测。

4.2.4 型钢的规格尺寸及允许偏差符合其产品标准的要求。

检查数量：每一品种、规格的型钢抽查5处。

检验方法：用钢尺和游标卡尺量测。

4.2.5 钢材的表面外观质量除应符合国家现行有关标准的规定外，尚应符合下列规定：

1 当钢材的表面有锈蚀、麻点或划痕等缺陷时，其深度不得大于该钢材厚度负允许偏差值的1/2；

2 钢材表面的锈蚀等级应符合现行国家标准《涂装前钢材表面锈蚀等级和除锈等级》GB 8923规定的C级及C级以上；

3 钢材端边或断口处不应有分层、夹渣等缺陷。

检查数量：全数检查。

检验方法：观察检查。

## 4.3 焊接材料

### Ⅰ 主 控 项 目

4.3.1 焊接材料的品种、规格、性能等应符合现行国家产品标准和设计要求。

检查数量：全数检查。

检验方法：检查焊接材料的质量合格证明文件、中文标志及检验报告等。

4.3.2 重要钢结构采用的焊接材料应进行抽样复验，复验结果应符合现行国家产品标准和设计要求。

检查数量：全数检查。

检验方法：检查复验报告。

### Ⅱ 一 般 项 目

4.3.3 焊钉及焊接瓷环的规格、尺寸及偏差应符合现行国家标准《圆柱头焊钉》GB 10433中的规定。

检查数量：按量抽查1%，且不应少于10套。

检验方法：用钢尺和游标卡尺量测。

4.3.4 焊条外观不应有药皮脱落、焊芯生锈等缺陷；焊剂不应受潮结块。

检查数量：按量抽查1%，且不应少于10包。

检验方法：观察检查。

## 4.4 连接用紧固标准件

### Ⅰ 主 控 项 目

4.4.1 钢结构连接用高强度大六角头螺栓连接副、扭剪型高强度螺栓连接副、钢网架用高强度螺栓、普通螺栓、铆钉、自攻钉、拉铆钉、射钉、锚栓(机械型和化学试剂型)、地脚锚栓等紧固标准件及螺母、垫圈等标准配件，其品种、规格、性能等应符合现行国家产品标准和设计要求。高强度大六角头螺栓连接副和扭剪型高强度螺栓连接副出厂时应分别随箱带有扭矩系数和紧固轴力(预拉力)的检验报告。

检查数量：全数检查。

检验方法：检查产品的质量合格证明文件、中文标志及检验报告等。

4.4.2 高强度大六角头螺栓连接副应按本规范附录B的规定检验其扭矩系数，其检验结果应符合本规范附录B的规定。

检查数量：见本规范附录B。

检验方法：检查复验报告。

4.4.3 扭剪型高强度螺栓连接副应按本规范附录B的规定检验预拉力，其检验结果应符合本规范附录B的规定。

检查数量：见本规范附录B。

检验方法：检查复验报告。

### Ⅱ 一 般 项 目

4.4.4 高强度螺栓连接副，应按包装箱配套供货，包装箱上应标明批号、规格、数量及生产日期。螺栓、螺母、垫圈外观表面应涂油保护，不应出现生锈和沾染赃物，螺纹不应损伤。

检查数量：按包装箱数抽查5%，且不应少于3箱。

检验方法：观察检查。

4.4.5 对建筑结构安全等级为一级，跨度40m及以上的螺栓球节点钢网架结构，其连接高强度螺栓应进行表面硬度试验，对8.8级的高强度螺栓其硬度应为HRC21～29；10.9级高强度螺栓其硬度应为HRC32～36，且不得有裂纹或损伤。

检查数量：按规格抽查8只。

检验方法：硬度计、10倍放大镜或磁粉探伤。

## 4.5 焊 接 球

### Ⅰ 主 控 项 目

4.5.1 焊接球及制造焊接球所采用的原材料，其品种、规格、性能等应符合现行国家产品标准和设计要求。

检查数量：全数检查。

检验方法：检查产品的质量合格证明文件、中文标志及检验报告等。

4.5.2 焊接球焊缝应进行无损检验，其质量应符合设计要求，当设计无要求时应符合本规范中规定的二级质量标准。

检查数量：每一规格按数量抽查5%，且不应少于3个。

检验方法：超声波探伤或检查检验报告。

### Ⅱ 一 般 项 目

4.5.3 焊接球直径、圆度、壁厚减薄量等尺寸及允许偏差应符合本规范的规定。

检查数量：每一规格按数量抽查5%，且不应少于3个。

检验方法：用卡尺和测厚仪检查。

**4.5.4** 焊接球表面应无明显波纹及局部凹凸不平不大于1.5mm。

检查数量：每一规格按数量抽查5％，且不应少于3个。

检验方法：用弧形套模、卡尺和观察检查。

### 4.6 螺 栓 球

#### Ⅰ 主控项目

**4.6.1** 螺栓球及制造螺栓球节点所采用的原材料，其品种、规格、性能等应符合现行国家产品标准和设计要求。

检查数量：全数检查。

检验方法：检查产品的质量合格证明文件、中文标志及检验报告等。

**4.6.2** 螺栓球不得有过烧、裂纹及褶皱。

检查数量：每种规格抽查5％，且不应少于5只。

检验方法：用10倍放大镜观察和表面探伤。

#### Ⅱ 一般项目

**4.6.3** 螺栓球螺纹尺寸应符合现行国家标准《普通螺纹基本尺寸》GB 196中粗牙螺纹的规定，螺纹公差必须符合现行国家标准《普通螺纹公差与配合》GB 197中6H级精度的规定。

检查数量：每种规格抽查5％，且不应少于5只。

检验方法：用标准螺纹规。

**4.6.4** 螺栓球直径、圆度、相邻两螺栓孔中心线夹角等尺寸及允许偏差应符合本规范的规定。

检查数量：每一规格按数量抽查5％，且不应少于3个。

检验方法：用卡尺和分度头仪检查。

### 4.7 封板、锥头和套筒

#### Ⅰ 主控项目

**4.7.1** 封板、锥头和套筒及制造封板、锥头和套筒所采用的原材料，其品种、规格、性能等应符合现行国家产品标准和设计要求。

检查数量：全数检查。

检验方法：检查产品的质量合格证明文件、中文标志及检验报告等。

**4.7.2** 封板、锥头、套筒外观不得有裂纹、过烧及氧化皮。

检查数量：每种抽查5％，且不应少于10只。

检验方法：用放大镜观察检查和表面探伤。

### 4.8 金属压型板

#### Ⅰ 主控项目

**4.8.1** 金属压型板及制造金属压型板所采用的原材料，其品种、规格、性能等应符合现行国家产品标准和设计要求。

检查数量：全数检查。

检验方法：检查产品的质量合格证明文件、中文标志及检验报告等。

**4.8.2** 压型金属泛水板、包角板和零配件的品种、规格以及防水密封材料的性能应符合现行国家产品标准和设计要求。

检查数量：全数检查。

检验方法：检查产品的质量合格证明文件、中文标志及检验报告等。

#### Ⅱ 一般项目

**4.8.3** 压型金属板的规格尺寸及允许偏差、表面质量、涂层质量等应符合设计要求和本规范的规定。

检查数量：每种规格抽查5％，且不应少于3件。

检验方法：观察和用10倍放大镜检查及尺量。

### 4.9 涂装材料

#### Ⅰ 主控项目

**4.9.1** 钢结构防腐涂料、稀释剂和固化剂等材料的品种、规格、性

能等应符合现行国家产品标准和设计要求。

检查数量：全数检查。

检验方法：检查产品的质量合格证明文件、中文标志及检验报告等。

**4.9.2** 钢结构防火涂料的品种和技术性能应符合设计要求，并应经过具有资质的检测机构检测符合国家现行有关标准的规定。

检查数量：全数检查。

检验方法：检查产品的质量合格证明文件、中文标志及检验报告等。

#### Ⅱ 一般项目

**4.9.3** 防腐涂料和防火涂料的型号、名称、颜色及有效期应与其质量证明文件相符。开启后，不应存在结皮、结块、凝胶等现象。

检查数量：按桶数抽查5％，且不应少于3桶。

检验方法：观察检查。

### 4.10 其 他

#### Ⅰ 主控项目

**4.10.1** 钢结构用橡胶垫的品种、规格、性能等应符合现行国家产品标准和设计要求。

检查数量：全数检查。

检验方法：检查产品的质量合格证明文件、中文标志及检验报告等。

**4.10.2** 钢结构工程所涉及到的其他特殊材料，其品种、规格、性能等应符合现行国家产品标准和设计要求。

检查数量：全数检查。

检验方法：检查产品的质量合格证明文件、中文标志及检验报告等。

# 5 钢结构焊接工程

## 5.1 一般规定

**5.1.1** 本章适用于钢结构制作和安装中的钢构件焊接和焊钉焊接的工程质量验收。

**5.1.2** 钢结构焊接工程可按相应的钢结构制作或安装工程检验批的划分原则划分为一个或若干个检验批。

**5.1.3** 碳素结构钢应在焊接冷却到环境温度、低合金结构钢应在完成焊接24h以后，进行焊缝探伤检验。

**5.1.4** 焊缝施焊后应在工艺规定的焊缝及部位上打上焊工钢印。

## 5.2 钢构件焊接工程

#### Ⅰ 主控项目

**5.2.1** 焊条、焊丝、焊剂、电渣焊熔嘴等焊接材料与母材的匹配应符合设计要求及国家现行行业标准《建筑钢结构焊接技术规程》JGJ 81的规定。焊条、焊剂、药芯焊丝、熔嘴等在使用前，应按其产品说明书及焊接工艺文件的规定进行烘焙和存放。

检查数量：全数检查。

检验方法：检查质量证明书和烘焙记录。

**5.2.2** 焊工必须经考试合格并取得合格证书。持证焊工必须在其考试合格项目及其认可范围内施焊。

检查数量：全数检查。

检验方法：检查焊工合格证及其认可范围、有效期。

**5.2.3** 施工单位对其首次采用的钢材、焊接材料、焊接方法、焊后热处理等，应进行焊接工艺评定，并应根据评定报告确定焊接工艺。

检查数量：全数检查。

检验方法：检查焊接工艺评定报告。

**5.2.4** 设计要求全焊透的一、二级焊缝应采用超声波探伤进行内部缺陷的检验，超声波探伤不能对缺陷作出判断时，应采用射线探

伤,其内部缺陷分级及探伤方法应符合现行国家标准《钢焊缝手工超声波探伤方法和探伤结果分级法》GB 11345 或《钢熔化焊对接接头射线照相和质量分级》GB 3323 的规定。

焊接球节点网架焊缝、螺栓球节点网架焊缝及圆管 T、K、Y 形节点相关线焊缝,其内部缺陷分级及探伤方法应分别符合国家现行标准《焊接球节点钢网架焊缝超声波探伤方法及质量分级法》JBJ/T 3034.1、《螺栓球节点钢网架焊缝超声波探伤方法及质量分级法》JBJ/T 3034.2、《建筑钢结构焊接技术规程》JGJ 81 的规定。

一级、二级焊缝的质量等级及缺陷分级应符合表 5.2.4 的规定。

检查数量:全数检查。

检验方法:检查超声波或射线探伤记录。

表 5.2.4　一、二级焊缝质量等级及缺陷分级

| 焊缝质量等级 | | 一级 | 二级 |
|---|---|---|---|
| 内部缺陷<br>超声波探伤 | 评定等级 | Ⅱ | Ⅲ |
| | 检验等级 | B 级 | B 级 |
| | 探伤比例 | 100% | 20% |
| 内部缺陷<br>射线探伤 | 评定等级 | Ⅱ | Ⅲ |
| | 检验等级 | AB 级 | AB 级 |
| | 探伤比例 | 100% | 20% |

注:探伤比例的计数方法应按以下原则确定:(1)对工厂制作焊缝,应按每条焊缝计算百分比,探伤长度应不小于 200mm,当焊缝长度不足 200mm 时,应对整条焊缝进行探伤;(2)对现场安装焊缝,应按同一类型、同一施焊条件的焊缝条数计算百分比,探伤长度应不小于 200mm,并应不少于 1 条焊缝。

5.2.5　T 形接头、十字接头、角接接头等要求熔透的对接和角对接组合焊缝,其焊脚尺寸不应小于 t/4(图 5.2.5a、b、c);设计有疲劳验算要求的吊车梁或类似构件的腹板与上翼缘连接焊缝的焊脚尺寸为 t/2(图 5.2.5d),且不应大于 10mm。焊缝尺寸的允许偏差为 0~4mm。

检查数量:资料全数检查,同类焊缝抽查 10%,且不应少于 3 条。

检验方法:观察检查,用焊缝量规抽查测量。

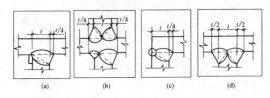

(a)　　　　(b)　　　　(c)　　　　(d)

图 5.2.5　焊脚尺寸

5.2.6　焊缝表面不得有裂纹、焊瘤等缺陷。一级、二级焊缝不得有表面气孔、夹渣、弧坑裂纹、电弧擦伤等缺陷。且一级焊缝不得有咬边、未焊满、根部收缩等缺陷。

检查数量:每批同类构件抽查 10%,且不应少于 3 件;被抽查构件中,每一类型焊缝按条数抽查 5%,且不应少于 1 条;每条检查 1 处,总抽查数不应少于 10 处。

检验方法:观察检查或使用放大镜、焊缝量规和钢尺检查,当存在疑义时,采用渗透或磁粉探伤检查。

Ⅱ　一般项目

5.2.7　对于需要进行焊前预热或焊后热处理的焊缝,其预热温度或后热温度应符合国家现行有关标准的规定或通过工艺试验确定。预热区在焊道两侧,每侧宽度均应大于焊件厚度的 1.5 倍以上,且不应小于 100mm;后热处理应在焊后立即进行,保温时间应根据板厚按每 25mm 板厚 1h 确定。

检查数量:全数检查。

检验方法:检查预、后热施工记录和工艺试验报告。

5.2.8　二级、三级焊缝外观质量标准应符合本规范附录 A 中表 A.0.1 的规定。三级对接焊缝应按二级焊缝标准进行外观质量检验。

检查数量:每批同类构件抽查 10%,且不应少于 3 件;被抽查构件中,每一类型焊缝按条数抽查 5%,且不应少于 1 条;每条检查 1 处,总抽查数不应少于 10 处。

检验方法:观察检查或使用放大镜、焊缝量规和钢尺检查。

5.2.9　焊缝尺寸允许偏差应符合本规范附录 A 中表 A.0.2 的规定。

检查数量:每批同类构件抽查 10%,且不应少于 3 件;被抽查构件中,每种焊缝按条数各抽查 5%,但不应少于 1 条;每条检查 1 处,总抽查数不应少于 10 处。

检验方法:用焊缝量规检查。

5.2.10　焊成凹形的角焊缝,焊缝金属与母材间应平缓过渡;加工成凹形的角焊缝,不得在其表面留下切痕。

检查数量:每批同类构件抽查 10%,且不应少于 3 件。

检验方法:观察检查。

5.2.11　焊缝感观应达到:外形均匀、成型较好,焊道与焊道、焊道与基本金属间过渡较平滑,焊渣和飞溅物基本清除干净。

检查数量:每批同类构件抽查 10%,且不应少于 3 件;被抽查构件中,每种焊缝按数量各抽查 5%,总抽查处不应少于 5 处。

检验方法:观察检查。

### 5.3　焊钉(栓钉)焊接工程

Ⅰ　主控项目

5.3.1　施工单位对其采用的焊钉和钢材焊接应进行焊接工艺评定,其结果应符合设计要求和国家现行有关标准的规定。瓷环应按其产品说明书进行烘焙。

检查数量:全数检查。

检验方法:检查焊接工艺评定报告和烘焙记录。

5.3.2　焊钉焊接后应进行弯曲试验检查,其焊缝和热影响区不应有肉眼可见的裂纹。

检查数量:每批同类构件抽查 10%,且不应少于 10 件;被抽查构件中,每件检查焊钉数量的 1%,但不应少于 1 个。

检验方法:焊钉弯曲 30° 后用角尺检查和观察检查。

Ⅱ　一般项目

5.3.3　焊钉根部焊脚应均匀,焊脚立面的局部未熔合或不足 360° 的焊脚应进行修补。

检查数量:按总焊钉数量抽查 1%,且不应少于 10 个。

检验方法:观察检查。

# 6　紧固件连接工程

### 6.1　一般规定

6.1.1　本章适用于钢结构制作和安装中的普通螺栓、扭剪型高强度螺栓、高强度大六角头螺栓、钢网架螺栓球节点用高强度螺栓及射钉、自攻钉、拉铆钉等连接工程的质量验收。

6.1.2　紧固件连接工程可按相应的钢结构制作或安装工程检验批的划分原则划分为一个或若干个检验批。

### 6.2　普通紧固件连接

Ⅰ　主控项目

6.2.1　普通螺栓作为永久性连接螺栓时,当设计有要求或对其质量有疑义时,应进行螺栓实物最小拉力载荷复验,试验方法见本规范附录 B,其结果应符合现行国家标准《紧固件机械性能螺栓、螺钉和螺柱》GB 3098 的规定。

检查数量:每一规格螺栓抽查 8 个。

检验方法:检查螺栓实物复验报告。

6.2.2　连接薄钢板采用的自攻钉、拉铆钉、射钉等其规格尺寸应

与被连接钢板相匹配,其间距、边距等应符合设计要求。

检查数量:按连接节点数抽1%,且不应少于3个。

检验方法:观察和尺量检查。

Ⅱ 一般项目

6.2.3 永久性普通螺栓紧固应牢固、可靠,外露丝扣不应少于2扣。

检查数量:按连接节点数抽查10%,且不应少于3个。

检验方法:观察和用小锤敲击检查。

6.2.4 自攻螺钉、钢拉铆钉、射钉等与连接钢板应紧固密贴,外观排列整齐。

检查数量:按连接节点数抽查10%,且不应少于3个。

检验方法:观察或用小锤敲击检查。

## 6.3 高强度螺栓连接

Ⅰ 主控项目

6.3.1 钢结构制作和安装单位应按本规范附录B的规定分别进行高强度螺栓连接摩擦面的抗滑移系数试验和复验,现场处理的构件摩擦面应单独进行摩擦面抗滑移系数试验,其结果应符合设计要求。

检查数量:见本规范附录B。

检验方法:检查摩擦面抗滑移系数试验报告和复验报告。

6.3.2 高强度大六角头螺栓连接副终拧完成1h后、48h内应进行终拧扭矩检查,检查结果应符合本规范附录B的规定。

检查数量:按节点数抽查10%,且不应少于10个;每个被抽查节点按螺栓数抽查10%,且不应少于2个。

检验方法:见本规范附录B。

6.3.3 扭剪型高强度螺栓连接副终拧后,除因构造原因无法使用专用扳手终拧掉梅花头者外,未在终拧中拧掉梅花头的螺栓数不应大于该节点螺栓数的5%。对所有梅花头未拧掉的扭剪型高强度螺栓连接副应采用扭矩法或转角法进行终拧并作标记,且按本规范第6.3.2条的规定进行终拧扭矩检查。

检查数量:按节点数抽查10%,但不应少于10个节点,被抽查节点中梅花头未拧掉的扭剪型高强度螺栓连接副全数进行终拧扭矩检查。

检验方法:观察检查及本规范附录B。

Ⅱ 一般项目

6.3.4 高强度螺栓连接副的施拧顺序和初拧、复拧扭矩应符合设计要求和国家现行行业标准《钢结构高强度螺栓连接的设计施工及验收规程》JGJ 82 的规定。

检查数量:全数检查资料。

检验方法:检查扭矩扳手标定记录和螺栓施工记录。

6.3.5 高强度螺栓连接副终拧后,螺栓丝扣外露应为2~3扣,其中允许有10%的螺栓丝扣外露1扣或4扣。

检查数量:按节点数抽查5%,且不应少于10个。

检验方法:观察检查。

6.3.6 高强度螺栓连接摩擦面应保持干燥、整洁,不应有飞边、毛刺、焊接飞溅物、焊疤、氧化铁皮、污垢等,除设计要求外摩擦面不应涂漆。

检查数量:全数检查。

检验方法:观察检查。

6.3.7 高强度螺栓应自由穿入螺栓孔。高强度螺栓孔不应采用气割扩孔,扩孔数量应征得设计同意,扩孔后的孔径不应超过1.2d(d 为螺栓直径)。

检查数量:被扩螺栓孔全数检查。

检验方法:观察检查及用卡尺检查。

6.3.8 螺栓球节点网架总拼完成后,高强度螺栓与球节点应紧密连接,高强度螺栓拧入螺栓球内的螺纹长度不应小于1.0d(d 为螺栓直径),连接处不应出现有间隙、松动等未拧紧情况。

检查数量:按节点数抽查5%,且不应少于10个。

检验方法:普通扳手及尺量检查。

# 7 钢零件及钢部件加工工程

## 7.1 一般规定

7.1.1 本章适用于钢结构制作及安装中钢零件及钢部件加工的质量验收。

7.1.2 钢零件及钢部件加工工程,可按相应的钢结构制作工程或钢结构安装工程检验批的划分原则划分为一个或若干个检验批。

## 7.2 切 割

Ⅰ 主控项目

7.2.1 钢材切割面或剪切面应无裂纹、夹渣、分层和大于1mm的缺棱。

检查数量:全数检查。

检验方法:观察或用放大镜及百分尺检查,有疑义时作渗透、磁粉或超声波探伤检查。

Ⅱ 一般项目

7.2.2 气割的允许偏差应符合表 7.2.2 的规定。

检查数量:按切割面数抽查10%,且不应少于3个。

检验方法:观察检查或用钢尺、塞尺检查。

表 7.2.2 气割的允许偏差(mm)

| 项 目 | 允 许 偏 差 |
|---|---|
| 零件宽度、长度 | ±3.0 |
| 切割面平面度 | 0.05t,且不应大于2.0 |
| 割纹深度 | 0.3 |
| 局部缺口深度 | 1.0 |
| 注:t 为切割面厚度。 | |

7.2.3 机械剪切的允许偏差应符合表 7.2.3 的规定。

检查数量:按切割面数抽查10%,且不应少于3个。

检验方法:观察检查或用钢尺、塞尺检查。

表 7.2.3 机械剪切的允许偏差(mm)

| 项 目 | 允 许 偏 差 |
|---|---|
| 零件宽度、长度 | ±3.0 |
| 边缘缺棱 | 1.0 |
| 型钢端部垂直度 | 2.0 |

## 7.3 矫正和成型

Ⅰ 主控项目

7.3.1 碳素结构钢在环境温度低于-16℃、低合金结构钢在环境温度低于-12℃时,不应进行冷矫正和冷弯曲。碳素结构钢和低合金结构钢在加热矫正时,加热温度不应超过900℃。低合金结构钢在加热矫正后应自然冷却。

检查数量:全数检查。

检验方法:检查制作工艺报告和施工记录。

7.3.2 当零件采用热加工成型时,加热温度应控制在 900~1000℃;碳素结构钢和低合金结构钢在温度分别下降到700℃和800℃之前,应结束加工,低合金结构钢应自然冷却。

检查数量:全数检查。

检验方法:检查制作工艺报告和施工记录。

Ⅱ 一般项目

7.3.3 矫正后的钢材表面,不应有明显的凹面或损伤,划痕深度不得大于 0.5mm,且不应大于该钢材厚度负允许偏差的1/2。

检查数量:全数检查。

检验方法:观察检查和实测检查。

7.3.4 冷矫正和冷弯曲的最小曲率半径和最大弯曲矢高应符合表 7.3.4 的规定。

检查数量:按冷矫正和冷弯曲的件数抽查10%,且不应少于3个。

检验方法:观察检查和实测检查。

**表7.3.4 冷矫正和冷弯曲的最小曲率半径和最大弯曲矢高(mm)**

| 钢材类别 | 图例 | 对应轴 | 矫正 | | 弯曲 | |
|---|---|---|---|---|---|---|
| | | | $r$ | $f$ | $r$ | $f$ |
| 钢板扁钢 | | $x-x$ | $50t$ | $\dfrac{l^2}{400t}$ | $25t$ | $\dfrac{l^2}{200t}$ |
| | | $y-y$(仅对扁钢轴线) | $100b$ | $\dfrac{l^2}{800b}$ | $50b$ | $\dfrac{l^2}{400b}$ |
| 角钢 | | $x-x$ | $90b$ | $\dfrac{l^2}{720b}$ | $45b$ | $\dfrac{l^2}{360b}$ |
| 槽钢 | | $x-x$ | $50h$ | $\dfrac{l^2}{400h}$ | $25h$ | $\dfrac{l^2}{200h}$ |
| | | $y-y$ | $90b$ | $\dfrac{l^2}{720b}$ | $45b$ | $\dfrac{l^2}{360b}$ |
| 工字钢 | | $x-x$ | $50h$ | $\dfrac{l^2}{400h}$ | $25h$ | $\dfrac{l^2}{200h}$ |
| | | $y-y$ | $50b$ | $\dfrac{l^2}{400b}$ | $25b$ | $\dfrac{l^2}{200b}$ |

注:$r$为曲率半径;$f$为弯曲矢高;$l$为弯曲弦长;$t$为钢板厚度。

**7.3.5** 钢材矫正后的允许偏差,应符合表7.3.5的规定。

检查数量:按矫正件数抽查10%,且不应少于3件。

检验方法:观察检查和实测检查。

**表7.3.5 钢材矫正后的允许偏差(mm)**

| 项 目 | | 允许偏差 | 图 例 |
|---|---|---|---|
| 钢板的局部平面度 | $t\leqslant14$ | 1.5 | |
| | $t>14$ | 1.0 | |
| 型钢弯曲矢高 | | $l/1000$且不应大于5.0 | |
| 角钢肢的垂直度 | | $b/100$双肢栓接角钢的角度不得大于90° | |
| 槽钢翼缘对腹板的垂直度 | | $b/80$ | |
| 工字钢、H型钢翼缘对腹板的垂直度 | | $b/100$且不大于2.0 | |

## 7.4 边缘加工

### Ⅰ 主 控 项 目

**7.4.1** 气割或机械剪切的零件,需要进行边缘加工时,其刨削量不应小于2.0mm。

检查数量:全数检查。

检验方法:检查工艺报告和施工记录。

### Ⅱ 一 般 项 目

**7.4.2** 边缘加工允许偏差应符合表7.4.2的规定。

检查数量:按加工面数抽查10%,不应少于3件。

检验方法:观察检查和实测检查。

**表7.4.2 边缘加工的允许偏差(mm)**

| 项 目 | 允许偏差 |
|---|---|
| 零件宽度、长度 | ±1.0 |
| 加工边直线度 | $l/3000$,且不应大于2.0 |
| 相邻两边夹角 | ±6′ |
| 加工面垂直度 | $0.025t$,且不应大于0.5 |
| 加工面表面粗糙度 | $\overset{50}{\triangledown}$ |

## 7.5 管、球加工

### Ⅰ 主 控 项 目

**7.5.1** 螺栓球成型后,不应有裂纹、褶皱、过烧。

检查数量:每种规格抽查10%,且不应少于5个。

检验方法:10倍放大镜观察检查或表面探伤。

**7.5.2** 钢板压成半圆球后,表面不应有裂纹、褶皱;焊接球其对接坡口应采用机械加工,对接焊缝表面应打磨平整。

检查数量:每种规格抽查10%,且不应少于5个。

检验方法:10倍放大镜观察检查或表面探伤。

### Ⅱ 一 般 项 目

**7.5.3** 螺栓球加工的允许偏差应符合表7.5.3的规定。

检查数量:每种规格抽查10%,且不应少于5个。

检验方法:见表7.5.3。

**表7.5.3 螺栓球加工的允许偏差(mm)**

| 项 目 | | 允许偏差 | 检验方法 |
|---|---|---|---|
| 圆度 | $d\leqslant120$ | 1.5 | 用卡尺和游标卡尺检查 |
| | $d>120$ | 2.5 | |
| 同一轴线上两铣平面平行度 | $d\leqslant120$ | 0.2 | 用百分表V形块检查 |
| | $d>120$ | 0.3 | |
| 铣平面距中心距离 | | ±0.2 | 用游标卡尺检查 |
| 相邻两螺栓孔中心线夹角 | | ±30′ | 用分度头检查 |
| 两铣平面与螺栓孔轴线垂直度 | | $0.005r$ | 用百分表检查 |
| 球毛坯直径 | $d\leqslant120$ | $+2.0$ $-1.0$ | 用卡尺和游标卡尺检查 |
| | $d>120$ | $+3.0$ $-1.5$ | |

**7.5.4** 焊接球加工的允许偏差应符合表7.5.4的规定。

检查数量:每种规格抽查10%,且不应少于5个。

检验方法:见表7.5.4。

**表7.5.4 焊接球加工的允许偏差(mm)**

| 项 目 | 允许偏差 | 检验方法 |
|---|---|---|
| 直径 | ±0.005d ±2.5 | 用卡尺和游标卡尺检查 |
| 圆度 | 2.5 | 用卡尺和游标卡尺检查 |
| 壁厚减薄量 | $0.13t$,且不应大于1.5 | 用卡尺和测厚仪检查 |
| 两半球对口错边 | 1.0 | 用套模和游标卡尺检查 |

**7.5.5** 钢网架(桁架)用钢管杆件加工的允许偏差应符合表7.5.5的规定。

检查数量:每种规格抽查10%,且不应少于5根。

检验方法:见表7.5.5。

表 7.5.5 钢网架(桁架)用钢管杆件加工的允许偏差(mm)

| 项 目 | 允许偏差 | 检验方法 |
|---|---|---|
| 长 度 | ±1.0 | 用钢尺和百分表检查 |
| 端面对管轴的垂直度 | 0.005r | 用百分表 V 形块检查 |
| 管口曲线 | 1.0 | 用套模和游标卡尺检查 |

## 7.6 制 孔

### Ⅰ 主控项目

**7.6.1** A、B 级螺栓孔(Ⅰ类孔)应具有 H12 的精度,孔壁表面粗糙度 $R_a$ 不应大于 12.5$\mu$m。其孔径的允许偏差应符合表 7.6.1-1 的规定。

C 级螺栓孔(Ⅱ类孔),孔壁表面粗糙度 $R_a$ 不应大于 25$\mu$m,其允许偏差应符合表 7.6.1-2 的规定。

检查数量:按钢构件数量抽查 10%,且不应少于 3 件。

检验方法:用游标卡尺或孔径量规检查。

表 7.6.1-1 A、B 级螺栓孔径的允许偏差(mm)

| 序 号 | 螺栓公称直径、螺栓孔直径 | 螺栓公称直径允许偏差 | 螺栓孔直径允许偏差 |
|---|---|---|---|
| 1 | 10~18 | 0.00<br>−0.21 | +0.18<br>0.00 |
| 2 | 18~30 | 0.00<br>−0.21 | +0.21<br>0.00 |
| 3 | 30~50 | 0.00<br>−0.25 | +0.25<br>0.00 |

表 7.6.1-2 C 级螺栓孔的允许偏差(mm)

| 项 目 | 允许偏差 |
|---|---|
| 直 径 | +1.0<br>0.0 |
| 圆 度 | 2.0 |
| 垂直度 | 0.03t,且不应大于 2.0 |

### Ⅱ 一般项目

**7.6.2** 螺栓孔孔距的允许偏差应符合表 7.6.2 的规定。

检查数量:按钢构件数量抽查 10%,且不应少于 3 件。

检验方法:用钢尺检查。

表 7.6.2 螺栓孔孔距允许偏差(mm)

| 螺栓孔孔距范围 | ≤500 | 501~1200 | 1201~3000 | >3000 |
|---|---|---|---|---|
| 同一组内任意两孔间距离 | ±1.0 | ±1.5 | — | — |
| 相邻两组的端孔间距离 | ±1.5 | ±2.0 | ±2.5 | ±3.0 |

注:1 在节点中连接板与一根杆件相连的所有螺栓孔为一组;
　　2 对接接头在拼接板一侧的螺栓孔为一组;
　　3 在两相邻节点或接头间的螺栓孔为一组,但不包括上述两款所规定的螺栓孔;
　　4 受弯构件翼缘上的连接螺栓孔,每米长度范围内的螺栓孔为一组。

**7.6.3** 螺栓孔孔距的允许偏差超过本规范表 7.6.2 规定的允许偏差时,应采用与母材材质相匹配的焊条补焊后重新制孔。

检查数量:全数检查。

检验方法:观察检查。

## 8 钢构件组装工程

### 8.1 一 般 规 定

**8.1.1** 本章适用于钢结构制作中构件组装的质量验收。

**8.1.2** 钢构件组装工程可按钢结构制作工程检验批的划分原则划分为一个或若干个检验批。

### 8.2 焊接 H 型钢

#### Ⅰ 一般项目

**8.2.1** 焊接 H 型钢的翼缘板拼接缝和腹板拼接缝的间距不应小于 200mm。翼缘板拼接长度不应小于 2 倍板宽;腹板拼接宽度不应小于 300mm,长度不应小于 600mm。

检查数量:全数检查。

检验方法:观察和用钢尺检查。

**8.2.2** 焊接 H 型钢的允许偏差应符合本规范附录 C 中表 C.0.1 的规定。

检查数量:按钢构件数抽查 10%,宜不应少于 3 件。

检验方法:用钢尺、角尺、塞尺等检查。

### 8.3 组 装

#### Ⅰ 主控项目

**8.3.1** 吊车梁和吊车桁架不应下挠。

检查数量:全数检查。

检验方法:构件直立,在两端支承后,用水准仪和钢尺检查。

#### Ⅱ 一般项目

**8.3.2** 焊接连接组装的允许偏差应符合本规范附录 C 中表 C.0.2 的规定。

检查数量:按构件数抽查 10%,且不应少于 3 个。

检验方法:用钢尺检查。

**8.3.3** 顶紧接触面应有 75% 以上的面积紧贴。

检查数量:按接触面的数量抽查 10%,且不应少于 10 个。

检验方法:用 0.3mm 塞尺检查,其塞入面积应小于 25%,边缘间隙不应大于 0.8mm。

**8.3.4** 桁架结构杆件轴线交点错位的允许偏差不得大于 3.0mm,允许偏差不得大于 4.0mm。

检查数量:按构件数抽查 10%,且不应少于 3 个,每个抽查构件按节点数抽查 10%,且不应少于 3 个节点。

检验方法:尺量检查。

### 8.4 端部铣平及安装焊缝坡口

#### Ⅰ 主控项目

**8.4.1** 端部铣平的允许偏差应符合表 8.4.1 的规定。

检查数量:按铣平面数量抽查 10%,且不应少于 3 个。

检验方法:用钢尺、角尺、塞尺等检查。

表 8.4.1 端部铣平的允许偏差(mm)

| 项 目 | 允许偏差 |
|---|---|
| 两端铣平时构件长度 | ±2.0 |
| 两端铣平时零件长度 | ±0.5 |
| 铣平面的平面度 | 0.3 |
| 铣平面对轴线的垂直度 | l/1500 |

#### Ⅱ 一般项目

**8.4.2** 安装焊缝坡口的允许偏差应符合表 8.4.2 的规定。

检查数量:按坡口数量抽查 10%,且不应少于 3 条。

检验方法:用焊缝量规检查。

**表 8.4.2  安装焊缝坡口的允许偏差**

| 项　目 | 允许偏差 |
|---|---|
| 坡口角度 | ±5° |
| 钝边 | ±1.0mm |

**8.4.3** 外露铣平面应防锈保护。

检查数量：全数检查。

检验方法：观察检查。

### 8.5　钢构件外形尺寸

Ⅰ　主控项目

**8.5.1** 钢构件外形尺寸主控项目的允许偏差应符合表 8.5.1 的规定。

检查数量：全数检查。

检验方法：用钢尺检查。

**表 8.5.1　钢构件外形尺寸主控项目的允许偏差（mm）**

| 项　目 | 允许偏差 |
|---|---|
| 单层柱、梁、桁架受力支托（支承面）表面至第一个安装孔距离 | ±1.0 |
| 多节柱铣平面至第一个安装孔距离 | ±1.0 |
| 实腹梁两端最外侧安装孔距离 | ±3.0 |
| 构件连接处的截面几何尺寸 | ±3.0 |
| 柱、梁连接处的腹板中心偏移 | 2.0 |
| 受压构件（杆件）弯曲矢高 | $l/1000$，且不应大于 10.0 |

Ⅱ　一般项目

**8.5.2** 钢构件外形尺寸一般项目的允许偏差应符合本规范附录 C 中表 C.0.3～表 C.0.9 的规定。

检查数量：按构件数量抽查 10%，且不应少于 3 件。

检验方法：见本规范附录 C 中表 C.0.3～表 C.0.9。

# 9　钢构件预拼装工程

### 9.1　一般规定

**9.1.1** 本章适用于钢构件预拼装工程的质量验收。

**9.1.2** 钢构件预拼装工程可按钢结构制作工程检验批的划分原则划分为一个或若干个检验批。

**9.1.3** 预拼装所用的支承凳或平台应测量找平，检查时应拆除全部临时固定和拉紧装置。

**9.1.4** 进行预拼装的钢构件，其质量应符合设计要求和本规范合格质量标准的规定。

### 9.2　预拼装

Ⅰ　主控项目

**9.2.1** 高强度螺栓和普通螺栓连接的多层板叠，应采用试孔器进行检查，并应符合下列规定：

**1** 当采用比孔公称直径小 1.0mm 的试孔器检查时，每组孔的通过率不应小于 85%；

**2** 当采用比螺栓公称直径大 0.3mm 的试孔器检查时，通过率应为 100%。

检查数量：按预拼装单元全数检查。

检验方法：采用试孔器检查。

Ⅱ　一般项目

**9.2.2** 预拼装的允许偏差应符合本规范附录 D 表 D 的规定。

检查数量：按预拼装单元全数检查。

检验方法：见本规范附录 D 表 D。

# 10　单层钢结构安装工程

### 10.1　一般规定

**10.1.1** 本章适用于单层钢结构的主体结构、地下钢结构、檩条及墙架等次要构件、钢平台、钢梯、防护栏杆等安装工程的质量验收。

**10.1.2** 单层钢结构安装工程可按变形缝或空间刚度单元等划分成一个或若干个检验批。地下钢结构可按不同地下层划分检验批。

**10.1.3** 钢结构安装检验批应在进场验收和焊接连接、紧固件连接、制作等分项工程验收合格的基础上进行验收。

**10.1.4** 安装的测量校正、高强度螺栓安装、负温度下施工及焊接工艺等，应在安装前进行工艺试验或评定，并应在此基础上制定相应的施工工艺或方案。

**10.1.5** 安装偏差的检测，应在结构形成空间刚度单元并连接固定后进行。

**10.1.6** 安装时，必须控制屋面、楼面、平台等的施工荷载，施工荷载和冰雪荷载等严禁超过梁、桁架、楼面板、屋面板、平台铺板等的承载能力。

**10.1.7** 在形成空间刚度单元后，应及时对柱底板和基础顶面的空隙进行细石混凝土、灌浆料等二次浇灌。

**10.1.8** 吊车梁或直接承受动力荷载的梁其受拉翼缘、吊车桁架或直接承受动力荷载的桁架其受拉弦杆上不得焊接悬挂物和卡具等。

### 10.2　基础和支承面

Ⅰ　主控项目

**10.2.1** 建筑物的定位轴线、基础轴线和标高、地脚螺栓的规格及其紧固应符合设计要求。

检查数量：按柱基数抽查 10%，且不应少于 3 个。

检验方法：用经纬仪、水准仪、全站仪和钢尺现场实测。

**10.2.2** 基础顶面直接作为柱的支承面和基础顶面预埋钢板或支座作为柱的支承面时，其支承面、地脚螺栓（锚栓）位置的允许偏差应符合表 10.2.2 的规定。

检查数量：按柱基数抽查 10%，且不应少于 3 个。

检验方法：用经纬仪、水准仪、全站仪、水平尺和钢尺实测。

**表 10.2.2　支承面、地脚螺栓（锚栓）位置的允许偏差（mm）**

| 项　目 | | 允许偏差 |
|---|---|---|
| 支承面 | 标高 | ±3.0 |
| | 水平度 | $l/1000$ |
| 地脚螺栓（锚栓） | 螺栓中心偏移 | 5.0 |
| 预留孔中心偏移 | | 10.0 |

**10.2.3** 采用座浆垫板时，座浆垫板的允许偏差应符合表 10.2.3 的规定。

检查数量：资料全数检查。按柱基数抽查 10%，且不应少于 3 个。

检验方法：用水准仪、全站仪、水平尺和钢尺现场实测。

**表 10.2.3　座浆垫板的允许偏差（mm）**

| 项　目 | 允许偏差 |
|---|---|
| 顶面标高 | 0.0 / −3.0 |
| 水平度 | $l/1000$ |
| 位置 | 20.0 |

**10.2.4** 采用杯口基础时，杯口尺寸的允许偏差应符合表 10.2.4 的规定。

检查数量：按基础数抽查10%，且不应少于4处。

检验方法：观察及尺量检查。

**表10.2.4　杯口尺寸的允许偏差（mm）**

| 项　目 | 允许偏差 |
|---|---|
| 底面标高 | 0.0<br>－5.0 |
| 杯口深度 H | ±5.0 |
| 杯口垂直度 | H/100，且不应大于10.0 |
| 位置 | 10.0 |

Ⅱ　一般项目

**10.2.5**　地脚螺栓（锚栓）尺寸的偏差应符合表10.2.5的规定。地脚螺栓（锚栓）的螺纹应受到保护。

检查数量：按柱基数抽查10%，且不应少于3个。

检验方法：用钢尺现场实测。

**表10.2.5　地脚螺栓（锚栓）尺寸的允许偏差（mm）**

| 项　目 | 允许偏差 |
|---|---|
| 螺栓（锚栓）露出长度 | +30.0<br>0.0 |
| 螺纹长度 | +30.0<br>0.0 |

## 10.3　安装和校正

### Ⅰ　主控项目

**10.3.1**　钢构件应符合设计要求和本规范的规定。运输、堆放和吊装等造成的钢构件变形及涂层脱落，应进行矫正和修补。

检查数量：按构件数抽查10%，且不应少于3个。

检验方法：用拉线、钢尺现场实测或观察。

**10.3.2**　设计要求顶紧的节点，接触面不应少于70%紧贴，且边缘最大间隙不应大于0.8mm。

检查数量：按节点数抽查10%，且不应少于3个。

检验方法：用钢尺及0.3mm和0.8mm厚的塞尺现场实测。

**10.3.3**　钢屋（托）架、桁架、梁及受压杆件的垂直度和侧向弯曲矢高的允许偏差应符合表10.3.3的规定。

检查数量：按同类构件数抽查10%，且不应少于3个。

检验方法：用吊线、拉线、经纬仪和钢尺现场实测。

**表10.3.3　钢屋（托）架、桁架、梁及受压杆件垂直度和侧向弯曲矢高的允许偏差（mm）**

| 项　目 | 允许偏差 | 图　例 |
|---|---|---|
| 跨中的垂直度 | h/250，且不应大于15.0 | |
| 侧向弯曲矢高 f | l≤30m<br>l/1000，且不应大于10.0 | |
| | 30m＜l≤60m<br>l/1000，且不应大于30.0 | |
| | l＞60m<br>l/1000，且不应大于50.0 | |

**10.3.4**　单层钢结构主体结构的整体垂直度和整体平面弯曲的允

许偏差应符合表10.3.4的规定。

检查数量：对主要立面全部检查。对每个所检查的立面，除两列角柱外，尚应至少选取一列中间柱。

检验方法：采用经纬仪、全站仪等测量。

**表10.3.4　整体垂直度和整体平面弯曲的允许偏差（mm）**

| 项　目 | 允许偏差 | 图　例 |
|---|---|---|
| 主体结构的整体垂直度 | H/1000，且不应大于25.0 | |
| 主体结构的整体平面弯曲 | L/1500，且不应大于25.0 | |

Ⅱ　一般项目

**10.3.5**　钢柱等主要构件的中心线及标高基准点等标记应齐全。

检查数量：按同类构件数抽查10%，且不应少于3件。

检验方法：观察检查。

**10.3.6**　当钢桁架（或梁）安装在混凝土柱上时，其支座中心对定位轴线的偏差不应大于10mm；当采用大型混凝土屋面板时，钢桁架（或梁）间距的偏差不应大于10mm。

检查数量：按同类构件数抽查10%，且不应少于3榀。

检验方法：用拉线和钢尺现场实测。

**10.3.7**　钢柱安装的允许偏差应符合本规范附录E中表E.0.1的规定。

检查数量：按钢柱数抽查10%，且不应少于3件。

检验方法：见本规范附录E中表E.0.1。

**10.3.8**　钢吊车梁或直接承受动力荷载的类似构件，其安装的允许偏差应符合本规范附录E中表E.0.2的规定。

检查数量：按钢吊车梁数抽查10%，且不应少于3榀。

检验方法：见本规范附录E中表E.0.2。

**10.3.9**　檩条、墙架等次要构件安装的允许偏差应符合本规范附录E中表E.0.3的规定。

检查数量：按同类构件数抽查10%，且不应少于3件。

检验方法：见本规范附录E中表E.0.3。

**10.3.10**　钢平台、钢梯、栏杆安装应符合现行国家标准《固定式钢直梯》GB 4053.1、《固定式钢斜梯》GB 4053.2、《固定式防护栏杆》GB 4053.3和《固定式钢平台》GB 4053.4的规定。钢平台、钢梯和防护栏杆安装的允许偏差应符合本规范附录E中表E.0.4的规定。

检查数量：按钢平台总数抽查10%，栏杆、钢梯按总长度各抽查10%，但钢平台不应少于1个，栏杆不应少于5m，钢梯不应少于1跑。

检验方法：见本规范附录E中表E.0.4。

**10.3.11**　现场焊缝组对间隙的允许偏差应符合表10.3.11的规定。

检查数量：按同类节点数抽查10%，且不应少于3个。

检验方法：尺量检查。

**表10.3.11　现场焊缝组对间隙的允许偏差（mm）**

| 项　目 | 允许偏差 |
|---|---|
| 无垫板间隙 | +3.0<br>0.0 |
| 有垫板间隙 | +3.0<br>－2.0 |

**10.3.12**　钢结构表面应干净，结构主要表面不应有疤痕、泥沙等污垢。

检查数量：按同类构件数抽查10%，且不应少于3件。

检验方法：观察检查。

# 11 多层及高层钢结构安装工程

## 11.1 一般规定

**11.1.1** 本章适用于多层及高层钢结构的主体结构、地下钢结构、檩条及墙架等次要构件、钢平台、钢梯、防护栏杆等安装工程的质量验收。

**11.1.2** 多层及高层钢结构安装工程可按楼层或施工段等划分为一个或若干个检验批。地下钢结构可按不同地下层划分检验批。

**11.1.3** 柱、梁、支撑等构件的长度尺寸应包括焊接收缩余量等变形值。

**11.1.4** 安装柱时，每节柱的定位轴线应从地面控制轴线直接引上，不得从下层柱的轴线引上。

**11.1.5** 结构的楼层标高可按相对标高或设计标高进行控制。

**11.1.6** 钢结构安装检验批应在进场验收和焊接连接、紧固件连接、制作等分项工程验收合格的基础上进行验收。

**11.1.7** 多层及高层钢结构安装应遵照本规范第10.1.4、10.1.5、10.1.6、10.1.7、10.1.8条的规定。

## 11.2 基础和支承面

### Ⅰ 主控项目

**11.2.1** 建筑物的定位轴线、基础上柱的定位轴线和标高、地脚螺栓（锚栓）的规格和位置、地脚螺栓（锚栓）紧固应符合设计要求。当设计无要求时，应符合表11.2.1的规定。

检查数量：按柱基数抽查10%，且不应少于3个。

检验方法：采用经纬仪、水准仪、全站仪和钢尺实测。

表11.2.1 建筑物定位轴线、基础上柱的定位轴线和标高、地脚螺栓（锚栓）的允许偏差（mm）

| 项　目 | 允许偏差 | 图　例 |
|---|---|---|
| 建筑物定位轴线 | L/20000，且不应大于3.0 | |
| 基础上柱的定位轴线 | 1.0 | |
| 基础上柱底标高 | ±2.0 | |
| 地脚螺栓（锚栓）位移 | 2.0 | |

**11.2.2** 多层建筑以基础顶面直接作为柱的支承面，或以基础顶面预埋钢板或支座作为柱的支承面时，其支承面、地脚螺栓（锚栓）位置的允许偏差应符合本规范表10.2.2的规定。

检查数量：按柱基数抽查10%，且不应少于3个。

检验方法：用经纬仪、水准仪、全站仪、水平尺和钢尺实测。

**11.2.3** 多层建筑采用座浆垫板时，座浆垫板的允许偏差应符合本规范表10.2.3的规定。

检查数量：资料全数检查。按柱基数抽查10%，且不应少于3个。

检验方法：用水准仪、全站仪、水平尺和钢尺实测。

**11.2.4** 当采用杯口基础时，杯口尺寸的允许偏差应符合本规范表10.2.4的规定。

检查数量：按基础数抽查10%，且不应少于4处。

检验方法：观察及尺量检查。

### Ⅱ 一般项目

**11.2.5** 地脚螺栓（锚栓）尺寸的允许偏差应符合本规范表10.2.5的规定。地脚螺栓（锚栓）的螺纹应受到保护。

检查数量：按柱基数抽查10%，且不应少于3个。

检验方法：用钢尺现场实测。

## 11.3 安装和校正

### Ⅰ 主控项目

**11.3.1** 钢构件应符合设计要求和本规范的规定。运输、堆放和吊装等造成的钢构件变形及涂层脱落，应进行矫正和修补。

检查数量：按构件数抽查10%，且不应少于3个。

检验方法：用拉线、钢尺现场实测或观察。

**11.3.2** 柱子安装的允许偏差应符合表11.3.2的规定。

检查数量：标准柱全部检查，非标准柱抽查10%，且不应少于3根。

检验方法：用全站仪或激光经纬仪和钢尺实测。

表11.3.2 柱子安装的允许偏差（mm）

| 项　目 | 允许偏差 | 图　例 |
|---|---|---|
| 底层柱柱底轴线对定位轴线偏移 | 3.0 | |
| 柱子定位轴线 | 1.0 | |
| 单节柱的垂直度 | h/1000，且不应大于10.0 | |

**11.3.3** 设计要求顶紧的节点，接触面不应少于70%紧贴，且边缘最大间隙不应大于0.8mm。

检查数量：按节点数抽查10%，且不应少于3个。

检验方法：用钢尺及0.3mm和0.8mm厚的塞尺现场实测。

**11.3.4** 钢主梁、次梁及受压杆件的垂直度和侧向弯曲矢高的允许偏差应符合本规范表10.3.3中有关钢屋（托）架允许偏差的规定。

检查数量：按同类构件数抽查10%，且不应少于3个。

检验方法：用吊线、拉线、经纬仪和钢尺现场实测。

**11.3.5** 多层及高层钢结构主体结构的整体垂直度和整体平面弯曲的允许偏差应符合表11.3.5的规定。

检查数量：对主要立面全部检查。对每一所检查的立面，除两列角柱外，尚应至少选取一列中间柱。

检验方法：对于整体垂直度，可采用激光经纬仪、全站仪测量，也可根据各节柱的垂直度允许偏差累计（代数和）计算。对于整体平面弯曲，可按产生的允许偏差累计（代数和）计算。

表11.3.5 整体垂直度和整体平面弯曲的允许偏差（mm）

| 项　目 | 允许偏差 | 图　例 |
|---|---|---|
| 主体结构的整体垂直度 | $(H/2500+10.0)$，且不应大于 50.0 | |
| 主体结构的整体平面弯曲 | $L/1500$，且不应大于 25.0 | |

Ⅱ　一般项目

**11.3.6** 钢结构表面应干净，结构主要表面不应有疤痕、泥沙等污垢。

　　检查数量：按同类构件数抽查10%，且不应少于3件。

　　检验方法：观察检查。

**11.3.7** 钢柱等主要构件的中心线及标高基准点等标记应齐全。

　　检查数量：按同类构件数抽查10%，且不应少于3件。

　　检验方法：观察检查。

**11.3.8** 钢构件安装的允许偏差应符合本规范附录E中表E.0.5的规定。

　　检查数量：按同类构件或节点数抽查10%。其中柱和梁各不应少于3件，主梁与次梁连接节点不应少于3个，支承压型金属板的钢梁长度不应少于5m。

　　检验方法：见本规范附录E中表E.0.5。

**11.3.9** 主体结构总高度的允许偏差应符合本规范附录E中表E.0.6的规定。

　　检查数量：按标准柱列数抽查10%，且不应少于4列。

　　检验方法：采用全站仪、水准仪和钢尺实测。

**11.3.10** 当钢构件安装在混凝土柱上时，其支座中心对定位轴线的偏差不应大于10mm；当采用大型混凝土屋面板时，钢梁（或桁架）间距的偏差不应大于10mm。

　　检查数量：按同类构件数抽查10%，且不应少于3榀。

　　检验方法：用拉线和钢尺现场实测。

**11.3.11** 多层及高层钢结构中钢吊车梁或直接承受动力荷载的类似构件，其安装的允许偏差应符合本规范附录E中表E.0.2的规定。

　　检查数量：按钢吊车梁数抽查10%，且不应少于3榀。

　　检验方法：见本规范附录E中表E.0.2。

**11.3.12** 多层及高层钢结构中檩条、墙架等次要构件安装的允许偏差应符合本规范附录E中表E.0.3的规定。

　　检查数量：按同类构件数抽查10%，且不应少于3件。

　　检验方法：见本规范附录E中表E.0.3。

**11.3.13** 多层及高层钢结构中钢平台、钢梯、栏杆安装应符合现行国家标准《固定式钢直梯》GB 4053.1、《固定式钢斜梯》GB 4053.2、《固定式防护栏杆》GB 4053.3和《固定式钢平台》GB 4053.4的规定。钢平台、钢梯和防护栏杆安装的允许偏差应符合本规范附录E中表E.0.4的规定。

　　检查数量：按钢平台总数抽查10%，栏杆、钢梯按总长度各抽查10%，但钢平台不应少于1个，栏杆不应少于5m，钢梯不应少于1跑。

　　检验方法：见本规范附录E中表E.0.4。

**11.3.14** 多层及高层钢结构中现场焊缝组对间隙的允许偏差应符合本规范表10.3.11的规定。

　　检查数量：按同类节点数抽查10%，且不应少于3个。

　　检验方法：尺量检查。

# 12　钢网架结构安装工程

## 12.1　一般规定

**12.1.1** 本章适用于建筑工程中的平板型钢网格结构（简称钢网架结构）安装工程的质量验收。

**12.1.2** 钢网架结构安装工程可按变形缝、施工段或空间刚度单元划分成一个或若干检验批。

**12.1.3** 钢网架结构安装检验批应在进场验收和焊接连接、紧固件连接、制作等分项工程验收合格的基础上进行验收。

**12.1.4** 钢网架结构安装应遵照本规范第10.1.4、10.1.5、10.1.6条的规定。

## 12.2　支承面顶板和支承垫块

Ⅰ　主控项目

**12.2.1** 钢网架结构支座定位轴线的位置、支座锚栓的规格应符合设计要求。

　　检查数量：按支座数抽查10%，且不应少于4处。

　　检验方法：用经纬仪和钢尺实测。

**12.2.2** 支承面顶板的位置、标高、水平度以及支座锚栓位置的允许偏差应符合表12.2.2的规定。

表12.2.2　支承面顶板、支座锚栓位置的允许偏差（mm）

| 项　目 | | 允许偏差 |
|---|---|---|
| 支承面顶板 | 位置 | 15.0 |
| | 顶面标高 | 0<br>−3.0 |
| | 顶面水平度 | $l/1000$ |
| 支座锚栓 | 中心偏移 | $\pm5.0$ |

　　检查数量：按支座数抽查10%，且不应少于4处。

　　检验方法：用经纬仪、水准仪、水平尺和钢尺实测。

**12.2.3** 支承垫块的种类、规格、摆放位置和朝向，必须符合设计要求和国家现行有关标准的规定。橡胶垫块与刚性垫块之间或不同类型刚性垫块之间不得互换使用。

　　检查数量：按支座数抽查10%，且不应少于4处。

　　检验方法：观察和用钢尺实测。

**12.2.4** 网架支座锚栓的紧固应符合设计要求。

　　检查数量：按支座数抽查10%，且不应少于4处。

　　检验方法：观察检查。

Ⅱ　一般项目

**12.2.5** 支座锚栓尺寸的允许偏差应符合本规范表10.2.5的规定。支座锚栓的螺纹应受到保护。

　　检查数量：按支座数抽查10%，且不应少于4处。

　　检验方法：用钢尺实测。

## 12.3　总拼与安装

Ⅰ　主控项目

**12.3.1** 小拼单元的允许偏差应符合表12.3.1的规定。

　　检查数量：按单元数抽查5%，且不应少于5个。

　　检验方法：用钢尺和拉线等辅助量具实测。

表12.3.1　小拼单元的允许偏差（mm）

| 项　目 | 允许偏差 |
|---|---|
| 节点中心偏移 | 2.0 |
| 焊接球节点与钢管中心的偏移 | 1.0 |
| 杆件轴线的弯曲矢高 | $L_1/1000$，且不应大于5.0 |

续表 12.3.1

| 项　目 | | 允许偏差 |
|---|---|---|
| 锥体型小拼单元 | 弦杆长度 | ±2.0 |
| | 锥体高度 | ±2.0 |
| | 上弦杆对角线长度 | ±3.0 |
| 平面桁架型小拼单元 | 跨长 ≤24m | +3.0<br>−7.0 |
| | 跨长 >24m | +5.0<br>−10.0 |
| | 跨中高度 | ±3.0 |
| | 跨中拱度 设计要求起拱 | ±L/5000 |
| | 跨中拱度 设计未要求起拱 | +10.0 |

注：1　$L_1$ 为杆件长度；
　　2　$L$ 为跨长。

**12.3.2**　中拼单元的允许偏差应符合表 12.3.2 的规定。

检查数量：全数检查。

检验方法：用钢尺和辅助量具实测。

表 12.3.2　中拼单元的允许偏差(mm)

| 项目 | | 允许偏差 |
|---|---|---|
| 单元长度≤20m，拼接长度 | 单跨 | ±10.0 |
| | 多跨连续 | ±5.0 |
| 单元长度>20m，拼接长度 | 单跨 | ±20.0 |
| | 多跨连续 | ±10.0 |

**12.3.3**　对建筑结构安全等级为一级，跨度 40m 及以上的公共建筑钢网架结构，且设计有要求时，应按下列项目进行节点承载力试验，其结果应符合以下规定：

　　1　焊接球节点应按设计指定规格的球及其匹配的钢管焊接成试件，进行轴心拉、压承载力试验，其试验破坏荷载值大于或等于 1.6 倍设计承载力为合格。

　　2　螺栓球节点应按设计指定规格的球最大螺栓孔螺纹进行抗拉强度保证荷载试验，当达到螺栓的设计承载力时，螺孔、螺纹及封板仍完好无损为合格。

检查数量：每项试验做 3 个试件。

检验方法：在万能试验机上进行检验，检查试验报告。

**12.3.4**　钢网架结构总拼完成后及屋面工程完成后应分别测量其挠度值，且所测的挠度值不应超过相应设计值的 1.15 倍。

检查数量：跨度 24m 及以下钢网架结构测量下弦中央一点；跨度 24m 以上钢网架结构测量下弦中央一点及各向下弦跨度的四等分点。

检验方法：用钢尺和水准仪实测。

Ⅱ　一 般 项 目

**12.3.5**　钢网架结构安装完成后，其节点及杆件表面应干净，不应有明显的疤痕、泥沙和污垢。螺栓球节点应将所有接缝用油腻子填嵌严密，并应将多余螺孔封口。

检查数量：按节点及杆件数抽查 5%，且不应少于 10 个节点。

检验方法：观察检查。

**12.3.6**　钢网架结构安装完成后，其安装的允许偏差应符合表 12.3.6 的规定。

检查数量：除杆件弯曲矢高按杆件数抽查 5% 外，其余全数检查

检验方法：见表 12.3.6。

表 12.3.6　钢网架结构安装的允许偏差(mm)

| 项　目 | 允许偏差 | 检验方法 |
|---|---|---|
| 纵向、横向长度 | $L/2000$，且不应大于 30.0<br>$-L/2000$，且不应小于 −30.0 | 用钢尺实测 |
| 支座中心偏移 | $L/3000$，且不应大于 30.0 | 用钢尺和经纬仪实测 |
| 周边支承网架相邻支座高差 | $L/400$，且不应大于 15.0 | 用钢尺和水准仪实测 |
| 支座最大高差 | 30.0 | |
| 多点支承网架相邻支座高差 | $L_1/800$，且不应大于 30.0 | |

注：1　$L$ 为纵向、横向长度；
　　2　$L_1$ 为相邻支座间距。

# 13　压型金属板工程

## 13.1　一 般 规 定

**13.1.1**　本章适用于压型金属板的施工现场制作和安装工程质量验收。

**13.1.2**　压型金属板的制作和安装工程可按变形缝、楼层、施工段或屋面、墙面、楼面等划分为一个或若干个检验批。

**13.1.3**　压型金属板安装应在钢结构安装工程检验批质量验收合格后进行。

## 13.2　压型金属板制作

Ⅰ　主 控 项 目

**13.2.1**　压型金属板成型后，其基板不应有裂纹。

检查数量：按件数抽查 5%，且不应少于 10 件。

检验方法：观察和用 10 倍放大镜检查。

**13.2.2**　有涂层、镀层压型金属板成型后，涂、镀层不应有肉眼可见的裂纹、剥落和擦痕等缺陷。

检查数量：按件数抽查 5%，且不应少于 10 件。

检验方法：观察检查。

Ⅱ　一 般 项 目

**13.2.3**　压型金属板的尺寸允许偏差应符合表 13.2.3 的规定。

检查数量：按件数抽查 5%，且不应少于 10 件。

检验方法：用拉线和钢尺检查。

**13.2.4**　压型金属板成型后，表面应干净，不应有明显凹凸和皱褶。

检查数量：按件数抽查 5%，且不应少于 10 件。

检验方法：观察检查。

表 13.2.3　压型金属板的尺寸允许偏差(mm)

| 项　目 | | | 允许偏差 |
|---|---|---|---|
| 波　距 | | | ±2.0 |
| 波高 | 压型钢板 | 截面高度≤70 | ±1.5 |
| | | 截面高度>70 | ±2.0 |
| | 侧向弯曲 | 在测量长度 $l_1$ 的范围内 | 20.0 |

注：$l_1$ 为测量长度，指板长扣除两端各 0.5m 后的实际长度(小于 10m)或扣除后任选的 10m 长度。

**13.2.5**　压型金属板施工现场制作的允许偏差应符合表 13.2.5 的规定。

检查数量：按件数抽查 5%，且不应少于 10 件。

检验方法：用钢尺、角尺检查。

**表 13.2.5　压型金属板施工现场制作的允许偏差(mm)**

| 项　目 | | 允许偏差 |
|---|---|---|
| 压型金属板的覆盖宽度 | 截面高度≤70 | +10.0,-2.0 |
| | 截面高度>70 | +6.0,-2.0 |
| 板　长 | | ±9.0 |
| 横向剪切偏差 | | 6.0 |
| 泛水板、包角板尺寸 | 板　长 | ±6.0 |
| | 折弯面宽度 | ±3.0 |
| | 折弯面夹角 | 2° |

### 13.3　压型金属板安装

#### Ⅰ　主控项目

**13.3.1**　压型金属板、泛水板和包角板等应固定可靠、牢固,防腐涂料涂刷和密封材料敷设应完好,连接件数量、间距应符合设计要求和国家现行有关标准规定。

检查数量:全数检查。

检验方法:观察检查及尺量。

**13.3.2**　压型金属板应在支承构件上可靠搭接,搭接长度应符合设计要求,且不应小于表 13.3.2 所规定的数值。

检查数量:按搭接部位总长度抽查10%,且不应少于10m。

检验方法:观察和用钢尺检查。

**表 13.3.2　压型金属板在支承构件上的搭接长度(mm)**

| 项　目 | | 搭接长度 |
|---|---|---|
| 截面高度>70 | | 375 |
| 截面高度≤70 | 屋面坡度<1/10 | 250 |
| | 屋面坡度≥1/10 | 200 |
| 墙　面 | | 120 |

**13.3.3**　组合楼板中压型钢板与主体结构(梁)的锚固支承长度应符合设计要求,且不应小于50mm,端部锚固件连接应可靠,设置位置应符合设计要求。

检查数量:沿连接纵向长度抽查10%,且不应少于10m。

检验方法:观察和用钢尺检查。

#### Ⅱ　一般项目

**13.3.4**　压型金属板安装应平整、顺直,板面不应有施工残留物和污物。檐口和墙面下端应呈直线,不应有未经处理的错钻孔洞。

检查数量:按面积抽查10%,且不应少于10m²。

检验方法:观察检查。

**13.3.5**　压型金属板安装的允许偏差应符合表 13.3.5 的规定。

检查数量:檐口与屋脊的平行度:按长度抽查10%,且不应少于10m;其他项目:每20m长度应抽查1处,且不应少于2处。

检验方法:用拉线、吊线和钢尺检查。

**表 13.3.5　压型金属板安装的允许偏差(mm)**

| 项　目 | | 允许偏差 |
|---|---|---|
| 屋面 | 檐口与屋脊的平行度 | 12.0 |
| | 压型金属板波纹线对屋脊的垂直度 | L/800,且不应大于25.0 |
| | 檐口相邻两块压型金属板端部错位 | 6.0 |
| | 压型金属板卷边板件最大波浪高 | 4.0 |
| 墙面 | 墙面波纹线的垂直度 | H/800,且不应大于25.0 |
| | 墙面包角板的垂直度 | H/800,且不应大于25.0 |
| | 相邻两块压型金属板的下端错位 | 6.0 |

注:1　L 为屋面半坡或单坡长度;
　　2　H 为墙面高度。

# 14　钢结构涂装工程

## 14.1　一般规定

**14.1.1**　本章适用于钢结构的防腐涂料(油漆类)涂装和防火涂料涂装工程的施工质量验收。

**14.1.2**　钢结构涂装工程可按钢结构制作或钢结构安装工程检验批的划分原则划分成一个或若干个检验批。

**14.1.3**　钢结构普通涂料涂装工程应在钢结构构件组装、预拼装或钢结构安装工程检验批的施工质量验收合格后进行。钢结构防火涂料涂装工程应在钢结构安装工程检验批和钢结构普通涂料涂装检验批的施工质量验收合格后进行。

**14.1.4**　涂装时的环境温度和相对湿度应符合涂料产品说明书的要求,当产品说明书无要求时,环境温度宜在5~38℃之间,相对湿度不应大于85%。涂装时构件表面不应有结露;涂装后4h内应保护免受雨淋。

## 14.2　钢结构防腐涂料涂装

#### Ⅰ　主控项目

**14.2.1**　涂装前钢材表面除锈应符合设计要求和国家现行有关标准的规定。处理后的钢材表面不应有焊渣、焊疤、灰尘、油污、水和毛刺等。当设计无要求时,钢材表面除锈等级应符合表 14.2.1 的规定。

检查数量:按构件数抽查10%,且同类构件不应少于3件。

检验方法:用铲刀检查和用现行国家标准《涂装前钢材表面锈蚀等级和除锈等级》GB 8923 规定的图片对照观察检查。

**表 14.2.1　各种底漆或防锈漆要求最低的除锈等级**

| 涂料品种 | 除锈等级 |
|---|---|
| 油性酚醛、醇酸等底漆或防锈漆 | St2 |
| 高氯化聚乙烯、氯化橡胶、氯磺化聚乙烯、环氧树脂、聚氨酯等底漆或防锈漆 | Sa2 |
| 无机富锌、有机硅、过氯乙烯等底漆 | Sa2 $\frac{1}{2}$ |

**14.2.2**　涂料、涂装遍数、涂层厚度均应符合设计要求。当设计对涂层厚度无要求时,涂层干漆膜总厚度:室外应为150μm,室内应为125μm,其允许偏差为-25μm。每遍涂层干漆膜厚度的允许偏差为-5μm。

检查数量:按构件数抽查10%,且同类构件不应少于3件。

检验方法:用干漆膜测厚仪检查。每个构件检测5处,每处的数值为3个相距50mm测点涂层干漆膜厚度的平均值。

#### Ⅱ　一般项目

**14.2.3**　构件表面不应误涂、漏涂,涂层不应脱皮和返锈等。涂层应均匀、无明显皱皮、流坠、针眼和气泡等。

检查数量:全数检查。

检验方法:观察检查。

**14.2.4**　当钢结构处在有腐蚀介质环境或外露且设计有要求时,应进行涂层附着力测试,在检测范围内,当涂层完整程度达到70%以上时,涂层附着力达到合格质量标准的要求。

检查数量:按构件数抽查1%,且不应少于3件,每件测3处。

检验方法:按照现行国家标准《漆膜附着力测定法》GB 1720 或《色漆和清漆　漆膜的划格试验》GB 9286 执行。

**14.2.5**　涂装完成后,构件的标志、标记和编号应清晰完整。

检查数量:全数检查。

检验方法:观察检查。

## 14.3 钢结构防火涂料涂装

### Ⅰ 主控项目

**14.3.1** 防火涂料涂装前钢材表面除锈及防锈底漆涂装应符合设计要求和国家现行有关标准的规定。

检查数量:按构件数抽查10%,且同类构件不应少于3件。

检验方法:表面除锈用铲刀检查和用现行国家标准《涂装前钢材表面锈蚀等级和除锈等级》GB 8923规定的图片对照观察检查。底漆涂装用干漆膜测厚仪检查,每个构件检测5处,每处的数值为3个相距50mm测点涂层干漆膜厚度的平均值。

**14.3.2** 钢结构防火涂料的粘结强度、抗压强度应符合国家现行标准《钢结构防火涂料应用技术规程》CECS 24:90的规定。检验方法应符合现行国家标准《建筑构件防火喷涂材料性能试验方法》GB 9978的规定。

检查数量:每使用100t或不足100t薄涂型防火涂料应抽检一次粘结强度;每使用500t或不足500t厚涂型防火涂料应抽检一次粘结强度和抗压强度。

检验方法:检查复检报告。

**14.3.3** 薄涂型防火涂料的涂层厚度应符合有关耐火极限的设计要求。厚涂型防火涂料涂层的厚度,80%及以上面积应符合有关耐火极限的设计要求,且最薄处厚度不应低于设计要求的85%。

检查数量:按同类构件数抽查10%,且均不应少于3件。

检验方法:用涂层厚度测量仪、测针和钢尺检查。测量方法应符合国家现行标准《钢结构防火涂料应用技术规程》CECS 24:90的规定及本规范附录F。

**14.3.4** 薄涂型防火涂料涂层表面裂纹宽度不应大于0.5mm;厚涂型防火涂料涂层表面裂纹宽度不应大于1mm。

检查数量:按同类构件数抽查10%,且均不应少于3件。

检验方法:观察和用尺量检查。

### Ⅱ 一般项目

**14.3.5** 防火涂料涂装基层不应有油污、灰尘和泥砂等污垢。

检查数量:全数检查。

检验方法:观察检查。

**14.3.6** 防火涂料不应有误涂、漏涂,涂层应闭合无脱层、空鼓、明显凹陷、粉化松散和浮浆等外观缺陷,乳突已剔除。

检查数量:全数检查。

检验方法:观察检查。

# 15 钢结构分部工程竣工验收

**15.0.1** 根据现行国家标准《建筑工程施工质量验收统一标准》GB 50300的规定,钢结构作为主体结构之一应按子分部工程竣工验收;当主体结构均为钢结构时应按分部工程竣工验收。大型钢结构工程可划分成若干个子分部工程进行竣工验收。

**15.0.2** 钢结构分部工程有关安全及功能的检验和见证检测项目见本规范附录G,检验应在其分项工程验收合格后进行。

**15.0.3** 钢结构分部工程有关观感质量检验应按本规范附录H执行。

**15.0.4** 钢结构分部工程合格质量标准应符合下列规定:

1 各分项工程质量均应符合合格质量标准;

2 质量控制资料和文件应完整;

3 有关安全及功能的检验和见证检测结果应符合本规范相应合格质量标准的要求;

4 有关观感质量应符合本规范相应合格质量标准的要求。

**15.0.5** 钢结构分部工程竣工验收时,应提供下列文件和记录:

1 钢结构工程竣工图纸及相关设计文件;

2 施工现场质量管理检查记录;

3 有关安全及功能的检验和见证检测项目检查记录;

4 有关观感质量检验项目检查记录;

5 分部工程所含各分项工程质量验收记录;

6 分项工程所含各检验批质量验收记录;

7 强制性条文检验项目检查记录及证明文件;

8 隐蔽工程检验项目检查验收记录;

9 原材料、成品质量合格证明文件、中文标志及性能检测报告;

10 不合格项的处理记录及验收记录;

11 重大质量、技术问题实施方案及验收记录;

12 其他有关文件和记录。

**15.0.6** 钢结构工程质量验收记录应符合下列规定:

1 施工现场质量管理检查记录可按现行国家标准《建筑工程施工质量验收统一标准》GB 50300中附录A进行;

2 分项工程检验批验收记录可按本规范附录J中表J.0.1~表J.0.13进行;

3 分项工程验收记录可按现行国家标准《建筑工程施工质量验收统一标准》GB 50300中附录E进行;

4 分部(子分部)工程验收记录可按现行国家标准《建筑工程施工质量验收统一标准》GB 50300中附录F进行。

# 附录A 焊缝外观质量标准及尺寸允许偏差

**A.0.1** 二级、三级焊缝外观质量标准应符合表A.0.1的规定。

表A.0.1 二级、三级焊缝外观质量标准(mm)

| 项目 | 允许偏差 | |
|---|---|---|
| 缺陷类型 | 二级 | 三级 |
| 未焊满(指不足设计要求) | $\leqslant 0.2+0.02t$,且$\leqslant 1.0$ | $\leqslant 0.2+0.04t$,且$\leqslant 2.0$ |
| | 每100.0焊缝内缺陷总长$\leqslant 25.0$ | |
| 根部收缩 | $\leqslant 0.2+0.02t$,且$\leqslant 1.0$ | $\leqslant 0.2+0.04t$,且$\leqslant 2.0$ |
| | 长度不限 | |
| 咬边 | $\leqslant 0.05t$,且$\leqslant 0.5$;连续长度$\leqslant 100.0$,且焊缝两侧咬边总长$\leqslant 10\%$焊缝全长 | $\leqslant 0.1t$且$\leqslant 1.0$,长度不限 |
| 弧坑裂纹 | — | 允许存在个别长度$\leqslant 5.0$的弧坑裂纹 |
| 电弧擦伤 | — | 允许存在个别电弧擦伤 |
| 接头不良 | 缺口深度$0.05t$,且$\leqslant 0.5$ | 缺口深度$0.1t$,且$\leqslant 1.0$ |
| | 每1000.0焊缝不应超过1处 | |
| 表面夹渣 | — | 深$\leqslant 0.2t$ 长$\leqslant 0.5t$,且$\leqslant 20.0$ |
| 表面气孔 | — | 每50.0焊缝长度内允许直径$\leqslant 0.4t$且$\leqslant 3.0$的气孔2个,孔距$\geqslant 6$倍孔径 |

注:表内$t$为连接处较薄的板厚。

**A.0.2** 对接焊缝及完全熔透组合焊缝尺寸允许偏差应符合表A.0.2的规定。

表 A.0.2 对接焊缝及完全熔透组合焊缝尺寸允许偏差(mm)

| 序号 | 项目 | 图例 | 允许偏差 | |
|---|---|---|---|---|
| | | | 一、二级 | 三级 |
| 1 | 对接焊缝余高 C | | $B<20$:0～3.0 $B\geqslant20$:0～4.0 | $B<20$:0～4.0 $B\geqslant20$:0～5.0 |
| 2 | 对接焊缝错边 d | | $d<0.15t$, 且≤2.0 | $d<0.15t$, 且≤3.0 |

**A.0.3** 部分焊透组合焊缝和角焊缝外形尺寸允许偏差应符合表A.0.3的规定。

表 A.0.3 部分焊透组合焊缝和角焊缝外形尺寸允许偏差(mm)

| 序号 | 项目 | 图例 | 允许偏差 |
|---|---|---|---|
| 1 | 焊脚尺寸 $h_f$ | | $h_f\leqslant6$:0～1.5 $h_f>6$:0～3.0 |
| 2 | 角焊缝余高 C | | $h_f\leqslant6$:0～1.5 $h_f>6$:0～3.0 |

注:1 $h_f>8.0$mm的角焊缝其局部焊脚尺寸允许低于设计要求值1.0mm,但总长度不得超过焊缝长度10%;
　　2 焊接H形梁腹板与翼缘板的焊缝两端在其两倍翼缘板宽度范围内,焊缝的焊脚尺寸不得低于设计值。

# 附录 B　紧固件连接工程检验项目

**B.0.1** 螺栓实物最小载荷检验。

目的:测定螺栓实物的抗拉强度是否满足现行国家标准《紧固件机械性能螺栓、螺钉和螺柱》GB 3098.1的要求。

检验方法:用专用卡具将螺栓实物置于拉力试验机上进行拉力试验,为避免试件承受横向载荷,试验机的夹具应能自动调正中心,试验时夹头张拉的移动速度不应超过25mm/min。

螺栓实物的抗拉强度应根据螺纹应力截面积($A_s$)计算确定,其取值应按现行国家标准《紧固件机械性能螺栓、螺钉和螺柱》GB 3098.1的规定取值。

进行试验时,承受拉力载荷的末旋合的螺纹长度应为6倍以上螺距;当试验拉力达到现行国家标准《紧固件机械性能螺栓、螺钉和螺柱》GB 3098.1中规定的最小拉力载荷($A_s\cdot\sigma_b$)时不得断裂。当超过最小拉力载荷直至拉断时,断裂应发生在杆部或螺纹部分,而不应发生在螺头与杆部的交接处。

**B.0.2** 扭剪型高强度螺栓连接副预拉力复验。

复验用的螺栓应在施工现场待安装的螺栓批中随机抽取,每批应抽取8套连接副进行复验。

连接副预拉力可采用经计量检定、校准合格的轴力计进行测试。

试验用的电测轴力计、油压轴力计、电阻应变仪、扭矩扳手等计量器具,应在试验前进行标定,其误差不得超过2%。

采用轴力计方法复验连接副预拉力时,应将螺栓直接插入轴力计。紧固螺栓分初拧、终拧两次进行,初拧应采用手动扭矩扳手或专用定扭电动扳手;初拧值为预拉力标准值的50%左右。终拧应采用专用电动扳手,至尾部梅花头拧掉,读出预拉力值。

每套连接副只应做一次试验,不得重复使用。在紧固中垫圈发生转动时,应更换连接副,重新试验。

复验螺栓连接副的预拉力平均值和标准偏差应符合表B.0.2的规定。

表 B.0.2 扭剪型高强度螺栓紧固预拉力和标准偏差(kN)

| 螺栓直径(mm) | 16 | 20 | (22) | 24 |
|---|---|---|---|---|
| 紧固预拉力的平均值 $\overline{P}$ | 99～120 | 154～186 | 191～231 | 222～270 |
| 标准偏差 $\sigma_P$ | 10.1 | 15.7 | 19.5 | 22.7 |

**B.0.3** 高强度螺栓连接副施工扭矩检验。

高强度螺栓连接副扭矩检验含初拧、复拧、终拧扭矩的现场无损检验。检验所用的扭矩扳手其扭矩精度误差应不大于3%。

高强度螺栓连接副扭矩检验分扭矩法检验和转角法检验两种,原则上检验法与施工法相同。扭矩检验应在施拧1h后,48h内完成。

**1** 扭矩法检验。

检验方法:在螺尾端头和螺母相对位置划线,将螺母退回60°左右,用扭矩扳手测定拧回至原来位置时的扭矩值。该扭矩值与施工扭矩值的偏差在10%以内为合格。

高强度螺栓连接副终拧扭矩值按下式计算:

$$T_c = K\cdot P_c\cdot d \qquad (B.0.3-1)$$

式中　$T_c$——终拧扭矩值(N·m);
　　　$P_c$——施工预拉力值标准值(kN),见表B.0.3;
　　　$d$——螺栓公称直径(mm);
　　　$K$——扭矩系数,按附录B.0.4的规定试验确定。

高强度大六角头螺栓连接副初拧扭矩值 $T_0$ 可按 $0.5T_c$ 取值。

扭剪型高强度螺栓连接副初拧扭矩值 $T_0$ 可按下式计算:

$$T_0 = 0.065P_c\cdot d \qquad (B.0.3-2)$$

式中　$T_0$——初拧扭矩值(N·m);
　　　$P_c$——施工预拉力标准值(kN),见表B.0.3;
　　　$d$——螺栓公称直径(mm)。

**2** 转角法检验。

检验方法:1)检查初拧后在螺母与相对位置所画的终拧起始线和终止线所夹的角度是否达到规定值。2)在螺尾端头和螺母相对位置画线,然后全部卸松螺母,在按规定的初拧扭矩和终拧角度重新拧紧螺栓,观察与原画线是否重合。终拧转角偏差在10°以内为合格。

终拧转角与螺栓的直径、长度等因素有关,应由试验确定。

**3** 扭剪型高强度螺栓施工扭矩检验。

检验方法:观察尾部梅花头拧掉情况。尾部梅花头被拧掉者视同其终拧扭矩达到合格质量标准;尾部梅花头未被拧掉者应按上述扭矩法或转角法检验。

表 B.0.3 高强度螺栓连接副施工预拉力标准值(kN)

| 螺栓的性能等级 | 螺栓公称直径(mm) | | | | | |
|---|---|---|---|---|---|---|
| | M16 | M20 | M22 | M24 | M27 | M30 |
| 8.8s | 75 | 120 | 150 | 170 | 225 | 275 |
| 10.9s | 110 | 170 | 210 | 250 | 320 | 390 |

**B.0.4** 高强度大六角头螺栓连接副扭矩系数复验。

复验用螺栓应在施工现场待安装的螺栓批中随机抽取,每批应抽取8套连接副进行复验。

连接副扭矩系数复验用的计量器具应在试验前进行标定,误差不得超过2%。

每套连接副只应做一次试验,不得重复使用。在紧固中垫圈发生转动时,应更换连接副,重新试验。

# 目　次

# 1 总　则

**1.0.1** 为加强建筑工程质量管理,统一钢结构工程施工质量的验收,保证钢结构工程质量,制定本规范。

**1.0.2** 本规范适用于建筑工程的单层、多层、高层以及网架、压型金属板等钢结构工程施工质量的验收。

**1.0.3** 钢结构工程施工中采用的工程技术文件、承包合同文件对施工质量验收的要求不得低于本规范的规定。

**1.0.4** 本规范应与现行国家标准《建筑工程施工质量验收统一标准》GB 50300 配套使用。

**1.0.5** 钢结构工程施工质量的验收除应执行本规范的规定外,尚应符合国家现行有关标准的规定。

# 2　术语、符号

## 2.1　术　语

**2.1.1** 零件　part
组成部件或构件的最小单元,如节点板、翼缘板等。

**2.1.2** 部件　component
由若干零件组成的单元,如焊接 H 型钢、牛腿等。

**2.1.3** 构件　element
由零件或由零件和部件组成的钢结构基本单元,如梁、柱、支撑等。

**2.1.4** 小拼单元　the smallest assembled rigid unit
钢网架结构安装工程中,除散件之外的最小安装单元,一般分平面桁架和锥体两种类型。

**2.1.5** 中拼单元　intermediate assembled structure
钢网架结构安装工程中,由散件和小拼单元组成的安装单元,一般分条状和块状两种类型。

**2.1.6** 高强度螺栓连接副　set of high strength bolt
高强度螺栓和与之配套的螺母、垫圈的总称。

**2.1.7** 抗滑移系数　slip coefficent of faying surface
高强度螺栓连接中,使连接件摩擦面产生滑动时的外力与垂直于摩擦面的高强度螺栓预拉力之和的比值。

**2.1.8** 预拼装　test assembling
为检验构件是否满足安装质量要求而进行的拼装。

**2.1.9** 空间刚度单元　space rigid unit
由构件构成的基本的稳定空间体系。

**2.1.10** 焊钉(栓钉)焊接　stud welding
将焊钉(栓钉)一端与板件(或管件)表面接触通电引弧,待接触面熔化后,给焊钉(栓钉)一定压力完成焊接的方法。

**2.1.11** 环境温度　ambient temperature
制作或安装时现场的温度。

## 2.2　符　号

**2.2.1** 作用及作用效应
$P$——高强度螺栓设计预拉力
$\Delta P$——高强度螺栓预拉力的损失值
$T$——高强度螺栓检查扭矩
$T_c$——高强度螺栓终拧扭矩
$T_c$——高强度螺栓初拧扭矩

**2.2.2** 几何参数
$a$——间距
$b$——宽度或板的自由外伸宽度

$d$——直径
$e$——偏心距
$f$——挠度、弯曲矢高
$H$——柱高度
$H_i$——各楼层高度
$h$——截面高度
$h_e$——角焊缝计算厚度
$l$——长度、跨度
$R_a$——轮廓算术平均偏差(表面粗糙度参数)
$r$——半径
$t$——板、壁的厚度
$\triangle$——增量

**2.2.3** 其他
$K$——系数

# 3　基本规定

**3.0.1** 钢结构工程施工单位应具备相应的钢结构工程施工资质,施工现场质量管理应有相应的施工技术标准、质量管理体系、质量控制及检验制度,施工现场应有经项目技术负责人审批的施工组织设计、施工方案等技术文件。

**3.0.2** 钢结构工程施工质量的验收,必须采用经计量检定、校准合格的计量器具。

**3.0.3** 钢结构工程应按下列规定进行施工质量控制:
　　1 采用的原材料及成品应进行进场验收。凡涉及安全、功能的原材料及成品应按本规范规定进行复验,并应经监理工程师(建设单位技术负责人)见证取样、送样;
　　2 各工序应按施工技术标准进行质量控制,每道工序完成后,应进行检查;
　　3 相关各专业工种之间,应进行交接检验,并经监理工程师(建设单位技术负责人)检查认可。

**3.0.4** 钢结构工程施工质量验收应在施工单位自检基础上,按照检验批、分项工程、分部(子分部)工程进行。钢结构分部(子分部)工程中分项工程划分应按照现行国家标准《建筑工程施工质量验收统一标准》GB 50300 的规定执行。钢结构分项工程应有一个或若干检验批组成,各分项工程检验批应按本规范的规定进行划分。

**3.0.5** 分项工程检验批合格质量标准应符合下列规定:
　　1 主控项目必须符合本规范合格质量标准的要求;
　　2 一般项目其检验结果应有 80% 及以上的检查点(值)符合本规范合格质量标准的要求,且最大值不应超过其允许偏差值的 1.2 倍;
　　3 质量检查记录、质量证明文件等资料应完整。

**3.0.6** 分项工程合格质量标准应符合下列规定:
　　1 分项工程所含的各检验批均应符合本规范合格质量标准;
　　2 分项工程所含的各检验批质量验收记录应完整。

**3.0.7** 当钢结构工程施工质量不符合本规范要求时,应按下列规定进行处理:
　　1 经返工重做或更换构(配)件的检验批,应重新进行验收;
　　2 经有资质的检测单位检测鉴定能够达到设计要求的检验批,应予以验收;
　　3 经有资质的检测单位检测鉴定达不到设计要求,但经原设计计算单位核算认可能够满足结构安全和使用功能的检验批,可予以验收;
　　4 经返修或加固处理的分项、分部工程,虽然改变外形尺寸但仍能满足安全使用要求,可按处理技术方案和协商文件进行验收。

**3.0.8** 通过返修或加固处理仍不能满足安全使用要求的钢结构分部工程,严禁验收。

# 4 原材料及成品进场

## 4.1 一般规定

**4.1.1** 本章适用于进入钢结构各分项工程实施现场的主要材料、零(部)件、成品件、标准件等产品的进场验收。

**4.1.2** 进场验收的检验批原则上应与各分项工程检验批一致,也可以根据工程规模及进料实际情况划分检验批。

## 4.2 钢　材

### Ⅰ　主 控 项 目

**4.2.1** 钢材、钢铸件的品种、规格、性能等应符合现行国家产品标准和设计要求。进口钢材产品的质量应符合设计和合同规定标准的要求。

检查数量:全数检查。

检验方法:检查质量合格证明文件、中文标志及检验报告等。

**4.2.2** 对属于下列情况之一的钢材,应进行抽样复验,其复验结果应符合现行国家产品标准和设计要求。

  **1** 国外进口钢材;

  **2** 钢材混批;

  **3** 板厚等于或大于 40mm,且设计有 Z 向性能要求的厚板;

  **4** 建筑结构安全等级为一级,大跨度钢结构中主要受力构件所采用的钢材;

  **5** 设计有复验要求的钢材;

  **6** 对质量有疑义的钢材。

检查数量:全数检查。

检验方法:检查复验报告。

### Ⅱ　一 般 项 目

**4.2.3** 钢板厚度及允许偏差应符合其产品标准的要求。

检查数量:每一品种、规格的钢板抽查 5 处。

检验方法:用游标卡尺量测。

**4.2.4** 型钢的规格尺寸及允许偏差符合其产品标准的要求。

检查数量:每一品种、规格的型钢抽查 5 处。

检验方法:用钢尺和游标卡尺量测。

**4.2.5** 钢材的表面外观质量除应符合国家现行有关标准的规定外,尚应符合下列规定:

  **1** 当钢材的表面有锈蚀、麻点或划痕等缺陷时,其深度不得大于该钢材厚度负允许偏差值的 1/2;

  **2** 钢材表面的锈蚀等级应符合现行国家标准《涂装前钢材表面锈蚀等级和除锈等级》GB 8923 规定的 C 级及 C 级以上;

  **3** 钢材端边或断口处不应有分层、夹渣等缺陷。

检查数量:全数检查。

检验方法:观察检查。

## 4.3 焊 接 材 料

### Ⅰ　主 控 项 目

**4.3.1** 焊接材料的品种、规格、性能等应符合现行国家产品标准和设计要求。

检查数量:全数检查。

检验方法:检查焊接材料的质量合格证明文件、中文标志及检验报告等。

**4.3.2** 重要钢结构采用的焊接材料应进行抽样复验,复验结果应符合现行国家产品标准和设计要求。

检查数量:全数检查。

检验方法:检查复验报告。

### Ⅱ　一 般 项 目

**4.3.3** 焊钉及焊接瓷环的规格、尺寸及偏差应符合现行国家标准《圆柱头焊钉》GB 10433 中的规定。

检查数量:按量抽查 1%,且不应少于 10 套。

检验方法:用钢尺和游标卡尺量测。

**4.3.4** 焊条外观不应有药皮脱落、焊芯生锈等缺陷;焊剂不应受潮结块。

检查数量:按量抽查 1%,且不应少于 10 包。

检验方法:观察检查。

## 4.4 连接用紧固标准件

### Ⅰ　主 控 项 目

**4.4.1** 钢结构连接用高强度大六角头螺栓连接副、扭剪型高强度螺栓连接副、钢网架用高强度螺栓、普通螺栓、铆钉、自攻钉、拉铆钉、射钉、锚栓(机械型和化学试剂型)、地脚锚栓等紧固标准件及螺母、垫圈等标准配件,其品种、规格、性能等应符合现行国家产品标准和设计要求。高强度大六角头螺栓连接副和扭剪型高强度螺栓连接副出厂时应分别随箱带有扭矩系数和紧固轴力(预拉力)的检验报告。

检查数量:全数检查。

检验方法:检查产品的质量合格证明文件、中文标志及检验报告等。

**4.4.2** 高强度大六角头螺栓连接副应按本规范附录 B 的规定检验其扭矩系数,其检验结果应符合本规范附录 B 的规定。

检查数量:见本规范附录 B。

检验方法:检查复验报告。

**4.4.3** 扭剪型高强度螺栓连接副应按本规范附录 B 的规定检验预拉力,其检验结果应符合本规范附录 B 的规定。

检查数量:见本规范附录 B。

检验方法:检查复验报告。

### Ⅱ　一 般 项 目

**4.4.4** 高强度螺栓连接副,应按包装箱配套供货,包装箱上应标明批号、规格、数量及生产日期。螺栓、螺母、垫圈外观表面应涂油保护,不应出现生锈和沾染赃物,螺纹不应损伤。

检查数量:按包装箱数抽查 5%,且不应少于 3 箱。

检验方法:观察检查。

**4.4.5** 对建筑结构安全等级为一级,跨度 40m 及以上的螺栓节点钢网架结构,其连接高强度螺栓应进行表面硬度试验,对 8.8 级的高强度螺栓其硬度应为 HRC21~29;10.9 级高强度螺栓其硬度应为 HRC32~36,且不得有裂纹或损伤。

检查数量:按规格抽查 8 只。

检验方法:硬度计、10 倍放大镜或磁粉探伤。

## 4.5 焊 接 球

### Ⅰ　主 控 项 目

**4.5.1** 焊接球及制造焊接球所采用的原材料,其品种、规格、性能等应符合现行国家产品标准和设计要求。

检查数量:全数检查。

检验方法:检查产品的质量合格证明文件、中文标志及检验报告等。

**4.5.2** 焊接球焊缝应进行无损检验,其质量应符合设计要求,当设计无要求时应符合本规范中规定的二级质量标准。

检查数量:每一规格按数量抽查 5%,且不应少于 3 个。

检验方法:超声波探伤或检查检验报告。

### Ⅱ　一 般 项 目

**4.5.3** 焊接球直径、圆度、壁厚减薄量等尺寸及允许偏差应符合本规范的规定。

检查数量:每一规格按数量抽查 5%,且不应少于 3 个。

检验方法:用卡尺和测厚仪检查。

**4.5.4** 焊接球表面应无明显波纹及局部凹凸不平不大于 1.5mm。

检查数量:每一规格按数量抽查 5%,且不应少于 3 个。

检验方法:用弧形套模、卡尺和观察检查。

### 4.6 螺 栓 球

#### Ⅰ 主控项目

**4.6.1** 螺栓球及制造螺栓球节点所采用的原材料,其品种、规格、性能等应符合现行国家产品标准和设计要求。

检查数量:全数检查。

检验方法:检查产品的质量合格证明文件、中文标志及检验报告等。

**4.6.2** 螺栓球不得有过烧、裂纹及褶皱。

检查数量:每种规格抽查 5%,且不应少于 5 只。

检验方法:用 10 倍放大镜观察和表面探伤。

#### Ⅱ 一般项目

**4.6.3** 螺栓球螺纹尺寸应符合现行国家标准《普通螺纹基本尺寸》GB 196 中粗牙螺纹的规定,螺纹公差必须符合现行国家标准《普通螺纹公差与配合》GB 197 中 6H 级精度的规定。

检查数量:每种规格抽查 5%,且不应少于 5 只。

检验方法:用标准螺纹规。

**4.6.4** 螺栓球直径、圆度、相邻两螺栓孔中心线夹角等尺寸及允许偏差应符合本规范的规定。

检查数量:每一规格按数量抽查 5%,且不应少于 3 个。

检验方法:用卡尺和分度头仪检查。

### 4.7 封板、锥头和套筒

#### Ⅰ 主控项目

**4.7.1** 封板、锥头和套筒及制造封板、锥头和套筒所采用的原材料,其品种、规格、性能等应符合现行国家产品标准和设计要求。

检查数量:全数检查。

检验方法:检查产品的质量合格证明文件、中文标志及检验报告等。

**4.7.2** 封板、锥头、套筒外观不得有裂纹、过烧及氧化皮。

检查数量:每种抽查 5%,且不应少于 10 只。

检验方法:用放大镜观察检查和表面探伤。

### 4.8 金属压型板

#### Ⅰ 主控项目

**4.8.1** 金属压型板及制造金属压型板所采用的原材料,其品种、规格、性能等应符合现行国家产品标准和设计要求。

检查数量:全数检查。

检验方法:检查产品的质量合格证明文件、中文标志及检验报告等。

**4.8.2** 压型金属泛水板、包角板和零配件的品种、规格以及防水密封材料的性能应符合现行国家产品标准和设计要求。

检查数量:全数检查。

检验方法:检查产品的质量合格证明文件、中文标志及检验报告等。

#### Ⅱ 一般项目

**4.8.3** 压型金属板的规格尺寸及允许偏差、表面质量、涂层质量等应符合设计要求和本规范的规定。

检查数量:每种规格抽查 5%,且不应少于 3 件。

检验方法:观察和用 10 倍放大镜检查及尺量。

### 4.9 涂装材料

#### Ⅰ 主控项目

**4.9.1** 钢结构防腐涂料、稀释剂和固化剂等材料的品种、规格、性

能等应符合现行国家产品标准和设计要求。

检查数量:全数检查。

检验方法:检查产品的质量合格证明文件、中文标志及检验报告等。

**4.9.2** 钢结构防火涂料的品种和技术性能应符合设计要求,并应经过具有资质的检测机构检测符合国家现行有关标准的规定。

检查数量:全数检查。

检验方法:检查产品的质量合格证明文件、中文标志及检验报告等。

#### Ⅱ 一般项目

**4.9.3** 防腐涂料和防火涂料的型号、名称、颜色及有效期应与其质量证明文件相符。开启后,不应存在结皮、结块、凝胶等现象。

检查数量:按桶数抽查 5%,且不应少于 3 桶。

检验方法:观察检查。

### 4.10 其 他

#### Ⅰ 主控项目

**4.10.1** 钢结构用橡胶垫的品种、规格、性能等应符合现行国家产品标准和设计要求。

检查数量:全数检查。

检验方法:检查产品的质量合格证明文件、中文标志及检验报告等。

**4.10.2** 钢结构工程所涉及到的其他特殊材料,其品种、规格、性能等应符合现行国家产品标准和设计要求。

检查数量:全数检查。

检验方法:检查产品的质量合格证明文件、中文标志及检验报告等。

## 5 钢结构焊接工程

### 5.1 一 般 规 定

**5.1.1** 本章适用于钢结构制作和安装中的钢构件焊接和焊钉焊接的工程质量验收。

**5.1.2** 钢结构焊接工程可按相应的钢结构制作或安装工程检验批的划分原则划分为一个或若干个检验批。

**5.1.3** 碳素结构钢应在焊缝冷却到环境温度、低合金结构钢应在完成焊接 24h 以后,进行焊缝探伤检验。

**5.1.4** 焊缝施焊后应在工艺规定的焊缝及部位打上焊工钢印。

### 5.2 钢构件焊接工程

#### Ⅰ 主控项目

**5.2.1** 焊条、焊丝、焊剂、电渣焊熔嘴等焊接材料与母材的匹配应符合设计要求及国家现行行业标准《建筑钢结构焊接技术规程》JGJ 81 的规定。焊条、焊剂、药芯焊丝、熔嘴等在使用前,应按其产品说明书及焊接工艺文件的规定进行烘焙和存放。

检查数量:全数检查。

检验方法:检查质量证明书和烘焙记录。

**5.2.2** 焊工必须经考试合格并取得合格证书。持证焊工必须在其考试合格项目及其认可范围内施焊。

检查数量:全数检查。

检验方法:检查焊工合格证及其认可范围、有效期。

**5.2.3** 施工单位对其首次采用的钢材、焊接材料、焊接方法、焊后热处理等,应进行焊接工艺评定,并应根据评定报告确定焊接工艺。

检查数量:全数检查。

检验方法:检查焊接工艺评定报告。

**5.2.4** 设计要求全焊透的一、二级焊缝应采用超声波探伤进行内部缺陷的检验,超声波探伤不能对缺陷作出判断时,应采用射线探

伤,其内部缺陷分级及探伤方法应符合现行国家标准《钢焊缝手工超声波探伤方法和探伤结果分级法》GB 11345 或《钢熔化焊对接接头射线照相和质量分级》GB 3323 的规定。

焊接球节点网架焊缝、螺栓球节点网架焊缝及圆管 T、K、Y 形节点相关线焊缝,其内部缺陷分级及探伤方法应分别符合国家现行标准《焊接球节点钢网架焊缝超声波探伤方法及质量分级法》JBJ/T 3034.1、《螺栓球节点钢网架焊缝超声波探伤方法及质量分级法》JBJ/T 3034.2、《建筑钢结构焊接技术规程》JGJ 81 的规定。

一级、二级焊缝的质量等级及缺陷分级应符合表 5.2.4 的规定。

检查数量:全数检查。

检验方法:检查超声波或射线探伤记录。

表 5.2.4 一、二级焊缝质量等级及缺陷分级

| 焊缝质量等级 | | 一级 | 二级 |
|---|---|---|---|
| 内部缺陷超声波探伤 | 评定等级 | Ⅱ | Ⅲ |
| | 检验等级 | B 级 | B 级 |
| | 探伤比例 | 100% | 20% |
| 内部缺陷射线探伤 | 评定等级 | Ⅱ | Ⅲ |
| | 检验等级 | AB 级 | AB 级 |
| | 探伤比例 | 100% | 20% |

注:探伤比例的计数方法应按以下原则确定:(1)对工厂制作焊缝,应按每条焊缝计算百分比,且探伤长度应不小于 200mm,当焊缝长度不足 200mm 时,应对整条焊缝进行探伤;(2)对现场安装焊缝,应按同一类型、同一施焊条件的焊缝条数计算百分比,探伤长度应不小于 200mm,并应不少于 1 条焊缝。

5.2.5 T 形接头、十字接头、角接接头等要求熔透的对接和角对接组合焊缝,其焊脚尺寸不应小于 $t/4$(图 5.2.5a、b、c);设计有疲劳验算要求的吊车梁或类似构件的腹板与上翼缘连接焊缝的焊脚尺寸为 $t/2$(图 5.2.5d),且不应大于 10mm。焊脚尺寸的允许偏差为 0~4mm。

检查数量:资料全数检查,同类焊缝抽查 10%,且不应少于 3 条。

检验方法:观察检查,用焊缝量规抽查测量。

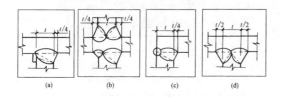

(a) (b) (c) (d)

图 5.2.5 焊脚尺寸

5.2.6 焊缝表面不得有裂纹、焊瘤等缺陷。一级、二级焊缝不得有表面气孔、夹渣、弧坑裂纹、电弧擦伤等缺陷。且一级焊缝不得有咬边、未焊满、根部收缩等缺陷。

检查数量:每批同类构件抽查 10%,且不应少于 3 件;被抽查构件中,每一类型焊缝按条数抽查 5%,且不应少于 1 条;每条检查 1 处,总抽查数不应少于 10 处。

检验方法:观察检查或使用放大镜、焊缝量规和钢尺检查,当存在疑义时,采用渗透或磁粉探伤检查。

Ⅱ 一般项目

5.2.7 对于需要进行焊前预热或焊后热处理的焊缝,其预热温度或后热温度应符合国家现行有关标准的规定或通过工艺试验确定。预热区在焊道两侧,每侧宽度均应大于焊件厚度的 1.5 倍以上,且不应小于 100mm;后热处理应在焊后立即进行,保温时间应根据板厚按每 25mm 板厚 1h 确定。

检查数量:全数检查。

检验方法:检查预、后热施工记录和工艺试验报告。

5.2.8 二级、三级焊缝外观质量标准应符合本规范附录 A 中表 A.0.1 的规定。三级对接焊缝应按二级焊缝标准进行外观质量检验。

检查数量:每批同类构件抽查 10%,且不应少于 3 件;被抽查构件中,每一类型焊缝按条数抽查 5%,且不应少于 1 条;每条检查 1 处,总抽查数不应少于 10 处。

检验方法:观察检查或使用放大镜、焊缝量规和钢尺检查。

5.2.9 焊缝尺寸允许偏差应符合本规范附录 A 中表 A.0.2 的规定。

检查数量:每批同类构件抽查 10%,且不应少于 3 件;被抽查构件中,每种焊缝按条数各抽查 5%,但不应少于 1 条;每条检查 1 处,总抽查数不应少于 10 处。

检验方法:用焊缝量规检查。

5.2.10 焊成凹形的角焊缝,焊缝金属与母材间应平缓过渡;加工成凹形的角焊缝,不得在其表面留下切痕。

检查数量:每批同类构件抽查 10%,且不应少于 3 件。

检验方法:观察检查。

5.2.11 焊缝感观应达到:外形均匀、成型较好,焊道与焊道、焊道与基本金属间过渡较平滑,焊渣和飞溅物基本清除干净。

检查数量:每批同类构件抽查 10%,且不应少于 3 件;被抽查构件中,每种焊缝按数量各抽查 5%,总抽查处不应少于 5 处。

检验方法:观察检查。

### 5.3 焊钉(栓钉)焊接工程

Ⅰ 主控项目

5.3.1 施工单位对其采用的焊钉和钢材焊接应进行焊接工艺评定,其结果应符合设计要求和国家现行有关标准的规定。瓷环应按其产品说明书进行烘焙。

检查数量:全数检查。

检验方法:检查焊接工艺评定报告和烘焙记录。

5.3.2 焊钉焊接后应进行弯曲试验检查,其焊缝和热影响区不应有肉眼可见的裂纹。

检查数量:每批同类构件抽查 10%,且不应少于 10 件;被抽查构件中,每件检查焊钉数量的 1%,但不应少于 1 个。

检验方法:焊钉弯曲 30°后用角尺检查和观察检查。

Ⅱ 一般项目

5.3.3 焊钉根部焊脚应均匀,焊脚立面的局部未熔合或不足 360°的焊脚应进行修补。

检查数量:按总焊钉数量抽查 1%,且不应少于 10 个。

检验方法:观察检查。

# 6 紧固件连接工程

## 6.1 一般规定

6.1.1 本章适用于钢结构制作和安装中的普通螺栓、扭剪型高强度螺栓、高强度大六角头螺栓、钢网架螺栓球节点用高强度螺栓及射钉、自攻钉、拉铆钉等连接工程的质量验收。

6.1.2 紧固件连接工程可按相应的钢结构制作或安装工程检验批的划分原则划分为一个或若干个检验批。

## 6.2 普通紧固件连接

Ⅰ 主控项目

6.2.1 普通螺栓作为永久性连接螺栓时,当设计有要求或对其质量有疑义时,应进行螺栓实物最小拉力载荷复验,试验方法见本规范附录 B,其结果应符合现行国家标准《紧固件机械性能 螺栓、螺钉和螺柱》GB 3098 的规定。

检查数量:每一规格螺栓抽查 8 个。

检验方法:检查螺栓实物复验报告。

6.2.2 连接薄钢板采用的自攻钉、拉铆钉、射钉等其规格尺寸应

与被连接钢板相匹配，其间距、边距等应符合设计要求。

  检查数量：按连接节点数抽查1%，且不应少于3个。

  检验方法：观察和尺量检查。

Ⅱ 一 般 项 目

**6.2.3** 永久性普通螺栓紧固应牢固、可靠，外露丝扣不应少于2扣。

  检查数量：按连接节点数抽查10%，且不应少于3个。

  检验方法：观察和用小锤敲击检查。

**6.2.4** 自攻螺钉、钢拉铆钉、射钉等与连接钢板应紧固密贴，外观排列整齐。

  检查数量：按连接节点数抽查10%，且不应少于3个。

  检验方法：观察或用小锤敲击检查。

### 6.3 高强度螺栓连接

Ⅰ 主 控 项 目

**6.3.1** 钢结构制作和安装单位应按本规范附录B的规定分别进行高强度螺栓连接摩擦面的抗滑移系数试验和复验，现场处理的构件摩擦面应单独进行摩擦面抗滑移系数试验，其结果应符合设计要求。

  检查数量：见本规范附录B。

  检验方法：检查摩擦面抗滑移系数试验报告和复验报告。

**6.3.2** 高强度大六角头螺栓连接副终拧完成1h后、48h内应进行终拧扭矩检查，检查结果应符合本规范附录B的规定。

  检查数量：按节点数抽查10%，且不应少于10个；每个被抽查节点按螺栓数抽查10%，且不应少于2个。

  检验方法：见本规范附录B。

**6.3.3** 扭剪型高强度螺栓连接副终拧后，除因构造原因无法使用专用扳手终拧梅花头者外，未在终拧中拧掉梅花头的螺栓数不应大于该节点螺栓数的5%。对所有梅花头未拧掉的扭剪型高强度螺栓连接副采用扭矩法或转角法进行终拧并作标记，且按本规范第6.3.2条的规定进行终拧扭矩检查。

  检查数量：按节点数抽查10%，但不应少于10个节点，被抽查节点中梅花头未拧掉的扭剪型高强度螺栓连接副全数进行终拧扭矩检查。

  检验方法：观察检查及本规范附录B。

Ⅱ 一 般 项 目

**6.3.4** 高强度螺栓连接副的施拧顺序和初拧、复拧扭矩应符合设计要求和国家现行行业标准《钢结构高强度螺栓连接的设计施工及验收规程》JGJ 82的规定。

  检查数量：全数检查资料。

  检验方法：检查扭矩扳手标定记录和螺栓施工记录。

**6.3.5** 高强度螺栓连接副终拧后，螺栓丝扣外露应为2～3扣，其中允许有10%的螺栓丝扣外露1扣或4扣。

  检查数量：按节点数抽查5%，且不应少于10个。

  检验方法：观察检查。

**6.3.6** 高强度螺栓连接摩擦面应保持干燥、整洁，不应有飞边、毛刺、焊接飞溅物、焊疤、氧化铁皮、污垢等，除设计要求外摩擦面不应涂漆。

  检查数量：全数检查。

  检验方法：观察检查。

**6.3.7** 高强度螺栓应自由穿入螺栓孔。高强度螺栓孔不应采用气割扩孔，扩孔数量应征得设计同意，扩孔后的孔径不应超过1.2d（d为螺栓直径）。

  检查数量：被扩螺栓孔全数检查。

  检验方法：观察检查及用卡尺检查。

**6.3.8** 螺栓球节点网架总拼完成后，高强度螺栓与球节点应紧固连接，高强度螺栓拧入螺栓球内的螺纹长度不应小于1.0d（d为螺栓直径），连接处不应出现有间隙、松动等未拧紧情况。

  检查数量：按节点数抽查5%，且不应少于10个。

  检验方法：普通扳手及尺量检查。

# 7 钢零件及钢部件加工工程

## 7.1 一 般 规 定

**7.1.1** 本章适用于钢结构制作及安装中钢零件及钢部件加工的质量验收。

**7.1.2** 钢零件及钢部件加工工程，可按相应的钢结构制作工程或钢结构安装工程检验批的划分原则划分为一个或若干个检验批。

## 7.2 切 割

Ⅰ 主 控 项 目

**7.2.1** 钢材切割面或剪切面应无裂纹、夹渣、分层和大于1mm的缺棱。

  检查数量：全数检查。

  检验方法：观察或用放大镜及百分尺检查，有疑义时作渗透、磁粉或超声波探伤检查。

Ⅱ 一 般 项 目

**7.2.2** 气割的允许偏差应符合表7.2.2的规定。

  检查数量：按切割面数抽查10%，且不应少于3个。

  检验方法：观察检查或用钢尺、塞尺检查。

表7.2.2 气割的允许偏差（mm）

| 项 目 | 允 许 偏 差 |
| --- | --- |
| 零件宽度、长度 | ±3.0 |
| 切割面平面度 | 0.05t，且不应大于2.0 |
| 割纹深度 | 0.3 |
| 局部缺口深度 | 1.0 |

注：t为切割面厚度。

**7.2.3** 机械剪切的允许偏差应符合表7.2.3的规定。

  检查数量：按切割面数抽查10%，且不应少于3个。

  检验方法：观察检查或用钢尺、塞尺检查。

表7.2.3 机械剪切的允许偏差（mm）

| 项 目 | 允 许 偏 差 |
| --- | --- |
| 零件宽度、长度 | ±3.0 |
| 边缘缺棱 | 1.0 |
| 型钢端部垂直度 | 2.0 |

## 7.3 矫正和成型

Ⅰ 主 控 项 目

**7.3.1** 碳素结构钢在环境温度低于−16℃、低合金结构钢在环境温度低于−12℃时，不应进行冷矫正和冷弯曲。碳素结构钢和低合金结构钢在加热矫正时，加热温度不应超过900℃。低合金结构钢在加热矫正后应自然冷却。

  检查数量：全数检查。

  检验方法：检查制作工艺报告和施工记录。

**7.3.2** 当零件采用热加工成型时，加热温度应控制在900～1000℃；碳素结构钢和低合金结构钢在温度分别下降到700℃和800℃之前，应结束加工；低合金结构钢应自然冷却。

  检查数量：全数检查。

  检验方法：检查制作工艺报告和施工记录。

Ⅱ 一 般 项 目

**7.3.3** 矫正后的钢材表面，不应有明显的凹面或损伤，划痕深度不得大于0.5mm，且不应大于该钢材厚度负允许偏差的1/2。

  检查数量：全数检查。

  检验方法：观察检查和实测检查。

**7.3.4** 冷矫正和冷弯曲的最小曲率半径和最大弯曲矢高应符合表7.3.4的规定。

检查数量:按冷矫正和冷弯曲的件数抽查10%,且不应少于3个。

检验方法:观察检查和实测检查。

**表7.3.4 冷矫正和冷弯曲的最小曲率半径和最大弯曲矢高(mm)**

| 钢材类别 | 图 例 | 对应轴 | 矫正 | | 弯曲 | |
|---|---|---|---|---|---|---|
| | | | $r$ | $f$ | $r$ | $f$ |
| 钢板扁钢 | | $x-x$ | $50t$ | $\dfrac{l^2}{400t}$ | $25t$ | $\dfrac{l^2}{200t}$ |
| | | $y-y$(仅对扁钢轴线) | $100b$ | $\dfrac{l^2}{800b}$ | $50b$ | $\dfrac{l^2}{400b}$ |
| 角钢 | | $x-x$ | $90b$ | $\dfrac{l^2}{720b}$ | $45b$ | $\dfrac{l^2}{360b}$ |
| 槽钢 | | $x-x$ | $50h$ | $\dfrac{l^2}{400h}$ | $25h$ | $\dfrac{l^2}{200h}$ |
| | | $y-y$ | $90b$ | $\dfrac{l^2}{720b}$ | $45b$ | $\dfrac{l^2}{360b}$ |
| 工字钢 | | $x-x$ | $50h$ | $\dfrac{l^2}{400h}$ | $25h$ | $\dfrac{l^2}{200h}$ |
| | | $y-y$ | $50b$ | $\dfrac{l^2}{400b}$ | $25b$ | $\dfrac{l^2}{200b}$ |

注:$r$ 为曲率半径;$f$ 为弯曲矢高;$l$ 为弯曲弦长;$t$ 为钢板厚度。

**7.3.5** 钢材矫正后的允许偏差,应符合表7.3.5的规定。

检查数量:按矫正件数抽查10%,且不应少于3件。

检验方法:观察检查和实测检查。

**表7.3.5 钢材矫正后的允许偏差(mm)**

| 项 目 | | 允许偏差 | 图 例 |
|---|---|---|---|
| 钢板的局部平面度 | $t\leqslant 14$ | 1.5 | |
| | $t>14$ | 1.0 | |
| 型钢弯曲矢高 | | $l/1000$ 且不应大于5.0 | |
| 角钢肢的垂直度 | | $b/100$ 双肢栓接角钢的角度不得大于90° | |
| 槽钢翼缘对腹板的垂直度 | | $b/80$ | |
| 工字钢、H 型钢翼缘对腹板的垂直度 | | $b/100$ 且不大于2.0 | |

**7.4 边缘加工**

**Ⅰ 主控项目**

**7.4.1** 气割或机械剪切的零件,需要进行边缘加工时,其刨削量

不应小于2.0mm。

检查数量:全数检查。

检验方法:检查工艺报告和施工记录。

**Ⅱ 一般项目**

**7.4.2** 边缘加工允许偏差应符合表7.4.2的规定。

检查数量:按加工面数抽查10%,不应少于3件。

检验方法:观察检查和实测检查。

**表7.4.2 边缘加工的允许偏差(mm)**

| 项 目 | 允许偏差 |
|---|---|
| 零件宽度、长度 | ±1.0 |
| 加工边直线度 | $l/3000$,且不应大于2.0 |
| 相邻两边夹角 | ±6′ |
| 加工面垂直度 | $0.025t$,且不应大于0.5 |
| 加工面表面粗糙度 | $\overset{50}{\bigtriangledown}$ |

**7.5 管、球加工**

**Ⅰ 主控项目**

**7.5.1** 螺栓球成型后,不应有裂纹、褶皱、过烧。

检查数量:每种规格抽查10%,且不应少于5个。

检验方法:10倍放大镜观察检查或表面探伤。

**7.5.2** 钢板压成半圆球后,表面不应有裂纹、褶皱;焊接球其对接坡口应采用机械加工,对焊缝表面应打磨平整。

检查数量:每种规格抽查10%,且不应少于5个。

检验方法:10倍放大镜观察检查或表面探伤。

**Ⅱ 一般项目**

**7.5.3** 螺栓球加工的允许偏差应符合表7.5.3的规定。

检查数量:每种规格抽查10%,且不应少于5个。

检验方法:见表7.5.3。

**表7.5.3 螺栓球加工的允许偏差(mm)**

| 项 目 | | 允许偏差 | 检验方法 |
|---|---|---|---|
| 圆度 | $d\leqslant 120$ | 1.5 | 用卡尺和游标卡尺检查 |
| | $d>120$ | 2.5 | |
| 同一轴线上两铣平面平行度 | $d\leqslant 120$ | 0.2 | 用百分表 V 形块检查 |
| | $d>120$ | 0.3 | |
| 铣平面距球中心距离 | | ±0.2 | 用游标卡尺检查 |
| 相邻两螺栓孔中心线夹角 | | ±30′ | 用分度头检查 |
| 两铣平面与螺栓孔轴线垂直度 | | $0.005r$ | 用百分表检查 |
| 球毛坯直径 | $d\leqslant 120$ | +2.0 −1.0 | 用卡尺和游标卡尺检查 |
| | $d>120$ | +3.0 −1.5 | |

**7.5.4** 焊接球加工的允许偏差应符合表7.5.4的规定。

检查数量:每种规格抽查10%,且不应少于5个。

检验方法:见表7.5.4。

**表7.5.4 焊接球加工的允许偏差(mm)**

| 项 目 | 允许偏差 | 检验方法 |
|---|---|---|
| 直径 | ±0.005d ±2.5 | 用卡尺和游标卡尺检查 |
| 圆度 | 2.5 | 用卡尺和游标卡尺检查 |
| 壁厚减薄量 | $0.13t$,不应大于1.5 | 用卡尺和测厚仪检查 |
| 两半球对口错边 | 1.0 | 用套模和游标卡尺检查 |

**7.5.5** 钢网架(桁架)用钢管杆件加工的允许偏差应符合表7.5.5的规定。

检查数量:每种规格抽查10%,且不应少于5根。

检验方法:见表7.5.5。

表 7.5.5 钢网架(桁架)用钢管杆件加工的允许偏差(mm)

| 项　目 | 允许偏差 | 检验方法 |
|---|---|---|
| 长　度 | ±1.0 | 用钢尺和百分表检查 |
| 端面对管轴的垂直度 | 0.005r | 用百分表 V 形块检查 |
| 管口曲线 | 1.0 | 用套模和游标卡尺检查 |

## 7.6　制　孔

### Ⅰ　主控项目

**7.6.1** A、B 级螺栓孔(Ⅰ类孔)应具有 H12 的精度,孔壁表面粗糙度 $R_a$ 不应大于 12.5μm。其孔径的允许偏差应符合表 7.6.1-1 的规定。

C 级螺栓孔(Ⅱ类孔),孔壁表面粗糙度 $R_a$ 不应大于 25μm,其允许偏差应符合表 7.6.1-2 的规定。

检查数量:按钢构件数量抽查 10%,且不应少于 3 件。

检验方法:用游标卡尺或孔径量规检查。

表 7.6.1-1　A、B 级螺栓孔径的允许偏差(mm)

| 序　号 | 螺栓公称直径、螺栓孔直径 | 螺栓公称直径允许偏差 | 螺栓孔直径允许偏差 |
|---|---|---|---|
| 1 | 10～18 | 0.00<br>−0.21 | +0.18<br>0.00 |
| 2 | 18～30 | 0.00<br>−0.21 | +0.21<br>0.00 |
| 3 | 30～50 | 0.00<br>−0.25 | +0.25<br>0.00 |

表 7.6.1-2　C 级螺栓孔的允许偏差(mm)

| 项　目 | 允许偏差 |
|---|---|
| 直　径 | +1.0<br>0.0 |
| 圆　度 | 2.0 |
| 垂直度 | 0.03t,且不应大于 2.0 |

### Ⅱ　一般项目

**7.6.2** 螺栓孔孔距的允许偏差应符合表 7.6.2 的规定。

检查数量:按钢构件数量抽查 10%,且不应少于 3 件。

检验方法:用钢尺检查。

表 7.6.2　螺栓孔孔距允许偏差(mm)

| 螺栓孔孔距范围 | ≤500 | 501～1200 | 1201～3000 | >3000 |
|---|---|---|---|---|
| 同一组内任意两孔间距离 | ±1.0 | ±1.5 | — | — |
| 相邻两组的端孔间距离 | ±1.5 | ±2.0 | ±2.5 | ±3.0 |

注:1　在节点中连接板与一根杆件相连的所有螺栓孔为一组;

2　对接接头在拼接板一侧的螺栓孔为一组;

3　在两相邻节点或接头间的螺栓孔为一组,但不包括上述两款所规定的螺栓孔;

4　受弯构件翼缘上的连接螺栓孔,每米长度范围内的螺栓孔为一组。

**7.6.3** 螺栓孔孔距的允许偏差超过本规范表 7.6.2 规定的允许偏差时,应采用与母材材质相匹配的焊条补焊后重新制孔。

检查数量:全数检查。

检验方法:观察检查。

# 8　钢构件组装工程

## 8.1　一般规定

**8.1.1** 本章适用于钢结构制作中构件组装的质量验收。

**8.1.2** 钢构件组装工程可按钢结构制作工程检验批的划分原则划分为一个或若干个检验批。

## 8.2　焊接 H 型钢

### Ⅰ　一般项目

**8.2.1** 焊接 H 型钢的翼缘板拼接缝和腹板拼接缝的间距不应小于 200mm。翼缘板拼接长度不应小于 2 倍板宽;腹板拼接宽度不应小于 300mm,长度不应小于 600mm。

检查数量:全数检查。

检验方法:观察和用钢尺检查。

**8.2.2** 焊接 H 型钢的允许偏差应符合本规范附录 C 中表 C.0.1 的规定。

检查数量:按钢构件数抽查 10%,宜不应少于 3 件。

检验方法:用钢尺、角尺、塞尺等检查。

## 8.3　组　装

### Ⅰ　主控项目

**8.3.1** 吊车梁和吊车桁架不应下挠。

检查数量:全数检查。

检验方法:构件直立,在两端支承后,用水准仪和钢尺检查。

### Ⅱ　一般项目

**8.3.2** 焊接连接组装的允许偏差应符合本规范附录 C 中表 C.0.2 的规定。

检查数量:按构件数抽查 10%,且不应少于 3 个。

检验方法:用钢尺检验。

**8.3.3** 顶紧接触面应有 75% 以上的面积紧贴。

检查数量:按接触面的数量抽查 10%,且不应少于 10 个。

检验方法:用 0.3mm 塞尺检查,其塞入面积应小于 25%,边缘间隙不应大于 0.8mm。

**8.3.4** 桁架结构杆件轴线交点错位的允许偏差不得大于 3.0mm,允许偏差不得大于 4.0mm。

检查数量:按构件数抽查 10%,且不应少于 3 件,每个抽查构件按节点数抽查 10%,且不应少于 3 个节点。

检验方法:尺量检查。

## 8.4　端部铣平及安装焊缝坡口

### Ⅰ　主控项目

**8.4.1** 端部铣平的允许偏差应符合表 8.4.1 的规定。

检查数量:按铣平面数量抽查 10%,且不应少于 3 个。

检验方法:用钢尺、角尺、塞尺等检查。

表 8.4.1　端部铣平的允许偏差(mm)

| 项　目 | 允许偏差 |
|---|---|
| 两端铣平时构件长度 | ±2.0 |
| 两端铣平时零件长度 | ±0.5 |
| 铣平面的平面度 | 0.3 |
| 铣平面对轴线的垂直度 | l/1500 |

### Ⅱ　一般项目

**8.4.2** 安装焊缝坡口的允许偏差应符合表 8.4.2 的规定。

检查数量:按坡口数量抽查 10%,且不应少于 3 条。

检验方法:用焊缝量规检查。

表 8.4.2　安装焊缝坡口的允许偏差

| 项　目 | 允许偏差 |
|---|---|
| 坡口角度 | ±5° |
| 钝边 | ±1.0mm |

**8.4.3** 外露铣平面应防锈保护。

检查数量：全数检查。

检验方法：观察检查。

## 8.5　钢构件外形尺寸

### Ⅰ　主控项目

**8.5.1** 钢构件外形尺寸主控项目的允许偏差应符合表 8.5.1 的规定。

检查数量：全数检查。

检验方法：用钢尺检查。

表 8.5.1　钢构件外形尺寸主控项目的允许偏差（mm）

| 项　目 | 允许偏差 |
|---|---|
| 单层柱、梁、桁架受力支托（支承面）表面至第一个安装孔距离 | ±1.0 |
| 多节柱铣平面至第一个安装孔距离 | ±1.0 |
| 实腹梁两端最外侧安装孔距离 | ±3.0 |
| 构件连接处的截面几何尺寸 | ±3.0 |
| 柱、梁连接处的腹板中心线偏移 | 2.0 |
| 受压构件（杆件）弯曲矢高 | $l/1000$，且不应大于 10.0 |

### Ⅱ　一般项目

**8.5.2** 钢构件外形尺寸一般项目的允许偏差应符合本规范附录 C 中表 C.0.3～表 C.0.9 的规定。

检查数量：按构件数量抽查 10%，且不应少于 3 件。

检验方法：见本规范附录 C 中表 C.0.3～表 C.0.9。

# 9　钢构件预拼装工程

## 9.1　一般规定

**9.1.1** 本章适用于钢构件预拼装工程的质量验收。

**9.1.2** 钢构件预拼装工程可按钢结构制作工程检验批的划分原则划分为一个或若干个检验批。

**9.1.3** 预拼装所用的支承凳或平台应测量找平，检查时应拆除全部临时固定和拉紧装置。

**9.1.4** 进行预拼装的钢构件，其质量应符合设计要求和本规范合格质量标准的规定。

## 9.2　预　拼　装

### Ⅰ　主控项目

**9.2.1** 高强度螺栓和普通螺栓连接的多层板叠，应采用试孔器进行检查，并应符合下列规定：

　　**1** 当采用比孔公称直径小 1.0mm 的试孔器检查时，每组孔的通过率不应小于 85%；

　　**2** 当采用比螺栓公称直径大 0.3mm 的试孔器检查时，通过率应为 100%。

检查数量：按预拼装单元全数检查。

检验方法：采用试孔器检查。

### Ⅱ　一般项目

**9.2.2** 预拼装的允许偏差应符合本规范附录 D 表 D 的规定。

检查数量：按预拼装单元全数检查。

检验方法：见本规范附录 D 表 D。

# 10　单层钢结构安装工程

## 10.1　一　般　规　定

**10.1.1** 本章适用于单层钢结构的主体结构、地下钢结构、檩条及墙架等次要构件、钢平台、钢梯、防护栏杆等安装工程的质量验收。

**10.1.2** 单层钢结构安装工程可按变形缝或空间刚度单元等划分成一个或若干个检验批。地下钢结构可按不同地下层划分检验批。

**10.1.3** 钢结构安装检验批应在进场验收和焊接连接、紧固件连接、制作等分项工程验收合格的基础上进行验收。

**10.1.4** 安装的测量校正、高强度螺栓安装、负温度下施工及焊接工艺等，应在安装前进行工艺试验或评定，并应在此基础上制定相应的施工工艺或方案。

**10.1.5** 安装偏差的检测，应在结构形成空间刚度单元并连接固定后进行。

**10.1.6** 安装时，必须控制屋面、楼面、平台等的施工荷载，施工荷载和冰雪荷载等严禁超过梁、桁架、楼面板、屋面板、平台铺板等的承载能力。

**10.1.7** 在形成空间刚度单元后，应及时对柱底板和基础顶面的空隙进行细石混凝土、灌浆料等二次浇灌。

**10.1.8** 吊车梁或直接承受动力荷载的梁其受拉翼缘、吊车桁架或直接承受动力荷载的桁架其受拉弦杆上不得焊接悬挂物和卡具等。

## 10.2　基础和支承面

### Ⅰ　主控项目

**10.2.1** 建筑物的定位轴线、基础轴线和标高、地脚螺栓的规格及其紧固应符合设计要求。

检查数量：按柱基数抽查 10%，且不应少于 3 个。

检验方法：用经纬仪、水准仪、全站仪和钢尺现场实测。

**10.2.2** 基础顶面直接作为柱的支承面和基础顶面预埋钢板或支座作为柱的支承面时，其支承面、地脚螺栓（锚栓）位置的允许偏差应符合表 10.2.2 的规定。

检查数量：按柱基数抽查 10%，且不应少于 3 个。

检验方法：用经纬仪、水准仪、全站仪、水平尺和钢尺实测。

表 10.2.2　支承面、地脚螺栓（锚栓）位置的允许偏差（mm）

| 项　目 | | 允许偏差 |
|---|---|---|
| 支承面 | 标高 | ±3.0 |
| | 水平度 | $l/1000$ |
| 地脚螺栓（锚栓） | 螺栓中心偏移 | 5.0 |
| 预留孔中心偏移 | | 10.0 |

**10.2.3** 采用座浆垫板时，座浆垫板的允许偏差应符合表 10.2.3 的规定。

检查数量：资料全数检查。按柱基数抽查 10%，且不应少于 3 个。

检验方法：用水准仪、全站仪、水平尺和钢尺现场实测。

表 10.2.3　座浆垫板的允许偏差（mm）

| 项　目 | 允许偏差 |
|---|---|
| 顶面标高 | 0.0<br>−3.0 |
| 水平度 | $l/1000$ |
| 位置 | 20.0 |

**10.2.4** 采用杯口基础时，杯口尺寸的允许偏差应符合表 10.2.4 的规定。

检查数量:按基础数抽查10%,且不应少于4处。

检验方法:观察及尺量检查。

**表10.2.4 杯口尺寸的允许偏差(mm)**

| 项 目 | 允许偏差 |
|---|---|
| 底面标高 | 0.0<br>−5.0 |
| 杯口深度 $H$ | ±5.0 |
| 杯口垂直度 | $H/100$,且不应大于10.0 |
| 位置 | 10.0 |

**Ⅱ 一般项目**

**10.2.5** 地脚螺栓(锚栓)尺寸的偏差应符合表10.2.5的规定。地脚螺栓(锚栓)的螺纹应受到保护。

检查数量:按柱基数抽查10%,且不应少于3个。

检验方法:用钢尺现场实测。

**表10.2.5 地脚螺栓(锚栓)尺寸的允许偏差(mm)**

| 项 目 | 允许偏差 |
|---|---|
| 螺栓(锚栓)露出长度 | +30.0<br>0.0 |
| 螺纹长度 | +30.0<br>0.0 |

## 10.3 安装和校正

### Ⅰ 主控项目

**10.3.1** 钢构件应符合设计要求和本规范的规定。运输、堆放和吊装等造成的钢构件变形及涂层脱落,应进行矫正和修补。

检查数量:按构件数抽查10%,且不应少于3件。

检验方法:用拉线、钢尺现场实测或观察。

**10.3.2** 设计要求顶紧的节点,接触面不应少于70%紧贴,且边缘最大间隙不应大于0.8mm。

检查数量:按节点数抽查10%,且不应少于3个。

检验方法:用钢尺及0.3mm和0.8mm厚的塞尺现场实测。

**10.3.3** 钢屋(托)架、桁架、梁及受压杆件的垂直度和侧向弯曲矢高的允许偏差应符合表10.3.3的规定。

检查数量:按同类构件数抽查10%,且不应少于3件。

检验方法:用吊线、拉线、经纬仪和钢尺现场实测。

**表10.3.3 钢屋(托)架、桁架、梁及受压杆件垂直度和侧向弯曲矢高的允许偏差(mm)**

| 项目 | 允许偏差 | 图 例 |
|---|---|---|
| 跨中的垂直度 | $h/250$,且不应大于15.0 | |
| 侧向弯曲矢高 $f$ | $l≤30m$ | $l/1000$,且不应大于10.0 | |
| | $30m<l≤60m$ | $l/1000$,且不应大于30.0 | |
| | $l>60m$ | $l/1000$,且不应大于50.0 | |

**10.3.4** 单层钢结构主体结构的整体垂直度和整体平面弯曲的允许偏差应符合表10.3.4的规定。

检查数量:对主要立面全部检查。对每个所检查的立面,除两列角柱外,尚应至少选取一列中间柱。

检验方法:采用经纬仪、全站仪等测量。

**表10.3.4 整体垂直度和整体平面弯曲的允许偏差(mm)**

| 项 目 | 允许偏差 | 图 例 |
|---|---|---|
| 主体结构的整体垂直度 | $H/1000$,且不应大于25.0 | |
| 主体结构的整体平面弯曲 | $L/1500$,且不应大于25.0 | |

**Ⅱ 一般项目**

**10.3.5** 钢柱等主要构件的中心线及标高基准点等标记应齐全。

检查数量:按同类构件数抽查10%,且不应少于3件。

检验方法:观察检查。

**10.3.6** 当钢桁架(或梁)安装在混凝土柱上时,其支座中心对定位轴线的偏差不应大于10mm;当采用大型混凝土屋面板时,钢桁架(或梁)间距的偏差不应大于10mm。

检查数量:按同类构件数抽查10%,且不应少于3榀。

检验方法:用拉线和钢尺现场实测。

**10.3.7** 钢柱安装的允许偏差应符合本规范附录E中表E.0.1的规定。

检查数量:按钢柱数抽查10%,且不应少于3件。

检验方法:见本规范附录E中表E.0.1。

**10.3.8** 钢吊车梁或直接承受动力荷载的类似构件,其安装的允许偏差应符合本规范附录E中表E.0.2的规定。

检查数量:按钢吊车梁数抽查10%,且不应少于3榀。

检验方法:见本规范附录E中表E.0.2。

**10.3.9** 檩条、墙架等次要构件安装的允许偏差应符合本规范附录E中表E.0.3的规定。

检查数量:按同类构件数抽查10%,且不应少于3件。

检验方法:见本规范附录E中表E.0.3。

**10.3.10** 钢平台、钢梯、栏杆安装应符合现行国家标准《固定式钢直梯》GB 4053.1、《固定式钢斜梯》GB 4053.2、《固定式防护栏杆》GB 4053.3和《固定式钢平台》GB 4053.4的规定。钢平台、钢梯和防护栏杆安装的允许偏差应符合本规范附录E中表E.0.4的规定。

检查数量:按钢平台总数抽查10%,栏杆、钢梯按总长度各抽查10%,但钢平台不应少于1个,栏杆不应少于5m,钢梯不应少于1跑。

检验方法:见本规范附录E中表E.0.4。

**10.3.11** 现场焊缝组对间隙的允许偏差应符合表10.3.11的规定。

检查数量:按同类节点数抽查10%,且不应少于3个。

检验方法:尺量检查。

**表10.3.11 现场焊缝组对间隙的允许偏差(mm)**

| 项 目 | 允许偏差 |
|---|---|
| 无垫板间隙 | +3.0<br>0.0 |
| 有垫板间隙 | +3.0<br>−2.0 |

**10.3.12** 钢结构表面应干净,结构主要表面不应有疤痕、泥沙等污垢。

检查数量:按同类构件数抽查10%,且不应少于3件。

检验方法:观察检查。

# 11 多层及高层钢结构安装工程

## 11.1 一般规定

**11.1.1** 本章适用于多层及高层钢结构的主体结构、地下钢结构、檩条及墙架等次要构件、钢平台、钢梯、防护栏杆等安装工程的质量验收。

**11.1.2** 多层及高层钢结构安装工程可按楼层或施工段等划分为一个或若干个检验批。地下钢结构可按不同地下层划分检验批。

**11.1.3** 柱、梁、支撑等构件的长度尺寸应包括焊接收缩余量等变形值。

**11.1.4** 安装柱时，每节柱的定位轴线应从地面控制轴线直接引上，不得从下层柱的轴线引上。

**11.1.5** 结构的楼层标高可按相对标高或设计标高进行控制。

**11.1.6** 钢结构安装检验批应在进场验收和焊接连接、紧固件连接、制作等分项工程验收合格的基础上进行验收。

**11.1.7** 多层及高层钢结构安装应遵照本规范第 10.1.4、10.1.5、10.1.6、10.1.7、10.1.8 条的规定。

## 11.2 基础和支承面

### Ⅰ 主控项目

**11.2.1** 建筑物的定位轴线、基础上柱的定位轴线和标高、地脚螺栓(锚栓)的规格和位置、地脚螺栓(锚栓)紧固应符合设计要求。当设计无要求时，应符合表 11.2.1 的规定。

检查数量：按柱基数抽查 10%，且不应少于 3 个。

检验方法：采用经纬仪、水准仪、全站仪和钢尺实测。

表 11.2.1 建筑物定位轴线、基础上柱的定位轴线和标高、
地脚螺栓(锚栓)的允许偏差(mm)

| 项　目 | 允许偏差 | 图　例 |
|---|---|---|
| 建筑物定位轴线 | L/20000,且不应大于 3.0 | |
| 基础上柱的定位轴线 | 1.0 | |
| 基础上柱底标高 | ±2.0 | 基准点 |
| 地脚螺栓(锚栓)位移 | 2.0 | |

**11.2.2** 多层建筑以基础顶面直接作为柱的支承面，或以基础顶面预埋钢板或支座作为柱的支承面时，其支承面、地脚螺栓(锚栓)位置的允许偏差应符合本规范表 10.2.2 的规定。

检查数量：按柱基数抽查 10%，且不应少于 3 个。

检验方法：用经纬仪、水准仪、全站仪、水平尺和钢尺实测。

**11.2.3** 多层建筑采用座浆垫板时，座浆垫板的允许偏差应符合本规范表 10.2.3 的规定。

检查数量：资料全数检查。按柱基数抽查 10%，且不应少于 3 个。

检验方法：用水准仪、全站仪、水平尺和钢尺实测。

**11.2.4** 当采用杯口基础时，杯口尺寸的允许偏差应符合本规范表 10.2.4 的规定。

检查数量：按基础数抽查 10%，且不应少于 4 处。

检验方法：观察及尺量检查。

### Ⅱ 一般项目

**11.2.5** 地脚螺栓(锚栓)尺寸的允许偏差应符合本规范表 10.2.5 的规定。地脚螺栓(锚栓)的螺纹应受到保护。

检查数量：按柱基数抽查 10%，且不应少于 3 个。

检验方法：用钢尺现场实测。

## 11.3 安装和校正

### Ⅰ 主控项目

**11.3.1** 钢构件应符合设计要求和本规范的规定。运输、堆放和吊装等造成的钢构件变形及涂层脱落，应进行矫正和修补。

检查数量：按构件数抽查 10%，且不应少于 3 个。

检验方法：用拉线、钢尺现场实测或观察。

**11.3.2** 柱子安装的允许偏差应符合表 11.3.2 的规定。

检查数量：标准柱全部检查，非标准柱抽查 10%，且不应少于 3 根。

检验方法：用全站仪或激光经纬仪和钢尺实测。

表 11.3.2 柱子安装的允许偏差(mm)

| 项　　目 | 允许偏差 | 图　例 |
|---|---|---|
| 底层柱柱底轴线对定位轴线偏移 | 3.0 | |
| 柱子定位轴线 | 1.0 | |
| 单节柱的垂直度 | h/1000,且不应大于 10.0 | |

**11.3.3** 设计要求顶紧的节点，接触面不应少于 70% 紧贴，且边缘最大间隙不应大于 0.8mm。

检查数量：按节点数抽查 10%，且不应少于 3 个。

检验方法：用钢尺及 0.3mm 和 0.8mm 厚的塞尺现场实测。

**11.3.4** 钢主梁、次梁及受压杆件的垂直度和侧向弯曲矢高的允许偏差应符合本规范表 10.3.3 中有关钢屋(托)架允许偏差的规定。

检查数量：按同类构件数抽查 10%，且不应少于 3 个。

检验方法：用吊线、拉线、经纬仪和钢尺现场实测。

**11.3.5** 多层及高层钢结构主体结构的整体垂直度和整体平面弯曲的允许偏差应符合表 11.3.5 的规定。

检查数量：对主要立面全部检查。对每个所检查的立面，除两列角柱外，尚应至少选取一列中间柱。

检验方法：对于整体垂直度，可采用激光经纬仪、全站仪测量，

也可根据各节柱的垂直度允许偏差累计（代数和）计算。对于整体平面弯曲，可按产生的允许偏差累计（代数和）计算。

表11.3.5 整体垂直度和整体平面弯曲的允许偏差（mm）

| 项　目 | 允许偏差 | 图　例 |
|---|---|---|
| 主体结构的整体垂直度 | $(H/2500+10.0)$，且不应大于50.0 | |
| 主体结构的整体平面弯曲 | $L/1500$，且不应大于25.0 | |

Ⅱ　一般项目

**11.3.6** 钢结构表面应干净，结构主要表面不应有疤痕、泥沙等污垢。

检查数量：按同类构件数抽查10%，且不应少于3件。

检验方法：观察检查。

**11.3.7** 钢柱等主要构件的中心线及标高基准点等标记应齐全。

检查数量：按同类构件数抽查10%，且不应少于3件。

检验方法：观察检查。

**11.3.8** 钢构件安装的允许偏差应符合本规范附录E中表E.0.5的规定。

检查数量：按同类构件或节点数抽查10%。其中柱和梁各不应少于3件，主梁与次梁连接节点不应少于3个，支承压型金属板的钢梁长度不应少于5m。

检验方法：见本规范附录E中表E.0.5。

**11.3.9** 主体结构总高度的允许偏差应符合本规范附录E中表E.0.6的规定。

检查数量：按标准柱列数抽查10%，且不应少于4列。

检验方法：采用全站仪、水准仪和钢尺实测。

**11.3.10** 当钢构件安装在混凝土柱上时，其支座中心对定位轴线的偏差不应大于10mm；当采用大型混凝土屋面板时，钢梁（或桁架）间距的偏差不应大于10mm。

检查数量：按同类构件数抽查10%，且不应少于3榀。

检验方法：用拉线和钢尺现场实测。

**11.3.11** 多层及高层钢结构中钢吊车梁或直接承受动力荷载的类似构件，其安装的允许偏差应符合本规范附录E中表E.0.2的规定。

检查数量：按钢吊车梁数抽查10%，且不应少于3榀。

检验方法：见本规范附录E中表E.0.2。

**11.3.12** 多层及高层钢结构中檩条、墙架等次要构件安装的允许偏差应符合本规范附录E中表E.0.3的规定。

检查数量：按同类构件数抽查10%，且不应少于3件。

检验方法：见本规范附录E中表E.0.3。

**11.3.13** 多层及高层钢结构中钢平台、钢梯、栏杆安装应符合现行国家标准《固定式钢直梯》GB 4053.1、《固定式钢斜梯》GB 4053.2、《固定式防护栏杆》GB 4053.3和《固定式钢平台》GB 4053.4的规定。钢平台、钢梯和防护栏杆安装的允许偏差应符合本规范附录E中表E.0.4的规定。

检查数量：按钢平台总数抽查10%，栏杆、钢梯按总长度各抽查10%，但钢平台不应少于1个，栏杆不应少于5m，钢梯不应少于1跑。

检验方法：见本规范附录E中表E.0.4。

**11.3.14** 多层及高层钢结构中现场焊缝组对间隙的允许偏差应符合本规范表10.3.11的规定。

检查数量：按同类节点数抽查10%，且不应少于3个。

检验方法：尺量检查。

# 12　钢网架结构安装工程

## 12.1　一般规定

**12.1.1** 本章适用于建筑工程中的平板型钢网格结构（简称钢网架结构）安装工程的质量验收。

**12.1.2** 钢网架结构安装工程可按变形缝、施工段或空间刚度单元划分成一个或若干检验批。

**12.1.3** 钢网架结构安装检验批应在进场验收和焊接连接、紧固件连接、制作等分项工程验收合格的基础上进行验收。

**12.1.4** 钢网架结构安装应遵照本规范第10.1.4、10.1.5、10.1.6条的规定。

## 12.2　支承面顶板和支承垫块

Ⅰ　主控项目

**12.2.1** 钢网架结构支座定位轴线的位置、支座锚栓的规格应符合设计要求。

检查数量：按支座数抽查10%，且不应少于4处。

检验方法：用经纬仪和钢尺实测。

**12.2.2** 支承面顶板的位置、标高、水平度以及支座锚栓位置的允许偏差应符合表12.2.2的规定。

表12.2.2 支承面顶板、支座锚栓位置的允许偏差（mm）

| 项　目 | | 允许偏差 |
|---|---|---|
| 支承面顶板 | 位置 | 15.0 |
| | 顶面标高 | $\begin{array}{c}0\\-3.0\end{array}$ |
| | 顶面水平度 | $l/1000$ |
| 支座锚栓 | 中心偏移 | $\pm5.0$ |

检查数量：按支座数抽查10%，且不应少于4处。

检验方法：用经纬仪、水准仪、水平尺和钢尺实测。

**12.2.3** 支承垫块的种类、规格、摆放位置和朝向，必须符合设计要求和国家现行有关标准的规定。橡胶垫块与刚性垫块之间或不同类型刚性垫块之间不得互换使用。

检查数量：按支座数抽查10%，且不应少于4处。

检验方法：观察和用钢尺实测。

**12.2.4** 网架支座锚栓的紧固应符合设计要求。

检查数量：按支座数抽查10%，且不应少于4处。

检验方法：观察检查。

Ⅱ　一般项目

**12.2.5** 支座锚栓尺寸的允许偏差应符合本规范表10.2.5的规定。支座锚栓的螺纹应受到保护。

检查数量：按支座数抽查10%，且不应少于4处。

检验方法：用钢尺实测。

## 12.3　总拼与安装

Ⅰ　主控项目

**12.3.1** 小拼单元的允许偏差应符合表12.3.1的规定。

检查数量：按单元数抽查5%，且不应少于5个。

检验方法：用钢尺和拉线等辅助量具实测。

表12.3.1 小拼单元的允许偏差（mm）

| 项　目 | 允许偏差 |
|---|---|
| 节点中心偏移 | 2.0 |
| 焊接球节点与钢管中心的偏移 | 1.0 |
| 杆件轴线的弯曲矢高 | $L_1/1000$，且不应大于5.0 |

续表 12.3.1

| 项　目 | | 允许偏差 |
|---|---|---|
| 锥体型小拼单元 | 弦杆长度 | ±2.0 |
| | 锥体高度 | ±2.0 |
| | 上弦杆对角线长度 | ±3.0 |
| 平面桁架型小拼单元 | 跨长　≤24m | +3.0<br>−7.0 |
| | 跨长　>24m | +5.0<br>−10.0 |
| | 跨中高度 | ±3.0 |
| | 跨中拱度　设计要求起拱 | ±L/5000 |
| | 跨中拱度　设计未要求起拱 | +10.0 |

注：1　$L_1$为杆件长度；
　　2　$L$为跨长。

**12.3.2**　中拼单元的允许偏差应符合表 12.3.2 的规定。
　　检查数量：全数检查。
　　检验方法：用钢尺和辅助量具实测。

表 12.3.2　中拼单元的允许偏差(mm)

| 项　目 | | 允许偏差 |
|---|---|---|
| 单元长度≤20m，<br>拼接长度 | 单跨 | ±10.0 |
| | 多跨连续 | ±5.0 |
| 单元长度>20m，<br>拼接长度 | 单跨 | ±20.0 |
| | 多跨连续 | ±10.0 |

**12.3.3**　对建筑结构安全等级为一级，跨度 40m 及以上的公共建筑钢网架结构，且设计有要求时，应按下列项目进行节点承载力试验，其结果应符合以下规定：
　　**1**　焊接球节点应按设计指定规格的球及其匹配的钢管焊接成试件，进行轴心拉、压载力试验，其试验破坏荷载值大于或等于 1.6 倍设计承载力为合格。
　　**2**　螺栓球节点应按设计指定规格的球最大螺栓孔螺纹进行抗拉强度保证荷载试验，当达到螺栓的设计承载力时，螺孔、螺纹及封板仍完好无损为合格。
　　检查数量：每项试验做 3 个试件。
　　检验方法：在万能试验机上进行检验，检查试验报告。
**12.3.4**　钢网架结构总拼完成后及屋面工程完成后应分别测量其挠度值，且所测的挠度值不应超过相应设计值的 **1.15** 倍。
　　检查数量：跨度 24m 及以下钢网架结构测量下弦中央一点；跨度 24m 以上钢网架结构测量下弦中央一点及各向下弦跨度的四等分点。
　　检验方法：用钢尺和水准仪实测。

Ⅱ　一般项目

**12.3.5**　钢网架结构安装完成后，其节点及杆件表面应干净，不应有明显的疤痕、泥沙和污垢。螺栓球节点应将所有接缝用油腻子填嵌严密，并应将多余螺孔封口。
　　检查数量：按节点及杆件数抽查 5%，且不应少于 10 个节点。
　　检验方法：观察检查。
**12.3.6**　钢网架结构安装完成后，其安装的允许偏差应符合表 12.3.6 的规定。
　　检查数量：除杆件弯曲矢高按杆件数抽查 5%外，其余全数检查
　　检验方法：见表 12.3.6。

表 12.3.6　钢网架结构安装的允许偏差(mm)

| 项　目 | 允许偏差 | 检验方法 |
|---|---|---|
| 纵向、横向长度 | L/2000，且不应大于 30.0<br>−L/2000，且不应小于−30.0 | 用钢尺实测 |
| 支座中心偏移 | L/3000，且不应大于 30.0 | 用钢尺和经纬仪实测 |
| 周边支承网架相邻支座高差 | L/400，且不应大于 15.0 | 用钢尺和水准仪实测 |
| 支座最大高差 | 30.0 | |
| 多点支承网架相邻支座高差 | $L_1$/800，且不应大于 30.0 | |

注：1　L 为纵向、横向长度；
　　2　$L_1$为相邻支座间距。

# 13　压型金属板工程

## 13.1　一般规定

**13.1.1**　本章适用于压型金属板的施工现场制作和安装工程质量验收。
**13.1.2**　压型金属板的制作和安装工程可按变形缝、楼层、施工段或屋面、墙面、楼面等划分为一个或若干个检验批。
**13.1.3**　压型金属板安装应在钢结构安装工程检验批质量验收合格后进行。

## 13.2　压型金属板制作

Ⅰ　主控项目

**13.2.1**　压型金属板成型后，其基板不应有裂纹。
　　检查数量：按件数抽查 5%，不应少于 10 件。
　　检验方法：观察和用 10 倍放大镜检查。
**13.2.2**　有涂层、镀层压型金属板成型后，涂、镀层不应有肉眼可见的裂纹、剥落和擦痕等缺陷。
　　检查数量：按件数抽查 5%，不应少于 10 件。
　　检验方法：观察检查。

Ⅱ　一般项目

**13.2.3**　压型金属板的尺寸允许偏差应符合表 13.2.3 的规定。
　　检查数量：按件数抽查 5%，不应少于 10 件。
　　检验方法：用拉线和钢尺检查。
**13.2.4**　压型金属板成型后，表面应干净，不应有明显凹凸和皱褶。
　　检查数量：按件数抽查 5%，不应少于 10 件。
　　检验方法：观察检查。

表 13.2.3　压型金属板的尺寸允许偏差(mm)

| 项　目 | | | 允许偏差 |
|---|---|---|---|
| 波　距 | | | ±2.0 |
| 波高 | 压型钢板 | 截面高度≤70 | ±1.5 |
| | | 截面高度>70 | ±2.0 |
| 侧向弯曲 | 在测量长度<br>$l_1$的范围内 | | 20.0 |

注：$l_1$为测量长度，指板长扣除两端各 0.5m 后的实际长度(小于 10m)或扣除后任选的 10m 长度。

**13.2.5**　压型金属板施工现场制作的允许偏差应符合表 13.2.5 的规定。
　　检查数量：按件数抽查 5%，且不应少于 10 件。
　　检验方法：用钢尺、角尺检查。

**表 13.2.5　压型金属板施工现场制作的允许偏差(mm)**

| 项　目 | | 允许偏差 |
|---|---|---|
| 压型金属板的覆盖宽度 | 截面高度≤70 | +10.0,−2.0 |
| | 截面高度>70 | +6.0,−2.0 |
| 板　长 | | ±9.0 |
| 横向剪切偏差 | | 6.0 |
| 泛水板、包角板尺寸 | 板　长 | ±6.0 |
| | 折弯面宽度 | ±3.0 |
| | 折弯面夹角 | 2° |

## 13.3　压型金属板安装

### Ⅰ　主控项目

**13.3.1**　压型金属板、泛水板和包角板等应固定可靠、牢固,防腐涂料涂刷和密封材料敷设应完好,连接件数量、间距应符合设计要求和国家现行有关标准规定。

检查数量:全数检查。

检验方法:观察检查及尺量。

**13.3.2**　压型金属板应在支承构件上可靠搭接,搭接长度应符合设计要求,且不应小于表 13.3.2 所规定的数值。

检查数量:按搭接部位总长度抽查 10%,且不应少于 10m。

检验方法:观察和用钢尺检查。

**表 13.3.2　压型金属板在支承构件上的搭接长度(mm)**

| 项　目 | | 搭接长度 |
|---|---|---|
| 截面高度>70 | | 375 |
| 截面高度≤70 | 屋面坡度<1/10 | 250 |
| | 屋面坡度≥1/10 | 200 |
| 墙面 | | 120 |

**13.3.3**　组合楼板中压型钢板与主体结构(梁)的锚固支承长度应符合设计要求,且不应小于 50mm,端部锚固件连接应可靠,设置位置应符合设计要求。

检查数量:沿连接纵向长度抽查 10%,且不应少于 10m。

检验方法:观察和用钢尺检查。

### Ⅱ　一般项目

**13.3.4**　压型金属板安装应平整、顺直,板面不应有施工残留物和污物。檐口和墙面下端应呈直线,不应有未经处理的错钻孔洞。

检查数量:按面积抽查 10%,且不应少于 10m²。

检验方法:观察检查。

**13.3.5**　压型金属板安装的允许偏差应符合表 13.3.5 的规定。

检查数量:檐口与屋脊的平行度:按长度抽查 10%,且不应少于 10m。其他项目:每 20m 长度应抽查 1 处,不应少于 2 处。

检验方法:用拉线、吊线和钢尺检查。

**表 13.3.5　压型金属板安装的允许偏差(mm)**

| 项　目 | | 允许偏差 |
|---|---|---|
| 屋面 | 檐口与屋脊的平行度 | 12.0 |
| | 压型金属板波纹线对屋脊的垂直度 | L/800,且不应大于 25.0 |
| | 檐口相邻两块压型金属板端部错位 | 6.0 |
| | 压型金属板卷边板件最大波浪高 | 4.0 |
| 墙面 | 墙板波纹线的垂直度 | H/800,且不应大于 25.0 |
| | 墙板包角板的垂直度 | H/800,且不应大于 25.0 |
| | 相邻两块压型金属板的下端错位 | 6.0 |

注:1　L 为屋面半坡或单坡长度;
　　2　H 为墙面高度。

# 14　钢结构涂装工程

## 14.1　一般规定

**14.1.1**　本章适用于钢结构的防腐涂料(油漆类)涂装和防火涂料涂装工程的施工质量验收。

**14.1.2**　钢结构涂装工程可按钢结构制作或钢结构安装工程检验批的划分原则划分成一个或若干个检验批。

**14.1.3**　钢结构普通涂料涂装工程应在钢结构构件组装、预拼装或钢结构安装工程检验批的施工质量验收合格后进行。钢结构防火涂料涂装工程应在钢结构安装工程检验批和钢结构普通涂料涂装检验批的施工质量验收合格后进行。

**14.1.4**　涂装时的环境温度和相对湿度应符合涂料产品说明书的要求,当产品说明书无要求时,环境温度宜在 5~38℃之间,相对湿度不应大于 85%。涂装时构件表面不应有结露;涂装后 4h 内应保护免受雨淋。

## 14.2　钢结构防腐涂料涂装

### Ⅰ　主控项目

**14.2.1**　涂装前钢材表面除锈应符合设计要求和国家现行有关标准的规定。处理后的钢材表面不应有焊渣、焊疤、灰尘、油污、水和毛刺等。当设计无要求时,钢材表面除锈等级应符合表 14.2.1 的规定。

检查数量:按构件数抽查 10%,且同类构件不应少于 3 件。

检验方法:用铲刀检查和用现行国家标准《涂装前钢材表面锈蚀等级和除锈等级》GB 8923 规定的图片对照观察检查。

**表 14.2.1　各种底漆或防锈漆要求最低的除锈等级**

| 涂料品种 | 除锈等级 |
|---|---|
| 油性酚醛、醇酸等底漆或防锈漆 | St2 |
| 高氯化聚乙烯、氯化橡胶、氯磺化聚乙烯、环氧树脂、聚氨酯等底漆或防锈漆 | Sa2 |
| 无机富锌、有机硅、过氯乙烯等底漆 | Sa2 $\frac{1}{2}$ |

**14.2.2**　涂料、涂装遍数、涂层厚度均应符合设计要求。当设计对涂层厚度无要求时,涂层干漆膜总厚度:室外应为 150μm,室内应为 125μm,其允许偏差为 −25μm。每遍涂层干漆膜厚度的允许偏差为 −5μm。

检查数量:按构件数抽查 10%,且同类构件不应少于 3 件。

检验方法:用干漆膜测厚仪检查。每个构件检测 5 处,每处的数值为 3 个相距 50mm 测点涂层干漆膜厚度的平均值。

### Ⅱ　一般项目

**14.2.3**　构件表面不应误涂、漏涂,涂层不应脱皮和返锈等。涂层应均匀、无明显皱皮、流坠、针眼和气泡等。

检查数量:全数检查。

检验方法:观察检查。

**14.2.4**　当钢结构处在有腐蚀介质环境或外露且设计有要求时,应进行涂层附着力测试,在检测处范围内,当涂层完整程度达到 70%以上时,涂层附着力达到合格质量标准的要求。

检查数量:按构件数抽查 1%,且不应少于 3 件,每件测 3 处。

检验方法:按照现行国家标准《漆膜附着力测定法》GB 1720 或《色漆和清漆、漆膜的划格试验》GB 9286 执行。

**14.2.5**　涂装完成后,构件的标志、标记和编号应清晰完整。

检查数量:全数检查。

检验方法:观察检查。

### 14.3 钢结构防火涂料涂装

#### Ⅰ 主控项目

**14.3.1** 防火涂料涂装前钢材表面除锈及防锈底漆涂装应符合设计要求和国家现行有关标准的规定。

检查数量：按构件数抽查10%，且同类构件不应少于3件。

检验方法：表面除锈用铲刀检查和用现行国家标准《涂装前钢材表面锈蚀等级和除锈等级》GB 8923规定的图片对照观察检查。底漆涂装用干漆膜测厚仪检查，每个构件检测5处，每处的数值为3个相距50mm测点涂层干漆膜厚度的平均值。

**14.3.2** 钢结构防火涂料的粘结强度、抗压强度应符合国家现行标准《钢结构防火涂料应用技术规程》CECS 24：90的规定。检验方法应符合现行国家标准《建筑构件防火喷涂材料性能试验方法》GB 9978的规定。

检查数量：每使用100t或不足100t薄涂型防火涂料应抽检一次粘结强度；每使用500t或不足500t厚涂型防火涂料应抽检一次粘结强度和抗压强度。

检验方法：检查复检报告。

**14.3.3** 薄涂型防火涂料的涂层厚度应符合有关耐火极限的设计要求。厚涂型防火涂料涂层的厚度，80%及以上面积应符合有关耐火极限的设计要求，且最薄处厚度不应低于设计要求的85%。

检查数量：按同类构件数抽查10%，且均不应少于3件。

检验方法：用涂层厚度测量仪、测针和钢尺检查。测量方法应符合国家现行标准《钢结构防火涂料应用技术规程》CECS 24：90的规定及本规范附录F。

**14.3.4** 薄涂型防火涂料涂层表面裂纹宽度不应大于0.5mm；厚涂型防火涂料涂层表面裂纹宽度不应大于1mm。

检查数量：按同类构件数抽查10%，且均不应少于3件。

检验方法：观察和用尺量检查。

#### Ⅱ 一般项目

**14.3.5** 防火涂料涂装基层不应有油污、灰尘和泥砂等污垢。

检查数量：全数检查。

检验方法：观察检查。

**14.3.6** 防火涂料不应有误涂、漏涂，涂层应闭合无脱层、空鼓、明显凹陷、粉化松散和浮浆等外观缺陷，乳突已剔除。

检查数量：全数检查。

检验方法：观察检查。

# 15 钢结构分部工程竣工验收

**15.0.1** 根据现行国家标准《建筑工程施工质量验收统一标准》GB 50300的规定，钢结构作为主体结构之一应按子分部工程竣工验收；当主体结构均为钢结构时应按分部工程竣工验收。大型钢结构工程可划分成若干个子分部工程进行竣工验收。

**15.0.2** 钢结构分部工程有关安全及功能的检验和见证检测项目见本规范附录G，检验应在其分项工程验收合格后进行。

**15.0.3** 钢结构分部工程有关观感质量检验应按本规范附录H执行。

**15.0.4** 钢结构分部工程合格质量标准应符合下列规定：

1 各分项工程质量均应符合合格质量标准；

2 质量控制资料和文件应完整；

3 有关安全及功能的检验和见证检测结果应符合本规范相应合格质量标准的要求；

4 有关观感质量应符合本规范相应合格质量标准的要求。

**15.0.5** 钢结构分部工程竣工验收时，应提供下列文件和记录：

1 钢结构工程竣工图纸及相关设计文件；

2 施工现场质量管理检查记录；

3 有关安全及功能的检验和见证检测项目检查记录；

4 有关观感质量检验项目检查记录；

5 分部工程所含各分项工程质量验收记录；

6 分项工程所含各检验批质量验收记录；

7 强制性条文检验项目检查记录及证明文件；

8 隐蔽工程检验项目检查验收记录；

9 原材料、成品质量合格证明文件、中文标志及性能检测报告；

10 不合格项的处理记录及验收记录；

11 重大质量、技术问题实施方案及验收记录；

12 其他有关文件和记录。

**15.0.6** 钢结构工程质量验收记录应符合下列规定：

1 施工现场质量管理检查记录可按现行国家标准《建筑工程施工质量验收统一标准》GB 50300中附录A进行；

2 分项工程检验批验收记录可按本规范附录J中表J.0.1~表J.0.13进行；

3 分项工程验收记录可按现行国家标准《建筑工程施工质量验收统一标准》GB 50300中附录E进行；

4 分部（子分部）工程验收记录可按现行国家标准《建筑工程施工质量验收统一标准》GB 50300中附录F进行。

# 附录A 焊缝外观质量标准及尺寸允许偏差

**A.0.1** 二级、三级焊缝外观质量标准应符合表A.0.1的规定。

表A.0.1 二级、三级焊缝外观质量标准（mm）

| 项目 | 允许偏差 | |
|---|---|---|
| 缺陷类型 | 二级 | 三级 |
| 未焊满（指不足设计要求） | $\leqslant 0.2+0.02t$，且$\leqslant 1.0$ | $\leqslant 0.2+0.04t$，且$\leqslant 2.0$ |
| | 每100.0焊缝内缺陷总长$\leqslant 25.0$ | |
| 根部收缩 | $\leqslant 0.2+0.02t$，且$\leqslant 1.0$ | $\leqslant 0.2+0.04t$，且$\leqslant 2.0$ |
| | 长度不限 | |
| 咬边 | $\leqslant 0.05t$，且$\leqslant 0.5$；连续长度$\leqslant$ 100.0，且焊缝两侧咬边总长$\leqslant$ 10%焊缝全长 | $\leqslant 0.1t$且$\leqslant 1.0$，长度不限 |
| 弧坑裂纹 | — | 允许存在个别长度$\leqslant 5.0$的弧坑裂纹 |
| 电弧擦伤 | — | 允许存在个别电弧擦伤 |
| 接头不良 | 缺口深度$0.05t$，且$\leqslant 0.5$ | 缺口深度$0.1t$，且$\leqslant 1.0$ |
| | 每1000.0焊缝不应超过1处 | |
| 表面夹渣 | — | 深$\leqslant 0.2t$ 长$\leqslant 0.5t$，且$\leqslant 20.0$ |
| 表面气孔 | — | 每50.0焊缝长度内允许直径$\leqslant 0.4t$，且$\leqslant 3.0$的气孔2个，孔距$\geqslant 6$倍孔径 |

注：表内$t$为连接处较薄的板厚。

**A.0.2** 对接焊缝及完全熔透组合焊缝尺寸允许偏差应符合表 A.0.2 的规定。

表 A.0.2 对接焊缝及完全熔透组合焊缝尺寸允许偏差(mm)

| 序号 | 项目 | 图例 | 允许偏差 | |
|---|---|---|---|---|
| | | | 一、二级 | 三级 |
| 1 | 对接焊缝余高 C | | $B<20;0\sim3.0$<br>$B\geqslant20;0\sim4.0$ | $B<20;0\sim4.0$<br>$B\geqslant20;0\sim5.0$ |
| 2 | 对接焊缝错边 d | | $d<0.15t$,<br>且$\leqslant2.0$ | $d<0.15t$,<br>且$\leqslant3.0$ |

**A.0.3** 部分焊透组合焊缝和角焊缝外形尺寸允许偏差应符合表 A.0.3 的规定。

表 A.0.3 部分焊透组合焊缝和角焊缝外形尺寸允许偏差(mm)

| 序号 | 项目 | 图例 | 允许偏差 |
|---|---|---|---|
| 1 | 焊脚尺寸 $h_f$ | | $h_f\leqslant6;0\sim1.5$<br>$h_f>6;0\sim3.0$ |
| 2 | 角焊缝余高 C | | $h_f\leqslant6;0\sim1.5$<br>$h_f>6;0\sim3.0$ |

注:1 $h_f>8.0$mm的角焊缝其局部焊脚尺寸允许低于设计要求值1.0mm,但总长度不得超过焊缝长度10%;
2 焊接 H 形梁腹板与翼缘板的焊缝两端在其两倍翼缘板宽度范围内,焊缝的焊脚尺寸不低于设计值。

# 附录 B 紧固件连接工程检验项目

**B.0.1** 螺栓实物最小载荷检验。

目的:测定螺栓实物的抗拉强度是否满足现行国家标准《紧固件机械性能螺栓、螺钉和螺柱》GB 3098.1 的要求。

检验方法:用专用卡具将螺栓实物置于拉力试验机上进行拉力试验,为避免试件承受横向载荷,试验机的夹具应能自动调正中心,试验时夹头张拉的移动速度不应超过 25mm/min。

螺栓实物的抗拉强度应根据螺纹应力截面积($A_S$)计算确定,其阈值应按现行国家标准《紧固件机械性能螺栓、螺钉和螺柱》GB 3098.1 的规定取值。

进行试验时,承受拉力载荷的末旋合的螺纹长度应为 6 倍以上螺距;当试验拉力达到现行国家标准《紧固件机械性能螺栓、螺钉和螺柱》GB 3098.1 中规定的最小拉力载荷($A_S\cdot\sigma_b$)时不得断裂。当超过最小拉力载荷直至拉断时,断裂应发生在杆部或螺纹部分,而不应发生在螺头与杆部的交接处。

**B.0.2** 扭剪型高强度螺栓连接副预拉力复验。

复验用的螺栓应在施工现场待安装的螺栓批中随机抽取,每批应抽取 8 套连接副进行复验。

连接副预拉力可采用经计量检定、校准合格的轴力计进行测试。

试验用的电测轴力计、油压轴力计、电阻应变仪、扭矩扳手等计量器具,应在试验前进行标定,其误差不得超过 2%。

采用轴力计方法复验连接副预拉力时,应将螺栓直接插入轴力计。紧固螺栓分初拧、终拧两次进行,初拧应采用手动扭矩扳手或专用定扭电动扳手;初拧值为预拉力标准值的 50% 左右。终

拧应采用专用电动扳手,至尾部梅花头拧掉,读出预拉力值。

每套连接副只应做一次试验,不得重复使用。在紧固中垫圈发生转动时,应更换连接副,重新试验。

复验螺栓连接副的预拉力平均值和标准偏差应符合表 B.0.2 的规定。

表 B.0.2 扭剪型高强度螺栓紧固预拉力和标准偏差(kN)

| 螺栓直径(mm) | 16 | 20 | (22) | 24 |
|---|---|---|---|---|
| 紧固预拉力的平均值 $\overline{P}$ | 99~120 | 154~186 | 191~231 | 222~270 |
| 标准偏差 $\sigma_P$ | 10.1 | 15.7 | 19.5 | 22.7 |

**B.0.3** 高强度螺栓连接副施工扭矩检验。

高强度螺栓连接副扭矩检验含初拧、复拧、终拧扭矩的现场无损检验。检验所用的扭矩扳手其扭矩精度误差应不大于 3%。

高强度螺栓连接副扭矩检验分扭矩法检验和转角法检验两种,原则上检验法与施工法应相同。扭矩检验应在施拧 1h 后,48h 内完成。

**1** 扭矩法检验。

检验方法:在螺尾端头和螺母相对位置划线,将螺母退回 60° 左右,用扭矩扳手测定转回至原来位置时的扭矩值。该扭矩值与施工扭矩值的偏差在 10% 以内为合格。

高强度螺栓连接副终拧扭矩值按下式计算:
$$T_c=K\cdot P_c\cdot d \qquad (B.0.3-1)$$
式中 $T_c$——终拧扭矩值(N·m);
  $P_c$——施工预拉力值标准值(kN),见表 B.0.3;
  $d$——螺栓公称直径(mm);
  $K$——扭矩系数,按附录 B.0.4 的规定试验确定。

高强度大六角头螺栓连接副初拧扭矩值 $T_0$ 可按 $0.5T_c$ 取值。

扭剪型高强度螺栓连接副初拧扭矩值 $T_0$ 可按下式计算:
$$T_0=0.065P_c\cdot d \qquad (B.0.3-2)$$
式中 $T_0$——初拧扭矩值(N·m);
  $P_c$——施工预拉力标准值(kN),见表 B.0.3;
  $d$——螺栓公称直径(mm)。

**2** 转角法检验。

检验方法:1)检查初拧后在螺母与相对位置所画的终拧起始线和终止线所夹的角度是否达到规定值。2)在螺尾端头和螺母相对位置画线,然后全部卸松螺母,再按规定的初拧扭矩和终拧角度重新拧紧螺栓,观察与原画线是否重合。终拧转角偏差在 10° 以内为合格。

终拧转角与螺栓的直径、长度等因素有关,应由试验确定。

**3** 扭剪型高强度螺栓施工扭矩检验。

检验方法:观察尾部梅花头拧掉情况。尾部梅花头被拧掉者视同其终拧扭矩达到合格质量标准;尾部梅花头未被拧掉者应按上述扭矩法或转角法检验。

表 B.0.3 高强度螺栓连接副施工预拉力标准值(kN)

| 螺栓的<br>性能等级 | 螺栓公称直径(mm) | | | | | |
|---|---|---|---|---|---|---|
| | M16 | M20 | M22 | M24 | M27 | M30 |
| 8.8s | 75 | 120 | 150 | 170 | 225 | 275 |
| 10.9s | 110 | 170 | 210 | 250 | 320 | 390 |

**B.0.4** 高强度大六角头螺栓连接副扭矩系数复验。

复验用螺栓应在施工现场待安装的螺栓批中随机抽取,每批应抽取 8 套连接副进行复验。

连接副扭矩系数复验用的计量器具应在试验前进行标定,误差不得超过 2%。

每套连接副只应做一次试验,不得重复使用。在紧固中垫圈发生转动时,应更换连接副,重新试验。

连接副扭矩系数的复验应将螺栓穿入轴力计，在测出螺栓预拉力 $P$ 的同时，应测定施加于螺母上的施拧扭矩值 $T$，并应按下式计算扭矩系数 $K$。

$$K = \frac{T}{P \cdot d} \qquad (B.0.4)$$

式中　$T$——施拧扭矩（N·m）；

　　　$d$——高强度螺栓的公称直径（mm）；

　　　$P$——螺栓预拉力（kN）。

进行连接副扭矩系数试验时，螺栓预拉力值应符合表 B.0.4 的规定。

**表 B.0.4　螺栓预拉力值范围（kN）**

| 螺栓规格（mm） | | M16 | M20 | M22 | M24 | M27 | M30 |
|---|---|---|---|---|---|---|---|
| 预拉力值 $P$ | 10.9s | 93~113 | 142~177 | 175~215 | 206~250 | 265~324 | 325~390 |
| | 8.8s | 62~78 | 100~120 | 125~150 | 140~170 | 185~225 | 230~275 |

每组 8 套连接副扭矩系数的平均值应为 0.110~0.150，标准偏差小于或等于 0.010。

扭剪型高强度螺栓连接副当采用扭矩法施工时，其扭矩系数亦按本附录的规定确定。

**B.0.5** 高强度螺栓连接摩擦面的抗滑移系数检验。

**1　基本要求。**

制造厂和安装单位应分别以钢结构制造批为单位进行抗滑移系数试验。制造批可按分部（子分部）工程划分规定的工程量每 2000t 为一批，不足 2000t 的可视为一批。选用两种及两种以上表面处理工艺时，每种处理工艺应单独检验。每批三组试件。

抗滑移系数试验应采用双摩擦面的二栓拼接的拉力试件（图 B.0.5）。

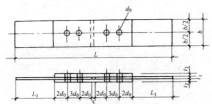

图 B.0.5　抗滑移系数拼接试件的形式和尺寸

抗滑移系数试验用的试件应由制造厂加工，试件与所代表的钢结构构件应为同一材质、同批制作、采用同一摩擦面处理工艺和具有相同的表面状态，并应用同批同一性能等级的高强度螺栓连接副，在同一环境条件下存放。

试件钢板的厚度 $t_1$、$t_2$ 应根据钢结构工程中有代表性的板材厚度来确定，同时应考虑在摩擦面滑移之前，试件钢板的净截面始终处于弹性状态；宽度 $b$ 可参照表 B.0.5 规定取值。$L_1$ 应根据试验机夹具的要求确定。

**表 B.0.5　试件板的宽度（mm）**

| 螺栓直径 $d$ | 16 | 20 | 22 | 24 | 27 | 30 |
|---|---|---|---|---|---|---|
| 板宽 $b$ | 100 | 100 | 105 | 110 | 120 | 120 |

试件板面应平整，无油污，孔和板的边缘无飞边、毛刺。

**2　试验方法。**

试验用的试验机误差应在 1% 以内。

试验用的贴有电阻片的高强度螺栓、压力传感器和电阻应变仪应在试验前用试验机进行标定，其误差应在 2% 以内。

试件的组装顺序应符合下列规定：

先将冲钉打入试件孔定位，然后逐个换成装有压力传感器或贴有电阻片的高强度螺栓，或换成同批经预拉力复验的扭剪型高强度螺栓。

紧固高强度螺栓应分初拧、终拧。初拧应到达螺栓预拉力标准值的 50% 左右。终拧后，螺栓预拉力应符合下列规定：

1）对装有压力传感器或贴有电阻片的高强度螺栓，采用电阻应变仪实测控制试件每个螺栓的预拉力值在 $0.95P$ ~$1.05P$（$P$ 为高强度螺栓设计预拉力值）之间；

2）不进行实测时，扭剪型高强度螺栓的预拉力（紧固轴力）可按同批复验预拉力的平均值取用。

试件应在其侧面画出观察滑移的直线。

将组装好的试件置于拉力试验机上，试件的轴线应与试验机夹具中心严格对中。

加荷时，应先加 10% 的抗滑移设计荷载值，停 1min 后，再平稳加荷，加荷速度为 3~5kN/s。一直拉至滑动破坏，测得滑移荷载 $N_v$。

在试验中当发生以下情况之一时，所对应的荷载可定为试件的滑移荷载：

1）试验机发生回针现象；

2）试件侧面画线发生错动；

3）X—Y 记录仪上变形曲线发生突变；

4）试件突然发生"嘣"的响声。

抗滑移系数，应根据试验所测得的滑移荷载 $N_v$ 和螺栓预拉力 $P$ 的实测值，按下式计算，宜取小数点二位有效数字。

$$\mu = \frac{N_v}{n_f \cdot \sum\limits_{i=1}^{m} P_i} \qquad (B.0.5)$$

式中　$N_v$——由试验测得的滑移荷载（kN）；

　　　$n_f$——摩擦传力面数，取 $n_f = 2$；

$\sum\limits_{i=1}^{m} P_i$——试件滑移一侧高强度螺栓预拉力实测值（或同批螺栓连接副的预拉力平均值）之和（取三位有效数字）（kN）；

　　　$m$——试件一侧螺栓数量，取 $m = 2$。

## 附录 C　钢构件组装的允许偏差

**C.0.1** 焊接 H 型钢的允许偏差应符合表 C.0.1 的规定。

**表 C.0.1　焊接 H 型钢的允许偏差（mm）**

| 项　目 | | 允许偏差 | 图　例 |
|---|---|---|---|
| 截面高度 $h$ | $h<500$ | ±2.0 | |
| | $500<h<1000$ | ±3.0 | |
| | $h>1000$ | ±4.0 | |
| 截面宽度 $b$ | | ±3.0 | |
| 腹板中心偏移 | | 2.0 | |
| 翼缘板垂直度 $\Delta$ | | $b/100$，且不应大于 3.0 | |
| 弯曲矢高（受压构件除外） | | $l/1000$，且不应大于 10.0 | |

| 项　目 | | 允许偏差 | 图例 |
|---|---|---|---|
| 扭曲 | | $h/250$，且不应大于 5.0 | |
| 腹板局部平面度 $f$ | $t<14$ | 3.0 | |
| | $t\geqslant14$ | 2.0 | |

**C.0.2** 焊接连接制作组装的允许偏差应符合表 C.0.2 的规定。

**表 C.0.2 焊接连接制作组装的允许偏差（mm）**

| 项　目 | | 允许偏差 | 图例 |
|---|---|---|---|
| 对口错边 $\triangle$ | | $t/10$，且不应大于 3.0 | |
| 间隙 $a$ | | $\pm1.0$ | |
| 搭接长度 $a$ | | $\pm5.0$ | |
| 缝隙 $\triangle$ | | 1.5 | |
| 高度 $h$ | | $\pm2.0$ | |
| 垂直度 $\triangle$ | | $b/100$，且不应大于 3.0 | |
| 中心偏移 $e$ | | $\pm2.0$ | |
| 型钢错位 | 连接处 | 1.0 | |
| | 其他处 | 2.0 | |
| 箱形截面高度 $h$ | | $\pm2.0$ | |
| 宽度 $b$ | | $\pm2.0$ | |
| 垂直度 $\triangle$ | | $b/200$，且不应大于 3.0 | |

**C.0.3** 单层钢柱外形尺寸的允许偏差应符合表 C.0.3 的规定。

**表 C.0.3 单层钢柱外形尺寸的允许偏差（mm）**

| 项　目 | 允许偏差 | 检验方法 | 图例 |
|---|---|---|---|
| 柱底面到柱端与桁架连接的最上一个安装孔距离 $l$ | $\pm l/1500$ $\pm15.0$ | 用钢尺检查 | |
| 柱底面到牛腿支承面距离 $l_1$ | $\pm l_1/2000$ $\pm8.0$ | | |
| 牛腿面的翘曲 $\triangle$ | 2.0 | 用拉线、直角尺和钢尺检查 | |
| 柱身弯曲矢高 | $H/1200$，且不应大于 12.0 | | |

| 项　目 | | 允许偏差 | 检验方法 | 图例 |
|---|---|---|---|---|
| 柱身扭曲 | 牛腿处 | 3.0 | 用拉线、吊线和钢尺检查 | |
| | 其他处 | 8.0 | | |
| 柱截面几何尺寸 | 连接处 | $\pm3.0$ | 用钢尺检查 | |
| | 非连接处 | $\pm4.0$ | | |
| 翼缘对腹板的垂直度 | 连接处 | 1.5 | 用直角尺和钢尺检查 | |
| | 其他处 | $b/100$，且不应大于 5.0 | | |
| 柱脚底板平面度 | | 5.0 | 用 1m 直尺和塞尺检查 | |
| 柱脚螺栓孔中心对柱轴线的距离 | | 3.0 | 用钢尺检查 | |

**C.0.4** 多节钢柱外形尺寸的允许偏差应符合表 C.0.4 的规定。

**表 C.0.4 多节钢柱外形尺寸的允许偏差（mm）**

| 项　目 | | 允许偏差 | 检验方法 | 图例 |
|---|---|---|---|---|
| 一节柱高度 $H$ | | $\pm3.0$ | 用钢尺检查 | |
| 两端最外侧安装孔距离 $l_3$ | | $\pm2.0$ | | |
| 铣平面到第一个安装孔距离 $a$ | | $\pm1.0$ | | |
| 柱身弯曲矢高 $f$ | | $H/1500$，且不应大于 5.0 | 用拉线和钢尺检查 | |
| 一节柱的柱身扭曲 | | $h/250$，且不应大于 5.0 | 用拉线、吊线和钢尺检查 | |
| 牛腿端孔到柱轴线距离 $l_2$ | | $\pm3.0$ | 用钢尺检查 | |
| 牛腿的翘曲或扭曲 $\triangle$ | $l_2\leqslant1000$ | 2.0 | 用拉线、直角尺和钢尺检查 | |
| | $l_2>1000$ | 3.0 | | |
| 柱截面尺寸 | 连接处 | $\pm3.0$ | 用钢尺检查 | |
| | 非连接处 | $\pm4.0$ | | |
| 柱脚底板平面度 | | 5.0 | 用直角尺和塞尺检查 | |

| 项　目 | | 允许偏差 | 检验方法 | 图　例 |
|---|---|---|---|---|
| 翼缘板对腹板的垂直度 | 连接处 | 1.5 | 用直角尺和钢尺检查 | |
| | 其他处 | $b/100$，且不应大于5.0 | | |
| 柱脚螺栓孔对柱轴线的距离 $a$ | | 3.0 | 用钢尺检查 | |
| 箱型截面连接处对角线差 | | 3.0 | | |
| 箱型柱身板垂直度 | | $h(b)/150$，且不应大于5.0 | 用直角尺和钢尺检查 | |

**C.0.5** 焊接实腹钢梁外形尺寸的允许偏差应符合表 C.0.5 的规定。

表 C.0.5　焊接实腹钢梁外形尺寸的允许偏差(mm)

| 项　目 | | 允许偏差 | 检验方法 | 图　例 |
|---|---|---|---|---|
| 梁长度 $l$ | 端部有凸缘支座板 | $0$ $-5.0$ | 用钢尺检查 | |
| | 其他形式 | $\pm l/2500$ $\pm10.0$ | | |
| 端部高度 $h$ | $h\leqslant2000$ | $\pm2.0$ | | |
| | $h>2000$ | $\pm3.0$ | | |
| 拱度 | 设计要求起拱 | $\pm l/5000$ | 用拉线和钢尺检查 | |
| | 设计未要求起拱 | $10.0$ $-5.0$ | | |
| 侧弯矢高 | | $l/2000$，且不应大于10.0 | | |
| 扭曲 | | $h/250$，且不应大于10.0 | 用拉线、吊线和钢尺检查 | |
| 腹板局部平面度 | $t\leqslant14$ | 5.0 | 用1m直尺和塞尺检查 | |
| | $t>14$ | 4.0 | | |

**C.0.6** 钢桁架外形尺寸的允许偏差应符合表 C.0.6 的规定。

| 项　目 | | 允许偏差 | 检验方法 | 图　例 |
|---|---|---|---|---|
| 翼缘板对腹板的垂直度 | | $b/100$，且不应大于3.0 | 用直角尺和钢尺检查 | |
| 吊车梁上翼缘与轨道接触面平面度 | | 1.0 | 用200mm、1m直尺和塞尺检查 | |
| 箱型截面对角线差 | | 5.0 | 用钢尺检查 | |
| 箱型截面两腹板至翼缘板中心线距离 $a$ | 连接处 | 1.0 | | |
| | 其他处 | 1.5 | | |
| 梁端板的平面度（只允许凹进） | | $h/500$，且不应大于2.0 | 用直角尺和钢尺检查 | |
| 梁端板与腹板的垂直度 | | $h/500$，且不应大于2.0 | 用直角尺和钢尺检查 | |

表 C.0.6　钢桁架外形尺寸的允许偏差(mm)

| 项　目 | | 允许偏差 | 检验方法 | 图　例 |
|---|---|---|---|---|
| 桁架最外端两个孔或两端支承面最外侧距离 | $l\leqslant24$m | $+3.0$ $-7.0$ | 用钢尺检查 | |
| | $l>24$m | $+5.0$ $-10.0$ | | |
| 桁架跨中高度 | | $\pm10.0$ | | |
| 桁架跨中拱度 | 设计要求起拱 | $\pm l/5000$ | | |
| | 设计未要求起拱 | $10.0$ $-5.0$ | | |
| 相邻节间弦杆弯曲（受压除外） | | $l/1000$ | | |
| 支承面到第一个安装孔距离 $a$ | | $\pm1.0$ | 用钢尺检查 | |
| 檩条连接支座间距 | | $\pm5.0$ | | |

**C.0.7** 钢管构件外形尺寸的允许偏差应符合表 C.0.7 的规定。

表 C.0.7　钢管构件外形尺寸的允许偏差(mm)

| 项　目 | 允许偏差 | 检验方法 | 图　例 |
|---|---|---|---|
| 直径 $d$ | $\pm d/500$<br>$\pm 5.0$ | 用钢尺检查 | |
| 构件长度 $l$ | $\pm 3.0$ | | |
| 管口圆度 | $d/500$，<br>且不应大于5.0 | | |
| 管面对管轴的垂直度 | $d/500$，<br>且不应大于3.0 | 用焊缝量规检查 | |
| 弯曲矢高 | $l/1500$，<br>且不应大于5.0 | 用拉线、吊线<br>和钢尺检查 | |
| 对口错边 | $t/10$，<br>且不应大于3.0 | 用拉线和<br>钢尺检查 | |

注：对方矩形管，$d$ 为长边尺寸。

**C.0.8** 墙架、檩条、支撑系统钢构件外形尺寸的允许偏差应符合表 C.0.8 的规定。

表 C.0.8　墙架、檩条、支撑系统钢构件外形尺寸的允许偏差(mm)

| 项目 | 允许偏差 | 检验方法 |
|---|---|---|
| 构件长度 $l$ | $\pm 4.0$ | 用钢尺检查 |
| 构件两端最外侧安装孔距离 $l_1$ | $\pm 3.0$ | |
| 构件弯曲矢高 | $l/1000$，且不应大于10.0 | 用拉线和钢尺检查 |
| 截面尺寸 | $+5.0$<br>$-2.0$ | 用钢尺检查 |

**C.0.9** 钢平台、钢梯和防护钢栏杆外形尺寸的允许偏差应符合表 C.0.9 的规定。

表 C.0.9　钢平台、钢梯和防护钢栏杆外形尺寸的允许偏差(mm)

| 项目 | 允许偏差 | 检验方法 | 图　例 |
|---|---|---|---|
| 平台长度和宽度 | $\pm 5.0$ | 用钢尺检查 | |
| 平台两对角线差 $\|l_1-l_2\|$ | 6.0 | | |
| 平台支柱高度 | $\pm 3.0$ | 用拉线和钢尺检查 | |
| 平台支柱弯曲矢高 | 5.0 | | |
| 平台表面平面度<br>(1m 范围内) | 6.0 | 用1m直尺和塞尺检查 | |
| 梯梁长度 $l$ | $\pm 5.0$ | 用钢尺检查 | |
| 钢梯宽度 $b$ | $\pm 5.0$ | | |
| 钢梯安装孔距离 $a$ | $\pm 3.0$ | 用拉线和钢尺检查 | |
| 钢梯纵向挠曲矢高 | $l/1000$ | | |
| 踏步(棍)间距 | $\pm 5.0$ | 用钢尺检查 | |
| 栏杆高度 | $\pm 5.0$ | | |
| 栏杆立柱间距 | $\pm 10.0$ | | 1-1 |

## 附录 D　钢构件预拼装的允许偏差

**D.0.1** 钢构件预拼装的允许偏差应符合表 D 的规定。

表 D　钢构件预拼装的允许偏差(mm)

| 构件类型 | 项　目 | | 允许偏差 | 检验方法 |
|---|---|---|---|---|
| 多节柱 | 预拼装单元总长 | | $\pm 5.0$ | 用钢尺检查 |
| | 预拼装单元弯曲矢高 | | $l/1500$，且不<br>应大于10.0 | 用拉线和钢尺检查 |
| | 接口错边 | | 2.0 | 用焊缝量规检查 |
| | 预拼装单元柱身扭曲 | | $h/200$，且不<br>应大于5.0 | 用拉线、吊线和钢尺检查 |
| | 顶紧面至任一牛腿距离 | | $\pm 2.0$ | |
| 梁、桁架 | 跨度最外两端安装孔或两端<br>支承面最外侧距离 | | $+5.0$<br>$-10.0$ | 用钢尺检查 |
| | 接口截面错位 | | 2.0 | 用焊缝量规检查 |
| | 拱度 | 设计要求起拱 | $\pm l/5000$ | 用拉线和钢尺检查 |
| | | 设计未要求起拱 | $l/2000$ | |
| | 节点处杆件轴线错位 | | 4.0 | 划线后用钢尺检查 |
| 管构件 | 预拼装单元总长 | | $\pm 5.0$ | 用钢尺检查 |
| | 预拼装单元弯曲矢高 | | $l/1500$，且不<br>应大于10.0 | 用拉线和钢尺检查 |
| | 对口错边 | | $t/10$，且不应<br>大于3.0 | 用焊缝量规检查 |
| | 坡口间隙 | | $+2.0$<br>$-1.0$ | |
| 构件平面<br>总体预拼装 | 各楼层柱距 | | $\pm 4.0$ | 用钢尺检查 |
| | 相邻楼层梁与梁之间距离 | | $\pm 3.0$ | |
| | 各层间框架两对角线之差 | | $H/2000$，且<br>不应大于5.0 | |
| | 任意两对角线之差 | | $\sum H/2000$，且<br>不应大于8.0 | |

## 附录 E　钢结构安装的允许偏差

**E.0.1** 单层钢结构中柱子安装的允许偏差应符合表 E.0.1 的规定。

表 E.0.1　单层钢结构中柱子安装的允许偏差(mm)

| 项　目 | | 允许偏差 | 图　例 | 检验方法 |
|---|---|---|---|---|
| 柱脚底座中线对定位轴线的偏移 | | 5.0 | | 用吊线和钢尺检查 |
| 柱基准点标高 | 有吊车<br>梁的柱 | $+3.0$<br>$-5.0$ | | 用水准仪检查 |
| | 无吊车<br>梁的柱 | $+5.0$<br>$-8.0$ | | |
| 弯曲矢高 | | $H/1200$，且不<br>应大于15.0 | | 用经纬仪或拉线和钢尺检查 |

续表 E.0.1

| 项 目 | | | 允许偏差 | 图 例 | 检验方法 |
|---|---|---|---|---|---|
| 柱轴线垂直度 | 单层柱 | H≤10m | H/1000 | | 用经纬仪或吊线和钢尺检查 |
| | | H>10m | H/1000，且不应大于25.0 | | |
| | 多节柱 | 单节柱 | H/1000，且不应大于10.0 | | |
| | | 柱全高 | 35.0 | | |

**E.0.2** 钢吊车梁安装的允许偏差应符合表 E.0.2 的规定。

表 E.0.2 钢吊车梁安装的允许偏差（mm）

| 项 目 | | 允许偏差 | 图 例 | 检验方法 |
|---|---|---|---|---|
| 梁的跨中垂直度 △ | | h/500 | | 用吊线和钢尺检查 |
| 侧向弯曲矢高 | | l/1500，且不应大于10.0 | | |
| 垂直上拱矢高 | | 10.0 | | |
| 两端支座中心位移 △ | 安装在钢柱上时，对牛腿中心的偏移 | 5.0 | | 用拉线和钢尺检查 |
| | 安装在混凝土柱上时，对定位轴线的偏移 | 5.0 | | |
| 吊车梁支座加劲板中心与柱子承压加劲板中心的偏移 △₁ | | t/2 | | 用吊线和钢尺检查 |
| 同跨间内同一横截面吊车梁顶面高差 △ | 支座处 | 10.0 | | 用经纬仪、水准仪和钢尺检查 |
| | 其他处 | 15.0 | | |
| 同跨间内同一横截面下挂式吊车梁底面高差 △ | | 10.0 | | |
| 同列相邻两柱间吊车梁顶面高差 △ | | l/1500，且不应大于10.0 | | 用水准仪和钢尺检查 |
| 相邻两吊车梁接头部位 △ | 中心错位 | 3.0 | | 用钢尺检查 |
| | 上承式顶面高差 | 1.0 | | |
| | 下承式底面高差 | 1.0 | | |
| 同跨间任一截面的吊车梁中心跨距 | | ±10.0 | | 用经纬仪和光电测距仪检查；跨度小时，可用钢尺检查 |

续表 E.0.2

| 项 目 | 允许偏差 | 图 例 | 检验方法 |
|---|---|---|---|
| 轨道中心对吊车梁腹板轴线的偏移 △ | t/2 | | 用吊线和钢尺检查 |

**E.0.3** 墙架、檩条等次要构件安装的允许偏差应符合表 E.0.3 的规定。

表 E.0.3 墙架、檩条等次要构件安装的允许偏差（mm）

| 项 目 | | 允许偏差 | 检验方法 |
|---|---|---|---|
| 墙架立柱 | 中心线对定位轴线的偏移 | 10.0 | 用钢尺检查 |
| | 垂直度 | H/1000，且不应大于10.0 | 用经纬仪或吊线和钢尺检查 |
| | 弯曲矢高 | H/1000，且不应大于15.0 | 用经纬仪或吊线和钢尺检查 |
| 抗风桁架的垂直度 | | h/250，且不应大于15.0 | 用吊线和钢尺检查 |
| 檩条、墙梁的间距 | | ±5.0 | 用钢尺检查 |
| 檩条的弯曲矢高 | | L/750，且不应大于12.0 | 用拉线和钢尺检查 |
| 墙梁的弯曲矢高 | | L/750，且不应大于10.0 | 用拉线和钢尺检查 |

注：1 H 为墙架立柱的高度；
　　2 h 为抗风桁架的高度；
　　3 L 为檩条或墙梁的长度。

**E.0.4** 钢平台、钢梯和防护栏杆安装的允许偏差应符合表 E.0.4 的规定。

表 E.0.4 钢平台、钢梯和防护栏杆安装的允许偏差（mm）

| 项 目 | 允许偏差 | 检验方法 |
|---|---|---|
| 平台高度 | ±15.0 | 用水准仪检查 |
| 平台梁水平度 | l/1000，且不应大于20.0 | 用水准仪检查 |
| 平台支柱垂直度 | H/1000，且不应大于15.0 | 用经纬仪或吊线和钢尺检查 |
| 承重平台梁侧向弯曲 | l/1000，且不应大于10.0 | 用拉线和钢尺检查 |
| 承重平台梁垂直度 | h/250，且不应大于15.0 | 用吊线和钢尺检查 |
| 直梯垂直度 | l/1000，且不应大于15.0 | 用吊线和钢尺检查 |
| 栏杆高度 | ±15.0 | 用钢尺检查 |
| 栏杆立柱间距 | ±15.0 | 用钢尺检查 |

**E.0.5** 多层及高层钢结构中构件安装的允许偏差应符合表 E.0.5 的规定。

表 E.0.5 多层及高层钢结构中构件安装的允许偏差（mm）

| 项 目 | 允许偏差 | 图 例 | 检验方法 |
|---|---|---|---|
| 上、下柱连接处的错口 △ | 3.0 | | 用钢尺检查 |
| 同一层柱的各柱顶高度差 △ | 5.0 | | 用水准仪检查 |

续表 E.0.5

| 项　目 | 允许偏差 | 图　例 | 检验方法 |
|---|---|---|---|
| 同一根梁两端顶面的高差 Δ | l/1000，且不应大于 10.0 | | 用水准仪检查 |
| 主梁与次梁表面的高差 Δ | ±2.0 | | 用直尺和钢尺检查 |
| 压型金属板在钢梁上相邻列的错位 Δ | 15.00 | | 用直尺和钢尺检查 |

E.0.6 多层及高层钢结构主体结构总高度的允许偏差应符合表 E.0.6 的规定。

表 E.0.6　多层及高层钢结构主体结构总高度的允许偏差(mm)

| 项　目 | 允许偏差 | 图　例 |
|---|---|---|
| 用相对标高控制安装 | $\pm \sum (\Delta_h + \Delta_z + \Delta_w)$ | |
| 用设计标高控制安装 | H/1000，且不应大于 30.0 −H/1000，且不应小于−30.0 | |

注：1　$\Delta_h$ 为每节柱子长度的制造允许偏差值；
　　2　$\Delta_z$ 为每节柱子长度受荷载后的压缩值；
　　3　$\Delta_w$ 为每节柱子接头焊缝的收缩值。

## 附录 F　钢结构防火涂料涂层厚度测定方法

**F.0.1**　测针：

测针（厚度测量仪），由针杆和可滑动的圆盘组成，圆盘始终保持与针杆垂直，并在其上装有固定装置，圆盘直径不大于 30mm，以保证完全接触被测试件的表面。如果厚度测量仪不易插入被插材料中，也可使用其他适宜的方法测试。

测试时，将测厚探针（见图 F.0.1）垂直插入防火涂层直至钢基材表面上，记录标尺读数。

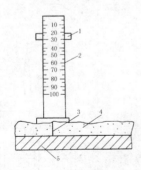

图 F.0.1　测厚度示意图
1—标尺；2—刻度；3—测针；4—防火涂层；5—钢基材

**F.0.2**　测点选定：

**1**　楼板和防火墙的防火涂层厚度测定，可选两相邻纵、横轴线相交中的面积为一个单元，在其对角线上，按每米长度选一点进行测试。

**2**　全钢框架结构的梁和柱的防火涂层厚度测定，在构件长度内每隔 3m 取一截面，按图 F.0.2 所示位置测试。

(a) 工字梁　　(b) 工型柱　　(c) 方形柱

图 F.0.2　测点示意图

**3**　桁架结构，上弦和下弦按第 2 款的规定每隔 3m 取一截面检测，其他腹杆每根取一截面检测。

**F.0.3**　测量结果：对于楼板和墙面，在所选择的面积中，至少测出 5 个点；对于梁和柱在所选择的位置中，分别测出 6 个和 8 个点。分别计算出它们的平均值，精确到 0.5mm。

## 附录 G　钢结构工程有关安全及功能的检验和见证检测项目

**G.0.1**　钢结构分部(子分部)工程有关安全及功能的检验和见证检测项目按表 G 规定进行。

表 G　钢结构分部(子分部)工程有关安全及功能的检验和见证检测项目

| 项次 | 项　目 | 抽检数量及检验方法 | 合格质量标准 | 备注 |
|---|---|---|---|---|
| 1 | 见证取样送样试验项目<br>(1)钢材及焊接材料复验<br>(2)高强度螺栓预拉力、扭矩系数复验<br>(3)摩擦面抗滑移系数复验<br>(4)网架节点承载力试验 | 见本规范第 4.2.2、4.4.2、4.4.3、6.3.1、12.3.3 条规定 | 符合设计要求和国家现行有关产品标准的规定 | |
| 2 | 焊缝质量：<br>(1)内部缺陷<br>(2)外观缺陷<br>(3)焊缝尺寸 | 一、二级焊缝按焊缝处数随机抽检3%，且不应少于 3 处；检验采用超声波或射线探伤及本规范 5.2.6、5.2.8、5.2.9 方法 | 本规范第 5.2.4、5.2.6、5.2.8、5.2.9 规定 | |
| 3 | 高强度螺栓施工质量<br>(1)终拧扭矩<br>(2)梅花头检查<br>(3)网架螺栓球节点 | 按节点数随机抽检3%，且不应少于 3 个节点，检验按本规范 6.3.2、6.3.3、6.3.8 方法执行 | 本规范第 6.3.2、6.3.3、6.3.8 条的规定 | |
| 4 | 柱脚及网架支座<br>(1)锚栓紧固<br>(2)垫板、垫块<br>(3)二次灌浆 | 按柱脚和网架支座数随机抽检10%，且不应少于 3 个；采用观察和尺量检查 | 符合设计要求和本规范的规定 | |
| 5 | 主要构件变形<br>(1)钢屋(托)架、桁架、钢梁、吊车梁等直度和侧向弯曲<br>(2)钢柱垂直度<br>(3)网架结构挠度 | 除网架结构外，其他按构件数随机抽检3%，且不应少于 3 个；检验采用本规范 10.3.3、11.3.2、11.3.4、12.3.4 条执行 | 本规范第 10.3.3、11.3.2、11.3.4、12.3.4 条的规定 | |
| 6 | 主体结构尺寸<br>(1)整体垂直度<br>(2)整体平面弯曲 | 见本规范第 10.3.4、11.3.5 的规定 | 本规范第 10.3.4、11.3.5条的规定 | |

## 附录 H　钢结构工程有关观感质量检查项目

**H.0.1**　钢结构分部(子分部)工程观感质量检查项目按表 H 规定进行。

表 H　钢结构分部(子分部)工程观感质量检查项目

| 项次 | 项目 | 抽检数量 | 合格质量标准 | 备注 |
|---|---|---|---|---|
| 1 | 普通涂层表面 | 随机抽查 3 个轴线结构构件 | 本规范第 14.2.3 条的要求 | |
| 2 | 防火涂层表面 | 随机抽查 3 个轴线结构构件 | 本规范第 14.3.4、14.3.5、14.3.6 条的要求 | |
| 3 | 压型金属板表面 | 随机抽查 3 个轴线间压型金属板表面 | 本规范第 13.3.4 条的要求 | |
| 4 | 钢平台、钢梯、钢栏杆 | 随机抽查 10% | 连接牢固，无明显外观缺陷 | |

# 附录J 钢结构分项工程检验批质量验收记录表

**J.0.1** 钢结构(钢构件焊接)分项工程检验批质量验收应按表 J.0.1进行记录。

表 J.0.1 钢结构(钢构件焊接)分项工程检验批质量验收记录

| 工程名称 | | | 检验批部位 | |
|---|---|---|---|---|
| 施工单位 | | | 项目经理 | |
| 监理单位 | | | 总监理工程师 | |
| 施工依据标准 | | | 分包单位负责人 | |
| 主控项目 | 合格质量标准(按本规范) | 施工单位检验评定记录或结果 | 监理(建设)单位验收记录或结果 | 备注 |
| 1 焊接材料进场 | 第4.3.1条 | | | |
| 2 焊接材料复验 | 第4.3.2条 | | | |
| 3 材料匹配 | 第5.2.1条 | | | |
| 4 焊工证书 | 第5.2.2条 | | | |
| 5 焊接工艺评定 | 第5.2.3条 | | | |
| 6 内部缺陷 | 第5.2.4条 | | | |
| 7 组合焊缝尺寸 | 第5.2.5条 | | | |
| 8 焊缝表面缺陷 | 第5.2.6条 | | | |
| 一般项目 | 合格质量标准(按本规范) | 施工单位检验评定记录或结果 | 监理(建设)单位验收记录或结果 | 备注 |
| 1 焊接材料进场 | 第4.3.4条 | | | |
| 2 预热和后热处理 | 第5.2.7条 | | | |
| 3 焊缝外观质量 | 第5.2.8条 | | | |
| 4 焊缝尺寸偏差 | 第5.2.9条 | | | |
| 5 凹形角焊缝 | 第5.2.10条 | | | |
| 6 焊缝感观 | 第5.2.11条 | | | |
| 施工单位检验评定结果 | 班 组 长:或专业工长: 年 月 日 | | 质 检 员:或项目技术负责人: 年 月 日 | |
| 监理(建设)单位验收结论 | 监理工程师(建设单位项目技术人员): 年 月 日 | | | |

**J.0.2** 钢结构(焊钉焊接)分项工程检验批质量验收应按表J.0.2进行记录。

表 J.0.2 钢结构(焊钉焊接)分项工程检验批质量验收记录

| 工程名称 | | | 检验批部位 | |
|---|---|---|---|---|
| 施工单位 | | | 项目经理 | |
| 监理单位 | | | 总监理工程师 | |
| 施工依据标准 | | | 分包单位负责人 | |
| 主控项目 | 合格质量标准(按本规范) | 施工单位检验评定记录或结果 | 监理(建设)单位验收记录或结果 | 备注 |
| 1 焊接材料进场 | 第4.3.1条 | | | |
| 2 焊接材料复验 | 第4.3.2条 | | | |
| 3 焊接工艺评定 | 第5.3.1条 | | | |
| 4 焊后弯曲试验 | 第5.3.2条 | | | |
| 一般项目 | 合格质量标准(按本规范) | 施工单位检验评定记录或结果 | 监理(建设)单位验收记录或结果 | 备注 |
| 1 焊钉和瓷环尺寸 | 第4.3.3条 | | | |
| 2 焊缝外观质量 | 第5.3.3条 | | | |
| 施工单位检验评定结果 | 班 组 长:或专业工长: 年 月 日 | | 质 检 员:或项目技术负责人: 年 月 日 | |
| 监理(建设)单位验收结论 | 监理工程师(建设单位项目技术人员): 年 月 日 | | | |

**J.0.3** 钢结构(普通紧固件连接)分项工程检验批质量验收应按表 J.0.3进行记录。

表 J.0.3 钢结构(普通紧固件连接)分项工程检验批质量验收记录

| 工程名称 | | | 检验批部位 | |
|---|---|---|---|---|
| 施工单位 | | | 项目经理 | |
| 监理单位 | | | 总监理工程师 | |
| 施工依据标准 | | | 分包单位负责人 | |
| 主控项目 | 合格质量标准(按本规范) | 施工单位检验评定记录或结果 | 监理(建设)单位验收记录或结果 | 备注 |
| 1 成品进场 | 第4.4.1条 | | | |
| 2 螺栓实物复验 | 第6.2.1条 | | | |
| 3 匹配及间距 | 第6.2.2条 | | | |
| 一般项目 | 合格质量标准(按本规范) | 施工单位检验评定记录或结果 | 监理(建设)单位验收记录或结果 | 备注 |
| 1 螺栓紧固 | 第6.2.3条 | | | |
| 2 外观质量 | 第6.2.4条 | | | |
| 施工单位检验评定结果 | 班 组 长:或专业工长: 年 月 日 | | 质 检 员:或项目技术负责人: 年 月 日 | |
| 监理(建设)单位验收结论 | 监理工程师(建设单位项目技术人员): 年 月 日 | | | |

**J.0.4** 钢结构(高强度螺栓连接)分项工程检验批质量验收应按表 J.0.4进行记录。

表 J.0.4 钢结构(高强度螺栓连接)分项工程检验批质量验收记录

| 工程名称 | | | 检验批部位 | |
|---|---|---|---|---|
| 施工单位 | | | 项目经理 | |
| 监理单位 | | | 总监理工程师 | |
| 施工依据标准 | | | 分包单位负责人 | |
| 主控项目 | 合格质量标准(按本规范) | 施工单位检验评定记录或结果 | 监理(建设)单位验收记录或结果 | 备注 |
| 1 成品进场 | 第4.4.1条 | | | |
| 2 扭矩系数或预拉力复验 | 第4.4.2条或第4.4.3条 | | | |
| 3 抗滑移系数试验 | 第6.3.1条 | | | |
| 4 终拧扭矩 | 第6.3.2条或第6.3.3条 | | | |
| 一般项目 | 合格质量标准(按本规范) | 施工单位检验评定记录或结果 | 监理(建设)单位验收记录或结果 | 备注 |
| 1 成品包装 | 第4.4.4条 | | | |
| 2 表面硬度试验 | 第4.4.5条 | | | |
| 3 初拧、复拧扭矩 | 第6.3.4条 | | | |
| 4 连接外观质量 | 第6.3.5条 | | | |
| 5 摩擦面外观 | 第6.3.6条 | | | |
| 6 扩 孔 | 第6.3.7条 | | | |
| 7 网架螺栓紧固 | 第6.3.8条 | | | |
| 施工单位检验评定结果 | 班 组 长:或专业工长: 年 月 日 | | 质 检 员:或项目技术负责人: 年 月 日 | |
| 监理(建设)单位验收结论 | 监理工程师(建设单位项目技术人员): 年 月 日 | | | |

**J.0.5** 钢结构(零件及部件加工)分项工程检验批质量验收应按表 J.0.5 进行记录。

**表 J.0.5　钢结构(零件及部件加工)分项工程检验批质量验收记录**

| 工程名称 | | | | | 检验批部位 | |
|---|---|---|---|---|---|---|
| 施工单位 | | | | | 项目经理 | |
| 监理单位 | | | | | 总监理工程师 | |
| 施工依据标准 | | | | | 分包单位负责人 | |
| 主控项目 | | 合格质量标准<br>(按本规范) | 施工单位检验评<br>定记录或结果 | 监理(建设)单位验收<br>记录或结果 | | 备注 |
| 1 | 材料进场 | 第4.2.1条 | | | | |
| 2 | 钢材复验 | 第4.2.2条 | | | | |
| 3 | 切面质量 | 第7.2.1条 | | | | |
| 4 | 矫正和成型 | 第7.3.1条和<br>第7.3.2条 | | | | |
| 5 | 边缘加工 | 第7.4.1条 | | | | |
| 6 | 螺栓球、焊接球<br>加工 | 第7.5.1条和<br>第7.5.2条 | | | | |
| 7 | 制孔 | 第7.6.1条 | | | | |
| 一般项目 | | 合格质量标准<br>(按本规范) | 施工单位检验评<br>定记录或结果 | 监理(建设)单位验收<br>记录或结果 | | 备注 |
| 1 | 材料规格尺寸 | 第4.2.3条和<br>第4.2.4条 | | | | |
| 2 | 钢材表面质量 | 第4.2.5条 | | | | |
| 3 | 切割精度 | 第7.2.2条或<br>第7.2.3条 | | | | |
| 4 | 矫正质量 | 第7.3.3条、<br>第7.3.4条和<br>第7.3.5条 | | | | |
| 5 | 边缘加工精度 | 第7.4.2条 | | | | |
| 6 | 螺栓球、焊接球<br>加工精度 | 第7.5.3条和<br>第7.5.4条 | | | | |
| 7 | 管件加工精度 | 第7.5.5条 | | | | |
| 8 | 制孔精度 | 第7.6.2条和<br>第7.6.3条 | | | | |
| 施工单位检验评定<br>结果 | | 班　组　长：<br>或专业工长：<br>　　　年　月　日 | | 质　检　员：<br>或项目技术负责人：<br>　　　年　月　日 | | |
| 监理(建设)单位验收<br>结论 | | 监理工程师(建设单位项目技术人员)：　　年　月　日 | | | | |

**J.0.6** 钢结构(构件组装)分项工程检验批质量验收应按表 J.0.6 进行记录。

**表 J.0.6　钢结构(构件组装)分项工程检验批质量验收记录**

| 工程名称 | | | | | 检验批部位 | |
|---|---|---|---|---|---|---|
| 施工单位 | | | | | 项目经理 | |
| 监理单位 | | | | | 总监理工程师 | |
| 施工依据标准 | | | | | 分包单位负责人 | |
| 主控项目 | | 合格质量标准<br>(按本规范) | 施工单位检验评<br>定记录或结果 | 监理(建设)单位验收<br>记录或结果 | | 备注 |
| 1 | 吊车梁(桁架) | 第8.3.1条 | | | | |
| 2 | 端部铣平精度 | 第8.4.1条 | | | | |
| 3 | 外形尺寸 | 第8.5.1条 | | | | |
| 一般项目 | | 合格质量标准<br>(按本规范) | 施工单位检验评<br>定记录或结果 | 监理(建设)单位验收<br>记录或结果 | | 备注 |
| 1 | 焊接H型钢接缝 | 第8.2.1条 | | | | |
| 2 | 焊接H型钢精度 | 第8.2.2条 | | | | |
| 3 | 焊接组装精度 | 第8.3.2条 | | | | |
| 4 | 顶紧接触面 | 第8.3.3条 | | | | |
| 5 | 轴线交点错位 | 第8.3.4条 | | | | |
| 6 | 焊缝坡口精度 | 第8.4.2条 | | | | |
| 7 | 铣平面保护 | 第8.4.3条 | | | | |
| 8 | 外形尺寸 | 第8.5.2条 | | | | |
| 施工单位检验评定<br>结果 | | 班　组　长：<br>或专业工长：<br>　　　年　月　日 | | 质　检　员：<br>或项目技术负责人：<br>　　　年　月　日 | | |
| 监理(建设)单位验收<br>结论 | | 监理工程师(建设单位项目技术人员)：　　年　月　日 | | | | |

**J.0.7** 钢结构(预拼装)分项工程检验批质量验收应按表 J.0.7 进行记录。

**表 J.0.7　钢结构(预拼装)分项工程检验批质量验收记录**

| 工程名称 | | | | | 检验批部位 | |
|---|---|---|---|---|---|---|
| 施工单位 | | | | | 项目经理 | |
| 监理单位 | | | | | 总监理工程师 | |
| 施工依据标准 | | | | | 分包单位负责人 | |
| 主控项目 | | 合格质量标准<br>(按本规范) | 施工单位检验评<br>定记录或结果 | 监理(建设)单位验收<br>记录或结果 | | 备注 |
| 1 | 多层板叠螺栓孔 | 第9.2.1条 | | | | |
| 一般项目 | | 合格质量标准<br>(按本规范) | 施工单位检验评<br>定记录或结果 | 监理(建设)单位验收<br>记录或结果 | | 备注 |
| 1 | 预拼装精度 | 第9.2.2条 | | | | |
| 施工单位检验评定<br>结果 | | 班　组　长：<br>或专业工长：<br>　　　年　月　日 | | 质　检　员：<br>或项目技术负责人：<br>　　　年　月　日 | | |
| 监理(建设)单位验收<br>结论 | | 监理工程师(建设单位项目技术人员)：　　年　月　日 | | | | |

**J.0.8** 钢结构(单层结构安装)分项工程检验批质量验收应按表 J.0.8 进行记录。

**表 J.0.8　钢结构(单层结构安装)分项工程检验批质量验收记录**

| 工程名称 | | | | | 检验批部位 | |
|---|---|---|---|---|---|---|
| 施工单位 | | | | | 项目经理 | |
| 监理单位 | | | | | 总监理工程师 | |
| 施工依据标准 | | | | | 分包单位负责人 | |
| 主控项目 | | 合格质量标准<br>(按本规范) | 施工单位检验评<br>定记录或结果 | 监理(建设)单位验收<br>记录或结果 | | 备注 |
| 1 | 基础验收 | 第10.2.1条、<br>第10.2.2条、<br>第10.2.3条、<br>第10.2.4条 | | | | |
| 2 | 构件验收 | 第10.3.1条 | | | | |
| 3 | 顶紧接触面 | 第10.3.2条 | | | | |
| 4 | 垂直度和侧向弯曲 | 第10.3.3条 | | | | |
| 5 | 主体结构尺寸 | 第10.3.4条 | | | | |
| 一般项目 | | 合格质量标准<br>(按本规范) | 施工单位检验评<br>定记录或结果 | 监理(建设)单位验收<br>记录或结果 | | 备注 |
| 1 | 地脚螺栓精度 | 第10.2.5条 | | | | |
| 2 | 标记 | 第10.2.5条 | | | | |
| 3 | 桁架、梁安装精度 | 第10.3.6条 | | | | |
| 4 | 钢柱安装精度 | 第10.3.7条 | | | | |
| 5 | 吊车梁安装精度 | 第10.3.8条 | | | | |
| 6 | 檩条等安装精度 | 第10.3.9条 | | | | |
| 7 | 平台等安装精度 | 第10.3.10条 | | | | |
| 8 | 现场组对精度 | 第10.3.11条 | | | | |
| 9 | 结构表面 | 第10.3.12条 | | | | |
| 施工单位检验评定<br>结果 | | 班　组　长：<br>或专业工长：<br>　　　年　月　日 | | 质　检　员：<br>或项目技术负责人：<br>　　　年　月　日 | | |
| 监理(建设)单位验收<br>结论 | | 监理工程师(建设单位项目技术人员)：　　年　月　日 | | | | |

**J.0.9** 钢结构(多层及高层结构安装)分项工程检验批质量验收应按表 J.0.9 进行记录。

表 J.0.9 钢结构(多层及高层结构安装)分项工程检验批质量验收记录

| 工程名称 | | | | | 检验批部位 | | |
|---|---|---|---|---|---|---|---|
| 施工单位 | | | | | 项目经理 | | |
| 监理单位 | | | | | 总监理工程师 | | |
| 施工依据标准 | | | | | 分包单位负责人 | | |
| 主控项目 | | 合格质量标准(按本规范) | 施工单位检验评定记录或结果 | | 监理(建设)单位验收记录或结果 | | 备注 |
| 1 | 基础验收 | 第11.2.1条、第11.2.2条、第11.2.3条、第11.2.4条 | | | | | |
| 2 | 构件验收 | 第11.3.1条 | | | | | |
| 3 | 钢柱安装精度 | 第11.3.2条 | | | | | |
| 4 | 顶紧接触面 | 第11.3.3条 | | | | | |
| 5 | 垂直度和侧弯曲 | 第11.3.4条 | | | | | |
| 6 | 主体结构尺寸 | 第11.3.5条 | | | | | |
| 一般项目 | | 合格质量标准(按本规范) | 施工单位检验评定记录或结果 | | 监理(建设)单位验收记录或结果 | | 备注 |
| 1 | 地脚螺栓精度 | 第11.2.5条 | | | | | |
| 2 | 标记 | 第11.3.7条 | | | | | |
| 3 | 构件安装精度 | 第11.3.8条、第11.3.10条 | | | | | |
| 4 | 主体结构高度 | 第11.3.9条 | | | | | |
| 5 | 吊车梁安装精度 | 第11.3.11条 | | | | | |
| 6 | 檩条等安装精度 | 第11.3.12条 | | | | | |
| 7 | 平台等安装精度 | 第11.3.13条 | | | | | |
| 8 | 现场组对精度 | 第11.3.14条 | | | | | |
| 9 | 结构表面 | 第11.3.6条 | | | | | |
| 施工单位检验评定结果 | | 班组长:或专业工长: 年 月 日 | | | 质检员:或项目技术负责人: 年 月 日 | | |
| 监理(建设)单位验收结论 | | 监理工程师(建设单位项目技术人员): 年 月 日 | | | | | |

**J.0.10** 钢结构(网架结构安装)分项工程检验批质量验收应按表 J.0.10 进行记录。

表 J.0.10 钢结构(网架结构安装)分项工程检验批质量验收记录

| 工程名称 | | | 检验批部位 | | |
|---|---|---|---|---|---|
| 施工单位 | | | 项目经理 | | |
| 监理单位 | | | 总监理工程师 | | |
| 施工依据标准 | | | 分包单位负责人 | | |
| 主控项目 | | 合格质量标准(按本规范) | 施工单位检验评定记录或结果 | 监理(建设)单位验收记录或结果 | 备注 |
| 1 | 焊接球 | 第4.5.1条、第4.5.2条 | | | |
| 2 | 螺栓球 | 第4.6.1条、第4.6.2条 | | | |
| 3 | 封板、锥头、套筒 | 第4.7.1条、第4.7.2条 | | | |
| 4 | 橡胶垫 | 第4.10.1条 | | | |
| 5 | 基础验收 | 第12.2.1条、第12.2.2条 | | | |
| 6 | 支座 | 第12.2.3条、第12.2.4条 | | | |
| 7 | 拼装精度 | 第12.3.1条、第12.3.2条 | | | |
| 8 | 节点承载力试验 | 第12.3.3条 | | | |
| 9 | 结构挠度 | 第12.3.4条 | | | |
| 一般项目 | | 合格质量标准(按本规范) | 施工单位检验评定记录或结果 | 监理(建设)单位验收记录或结果 | 备注 |
| 1 | 焊接球精度 | 第4.5.3条、第4.5.4条 | | | |
| 2 | 螺栓球精度 | 第4.6.4条 | | | |
| 3 | 螺栓球螺纹精度 | 第4.6.3条 | | | |
| 4 | 锚栓精度 | 第12.2.5条 | | | |
| 5 | 结构表面 | 第12.3.5条 | | | |
| 6 | 安装精度 | 第12.3.6条 | | | |
| 施工单位检验评定结果 | | 班组长:或专业工长: 年 月 日 | | 质检员:或项目技术负责人: 年 月 日 | |
| 监理(建设)单位验收结论 | | 监理工程师(建设单位项目技术人员): 年 月 日 | | | |

**J.0.11** 钢结构(压型金属板)分项工程检验批质量验收应按表 J.0.11进行记录。

表 J.0.11 钢结构(压型金属板)分项工程检验批质量验收记录

| 工程名称 | | | 检验批部位 | | |
|---|---|---|---|---|---|
| 施工单位 | | | 项目经理 | | |
| 监理单位 | | | 总监理工程师 | | |
| 施工依据标准 | | | 分包单位负责人 | | |
| 主控项目 | | 合格质量标准(按本规范) | 施工单位检验评定记录或结果 | 监理(建设)单位验收记录或结果 | 备注 |
| 1 | 压型金属板进场 | 第4.8.1条、第4.8.2条 | | | |
| 2 | 基板裂纹 | 第13.2.1条 | | | |
| 3 | 涂层缺陷 | 第13.2.2条 | | | |
| 4 | 现场安装 | 第13.3.1条 | | | |
| 5 | 搭接 | 第13.3.2条 | | | |
| 6 | 端部锚固 | 第13.3.3条 | | | |
| 一般项目 | | 合格质量标准(按本规范) | 施工单位检验评定记录或结果 | 监理(建设)单位验收记录或结果 | 备注 |
| 1 | 压型金属板精度 | 第4.8.3条 | | | |
| 2 | 轧制精度 | 第13.2.3条、第13.2.5条 | | | |
| 3 | 表面质量 | 第13.2.4条 | | | |
| 4 | 安装质量 | 第13.3.4条 | | | |
| 5 | 安装精度 | 第13.3.5条 | | | |
| 施工单位检验评定结果 | | 班组长:或专业工长: 年 月 日 | | 质检员:或项目技术负责人: 年 月 日 | |
| 监理(建设)单位验收结论 | | 监理工程师(建设单位项目技术人员): 年 月 日 | | | |

**J.0.12** 钢结构(防腐涂料涂装)分项工程检验批质量验收应按表 J.0.12 进行记录。

表 J.0.12 钢结构(防腐涂料涂装)分项工程检验批质量验收记录

| 工程名称 | | | 检验批部位 | | |
|---|---|---|---|---|---|
| 施工单位 | | | 项目经理 | | |
| 监理单位 | | | 总监理工程师 | | |
| 施工依据标准 | | | 分包单位负责人 | | |
| 主控项目 | | 合格质量标准(按本规范) | 施工单位检验评定记录或结果 | 监理(建设)单位验收记录或结果 | 备注 |
| 1 | 产品进场 | 第4.9.1条 | | | |
| 2 | 表面处理 | 第14.2.1条 | | | |
| 3 | 涂层厚度 | 第14.2.2条 | | | |
| 一般项目 | | 合格质量标准(按本规范) | 施工单位检验评定记录或结果 | 监理(建设)单位验收记录或结果 | 备注 |
| 1 | 产品进场 | 第4.9.3条 | | | |
| 2 | 表面质量 | 第14.2.3条 | | | |
| 3 | 附着力测试 | 第14.2.4条 | | | |
| 4 | 标志 | 第14.2.5条 | | | |
| 施工单位检验评定结果 | | 班组长:或专业工长: 年 月 日 | | 质检员:或项目技术负责人: 年 月 日 | |
| 监理(建设)单位验收结论 | | 监理工程师(建设单位项目技术人员): 年 月 日 | | | |

**J.0.13** 钢结构(防火涂料涂装)分项工程检验批质量验收应按表J.0.13进行记录。

表 J.0.13 钢结构(防火涂料涂装)分项工程检验批质量验收记录

| 工程名称 | | | 检验批部位 | | |
|---|---|---|---|---|---|
| 施工单位 | | | 项目经理 | | |
| 监理单位 | | | 总监理工程师 | | |
| 施工依据标准 | | | 分包单位负责人 | | |
| 主控项目 | 合格质量标准(按本规范) | 施工单位检验评定记录或结果 | 监理(建设)单位验收记录或结果 | | 备注 |
| 1 产品进场 | 第4.9.2条 | | | | |
| 2 涂装基层验收 | 第14.3.1条 | | | | |
| 3 强度试验 | 第14.3.2条 | | | | |
| 4 涂层厚度 | 第14.3.3条 | | | | |
| 5 表面裂纹 | 第14.3.4条 | | | | |
| | | | | | |
| 一般项目 | 合格质量标准(按本规范) | 施工单位检验评定记录或结果 | 监理(建设)单位验收记录或结果 | | 备注 |
| 1 产品进场 | 第4.9.3条 | | | | |
| 2 基层表面 | 第14.3.5条 | | | | |
| 3 涂层表面质量 | 第14.3.6条 | | | | |
| | | | | | |

续表

| 一般项目 | 合格质量标准(按本规范) | 施工单位检验评定记录或结果 | 监理(建设)单位验收记录或结果 | 备注 |
|---|---|---|---|---|
| 施工单位检验评定结果 | 班 组 长: 质 检 员:<br>或专业工长: 或项目技术负责人:<br>年 月 日 年 月 日 | | | |
| 监理(建设)单位验收结论 | 监理工程师(建设单位项目技术人员): 年 月 日 | | | |

# 本规范用词说明

1 为便于在执行本规范条文时区别对待,对要求严格程度不同的用词,说明如下:

1)表示很严格,非这样做不可的用词:

正面词采用"必须",反面词采用"严禁"。

2)表示严格,在正常情况下均应这样做的用词:

正面词采用"应",反面词采用"不应"或"不得"。

3)表示允许稍有选择,在条件许可时,首先应这样做的用词:

正面词采用"宜",反面词采用"不宜"。

表示有选择,在一定条件下可以这样做的用词,采用"可"。

2 本规范中指明应按其他有关标准、规范执行的写法为"应符合……要求或规定"或"应按……执行"。

中华人民共和国国家标准

# 钢结构工程施工质量验收规范

GB 50205—2001

条 文 说 明

# 目　次

# 1 总　则

**1.0.1** 本条是依据编制《建筑工程施工质量验收统一标准》GB 50300 和建筑工程质量验收规范系列标准的宗旨,贯彻"验评分离,强化验收,完善手段,过程控制"十六字改革方针,将原来的《钢结构工程施工及验收规范》GB 50205—95 与《钢结构工程质量检验评定标准》GB 50221—95 修改合并成新的《钢结构工程施工质量验收规范》,以此统一钢结构工程施工质量的验收方法、程序和指标。

**1.0.2** 本规范的适用范围含建筑工程中的单层、多层、高层钢结构及钢网架、金属压型板等钢结构工程施工质量验收。组合结构、地下结构中的钢结构可参照本规范进行施工质量验收。对于其他行业标准没有包括的钢结构构筑物,如通廊、照明塔架、管道支架、跨线过桥等也可参照本规范进行施工质量验收。

**1.0.3** 钢结构图纸是钢结构工程施工的重要文件,是钢结构工程施工质量验收的基本依据;在市场经济中,工程承包合同中有关工程质量的要求具有法律效应,因此合同文件中有关工程质量的约定也是验收的依据之一,但合同文件的规定只能高于本规范的规定,本规范的规定是对施工质量最低和最基本的要求。

**1.0.4** 现行国家标准《建筑工程施工质量验收统一标准》GB 50300 对工程质量验收的划分、验收的方法、验收的程序及组织都提出了原则性的规定,本规范对此不再重复,因此本规范强调在执行时必须与现行国家标准《建筑工程施工质量验收统一标准》GB 50300 配套使用。

**1.0.5** 根据标准编写及标准间关系的有关规定,本规范总则中应反映其他相关标准、规范的作用。

# 2　术语、符号

## 2.1　术　语

本规范给出了 11 个有关钢结构工程施工质量验收方面的特定术语,再加上现行国家标准《建筑工程施工质量验收统一标准》GB 50300 中给出了 18 个术语,以上术语都是从钢结构工程施工质量验收的角度赋予其涵义的,但涵义不一定是术语的定义。本规范给出了相应的推荐性英文术语,该英文术语不一定是国际上的标准术语,仅供参考。

## 2.2　符　号

本规范给出了 20 个符号,并对每一个符号给出了定义,这些符号都是本规范各章节中所引用的。

# 3　基本规定

**3.0.1** 本条是对从事钢结构工程的施工企业进行资质和质量管理内容进行检查验收,强调市场准入制度,属于新增加的管理方面的要求。

现行国家标准《建筑工程施工质量验收统一标准》GB 50300 中表 A.0.1 的检查内容比较细,针对钢结构工程可以进行简化,特别是对已通过 ISO—9000 族论证的企业,检查项目可以减少。

对常规钢结构工程来讲,GB 50300 表 A.0.1 中检查内容主要含:质量管理制度和质量检验制度、施工技术企业标准、专业技术管理和专业工种岗位证书、施工资质和分包方资质、施工组织设计(施工方案)、检验仪器设备及计量设备等。

**3.0.2** 钢结构工程施工质量验收所使用的计量器具必须是根据计量法规定的、定期计量检验意义上的合格,且保证在检定有效期内使用。

不同计量器具有不同的使用要求,同一计量器具在不同使用状况下,测量精度不同,因此,本规范要求严格按有关规定正确操作计量器具。

**3.0.4** 根据现行国家标准《建筑工程施工质量验收统一标准》GB 50300 的规定,钢结构工程施工质量的验收,是在施工单位自检合格的基础上,按照检验批、分项工程、分部(子分部)工程进行。一般来说,钢结构作为主体结构,属于分部工程,对大型钢结构工程可按空间刚度单元划分为若干个子分部工程;当主体结构中同时含钢筋混凝土结构、砌体结构等时,钢结构就属于子分部工程;钢结构分项工程是按照主要工种、材料、施工工艺等进行划分,本规范将钢结构工程划分为 10 个分项工程,每个分项工程单独成章;将分项工程划分成检验批进行验收,有助于及时纠正施工中出现的质量问题,确保工程质量,也符合施工实际需要。钢结构分项工程检验批划分遵循以下原则:

 **1** 单层钢结构按变形缝划分;

 **2** 多层及高层钢结构按楼层或施工段划分;

 **3** 压型金属板工程可按屋面、墙板、楼面等划分;

 **4** 对于原材料及成品进场时的验收,可以根据工程规模及进料实际情况合并或分解检验批;

本规范强调检验批的验收是最小的验收单元,也是最重要和基本的验收工作内容,分项工程、(子)分部工程乃至于单位工程的验收,都是建立在检验批验收合格的基础之上的。

**3.0.5** 检验批的合格质量主要取决于对主控项目和一般项目的检验结果。主控项目是对检验批的基本质量起决定性影响的检验项目,因此必须全部符合本规范的规定,这意味着主控项目不允许有不符合要求的检验结果,即这种项目的检查具有否决权。一般项目是指对施工质量不起决定性作用的检验项目。本条中 80% 的规定是参照原验评标准及工程实际情况确定的。考虑到钢结构对缺陷的敏感性,本条对一般偏差项目设定了一个 1.2 倍偏差限值的门槛值。

**3.0.6** 分项工程的验收在检验批的基础上进行,一般情况下,两者具有相同或相近的性质,只是批量的大小不同而已,因此将有关的检验批汇集便构成分项工程的验收。分项工程合格质量的条件相对简单,只要构成分项工程的各检验批的验收资料文件完整,并且均已验收合格,则分项工程验收合格。

**3.0.7** 本条给出了当质量不符合要求时的处理办法。一般情况下,不符合要求的现象在最基层的验收单元——检验批时就应发现并及时处理,否则将影响后续检验批和相关的分项工程、(子)分部工程的验收。因此,所有质量隐患必须尽快消灭在萌芽状态,这也是本规范以强化验收促进过程控制原则的体现。非正常情况的处理分以下四种情况:

第一种情况:在检验批验收时,其主控项目或一般项目不能满足本规范的规定时,应及时进行处理。其中,严重的缺陷应返工重做或更换构件;一般的缺陷通过翻修、返工予以解决。应允许施工单位在采取相应的措施后重新验收,如能够符合本规范的规定,则应认为该检验批合格。

第二种情况:当个别检验批发现试件强度、原材料质量等不能满足要求或发生裂纹、变形等问题,且缺陷程度比较严重或验收各方对质量看法有较大分歧而难以通过协商解决时,应请具有资质的法定检测单位检测,并给出检测结论。当检测结果能够达到设计要求时,该检验批可通过验收。

第三种情况：如经检测鉴定达不到设计要求，但经原设计单位核算，仍能满足结构安全和使用功能的情况，该检验批可予验收。一般情况下，规范标准给出的是满足安全和功能的最低限度要求，而设计一般在此基础上留有一些裕量。不满足设计要求和符合相应规范标准的要求，两者并不矛盾。

第四种情况：更为严重的缺陷或者超过检验批的更大范围内的缺陷，可能影响结构的安全性和使用功能。在经法定检测单位检测鉴定以后，仍达不到规范标准的相应要求，即不能满足最低限度的安全储备和使用功能，则必须按一定的技术方案进行加固处理，使之能保证其满足安全使用的基本要求，但已造成了一些永久性的缺陷，如改变了结构外形尺寸，影响了一些次要的使用功能等。为避免更大的损失，在基本上不影响安全和主要使用功能条件下可采取按理技术方案和协商文件进行验收，降级使用。但不能作为轻视质量而回避责任的一种出路，这是应该特别注意的。

**3.0.8** 本条针对的是钢结构分部(子分部)工程的竣工验收。

# 4 原材料及成品进场

## 4.1 一般规定

**4.1.1** 给出本章的适用范围，并首次提出"进入钢结构各分项工程实施现场的"这样的前提，从而明确对主要材料、零件和部件、成品件和标准件等产品进行层层把关的指导思想。

**4.1.2** 对适用于进场验收的验收批作出统一的划分规定，理论上可行，但实际操作上确有困难，故本条只说"原则上"。这样就对具体实施单位赋予了较大的自由度，他们可以根据不同的实际情况，灵活处理。

## 4.2 钢 材

**4.2.1** 近些年，钢铸件在钢结构(特别是大跨度空间钢结构)中的应用逐渐增加，故对其规格和质量提出明确规定是完全必要的。另外，各国进口钢材标准不尽相同，所以规定对进口钢材应按设计和合同规定的标准验收。本条为强制性条文。

**4.2.2** 在工程实际中，对于哪些钢材需要复验，不是太明确，本条规定了6种情况应进行复验，且应是见证取样、送样的试验项目。

    **1** 对国外进口的钢材，应进行抽样复验；当具有国家进出口质量检验部门的复验商检报告时，可以不再进行复验。

    **2** 由于钢材经过转运、调剂等方式供应到用户后容易产生混炉号，而钢材是按炉号和批号发材质合格证，因此对于混批的钢材应进行复验。

    **3** 厚钢板存在各向异性(X、Y、Z三个方向的屈服点、抗拉强度、伸长率、冷弯、冲击值等各指标，以Z向试验最差，尤其是塑性和冲击功值)，因此当板厚等于或大于40mm，且承受沿板厚方向拉力时，应进行复验。

    **4** 对大跨度钢结构来说，弦杆或梁用钢板为主要受力构件，应进行复验。

    **5** 当设计提出对钢材的复验要求时，应进行复验。

    **6** 对质量有疑义主要是指：
    1)对质量证明文件有疑义时的钢材；
    2)质量证明文件不全的钢材；
    3)质量证明书中的项目少于设计要求的钢材。

**4.2.3、4.2.4** 钢板的厚度、型钢的规格尺寸是影响承载力的主要因素，进场验收时重点抽查钢板厚度和型钢规格尺寸是必要的。

**4.2.5** 由于许多钢材基本上是露天堆放，受风吹雨淋和污染空气的侵蚀，钢材表面会出现麻点和片状锈蚀，严重者不得使用，因此对钢材表面缺陷作了本条的规定。

## 4.3 焊接材料

**4.3.1** 焊接材料对焊接质量的影响重大，因此，钢结构工程中所采用的焊接材料应按设计要求选用，同时产品应符合相应的国家现行标准要求。本条为强制性条文。

**4.3.2** 由于不同的生产批号质量往往存在一定的差异，本条对于重要的钢结构工程的焊接材料的复验作出了明确规定。该复验应为见证取样、送样检验项目。本条中"重要"是指：

    **1** 建筑结构安全等级为一级的一、二级焊缝。

    **2** 建筑结构安全等级为二级的一级焊缝。

    **3** 大跨度结构中一级焊缝。

    **4** 重级工作制吊车梁结构中一级焊缝。

    **5** 设计要求。

**4.3.4** 焊条、焊剂保管不当，容易受潮，不仅影响操作的工艺性能，而且会对接头的理化性能造成不利影响。对于外观不符合要求的焊接材料，不应在工程中采用。

## 4.4 连接用紧固标准件

**4.4.1~4.4.3** 高强度大六角头螺栓连接副的扭矩系数和扭剪型高强度螺栓连接副的紧固轴力(预拉力)是影响高强度螺栓连接质量最主要的因素，也是施工的重要依据，因此要求生产厂家在出厂前要进行检验，且出具检验报告，施工单位应在使用前及产品质量保证期内及时复验，该复验应为见证取样、送样检验项目。4.4.1条为强制性条文。

**4.4.4** 高强度螺栓连接副的生产厂家是按出厂批号包装供货和提供产品质量证明书的，在储存、运输、施工过程中，应严格按批号存放、使用。不同批号的螺栓、螺母、垫圈不得混杂使用。高强度螺栓连接副的表面经特殊处理。在使用前尽可能地保持其出厂状态，以免扭矩系数或紧固轴力(预拉力)发生变化。

**4.4.5** 螺栓球节点钢网架结构中高强度螺栓，其抗拉强度是影响节点承载力的主要因素，表面硬度与其强度存在着一定的内在关系，是通过控制硬度，来保证螺栓的质量。

## 4.5 焊接球

**4.5.1~4.5.4** 本节是指将焊接空心球作为产品看待，在进场时所进行的验收项目。焊接球焊缝检验按照国家现行标准《焊接球节点钢网架焊缝超声波探伤方法及质量分级法》JBJ/T 3034.1执行。

## 4.6 螺栓球

**4.6.1~4.6.4** 本节是指将螺栓球节点作为产品看待，在进场时所进行的验收项目。在实际工程中，螺栓球节点本身的质量问题比较严重，特别是表面裂纹比较普遍，因此检查螺栓球表面裂纹是本节的重点。

## 4.7 封板、锥头和套筒

**4.7.1、4.7.2** 本节将螺栓球节点钢网架中的封板、锥头、套筒视为产品，在进场时所进行的验收项目。

## 4.8 金属压型板

**4.8.1~4.8.3** 本节将金属压型板系列产品看作成品，金属压型板包括单层压型金属板、保温板、扣板等屋面、墙面围护板材及零配件。这些产品在进场时，均应按本节要求进行验收。

## 4.9 涂装材料

**4.9.1~4.9.3** 涂料的进场验收除检查资料文件外，还要开桶抽查。开桶抽查除检查涂料结皮、结块、凝胶等现象外，还要与质量证明文件对照涂料的型号、名称、颜色及有效期等。

## 4.10 其 他

钢结构工程所涉及到的其他材料原则上都要通过进场验收检验。

# 5 钢结构焊接工程

## 5.1 一般规定

**5.1.2** 钢结构焊接工程检验批的划分应符合钢结构施工检验批的检验要求。考虑不同的钢结构工程验收批其焊缝数量有较大差异，为了便于检验，可将焊接工程划分为一个或几个检验批。

**5.1.3** 在焊接过程中，焊缝冷却过程以及以后的相当长的一段时间可能产生裂纹。普通碳素钢产生延迟裂纹的可能性很小，因此规定在焊缝冷却到环境温度后即可进行外观检查。低合金结构钢焊缝的延迟裂纹延迟时间较长，考虑到工厂存放条件、现场安装进度、工序衔接的限制以及随着时间延长，产生延迟裂纹的几率逐渐减小等因素，本规范以焊接完成24h后外观检查的结果作为验收的依据。

**5.1.4** 本条规定的目的是为了加强焊工施焊质量的动态管理，同时使钢结构工程焊接质量的现场管理更加直观。

## 5.2 钢构件焊接工程

**5.2.1** 焊接材料对钢结构焊接工程的质量有重大影响。其选用必须符合设计文件和国家现行标准的要求。对于进场时经验收合格的焊接材料，产品的生产日期、保存状态、使用烘焙等也直接影响焊接质量。本条即规定了焊条的选用和使用要求，尤其强调了烘焙状态，这是保证焊接质量的必要手段。

**5.2.2** 在国家经济建设中，特殊技能操作人员发挥着重要的作用。在钢结构工程施工焊接中，焊工是特殊工种，焊工的操作技能和资格对工程质量起到保证作用，必须充分予以重视。本条所指的焊工包括手工操作焊工、机械操作焊工。从事钢结构工程焊接施工的焊工，应根据所从事钢结构焊接工程的具体类型，按国家现行行业标准《建筑钢结构焊接技术规程》JGJ 81等技术规程的要求对施焊焊工进行考试并取得相应证书。

**5.2.3** 由于钢结构工程中的焊接节点和焊接接头不可能进行现场实物取样检验，而探伤仅能确定焊缝的几何缺陷，无法确定接头的理化性能。为保证工程焊接质量，必须在构件制作和结构安装施工焊接前进行焊接工艺评定，并根据焊接工艺评定的结果制定相应的施工焊接工艺规范。本条规定了施工企业必须进行工艺评定的条件，施工单位根据所承担钢结构的类型，按国家现行行业标准《建筑钢结构焊接技术规程》JGJ 81等技术规程中的具体规定进行相应的工艺评定。

**5.2.4** 根据结构的承载情况不同，现行国家标准《钢结构设计规范》GBJ 17中将焊缝的质量为分三个质量等级。内部缺陷的检测一般可用超声波探伤和射线探伤。射线探伤具有直观性、一致性好的优点，过去人们觉得射线探伤可靠、客观。但是射线探伤成本高、操作程序复杂、检测周期长，尤其是钢结构中大多为T形接头和角接头，射线检测的效果差，且射线探伤对裂纹、未熔合等危害性缺陷的检出率低。超声波探伤则正好相反，操作程序简单、快速，对各种接头形式的适应性好，对裂纹、未熔合的检测灵敏度高，因此世界上很多国家对钢结构内部质量的控制采用超声波探伤，一般已不采用射线探伤。

随着大型空间结构应用的不断增加，对于薄壁大曲率T、K、Y型相贯接头焊缝探伤，国家现行行业标准《建筑钢结构焊接技术规程》JGJ 81中给出了相应的超声波探伤方法和缺陷分级。网架结构焊缝探伤应按现行国家标准《焊接球节点钢网架焊缝超声波探伤方法及质量分级法》JBJ/T 3034.1和《螺栓球节点钢网架焊缝超声波探伤方法及质量分级法》JBJ/T 3034.2的规定执行。

本规范规定要求全焊透的一级焊缝100%检验，二级焊缝的局部检验定为抽样检验。钢结构制作一般较长，对每条焊缝按规定的百分比进行探伤，且每处不小于200mm的规定，对保证每条焊缝质量是有利的。但钢结构安装焊缝一般都不长，大部分焊缝为梁－柱连接焊缝，每条焊缝的长度大多在250～300mm之间，采用焊缝条数计数抽样检测是可行的。

**5.2.5** 对T型、十字型、角接接头等要求焊透的对接与角接组合焊缝，为减小应力集中，同时避免过大的焊脚尺寸，参照国内外相关规范的规定，确定了对静载结构和动载结构的不同焊脚尺寸的要求。

**5.2.6** 考虑不同质量等级的焊缝承载要求不同，凡是严重影响焊缝承载能力的缺陷都是严禁的，本条对严重影响焊缝承载能力的外观质量要求列入主控项目，并给出了外观合格质量要求。由于一、二级焊缝的重要性，对表面气孔、夹渣、弧坑裂纹、电弧擦伤应有特定不允许存在的要求，咬边、未焊满、根部收缩等缺陷对动载影响很大，故一级焊缝不得存在此类缺陷。

**5.2.7** 焊接预热可降低热影响区冷却速度，对防止焊接延迟裂纹的产生有重要作用，是各国施工焊接规范关注的重点。由于我国有关钢材焊接性试验基础工作不够系统，还没有条件就焊接预热温度的确定方法提出相应的计算公式或图表，目前大多通过工艺试验确定预热温度。必须与预热温度同时规定的是该温度区距离施焊部分各个方向的范围，该温度范围越大，焊接热影响区冷却速度越小，反之则冷却速度越大。同样的预热温度要求，如果温度范围不确定，其预热的效果相差很大。

焊缝后热处理主要是对焊缝进行脱氢处理，以防止冷裂纹的产生，后热处理的时机和保温时间直接影响后热处理的效果，因此应在焊后立即进行，并按板厚适当增加处理时间。

**5.2.8、5.2.9** 焊接时容易出现的如未焊满、咬边、电弧擦伤等缺陷对动载结构是严禁的，在二、三级焊缝中应限制在一定范围内。对接焊缝的余高、错边，部分焊透的对接与角接组合焊缝及角焊缝的焊脚尺寸、余高等外型尺寸偏差也会影响钢结构的承载能力，必须加以限制。

**5.2.10** 为了减少应力集中，提高接头承受疲劳荷载的能力，部分角焊缝将焊缝表面焊接或加工为凹型。这类接头必须注意焊缝与母材之间的圆滑过渡。同时，在确定焊缝计算厚度时，应考虑焊缝外形尺寸的影响。

## 5.3 焊钉（栓钉）焊接工程

**5.3.1** 由于钢材的成分和焊钉的焊接质量有直接影响，因此必须按实际施工采用的钢材与焊钉匹配进行焊接工艺评定试验。瓷环在受潮或产品要求烘干时应按要求进行烘干，以保证焊接接头的质量。

**5.3.2** 焊钉焊后弯曲检验可用打弯的方法进行。焊钉可采用专用的栓钉焊机或其他电弧焊方法进行焊接。不同的焊接方法接头的外观质量要求不同。本条规定是针对采用专用的栓钉焊机所焊接头的外观质量要求。对采用其他电弧焊所焊的焊钉接头，可按角焊缝的外观质量和外型尺寸要求进行检查。

# 6 紧固件连接工程

## 6.2 普通紧固件连接

**6.2.1** 本条是对进场螺栓实物进行复验。其中有疑义是指不满足本规范4.4.1条的规定，没有质量证明书（出厂合格证）等质量证明文件。

## 6.3 高强度螺栓连接

**6.3.1** 抗滑移系数是高强度螺栓连接的主要设计参数之一,直接影响构件的承载力,因此构件摩擦面无论由制造厂处理还是由现场处理,均应对抗滑移系数进行测试,测得的抗滑移系数最小值应符合设计要求。本条是强制性条文。

在安装现场局部采用砂轮打磨摩擦面时,打磨范围不小于螺栓孔径的4倍,打磨方向应与构件受力方向垂直。

除设计上采用摩擦系数小于等于0.3,并明确提出可不进行抗滑移系数试验者外,其余情况在制作时为确定摩擦面的处理方法,必须按本规范附录B要求的批量用3套同材质、同处理方法的试件,进行复检。同时并附有3套同材质、同处理方法的试件,供安装前复验。

**6.3.2** 高强度螺栓终拧1h后,螺栓预拉力的损失已大部分完成,在随后一两天内,损失趋于平稳,当超过一个月后,损失就会停止,但在外界环境影响下,螺栓扭矩系数将会发生变化,影响检查结果的准确性。为了统一和便于操作,本条规定检查时间同一定在1h后48h之内完成。

**6.3.3** 本条的构造原因是指设计原因造成空间太小无法使用专用扳手进行终拧的情况。在扭剪型高强度螺栓施工中,因安装顺序、安装方向考虑不周,或终拧时对电动扳手使用掌握不熟练,致使终拧时尾部梅花头上的棱端角点滑牙(即打滑),无法拧掉梅花头,造成终拧扭矩是未知数;对此类螺栓应控制一定比例。

**6.3.4** 高强度螺栓初拧、复拧的目的是为了使摩擦面能贴紧,且螺栓受力均匀,对大型节点强调安装顺序是防止节点中螺栓预拉力损失不均,影响连接的刚度。

**6.3.7** 强行穿入螺栓会损伤丝扣,改变高强度螺栓连接副的扭矩系数,甚至连螺母都拧不上,因此强调自由穿入螺栓孔。气割扩孔很不规则,既削弱了构件的有效载面,减少了压力传力面积,还会使扩孔处钢材造成缺陷,故规定不得气割扩孔。最大扩孔量的限制也是基于构件有效载面和摩擦传力面积的考虑。

**6.3.8** 对于螺栓球节点网架,其刚度(挠度)往往比设计值要弱,主要原因是因为螺栓球与钢管连接的高强度螺栓紧固不牢,出现间隙、松动等不拧紧情况,当下部支撑系统拆除后,由于连接间隙、松动等原因,挠度明显加大,超过规范规定的限值。

# 7 钢零件及钢部件加工工程

## 7.2 切　　割

**7.2.1** 钢材切割面或剪切面应无裂纹、夹渣、分层和大于1mm的缺棱。这些缺陷在气割后都能较明显地暴露出来,一般观察(用放大镜)检查即可;但有特殊要求的气割面或剪切面时则不然,除观察外,必要时应采用渗透、磁粉或超声波探伤检查。

**7.2.2** 切割中气割偏差值是根据热切割的专业标准,并结合有关截面尺寸及缺口深度的限制,提出了气割允许偏差。

## 7.3 矫正和成型

**7.3.1** 对冷矫正和冷弯曲的最低环境温度进行限制,是为了保证钢材在低温情况下受到外力时不致产生冷脆断裂。在低温下钢材受外力而脆断要比冲孔和剪切加工时断裂更敏感,故环境温度限制较严。

**7.3.3** 钢材和零件在矫正过程中,矫正设备和吊运都有可能对表面产生影响。按照钢材表面缺陷的允许程度规定了划痕深度不得

大于0.5mm,且深度不得大于该钢材厚度负偏差值的1/2,以保证表面质量。

**7.3.4** 冷矫正和冷弯曲的最小曲率半径和最大弯曲矢高的规定是根据钢材的特性,工艺的可行性以及成形后外观质量的限制而作出的。

**7.3.5** 对钢材矫正成型后偏差值作了规定,除钢板的局部平面度外,其他指标在合格质量偏差和允许偏差之间有所区别,作了较严格规定。

## 7.4 边缘加工

**7.4.1** 为消除切割对主体钢材造成的冷作硬化和热影响的不利影响,使加工边缘加工达到设计规范中关于加工边缘应力取值和压杆曲线的有关要求,规定边缘加工的最小刨削量不应小于2.0mm。

**7.4.2** 保留了相邻两夹角和加工面垂直度的质量指标,以控制零件外形满足组装、拼装和受力的要求,加工边直线度的偏差不得与尺寸偏差叠加。

## 7.5 管、球加工

**7.5.1** 螺栓球是网架杆件互相连接的受力部件,采取热锻成型,质量容易得到保证。对锻造球,应着重检查是否有裂纹、叠痕、过烧。

**7.5.2** 焊接球体要求表面光滑。光面不得有裂纹、褶皱。焊缝余高在符合焊缝表面质量后,在接管处应打磨平整。

**7.5.4** 焊接球的质量指标,规定了直径、圆度、壁厚减薄量和两半球对口错边量。偏差值基本同国家现行行业标准《网架结构设计与施工规程》JGJ 7的规定,但直径一项在φ300mm至φ500mm范围内时稍有提高,而圆度一项有所降低,这是避免控制指标突变和考虑错边量能达到的程度,并相对于大直径焊接球又控制较严,以保证接管间隙及焊接质量。

**7.5.5** 钢管杆件的长度,端面垂直度和管口曲线,其偏差的规定值是按照组装、焊接和网架杆件受力的要求而提出的,杆件直线度的允许偏差应符合型钢矫正后弯曲矢高的规定。管口曲线用样板靠紧检查,其间隙不应大于1.0mm。

## 7.6 制　孔

**7.6.1** 为了与现行国家标准《钢结构设计规范》GBJ 17一致,保证加工质量,对A、B级螺栓孔的质量作了规定,根据现行国家标准《紧固件公差螺栓、螺钉和螺母》GB/T 3103.1规定产品等级为A、B、C三级,为了便于操作和严格控制,对螺栓孔直径10~18、18~30和30~50三个级别的偏差值直接作为条文。

条文中R,是根据现行国家标准《表面粗糙度参数及其数值》确定的。

A、B级螺栓孔的精度偏差和孔壁表面粗糙度是指先钻小孔、组装后绞孔或铣孔应达到的质量标准。

C级螺栓孔,包括普通螺栓孔和高强度螺栓孔。

现行国家标准《钢结构设计规范》GBJ 17规定摩擦型高强度螺栓孔径比杆径大1.5~2.0mm,承压型高强度螺栓孔径比杆径大1.0~1.5mm并包括普通螺栓。

**7.6.3** 本条规定超差孔的处理方法。注意补焊后孔部位应修磨平整。

# 8 钢构件组装工程

## 8.2 焊接H型钢

**8.2.1** 钢板的长度和宽度有限,大多需要进行拼接,由于翼缘板

与腹板相连有两条角焊缝，因此翼缘板不应再设纵向拼接缝，只允许长度拼接；而腹板则长度、宽度均可拼接，拼接缝可为"十"字形或"T"字形；翼缘板或腹板接缝应错开 200mm 以上，以避免焊缝交叉和焊缝缺陷的集中。

### 8.3 组 装

**8.3.1** 起拱度或下挠度均指吊车梁安装就位后的状况，因此吊车梁在工厂制作完后，要检验其起拱度或下挠与否，应与安装就位的支承状况基本相同，即将吊车梁放并在支承点处将梁垫高一点，以便检测或消除梁自重对拱度或挠度的影响。

### 8.5 钢构件外形尺寸

**8.5.1** 根据多年工程实践，综合考虑钢结构工程施工中钢构件部分外形尺寸的质量指标，将对工程质量有决定性影响的指标，如"单层柱、梁、桁架受力支托（支承面）表面至第一个安装孔距离"等 6 项作为主控项目，其余指标作为一般项目。

# 9 钢构件预拼装工程

## 9.1 一般规定

**9.1.3** 由于受运输、起吊等条件限制，构件为了检验其制作的整体性，由设计规定或合同要求在出厂前进行工厂拼装。预拼装均在工厂支凳（平台）进行，因此对所用的支承凳或平台应测量找平，且预拼装时不应使用大锤锤击，检查时应拆除全部临时固定和拉紧装置。

## 9.2 预 拼 装

**9.2.1** 分段构件预拼装或构件与构件的总体预拼装，如为螺栓连接，在预拼装时，所有节点连接板均应装上，除检查各部尺寸外，还应采用试孔器检查板叠孔的通过率。本条规定了预拼装的偏差值和检验方法。

**9.2.2** 除壳体结构为立体预拼装，并可设卡、夹具外，其他结构一般均为平面预拼装，预拼装的构件应处于自由状态，不得强行固定；预拼装数量可按设计或合同要求执行。

# 10 单层钢结构安装工程

## 10.2 基础和支承面

**10.2.1** 建筑物的定位轴线与基础的标高等直接影响到钢结构的安装质量，故应给予高度重视。

**10.2.3** 考虑到座浆垫板设置后不可调节的特性，所以规定其顶面标高 0～−3.0mm。

## 10.3 安装和校正

**10.3.1** 依照全面质量管理中全过程进行质量管理的原则，钢结构安装工程质量应从原材料质量和构件质量抓起，不但要严格控制构件制作质量，而且要控制构件运输、堆放和吊装质量。采取切实可靠措施，防止构件在上述过程中变形或脱漆。如不慎构件产生变形或脱漆，应矫正或补漆后再安装。

**10.3.2** 顶紧面紧贴与否直接影响节点荷载传递，是非常重要的。

**10.3.5** 钢构件的定位标记（中心线和标高等标记），对工程竣工后正确地进行定期观测，积累工程档案资料和工程的改、扩建至关

重要。

**10.3.9** 将立柱垂直度和弯曲矢高的允许偏差均加严到 $H/1000$，以期与现行国家标准《钢结构设计规范》GBJ 17 中柱子的计算假定吻合。

**10.3.12** 在钢结构安装工程中，由于构件堆放和施工现场都是露天，风吹雨淋，构件表面极易粘结泥沙、油污等脏物，不仅影响建筑物美观，而且时间长还会侵蚀涂层，造成结构锈蚀。因此，本条提出要求。

焊疤系在构件上固定工卡具的临时焊缝未清除干净以及焊工在焊缝接头处外引弧所造成的焊疤。构件的焊疤影响美观且易积存灰尘和粘结泥沙。

# 11 多层及高层钢结构安装工程

## 11.1 一般规定

**11.1.3** 多层及高层钢结构的柱与柱、主梁与柱的接头，一般用焊接方法连接，焊缝的收缩值以及荷载对柱的压缩变形，对建筑物的外形尺寸有一定的影响。因此，柱和主梁的制作长度要作如下考虑：柱要考虑荷载对柱的压缩变形值和接头焊缝的收缩变形值；梁要考虑焊缝的收缩变形值。

**11.1.4** 多层及高层钢结构每节柱的定位轴线，一定要从地面的控制轴线直接引上来。这是因为下面一节柱的柱顶位置有安装偏差，所以不得用下节柱的柱顶位置线作上节柱的定位轴线。

**11.1.5** 多层及高层钢结构安装中，建筑物的高度可以按相对标高控制，也可按设计标高控制，在安装前要先决定选用哪一种方法。

# 12 钢网架结构安装工程

## 12.2 支承面顶板和支承垫块

**12.2.3** 在对网架结构进行分析时，其杆件内力和节点变形都是根据支座节点在一定约束条件下进行计算。而支承垫块的种类、规格、摆放位置和朝向的改变，都会对网架支座节点的约束条件产生直接的影响。

## 12.3 总拼与安装

**12.3.4** 网架结构理论计算挠度与网架结构安装后的实际挠度有一定的出入，这除了网架结构的计算模型与其实际的情况存在差异之外，还与网架结构的连接节点实际零件的加工精度、安装精度等有着极为密切的联系。对实际工程进行的试验表明，网架安装完毕后实测的数据都比理论计算值大，约 5%～11%。所以，本条允许比设计值大 15% 是适宜的。

# 13 压型金属板工程

## 13.2 压型金属板制作

**13.2.1** 压型金属板的成型过程，实际上也是对基板加工性能的再次评定，必须在成型后，用肉眼和 10 倍放大镜检查。

**13.2.2** 压型金属板主要用于建筑物的维护结构，兼结构功能与建筑功能于一体，尤其对于表面有涂层时，涂层的完整与否直接影响压型金属板的使用寿命。

**13.2.5** 泛水板、包角板等配件,大多数处于建筑物边角部位,比较显眼,其良好的造型将加强建筑物立面效果,检查其折弯面宽度和折弯角度是保证建筑物外观质量的重要指标。

### 13.3 压型金属板安装

**13.3.1** 压型金属板与支承构件(主体结构或支架)之间,以及压型金属板相互之间的连接是通过不同类型连接件来实现的,固定可靠与否直接与连接件数量、间距、连接质量有关。需设置防水密封材料处,敷设良好才能保证板间不发生渗漏水现象。

**13.3.2** 压型金属板在支承构件上的可靠搭接是指压型金属板通过一定的长度与支承构件接触,且在该接触范围内有足够数量的紧固件将压型金属板与支承构件连接成一体。

**13.3.3** 组合楼盖中的压型钢板是楼板的基层,在高层钢结构设计与施工规程中明确规定了支承长度和端部锚固连接要求。

# 14 钢结构涂装工程

### 14.1 一般规定

**14.1.4** 本条规定涂装时的温度以5~38℃为宜,但这个规定只适合在室内无阳光直接照射的情况,一般来说钢材表面温度要比气温高2~3℃。如果在阳光直接照射下,钢材表面温度能比气温高8~12℃,涂装时漆膜的耐热性只能在40℃以下,当超过43℃时,钢材表面上涂装的漆膜就容易产生气泡而局部鼓起,使附着力降低。

低于0℃时,在室外钢材表面涂装容易使漆膜冻结而不易固化;湿度超过85%时,钢材表面有露点凝结,漆膜附着力差。最佳涂装时间是当日出3h之后,这时附在钢材表面的露点基本干燥,日落后3h之内停止(室内作业不限),此时空气中的相对湿度尚未回升,钢材表面尚存的温度不会导致露点形成。

涂层在4h之内,漆膜表面尚未固化,容易被雨水冲坏,故规定在4h之内不得淋雨。

### 14.2 钢结构防腐涂料涂装

**14.2.1** 目前国内各大、中型钢结构加工企业一般都具备喷射除锈的能力,所以应将喷射除锈作为首选的除锈方法,而手工和动力工具除锈仅作为喷射除锈的补充手段。

**14.2.3** 实验证明,在涂装后的钢材表面施焊,焊缝的根部会出现密集气孔,影响焊缝质量。误涂后,用火焰吹烧或用焊条引弧吹烧都不能彻底清除油漆,焊缝根部仍然会有气孔产生。

**14.2.4** 涂层附着力是反映涂装质量的综合性指标,其测试方法简单易行,故增加该项检查以便综合评价整个涂装工程质量。

**14.2.5** 对于安装单位来说,构件的标志、标记和编号(对于重大构件应标注重量和起吊位置)是构件安装的重要依据,故要求全数检查。

中华人民共和国国家标准

# 木结构工程施工质量验收规范

Code for acceptance of construction quality
of timber structures

GB 50206—2012

主编部门：中华人民共和国住房和城乡建设部
批准部门：中华人民共和国住房和城乡建设部
施行日期：2 0 1 2 年 8 月 1 日

# 中华人民共和国住房和城乡建设部
# 公　告

## 第 1355 号

## 关于发布国家标准《木结构
## 工程施工质量验收规范》的公告

现批准《木结构工程施工质量验收规范》为国家标准，编号为 GB 50206－2012，自 2012 年 8 月 1 日起实施。其中，第 4.2.1、4.2.2、4.2.12、5.2.1、5.2.2、5.2.7、6.2.1、6.2.2、6.2.11、7.1.4 条为强制性条文，必须严格执行。原国家标准《木结构工程施工质量验收规范》GB 50206－2002 同时废止。

本规范由我部标准定额研究所组织中国建筑工业出版社出版发行。

中华人民共和国住房和城乡建设部
2012 年 3 月 30 日

# 前　言

本规范是根据原建设部《关于印发〈2006 年工程建设标准规范制订、修订计划（第一批）〉的通知》（建标〔2006〕77 号）的要求，由哈尔滨工业大学和中建新疆建工（集团）有限公司会同有关单位对原国家标准《木结构工程施工质量验收规范》GB 50206－2002 进行修订而成。

本规范在修订过程中，规范修订组经过广泛的调查研究，总结吸收了国内外木结构工程的施工经验，并在广泛征求意见的基础上，结合我国的具体情况进行了修订，最后经审查定稿。

本规范共分 8 章和 10 个附录，主要内容包括：总则、术语、基本规定、方木与原木结构、胶合木结构、轻型木结构、木结构的防护、木结构子分部工程验收等。

本规范中以黑体字标志的条文为强制性条文，必须严格执行。

本规范由住房和城乡建设部负责管理和对强制性条文的解释，由哈尔滨工业大学负责具体技术内容的解释。在执行本规范过程中，请各单位结合工程实践，提出意见和建议，并寄送到哈尔滨工业大学《木结构工程施工质量验收规范》编制组（地址：哈尔滨市南岗区黄河路 73 号哈尔滨工业大学（二校区）2453 信箱，邮编：150090，电子邮件：e.c.zhu @hit.edu.cn），以供今后修订时参考。

本规范主编单位、参编单位、参加单位、主要起草人员和主要审查人员：

主 编 单 位：哈尔滨工业大学

中建新疆建工（集团）有限公司

参 编 单 位：四川省建筑科学研究院
中国建筑西南设计研究院有限公司
同济大学
重庆大学
东北林业大学
中国林业科学研究院
公安部天津消防研究所

参 加 单 位：加拿大木业协会
德胜洋楼（苏州）有限公司
苏州皇家整体住宅系统股份有限公司
明迪木构建设工程有限公司
上海现代建筑设计有限公司
山东龙腾实业有限公司
长春市新阳光防腐木业有限公司

主要起草人员：祝恩淳　潘景龙　樊承谋
　　　　　　　倪　春　李桂江　王永维
　　　　　　　杨学兵　何敏娟　程少安
　　　　　　　倪　竣　聂圣哲　张学利
　　　　　　　周淑容　张盛东　陈松来
　　　　　　　许　方　蒋明亮　方桂珍
　　　　　　　倪照鹏　张家华　姜铁华
　　　　　　　张华君　张成龙

主要审查人员：刘伟庆　龙卫国　张新培
　　　　　　　申世杰　刘　雁　任海清
　　　　　　　杨　军　王　力　王公山
　　　　　　　丁延生　姚华军

# 目　次

# Contents

# 1 总　则

**1.0.1** 为加强建筑工程质量管理，统一木结构工程施工质量的验收，保证工程质量，制定本规范。

**1.0.2** 本规范适用于方木、原木结构、胶合木结构及轻型木结构等木结构工程施工质量的验收。

**1.0.3** 木结构工程施工质量验收应以工程设计文件为基础。设计文件和工程承包合同中对施工质量验收的要求，不得低于本规范的规定。

**1.0.4** 本规范应与现行国家标准《建筑工程施工质量验收统一标准》GB 50300 配套使用。

**1.0.5** 木结构工程施工质量验收，除应符合本规范外，尚应符合国家现行有关标准的规定。

# 2 术　语

**2.0.1** 方木、原木结构　rough sawn and round timber structure

承重构件由方木（含板材）或原木制作的结构。

**2.0.2** 胶合木结构　glued-laminated timber structure

承重构件由层板胶合木制作的结构。

**2.0.3** 轻型木结构　light wood frame construction

主要由规格材和木基结构板，并通过钉连接制作的剪力墙与横隔（楼盖、屋盖）所构成的木结构，多用于 1 层～3 层房屋。

**2.0.4** 规格材　dimension lumber

由原木锯解成截面宽度和高度在一定范围内，尺寸系列化的锯材，并经干燥、刨光、定级和标识后的一种木产品。

**2.0.5** 目测应力分等规格材　visually stress-graded dimension lumber

根据肉眼可见的各种缺陷的严重程度，按规定的标准划分材质和强度等级的规格材，简称目测分等规格材。

**2.0.6** 机械应力分等规格材　machine stress-rated dimension lumber

采用机械应力测定设备对规格材进行非破坏性试验，按测得的弹性模量或其他物理力学指标并按规定的标准划分材质等级和强度等级的规格材，简称机械分等规格材。

**2.0.7** 原木　log

伐倒并除去树皮、树枝和树梢的树干。

**2.0.8** 方木　rough sawn timber

直角锯切、截面为矩形或方形的木材。

**2.0.9** 层板胶合木　glued-laminated timber

以木板层叠胶合而成的木材产品，简称胶合木，也称结构用集成材。按层板种类，分为普通层板胶合木、目测分等和机械分等层板胶合木。

**2.0.10** 层板　lamination

用于制作层板胶合木的木板。按其层板评级分等方法不同，分为普通层板、目测分等和机械（弹性模量）分等层板。

**2.0.11** 组坯　combination of laminations

制作层板胶合木时，沿构件截面高度各层层板质量等级的配置方式，分为同等组坯、异等组坯、对称异等组坯和非对称异等组坯。

**2.0.12** 木基结构板材　wood-based structural panel

将原木旋切成单板或将木材切削成木片经胶合热压制成的承重板材，包括结构胶合板和定向木片板，可用于轻型木结构的墙面、楼面和屋面的覆面板。

**2.0.13** 结构复合木材　structural composite lumber（SCL）

将原木旋切成单板或切削成木片，施胶加压而成的一类木基结构用材，包括旋切板胶合木、平行木片胶合木、层叠木片胶合木及定向木片胶合木等。

**2.0.14** 工字形木搁栅　wood I-joist

用锯材或结构复合木材作翼缘、定向木片板或结构胶合板作腹板制作的工字形截面受弯构件。

**2.0.15** 齿板　truss plate

用镀锌钢板冲压成多齿的连接件，能传递构件间的拉力和剪力，主要用于由规格材制作的木桁架节点的连接。

**2.0.16** 齿板桁架　truss connected with truss plates

由规格材并用齿板连接而制成的桁架，主要用作轻型木结构的楼盖、屋盖承重构件。

**2.0.17** 钉连接　nailed connection

利用圆钉抗弯、抗剪和钉孔孔壁承压传递构件间作用力的一种销连接形式。

**2.0.18** 螺栓连接　bolted connection

利用螺栓的抗弯、抗剪能力和螺栓孔孔壁承压传递构件间作用力的一种销连接形式。

**2.0.19** 齿连接　step joint

在木构件上开凿齿槽并与另一木构件抵承，利用其承压和抗剪能力传递构件间作用力的一种连接形式。

**2.0.20** 墙骨　stud

轻型木结构墙体中的竖向构件，是主要的受压构件，并保证覆面板平面外的稳定和整体性。

**2.0.21** 覆面板　structural sheathing

轻型木结构中钉合在墙体木构架单侧或双侧及楼盖搁栅或椽条顶面的木基结构板材，又分别称为墙面板、楼面板和屋面板。

**2.0.22** 搁栅　joist

一种较小截面尺寸的受弯木构件（包括工字形木搁栅），用于楼盖或顶棚，分别称为楼盖搁栅或顶棚搁栅。

**2.0.23** 拼合梁　built-up beam

将数根规格材（3 根～5 根）彼此用钉或螺栓拼

合在一起的受弯构件。

**2.0.24** 檩条 purlin

垂直于桁架上弦支承椽条的受弯构件。

**2.0.25** 椽条 rafter

屋盖体系中支承屋面板的受弯构件。

**2.0.26** 指接 finger joint

木材接长的一种连接形式,将两块木板端头用铣刀切削成相互啮合的指形序列,涂胶加压成为长板。

**2.0.27** 木结构防护 protection of wood structures

为保证木结构在规定的设计使用年限内安全、可靠地满足使用功能要求,采取防腐、防虫蛀、防火和防潮通风等措施予以保护。

**2.0.28** 防腐剂 wood preservative

能毒杀木腐菌、昆虫、凿船虫以及其他侵害木材生物的化学药剂。

**2.0.29** 载药量 retention

木构件经过防腐剂加压处理后,能长期保持在木材内部的防腐剂量,按每立方米的千克数计算。

**2.0.30** 透入度 penetration

木构件经防护剂加压处理后,防腐剂透入木构件按毫米计的深度或占边材的百分率。

**2.0.31** 标识 stamp

表明材料构配件等的产地、生产企业、质量等级、规格、执行标准和认证机构等内容的标记图案。

**2.0.32** 检验批 inspection lot

按同一的生产条件或按规定的方式汇总起来供检验用的,由一定数量样本组成的检验体。

**2.0.33** 批次 product lot

在规定的检验批范围内,因原材料、制作、进场时间不同,或制作生产的批次不同而划分的检验范围。

**2.0.34** 进场验收 on-site acceptance

对进入施工现场的材料、构配件和设备等按相关的标准要求进行检验,以对产品质量合格与否做出认定。

**2.0.35** 交接检验 handover inspection

施工下一工序的承担方与上一工序完成方经双方检查其已完成工序的施工质量的认定活动。

**2.0.36** 见证检验 evidential testing

在监理单位或者建设单位监督下,由施工单位有关人员现场取样,送至具备相应资质的检测机构所进行的检验。

# 3 基本规定

**3.0.1** 木结构工程施工单位应具备相应的资质、健全的质量管理体系、质量检验制度和综合质量水平的考评制度。

施工现场质量管理可按现行国家标准《建筑工程施工质量验收统一标准》GB 50300 的有关规定检查记录。

**3.0.2** 木结构子分部工程应由木结构制作安装与木结构防护两分项工程组成,并应在分项工程皆验收合格后,再进行子分部工程的验收。

**3.0.3** 检验批应按材料、木产品和构、配件的物理力学性能质量控制和结构构件制作安装质量控制分别划分。

**3.0.4** 木结构防护工程应按表 3.0.4 规定的不同使用环境验收木材防腐施工质量。

**表 3.0.4 木结构的使用环境**

| 使用分类 | 使用条件 | 应用环境 | 常用构件 |
|---|---|---|---|
| C1 | 户内,且不接触土壤 | 在室内干燥环境中使用,能避免气候和水分的影响 | 木梁、木柱等 |
| C2 | 户内,且不接触土壤 | 在室内环境中使用,有时受潮湿和水分的影响,但能避免气候的影响 | 木梁、木柱等 |
| C3 | 户外,但不接触土壤 | 在室外环境中使用,暴露在各种气候中,包括淋湿,但不长期浸泡在水中 | 木梁等 |
| C4A | 户外,且接触土壤或浸在淡水中 | 在室外环境中使用,暴露在各种气候中,且与地面接触或长期浸泡在淡水中 | 木柱等 |

**3.0.5** 除设计文件另有规定外,木结构工程应按下列规定验收其外观质量:

1 A 级,结构构件外露,外观要求很高而需油漆,构件表面洞孔需用木材修补,木材表面应用砂纸打磨。

2 B 级,结构构件外露,外表要求用机具刨光油漆,表面允许有偶尔的漏刨、细小的缺陷和空隙,但不允许有松软节的孔洞。

3 C 级,结构构件不外露,构件表面无需加工刨光。

**3.0.6** 木结构工程应按下列规定控制施工质量:

1 应有本工程的设计文件。

2 木结构工程所用的木材、木产品、钢材以及连接件等,应进行进场验收。凡涉及结构安全和使用功能的材料或半成品,应按本规范或相应专业工程质量验收标准的规定进行见证检验,并应在监理工程师或建设单位技术负责人监督下取样、送检。

3 各工序应按本规范的有关规定控制质量,每道工序完成后,应进行检查。

4 相关各专业工种之间,应进行交接检验并形成记录。未经监理工程师和建设单位技术负责人检查认可，不得进行下道工序施工。

**5** 应有木结构工程竣工图及文字资料等竣工文件。

**3.0.7** 当木结构施工需要采用国家现行有关标准尚未列入的新技术（新材料、新结构、新工艺）时，建设单位应征得当地建筑工程质量行政主管部门同意，并应组织专家组，会同设计、监理、施工单位进行论证，同时应确定施工质量验收方法和检验标准，并应依此作为相关木结构工程施工的主控项目。

**3.0.8** 木结构工程施工所用材料、构配件的材质等级应符合设计文件的规定。可使用力学性能、防火、防护性能超过设计文件规定的材质等级的相应材料、构配件替代。当通过等强（等效）换算处理进行材料、构配件替代时，应经设计单位复核，并应签发相应的技术文件认可。

**3.0.9** 进口木材、木产品、构配件，以及金属连接件等，应有产地国的产品质量合格证书和产品标识，并应符合合同技术条款的规定。

# 4 方木与原木结构

## 4.1 一般规定

**4.1.1** 本章适用于由方木、原木及板材制作和安装的木结构工程施工质量验收。

**4.1.2** 材料、构配件的质量控制应以一幢方木、原木结构房屋为一个检验批；构件制作安装质量控制应以整幢房屋的一楼层或变形缝间的一楼层为一个检验批。

## 4.2 主控项目

**4.2.1** 方木、原木结构的形式、结构布置和构件尺寸，应符合设计文件的规定。

检查数量：检验批全数。

检验方法：实物与施工设计图对照、丈量。

**4.2.2** 结构用木材应符合设计文件的规定，并应具有产品质量合格证书。

检查数量：检验批全数。

检验方法：实物与设计文件对照，检查质量合格证书、标识。

**4.2.3** 进场木材均应作弦向静曲强度见证检验，其强度最低值应符合表4.2.3的要求。

**表4.2.3 木材静曲强度检验标准**

| 木材种类 | 针叶材 | | | | 阔叶材 | | | | |
|---|---|---|---|---|---|---|---|---|---|
| 强度等级 | TC11 | TC13 | TC15 | TC17 | TB11 | TB13 | TB15 | TB17 | TB20 |
| 最低强度<br>（N/mm²） | 44 | 51 | 58 | 72 | 58 | 68 | 78 | 88 | 98 |

检查数量：每一检验批每一树种的木材随机抽取

3株（根）。

检验方法：本规范附录A。

**4.2.4** 方木、原木及板材的目测材质等级不应低于表4.2.4的规定，不得采用普通商品材的等级标准替代。方木、原木及板材的目测材质等级应按本规范附录B评定。

检查数量：检验批全数。

检验方法：本规范附录B。

**表4.2.4 方木、原木结构构件木材的材质等级**

| 项次 | 构 件 名 称 | 材质等级 |
|---|---|---|
| 1 | 受拉或拉弯构件 | Ⅰ$_a$ |
| 2 | 受弯或压弯构件 | Ⅱ$_a$ |
| 3 | 受压构件及次要受弯构件（如吊顶小龙骨） | Ⅲ$_a$ |

**4.2.5** 各类构件制作时及构件进场时木材的平均含水率，应符合下列规定：

**1** 原木或方木不应大于25%。

**2** 板材及规格材不应大于20%。

**3** 受拉构件的连接板不应大于18%。

**4** 处于通风条件不畅环境下的木构件的木材，不应大于20%。

检查数量：每一检验批每一树种每一规格木材随机抽取5根。

检验方法：本规范附录C。

**4.2.6** 承重钢构件和连接所用钢材应有产品质量合格证书和化学成分的合格证书。进场钢材应见证检验其抗拉屈服强度、极限强度和延伸率，其值应满足设计文件规定的相应等级钢材的材质标准指标，且不应低于现行国家标准《碳素结构钢》GB 700有关Q235及以上等级钢材的规定。−30℃以下使用的钢材不宜低于Q235D或相应屈服强度钢材D等级的冲击韧性规定。钢木屋架下弦所用圆钢，除应作抗拉屈服强度、极限强度和延伸率性能检验外，尚应作冷弯检验，并应满足设计文件规定的圆钢材质标准。

检查数量：每检验批每一树种随机抽取两件。

检验方法：取样方法、试样制备及拉伸试验方法应分别符合现行国家标准《钢材力学及工艺性能试验取样规定》GB 2975、《金属拉伸试验试样》GB 6397和《金属材料室温拉伸试验方法》GB/T 228的有关规定。

**4.2.7** 焊条应符合现行国家标准《碳钢焊条》GB 5117和《低合金钢焊条》GB 5118的有关规定，型号应与所用钢材匹配，并应有产品质量合格证书。

检查数量：检验批全数。

检验方法：实物与产品质量合格证书对照检查。

**4.2.8** 螺栓、螺帽应有产品质量合格证书，其性能应符合现行国家标准《六角头螺栓》GB 5782和《六角头螺栓-C级》GB 5780的有关规定。

检查数量：检验批全数。

检验方法：实物与产品质量合格证书对照检查。

**4.2.9** 圆钉应有产品质量合格证书，其性能应符合现行行业标准《一般用途圆钢钉》YB/T 5002 的有关规定。设计文件规定钉子的抗弯屈服强度时，应作钉子抗弯强度见证检验。

检查数量：每检验批每一规格圆钉随机抽取10 枚。

检验方法：检查产品质量合格证书、检测报告。强度见证检验方法应符合本规范附录 D 的规定。

**4.2.10** 圆钢拉杆应符合下列要求：

**1** 圆钢拉杆应平直，接头应采用双面绑条焊。绑条直径不应小于拉杆直径的 75%，在接头一侧的长度不应小于拉杆直径的 4 倍。焊脚高度和焊缝长度应符合设计文件的规定。

**2** 螺帽下垫板应符合设计文件的规定，且不应低于本规范第 4.3.3 条第 2 款的要求。

**3** 钢木屋架下弦圆钢拉杆、桁架主要受拉腹杆、蹬式节点拉杆及螺栓直径大于 20mm 时，均应采用双螺帽自锁。受拉螺杆伸出螺帽的长度，不应小于螺杆直径 80%。

检查数量：检验批全数。

检验方法：丈量、检查交接检验报告。

**4.2.11** 承重钢构件中，节点焊缝焊脚高度不得小于设计文件的规定，除设计文件另有规定外，焊缝质量不得低于三级，−30℃以下工作的受拉构件焊缝质量不得低于二级。

检查数量：检验批全部受力焊缝。

检验方法：按现行行业标准《建筑钢结构焊接技术规范》JGJ 81 的有关规定检查，并检查交接检验报告。

**4.2.12** 钉连接、螺栓连接节点的连接件（钉、螺栓）的规格、数量，应符合设计文件的规定。

检查数量：检验批全数。

检验方法：目测、丈量。

**4.2.13** 木桁架支座节点的齿连接，端部木材不应有腐朽、开裂和斜纹等缺陷，剪切面不应位于木材髓心侧；螺栓连接的受拉接头，连接区段木材及连接板均应采用 I_a 等材，并应符合本规范附录 B 的有关规定；其他螺栓连接接头也应避开木材腐朽、裂缝、斜纹和松节等缺陷部位。

检查数量：检验批全数。

检验方法：目测。

**4.2.14** 在抗震设防区的抗震措施应符合设计文件的规定。当抗震设防烈度为 8 度及以上时，应符合下列要求：

**1** 屋架支座处应有直径不小于 20mm 的螺栓锚固在墙或混凝土圈梁上。当支承在木柱上时，柱与屋架间应有木夹板式的斜撑，斜撑上段应伸至屋架上弦节点处，并应用螺栓连接（图 4.2.14）。柱与屋架下弦应有暗榫，并应用 U 形铁连接。桁架木腹杆与上弦杆连接处的扒钉应改用螺栓压紧承压面，与下弦连接处则应采用双面扒钉。

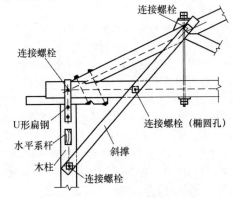

图 4.2.14 屋架与木柱的连接

**2** 屋面两侧应对称斜向放檩条，檐口瓦应与挂瓦条扎牢。

**3** 檩条与屋架上弦应用螺栓连接，双脊檩应互相拉结。

**4** 柱与基础间应有预埋的角钢连接，并应用螺栓固定。

**5** 木屋盖房屋，节点处檩条应固定在山墙及内横墙的卧梁埋件上，支承长度不应小于 120mm，并应有螺栓可靠锚固。

检查数量：检验批全数。

检验方法：目测、丈量。

### 4.3 一般项目

**4.3.1** 各种原木、方木构件制作的允许偏差不应超出本规范表 E.0.1 的规定。

检查数量：检验批全数。

检验方法：本规范表 E.0.1。

**4.3.2** 齿连接应符合下列要求：

**1** 除应符合设计文件的规定外，承压面应与压杆的轴线垂直。单齿连接压杆轴线应通过承压面中心；双齿连接，第一齿顶点应位于上、下弦杆上边缘的交点处，第二齿顶点应位于上弦杆轴线与下弦杆上边缘的交点处，第二齿承压面应比第一齿承压面至少深 20mm。

**2** 承压面应平整，局部隙缝不应超过 1mm，非承压面应留外口约 5mm 的楔形缝隙。

**3** 桁架支座处齿连接的保险螺栓应垂直于上弦杆轴线，木腹杆与上、下弦杆间应有扒钉扣紧。

**4** 桁架端支座垫木的中心线，方木桁架应通过上、下弦杆净截面中心线的交点；原木桁架则应通过上、下弦杆毛截面中心线的交点。

检查数量：检验批全数。

检验方法：目测、丈量，检查交接检验报告。

**4.3.3** 螺栓连接（含受拉接头）的螺栓数目、排列方式、间距、边距和端距，除应符合设计文件的规定外，尚应符合下列要求：

**1** 螺栓孔径不应大于螺栓杆直径1mm，也不应小于或等于螺栓杆直径。

**2** 螺帽下应设钢垫板，其规格除应符合设计文件的规定外，厚度不应小于螺杆直径的30%，方形垫板的边长不应小于螺杆直径的3.5倍，圆形垫板的直径不应小于螺杆直径的4倍，螺帽拧紧后螺栓外露长度不应小于螺杆直径的80%。螺纹段剩留在木构件内的长度不应大于螺杆直径的1.0倍。

**3** 连接件与被连接件间的接触面应平整，拧紧螺帽后局部可允许有缝隙，但缝宽不应超过1mm。

检查数量：检验批全数。

检验方法：目测、丈量。

**4.3.4** 钉连接应符合下列规定：

**1** 圆钉的排列位置应符合设计文件的规定。

**2** 被连接件间的接触面应平整，钉紧后局部缝隙宽度不应超过1mm，钉帽应与被连接件外表面齐平。

**3** 钉孔周围不应有木材被胀裂等现象。

检查数量：检验批全数。

检验方法：目测、丈量。

**4.3.5** 木构件受压接头的位置应符合设计文件的规定，应采用承压面垂直于构件轴线的双盖板连接（平接头），两侧盖板厚度均不应小于对接构件宽度的50%，高度应与对接构件高度一致。承压面应锯平并彼此顶紧，局部缝隙不应超过1mm。螺栓直径、数量、排列应符合设计文件的规定。

检查数量：检验批全数。

检验方法：目测、丈量，检查交接检验报告。

**4.3.6** 木桁架、梁及柱的安装允许偏差不应超出本规范表E.0.2的规定。

检查数量：检验批全数。

检验方法：本规范表E.0.2。

**4.3.7** 屋面木构架的安装允许偏差不应超出本规范表E.0.3的规定。

检查数量：检验批全数。

检验方法：目测、丈量。

**4.3.8** 屋盖结构支撑系统的完整性应符合设计文件规定。

检查数量：检验批全数。

检验方法：对照设计文件、丈量实物，检查交接检验报告。

# 5 胶合木结构

## 5.1 一般规定

**5.1.1** 本章适用于主要承重构件由层板胶合木制作

和安装的木结构工程施工质量验收。

**5.1.2** 层板胶合木可采用分别由普通胶合木层板、目测分等或机械分等层板按规定的构件截面组坯胶合而成的普通层板胶合木、目测分等与机械分等同等组合胶合木，以及异等组合的对称与非对称组合胶合木。

**5.1.3** 层板胶合木构件应由经资质认证的专业加工企业加工生产。

**5.1.4** 材料、构配件的质量控制应以一幢胶合木结构房屋为一个检验批；构件制作安装质量控制应以整幢房屋的一楼层或变形缝间的一楼层为一个检验批。

## 5.2 主控项目

**5.2.1** 胶合木结构的结构形式、结构布置和构件截面尺寸，应符合设计文件的规定。

检查数量：检验批全数。

检验方法：实物与设计文件对照、丈量。

**5.2.2** 结构用层板胶合木的类别、强度等级和组坯方式，应符合设计文件的规定，并应有产品质量合格证书和产品标识，同时应有满足产品标准规定的胶缝完整性检验和层板指接强度检验合格证书。

检查数量：检验批全数。

检验方法：实物与证明文件对照。

**5.2.3** 胶合木受弯构件应作荷载效应标准组合作用下的抗弯性能见证检验。在检验荷载作用下胶缝不应开裂，原有漏胶胶缝不应发展，跨中挠度的平均值不应大于理论计算值的1.13倍，最大挠度不应大于表5.2.3的规定。

检查数量：每一检验批同一胶合工艺、同一层板类别、树种组合、构件截面组坯的同类型构件随机抽取3根。

检验方法：本规范附录F。

**表 5.2.3 荷载效应标准组合作用下受弯木构件的挠度限值**

| 项次 | 构件类别 | | 挠度限值（m） |
|---|---|---|---|
| 1 | 檩条 | $L \leq 3.3m$ | $L/200$ |
| | | $L > 3.3m$ | $L/250$ |
| 2 | 主梁 | | $L/250$ |

注：$L$为受弯构件的跨度。

**5.2.4** 弧形构件的曲率半径及其偏差应符合设计文件的规定，层板厚度不应大于$R/125$（$R$为曲率半径）。

检查数量：检验批全数。

检验方法：钢尺丈量。

**5.2.5** 层板胶合木构件平均含水率不应大于15%，同一构件各层板间含水率差别不应大于5%。

检查数量：每一检验批每一规格胶合木构件随

机抽取 5 根。

检验方法：本规范附录 C。

**5.2.6** 钢材、焊条、螺栓、螺帽的质量应分别符合本规范第 4.2.6～4.2.8 条的规定。

**5.2.7** 各连接节点的连接件类别、规格和数量应符合设计文件的规定。桁架端节点齿连接胶合木端部的受剪面及螺栓连接中的螺栓位置，不应与漏胶胶缝重合。

检查数量：检验批全数。

检验方法：目测、丈量。

### 5.3 一般项目

**5.3.1** 层板胶合木构造及外观应符合下列要求：

**1** 层板胶合木的各层木板木纹应平行于构件长度方向。各层木板在长度方向应为指接。受拉构件和受弯构件受拉区截面高度的 1/10 范围内同一层板上的指接间距，不应小于 1.5m，上、下层板间指接头位置应错开不小于木板厚的 10 倍。层板宽度方向可用平接头，但上、下层板间接头错开的距离不应小于 40mm。

**2** 层板胶合木胶缝应均匀，厚度应为 0.1mm～0.3mm。厚度超过 0.3mm 的胶缝的连续长度不应大于 300mm，且厚度不得超过 1mm。在构件承受平行于胶缝平面剪力的部位，漏胶长度不应大于 75mm，其他部位不应大于 150mm。在第 3 类使用环境条件下，层板宽度方向的平接头和板底开槽的槽内均应用胶填满。

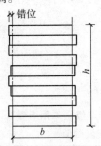

图 5.3.1　外观 C 级层板错位示意

b—截面宽度；h—截面高度

**3** 胶合木结构的外观质量应符合本规范第 3.0.5 条的规定，对于外观要求为 C 级的构件截面，可允许层板有错位（图 5.3.1），截面尺寸允许偏差和层板错位应符合表 5.3.1 的要求。

检查数量：检验批全数。

检验方法：厚薄规（塞尺）、量器、目测。

表 5.3.1　外观 C 级时的胶合木构件截面的允许偏差（mm）

| 截面的高度或宽度 | 截面高度或宽度的允许偏差 | 错位的最大值 |
|---|---|---|
| （h 或 b）＜100 | ±2 | 4 |
| 100≤（h 或 b）＜300 | ±3 | 5 |
| 300≤（h 或 b） | ±6 | 6 |

**5.3.2** 胶合木构件的制作偏差不应超出本规范表 E.0.1 的规定。

检查数量：检验批全数。

检验方法：角尺、钢尺丈量，检查交接检验报告。

**5.3.3** 齿连接、螺栓连接、圆钢拉杆及焊缝质量，应符合本规范第 4.3.2、4.3.3、4.2.10 和 4.2.11 条的规定。

**5.3.4** 金属节点构造、用料规格及焊缝质量应符合设计文件的规定。除设计文件另有规定外，与其相连的各构件轴线应相交于金属节点的合力作用点，与各构件相连的连接类型应符合设计文件的规定，并应符合本规范第 4.3.3～4.3.5 条的规定。

检查数量：检验批全数。

检验方法：目测、丈量。

**5.3.5** 胶合木结构安装偏差不应超出本规范表 E.0.2 的规定。

检查数量：过程控制检验批全数，分项验收抽取总数 10% 复检。

检验方法：本规范表 E.0.2。

## 6 轻型木结构

### 6.1 一般规定

**6.1.1** 本章适用于由规格材及木基结构板材为主要材料制作与安装的木结构工程施工质量验收。

**6.1.2** 轻型木结构材料、构配件的质量控制应以同一建设项目同期施工的每幢建筑面积不超过 300m² 、总建筑面积不超过 3000m² 的轻型木结构建筑为一检验批，不足 3000m² 者应视为一检验批，单体建筑面积超过 300m² 时，应单独视为一检验批；轻型木结构制作安装质量控制应以一幢房屋的一层为一检验批。

### 6.2 主控项目

**6.2.1** 轻型木结构的承重墙（包括剪力墙）、柱、楼盖、屋盖布置、抗倾覆措施及屋盖抗掀起措施等，应符合设计文件的规定。

检查数量：检验批全数。

检验方法：实物与设计文件对照。

**6.2.2** 进场规格材应有产品质量合格证书和产品标识。

检查数量：检验批全数。

检验方法：实物与证书对照。

**6.2.3** 每批次进场目测分等规格材应由有资质的专业分等人员做目测等级见证检验或做抗弯强度见证检验；每批次进场机械分等规格材应作抗弯强度见证检验，并应符合本规范附录 G 的规定。

检查数量：检验批中随机取样，数量应符合本规范附录 G 的规定。

检验方法：本规范附录 G。

**6.2.4** 轻型木结构各类构件所用规格材的树种、材质等级和规格，以及覆面板的种类和规格，应符合设计文件的规定。

检查数量：全数检查。

检验方法：实物与设计文件对照，检查交接报告。

**6.2.5** 规格材的平均含水率不应大于 20%。

检查数量：每一检验批每一树种每一规格等级规格材随机抽取 5 根。

检验方法：本规范附录 C。

**6.2.6** 木基结构板材应有产品质量合格证书和产品标识，用作楼面板、屋面板的木基结构板材应有该批次干、湿态集中荷载、均布荷载及冲击荷载检验的报告，其性能不应低于本规范附录 H 的规定。

进场木基结构板材应作静曲强度和静曲弹性模量见证检验，所测得的平均值应不低于产品说明书的规定。

检验数量：每一检验批每一树种每一规格等级随机抽取 3 张板材。

检验方法：按现行国家标准《木结构覆板用胶合板》GB/T 22349 的有关规定进行见证试验，检查产品质量合格证书，该批次木基结构板干、湿态集中力、均布荷载及冲击荷载下的检验合格证书。检查静曲强度和弹性模量检验报告。

**6.2.7** 进场结构复合木材和工字形木搁栅应有产品质量合格证书，并应有符合设计文件规定的平弯或侧立抗弯性能检验报告。

进场工字形木搁栅和结构复合木材受弯构件，应作荷载效应标准组合作用下的结构性能检验，在检验荷载作用下，构件不应发生开裂等损伤现象，最大挠度不应大于表 5.2.3 的规定，跨中挠度的平均值不应大于理论计算值的 1.13 倍。

检验数量：每一检验批每一规格随机抽取 3 根。

检验方法：按本规范附录 F 的规定进行，检查产品质量合格证书、结构复合木材材料强度和弹性模量检验报告及构件性能检验报告。

**6.2.8** 齿板桁架应由专业加工厂加工制作，并应有产品质量合格证书。

检查数量：检验批全数。

检验方法：实物与产品质量合格证书对照检查。

**6.2.9** 钢材、焊条、螺栓和圆钉应符合本规范第 4.2.6～4.2.9 条的规定。

**6.2.10** 金属连接件应冲压成型，并应具有产品质量合格证书和材质合格保证。镀锌防锈层厚度不应小于 275g/m²。

检查数量：检验批全数。

检验方法：实物与产品质量合格证书对照检查。

**6.2.11** 轻型木结构各类构件间连接的金属连接件的规格、钉连接的用钉规格与数量，应符合设计文件的规定。

检查数量：检验批全数。

检验方法：目测、丈量。

**6.2.12** 当采用构造设计时，各类构件间的钉连接不应低于本规范附录 J 的规定。

检查数量：检验批全数。

检验方法：目测、丈量。

### 6.3 一 般 项 目

**6.3.1** 承重墙（含剪力墙）的下列各项应符合设计文件的规定，且不应低于现行国家标准《木结构设计规范》GB 50005 有关构造的规定：

**1** 墙骨间距。

**2** 墙体端部、洞口两侧及墙体转角和交接处，墙骨的布置和数量。

**3** 墙骨开槽或开孔的尺寸和位置。

**4** 地梁板的防腐、防潮及与基础的锚固措施。

**5** 墙体顶梁板规格材的层数、接头处理及在墙体转角和交接处的两层顶梁板的布置。

**6** 墙体覆面板的等级、厚度及铺钉布置方式。

**7** 墙体覆面板与墙骨钉连接用钉的间距。

**8** 墙体与楼盖或基础间连接件的规格尺寸和布置。

检查数量：检验批全数。

检验方法：对照实物目测检查。

**6.3.2** 楼盖下列各项应符合设计文件的规定，且不应低于现行国家标准《木结构设计规范》GB 50005 有关构造的规定：

**1** 拼合梁钉或螺栓的排列、连续拼合梁规格材接头的形式和位置。

**2** 搁栅或拼合梁的定位、间距和支承长度。

**3** 搁栅开槽或开孔的尺寸和位置。

**4** 楼盖洞口周围搁栅的布置和数量；洞口周围搁栅间的连接、连接件的规格尺寸及布置。

**5** 楼盖横撑、剪刀撑或木底撑的材质等级、规格尺寸和布置。

检查数量：检验批全数。

检验方法：目测、丈量。

**6.3.3** 齿板桁架的进场验收，应符合下列规定：

**1** 规格材的树种、等级和规格应符合设计文件的规定。

**2** 齿板的规格、类型应符合设计文件的规定。

**3** 桁架的几何尺寸偏差不应超过表 6.3.3 的规定。

**4** 齿板的安装位置偏差不应超过图 6.3.3-1 所示的规定。

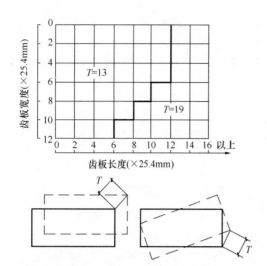

图 6.3.3-1 齿板位置偏差允许值

**表 6.3.3 桁架制作允许误差（mm）**

| | 相同桁架间尺寸差 | 与设计尺寸间的误差 |
|---|---|---|
| 桁架长度 | 12.5 | 18.5 |
| 桁架高度 | 6.5 | 12.5 |

注：1 桁架长度指不包括悬挑或外伸部分的桁架总长，用于限定制作误差；

2 桁架高度指不包括悬挑或外伸等上、下弦杆突出部位的全榀桁架最高部位处的高度，为上弦顶面到下弦底面的总高度，用于限定制作误差。

5 齿板连接的缺陷面积，当连接处的构件宽度大于 50mm 时，不应超过齿板与该构件接触面积的 20%；当构件宽度小于 50mm 时，不应超过齿板与该构件接触面积的 10%。缺陷面积应为齿板与构件接触面范围内的木材表面缺陷面积与板齿倒伏面积之和。

6 齿板连接处木构件的缝隙不应超过图 6.3.3-2 所示的规定。除设计文件有特殊规定外，宽度超过允许值的缝隙，均应有宽度不小于 19mm、厚度与缝隙

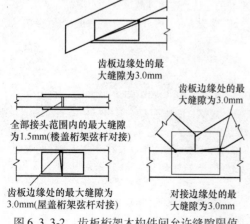

图 6.3.3-2 齿板桁架木构件间允许缝隙限值

宽度相当的金属片填实，并应有螺纹钉固定在被填塞的构件上。

检查数量：检验批全数的 20%。

检验方法：目测、量器测量。

**6.3.4** 屋盖下列各项应符合设计文件的规定，且不应低于现行国家标准《木结构设计规范》GB 50005 有关构造的规定：

1 椽条、天棚搁栅或齿板屋架的定位、间距和支承长度；

2 屋盖洞口周围椽条与顶棚搁栅的布置和数量；洞口周围椽条与顶棚搁栅间的连接、连接件的规格尺寸及布置；

3 屋面板铺钉方式及与搁栅连接用钉的间距。

检查数量：检验批全数。

检验方法：钢尺或卡尺量、目测。

**6.3.5** 轻型木结构各种构件的制作与安装偏差，不应大于本规范表 E.0.4 的规定。

检查数量：检验批全数。

检验方法：本规范表 E.0.4。

**6.3.6** 轻型木结构的保温措施和隔气层的设置等，应符合设计文件的规定。

检查数量：检验批全数。

检验方法：对照设计文件检查。

# 7 木结构的防护

## 7.1 一 般 规 定

**7.1.1** 本章适用于木结构防腐、防虫和防火的施工质量验收。

**7.1.2** 设计文件规定需要作阻燃处理的木构件应按现行国家标准《建筑设计防火规范》GB 50016 的有关规定和不同构件类别的耐火极限、截面尺寸选择阻燃剂和防护工艺，并应由具有专业资质的企业施工。对于长期暴露在潮湿环境下的木构件，尚应采取防止阻燃剂流失的措施。

**7.1.3** 木材防腐处理应根据设计文件规定的各木构件用途和防腐要求，按本规范第 3.0.4 条的规定确定其使用环境类别并选择合适的防腐剂。防腐处理宜采用加压法施工，并应由具有专业资质的企业施工。经防腐药剂处理后的木构件不宜再进行锯解、刨削等加工处理。确需作局部加工处理导致局部未被浸渍药剂的木材外露时，该部位的木材应进行防腐修补。

**7.1.4** 阻燃剂、防火涂料以及防腐、防虫等药剂，不得危及人畜安全，不得污染环境。

**7.1.5** 木结构防护工程的检验批可分别按本规范第 4～6 章对应的方木与原木结构、胶合木结构或轻型木结构的检验批划分。

## 7.2 主 控 项 目

**7.2.1** 所使用的防腐、防虫及防火和阻燃药剂应符合设计文件表明的木构件（包括胶合木构件等）使用环境类别和耐火等级，且应有质量合格证书的证明文件。经化学药剂防腐处理后的每批次木构件（包括成品防腐木材），应有符合本规范附录 K 规定的药物有效性成分的载药量和透入度检验合格报告。

检查数量：检验批全数。

检验方法：实物对照、检查检验报告。

**7.2.2** 经化学药剂防腐处理后进场的每批次木构件应进行透入度见证检验，透入度应符合本规范附录 K 的规定。

检查数量：每检验批随机抽取 5 根～10 根构件，均匀地钻取 20 个（油性药剂）或 48 个（水性药剂）芯样。

检验方法：现行国家标准《木结构试验方法标准》GB/T 50329。

**7.2.3** 木结构构件的各项防腐构造措施应符合设计文件的规定，并应符合下列要求：

**1** 首层木楼盖应设置架空层，方木、原木结构楼盖底面距室内地面不应小于 400mm，轻型木结构不应小于 150mm。支承楼盖的基础或墙上应设通风口，通风口总面积不应小于楼盖面积的 1/150，架空空间应保持良好通风。

**2** 非经防腐处理的梁、檩条和桁架等支承在混凝土构件上或砌体上时，宜设防腐垫木，支承面间应有卷材防潮层。梁、檩条和桁架等支座不应封闭在混凝土或墙体中，除支承面外，该部位构件的两侧面、顶面及端面均应与支承构件间留 30mm 以上能与大气相通的缝隙。

**3** 非经防腐处理的柱应支承在柱墩上，支承面间应有卷材防潮层。柱与土壤严禁接触，柱墩顶面距土地面的高度不应小于 300mm。当采用金属连接件固定并受雨淋时，连接件不应存水。

**4** 木屋盖设吊顶时，屋盖系统应有老虎窗、山墙百叶窗等通风装置。寒冷地区保温层设在吊顶内时，保温层顶距桁架下弦的距离不应小于 100mm。

**5** 屋面系统的内排水天沟不应直接支承在桁架、屋面梁等承重构件上。

检查数量：检验批全数。

检验方法：对照实物、逐项检查。

**7.2.4** 木构件需作防火阻燃处理时，应由专业工厂完成，所使用的阻燃药剂应具有有效性检验报告和合格证书，阻燃剂应采用加压浸渍法施工。经浸渍阻燃处理的木构件，应有符合设计文件规定的药物吸收干量的检验报告。采用喷涂法施工的防火涂层厚度应均匀，见证检验的平均厚度不应小于该药物说明书的规定值。

检查数量：每检验批随机抽取 20 处测量涂层厚度。

检验方法：卡尺测量、检查合格证书。

**7.2.5** 凡木构件外部需用防火石膏板等包覆时，包覆材料的防火性能应有合格证书，厚度应符合设计文件的规定。

检查数量：检验批全数。

检验方法：卡尺测量、检查产品合格证书。

**7.2.6** 炊事、采暖等所用烟道、烟囱应用不燃材料制作且密封，砖砌烟囱的壁厚不应小于 240mm，并应有砂浆抹面，金属烟囱应外包厚度不小于 70mm 的矿棉保护层和耐火极限不低于 1.00h 的防火板，其外边缘距木构件的距离不应小于 120mm，并应有良好通风。烟囱出屋面处的空隙应用不燃材料封堵。

检查数量：检验批全数。

检验方法：对照实物。

**7.2.7** 墙体、楼盖、屋盖空腔内现场填充的保温、隔热、吸声等材料，应符合设计文件的规定，且防火性能不应低于难燃性 B$_1$ 级。

检查数量：检验批全数。

检验方法：实物与设计文件对照、检查产品合格证书。

**7.2.8** 电源线敷设应符合下列要求：

**1** 敷设在墙体或楼盖中的电源线应用穿金属管线或检验合格的阻燃型塑料管。

**2** 电源线明敷时，可用金属线槽或穿金属管线。

**3** 矿物绝缘电缆可采用支架或沿墙明敷。

检查数量：检验批全数。

检验方法：对照实物、查验交接检验报告。

**7.2.9** 埋设或穿越木结构的各类管道敷设应符合下列要求：

**1** 管道外壁温度达到 120℃ 及以上时，管道和管道的包覆材料及施工时的胶粘剂等，均应采用检验合格的不燃材料。

**2** 管道外壁温度在 120℃ 以下时，管道和管道的包覆材料等应采用检验合格的难燃性不低于 B$_1$ 的材料。

检查数量：检验批全数。

检验方法：对照实物，查验交接检验报告。

**7.2.10** 木结构中外露钢构件及未作镀锌处理的金属连接件，应按设计文件的规定采取防锈蚀措施。

检查数量：检验批全数。

检验方法：实物与设计文件对照。

## 7.3 一 般 项 目

**7.3.1** 经防护处理的木构件，其防护层有损伤或因局部加工而造成防护层缺损时，应进行修补。

检查数量：检验批全数。

检验方法：根据设计文件与实物对照检查，检查交接报告。

**7.3.2** 墙体和顶棚采用石膏板（防火或普通石膏板）作覆面板并兼作防火材料时，紧固件（钉子或木螺钉）贯入构件的深度不应小于表 7.3.2 的规定。

检查数量：检验批全数。

检验方法：实物与设计文件对照，检查交接报告。

表 7.3.2　石膏板紧固件贯入木构件的深度（mm）

| 耐火极限 | 墙　体 | | 顶　棚 | |
|---|---|---|---|---|
| | 钉 | 木螺钉 | 钉 | 木螺钉 |
| 0.75h | 20 | 20 | 30 | 30 |
| 1.00h | 20 | 20 | 45 | 45 |
| 1.50h | 20 | 20 | 60 | 60 |

**7.3.3** 木结构外墙的防护构造措施应符合设计文件的规定。

检查数量：检验批全数。

检验方法：根据设计文件与实物对照检查，检查交接报告。

**7.3.4** 楼盖、楼梯、顶棚以及墙体内最小边长超过 25mm 的空腔，其贯通的竖向高度超过 3m，水平长度超过 20m 时，均应设置防火隔断。天花板、屋顶空间，以及未占用的阁楼空间所形成的隐蔽空间面积超过 300m² ，或长边长度超过 20m 时，均应设防火隔断，并应分隔成隐蔽空间。防火隔断应采用下列材料：

**1** 厚度不小于 40mm 的规格材。

**2** 厚度不小于 20mm 且由钉交错钉合的双层木板。

**3** 厚度不小于 12mm 的石膏板、结构胶合板或定向木片板。

**4** 厚度不小于 0.4mm 的薄钢板。

**5** 厚度不小于 6mm 的钢筋混凝土板。

检查数量：检验批全数。

检验方法：根据设计文件与实物对照检查，检查交接报告。

# 8　木结构子分部工程验收

**8.0.1** 木结构子分部工程质量验收的程序和组合，应符合现行国家标准《建筑工程施工质量验收统一标准》GB 50300 的有关规定。

**8.0.2** 检验批及木结构分项工程质量合格，应符合下列规定：

**1** 检验批主控项目检验结果应全部合格。

**2** 检验批一般项目检验结果应有 80% 以上的检查点合格，且最大偏差不应超过允许偏差的 1.2 倍。

**3** 木结构分项工程所含检验批检验结果均应合格，且应有各检验批质量验收的完整记录。

**8.0.3** 木结构子分部工程质量验收应符合下列规定：

**1** 子分部工程所含分项工程的质量验收均应合格。

**2** 子分部工程所含分项工程的质量资料和验收记录应完整。

**3** 安全功能检测项目的资料应完整，抽检的项目均应合格。

**4** 外观质量验收应符合本规范第 3.0.5 条的规定。

**8.0.4** 木结构工程施工质量不合格时，应按现行国家标准《建筑工程施工质量验收统一标准》GB 50300 的有关规定进行处理。

# 附录 A　木材强度等级检验方法

## A.1　一　般　规　定

**A.1.1** 本检验方法适用于已列入现行国家标准《木结构设计规范》GB 50005 树种的原木、方木和板材的木材强度等级检验。

**A.1.2** 当检验某一树种的木材强度等级时，应根据其弦向静曲强度的检测结果进行判定。

## A.2　取样及检测方法

**A.2.1** 试材应在每检验批每一树种木材中随机抽取 3 株（根）木料，应在每株（根）试材的髓心外切取 3 个无疵弦向静曲强度试件为一组，试件尺寸和含水率应符合现行国家标准《木材抗弯强度试验方法》GB/T 1936.1 的有关规定。

**A.2.2** 弦向静曲强度试验和强度实测计算方法，应按现行国家标准《木材抗弯强度试验方法》GB/T 1936.1 有关规定进行，并应将试验结果换算至木材含水率为 12% 时的数值。

**A.2.3** 各组试件静曲强度试验结果的平均值中的最低值不低于本规范表 4.2.3 的规定值时，应为合格。

# 附录 B　方木、原木及板材材质标准

**B.0.1** 方木的材质标准应符合表 B.0.1 的规定。

**B.0.2** 木节尺寸应按垂直于构件长度方向测量，并应取沿构件长度方向 150mm 范围内所有木节尺寸的总和（图 B.0.2a）。直径小于 10mm 的木节应不计，所测面上呈条状的木节应不量（图 B.0.2b）。

表 B.0.1　方木材质标准

| 项次 | 缺陷名称 | | 木材等级 | | |
|---|---|---|---|---|---|
| | | | I a | II a | III a |
| 1 | 腐朽 | | 不允许 | 不允许 | 不允许 |
| 2 | 木节 | 在构件任一面任何150mm长度上所有木节尺寸的总和与所在面宽的比值 | ≤1/3（连接部位≤1/4） | ≤2/5 | ≤1/2 |
| | | 死节 | 不允许 | 允许，但不包括腐朽节，直径不应大于20mm，且每延米中不得多于1个 | 允许，但不包括腐朽节，直径不应大于50mm，且每延米中不得多于2个 |
| 3 | 斜纹 | 斜率 | ≤5% | ≤8% | ≤12% |
| 4 | 裂缝 | 在连接的受剪面上 | 不允许 | 不允许 | 不允许 |
| | | 在连接部位的受剪面附近，其裂缝深度（有对面裂缝时，用两者之和）不得大于材宽的 | ≤1/4 | ≤1/3 | 不限 |
| 5 | 髓心 | | 不在受剪面上 | 不限 | 不限 |
| 6 | 虫眼 | | 不允许 | 允许表层虫眼 | 允许表层虫眼 |

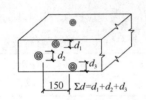

(a) 量测的木节

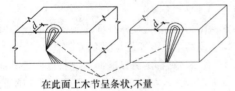

在此面上木节呈条状，不量

(b) 不量测的条状木节

图 B.0.2　木节量测法

**B.0.3** 原木的材质标准应符合表 B.0.3 的规定。

表 B.0.3　原木材质标准

| 项次 | 缺陷名称 | | 木材等级 | | |
|---|---|---|---|---|---|
| | | | I a | II a | III a |
| 1 | 腐朽 | | 不允许 | 不允许 | 不允许 |
| 2 | 木节 | 在构件任何150mm长度上沿周长所有木节尺寸的总和，与所测部位原木周长的比值 | ≤1/4 | ≤1/3 | ≤2/5 |
| | | 每个木节的最大尺寸与所测部位原木周长的比值 | ≤1/10（普通部位）≤1/12（连接部位） | ≤1/6 | ≤1/6 |
| | | 死节 | 不允许 | 不允许 | 允许，但直径不大于原木直径的1/5，每2m长度内不多于1个 |

续表 B.0.3

| 项次 | 缺陷名称 | | 木材等级 | | |
|---|---|---|---|---|---|
| | | | I a | II a | III a |
| 3 | 扭纹 | 斜率 | ≤8% | ≤12% | ≤15% |
| 4 | 裂缝 | 在连接部位的受剪面上 | 不允许 | 不允许 | 不允许 |
| | | 在连接部位的受剪面附近，其裂缝深度（有对面裂缝时，两者之和）与原木直径的比值 | ≤1/4 | ≤1/3 | 不限 |
| 5 | 髓心 | 位置 | 不在受剪面上 | 不限 | 不限 |
| 6 | 虫眼 | | 不允许 | 允许表层虫眼 | 允许表层虫眼 |

注：木节尺寸按垂直于构件长度方向测量。直径小于10mm的木节不计。

**B.0.4** 板材的材质标准应符合表 B.0.4 的规定。

表 B.0.4　板材材质标准

| 项次 | 缺陷名称 | | 木材等级 | | |
|---|---|---|---|---|---|
| | | | I a | II a | III a |
| 1 | 腐朽 | | 不允许 | 不允许 | 不允许 |
| 2 | 木节 | 在构件任一面任何150mm长度上所有木节尺寸的总和与所在面宽的比值 | ≤1/4（连接部位≤1/5） | ≤1/3 | ≤2/5 |
| | | 死节 | 不允许 | 允许，但不包括腐朽节，直径不应大于20mm，且每延米中不得多于1个 | 允许，但不包括腐朽节，直径不应大于50mm，且每延米中不得多于2个 |
| 3 | 斜纹 | 斜率 | ≤5% | ≤8% | ≤12% |
| 4 | 裂缝 | 连接部位的受剪面及其附近 | 不允许 | 不允许 | 不允许 |
| 5 | 髓心 | | 不允许 | 不允许 | 不允许 |

# 附录 C　木材含水率检验方法

## C.1　一般规定

**C.1.1** 本检验方法适用于木材进场后构件加工前的木材和已制作完成的木构件的含水率测定。

**C.1.2** 原木、方木（含板材）和层板宜采用烘干法（重量法）测定，规格材以及层板胶合木等木构件亦可采用电测法测定。

## C.2　取样及测定方法

**C.2.1** 烘干法测定含水率时，应从每检验批同一树种同一规格材的树种中随机抽取 5 根木料作试材，每根试材应在距端头 200mm 处沿截面均匀地截取 5 个尺寸为 20mm×20mm×20mm 的试样，应按现行国家标准《木材含水率测定方法》GB/T 1931 的有关规定测定每个试件中的含水率。

**C.2.2** 电测法测定含水率时，应从检验批的同一树种，同一规格的规格材，层板胶合木构件或其他木构件随机抽取5根为试材，应从每根试材距两端200mm起，沿长度均匀分布地取三个截面，对于规格材或其他木构件，每一个截面的四面中部应各测定含水率，对于层板胶合木构件，则应在两侧测定每层层板的含水率。

**C.2.3** 电测仪器应由当地计量行政部门标定认证。测定时应严格按仪表使用要求操作，并应正确选择木材的密度和温度等参数，测定深度不应小于20mm，且应有将其测量值调整至截面平均含水率的可靠方法。

### C.3 判 定 规 则

**C.3.1** 烘干法应以每根试材的5个试样平均值为该试材含水率，应以5根试材中的含水率最大值为该批木料的含水率，并不应大于本规范有关木材含水率的规定。

**C.3.2** 规格材应以每根试材的12个测点的平均值为每根试材的含水率，5根试材的最大值应为检验批该树种该规格的含水率代表值。

**C.3.3** 层板胶合木构件的三个截面上各层层板含水率的平均值应为该构件含水率，同一层板的6个含水率平均值应作该层层板的含水率代表值。

## 附录 D 钉弯曲试验方法

### D.1 一 般 规 定

**D.1.1** 本试验方法适用于测定木结构连接中钉在静荷载作用下的弯曲屈服强度。

**D.1.2** 钉在跨度中央受集中荷载弯曲（图D.1.2），根据荷载-挠度曲线确定其弯曲屈服强度。

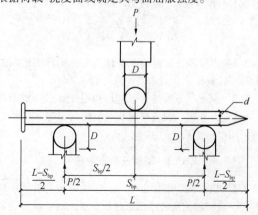

图 D.1.2 跨度中点加载的钉弯曲试验
D—滚轴直径；d—钉杆直径；L—钉子长度
$S_{bp}$—跨度；P—施加的荷载

### D.2 仪 器 设 备

**D.2.1** 一台压头按等速运行经过标定的试验机，准确度应达到±1%。

**D.2.2** 钢制的圆柱形滚轴支座，直径应为9.5mm（图D.1.2），当试件变形时滚轴应能转动。钢制的圆柱面压头，直径应为9.5mm（图D.1.2）。

**D.2.3** 挠度测量仪表的最小分度值应不大于0.025mm。

### D.3 试件的准备

**D.3.1** 对于杆身光滑的钉除采用成品钉外，也可采用已经冷拔用以制钉的钢丝作试件；木螺钉、麻花钉等杆身变截面的钉应采用成品钉作试件。

**D.3.2** 钉的直径应在每个钉的长度中点测量。准确度应达到0.025mm。对于钉杆部分变截面的钉，应以无螺纹部分的钉杆直径为准。

**D.3.3** 试件长度不应小于40mm。

### D.4 试 验 步 骤

**D.4.1** 钉的试验跨度应符合表D.4.1的规定。

表 D.4.1 钉的试验跨度

| 钉的直径（mm） | $d \leqslant 4.0$ | $4.0 < d \leqslant 6.5$ | $d > 6.5$ |
| --- | --- | --- | --- |
| 试验跨度（mm） | 40 | 65 | 95 |

**D.4.2** 试件应放置在支座上，试件两端应与支座等距（图D.1.2）。

**D.4.3** 施加荷载时应使圆柱面压头的中心点与每个圆柱形支座的中心点等距（图D.1.2）。

**D.4.4** 杆身变截面的钉试验时，应将钉杆光滑部分与变截面部分之间的过渡区段靠近两个支座间的中心点。

**D.4.5** 加荷速度应不大于6.5mm/min。

**D.4.6** 挠度应从开始加荷逐级记录，直至达到最大荷载，并应绘制荷载-挠度曲线。

### D.5 试 验 结 果

**D.5.1** 对照荷载-挠度曲线的直线段，沿横坐标向右平移5%钉的直径，绘制与其平行的直线（图D.5.1），应取该直线与荷载-挠度曲线交点的荷载值作为钉的屈服荷载。如果该直线未与荷载-挠度曲线相交，则应取最大荷载作为钉的屈服荷载。

**D.5.2** 钉的抗弯屈服强度 $f_y$ 应按下式计算：

$$f_y = \frac{3 P_y S_{bp}}{2 d^3} \qquad (D.5.2)$$

式中：$f_y$——钉的抗弯屈服强度；

$d$——钉的直径；

$P_y$——屈服荷载；

$S_{bp}$——钉的试验跨度。

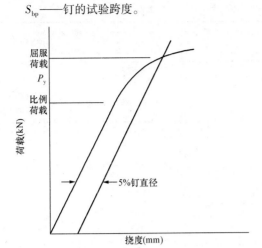

图 D.5.1 钉弯曲试验的荷载-挠度典型曲线

**D.5.3** 钉的抗弯屈服强度应取全部试件屈服强度的平均值，并不应低于设计文件的规定。

# 附录 E 木结构制作安装允许误差

**E.0.1** 方木、原木结构和胶合木结构桁架、梁和柱的制作误差，应符合表 E.0.1 的规定。

**表 E.0.1 方木、原木结构和胶合木结构桁架、梁和柱制作允许偏差**

| 项次 | 项 目 | | 允许偏差（mm） | 检验方法 |
|---|---|---|---|---|
| 1 | 构件截面尺寸 | 方木和胶合木构件截面的高度、宽度 | −3 | 钢尺量 |
| | | 板材厚度、宽度 | −2 | |
| | | 原木构件梢径 | −5 | |
| 2 | 构件长度 | 长度不大于15m | ±10 | 钢尺量桁架支座节点中心间距，梁、柱全长 |
| | | 长度大于15m | ±15 | |
| 3 | 桁架高度 | 长度不大于15m | ±10 | 钢尺量脊节点中心与下弦中心距离 |
| | | 长度大于15m | ±15 | |
| 4 | 受压或压弯构件纵向弯曲 | 方木、胶合木构件 | $L/500$ | 拉线钢尺量 |
| | | 原木构件 | $L/200$ | |
| 5 | 弦杆节点间距 | | ±5 | 钢尺量 |
| 6 | 齿连接刻槽深度 | | ±2 | |
| 7 | 支座节点受剪面 | 长度 | −10 | 钢尺量 |
| | | 宽度 方木、胶合木 | −3 | |
| | | 原木 | −4 | |
| 8 | 螺栓中心间距 | 进孔处 | ±0.2$d$ | 钢尺量 |
| | | 出孔处 垂直木纹方向 | ±0.5$d$ 且不大于 $4B/100$ | |
| | | 顺木纹方向 | ±1$d$ | |
| 9 | 钉进孔处的中心间距 | | ±1$d$ | — |

**续表 E.0.1**

| 项次 | 项 目 | 允许偏差（mm） | 检验方法 |
|---|---|---|---|
| 10 | 桁架起拱 | ±20 | 以两支座节点下弦中心线为准，拉一水平线，用钢尺量 |
| | | −10 | 两跨中下弦中心线与拉线之间距离 |

注：$d$ 为螺栓或钉的直径；$L$ 为构件长度；$B$ 为板的总厚度。

**E.0.2** 方木、原木结构和胶合木结构桁架、梁和柱的安装误差，应符合表 E.0.2 的规定。

**表 E.0.2 方木、原木结构和胶合木结构桁架、梁和柱安装允许偏差**

| 项次 | 项 目 | 允许偏差（mm） | 检验方法 |
|---|---|---|---|
| 1 | 结构中心线的间距 | ±20 | 钢尺量 |
| 2 | 垂直度 | $H/200$ 且不大于15 | 吊线钢尺量 |
| 3 | 受压或压弯构件纵向弯曲 | $L/300$ | 吊（拉）线钢尺量 |
| 4 | 支座轴线对支承面中心位移 | 10 | 钢尺量 |
| 5 | 支座标高 | ±5 | 用水准仪 |

注：$H$ 为桁架或柱的高度；$L$ 为构件长度。

**E.0.3** 方木、原木结构和胶合木结构屋面木构架的安装误差，应符合表 E.0.3 的规定。

**表 E.0.3 方木、原木结构和胶合木结构屋面木构架的安装允许偏差**

| 项次 | 项 目 | | 允许偏差（mm） | 检验方法 |
|---|---|---|---|---|
| 1 | 檩条、椽条 | 方木、胶合木截面 | −2 | 钢尺量 |
| | | 原木梢径 | −5 | 钢尺量，椭圆时取大小径的平均值 |
| | | 间距 | −10 | 钢尺量 |
| | | 方木、胶合木上表面平直 | 4 | 沿坡拉线钢尺量 |
| | | 原木上表面平直 | 7 | |
| 2 | 油毡搭接宽度 | | −10 | 钢尺量 |
| 3 | 挂瓦条间距 | | ±5 | |
| 4 | 封山、封檐板平直 | 下边缘 | 5 | 拉10m线，不足10m拉通线，钢尺量 |
| | | 表面 | 8 | |

**E.0.4** 轻型木结构的制作安装误差应符合表 E.0.4

的规定。

**表 E.0.4　轻型木结构的制作安装允许偏差**

| 项次 | 项 目 | | 允许偏差（mm） | 检验方法 |
|---|---|---|---|---|
| 1 | 楼盖主梁、柱子及连接件 | 楼盖主梁 | 截面宽度/高度　±6 | 钢板尺量 |
| | | | 水平度　±1/200 | 水平尺量 |
| | | | 垂直度　±3 | 直角尺和钢板尺量 |
| | | | 间距　±6 | 钢尺量 |
| | | | 拼合梁的钉间距　+30 | 钢尺量 |
| | | | 拼合梁的各构件的截面高度　±3 | 钢尺量 |
| | | | 支承长度　−6 | 钢尺量 |
| 2 | | 柱子 | 截面尺寸　±3 | 钢尺量 |
| | | | 拼合柱的钉间距　+30 | 钢尺量 |
| | | | 柱子长度　±3 | 钢尺量 |
| | | | 垂直度　±1/200 | 靠尺量 |
| 3 | 楼盖主梁、柱子及连接件 | 连接件 | 连接件的间距　±6 | 钢尺量 |
| | | | 同一排列连接件之间的错位　±6 | 钢尺量 |
| | | | 构件上安装连接件开槽尺寸　连接件尺寸±3 | 卡尺量 |
| | | | 端距/边距　±6 | 钢尺量 |
| | | | 连接钢板的构件开槽尺寸　±6 | 卡尺量 |
| 4 | | 楼（屋）盖 | 搁栅间距　±40 | 钢尺量 |
| | | | 楼盖整体水平度　±1/250 | 水平尺量 |
| | | | 楼盖局部水平度　±1/150 | 水平尺量 |
| | | | 搁栅截面高度　±3 | 钢尺量 |
| | | | 搁栅支承长度　−6 | 钢尺量 |
| 5 | 楼（屋）盖施工 | 楼（屋）盖 | 规定的钉间距　+30 | 钢尺量 |
| | | | 钉头嵌入楼、屋面板表面的最大深度　+3 | 卡尺量 |
| 6 | | 楼（屋）盖齿板连接桁架 | 桁架间距　±40 | 钢尺量 |
| | | | 桁架垂直度　±1/200 | 直角尺和钢尺量 |
| | | | 齿板安装位置　±6 | 钢尺量 |
| | | | 弦杆、腹杆、支撑　19 | 钢尺量 |
| | | | 桁架高度　13 | 钢尺量 |

续表 E.0.4

| 项次 | 项 目 | | 允许偏差（mm） | 检验方法 |
|---|---|---|---|---|
| 7 | 墙体施工 | 墙骨柱 | 墙骨间距　±40 | 钢尺量 |
| | | | 墙体垂直度　±1/200 | 直角尺和钢尺量 |
| | | | 墙体水平度　±1/150 | 水平尺量 |
| | | | 墙体角度偏差　±1/270 | 直角尺和钢尺量 |
| | | | 墙骨长度　±3 | 钢尺量 |
| | | | 单根墙骨柱的出平面偏差　±3 | 钢尺量 |
| 8 | | 顶梁板、底梁板 | 顶梁板、底梁板的平直度　+1/150 | 水平尺量 |
| | | | 顶梁板作为弦杆传递荷载时的搭接长度　±12 | 钢尺量 |
| 9 | | 墙面板 | 规定的钉间距　+30 | 钢尺量 |
| | | | 钉头嵌入墙面板表面的最大深度　+3 | 卡尺量 |
| | | | 木框架上墙面板之间的最大缝隙　+3 | 卡尺量 |

# 附录 F　受弯木构件力学性能检验方法

## F.1　一般规定

**F.1.1**　本检验方法适用于层板胶合木和结构复合木材制作的受弯构件（梁、工字形木搁栅等）的力学性能检验，可根据受弯构件在设计规定的荷载效应标准组合作用下构件未被损伤和跨中挠度实测值判定。

**F.1.2**　经检验合格的试件仍可用作工程用材。

## F.2　取样方法、数量及几何参数

**F.2.1**　在进场的同一批次、同一工艺制作的同类型受弯构件中应随机抽取 3 根作试件。当同类型的构件尺寸规格不同时，试件应在受荷条件不利或跨度较大的构件中抽取。

**F.2.2**　试件的木材含水率不应大于 15%。

**F.2.3**　量取每根受弯构件跨中和距两支座各 500mm 处的构件截面高度和宽度，应精确至 ±1.0mm，并应以平均截面高度和宽度计算构件截面的惯性矩；工字形木搁栅应以产品公称惯性矩为计算依据。

## F.3 试验装置与试验方法

**F.3.1** 试件应按设计计算跨度（$l_0$）简支地安装在支墩上（图 F.3.1）。滚动铰支座滚直径不应小于 60mm，垫板宽度应与构件截面宽度一致，垫板长度应由木材局部横纹承压强度决定，垫板厚度应由钢板的受弯承载力决定，但不应小于 8mm。

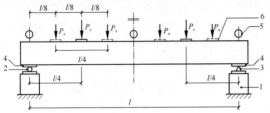

图 F.3.1　受弯构件试验

1—支墩；2—滚动铰支座；3—固定铰支座；4—垫板；
5—位移计（百分表）；6—加载垫板；$P_s$—加载点的荷载；$l$—试件跨度

**F.3.2** 当构件截面高宽比大于 3 时，应设置防止构件发生侧向失稳的装置，支撑点应设在两支座和各加载点处，装置不应约束构件在荷载作用下的竖向变形。

**F.3.3** 当构件计算跨度 $l_0 \leqslant 4$m 时，应采用两集中力四分点加载；当 $l_0 > 4$m 时，应采用四集中力八分点加载。两种加载方案的最大试验荷载（检验荷载）$P_{smax}$（含构件及设备重力）应按下列公式计算：

$$P_{smax} = \frac{4M_s}{l_0} \qquad (\text{F.3.3-1})$$

$$P_{smax} = \frac{2M}{l_0} \qquad (\text{F.3.3-2})$$

式中：$M_s$——设计规定的荷载效应标准组合（N·mm）。

**F.3.4** 荷载应分五相同等级，应以相同时间间隔加载至试验荷载 $P_{smax}$，并应在 10min 之内完成。实际加载量应扣除构件自重和加载设备的重力作用。加载误差不应超过 ±1%。

**F.3.5** 构件在各级荷载下的跨中挠度，应通过在构件的两支座和跨中位置安装的 3 个位移计测定。当位移计为百分表时，其准确度等级应为 1 级；当采用位移传感器时，准确度不应低于 1 级，最小分度值不宜大于试件最大挠度的 1%；应快速记录位移计在各级试验荷载下的读数，或采用数据采集系统记录荷载和各位移传感器的读数，同时应填写表 F.3.5；应仔细检查各级荷载作用下，构件的损伤情况。

表 F.3.5　位移计读数记录

| 委托单位 | | | 委托日期 | | 构件名称 | | | | 试验日期 | |
|---|---|---|---|---|---|---|---|---|---|---|
| 试件含水率 | | | 截面尺寸 | | 荷载效应标准组合（N·mm） | | | | 见证号 | |
| No | 荷载级别 | 加载时间 | | 百分表 1 | | | 百分表 2 | | | 百分表 3 | 损伤记录 |
| | 每级荷载（kN） | 测读时间 | | $A_{1i}$ | $\Delta A_{1i}$ | $\Sigma\Delta A_{1i}$ | $A_{2i}$ | $\Delta A_{2i}$ | $\Sigma\Delta A_{2i}$ | $A_{3i}$ | $\Delta A_{3i}$ | $\Sigma\Delta A_{3i}$ | |
| 1 | | | | | | | | | | | | | |
| 2 | | | | | | | | | | | | | |
| 3 | | | | | | | | | | | | | |
| ... | | | | | | | | | | | | | |
| N | | | | | | | | | | | | | |

记录：　　　　　　　　　　　　审核：

## F.4 跨中实测挠度计算

**F.4.1** 各级荷载作用下的跨中挠度实测值，应按下式计算：

$$w_i = \Sigma \Delta A_{2i} - \frac{1}{2}(\Sigma \Delta A_{1i} + \Sigma \Delta A_{3i}) \quad (F.4.1)$$

**F.4.2** 荷载效应标准组合作用下的跨中挠度 $w_s$，应按下式计算：

$$w_s = \left(w_5 + w_3 \frac{P_0}{P_3}\right)\eta \quad (F.4.2)$$

式中：$w_5$——第五级荷载作用下的跨中挠度；

$w_3$——第三级荷载作用下的跨中挠度；

$P_3$——第三级时外加荷载的总量（每个加载点处的三级外加荷载量）；

$P_0$——构件自重和加载设备自重按弯矩等效原则折算至加载点处的荷载；

$\eta$——荷载形式修正系数，当设计荷载简图为均布荷载时，对两集中力加载方案 $\eta = 0.91$，四集中力加载方案为 1.0，其他设计荷载简图可按材料力学以跨中弯矩等效时挠度计算公式换算。

## F.5 判定规则

**F.5.1** 试件在加载过程中不应有新的损伤出现，并应用 3 个试件跨中实测挠度的平均值与理论计算挠度比较，同时应用 3 个试件中跨中挠度实测值中的最大值与本规范规定的允许挠度比较，满足要求者应为合格。试验跨度 $l_0$ 未取实际构件跨度时，应以实测挠度平均值与理论计算值的比较结果为评定依据。

**F.5.2** 受弯构件挠度理论计算值应以本规范第 F.2.3 条获得的构件截面尺寸、所采用的试验荷载简图、外加荷载量（$P_{smax}$ 中扣除试件及设备自重）和设计文件表明的材料弹性模量，按工程力学计算原则计算确定，实测挠度平均值应取按本规范式（F.4.1）计算的挠度平均值。

# 附录 G 规格材材质等级检验方法

## G.1 一般规定

**G.1.1** 本检验方法适用于已列入现行国家标准《木结构设计规范》GB 50005 的各目测等级规格材和机械分等规格材材质等级检验。

**G.1.2** 目测分等规格材可任选抗弯强度见证检验或目测等级见证检验，机械分等规格材应选用抗弯强度见证检验。

## G.2 规格材目测等级见证检验

**G.2.1** 目测分等规格材的材质等级应符合表 G.2.1 的规定。

**表 G.2.1 目测分等[1]规格材材质标准**

| 项次 | 缺陷名称[2] | 材质等级 | | |
|---|---|---|---|---|
| | | $I_c$ | $II_c$ | $III_c$ |
| 1 | 振裂和干裂 | 允许个别长度不超过600mm，但不贯通；贯通时，应按劈裂要求检验 | | 贯通：长度不超过 600mm<br>不贯通：900mm 长或不超过 1/4 构件长<br>干裂无限制；贯通干裂应按劈裂要求检验 |
| 2 | 漏刨 | 构件的 10% 轻度漏刨[3] | | 轻度漏刨不超过构件的 5%，包含长达 600mm 的散布漏刨[5]，或重度漏刨[4] |
| 3 | 劈裂 | $b/6$ | | $1.5b$ |
| 4 | 斜纹：斜率不大于（%） | 8 | 10 | 12 |
| 5 | 钝棱[6] | $h/4$ 和 $b/4$，全长或与其相当，如果在1/4长度内钝棱不超过 $h/2$ 或 $b/3$ | | $h/3$ 和 $b/3$，全长或与其相当，如果在 1/4 长度内钝棱不超过 $2h/3$ 或 $b/2$ |
| 6 | 针孔虫眼 | 每 25mm 的节孔允许 48 个针孔虫眼，以最差材面为准 | | |

| 项次 | 缺陷名称[2] | 材质等级 | | |
|---|---|---|---|---|
| | | I<sub>c</sub> | II<sub>c</sub> | III<sub>c</sub> |
| 7 | 大虫眼 | 每25mm的节孔允许12个6mm的大虫眼，以最差材面为准 | | |
| 8 | 腐朽—材心[17] | 不允许 | | 当 h>40mm 时不允许，否则 h/3 或 b/3 |
| 9 | 腐朽—白腐[17] | 不允许 | | 1/3 体积 |
| 10 | 腐朽—蜂窝腐[17] | 不允许 | | b/6 坚实[13] |
| 11 | 腐朽—局部片状腐[17] | 不允许 | | b/6 宽[13],[14] |
| 12 | 腐朽—不健全材 | 不允许 | | 最大尺寸 b/12 和50mm 长，或等效的多个小尺寸[13] |
| 13 | 扭曲、横弯和顺弯[7] | 1/2 中度 | | 轻度 |

| 14 | 木节和节孔[16] 高度 (mm) | 健全节、卷入节和均布节[8] | | 非健全节，松节和节孔[9] | 健全节、卷入节和均布节 | | 非健全节，松节和节孔[10] | 任何木节 | | 节孔[11] |
|---|---|---|---|---|---|---|---|---|---|---|
| | | 材边 | 材心 | | 材边 | 材心 | | 材边 | 材心 | |
| | 40 | 10 | 10 | 10 | 13 | 13 | 13 | 16 | 16 | 16 |
| | 65 | 13 | 13 | 13 | 19 | 19 | 19 | 22 | 22 | 22 |
| | 90 | 19 | 22 | 19 | 25 | 38 | 25 | 32 | 51 | 32 |
| | 115 | 25 | 38 | 22 | 32 | 48 | 29 | 41 | 60 | 35 |
| | 140 | 29 | 48 | 25 | 38 | 57 | 32 | 48 | 73 | 38 |
| | 185 | 38 | 57 | 32 | 51 | 70 | 38 | 64 | 89 | 51 |
| | 235 | 48 | 67 | 32 | 64 | 93 | 38 | 83 | 108 | 64 |
| | 285 | 57 | 76 | 32 | 76 | 95 | 38 | 95 | 121 | 76 |

| 项次 | 缺陷名称[2] | 材质等级 | |
|---|---|---|---|
| | | IV<sub>c</sub> | V<sub>c</sub> |
| 1 | 振裂和干裂 | 贯通—1/3 构件长<br>不贯通—全长<br>3面振裂—1/6 构件长<br>干裂无限制<br>贯通干裂参见劈裂要求 | 不贯通—全长<br>贯通和三面振裂 1/3 构件长 |
| 2 | 漏刨 | 散布漏刨伴有不超过构件 10% 的重度漏刨[4] | 任何面的散布漏刨中，宽面含不超过 10% 的重度漏刨[4] |

| 项次 | 缺陷名称[2] | 材质等级 | | | | | |
| --- | --- | --- | --- | --- | --- | --- | --- |
| | | IV_c | | | V_c | | |
| 3 | 劈裂 | $L/6$ | | | $2b$ | | |
| 4 | 斜纹：斜率不大于（%） | 25 | | | 25 | | |
| 5 | 钝棱[6] | $h/2$ 或 $b/2$，全长或与其相当，如果在 1/4 长度内钝棱不超过 $7h/8$ 或 $3b/4$ | | | $h/3$ 或 $b/3$，全长或与其相当，如果在 1/4 长度内钝棱不超过 $h/2$ 或 $3b/4$ | | |
| 6 | 针孔虫眼 | 每 25mm 的节孔允许 48 个针虫眼，以最差材面为准 | | | | | |
| 7 | 大虫眼 | 每 25mm 的节孔允许 12 个 6mm 的大虫眼，以最差材面为准 | | | | | |
| 8 | 腐朽—材心[17] | 1/3 截面[13] | | | 1/3 截面[15] | | |
| 9 | 腐朽—白腐[17] | 无限制 | | | 无限制 | | |
| 10 | 腐朽—蜂窝腐[17] | 100% 坚实 | | | 100% 坚实 | | |
| 11 | 腐朽—局部片状腐[17] | 1/3 截面 | | | 1/3 截面 | | |
| 12 | 腐朽—不健全材 | 1/3 截面，深入部分 1/6 长度[15] | | | 1/3 截面，深入部分 1/6 长度[15] | | |
| 13 | 扭曲，横弯和顺弯[7] | 中度 | | | 1/2 中度 | | |
| 14 | 木节和节孔[16] 高度（mm） | 任何木节 | | 节孔[12] | 任何木节 | | 节孔 |
| | | 材边 | 材心 | | 材边 | 材心 | |
| | 40 | 19 | 19 | 19 | 19 | 19 | 19 |
| | 65 | 32 | 32 | 32 | 32 | 32 | 32 |
| | 90 | 44 | 64 | 44 | 44 | 64 | 38 |
| | 115 | 57 | 76 | 48 | 57 | 76 | 44 |
| | 140 | 70 | 95 | 51 | 70 | 95 | 51 |
| | 185 | 89 | 114 | 64 | 89 | 114 | 64 |
| | 235 | 114 | 140 | 76 | 114 | 140 | 76 |
| | 285 | 140 | 165 | 89 | 140 | 165 | 89 |

| 项次 | 缺陷名称[2] | 材质等级 | |
| --- | --- | --- | --- |
| | | VI_c | VII_c |
| 1 | 振裂和干裂 | 表层—不长于 600mm 贯通干裂同劈裂 | 贯通：600mm 长 不贯通：900mm 长或不超过 1/4 构件长 |

续表 G. 2. 1

| 项次 | 缺陷名称[2] | 材质等级 | | | |
|---|---|---|---|---|---|
| | | VI<sub>c</sub> | | VII<sub>c</sub> | |
| 2 | 漏刨 | 构件的10%轻度漏刨[3] | | 轻度漏刨不超过构件的5%，包含长达600mm的散布漏刨[5]或重度漏刨[4] | |
| 3 | 劈裂 | $b$ | | $1.5b$ | |
| 4 | 斜纹：斜率不大于（%） | 17 | | 25 | |
| 5 | 钝棱[6] | $h/4$ 或 $b/4$，全长或与其相当，如果在 1/4 长度内钝棱不超过 $h/2$ 或 $b/3$ | | $h/3$ 或 $b/3$，全长或与其相当，如果在 1/4 长度内钝棱不超过 $2h/3$ 或 $b/2$，$\leq L/4$ | |
| 6 | 针孔虫眼 | 每25mm的节孔允许48个针孔虫眼，以最差材面为准 | | | |
| 7 | 大虫眼 | 每25mm的节孔允许12个6mm的大虫眼，以最差材面为准 | | | |
| 8 | 腐朽—材心[17] | 不允许 | | $h/3$ 或 $b/3$ | |
| 9 | 腐朽—白腐[18] | 不允许 | | 1/3 体积 | |
| 10 | 腐朽—蜂窝腐[19] | 不允许 | | $b/6$ | |
| 11 | 腐朽—局部片状腐[20] | 不允许 | | $b/6$[14] | |
| 12 | 腐朽—不健全材 | 不允许 | | 最大尺寸 $b/12$ 和 50mm 长，或等效的小尺寸[13] | |
| 13 | 扭曲，横弯和顺弯[7] | 1/2 中度 | | 轻度 | |
| 14 | 木节和节孔[16]高度（mm） | 健全节、卷入节和均布节[8] | 非健全节松节和节孔[10] | 任何木节 | 节孔[11] |
| | 40 | — | — | — | — |
| | 65 | 19 | 16 | 25 | 19 |
| | 90 | 32 | 19 | 38 | 25 |
| | 115 | 38 | 25 | 51 | 32 |
| | 140 | — | — | — | — |
| | 185 | — | — | — | — |

6—23

续表 G.2.1

| 项次 | 缺陷名称[2] | 材质等级 | | | | |
|---|---|---|---|---|---|---|
| | | VI_c | | | VII_c | |
| 14 | 木节和节孔[16]高度（mm） | 健全节、卷入节和均布节[8] | 非健全节松节和节孔[10] | | 任何木节 | 节孔[11] |
| | 235 | — | — | | — | — |
| | 285 | — | — | | — | — |

注：1 目测分等应包括构件所有材面以及两端。b 为构件宽度，h 为构件厚度，L 为构件长度。
   2 除本注解中已说明，缺陷定义详见国家标准《锯材缺陷》GB/T 4823—1995。
   3 指深度不超过 1.6mm 的一组漏刨，漏刨之间的表面刨光。
   4 重度漏刨为宽面上深度为 3.2mm、长度为全长的漏刨。
   5 部分或全部漏刨，或全面糙面。
   6 离材端全部或部分占据材面的钝棱，当表面要求满足允许漏刨规定，窄面上破坏要求满足允许节孔的规定（长度不超过同一等级最大节孔直径的 2 倍），钝棱的长度可为 300mm，每根构件允许出现一次。含有该缺陷的构件不得超过总数的 5%。
   7 顺弯允许值是横弯的 2 倍。
   8 卷入节是指被树脂或树皮包围不与周围木材连生的木节，均布节是指在构件任何 150mm 长度上所有木节尺寸的总和必须小于容许最大木节尺寸的 2 倍。
   9 每 1.2m 有一个或数个小节孔，小节孔直径之和与单个节孔直径相等。
   10 每 0.9m 有一个或数个小节孔，小节孔直径之和与单个节孔直径相等。
   11 每 0.6m 有一个或数个小节孔，小节孔直径之和与单个节孔直径相等。
   12 每 0.3m 有一个或数个小节孔，小节孔直径之和与单个节孔直径相等。
   13 仅允许厚度为 40mm。
   14 假如构件窄面均有局部片状腐，长度限制为节孔尺寸的 2 倍。
   15 钉入边不得破坏。
   16 节孔可全部或部分贯通构件。除非特别说明，节孔的测量方法与节子相同。
   17 材心腐朽指某些树种沿髓心发展的局部腐朽，用目测鉴定。心材腐朽存在于活树中，在被砍伐的木材中不会发展。
   18 白腐指木材中白色或棕色的小壁孔或斑点，由白腐菌引起。白腐存在于活树中，在使用时不会发展。
   19 蜂窝腐与白腐相似但囊孔更大。含蜂窝腐的构件较未含蜂窝腐的构件不易腐朽。
   20 局部片状腐指柏树中槽状或壁孔状的区域。所有引起局部片状腐的木腐菌在树砍伐后不再生长。

G.2.2 取样方法和检验方法应符合下列规定：

1 进场的每批次同一树种或树种组合、同一目测等级的规格材应作为一个检验批，每检验批应按表 G.2.2 规定的数目随机抽取检验样本。

2 应采用目测、丈量方法，并应符合表 G.2.1 的规定。

G.2.3 样本中不符合该目测等级的规格材的根数不应大于表 G.2.3 规定的合格判定数。

表 G.2.2 每检验批规格材抽样数量（根）

| 检验批容量 | 2~8 | 9~15 | 16~25 | 26~50 | 51~90 |
|---|---|---|---|---|---|
| 抽样数量 | 3 | 5 | 8 | 13 | 20 |
| 检验批容量 | 91~150 | 151~280 | 281~500 | 501~1200 | 1201~3200 |
| 抽样数量 | 32 | 50 | 80 | 125 | 200 |
| 检验批容量 | 3201~10000 | 10001~35000 | 35001~150000 | 150001~500000 | >500000 |
| 抽样数量 | 315 | 500 | 800 | 1250 | 2000 |

表 G.2.3 规格材目测检验合格判定数（根）

| 抽样数量 | 2~5 | 8~13 | 20 | 32 | 50 | 80 | 125 | 200 | >315 |
|---|---|---|---|---|---|---|---|---|---|
| 合格判定数 | 0 | 1 | 2 | 3 | 5 | 7 | 10 | 14 | 21 |

### G.3 规格材抗弯强度见证检验

G.3.1 规格材抗弯强度见证检验应采用复式抽样法，试样应从每一进场批次、每一强度等级和每一规格尺寸的规格材中随机抽取，第 1 次抽取 28 根。试样长度不应小于 $17h+200mm$（h 为规格材截面高度）。

G.3.2 规格材试样应在试验地通风良好的室内静待

数天，使同批次规格材试样间含水率最大偏差不大于2%。规格材试样应测定平均含水率 $w$ ，平均含水率应大于等于10%，且应小于等于23%。

**G.3.3** 规格材试样在检验荷载 $P_k$ 作用下的三分点侧立抗弯试验，应按现行国家标准《木结构试验方法标准》GB/T 50329进行（图 G.3.3）。试样跨度不应小于 $17h$ ，安装时试样的拉、压边应随机放置，并应经1min等速加载至检验荷载 $P_k$ 。

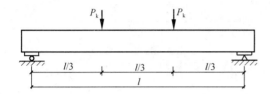

图 G.3.3 试样三分点侧立抗弯试验

$P_k$—加载点的荷载；$l$—规格材跨度

**G.3.4** 规格材侧立抗弯试验的检验荷载应按下列公式计算：

$$P_k = f_b \frac{bh^2}{2l} \quad (G.3.4-1)$$

$$f_b = f_{bk} K_z K_l K_w \quad (G.3.4-2)$$

$$K_l = \left(\frac{l}{l_0}\right)^{0.14} \quad (G.3.4-3)$$

$$\left. \begin{array}{l} f_{bk} \geq 16.66 \text{N/mm}^2 \quad K_w = 1 + \dfrac{(15-w)(1-16.66/f_{bk})}{25} \\ f_{bk} < 16.66 \text{N/mm}^2 \quad K_w = 1.0 \end{array} \right\}$$

$$(G.3.4-4)$$

式中：$b$——规格材的截面宽度；

$h$——规格材的截面高度；

$l$——试样的跨度；

$l_0$——试样标准跨度，取3.658m；

$f_{bk}$——规格材抗弯强度检验值，可按表 G.3.4-1取值；

$K_z$——规格材抗弯强度的截面尺寸调整系数，可按表 G.3.4-2取值；

$K_l$——规格材抗弯强度的跨度调整系数；

$K_w$——规格材抗弯强度的含水率调整系数；

$w$——试验时规格材的平均含水率。

表 G.3.4-1 进口北美目测分等规格材抗弯强度检验值（N/mm²）

| 等级 | 花旗松-落叶松（南） | 花旗松-落叶松（北） | 铁杉-冷杉（南） | 铁杉-冷杉（北） | 南方松 | 云杉-松-冷杉 | 其他北美树种 |
|---|---|---|---|---|---|---|---|
| $I_c$ | 21.60 | 20.25 | 20.25 | 18.90 | 27.00 | 17.55 | 13.10 |
| $II_c$ | 14.85 | 12.29 | 14.85 | 14.85 | 17.55 | 12.69 | 8.64 |

续表 G.3.4-1

| 等级 | 花旗松-落叶松（南） | 花旗松-落叶松（北） | 铁杉-冷杉（南） | 铁杉-冷杉（北） | 南方松 | 云杉-松-冷杉 | 其他北美树种 |
|---|---|---|---|---|---|---|---|
| $III_c$ | 13.10 | 12.29 | 12.29 | 14.85 | 14.85 | 12.69 | 8.64 |
| $IV_c$、$V_c$ | 7.56 | 6.89 | 7.29 | 8.37 | 8.37 | 7.29 | 5.13 |
| $VI_c$ | 14.85 | 13.50 | 14.85 | 16.20 | 16.20 | 14.85 | 10.13 |
| $VII_c$ | 8.37 | 7.56 | 7.97 | 9.45 | 9.05 | 7.97 | 5.81 |

注：1 表中所列强度检验值为规格材的抗弯强度特征值。

2 机械分等规格材的抗弯强度检验值应取所在等级规格材的抗弯强度特征值。

表 G.3.4-2 规格材强度截面尺寸调整系数

| 等级 | 截面高度（mm） | 截面宽度（mm） | |
|---|---|---|---|
| | | 40、65 | 90 |
| $I_c$、$II_c$、$III_c$、$IV_c$、$V_c$ | ≤90 | 1.5 | 1.5 |
| | 115 | 1.4 | 1.4 |
| | 140 | 1.3 | 1.3 |
| | 185 | 1.2 | 1.2 |
| | 235 | 1.1 | 1.2 |
| | 285 | 1.0 | 1.1 |
| $VI_c$、$VII_c$ | ≤90 | 1.0 | 1.0 |

注：$VI_c$、$VII_c$规格材截面高度均小于等于90mm。

**G.3.5** 规格材合格与否应按检验荷载 $P_k$ 作用下试件破坏的根数判定。28根试件中小于等于1根发生破坏时，应为合格。试件破坏数大于3根时，应为不合格。试件破坏数为2根时，应另随机抽取53根试件进行规格材侧立抗弯试验。试件破坏数小于等于2根时，应为合格，大于2根时应为不合格。试验中未发生破坏的试件，可作为相应等级的规格材继续在工程中使用。

## 附录 H 木基结构板材的力学性能指标

**H.0.1** 木基结构板材在集中静载和冲击荷载作用下的力学性能，不应低于表 H.0.1 的规定。

表 H.0.1 木基结构板材在集中静载和冲击荷载作用下的力学指标[1]

| 用途 | 标准跨度（最大允许跨度）（mm） | 试验条件 | 冲击荷载（N·m） | 最小极限荷载[2]（kN） | | 0.89kN集中静载作用下的最大挠度[3]（mm） |
|---|---|---|---|---|---|---|
| | | | | 集中静载 | 冲击后集中静载 | |
| 楼面板 | 400(410) | 干态及湿态重新干燥 | 102 | 1.78 | 1.78 | 4.8 |

续表 H.0.1

| 用途 | 标准跨度（最大允许跨度）（mm） | 试验条件 | 冲击荷载（N·m） | 最小极限荷载[2]（kN） | | 0.89kN 集中静载作用下的最大挠度[3]（mm） |
|---|---|---|---|---|---|---|
| | | | | 集中静载 | 冲击后集中静载 | |
| 楼面板 | 500（500） | 干态及湿态重新干燥 | 102 | 1.78 | 1.78 | 5.6 |
| | 600（610） | 干态及湿态重新干燥 | 102 | 1.78 | 1.78 | 6.4 |
| | 800（820） | 干态及湿态重新干燥 | 122 | 2.45 | 1.78 | 5.3 |
| | 1200（1220） | 干态及湿态重新干燥 | 203 | 2.45 | 1.78 | 8.0 |
| 屋面板 | 400（410） | 干态及湿态 | 102 | 1.78 | 1.33 | 11.1 |
| | 500（500） | 干态及湿态 | 102 | 1.78 | 1.33 | 11.9 |
| | 600（610） | 干态及湿态 | 102 | 1.78 | 1.33 | 12.7 |
| | 800（820） | 干态及湿态 | 122 | 1.78 | 1.33 | 12.7 |
| | 1200（1220） | 干态及湿态 | 203 | 1.78 | 1.33 | 12.7 |

注：1 本表为单个试验的指标。

2 100%的试件应能承受表中规定的最小极限荷载值。

3 至少90%的试件挠度不大于表中的规定值。在干态及湿态重新干燥试验条件下，木基结构板材在静载和冲击荷载后静载的挠度，对于屋面板只检查静载的挠度，对于湿态试验条件下的屋面板，不检查挠度指标。

**H.0.2** 木基结构板材在均布荷载作用下的力学性能，不应低于表 H.0.2 的规定。

表 H.0.2 木基结构板材在均布荷载作用下的力学指标

| 用途 | 标准跨度（最大允许跨度）（mm） | 试验条件 | 性能指标[1] | |
|---|---|---|---|---|
| | | | 最小极限荷载[2]（kPa） | 最大挠度[3]（mm） |
| 楼面板 | 400（410） | 干态及湿态重新干燥 | 15.8 | 1.1 |
| | 500（500） | 干态及湿态重新干燥 | 15.8 | 1.3 |
| | 600（610） | 干态及湿态重新干燥 | 15.8 | 1.7 |
| | 800（820） | 干态及湿态重新干燥 | 15.8 | 2.3 |
| | 1200（1220） | 干态及湿态重新干燥 | 10.8 | 3.4 |
| 屋面板 | 400（410） | 干态 | 7.2 | 1.7 |
| | 500（500） | 干态 | 7.2 | 2.0 |
| | 600（610） | 干态 | 7.2 | 2.5 |
| | 800（820） | 干态 | 7.2 | 3.4 |
| | 1000（1020） | 干态 | 7.2 | 4.4 |
| | 1200（1220） | 干态 | 7.2 | 5.1 |

注：1 本表为单个试验的指标。

2 100%的试件应能承受表中规定的最小极限荷载值。

3 每批试件的平均挠度不应大于表中的规定值。为 4.79kPa 均布荷载作用下的楼面最大挠度；或 1.68kPa 均布荷载作用下的屋面最大挠度。

## 附录 J 按构造设计的轻型木结构钉连接要求

**J.0.1** 按构造设计的轻型木结构的钉连接应符合表 J.0.1 的规定。

表 J.0.1 按构造设计的轻型木结构的钉连接要求

| 序号 | 连接构件名称 | 最小钉长（mm） | 钉的最小数量或最大间距 |
|---|---|---|---|
| 1 | 楼盖搁栅与墙体顶梁板或底梁板——斜向钉连接 | 80 | 2 颗 |
| 2 | 边框梁或封边板与墙体顶梁板或底梁板——斜向钉连接 | 60 | 150mm |
| 3 | 楼盖搁栅木底撑或扁钢底撑与楼盖搁栅 | 60 | 2 颗 |
| 4 | 搁栅间剪刀撑 | 60 | 每端 2 颗 |
| 5 | 开孔周边双层封边梁或双层加强搁栅 | 80 | 300mm |
| 6 | 木梁两侧附加托木与木梁 | 80 | 每根搁栅处 2 颗 |
| 7 | 搁栅与搁栅连接板 | 80 | 每端 2 颗 |
| 8 | 被切搁栅与开孔封头搁栅（沿开孔周边垂直钉连接） | 80 | 5 颗 |
| | | 100 | 3 颗 |
| 9 | 开孔处每根封头搁栅与封边搁栅的连接（沿开孔周边垂直钉连接） | 80 | 5 颗 |
| | | 100 | 3 颗 |
| 10 | 墙骨与墙体顶梁板或底梁板，采用斜向钉连接或垂直钉连接 | 60 | 4 颗 |
| | | 100 | 2 颗 |
| 11 | 开孔两侧双根墙骨柱，或在墙体交接或转角处的墙骨处 | 80 | 750mm |
| 12 | 双层顶梁板 | 80 | 600mm |
| 13 | 墙体底梁板或地梁板与搁栅或封头块（用于外墙） | 80 | 400mm |
| 14 | 内隔墙与框架或楼面板 | 80 | 600mm |
| 15 | 非承重墙开孔顶部水平构件每端 | 80 | 2 颗 |
| 16 | 过梁与墙骨 | 80 | 每端 2 颗 |
| 17 | 顶棚搁栅与墙体顶梁板——每侧采用斜向钉连接 | 80 | 2 颗 |
| 18 | 屋面椽条、桁架或屋面搁栅与墙体顶梁板——斜向钉连接 | 80 | 3 颗 |
| 19 | 椽条板与顶棚搁栅 | 100 | 2 颗 |
| 20 | 椽条与搁栅（屋脊板有支座时） | 80 | 3 颗 |
| 21 | 两侧椽条在屋脊通过连接板连接，连接板与每根椽条的连接 | 60 | 4 颗 |
| 22 | 椽条与屋脊板——斜向钉连接或垂直钉连接 | 80 | 3 颗 |
| 23 | 椽条拉杆每端与椽条 | 80 | 3 颗 |
| 24 | 椽条拉杆侧向支撑与拉杆 | 60 | 2 颗 |
| 25 | 屋脊椽条与屋脊或屋谷椽条 | 80 | 2 颗 |
| 26 | 椽条撑杆与椽条 | 80 | 3 颗 |
| 27 | 椽条撑杆与承重墙——斜向钉连接 | 80 | 2 颗 |

**J.0.2** 按构造设计的轻型木结构中椽条与顶棚搁栅的钉连接，应符合表 J.0.2 的规定。

表 J.0.2　橡条与顶棚搁栅钉连接（屋脊无支承）

| 屋面坡度 | 橡条间距(mm) | 钉长不小于80mm的最少钉数 | | | | | | | | | | | |
|---|---|---|---|---|---|---|---|---|---|---|---|---|---|
| | | 橡条与每根顶棚搁栅连接 | | | | | | 橡条每隔1.2m与顶棚搁栅连接 | | | | | |
| | | 房屋宽度达到8m | | | 房屋宽度达到9.8m | | | 房屋宽度达到8m | | | 房屋宽度达到9.8m | | |
| | | 屋面雪荷(kPa) | | | 屋面雪荷(kPa) | | | 屋面雪荷(kPa) | | | 屋面雪荷(kPa) | | |
| | | ≤1.0 | 1.5 | ≥2.0 | ≤1.0 | 1.5 | ≥2.0 | ≤1.0 | 1.5 | ≥2.0 | ≤1.0 | 1.5 | ≥2.0 |
| 1:3 | 400 | 4 | 5 | 6 | 5 | 7 | 8 | 11 | — | — | — | — | — |
| | 600 | 6 | 8 | 9 | 8 | — | — | 11 | — | — | — | — | — |
| 1:2.4 | 400 | 4 | 4 | 5 | 5 | 6 | 7 | 7 | 10 | — | 9 | — | — |
| | 600 | 5 | 7 | 8 | 7 | 9 | 11 | 7 | 10 | — | — | — | — |
| 1:2 | 400 | 4 | 4 | 4 | 4 | 4 | 5 | 6 | 8 | 9 | 8 | — | — |
| | 600 | 4 | 5 | 6 | 5 | 7 | 8 | 6 | 8 | 9 | 8 | — | — |
| 1:1.71 | 400 | 4 | 4 | 4 | 4 | 4 | 4 | 5 | 7 | 8 | 7 | 9 | 11 |
| | 600 | 4 | 4 | 5 | 5 | 6 | 7 | 5 | 7 | 8 | 7 | 9 | 11 |
| 1:1.33 | 400 | 4 | 4 | 4 | 4 | 4 | 4 | 4 | 5 | 6 | 5 | 6 | 7 |
| | 600 | 4 | 4 | 4 | 4 | 4 | 5 | 4 | 5 | 6 | 5 | 6 | 7 |
| 1:1 | 400 | 4 | 4 | 4 | 4 | 4 | 4 | 4 | 4 | 4 | 4 | 4 | 5 |
| | 600 | 4 | 4 | 4 | 4 | 4 | 4 | 4 | 4 | 4 | 4 | 4 | 5 |

# 附录 K　各类木结构构件防护处理载药量及透入度要求

## K.1　方木与原木结构、轻型木结构构件

**K.1.1**　方木、原木结构、轻型木结构构件采用的防腐、防虫药剂及其以活性成分计的最低载药量检验结果，应符合表 K.1.1 的规定。需油漆的木构件宜采用水溶性或以易挥发的碳氢化合物为溶剂的油溶性防护剂。

**K.1.2**　防护施工应在木构件制作完成后进行，并应选择正确的处理工艺。常压浸渍法可用于木构件处于 C1 类环境条件的防护处理；其他环境条件均应用加压浸渍法，特殊情况下可采用冷热槽浸渍法；对于不易吸收药剂的树种，浸渍前可在木材上顺纹刻痕，但刻痕深度不宜大于 16mm。浸渍完成后的药剂透入度检验结果不应低于表 K.1.2 的规定。喷洒法和涂刷法应仅用于已经防护处理的木构件，因钻孔、开槽等操作造成未吸收药剂的木材外露而进行的防护修补。

表 K.1.1　不同使用条件下使用的防腐木材
及其制品应达到的最低载药量

| 类别 | 防腐剂 名称 | | 活性成分 | 组成比例(%) | 最低载药量(kg/m³) 使用环境 | | | |
|---|---|---|---|---|---|---|---|---|
| | | | | | C1 | C2 | C3 | C4A |
| 水溶性 | 硼化合物[1] | | 三氧化二硼 | 100 | 2.8 | 2.8[2] | NR[3] | NR |
| | 季铵铜(ACQ) | ACQ-2 | 氧化铜 | 66.7 | 4.0 | 4.0 | 4.0 | 6.4 |
| | | | 二癸基二甲基氯化铵(DDAC) | 33.3 | | | | |

| 防腐剂 | | | 活性成分 | 组成比例（%） | 最低载药量（kg/m³）使用环境 | | | |
|---|---|---|---|---|---|---|---|---|
| 类别 | 名称 | | | | C1 | C2 | C3 | C4A |
| 水溶性 | 季铵铜（ACQ） | ACQ-3 | 氧化铜 | 66.7 | 4.0 | 4.0 | 4.0 | 6.4 |
| | | | 十二烷基苄基二甲基氯化铵（BAC） | 33.3 | | | | |
| | | ACQ-4 | 氧化铜 | 66.7 | 4.0 | 4.0 | 4.0 | 6.4 |
| | | | DDAC | 33.3 | | | | |
| | 铜唑（CuAz） | CuAz-1 | 铜 | 49 | 3.3 | 3.3 | 3.3 | 6.5 |
| | | | 硼酸 | 49 | | | | |
| | | | 戊唑醇 | 2 | | | | |
| | | CuAz-2 | 铜 | 96.1 | 1.7 | 1.7 | 1.7 | 3.3 |
| | | | 戊唑醇 | 3.9 | | | | |
| | | CuAz-3 | 铜 | 96.1 | 1.7 | 1.7 | 1.7 | 3.3 |
| | | | 丙环唑 | 3.9 | | | | |
| | | CuAz-4 | 铜 | 96.1 | 1.0 | 1.0 | 1.0 | 2.4 |
| | | | 戊唑醇 | 1.95 | | | | |
| | | | 丙环唑 | 1.95 | | | | |
| | 唑醇啉（PTI） | | 戊唑醇 | 47.6 | 0.21 | 0.21 | 0.21 | NR |
| | | | 丙环唑 | 47.6 | | | | |
| | | | 吡虫啉 | 4.8 | | | | |
| | 酸性铬酸铜（ACC） | | 氧化铜 | 31.8 | NR | 4.0 | 4.0 | 8.0 |
| | | | 三氧化铬 | 68.2 | | | | |
| | 柠檬酸铜（CC） | | 氧化铜 | 62.3 | 4.0 | 4.0 | 4.0 | NR |
| | | | 柠檬酸 | 37.7 | | | | |
| 油溶性 | 8-羟基喹啉铜（Cu8） | | 铜 | 100 | 0.32 | 0.32 | 0.32 | NR |
| | 环烷酸铜（CuN） | | 铜 | 100 | NR | NR | 0.64 | NR |

注：1 硼化合物包括硼酸、四硼酸钠、八硼酸钠、五硼酸钠等及其混合物；
　　2 有白蚁危害时 C2 环境下硼化合物应为 4.5kg/m³；
　　3 NR 为不建议使用。

### 表 K.1.2　防护剂透入度检测规定

| 木材特征 | 透入深度或边材透入率 | | 钻孔采样数量（个） | 试样合格率（%） |
|---|---|---|---|---|
| | $t < 125mm$ | $t \geqslant 125mm$ | | |
| 易吸收不需要刻痕 | 63mm 或 85%（C1、C2）、90%（C3、C4A） | 63mm 或 85%（C1、C2）、90%（C3、C4A） | 20 | 80 |
| 需要刻痕 | 10mm 或 85%（C1、C2）、90%（C3、C4A） | 13mm 或 85%（C1、C2）、90%（C3、C4A） | 20 | 80 |

注：$t$ 为需处理木材的厚度；是否刻痕根据木材的可处理性、天然耐久性及设计要求确定。

## K.2 胶合木结构构件、结构胶合板及结构复合材构件

**K.2.1** 胶合木结构可采用的防腐、防火药剂类别和规定的检测深度内以有效活性成分计的载药量不应低于表 K.2.1 的规定。胶合木结构宜在层板胶合、构件加工工序完成（包括钻孔、开槽等局部处理）后进行防护处理，并宜采用油溶性药剂；必要时可作层板的防护处理，再进行胶合和构件加工。不论何种顺序，其药剂透入度不得小于表 K.2.2 的规定。

**表 K.2.1　胶合木防护药剂最低载药量与检测深度**

| 类别 | 名称 | 胶合前处理 最低载药量（kg/m³）使用环境 C1 | C2 | C3 | C4A | 检测深度（mm） | 胶合后处理 最低载药量（kg/m³）使用环境 C1 | C2 | C3 | C4A | 检测深度（mm） |
|---|---|---|---|---|---|---|---|---|---|---|---|
| 水溶性 | 硼化合物 | 2.8 | 2.8* | NR | NR | 13～25 | NR | NR | NR | NR | — |
| 水溶性 | 季铵铜 ACQ ACQ-2 | 4.0 | 4.0 | 4.0 | 6.4 | 13～25 | NR | NR | NR | NR | — |
| 水溶性 | ACQ-3 | 4.0 | 4.0 | 4.0 | 6.4 | 13～25 | NR | NR | NR | NR | — |
| 水溶性 | ACQ-4 | 4.0 | 4.0 | 4.0 | 6.4 | 13～25 | NR | NR | NR | NR | — |
| 水溶性 | 铜唑（CuAz）CuAz-1 | 3.3 | 3.3 | 3.3 | 6.5 | 13～25 | NR | NR | NR | NR | — |
| 水溶性 | CuAz-2 | 1.7 | 1.7 | 1.7 | 3.3 | 13～25 | NR | NR | NR | NR | — |
| 水溶性 | CuAz-3 | 1.7 | 1.7 | 1.7 | 3.3 | 13～25 | NR | NR | NR | NR | — |
| 水溶性 | CuAz-4 | 1.0 | 1.0 | 1.0 | 2.0 | 13～25 | NR | NR | NR | NR | — |
| 水溶性 | 唑醇啉（PTI） | 0.21 | 0.21 | 0.21 | NR | 13～25 | NR | NR | NR | NR | — |
| 水溶性 | 酸性铬酸铜（ACC） | NR | 4.0 | 4.0 | 8.0 | 13～25 | NR | NR | NR | NR | — |
| 水溶性 | 柠檬酸铜（CC） | 4.0 | 4.0 | 4.0 | NR | 13～25 | NR | NR | NR | NR | — |
| 油溶性 | 8-羟基喹啉铜（Cu8） | 0.32 | 0.32 | 0.32 | NR | 13～25 | 0.32 | 0.32 | 0.32 | NR | 0～15 |
| 油溶性 | 环烷酸铜（CuN） | NR | NR | 0.64 | NR | 13～25 | 0.64 | 0.64 | 0.64 | NR | 0～15 |

注：* 有白蚁危害时应为 4.5kg/m³。

**K.2.2** 对于胶合后处理的木构件，应从每一批量中的 20 个构件中随机钻孔取样；对于胶合前处理的木构件，应从每一批量中 20 块内层被接长的木板侧边各钻取一个试样。试样的透入深度或边材透入率应符合表 K.2.2 的要求。

**表 K.2.2　胶合木构件防护药剂透入深度或边材透入率**

| 木材特征 | 使用环境 C1、C2 或 C3 | C4A | 钻孔采样的数量（个） |
|---|---|---|---|
| 易吸收不需要刻痕 | 75mm 或 90% | 75mm 或 90% | 20 |
| 需要刻痕 | 25mm | 32mm | 20 |

**K.2.3** 结构胶合板和结构复合材（旋切板胶合木、旋切片胶合木）防护剂的最低保持量及其检测深度，应符合表 K.2.3 的要求。

**表 K.2.3　结构胶合板、结构复合材防护剂的最低载药量与检测深度**

| 类别 | 名称 | 结构胶合板 最低载药量（kg/m³）使用环境 C1 | C2 | C3 | C4A | 检测深度（mm） | 结构复合材 最低载药量（kg/m³）使用环境 C1 | C2 | C3 | C4A | 检测深度（mm） |
|---|---|---|---|---|---|---|---|---|---|---|---|
| 水溶性 | 硼化合物 | 2.8 | 2.8* | NR | NR | 0～10 | NR | NR | NR | NR | — |
| 水溶性 | 季铵铜 ACQ ACQ-2 | 4.0 | 4.0 | 4.0 | 6.4 | 0～10 | NR | NR | NR | NR | — |
| 水溶性 | ACQ-3 | 4.0 | 4.0 | 4.0 | 6.4 | 0～10 | NR | NR | NR | NR | — |
| 水溶性 | ACQ-4 | 4.0 | 4.0 | 4.0 | 6.4 | 0～10 | NR | NR | NR | NR | — |
| 水溶性 | 铜唑（CuAz）CuAz-1 | 3.3 | 3.3 | 3.3 | 6.5 | 0～10 | NR | NR | NR | NR | — |
| 水溶性 | CuAz-2 | 1.7 | 1.7 | 1.7 | 3.3 | 0～10 | NR | NR | NR | NR | — |
| 水溶性 | CuAz-3 | 1.7 | 1.7 | 1.7 | 3.3 | 0～10 | NR | NR | NR | NR | — |
| 水溶性 | CuAz-4 | 1.0 | 1.0 | 1.0 | 2.0 | 0～10 | NR | NR | NR | NR | — |
| 水溶性 | 唑醇啉（PTI） | 0.21 | 0.21 | 0.21 | NR | 0～10 | NR | NR | NR | NR | — |
| 水溶性 | 酸性铬酸铜（ACC） | NR | 4.0 | 4.0 | 8.0 | 0～10 | NR | NR | NR | NR | — |
| 水溶性 | 柠檬酸铜（CC） | NR | 4.0 | 4.0 | NR | 0～10 | NR | NR | NR | NR | — |
| 油溶性 | 8-羟基喹啉铜（Cu8） | 0.32 | 0.32 | 0.32 | NR | 0～10 | 0.32 | 0.32 | 0.32 | NR | 0～10 |
| 油溶性 | 环烷酸铜（CuN） | 0.64 | 0.64 | 0.64 | NR | 0～10 | 0.64 | 0.64 | 0.64 | 0.96 | 0～10 |

注：* 有白蚁危害时应为 4.5kg/m³。

# 本规范用词说明

**1** 为了便于在执行本标准条文时区别对待，对要求严格程度不同的用词说明如下：

1）表示很严格，非这样做不可的用词：
正面词采用"必须"，反面词采用"严禁"。

2）表示严格，在正常情况下均应这样做的用词：
正面词采用"应"，反面词采用"不应"或"不得"。

3）表示允许稍有选择，在条件许可时首先应这样做的用词：
正面词采用"宜"，反面词采用"不宜"。

4）表示有选择，在一定条件下可以这样做的用词，采用"可"。

**2** 条文中指明应按其他有关标准执行的写法为："应符合……的规定"或"应按……执行"。

# 引用标准名录

1 《木结构设计规范》GB 50005
2 《建筑设计防火规范》GB 50016
3 《建筑工程施工质量验收统一标准》GB 50300
4 《木结构试验方法标准》GB/T 50329

5　《金属材料室温拉伸试验方法》GB/T 228

6　《碳素结构钢》GB 700

7　《木材含水率测定方法》GB/T 1931

8　《木材抗弯强度试验方法》GB/T 1936.1

9　《钢材力学及工艺性能试验取样规定》GB 2975

10　《碳钢焊条》GB 5117

11　《低合金钢焊条》GB 5118

12　《六角头螺栓-C 级》GB 5780

13　《六角头螺栓》GB 5782

14　《金属拉伸试验试样》GB 6397

15　《木结构覆板用胶合板》GB/T 22349

16　《建筑钢结构焊接技术规范》JGJ 81

17　《一般用途圆钢钉》YB/T 5002

中华人民共和国国家标准

# 木结构工程施工质量验收规范

GB 50206—2012

条 文 说 明

# 修 订 说 明

本规范是在《木结构工程施工质量验收规范》GB 50206－2002 的基础上修订而成。本规范修订继续遵循了《建筑工程施工质量验收统一标准》GB 50300－2001 关于"验评分离、强化验收、完善手段、过程控制"的指导原则，并借鉴和吸收了国际先进技术和经验，与中国的具体情况相结合，制定技术水平先进和切实可行的木结构工程施工质量验收标准。同时，保持了规范的连续性和与相关的国家现行规范、标准的一致性。

本规范修订过程中，编制组进行了大量调查研究，重点修订了原规范在执行过程中遇到的以下几方面的问题：（1）原规范侧重规定了木结构工程所用材料和产品的质量控制标准，缺乏关于木结构工程施工过程中的质量控制标准，较为突出的是胶合木结构和轻型木结构两类结构构件的制作、安装质量标准。（2）厘清木结构产品，尤其是层板胶合木、结构复合木材、木基结构板材等生产过程中的质量控制标准与产品进场验收的关系，符合木结构工程施工质量验收的需要。（3）制定恰当的材料进场质量检验（见证检验）方法和判定标准，做到既保证质量又切实可行。规格材进场验收的问题尤为突出。（4）随着材料科学和木结构防护技术的发展，原规范规定的某些木材防护材料需要更新。编制组针对这些问题对原规范进行了认真修订，并与《建筑工程施工质量验收统一标准》GB 50300、《木结构设计规范》GB 50005 等相关国家标准进行了协调，形成了本规范修订版。

本规范上一版的主编单位是哈尔滨工业大学，参编单位是铁道部科学研究院、东北林业大学、公安部天津消防科学研究所、温州市规划设计院，主要起草人是樊承谋、王用信、郭惠平、方桂珍、倪照鹏、陈松来、许方。

为便于工程技术人员在使用本规范时能正确把握和执行条文规定，编制组按章、条顺序编制了本规范的条文说明，对条文规定的目的、依据以及在执行中应注意的有关事项进行了说明。但本条文说明不具备与规范正文同等的法律效力，仅供使用者作为理解和把握规范规定的参考。

# 目　次

# 1 总 则

**1.0.1** 制定本规范的目的是贯彻《建筑工程施工质量验收统一标准》GB 50300 的相关规定，加强木结构工程施工质量管理，保证木结构工程质量。

**1.0.2** 本规范的适用范围为新建木结构工程的两个分项工程的施工质量验收，即木结构工程的制作安装与木结构工程的防火防护。木结构包括分别由原木、方木和胶合木制作的木结构和主要由规格材和木基结构板材制作的轻型木结构。

**1.0.3** 本规范的规定系木结构工程施工质量验收最低和最基本的要求。

**1.0.4** 本规范是遵照《建筑工程施工质量验收统一标准》GB 50300 对工程质量验收的划分、验收的方法、验收的程序和组织的原则性规定而编制的，因此在执行本规范时应与其配套使用。

**1.0.5** 为保证工程质量，木结构工程施工质量验收尚应符合下列国家现行标准和规范的规定：

1 《木结构设计规范》GB 50005

2 《木结构试验方法标准》GB/T 50329

3 《木材物理力学试验方法》GB 1927～1943

4 《钢结构工程施工质量验收规范》GB 50205

# 2 术 语

本规范共给出了 36 个木结构工程施工质量验收的主要术语。其中一部分是从建筑结构施工、检验的角度赋予其涵义，而相当部分按国际上木结构常用的术语而编写。英文术语所指内容一致，并不一定是两者单词的直译，但尽可能与国际木结构术语保持一致。

# 3 基 本 规 定

**3.0.1** 规定木结构工程施工单位应具备的基本条件。针对目前建筑安装工程施工企业的实际情况，强调应有木结构工程施工技术队伍，才能承担木结构工程施工任务。

**3.0.2** 《建筑工程施工质量验收统一标准》GB 50300 将建筑工程划分为主体结构、地基与基础、建筑装饰装修等分部工程，主体结构分部工程包括木结构、钢结构、混凝土结构等子分部工程，木结构子分部工程又包括方木和原木结构、胶合木结构、轻型木结构、木结构防护等分项工程。因此，方木和原木结构、胶合木结构、轻型木结构其中之一作为木结构分项工程与木结构防护分项工程构成木结构子分部工程。木结构工程的防护分项工程（防火、防腐）可以分包，但其管理、施工质量仍应由木结构工程制作、安装施工单位负责。

**3.0.3** 本条规定木结构子分部工程划分检验批的原则。

**3.0.4** 木结构使用环境的分类，依据是林业行业标准《防腐木材的使用分类和要求》LY/T 1636－2005，主要为选择正确的木结构防护方法服务。

**3.0.5** 木材所显露出的纹理，具有自然美，形成雅致的装饰面。本条将木结构外表参照原规范对胶合木结构的要求，分为 A、B、C 级。A 级相当于室内装饰要求，B 级相当于室外装饰要求，而 C 级相当于木结构不外露的要求。

**3.0.6** 本条具体规定木结构工程控制施工质量的内容：

1 在原规范的基础上增加了工程设计文件的要求，旨在强调按设计图纸施工。

2 木结构工程的主要材料是木材及木产品，包括方木、原木、层板胶合材、结构复合材、木基结构板材、金属连接件和结构用胶等。这些材料都涉及结构的安全和使用功能，因此要求做进场验收和见证检验。进场验收、见证检验主要是控制木结构工程所用材料、构配件的质量；交接检验主要是控制制作加工质量。这是木结构工程施工质量控制的基本环节，是木结构分部工程验收的主要依据。

3 控制每道工序的质量，关键在于按《木结构工程施工规范》的规定进行施工，并按本规范规定的控制指标进行自检。

4 各工序之间和专业工种之间的交接检验，关键在于建立工程管理人员和技术人员的全局观念，将检验批、分项工程和木结构子分部工程形成有机整体。

5 在原规范的基础上增加了木结构工程竣工图及文字资料等竣工文件的要求。这是考虑到施工过程中可能对原设计方案进行了变更或材料替代，这些文件要求是保证工程质量的必要手段，也是将来结构维修、维护的重要依据。

**3.0.7** 木结构在我国发展较快，不断引进、研发新材料、新技术，各类木结构技术规范不可能将这些材料和技术全部包含在内，但又应鼓励创新和研发。本条规定了采用新技术的木结构工程施工质量的验收程序。

**3.0.8** 规定材料的替换原则。用等强换算方法使用高等级材料替代低等级材料，由于截面减小，可能影响抗火性能，故有时结构并不安全，截面减小还可能影响结构的使用功能和耐久性；反之，用等强换算方法使用低等级材料替代高等级材料，尚应符合国家现行标准《木结构设计规范》GB 50005 关于各类构件对木材材质等级的规定，故通过等强换算进行材料替换，需经设计单位复核同意。

**3.0.9** 从国际市场进口木材和木产品，是发展我国木结构的重要途径。本条所指木材和木产品包括方木、原木、规格材、胶合木、木基结构板材、结构复合木材、工字形木搁栅、齿板桁架以及各类金属连接件等产品。国外大部分木产品和金属连接件是工业化生产的产品，都有产品标识。产品标识标志产品的生产厂家、树种、强度等级和认证机构名称等。对于产地国具有产品标识的木产品，既要求具有产品质量合格证书，也要求有相应的产品标识。对于产地国本来就没有产品标识的木产品，可只要求产品质量合格证书。

另外，在美欧等国家和地区，木产品的标识是经过严格质量认证的，等同于产品质量合格证书。这些产品标识一旦经由我国相关认证机构确认，在我国也等同于产品质量合格证书。但我国目前尚没有具有资质的认证机构。

# 4 方木与原木结构

## 4.1 一 般 规 定

**4.1.1** 规定了本章的适用范围。

**4.1.2** 原规范对划分检验批的规定不甚清楚，本次修订根据《建筑工程施工质量验收统一标准》GB 50300 关于划分检验批的规定以及质检部门的建议，对材料、构配件质量控制和木结构制作安装质量控制分别划分了检验批。施工和质量验收时屋盖可作为一个楼层对待，单独划分为一个检验批。

## 4.2 主 控 项 目

**4.2.1** 结构形式、结构布置和构件尺寸是否符合设计文件规定，是影响结构安全的第一要素，因此本条作为强制性条文执行。本规范将对结构安全会产生最重要影响的主控项目归结为三个方面，一是结构形式、结构布置和构件的截面尺寸，二是构件材料的材质标准和强度等级，三是木结构节点连接。关于该三方面的条文，皆列为强制性条文。设计文件包括本工程的施工图、设计变更和设计单位签发的技术联系单等资料。

**4.2.2** 构件所用材料的质量是否符合设计文件的规定，是影响结构安全的第二要素，是保证工程质量的关键之一，因此本条作为强制性条文执行。执行本条时尚应注意：

**1** 结构用木材应符合设计文件的规定，是指木材的树种（包括树种组合）或强度等级合乎规定。在我国现阶段，方木、原木结构所用木材的强度等级是由树种确定的，而同一树种或树种组合的木材，强度不再分级，所以明确了树种或树种组合，就明确了强度等级。我国虽然对方木、原木及板材划分为三个质量等级，但该三个质量等级木材的设计指标是相同

的，不加区分。

**2** 不管是国产还是进口的结构用材，其树种都应是已纳入现行国家标准《木结构设计规范》GB 50005 适用范围的，否则不能作为结构用材使用。

**4.2.3** 现行《木结构设计规范》GB 50005 按树种划分方木、原木的强度等级，而按目测外观质量划分的方木、原木的三个质量等级，仅是决定木材用途的依据（用于受拉还是受压构件），与木材的强度等级无关。因此，明确木材的树种是施工用材是否符合设计要求的关键。但目前木结构施工人员对树种的识别往往存在一定困难，为确保其木材的材质等级，进场木材均应作弦向静曲强度见证检验。本规范检验标准表 4.2.3 与《木结构设计规范》GB 50005 的规定是一致的。

**4.2.4** 我国现行《木结构设计规范》GB 50005 对不同目测等级的方木或原木在强度上未加区分，实际上三个等级木材的缺陷不同，对木材强度的影响程度也就不同；即使相同的缺陷，对木材抗拉、抗压强度的影响程度也不同。故规定了不同目测等级的木材不同的用途，等级高的用于受拉构件，低的可用于受压构件，施工及验收时应予注意。

结构用木材的目测等级评定标准，不同于一般用途木材的商品等级，两者不能混淆。

**4.2.5** 控制木材的含水率，主要是为防止木材干裂和腐朽。原木、方木在干燥过程中，切向收缩最大，径向次之，纵向最小。外层木材会先于内层木材干燥，其干缩变形会受到内层木材的约束而受拉。当横纹拉应力超过木材的抗拉强度时，木材就发生开裂。

制作构件时，如果干裂裂缝与齿连接或螺栓连接的受剪面接近或重合，就会影响连接的承载力，甚至发生工程事故。木材含水率过大，干缩变形很大，会影响木结构节点连接的紧密性；含水率过大，木材的弹性模量降低，结构的变形加大；含水率超过 20% 而又通风不畅，木材则易发生腐朽。因此，无论是构件制作还是进场，都应控制含水率。

原木和截面较大的方木通常不能采用窑干法，难以达到干燥状态，其含水率控制在 25%，是指全截面的平均含水率。此时木材表层的含水率往往已降至 18% 以下，干燥裂缝已经呈现，制作构件选材时已经可以避开裂缝。干缩裂缝对板材的不利影响比方木、原木严重得多，但板材可以窑干，故含水率可控制在 20% 以下。干缩裂缝对板材受拉工作影响最为不利，用作受拉构件连接板的板材含水率控制在 18% 以下。

**4.2.6** 《木结构设计规范》GB 50005 明确规定承重木结构用钢材宜选择 Q235 等级，不能因为用于木结构就放松对钢材质量的要求。实际上，建筑结构钢材均可用于木结构，故本规范规定钢材的屈服强度和极限强度不低于 Q235 及以上等级钢材的指标要求。对于承受动荷载或在 −30℃ 以下工作的木结构，不应采

用沸腾钢，冲击韧性应满足相应屈服强度的 D 级要求，与《钢结构设计规范》GB 50017 保持一致。

**4.2.7** 焊条的种类、型号与焊件的钢材类别有关，故应按设计文件规定选用。对于 Q235 钢材，通常采用 E43 型焊条。E43 为碳钢焊条，药皮化学成分不同，适用于不同的焊缝类型、焊机和使用环境，如结构在 -30℃ 以下工作，宜选用 E43 中的低氢型焊条。

**4.2.8** 成品螺栓是标准件，强度等级通常用屈服比表示，如 4.8 级表示抗拉强度标准值为 400MPa，屈服强度标准值为 320MPa，这类螺栓进场时仅需检验合格证书。由于标准件的螺栓长度有时不满足木结构连接的要求，需要专门加工，则按 4.2.6 条的规定，螺栓杆使用的钢材应有力学性能检验合格报告。

**4.2.9** 圆钉的抗弯屈服强度以塑性截面模量计算，当设计文件规定圆钉的抗弯屈服强度时，需作强度见证检验。设计文件未作规定时，将视为由冷拔钢丝制作的普通圆钉，只需检验其产品合格证书。

**4.2.10** 拉杆的搭接接头偏心传力，对焊缝不利，拉杆本身也会产生弯曲应力，因此规定不应采用搭接接头而应采用双面绑条焊接头，并规定了接头的构造要求。

**4.2.11** 按钢结构设计规范规定，寒冷地区的焊缝为保证其延性，焊缝质量等级不得低于二级。

**4.2.12** 结构方案和布置、所用材料的材质等级和节点连接施工质量是控制工程质量、保证结构安全的三大关键要素，任何一个方面出现问题，都会直接影响结构安全，因此都是不允许出现施工偏差的项目。节点连接的施工质量，是影响木结构安全的第三要素，故本条按强制性条文执行。

**4.2.13** 木结构各类节点连接部位木材的质量符合要求，是节点连接承载力的重要保证，因此本条对连接部位木材的材质作出了专门规定。

木结构中的螺栓按其受力可分为受剪、受拉和系紧三类。木构件受拉接头中的螺栓，实际上主要是受弯工作，但因形式上传递的是被连接构件间界面上的剪力，仍习惯称为受剪螺栓；受拉螺栓（亦称圆钢拉杆）包括钢木屋架下弦、豪式屋架的竖拉杆以及支座节点的保险螺栓等，这类螺栓受拉工作；系紧螺栓，如受压接头系紧木夹板的螺栓，既不受拉也不受弯。螺栓孔附近木材中的干裂、斜纹、松节等缺陷都会影响销槽的承压强度，螺栓连接处应避开这些缺陷。

**4.2.14** 本条规定了保证木结构抗震安全的构造措施，系依据《木结构设计规范》GB 50005 和《建筑抗震设计规范》GB 50011 的有关规定制定。

## 4.3 一般项目

**4.3.1** 木桁架、梁、柱的制作偏差应在吊装前检查验收，以便及时更换达不到质量要求的构件或局部

修正。

**4.3.2** 除 4.2.13 条规定外，齿连接的其他构造也影响其工作性能（见图 1）。

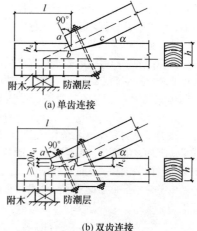

(a) 单齿连接

(b) 双齿连接

图 1 齿连接基本构造

**1** 压杆轴线与承压面垂直且通过承压面中心，则能保证压力完全通过承压面传递且使承压面均匀受压，从而使齿连接工作状态与设计计算假设一致。如果图 1a 所示的交角小于 90°，则齿连接的两个接触面都将承受压力，与计算假设不符。双齿连接第二齿比第一齿齿深至少大 20mm，是为避免图 1b 中 *bd* 间因存在斜纹剪切破坏。

**2** 保持承压面平整，亦为使其均匀承压，否则压应力会不均匀且连接变形过大。

**3** 保险螺栓在正常情况下不参与工作，但一旦受剪面破坏，螺栓则承担拉力，防止屋架突然倒塌。屋架端节点处的保险螺栓直径由设计图规定。腹杆采用过粗的扒钉，会导致木材劈裂，扒钉直径不宜大于 6mm ~ 10mm。直径超过 6mm，应预先钻孔。

**4** 保证支座中心线通过上、下弦杆净截面中心线的交点（方木），或通过上、下弦杆毛截面中心线的交点（原木），都是为尽量使下弦杆均匀受拉，并与设计计算假设相符。例如，假使支座中心线内移，则支座轴线与上弦压杆轴线的交点上移，会使下弦不均匀受拉。原木屋架下弦杆采用毛截面对中是因为支座处原木底面需砍平，才能稳妥地坐落到支座上，砍平的高度大致与槽齿的深度相当。

另外，按我国习惯做法，支座节点齿连接上、下弦间不受力的交接缝的上口（图 1a 单齿连接的 *c* 点、图 1b 双齿连接的 *e* 点）通常留 5mm 的间隙。一方面是为从构造上保证压力完全通过抵承面传递，另一方面是为避免一旦上弦杆转动时（可能受节间荷载作用而弯曲），在上口形成支点产生力矩，从而使受剪面端部横纹受拉甚至撕裂，对抗剪不利。

**4.3.3** 除 4.2.12 条关于螺栓连接的规定外，本条对螺栓连接的其他方面作出规定。

**1** 接头处下弦与木夹板之间的相对滑移过大是屋架变形过大的主要原因，控制螺栓孔直径就是为了减小节点连接的变形。施工时连接板与被连接构件应一次成孔，使孔位一致，便于安装螺栓。否则难以保证孔位一致，往往需要扩孔，造成椭圆孔，加大节点连接的滑移。

**2** 受剪螺栓或系紧螺栓中的拉力不大，施工中可按构造要求设置垫圈（板）。

**3** 保证螺栓连接的紧密性。

**4.3.4** 钉连接中钉子的直径与长度应符合设计文件的规定，施工中不允许使用与设计文件规定的同直径不同长度或同长度不同直径的钉子替代，这是因为钉连接的承载力与钉的直径和长度有关。

硬质阔叶材和落叶松等树种木材，钉钉子时易发生木材劈裂或钉子弯曲，故需设引孔，即预钻孔径为0.8倍~0.9倍钉子直径的孔，施工时亦需将连接件与被连接件临时固定在一起，一并预留孔。

**4.3.5** 受压接头通过被连接构件端头抵承受压传力，因此要求承压面平整且垂直于轴线。承压面不平，则会受压不均匀，增加接头变形。斜搭接头只宜用于受弯构件在反弯点处的连接。

**4.3.6、4.3.7** 木桁架、梁、柱的安装偏差应在安装屋面木骨架之前检查验收，以便及时纠正。

**4.3.8** 首先检查支撑设置是否完整，檩条与上弦的连接是否到位。当采用木斜杆时应重点检查斜杆与上弦杆的螺栓连接；当采用圆钢斜杆时，应重点检查斜杆是否已用套筒张紧。抗震设防地区，檩条与上弦必须用螺栓连接，以免钉连接时钉子被拔出破坏。

# 5 胶合木结构

## 5.1 一般规定

**5.1.1** 规定了本章的适用范围。本章内容对原《木结构工程施工质量验收规范》GB 50206－2002的相关内容作了较大调整。原规范对层板胶合木的制作方法作了很多规定，考虑到我国已单独制定了产品标准《结构用集成材》GB/T 26899，对层板胶合木的制作要求已作规定，这里不宜重复，故将相关内容删除，而将胶合木作为一种木产品对待。

**5.1.2** 《胶合木结构技术规范》GB/T 50708将制作胶合木的层板划分为普通层板、目测分等层板和机械弹性模量分等层板，因而有普通层板胶合木、目测分等层板胶合木和机械弹性模量分等层板胶合木等类别。按组坯方式不同，后两者又分为同等组合胶合木、对称异等组合和非对称异等组合胶合木。普通层板胶合木即为现行《木结构设计规范》GB 50005中的层板胶合木。

**5.1.3** 在我国，胶合木一度可在施工现场制作，这种做法显然不能保证产品质量。现代胶合木对层板及制作工艺都有严格要求，只适宜在工厂制作。进场的是胶合木产品或已加工完成的构件。本条强调胶合木构件应由有资质的专业生产厂家制作，旨在保证产品质量。

## 5.2 主控项目

**5.2.1** 胶合木结构的常见结构形式包括屋盖、梁柱体系、框架、刚架、拱以及空间结构等形式。同方木、原木结构一样，胶合木结构的结构形式、结构布置和构件尺寸是否符合设计文件规定，是影响结构安全的第一要素，因此本条作为强制性条文执行。

**5.2.2** 层板胶合木的类别是指第5.1.2条中规定的三类层板胶合木。胶合木的类别、强度等级和组坯方式是影响结构安全的第二要素，是不允许出现偏差的项目，需重点控制，因此本条作为强制性条文执行。胶合质量直接影响胶合木受弯或压弯构件的工作性能，除检查质量合格证明文件，尚应检查胶缝完整性和层板指接强度检验合格报告，这些文件是证明胶合木质量可靠性的重要依据。如缺少此类报告，胶合木进场时应委托有资质的检验机构作见证检验，检验合格的标准见国家标准《结构用集成材》GB/T 26899。

**5.2.3** 本条规定对进场胶合木进行荷载效应标准组合作用下的抗弯性能检验，以验证构件的胶合质量和胶合木的弹性模量。所谓挠度的理论计算值，是按该构件层板胶合木强度等级规定的弹性模量和加载方式算得的挠度。本条基于弹性模量正态分布假设，且其变异系数取为0.1，取三根试件进行试验，按数理统计理论，在95%保证率的前提下，弹性模量的平均值推定上限为实测平均值的1.13倍，故要求挠度的平均值不大于理论计算值的1.13倍。单根梁的最大挠度限值要求则是为了满足《木结构设计规范》GB 50005规定的正常使用极限状态的要求。由于试验仅加载至荷载效应的标准组合，对于合格的产品不会产生任何损伤，试验完成后的构件仍可在工程中应用。对于那些跨度很大或外形特殊而数量又少的以受弯为主的层板胶合木构件，确无法进行试验检验的，应制定更严格的生产制作工艺，加强层板和胶缝的质量控制，并经专家组论证。质量有保证者，可不做荷载效应标准组合作用下的抗弯性能检验。

**5.2.4** 层板胶合木受弯构件往往设计成弧形。弧形构件在制作时需将层板在弧形模子上加压预弯，待胶固结后，撤去压力，达到所需弧度。在这一制作过程中，层板中会产生残余应力，影响构件的强度。层板越厚和曲率越大，残余应力越大。另外，弧形构件在受到使曲率变小的弯矩作用时，会产生横纹拉应力，曲率越大，横纹拉应力越大，严重时会使构件横纹开裂导致破坏。故应严格检查和控制曲率半径。

**5.2.5** 制作胶合木构件时，要求层板的含水率不应大于15%，否则将影响胶合质量，且同一构件中各层板间的含水率差别不应超过5%，以避免层板间过大的收缩变形差而产生过大的内应力（湿度应力），甚至出现裂缝等损伤。胶合木制作完成后，生产厂家应采取措施，避免产品受潮。本条规定一是为保证胶合木构件制作时层板的含水率，二是为保证构件不受潮，从而保证工程质量。同一构件中各层板间的含水率差别，应由胶合木生产时控制，胶合木进场验收时可不必检验，只检验平均含水率。

5.2.6 胶合木结构节点连接本质上与方木、原木结构并无不同，故所用钢材、焊条、螺栓、螺帽的质量要求与方木、原木结构相同。

5.2.7 类似于方木、原木结构，胶合木结构中连接节点的施工质量是影响结构安全的要素之一，因而是控制施工质量的关键之一，不允许出现偏差。连接中避开漏胶胶缝，是为避免有缺陷的胶缝。本条是强制性条文。

### 5.3 一 般 项 目

5.3.1 本条规定胶合木生产制作的构造和外观要求。

  1 胶合木的构造要求是胶合木产品质量的重要保证，胶合木制作必须符合这些规定，产品进场时依照这些规定进行验收。

  2 胶合木的3类使用环境是指：1类——空气温度达到20℃，相对湿度每年有2周~3周超过65%，大部分软质树种木材的平均平衡含水率不超过12%；2类——空气温度达到20℃，相对湿度每年有2周~3周超过85%，大部分软质树种木材的平均平衡含水率不超过20%；3类——导致木材的平均平衡含水率超过20%的气候环境，或木材处于室外无遮盖的环境中。

  3 本规范将木结构的外观质量要求划分为A、B、C三级（第3.0.5条），胶合木外观质量为C级时，胶合木制作完成后不必作刨光处理。

5.3.2 胶合木构件制作的几何尺寸偏差与方木、原木构件相同。胶合木桁架、梁、柱的制作偏差应在吊装前检查验收，以便及时更换达不到质量要求的构件或局部修正。

5.3.3 胶合木结构中的齿连接、螺栓连接、圆钢拉杆及焊缝质量要求，与方木、原木结构相同，因此要求符合第4.3.2、4.3.3、4.2.10和4.2.11条的规定。

# 6 轻型木结构

## 6.1 一 般 规 定

6.1.1 规定本章的适用范围。

6.1.2 规定检验批。轻型木结构应用最多的是住宅，每幢住宅的面积一般为200m²~300m²左右，本条规定总建筑面积不超过3000m²为一个检验批，约含10幢~15幢轻型木结构建筑。面积超过300m²，对轻型木结构而言是规模较大的重要建筑，例如公寓或学校，则应单独作为一个检验批。施工质量验收检验批的划分同方木、原木结构和胶合木结构。

## 6.2 主 控 项 目

6.2.1 本条规定旨在要求轻型木结构的建造施工符合设计文件中的一些基本要求，保证结构达到预期的可靠水准。轻型木结构中剪力墙、楼盖、屋盖布置，以及由于质量轻所采取的抗倾覆及抗屋盖掀起措施，是否符合设计文件规定，是影响结构安全的第一要素，不允许出现偏差，因此本条作为强制性条文执行。

6.2.2 规格材是轻型木结构中最基本和最重要的受力杆件，作为一种标准化工业化生产且具有不同强度等级的木产品，必须由专业厂家生产才能保证产品质量，因此本条要求进场规格材应具有产品质量合格证书和产品标识，并作为强制性条文执行。

6.2.3 《建筑工程施工质量验收统一标准》GB 50300规定，涉及结构安全的材料应按规定进行见证检验。为此，原规范GB 50206-2002规定每树种、应力等级、规格尺寸至少应随机抽取15根试件，进行抗弯强度破坏性试验。在实施过程中，各方面对该条争议颇大。在北美，目测分等规格材的材质等级是由国家专业机构认定的有资质的分级员分级的。本条沿用这种方式，规定对进场规格材可按目测等级标准作见证检验，但应由有资质的专业人员完成。考虑到目前此类专业人员在我国尚无专业机构认定，这种检验方法并不能普遍适用。另据部分木结构施工企业反映，目前进场规格材的材质尚难以保证符合要求，故本条规定也可采用规格材抗弯强度见证检验的方法。对目测分等规格材，可视具体情况从两种方法中任选一种进行见证检验。其中的强度检验值是按美国木结构设计规范NDS-2005所列，与我国《木结构设计规范》GB 50005相同树种（树种组合）相同目测等级的规格材的设计指标推算的抗弯强度特征值。

按加拿大木业协会提供的规格材抗弯强度试验数据，采用蒙特卡洛法取样计算，证明采用本条规定的复式抽样检验法的错判率约为4%~8%，符合《建筑工程施工质量验收统一标准》GB 50300关于错判、漏判率的相关规定。规格材足尺强度检验是一个较复杂的问题，目前尚没有完全理想的方法。鉴于我国具体情况，本规范在规定进场目测见证检验的同时，还是规定了规格材抗弯强度见证检验的方法。

对机械分等规格材，目前只能采用抗弯强度见证检验方法。这主要是因为检测单位不可能具备各种不同类型的规格材分等仪器与设备。至于其抗弯强度检验值，也应取其相应等级的特征值。由于其等级标识就是抗弯强度特征值，故在检验方法中不必再列出该强度检验值。《木结构设计规范》GB 50005 将机械分等规格材划分为 M10、M14、M18、M22、M26、M30、M35 和 M40 等 8 个等级，按《木结构设计手册》的解释，其抗弯强度特征值应分别为 10、14、18…40N/mm²。对于北美进口机械应力分等（MSR）规格材，例如美国木结构设计规范 NDS－2005 中的 1200f-1.2E 和 1450f-1.3E 等级规格材，按其表列设计指标推算，其抗弯强度特征值则分别为 1200×2.1/145 = 13.78N/mm² 和 1450×2.1/145 = 21.00N/mm²。

关于规格材的名称术语，我国的原木、方木也采用目测分等，但不区分强度指标。作为木产品，木材目测或机械分等后，是区分强度指标的。因此作为合格产品，规格材应分别称为目测应力分等规格材（visually stress-graded lumber）或机械应力分等规格材（machine stress-rated lumber）。称为目测分等规格材或机械分等规格材，只是能区别其分等方式的一种称呼。

《木结构设计规范》GB 50005 已明确规定了我国与北美地区规格材目测分等的等级对应关系，验收时可参照表 1 执行。我国与国外规格材机械分等的等级对应关系，以及我国与其他国家和地区规格材目测分等的等级对应关系，目前尚未明确。

**表 1　我国规格材与北美地区规格材目测分等等级的对应关系**

| 中国规范规格材等级 | 北美规格材等级 |
| --- | --- |
| I$_c$ | Select structural |
| II$_c$ | No. 1 |
| III$_c$ | No. 2 |
| IV$_c$ | No. 3 |
| V$_c$ | Stud |
| VI$_c$ | Construction |
| VII$_c$ | Standard |

**6.2.4**　由规格材制作的构件的抗力与其树种、材质等级和规格尺寸有关，故要求符合设计文件的规定。

**6.2.5**　《木结构设计规范》GB 50005 要求规格材的含水率不应大于 20%，主要为防止腐朽和减少干燥裂缝。

**6.2.6**　对于进场时已具有本条规定的木基结构板材产品合格证书以及干、湿态强度检验合格证书的，仅需板的静曲强度和静曲弹性模量见证检验，否则应按本条规定的项目补作相应的检验。

**6.2.7**　结构复合木材是一类重组木材。用数层厚度为 2.5mm～6.4mm 的单板施胶连续辊轴热压而成的称为旋切板胶合木（LVL）；将木材旋切成厚度为 2.5mm～6.4mm，长度不小于 150 倍厚度的木片施胶加压而成的称为平行木片胶合木（PSL）和层叠木片胶合木（LSL），均呈厚板状。使用时可沿木材纤维

方向锯割成所需截面宽度的木构件，但在板厚方向不再加工。结构复合木材的一重要用途是将其制作成预制构件。例如用 LVL 制作工字形木搁栅的翼缘、拼合柱和侧立受弯构件等。

目前国内尚无结构复合木材及其预制构件的产品和相关的技术标准，主要依赖进口。因此，验收时应认真检查产地国的产品质量合格证书、产品标识和合同技术条款的规定。结构复合木材用作平置或侧立受弯构件时，需作荷载效应标准组合下的抗弯性能见证检验。由于受弯构件检验时，仅加载至正常使用荷载，不会对合格构件造成损伤，因此检验合格后，试样仍可作工程用材。

关于进场工字形木搁栅和结构复合木材受弯构件应作荷载效应标准组合作用下的结构性能检验，见 5.2.3 条文说明。

**6.2.8**　齿板桁架采用规格材和齿板制作。由于制作时需专门的齿板压入桁架节点设备，施工现场制作无法保证质量，故齿板桁架应由专业加工厂生产。本条内容视为预制构件准许使用的基本要求。

**6.2.10**　轻型木结构中常用的金属连接件钢板往往较薄，采用焊接不易保证质量，且有些构件尚有加劲肋，并非平板，现场制作存在实际困难，又需作防腐处理，因此规定由专业加工厂冲压成形加工。

**6.2.11**　木结构的安全性，取决于构件的质量和构件间的连接质量，因此，本条列为强制性条文，严格要求金属连接件和钉连接用钉的规格、数量符合设计文件的规定，不允许出现偏差。轻型木结构中抗风抗震锚固措施（hold-down）所用的螺栓连接件，也是本条的执行范围。

**6.2.12**　轻型木结构构件间主要采用钉连接，按构造设计时，本条是钉连接的最低要求。需注意的是，当屋面坡度大于 1:3 时，椽条不再是单纯的斜梁式构件，而是与顶棚搁栅形成类似拱结构，顶棚搁栅需抵抗水平推力，椽条与顶棚搁栅间的钉连接比斜梁式椽条要求更严格一些。附录 J 表 J.0.2 系参考《加拿大建筑规范》2005（National Building Code of Canada 2005）有关条文制定。

**6.3　一般项目**

**6.3.1、6.3.2、6.3.4**　轻型木结构实际上是由剪力墙与横隔（楼盖、屋盖）两类基本的板式组合构件组成的板壁式房屋。各款内容都与结构的承载力和耐久性直接相关，但各款的具体要求，不论设计文件是否标明，均应满足《木结构设计规范》GB 50005 规定的构造要求，验收时应逐款检查。为避免重复，这里仅列出检查项目，未列出标准。

**6.3.3**　影响齿板桁架结构性能的主要因素是齿板连接，故应对齿板安装位置偏差、板齿倒伏和齿板处规格材的表面缺陷进行检查。

**1** 因规格材的强度与树种、材质等级和规格尺寸有关，故要求制作齿板桁架的规格材符合设计文件的规定。

**2** 在国外齿板为专利产品，齿板连接的承载力与齿板的类型、规格尺寸和所连接的规格材树种有关。齿板制作时允许采用性能不低于原设计的规格材和齿板替代，但须经设计人员作设计变更。

**3** 齿板桁架制作误差的规定与《轻型木桁架技术规范》JGJ/T 265一致。

**4** 按长度和宽度将齿板安装的位置偏差规定为13mm（0.5 英寸）和19mm（0.75 英寸）两级。安装偏差由齿板的平动错位和转动错位两部分组成，两者之和即为齿板各角点设计位置与实际安装位置间的距离。验收时应量测各角点的最大距离。

**5** 齿板安装过程中齿的倒伏以及连接处木材的缺陷都会导致板齿失效，本款旨在控制齿板连接中齿的失效程度。按《轻型木桁架技术规范》JGJ/T 265的规定，倒伏是指齿长的1/4以上没有垂直压入木材的齿；木材表面的缺陷面积包括木节、钝棱和树脂囊等。验收时应在齿板连接范围内用量具仔细测算齿倒伏和木材缺陷的面积之和。需指出的是，齿板连接缺陷面积的百分比，应逐杆计算。

**6** 齿板连接处缝隙的规定与《轻型木桁架技术规范》JGJ/T 265一致。

**6.3.5** 本条统一规定轻型木结构的制作和安装偏差，各构件的制作偏差应在安装前检查，以便替换不合格构件。安装偏差的检查，应合理考虑各工序之间的衔接，便于纠正偏差。例如搁栅间距，应在铺钉楼、屋面板前检查。

**6.3.6** 保温措施和隔气层的设置不仅为满足建筑功能的要求，也是保证轻型木结构耐久性的重要措施。

# 7 木结构的防护

## 7.1 一 般 规 定

**7.1.1** 规定本章的适用范围。

**7.1.2** 木构件防火处理有阻燃药物浸渍处理和防火涂层处理两类。为保证阻燃处理或防火涂层处理的施工质量，应由专业队伍施工。

**7.1.3** 木结构工程的防护包括防腐和防虫害两个方面，这两个方面的工作由工程所在地的环境条件和虫害情况决定，需单独处理或同时处理。对防护用药剂的基本要求是能起到防护作用又不能危及人、畜安全和污染环境。

## 7.2 主 控 项 目

**7.2.1** 木材的防腐、防虫及防火和阻燃处理所使用的药剂，以及防腐处理的效果，即载药量和透入度要

求，与木结构的使用环境和耐火等级密切相关，如有差错，轻则影响结构的耐久性和使用功能，重则影响结构的安全。防腐药剂使用不当，还会危及健康。因此严格要求所使用的药剂符合设计文件的规定，并应有产品质量合格证书和防腐处理木材载药量和透入度合格检验报告。如果不能提供合格检验报告，则应按《木结构试验方法标准》GB/T 50329的有关规定进行检测，载药量和透入度合格的防腐处理木材，方可工程应用。检验木材载药量时，应对每批处理的木材随机抽取20块并各取一个直径为5mm～10mm的芯样。当木材厚度小于等于50mm时，取样深度为15mm（即芯样长度为15mm）；厚度大于50mm时，取样深度为25mm。对透入度的检验，同样在每批防护处理的木材中随机抽取20块并各取一个芯样，但取样深度应超过附录K对各表规定的透入度。载药量和透入度的检验方法应按《木结构试验方法标准》GB/T 50329的有关规定进行。

**7.2.2** 在具备防腐处理木材载药量和透入度合格检验报告的前提下，本条通过规定对透入度进行见证检验，验证产品质量。

**7.2.3** 保持木构件良好的通风条件，不直接接触土壤、混凝土、砖墙等，以免水或湿气侵入，是保证木构件耐久性的必要环境条件，本条各款是木结构防护构造措施的基本施工质量要求。

**7.2.4** 使用不同的防火涂料达到相同的耐火极限，要求有不同的涂层厚度，故涂层厚度不应小于防火涂料说明书（经当地消防行政主管部门核准）的规定。

**7.2.5** 木构件表面覆盖石膏板可提高耐火性能，但石膏板有防火石膏板和普通石膏板之分，为改善木构件的耐火性能必须用防火石膏板，并应有合格证书。

**7.2.6** 为防止烟道火星窜出或烟道外壁温度过高而引燃木构件材料所作的相关规定。

**7.2.7** 尽量少使用易燃材料有利于防火，故对这些材料的防火性能作出了规定，与《木结构设计规范》GB 50005一致。难燃性B$_1$标准见《建筑材料难燃性试验方法》GB 8625。

**7.2.8** 本条系对木结构房屋内电源线敷设作出的规定，参照上海市政工程建设标准《民用建筑电线电缆防火设计规程》DGJ 08－93有关规定制定。

**7.2.9** 对高温管道穿越木结构构件或敷设的规定，与《木结构设计规范》GB 50005一致。

## 7.3 一 般 项 目

**7.3.1** 所谓妥善修补，即应将局部加工造成的创面用与原构件相同的防护药剂涂刷。

**7.3.2** 铺钉防火石膏板可提高木构件的抗火性能，但若钉连接的钉入深度不足，火灾发生时石膏板过早脱落将丧失抗火能力，故规定钉入深度。本条参考《加拿大建筑规范》2005（National Building Code of

Canada 2005）有关条款制定。

**7.3.3** 木结构外墙必须采取适当的防护构造措施，避免木构件受潮腐朽和受虫蛀。这类构造措施通常包括设置防雨幕墙、泛水板、防虫网以及门窗洞口周边的密封等。应按设计文件的要求进行工程施工，实物与设计文件对照验收。

**7.3.4** 木结构构件间的空腔会形成通风道，助长火灾扩大，同时烟气将在这些空腔内流通，加重灾情。因此对过长的空腔应采取阻断措施。本条参考《加拿大建筑规范》2005（National Building Code of Canada 2005）有关条款制定。

# 8  木结构子分部工程验收

**8.0.1** 国家标准《建筑工程施工质量验收统一标准》GB 50300 第6章规定了建筑工程质量验收的程序和验收人员。为了贯彻与其配套使用的原则，本条强调木结构子分部工程质量验收应符合该统一标准的规定。

**8.0.3** 木结构分项工程现阶段划分为四个：方木与原木结构、胶合木结构、轻型木结构和木结构防护。前三个分项工程之一与木结构防护分项工程即组成木结构子分部工程。本条规定了木结构子分部工程最终验收合格的条件。

中华人民共和国国家标准

# 屋面工程质量验收规范

Code for acceptance of construction quality of roof

**GB 50207—2012**

主编部门：山 西 省 住 房 和 城 乡 建 设 厅
批准部门：中华人民共和国住房和城乡建设部
施行日期：２０１２年１０月１日

# 中华人民共和国住房和城乡建设部
# 公　告

## 第 1394 号

---

## 关于发布国家标准《屋面工程
## 质量验收规范》的公告

现批准《屋面工程质量验收规范》为国家标准，编号为 GB 50207－2012，自 2012 年 10 月 1 日起实施。其中，第 3.0.6、3.0.12、5.1.7、7.2.7 条为强制性条文，必须严格执行。原国家标准《屋面工程质量验收规范》GB 50207－2002 同时废止。

本规范由我部标准定额研究所组织中国建筑工业出版社出版发行。

**中华人民共和国住房和城乡建设部**
2012 年 5 月 28 日

## 前　　言

本规范是根据住房和城乡建设部《关于印发〈2008 年工程建设标准规范制订、修订计划（第一批）〉的通知》（建标［2008］102 号）的要求，由山西建筑工程（集团）总公司和上海市第二建筑有限公司会同有关单位，共同对《屋面工程质量验收规范》GB 50207－2002 进行修订后完成的。

本规范共分 9 章和 2 个附录。主要技术内容包括：总则、术语、基本规定、基层与保护工程、保温与隔热工程、防水与密封工程、瓦面与板面工程、细部构造工程、屋面工程验收等。

本规范中以黑体标志的条文为强制性条文，必须严格执行。

本规范由住房和城乡建设部负责管理和对强制性条文的解释，由山西建筑工程（集团）总公司负责具体技术内容的解释。在本规范执行过程中，请各单位结合工程实践，认真总结经验，注意积累资料，随时将意见和建议反馈给山西建筑工程（集团）总公司（地址：山西省太原市新建路 9 号，邮政编码：030002，邮箱：4085462@ sohu. com），以供今后修订时参考。

本 规 范 主 编 单 位：山西建筑工程（集团）总公司
　　　　　　　　　　上海市第二建筑有限公司

本 规 范 参 编 单 位：北京市建筑工程研究院
　　　　　　　　　　浙江工业大学
　　　　　　　　　　太原理工大学

中国建筑科学研究院

中国建筑材料科学研究总院苏州防水研究院

苏州市新型建筑防水工程有限责任公司

广厦建设集团有限责任公司

上海建筑防水材料（集团）公司

北京圣洁防水材料有限公司

上海台安工程实业有限公司

大连细扬防水工程集团有限公司

本规范主要起草人员：郝玉柱　霍瑞琴　姜向红
　　　　　　　　　　张振礼　王寿华　叶林标
　　　　　　　　　　项桦太　马芸芳　王 天
　　　　　　　　　　哈成德　高延继　张文华
　　　　　　　　　　杨 胜　姜静波　杜红秀
　　　　　　　　　　林炎飞　瞿建民　杜 昕
　　　　　　　　　　程雪峰　樊细杨

本规范主要审查人员：杨嗣信　李承刚　牛光全
　　　　　　　　　　方展和　李引擎　叶琳昌
　　　　　　　　　　陶驷骥　曹征富　陈梓明

# 目 次

# Contents

# 1 总 则

**1.0.1** 为了加强建筑屋面工程质量管理，统一屋面工程的质量验收，保证其功能和质量，制定本规范。

**1.0.2** 本规范适用于房屋建筑屋面工程的质量验收。

**1.0.3** 屋面工程的设计和施工，应符合现行国家标准《屋面工程技术规范》GB 50345 的有关规定。

**1.0.4** 屋面工程的施工应遵守国家有关环境保护、建筑节能和防火安全等有关规定。

**1.0.5** 屋面工程的质量验收除应符合本规范外，尚应符合国家现行有关标准的规定。

# 2 术 语

**2.0.1** 隔汽层 vapor barrier
阻止室内水蒸气渗透到保温层内的构造层。

**2.0.2** 保温层 thermal insulation layer
减少屋面热交换作用的构造层。

**2.0.3** 防水层 waterproof layer
能够隔绝水而不使水向建筑物内部渗透的构造层。

**2.0.4** 隔离层 isolation layer
消除相邻两种材料之间粘结力、机械咬合力、化学反应等不利影响的构造层。

**2.0.5** 保护层 protection layer
对防水层或保温层起防护作用的构造层。

**2.0.6** 隔热层 insulation layer
减少太阳辐射热向室内传递的构造层。

**2.0.7** 复合防水层 compound waterproof layer
由彼此相容的卷材和涂料组合而成的防水层。

**2.0.8** 附加层 additional layer
在易渗漏及易破损部位设置的卷材或涂膜加强层。

**2.0.9** 瓦面 bushing surface
在屋顶最外面铺盖块瓦或沥青瓦，具有防水和装饰功能的构造层。

**2.0.10** 板面 running surface
在屋顶最外面铺盖金属板或玻璃板，具有防水和装饰功能的构造层。

**2.0.11** 防水垫层 waterproof leveling layer
设置在瓦材或金属板材下面，起防水、防潮作用的构造层。

**2.0.12** 持钉层 nail-supporting layer
能握裹固定钉的瓦屋面构造层。

**2.0.13** 纤维材料 fiber material
将熔融岩石、矿渣、玻璃等原料经高温熔化，采用离心法或气体喷射法制成的板状或毡状纤维制品。

**2.0.14** 喷涂硬泡聚氨酯 spraying polyurethane foam
以异氰酸酯、多元醇为主要原料加入发泡剂等添加剂，现场使用专用喷涂设备在基层上连续多遍喷涂发泡聚氨酯后，形成无接缝的硬泡体。

**2.0.15** 现浇泡沫混凝土 cast foam concrete
用物理方法将发泡剂水溶液制备成泡沫，再将泡沫加入到由水泥、集料、掺合料、外加剂和水等制成的料浆中，经混合搅拌、现场浇筑、自然养护而成的轻质多孔混凝土。

**2.0.16** 玻璃采光顶 glass lighting roof
由玻璃透光面板与支承体系组成的屋顶。

# 3 基 本 规 定

**3.0.1** 屋面工程应根据建筑物的性质、重要程度、使用功能要求，按不同屋面防水等级进行设防。屋面防水等级和设防要求应符合现行国家标准《屋面工程技术规范》GB 50345 的有关规定。

**3.0.2** 施工单位应取得建筑防水和保温工程相应等级的资质证书；作业人员应证上岗。

**3.0.3** 施工单位应建立、健全施工质量的检验制度，严格工序管理，作好隐蔽工程的质量检查和记录。

**3.0.4** 屋面工程施工前应通过图纸会审，施工单位应掌握施工图中的细部构造及有关技术要求；施工单位应编制屋面工程专项施工方案，并应经监理单位或建设单位审查确认后执行。

**3.0.5** 对屋面工程采用的新技术，应按有关规定经过科技成果鉴定、评估或新产品、新技术鉴定。施工单位应对新的或首次采用的新技术进行工艺评价，并应制定相应技术质量标准。

**3.0.6** 屋面工程所用的防水、保温材料应有产品合格证书和性能检测报告，材料的品种、规格、性能等必须符合国家现行产品标准和设计要求。产品质量应由经过省级以上建设行政主管部门对其资质认可和质量技术监督部门对其计量认证的质量检测单位进行检测。

**3.0.7** 防水、保温材料进场验收应符合下列规定：

1 应根据设计要求对材料的质量证明文件进行检查，并应经监理工程师或建设单位代表确认，纳入工程技术档案；

2 应对材料的品种、规格、包装、外观和尺寸等进行检查验收，并应经监理工程师或建设单位代表确认，形成相应验收记录；

3 防水、保温材料进场检验项目及材料标准应符合本规范附录 A 和附录 B 的规定。材料进场检验应执行见证取样送检制度，并应提出进场检验报告；

4 进场检验报告的全部项目指标均达到技术标准规定应为合格；不合格材料不得在工程中使用。

**3.0.8** 屋面工程使用的材料应符合国家现行有关标

准对材料有害物质限量的规定，不得对周围环境造成污染。

**3.0.9** 屋面工程各构造层的组成材料，应分别与相邻层次的材料相容。

**3.0.10** 屋面工程施工时，应建立各道工序的自检、交接检和专职人员检查的"三检"制度，并应有完整的检查记录。每道工序施工完成后，应经监理单位或建设单位检查验收，并应在合格后再进行下道工序的施工。

**3.0.11** 当进行下道工序或相邻工程施工时，应对屋面已完成的部分采取保护措施。伸出屋面的管道、设备或预埋件等，应在保温层和防水层施工前安设完毕。屋面保温层和防水层完工后，不得进行凿孔、打洞或重物冲击等有损屋面的作业。

**3.0.12** 屋面防水工程完工后，应进行观感质量检查和雨后观察或淋水、蓄水试验，不得有渗漏和积水现象。

**3.0.13** 屋面工程各子分部工程和分项工程的划分，应符合表3.0.13的要求。

**表3.0.13 屋面工程各子分部工程和分项工程的划分**

| 分部工程 | 子分部工程 | 分项工程 |
|---|---|---|
| 屋面工程 | 基层与保护 | 找坡层，找平层，隔汽层，隔离层，保护层 |
| | 保温与隔热 | 板状材料保温层，纤维材料保温层，喷涂硬泡聚氨酯保温层，现浇泡沫混凝土保温层，种植隔热层，架空隔热层，蓄水隔热层 |
| | 防水与密封 | 卷材防水层，涂膜防水层，复合防水层，接缝密封防水 |
| | 瓦面与板面 | 烧结瓦和混凝土瓦铺装，沥青瓦铺装，金属板铺装，玻璃采光顶铺装 |
| | 细部构造 | 檐口，檐沟和天沟，女儿墙和山墙，水落口，变形缝，伸出屋面管道，屋面出入口，反梁过水孔，设施基座，屋脊，屋顶窗 |

**3.0.14** 屋面工程各分项工程宜按屋面面积每500m²~1000m²划分为一个检验批，不足500m²应按一个检验批；每个检验批的抽检数量应按本规范第4~8章的规定执行。

# 4 基层与保护工程

## 4.1 一般规定

**4.1.1** 本章适用于与屋面保温层、防水层相关的找坡层、找平层、隔汽层、隔离层、保护层等分项工程的施工质量验收。

**4.1.2** 屋面混凝土结构层的施工，应符合现行国家标准《混凝土结构工程施工质量验收规范》GB 50204的有关规定。

**4.1.3** 屋面找坡应满足设计排水坡度要求，结构找坡不应小于3%，材料找坡宜为2%；檐沟、天沟纵向找坡不应小于1%，沟底水落差不得超过200mm。

**4.1.4** 上人屋面或其他使用功能屋面，其保护及铺面的施工除应符合本章的规定外，尚应符合现行国家标准《建筑地面工程施工质量验收规范》GB 50209等的有关规定。

**4.1.5** 基层与保护工程各分项工程每个检验批的抽检数量，应按屋面面积每100m²抽查一处，每处应为10m²，且不得少于3处。

## 4.2 找坡层和找平层

**4.2.1** 装配式钢筋混凝土板的板缝嵌填施工，应符合下列要求：

　1 嵌填混凝土时板缝内应清理干净，并应保持湿润；

　2 当板缝宽度大于40mm或上窄下宽时，板缝内应按设计要求配置钢筋；

　3 嵌填细石混凝土的强度等级不应低于C20，嵌填深度宜低于板面10mm~20mm，且应振捣密实和浇水养护；

　4 板端缝应按设计要求增加防裂的构造措施。

**4.2.2** 找坡层宜采用轻骨料混凝土；找坡材料应分层铺设和适当压实，表面应平整。

**4.2.3** 找平层宜采用水泥砂浆或细石混凝土；找平层的抹平工序应在初凝前完成，压光工序应在终凝前完成，终凝后应进行养护。

**4.2.4** 找平层分格缝纵横间距不宜大于6m，分格缝的宽度宜为5mm~20mm。

Ⅰ　主 控 项 目

**4.2.5** 找坡层和找平层所用材料的质量及配合比，应符合设计要求。

　检验方法：检查出厂合格证、质量检验报告和计量措施。

**4.2.6** 找坡层和找平层的排水坡度，应符合设计要求。

　检验方法：坡度尺检查。

Ⅱ　一 般 项 目

**4.2.7** 找平层应抹平、压光，不得有酥松、起砂、起皮现象。

　检验方法：观察检查。

**4.2.8** 卷材防水层的基层与突出屋面结构的交接处，以及基层的转角处，找平层应做成圆弧形，且应整齐平顺。

　检验方法：观察检查。

**4.2.9** 找平层分格缝的宽度和间距，均应符合设计要求。

检验方法：观察和尺量检查。

**4.2.10** 找坡层表面平整度的允许偏差为7mm，找平层表面平整度的允许偏差为5mm。

检验方法：2m靠尺和塞尺检查。

## 4.3 隔 汽 层

**4.3.1** 隔汽层的基层应平整、干净、干燥。

**4.3.2** 隔汽层应设置在结构层与保温层之间；隔汽层应选用气密性、水密性好的材料。

**4.3.3** 在屋面与墙的连接处，隔汽层应沿墙面向上连续铺设，高出保温层上表面不得小于150mm。

**4.3.4** 隔汽层采用卷材时宜空铺，卷材搭接缝应满粘，其搭接宽度不应小于80mm；隔汽层采用涂料时，应涂刷均匀。

**4.3.5** 穿过隔汽层的管线周围应封严，转角处应无折损；隔汽层凡有缺陷或破损的部位，均应进行返修。

### Ⅰ 主 控 项 目

**4.3.6** 隔汽层所用材料的质量，应符合设计要求。

检验方法：检查出厂合格证、质量检验报告和进场检验报告。

**4.3.7** 隔汽层不得有破损现象。

检验方法：观察检查。

### Ⅱ 一 般 项 目

**4.3.8** 卷材隔汽层应铺设平整，卷材搭接缝应粘结牢固，密封应严密，不得有扭曲、皱折和起泡等缺陷。

检验方法：观察检查。

**4.3.9** 涂膜隔汽层应粘结牢固，表面平整，涂布均匀，不得有堆积、起泡和露底等缺陷。

检验方法：观察检查。

## 4.4 隔 离 层

**4.4.1** 块体材料、水泥砂浆或细石混凝土保护层与卷材、涂膜防水层之间，应设置隔离层。

**4.4.2** 隔离层可采用干铺塑料膜、土工布、卷材或铺抹低强度等级砂浆。

### Ⅰ 主 控 项 目

**4.4.3** 隔离层所用材料的质量及配合比，应符合设计要求。

检验方法：检查出厂合格证和计量措施。

**4.4.4** 隔离层不得有破损和漏铺现象。

检验方法：观察检查。

### Ⅱ 一 般 项 目

**4.4.5** 塑料膜、土工布、卷材应铺设平整，其搭接宽度不应小于50mm，不得有皱折。

检验方法：观察和尺量检查。

**4.4.6** 低强度等级砂浆表面应压实、平整，不得有起壳、起砂现象。

检验方法：观察检查。

## 4.5 保 护 层

**4.5.1** 防水层上的保护层施工，应待卷材铺贴完成或涂料固化成膜，并经检验合格后进行。

**4.5.2** 用块体材料做保护层时，宜设置分格缝，分格缝纵横间距不应大于10m，分格缝宽度宜为20mm。

**4.5.3** 用水泥砂浆做保护层时，表面应抹平压光，并应设表面分格缝，分格面积宜为1m²。

**4.5.4** 用细石混凝土做保护层时，混凝土应振捣密实，表面应抹平压光，分格缝纵横间距不应大于6m。分格缝的宽度宜为10mm～20mm。

**4.5.5** 块体材料、水泥砂浆或细石混凝土保护层与女儿墙和山墙之间，应预留宽度为30mm的缝隙，缝内宜填塞聚苯乙烯泡沫塑料，并应用密封材料嵌填密实。

### Ⅰ 主 控 项 目

**4.5.6** 保护层所用材料的质量及配合比，应符合设计要求。

检验方法：检查出厂合格证、质量检验报告和计量措施。

**4.5.7** 块体材料、水泥砂浆或细石混凝土保护层的强度等级，应符合设计要求。

检验方法：检查块体材料、水泥砂浆或混凝土抗压强度试验报告。

**4.5.8** 保护层的排水坡度，应符合设计要求。

检验方法：坡度尺检查。

### Ⅱ 一 般 项 目

**4.5.9** 块体材料保护层表面应干净，接缝应平整，周边应顺直，镶嵌应正确，应无空鼓现象。

检查方法：小锤轻击和观察检查。

**4.5.10** 水泥砂浆、细石混凝土保护层不得有裂纹、脱皮、麻面和起砂等现象。

检验方法：观察检查。

**4.5.11** 浅色涂料应与防水层粘结牢固，厚薄应均匀，不得漏涂。

检验方法：观察检查。

**4.5.12** 保护层的允许偏差和检验方法应符合表4.5.12的规定。

**表 4.5.12　保护层的允许偏差和检验方法**

| 项目 | 允许偏差（mm） | | | 检验方法 |
|---|---|---|---|---|
| | 块体材料 | 水泥砂浆 | 细石混凝土 | |
| 表面平整度 | 4.0 | 4.0 | 5.0 | 2m靠尺和塞尺检查 |
| 缝格平直 | 3.0 | 3.0 | 3.0 | 拉线和尺量检查 |
| 接缝高低差 | 1.5 | — | — | 直尺和塞尺检查 |
| 板块间隙宽度 | 2.0 | — | — | 尺量检查 |
| 保护层厚度 | 设计厚度的10%，且不得大于5mm | | | 钢针插入和尺量检查 |

# 5　保温与隔热工程

## 5.1　一般规定

**5.1.1**　本章适用于板状材料、纤维材料、喷涂硬泡聚氨酯、现浇泡沫混凝土保温层和种植、架空、蓄水隔热层分项工程的施工质量验收。

**5.1.2**　铺设保温层的基层应平整、干燥和干净。

**5.1.3**　保温材料在施工过程中应采取防潮、防水和防火等措施。

**5.1.4**　保温与隔热工程的构造及选用材料应符合设计要求。

**5.1.5**　保温与隔热工程质量验收除应符合本章规定外，尚应符合现行国家标准《建筑节能工程施工质量验收规范》GB 50411 的有关规定。

**5.1.6**　保温材料使用时的含水率，应相当于该材料在当地自然风干状态下的平衡含水率。

**5.1.7**　**保温材料的导热系数、表观密度或干密度、抗压强度或压缩强度、燃烧性能，必须符合设计要求。**

**5.1.8**　种植、架空、蓄水隔热层施工前，防水层均应验收合格。

**5.1.9**　保温与隔热工程各分项工程每个检验批的抽检数量，应按屋面面积每100m²抽查1处，每处应为10m²，且不得少于3处。

## 5.2　板状材料保温层

**5.2.1**　**板状材料保温层采用干铺法施工时，板状保温材料应紧靠在基层表面上，应铺平垫稳，分层铺设的板块上下层接缝应相互错开，板间缝隙应采用同类材料的碎屑嵌填密实。**

**5.2.2**　**板状保温层采用粘贴法施工时，胶粘剂应与保温材料的材性相容，并应贴严、粘牢；板状材料保温层的平面接缝应挤紧拼严，不得在板块侧面涂抹胶粘剂，超过2mm的缝隙应采用相同材料板条或片填塞严实。**

**5.2.3**　**板状保温材料采用机械固定法施工时，应选择专用螺钉和垫片；固定件与结构层之间应连接牢固。**

**5.2.4**　**板状保温材料的质量，应符合设计要求。**

　　检验方法：检查出厂合格证、质量检验报告和进场检验报告。

**5.2.5**　**板状材料保温层的厚度应符合设计要求，其正偏差应不限，负偏差为5%，且不得大于4mm。**

　　检验方法：钢针插入和尺量检查。

**5.2.6**　屋面热桥部位处理应符合设计要求。

　　检验方法：观察检查。

**5.2.7**　板状保温材料铺设应紧贴基层，应铺平垫稳，拼缝应严密，粘贴应牢固。

　　检验方法：观察检查。

**5.2.8**　固定件的规格、数量和位置均应符合设计要求；垫片应与保温层表面齐平。

　　检验方法：观察检查。

**5.2.9**　板状材料保温层表面平整度的允许偏差为5mm。

　　检验方法：2m靠尺和塞尺检查。

**5.2.10**　板状材料保温层接缝高低差的允许偏差为2mm。

　　检验方法：直尺和塞尺检查。

## 5.3　纤维材料保温层

**5.3.1**　纤维材料保温层施工应符合下列规定：

　　**1**　纤维保温材料应紧靠在基层表面上，平面接缝应挤紧拼严，上下层接缝应相互错开；

　　**2**　屋面坡度较大时，宜采用金属或塑料专用固定件将纤维保温材料与基层固定；

　　**3**　纤维材料填充后，不得上人踩踏。

**5.3.2**　装配式骨架纤维保温材料施工时，应先在基层上铺设保温龙骨或金属龙骨，龙骨之间应填充纤维保温材料，再在龙骨上铺钉水泥纤维板。金属龙骨和固定件应经防锈处理，金属龙骨与基层之间应采取隔热断桥措施。

**5.3.3**　纤维保温材料的质量，应符合设计要求。

　　检验方法：检查出厂合格证、质量检验报告和进场检验报告。

**5.3.4**　纤维材料保温层的厚度应符合设计要求，其正偏差应不限，毡不得有负偏差，板负偏差为4%，且不得大于3mm。

　　检验方法：钢针插入和尺量检查。

**5.3.5**　屋面热桥部位处理应符合设计要求。

　　检验方法：观察检查。

## Ⅱ 一般项目

**5.3.6** 纤维保温材料铺设应紧贴基层，拼缝应严密，表面应平整。

检验方法：观察检查。

**5.3.7** 固定件的规格、数量和位置应符合设计要求；垫片应与保温层表面齐平。

检验方法：观察检查。

**5.3.8** 装配式骨架和水泥纤维板应铺钉牢固，表面应平整；龙骨间距和板材厚度应符合设计要求。

检验方法：观察和尺量检查。

**5.3.9** 具有抗水蒸气渗透外覆面的玻璃棉制品，其外覆面应朝向室内，拼缝应用防水密封胶带封严。

检验方法：观察检查。

### 5.4 喷涂硬泡聚氨酯保温层

**5.4.1** 保温层施工前应对喷涂设备进行调试，并应制备试样进行硬泡聚氨酯的性能检测。

**5.4.2** 喷涂硬泡聚氨酯的配比应准确计量，发泡厚度应均匀一致。

**5.4.3** 喷涂时喷嘴与施工基面的间距应由试验确定。

**5.4.4** 一个作业面应分遍喷涂完成，每遍厚度不宜大于15mm；当日的作业面应当日连续地喷涂施工完毕。

**5.4.5** 硬泡聚氨酯喷涂后20min内严禁上人；喷涂硬泡聚氨酯保温层完成后，应及时做保护层。

#### Ⅰ 主控项目

**5.4.6** 喷涂硬泡聚氨酯所用原材料的质量及配合比，应符合设计要求。

检验方法：检查原材料出厂合格证、质量检验报告和计量措施。

**5.4.7** 喷涂硬泡聚氨酯保温层的厚度应符合设计要求，其正偏差应不限，不得有负偏差。

检验方法：钢针插入和尺量检查。

**5.4.8** 屋面热桥部位处理应符合设计要求。

检验方法：观察检查。

#### Ⅱ 一般项目

**5.4.9** 喷涂硬泡聚氨酯应分遍喷涂，粘结应牢固，表面应平整，找坡应正确。

检验方法：观察检查。

**5.4.10** 喷涂硬泡聚氨酯保温层表面平整度的允许偏差为5mm。

检验方法：2m靠尺和塞尺检查。

### 5.5 现浇泡沫混凝土保温层

**5.5.1** 在浇筑泡沫混凝土前，应将基层上的杂物和油污清理干净；基层应浇水湿润，但不得有积水。

**5.5.2** 保温层施工前应对设备进行调试，并应制备试样进行泡沫混凝土的性能检测。

**5.5.3** 泡沫混凝土的配合比应准确计量，制备好的泡沫加入水泥料浆中应搅拌均匀。

**5.5.4** 浇筑过程中，应随时检查泡沫混凝土的湿密度。

#### Ⅰ 主控项目

**5.5.5** 现浇泡沫混凝土所用原材料的质量及配合比，应符合设计要求。

检验方法：检查原材料出厂合格证、质量检验报告和计量措施。

**5.5.6** 现浇泡沫混凝土保温层的厚度应符合设计要求，其正负偏差应为5%，且不得大于5mm。

检验方法：钢针插入和尺量检查。

**5.5.7** 屋面热桥部位处理应符合设计要求。

检验方法：观察检查。

#### Ⅱ 一般项目

**5.5.8** 现浇泡沫混凝土应分层施工，粘结应牢固，表面应平整，找坡应正确。

检验方法：观察检查。

**5.5.9** 现浇泡沫混凝土不得有贯通性裂缝，以及疏松、起砂、起皮现象。

检验方法：观察检查。

**5.5.10** 现浇泡沫混凝土保温层表面平整度的允许偏差为5mm。

检验方法：2m靠尺和塞尺检查。

### 5.6 种植隔热层

**5.6.1** 种植隔热层与防水层之间宜设细石混凝土保护层。

**5.6.2** 种植隔热层的屋面坡度大于20%时，其排水层、种植土层应采取防滑措施。

**5.6.3** 排水层施工应符合下列要求：

**1** 陶粒的粒径不应小于25mm，大粒径应在下，小粒径应在上。

**2** 凹凸形排水板宜采用搭接法施工，网状交织排水板宜采用对接法施工。

**3** 排水层上应铺设过滤层土工布。

**4** 挡墙或挡板的下部应设泄水孔，孔周围应放置疏水粗细骨料。

**5.6.4** 过滤层土工布应沿种植土周边向上铺设至种植土高度，并应与挡墙或挡板粘牢；土工布的搭接宽度不应小于100mm，接缝宜采用粘合或缝合。

**5.6.5** 种植土的厚度及自重应符合设计要求。种植土表面应低于挡墙高度100mm。

#### Ⅰ 主控项目

**5.6.6** 种植隔热层所用材料的质量，应符合设计要求。

　　检验方法：检查出厂合格证和质量检验报告。

**5.6.7** 排水层应与排水系统连通。

　　检验方法：观察检查。

**5.6.8** 挡墙或挡板泄水孔的留设应符合设计要求，并不得堵塞。

　　检验方法：观察和尺量检查。

Ⅱ　一般项目

**5.6.9** 陶粒应铺设平整、均匀，厚度应符合设计要求。

　　检验方法：观察和尺量检查。

**5.6.10** 排水板应铺设平整，接缝方法应符合国家现行有关标准的规定。

　　检验方法：观察和尺量检查。

**5.6.11** 过滤层土工布应铺设平整、接缝严密，其搭接宽度的允许偏差为 −10mm。

　　检验方法：观察和尺量检查。

**5.6.12** 种植土应铺设平整、均匀，其厚度的允许偏差为 ±5%，且不得大于 30mm。

　　检验方法：尺量检查。

### 5.7　架空隔热层

**5.7.1** 架空隔热层的高度应按屋面宽度或坡度大小确定。设计无要求时，架空隔热层的高度宜为 180mm ～300mm。

**5.7.2** 当屋面宽度大于 10m 时，应在屋面中部设置通风屋脊，通风口处应设置通风箅子。

**5.7.3** 架空隔热制品支座底面的卷材、涂膜防水层，应采取加强措施。

**5.7.4** 架空隔热制品的质量应符合下列要求：

　　**1** 非上人屋面的砌块强度等级不应低于 MU7.5；上人屋面的砌块强度等级不应低于 MU10。

　　**2** 混凝土板的强度等级不应低于 C20，板厚及配筋应符合设计要求。

Ⅰ　主控项目

**5.7.5** 架空隔热制品的质量，应符合设计要求。

　　检验方法：检查材料或构件合格证和质量检验报告。

**5.7.6** 架空隔热制品的铺设应平整、稳固，缝隙勾填应密实。

　　检验方法：观察检查。

Ⅱ　一般项目

**5.7.7** 架空隔热制品距山墙或女儿墙不得小于 250mm。

　　检验方法：观察和尺量检查。

**5.7.8** 架空隔热层的高度及通风屋脊、变形缝做法，

应符合设计要求。

　　检验方法：观察和尺量检查。

**5.7.9** 架空隔热制品接缝高低差的允许偏差为 3mm。

　　检验方法：直尺和塞尺检查。

### 5.8　蓄水隔热层

**5.8.1** 蓄水隔热层与屋面防水层之间应设隔离层。

**5.8.2** 蓄水池的所有孔洞应预留，不得后凿；所设置的给水管、排水管和溢水管等，均应在蓄水池混凝土施工前安装完毕。

**5.8.3** 每个蓄水区的防水混凝土应一次浇筑完毕，不得留施工缝。

**5.8.4** 防水混凝土应用机械振捣密实，表面应抹平和压光，初凝后应覆盖养护，终凝后浇水养护不得少于 14d；蓄水后不得断水。

Ⅰ　主控项目

**5.8.5** 防水混凝土所用材料的质量及配合比，应符合设计要求。

　　检验方法：检查出厂合格证、质量检验报告、进场检验报告和计量措施。

**5.8.6** 防水混凝土的抗压强度和抗渗性能，应符合设计要求。

　　检验方法：检查混凝土抗压和抗渗试验报告。

**5.8.7** 蓄水池不得有渗漏现象。

　　检验方法：蓄水至规定高度观察检查。

Ⅱ　一般项目

**5.8.8** 防水混凝土表面应密实、平整，不得有蜂窝、麻面、露筋等缺陷。

　　检验方法：观察检查。

**5.8.9** 防水混凝土表面的裂缝宽度不应大于 0.2mm，并不得贯通。

　　检验方法：刻度放大镜检查。

**5.8.10** 蓄水池上所留设的溢水口、过水孔、排水管、溢水管等，其位置、标高和尺寸均应符合设计要求。

　　检验方法：观察和尺量检查。

**5.8.11** 蓄水池结构的允许偏差和检验方法应符合表 5.8.11 的规定。

表 5.8.11　蓄水池结构的允许偏差和检验方法

| 项　目 | 允许偏差（mm） | 检验方法 |
|---|---|---|
| 长度、宽度 | +15，−10 | 尺量检查 |
| 厚度 | ±5 | |
| 表面平整度 | 5 | 2m 靠尺和塞尺检查 |
| 排水坡度 | 符合设计要求 | 坡度尺检查 |

# 6 防水与密封工程

## 6.1 一般规定

**6.1.1** 本章适用于卷材防水层、涂膜防水层、复合防水层和接缝密封防水等分项工程的施工质量验收。

**6.1.2** 防水层施工前，基层应坚实、平整、干净、干燥。

**6.1.3** 基层处理剂应配比准确，并应搅拌均匀；喷涂或涂刷基层处理剂应均匀一致，待其干燥后应及时进行卷材、涂膜防水层和接缝密封防水施工。

**6.1.4** 防水层完工并经验收合格后，应及时做好成品保护。

**6.1.5** 防水与密封工程各分项工程每个检验批的抽检数量，防水层应按屋面面积每 $100m^2$ 抽查一处，每处应为 $10m^2$，且不得少于 3 处；接缝密封防水应按每 50m 抽查一处，每处应为 5m，且不得少于 3 处。

## 6.2 卷材防水层

**6.2.1** 屋面坡度大于 25% 时，卷材应采取满粘和钉压固定措施。

**6.2.2** 卷材铺贴方向应符合下列规定：

1 卷材宜平行屋脊铺贴；

2 上下层卷材不得相互垂直铺贴。

**6.2.3** 卷材搭接缝应符合下列规定：

1 平行屋脊的卷材搭接缝应顺流水方向，卷材搭接宽度应符合表 6.2.3 的规定；

2 相邻两幅卷材短边搭接缝应错开，且不得小于 500mm；

3 上下层卷材长边搭接缝应错开，且不得小于幅宽的 1/3。

**表 6.2.3 卷材搭接宽度**（mm）

| 卷 材 类 别 | | 搭 接 宽 度 |
| --- | --- | --- |
| 合成高分子防水卷材 | 胶粘剂 | 80 |
| | 胶粘带 | 50 |
| | 单缝焊 | 60，有效焊接宽度不小于 25 |
| | 双缝焊 | 80，有效焊接宽度 10×2 + 空腔宽 |
| 高聚物改性沥青防水卷材 | 胶粘剂 | 100 |
| | 自粘 | 80 |

**6.2.4** 冷粘法铺贴卷材应符合下列规定：

1 胶粘剂涂刷应均匀，不应露底，不应堆积；

2 应控制胶粘剂涂刷与卷材铺贴的间隔时间；

3 卷材下面的空气应排尽，并应辊压粘牢固；

4 卷材铺贴应平整顺直，搭接尺寸应准确，不

得扭曲、皱折；

5 接缝口应用密封材料封严，宽度不应小于 10mm。

**6.2.5** 热粘法铺贴卷材应符合下列规定：

1 熔化热熔型改性沥青胶结料时，宜采用专用导热油炉加热，加热温度不应高于 200℃，使用温度不宜低于 180℃；

2 粘贴卷材的热熔型改性沥青胶结料厚度宜为 1.0mm～1.5mm；

3 采用热熔型改性沥青胶结料粘贴卷材时，应随刮随铺，并应展平压实。

**6.2.6** 热熔法铺贴卷材应符合下列规定：

1 火焰加热器加热卷材应均匀，不得加热不足或烧穿卷材；

2 卷材表面热熔后应立即滚铺，卷材下面的空气应排尽，并应辊压粘贴牢固；

3 卷材接缝部位应溢出热熔的改性沥青胶，溢出的改性沥青胶宽度宜为 8mm；

4 铺贴的卷材应平整顺直，搭接尺寸应准确，不得扭曲、皱折；

5 厚度小于 3mm 的高聚物改性沥青防水卷材，严禁采用热熔法施工。

**6.2.7** 自粘法铺贴卷材应符合下列规定：

1 铺贴卷材时，应将自粘胶底面的隔离纸全部撕净；

2 卷材下面的空气应排尽，并应辊压粘贴牢固；

3 铺贴的卷材应平整顺直，搭接尺寸应准确，不得扭曲、皱折；

4 接缝口应用密封材料封严，宽度不应小于 10mm；

5 低温施工时，接缝部位宜采用热风加热，并应随即粘贴牢固。

**6.2.8** 焊接法铺贴卷材应符合下列规定：

1 焊接前卷材应铺设平整、顺直，搭接尺寸应准确，不得扭曲、皱折；

2 卷材焊接缝的结合面应干净、干燥，不得有水滴、油污及附着物；

3 焊接时应先焊长边搭接缝，后焊短边搭接缝；

4 控制加热温度和时间，焊接缝不得有漏焊、跳焊、焊焦或焊接不牢现象；

5 焊接时不得损害非焊接部位的卷材。

**6.2.9** 机械固定法铺贴卷材应符合下列规定：

1 卷材应采用专用固定件进行机械固定；

2 固定件应设置在卷材搭接缝内，外露固定件应用卷材封严；

3 固定件应垂直钉入结构层有效固定，固定件数量和位置应符合设计要求；

4 卷材搭接缝应粘结或焊接牢固，密封应严密；

5 卷材周边 800mm 范围内应满粘。

## Ⅰ 主控项目

**6.2.10** 防水卷材及其配套材料的质量，应符合设计要求。

检验方法：检查出厂合格证、质量检验报告和进场检验报告。

**6.2.11** 卷材防水层不得有渗漏和积水现象。

检验方法：雨后观察或淋水、蓄水试验。

**6.2.12** 卷材防水层在檐口、檐沟、天沟、水落口、泛水、变形缝和伸出屋面管道的防水构造，应符合设计要求。

检验方法：观察检查。

## Ⅱ 一般项目

**6.2.13** 卷材的搭接缝应粘结或焊接牢固，密封应严密，不得扭曲、皱折和翘边。

检验方法：观察检查。

**6.2.14** 卷材防水层的收头应与基层粘结，钉压应牢固，密封应严密。

检验方法：观察检查。

**6.2.15** 卷材防水层的铺贴方向应正确，卷材搭接宽度的允许偏差为 -10mm。

检验方法：观察和尺量检查。

**6.2.16** 屋面排汽构造的排汽道应纵横贯通，不得堵塞；排汽管应安装牢固，位置应正确，封闭应严密。

检验方法：观察检查。

### 6.3 涂膜防水层

**6.3.1** 防水涂料应多遍涂布，并应待前一遍涂布的涂料干燥成膜后，再涂布后一遍涂料，且前后两遍涂料的涂布方向应相互垂直。

**6.3.2** 铺设胎体增强材料应符合下列规定：

1 胎体增强材料宜采用聚酯无纺布或化纤无纺布；

2 胎体增强材料长边搭接宽度不应小于 50mm，短边搭接宽度不应小于 70mm；

3 上下层胎体增强材料的长边搭接缝应错开，且不得小于幅宽的 1/3；

4 上下层胎体增强材料不得相互垂直铺设。

**6.3.3** 多组分防水涂料应按配合比准确计量，搅拌应均匀，并应根据有效时间确定每次配制的数量。

## Ⅰ 主控项目

**6.3.4** 防水涂料和胎体增强材料的质量，应符合设计要求。

检验方法：检查出厂合格证、质量检验报告和进场检验报告。

**6.3.5** 涂膜防水层不得有渗漏和积水现象。

检验方法：雨后观察或淋水、蓄水试验。

**6.3.6** 涂膜防水层在檐口、檐沟、天沟、水落口、泛水、变形缝和伸出屋面管道的防水构造，应符合设计要求。

检验方法：观察检查。

**6.3.7** 涂膜防水层的平均厚度应符合设计要求，且最小厚度不得小于设计厚度的 80%。

检验方法：针测法或取样量测。

## Ⅱ 一般项目

**6.3.8** 涂膜防水层与基层应粘结牢固，表面应平整，涂布应均匀，不得有流淌、皱折、起泡和露胎体等缺陷。

检验方法：观察检查。

**6.3.9** 涂膜防水层的收头应用防水涂料多遍涂刷。

检验方法：观察检查。

**6.3.10** 铺贴胎体增强材料应平整顺直，搭接尺寸应准确，应排除气泡，并应与涂料粘结牢固；胎体增强材料搭接宽度的允许偏差为 -10mm。

检验方法：观察和尺量检查。

### 6.4 复合防水层

**6.4.1** 卷材与涂料复合使用时，涂膜防水层宜设置在卷材防水层的下面。

**6.4.2** 卷材与涂料复合使用时，防水卷材的粘结质量应符合表 6.4.2 的规定。

表 6.4.2 防水卷材的粘结质量

| 项 目 | 自粘聚合物改性沥青防水卷材和带自粘层防水卷材 | 高聚物改性沥青防水卷材胶粘剂 | 合成高分子防水卷材胶粘剂 |
|---|---|---|---|
| 粘结剥离强度（N/10mm） | ≥10 或卷材断裂 | ≥8 或卷材断裂 | ≥15 或卷材断裂 |
| 剪切状态下的粘合强度（N/10mm） | ≥20 或卷材断裂 | ≥20 或卷材断裂 | ≥20 或卷材断裂 |
| 浸水 168h 后粘结剥离强度保持率（%） | — | — | ≥70 |

注：防水涂料作为防水卷材粘结材料复合使用时，应符合相应的防水卷材胶粘剂规定。

**6.4.3** 复合防水层施工质量应符合本规范第 6.2 节和第 6.3 节的有关规定。

## Ⅰ 主控项目

**6.4.4** 复合防水层所用防水材料及其配套材料的质量，应符合设计要求。

检验方法：检查出厂合格证、质量检验报告和进场检验报告。

**6.4.5** 复合防水层不得有渗漏和积水现象。

检验方法：雨后观察或淋水、蓄水试验。

**6.4.6** 复合防水层在天沟、檐沟、檐口、水落口、泛水、变形缝和伸出屋面管道的防水构造，应符合设计要求。

检验方法：观察检查。

Ⅱ 一般项目

**6.4.7** 卷材与涂膜应粘贴牢固，不得有空鼓和分层现象。

检验方法：观察检查。

**6.4.8** 复合防水层的总厚度应符合设计要求。

检验方法：针测法或取样量测。

### 6.5 接缝密封防水

**6.5.1** 密封防水部位的基层应符合下列要求：

1 基层应牢固，表面应平整、密实，不得有裂缝、蜂窝、麻面、起皮和起砂现象；

2 基层应清洁、干燥，并应无油污、无灰尘；

3 嵌入的背衬材料与接缝壁间不得留有空隙；

4 密封防水部位的基层宜涂刷基层处理剂，涂刷应均匀，不得漏涂。

**6.5.2** 多组分密封材料应按配合比准确计量，拌合应均匀，并应根据有效时间确定每次配制的数量。

**6.5.3** 密封材料嵌填完成后，在固化前应避免灰尘、破损及污染，且不得踩踏。

Ⅰ 主控项目

**6.5.4** 密封材料及其配套材料的质量，应符合设计要求。

检验方法：检查出厂合格证、质量检验报告和进场检验报告。

**6.5.5** 密封材料嵌填应密实、连续、饱满，粘结牢固，不得有气泡、开裂、脱落等缺陷。

检验方法：观察检查。

Ⅱ 一般项目

**6.5.6** 密封防水部位的基层应符合本规范第6.5.1条的规定。

检验方法：观察检查。

**6.5.7** 接缝宽度和密封材料的嵌填深度应符合设计要求，接缝宽度的允许偏差为±10%。

检验方法：尺量检查。

**6.5.8** 嵌填的密封材料表面应平滑，缝边应顺直，应无明显不平和周边污染现象。

检验方法：观察检查。

# 7 瓦面与板面工程

## 7.1 一般规定

**7.1.1** 本章适用于烧结瓦、混凝土瓦、沥青瓦和金属板、玻璃采光顶铺装等分项工程的施工质量验收。

**7.1.2** 瓦面与板面工程施工前，应对主体结构进行质量验收，并应符合现行国家标准《混凝土结构工程施工质量验收规范》GB 50204、《钢结构工程施工质量验收规范》GB 50205 和《木结构工程施工质量验收规范》GB 50206 的有关规定。

**7.1.3** 木质望板、檩条、顺水条、挂瓦条等构件，均应做防腐、防蛀和防火处理；金属顺水条、挂瓦条以及金属板、固定件，均应做防锈处理。

**7.1.4** 瓦材或板材与山墙及突出屋面结构的交接处，均应做泛水处理。

**7.1.5** 在大风和地震设防地区或屋面坡度大于100%时，瓦材应采取固定加强措施。

**7.1.6** 在瓦材的下面应铺设防水层或防水垫层，其品种、厚度和搭接宽度均应符合设计要求。

**7.1.7** 严寒和寒冷地区的檐口部位，应采取防雪融冰坠的安全措施。

**7.1.8** 瓦面与板面工程各分项工程每个检验批的抽检数量，应按屋面面积每$100m^2$抽查一处，每处为$10m^2$，且不得少于3处。

## 7.2 烧结瓦和混凝土瓦铺装

**7.2.1** 平瓦和脊瓦应边缘整齐，表面光洁，不得有分层、裂纹和露砂等缺陷；平瓦的瓦爪与瓦槽的尺寸应配合。

**7.2.2** 基层、顺水条、挂瓦条的铺设应符合下列规定：

1 基层应平整、干净、干燥；持钉层厚度应符合设计要求；

2 顺水条应垂直正脊方向铺钉在基层上，顺水条表面应平整，其间距不宜大于500mm；

3 挂瓦条的间距应根据瓦片尺寸和屋面坡长经计算确定；

4 挂瓦条应铺钉平整、牢固，上棱应成一直线。

**7.2.3** 挂瓦应符合下列规定：

1 挂瓦应从两坡的檐口同时对称进行。瓦后爪应与挂瓦条挂牢，并应与邻边、下面两瓦落槽密合；

2 檐口瓦、斜天沟瓦应用镀锌铁丝拴牢在挂瓦条上，每片瓦均应与挂瓦条固定牢固；

3 整坡瓦面应平整，行列应横平竖直，不得有翘角和张口现象；

4 正脊和斜脊应铺平挂直，脊瓦搭盖应顺主导风向和流水方向。

7.2.4 烧结瓦和混凝土瓦铺装的有关尺寸，应符合下列规定：

    **1** 瓦屋面檐口挑出墙面的长度不宜小于300mm；

    **2** 脊瓦在两坡面瓦上的搭盖宽度，每边不应小于40mm；

    **3** 脊瓦下端距坡面瓦的高度不宜大于80mm；

    **4** 瓦头伸入檐沟、天沟内的长度宜为50mm~70mm；

    **5** 金属檐沟、天沟伸入瓦内的宽度不应小于150mm；

    **6** 瓦头挑出檐口的长度宜为50mm~70mm；

    **7** 突出屋面结构的侧面瓦伸入泛水的宽度不应小于50mm。

Ⅰ 主 控 项 目

7.2.5 瓦材及防水垫层的质量，应符合设计要求。

    检验方法：检查出厂合格证、质量检验报告和进场检验报告。

7.2.6 烧结瓦、混凝土瓦屋面不得有渗漏现象。

    检验方法：雨后观察或淋水试验。

**7.2.7 瓦片必须铺置牢固。在大风及地震设防地区或屋面坡度大于100%时，应按设计要求采取固定加强措施。**

    检验方法：观察或手扳检查。

Ⅱ 一 般 项 目

7.2.8 挂瓦条应分档均匀，铺钉应平整、牢固；瓦面应平整，行列应整齐，搭接应紧密，檐口应平直。

    检验方法：观察检查。

7.2.9 脊瓦应搭盖正确，间距应均匀，封固应严密；正脊和斜脊应顺直，应无起伏现象。

    检验方法：观察检查。

7.2.10 泛水做法应符合设计要求，并应顺直整齐、结合严密。

    检验方法：观察检查。

7.2.11 烧结瓦和混凝土瓦铺装的有关尺寸，应符合设计要求。

    检验方法：尺量检查。

### 7.3 沥青瓦铺装

7.3.1 沥青瓦应边缘整齐，切槽应清晰，厚薄应均匀，表面应无孔洞、楞伤、裂纹、皱折和起泡等缺陷。

7.3.2 沥青瓦应自檐口向上铺设，起始层瓦应由瓦片经切除垂片部分后制得，且起始层瓦沿檐口平行铺设并伸出檐口10mm，并应用沥青基胶粘材料与基层粘结；第一层瓦应与起始层瓦叠合，但瓦切口应向下指向檐口；第二层瓦应压在第一层瓦上且露出瓦切口，但不得超过切口长度。相邻两层沥青瓦的拼缝及

切口应均匀错开。

7.3.3 铺设脊瓦时，宜将沥青瓦沿切口剪分成三块作为脊瓦，并应用2个固定钉固定，同时应用沥青基胶粘材料密封；脊瓦搭盖应顺主导风向。

7.3.4 沥青瓦的固定应符合下列规定：

    **1** 沥青瓦铺设时，每张瓦片不得少于4个固定钉，在大风地区或屋面坡度大于100%时，每张瓦片不得少于6个固定钉；

    **2** 固定钉应垂直钉入沥青瓦压盖面，钉帽应与瓦片表面齐平；

    **3** 固定钉钉入持钉层深度应符合设计要求；

    **4** 屋面边缘部位沥青瓦之间以及起始瓦与基层之间，均应采用沥青基胶粘材料满粘。

7.3.5 沥青瓦铺装的有关尺寸应符合下列规定：

    **1** 脊瓦在两坡面瓦上的搭盖宽度，每边不应小于150mm；

    **2** 脊瓦与脊瓦的压盖面不应小于脊瓦面积的1/2；

    **3** 沥青瓦挑出檐口的长度宜为10mm~20mm；

    **4** 金属泛水板与沥青瓦的搭盖宽度不应小于100mm；

    **5** 金属泛水板与突出屋面墙体的搭接高度不应小于250mm；

    **6** 金属滴水板伸入沥青瓦下的宽度不应小于80mm。

Ⅰ 主 控 项 目

7.3.6 沥青瓦及防水垫层的质量，应符合设计要求。

    检验方法：检查出厂合格证、质量检验报告和进场检验报告。

7.3.7 沥青瓦屋面不得有渗漏现象。

    检验方法：雨后观察或淋水试验。

7.3.8 沥青瓦铺设应搭接正确，瓦片外露部分不得超过切口长度。

    检验方法：观察检查。

Ⅱ 一 般 项 目

7.3.9 沥青瓦所用固定钉应垂直钉入持钉层，钉帽不得外露。

    检验方法：观察检查。

7.3.10 沥青瓦应与基层粘钉牢固，瓦面应平整，檐口应平直。

    检验方法：观察检查。

7.3.11 泛水做法应符合设计要求，并应顺直整齐、结合紧密。

    检验方法：观察检查。

7.3.12 沥青瓦铺装的有关尺寸，应符合设计要求。

    检验方法：尺量检查。

## 7.4 金属板铺装

**7.4.1** 金属板材应边缘整齐,表面应光滑,色泽应均匀,外形应规则,不得有翘曲、脱膜和锈蚀等缺陷。

**7.4.2** 金属板材应用专用吊具安装,安装和运输过程中不得损伤金属板材。

**7.4.3** 金属板材应根据要求板型和深化设计的排板图铺设,并应按设计图纸规定的连接方式固定。

**7.4.4** 金属板固定支架或支座位置应准确,安装应牢固。

**7.4.5** 金属板屋面铺装的有关尺寸应符合下列规定:

**1** 金属板檐口挑出墙面的长度不应小于200mm;

**2** 金属板伸入檐沟、天沟内的长度不应小于100mm;

**3** 金属泛水板与突出屋面墙体的搭接高度不应小于250mm;

**4** 金属泛水板、变形缝盖板与金属板的搭接宽度不应小于200mm;

**5** 金属屋脊盖板在两坡面金属板上的搭盖宽度不应小于250mm。

### Ⅰ 主 控 项 目

**7.4.6** 金属板材及其辅助材料的质量,应符合设计要求。

检验方法:检查出厂合格证、质量检验报告和进场检验报告。

**7.4.7** 金属板屋面不得有渗漏现象。

检验方法:雨后观察或淋水试验。

### Ⅱ 一 般 项 目

**7.4.8** 金属板铺装应平整、顺滑;排水坡度应符合设计要求。

检验方法:坡度尺检查。

**7.4.9** 压型金属板的咬口锁边连接应严密、连续、平整,不得扭曲和裂口。

检验方法:观察检查。

**7.4.10** 压型金属板的紧固件连接应采用带防水垫圈的自攻螺钉,固定点应设在波峰上;所有自攻螺钉外露的部位均应密封处理。

检验方法:观察检查。

**7.4.11** 金属面绝热夹芯板的纵向和横向搭接,应符合设计要求。

检验方法:观察检查。

**7.4.12** 金属板的屋脊、檐口、泛水,直线段应顺直,曲线段应顺畅。

检验方法:观察检查。

**7.4.13** 金属板材铺装的允许偏差和检验方法,应符合表7.4.13的规定。

**表7.4.13 金属板铺装的允许偏差和检验方法**

| 项 目 | 允许偏差(mm) | 检验方法 |
|---|---|---|
| 檐口与屋脊的平行度 | 15 | 拉线和尺量检查 |
| 金属板对屋脊的垂直度 | 单坡长度的1/800,且不大于25 | |
| 金属板咬缝的平整度 | 10 | |
| 檐口相邻两板的端部错位 | 6 | |
| 金属板铺装的有关尺寸 | 符合设计要求 | 尺量检查 |

## 7.5 玻璃采光顶铺装

**7.5.1** 玻璃采光顶的预埋件应位置准确,安装应牢固。

**7.5.2** 采光顶玻璃及玻璃组件的制作,应符合现行行业标准《建筑玻璃采光顶》JG/T 231的有关规定。

**7.5.3** 采光顶玻璃表面应平整、洁净,颜色应均匀一致。

**7.5.4** 玻璃采光顶与周边墙体之间的连接,应符合设计要求。

### Ⅰ 主 控 项 目

**7.5.5** 采光顶玻璃及其配套材料的质量,应符合设计要求。

检验方法:检查出厂合格证和质量检验报告。

**7.5.6** 玻璃采光顶不得有渗漏现象。

检验方法:雨后观察或淋水试验。

**7.5.7** 硅酮耐候密封胶的打注应密实、连续、饱满,粘结应牢固,不得有气泡、开裂、脱落等缺陷。

检验方法:观察检查。

### Ⅱ 一 般 项 目

**7.5.8** 玻璃采光顶铺装应平整、顺直;排水坡度应符合设计要求。

检验方法:观察和坡度尺检查。

**7.5.9** 玻璃采光顶的冷凝水收集和排除构造,应符合设计要求。

检验方法:观察检查。

**7.5.10** 明框玻璃采光顶的外露金属框或压条应横平竖直,压条安装应牢固;隐框玻璃采光顶的玻璃分格拼缝应横平竖直,均匀一致。

检验方法:观察和手扳检查。

**7.5.11** 点支承玻璃采光顶的支承装置应安装牢固,配合应严密;支承装置不得与玻璃直接接触。

检验方法:观察检查。

**7.5.12** 采光顶玻璃的密封胶缝应横平竖直,深浅应一致,宽窄应均匀,应光滑顺直。

检验方法:观察检查。

**7.5.13** 明框玻璃采光顶铺装的允许偏差和检验方法，应符合表 7.5.13 的规定。

**表 7.5.13 明框玻璃采光顶铺装的允许偏差和检验方法**

| 项　目 | | 允许偏差（mm） | | 检验方法 |
|---|---|---|---|---|
| | | 铝构件 | 钢构件 | |
| 通长构件水平度（纵向或横向） | 构件长度≤30m | 10 | 15 | 水准仪检查 |
| | 构件长度≤60m | 15 | 20 | |
| | 构件长度≤90m | 20 | 25 | |
| | 构件长度≤150m | 25 | 30 | |
| | 构件长度>150m | 30 | 35 | |
| 单一构件直线度（纵向或横向） | 构件长度≤2m | 2 | 3 | 拉线和尺量检查 |
| | 构件长度>2m | 3 | 4 | |
| 相邻构件平面高低差 | | 1 | 2 | 直尺和塞尺检查 |
| 通长构件直线度（纵向或横向） | 构件长度≤35m | 5 | 7 | 经纬仪检查 |
| | 构件长度>35m | 7 | 9 | |
| 分格框对角线差 | 对角线长度≤2m | 3 | 4 | 尺量检查 |
| | 对角线长度>2m | 3.5 | 5 | |

**7.5.14** 隐框玻璃采光顶铺装的允许偏差和检验方法，应符合表 7.5.14 的规定。

**表 7.5.14 隐框玻璃采光顶铺装的允许偏差和检验方法**

| 项　目 | | 允许偏差（mm） | 检验方法 |
|---|---|---|---|
| 通长接缝水平度（纵向或横向） | 接缝长度≤30m | 10 | 水准仪检查 |
| | 接缝长度≤60m | 15 | |
| | 接缝长度≤90m | 20 | |
| | 接缝长度≤150m | 25 | |
| | 接缝长度>150m | 30 | |
| 相邻板块的平面高低差 | | 1 | 直尺和塞尺检查 |
| 相邻板块的接缝直线度 | | 2.5 | 拉线和尺量检查 |
| 通长接缝直线度（纵向或横向） | 接缝长度≤35m | 5 | 经纬仪检查 |
| | 接缝长度>35m | 7 | |
| 玻璃间接缝宽度（与设计尺寸比） | | 2 | 尺量检查 |

**7.5.15** 点支承玻璃采光顶铺装的允许偏差和检验方法，应符合表 7.5.15 的规定。

**表 7.5.15 点支承玻璃采光顶铺装的允许偏差和检验方法**

| 项　目 | | 允许偏差（mm） | 检验方法 |
|---|---|---|---|
| 通长接缝水平度（纵向或横向） | 接缝长度≤30m | 10 | 水准仪检查 |
| | 接缝长度≤60m | 15 | |
| | 接缝长度>60m | 20 | |
| 相邻板块的平面高低差 | | 1 | 直尺和塞尺检查 |
| 相邻板块的接缝直线度 | | 2.5 | 拉线和尺量检查 |
| 通长接缝直线度（纵向或横向） | 接缝长度≤35m | 5 | 经纬仪检查 |
| | 接缝长度>35m | 7 | |
| 玻璃间接缝宽度（与设计尺寸比） | | 2 | 尺量检查 |

# 8 细部构造工程

## 8.1 一般规定

**8.1.1** 本章适用于檐口、檐沟和天沟、女儿墙和山墙、水落口、变形缝、伸出屋面管道、屋面出入口、反梁过水孔、设施基座、屋脊、屋顶窗等分项工程的施工质量验收。

**8.1.2** 细部构造工程各分项工程每个检验批应全数进行检验。

**8.1.3** 细部构造所使用卷材、涂料和密封材料的质量应符合设计要求，两种材料之间应具有相容性。

**8.1.4** 屋面细部构造热桥部位的保温处理，应符合设计要求。

## 8.2 檐　口

### Ⅰ 主控项目

**8.2.1** 檐口的防水构造应符合设计要求。

检验方法：观察检查。

**8.2.2** 檐口的排水坡度应符合设计要求；檐口部位不得有渗漏和积水现象。

检验方法：坡度尺检查和雨后观察或淋水试验。

### Ⅱ 一般项目

**8.2.3** 檐口 800mm 范围内的卷材应满粘。

检验方法：观察检查。

**8.2.4** 卷材收头应在找平层的凹槽内用金属压条钉压固定，并应用密封材料封严。

检验方法：观察检查。

**8.2.5** 涂膜收头应用防水涂料多遍涂刷。

检验方法：观察检查。

**8.2.6** 檐口端部应抹聚合物水泥砂浆，其下端应做成鹰嘴和滴水槽。

检验方法：观察检查。

## 8.3 檐沟和天沟

### Ⅰ 主 控 项 目

**8.3.1** 檐沟、天沟的防水构造应符合设计要求。
检验方法：观察检查。

**8.3.2** 檐沟、天沟的排水坡度应符合设计要求；沟内不得有渗漏和积水现象。
检验方法：坡度尺检查和雨后观察或淋水、蓄水试验。

### Ⅱ 一 般 项 目

**8.3.3** 檐沟、天沟附加层铺设应符合设计要求。
检验方法：观察和尺量检查。

**8.3.4** 檐沟防水层应由沟底翻上至外侧顶部，卷材收头应用金属压条钉压固定，并应用密封材料封严；涂膜收头应用防水涂料多遍涂刷。
检验方法：观察检查。

**8.3.5** 檐沟外侧顶部及侧面均应抹聚合物水泥砂浆，其下端应做成鹰嘴或滴水槽。
检验方法：观察检查。

## 8.4 女儿墙和山墙

### Ⅰ 主 控 项 目

**8.4.1** 女儿墙和山墙的防水构造应符合设计要求。
检验方法：观察检查。

**8.4.2** 女儿墙和山墙的压顶向内排水坡度不应小于5%，压顶内侧下端应做成鹰嘴或滴水槽。
检验方法：观察和坡度尺检查。

**8.4.3** 女儿墙和山墙的根部不得有渗漏和积水现象。
检验方法：雨后观察或淋水试验。

### Ⅱ 一 般 项 目

**8.4.4** 女儿墙和山墙的泛水高度及附加层铺设应符合设计要求。
检验方法：观察和尺量检查。

**8.4.5** 女儿墙和山墙的卷材应满粘，卷材收头应用金属压条钉压固定，并应用密封材料封严。
检验方法：观察检查。

**8.4.6** 女儿墙和山墙的涂膜应直接涂刷至压顶下，涂膜收头应用防水涂料多遍涂刷。
检验方法：观察检查。

## 8.5 水 落 口

### Ⅰ 主 控 项 目

**8.5.1** 水落口的防水构造应符合设计要求。

检验方法：观察检查。

**8.5.2** 水落口杯上口应设在沟底的最低处；水落口处不得有渗漏和积水现象。
检验方法：雨后观察或淋水、蓄水试验。

### Ⅱ 一 般 项 目

**8.5.3** 水落口的数量和位置应符合设计要求；水落口杯应安装牢固。
检验方法：观察和手扳检查。

**8.5.4** 水落口周围直径500mm范围内坡度不应小于5%，水落口周围的附加层铺设应符合设计要求。
检验方法：观察和尺量检查。

**8.5.5** 防水层及附加层伸入水落口杯内不应小于50mm，并应粘结牢固。
检验方法：观察和尺量检查。

## 8.6 变 形 缝

### Ⅰ 主 控 项 目

**8.6.1** 变形缝的防水构造应符合设计要求。
检验方法：观察检查。

**8.6.2** 变形缝处不得有渗漏和积水现象。
检验方法：雨后观察或淋水试验。

### Ⅱ 一 般 项 目

**8.6.3** 变形缝的泛水高度及附加层铺设应符合设计要求。
检验方法：观察和尺量检查。

**8.6.4** 防水层应铺贴或涂刷至泛水墙的顶部。
检验方法：观察检查。

**8.6.5** 等高变形缝顶部宜加扣混凝土或金属盖板。混凝土盖板的接缝应用密封材料封严；金属盖板应铺钉牢固，搭接缝应顺流水方向，并应做好防锈处理。
检验方法：观察检查。

**8.6.6** 高低跨变形缝在高跨墙面上的防水卷材封盖和金属盖板，应用金属压条钉压固定，并应用密封材料封严。
检验方法：观察检查。

## 8.7 伸出屋面管道

### Ⅰ 主 控 项 目

**8.7.1** 伸出屋面管道的防水构造应符合设计要求。
检验方法：观察检查。

**8.7.2** 伸出屋面管道根部不得有渗漏和积水现象。
检验方法：雨后观察或淋水试验。

### Ⅱ 一 般 项 目

**8.7.3** 伸出屋面管道的泛水高度及附加层铺设，应符合设计要求。

检验方法：观察和尺量检查。

**8.7.4** 伸出屋面管道周围的找平层应抹出高度不小于30mm的排水坡。

检验方法：观察和尺量检查。

**8.7.5** 卷材防水层收头应用金属箍固定，并应用密封材料封严；涂膜防水层收头应用防水涂料多遍涂刷。

检验方法：观察检查。

### 8.8 屋面出入口

Ⅰ 主控项目

**8.8.1** 屋面出入口的防水构造应符合设计要求。

检验方法：观察检查。

**8.8.2** 屋面出入口处不得有渗漏和积水现象。

检验方法：雨后观察或淋水试验。

Ⅱ 一般项目

**8.8.3** 屋面垂直出入口防水层收头应压在压顶圈下，附加层铺设应符合设计要求。

检验方法：观察检查。

**8.8.4** 屋面水平出入口防水层收头应压在混凝土踏步下，附加层铺设和护墙应符合设计要求。

检验方法：观察检查。

**8.8.5** 屋面出入口的泛水高度不应小于250mm。

检验方法：观察和尺量检查。

### 8.9 反梁过水孔

Ⅰ 主控项目

**8.9.1** 反梁过水孔的防水构造应符合设计要求。

检验方法：观察检查。

**8.9.2** 反梁过水孔处不得有渗漏和积水现象。

检验方法：雨后观察或淋水试验。

Ⅱ 一般项目

**8.9.3** 反梁过水孔的孔底标高、孔洞尺寸或预埋管管径，均应符合设计要求。

检验方法：尺量检查。

**8.9.4** 反梁过水孔的孔洞四周应涂刷防水涂料；预埋管道两端周围与混凝土接触处应留凹槽，并应用密封材料封严。

检验方法：观察检查。

### 8.10 设施基座

Ⅰ 主控项目

**8.10.1** 设施基座的防水构造应符合设计要求。

检验方法：观察检查。

**8.10.2** 设施基座处不得有渗漏和积水现象。

检验方法：雨后观察或淋水试验。

Ⅱ 一般项目

**8.10.3** 设施基座与结构层相连时，防水层应包裹设施基座的上部，并应在地脚螺栓周围做密封处理。

检验方法：观察检查。

**8.10.4** 设施基座直接放置在防水层上时，设施基座下部应增设附加层，必要时应在其上浇筑细石混凝土，其厚度不应小于50mm。

检验方法：观察检查。

**8.10.5** 需经常维护的设施基座周围和屋面出入口至设施之间的人行道，应铺设块体材料或细石混凝土保护层。

检验方法：观察检查。

### 8.11 屋 脊

Ⅰ 主控项目

**8.11.1** 屋脊的防水构造应符合设计要求。

检验方法：观察检查。

**8.11.2** 屋脊处不得有渗漏现象。

检验方法：雨后观察或淋水试验。

Ⅱ 一般项目

**8.11.3** 平脊和斜脊铺设应顺直，应无起伏现象。

检验方法：观察检查。

**8.11.4** 脊瓦应搭盖正确，间距应均匀，封固应严密。

检验方法：观察和手扳检查。

### 8.12 屋 顶 窗

Ⅰ 主控项目

**8.12.1** 屋顶窗的防水构造应符合设计要求。

检验方法：观察检查。

**8.12.2** 屋顶窗及其周围不得有渗漏现象。

检验方法：雨后观察或淋水试验。

Ⅱ 一般项目

**8.12.3** 屋顶窗用金属排水板、窗框固定铁脚应与屋面连接牢固。

检验方法：观察检查。

**8.12.4** 屋顶窗用窗口防水卷材应铺贴平整，粘结应牢固。

检验方法：观察检查。

# 9 屋面工程验收

**9.0.1** 屋面工程施工质量验收的程序和组织，应符合现行国家标准《建筑工程施工质量验收统一标准》GB 50300 的有关规定。

**9.0.2** 检验批质量验收合格应符合下列规定：

　　**1** 主控项目的质量应经抽查检验合格；

　　**2** 一般项目的质量应经抽查检验合格；有允许偏差值的项目，其抽查点应有 80% 及以上在允许偏差范围内，且最大偏差值不得超过允许偏差值的 1.5 倍；

　　**3** 应具有完整的施工操作依据和质量检查记录。

**9.0.3** 分项工程质量验收合格应符合下列规定：

　　**1** 分项工程所含检验批的质量均应验收合格；

　　**2** 分项工程所含检验批的质量验收记录应完整。

**9.0.4** 分部（子分部）工程质量验收合格应符合下列规定：

　　**1** 分部（子分部）所含分项工程的质量均应验收合格；

　　**2** 质量控制资料应完整；

　　**3** 安全与功能抽样检验应符合现行国家标准《建筑工程施工质量验收统一标准》GB 50300 的有关规定；

　　**4** 观感质量检查应符合本规范第 9.0.7 条的规定。

**9.0.5** 屋面工程验收资料和记录应符合表 9.0.5 的规定。

**表 9.0.5　屋面工程验收资料和记录**

| 资料项目 | 验收资料 |
|---|---|
| 防水设计 | 设计图纸及会审记录、设计变更通知单和材料代用核定单 |
| 施工方案 | 施工方法、技术措施、质量保证措施 |
| 技术交底记录 | 施工操作要求及注意事项 |
| 材料质量证明文件 | 出厂合格证、型式检验报告、出厂检验报告、进场验收记录和进场检验报告 |
| 施工日志 | 逐日施工情况 |
| 工程检验记录 | 工序交接检验记录、检验批质量验收记录、隐蔽工程验收记录、淋水或蓄水试验记录、观感质量检查记录、安全与功能抽样检验（检测）记录 |
| 其他技术资料 | 事故处理报告、技术总结 |

**9.0.6** 屋面工程应对下列部位进行隐蔽工程验收：

　　**1** 卷材、涂膜防水层的基层；

　　**2** 保温层的隔汽和排汽措施；

　　**3** 保温层的铺设方式、厚度、板材缝隙填充质量及热桥部位的保温措施；

　　**4** 接缝的密封处理；

　　**5** 瓦材与基层的固定措施；

　　**6** 檐沟、天沟、泛水、水落口和变形缝等细部做法；

　　**7** 在屋面易开裂和渗水部位的附加层；

　　**8** 保护层与卷材、涂膜防水层之间的隔离层；

　　**9** 金属板材与基层的固定和板缝间的密封处理；

　　**10** 坡度较大时，防止卷材和保温层下滑的措施。

**9.0.7** 屋面工程观感质量检查应符合下列要求：

　　**1** 卷材铺贴方向应正确，搭接缝应粘结或焊接牢固，搭接宽度应符合设计要求，表面应平整，不得有扭曲、皱折和翘边等缺陷；

　　**2** 涂膜防水层粘结应牢固，表面应平整，涂刷应均匀，不得有流淌、起泡和露胎体等缺陷；

　　**3** 嵌填的密封材料应与接缝两侧粘结牢固，表面应平滑，缝边应顺直，不得有气泡、开裂和剥离等缺陷；

　　**4** 檐口、檐沟、天沟、女儿墙、山墙、水落口、变形缝和伸出屋面管道等防水构造，应符合设计要求；

　　**5** 烧结瓦、混凝土瓦铺装应平整、牢固，应行列整齐，搭接应紧密，檐口应顺直；脊瓦应搭盖正确，间距应均匀，封固应严密；正脊和斜脊应顺直，应无起伏现象；泛水应顺直整齐，结合应严密；

　　**6** 沥青瓦铺装应搭接正确，瓦片外露部分不得超过切口长度，钉帽不得外露；沥青瓦应与基层钉粘牢固，瓦面应平整，檐口应顺直；泛水应顺直整齐，结合应严密；

　　**7** 金属板铺装应平整、顺滑；连接应正确，接缝应严密；屋脊、檐口、泛水直线段应顺直，曲线段应顺畅；

　　**8** 玻璃采光顶铺装应平整、顺直，外露金属框或压条应横平竖直，压条应安装牢固；玻璃密封胶缝应横平竖直、深浅一致，宽窄应均匀，应光滑顺直；

　　**9** 上人屋面或其他使用功能屋面，其保护及铺面应符合设计要求。

**9.0.8** 检查屋面有无渗漏、积水和排水系统是否通畅，应在雨后或持续淋水 2h 后进行，并应填写淋水试验记录。具备蓄水条件的檐沟、天沟应进行蓄水试验，蓄水时间不得少于 24h，并应填写蓄水试验记录。

**9.0.9** 对安全与功能有特殊要求的建筑屋面，工程质量验收除应符合本规范的规定外，尚应按合同约定和设计要求进行专项检验（检测）和专项验收。

**9.0.10** 屋面工程验收后，应填写分部工程质量验收记录，并应交建设单位和施工单位存档。

## 附录 A 屋面防水材料进场
## 检验项目及材料标准

**A.0.1** 屋面防水材料进场检验项目应符合表 A.0.1 的规定。

表 A.0.1 屋面防水材料进场检验项目

| 序号 | 防水材料名称 | 现场抽样数量 | 外观质量检验 | 物理性能检验 |
|---|---|---|---|---|
| 1 | 高聚物改性沥青防水卷材 | 大于1000卷抽5卷，每500卷~1000卷抽4卷，100卷~499卷抽3卷，100卷以下抽2卷，进行规格尺寸和外观质量检验。在外观质量检验合格的卷材中，任取一卷作物理性能检验 | 表面平整，边缘整齐，无孔洞、缺边、裂口，胎基未浸透，矿物料粒度，每卷卷材的接头 | 可溶物含量、拉力、最大拉力时延伸率、耐热度、低温柔度、不透水性 |
| 2 | 合成高分子防水卷材 | | 表面平整，边缘整齐，无气泡、裂纹、粘结疤痕，每卷卷材的接头 | 断裂拉伸强度、扯断伸长率、低温弯折性、不透水性 |
| 3 | 高聚物改性沥青防水涂料 | 每10t为一批，不足10t按一批抽样 | 水乳型：无色差、凝胶、结块、明显沥青丝；溶剂型：黑色黏稠状，细腻、均匀胶状液体 | 固体含量、耐热性、低温柔性、不透水性、断裂伸长率或抗裂性 |
| 4 | 合成高分子防水涂料 | | 反应固化型：均匀黏稠状，无凝胶、结块；挥发固化型：经搅拌后无结块，呈均匀状态 | 固体含量、拉伸强度、断裂伸长率、低温柔性、不透水性 |
| 5 | 聚合物水泥防水涂料 | | 液体组分：无杂质、无凝胶的均匀乳液；固体组分：无杂质、无结块的粉末 | 固体含量、拉伸强度、断裂伸长率、低温柔性、不透水性 |

续表 A.0.1

| 序号 | 防水材料名称 | 现场抽样数量 | 外观质量检验 | 物理性能检验 |
|---|---|---|---|---|
| 6 | 胎体增强材料 | 每3000m²为一批，不足3000m²的按一批抽样 | 表面平整，边缘整齐，无折痕、无孔洞、无污迹 | 拉力、延伸率 |
| 7 | 沥青基防水卷材用基层处理剂 | | 均匀液体，无结块、无凝胶 | 固体含量、耐热性、低温柔性、剥离强度 |
| 8 | 高分子胶粘剂 | 每5t产品为一批，不足5t按一批抽样 | 均匀液体，无杂质，无分散颗粒或凝胶 | 剥离强度、浸水168h后的剥离强度保持率 |
| 9 | 改性沥青胶粘剂 | | 均匀液体，无结块、无凝胶 | 剥离强度 |
| 10 | 合成橡胶胶粘带 | 每1000m为一批，不足1000m的按一批抽样 | 表面平整，无固块、杂质、孔洞、外伤及色差 | 剥离强度、浸水168h后的剥离强度保持率 |
| 11 | 改性石油沥青密封材料 | 每1t产品为一批，不足1t的按一批抽样 | 黑色均匀膏状，无结块和未浸透的填料 | 耐热性、低温柔性、拉伸粘结性、施工度 |
| 12 | 合成高分子密封材料 | | 均匀膏状物或黏稠液体，无结皮、凝胶或不易分散的固体团状 | 拉伸模量、断裂伸长率、定伸粘结性 |
| 13 | 烧结瓦、混凝土瓦 | | 边缘整齐，表面光滑，不得有分层、裂纹、露砂 | 抗渗性、抗冻性、吸水率 |
| 14 | 玻纤胎沥青瓦 | 同一批至少抽一次 | 边缘整齐，切槽清晰，厚薄均匀，表面无孔洞、硌伤、裂纹、皱折及起泡 | 可溶物含量、拉力、耐热度、柔度、不透水性、叠层剥离强度 |
| 15 | 彩色涂层钢板及钢带 | 同牌号、同规格、同镀层重量、同涂层厚度、同涂料种类和颜色为一批 | 钢板表面不应有气泡、缩孔、漏涂等缺陷 | 屈服强度、抗拉强度、断后伸长率、镀层重量、涂层厚度 |

**A. 0. 2** 现行屋面防水材料标准应按表 A.0.2 选用。

**表 A. 0. 2　现行屋面防水材料标准**

| 类　别 | 标准名称 | 标准编号 |
|---|---|---|
| 改性沥青防水卷材 | 1. 弹性体改性沥青防水卷材 | GB 18242 |
| | 2. 塑性体改性沥青防水卷材 | GB 18243 |
| | 3. 改性沥青聚乙烯胎防水卷材 | GB 18967 |
| | 4. 带自粘层的防水卷材 | GB/T 23260 |
| | 5. 自粘聚合物改性沥青防水卷材 | GB 23441 |
| 合成高分子防水卷材 | 1. 聚氯乙烯防水卷材 | GB 12952 |
| | 2. 氯化聚乙烯防水卷材 | GB 12953 |
| | 3. 高分子防水材料（第一部分：片材） | GB 18173.1 |
| | 4. 氯化聚乙烯-橡胶共混防水卷材 | JC/T 684 |
| 防水涂料 | 1. 聚氨酯防水涂料 | GB/T 19250 |
| | 2. 聚合物水泥防水涂料 | GB/T 23445 |
| | 3. 水乳型沥青防水涂料 | JC/T 408 |
| | 4. 溶剂型橡胶沥青防水涂料 | JC/T 852 |
| | 5. 聚合物乳液建筑防水涂料 | JC/T 864 |
| 密封材料 | 1. 硅酮建筑密封胶 | GB/T 14683 |
| | 2. 建筑用硅酮结构密封胶 | GB 16776 |
| | 3. 建筑防水沥青嵌缝油膏 | JC/T 207 |
| | 4. 聚氨酯建筑密封胶 | JC/T 482 |
| | 5. 聚硫建筑密封胶 | JC/T 483 |
| | 6. 中空玻璃用弹性密封胶 | JC/T 486 |
| | 7. 混凝土建筑接缝用密封胶 | JC/T 881 |
| | 8. 幕墙玻璃接缝用密封胶 | JC/T 882 |
| | 9. 彩色涂层钢板用建筑密封胶 | JC/T 884 |
| 瓦 | 1. 玻纤胎沥青瓦 | GB/T 20474 |
| | 2. 烧结瓦 | GB/T 21149 |
| | 3. 混凝土瓦 | JC/T 746 |
| 配套材料 | 1. 高分子防水卷材胶粘剂 | JC/T 863 |
| | 2. 丁基橡胶防水密封胶粘带 | JC/T 942 |
| | 3. 坡屋面用防水材料　聚合物改性沥青防水垫层 | JC/T 1067 |
| | 4. 坡屋面用防水材料　自粘聚合物沥青防水垫层 | JC/T 1068 |
| | 5. 沥青防水卷材用基层处理剂 | JC/T 1069 |
| | 6. 自粘聚合物沥青泛水带 | JC/T 1070 |
| | 7. 种植屋面用耐根穿刺防水卷材 | JC/T 1075 |

# 附录 B　屋面保温材料进场检验项目及材料标准

**B. 0. 1**　屋面保温材料进场检验项目应符合表 B.0.1 的规定。

**表 B. 0. 1　屋面保温材料进场检验项目**

| 序号 | 材料名称 | 组批及抽样 | 外观质量检验 | 物理性能检验 |
|---|---|---|---|---|
| 1 | 模塑聚苯乙烯泡沫塑料 | 同规格按100m³为一批，不足100m³的按一批计。在每批产品中随机抽取20块进行规格尺寸和外观质量检验。从规格尺寸和外观质量检验合格的产品中，随机取样进行物理性能检验 | 色泽均匀，阻燃型应有颜色的颗粒；表面平整，无明显收缩变形和膨胀变形；熔结良好；无明显油渍和杂质 | 表观密度、压缩强度、导热系数、燃烧性能 |
| 2 | 挤塑聚苯乙烯泡沫塑料 | 同类型、同规格按50m³为一批，不足50m³的按一批计。在每批产品中随机抽取10块进行规格尺寸和外观质量检验。从规格尺寸和外观质量检验合格的产品中，随机取样进行物理性能检验 | 表面平整，无夹杂物，颜色均匀；无明显起泡、裂口、变形 | 压缩强度、导热系数、燃烧性能 |
| 3 | 硬质聚氨酯泡沫塑料 | 同原料、同配方、同工艺条件按50m³为一批，不足50m³的按一批计。在每批产品中随机抽取10块进行规格尺寸和外观质量检验。从规格尺寸和外观质量检验合格的产品中，随机取样进行物理性能检验 | 表面平整，无严重凹凸不平 | 表观密度、压缩强度、导热系数、燃烧性能 |
| 4 | 泡沫玻璃绝热制品 | 同品种、同规格按250件为一批，不足250件的按一批计。在每批产品中随机抽取6个包装箱，每箱各抽1块进行规格尺寸和外观质量检验。从规格尺寸和外观质量检验合格的产品中，随机取样进行物理性能检验 | 垂直度、最大弯曲度、缺棱、缺角、孔洞、裂纹 | 表观密度、抗压强度、导热系数、燃烧性能 |

续表 B.0.1

| 序号 | 材料名称 | 组批及抽样 | 外观质量检验 | 物理性能检验 |
|---|---|---|---|---|
| 5 | 膨胀珍珠岩制品（憎水型） | 同品种、同规格按2000块为一批，不足2000块的按一批计。在每批产品中随机抽取10块进行规格尺寸和外观质量检验。从规格尺寸和外观质量检验合格的产品中，随机取样进行物理性能检验 | 弯曲度、缺棱掉角、裂纹 | 表观密度、抗压强度、导热系数、燃烧性能 |
| 6 | 加气混凝土砌块 | 同品种、同规格、同等级按200m³为一批，不足200m³的按一批计。在每批产品中随机抽取50块进行规格尺寸和外观质量检验。从规格尺寸和外观质量检验合格的产品中，随机取样进行物理性能检验 | 缺棱掉角；裂纹、爆裂、粘膜和损坏深度；表面疏松、层裂；表面油污 | 干密度、抗压强度、导热系数、燃烧性能 |
| 7 | 泡沫混凝土砌块 | | 缺棱掉角；平面弯曲；裂纹、粘膜和损坏深度；表面酥松、层裂；表面油污 | 干密度、抗压强度、导热系数、燃烧性能 |
| 8 | 玻璃棉、岩棉、矿渣棉制品 | 同原料、同工艺、同品种、同规格按1000m²为一批，不足1000m²的按一批计。在每批产品中随机抽取6个包装箱或卷进行规格尺寸和外观质量检验。从规格尺寸和外观质量检验合格的产品中，抽取1个包装箱或卷进行物理性能检验 | 表面平整，伤痕、污迹、破损，覆层与基材粘贴 | 表观密度、导热系数、燃烧性能 |
| 9 | 金属面绝热夹芯板 | 同原料、同生产工艺、同厚度按150块为一批，不足150块的按一批计。在每批产品中随机抽取5块进行规格尺寸和外观质量检验，从规格尺寸和外观质量检验合格的产品中，随机抽取3块进行物理性能检验 | 表面平整、无明显凹凸、翘曲、变形；切口平直、切面整齐，无毛刺；芯板切面整齐，无剥落 | 剥离性能、抗弯承载力、防火性能 |

B.0.2 现行屋面保温材料标准应按表 B.0.2 的规定选用。

表 B.0.2 现行屋面保温材料标准

| 类别 | 标准名称 | 标准编号 |
|---|---|---|
| 聚苯乙烯泡沫塑料 | 1. 绝热用模塑聚苯乙烯泡沫塑料 | GB/T 10801.1 |
| | 2. 绝热用挤塑聚苯乙烯泡沫塑料（XPS） | GB/T 10801.2 |
| 硬质聚氨酯泡沫塑料 | 1. 建筑绝热用硬质聚氨酯泡沫塑料 | GB/T 21558 |
| | 2. 喷涂聚氨酯硬泡体保温材料 | JC/T 998 |
| 无机硬质绝热制品 | 1. 膨胀珍珠岩绝热制品（憎水型） | GB/T 10303 |
| | 2. 蒸压加气混凝土砌块 | GB 11968 |
| | 3. 泡沫玻璃绝热制品 | JC/T 647 |
| | 4. 泡沫混凝土砌块 | JC/T 1062 |
| 纤维保温材料 | 1. 建筑绝热用玻璃棉制品 | GB/T 17795 |
| | 2. 建筑用岩棉、矿渣棉绝热制品 | GB/T 19686 |
| 金属面绝热夹芯板 | 1. 建筑用金属面绝热夹芯板 | GB/T 23932 |

## 本规范用词说明

**1** 为便于在执行本规范条文时区别对待，对要求严格程度不同的用词说明如下：

1）表示很严格，非这样做不可的用词：

正面词采用"必须"，反面词采用"严禁"；

2）表示严格，在正常情况下均应这样做的用词：

正面词采用"应"，反面词采用"不应"或"不得"；

3）表示允许稍有选择，在条件许可时首先应这样做的用词：

正面词采用"宜"，反面词采用"不宜"；

4）表示有选择，在一定条件下可以这样做的用词，采用"可"。

**2** 本规范中指明应按其他有关标准执行的写法为："应符合……的规定"或"应按……执行"。

## 引用标准名录

**1** 《混凝土结构工程施工质量验收规范》GB 50204

**2** 《钢结构工程施工质量验收规范》GB 50205

**3** 《木结构工程施工质量验收规范》GB 50206

**4** 《建筑地面工程施工质量验收规范》GB 50209

**5** 《建筑工程施工质量验收统一标准》GB 50300

**6** 《屋面工程技术规范》GB 50345

**7** 《建筑节能工程施工质量验收规范》GB 50411

**8** 《建筑玻璃采光顶》JG/T 231

中华人民共和国国家标准

# 屋面工程质量验收规范

GB 50207-2012

条 文 说 明

# 修 订 说 明

本规范是在《屋面工程质量验收规范》GB 50207-2002 的基础上修订完成的，上一版的主编单位是山西建筑工程（集团）总公司，参编单位有北京市建筑工程研究院、浙江工业大学、太原理工大学、中国建筑标准设计研究所、中国建筑防水材料公司苏州研究设计所、上海建筑防水材料（集团）公司。主要起草人员是哈成德、王寿华、朱忠厚、叶林标、项桦太、张文华、马芸芳、高延继、姜静波、瞿建民、徐金鹤。

本次修订的主要技术内容是：1. 屋面工程各子分部工程和分项工程，是按屋面的使用功能和构造层次进行划分的；2. 执行新修订《屋面工程技术规范》GB 50345 有关屋面防水等级和设防要求的规定；3.

取消了细石混凝土防水层，把细石混凝土作为卷材、涂膜防水层上面的保护层；4. 增加了纤维材料保温层和现浇泡沫混凝土保温层；5. 明确了在块瓦或沥青瓦下面应铺设防水层或防水垫层；6. 增加了金属板屋面铺装和玻璃采光顶铺装。

为了便于广大设计、施工、科研、学校等单位有关人员正确理解和执行本规范条文内容，规范编制组按章、节、条顺序编制了本规范的条文说明，对条文规定的目的、依据以及执行中需注意的有关事项进行了说明。虽然本条文说明不具备与规范正文同等的法律效力，但建议使用者认真阅读，作为正确理解和把握规范规定的参考。

# 目 次

# 1 总 则

**1.0.1** 建筑工程质量应包括设计质量和施工质量。在一定程度上，工程施工是形成工程实体质量的决定性环节。屋面工程应遵循"材料是基础、设计是前提、施工是关键、管理是保证"的综合治理原则，积极采用新材料、新工艺、新技术，确保屋面防水及保温、隔热等使用功能和工程质量。

由于我国目前尚未制定有关建筑防水设计的通用标准，而在现行国家标准《屋面工程技术规范》GB 50345 中，确实含有一定的屋面设计内容，故将本规范名称定为《屋面工程质量验收规范》。同时，为了统一屋面工程质量的验收，本规范按现行《建筑工程施工质量验收统一标准》GB 50300 的要求，对屋面工程的各分部工程和分项工程进行验收作出规定。这就是制定本规范的目的。

**1.0.2** 本规范适用于新建、改建、扩建的工业与民用建筑及既有建筑改造屋面工程的质量验收。按总则、术语、基本规定、基层与保护工程、保温与隔热工程、防水与密封工程、瓦面与板面工程、细部构造工程和屋面工程验收等内容分章进行叙述。

**1.0.3** 《屋面工程技术规范》GB 50345 适用于建筑屋面工程的设计和施工，《屋面工程质量验收规范》GB 50207 适用于建筑屋面工程的质量验收，是配套使用的两本规范，故屋面工程的设计和施工，应符合现行国家标准《屋面工程技术规范》GB 50345 的规定。

**1.0.4** 环境保护和建筑节能，已经成为当前全社会不容忽视的问题。本条规定屋面工程的施工应符合国家和地方有关环境保护、建筑节能和防火安全等法律、法规的有关规定。

# 2 术 语

本规范的术语是从屋面工程施工质量验收的角度赋予其涵义的，本章将本规范中尚未在其他国家标准、行业标准中规定的术语单独列出 16 条，将人们已经熟知的一些术语这次从规范中删去，如满粘法、空铺法、点粘法、条粘法、冷粘法、热熔法、自粘法等。

# 3 基 本 规 定

**3.0.1** 修订后的《屋面工程技术规范》GB 50345 对屋面防水等级和设防要求的内容作了较大变动，将屋面防水等级划分为 I、II 两级，设防要求分别为两道防水设防和一道防水设防。

**3.0.2** 根据现行国家标准《建筑工程施工质量验收

统一标准》GB 50300 的有关规定，本条对承包屋面防水和保温工程的施工企业提出相应的资质要求。目前，防水专业队伍是由省级以上建设行政主管部门对防水施工企业的规模、技术条件、业绩等综合考核后颁发资质证书。防水工程施工，实际上是对防水材料的一次再加工，必须由防水专业队伍进行施工，才能确保防水工程的质量。作业人员应经过防水专业培训，达到符合要求的操作技术水平，由有关主管部门发给上岗证。对非防水专业队伍或非防水工施工的情况，当地质量监督部门应责令其停止施工。

**3.0.3** 本条对施工项目的质量管理体系和质量保证体系提出了要求，施工单位应推行全过程的质量控制。施工现场质量管理，要求有相应的施工技术标准、健全的质量管理体系、施工质量控制和检验制度。

**3.0.4** 根据建设部（1991）837 号文《关于提高防水工程质量的若干规定》要求：防水工程施工前，应通过图纸会审，掌握施工图中的细部构造及有关要求。这样做一方面是对设计图纸进行把关，另一方面可使施工单位切实掌握屋面防水设计的要求，避免施工中的差错。同时，制定切实可行的防水工程施工方案或技术措施，施工方案或技术措施应按程序审批，经监理或建设单位审查确认后执行。

**3.0.5** 随着人们对屋面使用功能要求的提高，屋面工程设计提出多样化、立体化等新的建筑设计理念，从而对建筑造型、屋面防水、保温隔热、建筑节能和生态环境等方面提出了更高的要求。

本条是根据建设部令第 109 号《建设领域推广应用新技术管理规定》和《建设部推广应用新技术管理细则》建设部建科〔2002〕222 号的精神，注重在屋面工程中推广应用新技术和限制、禁止使用落后的技术。对采用性能、质量可靠的新型防水材料和相应的施工技术等科技成果，必须经过科技成果鉴定、评估或新产品、新技术鉴定，并应制定相应的技术规程。同时，强调新技术需经屋面工程实践检验，符合有关安全及功能要求的才能得到推广应用。

**3.0.6** 防水、保温材料除有产品合格证和性能检测报告等出厂质量证明文件外，还应有经当地建设行政主管部门所指定的检测单位对该产品本年度抽样检验认证的试验报告，其质量必须符合国家现行产品标准和设计要求。

**3.0.7** 材料的进场验收是把好材料合格关的重要环节，本条给出了屋面工程所用防水、保温材料进场验收的具体规定。

**1** 首先根据设计要求对质量证明文件核查。由于材料的规格、品种和性能繁多，首先要看进场材料的质量证明文件是否与设计要求的相符，故进场验收必须对材料附带的质量证明文件进行核查。质量证明文件通常也称技术资料，主要包括出厂合格证、中文说明书及相关性能检测报告等；进口材料应按规定进行出入境商品检验。这些质量证明文件应纳入工程技术档案。

**2** 其次是对进场材料的品种、规格、包装、外观和尺寸等可视质量进行检查验收，并应经监理工程师或建设单位代表核准。进场验收应形成相应的记录。材料的可视质量，可以通过目视和简单尺量、称量、敲击等方法进行检查。

**3** 对于进场的防水和保温材料应实施抽样检验，以验证其质量是否符合要求。为了方便查找和使用，本规范在附录 A 和附录 B 中列出了防水、保温材料的进场检验项目。

**4** 对于材料进场检验报告中的全部项目指标，均应达到技术标准的规定。不合格的防水、保温材料或国家明令禁止使用的材料，严禁在屋面工程中使用，以确保工程质量。

**3.0.8** 保护环境是中华人民共和国的一项基本国策，同时也符合现行国家标准《建筑工程施工质量验收统一标准》GB 50300 增加环保要求的精神，故本条提出屋面工程使用的材料应符合国家现行有关标准对材料有害物质限量的规定，不得对周围环境造成污染。行业标准《建筑防水涂料中有害物质限量》JC 1066－2008 适用建筑防水用各类涂料和防水材料配套用的液体材料，对挥发性有机化合物（VOC）、苯、甲苯、乙苯、二甲苯、苯酚、蒽、萘、游离甲醛、游离（TDI）、氨、可溶性重金属等有害物质含量的限值均作了规定。

**3.0.9** 相容性是指相邻两种材料之间互不产生有害物理和化学作用的性能。本条规定屋面工程各构造层的组成材料应分别与相邻层次的材料相容，包括防水卷材、涂料、密封材料、保温材料等。

**3.0.10** 屋面工程施工时，各道工序之间常常因上道工序存在的质量问题未解决，而被下道工序所覆盖，给屋面防水留下质量隐患。因此，必须强调按工序、层次进行检查验收，即在操作人员自检合格的基础上，进行工序的交接检和专职质量人员的检查，检查结果应有完整的记录，然后经监理单位或建设单位进行检查验收，合格后方可进行下道工序的施工。

**3.0.11** 成品保护是一个非常重要的问题，很多是在屋面工程完工后，又上人去进行安装天线、安装广告支架、堆放脚手架工具等作业，造成保温层和防水层的局部破坏而出现渗漏。本条强调在保温层和防水层施工前，应将伸出屋面的管道、设备或预埋件安设完毕。如在保温层和防水层施工完毕后，再上人去凿孔、打洞或重物冲击都会破坏屋面的整体性，从而易于导致屋面渗漏。

**3.0.12** 屋面渗漏是当前房屋建筑中最为突出的质量问题之一，群众对此反映极为强烈。为使房屋建筑工程，特别是量大面广的住宅工程的屋面渗漏问题得到

较好的解决，将本条列为强制性条文。屋面工程必须做到无渗漏，才能保证功能要求。无论是屋面防水层的本身还是细部构造，通过外观质量检验只能看到表面的特征是否符合设计和规范的要求，肉眼很难判断是否会渗漏。只有经过雨后或持续淋水 2h，使屋面处于工作状态下经受实际考验，才能观察出屋面是否有渗漏。有可能蓄水试验的屋面，还规定其蓄水时间不得少于 24h。

**3.0.13** 根据现行国家标准《建筑工程施工质量验收统一标准》GB 50300 的规定，按建筑部位确定屋面工程为一个分部工程。当分部工程较大或较复杂时，又可按材料种类、施工特点、专业类别等划分为若干子分部工程。本规范按屋面构造层次把基层与保护、保温与隔热、防水与密封、瓦面与板面、细部构造均列为子分部工程。由于产生屋面渗漏的主要原因在细部构造，故本规范将细部构造单独列为一个子分部工程，目的为引起足够重视。

本规范对分项工程划分，有助于及时纠正施工中出现的质量问题，符合施工实际的需要。

**3.0.14** 本条规定了屋面工程中各分项工程检验批的划分宜按屋面面积每 500m² ~ 1000m² 划分为一个检验批，不足 500m² 也应划分为一个检验批。每个检验批的抽检数量在本规范其他各章中作出规定。

# 4 基层与保护工程

## 4.1 一 般 规 定

**4.1.1** 本章涵盖了与屋面防水层及保温层相关的构造层，包括：找坡层、找平层、隔汽层、隔离层、保护层。

**4.1.2** 屋面工程施工应在混凝土结构层验收合格的基础上进行，混凝土结构层的施工应符合现行国家标准《混凝土结构工程施工质量验收规范》GB 50204 的有关规定。

**4.1.3** 在防水设防的基础上，为了将屋面上的雨水迅速排走，以减少屋面渗水的机会，正确的排水坡度很重要。屋面在建筑功能许可的情况下应尽量采用结构找坡，坡度应尽量大些，坡度过小施工不易准确，所以规定不应小于 3%。材料找坡时，为了减轻屋面荷载，坡度规定宜为 2%。檐沟、天沟的纵向坡度不应小于 1%，否则施工时找坡困难易造成积水，防水层长期被水浸泡会加速损坏。沟底的水落差不得超过 200mm，即水落口距离分水线不得超过 20m。

**4.1.4** 按屋面的一般使用要求，设计可分为上人屋面和不上人屋面。目前，随着使用功能多样化，屋面保护及铺面可分为非步行用、步行用、运动用、庭园用、停车场用等不同用途的屋面。因此，本条作出了上人屋面或其他使用功能屋面的保护及铺面施工除应

符合本规范的规定外，尚应符合现行国家标准《建筑地面工程施工质量验收规范》GB 50209 等的有关规定。

**4.1.5** 本条规定了基层与保护工程各分项工程每个检验批的抽检数量，即找坡层、找平层、隔汽层、隔离层、保护层分项工程，应按屋面面积每 100m² 抽查一处，每处 10m²，且不得少于 3 处。这个数值的确定，是考虑到抽查的面积为屋面工程总面积的 1/10，是有足够的代表性，同时经过多年来的工程实践，大家认为也是可行的，所以仍采用过去的抽样方案。

## 4.2 找坡层和找平层

**4.2.1** 目前国内较少使用小型预制构件作为结构层，但大跨度预应力多孔板和大型屋面板装配式结构仍在使用，为了获得整体性和刚度好的基层，本条对装配式钢筋混凝土板的板缝嵌填作了具体规定。当板缝过宽或上窄下宽时，灌缝的混凝土受振动后容易掉落，故需在缝内配筋；板端缝处是变形最大的部位，板在长期荷载作用下的挠曲变形会导致板与板间的接头缝隙增大，故强调此处应采取防裂的构造措施。

**4.2.2** 当用材料找坡时，为了减轻屋面荷载和施工方便，可采用轻骨料混凝土，不宜采用水泥膨胀珍珠岩。找坡层施工时应注意找坡层最薄处应符合设计要求，找坡材料应分层铺设并适当压实，表面应做到平整。

**4.2.3** 本条规定找平层的抹平和压光工序的技术要点，即水泥初凝前完成抹平，水泥终凝前完成压光，水泥终凝后应充分养护，以确保找平层质量。

**4.2.4** 由于水泥砂浆或细石混凝土收缩和温差变形的影响，找平层应预先留设分格缝，使裂缝集中于分格缝中，减少找平层大面积开裂。本次修订把原规范有关分格缝内嵌填密封材料和分格缝应留设在板端缝处内容删除。

**4.2.5** 找坡层和找平层所用材料的质量及配合比，均应符合设计要求和技术规范的规定。

**4.2.6** 屋面找平层是铺设卷材、涂膜防水层的基层。在调研中发现，由于檐沟、天沟排水坡度过小或找坡不正确，常会造成屋面排水不畅或积水现象。基层找坡正确，能将屋面上的雨水迅速排走，延长防水层的使用寿命。

**4.2.7** 由于一些单位对找平层质量不够重视，致使水泥砂浆或细石混凝土找平层表面有酥松、起砂、起皮和裂缝现象，直接影响防水层与基层的粘结质量或导致防水层开裂。对找平层的质量要求，除排水坡度满足设计要求外，规定找平层应在收水后二次压光，使表面坚固密实、平整；水泥砂浆终凝后，应采取覆盖浇水、喷养护剂、涂刷冷底子油等手段充分养护，保证砂浆中的水泥充分水化，以确保找平层质量。

**4.2.8** 卷材防水层的基层与突出屋面结构的交接处

以及基层的转角处，找平层应按技术规范的规定做成圆弧形，以保证卷材防水层的质量。

**4.2.9** 调查分析认为，卷材、涂膜防水层的不规则拉裂，是由于找平层的开裂造成的，而水泥砂浆找平层的开裂又是难以避免的。找平层合理分格后，可将变形集中到分格缝处。当设计未作规定时，本规范规定找平层分格纵横缝的最大间距为 6m，分格缝宽度宜为 5mm～20mm，深度应与找平层厚度一致。

**4.2.10** 考虑到找坡层上施工找平层应做到厚薄一致，本条增加了找坡层的表面平整度为 7mm 的规定。找平层的表面平整度是根据普通抹灰质量标准规定的，其允许偏差为 5mm。提高对基层平整度的要求，可使卷材胶结材料或涂膜的厚度均匀一致，保证屋面工程的质量。

## 4.3 隔 汽 层

**4.3.1** 隔汽层应铺设在结构层上，结构层表面应平整，无突出的尖角和凹坑，一般隔汽层下宜设置找平层。隔汽层施工前，应将基层表面清扫干净，并使其充分干燥，基层的干燥程度可参见本规范第 6.1.2 条的条文说明。

**4.3.2** 隔汽层的作用是防潮和隔汽，隔汽层铺在保温层下面，可以隔绝室内水蒸气通过板缝或孔隙进入保温层，故本条规定隔汽层应选用气密性、水密性好的材料。

**4.3.3** 本条规定在屋面与墙的连接处，隔汽层应沿墙面向上连续铺设，且高出保温层上表面不得小于 150mm，以防止水蒸气因温差结露而导致水珠回落在周边的保温层上。本条修订时把原规范有关隔汽层应与屋面的防水层相连接，形成全封闭的整体内容删除，隔汽层收边不需要与保温层上的防水层连接。理由1：隔汽层不是防水层，与防水设防无关联；理由2：隔汽层施工在前，保温层和防水层施工在后，几道工序无法做到同步，防水层与墙面交接处的泛水处理与隔汽层无关联。

**4.3.4** 隔汽层采用卷材时，为了提高抵抗基层的变形能力，隔汽层的卷材宜采用空铺，卷材搭接缝应满粘。隔汽层采用涂膜时，涂层应均匀，无流淌和露底现象，涂料应两涂，且前后两遍的涂刷方向应相互垂直。

**4.3.5** 若隔汽层出现破损现象，将不能起到隔绝室内水蒸气的作用，严重影响保温层的保温效果。隔汽层若有破损，应将破损部位进行修复。

**4.3.6** 隔汽层所用材料均为常用的防水卷材或涂料，但隔汽层所用材料的品种和厚度应符合热工设计所必需的水蒸气渗透阻。

**4.3.7** 参见本规范第 4.3.5 条的条文说明。

**4.3.8、4.3.9** 参见本规范第 6.2.13 条和第 6.3.8 条的条文说明。

## 4.4 隔 离 层

**4.4.1** 在柔性防水层上设置块体材料、水泥砂浆、细石混凝土等刚性保护层，由于保护层与防水层之间的粘结力和机械咬合力，当刚性保护层胀缩变形时，会对防水层造成损坏，故在保护层与防水层之间应铺设隔离层，同时可防止保护层施工时对防水层的损坏。本条强调了在保护层与防水层之间设置隔离层的必要性，以保证保护层胀缩变形时，不至于损坏防水层。

**4.4.2** 当基层比较平整时，在已完成雨后或淋水、蓄水检验合格的防水层上面，可以直接干铺塑料膜、土工布或卷材。

当基层不太平整时，隔离层宜采用低强度等级黏土砂浆、水泥石灰砂浆或水泥砂浆。铺抹砂浆时，铺抹厚度宜为 10mm，表面应抹平、压实并养护；待砂浆干燥后，其上干铺一层塑料膜、土工布或卷材。

**4.4.3** 隔离层所用材料的质量必须符合设计要求，当设计无要求时，隔离层所用的材料应能经得起保护层的施工荷载，故建议塑料膜的厚度不应小于 0.4mm，土工布应采用聚酯土工布，单位面积质量不应小于 $200g/m^2$，卷材厚度不应小于 2mm。

**4.4.4** 为了消除保护层与防水层之间的粘结力及机械咬合力，隔离层必须是完全隔离，对隔离层的破损或漏铺部位应及时修复。

**4.4.5、4.4.6** 根据基层平整状况，提出了采用干铺塑料膜、土工布、卷材和铺抹低强度等级砂浆的施工要求。

## 4.5 保 护 层

**4.5.1** 按照屋面工程各工序之间的验收要求，强调对防水层的雨后或淋水、蓄水检验，防止防水层被保护层所覆盖后还存在未解决的问题；同时要求做好成品保护，以确保屋面防水工程质量。沥青类的防水卷材也可直接采用卷材上表面覆有的矿物粒料或铝箔作为保护层。

**4.5.2** 对于块体材料做保护层，在调研中发现往往因温度升高而使块体膨胀隆起。因此，本条作出对块体材料保护层应留设分格缝的规定。

**4.5.3** 水泥砂浆保护层由于自身的干缩或温度变化的影响，往往产生严重龟裂，且裂缝宽度较大，以至造成碎裂、脱落。为确保水泥砂浆保护层的质量，本条规定表面应抹平压光，可避免水泥砂浆保护层表面出现起砂、起皮现象；根据工程实践经验，在水泥砂浆保护层上划分表面分格缝，将裂缝均匀分布在分格缝内，避免了大面积的龟裂。

**4.5.4** 细石混凝土保护层应一次浇筑完成，否则新旧混凝土的结合处易产生裂缝，造成混凝土保护层的局部破坏，影响屋面使用和外观质量。用细石混凝土

做保护层时，分格缝设置过密，不但给施工带来困难，而且不易保证质量，分格面积过大又难以达到防裂的效果，根据调研的意见，规定纵横间距不应大于 6m，分格缝宽度宜为 10mm～20mm。

**4.5.5** 根据历次对屋面工程的调查，发现许多工程的块体材料、水泥砂浆、细石混凝土等保护层与女儿墙均未留空隙。当高温季节，刚性保护层热胀顶推女儿墙，有的还将女儿墙推裂造成渗漏；而在刚性保护层与女儿墙间留出空隙的屋面，均未见有推裂女儿墙的现象。故规定了刚性保护层与女儿墙之间应预留 30mm 的缝隙。本条还规定缝内宜填塞聚苯乙烯泡沫塑料，并用密封材料嵌填严密。

**4.5.6** 保护层所用材料质量，是确保其质量的基本条件。如果原材料质量不好，配合比不准确，就难以达到对防水层的保护作用。

**4.5.7** 原规范未对块体材料、水泥砂浆、细石混凝土保护层提出技术要求，技术规范沿用找平层的做法和规定，对此类保护层明确提出了强度等级要求，即水泥砂浆不应低于 M15，细石混凝土不应低于 C20。

**4.5.8** 屋面防水以防为主，以排为辅。保护层的铺设不应改变原有的排水坡度，导致排水不畅或造成积水，给屋面防水带来隐患，故本条规定保护层的排水坡度应符合设计要求。

**4.5.9** 块体材料应铺贴平整，与底部贴合密实。若产生空鼓现象，在使用中会造成块体混凝土脱落破损，而起不到对防水层的保护作用。在施工中严格按照操作规程进行作业，避免对块体材料的破坏，确保块体材料保护层的质量。

**4.5.10** 目前，一些施工单位对水泥砂浆、细石混凝土保护层的质量重视不够，致使保护层表面出现裂缝、起壳、起砂现象。因此对水泥砂浆、细石混凝土保护层的质量，除应满足强度和排水坡度的设计要求外，还应规定保护层的外观质量要求。

**4.5.11** 浅色涂料保护层与防水层是否粘结牢固，其厚度能否达到要求，直接影响到屋面防水层的质量和耐久性；涂料涂刷的遍数越多，涂层的密度就越高，涂层的厚度也就越均匀。

**4.5.12** 本条规定了保护层的允许偏差和检验方法，主要是参考现行国家标准《建筑地面工程施工质量验收规范》GB 50209 的有关规定。

# 5 保温与隔热工程

## 5.1 一 般 规 定

**5.1.1** 本章把保温层分为板状材料、纤维材料、整体材料三种类型，隔热层分为种植、架空、蓄水三种形式，基本上反映了国内屋面保温与隔热工程的现状。

5.1.2 保温层的基层平整,保证铺设的保温层厚度均匀;保温层的基层干燥,避免保温层铺设后吸收基层中的水分,导致导热系增大,降低保温效果;保温层的基层干净,保证板状保温材料紧靠在基层表面上,铺平垫稳防止滑动。

5.1.3 由于保温材料是多孔结构,很容易潮湿变质或改变性状,尤其是保温材料受潮后导热系数会增大。目前,在选用节能材料时,人们还比较热衷采用泡沫塑料型保温材料。几场火灾后,人们对易燃、多烟的泡沫塑料的使用更为谨慎,并按照公安部、住房和城乡建设部联合颁发的《民用建筑外墙保温系统及外墙装饰防火暂行规定》的要求实施。故本条规定保温材料在施工过程中应采取防潮、防水和防火等保护措施。

5.1.4 屋面保温与隔热工程设计,应根据建筑物的使用要求、屋面结构形式、环境条件、防水处理方法、施工条件等因素确定。不同地区主要建筑类型的保温与隔热形式,还有待于进一步研究及总结。

　　屋面保温材料应采用吸水率低、表观密度和导热系数较小的材料,板状材料还应有一定的强度。保温材料的品种、规格和性能等应符合现行产品标准和设计要求。

5.1.5 对于建筑物来说,热量损失主要包括外墙体、外门窗、屋面及地面等围护结构的热量损耗,一般的居住建筑屋面热量损耗约占整个建筑热损耗的20%左右。屋面保温与隔热工程,首先应按国家和地区民用建筑节能设计标准进行设计和施工,才能实现建筑节能目标,同时还应符合现行国家标准《建筑节能工程施工质量验收规范》GB 50411 的有关规定。

5.1.6 保温材料的干湿程度与导热系数关系很大,限制保温材料的含水率是保证工程质量的重要环节。由于每一个地区的环境湿度不同,定出统一的含水率限制是不可能的。本条修订时删除保温层的含水率必须符合设计要求的内容,规定了保温材料使用时含水率应相当于该材料在当地自然风干状态下的平衡含水率。所谓平衡含水率是指在自然环境中,材料孔隙中的水分与空气湿度达到平衡时,这部分水的质量占材料干质量的百分比。

5.1.7 建筑围护结构热工性能直接影响建筑采暖和空调的负荷与能耗,必须予以严格控制。保温材料的导热系数随材料的密度提高而增加,并且与材料的孔隙大小和构造特征有密切关系。一般是多孔材料的导热系数较小,但当其孔隙中所充满的空气、水、冰不同时,材料的导热性能就会发生变化。因此,要保证材料优良的保温性能,就要求材料尽量干燥不受潮,而吸水受潮后尽量不受冰冻,这对施工和使用都有很现实的意义。

　　保温材料的抗压强度或压缩强度,是材料主要的力学性能。一般是材料使用时会受到外力的作用,当材料内部产生应力增大到超过材料本身所能承受的极限值时,材料就会产生破坏。因此,必须根据材料的主要力学性能因材使用,才能更好地发挥材料的优势。

　　保温材料的燃烧性能,是可燃性建筑材料分级的一个重要判定。建筑防火关系到人民财产及生命安全和社会稳定,国家给予高度重视,出台了一系列规定,相关标准规范也即将颁布。因此,保温材料的燃烧性能是防止火灾隐患的重要条件。

5.1.8 检验防水层的质量,主要是进行雨后观察、淋水或蓄水试验。防水层经验收合格后,方可进行种植、架空、蓄水隔热层施工。施工时必须采取有效保护措施,否则损坏了防水层而产生渗漏,既不容易查找渗漏部位,也不容易维修。

5.1.9 本条规定了保温与隔热工程各分项工程每个检验批的抽检数量,应按屋面面积每 $100m^2$ 抽查 1 处,每处 $10m^2$,且不得少于 3 处。考虑到抽检的面积占屋面工程总面积的 1/10,有足够的代表性,工程实践证明也是可行的。

## 5.2 板状材料保温层

5.2.1 采用干铺法施工板状材料保温层,就是将板状保温材料直接铺设在基层上,而不需要粘结,但是必须要将板材铺平、垫稳,以便为铺抹找平层提供整的表面,确保找平层厚度均匀。本条还强调板与板的拼接缝及上下板的拼接缝要相互错开,并用同类材料的碎屑嵌填密实,避免产生热桥。

5.2.2 采用粘贴法铺设板状材料保温层,就是用胶粘剂或水泥砂浆将板状保温材料粘贴在基层上。要注意所用的胶粘剂必须与板材的材性相容,以避免粘结不牢或发生腐蚀。板状材料保温层铺设完成后,在胶粘剂固化前不得上人走动,以免影响粘结效果。

5.2.3 机械固定法是使用专用固定钉及配件,将板状保温材料定点钉固在基层上的施工方法。本条规定选择专用螺钉和金属垫片,是为了保证保温板与基层连接固定,并允许保温板产生相对滑动,但不得出现保温板与基层相互脱离或松动。

5.2.4 本条规定所用板状保温材料的品种、规格、性能,应按设计要求和相关现行材料标准规定选择,不得随意改变其品种和规格。材料进场后应进行抽样检验,检验合格后方可在工程中使用。板状保温材料的质量,应符合现行国家标准《绝热用模塑聚苯乙烯泡沫塑料》GB/T 10801.1、《绝热用挤塑聚苯乙烯泡沫塑料(XPS)》GB/T 10801.2、《建筑绝热用硬质聚氨酯泡沫塑料》GB/T 21558、《膨胀珍珠岩绝热制品(憎水性)》GB/T 10303、《蒸压加气混凝土砌块》GB 11968 和现行行业标准《泡沫玻璃绝热制品》JC/T 647、《泡沫混凝土砌块》JC/T 1062 等的要求。

5.2.5 保温层厚度将决定屋面保温的效果,检查时应给出厚度的允许偏差，过厚浪费材料，过薄则达不到设计要求。本条规定板状保温材料的厚度必须符合设计要求，其正偏差不限，负偏差为 5% 且不得大于 4mm。

**5.2.6** 本条特别对严寒和寒冷地区的屋面热桥部位提出要求。屋面与外墙都是外围护结构，一般说来居住建筑外围护结构的内表面大面积结露的可能性不大，结露大都出现在外墙和屋面交接的位置附近，屋面的热桥主要出现在檐口、女儿墙与屋面连接等处，设计时应注意屋面热桥部位的特殊处理，即加强热桥部位的保温，减少采暖负荷。故本条规定屋面热桥部位处理必须符合设计要求。

**5.2.7** 参见本规范第 5.2.1 和 5.2.2 条的条文说明。

**5.2.8** 板状保温材料采用机械固定法施工，固定件的规格、数量和位置应符合设计要求。当设计无要求时，固定件数量和位置宜符合表 1 的规定。当屋面坡度大于 50% 时，应适当增加固定件数量。

**表 1 板状保温材料固定件数量和位置**

| 板状保温材料 | 每块板固定件最少数量 | 固定位置 |
| --- | --- | --- |
| 挤塑聚苯板、模塑聚苯板、硬泡聚氨酯板 | 各边长均≤1.2m 时为 4 个，任一边长＞1.2m 时为 6 个 | 四个角及沿长向中线均匀布置，固定垫片距离板边缘不得大于 150mm |

本条规定了垫片应与保温板表面齐平，是为了保证保温板被固定时，不出现因螺钉紧固而发生保温板的破裂或断裂。

**5.2.9、5.2.10** 板状保温材料铺设后，其上表面应平整，以确保铺抹找平层的厚度均匀。

### 5.3 纤维材料保温层

**5.3.1** 纤维保温材料的导热系数与其表观密度有关，在纤维保温材料铺设后，操作人员不得踩踏，以防将其踩踏密实而降低屋面保温效果。

在铺设纤维保温材料时，应按照设计厚度和材料规格，进行单层或分层铺设，做到拼接缝严密，上下两层的拼接缝错开，以保证保温效果。当屋面坡度较大时，纤维保温材料应采用机械固定法施工，以防止保温层下滑。纤维板宜用金属固定件，在金属压型板的波峰上用电动螺丝刀直接将固定件旋进；在混凝土结构上先用电锤钻孔，钻孔深度要比螺钉深度深25mm，然后用电动螺丝刀将固定件旋进。纤维毡宜用塑料固定件，在水泥纤维板或混凝土基层上，先用水泥基胶粘剂将塑料钉粘牢，待毡填充后再将塑料垫片与钉热熔焊牢。

**5.3.2** 纤维材料保温层由于其重量轻、导热系数小，所以在屋面保温工程中应用比较广泛。纤维材料铺设

在基层上的木龙骨或金属龙骨之间，并应对木龙骨进行防腐处理；对金属龙骨进行防锈处理。在金属龙骨与基层之间应采取防止热桥的措施。

**5.3.3** 纤维材料的产品质量应符合现行国家标准《建筑绝热用玻璃棉制品》GB/T 17795、《建筑用岩棉、矿渣棉绝热制品》GB/T 19686 的要求。

**5.3.4** 保温层的厚度将决定屋面保温的效果，检查时应给出厚度的允许偏差，过厚浪费材料，过薄则达不到设计要求。本条规定纤维材料保温层的厚度必须符合设计要求，其正偏差不限，毡不得有负偏差，板负偏差应为 4%，且不得大于 3mm。

**5.3.5** 参见本规范第 5.2.6 条的条文说明。

**5.3.6** 在铺设纤维材料保温层时，要将毡或板紧贴基层，拼接严密，表面平整，避免产生热桥。

**5.3.7** 参见本规范第 5.2.8 条的条文说明。

**5.3.8** 龙骨尺寸和铺设的间距，是根据设计图纸和纤维保温材料的规格尺寸确定的。龙骨断面的高度应与填充材料的厚度一致，龙骨间距应根据填充材料的宽度确定。板材的品种和厚度，应符合设计图纸的要求。在龙骨上铺钉的板材，相当于屋面防水层的基层，所以在铺钉板材时不仅要铺钉牢固，而且要表面平整。

**5.3.9** 查阅《建筑绝热用玻璃棉制品》GB/T 17795－2008，玻璃棉制品按外覆面划分为三类，其中具有非反射面的外覆面制品又可分为抗水蒸气渗透和非抗水蒸气渗透的外覆面两种，本条所指的是抗水蒸气渗透外覆面的玻璃棉制品，外覆面层为 PVC、聚丙烯等。由于 PVC、聚丙烯可作为隔汽层使用，其外覆面必须朝向室内，同时应对外覆面的拼缝进行密封处理。

### 5.4 喷涂硬泡聚氨酯保温层

**5.4.1** 硬泡聚氨酯喷涂前，应对喷涂设备进行调试。试验样品应在施工现场制备，一般面积约 1.5m² 、厚度不小于 30mm 的样品即可制备一组试样，试样尺寸按相应试验要求决定。

**5.4.2** 喷涂硬泡聚氨酯应根据设计要求的表观密度、导热系数及压缩强度等技术指标，来确定其中异氰酸酯、多元醇及发泡剂等添加剂的配合比。喷涂硬泡聚氨酯应做到配比准确计量，才能达到设计要求的技术指标。

**5.4.3** 喷涂硬泡聚氨酯时，喷嘴与基面应保持一定的距离，是为了控制硬泡聚氨酯保温层的厚度均匀，同时避免在喷涂过程中材料飞散。根据施工实践经验，喷嘴与基面的距离宜为 800mm～1200mm。

**5.4.4** 喷涂硬泡聚氨酯时，一个作业面应分遍喷涂完成，一是为了能及时控制、调整喷涂层的厚度，减少收缩影响，二是可以增加结皮层，提高防水效果。

在硬泡聚氨酯分遍喷涂时，由于每遍喷涂的间隔

时间很短，只需20min，当日的作业面完全可以当日连续喷涂施工完毕；如果当日不连续喷涂施工完毕，一是会增加基层的清理工作，二是不易保证分层之间的粘结质量。

**5.4.5** 一般情况下硬泡聚氨酯的发泡、稳定及固化时间约需15min，故本条规定硬泡聚氨酯喷涂完成后，20min内严禁上人，并应及时做好保护层。

**5.4.6** 参见本规范第5.4.2条的条文说明。为了检验喷涂硬泡聚氨酯保温层的实际保温效果，施工现场应制备试样，检测其导热系数、表观密度和压缩强度。喷涂硬泡聚氨酯的质量，应符合现行行业标准《喷涂聚氨酯硬泡体保温材料》JC/T 998 的要求。

**5.4.7** 保温层的厚度将决定屋面保温的效果，检查时应给出厚度的允许偏差，过厚浪费材料，过薄则达不到设计要求。本条规定喷涂硬泡聚氨酯的正偏差不限，不得有负偏差。

**5.4.8** 参见本规范第5.2.6条的条文说明。

**5.4.9** 本条规定喷涂硬泡聚氨酯施工的基本要求。

**5.4.10** 喷涂硬泡聚氨酯施工后，其表面应平整，以确保铺抹找平层的厚度均匀。本条规定喷涂硬泡聚氨酯的表面平整度允许偏差为5mm。

### 5.5 现浇泡沫混凝土保温层

**5.5.1** 基层质量对于现浇泡沫混凝土质量有很大影响，浇筑前应清除基层上的杂物和油污，并浇水湿润基层，以保证泡沫混凝土的施工质量。

**5.5.2** 泡沫混凝土专用设备包括：发泡机、泡沫混凝土搅拌机、混凝土输送泵，使用前应对设备进行调试，并制备用于干密度、抗压强度和导热系数等性能检测的试件。

**5.5.3** 泡沫混凝土配合比设计，是根据所选用原材料性能和对泡沫混凝土的技术要求，通过计算、试配和调整等求出各组成材料用量。由水泥、骨料、掺合料、外加剂和水等制成的水泥料浆，应按配合比准确计量，各组成材料称量的允许偏差：水泥及掺合料为 ±2%；骨料为 ±3%；水及外加剂为 ±2%。泡沫的制备是将泡沫剂掺入定量的水中，利用它减小水表面张力的作用，进行搅拌后便形成泡沫，搅拌时间一般宜为 2min。水泥料浆制备时，要求搅拌均匀，不得有团块及大颗粒存在；再将制备好的泡沫加入水泥料浆中进行混合搅拌，搅拌时间一般为 5min~8min，混合要求均匀，没有明显的泡沫漂浮和泥浆块出现。

**5.5.4** 由于泡沫混凝土的干密度对其抗压强度、导热系数、耐久性能的影响甚大，干密度又是泡沫混凝土在标准养护28d后绝对干燥状态下测得的密度。为了控制泡沫混凝土的干密度，必须在泡沫混凝土试配时，事先建立有关干密度与湿密度的对应关系。因此本条规定浇筑过程中，应随时检查泡沫混凝土的湿密度，是保证施工质量的有效措施。试样应在泡沫混凝

土的浇筑地点随机制取，取样与试件留置应符合有关规定。

**5.5.5** 参见本规范第5.5.3条的条文说明。为了检验泡沫混凝土保温层的实际保温效果，施工现场应制作试件，检测其导热系数、干密度和抗压强度。主要是为了防止泡沫混凝土料浆中泡沫破裂造成性能指标的降低。

**5.5.6** 泡沫混凝土保温层的厚度将决定屋面保温的效果，检查时应给出厚度的允许偏差，过厚浪费材料，过薄则达不到设计要求。本条规定泡沫混凝土保温层正负偏差为5%，且不得大于5mm。

**5.5.7** 参见本规范第5.2.6条的条文说明。

**5.5.8** 本条规定现浇泡沫混凝土施工的基本要求。

**5.5.9** 本条规定现浇泡沫混凝土的外观质量，其中不得有贯通性裂缝很重要，施工时应重视泡沫混凝土终凝后的养护和成品保护。对已经出现的严重缺陷，应由施工单位提出技术处理方案，并经监理或建设单位认可后进行处理。

**5.5.10** 现浇泡沫混凝土施工后，其表面应平整，以确保铺抹找平层的厚度均匀。本条规定现浇泡沫混凝土的表面平整度允许偏差为5mm。

### 5.6 种植隔热层

**5.6.1** 种植隔热层施工应在屋面防水层和保温层施工验收合格后进行。有关种植屋面的防水层和保温层，除应符合本规范规定外，尚应符合现行行业标准《种植屋面工程技术规范》JGJ 155 的有关规定。

种植隔热层施工时，如破坏了屋面防水层，则屋面渗漏治理极为困难。如采用陶粒排水层，一般应在屋面防水层上增设水泥砂浆或细石混凝土保护层；如采用塑料板排水层，一般不设任何保护层。本条规定种植隔热层与屋面防水层之间宜设细石混凝土保护层，这里不要错误理解该保护层是考虑植物根系对屋面防水层穿刺损坏而设置的。

**5.6.2** 屋面坡度大于20%时，种植隔热层构造中的排水层、种植土层应采取防滑措施，防止发生安全事故。采用阶梯式种植时，屋面应设置防滑挡墙或挡板；采用台阶式种植时，屋面应采用现浇钢筋混凝土结构。

**5.6.3** 排水层材料应根据屋面功能及环境经济条件等进行选择。陶粒的粒径不应小于25mm，稍大粒径在下，稍小粒径在上，有利于排水；凹凸型排水板宜采用搭接法施工，网状交织排水板宜采用对接法施工。排水层上应铺设单位面积质量宜为200g/m² ~ 400g/m² 的土工布作过滤层，土工布太薄容易损坏，不能阻止种植土流失，太厚则过滤水缓慢，不利于排水。

挡墙或挡板下部设置泄水孔，主要是排泄种植土中过多的水分。泄水孔周围放置疏水粗细骨料，为了

防止泄水孔被种植土堵塞，影响正常的排水功能和使用管理。

**5.6.4** 为了防止因种植土流失，而造成排水层堵塞，本条规定过滤层土工布应沿种植土周边向上铺设至种植土高度，并与挡墙或挡板粘牢；土工布的搭接宽度不应小于100mm，接缝宜采用粘合或缝合。

**5.6.5** 种植土的厚度应根据不同种植土和植物种类等确定。因种植土的自重与厚度相关，本条对种植土的厚度及荷重的控制，是为了防止屋面荷载超重。对种植土表面应低于挡墙高度100mm，是为了防止种植土流失。

**5.6.6** 种植隔热层所用材料应符合以下设计要求：

  **1** 排水层应选用抗压强度大、耐久性好的轻质材料。陶粒堆积密度不宜大于500kg/m³，铺设厚度宜为100mm～150mm；凹凸形或网状交织排水板应选用塑料或橡胶类材料，并具有一定的抗压强度。

  **2** 过滤层应选用200g/m²～400g/m²的聚酯纤维土工布。

  **3** 种植土可选用田园土、改良土或无机复合种植土。种植土的湿密度一般为干密度的1.2倍～1.5倍。

**5.6.7** 排水层只有与排水系统连通后，才能保证排水畅通，将多余的水排走。

**5.6.8** 挡墙或挡板泄水孔主要是排泄种植土中因雨水或其他原因造成过多的水而设置的，如留设位置不正确或泄水孔中堵塞，种植土中过多的水分不能排出，不仅会影响使用，而且会给防水层带来不利。

**5.6.9** 为了便于疏水，陶粒排水层应铺设平整，厚度均匀。

**5.6.10** 排水板应铺设平整，以满足排水的要求。凹凸形排水板宜采用搭接法施工，搭接宽度应根据产品的规格而确定；网状交织排水板宜采用对接法施工。

**5.6.11** 参见本规范第5.6.4条的条文说明。

**5.6.12** 为了便于种植和管理，种植土应铺设平整、均匀；同时铺设种植土应在确保屋面结构安全的条件下，对种植土的厚度进行有效控制，其允许偏差为±5%，且不得大于30mm。

### 5.7 架空隔热层

**5.7.1** 架空隔热层的高度应根据屋面宽度和坡度大小来决定。屋面较宽时，风道中阻力增大，宜采用较高的架空层，反之，可采用较低的架空层。根据调研情况有关架空高度相差较大，如广东用的混凝土"板凳"仅90mm，江苏、浙江、安徽、湖南、湖北等地有的高达400mm。考虑到太低了隔热效果不好，太高了通风效果并不能提高多少且稳定性不好。本条规定设计无要求时，架空隔热层的高度宜为180mm～300mm。

**5.7.2** 为了保证通风效果，本条规定当屋面宽度大

于10m时，在屋面中部设置通风屋脊，通风口处应设置通风算子。

**5.7.3** 考虑架空隔热制品支座部位负荷增大，支座底面的卷材、涂膜防水层应采取加强措施，避免损坏防水层。

**5.7.4** 本条规定架空隔热制品的强度等级，主要考虑施工及上人时不易损坏。

**5.7.5** 架空隔热层是采用隔热制品覆盖在屋面防水层上，并架设一定高度的空间，利用空气流动加快散热起到隔热作用。架空隔热制品的质量必须符合设计要求，如使用有断裂和露筋等缺陷，日长年久后会使隔热层受到破坏，对隔热效果带来不良影响。

**5.7.6** 考虑到屋面在使用中要上人清扫等情况，要求架空隔热制品的铺设应做到平整和稳固，板缝应填密实，使板的刚度增大并形成一个整体。

**5.7.7** 架空隔热制品与山墙或女儿墙的距离不应小于250mm，主要是考虑在保证屋面膨胀变形的同时，防止堵塞和便于清理。当然距离也不应过大，太宽了将会降低架空隔热的作用。

**5.7.8** 为了保证架空隔热层的隔热效果，架空隔热层的高度及通风屋脊、变形缝做法应符合设计要求。

**5.7.9** 隔热制品接缝高低差的允许偏差为3mm，是为了不使架空隔热层表面有积水。

### 5.8 蓄水隔热层

**5.8.1** 蓄水隔热层多用于我国南方地区，一般为开敞式。在混凝土水池与屋面防水层之间设置隔离层，以防止因水池的混凝土结构变形导致卷材或涂膜防水层开裂而造成渗漏。

**5.8.2** 由于蓄水隔热层的防水特殊性，本条规定蓄水池的所有孔洞应预留，不得后凿；所设置的给水管、排水管和溢水管等，均应在蓄水池混凝土施工前安装完毕。

**5.8.3** 为确保每个蓄水区混凝土的整体防水性，防水混凝土应一次浇筑完毕，不留施工缝，避免因接头处理不好导致混凝土裂缝，保证蓄水隔热层的施工质量。

**5.8.4** 防水混凝土应机械振捣密实、表面抹平压光，初凝后覆盖养护，终凝后浇水养护。养护好后方可蓄水，并不得断水，防止混凝土干涸开裂。

**5.8.5** 防水混凝土所用的水泥、砂、石、外加剂和水等原材料，应符合现行国家标准《通用硅酸盐水泥》GB 175、《混凝土外加剂》GB 8076和行业标准《普通混凝土用砂、石质量及检验方法标准》JGJ 52、《混凝土用水标准》JGJ 63等的要求。防水混凝土的配合比应经试验确定，并应做到计量准确，保证混凝土质量符合设计要求。

**5.8.6** 混凝土的强度等级和抗渗等级，是防水混凝土的主要性能指标，必须符合设计要求。混凝土的抗

压试件和抗渗试件的留置数量应符合相关技术标准的规定。

**5.8.7** 检验蓄水池是否有渗漏现象，应在池内蓄水至规定高度，蓄水时间不应少于24h，观察检查。如蓄水池发生渗漏，应采取堵漏措施。

**5.8.8** 本条规定了防水混凝土的外观质量。

**5.8.9** 本条规定了防水混凝土表面的裂缝宽度不应大于0.2mm，并不得贯通，是根据现行国家标准《地下防水工程质量验收规范》GB 50208的有关规定。如防水混凝土表面出现裂缝宽度大于0.2mm或裂缝贯通时，应采取堵漏措施。

**5.8.10** 蓄水池上所留设的溢水口、过水孔、排水管、溢水管等，其位置、标高和尺寸应符合设计要求，保证屋面正常使用。

**5.8.11** 本条规定了蓄水池结构的允许偏差和检验方法。其中，蓄水池长度、宽度、厚度和表面平整度项目是参考现行国家标准《混凝土结构工程施工质量验收规范》GB 50204的有关规定；蓄水池排水坡度不宜大于0.5%，以保证水池内水位的均衡和水池清洗时积水的排除。

# 6 防水与密封工程

## 6.1 一般规定

**6.1.1** 本章保留了原规范中卷材防水层、涂膜防水层和接缝密封防水内容，取消了细石混凝土防水层，增加了复合防水层分项工程的施工质量验收。由于细石混凝土防水层的抗拉强度低，屋面结构变形、自身干缩和温差变形，容易造成防水层裂缝而发生渗漏，本次修订时细石混凝土仅作为卷材或涂膜防水层上的保护层。

**6.1.2** 本条规定防水层施工前，基层应坚实、平整、干净、干燥。虽然现在有些防水材料对基层不要求干燥，但对于屋面工程一般不提倡采用湿铺法施工。基层的干燥程度可采用简易方法进行检验。即应将1m²卷材平坦地干铺在找平层上，静置3h～4h后掀开检查，找平层覆盖部位与卷材表面未见水印，方可铺设防水层。

**6.1.3** 在进行基层处理剂喷涂前，应按照卷材、涂膜防水层所用材料的品种，选用与其性相容的基层处理剂。在配制基层处理剂时，应根据所用基层处理剂的品种，按有关规定或产品说明书的配合比要求，准确计量，混合后应搅拌3min～5min，使其充分均匀。在喷涂或涂刷基层处理剂时应均匀一致，不得漏涂，待基层处理剂干燥后应及时进行卷材或涂膜防水层的施工。如基层处理剂未干燥前遭受雨淋，或是干燥后长期不进行防水层施工，则在防水层施工前必须再涂刷一次基层处理剂。

**6.1.4** 屋面防水层的成品保护是一个非常重要的环节。屋面防水层完工后，往往在后续工序作业时会造成防水层的局部破坏，所以必须做好防水层的保护工作。另外，屋面防水层完工后，严禁在其上凿孔、打洞，破坏防水层的整体性，以避免屋面渗漏。

**6.1.5** 本条规定了防水与密封工程各分项工程每个检验批的抽检数量，防水层应按屋面面积每100m²抽查一处，每处10m²，且不得少于3处；接缝密封防水应按每50m抽查一处，每处5m，且不得少于3处。所抽查数量均为10%，有足够的代表性。

## 6.2 卷材防水层

**6.2.1** 卷材屋面坡度超过25%时，常发生下滑现象，故应采取防止卷材下滑措施。防止卷材下滑的措施除采取卷材满粘外，还有钉压固定等方法，固定点应封闭严密。

**6.2.2** 卷材铺贴方向应结合卷材搭接缝顺水接茬和卷材铺贴可操作性两方面因素综合考虑。卷材铺贴应在保证顺直的前提下，宜平行屋脊铺贴。

当卷材防水层采用叠层工法时，本条规定上下层卷材不得相互垂直铺贴，主要是尽可能避免接缝叠加。

**6.2.3** 为确保卷材防水层的质量，所有卷材均应用搭接法，本条规定了合成高分子防水卷材和高聚物改性沥青防水卷材的搭接宽度，统一列出表格，条理明确。表6.2.3中的搭接宽度，是根据我国现行多数做法及国外资料的数据作出规定的。

同时对"上下层的相邻两幅卷材的搭接缝应错开"作出修改。同一层相邻两幅卷材短边搭接缝错开，是避免四层卷材重叠，影响接缝质量；上下层卷材长边搭接缝错开，是避免卷材防水层搭接缝缺陷重合。

**6.2.4** 采用冷粘法铺贴卷材时，胶粘剂的涂刷质量对保证卷材防水施工质量关系极大，涂刷不均匀、有堆积或漏涂现象，不但影响卷材的粘结力，还会造成材料浪费。

根据胶粘剂的性能和施工环境条件不同，有的可以在涂刷后立即粘贴，有的要待溶剂挥发后粘贴，间隔时间还和气温、湿度、风力等因素有关。因此，本条提出原则性规定，要求控制好间隔时间。

卷材防水搭接缝的粘结质量，关键是搭接宽度和粘结密封性能。搭接缝平直、不扭曲，才能使搭接宽度有起码的保证；涂满胶粘剂才能保证粘结牢固、封闭严密。为保证搭接尺寸，一般在已铺卷材上以规定的搭接宽度弹出基准线作为标准。卷材铺贴后，要求接缝口用宽10mm的密封材料封严，以提高防水层的密封抗渗性能。

**6.2.5** 采用热熔型改性沥青胶结料铺贴高聚物改性沥青防水卷材，可起到涂膜与卷材之间优势互补和复合防水的作用，更有利于提高屋面防水工程质量，应当提倡和推广应用。为了防止加热温度过高，导致改性沥青中的高聚物发生裂解而影响质量，故规定采用专用的导热油炉加热融化改性沥青，要求加热温度不应高于200℃，使用温度不应低于180℃。

铺贴卷材时，要求随刮涂热熔型改性沥青胶结料随滚铺卷材，展平压实，本条对粘贴卷材的改性沥青胶结料的厚度提出了具体规定。

**6.2.6** 本条对热熔法铺贴卷材的施工要点作出规定。施工加热时卷材幅宽内必须均匀一致，要求火焰加热器的喷嘴与卷材的距离应适当，加热至卷材表面有光亮黑色时方可粘合。若熔化不够，会影响卷材接缝的粘结强度和密封性能；加温过高，会使改性沥青老化变焦且把卷材烧穿。

因卷材表面所涂覆的改性沥青较薄，采用热熔法施工容易把胎体增强材料烧坏，使其降低乃至失去拉伸性能，从而严重影响卷材防水层的质量。因此，本条还对厚度小于3mm的高聚物改性沥青防水卷材，作出严禁采用热熔法施工的规定。铺贴卷材时应将空气排出，才能粘贴牢固；滚铺卷材时缝边必须溢出热熔的改性沥青胶，使接缝粘结牢固、封闭严密。

为保证铺贴的卷材平整顺直，搭接尺寸准确，不发生扭曲，应沿预留的或现场弹出的基准线作为标准进行施工作业。

**6.2.7** 本条对自粘法铺贴卷材的施工要点作出规定。首先将隔离纸撕净，否则不能实现完全粘结。为了提高卷材与基层的粘结性能，应涂刷基层处理剂，并及时铺贴卷材。为保证接缝粘结性能，搭接部位提倡采用热风加热，尤其在温度较低时施工这一措施就更为必要。

采用这种铺贴工艺，考虑到施工的可靠度、防水层的收缩，以及外力使缝口翘边开缝的可能，要求接缝口用密封材料封严，以提高其密封抗渗的性能。

在铺贴立面或大坡面卷材时，立面和大坡面处卷材容易下滑，可采用加热方法使自粘卷材与基层粘结牢固，必要时还应采用钉压固定等措施。

**6.2.8** 本条对PVC等热塑性卷材采用热风焊机或焊枪进行焊接的施工要点作出规定。

为确保卷材接缝的焊接质量，要求焊接前卷材的铺设应正确，不得扭曲。为使接缝焊接牢固、封闭严密，应将接缝表面的油污、尘土、水滴等附着物擦拭干净后，才能进行焊接施工。同时，焊接质量与焊接速度与热风温度、操作人员的熟练程度关系极大，焊接施工时必须严格控制，决不能出现漏焊、跳焊、焊焦或焊接不牢等现象。

**6.2.9** 机械固定法铺贴卷材是采用专用的固定件和垫片或压条，将卷材固定在屋面板或结构层构件上，一般固定件均设置在卷材搭接缝内。当固定件固定在屋面板上拉拔力不能满足风揭力的要求时，只能将固定件固定在檩条上。固定件采用螺钉加垫片时，应加盖200mm×200mm卷材封盖。固定件采用螺钉加"U"形压条时，应加盖不小于150mm宽卷材封盖。机械固定法在轻钢屋面上固定，其钢板的厚度不宜小于0.7mm，方可满足拉拔力要求。

目前国内适用机械固定法铺贴的卷材，主要有内增强型PVC、TPO、EPDM防水卷材和5mm厚加强高聚物改性沥青防水卷材，要求防水卷材具有强度高、搭接缝可靠和使用寿命长等特性。

**6.2.10** 国内新型防水材料的发展很快。近年来，我国普遍应用并获得较好效果的高聚物改性沥青防水卷材，产品质量应符合现行国家标准《弹性体改性沥青防水卷材》GB 18242、《塑性体改性沥青防水卷材》GB 18243、《改性沥青聚乙烯胎防水卷材》GB 18967和《自粘聚合物改性沥青防水卷材》GB 23441的要求。目前国内合成高分子防水卷材的种类主要为：PVC防水卷材，其产品质量应符合现行国家标准《聚氯乙烯防水卷材》GB 12952的要求；EPDM、TPO和聚乙烯丙纶防水卷材，产品质量应符合现行国家标准《高分子防水材料 第一部分：片材》GB 18173.1的要求。

同时还对卷材的胶粘剂提出了基本的质量要求，合成高分子胶粘剂质量应符合现行行业标准《高分子防水卷材胶粘剂》JC/T 863的要求。

**6.2.11** 防水是屋面的主要功能之一，若卷材防水层出现渗漏和积水现象，将是最大的弊病。检验屋面有无渗漏和积水、排水系统是否通畅，可在雨后或持续淋水2h以后进行。有可能作蓄水试验的屋面，其蓄水时间不应少于24h。

**6.2.12** 檐口、檐沟、天沟、水落口、泛水、变形缝和伸出屋面管道等处，是当前屋面防水工程渗漏最严重的部位。因此，卷材屋面的防水构造设计应符合下列规定：

**1** 应根据屋面的结构变形、温差变形、干缩变形和振动等因素，使节点设防能够满足基层变形的需要；

**2** 应采用柔性密封、防排结合、材料防水与构造防水相结合；

**3** 应采用防水卷材、防水涂料、密封材料等材性互补并用的多道设防，包括设置附加层。

**6.2.13** 卷材防水层的搭接缝质量是卷材防水层成败的关键，搭接缝质量好坏表现在两个方面，一是搭接缝粘结或焊接牢固，密封严密；二是搭接缝宽度符合设计要求和规范规定。冷粘法施工胶粘剂的选择至关重要；热熔法施工，卷材的质量和厚度是保证搭接缝的前提，完工的搭接缝以溢出沥青胶为度；热风焊接法关键是焊机的温度和速度的把握，不得出现虚焊、漏焊或焊焦现象。

**6.2.14** 卷材防水层收头是屋面细部构造施工的关键

环节。如檐口 800mm 范围内的卷材应满粘，卷材端头应压入找平层的凹槽内，卷材收头应用金属压条钉压固定，并用密封材料封严；檐沟内卷材应由沟底翻上至沟外侧顶部，卷材收头应用金属压条钉压固定，并用密封材料封严；女儿墙和山墙泛水高度不应小于 250mm，卷材收头可直接铺至女儿墙压顶下，用金属压条钉压固定，并用密封材料封严；伸出屋面管道泛水高度不应小于 250mm，卷材收头处应用金属箍箍紧，并用密封材料封严；水落口部位的防水层，伸入水落口杯内不应小于 50mm，并应粘结牢固。

根据屋面渗漏调查分析，细部构造是屋面防水工程的重要部位，也是防水施工的薄弱环节，故本条规定卷材防水层的收头应用金属压条钉压固定，并用密封材料封严。

**6.2.15** 为保证卷材铺贴质量，本条规定了卷材搭接宽度的允许偏差为 −10mm，而不考虑正偏差。通常卷材铺贴前施工单位应根据卷材搭接宽度和允许偏差，在现场弹出尺寸基准线作为标准去控制施工质量。

**6.2.16** 排汽屋面的排汽道应纵横贯通，不得堵塞，并应与大气连通的排汽孔相通。找平层设置的分格缝可兼作排汽道，排汽道的宽度宜为 40mm，排汽道纵横间距宜为 6m，屋面面积每 36m² 宜设置一个排汽孔。排汽出口应埋设排汽管，排汽管应设置在结构层上，穿过保温层及排汽道的管壁四周均应打孔，以保证排汽道的畅通。排汽出口亦可设在檐口下或屋面排汽道交叉处。排汽管应安装牢固、封闭严密，否则会使排汽管变成了进水孔，造成屋面漏水。

### 6.3 涂膜防水层

**6.3.1** 防水涂膜在满足厚度要求的前提下，涂刷的遍数越多对成膜的密实度越好，因此涂料施工时应采用多遍涂布，不论是厚质涂料还是薄质涂料均不得一次成膜。每遍涂刷应均匀，不得有露底、漏涂和堆积现象；多遍涂刷时，应待前遍涂层表干后，方可涂刷后一遍涂料，两涂层施工间隔时间不宜过长，否则易形成分层现象。

**6.3.2** 胎体增强材料平行或垂直屋脊铺设应视方便施工而定。平行于屋脊铺设时，应由最低标高处向上铺设，胎体增强材料顺着流水方向搭接，避免呛水；胎体增强材料铺贴时，应边涂刷边铺贴，避免两者分离；为了便于工程质量验收和确保涂膜防水层的完整性，规定长边搭接宽度不小于 50mm，短边搭接宽度不小于 70mm，没有必要按卷材搭接宽度来规定。当采用两层胎体增强材料时，上下层不得垂直铺设，使其两层胎体材料同方向有一致的延伸性；上下层胎体增强材料的长边搭接缝应错开且不得小于 1/3 幅宽，避免上下层胎体材料产生重缝及涂膜防水层厚薄不均匀。

**6.3.3** 采用多组分涂料时，由于各组分的配料计量不准和搅拌不均匀，将会影响混合料的充分化学反应，造成涂料性能指标下降。一般配成的涂料固化时间比较短，应按照一次涂布用量确定配料的多少，在固化前用完；已固化的涂料不能和未固化的涂料混合使用，否则将会降低防水涂膜的质量。当涂料黏度过大或涂料固化过快或过慢时，可分别加入适量的稀释剂、缓凝剂或促凝剂，调节黏度或固化时间，但不得影响防水涂膜的质量。

**6.3.4** 高聚物改性沥青防水涂料的质量，应符合现行行业标准《水乳型沥青防水涂料》JC/T 408、《溶剂型橡胶沥青防水涂料》JC/T 852 的要求。合成高分子防水涂料的质量，应符合现行国家标准《聚氨酯防水涂料》GB/T 19250、《聚合物水泥防水涂料》GB/T 23445 和现行行业标准《聚合物乳液建筑防水涂料》JC/T 864 的要求。

胎体增强材料主要有聚酯无纺布和化纤无纺布。聚酯无纺布纵向拉力不应小于 150N/50mm，横向拉力不应小于 100N/50mm，延伸率纵向不应小于 10%，横向不应小于 20%；化纤无纺布纵向拉力不应小于 45N/50mm，横向拉力不应小于 35N/50mm；延伸率纵向不应小于 20%，横向不应小于 25%。

**6.3.5** 防水是屋面的主要功能之一，若涂膜防水层出现渗漏和积水现象，将是最大的弊病。检验屋面有无渗漏和积水、排水系统是否通畅，可在雨后或持续淋水 2h 以后进行。有可能作蓄水试验的屋面，其蓄水时间不应少于 24h。

**6.3.6** 参见本规范第 6.2.12 条的条文说明。

**6.3.7** 涂膜防水层使用年限长短的决定因素，除防水涂料技术性能外就是涂膜的厚度，本条规定平均厚度应符合设计要求，最小厚度不应小于设计厚度的 80%。涂膜防水层厚度应包括胎体增强材料厚度。

**6.3.8** 涂膜防水层应表面平整，涂刷均匀，成膜后如出现流淌、起泡和露胎体等缺陷，会降低防水工程质量而影响使用寿命。

防水涂料的粘结性不但是反映防水涂料性能优劣的一项重要指标，而且涂膜防水层施工时，基层的分格缝处或可预见变形部位宜采用空铺附加层。因此，验收时规定涂膜防水层应粘结牢固是合理的要求。

**6.3.9** 涂膜防水层收头是屋面细部构造施工的关键环节。本条规定涂膜防水层收头应用防水涂料多遍涂刷。理由 1：防水涂料在常温下呈黏稠状液体，分数遍涂刷基层上，待溶剂挥发或反应固化后，即形成无接缝的防水涂膜；理由 2：防水涂料在夹铺胎体增强材料时，为了防止收头部位出现翘边、皱折、露胎体等现象，收头处必须用涂料多遍涂刷，以增强密封效果；理由 3：涂膜收头若采用密封材料压边，会产生两种材料的相容性问题。

**6.3.10** 胎体增强材料应随防水涂料边涂刷边铺贴，

用毛刷或纤维布抹平，与防水涂料完全粘结，如粘结不牢固，不平整，涂膜防水层会出现分层现象。同一层短边搭接缝和上下层搭接缝错开的目的是避免接缝重叠，胎体厚度太大，影响涂膜防水层厚薄均匀度。胎体增强材料搭接宽度的控制，是涂膜防水层整体强度均匀性的保证，本条规定搭接宽度允许偏差为－10mm，未规定正偏差。

## 6.4 复合防水层

**6.4.1** 复合防水层中涂膜防水层宜设置在卷材防水层下面，主要是体现涂膜防水层粘结强度高，可修补防水层基层裂缝缺陷，防水层无接缝、整体性好的特点；同时还体现卷材防水层强度高、耐穿刺，厚薄均匀，使用寿命长等特点。

**6.4.2** 复合防水层防水涂料与防水卷材两者之间，能否很好地粘结是防水层成败的关键，本条对复合防水层的卷材粘结质量作了基本规定。

**6.4.3** 在复合防水层中，如果防水涂料既是涂膜防水层，又是防水卷材的胶粘剂，那么单独对涂膜防水层的验收不可能，只能待复合防水层完工后整体验收。如果防水涂料不是防水卷材的胶粘剂，那么应对涂膜防水层和卷材防水层分别验收。

**6.4.4** 参见本规范第6.2.10条和第6.3.4条的条文说明。

**6.4.5** 参见本规范第6.2.11条和第6.3.5条的条文说明。

**6.4.6** 参见本规范第6.2.12条的条文说明。

**6.4.7** 卷材防水层与涂膜防水层应粘贴牢固，尤其是天沟和立面防水部位，如出现空鼓和分层现象，一旦卷材破损，防水层会出现窜水现象，另外由于空鼓或分层，加速卷材热老化和疲劳老化，降低卷材使用寿命。

**6.4.8** 复合防水层的总厚度，主要包括卷材厚度、卷材胶粘剂厚度和涂膜厚度。在复合防水层中，如果防水涂料既是涂膜防水层，又是防水卷材的胶粘剂，那么涂膜厚度应给予适当增加。有关复合防水层的涂膜厚度，应符合本规范第6.3.7条的规定。

## 6.5 接缝密封防水

**6.5.1** 本条是对密封防水部位基层的规定。

1 如果接触密封材料的基层强度不够，或有蜂窝、麻面、起皮和起砂现象，都会降低密封材料与基层的粘结强度。基层不平整、不密实或嵌填密封材料不均匀，接缝位移时会造成密封材料局部拉坏，失去密封防水的作用。

2 如果基层不干净不干燥，会降低密封材料与基层的粘结强度。尤其是溶剂型或反应固化型密封材料，基层必须干燥。

3 接缝处密封材料的底部应设置背衬材料。背

衬材料应选择与密封材料不粘或粘结力弱的材料，并应能适应基层的延伸和压缩，具有施工时不变形、复原率高和耐久性好等性能。

4 密封防水部位的基层宜涂刷基层处理剂。选择基层处理剂时，既要考虑密封材料与基层处理剂材性的相容性，又要考虑基层处理剂与被粘结材料有良好的粘结性。

**6.5.2** 使用多组分密封材料时，一般来说，固化组分含有较多的软化剂，如果配比不准确，固化组分过多，会使密封材料粘结力下降，过少会使密封材料拉伸模量过高，密封材料的位移变形能力下降；施工中拌合不均匀，会造成混合料不能充分反应，导致材料性能指标达不到要求。

**6.5.3** 嵌填完毕的密封材料，一般应养护2d～3d。接缝密封防水处理通常在下一道工序施工前，应对接缝部位的密封材料采取保护措施。如施工现场清扫、隔热层施工时，对已嵌填的密封材料宜采用卷材或木板保护，以防止污染及碰损。因为密封材料嵌填对构造尺寸和形状都有一定的要求，未固化的材料不具备一定的弹性，踩踏后密封材料会发生塑性变形，导致密封材料构造尺寸不符合设计要求，所以对嵌填的密封材料固化前不得踩踏。

**6.5.4** 改性石油沥青密封材料按耐热度和低温柔性分为Ⅰ和Ⅱ类，质量要求依据现行行业标准《建筑防水沥青嵌缝油膏》JC/T 207，Ⅰ类产品代号为"702"，即耐热性为70℃，低温柔性为－20℃，适合北方地区使用；Ⅱ类产品代号为"801"，即耐热性为80℃，低温柔性为－10℃，适合南方地区使用。合成高分子密封材料质量要求，主要依据现行行业标准《混凝土建筑接缝用密封胶》JC/T 881提出的，按密封胶位移能力分为25、20、12.5、7.5 四个级别，25级和20级密封胶按拉伸模量分为低模量（LM）和高模量（HM）两个次级别，12.5级密封胶按弹性恢复率又分为弹性（E）和塑性（P）两个级别，故把25级、20级和12.5E级密封胶称为弹性密封胶，而把12.5P级和7.5P级密封胶称为塑性密封胶。

**6.5.5** 采用改性石油沥青密封材料嵌填时应注意以下两点：

1 热灌法施工应由下向上进行，并减少接头；垂直于屋脊的板缝宜先浇灌，同时在纵横交叉处宜沿平行于屋脊的两侧板缝各延伸浇灌150mm，并留成斜槎。密封材料熬制及浇灌温度应按不同材料要求严格控制。

2 冷嵌法施工应先将少量密封材料批刮到缝槽两侧，分次将密封材料嵌填在缝内，用力压嵌密实。嵌填时密封材料与缝壁不得留有空隙，并防止裹入空气。接头应采用斜槎。

采用合成高分子密封材料嵌填时，不管是用挤出枪还是用腻子刀施工，表面都不会光滑平直，可能还

会出现凹陷、漏嵌填、孔洞、气泡等现象，故应在密封材料表干前进行修整。如果表干前不修整，则表干后不易修整，且容易将成膜硬化的密封材料破坏。上述目的是使嵌填的密封材料饱满、密实，无气泡、孔洞现象。

**6.5.6** 参见本规范第6.5.1条的条文说明。

**6.5.7** 位移接缝的接缝宽度应按屋面接缝位移量计算确定。接缝的相对位移量不应大于可供选择密封材料的位移能力，否则将导致密封防水处理的失效。密封材料嵌填深度常取接缝宽度的50%～70%，是从国外大量资料和国内工程实践中总结出来的，是一个经验值。接缝宽度规定不应大于40mm，且不应小于10mm。考虑到接缝宽度太窄密封材料不易嵌填，太宽则会造成材料浪费，故规定接缝宽度的允许偏差为±10%。如果接缝宽度不符合上述要求，应进行调整或用聚合物水泥砂浆处理。

**6.5.8** 本条规定了密封材料嵌缝的外观质量要求。

# 7 瓦面与板面工程

## 7.1 一般规定

**7.1.1** 本章修订了原规范中平瓦屋面、油毡瓦屋面和金属板材屋面的内容，增加了玻璃采光顶的内容。按本规范规定的术语，瓦面是指在屋顶最外面铺盖的块瓦或沥青瓦，板面是指在屋顶最外面铺盖的金属板或玻璃板。故瓦面与板面工程基本上反映了国内瓦屋面、金属板屋面和玻璃采光顶的现状。

**7.1.2** 瓦屋面、金属板屋面和玻璃采光顶均是建筑围护结构。瓦面与板面工程施工前，应对主体结构进行质量检验，并应符合相关专业工程施工质量验收规范的有关规定。

**7.1.3** 传统的瓦材屋面大量采用木构件，木材腐朽与使用环境特别是湿度有密切的关系，危害严重的白蚁也会在湿热的环境中迅速繁殖，为确保木构件达到设计要求的使用年限并满足防火的要求，要求木质望板、檩条、顺水条、挂瓦条等构件均应作防腐、防蛀和防火处理。为防止金属顺水条、挂瓦条以及金属板、固定件等产生锈蚀，故应作防锈处理。

**7.1.4** 瓦材和板材与山墙及突出屋面结构的交接处，是屋面防水的薄弱环节，做好泛水处理是保证屋面工程质量的关键。

**7.1.5** 由于块瓦是采用干法挂瓦和搭接铺设，沥青瓦是采用局部粘结和固定钉措施，在大风及地震设防地区或屋面坡度大于100%时，瓦材极易脱落，产生安全隐患和屋面渗漏。瓦屋面施工时，瓦材应采取固定加强措施，并应符合设计要求。

**7.1.6** 由于块瓦和沥青瓦是不封闭连续铺设的，依靠搭接构造和重力排水来满足防水功能，凡是搭接缝

都会产生雨水慢渗或虹吸现象。因此本条规定在瓦材的下面应设置防水层或防水垫层。防水垫层宜选用自粘聚合物沥青防水垫层、聚合物改性沥青防水垫层，产品应按现行国家或行业标准执行。防水垫层宜满粘或机械固定，防水垫层的搭接缝应满粘，搭接宽度应符合设计要求。

**7.1.7** 严寒和寒冷地区冬季屋顶积雪较大，当气温回升时，屋顶上的冰雪大部融化，大片的冰雪会沿屋顶坡度方向下坠，易造成安全事故，因此临近檐口附近的屋面上应增设挡雪栏或加宽檐沟等安全措施。

**7.1.8** 本条规定了瓦面和板面工程各分项工程每个检验批的抽检数量。

## 7.2 烧结瓦和混凝土瓦铺装

**7.2.1** 烧结瓦和混凝土瓦的质量，包括品种及规格、外观、物理性能等内容，本条只对外观质量提出要求。平瓦和脊瓦应边缘整齐、表面光洁，不得有分层、裂纹和露砂等缺陷；平瓦的瓦爪和瓦槽的尺寸应配合适当。铺瓦前应选瓦，凡缺边、掉角、裂缝、砂眼、翘曲不平、张口等缺陷的瓦，不得使用。

**7.2.2** 为了保证块瓦平整和牢固，必须严格控制基层、顺水条和挂瓦条的平整度。在符合结构荷载要求的前提下，木基层的持钉层厚度不应小于20mm，人造板材的持钉层厚度不应小于16mm，C20细石混凝土的持钉层厚度不应小于35mm。

**7.2.3** 烧结瓦、混凝土瓦挂瓦时应注意的问题：

**1** 挂瓦时应将瓦片均匀分散堆放在屋面两坡，铺瓦时应从两坡从下向上对称铺设，这样做可以避免产生过大的不对称荷载，而导致结构的变形甚至破坏。挂瓦时应瓦榫落槽，瓦角挂牢，搭接严密，使屋面整齐、美观。

**2** 对于檐口瓦、斜天沟瓦，因其易于脱落，故施工时应用镀锌铁丝将其拴牢在挂瓦条上。在大风或地震设防地区，屋面易受风力或地震力的影响而导致瓦片脱落，故应采取有效措施使每片瓦均能与挂瓦条牢固固定。

**3** 在铺设瓦片时应做到整体瓦面平整，横平竖直，外表美观，尤其是不得有张口现象，否则冷空气或雨水会沿缝口渗入室内，甚至造成屋面渗漏。

**7.2.4** 根据烧结瓦和混凝土瓦的特性，通过经验总结，规定了块瓦铺装时相关部位的搭伸尺寸。

**7.2.5** 本条规定了烧结瓦和混凝土瓦的质量，应符合现行国家标准《烧结瓦》GB/T 21149和行业标准《混凝土瓦》JC/T 746的规定；防水垫层的质量应符合现行行业标准《坡屋面用防水材料 自粘聚合物沥青防水垫层》JC/T 1068和《坡屋面用防水材料 聚合物改性沥青防水垫层》JC/T 1067的规定。

**7.2.6** 由于烧结瓦、混凝土瓦屋面形状、构造、防水做法多种多样，屋面上的天窗、屋顶采光窗、封口

封檐等情况也十分复杂，这些在设计图纸中均会有明确的规定，所以施工时必须按照设计施工，以免造成屋面渗漏。

**7.2.7** 为了确保安全，针对大风及地震设防地区或坡度大于100%的块瓦屋面，应采用固定加强措施。有时几种因素应综合考虑，应由设计给出具体规定。

**7.2.8** 挂瓦条的间距是根据瓦片的规格和屋面坡度的长度确定的，而瓦片则直接铺设在其上。所以只有将挂瓦条铺设平整、牢固，才能保证瓦片铺设的平整、牢固，也才能做到行列整齐、檐口平直。

**7.2.9** 脊瓦起封闭两坡面瓦之间缝隙的作用，如脊瓦搭接不正确，封闭不严密，就可能导致屋面渗漏。另外，在铺设脊瓦时宜拉线找直、找平，使脊瓦在屋脊上铺成一条直线，以保证外表美观。

**7.2.10** 泛水是屋面防水的薄弱环节，主要节点构造、泛水做法不当极易造成屋面渗漏，只有按照设计图纸施工，才能确保泛水的质量。

**7.2.11** 参见本规范第7.2.4条的条文说明。

### 7.3 沥青瓦铺装

**7.3.1** 本条对沥青瓦的外观质量提出要求。

**7.3.2、7.3.3** 这两条规定了铺设沥青瓦和脊瓦的基本要求。铺设沥青瓦时，相邻两层沥青瓦拼缝及切口均应错开，上下层不得重合。因为沥青瓦上的切口是用来分开瓦片的缝隙，瓦片被切口分离的部分，是在屋面上铺设后外露的部分，如果切口重合不但易造成屋面渗漏，而且也影响屋面外表美观，失去沥青瓦屋面应有的效果。起始层瓦由瓦片经切除垂片部分后制得，是避免瓦片过于重叠而引起折痕。起始层瓦沿檐口平行铺设并伸出檐口10mm，这是避免檐口雨水因泛水倒灌的举措。露出瓦切口，但不得超过切口长度，是确保沥青瓦铺设工程质量的关键。脊瓦铺设时，脊瓦搭接应顺年最大频率风向搭接。

**7.3.4** 沥青瓦为薄而轻的片状材料，瓦片应以钉为主、粘为辅的方法与基层固定。本条规定了每张瓦片固定钉数量，固定钉应垂直钉入沥青瓦压盖面，钉帽应与瓦片表面齐平，便于瓦片相互搭接点粘。

**7.3.5** 根据沥青瓦的特性，通过经验总结，规定了沥青瓦铺装时相关部位的搭伸尺寸。

**7.3.6** 本条规定了沥青瓦的质量，应符合现行国家标准《玻纤胎沥青瓦》GB/T 20474的规定；防水垫层的质量，应符合现行行业标准《坡屋面用防水材料 自粘聚合物沥青防水垫层》JC/T 1068和《坡屋面用防水材料 聚合物改性沥青防水垫层》JC/T 1067的规定。

**7.3.7** 沥青瓦分为平面沥青瓦和叠合沥青瓦两种，但不论何种沥青瓦均应在其下铺设防水层或防水垫层。屋面的防水构造还包括屋面上的封山封檐处理、檐沟天沟做法、屋面与突出屋面结构的泛水处理等，

这些都是沥青瓦屋面的质量关键，在设计图中均有详细要求，故必须按照设计施工，以确保沥青瓦屋面的质量。

**7.3.8** 沥青瓦片屋面铺设时，要掌握好瓦片的搭接尺寸，尤其是外露部分不得超过切口的长度，以确保上下两层瓦有足够的搭接长度，防止因搭接过短而导致钉帽外露、粘结不牢而造成渗漏。

**7.3.9** 在铺设沥青瓦时，固定钉应垂直屋面钉入持钉层内，以确保固定牢固。钉帽应被上一层沥青瓦覆盖，不得外露，以防锈蚀。钉帽应钉平，才能使上下两层沥青瓦搭接平整，粘结严密。

**7.3.10** 沥青瓦与基层的固定，是采用沥青瓦下的自粘点和固定钉与基层固定。瓦片与瓦片之间，由其上面的粘结点或不连续的粘结条粘牢，以确保沥青瓦铺设在屋面上后瓦片之间能被粘结，避免刮风时将瓦片掀起。

**7.3.11** 泛水是屋面防水的重要节点构造，泛水做法不当，极易造成屋面渗漏，只有按照图纸施工，才能确保泛水的质量。

**7.3.12** 参见本规范第7.3.5条的条文说明。

### 7.4 金属板铺装

**7.4.1** 本条对压型金属板和金属面绝热夹芯板的外观质量要求作出了规定。

**7.4.2** 金属板材的技术要求包括基板、镀层和涂层三部分，其中涂层的质量直接影响屋面的外观，表面涂层在安装、运输过程中容易损伤。本条规定金属板材应用专用吊具安装，防止金属板材在吊装中变形或金属板的涂膜破坏。

**7.4.3** 金属板材为薄壁长条、多种规格的金属板压型而成，本条强调板材应根据设计要求的排板图铺设和连接固定。

**7.4.4** 金属板铺设前，应先在檩条上安装固定支架或支座，安装时位置应准确，固定螺栓数量应符合设计要求。金属板与支承结构的连接及固定，是保证在风吸力等因素作用下屋面安全使用的重要内容。

**7.4.5** 根据金属板材的特性，通过经验总结，规定了金属板铺装时相关部位的尺寸。

**7.4.6** 本条规定金属板材及其辅助材料的质量必须符合设计要求，不得随意改变其品种、规格和性能。选用金属面板材料、紧固件和密封材料时，产品应符合现行国家和行业标准的要求。

金属板材的合理选材，不仅可以满足使用要求，而且可以最大限度地降低成本，因此应给予高度重视。以彩色涂层钢板及钢带（简称彩涂板）为例，彩涂板的选择主要是指力学性能、基板类型和镀层质量，以及正面涂层性能和反面涂层性能。

**1** 力学性能主要依据用途、加工方式和变形程度等因素进行选择。在强度要求不高、变形不复杂

时，可采用 TDC51D、TDC52D 系列的彩涂板；当对成形性有较高要求时，应选择 TDC53D、TDC54D 系列的彩涂板；对于有承重要求的构件，应根据设计要求选择合适的结构钢，如 TS280GD、TS350GD 系列的彩涂板。

**2** 基板类型和镀层重量主要依据用途、使用环境的腐蚀性、使用寿命和耐久性等因素进行选择。基板类型和镀层重量是影响彩涂板耐腐蚀性的主要因素，通常彩涂板应选用热镀锌基板和热镀铝锌基板。电镀锌基板由于受工艺限制，镀层较薄、耐腐蚀性相对较差，而且成本较高，因此很少使用。镀层重量应根据使用环境的腐蚀性来确定。

**3** 正面涂层性能主要依据涂料种类、涂层厚度、涂层色差、涂层光泽、涂层硬度、涂层柔韧性和附着力、涂层的耐久性等选择。

**4** 正面涂层性能主要依据用途、使用环境来选择。

**7.4.7** 金属板屋面主要包括压型金属板和金属面绝热夹芯板两类。压型金属板的板型可分为高波板和低波板，其连接方式分为紧固件连接、咬口锁边连接；金属面绝热夹芯板是由彩涂钢板与保温材料在工厂制作而成，屋面用夹芯板的波形应为波形板，其连接方式为紧固件连接。

由于金属板屋面跨度大、坡度小、形状复杂、安全耐久要求高，在风雪同时作用或积雪局部融化屋面积水的情况下，金属板应具有阻止雨水渗漏室内的功能。金属板屋面要做到不渗漏，对金属板的连接和密封处理是防水技术的关键。金属板铺装完成后，应对局部或整体进行雨后观察或淋水试验。

**7.4.8** 金属板材是具有防水功能的条形构件，施工时板两端固定在檩条上，两板纵向和横向采用咬口锁边连接或紧固件连接，即可防止雨水由金属板进入室内，因此金属板的连接缝处理是屋面防水的关键。由于金属板屋面的排水坡度，是根据建筑造型、屋面基层类别、金属板连接方式以及当地气候条件等因素所决定，虽然金属板屋面的泄水能力较好，但因金属板接缝密封不完整或屋面积水过多，造成屋面渗漏的现象屡见不鲜，故本条规定金属板铺装应平整、顺滑、排水坡度应符合设计要求。

**7.4.9** 本条对压型金属板采用咬口锁边连接提出外观质量要求。在金属板屋面系统中，由于金属板为水槽形状压制成型，立边搭接紧扣，再用专用锁边机机械化锁接口，具有整体结构性防水和排水功能，对三维弯弧和特异造型尤其适用，所以咬口锁边连接在金属板铺装中被广泛应用。

**7.4.10** 本条对压型金属板采用紧固件连接提出外观质量要求。压型金属板采用紧固件连接时，由于金属板的纵向收缩，受到紧固件的约束，使得金属板的钉孔处和螺钉均存在温度应力，所以紧固件的固定点是

金属板屋面防水的关键。为此规定紧固件应采用带防水垫圈的自攻螺钉，固定点应设在波峰上，所有外露的自攻螺钉均应涂抹密封材料。

**7.4.11** 金属面绝热夹芯板的连接方式，是采用紧固件将夹芯板固定在檩条上。夹芯板的纵向搭接位于檩条处，两块板均应伸至支承构件上，每块板支座长度不应小于 50mm，夹芯板纵向搭接长度不应小于 200mm，搭接部位均应设密封防水胶带；夹芯板的横向搭接尺寸应按具体板型确定。

**7.4.12** 本条规定主要是便于安装和使板面整齐、美观，以适用于金属板屋面的实际情况。

**7.4.13** 本条对金属板铺装的允许偏差和检验方法作了规定。表 7.4.13 中除金属板铺装的有关尺寸外，其他项目是参考了现行国家标准《冷弯薄壁型钢结构技术规范》GB 50018 的规定。

### 7.5 玻璃采光顶铺装

**7.5.1** 为了保证玻璃采光顶与主体结构连接牢固，玻璃采光顶的预埋件应在主体结构施工时按设计要求进行埋设，预埋件的标高偏差不应大于 ±10mm，位置偏差不应大于 ±20mm。当预埋件位置偏差过大或未设预埋件时，应制定补救措施或可靠的连接方案，经设计单位同意后方可实施。

**7.5.2** 现行行业标准《建筑玻璃采光顶》JG/T 231 对玻璃采光顶的材料、性能、制作和组装要求等均作了规定，采光顶玻璃及玻璃组件的制作应符合该标准的规定。

**7.5.3** 本条对采光顶玻璃的外观质量要求作出规定。

**7.5.4** 玻璃采光顶与周边墙体的连接处，由于采光顶边缘一般都是金属边框，存在热桥现象，会影响建筑的节能；同时接缝部位多采用弹性闭孔的密封材料，有水密性要求时还采用耐候密封胶。为此，本条规定玻璃采光顶与周边墙体的连接处应符合设计要求。

**7.5.5** 采光顶玻璃及其配套材料的质量，应符合现行国家标准《建筑用安全玻璃　第 2 部分：钢化玻璃》GB/T 15763.2、《建筑用安全玻璃　第 3 部分：夹层玻璃》GB/T 15763.3、《中空玻璃》GB/T 11944、《建筑用硅酮结构密封胶》GB 16776 和行业标准《中空玻璃用丁基热熔密封胶》JC/T 914、《中空玻璃用弹性密封胶》JC/T 486 等的要求。

玻璃接缝密封胶的质量，应符合现行行业标准《幕墙玻璃接缝用密封胶》JC/T 882 的要求，选用时应检查产品的位移能力级别和模量级别。产品使用前应进行剥离粘结性试验。

硅酮结构密封胶使用前，应经国家认可的检测机构进行与其相接触的有机材料相容性和被粘结材料的剥离粘结性试验，并应对邵氏硬度、标准状态拉伸粘结性能进行复验。硅酮结构密封胶生产商应提供其结

构胶的变位承受能力数据和质量保证书。

**7.5.6** 玻璃采光顶按其支承方式分为框支承和点支承两类。

框支承玻璃采光顶的连接，主要按采光顶玻璃组装方式确定。当玻璃组装为镶嵌方式时，玻璃四周应用密封胶条镶嵌；当玻璃组装为胶粘方式时，中空玻璃的两层玻璃之间的周边以及隐框和半隐框构件的玻璃与金属框之间，应采用硅酮结构密封胶粘结。点支承玻璃采光顶的组装方式，支承装置与玻璃连接件的结合面之间应加衬垫，并有竖向调节作用。采光顶玻璃的接缝宽度应能满足玻璃和胶的变形要求，且不应小于10mm；接缝厚度宜为接缝宽度的50%～70%；玻璃接缝密封宜采用位移能力级别为25级的硅酮耐候密封胶，密封胶应符合现行行业标准《幕墙玻璃接缝用密封胶》JC/T 882 的规定。

由于玻璃采光顶一般跨度大、坡度小、形状复杂、安全耐久要求高，在风雨同时作用或积雪局部融化屋面积水的情况下，采光顶应具有阻止雨水渗漏室内的性能。玻璃采光顶要做到不渗漏，对采光顶的连接和密封处理必须符合设计要求，采光顶铺装完成后，应对局部或整体进行雨后观察或淋水试验。

**7.5.7** 玻璃采光顶密封胶的嵌填应密实、连续、饱满，粘结牢固，不得有气泡、干裂、脱落等缺陷。一般情况下，首先把挤出嘴剪成所要求的宽度，将挤出嘴插入接缝，使挤出嘴顶部离接缝底面2mm，注入密封胶至接口边缘，注胶时保证密封胶没有带入空气，密封胶注入后，必须用工具修整，并清除接缝表面多余的密封胶。

**7.5.8** 由于每一个玻璃采光顶的构造都有所不同，防水节点构造主要包括：明框节点、隐框节点、点支承结构的玻璃板块接缝节点、驳接头处的玻璃接缝节点、采光顶与其他材质交接部位节点、采光顶与支承结构交接部位节点等。对于玻璃采光顶来讲，依靠各构件之间的接缝密封防水固然重要，但还需重视采光顶坡面的排水以及渗漏水与构造内部冷凝水的排除。

玻璃本身不会发生渗漏，由于单块玻璃面板及其支承构件在长期荷载作用下产生的挠度、变形而导致积水，非常容易造成渗漏和影响美观的不良后果。特别是在排水坡度较小时，很容易出现接缝密封胶处理不当或局部积水等情况，所发生渗漏现象屡见不鲜。故本条规定玻璃采光顶铺装应平整、顺直，排水坡度应符合设计要求。

**7.5.9** 玻璃采光顶的冷凝水收集和排除构造，是为了避免采光顶结露的水渗漏到室内，确保室内的装饰不被破坏和室内环境卫生要求。因此规定对玻璃采光顶坡面的设计坡度不应太小，以使冷凝水不是滴落，而是沿玻璃下泄；玻璃采光顶的所有杆件均应有集水槽，将沿玻璃下泄的冷凝水汇集，并使所有集水槽相互沟通，将冷凝水汇流到室外或室内水落管内。本条

规定玻璃采光顶冷凝水的收集和排除构造应符合设计要求，同时应对导气孔及排水孔设置、集水槽坡向、集水槽之间连接等构造进行隐蔽工程检查验收，必要时可进行通水试验。

**7.5.10** 本条对框支承玻璃采光顶铺装的外观质量要求作出规定。

**7.5.11** 点支承玻璃采光顶是采用不锈钢驳接系统将玻璃面板与主体结构连接，采光顶玻璃与玻璃之间的连接密封采用硅酮耐候密封胶。点支承玻璃采光顶的受力形式是通过点支承装置将玻璃采光顶的荷载传递到主体结构上。因此点支承装置必须牢固，受力均匀，不致使玻璃局部受力后破裂，同时点支承装置组件与玻璃之间应有弹性衬垫材料，使玻璃有一定的活动余地，而且不与支承装置金属直接接触。故本条规定点支承玻璃采光顶的支承装置应安装牢固、配合严密，支承装置不得与玻璃直接接触。

**7.5.12** 本条对采光顶玻璃密封胶缝的外观质量要求作出规定。

**7.5.13～7.5.15** 目前玻璃采光顶设计和施工，只能参照现行行业标准《玻璃幕墙工程技术规范》JGJ 102 和《建筑幕墙》GB/T 21086 的有关内容。这三条是对明框、隐框和点支承玻璃采光顶铺装的允许偏差和检验方法分别作出规定。

这里对第7.5.13条需说明以下三点：

**1** 玻璃采光顶通长纵向构件长度，是指与坡度方向垂直的构件长度或周长；通长横向构件长度是指从坡起点到最高点的构件长度。

**2** 玻璃采光顶构件的水平度和直线度，应包括采光顶平面内和平面外的检查。

**3** 检验项目中检验数量应按抽样构件数量或抽样分格数量的10%确定。

# 8 细部构造工程

## 8.1 一般规定

**8.1.1** 屋面的檐口、檐沟和天沟、女儿墙和山墙、水落口、变形缝、伸出屋面管道、屋面出入口、反梁过水孔、设施基座、屋脊、屋顶窗等部位，是屋面工程中最容易出现渗漏的薄弱环节。据调查表明有70%的屋面渗漏是由于细部构造的防水处理不当引起的，所以对这些部位均应进行防水增强处理，并作重点质量检查验收。

**8.1.2** 由于细部构造是屋面工程中最容易出现渗漏的部位，同时难以用抽检的百分率来确定屋面细部构造的整体质量，所以本条明确规定细部构造工程各分项工程每个检验批应按全数进行检验。

**8.1.3** 由于细部构造部位形状复杂、变形集中，构造防水和材料防水相互交融在一起，所以屋面细部节

点的防水构造及所用卷材、涂料和密封材料，必须符合设计要求。进场的防水材料应进行抽样检验。必要时应做两种材料的相容性试验。

**8.1.4** 参见本规范第5.2.6条的条文说明。

## 8.2 檐 口

**8.2.1** 檐口部位的防水层收头和滴水是檐口防水处理的关键，卷材防水屋面檐口800mm范围内的卷材应满粘，卷材收头应采用金属压条钉压，并用密封材料封严；涂膜防水屋面檐口的涂膜收头，应用防水涂料多遍涂刷。檐口下端应做鹰嘴和滴水槽。瓦屋面的瓦头挑出檐口的尺寸、滴水板的设置要求等应符合设计要求。验收时对构造做法必须进行严格检查，确保符合设计和现行相关规范的要求。

**8.2.2** 准确的排水坡度能够保证雨水迅速排走，檐口部位不出现渗漏和积水现象，可延长防水层的使用寿命。

**8.2.3** 无组织排水屋面的檐口，在800mm范围内的卷材应满粘，可以防止空铺、点铺或条铺的卷材防水层发生窜水或被大风揭起。

**8.2.4** 卷材收头应压入找平层的凹槽内，用金属压条钉压牢固并进行密封处理，防止收头处因翘边或被风揭起而造成渗漏。

**8.2.5** 由于涂膜防水层与基层粘结较好，涂膜收头应采用增加涂刷遍数的方法，以提高防水层的耐雨水冲刷能力。

**8.2.6** 由于檐口做法属于无组织排水，檐口雨水冲刷量大，檐口端部应采用聚合物水泥砂浆铺抹，以提高檐口的防水能力。为防止雨水沿檐口下端流向墙面，檐口下端应同时做鹰嘴和滴水槽。

## 8.3 檐沟和天沟

**8.3.1** 檐沟、天沟是排水最集中部位，檐沟、天沟与屋面的交接处，由于构件断面变化和屋面的变形，常在此处发生裂缝。同时，沟内防水层因受雨水冲刷和清扫的影响较大，卷材或涂膜防水屋面檐沟和天沟的防水层下应增设附加层，附加层伸入屋面的宽度不应小于250mm；防水层应由沟底翻上至外侧顶部，卷材收头应用金属压条钉压，并用密封材料封严；涂膜收头应用防水涂料多遍涂刷；檐沟外侧下端应做成鹰嘴或滴水槽。瓦屋面檐沟和天沟防水层下应增设附加层，附加层伸入屋面的宽度不应小于500mm；檐沟和天沟防水层伸入瓦内的宽度不应小于150mm，并应与屋面防水层或防水垫层顺流水方向搭接。烧结瓦、混凝土瓦伸入檐沟、天沟内的长度宜为50mm～70mm，沥青瓦伸入檐沟内的长度宜为10mm～20mm；验收时对构造做法必须进行严格检查，确保符合设计和现行相关规范的要求。

**8.3.2** 檐沟、天沟是有组织排水且雨水集中。由于

檐沟、天沟排水坡度较小，因此必须精心施工，檐沟、天沟坡度应用坡度尺检查；为保证沟内无渗漏和积水现象，屋面防水层完成后，应进行雨后观察或淋水、蓄水试验。

**8.3.3** 檐沟、天沟与屋面的交接处，由于雨水冲刷量大，该部位应作附加层防水增强处理。附加层应在防水层施工前完成，验收时应按每道工序进行质量检验，并做好隐蔽工程验收记录。

**8.3.4** 檐沟卷材收头应在沟外侧顶部，由于卷材铺贴较厚及转弯不服帖，常因卷材的弹性发生翘边或脱落现象，因此规定卷材收头应用金属压条钉压固定，并用密封材料封严。涂膜收头应用防水涂料多遍涂刷。

**8.3.5** 檐沟外侧顶部及侧面如不做防水处理，雨水会从防水层收头处渗入防水层内造成渗漏，因此檐沟外侧顶部及侧面均应抹聚合物水泥砂浆。为防止雨水沿檐沟下端流向墙面，檐沟下端应做鹰嘴或滴水槽。

## 8.4 女儿墙和山墙

**8.4.1** 女儿墙和山墙无论是采用混凝土还是砌体都会产生开裂现象，女儿墙和山墙上的抹灰及压顶出现裂缝也是很常见的，如不做防水设防，雨水会沿裂缝或墙流入室内。泛水部位如不做附加层防水增强处理，防水层收缩使泛水转角部位产生空鼓，防水层容易破坏。泛水收头若处理不当易产生翘边现象，使雨水从开口处渗入防水层下部。故女儿墙和山墙应按设计要求做好防水构造处理。

**8.4.2** 压顶是防止雨水从女儿墙或山墙渗入室内的重要部位，砖砌女儿墙和山墙应用现浇混凝土或预制混凝土压顶，压顶形成向内不小于5%的排水坡度，其内侧下端做鹰嘴或滴水槽防止倒水。为避免压顶混凝土开裂形成渗水通道，压顶必须设分格缝并嵌填密封材料。采用金属制品压顶，无论从防水、立面、构造还是施工维护上讲都是最好的，需要注意的问题是金属扣板纵向缝的密封。

**8.4.3** 女儿墙和山墙与屋面交接处，由于温度应力集中容易造成墙体开裂，当防水层的拉伸性能不能满足基层变形时，防水层被拉裂而造成屋面渗漏。为保证女儿墙和山墙的根部无渗漏和积水现象，屋面防水层完成后，应进行雨后观察或淋水试验。

**8.4.4** 泛水部位容易产生应力集中导致开裂，因此该部位防水层的泛水高度和附加层铺设应符合设计要求，防止雨水从防水收头处流入室内。附加层在防水层施工前应进行验收，并填写隐蔽工程验收记录。

**8.4.5** 卷材防水层铺贴至女儿墙和山墙时，卷材立面部位应满粘防止下滑。砌体低女儿墙和山墙的卷材防水层可直接铺贴至压顶下，卷材收头用金属压条钉压固定，并用密封材料封严。砌体高女儿墙和山墙可在距屋面不小于250mm的部位留设凹槽，将卷材防

水层收头压入凹槽内，用金属压条钉压固定并用密封材料封严，凹槽上部的墙体应做防水处理。混凝土女儿墙和山墙难以设置凹槽，可将卷材防水层直接用金属压条钉压在墙体上，卷材收头用密封材料封严，再做金属盖板保护。

8.4.6  为防止雨水顺女儿墙和山墙的墙体渗入室内，涂膜防水层在女儿墙和山墙部位应涂刷至压顶下。涂膜防水层的粘结能力较强，故涂膜收头可用防水涂料多遍涂刷。

## 8.5  水  落  口

8.5.1  水落口一般采用塑料制品，也有采用金属制品，由于水落口杯与檐沟、天沟的混凝土材料的线膨胀系数不同，环境温度变化的热胀冷缩会使水落口杯与基层交接处产生裂缝。同时，水落口是雨水集中部位，要求能迅速排水，并在雨水的长期冲刷下防水层应具有足够的耐久能力。验收时对每个水落口均应进行严格的检查。由于防水附加增强处理在防水层施工前完成，并被防水层覆盖，验收时应按每道工序进行质量检查，并做好隐蔽工程验收记录。

8.5.2  水落口杯的安设高度应充分考虑水落口部位增加的附加层和排水坡度加大的尺寸，屋面上每个水落口应单独计算出标高后进行埋设，保证水落口杯上口设置在屋面排水沟的最低处，避免水落口周围积水。为保证水落口处无渗漏和积水现象，屋面防水层施工完成后，应进行雨后观察或淋水、蓄水试验。

8.5.3  水落口的数量和位置是根据当地最大降雨量和汇水面积确定的，施工时应符合设计要求，不得随意增减。水落口杯应用细石混凝土与基层固定牢固。

8.5.4  水落口是排水最集中的部位，由于水落口周围坡度过小，施工困难且不易找准，影响水落口的排水能力。同时，水落口周围的防水层受雨水冲刷是屋面中最严重的，因此水落口周围直径 500mm 范围内增大坡度为不小于 5%，并按设计要求作附加增强处理。

8.5.5  由于材质的不同，水落口杯与基层的交接处容易产生裂缝，故檐沟、天沟的防水层和附加层伸入水落口内不应小于 50mm，并粘结牢固，避免水落口处发生渗漏。

## 8.6  变  形  缝

8.6.1  变形缝是为了防止建筑物产生变形、开裂甚至破坏而预先设置的构造缝，因此变形缝的防水构造应能满足变形要求。变形缝泛水处的防水层下应按设计要求增设防水附加层；防水层应铺贴或涂刷至泛水墙的顶部；变形缝内应填塞保温材料，其上铺设卷材封盖和金属盖板。由于变形缝内的防水构造会被盖板覆盖，故质量检查验收应随工序的开展而进行，并及时做好隐蔽工程验收记录。

8.6.2  变形缝与屋面交接处，由于温度应力集中容易造成墙体开裂，且变形缝内的墙体均无法做防水设防，当屋面防水层的拉伸性能不能满足基层变形时，防水层被拉裂而造成渗漏。故变形缝与屋面交接处、泛水高度和防水层收头应符合设计要求，防止雨水从泛水墙渗入室内。为保证变形缝处无渗漏和积水现象，屋面防水层施工完成后，应进行雨后观察或淋水试验。

8.6.3  参见本规范第 8.4.4 条的条文说明。

8.6.4  为保证防水层的连续性，屋面防水层应铺贴或涂刷至泛水墙的顶部，封盖卷材的中间应尽量向缝内下垂，然后将卷材与防水层粘牢。

8.6.5  为了保护变形缝内的防水卷材封盖，变形缝上宜加盖混凝土或金属盖板。金属盖板应固定牢固并做好防锈处理，为使雨水能顺利排走，金属盖板接缝应顺流水方向，搭接宽度一般不小于 50mm。

8.6.6  高低跨变形缝在高层与裙房建筑的交接处大量出现，此处应采取适应变形的密封处理，防止大雨、暴雨时屋面积水倒灌现象。高低跨变形缝在高跨墙面上的防水卷材收头处应用金属压条钉压固定，并用密封材料封严，金属盖板也应固定牢固并密封严密。

## 8.7  伸出屋面管道

8.7.1  伸出屋面管道通常采用金属或 PVC 管材，由于温差变化引起的材料收缩会使管壁四周产生裂纹，所以在管壁四周应设附加层做防水增强处理。卷材防水层收头处应用管箍或镀锌铁丝扎紧后用密封材料封严。验收时应按每道工序进行质量检查，并做好隐蔽工程验收记录。

8.7.2  伸出屋面管道无论是直埋还是预埋套管，管道往往直接与室内相连，因此伸出屋面管道是绝对不允许出现渗漏的。为保证伸出屋面管道根部无渗漏和积水现象，屋面防水层施工完成后，应进行雨后观察或淋水试验。

8.7.3  伸出屋面管道与混凝土线膨胀系数不同，环境变化易使管道四周产生裂缝，因此应设置附加层增加设防可靠性。防水层的泛水高度和附加层铺设应符合设计要求，防止雨水从防水层收头处流入室内。附加层在防水层施工前应及时进行验收，并填写隐蔽工程验收记录。

8.7.4  为保证伸出屋面管道四周雨水能顺利排出，不产生积水现象，管道四周 100mm 范围内，找平层应抹出高度不小于 30mm 的排水坡。

8.7.5  卷材防水层伸出屋面管道部位施工难度大，与管壁的粘结强度低，因此卷材收头处应用金属箍固定，并用密封材料封严，充分体现多道设防和柔性密封的原则。

## 8.8 屋面出入口

**8.8.1** 屋面出入口有垂直出入口和水平出入口两种，构造上有很大的区别，防水处理做法也多有不同，设计应根据工程实际情况做好屋面出入口的防水构造设计。施工和验收时，其做法必须符合设计要求，附加层及防水层收头处理等应做好隐蔽工程验收记录。

**8.8.2** 屋面出入口周边构造层次多、人员踩踏频繁，防水设计和施工应采取必要的措施保证无渗漏和积水现象。屋面防水层施工完成后，应进行雨后观察或淋水试验。

**8.8.3** 屋面垂直出入口的泛水部位应设附加层，以增加泛水部位防水层的耐久性。防水层的收头应压在压顶圈下，以保证收头的可靠性。

**8.8.4** 屋面水平出入口的收头应压在最上一步的混凝土踏步板下，以保证收头的可靠性。泛水部位应增设附加层，泛水立面部分的防水层用护墙保护，以免人员进出踢破防水层。

**8.8.5** 屋面出入口应有足够的泛水高度，以保证屋面的雨水不会流入室内或变形缝中。泛水高度应符合设计要求，设计无要求时，不得小于250mm。

## 8.9 反梁过水孔

**8.9.1** 因各种设计的原因，目前大挑檐或屋面中经常采用反梁构造，为了排水的需要常在反梁中设置过水孔或预埋管，过水孔防水处理不当会产生渗漏现象，因此反梁过水孔施工必须严格按照设计要求进行。

**8.9.2** 调查表明，因反梁过水孔过小或标高不准，以及过水孔防水处理不当，造成过水孔及其周围渗漏或积水很多。屋面防水层施工完成后，应进行雨后观察或淋水试验。

**8.9.3** 反梁过水孔孔底标高应按排水坡度留置，每个过水孔的孔底标高应在结构施工图中标明，否则找坡后孔底标高低于或高于沟底标高，均会造成长期积水现象。

反梁过水孔的孔洞高×宽不应小于150mm×250mm，预埋管内径不宜小于75mm，以免孔道堵塞。

**8.9.4** 反梁过水孔的防水处理十分重要。孔洞四周用防水涂料进行防水处理，涂膜防水层应尽量伸入孔洞内；预留管道与混凝土接触处应预留凹槽，并用密封材料封严。

## 8.10 设施基座

**8.10.1** 近年来，随着建筑物功能的不断增加，屋面上的设施也越来越多，设施基座的防水处理也越来越突出。而且设施基座使屋面的防水基层复杂了许多，因此必须对设施基座按照设计要求做好防水处理。

**8.10.2** 屋面上的设施基座，应按设计要求对防水层实施保护，避免屋面渗漏。设施基座周围也是易积水部位，施工时应严格按照设计要求进行防水设防，并设置足够的排水坡度避免积水。

**8.10.3** 设施基座与结构层相连时，设施基座就成为了结构层的一部分，此时，屋面防水层应将设施基座整个包裹起来，以保证防水层的连续性。设施基座都有安装设备的预埋地脚螺栓，使防水层无法连续。因此在预埋地脚螺栓的周围必须用密封材料封严，以确保预埋螺栓周围的防水效果。

**8.10.4** 设施直接放置在防水层上时，为防止设施对防水层的破坏，设施下应增设卷材附加层。如设施底部对防水层具有较大的破坏作用，如具有比较尖锐的突出物时，设施下应浇筑厚度不小于50mm的细石混凝土保护层。

**8.10.5** 屋面出入口至设施之间以及设施周围，经常会遭遇设施检查维修人员的踩踏，故应铺设块体材料或细石混凝土保护层。

## 8.11 屋 脊

**8.11.1** 烧结瓦、混凝土瓦的脊瓦与坡面瓦之间的缝隙，一般采用聚合物水泥砂浆填实抹平。脊瓦下端距坡面瓦的高度不宜超过80mm，脊瓦在两坡面瓦上的搭盖宽度每边不应小于40mm。沥青瓦屋面的脊瓦在两坡面瓦上的搭盖宽度每边不应小于150mm。正脊瓦外露搭接边宜顺常年风向一侧；每张屋脊瓦片的两侧各采用1个固定钉固定，固定钉距离侧边25mm；外露的固定钉钉帽应用沥青胶涂盖。

瓦屋面的屋脊处均应增设防水垫层附加层，附加层宽度不应小于500mm。

**8.11.2** 烧结瓦、混凝土瓦屋面的屋脊采用湿铺法施工，由于砂浆干缩容易引起裂缝；沥青瓦屋面的脊瓦采用固定钉固定和沥青胶粘结，由于大风容易引起边角翘起。瓦屋面铺装完成后，应对屋脊部位进行雨后或淋水检查。

**8.11.3、8.11.4** 平脊和斜脊铺设应顺直，应无起伏现象；脊瓦应搭盖正确、间距均匀、封固严密。既可保证脊瓦的搭接，防止渗漏，又可使瓦面整齐、美观。

## 8.12 屋 顶 窗

**8.12.1** 屋顶窗所用窗料及相关的各种零部件，如窗框固定铁脚、窗口防水卷材、金属排水板、支瓦条等，均应由屋顶窗的生产厂家配套供应。屋顶窗的防水设计为两道防水设防，即金属排水板采用涂有防氧化涂层的铝合金板，排水板与屋面瓦有效紧密搭接，第二道防水设防采用厚度为3mm的SBS防水卷材热熔施工；屋顶窗的排水设计应充分发挥排水板的作用，同时注意瓦与屋顶窗排水板的距离。因此屋顶窗的防水构造必须符合设计要求。

**8.12.2** 屋顶窗的安装可先于屋面瓦进行，亦可后于屋面瓦进行。当窗的安装先于屋面瓦进行时，应注意窗的成品保护；当窗的安装后于屋面瓦进行时，窗周围上下左右各500mm范围内应暂不铺瓦，待窗安装完成后再进行补铺。因此屋顶窗安装和屋面瓦铺装应配合默契，特别是在屋顶窗与坡屋面的交接处，窗口防水卷材应与屋面瓦下所设的防水层或防水垫层搭接紧密。屋面防水层完成后，应对屋顶窗及其周围进行雨后观察或淋水试验。

**8.12.3** 屋顶窗用金属排水板及窗框固定铁脚，均应与屋面基层连接牢固，保证屋顶窗安全使用。烧结瓦、混凝土瓦屋面屋顶窗，金属排水板应固定在顺水条上的支撑木条上，固定钉处应用密封胶涂盖。

**8.12.4** 屋顶窗用窗口防水卷材，应沿窗的四周铺贴在屋面基层上，并与屋面瓦上所设的防水层或防水垫层搭接紧密。防水卷材应铺贴平整、粘结牢固。

# 9 屋面工程验收

**9.0.1** 按《建筑工程施工质量验收统一标准》GB 50300规定，屋面工程质量验收的程序和组织有以下两点说明：

　　**1** 检验批及分项工程应由监理工程师组织施工单位项目专业质量或技术负责人等进行验收。验收前，施工单位先填写"检验批和分项工程的质量验收记录"，并由项目专业质量检验员在验收记录中签字，然后由监理工程师组织按规定程序进行。

　　**2** 分部（子分部）工程应由总监理工程师组织施工单位项目负责人和项目技术、质量负责人等进行验收。

**9.0.2** 检验批是工程验收的最小单位，是分项工程乃至整个建筑工程质量验收的基础。本条规定了检验批质量验收合格条件：一是对检验批的质量抽样检验。主控项目是对检验批的基本质量起决定性作用的检验项目，必须全部符合本规范的有关规定，且检验结果具有否决权；一般项目是除主控项目以外的检验项目，其质量应符合本规范的有关规定，对有允许偏差的项目，应有80%以上在允许偏差范围内，且最大偏差值不得超过本规范规定允许偏差值的1.5倍；二是质量控制资料。反映检验批从原材料到最终验收的各施工工序的操作依据、检查情况以及保证质量所必需的管理制度等质量控制资料，是检验批合格的前提。

**9.0.3** 分项工程的验收在检验批验收的基础上进行。一般情况下，两者具有相同或相近的性质，只是批量的大小不同而已。因此，将有关的检验批汇集构成分项工程。分项工程质量验收合格的条件比较简单，只要所含构成分项工程的各检验批质量验收记录完整，并且均已验收合格，则分项工程验收合格。

**9.0.4** 分部（子分部）工程的验收在其所含各分项工程验收的基础上进行。本条给出了分部（子分部）工程质量验收合格的条件：一是所含分项工程的质量均应验收合格；二是相应的质量控制资料文件应完整；三是安全与功能的抽样检验应符合有关规定；四是观感质量检查应符合本规范的规定。

**9.0.5** 屋面工程验收资料和记录体现了施工全过程控制，必须做到真实、准确，不得有涂改和伪造，各级技术负责人签字后方可有效。

**9.0.6** 隐蔽工程为后续的工序或分项工程覆盖、包裹、遮挡的前一分项工程。例如防水层的基层，密封防水处理部位，檐沟、天沟、泛水和变形缝等细部构造，应经过检查符合质量标准后方可进行隐蔽，避免因质量问题造成渗漏或不易修复而直接影响防水效果。

**9.0.7** 关于观感质量检查往往难以定量，只能以观察、触摸或简单量测的方式进行，并由各个人的主观印象判断，检查结果并不给出"合格"或"不合格"的结论，而是综合给出质量评价。对于"差"的检查点应通过返修处理等补救。

　　本条对屋面防水工程观感质量检查的要求，是根据本规范各分项工程的质量内容规定的。

**9.0.8** 按《建筑工程施工质量验收统一标准》GB 50300的规定，建筑工程施工质量验收时，对涉及结构安全、节能、环境保护和主要使用功能的重要分部工程应进行抽样检验。因此，屋面工程验收时，应检查屋面有无渗漏、积水和排水系统是否畅通，可在雨后或持续淋水2h后进行。有可能作蓄水检验的屋面，其蓄水时间不应小于24h。检验后应填写安全和功能检验（检测）记录，作为屋面工程验收资料和记录之一。

**9.0.9** 本规范适用于新建、改建、扩建的工业与民用建筑及既有建筑改造屋面工程的质量验收。有的屋面工程除一般要求外，还会对屋面安全与功能提出特殊要求，涉及建筑、结构以及抗震、抗风揭、防雷和防火等诸多方面；为满足这些特殊要求，设计人员往往采用较为特殊的材料和工艺。为此，本条规定对安全与功能有特殊要求的建筑屋面，工程质量验收除应执行本规范外，尚应按合同约定和设计要求进行专项检验（检测）和专项验收。

**9.0.10** 屋面工程完成后，应由施工单位先行自检，并整理施工过程中的有关文件和记录，确认合格后会同建设或监理单位，共同按质量标准进行验收。子分部工程的验收，应在分项工程通过验收的基础上，对必要的部位进行抽样检验和使用功能满足程度的检查。子分部工程应由总监理工程师或建设单位项目负责人组织施工技术质量负责人进行验收。

　　屋面工程验收时，施工单位应按照本规范第9.0.5条的规定，将验收资料和记录提供总监理工程师或建设单位项目负责人审查，检查无误后方可作为存档资料。

中华人民共和国国家标准

# 地下防水工程质量验收规范

Code for acceptance of construction quality of
underground waterproof

**GB 50208—2011**

主编部门：山西省住房和城乡建设厅
批准部门：中华人民共和国住房和城乡建设部
施行日期：2 0 1 2 年 1 0 月 1 日

# 中华人民共和国住房和城乡建设部
## 公 告

### 第 971 号

## 关于发布国家标准
## 《地下防水工程质量验收规范》的公告

现批准《地下防水工程质量验收规范》为国家标准，编号为 GB 50208－2011，自 2012 年 10 月 1 日起实施。其中，第 4.1.16、4.4.8、5.2.3、5.3.4、7.2.12 条为强制性条文，必须严格执行。原《地下防水工程质量验收规范》GB 50208－2002 同时废止。

本规范由我部标准定额研究所组织中国建筑工业出版社出版发行。

中华人民共和国住房和城乡建设部
2011 年 4 月 2 日

## 前 言

根据住房和城乡建设部《关于印发〈2008 年工程建设标准规范制订、修订计划（第一批）〉的通知》（建标［2008］102 号）的规定，山西建筑工程（集团）总公司和福建省闽南建筑工程（集团）有限公司会同有关单位，在《地下防水工程质量验收规范》GB 50208－2002 的基础上进行修订本规范。

本规范共分 9 章，4 个附录，主要技术内容包括：总则、术语、基本规定、主体结构防水工程、细部构造防水工程、特殊施工法结构防水工程、排水工程、注浆工程、子分部工程质量验收。

本次修订的主要内容是：重视防水材料的进场验收；强化结构的耐久性和环境保护；增加防水卷材接缝粘结质量检验；完善细部构造防水工程的质量验收；做到与国内相关标准的协调。

本规范中以黑体字标志的条文为强制性条文，必须严格执行。

本规范由住房和城乡建设部负责管理和对强制性条文的解释，由山西省住房和城乡建设厅负责日常管理，由山西建筑工程（集团）总公司负责具体技术内容的解释。在执行过程中，请各单位结合工程实践，认真总结经验，注意积累资料，如发现需要修改和补充之处，请将意见和建议寄送山西建筑工程（集团）总公司（地址：山西省太原市新建路 9 号，邮政编码：030002），以供今后修订时参考。

本规范主编单位：山西建筑工程（集团）总公司
福建省闽南建筑工程（集团）有限公司

本规范参编单位：总参工程兵科研三所
中冶建筑研究总院有限公司
北京市建筑工程研究院
上海市隧道工程轨道交通设计研究院
上海申通地铁集团有限公司维护保障中心
浙江工业大学
中国建筑业协会建筑防水分会
北京圣洁防水材料有限公司
大连细扬防水工程集团有限公司
上海台安工程实业有限公司
北京市龙阳伟业科技股份有限公司

本规范主要起草人员：郝玉柱　朱忠厚　李玉屏
黄荷山　邱伯荣　张玉玲
朱祖熹　薛绍祖　哈成德
冀文政　蔡庆华　冯晓军
赵　武　陆　明　朱　妍
许四法　曲　慧　杜　昕
樊细杨　程雪峰　王　伟

本规范主要审查人员：李承刚　吴松勤　姚源道
郭德友　吴　明　薛振东
彭尚银　高俊峰

# 目　次

# Contents

# 1 总　则

**1.0.1** 为了加强建筑工程质量管理，统一地下防水工程质量验收，保证工程质量，制定本规范。

**1.0.2** 本规范适用于房屋建筑、防护工程、市政隧道、地下铁道等地下防水工程质量验收。

**1.0.3** 地下防水工程采用的新技术，必须经过科技成果鉴定、评估或新产品、新技术鉴定。新技术应用前，应对新的或首次采用的施工工艺进行评审，并制定相应的技术标准。

**1.0.4** 地下防水工程的施工应符合国家现行有关安全与劳动防护和环境保护的规定。

**1.0.5** 地下防水工程质量验收除应符合本规范外，尚应符合国家现行有关标准的规定。

# 2 术　语

**2.0.1** 地下防水工程　underground waterproof project

对房屋建筑、防护工程、市政隧道、地下铁道等地下工程进行防水设计、防水施工和维护管理等各项技术工作的工程实体。

**2.0.2** 明挖法　cut and cover method

敞口开挖基坑，再在基坑中修建地下工程，最后用土石等回填的施工方法。

**2.0.3** 暗挖法　subsurface excavation method

不挖开地面，采用从施工通道在地下开挖、支护、衬砌的方式修建隧道等地下工程的施工方法。

**2.0.4** 胶凝材料　cementitious material or binder

用于配制混凝土的硅酸盐水泥及粉煤灰、磨细矿渣、硅粉等矿物掺合料的总称。

**2.0.5** 水胶比　water to binder ratio

混凝土配制时的用水量与胶凝材料总量之比。

**2.0.6** 锚喷支护　bolt-shotcrete support

锚杆和钢筋网喷射混凝土联合使用的一种围岩支护形式。

**2.0.7** 地下连续墙　underground diaphragm wall

采用机械施工方法成槽、浇灌钢筋混凝土，形成具有截水、防渗、挡土和承重作用的地下墙体。

**2.0.8** 盾构隧道　shield tunnelling method

采用盾构掘进机全断面开挖，钢筋混凝土管片作为衬砌支护进行暗挖法施工的隧道。

**2.0.9** 沉井　open caisson

由刃脚、井壁及隔墙等部分组成井筒，在筒内挖土使其下沉，达到设计标高后进行混凝土封底。

**2.0.10** 逆筑结构　inverted construction

以地下连续墙兼作墙体及混凝土灌注桩等兼作承重立柱，自上而下进行顶板、中楼板和底板施工的主体结构。

**2.0.11** 检验批　inspection lot

按同一生产条件或按规定的方式汇总起来供检验用的，由一定数量样本组成的检验体。

**2.0.12** 见证取样检测　evidential testing

在监理单位或建设单位见证员的监督下，由施工单位取样员现场取样，并送至具有相应资质检测单位进行的检测。

# 3 基本规定

**3.0.1** 地下工程的防水等级标准应符合表 3.0.1 的规定。

表 3.0.1　地下工程防水等级标准

| 防水等级 | 防　水　标　准 |
|---|---|
| 一级 | 不允许渗水，结构表面无湿渍 |
| 二级 | 不允许漏水，结构表面可有少量湿渍；<br>房屋建筑地下工程：总湿渍面积不应大于总防水面积（包括顶板、墙面、地面）的1/1000；任意 100m² 防水面积上的湿渍不超过 2 处，单个湿渍的最大面积不大于 0.1m²；<br>其他地下工程：总湿渍面积不应大于总防水面积的2/1000；任意 100m² 防水面积上的湿渍不超过 3 处，单个湿渍的最大面积不大于 0.2m²；其中，隧道工程平均渗水量不大于 0.05L/(m²·d)，任意 100m² 防水面积上的渗水量不大于 0.15L/(m²·d) |
| 三级 | 有少量漏水点，不得有线流和漏泥砂；<br>任意 100m² 防水面积上的漏水或湿渍点数不超过 7 处，单个漏水点的最大漏水量不大于 2.5L/d，单个湿渍的最大面积不大于 0.3m² |
| 四级 | 有漏水点，不得有线流和漏泥砂；<br>整个工程平均漏水量不大于 2L/(m²·d)；任意 100m² 防水面积上的平均漏水量不大于 4L/(m²·d) |

**3.0.2** 明挖法和暗挖法地下工程的防水设防应按表 3.0.2-1 和表 3.0.2-2 选用。

表 3.0.2-1　明挖法地下工程防水设防

| 工程部位 | 主体结构 | | | | | | | 施工缝 | | | | | | | 后浇带 | | | 变形缝、诱导缝 | | | | | | |
|---|---|---|---|---|---|---|---|---|---|---|---|---|---|---|---|---|---|---|---|---|---|---|---|---|
| 防水措施<br>防水等级 | 防水混凝土 | 防水卷材 | 防水涂料 | 塑料防水板 | 膨润土防水材料 | 防水砂浆 | 金属板 | 遇水膨胀止水条或止水胶 | 外贴式止水带 | 中埋式止水带 | 外抹防水砂浆 | 外涂防水涂料 | 水泥基渗透结晶型防水涂料 | 预埋注浆管 | 补偿收缩混凝土 | 外贴式止水带 | 预埋注浆管 | 遇水膨胀止水条或止水胶 | 中埋式止水带 | 外贴式止水带 | 可卸式止水带 | 防水密封材料 | 外贴防水卷材 | 外涂防水涂料 |
| 一级 | 应选 | 应选一种至二种 | | | | | | 应选二种 | | | | | | 应选 | 应选 | 应选二种 | | 应选 | 应选二种 | | | | | |
| 二级 | 应选 | 应选一种 | | | | | | 应选一种至二种 | | | | | | 应选 | 应选 | 应选一种至二种 | | 应选 | 应选一种至二种 | | | | | |
| 三级 | 应选 | 宜选一种 | | | | | | 宜选一种至二种 | | | | | | 应选 | 应选 | 宜选一种至二种 | | 应选 | 宜选一种至二种 | | | | | |
| 四级 | 宜选 | — | | | | | | 宜选一种 | | | | | | 应选 | 应选 | 宜选一种 | | 应选 | 宜选一种 | | | | | |

表 3.0.2-2　暗挖法地下工程防水设防

| 工程部位 | 衬砌结构 | | | | | | | 内衬砌施工缝 | | | | | | 内衬砌变形缝、诱导缝 | | | |
|---|---|---|---|---|---|---|---|---|---|---|---|---|---|---|---|---|---|
| 防水措施<br>防水等级 | 防水混凝土 | 防水卷材 | 防水涂料 | 塑料防水板 | 膨润土防水材料 | 防水砂浆 | 金属板 | 遇水膨胀止水条或止水胶 | 外贴式止水带 | 中埋式止水带 | 防水密封材料 | 水泥基渗透结晶型防水涂料 | 预埋注浆管 | 中埋式止水带 | 外贴式止水带 | 可卸式止水带 | 防水密封材料 |
| 一级 | 必选 | 应选一种至二种 | | | | | | 应选一种至二种 | | | | | 应选 | 应选一种至二种 | | | |
| 二级 | 应选 | 应选一种 | | | | | | 应选一种 | | | | | 应选 | 应选一种 | | | |
| 三级 | 宜选 | 宜选一种 | | | | | | 宜选一种 | | | | | 应选 | 宜选一种 | | | |
| 四级 | 宜选 | 宜选一种 | | | | | | 宜选一种 | | | | | 应选 | 宜选一种 | | | |

3.0.3　地下防水工程必须由持有资质等级证书的防水专业队伍进行施工，主要施工人员应持有省级及以上建设行政主管部门或其指定单位颁发的执业资格证书或防水专业岗位证书。

3.0.4　地下防水工程施工前，应通过图纸会审，掌握结构主体及细部构造的防水要求，施工单位应编制防水工程专项施工方案，经监理单位或建设单位审查批准后执行。

3.0.5　地下工程所使用防水材料的品种、规格、性能等必须符合现行国家或行业产品标准和设计要求。

3.0.6　防水材料必须经具备相应资质的检测单位进行抽样检验，并出具产品性能检测报告。

3.0.7　防水材料的进场验收应符合下列规定：

　　1　对材料的外观、品种、规格、包装、尺寸和数量等进行检查验收，并经监理单位或建设单位代表检查确认，形成相应验收记录；

　　2　对材料的质量证明文件进行检查，并经监理单位或建设单位代表检查确认，纳入工程技术档案；

　　3　材料进场后应按本规范附录 A 和附录 B 的规定抽样检验，检验应执行见证取样送检制度，并出具材料进场检验报告；

　　4　材料的物理性能检验项目全部指标达到标准规定时，即为合格；若有一项指标不符合标准规定，应在受检产品中重新取样进行该项指标复验，复验结果符合标准规定，则判定该批材料为合格。

**3.0.8** 地下工程使用的防水材料及其配套材料，应符合现行行业标准《建筑防水涂料中有害物质限量》JC 1066 的规定，不得对周围环境造成污染。

**3.0.9** 地下防水工程的施工，应建立各道工序的自检、交接检和专职人员检查的制度，并有完整的检查记录；工程隐蔽前，应由施工单位通知有关单位进行验收，并形成隐蔽工程验收记录；未经监理单位或建设单位代表对上道工序的检查确认，不得进行下道工序的施工。

**3.0.10** 地下防水工程施工期间，必须保持地下水位稳定在工程底部最低高程 500mm 以下，必要时应采取降水措施。对采用明沟排水的基坑，应保持基坑干燥。

**3.0.11** 地下防水工程不得在雨天、雪天和五级风及其以上时施工；防水材料施工环境气温条件宜符合表 3.0.11 的规定。

**表 3.0.11 防水材料施工环境气温条件**

| 防水材料 | 施工环境气温条件 |
|---|---|
| 高聚物改性沥青防水卷材 | 冷粘法、自粘法不低于 5℃，热熔法不低于 -10℃ |
| 合成高分子防水卷材 | 冷粘法、自粘法不低于 5℃，焊接法不低于 -10℃ |
| 有机防水涂料 | 溶剂型 -5℃~35℃，反应型、水乳型 5℃~35℃ |
| 无机防水涂料 | 5℃~35℃ |
| 防水混凝土、防水砂浆 | 5℃~35℃ |
| 膨润土防水材料 | 不低于 -20℃ |

**3.0.12** 地下防水工程是一个子分部工程，其分项工程的划分应符合表 3.0.12 的规定。

**表 3.0.12 地下防水工程的分项工程**

| 子分部工程 | | 分 项 工 程 |
|---|---|---|
| 地下防水工程 | 主体结构防水 | 防水混凝土、水泥砂浆防水层、卷材防水层、涂料防水层、塑料防水板防水层、金属板防水层、膨润土防水材料防水层 |
| | 细部构造防水 | 施工缝、变形缝、后浇带、穿墙管、埋设件、预留通道接头、桩头、孔口、坑、池 |
| | 特殊施工法结构防水 | 锚喷支护、地下连续墙、盾构隧道、沉井、逆筑结构 |
| | 排水 | 渗排水、盲沟排水、隧道排水、坑道排水、塑料排水板排水 |
| | 注浆 | 预注浆、后注浆、结构裂缝注浆 |

**3.0.13** 地下防水工程的分项工程检验批和抽样检验数量应符合下列规定：

　　**1** 主体结构防水工程和细部构造防水工程应按结构层、变形缝或后浇带等施工段划分检验批；

　　**2** 特殊施工法结构防水工程应按隧道区间、变形缝等施工段划分检验批；

　　**3** 排水工程和注浆工程应各为一个检验批；

　　**4** 各检验批的抽样检验数量：细部构造应为全数检查，其他均应符合本规范的规定。

**3.0.14** 地下工程应按设计的防水等级标准进行验收。地下工程渗漏水调查与检测应按本规范附录 C 执行。

# 4 主体结构防水工程

## 4.1 防水混凝土

**4.1.1** 防水混凝土适用于抗渗等级不小于 P6 的地下混凝土结构。不适用于环境温度高于 80℃ 的地下工程。处于侵蚀性介质中，防水混凝土的耐侵蚀性要求应符合现行国家标准《工业建筑防腐蚀设计规范》GB 50046 和《混凝土结构耐久性设计规范》GB 50476 的有关规定。

**4.1.2** 水泥的选择应符合下列规定：

　　**1** 宜采用普通硅酸盐水泥或硅酸盐水泥，采用其他品种水泥时应经试验确定；

　　**2** 在受侵蚀性介质作用时，应按介质的性质选用相应的水泥品种；

　　**3** 不得使用过期或受潮结块的水泥，并不得将不同品种或强度等级的水泥混合使用。

**4.1.3** 砂、石的选择应符合下列规定：

　　**1** 砂宜选用中粗砂，含泥量不应大于 3.0%，泥块含量不宜大于 1.0%；

　　**2** 不宜使用海砂；在没有使用河砂的条件时，应对海砂进行处理后才能使用，且控制氯离子含量不得大于 0.06%；

　　**3** 碎石或卵石的粒径宜为 5mm~40mm，含泥量不应大于 1.0%，泥块含量不应大于 0.5%；

　　**4** 对长期处于潮湿环境的重要结构混凝土用砂、石，应进行碱活性检验。

**4.1.4** 矿物掺合料的选择应符合下列规定：

　　**1** 粉煤灰的级别不应低于 Ⅱ 级，烧失量不应大于 5%；

　　**2** 硅粉的比表面积不应小于 15000$m^2$/kg，$SiO_2$ 含量不应小于 85%；

　　**3** 粒化高炉矿渣粉的品质要求应符合现行国家标准《用于水泥和混凝土中的粒化高炉矿渣粉》GB/T 18046 的有关规定。

**4.1.5** 混凝土拌用水，应符合现行行业标准《混凝土用水标准》JGJ 63 的有关规定。

**4.1.6** 外加剂的选择应符合下列规定：

**1** 外加剂的品种和用量应经试验确定，所用外加剂应符合现行国家标准《混凝土外加剂应用技术规范》GB 50119 的质量规定；

**2** 掺加引气剂或引气型减水剂的混凝土，其含气量宜控制在 3%～5%；

**3** 考虑外加剂对硬化混凝土收缩性能的影响；

**4** 严禁使用对人体产生危害、对环境产生污染的外加剂。

**4.1.7** 防水混凝土的配合比应经试验确定，并应符合下列规定：

**1** 试配要求的抗渗水压值应比设计值提高 0.2MPa；

**2** 混凝土胶凝材料总量不宜小于 320kg/m³，其中水泥用量不宜小于 260kg/m³，粉煤灰掺量宜为胶凝材料总量的 20%～30%，硅粉的掺量宜为胶凝材料总量的 2%～5%；

**3** 水胶比不得大于 0.50，有侵蚀性介质时水胶比不宜大于 0.45；

**4** 砂率宜为 35%～40%，泵送时可增至 45%；

**5** 灰砂比宜为 1:1.5～1:2.5；

**6** 混凝土拌合物的氯离子含量不应超过胶凝材料总量的 0.1%；混凝土中各类材料的总碱量即 $Na_2O$ 当量不得大于 3kg/m³。

**4.1.8** 防水混凝土采用预拌混凝土时，入泵坍落度宜控制在 120mm～160mm，坍落度每小时损失不应大于 20mm，坍落度总损失值不应大于 40mm。

**4.1.9** 混凝土拌制和浇筑过程控制应符合下列规定：

**1** 拌制混凝土所用材料的品种、规格和用量，每工作班检查不应少于两次。每盘混凝土组成材料计量结果的允许偏差应符合表 4.1.9-1 的规定。

**表 4.1.9-1　混凝土组成材料计量结果的允许偏差（%）**

| 混凝土组成材料 | 每盘计量 | 累计计量 |
|---|---|---|
| 水泥、掺合料 | ±2 | ±1 |
| 粗、细骨料 | ±3 | ±2 |
| 水、外加剂 | ±2 | ±1 |

注：累计计量仅适用于微机控制计量的搅拌站。

**2** 混凝土在浇筑地点的坍落度，每工作班至少检查两次，坍落度试验应符合现行国家标准《普通混凝土拌合物性能试验方法标准》GB/T 50080 的有关规定。混凝土坍落度允许偏差应符合表 4.1.9-2 的规定。

**表 4.1.9-2　混凝土坍落度允许偏差（mm）**

| 规定坍落度 | 允许偏差 |
|---|---|
| ≤40 | ±10 |
| 50～90 | ±15 |
| >90 | ±20 |

**3** 泵送混凝土在交货地点的入泵坍落度，每工作班至少检查两次。混凝土入泵时的坍落度允许偏差应符合表 4.1.9-3 的规定。

**表 4.1.9-3　混凝土入泵时的坍落度允许偏差（mm）**

| 所需坍落度 | 允许偏差 |
|---|---|
| ≤100 | ±20 |
| >100 | ±30 |

**4** 当防水混凝土拌合物在运输后出现离析，必须进行二次搅拌。当坍落度损失后不能满足施工要求时，应加入原水胶比的水泥浆或掺加同品种的减水剂进行搅拌，严禁直接加水。

**4.1.10** 防水混凝土抗压强度试件，应在混凝土浇筑地点随机取样后制作，并应符合下列规定：

**1** 同一工程、同一配合比的混凝土，取样频率与试件留置组数应符合现行国家标准《混凝土结构工程施工质量验收规范》GB 50204 的有关规定；

**2** 抗压强度试验应符合现行国家标准《普通混凝土力学性能试验方法标准》GB/T 50081 的有关规定；

**3** 结构构件的混凝土强度评定应符合现行国家标准《混凝土强度检验评定标准》GB/T 50107 的有关规定。

**4.1.11** 防水混凝土抗渗性能应采用标准条件下养护混凝土抗渗试件的试验结果评定，试件应在混凝土浇筑地点随机取样后制作，并应符合下列规定：

**1** 连续浇筑混凝土每 500m³ 应留置一组 6 个抗渗试件，且每项工程不得少于两组；采用预拌混凝土的抗渗试件，留置组数应视结构的规模和要求而定；

**2** 抗渗性能试验应符合现行国家标准《普通混凝土长期性能和耐久性能试验方法标准》GB/T 50082 的有关规定。

**4.1.12** 大体积防水混凝土的施工应采取材料选择、温度控制、保温保湿等技术措施。在设计许可的情况下，掺粉煤灰混凝土设计强度等级的龄期宜为 60d 或 90d。

**4.1.13** 防水混凝土分项工程检验批的抽样检验数量，应按混凝土外露面积每 100m² 抽查 1 处，每处 10m²，且不得少于 3 处。

**Ⅰ　主　控　项　目**

**4.1.14** 防水混凝土的原材料、配合比及坍落度必须符合设计要求。

检验方法：检查产品合格证、产品性能检测报告、计量措施和材料进场检验报告。

**4.1.15** 防水混凝土的抗压强度和抗渗性能必须符合设计要求。

检验方法：检查混凝土抗压强度、抗渗性能检验报告。

**4.1.16** 防水混凝土结构的施工缝、变形缝、后浇带、穿墙管、埋设件等设置和构造必须符合设计要求。

检验方法：观察检查和检查隐蔽工程验收记录。

Ⅱ 一般项目

**4.1.17** 防水混凝土结构表面应坚实、平整，不得有露筋、蜂窝等缺陷；埋设件位置应准确。

检验方法：观察检查。

**4.1.18** 防水混凝土结构表面的裂缝宽度不应大于0.2mm，且不得贯通。

检验方法：用刻度放大镜检查。

**4.1.19** 防水混凝土结构厚度不应小于250mm，其允许偏差应为+8mm、−5mm；主体结构迎水面钢筋保护层厚度不应小于50mm，其允许偏差应为±5mm。

检验方法：尺量检查和检查隐蔽工程验收记录。

### 4.2 水泥砂浆防水层

**4.2.1** 水泥砂浆防水层适用于地下工程主体结构的迎水面或背水面。不适用于受持续振动或环境温度高于80℃的地下工程。

**4.2.2** 水泥砂浆防水层应采用聚合物水泥防水砂浆、掺外加剂或掺合料的防水砂浆。

**4.2.3** 水泥砂浆防水层所用的材料应符合下列规定：

1 水泥应使用普通硅酸盐水泥、硅酸盐水泥或特种水泥，不得使用过期或受潮结块的水泥；

2 砂宜采用中砂，含泥量不应大于1.0%，硫化物及硫酸盐含量不应大于1.0%；

3 用于拌制水泥砂浆的水，应采用不含有害物质的洁净水；

4 聚合物乳液的外观为均匀液体，无杂质、无沉淀、不分层；

5 外加剂的技术性能应符合现行国家或行业有关标准的质量要求。

**4.2.4** 水泥砂浆防水层的基层质量应符合下列规定：

1 基层表面应平整、坚实、清洁，并应充分湿润、无明水；

2 基层表面的孔洞、缝隙，应采用与防水层相同的水泥砂浆堵塞并抹平；

3 施工前应将埋设件、穿墙管预留凹槽内嵌填密封材料后，再进行水泥砂浆防水层施工。

**4.2.5** 水泥砂浆防水层施工应符合下列规定：

1 水泥砂浆的配制，应按所掺材料的技术要求准确计量；

2 分层铺抹或喷涂，铺抹时应压实、抹平，最后一层表面应提浆压光；

3 防水层各层应紧密粘合，每层宜连续施工；必须留设施工缝时，应采用阶梯坡形槎，但与阴阳角处的距离不得小于200mm；

4 水泥砂浆终凝后应及时进行养护，养护温度不宜低于5℃，并应保持砂浆表面湿润，养护时间不得少于14d；聚合物水泥防水砂浆未达到硬化状态时，不得浇水养护或直接受雨水冲刷，硬化后应采用干湿交替的养护方法。潮湿环境中，可在自然条件下养护。

**4.2.6** 水泥砂浆防水层分项工程检验批的抽样检验数量，应按施工面积每100m²抽查1处，每处10m²，且不得少于3处。

Ⅰ 主控项目

**4.2.7** 防水砂浆的原材料及配合比必须符合设计规定。

检验方法：检查产品合格证、产品性能检测报告、计量措施和材料进场检验报告。

**4.2.8** 防水砂浆的粘结强度和抗渗性能必须符合设计规定。

检验方法：检查砂浆粘结强度、抗渗性能检验报告。

**4.2.9** 水泥砂浆防水层与基层之间应结合牢固，无空鼓现象。

检验方法：观察和用小锤轻击检查。

Ⅱ 一般项目

**4.2.10** 水泥砂浆防水层表面应密实、平整，不得有裂纹、起砂、麻面等缺陷。

检验方法：观察检查。

**4.2.11** 水泥砂浆防水层施工缝留槎位置应正确，接槎应按层次顺序操作，层层搭接紧密。

检验方法：观察检查和检查隐蔽工程验收记录。

**4.2.12** 水泥砂浆防水层的平均厚度应符合设计要求，最小厚度不得小于设计厚度的85%。

检验方法：用针测法检查。

**4.2.13** 水泥砂浆防水层表面平整度的允许偏差应为5mm。

检验方法：用2m靠尺和楔形塞尺检查。

### 4.3 卷材防水层

**4.3.1** 卷材防水层适用于受侵蚀性介质作用或受振动作用的地下工程；卷材防水层应铺设在主体结构的迎水面。

**4.3.2** 卷材防水层应采用高聚物改性沥青类防水卷

材和合成高分子类防水卷材。所选用的基层处理剂、胶粘剂、密封材料等均应与铺贴的卷材相匹配。

**4.3.3** 在进场材料检验的同时，防水卷材接缝粘结质量检验应按本规范附录D执行。

**4.3.4** 铺贴防水卷材前，基面应干净、干燥，并应涂刷基层处理剂；当基面潮湿时，应涂刷湿固化型胶粘剂或潮湿界面隔离剂。

**4.3.5** 基层阴阳角应做成圆弧或45°坡角，其尺寸应根据卷材品种确定；在转角处、变形缝、施工缝、穿墙管等部位应铺贴卷材加强层，加强层宽度不应小于500mm。

**4.3.6** 防水卷材的搭接宽度应符合表4.3.6的要求。铺贴双层卷材时，上下两层和相邻两幅卷材的接缝应错开1/3～1/2幅宽，且两层卷材不得相互垂直铺贴。

表4.3.6 防水卷材的搭接宽度

| 卷材品种 | 搭接宽度（mm） |
|---|---|
| 弹性体改性沥青防水卷材 | 100 |
| 改性沥青聚乙烯胎防水卷材 | 100 |
| 自粘聚合物改性沥青防水卷材 | 80 |
| 三元乙丙橡胶防水卷材 | 100/60（胶粘剂/胶粘带） |
| 聚氯乙烯防水卷材 | 60/80（单焊缝/双焊缝） |
| | 100（胶粘剂） |
| 聚乙烯丙纶复合防水卷材 | 100（粘结料） |
| 高分子自粘胶膜防水卷材 | 70/80（自粘胶/胶粘带） |

**4.3.7** 冷粘法铺贴卷材应符合下列规定：

1 胶粘剂应涂刷均匀，不得露底、堆积；

2 根据胶粘剂的性能，应控制胶粘剂涂刷与卷材铺贴的间隔时间；

3 铺贴时不得用力拉伸卷材，排除卷材下面的空气，辊压粘贴牢固；

4 铺贴卷材应平整、顺直，搭接尺寸准确，不得扭曲、皱折；

5 卷材接缝部位应采用专用胶粘剂或胶粘带满粘，接缝口应用密封材料封严，其宽度不应小于10mm。

**4.3.8** 热熔法铺贴卷材应符合下列规定：

1 火焰加热器加热卷材应均匀，不得加热不足或烧穿卷材；

2 卷材表面热熔后应立即滚铺，排除卷材下面的空气，并粘贴牢固；

3 铺贴卷材应平整、顺直，搭接尺寸准确，不得扭曲、皱折；

4 卷材接缝部位应溢出热熔的改性沥青胶料，

并粘贴牢固，封闭严密。

**4.3.9** 自粘法铺贴卷材应符合下列规定：

1 铺贴卷材时，应将有黏性的一面朝向主体结构；

2 外墙、顶板铺贴时，排除卷材下面的空气，辊压粘贴牢固；

3 铺贴卷材应平整、顺直，搭接尺寸准确，不得扭曲、皱折和起泡；

4 立面卷材铺贴完成后，应将卷材端头固定，并应用密封材料封严；

5 低温施工时，宜对卷材和基面采用热风适当加热，然后铺贴卷材。

**4.3.10** 卷材接缝采用焊接法施工应符合下列规定：

1 焊接前卷材应铺放平整，搭接尺寸准确，焊接缝的结合面应清扫干净；

2 焊接时应先焊长边搭接缝，后焊短边搭接缝；

3 控制热风加热温度和时间，焊接处不得漏焊、跳焊或焊接不牢；

4 焊接时不得损害非焊接部位的卷材。

**4.3.11** 铺贴聚乙烯丙纶复合防水卷材应符合下列规定：

1 应采用配套的聚合物水泥防水粘结材料；

2 卷材与基层粘贴应采用满粘法，粘结面积不应小于90%，刮涂粘结料应均匀，不得露底、堆积、流淌；

3 固化后的粘结料厚度不应小于1.3mm；

4 卷材接缝部位应挤出粘结料，接缝表面处应涂刮1.3mm厚50mm宽聚合物水泥粘结料封边；

5 聚合物水泥粘结料固化前，不得在其上行走或进行后续作业。

**4.3.12** 高分子自粘胶膜防水卷材宜采用预铺反粘法施工，并应符合下列规定：

1 卷材宜单层铺设；

2 在潮湿基面铺设时，基面应平整坚固、无明水；

3 卷材长边应采用自粘边搭接，短边应采用胶粘带搭接，卷材端部搭接区应相互错开；

4 立面施工时，在自粘边位置距离卷材边缘10mm～20mm内，每隔400mm～600mm应进行机械固定，并应保证固定位置被卷材完全覆盖；

5 浇筑结构混凝土时不得损伤防水层。

**4.3.13** 卷材防水层完工并经验收合格后应及时做保护层。保护层应符合下列规定：

1 顶板的细石混凝土保护层与防水层之间宜设置隔离层。细石混凝土保护层厚度：机械回填时不宜小于70mm，人工回填时不宜小于50mm；

2 底板的细石混凝土保护层厚度不应小于50mm；

3 侧墙宜采用软质保护材料或铺抹20mm厚

1:2.5水泥砂浆。

4.3.14 卷材防水层分项工程检验批的抽样检验数量，应按铺贴面积每100m²抽查1处，每处10m²，且不得少于3处。

Ⅰ 主控项目

4.3.15 卷材防水层所用卷材及其配套材料必须符合设计要求。

检验方法：检查产品合格证、产品性能检测报告和材料进场检验报告。

4.3.16 卷材防水层在转角处、变形缝、施工缝、穿墙管等部位做法必须符合设计要求。

检验方法：观察检查和检查隐蔽工程验收记录。

Ⅱ 一般项目

4.3.17 卷材防水层的搭接缝应粘贴或焊接牢固，密封严密，不得有扭曲、折皱、翘边和起泡等缺陷。

检验方法：观察检查。

4.3.18 采用外防外贴法铺贴卷材防水层时，立面卷材接槎的搭接宽度，高聚物改性沥青类卷材应为150mm，合成高分子类卷材应为100mm，且上层卷材应盖过下层卷材。

检验方法：观察和尺量检查。

4.3.19 侧墙卷材防水层的保护层与防水层应结合紧密，保护层厚度应符合设计要求。

检验方法：观察和尺量检查。

4.3.20 卷材搭接宽度的允许偏差应为 -10mm。

检验方法：观察和尺量检查。

## 4.4 涂料防水层

4.4.1 涂料防水层适用于受侵蚀性介质作用或受振动作用的地下工程；有机防水涂料宜用于主体结构的迎水面，无机防水涂料宜用于主体结构的迎水面或背水面。

4.4.2 有机防水涂料应采用反应型、水乳型、聚合物水泥等涂料；无机防水涂料应采用掺外加剂、掺合料的水泥基防水涂料或水泥基渗透结晶型防水涂料。

4.4.3 有机防水涂料基面应干燥。当基面较潮湿时，应涂刷湿固化型胶结剂或潮湿界面隔离剂；无机防水涂料施工前，基面应充分润湿，但不得有明水。

4.4.4 涂料防水层的施工应符合下列规定：

1 多组分涂料应按配合比准确计量，搅拌均匀，并应根据有效时间确定每次配制的用量；

2 涂料应分层涂刷或喷涂，涂层应均匀，涂刷应待前遍涂层干燥成膜后进行。每遍涂刷时应交替改变涂层的涂刷方向，同层涂膜的先后搭压宽度宜为30mm～50mm；

3 涂料防水层的甩槎处接槎宽度不应小于

100mm，接涂前应将其甩槎表面处理干净；

4 采用有机防水涂料时，基层阴阳角处应做成圆弧；在转角处、变形缝、施工缝、穿墙管等部位应增加胎体增强材料和增涂防水涂料，宽度不应小于500mm；

5 胎体增强材料的搭接宽度不应小于100mm。上下两层和相邻两幅胎体的接缝应错开1/3幅宽，且上下两层胎体不得相互垂直铺贴。

4.4.5 涂料防水层完工并经验收合格后应及时做保护层。保护层应符合本规范第4.3.13条的规定。

4.4.6 涂料防水层分项工程检验批的抽样检验数量，应按涂层面积每100m²抽查1处，每处10m²，且不得少于3处。

Ⅰ 主控项目

4.4.7 涂料防水层所用的材料及配合比必须符合设计要求。

检验方法：检查产品合格证、产品性能检测报告、计量措施和材料进场检验报告。

**4.4.8 涂料防水层的平均厚度应符合设计要求，最小厚度不得小于设计厚度的90%。**

检验方法：用针测法检查。

4.4.9 涂料防水层在转角处、变形缝、施工缝、穿墙管等部位做法必须符合设计要求。

检验方法：观察检查和检查隐蔽工程验收记录。

Ⅱ 一般项目

4.4.10 涂料防水层应与基层粘结牢固，涂刷均匀，不得流淌、鼓泡、露槎。

检验方法：观察检查。

4.4.11 涂层间夹铺胎体增强材料时，应使防水涂料浸透胎体覆盖完全，不得有胎体外露现象。

检验方法：观察检查。

4.4.12 侧墙涂料防水层的保护层与防水层应结合紧密，保护层厚度应符合设计要求。

检验方法：观察检查。

## 4.5 塑料防水板防水层

4.5.1 塑料防水板防水层适用于经常承受水压、侵蚀性介质或有振动作用的地下工程；塑料防水板宜铺设在复合式衬砌的初期支护与二次衬砌之间。

4.5.2 塑料防水板防水层的基面应平整，无尖锐突出物，基面平整度 $D/L$ 不应大于1/6。

注：$D$ 为初期支护基面相邻两凸面间凹进去的深度；
$L$ 为初期支护基面相邻两凸面间的距离。

4.5.3 初期支护的渗漏水，应在塑料防水板防水层铺设前封堵或引排。

4.5.4 塑料防水板的铺设应符合下列规定：

1 铺设塑料防水板前应先铺缓冲层，缓冲层应用暗钉圈固定在基面上；缓冲层搭接宽度不应小于50mm；铺设塑料防水板时，应边铺边用压焊机将塑料防水板与暗钉圈焊接；

**2** 两幅塑料防水板的搭接宽度不应小于100mm，下部塑料防水板应压住上部塑料防水板。接缝焊接时，塑料防水板的搭接层数不得超过3层；

**3** 塑料防水板的搭接缝应采用双焊缝，每条焊缝的有效宽度不应小于10mm；

**4** 塑料防水板铺设时宜设置分区预埋注浆系统；

**5** 分段设置塑料防水板防水层时，两端应采取封闭措施。

**4.5.5** 塑料防水板的铺设应超前二次衬砌混凝土施工，超前距离宜为5m～20m。

**4.5.6** 塑料防水板应牢固地固定在基面上，固定点间距应根据基面平整情况确定，拱部宜为0.5m～0.8m，边墙宜为1.0m～1.5m，底部宜为1.5m～2.0m；局部凹凸较大时，应在凹处加密固定点。

**4.5.7** 塑料防水板防水层分项工程检验批的抽样检验数量，应按铺设面积每100m² 抽查1处，每处10m²，且不得少于3处。焊缝检验应按焊缝条数抽查5%，每条焊缝为1处，且不得少于3处。

Ⅰ 主 控 项 目

**4.5.8** 塑料防水板及其配套材料必须符合设计要求。

检验方法：检查产品合格证、产品性能检测报告和材料进场检验报告。

**4.5.9** 塑料防水板的搭接缝必须采用双缝热熔焊接，每条焊缝的有效宽度不应小于10mm。

检验方法：双焊缝间空腔内充气检查和尺量检查。

Ⅱ 一 般 项 目

**4.5.10** 塑料防水板应采用无钉孔铺设，其固定点的间距应符合本规范第4.5.6条的规定。

检验方法：观察和尺量检查。

**4.5.11** 塑料防水板与暗钉圈应焊接牢靠，不得漏焊、假焊和焊穿。

检验方法：观察检查。

**4.5.12** 塑料防水板的铺设应平顺，不得有下垂、绷紧和破损现象。

检验方法：观察检查。

**4.5.13** 塑料防水板搭接宽度的允许偏差应为−10mm。

检验方法：尺量检查。

### 4.6 金属板防水层

**4.6.1** 金属板防水层适用于抗渗性能要求较高的地下工程；金属板应铺设在主体结构迎水面。

**4.6.2** 金属板防水层所采用的金属材料和保护材料应符合设计要求。金属板及其焊接材料的规格、外观质量和主要物理性能，应符合国家现行有关标准的规定。

**4.6.3** 金属板的拼接及金属板与工程结构的锚固件连接应采用焊接。金属板的拼接焊缝应进行外观检查和无损检验。

**4.6.4** 金属板表面有锈蚀、麻点或划痕等缺陷时，其深度不得大于该板材厚度的负偏差值。

**4.6.5** 金属板防水层分项工程检验批的抽样检验数量，应按铺设面积每10m² 抽查1处，每处1m²，且不得少于3处。焊缝表面缺陷检验应按焊缝的条数抽查5%，且不得少于1条焊缝；每条焊缝检查1处，总抽查数不得少于10处。

Ⅰ 主 控 项 目

**4.6.6** 金属板和焊接材料必须符合设计要求。

检验方法：检查产品合格证、产品性能检测报告和材料进场检验报告。

**4.6.7** 焊工应持有有效的执业资格证书。

检验方法：检查焊工执业资格证书和考核日期。

Ⅱ 一 般 项 目

**4.6.8** 金属板表面不得有明显凹面和损伤。

检验方法：观察检查。

**4.6.9** 焊缝不得有裂纹、未熔合、夹渣、焊瘤、咬边、烧穿、弧坑、针状气孔等缺陷。

检验方法：观察检查和使用放大镜、焊缝量规及钢尺检查，必要时采用渗透或磁粉探伤检查。

**4.6.10** 焊缝的焊波应均匀，焊渣和飞溅物应清除干净；保护涂层不得有漏涂、脱皮和反锈现象。

检验方法：观察检查。

### 4.7 膨润土防水材料防水层

**4.7.1** 膨润土防水材料防水层适用于pH为4～10的地下环境中；膨润土防水材料防水层应用于复合式衬砌的初期支护与二次衬砌之间以及明挖法地下工程主体结构的迎水面，防水层两侧应具有一定的夹持力。

**4.7.2** 膨润土防水材料中的膨润土颗粒应采用钠基膨润土，不应采用钙基膨润土。

**4.7.3** 膨润土防水材料防水层基面应坚实、清洁，不得有明水，基面平整度应符合本规范第4.5.2条的规定；基层阴阳角应做成圆弧或坡角。

**4.7.4** 膨润土防水毯的织布面和膨润土防水板的膨润土面，均应与结构外表面密贴。

**4.7.5** 膨润土防水材料应采用水泥钉和垫片固定；立面和斜面上的固定间距宜为400mm～500mm，平面上应在搭接缝处固定。

**4.7.6** 膨润土防水材料的搭接宽度应大于100mm；搭接部位的固定间距宜为200mm～300mm，固定点与搭接边缘的距离宜为25mm～30mm，搭接处应涂抹膨润土密封膏。平面搭接缝处可干撒膨润土颗粒，其用量宜为0.3kg/m～0.5kg/m。

**4.7.7** 膨润土防水材料的收口部位应采用金属压条和水泥钉固定，并用膨润土密封膏覆盖。

**4.7.8** 转角处和变形缝、施工缝、后浇带等部位均应设置宽度不小于500mm加强层，加强层应设置在防水层与结构外表面之间。穿墙管件部位宜采用膨润土橡胶止水条、膨润土密封膏进行加强处理。

**4.7.9** 膨润土防水材料分段铺设时，应采取临时遮挡防护措施。

**4.7.10** 膨润土防水材料防水层分项工程检验批的抽样检验数量，应按铺设面积每100m² 抽查1处，每处10m²，且不得少于3处。

### Ⅰ 主 控 项 目

**4.7.11** 膨润土防水材料必须符合设计要求。

　　检验方法：检查产品合格证、产品性能检测报告和材料进场检验报告。

**4.7.12** 膨润土防水材料防水层在转角处和变形缝、施工缝、后浇带、穿墙管等部位做法必须符合设计要求。

　　检验方法：观察检查和检查隐蔽工程验收记录。

### Ⅱ 一 般 项 目

**4.7.13** 膨润土防水毯的织布面或防水板的膨润土面，应朝向工程主体结构的迎水面。

　　检验方法：观察检查。

**4.7.14** 立面或斜面铺设的膨润土防水材料应上层压住下层，防水层与基层、防水层与防水层之间应密贴，并应平整无折皱。

　　检验方法：观察检查。

**4.7.15** 膨润土防水材料的搭接和收口部位应符合本规范第4.7.5条、第4.7.6条、第4.7.7条的规定。

　　检验方法：观察和尺量检查。

**4.7.16** 膨润土防水材料搭接宽度的允许偏差应为－10mm。

　　检验方法：观察和尺量检查。

## 5 细部构造防水工程

### 5.1 施 工 缝

#### Ⅰ 主 控 项 目

**5.1.1** 施工缝用止水带、遇水膨胀止水条或止水胶、水泥基渗透结晶型防水涂料和预埋注浆管必须符合设计要求。

　　检验方法：检查产品合格证、产品性能检测报告

和材料进场检验报告。

**5.1.2** 施工缝防水构造必须符合设计要求。

　　检验方法：观察检查和检查隐蔽工程验收记录。

#### Ⅱ 一 般 项 目

**5.1.3** 墙体水平施工缝应留设在高出底板表面不小于300mm的墙体上。拱、板与墙结合的水平施工缝，宜留在拱、板与墙交接处以下150mm～300mm处；垂直施工缝应避开地下水和裂隙水较多的地段，并宜与变形缝相结合。

　　检验方法：观察检查和检查隐蔽工程验收记录。

**5.1.4** 在施工缝处继续浇筑混凝土时，已浇筑的混凝土抗压强度不应小于1.2MPa。

　　检验方法：观察检查和检查隐蔽工程验收记录。

**5.1.5** 水平施工缝浇筑混凝土前，应将其表面浮浆和杂物清除，然后铺设净浆、涂刷混凝土界面处理剂或水泥基渗透结晶型防水涂料，再铺30mm～50mm厚的1:1水泥砂浆，并及时浇筑混凝土。

　　检验方法：观察检查和检查隐蔽工程验收记录。

**5.1.6** 垂直施工缝浇筑混凝土前，应将其表面清理干净，再涂刷混凝土界面处理剂或水泥基渗透结晶型防水涂料，并及时浇筑混凝土。

　　检验方法：观察检查和检查隐蔽工程验收记录。

**5.1.7** 中埋式止水带及外贴式止水带埋设位置应准确，固定应牢靠。

　　检验方法：观察检查和检查隐蔽工程验收记录。

**5.1.8** 遇水膨胀止水条应具有缓膨胀性能；止水条与施工缝基面应密贴，中间不得有空鼓、脱离等现象；止水条应牢固地安装在缝表面或预留凹槽内；止水条采用搭接连接时，搭接宽度不得小于30mm。

　　检验方法：观察检查和检查隐蔽工程验收记录。

**5.1.9** 遇水膨胀止水胶应采用专用注胶器挤出粘结在施工缝表面，并做到连续、均匀、饱满，无气泡和孔洞，挤出宽度及厚度应符合设计要求；止水胶挤出成形后，固化期内应采取临时保护措施；止水胶固化前不得浇筑混凝土。

　　检验方法：观察检查和检查隐蔽工程验收记录。

**5.1.10** 预埋注浆管应设置在施工缝断面中部，注浆管与施工缝基面应密贴并固定牢靠，固定间距宜为200mm～300mm；注浆导管与注浆管的连接应牢固、严密，导管埋入混凝土内的部分应与结构钢筋绑扎牢固，导管的末端应临时封堵严密。

　　检验方法：观察检查和检查隐蔽工程验收记录。

### 5.2 变 形 缝

#### Ⅰ 主 控 项 目

**5.2.1** 变形缝用止水带、填缝材料和密封材料必须符合设计要求。

检验方法：检查产品合格证、产品性能检测报告和材料进场检验报告。

**5.2.2** 变形缝防水构造必须符合设计要求。

检验方法：观察检查和检查隐蔽工程验收记录。

**5.2.3** 中埋式止水带埋设位置应准确，其中间空心圆环与变形缝的中心线应重合。

检验方法：观察检查和检查隐蔽工程验收记录。

Ⅱ 一般项目

**5.2.4** 中埋式止水带的接缝应设在边墙较高位置上，不得设在结构转角处；接头宜采用热压焊接，接缝应平整、牢固，不得有裂口和脱胶现象。

检验方法：观察检查和检查隐蔽工程验收记录。

**5.2.5** 中埋式止水带在转弯处应做成圆弧形；顶板、底板内止水带应安装成盆状，并宜采用专用钢筋套或扁钢固定。

检验方法：观察检查和检查隐蔽工程验收记录。

**5.2.6** 外贴式止水带在变形缝与施工缝相交部位宜采用十字配件；外贴式止水带在变形缝转角部位宜采用直角配件。止水带埋设位置应准确，固定应牢靠，并与固定止水带的基层密贴，不得出现空鼓、翘边等现象。

检验方法：观察检查和检查隐蔽工程验收记录。

**5.2.7** 安设于结构内侧的可卸式止水带所需配件应一次配齐，转角处应做成45°坡角，并增加紧固件的数量。

检验方法：观察检查和检查隐蔽工程验收记录。

**5.2.8** 嵌填密封材料的缝内两侧基面应平整、洁净、干燥，并应涂刷基层处理剂；嵌缝底部应设置背衬材料；密封材料嵌填应严密、连续、饱满，粘结牢固。

检验方法：观察检查和检查隐蔽工程验收记录。

**5.2.9** 变形缝处表面粘贴卷材或涂刷涂料前，应在缝上设置隔离层和加强层。

检验方法：观察检查和检查隐蔽工程验收记录。

### 5.3 后 浇 带

Ⅰ 主控项目

**5.3.1** 后浇带用遇水膨胀止水条或止水胶、预埋注浆管、外贴式止水带必须符合设计要求。

检验方法：检查产品合格证、产品性能检测报告和材料进场检验报告。

**5.3.2** 补偿收缩混凝土的原材料及配合比必须符合设计要求。

检验方法：检查产品合格证、产品性能检测报告、计量措施和材料进场检验报告。

**5.3.3** 后浇带防水构造必须符合设计要求。

检验方法：观察检查和检查隐蔽工程验收记录。

**5.3.4** 采用掺膨胀剂的补偿收缩混凝土，其抗压强度、抗渗性能和限制膨胀率必须符合设计要求。

检验方法：检查混凝土抗压强度、抗渗性能和水中养护14d后的限制膨胀率检验报告。

Ⅱ 一般项目

**5.3.5** 补偿收缩混凝土浇筑前，后浇带部位和外贴式止水带应采取保护措施。

检验方法：观察检查。

**5.3.6** 后浇带两侧的接缝表面应先清理干净，再涂刷混凝土界面处理剂或水泥基渗透结晶型防水涂料；后浇混凝土的浇筑时间应符合设计要求。

检验方法：观察检查和检查隐蔽工程验收记录。

**5.3.7** 遇水膨胀止水条的施工应符合本规范第5.1.8条的规定；遇水膨胀止水胶的施工应符合本规范第5.1.9条的规定；预埋注浆管的施工应符合本规范第5.1.10条的规定；外贴式止水带的施工应符合本规范第5.2.6条的规定。

检验方法：观察检查和检查隐蔽工程验收记录。

**5.3.8** 后浇带混凝土应一次浇筑，不得留设施工缝；混凝土浇筑后应及时养护，养护时间不得少于28d。

检验方法：观察检查和检查隐蔽工程验收记录。

### 5.4 穿 墙 管

Ⅰ 主控项目

**5.4.1** 穿墙管用遇水膨胀止水条和密封材料必须符合设计要求。

检验方法：检查产品合格证、产品性能检测报告和材料进场检验报告。

**5.4.2** 穿墙管防水构造必须符合设计要求。

检验方法：观察检查和检查隐蔽工程验收记录。

Ⅱ 一般项目

**5.4.3** 固定式穿墙管应加焊止水环或环绕遇水膨胀止水圈，并作好防腐处理；穿墙管应在主体结构迎水面预留凹槽，槽内应用密封材料嵌填密实。

检验方法：观察检查和检查隐蔽工程验收记录。

**5.4.4** 套管式穿墙管的套管与止水环及翼环应连续满焊，并作好防腐处理；套管内表面应清理干净，穿墙管与套管之间应用密封材料和橡胶密封圈进行密封处理，并采用法兰盘及螺栓进行固定。

检验方法：观察检查和检查隐蔽工程验收记录。

**5.4.5** 穿墙盒的封口钢板与混凝土结构墙上预埋的角钢应焊严，并从钢板上的预留浇注孔注入改性沥青密封材料或细石混凝土，封填后将浇注孔口用钢板焊接封闭。

**检验方法：** 观察检查和检查隐蔽工程验收记录。

**5.4.6** 当主体结构迎水面有柔性防水层时，防水层与穿墙管连接处应增设加强层。

**检验方法：** 观察检查和检查隐蔽工程验收记录。

**5.4.7** 密封材料嵌填应密实、连续、饱满，粘结牢固。

**检验方法：** 观察检查和检查隐蔽工程验收记录。

## 5.5 埋 设 件

### Ⅰ 主 控 项 目

**5.5.1** 埋设件用密封材料必须符合设计要求。

**检验方法：** 检查产品合格证、产品性能检测报告、材料进场检验报告。

**5.5.2** 埋设件防水构造必须符合设计要求。

**检验方法：** 观察检查和检查隐蔽工程验收记录。

### Ⅱ 一 般 项 目

**5.5.3** 埋设件应位置准确，固定牢靠；埋设件应进行防腐处理。

**检验方法：** 观察、尺量和手扳检查。

**5.5.4** 埋设件端部或预留孔、槽底部的混凝土厚度不得小于250mm；当混凝土厚度小于250mm时，应局部加厚或采取其他防水措施。

**检验方法：** 尺量检查和检查隐蔽工程验收记录。

**5.5.5** 结构迎水面的埋设件周围应预留凹槽，凹槽内应用密封材料填实。

**检验方法：** 观察检查和检查隐蔽工程验收记录。

**5.5.6** 用于固定模板的螺栓必须穿过混凝土结构时，可采用工具式螺栓或螺栓加堵头，螺栓上应加焊止水环。拆模后留下的凹槽应用密封材料封堵密实，并用聚合物水泥砂浆抹平。

**检验方法：** 观察检查和检查隐蔽工程验收记录。

**5.5.7** 预留孔、槽内的防水层应与主体防水层保持连续。

**检验方法：** 观察检查和检查隐蔽工程验收记录。

**5.5.8** 密封材料嵌填应密实、连续、饱满，粘结牢固。

**检验方法：** 观察检查和检查隐蔽工程验收记录。

## 5.6 预留通道接头

### Ⅰ 主 控 项 目

**5.6.1** 预留通道接头用中埋式止水带、遇水膨胀止水条或止水胶、预埋注浆管、密封材料和可卸式止水带必须符合设计要求。

**检验方法：** 检查产品合格证、产品性能检测报告、材料进场检验报告。

**5.6.2** 预留通道接头防水构造必须符合设计要求。

**检验方法：** 观察检查和检查隐蔽工程验收记录。

**5.6.3** 中埋式止水带埋设位置应准确，其中间空心圆环与通道接头中心线应重合。

**检验方法：** 观察检查和检查隐蔽工程验收记录。

### Ⅱ 一 般 项 目

**5.6.4** 预留通道先浇混凝土结构、中埋式止水带和预埋件应及时保护，预埋件应进行防锈处理。

**检验方法：** 观察检查。

**5.6.5** 遇水膨胀止水条的施工应符合本规范第5.1.8条的规定；遇水膨胀止水胶的施工应符合本规范第5.1.9条的规定；预埋注浆管的施工应符合本规范第5.1.10条的规定。

**检验方法：** 观察检查和检查隐蔽工程验收记录。

**5.6.6** 密封材料嵌填应密实、连续、饱满，粘结牢固。

**检验方法：** 观察检查和检查隐蔽工程验收记录。

**5.6.7** 用膨胀螺栓固定可卸式止水带时，止水带与紧固件压块以及止水带与基面之间应结合紧密。采用金属膨胀螺栓时，应选用不锈钢材料或进行防锈处理。

**检验方法：** 观察检查和检查隐蔽工程验收记录。

**5.6.8** 预留通道接头外部应设保护墙。

**检验方法：** 观察检查和检查隐蔽工程验收记录。

## 5.7 桩 头

### Ⅰ 主 控 项 目

**5.7.1** 桩头用聚合物水泥防水砂浆、水泥基渗透结晶型防水涂料、遇水膨胀止水条或止水胶和密封材料必须符合设计要求。

**检验方法：** 检查产品合格证、产品性能检测报告和材料进场检验报告。

**5.7.2** 桩头防水构造必须符合设计要求。

**检验方法：** 观察检查和检查隐蔽工程验收记录。

**5.7.3** 桩头混凝土应密实，如发现渗漏水应及时采取封堵措施。

**检验方法：** 观察检查和检查隐蔽工程验收记录。

### Ⅱ 一 般 项 目

**5.7.4** 桩头顶面和侧面裸露处应涂刷水泥基渗透结晶型防水涂料，并延伸到结构底板垫层150mm处；桩头四周300mm范围内应抹聚合物水泥防水砂浆过渡层。

**检验方法：** 观察检查和检查隐蔽工程验收记录。

**5.7.5** 结构底板防水层应做在聚合物水泥防水砂浆过渡层上并延伸至桩头侧壁，其与桩头侧壁接缝处应采用密封材料嵌填。

**检验方法：** 观察检查和检查隐蔽工程验收记录。

**5.7.6** 桩头的受力钢筋根部应采用遇水膨胀止水条或止水胶，并应采取保护措施。

检验方法：观察检查和检查隐蔽工程验收记录。

**5.7.7** 遇水膨胀止水条的施工应符合本规范第5.1.8条的规定；遇水膨胀止水胶的施工应符合本规范第5.1.9条的规定。

检验方法：观察检查和检查隐蔽工程验收记录。

**5.7.8** 密封材料嵌填应密实、连续、饱满，粘结牢固。

检验方法：观察检查和检查隐蔽工程验收记录。

## 5.8 孔 口

### Ⅰ 主 控 项 目

**5.8.1** 孔口用防水卷材、防水涂料和密封材料必须符合设计要求。

检验方法：检查产品合格证、产品性能检测报告、材料进场检验报告。

**5.8.2** 孔口防水构造必须符合设计要求。

检验方法：观察检查和检查隐蔽工程验收记录。

### Ⅱ 一 般 项 目

**5.8.3** 人员出入口高出地面不应小于500mm；汽车出入口设置明沟排水时，其高出地面宜为150mm，并应采取防雨措施。

检验方法：观察和尺量检查。

**5.8.4** 窗井的底部在最高地下水位以上时，窗井的墙体和底板应作防水处理，并宜与主体结构断开。窗台下部的墙体和底板应做防水层。

检验方法：观察检查和检查隐蔽工程验收记录。

**5.8.5** 窗井或窗井的一部分在最高地下水位以下时，窗井应与主体结构连成整体，其防水层也应连成整体，并应在窗井内设置集水井。窗台下部的墙体和底板应做防水层。

检验方法：观察检查和检查隐蔽工程验收记录。

**5.8.6** 窗井内的底板应低于窗下缘300mm。窗井墙高出室外地面不得小于500mm；窗井外地面应做散水，散水与墙体间应采用密封材料嵌填。

检验方法：观察检查和尺量检查。

**5.8.7** 密封材料嵌填应密实、连续、饱满，粘结牢固。

检验方法：观察检查和检查隐蔽工程验收记录。

## 5.9 坑、池

### Ⅰ 主 控 项 目

**5.9.1** 坑、池防水混凝土的原材料、配合比及坍落度必须符合设计要求。

检验方法：检查产品合格证、产品性能检测报告、计量措施和材料进场检验报告。

**5.9.2** 坑、池防水构造必须符合设计要求。

检验方法：观察检查和检查隐蔽工程验收记录。

**5.9.3** 坑、池、储水库内部防水层完成后，应进行蓄水试验。

检验方法：观察检查和检查蓄水试验记录。

### Ⅱ 一 般 项 目

**5.9.4** 坑、池、储水库宜采用防水混凝土整体浇筑，混凝土表面应坚实、平整，不得有露筋、蜂窝和裂缝等缺陷。

检验方法：观察检查和检查隐蔽工程验收记录。

**5.9.5** 坑、池底板的混凝土厚度不应小于250mm；当底板的厚度小于250mm时，应采取局部加厚措施，并应使防水层保持连续。

检验方法：观察检查和检查隐蔽工程验收记录。

**5.9.6** 坑、池施工完后，应及时遮盖和防止杂物堵塞。

检验方法：观察检查。

# 6 特殊施工法结构防水工程

## 6.1 锚 喷 支 护

**6.1.1** 锚喷支护适用于暗挖法地下工程的支护结构及复合式衬砌的初期支护。

**6.1.2** 喷射混凝土施工前，应根据围岩裂隙及渗漏水的情况，预先采用引排或注浆堵水。

**6.1.3** 喷射混凝土所用原材料应符合下列规定：

　1　选用普通硅酸盐水泥或硅酸盐水泥；

　2　中砂或粗砂的细度模数宜大于2.5，含泥量不应大于3.0%；干法喷射时，含水率宜为5%～7%；

　3　采用卵石或碎石，粒径不应大于15mm，含泥量不应大于1.0%；使用碱性速凝剂时，不得使用含有活性二氧化硅的石料；

　4　不含有害物质的洁净水；

　5　速凝剂的初凝时间不应大于5min，终凝时间不应大于10min。

**6.1.4** 混合料必须计量准确，搅拌均匀，并应符合下列规定：

　1　水泥与砂石质量比宜为1:4～1:4.5，砂率宜为45%～55%，水胶比不得大于0.45，外加剂和外掺料的掺量应通过试验确定；

　2　水泥和速凝剂称量允许偏差均为±2%，砂、石称量允许偏差均为±3%；

　3　混合料在运输和存放过程中严防受潮，存放时间不应超过2h；当掺入速凝剂时，存放时间不应超过20min。

**6.1.5** 喷射混凝土终凝2h后应采取喷水养护，养护时间不得少于14d；当气温低于5℃时，不得喷水养护。

**6.1.6** 喷射混凝土试件制作组数应符合下列规定：

**1** 地下铁道工程应按区间或小于区间断面的结构，每20延米拱和墙各取抗压试件一组；车站取抗压试件两组。其他工程应按每喷射50m³同一配合比的混合料或混合料小于50m³的独立工程取抗压试件一组。

**2** 地下铁道工程应按区间结构每40延米取抗渗试件一组；车站每20延米取抗渗试件一组。其他工程当设计有抗渗要求时，可增做抗渗性能试验。

**6.1.7** 锚杆必须进行抗拔力试验。同一批锚杆每100根应取一组试件，每组3根，不足100根也取3根。同一批试件抗拔力平均值不应小于设计锚固力，且同一批试件抗拔力的最小值不应小于设计锚固力的90%。

**6.1.8** 锚喷支护分项工程检验批的抽样检验数量，应按区间或小于区间断面的结构每20延米抽查1处，车站每10延米抽查1处，每处10m²，且不得少于3处。

Ⅰ　主 控 项 目

**6.1.9** 喷射混凝土所用原材料、混合料配合比及钢筋网、锚杆、钢拱架等必须符合设计要求。

检验方法：检查产品合格证、产品性能检测报告、计量措施和材料进场检验报告。

**6.1.10** 喷射混凝土抗压强度、抗渗性能和锚杆抗拔力必须符合设计要求。

检验方法：检查混凝土抗压强度、抗渗性能检验报告和锚杆抗拔力检验报告。

**6.1.11** 锚喷支护的渗漏水量必须符合设计要求。

检验方法：观察检查和检查渗漏水检测记录。

Ⅱ　一 般 项 目

**6.1.12** 喷层与围岩以及喷层之间应粘结紧密，不得有空鼓现象。

检验方法：用小锤轻击检查。

**6.1.13** 喷层厚度有60%以上检查点不应小于设计厚度，最小厚度不得小于设计厚度的50%，且平均厚度不得小于设计厚度。

检验方法：用针探法或凿孔法检查。

**6.1.14** 喷射混凝土应密实、平整，无裂缝、脱落、漏喷、露筋。

检验方法：观察检查。

**6.1.15** 喷射混凝土表面平整度 $D/L$ 不得大于1/6。

检验方法：尺量检查。

## 6.2　地下连续墙

**6.2.1** 地下连续墙适用于地下工程的主体结构、支护结构以及复合式衬砌的初期支护。

**6.2.2** 地下连续墙应采用防水混凝土。胶凝材料用量不应小于400kg/m³，水胶比不得大于0.55，坍落度不得小于180mm。

**6.2.3** 地下连续墙施工时，混凝土应按每一个单元槽段留置一组抗压试件，每5个槽段留置一组抗渗试件。

**6.2.4** 叠合式侧墙的地下连续墙与内衬结构连接处，应凿毛并清洗干净，必要时应作特殊防水处理。

**6.2.5** 地下连续墙应根据工程要求和施工条件减少槽段数量；地下连续墙槽段接缝应避开拐角部位。

**6.2.6** 地下连续墙如有裂缝、孔洞、露筋等缺陷，应采用聚合物水泥砂浆修补；地下连续墙槽段接缝如有渗漏，应采用引排或注浆封堵。

**6.2.7** 地下连续墙分项工程检验批的抽样检验数量，应按每连续5个槽段抽查1个槽段，且不得少于3个槽段。

Ⅰ　主 控 项 目

**6.2.8** 防水混凝土的原材料、配合比及坍落度必须符合设计要求。

检验方法：检查产品合格证、产品性能检测报告、计量措施和材料进场检验报告。

**6.2.9** 防水混凝土的抗压强度和抗渗性能必须符合设计要求。

检验方法：检查混凝土的抗压强度、抗渗性能检验报告。

**6.2.10** 地下连续墙的渗漏水量必须符合设计要求。

检验方法：观察检查和检查渗漏水检测记录。

Ⅱ　一 般 项 目

**6.2.11** 地下连续墙的槽段接缝构造应符合设计要求。

检验方法：观察检查和检查隐蔽工程验收记录。

**6.2.12** 地下连续墙面不得有露筋、露石和夹泥现象。

检验方法：观察检查。

**6.2.13** 地下连续墙墙体表面平整度，临时支护墙体允许偏差应为50mm，单一或复合墙体允许偏差应为30mm。

检验方法：尺量检查。

## 6.3　盾 构 隧 道

**6.3.1** 盾构隧道适用于在软土和软岩土中采用盾构掘进和拼装管片方法修建的衬砌结构。

**6.3.2** 盾构隧道衬砌防水措施应按表6.3.2选用。

**表 6.3.2　盾构隧道衬砌防水措施**

| 防水措施 | 高精度管片 | 接缝防水 | | | | 混凝土内衬或其他内衬 | 外防水涂料 |
|---|---|---|---|---|---|---|---|
| | | 密封垫 | 嵌缝材料 | 密封剂 | 螺孔密封圈 | | |
| 防水等级 一级 | 必选 | 必选 | 全隧道或部分区段应选 | 可选 | 可选 | 宜选 | 对混凝土有中等以上腐蚀的地层应选，在非腐蚀地层宜选 |
| 二级 | 必选 | 必选 | 部分区段宜选 | 可选 | 可选 | 局部宜选 | 对混凝土有中等以上腐蚀的地层宜选 |
| 三级 | 应选 | 必选 | 部分区段宜选 | — | — | 应选 | 对混凝土有中等以上腐蚀的地层宜选 |
| 四级 | 可选 | 宜选 | 可选 | — | — | — | — |

**6.3.3** 钢筋混凝土管片的质量应符合下列规定：

**1** 管片混凝土抗压强度和抗渗性能以及混凝土氯离子扩散系数均应符合设计要求；

**2** 管片不应有露筋、孔洞、疏松、夹渣、有害裂缝、缺棱掉角、飞边等缺陷；

**3** 单块管片制作尺寸允许偏差应符合表 6.3.3 的规定。

**表 6.3.3　单块管片制作尺寸允许偏差**

| 项　目 | 允许偏差（mm） |
|---|---|
| 宽度 | ±1 |
| 弧长、弦长 | ±1 |
| 厚　度 | +3，−1 |

**6.3.4** 钢筋混凝土管片抗压和抗渗试件制作应符合下列规定：

**1** 直径 8m 以下隧道，同一配合比按每生产 10 环制作抗压试件一组，每生产 30 环制作抗渗试件一组；

**2** 直径 8m 以上隧道，同一配合比按每工作台班制作抗压试件一组，每生产 10 环制作抗渗试件一组。

**6.3.5** 钢筋混凝土管片的单块抗渗检漏应符合下列规定：

**1** 检验数量：管片每生产 100 环应抽查 1 块管片进行检漏测试，连续 3 次达到检漏标准，则改为每生产 200 环抽查 1 块管片，再连续 3 次达到检漏标准，按最终检测频率为 400 环抽查 1 块管片进行检漏测试。如出现一次不达标，则恢复每 100 环抽查 1 块管片的最初检漏频率，再按上述要求进行抽检。当检漏频率为每 100 环抽查 1 块时，如出现不达标，则双倍复检，如再出现不达标，必须逐块检漏。

**2** 检漏标准：管片外表在 0.8MPa 水压力下，恒压 3h，渗水进入管片外背高度不超过 50mm 为合格。

**6.3.6** 盾构隧道衬砌的管片密封垫防水应符合下列

规定：

**1** 密封垫沟槽表面应干燥、无灰尘，雨天不得进行密封垫粘贴施工；

**2** 密封垫应与沟槽紧密贴合，不得有起鼓、超长和缺口现象；

**3** 密封垫粘贴完毕并达到规定强度后，方可进行管片拼装；

**4** 采用遇水膨胀橡胶密封垫时，非粘贴面应涂刷缓膨胀剂或采取符合缓膨胀的措施。

**6.3.7** 盾构隧道衬砌的管片嵌缝材料防水应符合下列规定：

**1** 根据盾构施工方法和隧道的稳定性，确定嵌缝作业开始的时间；

**2** 嵌缝槽如有缺损，应采用与管片混凝土强度等级相同的聚合物水泥砂浆修补；

**3** 嵌缝槽表面应坚实、平整、洁净、干燥；

**4** 嵌缝作业应在无明显渗水后进行；

**5** 嵌填材料施工时，应先刷涂基层处理剂，嵌填应密实、平整。

**6.3.8** 盾构隧道衬砌的管片密封剂防水应符合下列规定：

**1** 接缝管片渗漏时，应采用密封剂堵漏；

**2** 密封剂注入口应无缺损，注入通道应通畅；

**3** 密封剂材料注入施工前，应采取控制注入范围的措施。

**6.3.9** 盾构隧道衬砌的管片螺孔密封圈防水应符合下列规定：

**1** 螺栓拧紧前，应确保螺栓孔密封圈定位准确，并与螺栓孔沟槽相贴合；

**2** 螺栓孔渗漏时，应采取封堵措施；

**3** 不得使用已破损或提前膨胀的密封圈。

**6.3.10** 盾构隧道分项工程检验批的抽样检验数量，应按每连续 5 环抽查 1 环，且不得少于 3 环。

Ⅰ　主控项目

**6.3.11** 盾构隧道衬砌所用防水材料必须符合设计要求。

检验方法：检查产品合格证、产品性能检测报告和材料进场检验报告。

**6.3.12** 钢筋混凝土管片的抗压强度和抗渗性能必须符合设计要求。

检验方法：检查混凝土抗压强度、抗渗性能检验报告和管片单块检漏测试报告。

**6.3.13** 盾构隧道衬砌的渗漏水量必须符合设计要求。

检验方法：观察检查和检查渗漏水检测记录。

Ⅱ　一般项目

**6.3.14** 管片接缝密封垫及其沟槽的断面尺寸应符合

设计要求。

检验方法：观察检查和检查隐蔽工程验收记录。

**6.3.15** 密封垫在沟槽内应套箍和粘贴牢固，不得歪斜、扭曲。

检验方法：观察检查。

**6.3.16** 管片嵌缝槽的深宽比及断面构造形式、尺寸应符合设计要求。

检验方法：观察检查和检查隐蔽工程验收记录。

**6.3.17** 嵌缝材料嵌填应密实、连续、饱满，表面平整，密贴牢固。

检验方法：观察检查。

**6.3.18** 管片的环向及纵向螺栓应全部穿进并拧紧；衬砌内表面的外露铁件防腐处理应符合设计要求。

检验方法：观察检查。

## 6.4 沉　　井

**6.4.1** 沉井适用于下沉施工的地下建筑物或构筑物。

**6.4.2** 沉井结构应采用防水混凝土浇筑。沉井分段制作时，施工缝的防水措施应符合本规范第5.1节的有关规定；固定模板的螺栓穿过混凝土井壁时，螺栓部位的防水处理应符合本规范第5.5.6条的规定。

**6.4.3** 沉井干封底施工应符合下列规定：

　　**1** 沉井基底土面应全部挖至设计标高，待其下沉稳定后再将井内积水排干；

　　**2** 清除浮土杂物，底板与井壁连接部位应凿毛、清洗干净或涂刷混凝土界面处理剂，及时浇筑防水混凝土封底；

　　**3** 在软土中封底时，宜分格逐段对称进行；

　　**4** 封底混凝土施工过程中，应从底板上的集水井中不间断地抽水；

　　**5** 封底混凝土达到设计强度后，方可停止抽水；集水井的封堵应采用微膨胀混凝土填充捣实，并用法兰、焊接钢板等方法封平。

**6.4.4** 沉井水下封底施工应符合下列规定：

　　**1** 井底应将浮泥清除干净，并铺碎石垫层；

　　**2** 底板与井壁连接部位应冲刷干净；

　　**3** 封底宜采用水下不分散混凝土，其坍落度宜为180mm～220mm；

　　**4** 封底混凝土应在沉井全部底面积上连续均匀浇筑；

　　**5** 封底混凝土达到设计强度后，方可从井内抽水，并应检查封底质量。

**6.4.5** 防水混凝土底板应连续浇筑，不得留设施工缝；底板与井壁接缝处的防水处理应符合本规范第5.1节的有关规定。

**6.4.6** 沉井分项工程检验批的抽样检验数量，应按混凝土外露面积每100㎡抽查1处，每处10㎡，且不得少于3处。

**6.4.7** 沉井混凝土的原材料、配合比及坍落度必须符合设计要求。

检验方法：检查产品合格证、产品性能检测报告、计量措施和材料进场检验报告。

**6.4.8** 沉井混凝土的抗压强度和抗渗性能必须符合设计要求。

检验方法：检查混凝土抗压强度、抗渗性能检验报告。

**6.4.9** 沉井的渗漏水量必须符合设计要求。

检验方法：观察检查和检查渗漏水检测记录。

**6.4.10** 沉井干封底和水下封底的施工应符合本规范第6.4.3条和第6.4.4条的规定。

检验方法：观察检查和检查隐蔽工程验收记录。

**6.4.11** 沉井底板与井壁接缝处的防水处理应符合设计要求。

检验方法：观察检查和检查隐蔽工程验收记录。

## 6.5 逆 筑 结 构

**6.5.1** 逆筑结构适用于地下连续墙为主体结构或地下连续墙与内衬构成复合式衬砌进行逆筑法施工的地下工程。

**6.5.2** 地下连续墙为主体结构逆筑法施工应符合下列规定：

　　**1** 地下连续墙墙面应凿毛、清洗干净，并宜做水泥砂浆防水层；

　　**2** 地下连续墙与顶板、中楼板、底板接缝部位应凿毛处理，施工缝的施工应符合本规范第5.1节的有关规定；

　　**3** 钢筋接驳器处宜涂刷水泥基渗透结晶型防水涂料。

**6.5.3** 地下连续墙与内衬构成复合式衬砌逆筑法施工除应符合本规范第6.5.2条的规定外，尚应符合下列规定：

　　**1** 顶板及中楼板下部500mm内衬墙应同时浇筑，内衬墙下部应做成斜坡形；斜坡形下部应预留300mm～500mm空间，并应待下部先浇混凝土施工14d后再行浇筑；

　　**2** 浇筑混凝土前，内衬墙的接缝面应凿毛、清洗干净，并应设置遇水膨胀止水条或止水胶和预埋注浆管；

　　**3** 内衬墙的后浇筑混凝土应采用补偿收缩混凝土，浇筑口宜高于斜坡顶端200mm以上。

**6.5.4** 内衬墙垂直施工缝应与地下连续墙的槽段接缝相互错开2.0m～3.0m。

**6.5.5** 底板混凝土应连续浇筑，不宜留设施工缝；

底板与桩头接缝部位的防水处理应符合本规范第5.7节的有关规定。

**6.5.6** 底板混凝土达到设计强度后方可停止降水，并应将降水井封堵密实。

**6.5.7** 逆筑结构分项工程检验批的抽样检验数量，应按混凝土外露面积每 $100m^2$ 抽查 1 处，每处 $10m^2$，且不得少于 3 处。

### Ⅰ 主控项目

**6.5.8** 补偿收缩混凝土的原材料、配合比及坍落度必须符合设计要求。

检验方法：检查产品合格证、产品性能检测报告、计量措施和材料进场检验报告。

**6.5.9** 内衬墙接缝用遇水膨胀止水条或止水胶和预埋注浆管必须符合设计要求。

检验方法：检查产品合格证、产品性能检测报告和材料进场检验报告。

**6.5.10** 逆筑结构的渗漏水量必须符合设计要求。

检验方法：观察检查和检查渗漏水检测记录。

### Ⅱ 一般项目

**6.5.11** 逆筑结构的施工应符合本规范第6.5.2条和第6.5.3条的规定。

检验方法：观察检查和检查隐蔽工程验收记录。

**6.5.12** 遇水膨胀止水条的施工应符合本规范第5.1.8条的规定；遇水膨胀止水胶的施工应符合本规范第5.1.9条的规定；预埋注浆管的施工应符合本规范第5.1.10条的规定。

检验方法：观察检查和检查隐蔽工程验收记录。

# 7 排水工程

## 7.1 渗排水、盲沟排水

**7.1.1** 渗排水适用于无自流排水条件、防水要求较高且有抗浮要求的地下工程。盲沟排水适用于地基为弱透水性土层、地下水量不大或排水面积较小，地下水位在结构底板以下或在丰水期地下水位高于结构底板的地下工程。

**7.1.2** 渗排水应符合下列规定：

**1** 渗排水层用砂、石应洁净，含泥量不应大于2.0%；

**2** 粗砂过滤层总厚度宜为300mm，如较厚时应分层铺填，过滤层与基坑土层接触处，应采用厚度为100mm～150mm、粒径为5mm～10mm的石子铺填；

**3** 集水管应设置在粗砂过滤层下部，坡度不宜小于1%，且不得有倒坡现象。集水管之间的距离宜为5m～10m，并与集水井相通；

**4** 工程底板与渗排水层之间应做隔浆层，建筑

周围的渗排水层顶面应做散水坡。

**7.1.3** 盲沟排水应符合下列规定：

**1** 盲沟成型尺寸和坡度应符合设计要求；

**2** 盲沟的类型及盲沟与基础的距离应符合设计要求；

**3** 盲沟用砂、石应洁净，含泥量不应大于2.0%；

**4** 盲沟反滤层的层次和粒径组成应符合表7.1.3的规定；

**表7.1.3 盲沟反滤层的层次和粒径组成**

| 反滤层的层次 | 建筑物地区地层为砂性土时（塑性指数 $I_p < 3$） | 建筑地区地层为黏性土时（塑性指数 $I_p > 3$） |
|---|---|---|
| 第一层（贴天然土） | 用1mm～3mm粒径砂子组成 | 用2mm～5mm粒径砂子组成 |
| 第二层 | 用3mm～10mm粒径小卵石组成 | 用5mm～10mm粒径小卵石组成 |

**5** 盲沟在转弯处和高低处应设置检查井，出水口处应设置滤水箅子。

**7.1.4** 渗排水、盲沟排水均应在地基工程验收合格后进行施工。

**7.1.5** 集水管宜采用无砂混凝土管、硬质塑料管或软式透水管。

**7.1.6** 渗排水、盲沟排水分项工程检验批的抽样检验数量，应按10%抽查，其中按两轴线间或10延米为1处，且不得少于3处。

### Ⅰ 主控项目

**7.1.7** 盲沟反滤层的层次和粒径组成必须符合设计要求。

检验方法：检查砂、石试验报告和隐蔽工程验收记录。

**7.1.8** 集水管的埋置深度和坡度必须符合设计要求。

检验方法：观察和尺量检查。

### Ⅱ 一般项目

**7.1.9** 渗排水构造应符合设计要求。

检验方法：观察检查和检查隐蔽工程验收记录。

**7.1.10** 渗排水层的铺设应分层、铺平、拍实。

检验方法：观察检查和检查隐蔽工程验收记录。

**7.1.11** 盲沟排水构造应符合设计要求。

检验方法：观察检查和检查隐蔽工程验收记录。

**7.1.12** 集水管采用平接式或承插式接口应连接牢固，不得扭曲变形和错位。

检验方法：观察检查。

## 7.2 隧道排水、坑道排水

**7.2.1** 隧道排水、坑道排水适用于贴壁式、复合式、

离壁式衬砌。

**7.2.2** 隧道或坑道内如设置排水泵房时，主排水泵站和辅助排水泵站、集水池的有效容积应符合设计要求。

**7.2.3** 主排水泵站、辅助排水泵站和污水泵房的废水及污水，应分别排入城市雨水和污水管道系统。污水的排放尚应符合国家现行有关标准的规定。

**7.2.4** 坑道排水应符合有关特殊功能设计的要求。

**7.2.5** 隧道贴壁式、复合式衬砌围岩疏导排水应符合下列规定：

　　**1** 集中地下水出露处，宜在衬砌背后设置盲沟、盲管或钻孔等引排措施；

　　**2** 水量较大、出水面广时，衬砌背后应设置环向、纵向盲沟组成排水系统，将水集至排水沟内；

　　**3** 当地下水丰富、含水层明显且有补给来源时，可采用辅助坑道或泄水洞等截、排水设施。

**7.2.6** 盲沟中心宜采用无砂混凝土管或硬质塑料管，其管周围应设置反滤层；盲管应采用软式透水管。

**7.2.7** 排水明沟的纵向坡度应与隧道或坑道坡度一致，排水明沟应设置盖板和检查井。

**7.2.8** 隧道离壁式衬砌侧墙外排水沟应做成明沟，其纵向坡度不应小于 0.5%。

**7.2.9** 隧道排水、坑道排水分项工程检验批的抽样检验数量，应按 10% 抽查，其中按两轴线间或每 10 延米为 1 处，且不得少于 3 处。

Ⅰ 主 控 项 目

**7.2.10** 盲沟反滤层的层次和粒径组成必须符合设计要求。

　　检验方法：检查砂、石试验报告。

**7.2.11** 无砂混凝土管、硬质塑料管或软式透水管必须符合设计要求。

　　检验方法：检查产品合格证和产品性能检测报告。

**7.2.12** **隧道、坑道排水系统必须通畅。**

　　检验方法：观察检查。

Ⅱ 一 般 项 目

**7.2.13** 盲沟、盲管及横向导水管的管径、间距、坡度均应符合设计要求。

　　检验方法：观察和尺量检查。

**7.2.14** 隧道或坑道内排水明沟及离壁式衬砌外排水沟，其断面尺寸及坡度应符合设计要求。

　　检验方法：观察和尺量检查。

**7.2.15** 盲管应与岩壁或初期支护密贴，并应固定牢固；环向、纵向盲管接头宜与盲管相配套。

　　检验方法：观察检查。

**7.2.16** 贴壁式、复合式衬砌的盲沟与混凝土衬砌接触部位应做隔浆层。

　　检验方法：观察检查和检查隐蔽工程验收记录。

### 7.3 塑料排水板排水

**7.3.1** 塑料排水板适用于无自流排水条件且防水要求较高的地下工程以及地下工程种植顶板排水。

**7.3.2** 塑料排水板应选用抗压强度大且耐久性好的凸凹型排水板。

**7.3.3** 塑料排水板排水构造符合设计要求，并宜符合以下工艺流程：

　　**1** 室内底板排水按混凝土底板→铺设塑料排水板（支点向下）→混凝土垫层→配筋混凝土面层等顺序进行；

　　**2** 室内侧墙排水按混凝土侧墙→粘贴塑料排水板（支点向墙面）→钢丝网固定→水泥砂浆面层等顺序进行；

　　**3** 种植顶板排水按混凝土顶板→找坡层→防水层→混凝土保护层→铺设塑料排水板（支点向上）→铺设土工布→覆土等顺序进行；

　　**4** 隧道或坑道排水按初期支护→铺设土工布→铺设塑料排水板（支点向初期支护）→二次衬砌结构等顺序进行。

**7.3.4** 铺设塑料排水板应采用搭接法施工，长短边搭接宽度均不应小于 100mm。塑料排水板的接缝处宜采用配套胶粘剂粘结或热熔焊接。

**7.3.5** 地下工程种植顶板种植土若低于周边土体，塑料排水板排水层必须结合排水沟或盲沟分区设置，并保证排水畅通。

**7.3.6** 塑料排水板应与土工布复合使用。土工布宜采用 $200g/m^2 \sim 400g/m^2$ 的聚酯无纺布。土工布应铺设在塑料排水板的凸面上，相邻土工布搭接宽度不应小于 200mm，搭接部位应采用粘合或缝合。

**7.3.7** 塑料排水板排水分项工程检验批的抽样检验数量，应按铺设面积每 $100m^2$ 抽查 1 处，每处 $10m^2$，且不得少于 3 处。

Ⅰ 主 控 项 目

**7.3.8** 塑料排水板和土工布必须符合设计要求。

　　检验方法：检查产品合格证、产品性能检测报告。

**7.3.9** 塑料排水板排水层必须与排水系统连通，不得有堵塞现象。

　　检验方法：观察检查。

Ⅱ 一 般 项 目

**7.3.10** 塑料排水板排水层构造做法应符合本规范第 7.3.3 条的规定。

　　检验方法：观察检查和检查隐蔽工程验收记录。

**7.3.11** 塑料排水板的搭接宽度和搭接方法应符合本规范第 7.3.4 条的规定。

检验方法：观察和尺量检查。

**7.3.12** 土工布铺设应平整、无折皱；土工布的搭接宽度和搭接方法应符合本规范第7.3.6条的规定。

检验方法：观察和尺量检查。

# 8 注 浆 工 程

## 8.1 预注浆、后注浆

**8.1.1** 预注浆适用于工程开挖前预计涌水量较大的地段或软弱地层；后注浆适用于工程开挖后处理围岩渗漏及初期壁后空隙回填。

**8.1.2** 注浆材料应符合下列规定：

1 具有较好的可注性；

2 具有固结体收缩小，良好的粘结性、抗渗性、耐久性和化学稳定性；

3 低毒并对环境污染小；

4 注浆工艺简单，施工操作方便，安全可靠。

**8.1.3** 在砂卵石层中宜采用渗透注浆法；在黏土层中宜采用劈裂注浆法；在淤泥质软土中宜采用高压喷射注浆法。

**8.1.4** 注浆浆液应符合下列规定：

1 预注浆宜采用水泥浆液、黏土水泥浆液或化学浆液；

2 后注浆宜采用水泥浆液、水泥砂浆或掺有石灰、黏土膨润土、粉煤灰的水泥浆液；

3 注浆浆液配合比应经现场试验确定。

**8.1.5** 注浆过程控制应符合下列规定：

1 根据工程地质条件、注浆目的等控制注浆压力和注浆量；

2 回填注浆应在衬砌混凝土达到设计强度的70%后进行，衬砌后围岩注浆应在充填注浆固结体达到设计强度的70%后进行；

3 浆液不得溢出地面和超出有效注浆范围，地面注浆结束后注浆孔应封填密实；

4 注浆范围和建筑物的水平距离很近时，应加强对邻近建筑物和地下埋设物的现场监控；

5 注浆点距离饮用水源或公共水域较近时，注浆施工如有污染应及时采取相应措施。

**8.1.6** 预注浆、后注浆分项工程检验批的抽样检验数量，应按加固或堵漏面积每100m²抽查1处，每处10m²，且不得少于3处。

Ⅰ 主 控 项 目

**8.1.7** 配制浆液的原材料及配合比必须符合设计要求。

检验方法：检查产品合格证、产品性能检测报告、计量措施和材料进场检验报告。

**8.1.8** 预注浆及后注浆的注浆效果必须符合设计

要求。

检验方法：采取钻孔取芯法检查；必要时采取压水或抽水试验方法检查。

Ⅱ 一 般 项 目

**8.1.9** 注浆孔的数量、布置间距、钻孔深度及角度应符合设计要求。

检验方法：尺量检查和检查隐蔽工程验收记录。

**8.1.10** 注浆各阶段的控制压力和注浆量应符合设计要求。

检验方法：观察检查和检查隐蔽工程验收记录。

**8.1.11** 注浆时浆液不得溢出地面和超出有效注浆范围。

检验方法：观察检查。

**8.1.12** 注浆对地面产生的沉降量不得超过30mm，地面的隆起不得超过20mm。

检验方法：用水准仪测量。

## 8.2 结构裂缝注浆

**8.2.1** 结构裂缝注浆适用于混凝土结构宽度大于0.2mm的静止裂缝、贯穿性裂缝等堵水注浆。

**8.2.2** 裂缝注浆应待结构基本稳定和混凝土达到设计强度后进行。

**8.2.3** 结构裂缝堵水注浆宜选用聚氨酯、丙烯酸盐等化学浆液；补强加固的结构裂缝注浆宜选用改性环氧树脂、超细水泥等浆液。

**8.2.4** 结构裂缝注浆应符合下列规定：

1 施工前，应沿缝清除基面上油污杂质；

2 浅裂缝应骑缝粘埋注浆嘴，必要时沿缝开凿"U"形槽并用速凝水泥砂浆封缝；

3 深裂缝应骑缝钻孔或斜向钻孔至裂缝深部，孔内安设注浆管或注浆嘴，间距应根据裂缝宽度而定，但每条裂缝至少有一个进浆孔和一个排气孔；

4 注浆嘴及注浆管应设在裂缝的交叉处、较宽处及贯穿处等部位；对封缝的密封效果应进行检查；

5 注浆后待缝内浆液固化后，方可拆下注浆嘴并进行封口抹平。

**8.2.5** 结构裂缝注浆分项工程检验批的抽样检验数量，应按裂缝的条数抽查10%，每条裂缝检查1处，且不得少于3处。

Ⅰ 主 控 项 目

**8.2.6** 注浆材料及其配合比必须符合设计要求。

检验方法：检查产品合格证、产品性能检测报告、计量措施和材料进场检验报告。

**8.2.7** 结构裂缝注浆的注浆效果必须符合设计要求。

检验方法：观察检查和压水或压气检查；必要时钻取芯样采取劈裂抗拉强度试验方法检查。

**8.2.8** 注浆孔的数量、布置间距、钻孔深度及角度应符合设计要求。

检验方法：尺量检查和检查隐蔽工程验收记录。

**8.2.9** 注浆各阶段的控制压力和注浆量应符合设计要求。

检验方法：观察检查和检查隐蔽工程验收记录。

# 9 子分部工程质量验收

**9.0.1** 地下防水工程质量验收的程序和组织，应符合现行国家标准《建筑工程施工质量验收统一标准》GB 50300 的有关规定。

**9.0.2** 检验批的合格判定应符合下列规定：

**1** 主控项目的质量经抽样检验全部合格；

**2** 一般项目的质量经抽样检验 80% 以上检测点合格，其余不得有影响使用功能的缺陷；对有允许偏差的检验项目，其最大偏差不得超过本规范规定允许偏差的 1.5 倍；

**3** 施工具有明确的操作依据和完整的质量检查记录。

**9.0.3** 分项工程质量验收合格应符合下列规定：

**1** 分项工程所含检验批的质量均应验收合格；

**2** 分项工程所含检验批的质量验收记录应完整。

**9.0.4** 子分部工程质量验收合格应符合下列规定：

**1** 子分部所含分项工程的质量均应验收合格；

**2** 质量控制资料应完整；

**3** 地下工程渗漏水检测应符合设计的防水等级标准要求；

**4** 观感质量检查应符合要求。

**9.0.5** 地下防水工程竣工和记录资料应符合表 9.0.5 的规定。

**表 9.0.5 地下防水工程竣工和记录资料**

| 序号 | 项 目 | 竣工和记录资料 |
|---|---|---|
| 1 | 防水设计 | 施工图、设计交底记录、图纸会审记录、设计变更通知单和材料代用核定单 |
| 2 | 资质、资格证明 | 施工单位资质及施工人员上岗证复印证件 |
| 3 | 施工方案 | 施工方法、技术措施、质量保证措施 |
| 4 | 技术交底 | 施工操作要求及安全等注意事项 |
| 5 | 材料质量证明 | 产品合格证、产品性能检测报告、材料进场检验报告 |

**续表 9.0.5**

| 序号 | 项 目 | 竣工和记录资料 |
|---|---|---|
| 6 | 混凝土、砂浆质量证明 | 试配及施工配合比，混凝土抗压强度、抗渗性能检验报告，砂浆粘结强度、抗渗性能检验报告 |
| 7 | 中间检查记录 | 施工质量验收记录、隐蔽工程验收记录、施工检查记录 |
| 8 | 检验记录 | 渗漏水检测记录、观感质量检查记录 |
| 9 | 施工日志 | 逐日施工情况 |
| 10 | 其他资料 | 事故处理报告、技术总结 |

**9.0.6** 地下防水工程应对下列部位作好隐蔽工程验收记录：

**1** 防水层的基层；

**2** 防水混凝土结构和防水层被掩盖的部位；

**3** 施工缝、变形缝、后浇带等防水构造做法；

**4** 管道穿过防水层的封固部位；

**5** 渗排水层、盲沟和坑槽；

**6** 结构裂缝注浆处理部位；

**7** 衬砌前围岩渗漏水处理部位；

**8** 基坑的超挖和回填。

**9.0.7** 地下防水工程的观感质量检查应符合下列规定：

**1** 防水混凝土应密实，表面应平整，不得有露筋、蜂窝等缺陷；裂缝宽度不得大于 0.2mm，并不得贯通；

**2** 水泥砂浆防水层应密实、平整，粘结牢固，不得有空鼓、裂纹、起砂、麻面等缺陷；

**3** 卷材防水层接缝应粘贴牢固，封闭严密，防水层不得有损伤、空鼓、折皱等缺陷；

**4** 涂料防水层应与基层粘结牢固，不得有脱皮、流淌、鼓泡、露胎、折皱等缺陷；

**5** 塑料防水板防水层应铺设牢固、平整，搭接焊缝严密，不得有下垂、绷紧破损现象；

**6** 金属板防水层焊缝不得有裂纹、未熔合、夹渣、焊瘤、咬边、烧穿、弧坑、针状气孔等缺陷；

**7** 施工缝、变形缝、后浇带、穿墙管、埋设件、预留通道接头、桩头、孔口、坑、池等防水构造应符合设计要求；

**8** 锚喷支护、地下连续墙、盾构隧道、沉井、逆筑结构等防水构造应符合设计要求；

**9** 排水系统不淤积、不堵塞，确保排水畅通；

**10** 结构裂缝的注浆效果应符合设计要求。

**9.0.8** 地下工程出现渗漏水时，应及时进行治理，符合设计的防水等级标准要求后方可验收。

**9.0.9** 地下防水工程验收后，应填写子分部工程质量验收记录，随同工程验收资料分别由建设单位和施工单位存档。

# 附录 A　地下工程用防水材料的质量指标

## A.1　防水卷材

**A.1.1**　高聚物改性沥青类防水卷材的主要物理性能应符合表 A.1.1 的要求。

**表 A.1.1　高聚物改性沥青类防水卷材的主要物理性能**

| 项　目 | | 指　标 | | | | |
|---|---|---|---|---|---|---|
| | | 弹性体改性沥青防水卷材 | | | 自粘聚合物改性沥青防水卷材 | |
| | | 聚酯毡胎体 | 玻纤毡胎体 | 聚乙烯膜胎体 | 聚酯毡胎体 | 无胎体 |
| 可溶物含量（g/m²） | | 3mm 厚≥2100 4mm 厚≥2900 | | 3mm 厚 ≥2100 | | — |
| 拉伸性能 | 拉力（N/50mm） | ≥800（纵横向） | ≥500（纵横向） | ≥140(纵向) ≥120(横向) | ≥450（纵横向） | ≥180（纵横向） |
| | 延伸率（%） | 最大拉力时≥40(纵横向) | — | 断裂时≥250（纵横向） | 最大拉力时≥30（纵横向） | 断裂时≥200（纵横向） |
| 低温柔度（℃） | | -25，无裂纹 | | | | |
| 热老化后低温柔度（℃） | | -20，无裂纹 | | | -22，无裂纹 | |
| 不透水性 | | 压力 0.3MPa，保持时间 120min，不透水 | | | | |

**A.1.2**　合成高分子类防水卷材的主要物理性能应符合表 A.1.2 的要求。

**表 A.1.2　合成高分子类防水卷材的主要物理性能**

| 项目 | 指　标 | | | |
|---|---|---|---|---|
| | 三元乙丙橡胶防水卷材 | 聚氯乙烯防水卷材 | 聚乙烯丙纶复合防水卷材 | 高分子自粘胶膜防水卷材 |
| 断裂拉伸强度 | ≥7.5MPa | ≥12MPa | ≥60N/10mm | ≥100N/10mm |
| 断裂伸长率（%） | ≥450 | ≥250 | ≥300 | ≥400 |
| 低温弯折性（℃） | -40，无裂纹 | -20，无裂纹 | -20，无裂纹 | -20，无裂纹 |
| 不透水性 | 压力 0.3MPa，保持时间 120min，不透水 | | | |
| 撕裂强度 | ≥25kN/m | ≥40kN/m | ≥20N/10mm | ≥120N/10mm |
| 复合强度（表层与芯层） | | | ≥1.2N/mm | |

**A.1.3**　聚合物水泥防水粘结材料的主要物理性能应符合表 A.1.3 的要求。

**表 A.1.3　聚合物水泥防水粘结材料的主要物理性能**

| 项　目 | | 指　标 |
|---|---|---|
| 与水泥基面的粘结拉伸强度（MPa） | 常温 7d | ≥0.6 |
| | 耐水性 | ≥0.4 |
| | 耐冻性 | ≥0.4 |
| 可操作时间（h） | | ≥2 |
| 抗渗性（MPa，7d） | | ≥1.0 |
| 剪切状态下的粘合性（N/mm，常温） | 卷材与卷材 | ≥2.0 或卷材断裂 |
| | 卷材与基面 | ≥1.8 或卷材断裂 |

## A.2　防水涂料

**A.2.1**　有机防水涂料的主要物理性能应符合表 A.2.1 的要求。

**表 A.2.1　有机防水涂料的主要物理性能**

| 项　目 | | 指　标 | | |
|---|---|---|---|---|
| | | 反应型防水涂料 | 水乳型防水涂料 | 聚合物水泥防水涂料 |
| 可操作时间（min） | | ≥20 | ≥50 | ≥30 |
| 潮湿基面粘结强度（MPa） | | ≥0.5 | ≥0.2 | ≥1.0 |
| 抗渗性（MPa） | 涂膜（120min） | ≥0.3 | ≥0.3 | ≥0.3 |
| | 砂浆迎水面 | ≥0.8 | ≥0.8 | ≥0.8 |
| | 砂浆背水面 | ≥0.3 | ≥0.3 | ≥0.6 |
| 浸水 168h 后拉伸强度（MPa） | | ≥1.7 | ≥0.5 | ≥1.5 |
| 浸水 168h 后断裂伸长率（%） | | ≥400 | ≥350 | ≥80 |
| 耐水性（%） | | ≥80 | ≥80 | ≥80 |
| 表干（h） | | ≤12 | ≤4 | ≤4 |
| 实干（h） | | ≤24 | ≤12 | ≤12 |

注：1　浸水 168h 后的拉伸强度和断裂伸长率是在浸水取出后只经擦干即进行试验所得的值；
　　2　耐水性指标是指材料浸水 168h 后取出擦干即进行试验，其粘结强度及抗渗性的保持率。

**A.2.2**　无机防水涂料的主要物理性能应符合表 A.2.2 的要求。

表 A.2.2　无机防水涂料的主要物理性能

| 项　目 | 指标 | |
|---|---|---|
| | 掺外加剂、掺合料水泥基防水涂料 | 水泥基渗透结晶型防水涂料 |
| 抗折强度(MPa) | >4 | ≥4 |
| 粘结强度(MPa) | >1.0 | ≥1.0 |
| 一次抗渗性(MPa) | >0.8 | >1.0 |
| 二次抗渗性(MPa) | - | >0.8 |
| 冻融循环(次) | >50 | >50 |

## A.3　止水密封材料

**A.3.1**　橡胶止水带的主要物理性能应符合表 A.3.1 的要求。

表 A.3.1　橡胶止水带的主要物理性能

| 项　目 | | | 指　标 | | |
|---|---|---|---|---|---|
| | | | 变形缝用止水带 | 施工缝用止水带 | 有特殊耐老化要求的接缝用止水带 |
| 硬度(邵尔A,度) | | | 60±5 | 60±5 | 60±5 |
| 拉伸强度(MPa) | | | ≥15 | ≥12 | ≥10 |
| 扯断伸长率(%) | | | ≥380 | ≥380 | ≥300 |
| 压缩永久变形(%) | 70℃×24h | | ≤35 | ≤35 | ≤25 |
| | 23℃×168h | | ≤20 | ≤20 | ≤20 |
| 撕裂强度(kN/m) | | | ≥30 | ≥25 | ≥25 |
| 脆性温度(℃) | | | ≤-45 | ≤-40 | ≤-40 |
| 热空气老化 | 70℃×168h | 硬度变化(邵尔A,度) | +8 | +8 | — |
| | | 拉伸强度(MPa) | ≥12 | ≥10 | — |
| | | 扯断伸长率(%) | ≥300 | ≥300 | — |
| | 100℃×168h | 硬度变化(邵尔A,度) | — | — | +8 |
| | | 拉伸强度(MPa) | — | — | ≥9 |
| | | 扯断伸长率(%) | — | — | ≥250 |
| 橡胶与金属粘合 | | | 断面在弹性体内 | | |

注: 橡胶与金属粘合指标仅适用于具有钢边的止水带。

**A.3.2**　混凝土建筑接缝用密封胶的主要物理性能应符合表 A.3.2 的要求。

表 A.3.2　混凝土建筑接缝用密封胶的主要物理性能

| 项　目 | | | 指标 | | | |
|---|---|---|---|---|---|---|
| | | | 25(低模量) | 25(高模量) | 20(低模量) | 20(高模量) |
| 流动性 | 下垂度(N型) | 垂直(mm) | ≤3 | | | |
| | | 水平(mm) | ≤3 | | | |
| | 流平性(S型) | | 光滑平整 | | | |
| 挤出性(mL/min) | | | ≥80 | | | |
| 弹性恢复率(%) | | | ≥80 | | ≥60 | |
| 拉伸模量(MPa) | 23℃ | | ≤0.4 和 ≤0.6 | >0.4 或 >0.6 | ≤0.4 和 ≤0.6 | >0.4 或 >0.6 |
| | -20℃ | | | | | |
| 定伸粘结性 | | | 无破坏 | | | |
| 浸水后定伸粘结性 | | | 无破坏 | | | |
| 热压冷拉后粘结性 | | | 无破坏 | | | |
| 体积收缩率(%) | | | ≤25 | | | |

注: 体积收缩率仅适用于乳胶型和溶剂型产品。

**A.3.3**　腻子型遇水膨胀止水条的主要物理性能应符合表 A.3.3 的要求。

表 A.3.3　腻子型遇水膨胀止水条的主要物理性能

| 项　目 | 指标 |
|---|---|
| 硬度(C型微孔材料硬度计,度) | ≤40 |
| 7d 膨胀率 | ≤最终膨胀率的60% |
| 最终膨胀率(21d,%) | ≥220 |
| 耐热性(80℃×2h) | 无流淌 |
| 低温柔性(-20℃×2h, 绕φ10 圆棒) | 无裂纹 |
| 耐水性(浸泡 15h) | 整体膨胀无碎块 |

**A.3.4**　遇水膨胀止水胶的主要物理性能应符合表 A.3.4 的要求。

表 A.3.4　遇水膨胀止水胶的主要物理性能

| 项　目 | | 指标 | |
|---|---|---|---|
| | | PJ220 | PJ400 |
| 固含量(%) | | ≥85 | |
| 密度(g/cm³) | | 规定值±0.1 | |
| 下垂度(mm) | | ≤2 | |
| 表干时间(h) | | ≤24 | |
| 7d 拉伸粘结强度(MPa) | | ≥0.4 | ≥0.2 |
| 低温柔性(-20℃) | | 无裂纹 | |
| 拉伸性能 | 拉伸强度(MPa) | ≥0.5 | |
| | 断裂伸长率(%) | ≥400 | |

续表 A.3.4

| 项　目 | 指　标 | |
|---|---|---|
| | PJ220 | PJ400 |
| 体积膨胀倍率（%） | ≥220 | ≥400 |
| 长期浸水体积膨胀倍率保持率（%） | ≥90 | |
| 抗水压（MPa） | 1.5，不渗水 | 2.5，不渗水 |

**A.3.5** 弹性橡胶密封垫材料的主要物理性能应符合表 A.3.5 的要求。

**表 A.3.5　弹性橡胶密封垫材料的主要物理性能**

| 项　目 | | 指　标 | |
|---|---|---|---|
| | | 氯丁橡胶 | 三元乙丙橡胶 |
| 硬度（邵尔 A，度） | | 45±5～60±5 | 55±5～70±5 |
| 伸长率（%） | | ≥350 | ≥330 |
| 拉伸强度（MPa） | | ≥10.5 | ≥9.5 |
| 热空气老化（70℃×96h） | 硬度变化值（邵尔 A，度） | ≤+8 | ≤+6 |
| | 拉伸强度变化率（%） | ≥-20 | ≥-15 |
| | 扯断伸长率变化率（%） | ≥-30 | ≥-30 |
| 压缩永久变形（70℃×24h，%） | | ≤35 | ≤28 |
| 防霉等级 | | 达到与优于 2 级 | 达到与优于 2 级 |

注：以上指标均为成品切片测试的数据，若只能以胶料制成试样测试，则其伸长率、拉伸强度应达到本指标的 120%。

**A.3.6** 遇水膨胀橡胶密封垫胶料的主要物理性能应符合表 A.3.6 的要求。

**表 A.3.6　遇水膨胀橡胶密封垫胶料的主要物理性能**

| 项　目 | | 指　标 | | |
|---|---|---|---|---|
| | | PZ-150 | PZ-250 | PZ-400 |
| 硬度（邵尔 A，度） | | 42±7 | 42±7 | 45±7 |
| 拉伸强度（MPa） | | ≥3.5 | ≥3.5 | ≥3.0 |
| 扯断伸长率（%） | | ≥450 | ≥450 | ≥350 |
| 体积膨胀倍率（%） | | ≥150 | ≥250 | ≥400 |
| 反复浸水试验 | 拉伸强度（MPa） | ≥3 | ≥3 | ≥2 |
| | 扯断伸长率（%） | ≥350 | ≥350 | ≥250 |
| | 体积膨胀倍率（%） | ≥150 | ≥250 | ≥300 |
| 低温弯折（-20℃×2h） | | 无裂纹 | | |
| 防霉等级 | | 达到与优于 2 级 | | |

注：1　PZ-×××是指产品工艺为制品型，按产品在静态蒸馏水中的体积膨胀倍率（即浸泡后的试样质量与浸泡前的试样质量的比率）划分的类型；
2　成品切片测试应达到本指标的 80%；
3　接头部位的拉伸强度指标不得低于本指标的 50%。

**A.4　其他防水材料**

**A.4.1** 防水砂浆的主要物理性能应符合表 A.4.1 的要求。

**表 A.4.1　防水砂浆的主要物理性能**

| 项　目 | 指　标 | |
|---|---|---|
| | 掺外加剂、掺合料的防水砂浆 | 聚合物水泥防水砂浆 |
| 粘结强度（MPa） | >0.6 | >1.2 |
| 抗渗性（MPa） | ≥0.8 | ≥1.5 |
| 抗折强度（MPa） | 同普通砂浆 | ≥8.0 |
| 干缩率（%） | 同普通砂浆 | ≤0.15 |
| 吸水率（%） | ≤3 | ≤4 |
| 冻融循环（次） | >50 | >50 |
| 耐碱性 | 10% NaOH 溶液浸泡 14d 无变化 | — |
| 耐水性（%） | — | ≥80 |

注：耐水性指标是指砂浆浸水 168h 后材料的粘结强度及抗渗性的保持率。

**A.4.2** 塑料防水板的主要物理性能应符合表 A.4.2 的要求。

**表 A.4.2　塑料防水板的主要物理性能**

| 项　目 | 指　标 | | | |
|---|---|---|---|---|
| | 乙烯—醋酸乙烯共聚物 | 乙烯—沥青共混聚合物 | 聚氯乙烯 | 高密度聚乙烯 |
| 拉伸强度（MPa） | ≥16 | ≥14 | ≥10 | ≥16 |
| 断裂延伸率（%） | ≥550 | ≥500 | ≥200 | ≥550 |
| 不透水性（120min，MPa） | ≥0.3 | ≥0.3 | ≥0.3 | ≥0.3 |
| 低温弯折性（℃） | -35，无裂纹 | -35，无裂纹 | -20，无裂纹 | -35，无裂纹 |
| 热处理尺寸变化率（%） | ≤2.0 | ≤2.5 | ≤2.0 | ≤2.0 |

**A.4.3** 膨润土防水毯的主要物理性能应符合表 A.4.3 的要求。

**表 A.4.3 膨润土防水毯的主要物理性能**

| 项 目 | | 指 标 | | |
|---|---|---|---|---|
| | | 针刺法钠基膨润土防水毯 | 刺覆膜法钠基膨润土防水毯 | 胶粘法钠基膨润土防水毯 |
| 单位面积质量（干重，g/m²） | | ≥4000 | | |
| 膨润土膨胀指数（mL/2g） | | ≥24 | | |
| 拉伸强度（N/100mm） | | ≥600 | ≥700 | ≥600 |
| 最大负荷下伸长率（%） | | ≥10 | ≥10 | ≥8 |
| 剥离强度 | 非织造布—编织布（N/100mm） | ≥40 | ≥40 | — |
| | PE膜—非织造布（N/100mm） | — | ≥30 | — |
| 渗透系数（m/s） | | ≤5.0×10⁻¹¹ | ≤5.0×10⁻¹² | ≤1.0×10⁻¹² |
| 滤失量（mL） | | ≤18 | | |
| 膨润土耐久性（mL/2g） | | ≥20 | | |

# 附录 B 地下工程用防水材料标准及进场抽样检验

**B.0.1** 地下工程用防水材料标准应按表 B.0.1 的规定选用。

**表 B.0.1 地下工程用防水材料标准**

| 类别 | 标 准 名 称 | 标 准 号 |
|---|---|---|
| 防水卷材 | 1 聚氯乙烯防水卷材 | GB 12952 |
| | 2 高分子防水材料 第1部分 片材 | GB 18173.1 |
| | 3 弹性体改性沥青防水卷材 | GB 18242 |
| | 4 改性沥青聚乙烯胎防水卷材 | GB 18967 |
| | 5 带自粘层的防水卷材 | GB/T 23260 |
| | 6 自粘聚合物改性沥青防水卷材 | GB 23441 |
| | 7 预铺/湿铺防水卷材 | GB/T 23457 |
| 防水涂料 | 1 聚氨酯防水涂料 | GB/T 19250 |
| | 2 聚合物乳液建筑防水涂料 | JC/T 864 |
| | 3 聚合物水泥防水涂料 | JC/T 894 |
| | 4 建筑防水涂料用聚合物乳液 | JC/T 1017 |
| 密封材料 | 1 聚氨酯建筑密封胶 | JC/T 482 |
| | 2 聚硫建筑密封胶 | JC/T 483 |
| | 3 混凝土建筑接缝用密封胶 | JC/T 881 |
| | 4 丁基橡胶防水密封胶粘带 | JC/T 942 |

**续表 B.0.1**

| 类别 | 标 准 名 称 | 标 准 号 |
|---|---|---|
| 其他防水材料 | 1 高分子防水材料 第2部分 止水带 | GB 18173.2 |
| | 2 高分子防水材料 第3部分 遇水膨胀橡胶 | GB 18173.3 |
| | 3 高分子防水卷材胶粘剂 | JC/T 863 |
| | 4 沥青基防水卷材用基层处理剂 | JC/T 1069 |
| | 5 膨润土橡胶遇水膨胀止水条 | JG/T 141 |
| | 6 遇水膨胀止水胶 | JG/T 312 |
| | 7 钠基膨润土防水毯 | JG/T 193 |
| 刚性防水材料 | 1 水泥基渗透结晶型防水材料 | GB 18445 |
| | 2 砂浆、混凝土防水剂 | JC 474 |
| | 3 混凝土膨胀剂 | GB 23439 |
| | 4 聚合物水泥防水砂浆 | JC/T 984 |
| 防水材料试验方法 | 1 建筑防水卷材试验方法 | GB/T 328 |
| | 2 建筑胶粘剂试验方法 | GB/T 12954 |
| | 3 建筑密封材料试验方法 | GB/T 13477 |
| | 4 建筑防水涂料试验方法 | GB/T 16777 |
| | 5 建筑防水材料老化试验方法 | GB/T 18244 |

**B.0.2** 地下工程用防水材料进场抽样检验应符合表 B.0.2 的规定。

**表 B.0.2 地下工程用防水材料进场抽样检验**

| 序号 | 材料名称 | 抽样数量 | 外观质量检验 | 物理性能检验 |
|---|---|---|---|---|
| 1 | 高聚物改性沥青类防水卷材 | 大于1000卷抽5卷，每500～1000卷抽4卷，100～499卷抽3卷，100卷以下抽2卷，进行规格尺寸和外观质量检验。在外观质量检验合格的卷材中，任取一卷作物理性能检验 | 断裂、折皱、孔洞、剥离、边缘不整齐、胎体露白、未浸透、撒布材料粒度、颜色，每卷卷材的接头 | 可溶物含量，拉力，延伸率，低温柔度，热老化后低温柔度，不透水性 |
| 2 | 合成高分子类防水卷材 | 大于1000卷抽5卷，每500～1000卷抽4卷，100～499卷抽3卷，100卷以下抽2卷，进行规格尺寸和外观质量检验。在外观质量检验合格的卷材中，任取一卷作物理性能检验 | 折痕、杂质、胶块、凹痕，每卷卷材的接头 | 断裂拉伸强度，断裂伸长率，低温弯折性，不透水性，撕裂强度 |
| 3 | 有机防水涂料 | 每5t为一批，不足5t按一批抽样 | 均匀黏稠体，无凝胶，无结块 | 潮湿基面粘结强度，涂膜抗渗性，浸水168h后拉伸强度，浸水168h后断裂伸长率，耐水性 |

续表 B.0.2

| 序号 | 材料名称 | 抽样数量 | 外观质量检验 | 物理性能检验 |
|---|---|---|---|---|
| 4 | 无机防水涂料 | 每 10t 为一批，不足 10t 按一批抽样 | 液体组分：无杂质、凝胶的均匀乳液 固体组分：无杂质、结块的粉末 | 抗折强度，粘结强度，抗渗性 |
| 5 | 膨润土防水材料 | 每 100 卷为一批，不足 100 卷按一批抽样；100 卷以下抽 5 卷，进行尺寸偏差和外观质量检验。在外观质量检验合格的卷材中，任取一卷作物理性能检验 | 表面平整，厚度均匀，无破洞、破边，无残留断针，针刺均匀 | 单位面积质量，膨润土膨胀指数，渗透系数，滤失量 |
| 6 | 混凝土建筑接缝用密封胶 | 每 2t 为一批，不足 2t 按一批抽样 | 细腻、均匀膏状物或黏稠液体，无气泡、结皮和凝胶现象 | 流动性，挤出性、定伸粘结性 |
| 7 | 橡胶止水带 | 每月同标记的止水带产量为一批抽样 | 尺寸公差；开裂、缺胶、海绵状、中心孔偏心、凹痕、气泡、杂质、明疤 | 拉伸强度，扯断伸长率，撕裂强度 |
| 8 | 腻子型遇水膨胀止水条 | 每 5000m 为一批，不足 5000m 按一批抽样 | 尺寸公差；柔软、弹性匀质、色泽均匀、无明显凹凸 | 硬度，7d 膨胀率，最终膨胀率，耐水性 |
| 9 | 遇水膨胀止水胶 | 每 5t 为一批，不足 5t 按一批抽样 | 细腻、黏稠、均匀膏状物，无气泡、结皮和凝胶 | 表干时间，拉伸强度，体积膨胀倍率 |
| 10 | 弹性橡胶密封垫材料 | 每月同标记的密封垫材料产量为一批抽样 | 尺寸公差；开裂、缺胶、凹痕、气泡、杂质、明疤 | 硬度，伸长率，拉伸强度，压缩永久变形 |
| 11 | 遇水膨胀橡胶密封垫胶料 | 每月同标记的膨胀橡胶产量为一批抽样 | 尺寸公差；开裂、缺胶、凹痕、气泡、杂质、明疤 | 硬度，拉伸强度，扯断伸长率，体积膨胀倍率，低温弯折 |
| 12 | 聚合物水泥防水砂浆 | 每 10t 为一批，不足 10t 按一批抽样 | 干粉类：均匀，无结块；乳胶类：液料搅拌后均匀无沉淀，粉料均匀、无结块 | 7d 粘结强度，7d 抗渗性，耐水性 |

附录 C 地下工程渗漏水调查与检测

C.1 渗漏水调查

C.1.1 明挖法地下工程应在混凝土结构和防水层验收合格以及回填土完成后，即可停止降水；待地下水位恢复至自然水位且趋向稳定时，方可进行地下工程渗漏水调查。

C.1.2 地下防水工程质量验收时，施工单位必须提供"结构内表面的渗漏水展开图"。

C.1.3 房屋建筑地下工程应调查混凝土结构内表面的侧墙和底板。地下商场、地铁车站、军事地下库等单建式地下工程，应调查混凝土结构内表面的侧墙、底板和顶板。

C.1.4 施工单位应在"结构内表面的渗漏水展开图"上标示下列内容：

　1 发现的裂缝位置、宽度、长度和渗漏水现象；

　2 经堵漏及补强的原渗漏水部位；

　3 符合防水等级标准的渗漏水位置。

C.1.5 渗漏水现象的定义和标识符号，可按表 C.1.5 选用。

表 C.1.5 渗漏水现象的定义和标识符号

| 渗漏水现象 | 定　义 | 标识符号 |
|---|---|---|
| 湿渍 | 地下混凝土结构背水面，呈现明显色泽变化的潮湿斑 | # |
| 渗水 | 地下混凝土结构背水面有水渗出，墙壁上可观察到明显的流挂水迹 | ○ |
| 水珠 | 地下混凝土结构背水面的顶板或拱顶，可观察到悬垂的水珠，其滴落间隔时间超过 1min | ◇ |
| 滴漏 | 地下混凝土结构背水面的顶板或拱顶，渗漏水滴落速度至少为 1 滴/min | ▽ |
| 线漏 | 地下混凝土结构背水面，呈渗漏成线或喷水状态 | ↓ |

C.1.6 "结构内表面的渗漏水展开图"应经检查、核对后，施工单位归入竣工验收资料。

C.2 渗漏水检测

C.2.1 当被验收的地下工程有结露现象时，不宜进行渗漏水检测。

C.2.2 渗漏水检测工具宜按表 C.2.2 使用。

**表 C.2.2　渗漏水检测工具**

| 名　称 | 用　途 |
| --- | --- |
| 0.5m~1m 钢直尺 | 量测混凝土湿渍、渗水范围 |
| 精度为 0.1mm 的钢尺 | 量测混凝土裂缝宽度 |
| 放大镜 | 观测混凝土裂缝 |
| 有刻度的塑料量筒 | 量测滴水量 |
| 秒表 | 量测渗漏水滴落速度 |
| 吸墨纸或报纸 | 检验湿渍与渗水 |
| 粉笔 | 在混凝土上用粉笔勾画湿渍、渗水范围 |
| 工作登高扶梯 | 顶板渗漏水、混凝土裂缝检验 |
| 带有密封缘口的规定尺寸方框 | 量测明显滴漏和连续渗流，根据工程需要可自行设计 |

**C.2.3** 房屋建筑地下工程渗漏水检测应符合下列要求：

**1** 湿渍检测时，检查人员用干手触摸湿斑，无水分浸润感觉。用吸墨纸或报纸贴附，纸不变颜色；要用粉笔勾画出湿渍范围，然后用钢尺测量并计算面积，标示在"结构内表面的渗漏水展开图"上。

**2** 渗水检测时，检查人员用干手触摸可感觉到水分浸润，手上会沾有水分。用吸墨纸或报纸贴附，纸会浸润变颜色；要用粉笔勾画出渗水范围，然后用钢尺测量并计算面积，标示在"结构内表面的渗漏水展开图"上。

**3** 通过集水井积水，检测在设定时间内的水位上升数值，计算渗漏水量。

**C.2.4** 隧道工程渗漏水检测应符合下列要求：

**1** 隧道工程的湿渍和渗水应按房屋建筑地下工程渗漏水检测。

**2** 隧道上半部的明显滴漏和连续渗流，可直接用有刻度的容器收集量测，或用带有密封缘口的规定尺寸方框，安装在规定量测的隧道内表面，将渗漏水导入量测容器内，然后计算 24h 的渗漏水量，标示在"结构内表面的渗漏水展开图"上。

**3** 若检测器具或登高有困难时，允许通过目测计取每分钟或数分钟内的滴落数目，计算出该点的渗漏水量。通常，当滴落速度为 3 滴/min~4 滴/min 时，24h 的漏水量就是 1L。当滴落速度大于 300 滴/min 时，则形成连续线流。

**4** 为使不同施工方法、不同长度和断面尺寸隧道的渗漏水状况能够相互加以比较，必须确定一个具有代表性的标准单位。渗漏水量的单位通常使用"$L/(m^2 \cdot d)$"。

**5** 未实施机电设备安装的区间隧道验收，隧道内表面积的计算应为横断面的内径周长乘以隧道长度，对盾构法隧道不计取管片嵌缝槽、螺栓孔盒子凹进部位等实际面积；完成了机电设备安装的隧道系统验收，隧道内表面积的计算应为横断面的内径周长乘以隧道长度，不计取凹槽、道床、排水沟等实际面积。

**6** 隧道渗漏水量的计算可通过集水井积水，检测在设定时间内的水位上升数值，计算渗漏水量；或通过隧道最低处积水，检测在设定时间内的水位上升数值，计算渗漏水量；或通过隧道内设量水堰，检测在设定时间内水流量，计算渗漏水量；或通过隧道专用排水泵运转，检测在设定时间内排水量，计算渗漏水量。

## C.3　渗漏水检测记录

**C.3.1** 地下工程渗漏水调查与检测，应由施工单位项目技术负责人组织质量员、施工员实施。施工单位应填写地下工程渗漏水检测记录，并签字盖章；监理单位或建设单位应在记录上填写处理意见与结论，并签字盖章。

**C.3.2** 地下工程渗漏水检测记录应按表 C.3.2 填写。

**表 C.3.2　地下工程渗漏水检测记录**

| 工程名称 | | 结构类型 | | |
| --- | --- | --- | --- | --- |
| 防水等级 | | 检测部位 | | |
| 渗漏水量检测 | 1　单个湿渍的最大面积　$m^2$；总湿渍面积　$m^2$ | | | |
| | 2　每 $100m^2$ 的渗水量　$L/(m^2 \cdot d)$；整个工程平均渗水量　$L/(m^2 \cdot d)$ | | | |
| | 3　单个漏水点的最大漏水量　$L/d$；整个工程平均漏水量　$L/(m^2 \cdot d)$ | | | |
| 结构内表面的渗漏水展开图 | （渗漏水现象用标识符号描述） | | | |
| 处理意见与结论 | （按地下工程防水等级标准） | | | |
| 会签栏 | 监理或建设单位（签章） | 施工单位（签章） | | |
| | | 项目技术负责人 | 质量员 | 施工员 |
| | 年　月　日 | 年　月　日 | | |

## 附录 D  防水卷材接缝粘结质量检验

### D.1  胶粘剂的剪切性能试验方法

**D.1.1**  试样制备应符合下列规定：

**1**  防水卷材表面处理和胶粘剂的使用方法，均按生产企业提供的技术要求进行；试样粘合时应用手辊反复压实，排除气泡。

**2**  卷材—卷材拉伸剪切强度试样应将与胶粘剂配套的卷材沿纵向裁取 300mm × 200mm 试片 2 块，用毛刷在每块试片上涂刷胶粘剂样品，涂胶面 100mm × 300mm，按图 D.1.1（a）进行粘合，在粘合的试样上裁取 5 个宽度为（50 ± 1）mm 的试件。

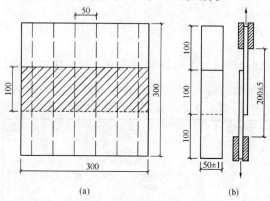

图 D.1.1  卷材—卷材拉伸剪切强度试样及试验

**D.1.2**  试验条件应符合下列规定：

**1**  标准试验条件应为温度（23 ± 2）℃和相对湿度（30 ~ 70）%。

**2**  拉伸试验机应有足够的承载能力，不应小于 2000N，夹具拉伸速度为（100 ± 10）mm/min，夹持宽度不应小于 50mm，并配有记录装置。

**3**  试样应在标准试验条件下放置至少 20h。

**D.1.3**  试验程序应符合下列规定：

**1**  试件应稳固地放入拉伸试验机的夹具中，试件的纵向轴线应与拉伸试验机及夹具的轴线重合。夹具内侧间距宜为（200 ± 5）mm，试件不应承受预荷载，如图 D.1.1（b）所示。

**2**  在标准试验条件下，拉伸速度应为（100 ± 10）mm/min，记录试件拉力最大值和破坏形式。

**D.1.4**  试验结果应符合下列规定：

**1**  每个试件的拉伸剪切强度应按式（D.1.4）计算，并精确到 0.1N/mm。

$$\sigma = P/b \qquad (D.1.4)$$

式中：$\sigma$——拉伸剪切强度（N/mm）；

$P$——最大拉伸剪切力（N）；

$b$——试件粘合面宽度 50mm。

**2**  计算试验结果时，应舍去试件距拉伸试验机夹具 10mm 范围内的破坏及从拉伸试验机夹具中滑移超过 2mm 的数据，用备用试件重新试验。

**3**  试验结果应以每组 5 个试件的算术平均值表示。

**4**  在拉伸剪切时，若试件都是卷材断裂，则应报告为卷材破坏。

### D.2  胶粘剂的剥离性能试验方法

**D.2.1**  试样制备应符合下列规定：

**1**  防水卷材表面处理和胶粘剂的使用方法，均按生产企业提供的技术要求进行；试样粘合时应用手辊反复压实，排除气泡。

**2**  卷材—卷材剥离强度试样应将与胶粘剂配套的卷材纵向裁取 300mm × 200mm 试片 2 块，按图 D.2.1（a）所示，用胶粘剂进行粘合，在粘合的试样上截取 5 个宽度为（50 ± 1）mm 的试件。

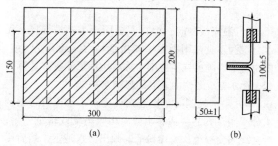

图 D.2.1  卷材—卷材剥离强度试样及试验

**D.2.2**  试验条件应按本规定第 D.1.2 条的规定执行。

**D.2.3**  试验程序应符合下列规定：

**1**  将试件未胶接一端分开，试件应稳固地放入拉伸试验机的夹具中，试件的纵向轴线应与拉伸试验机、夹具的轴线重合。夹具内侧间距宜为（100 ± 5）mm，试件不应承受预荷载，如图 D.2.1（b）所示。

**2**  在标准试验条件下，拉伸试验机应以（100 ± 10）mm/min 的拉伸速度将试件分离。

**3**  试验结果应连续记录直至试件分离，并应在报告中说明破坏形式，即粘附破坏、内聚破坏或卷材破坏。

**D.2.4**  试验结果应符合下列规定：

**1**  每个试件应从剥离力和剥离长度的关系曲线上记录最大的剥离力，并按式（D.2.4）计算最大剥离强度。

$$\sigma_T = F/B \qquad (D.2.4)$$

式中：$\sigma_T$——最大剥离强度（N/50mm）；

$F$——最大的剥离力（N）；

$B$——试件粘合面宽度 50mm。

**2**  计算试验结果时，应舍去试件距拉伸试验机夹具 10mm 范围内的破坏及从拉伸试验机夹具中滑移超过 2mm 的数据，用备用试件重新试验。

**3** 每个试件在至少 100mm 剥离长度内，由作用于试件中间 1/2 区域内 10 个等分点处的剥离力的平均值，计算平均剥离强度。

**4** 试验结果应以每组 5 个试件的算术平均值表示。

### D.3 胶粘带的剪切性能试验方法

**D.3.1** 试样制备应符合下列规定：

**1** 防水卷材试样应沿卷材纵向裁取尺寸 150mm ×25mm，胶粘带宽度不足 25mm，按胶粘带宽度裁样。

**2** 双面胶粘带拉伸剪切强度试样应用丙酮等适用的溶剂清洁基材的粘结面。从三卷双面胶粘带上分别取试样，尺寸为 100mm×25mm。按图 D.3.1 将胶粘带试样无隔离纸的一面粘贴在防水卷材上。揭去胶粘带试样上的隔离纸，在防水卷材的胶粘带试样的另一面粘贴防水卷材，然后用压辊反复滚压 3 次。

**3** 按上述方法制备防水卷材试样 5 个。

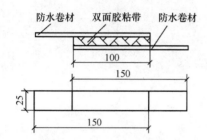

图 D.3.1　双面胶粘带拉伸
剪切强度试样

**D.3.2** 试验条件应符合下列规定：

**1** 标准试验条件应为温度（23±2）℃和相对湿度（30~70）%。

**2** 拉伸试验机应有足够的承载能力，不应小于 2000N，夹具拉伸速度为（100±10）mm/min，夹持宽度不应小于 50mm，并配有记录装置。

**3** 压辊质量为（2000±50）g，钢轮直径×宽度为 84mm×45mm，包覆橡胶硬度（邵尔 A 型）为 80°±5°，厚度为 6mm；

**4** 试样应在标准试验条件下放置至少 20h。

**D.3.3** 试验程序应按本规范第 D.1.3 条的规定执行。

**D.3.4** 试验结果应按本规范第 D.1.4 条的规定执行。

### D.4 胶粘带的剥离性能试验方法

**D.4.1** 试样制备应符合以下规定：

**1** 防水卷材试样应沿卷材纵向裁取尺寸 150mm ×25mm，胶粘带宽度不足 25mm，按胶粘带宽度裁样。

**2** 双面胶粘带剥离强度试样应用丙酮等适用的溶剂清洁基材的粘结面。从三卷双面胶粘带上分别取试样，尺寸为 100mm×25mm。按图 D.4.1 将胶粘带试样无隔离纸的一面粘贴在防水卷材上。揭去胶粘带试样上的隔离纸，在防水卷材的胶粘带试样的另一面粘贴防水卷材，然后用压辊反复滚压 3 次。

**3** 按上述方法制备防水卷材试样 5 个。

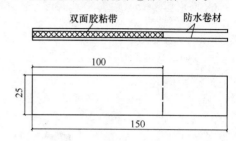

图 D.4.1　双面胶粘带剥离强度试样

**D.4.2** 试验条件应按本规范第 D.3.2 条的规定执行。

**D.4.3** 试验程序应按本规范第 D.2.3 条的规定执行。

**D.4.4** 试验结果应按本规范第 D.2.4 条的规定执行。

## 本规范用词说明

**1** 为便于在执行本规范条文时区别对待，对要求严格程度不同的用词说明如下：

　1）表示很严格，非这样做不可的：
　　正面词采用"必须"，反面词采用"严禁"；

　2）表示严格，在正常情况下均应这样做的：
　　正面词采用"应"，反面词采用"不应"或"不得"；

　3）表示允许稍有选择，在条件许可时首先应这样做的：
　　正面词采用"宜"，反面词采用"不宜"；

　4）表示有选择，在一定条件下可以这样做的，采用"可"。

**2** 条文中指明应按其他有关标准执行的写法为"应符合……的规定"或"应按……执行"。

## 引用标准名录

**1** 《工业建筑防腐蚀设计规范》GB 50046

**2** 《普通混凝土拌合物性能试验方法标准》GB/T 50080

**3** 《普通混凝土力学性能试验方法标准》GB/T 50081

4 《普通混凝土长期性能和耐久性能试验方法标准》GB/T 50082

5 《混凝土强度检验评定标准》GB/T 50107

6 《混凝土外加剂应用技术规范》GB 50119

7 《混凝土结构工程施工质量验收规范》GB 50204

8 《建筑工程施工质量验收统一标准》GB 50300

9 《混凝土结构耐久性设计规范》GB 50476

10 《用于水泥和混凝土中的粒化高炉矿渣粉》GB/T 18046

11 《混凝土用水标准》JGJ 63

12 《建筑防水涂料中有害物质限量》JC 1066

中华人民共和国国家标准

# 地下防水工程质量验收规范

GB 50208—2011

条 文 说 明

# 修 订 说 明

《地下防水工程质量验收规范》GB 50208－2011 经住房和城乡建设部 2011 年 4 月 2 日以第 971 号公告批准、发布。

为便于广大设计、施工、科研、学校等单位有关人员在使用本规范时能正确理解和执行条文规定，

《地下防水工程质量验收规范》编制组按章、节、条顺序编制了本规范的条文说明，对条文规定的目的、依据以及执行中需注意的有关事项进行了说明。但是，本条文说明不具备与规范正文同等的法律效力，仅供使用者作为理解和把握规范规定的参考。

# 目　次

# 1 总　　则

**1.0.1** 随着地下空间的开发利用，地下工程的埋置深度愈来愈深，工程所处的水文地质条件和环境条件愈来愈复杂，地下工程渗漏水的情况时有发生，严重影响了地下工程的使用功能和结构耐久性。为进一步适应我国地下工程建设的需要，促进防水材料和防水技术的发展，遵循"材料是基础，设计是前提，施工是关键"，确保地下防水工程质量，特编制本规范。

由于我国目前尚未制定有关建筑防水设计的通用标准，而现行的《地下工程防水技术规范》GB 50108－2008 中，含有一定的施工、设计内容，为了更好地与其配套使用，本规范仍保留原规范《地下防水工程质量验收规范》的名称。

**1.0.2** 本规范适用于房屋建筑、市政隧道、防护工程、地下铁道等地下防水工程质量验收。

地下工程是建造在地下或水底以下的工程建筑物和构筑物，包括各种工业、交通、民用和军事等地下建筑工程。房屋建筑地下工程是指住宅建筑、公共建筑、文教建筑、商业建筑、旅游建筑、交通建筑和各类工业建筑等地下室结构和基础；市政隧道是指修建在城市地下用作敷设各种市政设施地下管线的隧道以及城市公路隧道、城市人行隧道等工程；防护工程是指为战时防护要求而修建的国防和人防工程，如人员掩蔽工事、作战指挥部、军用地下工厂和仓库等工程，有一些地下商业街、地下车库、地下影剧院也可用于战时的人民防空工事；地下铁道是指城市地铁车站和连接各车站的区间隧道。

**1.0.3** 根据原建设部《建设领域推广应用新技术管理规定》部令第 109 号文件精神，发布建设工程中推广应用新技术和限制、禁止使用落后的技术。对采用性能、质量可靠的新型防水材料和相应的施工技术等科技成果，必须经过科技成果鉴定、评估或新产品、新技术鉴定，并应制定相应的技术标准。同时，强调新技术、新材料、新工艺需经工程实践检验，符合有关安全及功能要求的才能得到推广应用。

**1.0.4** 安全与劳动防护和环境保护，已成为当前全社会不可忽视的问题。在防水工程中，不得采用现行《职业性接触毒物危害程度分级》GBZ 230 中划分为Ⅲ级以上毒物的材料。当配制和使用有毒材料时，现场必须采取通风措施，操作人员必须佩戴劳保用品；有毒材料和挥发性材料应密封储存，妥善保管。

目前，在原建设部《建设事业"十一五"推广应用和限制、禁止使用技术》第 659 号公告中，已经明确以下禁用产品：S 型聚氯乙烯防水卷材、焦油型聚氨酯防水涂料、水性氯乙烯焦油防水涂料、焦油型聚氯乙烯建筑防水接缝材料。由国家发展和改革委员会发布的《建筑防水涂料中有害物质限量》JC

1066－2008 和《沥青基防水卷材用基层处理剂》JC/T 1069－2008，对建设工程中预防和控制建筑材料产生的环境污染，保障公民健康和维护公共利益，提出了规范性规定。

**1.0.5** 本条是根据住房和城乡建设部《关于印发〈工程建设标准编写规定〉的通知》（建标［2008］182 号）的规定，采用了"地下防水工程质量验收除应符合本规范外，尚应符合国家现行有关标准的规定"典型用语。

# 2 术　　语

根据住房和城乡建设部印发建标［2008］182 号通知精神，在《工程建设标准编写规定》第二十三条中明确规定：标准中采用的术语和符号，当现行标准中尚无统一规定，且需要给出定义或涵义时，可独立成章，集中列出。按照这一规定，本次修订时将本规范中尚未在其他国家标准、行业标准中规定的术语单独列为本章。

在本规范中涉及地下防水工程质量验收方面的术语有三种情况：

1 在现行国家标准、行业标准中无规定，是本规范首次提出的。

2 虽在国家标准、行业标准中出现过这一术语，但人们比较生疏的。

3 现行的国家标准、行业标准中虽有类似术语，但内容不完全相同。

以上三种类型的术语共 12 条，在本章中一一列入，并给予定义。

# 3 基 本 规 定

**3.0.1** 当前，提出一个符合我国地下工程实际情况的防水等级标准是十分必要的。本条是引用《地下工程防水技术规范》GB 50108－2008 第 3.2.1 条的内容。

表 3.0.1 地下工程防水等级标准的依据：

1 防水等级为一级的工程，按规定是不允许渗水的，但结构内表面并不是没有地下水渗透现象。由于渗水量极小，且随时被正常的人工通风所带走，当渗水量小于蒸发量时，结构表面往往不会留存湿渍，故对此不作量化指标的规定。

2 防水等级为二级的工程，按规定是不允许有漏水，结构表面可有少量湿渍。关于地下工程渗漏水检测，在房屋建筑和其他地下工程中，对总湿渍面积占总防水面积的比例以及任意 100m² 防水面积上的湿渍处和单个湿渍最大面积都作了量化指标的规定；考虑到国外的有关隧道等级标准，我国防水等级为二级的隧道工程已按国际惯例采用渗水量单位"L/(m² ·

d)",并对平均渗水量和任意100m²防水面积上的渗水量作出量化指标的规定。

**3** 防水等级为三级的工程,按规定允许有少量漏水点,但不得有线流和漏泥砂。在地下工程中,顶部或拱顶的渗漏水一般为滴水,而侧墙则多呈流挂湿渍的形式。为了便于工程验收,对任意100m²防水面积上的漏水或湿渍点数以及单个漏水点的最大漏水量、单个湿渍的最大面积都作了量化指标的规定。

**4** 防水等级为四级的工程,按规定允许有漏水点,但不得有线流和漏泥砂。根据德国STUVA防水等级中关于100m区间的渗漏水量是10m区间的1/2及1m区间的1/4的规定,我国地下工程采用任意100m²防水面积上的漏水量为整个工程平均漏水量的2倍。

**3.0.2** 本条是引用《地下工程防水技术规范》GB 50108-2008第3.3.1条的内容。本条表3.0.1-1和表3.0.1-2虽保留了原规范的基本内容,但在主体或衬砌结构中增加了膨润土防水材料,在施工缝中增加了预埋注浆管和水泥基渗透结晶型防水涂料等防水设防。

本条规定了地下工程的防水设防要求,主要包括主体或衬砌结构和细部构造两个部分。目前,工程采用防水混凝土结构的自防水效果尚好,而细部构造特别是在施工缝、变形缝、后浇带等处的渗漏水现象最为普遍。明挖法或暗挖法地下工程的防水设防,主体或衬砌结构应首先选用防水混凝土,当工程防水等级为一级时,应再增设一至两道其他防水层;当工程为二级时,应再增设一道其他防水层;对于施工缝、后浇带、变形缝,应根据不同防水等级选用不同的防水措施,防水等级越高,拟采用的措施越多。我们从表3.0.2-1和表3.0.2-2得知,在防水混凝土结构或衬砌的迎水面全外包柔性防水层,形成一个整体全封闭的防水体系,理应使整个工程防水功能得到很大提高,但实际情况往往并非如此。在调研过程中,专家和施工单位反映了以下两种情况:一是由于基层干燥,在冷粘法粘贴合成高分子防水卷材或热熔法粘贴高聚物改性沥青防水卷材时,卷材与基层不能良好粘结,一旦成品保护或施工不当,会在防水结构与柔性防水层之间出现窜水渗漏,导致工程失效;二是长期以来,人们认为混凝土收缩是水泥固有的缺点,裂缝是难以避免的,随着地下工程的不断加深和超长发展,设计多采用变形缝或后浇带,处理不当会增加日后工程渗漏水隐患。为此,近年来我国包括防水材料生产企业在内的防水工程界人士,研发了预铺式反粘卷材防水系统、聚乙烯丙纶卷材与聚合物水泥防水胶粘料复合防水技术、钠基膨润土防水毯应用技术等新材料、新技术、新工艺,充分发挥了工程结构的整体防水功能。建设部科技发展促进中心发布的2006年全国建筑行业科技成果推广项目"FS101、FS102刚

性复合防水技术",主要由FS101的防水砂浆和FS102防水混凝土复合而成的刚性防水系统,采用可提高水泥凝胶密实性的特种外加剂材料,具有减小收缩、控制开裂和良好的抗渗性能,从而减少变形缝或后浇带的设置,满足工程防水且与结构寿命相同。预埋注浆管也是近年来处理施工缝漏水的新增措施,解决了工程接缝部位薄弱环节的渗漏水问题,即在工程接缝部位的混凝土硬化完成后,通过预埋的注浆管向接缝内注入浆液加以封堵,形成一道防水设防,在强化接缝防水功能和接缝维修堵漏中得到广泛使用。

综上所述,地下工程的防水设计和施工,应符合"防、排、截、堵相结合,刚柔相济,因地制宜,综合治理"的原则。在选用地下工程防水设防时,不得按两表生搬硬套,应根据结构特点、使用年限、材料性能、施工方法、环境条件等因素合理地使用材料。

**3.0.3** 防水施工是保证地下防水工程质量的关键,是对防水材料的一次再加工。目前我国一些地区由于使用不懂防水技术的农村副业队或新工人进行防水作业,造成工程渗漏的严重后果。故强调必须建立具有相应资质的专业队伍,施工人员必须经过技术理论与实际操作的培训,并持有建设行政主管部门或其指定单位颁发的执业资格证书或防水专业岗位证书。对非防水专业队伍或非从事防水施工的人员,当地质量监督部门应责令其停止施工。

**3.0.4** 根据建设部(1991)837号文《关于提高防水工程质量的若干规定》的要求:防水工程施工前,应通过图纸会审,掌握施工图中的细部构造及有关要求。这样,各有关单位既能对防水设计质量把关,又能掌握地下工程防水构造设计的要点,避免在施工中出现差错。同时,施工前还应制定相应的施工方案或技术措施,并按程序经监理单位或建设单位审查批准后执行。

**3.0.5** 影响建筑工程质量好坏的主要原因之一是建筑材料的质量优劣。由于建筑防水材料品种繁多,性能各异,质量参差不齐,成为大多数业主、工程监督、监理、施工质量管理以及采购人员的一个难题。为此,本条提出了地下防水工程所使用防水材料的品种、规格、性能等必须符合现行国家或行业产品标准和设计要求。

对于防水材料的品种、规格、性能等要求,凡是在地下工程防水设计中有明确规定的,应按设计要求执行;凡是在地下工程防水设计中未作具体规定的,应按现行国家或行业产品标准执行。

**3.0.6** 产品性能检测报告,是建筑材料是否适用于建设工程或正常在建设市场流通的合法通行证,也是工程质量预控且符合工程设计要求的主要途径之一。对产品性能检测报告的准确判别十分重要,万一误判会给建设工程质量埋下隐患或造成工程事故。为此,对本条作如下说明:

**1** 防水材料必须送至经过省级以上建设行政主管部门资质认可和质量技术监督部门计量认证的检测单位进行检测。

**2** 检查人员必须按防水材料标准中组批与抽样的规定随机取样。

**3** 检查项目应符合防水材料标准和工程设计的要求。

**4** 检测方法应符合现行防水材料标准的规定，检测结论明确。

**5** 检测报告应有主检、审核、批准人签章，盖有"检测单位公章"和"检测专用章"。复制报告未重新加盖"检测单位公章"和"检测专用章"无效。

**6** 防水材料企业提供的产品出厂检验报告是对产品生产期间的质量控制，产品型式检验的有效期宜为一年。

**3.0.7** 材料进场验收是把好材料合格关的重要环节，本条给出了防水材料进场验收的具体规定。

**1** 第1、2款是按照《建设工程监理规范》GB 50319－2000 第5.4.6条的规定，专业监理工程师应对承包单位报送的拟进场工程材料/构配件/设备报审表及其质量证明资料进行审核，并对进场的实物按照委托监理合同约定或有关工程质量管理文件规定的比例，采用平行检验或见证取样方式进行抽检。对未经监理人员验收或验收不合格的工程材料/构配件/设备，监理人员应拒绝签认，并应签发监理工程师通知单，书面通知承包单位限期将不合格的工程材料/构配件/设备撤出现场。

**2** 第3款提到进场防水材料应按本规范附录A和附录B的规定进行抽样检验，并出具材料进场检验报告。原规范提到的抽样复验，有概念上的错误。进场检验是指从材料生产企业提供的合格产品中对外观质量和主要物理性能检验，决不是对不合格产品的复验，故本次修订为抽样检验。

为了做到建设工程质量检查工作的科学性、公正性和正确性，材料进场检验应执行原建设部关于《房屋建筑工程和市政基础设施工程实行见证取样和送检的规定》。

**3** 第4款是对进场材料抽样检验的合格判定。材料的主要物理性能检验项目全部指标达到标准时，即为合格；若有一项指标不符合标准规定时，应在受检产品中重新取样进行该项指标复验，复验结果符合标准规定，则判定该批材料合格。需要说明两点：一是检验中若有两项或两项以上指标达不到标准规定时，则判该批产品为不合格；二是检验中若有一项指标达不到标准规定时，允许在受检产品中重新取样进行该项指标复验。

**3.0.8** 保护环境是我国的一项基本国策，本条提出地下工程使用的防水材料及其配套材料应符合国家有关标准对有害物质限量的规定，不得对周围环境造成污染。在《建筑防水涂料中有害物质限量》JC 1066－2008 中，对建筑防水用各类涂料和防水材料配套用的液体材料，按其性质分为水性、反应型和溶剂型建筑防水涂料，分别规定了有害物质限量。

**3.0.9** 施工过程中建立工序质量的自查、核查和交接检查制度，是实行施工质量过程控制的根本保证。上道工序完成后，应经完成方和后续工序的承接方共同检查并确认，方可进行下一工序的施工。避免了上道工序存在的问题未解决，而被下道工序所覆盖，给防水工程留下质量隐患。因此，本条规定工序或分项工程的质量验收，应在操作人员自检合格的基础上，进行工序之间的交接检和专职质量人员的检查，检查结果应有完整的记录，然后由监理工程师代表建设单位进行检查和确认。

**3.0.10** 进行防水结构或防水层施工时，现场应做到无水、无泥浆，这是保证地下防水工程施工质量的一个重要条件。因此，在地下防水工程施工期间，必须做好周围环境的排水和降低地下水位的工作。

排除基坑周围的地面水和基坑内的积水，以便在不带水和泥浆的基坑内进行施工。排水时应注意避免基土的流失，防止因改变基底的土层构造而导致地面沉陷。

为了确保地下防水工程的施工质量，本条规定地下水位应降低至工程底部最低高程500mm以下的位置，并保持已降的地下水位至整个防水工程完成。对于采用明沟排水施工的基坑，可适当放宽规定，但应保持基坑干燥。

**3.0.11** 在地下工程的防水层施工时，气候条件对其影响是很大的。雨天施工会使基层含水率增大，导致防水层粘结不牢；气温过低时铺贴卷材，易出现开卷时卷材发硬、脆裂，严重影响防水层质量；低温涂刷涂料，涂层易受冻且不成膜；五级风以上进行防水层施工操作，难以确保防水层质量和人身安全。故本条根据不同的材料性能及施工工艺，分别规定了适于施工的环境气温。当防水层施工环境温度不符合规定而又必须施工时，需采取合理的防护措施，满足防水层施工的条件。

**3.0.12** 根据《建筑工程施工质量验收统一标准》GB 50300－2001 的规定，确定地下防水工程为地基与基础分部工程中的一个子分部工程。由于地下防水工程包括了主体结构防水工程、细部构造防水工程、特殊施工法结构防水工程、排水工程和注浆工程等主要内容，本条表3.0.12 分别对地下防水工程的分项工程给予具体划分，有助于及时纠正施工中出现的质量问题，确保工程质量，也符合施工的实际情况。

**3.0.13** 按照《建筑工程施工质量验收统一标准》GB 50300 的规定，分项工程可由一个或若干个检验批组成，检验批可根据质量控制和专业验收需要按楼层、施工段、变形缝等进行划分。由于原规范未对检验批划分作出规定，给施工质量验收带来不便。为此，本条分别对主体结构防水工程、细部构造防水工程、特殊施工法结构防水工程、排水工程和注浆工程分项工程检验批的划分和每个检验批的抽样检验数量作了规定。

**3.0.14** 我国对地下工程防水等级标准划分为四级，主要是根据国内工程调查资料和参考国外有关规定，结合地下工程不同的使用规定和我国实际情况，按允许渗漏水量来确定的。本条规定地下防水工程应按工程设计的防水等级标准进行验收，地下工程渗漏水检验与检测应按本规范附录 C 执行。

# 4 主体结构防水工程

## 4.1 防水混凝土

**4.1.1** 从本规范表 3.0.2-1 或表 3.0.2-2 可以看出，防水混凝土是主体结构或衬砌结构的一道重要防线。

防水混凝土在常温下具有较高抗渗性，但抗渗性将会随着环境温度的提高而降低。当温度为 100℃ 时，混凝土抗渗性约降低 40%，200℃ 时约降低 60% 以上；当温度超过 250℃ 时，混凝土几乎失去抗渗能力，而抗拉强度也随之下降为原强度的 66%。为此，本条规定了防水混凝土的最高使用温度不得超过 80℃。

本条取消了原规范规定 "防水混凝土耐蚀系数不应小于 0.8" 的规定。这是因为耐蚀系数的提出是 20 世纪 60 年代根据在硫酸盐侵蚀介质条件下得出的结论，而近几十年地下工程环境越来越复杂、恶劣，浅层地下水侵蚀介质已有六十多种，每个工程可能受到侵蚀介质的种类及其影响也不尽相同。故本条修改为 "处于侵蚀性介质中，防水混凝土的耐侵蚀性要求应符合现行国家标准《工业建筑防腐蚀设计规范》GB 50046 和《混凝土结构耐久性设计规范》GB 50476 的有关规定"。

**4.1.2** 关于防水混凝土对水泥品种的选用，原规范规定水泥品种按设计要求选用。由于《通用硅酸盐水泥》GB 175－2007 的实施，替代了《硅酸盐水泥、普通硅酸盐水泥》GB 175－1999、《矿渣硅酸盐水泥、火山灰质硅酸盐水泥及粉煤灰硅酸盐水泥》GB 1344－1999 和《复合硅酸盐水泥》GB 12958－1999 三个标准。根据通用硅酸盐水泥的定义：以硅酸盐水泥熟料和适量的石膏及规定的混合材料制成的水硬性胶凝材料。其中混合材料应包括粒化高炉矿渣、粒化高炉矿渣粉、粉煤灰、火山灰质混合材料。从《通用硅酸盐水泥》标准可以看到：硅酸盐水泥掺有混合材料不足 5%，普通硅酸盐水泥掺有混合材料为 5%～20%，而矿渣硅酸盐水泥允许掺有 20%～70% 的粒化高炉矿渣粉；火山灰质硅酸盐水泥允许掺有 20%～40% 的火山灰质混合材料；粉煤灰硅酸盐水泥允许掺有 20%～40% 的粉煤灰。同时，随着混凝土技术的发展，目前将用于配制混凝土的硅酸盐水泥及粉煤灰、磨细矿渣、硅粉等矿物掺合料总称为胶凝材料。为了简化混凝土配合比设计，本条规定了 "水泥宜采用普通硅酸盐水泥或硅酸盐水泥，采用其他品种水泥时应经试验确定"。也就是说，通过试验确定其配合比，以确保防水混凝土的质量。

在受侵蚀性介质作用时，可以根据侵蚀介质的不同，选择相应的水泥品种或矿物掺合料。

**4.1.3** 对本条说明如下：

**1** 砂、石含泥量多少，直接影响到混凝土的质量，同时对混凝土抗渗性能影响很大。特别是泥块的体积不稳定，干燥时收缩、潮湿时膨胀，对混凝土有较大的破坏作用。因此防水混凝土施工时，对骨料含泥量和泥块含量均应严格控制。

**2** 海砂中含有氯离子，会引起混凝土中钢筋锈蚀，会对混凝土结构产生破坏。在没有河砂时，应对海砂进行处理后才能使用，本条增加了 "不宜使用海砂" 的规定。依据《普通混凝土用砂、石质量及检验方法标准》JGJ 52－2006，采用海砂配置混凝土时，其氯离子含量不应大于 0.06%，以干砂的质量百分率计。

**3** 地下工程长期受地下水、地表水的侵蚀，且水泥和外加剂中将难以避免具有一定的含碱量。若混凝土的粗细骨料具有碱活性，容易引起碱骨料反应，影响结构的耐久性，因此本条还增加了 "对长期处于潮湿环境的重要结构混凝土用砂、石，应进行碱活性检验" 的规定。

**4.1.4** 粉煤灰的质量要求应符合现行国家标准《用于水泥和混凝土中的粉煤灰》GB/T 1596 的有关规定；硅粉的质量要求应符合现行国家标准《高强高性能混凝土用矿物外加剂》GB/T 18736 的有关规定。

**4.1.6** 外加剂是提高防水混凝土的密实性的手段之一。现在国内外外加剂种类很多，只对其质量标准作出规定很难保证工程质量。选用外加剂时，其品种、掺量应根据混凝土所用胶凝材料经试验确定。对于耐久性要求较高或寒冷地区的地下工程混凝土，宜采用引气剂或引气型减水剂，以改善混凝土拌合物的和易性，增加黏滞性，减少分层离析和沉降泌水，提高混凝土的抗渗、抗冻融循环、抗侵蚀能力等耐久性能。绝大部分减水剂，有增大混凝土收缩的副作用，这对混凝土抗裂防水显然不利，因此应考虑外加剂对硬化混凝土收缩性能的影响，选用收缩率更低的外加剂。

外加剂材料组成中有的是工业产品、废料，有的可能是有毒的，有的会污染环境。因此规定外加剂在混凝土生产和使用过程中，不能损害人体健康和污染环境。

**4.1.7** 防水混凝土配合比设计应符合现行行业标准

《普通混凝土配合比设计规程》JGJ 55 的有关规定，同时应满足以下要求：

**1** 考虑到施工现场与试验室条件的差别，试配要求的抗渗水压力值应比设计抗渗等级的规定压力值提高 0.2MPa，以保证防水混凝土所确定的配合比在验收时有足够的保证率。试配时，应采用水灰比最大的配合比作抗渗试验，其试验结果应符合式（1）规定。

$$P_t \geqslant P/10 + 0.2 \qquad (1)$$

式中：$P_t$——6 个试件中 4 个未出现渗水时的最大水压值（MPa）；

$P$——设计规定的抗渗等级。

**2** 随着混凝土技术的发展，现代混凝土的设计理念也在更新。尽可能减少硅酸盐水泥用量，而以一定数量的粉煤灰、粒化高炉矿渣粉、硅粉等矿物活性掺合料代替。它们的加入可改善砂子级配，补充天然砂中部分小于 0.15mm 的颗粒，填充混凝土部分孔隙，使混凝土在获得所需的抗压强度的同时，提高混凝土的密实性和抗渗性。

掺入粉煤灰等活性掺合料，还可以减少水泥用量，降低水化热，防止和减少混凝土裂缝的产生，使混凝土获得良好的耐久性、抗渗性、抗化学侵蚀及抗裂性能。但是随着上述细粉料的增加，混凝土强度随之下降，因此对其品种和掺量必须严格控制，并应通过试验确定。粉煤灰和粒化高炉矿渣粉，其质量应符合现行国家标准《用于水泥和混凝土中的粉煤灰》GB/T 1596 和《用于水泥和混凝土中的粒化高炉矿渣粉》GB/T 18046 的有关规定。本次修订对水泥及粉煤灰等活性掺合料用量作了新的规定。

**3** 除水泥外，粉煤灰等其他胶凝材料也具有不同程度的活性，其活性的激发，同样依赖于足够的水。因此本条以胶凝材料的用量取代了传统的水泥用量，并以水胶比取代传统的水灰比。拌合物的水胶比对硬化混凝土孔隙率大小和数量起决定性作用，直接影响混凝土结构的密实性。水胶比越大，混凝土中多余水分蒸发后，形成孔径为 $50\mu m \sim 150\mu m$ 的毛细孔等开放的孔隙也就越多，这些孔隙是造成混凝土抗渗性降低的主要原因。

从理论上讲，在满足胶凝材料完全水化及润湿砂石所需水量的前提下，水胶比越小，混凝土密实性越好，抗渗性和强度也就越高。但水胶比过小，混凝土极难振捣和拌和均匀，其抗渗性和密实性反而得不到保证。随着外加剂技术的发展，减水剂已成为混凝土不可缺少的组分之一，掺入减水剂后可适量减少混凝土的水胶比，而防水功能并不降低。

综上所述，本次修订将原规范"水灰比不得大于 0.55"修改为"水胶比不得大于 0.5"。当有侵蚀性介质或矿物掺合料掺量较大时，水胶比不宜大于 0.45，以使得粉煤灰等矿物掺合料的作用较为充分发

挥，提高防水混凝土密实性，以确保防水混凝土的耐侵蚀性和抗渗性能。

**4** 砂率对抗渗性有明显的影响。砂率偏低时，由于砂子数量不足而水泥和水的含量高，混凝土往往出现不均匀及收缩大的现象，抗渗性较差；而砂率偏高时，由于砂子过多，拌合物干涩而缺乏粘结能力，混凝土密实性差，抗渗能力下降。实践证明，35% ～ 45%砂率最为适宜。

**5** 灰砂比对抗渗性也有明显影响。灰砂比为1:1 ~1:1.5 时，由于砂子数量不足而水泥和水的含量高，混凝土往往出现不均匀及收缩大的现象，混凝土抗渗性较差；灰砂比为 1:3 时，由于砂子过多，拌合物干涩而缺乏粘结能力，混凝土密实性差，抗渗能力下降。因此，灰砂比为 1:2 ~ 1:2.5 时最为适宜。

**6** 氯离子含量高会导致混凝土的钢筋锈蚀，是影响混凝土结构耐久性的主要危害因素之一，应引起足够的重视。根据国内外资料和标准规范规定，氯离子含量不超过胶凝材料总量的 0.1%，不会导致钢筋锈蚀。

**4.1.8** 本条考虑到目前在地下工程中大量采用预拌混凝土泵送施工的需要，对预拌混凝土的坍落度作出具体规定。工程实践中，泵送混凝土的坍落度是按《混凝土泵送技术规程》JGJ/T 10－95 表 3.2.4-1 不同泵送高度入泵时混凝土坍落度选用的，对地下工程来说坍落度偏高并没有必要。施工时，为了达到较高的坍落度，往往采用掺加外加剂或提高水灰比的方法，前者会增加工程造价，后者可能降低混凝土的防水性能。经征求意见，本条修改为"入泵坍落度宜控制在 120mm ~ 160mm，坍落度每小时损失不应大于 20mm，坍落度总损失值不应大于 40mm"。

泵送混凝土配合比设计应符合现行行业标准《普通混凝土配合比设计规程》JGJ/T 55 的有关规定；泵送混凝土试配时规定的坍落度值应按式（2）计算。

$$T_t = T_p + \Delta T \qquad (2)$$

式中：$T_t$——试配时规定的坍落度值（mm）；

$T_p$——入泵时规定的坍落度值（mm）；

$\Delta T$——试验测得在预计时间内的坍落度经时损失值。

**4.1.9** 本条对混凝土拌制和浇筑过程控制作了具体规定，并增加了混凝土入泵时的坍落度允许偏差规定。

**1** 规定了各种原材料的计量标准，避免由于计量不准确或偏差过大而影响混凝土配合比的准确性，确保混凝土的匀质性、抗渗性和强度等技术性能。

**2** 拌合物坍落度的大小，对拌合物施工性及硬化后混凝土的抗渗性和强度有直接影响，因此加强坍落度的检测和控制是十分必要的。

由于混凝土输送条件和运距的不同，掺入外加剂后引起混凝土的坍落度损失也会不同。规定了坍落度

允许偏差，减少和消除上述各种不利因素影响，保证混凝土具有良好的施工性。

**3** 混凝土入泵时的坍落度允许偏差是泵送混凝土质量控制的重要内容，并规定了混凝土入泵坍落度在交货地点按每工作班至少检查两次。本条表 4.1.9-3 是根据现行国家标准以及我国泵送施工经验而定的。

**4** 针对施工中遇到坍落度不满足规定时随意加水的现象，作了严禁直接加水的规定。随意加水将改变原有规定的水灰比，水灰比的增大不仅影响混凝土的强度，而且对混凝土的抗渗性影响极大，将会引起渗漏水的隐患。

**4.1.10** 本条针对防水混凝土抗压强度试件的取样频率与留置组数要求，应符合现行国家标准《混凝土结构工程施工质量验收规范》GB 50204 的有关规定。同时，本条还对混凝土抗压强度试验方法和混凝土强度评定作出了规定。

**4.1.11** 防水混凝土不宜采用蒸汽养护。采用蒸汽养护会使毛细管因经受蒸汽压力而扩张，造成混凝土的抗渗性急剧下降，故防水混凝土的抗渗性能必须以标准条件下养护的抗渗试件作为依据。

随着地下工程规模的日益扩大，混凝土浇筑量大大增加。近十年来地下室 3 层～4 层的工程并不罕见，有的工程仅底板面积即达 1 万平方米。如果抗渗试件留置组数过多，必然造成工作量太大、试验设备条件不够、所需试验时间过长；即使试验结果全部得出，也会因不及时而失去意义，给工程质量造成遗憾。为了比较真实地反映防水工程混凝土质量情况，规定每 500m³ 留置一组抗渗试件，且每项工程不得少于两组。

按《普通混凝土长期性能和耐久性能试验方法标准》GB/T 50082－2009 的规定，混凝土抗水渗透性能是通过逐级施加压力来测定混凝土抗渗等级的。混凝土抗渗等级应以每组 6 个试件中有 4 个试件未出现渗水时的最大水压力乘以 10 来确定，并应按式（3）计算。

$$P = 10H - 1 \qquad (3)$$

式中：$P$——混凝土抗渗等级；

$H$——6 个试件中有 3 个试件渗水时的水压力（MPa）。

**4.1.12** 大体积防水混凝土内部的热量不如表面热量散失得快，容易造成内外温差过大，所产生的温度应力使混凝土开裂。一般混凝土的水泥水化热引起的混凝土温度升值与环境温度差值大于 25℃ 时，所产生的温度应力有可能大于混凝土本身的抗拉强度，造成混凝土的开裂。大体积混凝土施工时，除精心做好配合比设计、原材料选择外，一定要重视现场施工组织、现场检测等工作。加强温度监测，随时控制混凝土内部的温度变化，将混凝土中心温度与表面温度的

差值控制在 25℃ 以内，使表面温度与大气温度差不超过 20℃，并及时进行保温保湿养护，使混凝土硬化过程中产生的温差应力小于混凝土本身的抗拉强度，避免混凝土产生贯穿性的有害裂缝。

大体积防水混凝土施工时，为了减少水泥水化热，推迟放热高峰出现的时间，往往掺加部分粉煤灰等胶凝材料替代水泥。由于粉煤灰的水化反应慢，混凝土强度上升较普通混凝土慢。因此可征得设计单位同意，将大体积混凝土 60d 或 90d 的强度作为验收指标。

**4.1.13** 本条对防水混凝土分项工程检验批的抽样检验数量作出规定。

**4.1.14** 防水混凝土所用的水泥、砂、石、水、外加剂及掺合料等原材料的品质，配合比的正确与否及坍落度大小，都直接影响防水混凝土的密实性、抗渗性，因此必须严格控制，以符合设计要求。在施工过程中，应检查产品合格证书、产品性能检测报告，计量措施和材料进场检验报告。

**4.1.15** 防水混凝土与普通混凝土配制原则不同，普通混凝土是根据所需强度要求进行配制的，而防水混凝土则是根据工程设计所需抗渗等级要求进行配制。通过调整配合比，使水泥砂浆除满足填充和粘结石子骨架作用外，还在粗骨料周围形成一定数量良好的砂浆包裹层，从而提高混凝土抗渗性。

作为防水混凝土首先必须满足设计的抗渗等级要求，同时适应强度要求。一般能满足抗渗要求的混凝土，其强度往往会超过设计要求。

**4.1.16** 对本条说明如下：

**1** 防水混凝土应连续浇筑，宜少留施工缝，以减少渗水隐患。墙体上的垂直施工缝宜与变形缝相结合。墙体最低水平施工缝应高出底板表面不小于 300mm，距墙孔洞边缘不应小于 300mm，并避免设在墙体承受剪力最大的部位。

**2** 变形缝应考虑工程结构的沉降、伸缩的可变性，并保证其在变化中的密闭性，不产生渗漏水现象。变形缝处混凝土结构的厚度不应小于 300mm，变形缝的宽度宜为 20mm～30mm。全理埋式地下防水工程的变形缝应为环状；半地下防水工程的变形缝应为 U 字形，U 字形变形缝的设计高度应超出室外地坪 500mm 以上。

**3** 后浇带采用补偿收缩混凝土、遇水膨胀止水条或止水胶等防水措施，补偿收缩混凝土的抗压强度和抗渗等级均不得低于两侧混凝土。

**4** 穿墙管道应在浇筑混凝土前预埋。当结构变形或管道伸缩量较小时，穿墙管可采用主管直接埋入混凝土内的固定式防水法；当结构变形或管道伸缩量较大或有更换要求时，应采用套管式防水法。穿墙管线较多时宜相对集中，采用封口钢板式防水法。

**5** 埋设件端部或预留孔、槽底部的混凝土厚

不得小于250mm；当厚度小于250mm时，应采取局部加厚或加焊止水钢板的防水措施。

**4.1.17** 地下防水工程除主体采用防水混凝土结构自防水外，往往在其结构表面采用卷材、涂料防水层，因此要求结构表面应做到坚实和平整。防水混凝土结构内的钢筋或绑扎钢丝不得触及模板，固定模板的螺栓穿墙结构时必须采取防水措施，避免在混凝土结构内留下渗漏水通路。

地下铁道、隧道结构埋设件和预留孔洞多，特别是梁、柱和不同断面结合等部位钢筋密集，施工时必须事先制定措施，加强该部位混凝土振捣密实，保证混凝土质量。

防水混凝土结构上埋设件应准确，其允许偏差：预埋螺栓中心线位置为2mm，外露长度为+10mm，0；预留孔、槽中心线位置为10mm，截面内部尺寸为+10mm，0。拆模后结构尺寸允许偏差：预埋件中心线位置为10mm，预埋螺栓和预埋管为5mm；预留孔、槽中心线位置为15mm。上述要求均按照现行国家标准《混凝土结构工程施工质量验收规范》GB 50204的有关规定执行。

**4.1.18** 工程渗漏水的轻重程度主要取决于裂缝宽度和水头压力，当裂缝宽度在0.1mm～0.2mm左右、水头压力小于15m～20m时，一般混凝土裂缝可以自愈。所谓"自愈"是当混凝土产生微细裂缝时，体内的游离氢氧化钙一部分被溶出且浓度不断增大，转变成白色氢氧化钙结晶，氢氧化钙与空气中的二氧化碳发生碳化作用，形成白色碳酸钙结晶沉积在裂缝的内部和表面，最后裂缝全部愈合，使渗漏水现象消失。基于混凝土这一特性，确定地下工程防水混凝土结构裂缝宽度不得大于0.2mm，并不得贯通。

**4.1.19** 对本条说明如下：

**1** 防水混凝土除了要求密实性好、开放孔隙少、孔隙率小以外，还必须具有一定厚度，从而可以延长混凝土的透水通路，加大混凝土的阻水截面，使得混凝土不发生渗漏。综合考虑现场施工的不利条件及钢筋的引水作用等诸因素，防水混凝土结构的厚度不应小于250mm，本次修订将原规范"其允许偏差为+15mm、-10mm"修改为"其允许偏差为+8mm、-5mm"，以便与现行国家标准《混凝土结构工程施工质量验收规范》GB 50204规定一致。

**2** 钢筋保护层通常是指主筋的保护层厚度。由于地下工程结构的主筋外面还有箍筋，箍筋处的保护层厚度较薄，加之水泥固有收缩的弱点以及使用过程中受到各种因素的影响，保护层处混凝土极易开裂，地下水沿钢筋渗入结构内部，故迎水面钢筋保护层必须具有足够的厚度。

钢筋保护层的厚度，对提高混凝土结构的耐久性、抗渗性极为重要。据有关资料介绍，当保护层厚度分别为40mm、30mm、20mm时，钢筋产生移位或

保护层厚度发生负偏差时，5mm的误差就能使钢筋锈蚀的时间分别缩短24%、30%、44%，可见，保护层越薄其受到的损害越大。因此，规范规定："主体结构迎水面钢筋保护层厚度不应小于50mm"，本次修订将原规范"其允许偏差为±10mm"修改为"其允许偏差应为±5mm"，以确保负偏差时保护层的厚度。

### 4.2 水泥砂浆防水层

**4.2.1** 防水砂浆分为掺有外加剂或掺合料的防水砂浆和聚合物水泥防水砂浆两大类，水泥砂浆防水层适用于地下工程主体结构的迎水面或背水面。水泥防水砂浆系刚性防水材料，适应基层变形能力差，不适用于持续振动或温度大于80℃的地下工程。一些具有防腐蚀功能的聚合物水泥防水砂浆，常温下可用于化工大气和腐蚀性水作用的部位，也可用于浓度不大于2%的酸性介质或中等浓度以下的碱性介质和盐类介质作用的部位。因此，环境具有腐蚀性的地下工程，可根据介质、浓度、温度和作用条件等因素，综合确定选用聚合物水泥防水砂浆。防腐蚀工程的设计、选材、施工及验收可参照现行标准《聚合物水泥砂浆防腐蚀工程技术规程》CECS 18、《工业建筑防腐蚀设计规范》GB 50046、《建筑防腐蚀工程施工及验收规范》GB 50212、《建筑防腐蚀工程施工质量验收规范》GB 50224等有关规定。

**4.2.2** 随着防水技术的进步，普通水泥砂浆已逐渐被掺加外加剂、掺合料或聚合物乳液的防水砂浆所取代；由于防水砂浆施工工艺更简便，防水效果更可靠，因此本条取消了普通水泥砂浆防水层的规定。

聚合物水泥防水砂浆是以水泥、细骨料为主要原材料，以聚合物和添加剂等为改性材料并以适当配比混合而成的，产品分为干粉类和乳液类，其物理性能应符合现行行业标准《聚合物水泥防水砂浆》JC/T 984的有关规定。

**4.2.3** 对本条说明如下：

**1** 水泥应使用硅酸盐水泥、普通硅酸盐水泥或特种水泥，主要根据水泥早强、快硬、防渗、膨胀、抗硫酸盐等性能，适应不同情况的需要。水泥出厂后存放时间不宜过长，有效期不得超过3个月，快硬水泥不得超过1个月。过期或受潮结块水泥不得使用，必要时需经过检验后确定。

**2** 砂宜采用中砂，粒径大于3mm的颗粒应在使用前筛除。砂的颗粒应坚硬、粗糙、洁净，同时砂中不得含有垃圾和草根等有机杂质。砂中含泥量、硫化物和硫酸盐含量均应符合高强度混凝土用砂的规定。

**3** 一般能饮用的自来水和天然水，均可用作防水砂浆用水。规定水中不得有影响水泥正常凝结与硬化的有害杂质或油类、糖类等。

**4** 聚合物乳液的质量要求应符合现行行业标准

《建筑防水涂料用聚合物乳液》JC/T 1017 的有关规定。

  **5** 外加剂的质量要求应符合现行国家标准《混凝土外加剂应用技术规范》GB 50119 的有关规定。

**4.2.4** 对本条说明如下：

  **1** 水泥砂浆防水层的基层至关重要。基层表面状态不好、不平整、不坚实、有孔洞和缝隙，就会影响水泥砂浆防水层的均匀性及与基层的粘结性。

  **2** 施工前，要对基层仔细处理。表面疏松的石子、浮浆等要先清除干净；如有凹凸不平或蜂窝麻面、孔洞等，应剔除疏松部位，并预先进行修补；埋设件、穿墙管、预留凹槽等细部构造，均是防水工程的薄弱点，需先用反应固化型弹性密封材料嵌填密封处理。

**4.2.5** 对本条说明如下：

  **1** 施工缝是水泥砂浆防水层的薄弱部位，施工缝接槎不严密及位置留设不当等原因将导致防水层渗漏水。因此水泥砂浆防水层各层应紧密结合，每层宜连续施工；如必须留槎时，应采用阶梯坡形槎，但离开阴阳角处不得小于 200mm，接槎要依层次顺序操作，层层搭接紧密。

  **2** 为避免水泥砂浆防水层产生裂缝，在砂浆终凝后约12h～24h要及时进行湿养护。一般水泥砂浆14d强度可达标准强度的80%。

  聚合物水泥砂浆防水层应采用干湿交替的养护方法，早期硬化后7d内采用潮湿养护，后期采用自然养护；在潮湿环境中，可在自然条件下养护。聚合物防水砂浆终凝后泛白前，不得洒水养护或雨淋，以防水冲走砂浆中的胶乳而破坏胶网膜的形成。

**4.2.6** 本条对水泥砂浆防水层分项工程检验批的抽样检验数量作出规定。

**4.2.7** 在水泥砂浆中掺入各种外加剂、掺合料的防水砂浆，可提高砂浆的密实性、抗渗性，应用已较为普遍。而在水泥砂浆中掺入高分子聚合物配制成具有韧性、耐冲击性好的聚合物水泥砂浆，是近年来国内外发展较快、具有较好防水效果的新型防水材料。

  由于外加剂、掺合料和聚合物的质量参差不齐，配制防水砂浆必须根据不同防水工程部位的防水规定和所用材料的特性，提供能满足设计要求的适宜配合比。配制过程中，必须做到原材料的品种、规格和性能符合现行国家标准或行业标准的要求，同时计量应准确，搅拌应均匀，现场抽样检验应符合设计要求。

**4.2.8** 目前掺入各种外加剂、掺合料和聚合物的防水砂浆品种繁多，给设计和施工单位选用这些材料带来一定的困难。《地下工程防水技术规范》GB 50108-2008 第4.2.8条列出了防水砂浆主要性能要求，可以满足设计和施工单位使用。同时规定：掺外加剂、掺合料的防水砂浆，其粘结强度应大于0.6MPa，抗渗性应大于或等于0.8MPa；聚合物水泥防水砂浆，其粘结强度应大于1.2MPa，抗渗性应大于或等于1.5MPa，砂浆浸水168h后材料的粘结强度及抗渗性的保持率应大于或等于80%。又按《聚合物水泥防水砂浆》JC/T 984-2005 的规定，粘结强度7d应大于或等于1.0MPa，28d应大于或等于1.2MPa；抗渗压力7d应大于或等于1.0MPa，28d应大于或等于1.5MPa。综上所述，防水砂浆的粘结强度和抗渗性应是进场材料必检项目。

**4.2.9** 水泥砂浆防水层不宜单独作为一个防水层，而应与基层粘结牢固并连成一体，共同承受外力及压力水的作用。水泥砂浆防水层宜采用分层抹压法施工，水泥砂浆防水层各层之间应紧密贴合，防水层与基层之间必须粘结牢固，无空鼓现象。

  由于本次修订将普通水泥砂浆防水层取消，水泥砂浆防水层与基层之间的粘结牢固显得格外重要，故对原条文作了局部修改。

  本条检验方法是观察和用小锤轻击检查。在确定水泥砂浆防水层是否有空鼓时，应符合以下规定：一是对单个空鼓面积不大于0.01m² 且无裂纹者，一律可不作修补；局部单个空鼓面积大于0.01m² 或虽面积不大但裂纹显著者，应予修补。二是对已经出现大面积空鼓的严重缺陷，应由施工单位提出技术处理方案，并经监理或建设单位认可后处理。三是对水泥砂浆防水层经处理的部位，应重新检查验收。

**4.2.10** 水泥砂浆防水层不同于普通水泥砂浆找平层，在混凝土或砌体结构的基层上宜采用分层抹压法施工，防止防水层的表面产生裂纹、起砂、麻面等缺陷，保证防水层和基层的粘结质量。水泥砂浆铺压面层时，应在砂浆收水后二次压光，使表面坚固密实、平整；砂浆终凝后，采取浇水、喷养护剂等手段充分养护，保证砂浆中的水泥充分水化，确保防水层质量。

**4.2.11** 参见本规范第4.2.5条的条文说明。

**4.2.12** 水泥砂浆防水层无论是在结构迎水面还是结构背水面，都具有很好的防水效果。根据防水砂浆的特性和目前应用的实际情况，《地下工程防水技术规范》GB 50108-2008 对水泥砂浆防水层的厚度作了规定，掺外加剂或掺合料水泥砂浆防水层厚度宜为18mm～20mm；聚合物水泥砂浆防水层厚度单层施工宜为6mm～8mm，双层施工厚度宜为10mm～12mm。

  水泥砂浆防水层的厚度测量，应在砂浆终凝前用钢针插入进行尺量检查，不允许在已硬化的防水层表面任意凿孔破坏。

**4.2.13** 本条对水泥砂浆防水层表面平整度的允许偏差和检验方法作了规定。

### 4.3 卷材防水层

**4.3.1** 本条提出卷材防水层应铺设在主体结构的迎水面，其作用是：1 保护结构不受侵蚀性介质侵蚀；

2 防止外部压力水渗入到结构内部引起钢筋锈蚀和碱骨料反应；3 克服卷材与混凝土基面的粘结力小的缺点。一般卷材铺贴采用外防外贴和外防内贴两种施工方法。由于外防外贴法的防水效果优于外防内贴法，所以在施工场地和条件不受限制时一般均采用外防外贴法。

4.3.2 目前国内主要使用的卷材品种是：高聚物改性沥青类防水卷材有 SBS、APP、自粘聚合物改性沥青等防水卷材；合成高分子类防水卷材有三元乙丙、聚氯乙烯、聚乙烯丙纶、高分子自粘胶膜等防水卷材。上述材料具有延伸率较大、对基层伸缩或开裂变形适应性较强的特点，适用于地下防水工程。

我国化学建材行业发展较快，卷材种类繁多、性能各异，各类不同的卷材都应有与其配套或相容的基层处理剂、胶粘剂和密封材料。基层处理剂是涂刷在防水层的基层表面，增加防水层与基面粘结强度的涂料，改性沥青防水卷材可采用沥青冷底子油，合成高分子防水卷材一般采用配套的基层处理剂；卷材的胶粘剂种类很多，胶粘剂应与铺贴的卷材相容。卷材的粘结质量是保证卷材防水层不产生渗漏的关键之一，《地下工程防水技术规范》GB 50108－2008 对不同品种卷材粘结质量提出了具体的规定；卷材搭接缝施工质量又是影响防水层质量的关键，合成高分子防水卷材的搭接缝应采用卷材生产厂家配套的专用接缝胶粘剂粘结，并在卷材收头处采用相容的密封材料封严。

4.3.3 材料是保证防水工程的基础，一个防水系统除了材料本身合格外，必须考虑防水材料及其辅助材料的匹配性。国内许多防水材料生产企业，一般只提供合格的防水材料或辅助材料，施工单位一般不会考虑是否相互匹配，采购后就直接使用在工程中，影响了工程质量。为了不增加过多的试验费用，在进场材料检验的同时，应按其用途将主材和辅材一并送检，并进行两种材料的剪切性能和剥离性能检验。本条对采用胶粘剂和胶粘带的防水卷材接缝进行粘结质量检验作了具体规定，同时在本规范附录 D 中提出了以下试验方法：

1 胶粘剂的剪切性能试验方法；

2 胶粘剂的剥离性能试验方法；

3 胶粘带的剪切性能试验方法；

4 胶粘带的剥离性能试验方法。

4.3.4 为了保证卷材与基层的粘结质量，铺贴卷材前应在基层上涂刷或喷涂基层处理剂，基层处理剂应与卷材及其粘结材料相容；基层处理剂施工时应做到均匀一致、不露底，待表面干燥后方可铺贴卷材；当基面潮湿时，为保证防水卷材在较潮湿的基面上的粘结质量，应涂刷湿固化型胶粘剂或潮湿界面隔离剂。

4.3.5 转角处、变形缝、施工缝和穿墙管等部位是地下工程防水施工中的薄弱部位，为保证防水工程质量，规定在这些部位增铺卷材加强层，并规定加强层

宽度宜为 300mm～500mm。

4.3.6 我国对卷材与卷材的连接要求采用搭接的方式，为了保证防水卷材接缝的粘结质量，本条提出了铺贴各种卷材搭接宽度的要求，同时保留原规范"铺贴双层卷材时，上下两层和相邻两幅卷材的接缝应错开 1/3～1/2 幅宽，且两层卷材不得相互垂直铺贴"的内容。

4.3.7 采用冷粘法铺贴高分子防水卷材时，胶粘剂的涂刷质量对卷材防水层施工质量的影响极大，涂刷不均匀、有堆积或漏涂现象，不但影响卷材的粘结力，还会造成材料的浪费。

不同胶粘剂的性能和施工规定不同，有的可以在涂刷后立即粘贴，有的要待溶剂挥发后粘贴，这些都与气温、湿度、风力等施工环境因素有关，本条提出应控制胶粘剂涂刷与卷材铺贴的间隔时间的原则规定。

卷材搭接缝的粘结质量，关键是搭接宽度和粘结密封性能。卷材接缝部位可采用专用胶粘剂或胶粘带满粘，卷材接缝粘结完成后，规定卷材接缝处用 10mm 宽的密封材料封严，以提高防水层的密封防水性能。

4.3.8 采用热熔法铺贴高聚物改性沥青防水卷材时，用火焰加热器加热卷材必须均匀一致，喷嘴与卷材应保持适当的距离，加热至卷材表面有黑色光亮时方可以粘合。加热时间或温度不够，卷材胶料未完全熔融，会影响卷材接缝的粘结强度和密封性能；加热时间过长或温度过高，会使卷材胶料烧焦或烧穿卷材，从而导致卷材材性下降，防水层质量难以保证。

铺贴卷材时应将空气排出，才能粘贴牢固；滚铺卷材时缝边必须溢出热熔的改性沥青胶料，使接缝粘贴牢固、封闭严密。

4.3.9 采用自粘法铺贴卷材时，首先应将隔离层全部撕净，否则不能实现完全粘贴。为了保证卷材与基面以及卷材接缝粘结性能，在温度较低时宜对卷材和基面采用热风加热施工。

采用这种铺贴工艺，考虑到施工的可靠度、防水层的收缩，以及外力使缝口翘边开缝的可能，规定卷材接缝口用密封材料封严，以提高防水层的密封防水性能。

4.3.10 本条对 PVC 等热塑性卷材的搭接缝采用热风焊机或焊枪进行焊接的施工要点作出规定。

为确保卷材接缝的焊接质量，规定焊接前卷材应铺放平整，搭接尺寸准确，焊接缝结合面的油污、尘土、水滴等附着物擦拭干净后，才能进行焊接施工。同时，焊缝质量与热风加热温度和时间、操作人员的熟练程度关系极大，焊接施工时必须严格控制，焊接处不得出现漏焊、跳焊或焊接不牢等现象。

4.3.11 聚乙烯丙纶卷材复合防水体系，是用聚合物水泥防水胶粘材料，将聚乙烯丙纶卷材粘贴在水泥砂

浆或混凝土基层上，共同组成的一道防水层。聚合物水泥防水粘结材料是由聚合物乳液或聚合物再分散性粉末等聚合物材料和水泥为主要材料组成，不得使用水泥原浆或水泥与聚乙烯醇缩合物混合的材料；聚乙烯丙纶卷材应采用聚乙烯成品原生料和一次复合成型工艺生产；聚合物防水胶粘材料应与聚乙烯丙纶卷材配套供应。本条对其施工要点作出了规定。施工时还应符合《聚乙烯丙纶卷材复合防水工程技术规程》CECS 199 的规定。

**4.3.12** 高分子自粘胶膜防水卷材是在一定厚度的高密度聚乙烯膜面上涂覆一层高分子自粘胶料制成的复合高分子防水卷材，归类于高分子防水卷材复合片树脂类品种 $FS_2$，其特点是具有较高的断裂拉伸强度和撕裂强度，胶膜的耐水性好，一二级的地下防水工程单层使用时也能达到防水规定的要求。

高分子自粘胶膜防水卷材宜采用预铺反粘法施工。施工时将卷材的高分子胶膜层朝向主体结构空铺在基面上，然后浇筑结构混凝土，使混凝土浆料与卷材胶膜层紧密地结合，防水层与主体结构结合成为一体，从而达到不窜水的效果。卷材的长边采用自粘法搭接，短边采用胶粘带搭接，所用粘结材料必须与卷材相配套。

本条规定了高分子自粘膜防水卷材施工的基本要点，为保证防水工程质量，应选择具有这方面施工经验的单位，并按照该卷材应用技术规程或工法的规定施工。

**4.3.13** 卷材防水层铺贴完成后应立即做保护层，防止后续施工将其损坏。

顶板防水层上应采用细石混凝土保护层。机械回填碾压时，保护层厚度不宜小于 70mm；人工回填土时，保护层厚度不宜小于 50mm。条文中规定细石混凝土保护层与防水层之间宜设置隔离层，目的是防止保护层伸缩变形而破坏防水层。

底板防水层上要进行扎筋、支模、浇筑混凝土等工作，因此底板防水层上应采用厚度不小于 50mm 的细石混凝土保护层。侧墙防水层的保护层可采用聚苯乙烯泡沫塑料板、发泡聚乙烯、塑料排水板等软质保护层，也可采用铺抹 30mm 厚 1:2.5 水泥砂浆保护层。

高分子自粘胶膜防水卷材采用预铺反粘法施工时，可不做保护层。

**4.3.14** 本条对卷材防水层分项工程检验批的抽样检验数量作出规定。

**4.3.15** 由于考虑到地下工程使用年限长，质量要求高，工程渗漏维修无法更换材料等特点，防水卷材产品标准中的某些技术指标不能满足地下工程的需要，故本规范附录第 A.1 节中列出了防水卷材及其配套材料的主要物理性能。

性能指标依据下列产品标准：

1 《弹性体改性沥青防水卷材》GB 18242

2 《改性沥青聚乙烯胎防水卷材》GB 18967

3 《聚氯乙烯防水卷材》GB 12952

4 《三元乙丙橡胶防水卷材》GB 18173.1（代号 $JL_1$）

5 《聚乙烯丙纶复合防水卷材》GB 18173.1（代号 $FS_2$）

6 《高分子自粘胶膜防水卷材》GB 18173.1（代号 $FS_2$）

7 《自粘聚合物改性沥青防水卷材》GB 23441

8 《带自粘层的防水卷材》GB/T 23260

9 《沥青基防水卷材用基层处理剂》JC/T 1069

10 《高分子防水卷材胶粘剂》JC 863

11 《丁基橡胶防水密封胶粘带》JC/T 942

**4.3.16** 转角处、变形缝、施工缝、穿墙管等部位是防水层的薄弱环节，由于基层后期产生裂缝会导致卷材或涂膜防水层的破坏，因此本规范第 4.3.5 条和第 4.4.4 条第 4 款均作规定，基层阴阳角应做成圆弧，卷材或涂料防水层在转角处、变形缝、施工缝、穿墙管等部位，应增设卷材或涂料加强层。为保证防水的整体效果，对上述细部构造节点必须精心施工和严格检查，除观察检查外还应检查隐蔽工程验收记录。

**4.3.17** 实践证明，只有基层牢固和基面干燥、洁净、平整，才能使卷材与基面粘贴牢固，从而保证卷材的铺贴质量。

基层的阴阳角是防水层应力集中的部位，铺贴高聚物改性沥青防水卷材时圆弧半径不应小于 50mm，铺贴合成高分子防水卷材时圆弧半径不应小于 20mm。

冷粘法铺贴卷材时，卷材接缝口应用与卷材相容的密封材料封严，其宽度不应小于 10mm。热熔法铺贴卷材时，接缝部位的热熔胶料必须溢出，并应随即刮封接口使接缝粘结严密。热塑性卷材接缝焊接时，单焊缝搭接宽度应为 60mm，有效焊缝宽度不应小于 30mm；双焊缝搭接宽度应为 80mm，中间应留设 10mm～20mm 的空腔，每条焊缝有效焊缝宽度不宜小于 10mm。

**4.3.18** 采用外防外贴法铺贴卷材时，应先铺平面，后铺立面，平面卷材应铺贴至立面主体结构施工缝处，交接处应交叉搭接，这个立面交接部位称为接槎。

混凝土结构完成后，铺贴立面卷材时应先将接槎部位的各层卷材揭开，并将其表面清理干净，如卷材有局部损伤，应及时进行修补。卷材接槎的搭接宽度：高聚物改性沥青类卷材应为 150mm，合成高分子类卷材应为 100mm，且上层卷材应盖过下层卷材。

**4.3.19** 本条规定卷材保护层与防水层应结合紧密、厚度均匀一致，是针对主体结构侧墙采用软质保护层和铺抹水泥砂浆保护层时提出来的。

**4.3.20** 卷材铺贴前，施工单位应根据不同卷材搭接宽度和允许偏差，在现场弹出基准线作为标准去控制施工质量。

### 4.4 涂料防水层

**4.4.1、4.4.2** 地下结构属长期浸水部位，涂料防水层应选用具有良好耐水性、耐久性、耐腐蚀性和耐菌性的涂料。

按地下工程应用防水涂料的分类，有机防水涂料主要包括合成橡胶类、合成树脂类和橡胶沥青类。氯丁橡胶防水涂料、SBS改性沥青防水涂料等聚合物乳液防水涂料，属挥发固化型；聚氨酯防水涂料属反应固化型。

有机防水涂料的特点是达到一定厚度具有较好的抗渗性，在各种复杂基面都能形成无接缝的完整防水膜，通常用于地下工程主体结构的迎水面。但近些年来，随着新材料的不断涌现，有些有机涂料的粘结性、抗渗性均有较大提高，也可用于地下工程主体结构的背水面。

无机防水涂料主要包括掺用外加剂、掺合料的水泥基防水涂料和水泥基渗透结晶型防水涂料。水泥基渗透结晶型防水涂料是一种新型刚性防水材料，与水作用后，材料中含有的活性化学物质通过载体向混凝土内部渗透，在混凝土中形成不溶于水的结晶体，填塞毛细孔道，从而提高混凝土的密实性和防水性。

由于无机防水涂料凝固快，与基面有较强的粘结力，比有机防水涂料更适宜用作主体结构背水面的防水。

目前国内聚合物水泥防水涂料发展很快，用量日益增多，该类材料是以有机高分子聚合物为主剂，加入少量无机活性粉料、填料等制备而成，除具有良好的柔韧性、粘结性、耐老化性、抗渗性外，涂膜干燥快，弹性模量适中，体积收缩小，潮湿基层可施工，兼具有机与无机防水涂料的优点。

应该指出，有机防水涂料固化成膜后最终形成柔性防水层，与防水混凝土主体结构结合为刚柔两道防水设防，无机水泥基防水涂料是在水泥中掺加一定的外加剂，不同程度地改变水泥固化后的物理力学性能，但是与防水混凝土主体结构结合仍应认为是两道刚性防水设防，不适用于变形较大或受振动部位。

**4.4.3** 防水涂料施工前，必须对基层表面的缺陷和渗水进行处理。因为涂料未凝固时，如受到水压力的作用，就会使涂料无法凝固或形成空洞，造成渗漏水隐患。基面洁净，无浮浆，有利于涂料均匀一致并具有较好的粘结力。

基层干燥有利于有机防水涂料的成膜及与基层粘结力，但地下工程由于施工工期所限，很难做到基面干燥。施工时，宜选用与潮湿基面粘结力较大的有机或无机涂料，也可采用先涂刷无机防水涂料，再涂刷有机防水涂料的复合防水做法。

水泥基渗透结晶型防水涂料施工前，应用洁净水充分湿润混凝土基层，但表面不得有明水，以利于其活性化学物质充分渗透，以水为载体，依靠自身所特有的活性化学物质，在混凝土中与未水化的成分进行水化。

**4.4.4** 对本条说明如下：

1 采用多组分涂料时，由于各组分的配料计量不准和搅拌不均匀，将会影响混合料的充分化学反应，造成涂料性能指标下降。一般配成的涂料固化时间比较短，应按照一次用量确定配料的多少，在固化前用完；已固化的涂料不能和未固化的涂料混合使用。当涂料黏度过大以及涂料固化过快或过慢时，可分别加入适量的稀释剂、缓凝剂或促凝剂，调节黏度或固化时间，但不得影响涂料的质量。

2 防水涂膜在满足厚度的前提下，涂刷的遍数越多对成膜的密实度越好，因此涂刷时应多遍涂刷，每遍涂刷应均匀，不得有露底、漏涂和堆积现象。多遍涂刷时，应待涂层干燥成膜后方可涂刷后一遍涂料；两涂层施工间隔时间不宜过长，否则会形成分层。

3 涂料施工面积较大时，为保护施工搭接缝的防水质量，规定甩槎搭接宽度应大于100mm，接涂前应将其甩槎表面处理干净。

4 有机防水涂料大面积施工前，应对转角处、变形缝、施工缝和穿墙管等部位，设置胎体增强材料并增加涂刷遍数，以确保防水施工质量。

**4.4.5** 参见本规范第4.3.13条的条文说明。

**4.4.6** 本条对涂料防水层分项工程检验批的抽样检验数量作出规定。

**4.4.7** 防水涂料品种较多，选择适用于地下工程防水规定的材料，对设计和施工单位来说确有一定难度。根据地下工程防水对涂料的规定及现有涂料的性能，本规范附录第A.2节列出了有机防水涂料和无机防水涂料的主要物理性能。

性能指标依据下列产品标准：

1 《聚氨酯防水涂料》GB/T 19250
2 《聚合物乳液建筑防水涂料》JC/T 864
3 《聚合物水泥防水涂料》JC/T 894
4 《水泥基渗透结晶型防水涂料》GB 18445
5 《聚氯乙烯弹性防水涂料》JC/T 674
6 《水乳型沥青防水涂料》JC/T 408
7 《溶剂型橡胶沥青防水涂料》JC/T 852

**4.4.8** 防水涂料必须具有一定的厚度，保证其防水功能和防水层耐久性。在工程实践中，经常出现材料用量不足或涂刷不匀的缺陷，因此控制涂层的平均厚度和最小厚度是保证防水层质量的重要措施。《地下工程防水技术规范》GB 50108－2008规定：掺外加剂、掺合料的水泥基防水涂料厚度不得小于3.0mm；水泥基渗透结晶型防水涂料的用量不应小于1.5kg/

m², 且厚度不应小于 1.0mm；有机防水涂料的厚度不得小于 1.2mm。本条保留了原规范涂料防水层的平均厚度应符合设计要求，将最小厚度由原规范的不得小于设计厚度 80% 提高到 90%，以防止涂层过薄不均匀而影响防水质量。检验方法宜采用针测法检查，取消割取实样用卡尺测量。

有关涂料防水层的厚度测量，建议采用下列方法：

**1** 按每处 10m² 抽取 5 个点，两点间距不小于 2.0m，计算 5 点的平均值为该处涂层平均厚度，并报告最小值；

**2** 涂层平均厚度符合设计规定，且最小厚度大于或等于设计厚度的 90% 为合格标准；

**3** 每个检验批当有一处涂层厚度不合格时，则允许再抽取一处按上法测量，若重新抽取一处涂层厚度不合格，则判定检验批不合格。

**4.4.9** 参见本规范第 4.3.16 条的条文说明。

**4.4.10、4.4.11** 涂料防水层与基层是否粘结牢固，主要取决于基层的干燥程度。要想使基面达到干燥的程度一般较难，因此涂刷涂料前应先在基层上涂一层与涂料相容的基层处理剂，这是解决粘结牢固的好方法。

涂料防水层表面应平整，涂刷应均匀，成膜后如出现流淌、鼓泡、露胎体和翘边等缺陷，会降低防水工程质量和影响使用寿命。因此每遍涂料涂布完成后，均应对涂层的表面质量进行观察检查，对可能出现的质量缺陷进行修补，检查合格后再进行下一遍涂刷。

**4.4.12** 参见本规范第 4.3.19 条的条文说明。

### 4.5 塑料防水板防水层

**4.5.1** 塑料防水板防水层一般是铺设在初期支护上，然后在其上施做二次衬砌混凝土。塑料防水板不仅起防水作用，还对初期支护与二次衬砌之间起到隔离和滑动作用，防止因初期支护对二次衬砌的约束而导致二次衬砌的开裂变形。

**4.5.2** 铺设基面应平整，是为了保证塑料防水板的铺设和焊接质量。不平整的处理方法是：当喷射混凝土厚度达到设计规定时，可在低凹处抹水泥砂浆；如喷射混凝土厚度小于设计厚度，必须用喷射混凝土找平。

塑料防水板是在喷射混凝土、地下连续墙初期支护上铺设，规定初期支护基层表面十分平整则费时费力，故条文中只提应平整，并根据工程实践的经验提出平整度的定量指标，以便于铺设塑料防水板。但基层表面上伸出的钢筋头、钢丝等坚硬物体必须予以清除，以免损伤塑料防水板。

**4.5.3** 地下防水工程施工，应遵循"防、排、截、堵"相结合的综合治理原则。当初期支护出现线流漏水或大面积渗水时，应在缓冲层和塑料防水板施工前进行封堵或引排。

**4.5.4** 对本条说明如下：

**1** 设缓冲层，一是因基层表面不太平整，铺设缓冲层后便于铺设塑料防水板；二是能避免基层表面的坚硬物体清除不彻底时刺破塑料防水板；三是采用无纺布或聚乙烯泡沫塑料的缓冲层具有渗排水功能，可起到引排水的作用。

缓冲层铺设时，一般采用射钉和塑料暗钉圈相配套的机械固定方法。塑料暗钉圈用于焊接固定塑料防水板，最终形成无钉孔铺设的防水层。

目前，市场上出现了无纺布和塑料防水板结合在一起的复合防水板，其铺设一般采用吊铺或撑铺，质量难以保证。为保证防水层施工质量，应先铺缓冲层，再铺塑料防水板，真正做到无钉铺设。

**2** 两幅塑料防水板的搭接宽度应视开挖面的平整度确定，搭接太宽造成浪费，因此保留原规范搭接宽度为 100mm 的规定。

下部塑料防水板压住上部塑料防水板，可使衬砌外侧上部的渗漏水能顺利流下，消除在塑料防水板搭接处渗漏水的隐患。

搭接部位层数过多，焊接机无法施焊，采用焊枪大面积焊接施工难以保证质量，但从工艺上 3 层是不可避免的，超过 3 层时应采取措施避开。

**3** 为确保塑料防水板的整体性，搭接缝不宜采用粘结法，因胶粘剂在地下长期使用很难确保其性能不变。塑料防水板搭接缝应采用双焊缝热熔焊接，一方面能确保焊接效果，另一方面也便于充气检查焊缝质量。

**4** 本条增加了"塑料防水板铺设时的分区注浆系统"。设置分区注浆的目的是防止局部渗漏水窜流。

**5** 分段设置塑料防水板时，若两侧封闭不好，则地下水会从此处流出。由于塑料防水板与混凝土粘结性较差，工程上一般采用设过渡层的方法，即选用一种既能与塑料防水板焊接，又能与混凝土结合的材料作为过渡层，以保证塑料防水板两侧封闭严密。

**4.5.5** 塑料防水板的铺设和内衬混凝土的施工是交叉作业，根据目前施工的经验，两者施工距离宜为 5m～20m。同时，塑料防水板铺设时应设临时挡板，防止机械损伤和电火光灼伤塑料防水板。

**4.5.6** 本条规定塑料防水板应牢固地固定在基面上，固定点间距应根据基面平整情况确定，为塑料防水板铺设提供了设计依据。

**4.5.7** 本条对塑料防水板防水层分项工程检验批的抽样检验数量作出规定。

**4.5.8** 目前国内常用的塑料防水板主要有以下四种：乙烯—醋酸乙烯共聚物（EVA）、乙烯—沥青共混聚合物（ECB）、聚氯乙烯（PVC）、高密度聚乙烯（HDPE）。

应选择宽幅的塑料防水板，幅宽以 2m～4m 为宜。幅宽小搭接缝过多，既增加了施工难度，又增加了渗漏水的风险；但幅宽过宽，塑料防水板的重量加大，会造成铺设困难。

塑料防水板的厚度与板的重量、造价、防水性能等相互关联，板过厚则较重，不利于铺设，且造价较高，但过薄又不易保证防水施工质量。根据我国目前的使用情况，塑料防水板在地下工程防水中使用的厚度不得小于 1.2mm。

由于塑料防水板铺设于初期支护与二次衬砌之间，在二次衬砌浇筑混凝土时会承受一定的拉力，故应有足够的抗拉强度。

耐穿刺性是施工中对材料的规定，二次衬砌施工时，绑扎钢筋会对塑料防水板造成损伤，因此规定塑料防水板具有一定的耐穿刺性。

塑料防水板因长期处于地下有水的环境中，若要保证其长久的防水性能，规定必须具有良好的耐久性、耐腐蚀性、耐菌性。

抗渗性是塑料防水板非常重要的性能，但目前的试验方法不能真实地反映塑料防水板长期处于有水作用条件下的抗渗性能，而要制定一套符合地下工程使用环境的试验方法也不是短期能够解决的问题，故只能沿用现在工程界公认的试验方法所测得的数据。

本规范附录第 A.4 节列出了塑料防水板的主要物理性能。

性能指标依据下列产品标准：

**1** 《乙烯—醋酸乙烯共聚物》GB 18173.1（代号 JS$_2$）

**2** 《乙烯—沥青共混聚合物》GB 18173.1（代号 JS$_3$）

**3** 《聚氯乙烯》GB 18173.1（代号 JS$_1$）

**4** 《高密度聚乙烯》GB 18173.1（代号 JS$_2$）

**4.5.9** 塑料防水板的搭接缝必须采用热风焊机和焊枪进行焊接，因热风焊机和焊枪的焊接温度、爬行速度可控，根据塑料防水板的熔点、环境温度和湿度设置焊接温度和爬行速度，塑料防水板接缝的焊接质量就有保障。

焊缝的检验一般是在双焊缝间空腔内进行充气检查。充气检查时，将专用充气检测仪一端与压力表相接，一端扎入空腔内，用打气筒进行充气，当压力表达到 0.25MPa 时停止充气，保持 15min，压力下降在 10% 以内，表明焊缝合格；如果压力下降过快，表明焊缝不严密。用肥皂水涂在焊缝上，有气泡的地方重新补焊，直到不漏气为止。

**4.5.10、4.5.11** 塑料防水板应采用无钉孔铺设。基本做法，一是铺设塑料防水板前，应先铺缓冲层，缓冲层应采用塑料暗钉圈固定在基面上，钉距应符合本规范第 4.5.6 条的规定；二是铺设塑料防水板时，宜由拱顶向两侧展铺，并应边铺边用压焊机将塑料防水

板与暗钉圈焊接牢固，不得有漏焊、假焊或焊穿等现象。

**4.5.12** 塑料防水板的铺设应与基层固定牢固，固定不牢会引起板面下垂，绷紧时又会将塑料防水板拉断。因拱顶防水板易绷紧，从而产生混凝土封顶厚度不够的现象，因此需将绷紧的塑料防水板割开，并将切口封焊严密再浇筑混凝土，以确保封顶混凝土的厚度。

**4.5.13** 塑料防水板搭接缝采用热熔焊接施工时，两幅塑料防水板的搭接宽度不应小于 100mm。由于双焊缝中间需留设 10mm～20mm 空腔，且每条焊缝的有效焊接宽度不应小于 10mm，本条给出了塑料防水板搭接宽度的允许偏差，做到准确下料和保证防水层的施工质量。

## 4.6 金属板防水层

**4.6.1** 金属板防水层重量大、工艺繁、造价高，一般地下防水工程极少使用，但对于一些抗渗性能要求较高的如铸工浇注坑、电炉钢水坑等构筑物，金属板防水层仍占有重要地位和使用价值。因为钢水、铁水均为高温熔液，可使渗入坑内的水分汽化，一旦蒸汽侵入金属熔液中会导致铸件报废，严重者还有引起爆炸的危险。

**4.6.2** 金属板防水层在地下水的侵蚀下易产生腐蚀现象，除了对金属材料和焊条、焊剂提出质量要求外，对保护材料也作了相应的规定。

**4.6.3** 金属板防水层的接缝应采用焊接，为保证接缝的防水密封性能，应对焊接的质量进行外观检查和无损检验。

**4.6.4** 金属板防水层易产生锈蚀、麻点或被其他铁件划伤，因此本条对上述缺陷提出了质量要求。

**4.6.5** 本条规定了金属板防水层分项工程检验批的抽样检验数量，并对原条文作了修改。焊缝的好坏是保证金属板防水层质量的关键，金属板焊缝虽然不考虑焊缝承载要求，但对密封防水要求而言，凡是严重影响焊缝严密性的缺陷都是严禁的。本条对焊缝表面的缺陷检验是按现行国家标准《钢结构工程施工质量验收规范》GB 50205 的有关规定执行，即应按焊缝的条数抽查 5%，且不得少于 1 条焊缝；每条焊缝检查 1 处，总抽查数不得少于 10 处。

**4.6.6** 金属板材和焊条的规格、材质必须按设计要求选择。钢材的性能应符合现行国家标准《碳素结构钢》GB/T 700 和《低合金高强度结构钢》GB/T 1591 的规定。焊接材料对焊接质量的影响重大，钢结构工程中所采用的焊接材料应按设计要求选用，同时产品应符合相应国家现行标准的规定。

**4.6.7** 焊工考试按现行《建筑钢结构焊接技术规程》JGJ 81 的有关规定进行，焊工执业资格证书应在有效期内，执业资格证书中钢材种类、焊接方法应

与施焊条件相适应。

**4.6.8** 金属板表面如有明显凹面和损伤，会使板的厚度减薄，影响金属板防水层的使用寿命，甚至在使用过程中产生渗漏现象，因此金属板防水层完工后不得有明显凹面和损伤。

**4.6.9** 焊缝质量直接影响金属板防水层的使用寿命，严重者会造成渗漏，因此对焊缝的缺陷应进行严格的检查，必要时采用磁粉或渗透探伤等无损检验，可按现行行业标准《建筑钢结构焊接技术规程》JGJ81 的有关规定进行。发现焊缝不合格或渗漏时，应及时进行修整或补焊。

**4.6.10** 焊缝的观感应做到外形均匀、成型较好、焊道与焊道、焊道与基本金属间过渡较平滑，焊渣和飞溅物基本清除干净。

金属板防水层应加以保护，对金属板需用的保护材料应按设计要求并在焊缝检验合格后进行涂装。

### 4.7 膨润土防水材料防水层

**4.7.1** 膨润土吸收淡水后变成胶状体，膨胀为自身重量的 5 倍、自身体积的 13 倍左右，依靠粘结性和膨胀性发挥止水功能，这里的淡水是指不会降低膨润土膨胀功能且不含有害物质的水。当地下水为强酸性或强碱性时，即 pH 小于 4 或大于 10 的条件下，膨润土会丧失膨胀功能，从而也就不具有防水作用。

膨润土防水材料只有在有限的空间内吸水膨胀才能够发挥防水作用，所以膨润土防水材料防水层使用的条件是两侧必须具有一定的夹持力，且夹持力不应小于 0.014MPa。地下工程外墙膨润土防水材料施工结束后应尽早回填，回填时应分层夯实，回填土夯实密实度应大于 85%。另外，膨润土防水材料防水层应与结构物外表面密贴，才会在结构物表面形成胶体隔膜，从而达到防水的目的。

目前国内的膨润土防水材料有下列三种产品：

**1** 针刺法钠基膨润土防水毯，由一层编织土工布和一层非织造土工布包裹钠基膨润土颗粒针刺而成的毯状材料。

**2** 针刺覆膜法钠基膨润土防水毯，是在针刺法钠基膨润土防水毯的非织造土工布外表面复合一层高密度聚乙烯薄膜制成的。

**3** 胶粘法钠基膨润土防水板，是用胶粘剂将膨润土颗粒粘结到高密度聚乙烯板上，压缩生产的钠基膨润土防水板。

在地下防水工程中建议选用针刺覆膜法钠基膨润土防水毯，这种类型对防水工程质量更有保证。

**4.7.2** 钠基膨润土颗粒或粉剂是生产膨润土防水材料的主材。钠基膨润土分为天然钠基膨润土和人工钠化处理的膨润土。天然钠基膨润土的性能高于人工钠化处理的膨润土的性能。钙基膨润土的稳定性差、膨胀倍率低，不能作为防水材料使用。

**4.7.3** 膨润土防水材料对基层的要求虽然相对于防水卷材和涂料要低一些，但基层也不得有明水和积水，且应坚实、平整、无尖锐突出物，基面平整度 D/L 不应大于 1/6，其中 D 是指基层相邻两凸面间凹陷的深度，L 是指基层相邻两凸面间的距离。

膨润土防水毯在阴阳角部位可采用膨润土颗粒、膨润土棒材和水泥砂浆进行倒角处理，阴阳角应做成直径不小于 30mm 的圆弧或 30mm × 30mm 的坡角。如不进行倒角处理，会导致转角部位出现剪切破坏或膨润土颗粒损失，影响整体防水质量。

**4.7.4** 膨润土防水毯和膨润土防水板铺设时，膨润土防水毯编织土工布面和膨润土防水板的膨润土面均应朝向主体结构的迎水面，即与结构外表面密贴。膨润土遇水膨胀后形成致密的胶状体，对结构裂缝、疏松部位可起到封堵修补作用，同时有效地阻止可能在防水层与主体结构之间的窜水现象。

**4.7.5** 膨润土防水材料宜采用机械固定法施工。平面上在膨润土防水材料的搭接缝处固定，立面和斜面上除搭接缝处需要机械固定外，其他部位也必须进行机械固定，固定点宜呈梅花形布置。

**4.7.6** 采用机械固定法铺设膨润土防水材料，固定点的布置和间距、搭接缝和收头的密封处理措施等对施工质量的保证至关重要。

**4.7.7** 膨润土防水材料自重和厚度较大，所以收口部位必须采用金属压条和水泥钉固定，并用膨润土密封膏封边，防止防水层滑移、翘边。

**4.7.8** 转角处、变形缝、施工缝、后浇带和穿墙管等部位是防水层的薄弱环节，必须采取加强处理措施，以提高防水层的可靠性。

**4.7.9** 膨润土防水材料分段铺设完毕后，由于绑扎钢筋等后续工程施工需要一定的时间，膨润土材料长时间暴露，会影响防水效果。因此应在膨润土防水材料表面覆盖塑料薄膜等挡水材料，避免下雨或施工用水导致膨润土材料提前膨胀。雨水直接淋在膨润土防水材料表面时导致膨润土颗粒提前膨胀，并在雨水的冲刷过程中出现流失的现象，在地下工程中经常发生，严重降低了膨润土防水材料的防水性能。特别是在雨期施工时，应采取临时遮挡措施对膨润土防水材料进行有效的保护。

**4.7.10** 本条对膨润土防水材料防水层分项工程检验批的抽样检验数量作出规定。

**4.7.11** 膨润土颗粒或粉剂通过针刺法固定在编织土工布和非织造土工布之间，针刺的密度、均匀度会影响膨润土颗粒或粉剂的分散均匀性。如果针刺的密度不均匀或过小，则膨润土防水毯在运输、现场搬运以及施工过程中会导致颗粒或粉剂在毯体内移动和脱落，从而降低毯体的整体防水效果。

本规范附录第 A.4 节列入了钠基膨润土防水毯的主要物理性能，性能指标依据现行行业标准《钠基膨润土防水毯》JG/T 193的规定。

**4.7.12** 参见本规范第4.3.16条的条文说明。

**4.7.13** 参见本规范第4.7.4条的条文说明。

**4.7.14** 膨润土防水材料的自重较大，在立面和斜面铺贴时应上层压住下层，防止材料滑移。另外，如果工程采用针刺覆膜法钠基膨润土防水毯，膜面是朝向迎水面的，上层压住下层可以使地下水自然排走。

**4.7.15** 参见本规范第4.7.5条、第4.7.6条、第4.7.7条的条文说明。

**4.7.16** 为了保证膨润土防水材料搭接部位的有效性，规定搭接宽度的负偏差不应大于10mm。

# 5 细部构造防水工程

## 5.1 施 工 缝

**5.1.1** 本规范附录第A.3节列出了橡胶止水带和腻子型遇水膨胀止水条、遇水膨胀止水胶的主要物理性能，依据现行国家标准《高分子防水材料 第2部分 止水带》GB 18173.2和行业标准《膨润土橡胶遇水膨胀止水条》JG/T 141、《遇水膨胀止水胶》JG/T 312的规定。

本规范附录第A.2节列出了水泥基渗透结晶型防水涂料的主要物理性能，依据现行国家标准《水泥基渗透结晶型防水材料》GB 18445的规定。

**5.1.2** 施工缝始终是防水薄弱部位，常因处理不当而在该部位产生渗漏，因此将防水效果较好的施工缝防水构造列入现行国家标准《地下工程防水技术规范》GB 50108中。按设计要求采用止水带、遇水膨胀止水条或止水胶、水泥基渗透结晶型防水涂料和预埋注浆管等防水设防，使施工缝处不产生渗漏。

**5.1.3** 根据混凝土设计及施工验收相关规范的规定，施工缝应留设在剪力或弯矩较小及施工方便的部位。故本条规定了墙体水平施工缝距底板面应不小于300mm，拱、板墙交接处若需要留设水平施工缝，宜留在拱、板墙接缝线以下150mm～300mm处，并避免设在墙板承受弯矩或剪力最大的部位。

**5.1.4** 根据混凝土施工验收相关规范，在已硬化的混凝土表面上继续浇筑混凝土前，先浇混凝土强度应达到1.2MPa，确保再施工时不损坏先浇部分的混凝土。从施工缝处开始继续浇筑时，机械振捣宜向施工缝处逐渐推进，并距80mm～100mm处停止振捣，但应加强对施工缝接缝的捣实，使其紧密结合。

**5.1.5、5.1.6** 由于先浇混凝土施工完后需养护一段时间再进行下道工序施工，在此过程中施工缝表面可能留浮尘等，因此水平施工缝浇筑混凝土前，应将其表面浮浆和杂物清除，目的是为了使新老混凝土能很好地粘结。尽管涂刷混凝土界面处理剂或涂刷水泥基渗透结晶型防水涂料的防水机理不同，前者增强粘合

力，后者使收缩裂缝被渗入涂料形成结晶闭合，但功效均是加强施工缝防水，故两者取其一。垂直施工缝规定应同水平施工缝。

**5.1.7～5.1.9** 传统的处理方法是将混凝土施工缝做成凹凸型接缝和阶梯接缝，实践证明这两种方法清理困难，不便施工，效果并不理想，故采用留平缝加设遇水膨胀止水条或止水胶、预留注浆管或中埋止水带等方法。

施工缝处采用遇水膨胀止水条时，一是应在表面涂缓膨胀剂，防止由于降雨或施工用水等使止水条过早膨胀；二是止水条应牢固地安装在缝表面或预留凹槽内，保证止水条与施工缝基面密贴。

施工缝采用遇水膨胀止水胶时，一是涂胶宽度及厚度应符合设计要求；二是止水胶固化期内应采取临时保护措施；三是止水胶固化前不得浇筑混凝土。

**5.1.10** 施工缝采用预埋注浆管时，注浆导管与注浆管的连接必须牢固、严密。根据经验预埋注浆管的间距宜为200mm～300mm，注浆导管设置间距宜为3.0m～5.0m。

在注浆之前应对注浆导管末端进行封闭，以免杂物进入导管产生堵塞，影响注浆工作。

## 5.2 变 形 缝

**5.2.1** 参见本规范第5.1.1条的条文说明。

本规范附录第A.3节列出了建筑接缝用密封胶的主要物理性能，依据现行《混凝土建筑接缝用密封胶》JC/T 881的规定。

**5.2.2** 变形缝应考虑工程结构的沉降、伸缩的可变性，并保证其在变化中的密闭性，不产生渗漏水现象。变形缝处混凝土结构的厚度不应小于300mm，变形缝的宽度宜为20mm～30mm。全埋式地下防水工程的变形缝应为环状；半地下防水工程的变形缝应为U字形，U字形变形缝的高度应超出室外地坪500mm以上。

**5.2.3～5.2.5** 变形缝的渗漏水除设计不合理的原因之外，施工质量也是一个重要的原因。

中埋式止水带施工时常存在以下问题：一是埋设位置不准，严重时止水带一侧往往折至缝边，根本起不到止水的作用。过去常用铁丝固定止水带，铁丝在振捣力的作用下会变形甚至振断，其效果不佳，目前推荐使用专用钢筋套或扁钢固定。二是顶、底板止水带下部的混凝土不易振捣密实，气泡也不易排出，且混凝土凝固时产生的收缩力使止水带与下面的混凝土产生缝隙，从而导致变形缝漏水。根据这种情况，条文中规定顶、底板中的止水带安装成盆形，有助于消除上述弊端。三是中埋式止水带的安装，在先浇一侧混凝土时，此时端模被止水带分为两块，这给模板固定造成困难，施工时由于端模支撑不牢，不仅造成漏浆，而且也不敢按规定进行振捣，致使变形缝处的混

凝土密实性较差，从而导致渗漏水。四是止水带的接缝是止水带本身的防水薄弱处，因此接缝愈少愈好，考虑到工程规模不同，缝的长度不一，对接缝数量未作严格的限定。五是转角处止水带不能折成直角，条文规定转角处应做成圆弧形，以便于止水带的安设。

**5.2.6** 当采用外贴式止水带时，在变形缝与施工缝相交处，由于止水带的形式不同，现场进行热压接头有一定困难；在转角部位，由于过大的弯曲半径会造成齿牙不同的绕曲和扭转，同时减少了转角部位钢筋的混凝土保护层厚度。故本条规定变形缝与施工缝的相交部位宜采用十字配件，变形缝的转角部位宜采用直角配件。

**5.2.7** 可卸式止水带全靠其配件压紧橡胶止水带止水，配件质量是保证防水的一个重要因素，因此要求配件一次配齐，特别是在两侧混凝土浇筑时间有一定间隔时，更要确保配件质量。金属配件的防腐蚀很重要，是保证配件可卸的关键。

另外，由于止水带厚，势必在转角处形成圆角，存在不易密贴的问题，故在转角处应做成45°折角，并增加紧固件的数量，以确保此处的防水施工质量。

**5.2.8** 要使嵌填的密封材料具有良好的防水性能，变形缝两侧的基面处理十分重要，否则密封材料与基面粘结不紧密，就起不到防水作用。另外，嵌缝材料下面的背衬材料不可忽视，否则会使密封材料三向受力，对密封材料的耐久性和防水性都有不利影响。

由于基层处理剂涂刷完毕后再铺设背衬材料，将会对两侧基面的基层处理剂有一定的破坏，故基层处理剂应在铺设背衬材料后进行。

密封材料的嵌填十分重要，如嵌填不饱满，出现凹陷、露嵌、孔洞、气泡，都会降低接缝密封防水质量。嵌填密封材料应符合下列规定：

**1** 密封材料可使用挤出枪或腻子刀嵌填，嵌填应连续和饱满，不得有气泡和孔洞。

**2** 采用挤出枪嵌填时，应根据嵌填的宽度选用口径合适的挤出嘴，均匀挤出密封材料由底部逐渐充满整个缝隙。

**3** 采用腻子刀嵌填时，应先将少量密封材料批刮在缝隙两侧，再分次将密封材料嵌填在缝内，并防止裹入空气。接头应采用斜槎。

**4** 密封材料嵌填后，应在表干前用腻子刀进行修整。

**5.2.9** 卷材或涂料防水层应在地下工程的混凝土主体结构迎水面形成封闭的防水层，本条对变形缝处卷材或涂料防水层的构造做法提出了具体的规定。为了使卷材或涂料防水层能适应变形缝处的结构伸缩变形和沉降，规定防水层施工前应先将底板垫层在变形缝处断开，并抹带有圆弧的找平层，再铺设宽度为600mm的卷材加强层；变形缝处的卷材或涂料防水层应连成整体，并应在防水层上放置 $\phi$40mm ~

$\phi$60mm 聚乙烯泡沫棒，防水层与变形缝之间形成隔离层。侧墙和顶板变形缝处卷材或涂料防水层的构造做法与底板相同。

## 5.3 后 浇 带

**5.3.1** 参见本规范第5.1.1条的条文说明。

**5.3.2** 补偿收缩混凝土是在混凝土中加入一定量的膨胀剂，使混凝土产生微膨胀，在有配筋的情况下，能够补偿混凝土的收缩，提高混凝土的抗裂性和抗渗性。补偿收缩混凝土配合比设计，应符合国家现行行业标准《普通混凝土配合比设计规程》JGJ 55和国家标准《混凝土外加剂应用技术规范》GB 50119 的有关规定，且混凝土的抗压强度和抗渗等级均不应低于两侧混凝土。

补偿收缩混凝土中膨胀剂的掺量宜为 6% ~ 12%，实际配合比中的掺量应根据限制膨胀率的设定值经试验确定。

**5.3.3** 后浇带应设在受力和变形较小的部位，其间距和位置应按结构设计要求确定，宽度宜为700mm ~ 1000mm；后浇带可做成平直缝或阶梯缝。后浇带两侧的接缝处理应符合本规范第5.1节的规定。后浇带需超前止水时，后浇带部位的混凝土应局部加厚，并应增设外贴式或中埋式止水带。

**5.3.4** 后浇带应采用补偿收缩混凝土浇筑，其抗压强度和抗渗等级均不应低于两侧混凝土。采用掺膨胀剂的补偿收缩混凝土，应根据设计的限制膨胀率要求，经试验确定膨胀剂的最佳掺量，只有这样才能达到控制结构裂缝的效果。

**5.3.5** 为了保证后浇带部位的防水质量，必须做到带内的清洁，同时也应对预设的防水设防进行有效保护。

**5.3.6** 后浇带两侧混凝土的接缝处理，参见本规范第5.1.5条和第5.1.6条的条文说明。后浇带应在两侧混凝土干缩变形基本稳定后施工，混凝土收缩变形一般在龄期为6周后才能基本稳定。高层建筑后浇带的施工，应符合现行行业标准《高层建筑混凝土结构技术规程》JGJ 3 的规定，对高层建筑后浇带的施工应按规定时间进行。这里所指按规定时间，应通过地基变形计算和建筑物沉降观测，并在地基变形基本稳定的情况下才可以确定。

**5.3.7** 本条对遇水膨胀止水条、遇水膨胀止水胶、预埋注浆管和外贴式止水带的施工作出具体的规定。

**5.3.8** 后浇带采用补偿收缩混凝土，可以提高混凝土的抗裂性和抗渗性，如果后浇带施工留设施工缝，就会大大降低后浇带的抗渗性，因此本条强调后浇带混凝土应一次浇筑。

混凝土养护时间对混凝土的抗渗性尤为重要，混凝土早期脱水或养护过程中缺少必要的水分和温度，则抗渗性将大幅度降低甚至完全消失。因此，当混凝土进入终凝以后即应开始浇水养护，使混凝土外露表面始终保持湿润状态。后浇带混凝土必须充分湿润地养护 4 周，以避免后浇带混凝土的收缩，使混凝土接缝更严密。

## 5.4 穿 墙 管

**5.4.2** 结构变形或管道伸缩量较小时，穿墙管可采用固定式防水构造；结构变形或管道伸缩量较大或有更换要求时，应采用套管式防水构造；穿墙管线较多时，宜相对集中，并应采用穿墙盒防水构造。

**5.4.3、5.4.4** 止水环的作用是改变地下水的渗透路径，延长渗透路线。如果止水环与管不满焊或焊接不密实，则止水环与管接触处仍是防水薄弱环节，故止水环与管一定要满焊密实。

穿墙管外壁与混凝土交界处是防水薄弱环节，穿墙管中部加焊止水环可改变水的渗透路径，延长水的渗透路线，环绕遇水膨胀止水圈则可堵塞渗水通道，从而达到防水目的。针对目前穿墙管部位渗漏水较多的情况，穿墙管在混凝土迎水面相接触的周围应预留宽和深各 15mm 左右的凹槽，凹槽内嵌填密封材料，以确保穿墙管部位的防水性能。

采用套管式穿墙管时，套管内壁表面应清理干净。套管内的管道安装完毕后，应在两管间嵌入内衬填料，端部还需采用其他防水措施。

穿墙管部位不仅是防水薄弱环节，也是防护薄弱环节，因此穿墙管应作好防腐处理，防止穿墙管锈蚀和电腐蚀。

**5.4.5** 穿墙管线较多采用穿墙盒时，由于空间较小，容易产生渗漏现象，因此应从封口钢板上预留浇注孔注入改性沥青材料或细石混凝土加以密封，并对浇注孔口用钢板焊接密封。

**5.4.6** 穿墙管部位是防水薄弱环节，当主体结构迎水面有卷材或涂料防水层时，防水层与穿墙管连接处应增设卷材或涂料加强层，保证防水工程质量。

## 5.5 埋 设 件

**5.5.2** 结构上的埋设件应采用预埋或预留孔、槽。固定设备用的锚栓等预埋件，应在浇筑混凝土前埋入。如必须在混凝土预留孔、槽时，孔、槽底部须保留至少 250mm 厚的混凝土；如确无预埋条件或埋设件遗漏或埋设件位置不准确时，后置埋件必须采用有效的防水措施。

**5.5.3** 结构上的埋设件和预留孔、槽均不得遗漏。固定在模板上的埋设件和预留孔、槽，安装必须牢固，位置准确。

地下工程结构上的埋设件，长期处于潮湿或腐蚀介质环境中很容易产生锈蚀和电腐蚀。其破坏作用：一是日久锈蚀会使埋设件丧失承载能力，影响设备的正常工作；二是埋设件锈蚀后由于自身体积产生膨胀，

使得埋设件与混凝土接触处产生细微裂缝，形成渗水通道。故本条提出了埋设件应进行防腐处理的规定。

**5.5.4** 防水混凝土结构除密实度影响抗渗性外，其厚度也对抗渗性有影响。厚度大时可以延长渗水通路，增加对水压的阻力。本条规定埋设件端部或预留孔、槽底部的混凝土厚度不得小于 250mm；当厚度小于 250mm 时，应局部加厚或采取其他防水措施。可以弥补厚度的不足，以减少对防水混凝土结构抗渗性不利的因素。

**5.5.5** 由于埋设件周围的混凝土振捣不够密实，容易造成该部位的渗漏水，埋设件与迎水面混凝土相接触的周围应预留凹槽，凹槽内应嵌填密封材料，以确保埋设件部位的防水性能。

**5.5.6** 在采用螺栓加堵头的方法时，工具式螺栓可简化施工操作和可反复使用，因此重点介绍了这种构造做法。

穿过混凝土结构且固定模板用的螺栓周围容易造成渗漏，因此螺栓上应加焊方形止水环以增加渗水路径，同时拆模后应采取加强防水措施，将留下的凹槽封堵密实。

**5.5.7** 地下工程防水层应是一个封闭整体，不得有任何可能导致渗漏的缝隙。故本条规定预留孔、槽内的防水层应与主体结构防水层保持连续。

## 5.6 预留通道接头

**5.6.2** 预留通道接头处是防水薄弱环节之一，这不仅由于接头两边的结构重量及荷载有较大差异，可能产生较大沉降变形，而且由于接头两边的施工时间先后不一，间隔可达几年之久，故预留通道接头防水构造应适应这种特殊情况。

按《地下工程防水技术规范》GB 50108－2008 的有关规定：预留通道接头处的最大沉降差值不得大于 30mm；预留通道接头应采取变形缝防水构造方式。

**5.6.3** 参见本规范第 5.2.3 条的条文说明。

**5.6.4** 由于预留通道接头两边混凝土施工时间先后不一，因此特别要加强对中埋式止水带的保护，以免止水带受老化影响降低其性能，同时也要保持先浇部分混凝土端部表面平整、清洁，使可卸式止水带有良好的接触面。预埋件的锈蚀将严重影响后续工序的施工，故对预埋件应进行防锈处理。

**5.6.5～5.6.7** 这三条是对预留通道接头用中埋式止水带、遇水膨胀止水条或止水胶、预埋注浆管、密封材料和可卸式止水带的施工作出具体的规定。

**5.6.8** 预留通道接头外部采用保护墙的方法，是对成品保护的重要措施。

## 5.7 桩 头

**5.7.2** 近年来，因桩头处理不好引起工程渗漏水的情况时有发生，具体位置如下：1 桩头钢筋与混凝土间；2 底板与桩头间的施工缝；3 混凝土桩身与

地基之间。桩头防水构造应强调桩头与结构底板形成整体的防水系统。

**5.7.3** 由于桩头应按设计要求将桩顶剔凿到混凝土密实处，造成桩顶不平整，给防水层施工带来困难。因此在桩头防水施工前，应对桩头清洗干净并用聚合物水泥防水砂浆进行补平。在目前的各种防水材料中，比较合适的是水泥基渗透结晶型防水涂料，使桩头与结构底板混凝土形成整体。涂刷水泥基渗透结晶型防水涂料时，应连续、均匀，不得少涂或漏涂，并应及时进行养护。

**5.7.4、5.7.5** 该两条是根据《地下工程防水技术规范》GB 50108－2008列举的两种桩头防水构造，规定桩头所用防水材料的具体做法。

**5.7.6** 混凝土中的钢筋是地下水的渗透路径，我们在调查中也发现了很多露出桩基受力钢筋发生渗漏的现象。因此，桩头的受力钢筋根部仍是防水薄弱环节，目前比较好的处理方法是采用遇水膨胀止水条包绕钢筋的做法。

## 5.8 孔 口

**5.8.2** 地下工程通向地面的各种孔口均应采取防地面水倒灌的措施。人员和汽车出入口防水构造应符合本规范第5.8.3条的规定；窗井防水构造应符合本规范第5.8.4条和第5.8.5条的规定；通风口与窗井同样处理，竖井窗下缘离室外地面高度不得小于500mm。

**5.8.3** 由于雨水或其他生活用水很容易通过各种孔口倒灌到地下工程的内部，从而影响地下工程的使用功能。本条提出地下工程通向地面的各种孔口，应设置防止地面水倒灌的构造措施。

**5.8.4** 窗井的底部在最高地下水位以上时，为了方便施工、降低造价、利于泄水，窗井的底板与墙宜与主体结构断开，以免窗井底部积水流入窗内。

**5.8.5** 窗井或窗井的一部分在最高地下水位以下时，窗井应与主体结构连成整体，其防水层也应连成整体，这样有利于防水层形成整体。

**5.8.6** 地下室窗井由底板和侧墙构成；侧墙可以用砖墙或钢筋混凝土板墙制作，墙体顶部应高出室外地面不得小于500mm，以免造成倒灌现象。

## 5.9 坑、池

**5.9.1** 参见本规范第4.1.14条的条文说明。

**5.9.2** 坑、池坐落在结构底板之上，坑、池内防水层应采用聚合物水泥防水砂浆，掺外加剂或掺合料的防水砂浆用多层抹压法施工。受振动作用时，内部应设卷材或涂料防水层；坑、池外防水层应与结构底板防水层相同并保持连续。

**5.9.3** 坑、池、储水库内部防水层完成后必须进行蓄水试验。检查池壁和池底的抗渗质量。蓄水至设计

水深进行渗水量测定时，可采用水位标尺测定；蓄水时间不应小于24h。

**5.9.4** 参见本规范第4.1.17条和第4.1.18条的条文说明。

**5.9.5** 地下工程坑、池底部的混凝土必须具有一定的厚度，才能抵抗地下水的渗透。原规范规定防水混凝土结构厚度不应小于250mm，防水效果明显。本条规定了当混凝土厚度小于250mm时，应将局部底板相应降低，保证混凝土厚度不小于250mm；同时，底板的防水层应与结构主体防水层保持连续。

# 6 特殊施工法结构防水工程

## 6.1 锚 喷 支 护

**6.1.1** 锚喷暗挖隧道、坑道等施工，一般采用循环形式进行开挖，为防止围岩应力变化引起塌方和地面下沉，要求开挖、锚杆支护、喷射混凝土支护三个环节紧跟。同时，为了保证施工安全和提高支护效能，在初期喷射混凝土后应及时安装锚杆。

**6.1.2** 喷射表面有涌水时，不仅会使喷射混凝土的粘着性变坏，还会在混凝土的背后产生水压给混凝土带来不利影响。因此，表面有涌水时应先进行封堵或排水工作。

**6.1.3** 喷射混凝土质量与水泥品种和强度的关系密切，而普通硅酸盐水泥与速凝剂有很好的相容性，所以应优先选用。矿渣硅酸盐水泥和火山灰硅酸盐水泥抗渗性好，对硫酸盐类侵蚀抵抗能力较强，但初凝时间长，干缩性大，所以对早期强度要求较高的喷射混凝土应选普通硅酸盐水泥为好。

为减少混合料搅拌中产生粉尘和干拌合时水泥飞扬及损失，有利于喷射混凝土时水泥充分水化，故规定砂石宜有一定的含水率。一般砂为5%～7%，石子为1%～2%，但含水率不宜过大，以免凝结成团，发生堵管现象。

粗骨料粒径的大小不应大于15mm，一是避免堵管，二是减少石子喷射时的动能，降低回弹损失。

为避免喷射混凝土时由于自重而开裂、坠落，提高其在潮湿面施喷时的适应性，故需在水泥中加入适量的速凝剂。

**6.1.4** 喷射混凝土配合比通常以经验方法试配，通过实测进行修正。掺速凝剂是必要的，但掺速凝剂后又会降低混凝土强度，所以要控制掺量并通过试配确定。钢纤维喷射混凝土虽然抗裂效果明显，但控制钢纤维的用量及保证钢纤维在混凝土中的均匀性却十分重要，故钢纤维喷射混凝土施工应符合现行国家标准《锚杆喷射混凝土支护技术规范》GB 50086的有关规定，确保施工的顺利和混凝土的质量。

由于砂率低于45%时容易堵管且回弹量高，高

于55%时则会降低混凝土强度和增加收缩量，故规定砂率宜为45%~55%。

喷射混凝土采用的是干混合料，若存放过久，砂石中的水分会与水泥反应，影响到喷射后的质量。所以，混合料尽量随拌随用，不要超过规定的存放时间。

**6.1.5** 由于喷射混凝土的含砂率高，水泥用量也相对较多并掺有速凝剂，其收缩变形必然要比灌注混凝土大。在喷射混凝土终凝2h后应立即进行喷水养护，且养护时间不得少于14d。当气温低于5℃时，不得喷水养护。

**6.1.6** 抗压试件是反映喷射混凝土物理力学性能优劣、检验喷射混凝土强度的主要指标。所以通常做抗压试件或采用回弹仪测试换算其抗压强度值，也可用钻芯法制取试件。喷射混凝土抗压强度标准试块制作方法可参考现行国家标准《锚杆喷射混凝土支护技术规范》GB 50086的有关规定。由于地下工程还有抗渗要求，因此还应做抗渗试件。

本条对地下铁道工程喷射混凝土抗压试件和抗渗试件制作组数作出了具体规定，主要是参考国家标准《地下铁道工程施工及验收规范》GB 50299－1999的有关内容；对水底隧道、山岭隧道和军工隧道等其他工程喷射混凝土抗压试件制作组数，主要是参考国家标准《锚杆喷射混凝土支护技术规范》GB 50086－2001的有关内容。因影响喷射混凝土抗渗性能的因素较多，《地下工程防水技术规范》GB 50108－2008取消了喷射混凝土抗渗等级的规定，故本条仅对其他工程当设计有抗渗要求时，规定可增做抗渗性能试验。

**6.1.7** 锚杆的锚固力与安装施工工艺操作有关，锚杆安装后应进行拉拔试验，达到设计要求时方为合格。本条参考国家标准《地下铁道工程施工及验收规范》GB 50299－1999第7.6.18条的有关规定，同一批锚杆每100根应取一组（3根）试件，同一批试件拉拔力的平均值不得小于设计锚固力，拉拔力最低值不应小于设计锚固力的90%。

**6.1.8** 锚喷支护分项工程检验批的抽样检验数量，参考了国家标准《地下铁道工程施工及验收规范》GB 50299－1999第7.6.14条的规定。

**6.1.9** 参见本规范第6.1.3条和第6.1.4条的条文说明。

**6.1.10** 参见本规范第6.1.6条和第6.1.7条的条文说明。

**6.1.11** 锚喷支护宜用于防水等级为三级的地下工程，工程渗漏水量必须符合设计防水等级标准。喷射混凝土施工前，应根据围岩裂隙及渗漏水的情况，预先采用引排或注浆堵水。

**6.1.12** 喷层与围岩以及喷层之间粘结应用小锤轻击检查。

**6.1.13** 对喷层厚度检查宜通过在受喷面上埋设标志桩

或其他标志控制，也可在喷射混凝土凝结前用针探法检查，必要时可用钻孔或钻芯法检查。

区间或小于区间断面的结构每20延米检查一个断面，车站每10延米检查一个断面。每个断面从拱顶中线起，每2m检查一个点。断面检查点60%以上喷射厚度不应小于设计厚度，最小厚度不得小于设计厚度的50%，且平均厚度不得小于设计厚度时，方为合格。

**6.1.14** 本条是对喷射混凝土质量的外观检查。当发现喷射混凝土表面有裂缝、脱落、漏喷、露筋等情况时，应予凿除喷层重喷或进行修整。

**6.1.15** 本条是针对复合式衬砌的初期支护提出平整度的质量指标，以便于铺设塑料防水板。对初期支护基层表面要求十分平整则费时又费力，原规范规定"喷射混凝土表面平整度的允许偏差为30mm，且矢弦比不得大于1/6"，修改为"喷射混凝土表面平整度 $D/L$ 不得大于1/6"与本规范第4.5.2条保持一致。

## 6.2 地下连续墙

**6.2.1** 地下连续墙主要作为地下工程的支护结构，也可以作为防水等级为一、二级的工程与内衬墙构成叠合墙结构或复合式衬砌的初期支护。强度与抗渗性能优异的地下连续墙，还可以直接作为主体结构，但从耐久性考虑，不应用作防水等级为一级的地下工程墙体。

**6.2.2** 由于地下连续墙是在水下灌注防水混凝土，其胶凝材料用量比一般防水混凝土用量多一些。同时，为保证混凝土灌注面上升速度，混凝土必须具有一定的流动性，坍落度也相应的大一些。其他均与本规范第4.1节防水混凝土相同。

**6.2.3** 本条参考国家标准《地下铁道工程施工及验收规范》GB 50299－1999第4.6.5条的有关规定。

**6.2.4** 地下连续墙与内衬墙构成叠合墙结构，两者之间的结合施工质量至关重要，故规定地下连续墙应凿毛并清洗干净，必要时应选用聚合物水泥砂浆、聚合物水泥防水涂料或水泥基渗透结晶型防水涂料等作特殊防水处理。

**6.2.5** 地下连续墙的防水措施，主要是在条件允许的情况下，尽量加大槽段的长度以减少接缝，提高防水功效。由于拐角处是施工的薄弱环节，施工中易出现质量问题，所以墙体幅间接缝应避开拐角部位，防止产生渗漏水。采用复合式衬砌时，内衬结构的接缝和地下连续墙接缝要错开设置，避免通缝并防止渗漏水。

**6.2.7** 地下连续墙施工质量的检验数量，参考了国家标准《建筑地基基础工程施工质量验收规范》GB 50202－2002第7.6.8条的规定，将原规范"应按连续墙每10个槽段抽查1个槽段"，修改为"应按每5个槽段抽查1个槽段"。

**6.2.10** 地下连续墙墙面、墙缝渗漏水检验宜符合表

1 的规定。

**6.2.11** 地下连续墙的槽段接缝是防水的薄弱环节，根据国家标准《地下工程防水技术规范》GB 50108－2008 中第 8.3.2 条第 7 款规定，幅间接缝应选用工字钢或十字钢板接头，锁口管应能承受混凝土灌注时的侧压力，灌注混凝土时不得发生移位和混凝土绕管。

**表 1　地下连续墙墙面、墙缝渗漏水检验**

| 序号 | 检验项目 | | 规定 | 检验数量 | | 检验方法 |
|---|---|---|---|---|---|---|
| | | | | 范围 | 点数 | |
| 1 | 墙面渗漏 | 分离墙 | 无线流 | 每幅槽段 | 全数 | 尺量、观察和检查隐蔽工程验收记录 |
| | | 单层墙或叠合墙 | 无滴漏和小于防水二级标准的湿渍 | | | |
| 2 | 墙缝渗漏 | 分离墙 | 仅有少量泥砂和水渗漏 | | | 观察和检查隐蔽工程验收记录 |
| | | 单层墙或叠合墙 | 无可见泥砂和水渗漏 | | | |

**6.2.12** 需要开挖一侧土方的地下连续墙，尚应在开挖后检查混凝土质量。由于地下连续墙是采用导管法施工，在泥浆中依靠混凝土的自重浇筑而不进行振捣，所以混凝土质量不如在正常条件下浇筑的质量。

为保证使用要求，裸露的地下连续墙墙面如有露筋、露面和夹泥现象时，需按设计要求对墙面、墙缝进行修补或防水处理。

**6.2.13** 本条参考国家标准《地下铁道工程施工及验收规范》GB 50299－1999 第 4.9.2 条的有关规定。

## 6.3　盾构隧道

**6.3.1** 盾构法施工的隧道，宜采用钢筋混凝土管片、复合管片、砌块等装配式衬砌或现浇混凝土衬砌。装配式衬砌应采用防水混凝土制作。

**6.3.2** 本条是针对不同防水等级的盾构隧道衬砌，确定相应的防水措施。

当隧道处于侵蚀性介质的地层时，应采用相应的耐侵蚀混凝土或耐侵蚀的防水涂层。采用外防水涂料时，应按表 6.3.2 规定采取"应选"或"宜选"。

**6.3.3** 第 1 款增加了对管片混凝土氯离子扩散系数的设计要求，符合《混凝土结构耐久性设计规范》GB/T 50476－2008 第 3.4 节耐久性规定。鉴于国内对处于侵蚀性地层的隧道衬砌的检测标准尚无正式规定，因而在验收条文中也不作具体规定。

第 2 款是按《盾构法隧道施工与验收规范》GB 50446－2008 第 6.7.2 条有关规定作了修改，管片外观质量不允许有严重缺陷，存在一般缺陷的管片应由生产厂家按技术规定处理后重新验收。

当管片表面出现缺棱掉角、混凝土剥落、大于 0.2mm 宽的裂缝或贯穿性裂缝等缺陷时，必须进行

修补。管片的修补材料规定采用与管片混凝土同等以上强度的砂浆或特种混凝土，可保证衬砌管片的整体强度统一，对结构受力有益。

第 3 款是在工厂预制的钢筋混凝土管片，为满足隧道衬砌防水要求而制定了管片制作的质量标准。

**6.3.4** 原规范规定"钢筋混凝土管片同一配合比每生产 5 环应制作抗压强度试件一组，每 10 环制作抗渗试件一组"，是按《地下铁道工程施工及验收规范》GB 50299－1999 第 8.11.3 条有关规定提出的。按上海市工程建设规范《市政地下工程施工质量验收规范》DG/TJ 08－236－2006 第 9.3.6 条的规定，由于试件的取样及留置组数比较合理，故该条直接被本规范引用。

**6.3.5** 原规范规定"管片每生产两环应抽查一块做检漏测试。若检验管片中有 25% 不合格时，应按当天生产管片逐块检漏"。条文的内容虽然简单，但可操作性不强，不少管片生产厂家提出意见。现按《盾构法隧道施工与验收规范》GB 50446－2008 第 16.0.6 条的有关规定。根据国内管片检漏的设备水平，提出了"管片外表在 0.8MPa 水压力下，恒压 3h，渗水进入管片外背高度不得超过 50mm"的单块管片检漏标准。以前恒压时间只规定 2h，但考虑到目前单块管片的检漏压力只能达到 0.8MPa，而埋深超过 20m 的轨道交通隧道会越来越多，因此恒压时间延长至 3h，以弥补单块管片检漏压力限值的缺憾。渗水进入管片外背高度不得超过 50mm，可确保渗水不会到达钢筋表面，不会对钢筋的耐久性产生不良影响。

**6.3.6** 钢筋混凝土管片接缝防水，主要依靠防水密封垫，所以对密封垫的设置和粘贴施工提出了具体规定。同时，管片拼装前应逐块对粘贴的密封垫进行检查，在管片吊装的过程中要采取措施，防止损坏密封垫。针对采用遇水膨胀橡胶作为防水密封垫的主要材质或遇水膨胀橡胶为主的复合密封垫时，为防止其在管片拼装前预先膨胀，应采取延缓膨胀的措施。

**6.3.7** 管片接缝防水除粘贴密封垫外，还应进行嵌缝防水处理，为防止嵌缝后产生错裂现象，规定嵌缝应在隧道结构基本稳定后进行。另外，由于湿固化嵌缝材料的应用，嵌缝前基面只要求达到无明显渗水即可。

**6.3.8** 密封剂主要为不易流失的掺入填料的黏稠注浆材料以减少流失。同时，为了发挥浆液的堵漏止水功效，应对浆液的注入范围采取限制措施。

**6.3.9** 螺孔为管片接缝的另一渗漏途径，同样应提出防水措施。

**6.3.10** 本条参考了上海市工程建设规范《市政地下工程施工质量验收规范》DG/TJ 08－236－2006 第 3.2.7 条的规定，将原规范"应按每连续 20 环抽查 1 处，每处为 1 环，且不得少于 3 处"，修改为"应按每连续 5 环抽查 1 环，且不得少于 3 环"。

**6.3.11** 盾构隧道衬砌管片接缝防水主要采用弹性密封材料。本规范附录第 A.3 节规定了弹性橡胶密封垫材料和遇水膨胀密封垫胶料的主要物理性能。其中，弹性橡胶密封垫材料的性能指标是参考目前国内盾构隧道密封垫设计中的通常要求；遇水膨胀密封垫胶料的性能指标是参考《高分子防水材料 第3部分 遇水膨胀橡胶》GB 18173.3－2002 的规定。

**6.3.12** 混凝土抗压试件的试验方法应符合《普通混凝土力学性能试验方法标准》GB/T 50081－2002 的有关规定；混凝土抗渗试件的试验方法应符合《普通混凝土长期性能和耐久性能试验方法标准》GB/T 50082－2009 的有关规定。混凝土强度的评定还应符合《混凝土强度检验评定标准》GB/T 50107－2010 的规定。

**6.3.13** 盾构隧道衬砌渗漏水量检验宜符合表 2 的规定。

**表 2 盾构隧道衬砌渗漏水检验**

| 序号 | 检验项目 | | 规定 | 检验数量 | | 检验方法 |
|---|---|---|---|---|---|---|
| | | | | 范围 | 点数 | |
| 1 | 整条隧道 | 隧道渗漏 | 隧道渗漏量 | 符合设计要求 | 整条隧道任意100m² | 1次～2次 | 尺量、设临时围堰储水检测 |
| | | | 局部湿渍与渗漏量 | | | 2次～4次 | |
| 2 | 管片混凝土 | 直径8m以下隧道 | 强度等级 | 符合设计要求 | 每10环 | 制作抗压试件一组 | 检查试验报告、质量评定记录 |
| | | 直径8m以上隧道 | | | 每5环 | 制作抗压试件一组 | |
| 3 | | 直径8m以下隧道 | 抗渗等级 | | 每30环 | 制作抗渗试件一组 | |
| | | 直径8m以上隧道 | | | 每10环 | 制作抗渗试件一组 | |
| 4 | | 外防水涂层性能指标 | | | 整条隧道 | 1次 | |
| 5 | 管片接缝 | 直径8m以下隧道 | 密封垫 | 符合设计要求 | 常规指标每400环～500环 | 1次 | 检查产品合格证、质保单及抽样检验报告 若设计要求整环或局部嵌缝，则嵌缝材料的检查频率与方法同管片接缝其他防水材料 |
| | | | | | 全性能检测整环或局部隧道 | 1次～2次 | |
| | | 直径8m以上隧道 | | | 常规指标每200环～250环 | 1次 | |
| | | | | | 全性能检测整条隧道 | 2次～3次 | |

**续表 2**

| 序号 | 检验项目 | 规定 | 检验数量 | | 检验方法 |
|---|---|---|---|---|---|
| | | | 范围 | 点数 | |
| 6 | 隧道与井接头、隧道与连接通道接头 | 密封材料 | 符合设计要求 | 隧道与井、隧道与连接通道各一组接头 | 1次 | 检查产品合格证、质保单及抽样检验报告 |
| 7 | 连接通道 | 防水混凝土、塑料防水板等外防水材料或聚合物水泥防水砂浆等内防水材料 | 符合设计要求 | 每个连接通道 | 1次 | 检查产品合格证、质保单及抽样检验报告 |

**6.3.14** 管片应至少设置一道密封垫沟槽。接缝密封垫宜选择具有合理的构造形式、良好弹性或遇水膨胀性、耐久性的橡胶类材料，其外形应与沟槽相匹配。

管片接缝密封垫应完全压入密封垫沟槽内，密封垫沟槽的截面面积应大于或等于密封垫的截面积。接缝密封垫应满足在计算的接缝最大张开量和估算的错位量及埋深水头的 2 倍～3 倍水压力不渗漏的技术要求。

**6.3.16** 鉴于目前管片嵌缝槽的断面构造形式已趋于集中，并对槽的深、宽尺寸及其关系加以定量的规定。管片嵌缝槽与地面建筑、道路工程变形缝嵌缝槽不同，因嵌缝材料在背水面防水，故嵌缝槽槽深应大于槽宽；由于盾构隧道衬砌承受水压较大，相对变形较小，因而嵌缝材料应采用中、高弹性模量类的防水密封材料，有时可采用特殊外形的预制密封件为主、辅以柔性密封材料或扩张型材料构成复合密封件。

**6.3.17** 管片嵌缝作业应在接缝堵漏和无明显渗水后进行，嵌缝槽表面混凝土如有缺损，应采用聚合物水泥砂浆或特种水泥修补，强度应达到或超过混凝土本体的强度。嵌缝材料嵌填时，应先刷涂基层处理剂，嵌缝应密实、平整。

**6.3.18** 钢筋混凝土管片拼装成环时，其连接螺栓应先逐片初步拧紧，脱出盾尾后再次拧紧。当后续盾构掘进至每环管片拼装之前，应对相邻已成环的 3 环范围内管片螺栓进行全面检查并复紧。

管片拼装后，应填写"盾构管片拼装记录"，并按管片的环向及纵向螺栓应全部穿进并拧紧的规定进行检验。

## 6.4 沉 井

**6.4.3** 干封底混凝土达到设计强度后，集水井需最后封堵，掺防水剂、膨胀剂的混凝土或掺水泥渗透结晶型防水材料的混凝土防裂抗渗性能好，宜作为填充材料应用。

**6.4.4** 水下封底混凝土的浇筑导管有效作业的半径应互相搭接，并覆盖井底全部面积，浇筑应连续均匀进行。混凝土浇筑时导管插入混凝土深度不宜小于1mm，混凝土平均上升速度不宜小于0.25m/h。

**6.4.6** 本条对沉井分项工程检验批的抽样检验数量作出规定。

**6.4.7** 参见本规范第4.1.14条的条文说明。

**6.4.8** 参见本规范第4.1.15条的条文说明。

**6.4.9** 沉井井壁、墙缝渗漏水检验宜符合表3规定。

**表3 沉井井壁、墙缝渗漏水检验**

| 序号 | 检验项目 | 规定 | 检验数量 | | 检验方法 |
|---|---|---|---|---|---|
| | | | 范围 | 点数 | |
| 1 | 井壁渗漏 | 无明显渗水和小于防水二级标准的湿渍 | 每两条水平施工缝之间的混凝土 | 10（均布） | 尺量、观察和检查隐蔽工程验收记录 |
| 2 | 井壁接缝渗漏 | | | | 尺量、观察和检查隐蔽工程验收记录 |
| 3 | 底板渗漏 | | 底板混凝土 | 10（均布） | 尺量、观察和检查隐蔽工程验收记录 |
| 4 | 底板与井壁或框架梁接缝 | | | | 尺量、观察和检查隐蔽工程验收记录 |

## 6.5 逆 筑 结 构

**6.5.1** 本节适用于地下连续墙为主体结构或地下连续墙与内衬构成复合式衬砌的逆筑法施工。

**6.5.2** 直接采用地下连续墙作围护的逆筑结构，无疑对降低工程造价、缩短工期、充分利用地下空间都极为有利。但由于地下连续墙的钢筋混凝土是在泥浆中浇筑的，影响混凝土质量的因素较多，从耐久性设计规定考虑较为不利。《地下工程防水技术规范》GB 50018-2008第8.3.2条第1款规定："单层地下连续墙不应直接用于防水等级为一级的地下工程墙体。"

**6.5.3** 采用地下连续墙与内衬构成复合式衬砌的逆筑结构，为确保地下工程防水等级达到一、二级标准，逆筑法施工时必须处理好施工接缝的防水。施工接缝与顶板、中楼板的距离要大些，否则不便于接缝处的混凝土浇筑施工。施工接缝应做成斜坡形；一次浇筑施工接缝时，由于混凝土沉降收缩，干燥收缩等原因会在该处形成裂缝，造成渗漏水隐患。施工接缝处应采用二次浇筑，后浇混凝土应采用补偿收缩混凝土；施工接缝处宜设遇水膨胀止水条或止水胶、预埋注浆管作为防水设防。

**6.5.4** 参见本规范第6.2.5条的条文说明。

**6.5.7** 本条对逆筑结构分项工程检验批的抽样检验数量作出规定。

**6.5.10** 逆筑结构侧墙、墙缝渗漏水检验宜符合表4的规定。

**表4 逆筑结构侧墙、墙缝渗漏水检验**

| 序号 | 检验项目 | 规定 | 检验数量 | | 检验方法 |
|---|---|---|---|---|---|
| | | | 范围 | 点数 | |
| 1 | 侧墙渗漏 | 根据不同的防水等级，达到相应的防水指标 | 每两条侧墙施工缝之间的混凝土 | 10（均布） | 尺量、观察和检查隐蔽工程验收记录 |
| 2 | 墙缝渗漏 | 根据不同的防水等级，达到相应的防水指标 | 每条逆筑施工接缝 | | 尺量、观察和检查隐蔽工程验收记录 |

# 7 排 水 工 程

## 7.1 渗排水、盲沟排水

**7.1.1** 渗排水及盲沟排水是采用疏导的方法，将地下水有组织地经过排水系统排走，以削弱水对地下结构的压力，减小水对结构的渗透作用，从而辅助地下工程达到降低地下水位和防水目的。

渗排水是将地下工程结构底板下排水层渗出的水通过集水管流入集水井内，然后采用专用水泵机械排水。盲沟排水一般设在建筑物周围，使地下水流入盲沟内，根据地形使水自动排走。如受地形限制没有自流排水条件时，可将水引到集水井中用泵抽出。

**7.1.2** 本条介绍渗排水层的构造、施工程序及规定，渗排水层对材料来源还应做到因地制宜。

为使渗排水层保持通畅，充分发挥其渗水作用，对砂石颗粒、砂石含泥量以及粗砂过滤层厚度均作了规定；构造上还规定在工程底板与渗排水层之间应做隔浆层，防止渗排水层堵塞。

**7.1.3** 盲沟的断面尺寸应根据地下水流量大小和构造上的需要确定，一般断面宽度不小于300mm，高度不小于400mm。断面过小时，盲沟宜被泥石淤塞，而失去排水效能。盲沟与基础最小距离的设计应根据工程地质情况选定。盲沟内填入的砂、石必须清洁，如砂、石含有过量泥土，就会堵塞盲沟。

本条对盲沟反滤层的层次和粒径组成作出了规定。

**7.1.4** 地基工程验收合格是保证渗排水、盲沟排水施工质量的前提。

**7.1.5** 无砂混凝土管通常均在施工现场制作，应注意检查无砂混凝土配合比和构造尺寸。

普通硬塑料管一般选用内径为100mm的硬质PVC管，壁厚6mm，沿管周等六等分，间隔150mm钻12mm孔眼，隔行交错制成透水管。

软式透水管是以经防腐处理并外覆聚氯乙烯或其他材料保护层的弹簧钢丝圈作为骨架，以渗透性土工织物及聚合物纤维编织物为管壁包裹材料，组成的一种复合型土工合成管材，适用于地下工程排出渗透水、降低地下水位及水土保持。软式透水管的质量应符合现行行业标准《软式透水管》JC 937 的有关规定。

**7.1.6** 本条对渗排水、盲沟排水分项工程检验批的抽样检验数量作出规定。

**7.1.7** 在工程中常采用盲沟排水来控制地下水和渗流，以减少对地下建筑物的危害。反滤层是工程降排水设施的重要环节，应正确做好反滤层的颗粒分级和层次排列，使地下水流畅而土壤中细颗粒不流失。

本条规定盲沟反滤层的层次和粒径组成必须符合设计要求。砂、石应洁净，含泥量不得大于2%，必要时应采取冲洗方法，使砂石含泥量符合规定要求。

**7.1.8** 集水管应设在粗砂过滤层下部，坡度不宜小于1%，且不得有倒坡现象。集水管之间的距离宜为5m～10m。

**7.1.9** 渗排水层应设置在工程结构底板下面，由粗砂过滤层与集水管组成，其顶面与结构底面之间，应干铺一层卷材或抹30mm～50mm厚1:3水泥砂浆作隔浆层。

**7.1.10** 渗排水层总厚度一般不得小于300mm。如较厚时应分层铺填，每层厚度不得超过300mm。同时还应做到铺平和拍实。

**7.1.11** 盲沟的构造类型及盲沟与基础的最小距离，应根据工程地质情况由设计人员选定。

**7.1.12** 平接式集水管接口处应留30mm空隙，外围100mm宽塑料排水板包无纺布一层，用20号镀锌钢丝绕紧。承插式集水管承插口处填水泥砂浆，无砂浆处包浸煤焦油麻布。管材种类和管口接法应按工程设计综合考虑，故本条提出接口应连接牢固，不得扭曲变形和错位。

## 7.2 隧道排水、坑道排水

**7.2.1** 隧道排水、坑道排水是采用各种排水措施，使地下水能顺着预设的各种管沟被排到工程外，以降低地下水位和减少地下工程中的渗水量。

贴壁式衬砌采用暗沟或盲沟将水导入排水沟内，盲沟宜设在衬砌与围岩之间，而排水暗沟可设置在衬砌内。

复合式衬砌除纵向盲管设置在塑料防水板外侧并与缓冲排水层连接畅通外，其他均与贴壁式衬砌的要求相同。

离壁式衬砌的拱肩应设置排水沟，沟底预埋排水管或设排水孔，在侧墙和拱肩处应设检查孔。侧墙外排水沟应做明沟。

**7.2.2** 排水泵站的设置以及泵站、集水池的有效容积设计，与隧道或坑道消防排水、汛期排水等有密切关系，应注意相关专业的验收规定。

**7.2.3** 本条提到污水排放应符合国家现行有关标准的规定。

**7.2.4** 本条是对国防工程、人防工程等有特殊要求的地下工程提出的。

**7.2.5** 本条第1款规定是适用于围岩地下水量较少、出露比较集中的隧道，但也应注意隧道衬砌修好后围岩水文状况还会改变的地段。

第2款规定围岩地下水量较大、出露面广时，除出露处应该设置环向盲沟，包括拱部的环向盲沟、墙部的竖向盲沟和路面下的横向排水沟组成的环外，还应按水量大小、出露面广度，控制环向盲沟的间距，一般宜为10m～30m，以适应衬砌施工后衬砌背后水文状况的改变。必要时，设置竖向盲沟顶的集水钻孔。设置纵向盲沟，可使环向盲沟之间的水也能得到通畅的疏导。

第3款规定当地下水水压较高、水量很大，仅依靠暗沟和中心深埋水沟已不足以排泄丰富的地下水时，就要对衬砌形成水压而造成渗漏水，故应根据实际情况利用或设置辅助坑道、泄水洞等作为截、排水措施，降低地下水位，尽可能使隧道处于地下水位线以上。

**7.2.6** 环向、纵向盲沟宜采用软式透水管；横向导水管宜采用带孔混凝土管或硬质塑料管；隧道底板下与围岩接触的中心盲沟或盲管宜采用无砂混凝土管或渗水盲管，并应设置反滤层；仰拱以上的中心盲管宜采用带孔混凝土管或硬质塑料管。

**7.2.7** 为了排水的需要，排水明沟的纵向坡度应尽可能与隧道或坑道坡度一致，避免加深或减小边沟深度，保持流水沟的正常断面；困难地段隧道排水明沟的最小流水坡度不得小于0.2%。在隧道路线纵坡变坡的分坡范围内，由于是流水起始点，流水量一般不大，且分坡范围的距离一般不长，减小坡顶水沟深度可作为特殊情况处理。

排水沟断面应根据水力计算确定。必要时，排水沟应设置沉砂井、检查井，并铺设盖板，其位置和结构构造应考虑便于清理和检查。

**7.2.8** 隧道围岩稳定和防潮要求高的工程可设置离壁式衬砌，衬砌与岩壁间的距离：拱顶上部宜为600mm～800mm；侧墙处不应小于500mm，主要为便于人员检查和维护而定。为加强拱部防水效果，工程上一般采用防水砂浆、塑料防水板、卷材等防水层；拱肩应设置排水沟，沟底应预埋排水管或设置排水孔；侧墙外排水沟应做成明沟，其纵向坡度不应小于0.5%。

**7.2.9** 本条对隧道排水、坑道排水分项工程检验批的抽样检验数量作出规定。

**7.2.10** 参见本规范第7.1.7条的条文说明。

**7.2.11** 作为隧道、坑道衬砌外壁的排水盲管和衬砌内壁的导水盲管，可有多种制品供设计和施工选择，应注意其制品是否有企业标准，并按其标准检验质量。

**7.2.12** 隧道防排水应视水文地质条件因地制宜地采

取"以排为主，防、排、截、堵相结合"的综合治理原则，达到排水通畅、防水可靠、经济合理、不留后患的目的。"防"是指衬砌抗渗和衬砌外围防水，包括衬砌外围防水层和压浆。"排"是指使衬砌背后空隙及围岩不积水，减少衬砌背后的渗水压力和渗水量。为此，对表面水、地下水应采取妥善的处理，使隧道内外形成一个完整的畅通的防排水系统。一般公路隧道应做到：1 拱部、边墙不滴水；2 路面不冒水、不积水，设备箱洞处均不渗水；3 冻害地区隧道衬砌背后不积水，排水沟不冻结。

隧道、坑道排水是按不同衬砌排水构造采取各种排水措施，将地下水和地面水引排至隧道以外。为了排水的需要，隧道一般应设置纵向排水沟、横向排水坡、横向排水暗沟或盲沟等排水设施。排水沟必须符合设计要求，隧道、坑道排水系统必须畅通，以保证正常使用和行车安全。

**7.2.13** 贴壁式、复合式衬砌排水构造是由纵向盲管、横向导水管、排水明沟、中心盲沟等组成。纵向盲管的坡度应符合设计要求，当设计无要求时，其坡度不得小于0.2%；横向导水管的坡度宜为2%；排水明沟的纵向坡度不得小于0.2%。铁路、公路隧道长度大于200m时，宜设双侧排水沟，纵向坡度应与线路坡度一致，且不得小于0.2%；中心盲沟的纵向坡度应符合设计要求。

纵向盲管的直径应根据围岩或初期支护的渗水量确定，但不得小于100mm；横向导水管的直径应根据排水量大小确定，但不得小于50mm；横向导水管的间距宜为5m～25m；中心盲沟的直径应根据渗排水量大小确定，但不宜小于250mm。

**7.2.14** 参见本规范第7.2.7条和第7.2.8条的条文说明。

**7.2.15** 盲管应采用塑料带或无纺布和水泥钉固定在基层上，固定点间距：拱部宜为300mm～500mm，边墙宜为1000mm～1200mm，在不平处应增加固定点。

环向、纵向盲管接头部位要连接好，使汇集的地下水顺利排出。目前盲管生产厂家都配套生产了标准接头、异径接头和三通等，为施工创造了条件，施工中应尽量采用标准接头，以提高排水工程质量。

**7.2.16** 在贴壁式衬砌和无塑料板防水层段的复合式衬砌中铺设的盲沟或盲管，在施工混凝土衬砌前，均应用塑料布或无纺布包裹起来，以防混凝土中的水泥砂浆堵塞盲沟或盲管。

### 7.3 塑料排水板排水

**7.3.1** 无自流排水条件且防水要求较高的地下工程，可采用渗排水、盲沟排水、盲管排水、塑料排水板或机械抽水等排水方法。塑料排水板可用于地下工程底板与侧墙的室内明沟、架空地板排水以及地下工程种植顶板排水，还可用于隧道或坑道排水。塑料排水板

与土工布结合，可替代传统的陶粒或卵石滤水层，并具有较高的抗压强度和排水、透气等功能。

**7.3.2** 塑料排水板是HDPE为主要原料，通过三层共挤在熔融状态下经真空吸塑和对辊辊压成型工艺制成的新型材料，具有立体空间和一定支撑高度的新型排水材料。塑料排水板的单位面积质量和支点高度应根据设计荷载和流水通量来确定。

**7.3.3** 本条第1、2款是塑料排水板在地下工程底板和侧墙中的应用。将排水板支点朝下或朝内墙，支点内灌入混凝土，可起到永久性模板作用；同时，塑料排水板与底板或内墙形成一个密封的空间，能及时地排出底板或内墙渗出的水分，起到防潮、排水、隔热、保温的作用。

第3款是塑料排水板在地下工程种植顶板的应用。将塑料排水板支点朝上，排水板上面覆一层土工布，防止泥水流到排水板内，保持排水畅通。

第4款是塑料排水板在隧道或坑道中的应用。在初期衬砌洞壁上先铺设一层土工布，防止泥水流到排水板内，保持排水畅通；将塑料排水板支点朝向洞壁，连续的排水板形成的密闭排水层，可将隧道或坑道围岩的裂隙水顺畅地引入排水盲沟。

**7.3.4** 塑料排水板搭接缝主要有热熔焊接、支点搭接和胶粘剂粘结等搭接工艺。塑料排水板采用双焊缝热熔焊接，适用于地下工程种植顶板中排水层兼耐根穿刺防水层，其焊接质量应符合本规范第4.5.9条的规定；塑料排水板采用1个～2个支点搭接或胶粘剂，可使排水板形成一个整体，而透过塑料排水板的少量渗漏水则可从防水层表面与塑料排水板凹槽间流出。

**7.3.5** 种植顶板有时因降水形成滞水，当积水上升到一定高度并浸没植物根系时，可能会造成根系的腐烂。本条规定了种植顶板种植土若低于周边土体，排水层必须与排水沟或盲沟配套使用，并按情况分区设置，保证其排水畅通。

**7.3.6** 土工布是过滤层材料，应空铺在塑料排水板的支点上。土工布宜采用200g/m²～400g/m²的聚酯无纺布，其搭接宽度不应小于200mm。土工布可起挡土、滤水、保湿作用，使过滤的多余清水在塑料排水板面上排出。土工布铺设不必考虑方向，搭接部位应采用粘合或缝合，防止回填种植土时将土工布接缝扯开，使土粒堵塞排水层。回填土属黏性土时，宜在土工布上先铺设5mm～10mm粗砂再覆土，避免土工布板结，保障其透水性。

**7.3.7** 本条对塑料排水板排水分项工程检验批的抽样检验数量作出规定。

**7.3.8** 塑料排水板和土工布的质量要求，应符合现行行业标准《种植屋面工程技术规程》JGJ 155的有关规定。

**7.3.9** 塑料排水板排水，可削弱地表水、地下水对

地下结构的压力并减少水对结构的渗透。有自流排水条件的地下工程，可采用自流排水法，无自流排水条件的地下工程，可采用明沟或集水井和机械抽水等排水方法，故本条规定塑料排水板排水层必须与排水系统连通，不得有堵塞现象。

# 8 注 浆 工 程

## 8.1 预注浆、后注浆

**8.1.1** 注浆按地下工程施工顺序可分为预注浆和后注浆。注浆方案应根据工程地质及水文地质条件，按下列规定选择：

**1** 在工程开挖前，预计涌水量较大的地段、软弱地层，宜采用预注浆；

**2** 开挖后有大股涌水或大面积渗漏水时，应采用衬砌前围岩注浆；

**3** 衬砌后渗漏水严重或充填壁后空隙的地段，宜进行回填注浆；

**4** 回填注浆后仍有渗漏水时，宜采用衬砌后围岩注浆。

上述所列各款可单独进行，也可按工程情况综合采用，确保地下工程达到设计的防水等级标准。

**8.1.2** 由于国内注浆材料的品种多、性能差异大，事实上目前还没有哪一种浆材能全部满足工程需要，所以要熟悉掌握各种浆材的特性，并根据工程地质、水文地质条件、注浆目的、注浆工艺、设备和成本等因素加以选择。

**8.1.3** 本条列举了用于预注浆和后注浆的三种常用方法，供工程上参考。

**1** 渗透注浆不破坏原土的颗粒排列，使浆液渗透扩散到土粒间的孔隙，孔隙中的气体和水分被浆液固结体排除，从而使土壤密实达到加固防渗的目的。渗透注浆一般用于渗透系数大于 $10^{-5}$ cm/s 的砂土层。

**2** 劈裂注浆是在较高的注浆压力下，把浆液渗入到渗透性小的土层中，并形成不规则的脉状固结物。由注浆压力而挤密的土体与不受注浆影响的土体构成复合地基，具有一定的密实性和承载能力。劈裂注浆一般用于渗透系数不大于 $10^{-6}$ cm/s 的黏土层。

**3** 高压喷射注浆是利用钻机把带有喷嘴的注浆管钻进至土中的预定位置，以高压设备使浆液成为高压流从喷嘴喷出，土粒在喷射流的作用下与浆液混合形成固结体。高压喷射注浆的浆液以水泥类材料为主、化学材料为辅。高压喷射注浆可用于加固软弱地层。

**8.1.4** 注浆材料包括了主剂和在浆液中掺入的各种外加剂。主剂可分为颗粒浆液和化学浆液两种。颗粒浆液主要包括水泥浆、水泥砂浆、黏土浆、水泥黏土浆以及粉煤灰、石灰浆等；化学浆液常用的有聚氨酯类、丙烯酰胺类、硅酸盐类、水玻璃等。

在隧道工程注浆中，常用颗粒浆液先堵塞大的孔隙，再注入化学浆液，既经济又起到注浆的满意效果。壁后回填注浆因为起填充作用，所以尽量采用颗粒浆液。各种浆液配合比必须根据注浆效果现场试验确定。

**8.1.5** 对本条说明如下：

**1** 注浆压力能克服浆液在注浆管内的阻力，把浆液压入隧道周边地层中。如有地下水时，其注浆压力尚应高于地层中的水压，但压力不宜过高。由于注浆浆液溢出地面或超出有效范围之外，会给周边建筑结构带来不良影响，所以应严格控制注浆压力。

**2** 回填注浆时间的确定，是以衬砌能否承受回填注浆压力作用为依据的，避免结构过早受力而产生裂缝。回填注浆压力一般都小于 0.8MPa，因此规定回填注浆应在衬砌混凝土达到设计强度的 70% 后进行。

为避免衬砌后围岩注浆影响浆液固结体，因此规定衬砌后围岩注浆应在回填注浆浆液固结体达到设计强度的 70% 后进行。

**3** 隧道地面建筑多，交通繁忙，地下各种管线纵横交错，一旦浆液溢出地面和超出有效注浆范围，就会危及建筑物或地下管线的安全。因此，注浆过程中应经常观测，出现异常情况应立即采取措施。

在地面进行垂直注浆后，为防止坍孔造成地面下降，规定注浆后应用砂子将注浆孔封填密实。

**4** 浆液的注浆压力应控制在有效范围内，如果周围的建筑物与被注点距离较近，有可能发生地面隆起、墙体开裂等工程事故。所以，在注浆作业时要定期对周围的建筑物和构筑物以及地下管线进行施工监测，保证施工安全。

**5** 注浆浆液特别是化学注浆浆液，有的有一定的毒性。为防止污染地下水，施工期间应定期检查地下水的水质。

**8.1.6** 本条对注浆工程分项工程检验批的抽样检验数量作出规定。

**8.1.7** 几乎所有的水泥都可以作为注浆材料使用，为了达到不同的注浆规定，往往在水泥中加入外加剂和掺合料，这样不仅扩大了水泥注浆材料的应用范围，也提高了固结体的技术性能。由于水泥和外加剂的品种较多，浆液的组成较复杂，所以有必要对进场后的注浆材料进行抽查检验。

**8.1.8** 注浆结束前，为防止开挖时发生坍塌或涌水事故，必须对注浆效果进行检验。通常是根据注浆设计、注浆记录、注浆结束标准，在分析各种注浆孔资料的基础上，按设计要求对注浆薄弱部位进行钻孔取芯检查，检查浆液扩散和固结情况。有条件时还可进行压力或抽水试验，检查地层吸水率或透水率，计算渗透系数及开挖时的出水量。

**8.1.9** 预注浆钻孔应根据岩层裂隙状态、地下水情况、设备能力、浆液有效扩散半径、钻孔偏斜率和对注浆效果的规定等，综合分析后确定注浆孔数、布孔方式及钻孔角度等注浆参数的设计。后注浆钻孔应根据围岩渗漏水或回填注浆后仍有渗漏水情况确定。

**8.1.10** 注浆压力是浆液在裂隙中扩散、充填、压实、脱水的动力。注浆压力太低，浆液不能充填裂隙，扩散范围受到限制而影响注浆质量；注浆压力过大，会引起裂隙扩大、岩层移动和抬升，浆液易扩散到预定范围之外。特别在浅埋隧道还会引起地表隆起，破坏地面设施。因此本条规定注浆各阶段的控制压力和注浆量应符合设计要求。

**8.1.11** 浆液沿注浆管壁冒出地面时，宜用水泥、水玻璃混合料封闭管壁与地表面孔隙或用栓塞进行密封，并间隔一段时间后再进行下一深度的注浆。

在松散的填土地层注浆时，宜采用间歇注浆、增加浆液浓度和速凝剂掺量、降低注浆压力等方法。

当浆液从已注好的注浆孔中冒时，应采用跳孔施工。

**8.1.12** 当工程处于房屋和重要工程的密集段时，施工中应会同有关单位采取有效的保护措施，并进行必要的施工监测，以确保建筑物及地下管线的正常使用和安全运营。

## 8.2 结构裂缝注浆

**8.2.1** 混凝土结构裂缝严重影响工程结构的耐久性，随着我国经济建设的发展，化学注浆在该领域的应用技术不断创新，有许多成功实例，可满足结构正常使用和工程的耐久性规定。

本条提出结构裂缝注浆的适用范围，宽度大于0.2mm的静止裂缝以及贯穿性裂缝均是混凝土结构的有害裂缝，应采用堵水注浆，符合混凝土结构设计要求。

**8.2.2** 对于以混凝土承载力为主的受压构件和受剪构件，往往会出现原结构与加固部分先后破坏的各个击破现象，致使加固效果很不理想或根本不起作用。所以混凝土结构加固时，为适应加固结构应力、应变滞后现象，特别要求裂缝注浆应待结构基本稳定和混凝土达到设计强度后进行。

**8.2.3** 化学注浆材料为真溶液，与掺有膨润土、粉煤灰的水泥灌浆材料相比，可灌性好，胶凝时间可按工程需要调节，粘结强度高。因此，某些工程用水泥灌浆不能解决的问题，采用化学注浆材料处理或进行复合灌浆，基本上都可以满意的解决。注浆材料注入裂缝深部，达到恢复结构的整体性、耐久性及防水性的目的。

化学浆材按其功能与用途可分为防渗堵漏型和加固补强型，但两种类型的化学浆材其功能并非完全分开。聚氨酯虽有较好的堵水效果，而因强度低，不具

备对混凝土的补强作用。但聚氨酯中强度较高的油溶性聚氨酯可用于非结构性混凝土裂缝补强；亲水性较好且固化较快的改性环氧浆材对渗流量小的混凝土结构裂缝具有堵水补强功能，但出水量较大的工程不宜用作堵水材料。所以，在实际应用中应根据工程情况合理的选用浆材。

注浆材料的选用与结构裂缝宽度、渗水量大小、常年性渗漏还是季节性渗漏、是否有补强要求等有关。当水量较大时，可选用聚氨酯浆液，水溶性聚氨酯具有流动性好、二次渗透、发泡快等特点，非常适合快速注浆堵水；当水量小时，可选择超细水泥注浆；当结构有补强要求时，可选用环氧树脂或水泥—水玻璃浆液注浆；当渗水较少但空洞大时，可先用水泥浆填充，然后再用化学浆液封堵。

**8.2.4** 注浆工艺和正确选用注浆设备是裂缝注浆的关键。本条参考了《混凝土结构加固技术规范》CECS25：90 的有关规定，介绍裂缝注浆施工的工艺流程，便于施工过程对质量的控制。要保障注浆工程的处理效果和提高使用的耐久性，首先要对处理工程的使用要求、使用环境和工程的实际状况进行综合分析，正确选用合适的浆材，并要结合选用浆材的特性和工程实际状况制定行之有效的施工方案和工艺，选用合适的注浆设备精心施工，才能达到预期的效果。

**8.2.5** 本条对结构裂缝注浆分项工程检验批的抽样检验数量作出规定。

**8.2.6** 对本条说明如下：

1 聚氨酯灌浆材料是以多异氰酸酯与多羟基化合物聚合反应制备的预聚体为主剂，通过灌浆注入基础或结构，与水反应生成不溶于水的具有一定弹性或强度固结体的浆液材料。产品按原材料组成分为两类：水溶性聚氨酯灌浆材料，代号 WPU；油溶性聚氨酯灌浆材料，代号 OPU。

2 环氧树脂灌浆材料是以环氧树脂为主剂加入固化剂、稀释剂、增韧剂等组分所形成的 A、B 双组分商品灌浆材料。A 组分是以环氧树脂为主的体系，B 组分为固化体系。环氧树脂灌浆材料（代号 EGR），按初始黏度分为低黏度型（L）和普通型（N）。

高渗透改性环氧材料的应用面在扩大，高渗透改性环氧材料是指具有优异渗透性、可灌性的改性环氧材料，能渗入微米级的岩土孔隙、裂缝，在自然状态下能在混凝土表面通过毛细管道、微孔隙和肉眼看不见的微细裂纹渗入混凝土内，能在压力下灌入渗透系数为 $10^{-6}\,cm/s \sim 10^{-8}\,cm/s$ 的低渗透软弱地层或夹泥层中。我国研发出了如"中化-798-Ⅲ高渗透改性环氧化灌浆材"第三代产品，而且结合工程实际，形成了混凝土专用的防腐、防水、补强、粘结的系列产品，具有高渗透性和优异的力学性能及耐老化性能。

**8.2.7** 结构裂缝注浆质量检查，一般可采用向缝中

通入压缩空气或压力水检验注浆密实情况，也可钻芯取样检查浆体的外观质量，测试浆体的力学性能。封缝养护至一定强度应进行压水或压气检查，压水时可采用掺高锰酸钾、荧光黄试剂的颜色水。压水或压气所用压力不得超过设计注浆压力。

对设计有补强要求的工程，必须进行现场取芯试验，取芯方法如下：

**1** 起始芯：在第 1 个 25 延米注浆完成后，钻取直径 50mm 的起始芯。芯样由监理工程师指定位置钻取，其钻取深度为裂缝的深度。起始芯要有专用储存箱、按设计要求养护；注意了解和遵从业主对试件附加的要求和测试内容。

**2** 起始芯和质量见证芯的试验方法：渗透性为直观检验；粘结强度或抗压强度试验可采用混凝土常规法。

**3** 起始芯测试环氧树脂渗透的程度和粘结强度。其试验规定：渗透性以裂缝深度的 90% 充满环氧树脂浆液固结体为合格；当有补强要求而检测粘结强度时，应不在粘结面破坏。

**4** 试验的评定和验收规定：起始芯通过上述试验，达到标准数值，则说明这一区域的注浆作业得以验收；如果起始芯的渗透性和粘结强度测试不合格，则必须分析原因，补充注浆，重新检测，直到符合规定为止；不合格起始芯区域，返工之后，由监理工程师指定的位置钻取"见证芯"，重新按 3 和 4 的规定检测。

**5** 取芯孔应在得到监理工程师的允许后进行充填。

有关补强加固的结构裂缝注浆效果，应按《混凝土结构加固设计规范》GB 50367 - 2006 第 14.2.3 条的规定执行。

**8.2.8** 结构裂缝注浆钻孔应根据结构渗漏水情况布置，孔深宜为结构厚度的 1/3 ~ 2/3。

浅裂缝应骑槽粘埋注浆嘴，必要时沿缝开凿"U"形槽并用水泥砂浆封缝；深裂缝应骑缝钻孔或斜向钻孔至裂缝深部，孔内埋设注浆管。注浆嘴及注浆管设于裂缝交叉处、较宽处、端部及裂缝贯穿处等部位，注浆嘴间距宜为 100mm ~ 1000mm，注浆管间距宜为 1000mm ~ 2000mm。原则上应做到缝窄应密，缝宽可稀，但每条裂缝至少有一个进浆孔和排气孔。

**8.2.9** 现场注浆压力试验方法：拆去注浆设备的混合器。将双液输浆管连接到压力测试装置上。压力测试装置由两个独立的压力传感阀组成。关闭阀门，启动注浆泵；待压力表升到 0.5MPa 后停泵；观测压力表，在 2min 内的压力不降到 0.4MPa 为合格。

压力试验频率：压力试验可在每次注浆前进行；交接班或停工用餐后进行；在进行裂缝表面清理的间歇时间进行。

现场进浆比例试验方法：拆去注浆设备的混合器，将双液输浆管连接到比例测试装置上。比例测试装置由两个独立的阀件组成，可通过开启和关闭阀门，控制回流压力来调节，压力表可显示每个阀门的回流压力。关闭阀门，启动注浆泵；待压力升到 0.5MPa 后停泵；开启阀门，将浆液放入有刻度的容器，观测两个容器内的浆液，是否符合设备的比例参数。

# 9 子分部工程质量验收

**9.0.1** 按《建筑工程施工质量验收统一标准》GB 50300 - 2001 第 6 章内容的规定，地下防水工程质量验收的程序和组织有以下两点说明：

**1** 检验批及分项工程应由监理工程师或建设单位项目技术负责人组织施工单位项目专业质量或技术负责人等进行验收。验收前，施工单位先填好"检验批和分项工程的质量验收记录"，并由项目专业质量检验员和项目专业技术负责人分别在验收记录中相关栏签字，然后由监理工程师组织按规定程序进行。

**2** 分部工程应由总监理工程师或建设单位项目负责人组织施工单位项目负责人和技术、质量负责人等进行验收。由于地下防水工程技术要求严格，故有关工程的勘察、设计单位项目负责人和施工单位技术、质量部门负责人也应参加相关分部工程验收。

**9.0.2** 检验批是工程验收的最小单位，是分项工程乃至整个建筑工程质量验收的基础。本条规定了检验批质量合格条件：一是对检验批的质量抽样检验。主控项目是对检验批的基本质量起决定性作用的检验项目，必须全部符合本规范的有关规定，且检验结果具有否决权；一般项目是除主控项目以外的检验项目，应有 80% 以上的一般项目子项符合本规范的有关规定，对有允许偏差的项目，其最大偏差不得超过本规范规定允许偏差值的 1.5 倍；二是质量控制资料，反映检验批从原材料到最终验收的各施工工序的操作依据、检查情况以及保证质量所必需的管理制度等质量控制资料，是检验批合格的前提。

**9.0.3** 分项工程的验收在检验批验收的基础上进行。一般情况下，两者具有相同或相近的性质，只是批量的大小不同而已。因此，将有关的检验批汇集构成分项工程。分项工程合格质量的条件比较简单，只要构成分项工程的各检验批的验收资料文件完整，并且均已验收合格，则分项工程验收合格。

**9.0.4** 子分部工程的验收在其所含各分项工程验收的基础上进行。本条给出了子分部工程验收合格的条件，包括四个方面：一是所含分项工程全部验收合格；二是相应的质量控制资料文件必须完整；三是地下工程渗漏水检测；四是观感质量检查。

**9.0.5** 地下防水工程竣工和记录资料体现了施工全

过程控制，必须做到真实、准确，不得有涂改和伪造，各级技术负责人签字后方可有效。

**9.0.6** 隐蔽工程是后续的工序或分项工程覆盖、包裹、遮挡的前一分项工程。如变形缝构造、渗排水层、衬砌前围岩渗漏水处理等，经过检查验收质量符合规定方可进行隐蔽，避免因质量问题造成渗漏或不易修复而直接影响防水效果。

**9.0.7** 关于观感质量检查，这类检查往往难以定量，只能以观察、触摸或简单量测的方式进行，并由各个人的主观印象判断，检查结果并不给出"合格"或"不合格"的结论，而是综合给出质量评价。对于"差"的检查点应通过返修处理等补救。

本条规定的地下防水工程的观感质量检查规定，是根据本规范各分项工程的质量内容。

**9.0.8** 按《建筑工程施工质量验收统一标准》GB 50300-2001 第 5.0.3 条第 3 款的规定，分部工程有关安全及功能的检验和抽样检测结果应符合有关规定。因此，本规范第 3.0.14 条规定地下工程应按设计的防水等级标准进行验收，检查地下工程有无渗漏水现象，填写"地下工程渗漏水检测记录"。地下工程出现渗漏水时，应及时进行治理，并应由防水专业设计人员和有防水资质的专业施工队伍承担。

根据《建筑工程施工质量验收统一标准》GB 50300-2001 第 5.0.6 条第 4 款规定，对地下工程渗漏水治理，必须满足分部工程的安全和主要使用功能的基本要求。地下工程达到设计的防水等级标准后，可以进行验收。

**9.0.9** 地下防水工程完成后，应由施工单位先行自检，并整理施工过程中的有关文件和记录，确认合格后会同建设或监理单位，共同按质量标准进行验收。子分部工程的验收，应在分项工程通过验收的基础上，对必要的部位进行抽样检验和使用功能满足程度的检查。子分部工程应由总监理工程师或建设单位项目负责人组织施工技术质量负责人进行验收。

地下防水工程验收时，施工单位应按照本规范第 9.0.5 条的规定，将竣工和记录资料提供总监理工程师或建设单位项目负责人审查，检查无误后方可作为存档资料。

中华人民共和国国家标准

# 建筑地面工程施工质量验收规范

Code for acceptance of construction quality of
building ground

GB 50209—2010

主编部门：江苏省住房和城乡建设厅
批准部门：中华人民共和国住房和城乡建设部
施行日期：２０１０年１２月１日

# 中华人民共和国住房和城乡建设部
# 公 告

## 第 607 号

### 关于发布国家标准
### 《建筑地面工程施工质量验收规范》的公告

现批准《建筑地面工程施工质量验收规范》为国家标准，编号为 GB 50209—2010，自 2010 年 12 月 1 日起实施。其中，第 3.0.3、3.0.5、3.0.18、4.9.3、4.10.11、4.10.13、5.7.4 条为强制性条文，必须严格执行。原《建筑地面工程施工质量验收规范》GB 50209—2002 同时废止。

本规范由我部标准定额研究所组织中国计划出版社出版发行。

中华人民共和国住房和城乡建设部
二〇一〇年五月三十一日

## 前 言

本规范是根据住房和城乡建设部《关于印发〈2008 年工程建设标准制定、修订计划（第一批）〉的通知》（建标〔2008〕102 号）的要求，由江苏省建筑工程集团有限公司和江苏省华建建设股份有限公司会同有关单位，在原《建筑地面工程施工质量验收规范》GB 50209—2002 的基础上修订完成的。

本规范在修订过程中，编制组开展了专题研究，进行了比较广泛的调查研究，总结了多年建筑地面工程材料、施工的经验，并以多种方式广泛征求了全国有关单位的意见，对主要问题作了反复修改，最后经审查定稿。

本规范共分 8 章和 1 个附录，主要内容包括：总则，术语，基本规定，基层铺设，整体面层铺设，板块面层铺设，木、竹面层铺设，分部（子分部）工程验收等。

本规范中以黑体字标志的条文为强制性条文，必须严格执行。

本规范由住房和城乡建设部负责管理和对强制性条文的解释，由江苏省住房和城乡建设厅负责日常管理，由江苏省建筑工程集团有限公司负责具体技术内容的解释。在执行过程中，请各单位注意总结经验，积累资料，并及时把意见和建议反馈给江苏省建筑工程集团有限公司《建筑地面工程施工质量验收规范》

编制组（地址：江苏省南京市汉中路 180 号星汉大厦 15 ~ 17 层，邮政编码：210029，电子邮箱：gcb@jpcec.com，电话：025 - 86799322），以便今后修订时参考。

本规范主编单位、参编单位、主要起草人和主要审查人：

**主 编 单 位**：江苏省建筑工程集团有限公司
江苏省华建建设股份有限公司

**参 编 单 位**：镇江市建设工程质量监督站
江苏省建工集团有限公司
南通新华建筑集团有限公司
苏州二建建筑集团有限公司
苏州第一建筑集团有限公司
江苏中兴建设有限公司
南通四建集团有限公司

**主要起草人**：王 华　高宝俭　程 杰　王立群
王吉骞　蒋礼兵　王先华　邬建华
张卫东　李建华　李 健　张三旗
张卫国　佟贵森　邓学才

**主要审查人**：郭正兴　周桂云　田洪斌　王福川
王力健　刘新玉　金孝权　陈 贵
王玉章

# 目　次

# Contents

# 1 总 则

**1.0.1** 为了加强建筑工程质量管理，保证工程质量，统一建筑地面工程施工质量的验收，制定本规范。

**1.0.2** 本规范适用于建筑地面工程（含室外散水、明沟、踏步、台阶和坡道）施工质量的验收。不适用于超净、屏蔽、绝缘、防止放射线以及防腐蚀等特殊要求的建筑地面工程施工质量验收。

**1.0.3** 建筑地面工程施工中采用的承包合同文件、设计文件及其他工程技术文件对施工质量验收的要求不得低于本规范的规定。

**1.0.4** 本规范应与现行国家标准《建筑工程施工质量验收统一标准》GB 50300 配套使用。

**1.0.5** 建筑地面工程施工质量验收除应执行本规范外，尚应符合国家现行有关标准规范的规定。

# 2 术 语

**2.0.1** 建筑地面 building ground
建筑物底层地面和楼（层地）面的总称。

**2.0.2** 面层 surface course
直接承受各种物理和化学作用的建筑地面表面层。

**2.0.3** 结合层 combined course
面层与下一构造层相联结的中间层。

**2.0.4** 基层 base course
面层下的构造层，包括填充层、隔离层、绝热层、找平层、垫层和基土等。

**2.0.5** 填充层 filler course
建筑地面中具有隔声、找坡等作用和暗敷管线的构造层。

**2.0.6** 隔离层 isolating course
防止建筑地面上各种液体或地下水、潮气渗透地面等作用的构造层；当仅防止地下潮气透过地面时，可称作防潮层。

**2.0.7** 绝热层 insulating course
用于地面阻挡热量传递的构造层。

**2.0.8** 找平层 leveling course
在垫层、楼板上或填充层（轻质、松散材料）上起整平、找坡或加强作用的构造层。

**2.0.9** 垫层 under layer
承受并传递地面荷载于基土上的构造层。

**2.0.10** 基土 foundation earth layer
底层地面的地基土层。

**2.0.11** 缩缝 shrinkage crack
防止水泥混凝土垫层在气温降低时产生不规则裂缝而设置的收缩缝。

**2.0.12** 伸缝 stretching crack
防止水泥混凝土垫层在气温升高时在缩缝边缘产生挤碎或拱起而设置的伸胀缝。

**2.0.13** 不发火（防爆）面层 misfiring (explosion-proof) layer
面层采用的材料和硬化后的试件，与金属或石块等坚硬物体进行摩擦、冲击或冲擦等机械试验时，不会产生火花（或火星），不具有致使易燃物起火或爆炸的建筑地面。

**2.0.14** 不发火性 misfiring
当所有材料与金属或石块等坚硬物体发生摩擦、冲击或冲擦等机械作用时，不产生火花（或火星），不会致使易燃物引起发火或爆炸的危险，称为具有不发火性。

**2.0.15** 地面辐射供暖系统 floor radiant heating system
在建筑地面中铺设的绝热层、隔离层、供热做法、填充层等的总称，以达到地面辐射供暖的效果。

# 3 基 本 规 定

**3.0.1** 建筑地面工程子分部工程、分项工程的划分应按表 3.0.1 的规定执行。

**表 3.0.1 建筑地面工程子分部工程、分项工程的划分表**

| 分部工程 | 子分部工程 | | 分项工程 |
|---|---|---|---|
| 建筑装饰装修工程 | 地面 | 整体面层 | 基层：基土、灰土垫层、砂垫层和砂石垫层、碎石垫层和碎砖垫层、三合土及四合土垫层、炉渣垫层、水泥混凝土垫层和陶粒混凝土垫层、找平层、隔离层、填充层、绝热层 |
| | | | 面层：水泥混凝土面层、水泥砂浆面层、水磨石面层、硬化耐磨面层、防油渗面层、不发火（防爆）面层、自流平面层、涂料面层、塑胶面层、地面辐射供暖的整体面层 |
| | | 板块面层 | 基层：基土、灰土垫层、砂垫层和砂石垫层、碎石垫层和碎砖垫层、三合土及四合土垫层、炉渣垫层、水泥混凝土垫层和陶粒混凝土垫层、找平层、隔离层、填充层、绝热层 |
| | | | 面层：砖面层（陶瓷锦砖、缸砖、陶瓷地砖和水泥花砖面层）、大理石面层和花岗石面层、预制板块面层（水泥混凝土板块、水磨石板块、人造石板块面层）、料石面层（条石、块石面层）、塑料板面层、活动地板面层、金属板面层、地毯面层、地面辐射供暖的板块面层 |
| | | 木、竹面层 | 基层：基土、灰土垫层、砂垫层和砂石垫层、碎石垫层和碎砖垫层、三合土及四合土垫层、炉渣垫层、水泥混凝土垫层和陶粒混凝土垫层、找平层、隔离层、填充层、绝热层 |
| | | | 面层：实木地板、实木集成地板、竹地板面层（条材、块材面层）、实木复合地板面层（条材、块材面层）、浸渍纸层压木质地板面层（条材、块材面层）、软木类地板面层（条材、块材面层）、地面辐射供暖的木板面层 |

**3.0.2** 从事建筑地面工程施工的建筑施工企业应有质量管理体系和相应的施工工艺技术标准。

**3.0.3** 建筑地面工程采用的材料或产品应符合设计要求和国家现行有关标准的规定。无国家现行标准的，应具有省级住房和城乡建设行政主管部门的技术认可文件。材料或产品进场时还应符合下列规定：

　　**1** 应有质量合格证明文件；

　　**2** 应对型号、规格、外观等进行验收，对重要材料或产品应抽样进行复验。

**3.0.4** 建筑地面工程采用的大理石、花岗石、料石等天然石材以及砖、预制板块、地毯、人造板材、胶粘剂、涂料、水泥、砂、石、外加剂等材料或产品应符合国家现行有关室内环境污染控制和放射性、有害物质限量的规定。材料进场时应具有检测报告。

**3.0.5** 厕浴间和有防滑要求的建筑地面应符合设计防滑要求。

**3.0.6** 有种植要求的建筑地面，其构造做法应符合设计要求和现行行业标准《种植屋面工程技术规程》JGJ 155 的有关规定。设计无要求时，种植地面应低于相邻建筑地面50mm以上或作槛台处理。

**3.0.7** 地面辐射供暖系统的设计、施工及验收应符合现行行业标准《地面辐射供暖技术规程》JGJ 142 的有关规定。

**3.0.8** 地面辐射供暖系统施工验收合格后，方可进行面层铺设。面层分格缝的构造做法应符合设计要求。

**3.0.9** 建筑地面下的沟槽、暗管、保温、隔热、隔声等工程完工后，应经检验合格并做隐蔽记录，方可进行建筑地面工程的施工。

**3.0.10** 建筑地面工程基层（各构造层）和面层的铺设，均应待其下一层检验合格后方可施工上一层。建筑地面工程各层铺设前与相关专业的分部（子分部）工程、分项工程以及设备管道安装工程之间，应进行交接检验。

**3.0.11** 建筑地面工程施工时，各层环境温度的控制应符合材料或产品的技术要求，并应符合下列规定：

　　**1** 采用掺水泥、石灰的拌和料铺设以及用石油沥青胶结料铺贴时，不应低于5℃；

　　**2** 采用有机胶粘剂粘贴时，不应低于10℃；

　　**3** 采用砂、石材料铺设时，不应低于0℃；

　　**4** 采用自流平、涂料铺设时，不应低于5℃，也不应高于30℃。

**3.0.12** 铺设有坡度的地面应采用基土高差达到设计要求的坡度；铺设有坡度的楼面（或架空地面）应采用在结构楼层板上变更填充层（或找平层）铺设的厚度或以结构起坡达到设计要求的坡度。

**3.0.13** 建筑物室内接触基土的首层地面施工应符合设计要求，并应符合下列规定：

　　**1** 在冻胀性土上铺设地面时，应按设计要求做好防冻胀土处理后方可施工，并不得在冻胀土层上进行填土施工；

　　**2** 在永冻土上铺设地面时，应按建筑节能要求进行隔热、保温处理后方可施工。

**3.0.14** 室外散水、明沟、踏步、台阶和坡道等，其面层和基层（各构造层）均应符合设计要求。施工时应按本规范基层铺设中基土和相应垫层以及面层的规定执行。

**3.0.15** 水泥混凝土散水、明沟应设置伸、缩缝，其延长米间距不得大于10m，对日晒强烈且昼夜温差超过15℃的地区，其延长米间距宜为4m～6m。水泥混凝土散水、明沟和台阶等与建筑物连接处及房屋转角处应设缝处理。上述缝的宽度应为15mm～20mm，缝内应填嵌柔性密封材料。

**3.0.16** 建筑地面的变形缝应按设计要求设置，并应符合下列规定：

　　**1** 建筑地面的沉降缝、伸缝、缩缝和防震缝，应与结构相应缝的位置一致，且应贯通建筑地面的各构造层；

　　**2** 沉降缝和防震缝的宽度应符合设计要求，缝内清理干净，以柔性密封材料填嵌后用板封盖，并应与面层齐平。

**3.0.17** 当建筑地面采用镶边时，应按设计要求设置并应符合下列规定：

　　**1** 有强烈机械作用下的水泥类整体面层与其他类型的面层邻接处，应设置金属镶边构件；

　　**2** 具有较大振动或变形的设备基础与周围建筑地面的邻接处，应沿设备基础周边设置贯通建筑地面各构造层的沉降缝（防震缝），缝的处理应执行本规范第3.0.16条的规定；

　　**3** 采用水磨石整体面层时，应用同类材料镶边，并用分格条进行分格；

　　**4** 条石面层和砖面层与其他面层邻接处，应用顶铺的同类材料镶边；

　　**5** 采用木、竹面层和塑料板面层时，应用同类材料镶边；

　　**6** 地面面层与管沟、孔洞、检查井等邻接处，均应设置镶边；

　　**7** 管沟、变形缝等处的建筑地面面层的镶边构件，应在面层铺设前装设；

　　**8** 建筑地面的镶边宜与柱、墙面或踢脚线的变化协调一致。

**3.0.18** 厕浴间、厨房和有排水（或其他液体）要求的建筑地面面层与相连接各类面层的标高差应符合设计要求。

**3.0.19** 检验同一施工批次、同一配合比水泥混凝土和水泥砂浆强度的试块，应按每一层（或检验批）建筑地面工程不少于1组。当每一层（或检验批）建筑地面工程面积大于1000m²时，每增加1000m²应增做1组试块；小于1000m²按1000m²计算，取样1组；检验同一施工批次、同一配合比的散水、明沟、踏步、台阶、坡道的水泥混凝土、水泥砂浆强度的试块，应按每150延长米不少于1组。

**3.0.20** 各类面层的铺设宜在室内装饰工程基本完工后

进行。木、竹面层、塑料板面层、活动地板面层、地毯面层的铺设，应待抹灰工程、管道试压等完工后进行。

**3.0.21** 建筑地面工程施工质量的检验，应符合下列规定：

1 基层（各构造层）和各类面层的分项工程的施工质量验收应按每一层次或每层施工段（或变形缝）划分检验批，高层建筑的标准层可按每三层（不足三层按三层计）划分检验批；

2 每检验批应以各子分部工程的基层（各构造层）和各类面层所划分的分项工程按自然间（或标准间）检验，抽查数量应随机检验不应少于3间；不足3间，应全数检查；其中走廊（过道）应以10延长米为1间，工业厂房（按单跨计）、礼堂、门厅应以两个轴线为1间计算；

3 有防水要求的建筑地面子分部工程的分项工程施工质量每检验批抽查数量应按其房间总数随机检验不应少于4间，不足4间，应全数检查。

**3.0.22** 建筑地面工程的分项工程施工质量检验的主控项目，应达到本规范规定的质量标准，认定为合格；一般项目80%以上的检查点（处）符合本规范规定的质量要求，其他检查点（处）不得有明显影响使用，且最大偏差值不超过允许偏差值的50%为合格。凡达不到质量标准时，应按现行国家标准《建筑工程施工质量验收统一标准》GB 50300 的规定处理。

**3.0.23** 建筑地面工程的施工质量验收应在建筑施工企业自检合格的基础上，由监理单位或建设单位组织有关单位对分项工程、子分部工程进行检验。

**3.0.24** 检验方法应符合下列规定：

1 检查允许偏差应采用钢尺、1m 直尺、2m 直尺、3m 直尺、2m 靠尺、楔形塞尺、坡度尺、游标卡尺和水准仪；

2 检查空鼓应采用敲击的方法；

3 检查防水隔离层应采用蓄水方法，蓄水深度最浅处不得小于10mm，蓄水时间不得少于24h；检查有防水要求的建筑地面的面层应采用泼水方法。

4 检查各类面层（含不需铺设部分或局部面层）表面的裂纹、脱皮、麻面和起砂等缺陷，应采用观感的方法。

**3.0.25** 建筑地面工程完工后，应对面层采取保护措施。

# 4 基 层 铺 设

## 4.1 一 般 规 定

**4.1.1** 本章适用于基土、垫层、找平层、隔离层、绝热层和填充层等基层分项工程的施工质量检验。

**4.1.2** 基层铺设的材料质量、密实度和强度等级（或配合比）等应符合设计要求和本规范的规定。

**4.1.3** 基层铺设前，其下一层表面应干净、无积水。

**4.1.4** 垫层分段施工时，接槎处应做成阶梯形，每层接槎处的水平距离应错开 0.5m～1.0m。接槎处不应设在地面荷载较大的部位。

**4.1.5** 当垫层、找平层、填充层内埋设暗管时，管道应按设计要求予以稳固。

**4.1.6** 对有防静电要求的整体地面的基层，应清除残留物，将露出基层的金属物涂绝缘漆两遍晾干。

**4.1.7** 基层的标高、坡度、厚度等应符合设计要求。基层表面应平整，其允许偏差和检验方法应符合表 4.1.7 的规定。

**表 4.1.7 基层表面的允许偏差和检验方法**

| 项次 | 项目 | 基土 土 | 垫层 砂、砂石、碎石、碎砖 | 垫层 灰土、三合土、四合土、炉渣、水泥混凝土、陶粒混凝土 | 垫层地板 木搁栅 | 垫层地板 拼花实木地板、拼花实木复合地板、软木类地板面层 | 垫层地板 其他种类面层 | 找平层 用胶结料做结合层铺设板块面层 | 找平层 用水泥砂浆做结合层铺设板块面层 | 找平层 用胶粘剂做结合层铺设拼花木板、浸渍纸压木质地板、实木复合地板、竹地板、软木地板面层 | 填充层 金属板面层 | 填充层 松散材料 | 隔离层 板、块材料 | 隔离层 防水、防潮、防油渗 | 绝热层 板块材料、浇筑材料、喷涂材料 | 检验方法 |
|---|---|---|---|---|---|---|---|---|---|---|---|---|---|---|---|---|
| 1 | 表面平整度 | 15 | 15 | 10 | 3 | 3 | 5 | 3 | 5 | 2 | 3 | 7 | 5 | 3 | 4 | 用 2m 靠尺和楔形塞尺检查 |
| 2 | 标高 | 0 −50 | ±20 | ±10 | ±5 | ±5 | ±8 | ±5 | ±8 | ±4 | ±4 | ±4 | ±4 | ±4 | ±4 | 用水准仪检查 |
| 3 | 坡度 | 不大于房间相应尺寸的 2/1000，且不大于30 | | | | | | | | | | | | | | 用坡度尺检查 |
| 4 | 厚度 | 在个别地方不大于设计厚度的 1/10，且不大于20 | | | | | | | | | | | | | | 用钢尺检查 |

## 4.2 基 土

**4.2.1** 地面应铺设在均匀密实的基土上。土层结构被扰动的基土应进行换填，并予以压实。压实系数应符合设计要求。

**4.2.2** 对软弱土层应按设计要求进行处理。

**4.2.3** 填土应分层摊铺、分层压（夯）实、分层检验其密实度。填土质量应符合现行国家标准《建筑地基基础工程施工质量验收规范》GB 50202 的有关规定。

**4.2.4** 填土时应为最优含水量。重要工程或大面积的地面填土前，应取土样，按击实试验确定最优含水量与相应的最大干密度。

Ⅰ 主 控 项 目

**4.2.5** 基土不应用淤泥、腐殖土、冻土、耕植土、膨胀土和建筑杂物作为填土，填土土块的粒径不应大于 50mm。

检验方法：观察检查和检查土质记录。

检查数量：按本规范第 3.0.21 条规定的检验批检查。

**4.2.6** Ⅰ类建筑基土的氡浓度应符合现行国家标准《民用建筑工程室内环境污染控制规范》GB 50325 的规定。

检验方法：检查检测报告。

检查数量：同一工程、同一土源地点检查一组。

**4.2.7** 基土应均匀密实，压实系数应符合设计要求，设计无要求时，不应小于 0.9。

检验方法：观察检查和检查试验记录。

检查数量：按本规范第 3.0.21 条规定的检验批检查。

Ⅱ 一 般 项 目

**4.2.8** 基土表面的允许偏差应符合本规范表 4.1.7 的规定。

检验方法：按本规范表 4.1.7 中的检验方法检验。

检查数量：按本规范第 3.0.21 条规定的检验批和第 3.0.22 条的规定检查。

## 4.3 灰 土 垫 层

**4.3.1** 灰土垫层应采用熟化石灰与粘土（或粉质粘土、粉土）的拌和料铺设，其厚度不应小于 100mm。

**4.3.2** 熟化石灰粉可采用磨细生石灰，亦可用粉煤灰代替。

**4.3.3** 灰土垫层应铺设在不受地下水浸泡的基土上。施工后应有防止水浸泡的措施。

**4.3.4** 灰土垫层应分层夯实，经湿润养护、晾干后方可进行下一道工序施工。

**4.3.5** 灰土垫层不宜在冬期施工。当必须在冬期施工时，应采取可靠措施。

Ⅰ 主 控 项 目

**4.3.6** 灰土体积比应符合设计要求。

检验方法：观察检查和检查配合比试验报告。

检查数量：同一工程、同一体积比检查一次。

Ⅱ 一 般 项 目

**4.3.7** 熟化石灰颗粒粒径不应大于 5mm；粘土（或粉质粘土、粉土）内不得含有有机物质，颗粒粒径不应大于 16mm。

检验方法：观察检查和检查质量合格证明文件。

检查数量：按本规范第 3.0.21 条规定的检验批检查。

**4.3.8** 灰土垫层表面的允许偏差应符合本规范表 4.1.7 的规定。

检验方法：按本规范表 4.1.7 中的检验方法检验。

检查数量：按本规范第 3.0.21 条规定的检验批和第 3.0.22 条的规定检查。

## 4.4 砂垫层和砂石垫层

**4.4.1** 砂垫层厚度不应小于 60mm；砂石垫层厚度不应小于 100mm。

**4.4.2** 砂石应选用天然级配材料。铺设时不应有粗细颗粒分离现象，压（夯）至不松动为止。

Ⅰ 主 控 项 目

**4.4.3** 砂和砂石不应含有草根等有机杂质；砂应采用中砂；石子最大粒径不应大于垫层厚度的 2/3。

检验方法：观察检查和检查质量合格证明文件。

检查数量：按本规范第 3.0.21 条规定的检验批检查。

**4.4.4** 砂垫层和砂石垫层的干密度（或贯入度）应符合设计要求。

检验方法：观察检查和检查试验记录。

检查数量：按本规范第 3.0.21 条规定的检验批检查。

Ⅱ 一 般 项 目

**4.4.5** 表面不应有砂窝、石堆等现象。

检验方法：观察检查。

检查数量：按本规范第 3.0.21 条规定的检验批检查。

**4.4.6** 砂垫层和砂石垫层表面的允许偏差应符合本规范表 4.1.7 的规定。

检验方法：按本规范表 4.1.7 中的检验方法检验。

检查数量：按本规范第3.0.21条规定的检验批和第3.0.22条的规定检查。

## 4.5 碎石垫层和碎砖垫层

**4.5.1** 碎石垫层和碎砖垫层厚度不应小于100mm。

**4.5.2** 垫层应分层压（夯）实，达到表面坚实、平整。

### Ⅰ 主控项目

**4.5.3** 碎石的强度应均匀，最大粒径不应大于垫层厚度的2/3；碎砖不应采用风化、酥松、夹有有机杂质的砖料，颗粒粒径不应大于60mm。

检验方法：观察检查和检查质量合格证明文件。

检查数量：按本规范第3.0.21条规定的检验批检查。

**4.5.4** 碎石、碎砖垫层的密实度应符合设计要求。

检验方法：观察检查和检查试验记录。

检查数量：按本规范第3.0.21条规定的检验批检查。

### Ⅱ 一般项目

**4.5.5** 碎石、碎砖垫层的表面允许偏差应符合本规范表4.1.7的规定。

检验方法：按本规范表4.1.7中的检验方法检验。

检查数量：按本规范第3.0.21条规定的检验批和第3.0.22条的规定检查。

## 4.6 三合土垫层和四合土垫层

**4.6.1** 三合土垫层应采用石灰、砂（可掺入少量粘土）与碎砖的拌和料铺设，其厚度不应小于100mm；四合土垫层应采用水泥、石灰、砂（可掺少量粘土）与碎砖的拌和料铺设，其厚度不应小于80mm。

**4.6.2** 三合土垫层和四合土垫层均应分层夯实。

### Ⅰ 主控项目

**4.6.3** 水泥宜采用硅酸盐水泥、普通硅酸盐水泥；熟化石灰颗粒粒径不应大于5mm；砂应用中砂，并不得含有草根等有机物质；碎砖不应采用风化、酥松和有机杂质的砖料，颗粒粒径不应大于60mm。

检验方法：观察检查和检查质量合格证明文件。

检查数量：按本规范第3.0.21条规定的检验批检查。

**4.6.4** 三合土、四合土的体积比应符合设计要求。

检验方法：观察检查和检查配合比试验报告。

检查数量：同一工程、同一体积比检查一次。

### Ⅱ 一般项目

**4.6.5** 三合土垫层和四合土垫层表面的允许偏差应

符合本规范表4.1.7的规定。

检验方法：按本规范表4.1.7中的检验方法检验。

检查数量：按本规范第3.0.21条规定的检验批和第3.0.22条的规定检查。

## 4.7 炉渣垫层

**4.7.1** 炉渣垫层应采用炉渣或水泥与炉渣或水泥、石灰与炉渣的拌和料铺设，其厚度不应小于80mm。

**4.7.2** 炉渣或水泥炉渣垫层的炉渣，使用前应浇水闷透；水泥石灰炉渣垫层的炉渣，使用前应用石灰浆或用熟化石灰浇水拌和闷透；闷透时间均不得少于5d。

**4.7.3** 在垫层铺设前，其下一层应湿润；铺设时应分层压实，表面不得有泌水现象。铺设后应养护，待其凝结后方可进行下一道工序施工。

**4.7.4** 炉渣垫层施工过程中不宜留施工缝。当必须留缝时，应留直槎，并保证间隙处密实，接槎时应先刷水泥浆，再铺炉渣拌和料。

### Ⅰ 主控项目

**4.7.5** 炉渣内不应含有有机杂质和未燃尽的煤块，颗粒粒径不应大于40mm，且颗粒粒径在5mm及其以下的颗粒，不得超过总体积的40%；熟化石灰颗粒粒径不应大于5mm。

检验方法：观察检查和检查质量合格证明文件。

检查数量：按本规范第3.0.21条规定的检验批检查。

**4.7.6** 炉渣垫层的体积比应符合设计要求。

检验方法：观察检查和检查配合比试验报告。

检查数量：同一工程、同一体积比检查一次。

### Ⅱ 一般项目

**4.7.7** 炉渣垫层与其下一层结合应牢固，不应有空鼓和松散炉渣颗粒。

检验方法：观察检查和用小锤轻击检查。

检查数量：按本规范第3.0.21条规定的检验批检查。

**4.7.8** 炉渣垫层表面的允许偏差应符合本规范表4.1.7的规定。

检验方法：按本规范表4.1.7中的检验方法检验。

检查数量：按本规范第3.0.21条规定的检验批和第3.0.22条的规定检查。

## 4.8 水泥混凝土垫层和陶粒混凝土垫层

**4.8.1** 水泥混凝土垫层和陶粒混凝土垫层应铺设在基土上。当气温长期处于0℃以下，设计无要求时，垫层应设置缩缝，缝的位置、嵌缝做法等应与面层伸、缩缝相一致，并应符合本规范第 3.0.16 条的规定。

**4.8.2** 水泥混凝土垫层的厚度不应小于 60mm；陶粒混凝土垫层的厚度不应小于 80mm。

**4.8.3** 垫层铺设前，当为水泥类基层时，其下一层表面应湿润。

**4.8.4** 室内地面的水泥混凝土垫层和陶粒混凝土垫层，应设置纵向缩缝和横向缩缝；纵向缩缝、横向缩缝的间距均不得大于 6m。

**4.8.5** 垫层的纵向缩缝应做平头缝或加肋板平头缝。当垫层厚度大于 150mm 时，可做企口缝。横向缩缝应做假缝。平头缝和企口缝的缝间不得放置隔离材料，浇筑时应互相紧贴。企口缝尺寸应符合设计要求，假缝宽度宜为 5mm～20mm，深度宜为垫层厚度的 1/3，填缝材料应与地面变形缝的填缝材料相一致。

**4.8.6** 工业厂房、礼堂、门厅等大面积水泥混凝土、陶粒混凝土垫层应分区段浇筑。分区段应结合变形缝位置、不同类型的建筑地面连接处和设备基础的位置进行划分，并应与设置的纵向、横向缩缝的间距相一致。

**4.8.7** 水泥混凝土、陶粒混凝土施工质量检验尚应符合国家现行标准《混凝土结构工程施工质量验收规范》GB 50204 和《轻骨料混凝土技术规程》JGJ 51 的有关规定。

Ⅰ 主控项目

**4.8.8** 水泥混凝土垫层和陶粒混凝土垫层采用的粗骨料，其最大粒径不应大于垫层厚度的 2/3，含泥量不应大于 3%；砂为中粗砂，其含泥量不应大于 3%。陶粒中粒径小于 5mm 的颗粒含量应小于 10%；粉煤灰陶粒中大于 15mm 的颗粒含量不应大于 5%；陶粒中不得混夹杂物或粘土块。陶粒宜选用粉煤灰陶粒、页岩陶粒等。

检验方法：观察检查和检查质量合格证明文件。

检查数量：同一工程、同一强度等级、同一配合比检查一次。

**4.8.9** 水泥混凝土和陶粒混凝土的强度等级应符合设计要求。陶粒混凝土的密度应在 800kg/m³～1400kg/m³ 之间。

检验方法：检查配合比试验报告和强度等级检测报告。

检查数量：配合比试验报告按同一工程、同一强度等级、同一配合比检查一次；强度等级检测报告按本规范第 3.0.19 条的规定检查。

Ⅱ 一般项目

**4.8.10** 水泥混凝土垫层和陶粒混凝土垫层表面的允许偏差应符合本规范表 4.1.7 的规定。

检验方法：按本规范表 4.1.7 中的检验方法检验。

检查数量：按本规范第 3.0.21 条规定的检验批和第 3.0.22 条的规定检查。

## 4.9 找 平 层

**4.9.1** 找平层宜采用水泥砂浆或水泥混凝土铺设。当找平层厚度小于 30mm 时，宜用水泥砂浆做找平层；当找平层厚度不小于 30mm 时，宜用细石混凝土做找平层。

**4.9.2** 找平层铺设前，当其下一层有松散填充料时，应予铺平振实。

**4.9.3** 有防水要求的建筑地面工程，铺设前必须对立管、套管和地漏与楼板节点之间进行密封处理，并应进行隐蔽验收；排水坡度应符合设计要求。

**4.9.4** 在预制钢筋混凝土板上铺设找平层前，板缝填嵌的施工应符合下列要求：

1 预制钢筋混凝土板相邻缝底宽不应小于 20mm。

2 填嵌时，板缝内应清理干净，保持湿润。

3 填缝应采用细石混凝土，其强度等级不应小于 C20。填缝高度应低于板面 10mm～20mm，且振捣密实；填缝后应养护。当填缝混凝土的强度等级达到 C15 后方可继续施工。

4 当板缝底宽大于 40mm 时，应按设计要求配置钢筋。

**4.9.5** 在预制钢筋混凝土板上铺设找平层时，其板端应按设计要求做防裂的构造措施。

Ⅰ 主控项目

**4.9.6** 找平层采用碎石或卵石的粒径不应大于其厚度的 2/3，含泥量不应大于 2%；砂为中粗砂，其含泥量不应大于 3%。

检验方法：观察检查和检查质量合格证明文件。

检查数量：同一工程、同一强度等级、同一配合比检查一次。

**4.9.7** 水泥砂浆体积比、水泥混凝土强度等级应符合设计要求，且水泥砂浆体积比不应小于 1：3（或相应强度等级）；水泥混凝土强度等级不应小于 C15。

检验方法：观察检查和检查配合比试验报告、强度等级检测报告。

检查数量：配合比试验报告按同一工程、同一强度等级、同一配合比检查一次；强度等级检测报告按本规范第 3.0.19 条的规定检查。

**4.9.8** 有防水要求的建筑地面工程的立管、套管、地漏处不应渗漏，坡向应正确、无积水。

检验方法：观察检查和蓄水、泼水检验及坡度尺检查。

检查数量：按本规范第 3.0.21 条规定的检验批

检查。

**4.9.9** 在有防静电要求的整体面层的找平层施工前，其下敷设的导电地网系统应与接地引下线和地下接电体有可靠连接，经电性能检测且符合相关要求后进行隐蔽工程验收。

检验方法：观察检查和检查质量合格证明文件。

检查数量：按本规范第3.0.21条规定的检验批检查。

Ⅱ 一 般 项 目

**4.9.10** 找平层与其下一层结合应牢固，不应有空鼓。

检验方法：用小锤轻击检查。

检查数量：按本规范第3.0.21条规定的检验批检查。

**4.9.11** 找平层表面应密实，不应有起砂、蜂窝和裂缝等缺陷。

检验方法：观察检查。

检查数量：按本规范第3.0.21条规定的检验批检查。

**4.9.12** 找平层的表面允许偏差应符合本规范表4.1.7的规定。

检验方法：按本规范表4.1.7中的检验方法检验。

检查数量：按本规范第3.0.21条规定的检验批和第3.0.22条的规定检查。

## 4.10 隔 离 层

**4.10.1** 隔离层材料的防水、防油渗性能应符合设计要求。

**4.10.2** 隔离层的铺设层数（或道数）、上翻高度应符合设计要求。有种植要求的地面隔离层的防根穿刺等应符合现行行业标准《种植屋面工程技术规程》JGJ 155的有关规定。

**4.10.3** 在水泥类找平层上铺设卷材类、涂料类防水、防油渗隔离层时，其表面应坚固、洁净、干燥。铺设前，应涂刷基层处理剂。基层处理剂应采用与卷材性能相容的配套材料或采用与涂料性能相容的同类涂料的底子油。

**4.10.4** 当采用掺有防渗外加剂的水泥类隔离层时，其配合比、强度等级、外加剂的复合掺量等应符合设计要求。

**4.10.5** 铺设隔离层时，在管道穿过楼面四周，防水、防油渗材料应向上铺涂，并超过套管的上口；在靠近柱、墙处，应高出面层200mm～300mm或按设计要求的高度铺涂。阴阳角和管道穿过楼面的根部应增加铺涂附加防水、防油渗隔离层。

**4.10.6** 隔离层兼作面层时，其材料不得对人体及环境产生不利影响，并应符合现行国家标准《食品安全性毒理学评价程序和方法》GB 15193.1和《生活饮用水卫生标准》GB 5749的有关规定。

**4.10.7** 防水隔离层铺设后，应按本规范第3.0.24条的规定进行蓄水检验，并做记录。

**4.10.8** 隔离层施工质量检验还应符合现行国家标准《屋面工程施工质量验收规范》GB 50207的有关规定。

Ⅰ 主 控 项 目

**4.10.9** 隔离层材料应符合设计要求和国家现行有关标准的规定。

检验方法：观察检查和检查型式检验报告、出厂检验报告、出厂合格证。

检查数量：同一工程、同一材料、同一生产厂家、同一型号、同一规格、同一批号检查一次。

**4.10.10** 卷材类、涂料类隔离层材料进入施工现场，应对材料的主要物理性能指标进行复验。

检验方法：检查复验报告。

检查数量：执行现行国家标准《屋面工程质量验收规范》GB 50207的有关规定。

**4.10.11** 厕浴间和有防水要求的建筑地面必须设置防水隔离层。楼层结构必须采用现浇混凝土或整块预制混凝土板，混凝土强度等级不应小于C20；房间的楼板四周除门洞外应做混凝土翻边，高度不应小于200mm，宽同墙厚，混凝土强度等级不应小于C20。施工时结构层标高和预留孔洞位置应准确，严禁乱凿洞。

检验方法：观察和钢尺检查。

检查数量：按本规范第3.0.21条规定的检验批检查。

**4.10.12** 水泥类防水隔离层的防水等级和强度等级应符合设计要求。

检验方法：观察检查和检查防水等级检测报告、强度等级检测报告。

检查数量：防水等级检测报告、强度等级检测报告均按本规范第3.0.19条的规定检查。

**4.10.13** 防水隔离层严禁渗漏，排水的坡向应正确、排水通畅。

检验方法：观察检查和蓄水、泼水检验、坡度尺检查及检查验收记录。

检查数量：按本规范第3.0.21条规定的检验批检查。

Ⅱ 一 般 项 目

**4.10.14** 隔离层厚度应符合设计要求。

检验方法：观察检查和用钢尺、卡尺检查。

检查数量：按本规范第3.0.21条规定的检验批检查。

**4.10.15** 隔离层与其下一层应粘结牢固，不应有空鼓；防水涂层应平整、均匀，无脱皮、起壳、裂缝、鼓泡等缺陷。

检验方法：用小锤轻击检查和观察检查。

检查数量：按本规范第 3.0.21 条规定的检验批检查。

**4.10.16** 隔离层表面的允许偏差应符合本规范表 4.1.7 的规定。

检验方法：按本规范表 4.1.7 中的检验方法检验。

检查数量：按本规范第 3.0.21 条规定的检验批和第 3.0.22 条的规定检查。

## 4.11 填 充 层

**4.11.1** 填充层材料的密度应符合设计要求。

**4.11.2** 填充层的下一层表面应平整。当为水泥类时，尚应洁净、干燥，并不得有空鼓、裂缝和起砂等缺陷。

**4.11.3** 采用松散材料铺设填充层时，应分层铺平拍实；采用板、块状材料铺设填充层时，应分层错缝铺贴。

**4.11.4** 有隔声要求的楼面，隔声垫在柱、墙面的上翻高度应超出楼面 20mm，且应收口于踢脚线内。地面上有竖向管道时，隔声垫应包裹管道四周，高度同卷向柱、墙面的高度。隔声垫保护膜之间应错缝搭接，搭接长度应大于 100mm，并用胶带等封闭。

**4.11.5** 隔声垫上部应设置保护层，其构造做法应符合设计要求。当设计无要求时，混凝土保护层厚度不应小于 30mm，内配间距不大于 200mm × 200mm 的 φ6mm 钢筋网片。

**4.11.6** 有隔声要求的建筑地面工程尚应符合现行国家标准《建筑隔声评价标准》GB/T 50121、《民用建筑隔声设计规范》GBJ 118 的有关要求。

### Ⅰ 主控项目

**4.11.7** 填充层材料应符合设计要求和国家现行有关标准的规定。

检验方法：观察检查和检查质量合格证明文件。

检查数量：同一工程、同一材料、同一生产厂家、同一型号、同一规格、同一批号检查一次。

**4.11.8** 填充层的厚度、配合比应符合设计要求。

检验方法：用钢尺检查和检查配合比试验报告。

检查数量：按本规范第 3.0.21 条规定的检验批检查。

**4.11.9** 对填充材料接缝有密闭要求的应密封良好。

检验方法：观察检查。

检查数量：按本规范第 3.0.21 条规定的检验批检查。

### Ⅱ 一 般 项 目

**4.11.10** 松散材料填充层铺设应密实；板块状材料填充层应压实、无翘曲。

检验方法：观察检查。

检查数量：按本规范第 3.0.21 条规定的检验批检查。

**4.11.11** 填充层的坡度应符合设计要求，不应有倒泛水和积水现象。

检验方法：观察和采用泼水或用坡度尺检查。

检查数量：按本规范第 3.0.21 条规定的检验批检查。

**4.11.12** 填充层表面的允许偏差应符合本规范表 4.1.7 的规定。

检验方法：按本规范表 4.1.7 中的检验方法检验。

检查数量：按本规范第 3.0.21 条规定的检验批和第 3.0.22 条的规定检查。

**4.11.13** 用作隔声的填充层，其表面允许偏差应符合本规范表 4.1.7 中隔离层的规定。

检验方法：按本规范表 4.1.7 中隔离层的检验方法检验。

检查数量：按本规范第 3.0.21 条规定的检验批和第 3.0.22 条的规定检查。

## 4.12 绝 热 层

**4.12.1** 绝热层材料的性能、品种、厚度、构造做法应符合设计要求和国家现行有关标准的规定。

**4.12.2** 建筑物室内接触基土的首层地面应增设水泥混凝土垫层后方可铺设绝热层，垫层的厚度及强度等级应符合设计要求。首层地面及楼层楼板铺设绝热层前，表面平整度宜控制在 3mm 以内。

**4.12.3** 有防水、防潮要求的地面，宜在防水、防潮隔离层施工完毕并验收合格后再铺设绝热层。

**4.12.4** 穿越地面进入非采暖保温区域的金属管道应采取隔断热桥的措施。

**4.12.5** 绝热层与地面面层之间应设有水泥混凝土结合层，构造做法及强度等级应符合设计要求。设计无要求时，水泥混凝土结合层的厚度不应小于 30mm，层内应设置间距不大于 200mm × 200mm 的 φ6mm 钢筋网片。

**4.12.6** 有地下室的建筑，地上、地下交界部位楼板的绝热层应采用外保温做法，绝热层表面应设有外保护层。外保护层应安全、耐候，表面应平整、无裂纹。

**4.12.7** 建筑物勒脚处绝热层的铺设应符合设计要求。设计无要求时，应符合下列规定：

**1** 当地区冻土深度不大于 500mm 时，应采用外保温做法；

**2** 当地区冻土深度大于 500mm 且不大于 1000mm 时，宜采用内保温做法；

**3** 当地区冻土深度大于 1000mm 时，应采用内保温做法；

**4** 当建筑物的基础有防水要求时，宜采用内保温做法；

**5** 采用外保温做法的绝热层，宜在建筑物主体结构完成后再施工。

**4.12.8** 绝热层的材料不应采用松散型材料或抹灰浆料。

**4.12.9** 绝热层施工质量检验尚应符合现行国家标准《建筑节能工程施工质量验收规范》GB 50411 的有关规定。

Ⅰ 主 控 项 目

**4.12.10** 绝热层材料应符合设计要求和国家现行有关标准的规定。

检验方法：观察检查和检查型式检验报告、出厂检验报告、出厂合格证。

检查数量：同一工程、同一材料、同一生产厂家、同一型号、同一规格、同一批号检查一次。

**4.12.11** 绝热层材料进入施工现场时，应对材料的导热系数、表观密度、抗压强度或压缩强度、阻燃性进行复验。

检验方法：检查复验报告。

检查数量：同一工程、同一材料、同一生产厂家、同一型号、同一规格、同一批号复验一组。

**4.12.12** 绝热层的板块材料应采用无缝铺贴法铺设，表面应平整。

检查方法：观察检查、楔形塞尺检查。

检查数量：按本规范第 3.0.21 条规定的检验批检查。

Ⅱ 一 般 项 目

**4.12.13** 绝热层的厚度应符合设计要求，不应出现负偏差，表面应平整。

检验方法：直尺或钢尺检查。

检查数量：按本规范第 3.0.21 条规定的检验批检查。

**4.12.14** 绝热层表面应无开裂。

检验方法：观察检查。

检查数量：按本规范第 3.0.21 条规定的检验批检查。

**4.12.15** 绝热层与地面面层之间的水泥混凝土结合层或水泥砂浆找平层，表面应平整，允许偏差应符合本规范表 4.1.7 中"找平层"的规定。

检验方法：按本规范表 4.1.7 中"找平层"的检验方法检验。

检查数量：按本规范第 3.0.21 条规定的检验批和第 3.0.22 条的规定检查。

# 5 整体面层铺设

## 5.1 一 般 规 定

**5.1.1** 本章适用于水泥混凝土（含细石混凝土）面层、水泥砂浆面层、水磨石面层、硬化耐磨面层、防油渗面层、不发火（防爆）面层、自流平面层、涂料面层、塑胶面层、地面辐射供暖的整体面层等面层分项工程的施工质量检验。

**5.1.2** 铺设整体面层时，水泥类基层的抗压强度不得小于 1.2 MPa；表面应粗糙、洁净、湿润并不得有积水。铺设前宜凿毛或涂刷界面剂。硬化耐磨面层、自流平面层的基层处理应符合设计及产品的要求。

**5.1.3** 铺设整体面层时，地面变形缝的位置应符合本规范第 3.0.16 条的规定；大面积水泥类面层应设置分格缝。

**5.1.4** 整体面层施工后，养护时间不应少于 7d；抗压强度应达到 5MPa 后方准上人行走；抗压强度应达到设计要求后，方可正常使用。

**5.1.5** 当采用掺有水泥拌和料做踢脚线时，不得用石灰混合砂浆打底。

**5.1.6** 水泥类整体面层的抹平工作应在水泥初凝前完成，压光工作应在水泥终凝前完成。

**5.1.7** 整体面层的允许偏差和检验方法应符合表 5.1.7 的规定。

**表 5.1.7 整体面层的允许偏差和检验方法**

| 项次 | 项目 | 允许偏差 (mm) | | | | | | | | | 检验方法 |
| --- | --- | --- | --- | --- | --- | --- | --- | --- | --- | --- | --- |
| | | 水泥混凝土面层 | 水泥砂浆面层 | 普通水磨石面层 | 高级水磨石面层 | 硬化耐磨面层 | 防油渗混凝土和不发火（防爆）面层 | 自流平面层 | 涂料面层 | 塑胶面层 | |
| 1 | 表面平整度 | 5 | 4 | 3 | 2 | 4 | 5 | 2 | 2 | 2 | 用 2m 靠尺和楔形塞尺检查 |
| 2 | 踢脚线上口平直 | 4 | 4 | 3 | 3 | 4 | 4 | 3 | 3 | 3 | 拉 5m 线和用钢尺检查 |
| 3 | 缝格顺直 | 3 | 3 | 3 | 2 | 3 | 3 | 2 | 2 | 2 | |

## 5.2 水泥混凝土面层

**5.2.1** 水泥混凝土面层厚度应符合设计要求。

**5.2.2** 水泥混凝土面层铺设不得留施工缝。当施工间隙超过允许时间规定时，应对接槎处进行处理。

Ⅰ 主 控 项 目

**5.2.3** 水泥混凝土采用的粗骨料，最大粒径不应大于面层厚度的 2/3，细石混凝土面层采用的石子粒径不应大于 16mm。

　　检验方法：观察检查和检查质量合格证明文件。

　　检查数量：同一工程、同一强度等级、同一配合比检查一次。

**5.2.4**　防水水泥混凝土中掺入的外加剂的技术性能应符合国家现行有关标准的规定，外加剂的品种和掺量应经试验确定。

　　检验方法：检查外加剂合格证明文件和配合比试验报告。

　　检查数量：同一工程、同一品种、同一掺量检查一次。

**5.2.5**　面层的强度等级应符合设计要求，且强度等级不应小于 C20。

　　检验方法：检查配合比试验报告和强度等级检测报告。

　　检查数量：配合比试验报告按同一工程、同一强度等级、同一配合比检查一次；强度等级检测报告按本规范第 3.0.19 条的规定检查。

**5.2.6**　面层与下一层应结合牢固，且应无空鼓和开裂。当出现空鼓时，空鼓面积不应大于 400cm$^2$，且每自然间或标准间不应多于 2 处。

　　检验方法：观察和用小锤轻击检查。

　　检查数量：按本规范第 3.0.21 条规定的检验批检查。

Ⅱ　一 般 项 目

**5.2.7**　面层表面应洁净，不应有裂纹、脱皮、麻面、起砂等缺陷。

　　检验方法：观察检查。

　　检查数量：按本规范第 3.0.21 条规定的检验批检查。

**5.2.8**　面层表面的坡度应符合设计要求，不应有倒泛水和积水现象。

　　检验方法：观察和采用泼水或用坡度尺检查。

　　检查数量：按本规范第 3.0.21 条规定的检验批检查。

**5.2.9**　踢脚线与柱、墙面应紧密结合，踢脚线高度和出柱、墙厚度应符合设计要求且均匀一致。当出现空鼓时，局部空鼓长度不应大于 300mm，且每自然间或标准间不应多于 2 处。

　　检验方法：用小锤轻击、钢尺和观察检查。

　　检查数量：按本规范第 3.0.21 条规定的检验批检查。

**5.2.10**　楼梯、台阶踏步的宽度、高度应符合设计要求。楼层梯段相邻踏步高度差不应大于 10mm；每踏步两端宽度差不应大于 10mm，旋转楼梯梯段的每踏步两端宽度的允许偏差不应大于 5mm。踏步面层应做防滑处理，齿角应整齐，防滑条应顺直、牢固。

　　检验方法：观察和用钢尺检查。

　　检查数量：按本规范第 3.0.21 条规定的检验批检查。

**5.2.11**　水泥混凝土面层的允许偏差应符合本规范表 5.1.7 的规定。

　　检验方法：按本规范表 5.1.7 中的检验方法检验。

　　检查数量：按本规范第 3.0.21 条规定的检验批和第 3.0.22 条的规定检查。

### 5.3　水泥砂浆面层

**5.3.1**　水泥砂浆面层的厚度应符合设计要求。

Ⅰ　主 控 项 目

**5.3.2**　水泥宜采用硅酸盐水泥、普通硅酸盐水泥，不同品种、不同强度等级的水泥不应混用；砂应为中粗砂，当采用石屑时，其粒径应为 1mm～5mm，且含泥量不应大于 3%；防水水泥砂浆采用的砂或石屑，其含泥量不应大于 1%。

　　检验方法：观察检查和检查质量合格证明文件。

　　检查数量：同一工程、同一强度等级、同一配合比检查一次。

**5.3.3**　防水水泥砂浆中掺入的外加剂的技术性能应符合国家现行有关标准的规定，外加剂的品种和掺量应经试验确定。

　　检验方法：观察检查和检查质量合格证明文件、配合比试验报告。

　　检查数量：同一工程、同一强度等级、同一配合比、同一外加剂品种、同一掺量检查一次。

**5.3.4**　水泥砂浆的体积比（强度等级）应符合设计要求，且体积比应为 1:2，强度等级不应小于 M15。

　　检验方法：检查强度等级检测报告。

　　检查数量：按本规范第 3.0.19 条的规定检查。

**5.3.5**　有排水要求的水泥砂浆地面，坡向应正确、排水通畅；防水水泥砂浆面层不应渗漏。

　　检验方法：观察检查和蓄水、泼水检验或坡度尺检查及检查检验记录。

　　检查数量：按本规范第 3.0.21 条规定的检验批检查。

**5.3.6**　面层与下一层应结合牢固，且应无空鼓和开裂。当出现空鼓时，空鼓面积不应大于 400cm$^2$，且每自然间或标准间不应多于 2 处。

　　检验方法：观察和用小锤轻击检查。

　　检查数量：按本规范第 3.0.21 条规定的检验批检查。

Ⅱ　一 般 项 目

**5.3.7**　面层表面的坡度应符合设计要求，不应有倒泛水和积水现象。

　　检验方法：观察和采用泼水或坡度尺检查。

检查数量：按本规范第 3.0.21 条规定的检验批检查。

**5.3.8** 面层表面应洁净，不应有裂纹、脱皮、麻面、起砂等现象。

检验方法：观察检查。

检查数量：按本规范第 3.0.21 条规定的检验批检查。

**5.3.9** 踢脚线与柱、墙面应紧密结合，踢脚线高度及出柱、墙厚度应符合设计要求且均匀一致。当出现空鼓时，局部空鼓长度不应大于 300mm，且每自然间或标准间不应多于 2 处。

检验方法：用小锤轻击、钢尺和观察检查。

检查数量：按本规范第 3.0.21 条规定的检验批检查。

**5.3.10** 楼梯、台阶踏步的宽度、高度应符合设计要求。楼层梯段相邻踏步高度差不应大于 10mm；每踏步两端宽度差不应大于 10mm，旋转楼梯梯段的每踏步两端宽度的允许偏差不应大于 5mm。踏步面层应做防滑处理，齿角应整齐，防滑条应顺直、牢固。

检验方法：观察和用钢尺检查。

检查数量：按本规范第 3.0.21 条规定的检验批检查。

**5.3.11** 水泥砂浆面层的允许偏差应符合本规范表 5.1.7 的规定。

检验方法：按本规范表 5.1.7 中的检验方法检验。

检查数量：按本规范第 3.0.21 条规定的检验批和第 3.0.22 条的规定检查。

### 5.4 水磨石面层

**5.4.1** 水磨石面层应采用水泥与石粒拌和料铺设，有防静电要求时，拌和料内应按设计要求掺入导电材料。面层厚度除有特殊要求外，宜为 12mm ~ 18mm，且宜按石粒粒径确定。水磨石面层的颜色和图案应符合设计要求。

**5.4.2** 白色或浅色的水磨石面层应采用白水泥；深色的水磨石面层宜采用硅酸盐水泥、普通硅酸盐水泥或矿渣硅酸盐水泥；同颜色的面层应使用同一批水泥。同一彩色面层应使用同厂、同批的颜料；其掺入量宜为水泥重量的 3% ~6% 或由试验确定。

**5.4.3** 水磨石面层的结合层采用水泥砂浆时，强度等级应符合设计要求且不应小于 M10，稠度宜为 30mm ~35mm。

**5.4.4** 防静电水磨石面层中采用导电金属分格条时，分格条应经绝缘处理，且十字交叉处不得碰接。

**5.4.5** 普通水磨石面层磨光遍数不应少于 3 遍。高级水磨石面层的厚度和磨光遍数应由设计确定。

**5.4.6** 水磨石面层磨光后，在涂草酸和上蜡前，其表面不得污染。

**5.4.7** 防静电水磨石面层应在表面经清净、干燥后，在表面均匀涂抹一层防静电剂和地板蜡，并应做抛光处理。

Ⅰ 主控项目

**5.4.8** 水磨石面层的石粒应采用白云石、大理石等岩石加工而成，石粒应洁净无杂物，其粒径除特殊要求外应为 6mm ~ 16mm；颜料应采用耐光、耐碱的矿物原料，不得使用酸性颜料。

检验方法：观察检查和检查质量合格证明文件。

检查数量：同一工程、同一体积比检查一次。

**5.4.9** 水磨石面层拌和料的体积比应符合设计要求，且水泥与石粒的比例应为 1：1.5 ~ 1：2.5。

检验方法：检查配合比试验报告。

检查数量：同一工程、同一体积比检查一次。

**5.4.10** 防静电水磨石面层应在施工前及施工完成表面干燥后进行接地电阻和表面电阻检测，并应做好记录。

检验方法：检查施工记录和检测报告。

检查数量：按本规范第 3.0.21 条规定的检验批检查。

**5.4.11** 面层与下一层结合应牢固，且应无空鼓、裂纹。当出现空鼓时，空鼓面积不应大于 400cm²，且每自然间或标准间不应多于 2 处。

检验方法：观察和用小锤轻击检查。

检查数量：按本规范第 3.0.21 条规定的检验批检查。

Ⅱ 一般项目

**5.4.12** 面层表面应光滑，且应无裂纹、砂眼和磨痕；石粒应密实，显露均匀；颜色图案应一致，不混色；分格条应牢固、顺直和清晰。

检验方法：观察检查。

检查数量：按本规范第 3.0.21 条规定的检验批检查。

**5.4.13** 踢脚线与柱、墙面应紧密结合，踢脚线高度及出柱、墙厚度应符合设计要求且均匀一致。当出现空鼓时，局部空鼓长度不应大于 300mm，且每自然间或标准间不应多于 2 处。

检验方法：用小锤轻击、钢尺和观察检查。

检查数量：按本规范第 3.0.21 条规定的检验批检查。

**5.4.14** 楼梯、台阶踏步的宽度、高度应符合设计要求。楼层梯段相邻踏步高度差不应大于 10mm；每踏步两端宽度差不应大于 10mm，旋转楼梯梯段的每踏步两端宽度的允许偏差不应大于 5mm。踏步面层应做防滑处理，齿角应整齐，防滑条应顺直、牢固。

检验方法：观察和用钢尺检查。

检查数量：按本规范第 3.0.21 条规定的检验批检查。

**5.4.15** 水磨石面层的允许偏差应符合本规范表5.1.7的规定。

检验方法：按本规范表5.1.7中的检验方法检验。

检查数量：按本规范第3.0.21条规定的检验批和第3.0.22条的规定检查。

## 5.5 硬化耐磨面层

**5.5.1** 硬化耐磨面层应采用金属渣、屑、纤维或石英砂、金刚砂等，并应与水泥类胶凝材料拌和铺设或在水泥类基层上撒布铺设。

**5.5.2** 硬化耐磨面层采用拌和料铺设时，拌和料的配合比应通过试验确定；采用撒布铺设时，耐磨材料的撒布量应符合设计要求，且应在水泥类基层初凝前完成撒布。

**5.5.3** 硬化耐磨面层采用拌和料铺设时，宜先铺设一层强度等级不小于M15、厚度不小于20mm的水泥砂浆，或水灰比宜为0.4的素水泥浆结合层。

**5.5.4** 硬化耐磨面层采用拌和料铺设时，铺设厚度和拌和料强度应符合设计要求。当设计无要求时，水泥钢（铁）屑面层铺设厚度不应小于30mm，抗压强度不应小于40MPa；水泥石英砂浆面层铺设厚度不应小于20mm，抗压强度不应小于30MPa；钢纤维混凝土面层铺设厚度不应小于40mm，抗压强度不应小于40MPa。

**5.5.5** 硬化耐磨面层采用撒布铺设时，耐磨材料应撒布均匀，厚度应符合设计要求；混凝土基层或砂浆基层的厚度及强度应符合设计要求。当设计无要求时，混凝土基层的厚度不应小于50mm，强度等级不应小于C25；砂浆基层的厚度不应小于20mm，强度等级不应小于M15。

**5.5.6** 硬化耐磨面层分格缝的间距及缝深、缝宽、填缝材料应符合设计要求。

**5.5.7** 硬化耐磨面层铺设后应在湿润条件下静置养护，养护期限应符合材料的技术要求。

**5.5.8** 硬化耐磨面层应在强度达到设计强度后方可投入使用。

### Ⅰ 主 控 项 目

**5.5.9** 硬化耐磨面层采用的材料应符合设计要求和国家现行有关标准的规定。

检验方法：观察检查和检查质量合格证明文件。

检查数量：采用拌和料铺设的，按同一工程、同一强度等级检查一次；采用撒布铺设的，按同一工程、同一材料、同一生产厂家、同一型号、同一规格、同一批号检查一次。

**5.5.10** 硬化耐磨面层采用拌和料铺设时，水泥的强度不应小于42.5MPa。金属渣、屑、纤维不应有其他杂质，使用前应去油除锈、冲洗干净并干燥；石英砂

应用中粗砂，含泥量不应大于2%。

检验方法：观察检查和检查质量合格证明文件。

检查数量：同一工程、同一强度等级检查一次。

**5.5.11** 硬化耐磨面层的厚度、强度等级、耐磨性能应符合设计要求。

检验方法：用钢尺检查和检查配合比试验报告、强度等级检测报告、耐磨性能检测报告。

检查数量：厚度按本规范第3.0.21条规定的检验批检查；配合比试验报告按同一工程、同一强度等级、同一配合比检查一次；强度等级检测报告按本规范第3.0.19条的规定检查；耐磨性能检测报告按同一工程抽样检查一次。

**5.5.12** 面层与基层（或下一层）结合应牢固，且应无空鼓、裂缝。当出现空鼓时，空鼓面积不应大于400cm²，且每自然间或标准间不应多于2处。

检验方法：观察和用小锤轻击检查。

检查数量：按本规范第3.0.21条规定的检验批检查。

### Ⅱ 一 般 项 目

**5.5.13** 面层表面坡度应符合设计要求，不应有倒泛水和积水现象。

检验方法：观察和采用泼水或用坡度尺检查。

检查数量：按本规范第3.0.21条规定的检验批检查。

**5.5.14** 面层表面应色泽一致，切缝应顺直，不应有裂纹、脱皮、麻面、起砂等缺陷。

检验方法：观察检查。

检查数量：按本规范第3.0.21条规定的检验批检查。

**5.5.15** 踢脚线与柱、墙面应紧密结合，踢脚线高度及出柱、墙厚度应符合设计要求且均匀一致。当出现空鼓时，局部空鼓长度不应大于300mm，且每自然间或标准间不应多于2处。

检验方法：用小锤轻击、钢尺和观察检查。

检查数量：按本规范第3.0.21条规定的检验批检查。

**5.5.16** 硬化耐磨面层的允许偏差应符合本规范表5.1.7的规定。

检验方法：按本规范表5.1.7中的检查方法检查。

检查数量：按本规范第3.0.21条规定的检验批和第3.0.22条的规定检查。

## 5.6 防油渗面层

**5.6.1** 防油渗面层应采用防油渗混凝土铺设或采用防油渗涂料涂刷。

**5.6.2** 防油渗隔离层及防油渗面层与墙、柱连接处的构造应符合设计要求。

**5.6.3** 防油渗混凝土面层厚度应符合设计要求，防

油渗混凝土的配合比应按设计要求的强度等级和抗渗性能通过试验确定。

**5.6.4** 防油渗混凝土面层应按厂房柱网分区段浇筑，区段划分及分区段缝应符合设计要求。

**5.6.5** 防油渗混凝土面层内不得敷设管线。露出面层的电线管、接线盒、预埋套管和地脚螺栓等的处理，以及与墙、柱、变形缝、孔洞等连接处泛水均应采取防油渗措施并应符合设计要求。

**5.6.6** 防油渗面层采用防油渗涂料时，材料应按设计要求选用，涂层厚度宜为 5mm ~ 7mm。

Ⅰ 主 控 项 目

**5.6.7** 防油渗混凝土所用的水泥应采用普通硅酸盐水泥；碎石应采用花岗石或石英石，不应使用松散、多孔和吸水率大的石子，粒径为 5mm ~ 16mm，最大粒径不应大于 20mm，含泥量不应大于 1%；砂应为中砂，且应洁净无杂物；掺入的外加剂和防油渗剂应符合有关标准的规定。防油渗涂料应具有耐油、耐磨、耐火和粘结性能。

检验方法：观察检查和检查质量合格证明文件。

检查数量：同一工程、同一强度等级、同一配合比、同一粘强度检查一次。

**5.6.8** 防油渗混凝土的强度等级和抗渗性能应符合设计要求，且强度等级不应小于 C30；防油渗涂料的粘结强度不应小于 0.3MPa。

检验方法：检查配合比试验报告、强度等级检测报告、粘结强度检测报告。

检查数量：配合比试验报告按同一工程、同一强度等级、同一配合比检查一次；强度等级检测报告按本规范第 3.0.19 条的规定检查；抗拉粘结强度检测报告按同一工程、同一涂料品种、同一生产厂家、同一型号、同一规格、同一批号检查一次。

**5.6.9** 防油渗混凝土面层与下一层应结合牢固、无空鼓。

检验方法：用小锤轻击检查。

检查数量：按本规范第 3.0.21 条规定的检验批检查。

**5.6.10** 防油渗涂料面层与基层应粘结牢固，不应有起皮、开裂、漏涂等缺陷。

检验方法：观察检查。

检查数量：按本规范第 3.0.21 条规定的检验批检查。

Ⅱ 一 般 项 目

**5.6.11** 防油渗面层表面坡度应符合设计要求，不得有倒泛水和积水现象。

检验方法：观察和采用泼水或用坡度尺检查。

检查数量：按本规范第 3.0.21 条规定的检验批检查。

**5.6.12** 防油渗混凝土面层表面应洁净，不应有裂纹、脱皮、麻面和起砂等现象。

检验方法：观察检查。

检查数量：按本规范第 3.0.21 条规定的检验批检查。

**5.6.13** 踢脚线与柱、墙面应紧密结合，踢脚线高度及出柱、墙面厚度应符合设计要求且应均匀一致。

检验方法：用小锤轻击、钢尺和观察检查。

检查数量：按本规范第 3.0.21 条规定的检验批检查。

**5.6.14** 防油渗面层的允许偏差应符合本规范表 5.1.7 的规定。

检验方法：按本规范表 5.1.7 中的检验方法检验。

检查数量：按本规范第 3.0.21 条规定的检验批和第 3.0.22 条的规定检查。

## 5.7 不发火（防爆）面层

**5.7.1** 不发火（防爆）面层应采用水泥类拌和料及其他不发火材料铺设，其材料和厚度应符合设计要求。

**5.7.2** 不发火（防爆）各类面层的铺设应符合本规范相应面层的规定。

**5.7.3** 不发火（防爆）面层采用的材料和硬化后的试件，应按本规范附录 A 做不发火性试验。

Ⅰ 主 控 项 目

**5.7.4** 不发火（防爆）面层中碎石的不发火性必须合格；砂应质地坚硬、表面粗糙，其粒径应为 0.15mm ~ 5mm，含泥量不应大于 3%，有机物含量不应大于 0.5%；水泥应采用硅酸盐水泥、普通硅酸盐水泥；面层分格的嵌条应采用不发生火花的材料配制。配制时应随时检查，不得混入金属或其他易发生火花的杂质。

检验方法：观察检查和检查质量合格证明文件。

检查数量：按本规范第 3.0.19 条的规定检查。

**5.7.5** 不发火（防爆）面层的强度等级应符合设计要求。

检验方法：检查配合比试验报告和强度等级检测报告。

检查数量：配合比试验报告按同一工程、同一强度等级、同一配合比检查一次；强度等级检测报告按本规范第 3.0.19 条的规定检查。

**5.7.6** 面层与下一层应结合牢固，且应无空鼓和开裂。当出现空鼓时，空鼓面积不应大于 400cm²，且每自然间或标准间不应多于 2 处。

检验方法：观察和用小锤轻击检查。

检查数量：按本规范第 3.0.21 条规定的检验批检查。

**5.7.7** 不发火（防爆）面层的试件应检验合格。

检验方法：检查检测报告。

检查数量：同一工程、同一强度等级、同一配合比检查一次。

**5.7.8** 面层表面应密实，无裂缝、蜂窝、麻面等缺陷。

检验方法：观察检查。

检查数量：按本规范第3.0.21条规定的检验批检查。

**5.7.9** 踢脚线与柱、墙面应紧密结合，踢脚线高度及出柱、墙厚度应符合设计要求且均匀一致。当出现空鼓时，局部空鼓长度不应大于300mm，且每自然间或标准间不应多于2处。

检验方法：用小锤轻击、钢尺和观察检查。

检查数量：按本规范第3.0.21条规定的检验批检查。

**5.7.10** 不发火（防爆）面层的允许偏差应符合本规范表5.1.7的规定。

检验方法：按本规范表5.1.7中的检验方法检验。

检查数量：按本规范第3.0.21条规定的检验批和第3.0.22条的规定检查。

## 5.8 自 流 平 面 层

**5.8.1** 自流平面层可采用水泥基、石膏基、合成树脂基等拌和物铺设。

**5.8.2** 自流平面层与墙、柱等连接处的构造做法应符合设计要求，铺设时应分层施工。

**5.8.3** 自流平面层的基层应平整、洁净，基层的含水率应与面层材料的技术要求相一致。

**5.8.4** 自流平面层的构造做法、厚度、颜色等应符合设计要求。

**5.8.5** 有防水、防潮、防油渗、防尘要求的自流平面层应达到设计要求。

**5.8.6** 自流平面层的铺涂材料应符合设计要求和国家现行有关标准的规定。

检验方法：观察检查和检查型式检验报告、出厂检验报告、出厂合格证。

检查数量：同一工程、同一材料、同一生产厂家、同一型号、同一规格、同一批号检查一次。

**5.8.7** 自流平面层的涂料进入施工现场时，应有以下有害物质限量合格的检测报告：

**1** 水性涂料中的挥发性有机化合物（VOC）和游离甲醛；

**2** 溶剂型涂料中的苯、甲苯+二甲苯、挥发性有机化合物（VOC）和游离甲苯二异氰醛酯（TDI）。

检验方法：检查检测报告。

检查数量：同一工程、同一材料、同一生产厂家、同一型号、同一规格、同一批号检查一次。

**5.8.8** 自流平面层的基层的强度等级不应小于C20。

检验方法：检查强度等级检测报告。

检查数量：按本规范第3.0.19条的规定检查。

**5.8.9** 自流平面层的各构造层之间应粘结牢固，层与层之间不应出现分离、空鼓现象。

检验方法：用小锤轻击检查。

检查数量：按本规范第3.0.21条规定的检验批检查。

**5.8.10** 自流平面层的表面不应有开裂、漏涂和倒泛水、积水等现象。

检验方法：观察和泼水检查。

检查数量：按本规范第3.0.21条规定的检验批检查。

**5.8.11** 自流平面层应分层施工，面层找平施工时不应留有抹痕。

检验方法：观察检查和检查施工记录。

检查数量：按本规范第3.0.21条规定的检验批检查。

**5.8.12** 自流平面层表面应光洁，色泽应均匀、一致，不应有起泡、泛砂等现象。

检验方法：观察检查。

检查数量：按本规范第3.0.21条规定的检验批检查。

**5.8.13** 自流平面层的允许偏差应符合本规范表5.1.7的规定。

检验方法：按本规范表5.1.7中的检验方法检验。

检查数量：按本规范第3.0.21条规定的检验批和第3.0.22条的规定检查。

## 5.9 涂 料 面 层

**5.9.1** 涂料面层应采用丙烯酸、环氧、聚氨酯等树脂型涂料涂刷。

**5.9.2** 涂料面层的基层应符合下列规定：

**1** 应平整、洁净；

**2** 强度等级不应小于C20；

**3** 含水率应与涂料的技术要求相一致。

**5.9.3** 涂料面层的厚度、颜色应符合设计要求，铺设时应分层施工。

**5.9.4** 涂料应符合设计要求和国家现行有关标准的规定。

检验方法：观察检查和检查型式检验报告、出厂检验报告、出厂合格证。

检查数量：同一工程、同一材料、同一生产厂家、同一型号、同一规格、同一批号检查一次。

**5.9.5** 涂料进入施工现场时，应有苯、甲苯＋二甲苯、挥发性有机化合物（VOC）和游离甲苯二异氰酸酯（TDI）限量合格的检测报告。

检验方法：检查检测报告。

检查数量：同一材料、同一生产厂家、同一型号、同一规格、同一批号检查一次。

**5.9.6** 涂料面层的表面不应有开裂、空鼓、漏涂和倒泛水、积水等现象。

检验方法：观察和泼水检查。

检查数量：按本规范第3.0.21条规定的检验批检查。

Ⅱ 一 般 项 目

**5.9.7** 涂料找平层应平整，不应有刮痕。

检验方法：观察检查。

检查数量：按本规范第3.0.21条规定的检验批检查。

**5.9.8** 涂料面层应光洁，色泽应均匀、一致，不应有起泡、起皮、泛砂等现象。

检验方法：观察检查。

检查数量：按本规范第3.0.21条规定的检验批检查。

**5.9.9** 楼梯、台阶踏步的宽度、高度应符合设计要求。楼层梯段相邻踏步高度差不应大于10mm；每踏步两端宽度差不应大于10mm，旋转楼梯梯段的每踏步两端宽度的允许偏差不应大于5mm。踏步面层应做防滑处理，齿角应整齐，防滑条应顺直、牢固。

检验方法：观察和用钢尺检查。

检查数量：按本规范第3.0.21条规定的检验批检查。

**5.9.10** 涂料面层的允许偏差应符合本规范表5.1.7的规定。

检验方法：按本规范表5.1.7中的检验方法检验。

检查数量：按本规范第3.0.21条规定的检验批和第3.0.22条的规定检查。

## 5.10 塑 胶 面 层

**5.10.1** 塑胶面层应采用现浇型塑胶材料或塑胶卷材，宜在沥青混凝土或水泥类基层上铺设。

**5.10.2** 基层的强度和厚度应符合设计要求，表面应平整、干燥、洁净，无油脂及其他杂质。

**5.10.3** 塑胶面层铺设时的环境温度宜为10℃～30℃。

Ⅰ 主 控 项 目

**5.10.4** 塑胶面层采用的材料应符合设计要求和国家现行有关标准的规定。

检验方法：观察检查和检查型式检验报告、出厂检验报告、出厂合格证。

检查数量：现浇型塑胶材料按同一工程、同一配合比检查一次；塑胶卷材按同一工程、同一材料、同一生产厂家、同一型号、同一规格、同一批号检查一次。

**5.10.5** 现浇型塑胶面层的配合比应符合设计要求，成品试件应检测合格。

检验方法：检查配合比试验报告、试件检测报告。

检查数量：同一工程、同一配合比检查一次。

**5.10.6** 现浇型塑胶面层与基层应粘结牢固，面层厚度应一致，表面颗粒应均匀，不应有裂痕、分层、气泡、脱（秃）粒等现象；塑胶卷材面层的卷材与基层应粘结牢固，面层不应有断裂、起泡、起鼓、空鼓、脱胶、翘边、溢液等现象。

检验方法：观察和用敲击法检查。

检查数量：按本规范第3.0.21条规定的检验批检查。

Ⅱ 一 般 项 目

**5.10.7** 塑胶面层的各组合层厚度、坡度、表面平整度应符合设计要求。

检验方法：采用钢尺、坡度尺、2m或3m水平尺检查。

检查数量：按本规范第3.0.21条规定的检验批检查。

**5.10.8** 塑胶面层应表面洁净，图案清晰，色泽一致；拼缝处的图案、花纹应吻合，无明显高低差及缝隙，无胶痕；与周边接缝应严密，阴阳角应方正、收边整齐。

检验方法：观察检查。

检查数量：按本规范第3.0.21条规定的检验批检查。

**5.10.9** 塑胶卷材面层的焊缝应平整、光洁，无焦化变色、斑点、焊瘤、起鳞等缺陷，焊缝凹凸允许偏差不应大于0.6mm。

检验方法：观察检查。

检查数量：按本规范第3.0.21条规定的检验批检查。

**5.10.10** 塑胶面层的允许偏差应符合本规范表5.1.7的规定。

检验方法：按本规范表5.1.7中的检验方法检验。

检查数量：按本规范第3.0.21条规定的检验批和第3.0.22条的规定检查。

## 5.11 地面辐射供暖的整体面层

**5.11.1** 地面辐射供暖的整体面层宜采用水泥混凝土、水泥砂浆等，应在填充层上铺设。

**5.11.2** 地面辐射供暖的整体面层铺设时不得扰动填充层，不得向填充层内楔入任何物件。面层铺设尚应符合本规范第5.2节、5.3节的有关规定。

Ⅰ 主控项目

**5.11.3** 地面辐射供暖的整体面层采用的材料或产品除应符合设计要求和本规范相应面层的规定外，还应具有耐热性、热稳定性、防水、防潮、防霉变等特点。

检验方法：观察检查和检查质量合格证明文件。

检查数量：同一工程、同一材料、同一生产厂家、同一型号、同一规格、同一批号检查一次。

**5.11.4** 地面辐射供暖的整体面层的分格缝应符合设计要求，面层与柱、墙之间应留不小于10mm的空隙。

检验方法：观察和用钢尺检查。

检查数量：按本规范第3.0.21条规定的检验批检查。

**5.11.5** 其余主控项目及检验方法、检查数量应符合本规范本章第5.2节、5.3节的有关规定。

Ⅱ 一般项目

**5.11.6** 一般项目及检验方法、检查数量应符合本规范第5.2节、5.3节的有关规定。

# 6 板块面层铺设

## 6.1 一般规定

**6.1.1** 本章适用于砖面层、大理石和花岗石面层、预制板块面层、料石面层、塑料板面层、活动地板面层、金属板面层、地毯面层、地面辐射供暖的板块面层等面层分项工程的施工质量验收。

**6.1.2** 铺设板块面层时，其水泥类基层的抗压强度不得小于1.2 MPa。

**6.1.3** 铺设板块面层的结合层和板块间的填缝采用水泥砂浆时，应符合下列规定：

　**1** 配制水泥砂浆应采用硅酸盐水泥、普通硅酸盐水泥或矿渣硅酸盐水泥；

　**2** 配制水泥砂浆的砂应符合现行行业标准《普通混凝土用砂、石质量及检验方法标准》JGJ 52的有关规定；

　**3** 水泥砂浆的体积比（或强度等级）应符合设计要求。

**6.1.4** 结合层和板块面层填缝的胶结材料应符合国家现行有关标准的规定和设计要求。

**6.1.5** 铺设水泥混凝土板块、水磨石板块、人造石板块、陶瓷锦砖、陶瓷地砖、缸砖、水泥花砖、料石、大理石、花岗石等面层的结合层和填缝材料采用水泥砂浆时，在面层铺设后，表面应覆盖、湿润，养护时间不应少于7d。当板块面层的水泥砂浆结合层的抗压强度达到设计要求后，方可正常使用。

**6.1.6** 大面积板块面层的伸、缩缝及分格缝应符合设计要求。

**6.1.7** 板块类踢脚线施工时，不得采用混合砂浆打底。

**6.1.8** 板块面层的允许偏差和检验方法应符合表6.1.8的规定。

**表6.1.8 板、块面层的允许偏差和检验方法**

| 项次 | 项目 | 允许偏差（mm） | | | | | | | | | | | 检验方法 |
| --- | --- | --- | --- | --- | --- | --- | --- | --- | --- | --- | --- | --- | --- |
| | | 陶瓷锦砖面层、高级水磨石板、陶瓷地砖面层 | 缸砖面层 | 水泥花砖面层 | 水磨石板块面层 | 大理石面层、花岗石面层、人造石面层、金属板面层 | 塑料板面层 | 水泥混凝土板块面层 | 碎拼大理石、碎拼花岗石面层 | 活动地板面层 | 条石面层 | 块石面层 | |
| 1 | 表面平整度 | 2.0 | 4.0 | 3.0 | 3.0 | 1.0 | 2.0 | 4.0 | 3.0 | 2.0 | 10 | 10 | 用2m靠尺和楔形塞尺检查 |
| 2 | 缝格平直 | 3.0 | 3.0 | 3.0 | 3.0 | 2.0 | 3.0 | 3.0 | — | 2.5 | 8.0 | 8.0 | 拉5m线和用钢尺检查 |
| 3 | 接缝高低差 | 0.5 | 1.5 | 0.5 | 1.0 | 0.5 | 0.5 | 1.0 | — | 0.4 | 2.0 | — | 用钢尺和楔形塞尺检查 |
| 4 | 踢脚线上口平直 | 3.0 | 4.0 | — | 4.0 | 1.0 | 2.0 | 4.0 | 1.0 | — | — | — | 拉5m线和用钢尺检查 |
| 5 | 板块间隙宽度 | 2.0 | 2.0 | 2.0 | 2.0 | — | — | 6.0 | — | 0.3 | 5.0 | — | 用钢尺检查 |

## 6.2 砖 面 层

**6.2.1** 砖面层可采用陶瓷锦砖、缸砖、陶瓷地砖和水泥花砖，应在结合层上铺设。

**6.2.2** 在水泥砂浆结合层上铺贴缸砖、陶瓷地砖和水泥花砖面层时，应符合下列规定：

    **1** 在铺贴前，应对砖的规格尺寸、外观质量、色泽等进行预选；需要时，浸水湿润晾干待用；

    **2** 勾缝和压缝应采用同品种、同强度等级、同颜色的水泥，并做养护和保护。

**6.2.3** 在水泥砂浆结合层上铺贴陶瓷锦砖面层时，砖底面应洁净，每联陶瓷锦砖之间、与结合层之间以及在墙角、镶边和靠柱、墙处应紧密贴合。在靠柱、墙处不得采用砂浆填补。

**6.2.4** 在胶结料结合层上铺贴缸砖面层时，缸砖应干净，铺贴应在胶结料凝结前完成。

Ⅰ 主 控 项 目

**6.2.5** 砖面层所用板块产品应符合设计要求和国家现行有关标准的规定。

    检验方法：观察检查和检查型式检验报告、出厂检验报告、出厂合格证。

    检查数量：同一工程、同一材料、同一生产厂家、同一型号、同一规格、同一批号检查一次。

**6.2.6** 砖面层所用板块产品进入施工现场时，应有放射性限量合格的检测报告。

    检验方法：检查检测报告。

    检查数量：同一工程、同一材料、同一生产厂家、同一型号、同一规格、同一批号检查一次。

**6.2.7** 面层与下一层的结合（粘结）应牢固，无空鼓（单块砖边角允许有局部空鼓，但每自然间或标准间的空鼓砖不应超过总数的5%）。

    检验方法：用小锤轻击检查。

    检查数量：按本规范第3.0.21条规定的检验批检查。

Ⅱ 一 般 项 目

**6.2.8** 砖面层的表面应洁净、图案清晰，色泽应一致，接缝应平整，深浅应一致，周边应顺直。板块应无裂纹、掉角和缺棱等缺陷。

    检验方法：观察检查。

    检查数量：按本规范第3.0.21条规定的检验批检查。

**6.2.9** 面层邻接处的镶边用料及尺寸应符合设计要求，边角应整齐、光滑。

    检验方法：观察和用钢尺检查。

    检查数量：按本规范第3.0.21条规定的检验批检查。

**6.2.10** 踢脚线表面应洁净，与柱、墙面的结合应牢固。踢脚线高度及出柱、墙厚度应符合设计要求，且均匀一致。

    检验方法：观察和用小锤轻击及钢尺检查。

    检查数量：按本规范第3.0.21条规定的检验批检查。

**6.2.11** 楼梯、台阶踏步的宽度、高度应符合设计要求。踏步板块的缝隙宽度应一致；楼层梯段相邻踏步高度差不应大于10mm；每踏步两端宽度差不应大于10mm，旋转楼梯梯段的每踏步两端宽度的允许偏差不应大于5mm。踏步面层应做防滑处理，齿角应整齐，防滑条应顺直、牢固。

    检验方法：观察和用钢尺检查。

    检查数量：按本规范第3.0.21条规定的检验批检查。

**6.2.12** 面层表面的坡度应符合设计要求，不倒泛水、无积水；与地漏、管道结合处应严密牢固，无渗漏。

    检验方法：观察、泼水或用坡度尺及蓄水检查。

    检查数量：按本规范第3.0.21条规定的检验批检查。

**6.2.13** 砖面层的允许偏差应符合本规范表6.1.8的规定。

    检验方法：按本规范表6.1.8中的检验方法检验。

    检查数量：按本规范第3.0.21条规定的检验批和第3.0.22条的规定检查。

## 6.3 大理石面层和花岗石面层

**6.3.1** 大理石、花岗石面层采用天然大理石、花岗石（或碎拼大理石、碎拼花岗石）板材，应在结合层上铺设。

**6.3.2** 板材有裂缝、掉角、翘曲和表面有缺陷时应予剔除，品种不同的板材不得混杂使用；在铺设前，应根据石材的颜色、花纹、图案、纹理等按设计要求，试拼编号。

**6.3.3** 铺设大理石、花岗石面层前，板材应浸湿、晾干；结合层与板材应分段同时铺设。

Ⅰ 主 控 项 目

**6.3.4** 大理石、花岗石面层所用板块产品应符合设计要求和国家现行有关标准的规定。

    检验方法：观察检查和检查质量合格证明文件。

    检查数量：同一工程、同一材料、同一生产厂家、同一型号、同一规格、同一批号检查一次。

**6.3.5** 大理石、花岗石面层所用板块产品进入施工现场时，应有放射性限量合格的检测报告。

    检验方法：检查检测报告。

    检查数量：同一工程、同一材料、同一生产厂家、同一型号、同一规格、同一批号检查一次。

**6.3.6** 面层与下一层应结合牢固，无空鼓（单块板块边角允许有局部空鼓，但每自然间或标准间的空鼓板块不应超过总数的5%）。

检验方法：用小锤轻击检查。

检查数量：按本规范第3.0.21条规定的检验批检查。

Ⅱ 一 般 项 目

**6.3.7** 大理石、花岗石面层铺设前，板块的背面和侧面应进行防碱处理。

检验方法：观察检查和检查施工记录。

检查数量：按本规范第3.0.21条规定的检验批检查。

**6.3.8** 大理石、花岗石面层的表面应洁净、平整、无磨痕，且应图案清晰，色泽一致，接缝均匀，周边顺直，镶嵌正确，板块应无裂纹、掉角、缺楞等缺陷。

检验方法：观察检查。

检查数量：按本规范第3.0.21条规定的检验批检查。

**6.3.9** 踢脚线表面应洁净，与柱、墙面的结合应牢固。踢脚线高度及出柱、墙厚度应符合设计要求，且均匀一致。

检验方法：观察和用小锤轻击及钢尺检查。

检查数量：按本规范第3.0.21条规定的检验批检查。

**6.3.10** 楼梯、台阶踏步的宽度、高度应符合设计要求。踏步板块的缝隙宽度应一致；楼层梯段相邻踏步高度差不应大于10mm；每踏步两端宽度差不应大于10mm，旋转楼梯梯段的每踏步两端宽度的允许偏差不应大于5mm。踏步面层应做防滑处理，齿角应整齐，防滑条应顺直、牢固。

检验方法：观察和用钢尺检查。

检查数量：按本规范第3.0.21条规定的检验批检查。

**6.3.11** 面层表面的坡度应符合设计要求，不倒泛水、无积水；与地漏、管道结合处应严密牢固，无渗漏。

检验方法：观察、泼水或用坡度尺及蓄水检查。

检查数量：按本规范第3.0.21条规定的检验批检查。

**6.3.12** 大理石面层和花岗石面层（或碎拼大理石面层、碎拼花岗石面层）的允许偏差应符合本规范表6.1.8的规定。

检验方法：按本规范表6.1.8中的检验方法检验。

检查数量：按本规范第3.0.21条规定的检验批和第3.0.22条的规定检查。

## 6.4 预制板块面层

**6.4.1** 预制板块面层采用水泥混凝土板块、水磨石板块、人造石板块，应在结合层上铺设。

**6.4.2** 在现场加工的预制板块应按本规范第5章的有关规定执行。

**6.4.3** 水泥混凝土板块面层的缝隙中，应采用水泥浆（或砂浆）填缝；彩色混凝土板块、水磨石板块、人造石板块应用同色水泥浆（或砂浆）擦缝。

**6.4.4** 强度和品种不同的预制板块不宜混杂使用。

**6.4.5** 板块间的缝隙宽度应符合设计要求。当设计无要求时，混凝土板块面层缝宽不宜大于6mm，水磨石板块、人造石板块间的缝宽不应大于2mm。预制板块面层铺完24h后，应用水泥砂浆灌缝至2/3高度，再用同色水泥浆擦（勾）缝。

Ⅰ 主 控 项 目

**6.4.6** 预制板块面层所用板块产品应符合设计要求和国家现行有关标准的规定。

检验方法：观察检查和检查型式检验报告、出厂检验报告、出厂合格证。

检查数量：同一工程、同一材料、同一生产厂家、同一型号、同一规格、同一批号检查一次。

**6.4.7** 预制板块面层所用板块产品进入施工现场时，应有放射性限量合格的检测报告。

检验方法：检查检测报告。

检查数量：同一工程、同一材料、同一生产厂家、同一型号、同一规格、同一批号检查一次。

**6.4.8** 面层与下一层应粘合牢固、无空鼓（单块板块边角允许有局部空鼓，但每自然间或标准间的空鼓板块不应超过总数的5%）。

检验方法：用小锤轻击检查。

检查数量：按本规范第3.0.21条规定的检验批检查。

Ⅱ 一 般 项 目

**6.4.9** 预制板块表面应无裂缝、掉角、翘曲等明显缺陷。

检验方法：观察检查。

检查数量：按本规范第3.0.21条规定的检验批检查。

**6.4.10** 预制板块面层应平整洁净，图案清晰，色泽一致，接缝均匀，周边顺直，镶嵌正确。

检验方法：观察检查。

检查数量：按本规范第3.0.21条规定的检验批检查。

**6.4.11** 面层邻接处的镶边用料尺寸应符合设计要求，边角应整齐、光滑。

检验方法：观察和用钢尺检查。

检查数量：按本规范第 3.0.21 条规定的检验批检查。

**6.4.12** 踢脚线表面应洁净，与柱、墙面的结合应牢固。踢脚线高度及出柱、墙厚度应符合设计要求，且均匀一致。

检验方法：观察和用小锤轻击及钢尺检查。

检查数量：按本规范第 3.0.21 条规定的检验批检查。

**6.4.13** 楼梯、台阶踏步的宽度、高度应符合设计要求。踏步板块的缝隙宽度应一致；楼层梯段相邻踏步高度差不应大于 10mm；每踏步两端宽度差不应大于 10mm，旋转楼梯梯段的每踏步两端宽度的允许偏差不应大于 5mm。踏步面层应做防滑处理，齿角应整齐，防滑条应顺直、牢固。

检验方法：观察和用钢尺检查。

检查数量：按本规范第 3.0.21 条规定的检验批检查。

**6.4.14** 水泥混凝土板块、水磨石板块、人造石板块面层的允许偏差应符合本规范表 6.1.8 的规定。

检验方法：按本规范表 6.1.8 中的检验方法检验。

检查数量：按本规范第 3.0.21 条规定的检验批和第 3.0.22 条的规定检查。

## 6.5 料 石 面 层

**6.5.1** 料石面层采用天然条石和块石，应在结合层上铺设。

**6.5.2** 条石和块石面层所用的石材的规格、技术等级和厚度应符合设计要求。条石的质量应均匀，形状为矩形六面体，厚度为 80mm ~ 120mm；块石形状为直棱柱体，顶面粗琢平整，底面面积不宜小于顶面面积的 60%，厚度为 100mm ~ 150mm。

**6.5.3** 不导电的料石面层的石料应采用辉绿岩石加工制成。填缝材料亦采用辉绿岩石加工的砂嵌实。耐高温的料石面层的石料，应按设计要求选用。

**6.5.4** 条石面层的结合层宜采用水泥砂浆，其厚度应符合设计要求；块石面层的结合层宜采用砂垫层，其厚度不应小于 60mm；基土层应为均匀密实的基土或夯实的基土。

Ⅰ 主 控 项 目

**6.5.5** 石材应符合设计要求和国家现行有关标准的规定；条石的强度等级应大于 Mu60，块石的强度等级应大于 Mu30。

检验方法：观察检查和检查质量合格证明文件。

检查数量：同一工程、同一材料、同一生产厂家、同一型号、同一规格、同一批号检查一次。

**6.5.6** 石材进入施工现场时，应有放射性限量合格的检测报告。

检验方法：检查检测报告。

检查数量：同一工程、同一材料、同一生产厂家、同一型号、同一规格、同一批号检查一次。

**6.5.7** 面层与下一层应结合牢固、无松动。

检验方法：观察和用锤击检查。

检查数量：按本规范第 3.0.21 条规定的检验批检查。

Ⅱ 一 般 项 目

**6.5.8** 条石面层应组砌合理，无十字缝，铺砌方向和坡度应符合设计要求；块石面层石料缝隙应相互错开，通缝不应超过两块石料。

检验方法：观察和用坡度尺检查。

检查数量：按本规范第 3.0.21 条规定的检验批检查。

**6.5.9** 条石面层和块石面层的允许偏差应符合本规范表 6.1.8 的规定。

检验方法：按本规范表 6.1.8 中的检验方法检验。

检查数量：按本规范第 3.0.21 条规定的检验批和第 3.0.22 条的规定检查。

## 6.6 塑料板面层

**6.6.1** 塑料板面层应采用塑料板块材、塑料板焊接、塑料卷材以胶粘剂在水泥类基层上采用满粘或点粘法铺设。

**6.6.2** 水泥类基层表面应平整、坚硬、干燥、密实、洁净、无油脂及其他杂质，不应有麻面、起砂、裂缝等缺陷。

**6.6.3** 胶粘剂应按基层材料和面层材料使用的相容性要求，通过试验确定，其质量应符合国家现行有关标准的规定。

**6.6.4** 焊条成分和性能应与被焊的板相同，其质量应符合有关技术标准的规定，并应有出厂合格证。

**6.6.5** 铺贴塑料板面层时，室内相对湿度不宜大于 70%，温度宜在 10℃ ~ 32℃ 之间。

**6.6.6** 塑料板面层施工完成后的静置时间应符合产品的技术要求。

**6.6.7** 防静电塑料板配套的胶粘剂、焊条等应具有防静电性能。

Ⅰ 主 控 项 目

**6.6.8** 塑料板面层所用的塑料板块、塑料卷材、胶粘剂等应符合设计要求和国家现行有关标准的规定。

检验方法：观察检查和检查型式检验报告、出厂检验报告、出厂合格证。

检查数量：同一工程、同一材料、同一生产厂家、同一型号、同一规格、同一批号检查一次。

**6.6.9** 塑料板面层采用的胶粘剂进入施工现场时，

应有以下有害物质限量合格的检测报告：

　　**1**　溶剂型胶粘剂中的挥发性有机化合物（VOC）、苯、甲苯＋二甲苯；

　　**2**　水性胶粘剂中的挥发性有机化合物（VOC）和游离甲醛。

　　检验方法：检查检测报告。

　　检查数量：同一工程、同一材料、同一生产厂家、同一型号、同一规格、同一批号检查一次。

**6.6.10**　面层与下一层的粘结应牢固、不翘边、不脱胶、无溢胶（单块板块边角允许有局部脱胶，但每自然间或标准间的脱胶板块不应超过总数的 5%；卷材局部脱胶处面积不应大于 20cm²，且相隔间距应大于或等于 50cm）。

　　检验方法：观察、敲击及用钢尺检查。

　　检查数量：按本规范第 3.0.21 条规定的检验批检查。

Ⅱ　一　般　项　目

**6.6.11**　塑料板面层应表面洁净，图案清晰，色泽一致，接缝应严密、美观。拼缝处的图案、花纹应吻合，无胶痕；与柱、墙边交接应严密，阴阳角收边应方正。

　　检验方法：观察检查。

　　检查数量：按本规范第 3.0.21 条规定的检验批检查。

**6.6.12**　板块的焊接，焊缝应平整、光洁，无焦化变色、斑点、焊瘤和起鳞等缺陷，其凹凸允许偏差不应大于 0.6mm。焊缝的抗拉强度应不小于塑料板强度的 75%。

　　检验方法：观察检查和检查检测报告。

　　检查数量：按本规范第 3.0.21 条规定的检验批检查。

**6.6.13**　镶边用料应尺寸准确、边角整齐、拼缝严密、接缝顺直。

　　检验方法：观察和用钢尺检查。

　　检查数量：按本规范第 3.0.21 条规定的检验批检查。

**6.6.14**　踢脚线宜与地面面层对缝一致，踢脚线与基层的粘合应密实。

　　检验方法：观察检查。

　　检查数量：按本规范第 3.0.21 条规定的检验批检查。

**6.6.15**　塑料板面层的允许偏差应符合本规范表 6.1.8 的规定。

　　检验方法：按本规范表 6.1.8 中的检验方法检验。

　　检查数量：按本规范第 3.0.21 条规定的检验批和第 3.0.22 条的规定检查。

## 6.7　活动地板面层

**6.7.1**　活动地板面层宜用于有防尘和防静电要求的专业用房的建筑地面。应采用特制的平压刨花板为基材，表面可饰以装饰板，底层应用镀锌板经粘结胶合形成活动地板块，配以横梁、橡胶垫条和可供调节高度的金属支架组装成架空板，应在水泥类面层（或基层）上铺设。

**6.7.2**　活动地板所有的支座柱和横梁应构成框架一体，并与基层连接牢固；支架抄平后高度应符合设计要求。

**6.7.3**　活动地板面层应包括标准地板、异形地板和地板附件（即支架和横梁组件）。采用的活动地板块应平整、坚实，面层承载力不应小于 7.5MPa，A 级板的系统电阻应为 $1.0 \times 10^5 \Omega \sim 1.0 \times 10^8 \Omega$，B 级板的系统电阻应为 $1.0 \times 10^5 \Omega \sim 1.0 \times 10^{10} \Omega$。

**6.7.4**　活动地板面层的金属支架应支承在现浇水泥混凝土基层（或面层）上，基层表面应平整、光洁、不起灰。

**6.7.5**　当房间的防静电要求较高，需要接地时，应将活动地板面层的金属支架、金属横梁连通跨接，并与接地体相连，接地方法应符合设计要求。

**6.7.6**　活动板块与横梁接触搁置处应达到四角平整、严密。

**6.7.7**　当活动地板不符合模数时，其不足部分可在现场根据实际尺寸将板块切割后镶补，并应配装相应的可调支撑和横梁。切割边不经处理不得镶补安装，并不得有局部膨胀变形情况。

**6.7.8**　活动地板在门口处或预留洞口处应符合设置构造要求，四周侧边应用耐磨硬质板材封闭或用镀锌钢板包裹，胶条封边应符合耐磨要求。

**6.7.9**　活动地板与柱、墙面接缝处的处理应符合设计要求，设计无要求时应做木踢脚线；通风口处，应选用异形活动地板铺贴。

**6.7.10**　用于电子信息系统机房的活动地板面层，其施工质量检验尚应符合现行国家标准《电子信息系统机房施工及验收规范》GB 50462 的有关规定。

Ⅰ　主　控　项　目

**6.7.11**　活动地板应符合设计要求和国家现行有关标准的规定，且应具有耐磨、防潮、阻燃、耐污染、耐老化和导静电等性能。

　　检验方法：观察检查和检查型式检验报告、出厂检验报告、出厂合格证。

　　检查数量：同一工程、同一材料、同一生产厂家、同一型号、同一规格、同一批号检查一次。

**6.7.12**　活动地板面层应安装牢固，无裂纹、掉角和缺棱等缺陷。

　　检验方法：观察和行走检查。

　　检查数量：按本规范第 3.0.21 条规定的检验批

检查。

**6.7.13** 活动地板面层应排列整齐、表面洁净、色泽一致、接缝均匀、周边顺直。

检验方法：观察检查。

检查数量：按本规范第3.0.21条规定的检验批检查。

**6.7.14** 活动地板面层的允许偏差应符合本规范表6.1.8的规定。

检验方法：按本规范表6.1.8中的检验方法检验。

检查数量：按本规范第3.0.21条规定的检验批和第3.0.22条的规定检查。

## 6.8 金属板面层

**6.8.1** 金属板面层采用镀锌板、镀锡板、复合钢板、彩色涂层钢板、铸铁板、不锈钢板、铜板及其他合成金属板铺设。

**6.8.2** 金属板面层及其配件宜使用不锈蚀或经过防锈处理的金属制品。

**6.8.3** 用于通道（走道）和公共建筑的金属板面层，应按设计要求进行防腐、防滑处理。

**6.8.4** 金属板面层的接地做法应符合设计要求。

**6.8.5** 具有磁吸性的金属板面层不得用于有磁场所。

**6.8.6** 金属板应符合设计要求和国家现行有关标准的规定。

检验方法：观察检查和检查型式检验报告、出厂检验报告、出厂合格证。

检查数量：同一工程、同一材料、同一生产厂家、同一型号、同一规格、同一批号检查一次。

**6.8.7** 面层与基层的固定方法、面层的接缝处理应符合设计要求。

检验方法：观察检查。

检查数量：按本规范第3.0.21条规定的检验批检查。

**6.8.8** 面层及其附件如需焊接，焊缝质量应符合设计要求和现行国家标准《钢结构工程施工质量验收规范》GB 50205的有关规定。

检验方法：观察检查和按现行国家标准《钢结构工程施工质量验收规范》GB 50205规定的方法检验。

检查数量：按本规范第3.0.21条规定的检验批检查。

**6.8.9** 面层与基层的结合应牢固，无翘边、松动、空鼓等。

检验方法：观察和用小锤轻击检查。

检查数量：按本规范第3.0.21条规定的检验批检查。

**6.8.10** 金属板表面应无裂痕、刮伤、刮痕、翘曲等外观质量缺陷。

检验方法：观察检查。

检查数量：按本规范第3.0.21条规定的检验批检查。

**6.8.11** 面层应平整、洁净、色泽一致，接缝应均匀，周边应顺直。

检验方法：观察和用钢尺检查。

检查数量：按本规范第3.0.21条规定的检验批检查。

**6.8.12** 镶边用料及尺寸应符合设计要求，边角应整齐。

检验方法：观察检查和用钢尺检查。

检查数量：按本规范第3.0.21条规定的检验批检查。

**6.8.13** 踢脚线表面应洁净，与柱、墙面的结合应牢固。踢脚线高度及出柱、墙厚度应符合设计要求，且均匀一致。

检验方法：观察和用小锤轻击及钢尺检查。

检查数量：按本规范第3.0.21条规定的检验批检查。

**6.8.14** 金属板面层的允许偏差应符合本规范表6.1.8的规定。

检验方法：按本规范表6.1.8中的检验方法检验。

检查数量：按本规范第3.0.21条规定的检验批和第3.0.22条的规定检查。

## 6.9 地毯面层

**6.9.1** 地毯面层应采用地毯块材或卷材，以空铺法或实铺法铺设。

**6.9.2** 铺设地毯的地面面层（或基层）应坚实、平整、洁净、干燥，无凹坑、麻面、起砂、裂缝，并不得有油污、钉头及其他凸出物。

**6.9.3** 地毯衬垫应满铺平整，地毯拼缝处不得露底衬。

**6.9.4** 空铺地毯面层应符合下列要求：

　　**1** 块材地毯宜先拼成整块，然后按设计要求铺设；

　　**2** 块材地毯的铺设，块与块之间应挤紧服帖；

　　**3** 卷材地毯宜先长向缝合，然后按设计要求铺设；

　　**4** 地毯面层的周边应压入踢脚线下；

　　**5** 地毯面层与不同类型的建筑地面面层的连接处，其收口做法应符合设计要求。

**6.9.5** 实铺地毯面层应符合下列要求：

**1** 实铺地毯面层采用的金属卡条（倒刺板）、金属压条、专用双面胶带、胶粘剂等应符合设计要求；

**2** 铺设时，地毯的表面层宜张拉适度，四周应采用卡条固定；门口处宜用金属压条或双面胶带等固定；

**3** 地毯周边应塞入卡条和踢脚线下；

**4** 地毯面层采用胶粘剂或双面胶带粘结时，应与基层粘贴牢固。

**6.9.6** 楼梯地毯面层铺设时，梯段顶级（头）地毯应固定于平台上，其宽度应不小于标准楼梯、台阶踏步尺寸；阴角处应固定牢固；梯段末级（头）地毯与水平段地毯的连接处应顺畅、牢固。

Ⅰ 主控项目

**6.9.7** 地毯面层采用的材料应符合设计要求和国家现行有关标准的规定。

检验方法：观察检查和检查型式检验报告、出厂检验报告、出厂合格证。

检查数量：同一工程、同一材料、同一生产厂家、同一型号、同一规格、同一批号检查一次。

**6.9.8** 地毯面层采用的材料进入施工现场时，应有地毯、衬垫、胶粘剂中的挥发性有机化合物（VOC）和甲醛限量合格的检测报告。

检验方法：检查检测报告。

检查数量：同一工程、同一材料、同一生产厂家、同一型号、同一规格、同一批号检查一次。

**6.9.9** 地毯表面应平服，拼缝处应粘贴牢固、严密平整、图案吻合。

检验方法：观察检查。

检查数量：按本规范第3.0.21条规定的检验批检查。

Ⅱ 一般项目

**6.9.10** 地毯表面不应起鼓、起皱、翘边、卷边、显拼缝、露线和毛边，绒面毛应顺光一致，毯面应洁净、无污染和损伤。

检验方法：观察检查。

检查数量：按本规范第3.0.21条规定的检验批检查。

**6.9.11** 地毯同其他面层连接处、收口处和墙边、柱子周围应顺直、压紧。

检验方法：观察检查。

检查数量：按本规范第3.0.21条规定的检验批检查。

### 6.10 地面辐射供暖的板块面层

**6.10.1** 地面辐射供暖的板块面层宜采用缸砖、陶瓷地砖、花岗石、水磨石板块、人造石板块、塑料板

等，应在填充层上铺设。

**6.10.2** 地面辐射供暖的板块面层采用胶结材料粘贴铺设时，填充层的含水率应符合胶结材料的技术要求。

**6.10.3** 地面辐射供暖的板块面层铺设时不得扰动填充层，不得向填充层内楔入任何物件。面层铺设尚应符合本规范第6.2节、6.3节、6.4节、6.6节的有关规定。

Ⅰ 主控项目

**6.10.4** 地面辐射供暖的板块面层采用的材料或产品除应符合设计要求和本规范相应面层的规定外，还应具有耐热性、热稳定性、防水、防潮、防霉变等特点。

检验方法：观察检查和检查质量合格证明文件。

检查数量：同一工程、同一材料、同一生产厂家、同一型号、同一规格、同一批号检查一次。

**6.10.5** 地面辐射供暖的板块面层的伸、缩缝及分格缝应符合设计要求；面层与柱、墙之间应留不小于10mm的空隙。

检验方法：观察和用钢尺检查。

检查数量：按本规范第3.0.21条规定的检验批检查。

**6.10.6** 其余主控项目及检验方法、检查数量应符合本规范第6.2节、6.3节、6.4节、6.6节的有关规定。

Ⅱ 一般项目

**6.10.7** 一般项目及检验方法、检查数量应符合本规范第6.2节、6.3节、6.4节、6.6节的有关规定。

# 7 木、竹面层铺设

## 7.1 一般规定

**7.1.1** 本章适用于实木地板面层、实木集成地板面层、竹地板面层、实木复合地板面层、浸渍纸层压木质地板面层、软木类地板面层、地面辐射供暖的木板面层等（包括免刨、免漆类）面层分项工程的施工质量检验。

**7.1.2** 木、竹地板面层下的木搁栅、垫木、垫层地板等采用木材的树种、选材标准和铺设时木材含水率以及防腐、防蛀处理等，均应符合现行国家标准《木结构工程施工质量验收规范》GB 50206的有关规定。所选用的材料应符合设计要求，进场时应对其断面尺寸、含水率等主要技术指标进行抽检，抽检数量应符合国家现行有关标准的规定。

**7.1.3** 用于固定和加固用的金属零部件应采用不锈蚀或经过防锈处理的金属件。

**7.1.4** 与厕浴间、厨房等潮湿场所相邻的木、竹面层的连接处应做防水（防潮）处理。

7.1.5 木、竹面层铺设在水泥类基层上，其基层表面应坚硬、平整、洁净、不起砂，表面含水率不应大于8%。

7.1.6 建筑地面工程的木、竹面层搁栅下架空结构层（或构造层）的质量检验，应符合国家相应现行标准的规定。

7.1.7 木、竹面层的通风构造层包括室内通风沟、地面通风孔、室外通风窗等，均应符合设计要求。

7.1.8 木、竹面层的允许偏差和检验方法应符合表7.1.8的规定。

**表7.1.8 木、竹面层的允许偏差和检验方法**

| 项次 | 项目 | 允许偏差（mm） | | | 检验方法 |
|---|---|---|---|---|---|
| | | 实木地板、实木集成地板、竹地板面层 | | 浸渍纸层压木质地板、实木复合地板、软木类地板面层 | |
| | | 松木地板 | 硬木地板、竹地板 | 拼花地板 | | |
| 1 | 板面缝隙宽度 | 1.0 | 0.5 | 0.2 | 0.5 | 用钢尺检查 |
| 2 | 表面平整度 | 3.0 | 2.0 | 2.0 | 2.0 | 用2m靠尺和楔形塞尺检查 |
| 3 | 踢脚线上口平齐 | 3.0 | 3.0 | 3.0 | 3.0 | 拉5m线和用钢尺检查 |
| 4 | 板面拼缝平直 | 3.0 | 3.0 | 3.0 | 3.0 | |
| 5 | 相邻板材高差 | 0.5 | 0.5 | 0.5 | 0.5 | 用钢尺和楔形塞尺检查 |
| 6 | 踢脚线与面层的接缝 | 1.0 | | | | 楔形塞尺检查 |

## 7.2 实木地板、实木集成地板、竹地板面层

7.2.1 实木地板、实木集成地板、竹地板面层应采用条材或块材或拼花，以空铺或实铺方式在基层上铺设。

7.2.2 实木地板、实木集成地板、竹地板面层可采用双层面层和单层面层铺设，其厚度应符合设计要求；其选材应符合国家现行有关标准的规定。

7.2.3 铺设实木地板、实木集成地板、竹地板面层时，其木搁栅的截面尺寸、间距和稳固方法等均应符合设计要求。木搁栅固定时，不得损坏基层和预埋管线。木搁栅应垫实钉牢，与柱、墙之间留出20mm的缝隙，表面应平直，其间距不宜大于300mm。

7.2.4 当面层下铺设垫层地板时，垫层地板的髓心应向上，板间缝隙不应大于3mm，与柱、墙之间应留

8mm～12mm的空隙，表面应刨平。

7.2.5 实木地板、实木集成地板、竹地板面层铺设时，相邻板材接头位置应错开不小于300mm的距离；与柱、墙之间应留8mm～12mm的空隙。

7.2.6 采用实木制作的踢脚线，背面应抽槽并做防腐处理。

7.2.7 席纹实木地板面层、拼花实木地板面层的铺设应符合本规范本节的有关要求。

Ⅰ 主 控 项 目

7.2.8 实木地板、实木集成地板、竹地板面层采用的地板、铺设时的木（竹）材含水率、胶粘剂等应符合设计要求和国家现行有关标准的规定。

检验方法：观察检查和检查型式检验报告、出厂检验报告、出厂合格证。

检查数量：同一工程、同一材料、同一生产厂家、同一型号、同一规格、同一批号检查一次。

7.2.9 实木地板、实木集成地板、竹地板面层采用的材料进入施工现场时，应有以下有害物质限量合格的检测报告：

1 地板中的游离甲醛（释放量或含量）；

2 溶剂型胶粘剂中的挥发性有机化合物（VOC）、苯、甲苯+二甲苯；

3 水性胶粘剂中的挥发性有机化合物（VOC）和游离甲醛。

检验方法：检查检测报告。

检查数量：同一工程、同一材料、同一生产厂家、同一型号、同一规格、同一批号检查一次。

7.2.10 木搁栅、垫木和垫层地板等应做防腐、防蛀处理。

检验方法：观察检查和检查验收记录。

检查数量：按本规范第3.0.21条规定的检验批检查。

7.2.11 木搁栅安装应牢固、平直。

检验方法：观察、行走、钢尺测量等检查和检查验收记录。

检查数量：按本规范第3.0.21条规定的检验批检查。

7.2.12 面层铺设应牢固；粘结应无空鼓、松动。

检验方法：观察、行走或用小锤轻击检查。

检查数量：按本规范第3.0.21条规定的检验批检查。

Ⅱ 一 般 项 目

7.2.13 实木地板、实木集成地板面层应刨平、磨光，无明显刨痕和毛刺等现象；图案应清晰、颜色应均匀一致。

检验方法：观察、手摸和行走检查。

检查数量：按本规范第3.0.21条规定的检验批

检查。

**7.2.14** 竹地板面层的品种与规格应符合设计要求，板面应无翘曲。

检验方法：观察、用2m靠尺和楔形塞尺检查。

检查数量：按本规范第3.0.21条规定的检验批检查。

**7.2.15** 面层缝隙应严密；接头位置应错开，表面应平整、洁净。

检验方法：观察检查。

检查数量：按本规范第3.0.21条规定的检验批检查。

**7.2.16** 面层采用粘、钉工艺时，接缝应对齐，粘、钉应严密；缝隙宽度应均匀一致；表面应洁净，无溢胶现象。

检验方法：观察检查。

检查数量：按本规范第3.0.21条规定的检验批检查。

**7.2.17** 踢脚线应表面光滑，接缝严密，高度一致。

检验方法：观察和用钢尺检查。

检查数量：按本规范第3.0.21条规定的检验批检查。

**7.2.18** 实木地板、实木集成地板、竹地板面层的允许偏差应符合本规范表7.1.8的规定。

检验方法：按本规范表7.1.8中的检验方法检验。

检查数量：按本规范第3.0.21条规定的检验批和第3.0.22条的规定检查。

### 7.3 实木复合地板面层

**7.3.1** 实木复合地板面层采用的材料、铺设方式、铺设方法、厚度以及垫层地板铺设等，均应符合本规范第7.2.1条～第7.2.4条的规定。

**7.3.2** 实木复合地板面层应采用空铺法或粘贴法（满粘或点粘）铺设。采用粘贴法铺设时，粘贴材料应按设计要求选用，并应具有耐老化、防水、防菌、无毒等性能。

**7.3.3** 实木复合地板面层下衬垫的材料和厚度应符合设计要求。

**7.3.4** 实木复合地板面层铺设时，相邻板材接头位置应错开不小于300mm的距离；与柱、墙之间应留不小于10mm的空隙。当面层采用无龙骨的空铺法铺设时，应在面层与柱、墙之间的空隙内加设金属弹簧卡或木楔子，其间距宜为200mm～300mm。

**7.3.5** 大面积铺设实木复合地板面层时，应分段铺设，分段缝的处理应符合设计要求。

Ⅰ 主控项目

**7.3.6** 实木复合地板面层采用的地板、胶粘剂等应符合设计要求和国家现行有关标准的规定。

检验方法：观察检查和检查型式检验报告、出厂检验报告、出厂合格证。

检查数量：同一工程、同一材料、同一生产厂家、同一型号、同一规格、同一批号检查一次。

**7.3.7** 实木复合地板面层采用的材料进入施工现场时，应有以下有害物质限量合格的检测报告：

**1** 地板中的游离甲醛（释放量或含量）；

**2** 溶剂型胶粘剂中的挥发性有机化合物（VOC）、苯、甲苯+二甲苯；

**3** 水性胶粘剂中的挥发性有机化合物（VOC）和游离甲醛。

检验方法：检查检测报告。

检查数量：同一工程、同一材料、同一生产厂家、同一型号、同一规格、同一批号检查一次。

**7.3.8** 木搁栅、垫木和垫层地板等应做防腐、防蛀处理。

检验方法：观察检查和检查验收记录。

检查数量：按本规范第3.0.21条规定的检验批检查。

**7.3.9** 木搁栅安装应牢固、平直。

检验方法：观察、行走、钢尺测量等检查和检查验收记录。

检查数量：按本规范第3.0.21条规定的检验批检查。

**7.3.10** 面层铺设应牢固；粘贴应无空鼓、松动。

检验方法：观察、行走或用小锤轻击检查。

检查数量：按本规范第3.0.21条规定的检验批检查。

Ⅱ 一般项目

**7.3.11** 实木复合地板面层图案和颜色应符合设计要求，图案应清晰，颜色应一致，板面应无翘曲。

检验方法：观察、用2m靠尺和楔形塞尺检查。

检查数量：按本规范第3.0.21条规定的检验批检查。

**7.3.12** 面层缝隙应严密；接头位置应错开，表面应平整、洁净。

检验方法：观察检查。

检查数量：按本规范第3.0.21条规定的检验批检查。

**7.3.13** 面层采用粘、钉工艺时，接缝应对齐，粘、钉应严密；缝隙宽度应均匀一致；表面应洁净，无溢胶现象。

检验方法：观察检查。

检查数量：按本规范第3.0.21条规定的检验批检查。

**7.3.14** 踢脚线应表面光滑，接缝严密，高度一致。

检验方法：观察和用钢尺检查。

检查数量：按本规范第3.0.21条规定的检验批

检查。

**7.3.15** 实木复合地板面层的允许偏差应符合本规范表7.1.8的规定。

检验方法：按本规范表7.1.8中的检验方法检验。

检查数量：按本规范第3.0.21条规定的检验批和第3.0.22条的规定检查。

### 7.4 浸渍纸层压木质地板面层

**7.4.1** 浸渍纸层压木质地板面层应采用条材或块材，以空铺或粘贴方式在基层上铺设。

**7.4.2** 浸渍纸层压木质地板面层可采用有垫层地板和无垫层地板的方式铺设。有垫层地板时，垫层地板的材料和厚度应符合设计要求。

**7.4.3** 浸渍纸层压木质地板面层铺设时，相邻板材接头位置应错开不小于300mm的距离；衬垫层、垫层地板及面层与柱、墙之间均应留出不小于10mm的空隙。

**7.4.4** 浸渍纸层压木质地板面层采用无龙骨的空铺法铺设时，宜在面层与基层之间设置衬垫层，衬垫层的材料和厚度应符合设计要求；并应在面层与柱、墙之间的空隙内加设金属弹簧卡或木楔子，其间距宜为200mm～300mm。

Ⅰ 主 控 项 目

**7.4.5** 浸渍纸层压木质地板面层采用的地板、胶粘剂等应符合设计要求和国家现行有关标准的规定。

检验方法：观察检查和检查型式检验报告、出厂检验报告、出厂合格证。

检查数量：同一工程、同一材料、同一生产厂家、同一型号、同一规格、同一批号检查一次。

**7.4.6** 浸渍纸层压木质地板面层采用的材料进入施工现场时，应有以下有害物质限量合格的检测报告：

**1** 地板中的游离甲醛（释放量或含量）；

**2** 溶剂型胶粘剂中的挥发性有机化合物（VOC）、苯、甲苯＋二甲苯；

**3** 水性胶粘剂中的挥发性有机化合物（VOC）和游离甲醛。

检验方法：检查检测报告。

检查数量：同一工程、同一材料、同一生产厂家、同一型号、同一规格、同一批号检查一次。

**7.4.7** 木搁栅、垫木和垫层地板等应做防腐、防蛀处理；其安装应牢固、平直，表面应洁净。

检验方法：观察、行走、钢尺测量等检查和检查验收记录。

检查数量：按本规范第3.0.21条规定的检验批检查。

**7.4.8** 面层铺设应牢固、平整；粘贴应无空鼓、松动。

检验方法：观察、行走、钢尺测量、用小锤轻击

检查。

检查数量：按本规范第3.0.21条规定的检验批检查。

Ⅱ 一 般 项 目

**7.4.9** 浸渍纸层压木质地板面层的图案和颜色应符合设计要求，图案应清晰，颜色应一致，板面应无翘曲。

检验方法：观察、用2m靠尺和楔形塞尺检查。

检查数量：按本规范第3.0.21条规定的检验批检查。

**7.4.10** 面层的接头应错开、缝隙应严密、表面应洁净。

检验方法：观察检查。

检查数量：按本规范第3.0.21条规定的检验批检查。

**7.4.11** 踢脚线应表面光滑，接缝严密，高度一致。

检验方法：观察和用钢尺检查。

检查数量：按本规范第3.0.21条规定的检验批检查。

**7.4.12** 浸渍纸层压木质地板面层的允许偏差应符合本规范表7.1.8的规定。

检验方法：按本规范表7.1.8中的检验方法检验。

检查数量：按本规范第3.0.21条规定的检验批和第3.0.22条的规定检查。

### 7.5 软木类地板面层

**7.5.1** 软木类地板面层应采用软木地板或软木复合地板的条材或块材，在水泥类基层或垫层地板上铺设。软木地板面层应采用粘贴方式铺设，软木复合地板面层应采用空铺方式铺设。

**7.5.2** 软木类地板面层的厚度应符合设计要求。

**7.5.3** 软木类地板面层的垫层地板在铺设时，与柱、墙之间应留不大于20mm的空隙，表面应刨平。

**7.5.4** 软木类地板面层铺设时，相邻板材接头位置应错开不小于1/3板长且不小于200mm的距离；面层与柱、墙之间应留出8mm～12mm的空隙；软木复合地板面层铺设时，应在面层与柱、墙之间的空隙内加设金属弹簧卡或木楔子，其间距宜为200mm～300mm。

Ⅰ 主 控 项 目

**7.5.5** 软木类地板面层采用的地板、胶粘剂等应符合设计要求和国家现行有关标准的规定。

检验方法：观察检查和检查型式检验报告、出厂检验报告、出厂合格证。

检查数量：同一工程、同一材料、同一生产厂家、同一型号、同一规格、同一批号检查一次。

7.5.6 软木类地板面层采用的材料进入施工现场时，应有以下有害物质限量合格的检测报告：

1 地板中的游离甲醛（释放量或含量）；

2 溶剂型胶粘剂中的挥发性有机化合物（VOC）、苯、甲苯＋二甲苯；

3 水性胶粘剂中的挥发性有机化合物（VOC）和游离甲醛。

检验方法：检查检测报告。

检查数量：同一工程、同一材料、同一生产厂家、同一型号、同一规格、同一批号检查一次。

7.5.7 木搁栅、垫木和垫层地板等应做防腐、防蛀处理；其安装应牢固、平直，表面应洁净。

检验方法：观察、行走、钢尺测量等检查和检查验收记录。

检查数量：按本规范第3.0.21条规定的检验批检查。

7.5.8 软木类地板面层铺设应牢固；粘贴应无空鼓、松动。

检验方法：观察、行走检查。

检查数量：按本规范第3.0.21条规定的检验批检查。

Ⅱ 一般项目

7.5.9 软木类地板面层的拼图、颜色等应符合设计要求，板面应无翘曲。

检查方法：观察，2m靠尺和楔形塞尺检查。

检查数量：按本规范第3.0.21条规定的检验批检查。

7.5.10 软木类地板面层缝隙应均匀，接头位置应错开，表面应洁净。

检验方法：观察检查。

检查数量：按本规范第3.0.21条规定的检验批检查。

7.5.11 踢脚线应表面光滑，接缝严密，高度一致。

检验方法：观察和用钢尺检查。

检查数量：按本规范第3.0.21条规定的检验批检查。

7.5.12 软木类地板面层的允许偏差应符合本规范表7.1.8的规定。

检验方法：按本规范表7.1.8中的检验方法检验。

检查数量：按本规范第3.0.21条规定的检验批和第3.0.22条的规定检查。

### 7.6 地面辐射供暖的木板面层

7.6.1 地面辐射供暖的木板面层宜采用实木复合地板、浸渍纸层压木地板等，应在填充层上铺设。

7.6.2 地面辐射供暖的木板面层可采用空铺法或胶粘法（满粘或点粘）铺设。当面层设置垫层地板时，

垫层地板的材料和厚度应符合设计要求。

7.6.3 与填充层接触的龙骨、垫层地板、面层地板等应采用胶粘法铺设。铺设时填充层的含水率应符合胶粘剂的技术要求。

7.6.4 地面辐射供暖的木板面层铺设时不得扰动填充层，不得向填充层内楔入任何物件。面层铺设尚应符合本规范第7.3节、7.4节的有关规定。

Ⅰ 主控项目

7.6.5 地面辐射供暖的木板面层采用的材料或产品除应符合设计要求和本规范相应面层的规定外，还应具有耐热性、热稳定性、防水、防潮、防霉变等特点。

检验方法：观察检查和检查质量合格证明文件。

检查数量：同一工程、同一材料、同一生产厂家、同一型号、同一规格、同一批号检查一次。

7.6.6 地面辐射供暖的木板面层与柱、墙之间应留不小于10mm的空隙。当采用无龙骨的空铺法铺设时，应在空隙内加设金属弹簧卡或木楔子，其间距宜为200mm～300mm。

检验方法：观察和用钢尺检查。

检查数量：按本规范第3.0.21条规定的检验批检查。

7.6.7 其余主控项目及检验方法、检查数量应符合本规范第7.3节、7.4节的有关规定。

Ⅱ 一般项目

7.6.8 地面辐射供暖的木板面层采用无龙骨的空铺法铺设时，应在填充层上铺设一层耐热防潮纸（布）。防潮纸（布）应采用胶粘搭接，搭接尺寸应合理，铺设后表面应平整，无皱褶。

检验方法：观察检查。

检查数量：按本规范第3.0.21条规定的检验批检查。

7.6.9 其余一般项目及检验方法、检查数量应符合本规范第7.3节、7.4节的有关规定。

## 8 分部（子分部）工程验收

8.0.1 建筑地面工程施工质量中各类面层子分部工程的面层铺设与其相应的基层铺设的分项工程施工质量检验应全部合格。

8.0.2 建筑地面工程子分部工程质量验收应检查下列工程质量文件和记录：

1 建筑地面工程设计图纸和变更文件等；

2 原材料的质量合格证明文件、重要材料或产品的进场抽样复验报告；

3 各层的强度等级、密实度等的试验报告和测定记录；

4 各类建筑地面工程施工质量控制文件；

**5** 各构造层的隐蔽验收及其他有关验收文件。

**8.0.3** 建筑地面工程子分部工程质量验收应检查下列安全和功能项目：

**1** 有防水要求的建筑地面子分部工程的分项工程施工质量的蓄水检验记录，并抽查复验；

**2** 建筑地面板块面层铺设子分部工程和木、竹面层铺设子分部工程采用的砖、天然石材、预制板块、地毯、人造板材以及胶粘剂、胶结料、涂料等材料证明及环保资料。

**8.0.4** 建筑地面工程子分部工程观感质量综合评价应检查下列项目：

**1** 变形缝、面层分格缝的位置和宽度以及填缝质量应符合规定；

**2** 室内建筑地面工程按各子分部工程经抽查分别作出评价；

**3** 楼梯、踏步等工程项目经抽查分别作出评价。

## 附录A 不发火（防爆）建筑地面材料及其制品不发火性的试验方法

**A.0.1** 试验前的准备：准备直径为 150mm 的砂轮，在暗室内检查其分离火花的能力。如发生清晰的火花，则该砂轮可用于不发火（防爆）建筑地面材料及其制品不发火性的试验。

**A.0.2** 粗骨料的试验：从不少于 50 个，每个重 50g~250g（准确度达到 1g）的试件中选出 10 个，在暗室内进行不发火性试验。只有每个试件上磨掉不少于 20g，且试验过程中未发现任何瞬时的火花，方可判定为不发火性试验合格。

**A.0.3** 粉状骨料的试验：粉状骨料除应试验其制造的原料外，还应将骨料用水泥或沥青胶结料制成块状材料后进行试验。原料、胶结块状材料的试验方法同本规范第 A.0.2 条。

**A.0.4** 不发火水泥砂浆、水磨石和水泥混凝土的试验。试验方法同本规范第 A.0.2 条、A.0.3 条。

## 本规范用词说明

**1** 为便于在执行本规范条文时区别对待，对要求严格程度不同的用词说明如下：

**1）** 表示很严格，非这样做不可的：

正面词采用"必须"；反面词采用"严禁"；

**2）** 表示严格，在正常情况下均应这样做的：

正面词采用"应"；反面词采用"不应"或"不得"；

**3）** 表示允许稍有选择，在条件许可时首先应这样做的；

正面词采用"宜"；反面词采用"不宜"；

**4）** 表示有选择，在一定条件下可以这样做的，采用"可"。

**2** 条文中指明应按其他有关标准执行的写法为："应符合……的规定"或"应按……执行"。

## 引用标准名录

《民用建筑隔声设计规范》GBJ 118

《建筑隔声评价标准》GB/T 50121

《建筑地基基础工程施工质量验收规范》GB 50202

《混凝土结构工程施工质量验收规范》GB 50204

《钢结构工程施工质量验收规范》GB 50205

《木结构工程施工质量验收规范》GB 50206

《屋面工程施工质量验收规范》GB 50207

《建筑工程施工质量验收统一标准》GB 50300

《民用建筑工程室内环境污染控制规范》GB 50325

《建筑节能工程施工质量验收规范》GB 50411

《电子信息系统机房施工及验收规范》GB 50462

《生活饮用水卫生标准》GB 5749

《食品安全性毒理学评价程序和方法》GB 15193.1

《普通混凝土用砂、石质量及检验方法标准》JGJ 52

《地面辐射供暖技术规程》JGJ 142

《种植屋面工程技术规程》JGJ 155

中华人民共和国国家标准

# 建筑地面工程施工质量验收规范

GB 50209—2010

条 文 说 明

# 修 订 说 明

《建筑地面工程施工质量验收规范》GB 50209—2010 经住房和城乡建设部 2010 年 5 月 31 日以第 607 号公告批准发布。

本规范是在《建筑地面工程施工质量验收规范》GB 50209—2002 的基础上修订而成，上一版的主编单位：江苏省建筑工程管理局；参编单位：天津市建工（集团）总公司、苏州市第一建筑工程集团公司、江苏省建筑安装工程股份有限公司、南通市建筑安装工程总公司、江苏省建筑工程公司、江苏省建筑科学研究院；主要起草人：熊杰民、王华、佟贵森、戚森伟、朱学农、王玉章、张三旗、郭辉琴。

本规范在修订过程中，编制组依据国家现行法律、法规及相关标准和规定，按照"验评分离、强化验收、完善手段、过程控制"的方针，结合该规范 2002 版颁布实施以来新技术、新材料、新工艺的发展，在广泛调研的基础上，总结归纳了建筑地面工程施工质量管理和控制的成熟经验，对 2002 版规范内容进行了修改、补充、完善。

本规范经此次修订后，实现了与近年来颁布实施的国家现行标准《建筑节能工程施工质量验收规范》GB 50411、《民用建筑工程室内环境污染控制规范》GB 50325、《地面辐射供暖技术规程》JGJ 142、《种植屋面工程技术规程》JGJ 155 等标准的衔接；增加了辐射供暖、硬化耐磨、自流平、塑胶、金属板面层等新型地面的施工质量验收要求；明确了重要材料的现场复验、环保检测等要求；对原规范条文中的不完善之处亦进行了修订和补充。

为了广大设计、施工、科研、学校等单位有关人员在使用本规范时能理解和执行条文规定，《建筑地面工程施工质量验收规范》编制组按章、节、条顺序编制了本规范的条文说明，对条文规定的目的、依据以及执行中需要注意的有关事项进行了说明，还着重对强制性条文的强制性理由作了解释。但是，本条文说明不具备与标准正文同等的法律效力，仅供使用者作为理解和把握标准规定的参考。

# 目　次

# 1 总　则

**1.0.1** 本条是在住房和城乡建设部新的建筑工程施工质量系列验收规范体系中，提出修订《建筑地面工程施工质量验收规范》的原则而编制的，以达到确保工程质量之目的。

**1.0.2** 本条规定了本规范的适用范围主要为新建建筑地面工程，对于改、扩建工程也可适用，但为确保原有建筑的安全，应由原设计部门对建筑荷载的承受能力进行校核。对于本规范中未列入的其他建筑地面工程（含基层铺设和各类面层铺设），应按设计要求和国家现行有关标准进行施工质量验收。

**1.0.3** 本条规定了本规范检验、验收的质量标准和原则，考虑到目前的情况，提出检验、验收还应符合建筑地面工程设计文件和承包合同、附加条文中有关建筑地面工程的质量指标，但这些质量指标均不应低于本规范的规定。

**1.0.4** 本条提出了本规范编制的依据是现行国家标准《建筑工程施工质量验收统一标准》GB 50300。建筑地面工程系建筑工程中的子分部（分项）工程，因此在执行本规范时，强调应与《建筑工程施工质量验收统一标准》GB 50300配套使用。

**1.0.5** 由于建筑地面工程施工质量的检验与验收涉及面较广，与相关专业交叉，为了避免重复，本条提出除应按本规范执行外，尚应符合与本规范相关的其他有关国家现行标准的规定。

# 2 术　语

本章共有15条术语，均系本规范有关章节中所引用的。所列术语是从本规范的角度赋予其含义的，并与现行国家标准《建筑地面设计规范》GB 50037第2章第1节的术语基本上是符合的。含义不一定是术语的定义，主要是说明本术语所指的工程内容的含义。本章术语与现行国家标准《建筑工程施工质量验收统一标准》GB 50300的术语配套使用。

# 3 基本规定

**3.0.1** 本条主要针对"建筑地面"构成各层的组成，结合本规范的适用范围，确定其各子分部工程和相应的各分项工程名称的划分，以利于施工质量的检验和验收。

**3.0.2** 本条是为了进一步明确和加强质量管理而提出的要求，以保证建筑地面工程的施工质量。

**3.0.3** 本条为强制性条文。主要是控制进场材料的质量，提出建筑地面工程的所有材料或产品均应有质量合格证明文件，以防假冒产品，并强调按规定进行

抽样复验和做好检验记录，严把材料进场的质量关。为配合推动建筑新材料、新技术的发展，规定暂时没有国家现行标准的建筑地面材料或产品也可进场使用，但必须持有建筑地面工程所在地的省级住房和城乡建设行政主管部门的技术认可文件。

文中所提"质量合格证明文件"是指：随同进场材料或产品一同提供的、有效的中文质量状况证明文件。通常包括型式检验报告、出厂检验报告、出厂合格证等。进口产品还应包括出入境商品检验合格证明。

**3.0.4** 本条规定建筑地面工程采用的各种材料或产品除应符合设计要求外，还应符合现行国家标准《民用建筑工程室内环境污染控制规范》GB 50325、《建筑材料放射性核素限量》GB 6566、《室内装饰装修材料　人造板及其制品中甲醛释放限量》GB 18580、《室内装饰装修材料　溶剂型木器涂料中有害物质限量》GB 18581、《室内装饰装修材料　胶粘剂中有害物质限量》GB 18583、《室内装饰装修材料　聚氯乙烯卷材地板中有害物质限量》GB 18586、《室内装饰装修材料　地毯、地毯衬垫及地毯胶粘剂有害物质释放限量》GB 18587和现行行业标准《建筑防水涂料中有害物质限量》JC 1066、《进口石材放射性检验规程》SN/T 2057及其他现行有关放射性和有害物质限量方面的规定。

**3.0.5** 本条为强制性条文。以满足浴厕间和有防滑要求的建筑地面的使用功能要求，防止使用时对人体造成伤害。当设计要求进行抗滑检测时，可参照建筑工业产品行业标准《人行路面砖抗滑性检测方法》的规定执行。

**3.0.6** 本条对有种植要求的建筑地面构造做法作出规定。

**3.0.7、3.0.8** 这两条规定地面辐射供暖系统（包括建筑地面中铺设的绝热层、隔离层、供热做法、填充层等）应由专业公司设计、施工并验收合格后，方能交付给地面施工单位进行地面面层的施工。

**3.0.9、3.0.10** 这两条强调施工顺序，以避免上层与下层因施工质量缺陷而造成的返工，从而保证建筑地面（含构造层）工程整体施工质量水平的提高。建筑地面各构造层施工时，不仅是本工程上、下层的施工顺序，有时还涉及与其他各分部工程之间交叉进行。为保证相关土建和安装之间的施工质量，避免完工后发生质量问题的纠纷，强调中间交接质量检验是极其重要的。

**3.0.11** 本条对建筑地面工程各层的施工规定了铺设该层的环境温度。这不仅是使各层具有正常凝结和硬化的条件，更主要的是保证了工程质量。当不能满足环境温度施工时，应采取相应的技术措施。

**3.0.12** 提出本条是为了保证建筑地面工程起坡的正确性。

**3.0.13** 本条针对寒冷地区规定了建筑物室内接触基土的首层地面施工的具体要求。

**3.0.14** 本条明确了室外散水、明沟、踏步、台阶、坡道等附属工程的质量检验标准。

**3.0.15** 本条提出了水泥混凝土散水、明沟设置伸、缩缝的方法。

**3.0.16** 本条提出了地面变形缝的设置范围，强调缝的构造作用和缝的处理要求。

**3.0.17** 本条提出了建筑地面工程设置镶边的规定。提出"建筑地面的镶边宜与柱、墙面或踢脚线的变化协调一致"是基于地面的颜色、对缝一致等美观角度考虑的。

**3.0.18** 本条为强制性条文。强调了相邻面层的标高差的重要性和必要性，以防止有排水的建筑地面面层水倒泄入相邻面层，影响正常使用。

**3.0.19** 本条提出检验水泥混凝土和水泥砂浆的强度等级试块的取样方法。

**3.0.20** 本条强调施工工序，以保证建筑地面的施工质量。

**3.0.21** 本条提出建筑地面工程子分部工程和分项工程检验批不是按抽查总数的5%计，而是采用随机抽查自然间或标准间和最低量，其中考虑了高层建筑中建筑地面工程量较大、较繁，改为除裙楼外按高层标准间以每三层划作为检验批较为合适。对于有防水要求的房间，虽已做蓄水检验，但为保证不渗漏，随机抽查数略有提高，以保证可靠。

**3.0.22** 本条提出建筑地面工程子分部工程、分项工程质量检验的主控项目、一般项目的规定。对于分项工程的子分项目和允许偏差，考虑了目前的施工状况，提出80%（含80%）以上的检查点符合质量要求即判为合格；对于不合格的处理亦作出了明确规定。

**3.0.23** 本条明确了建筑地面工程子分部工程完工后如何组织和验收工作，进一步强化验收，以确保建筑地面工程的质量。

**3.0.24** 本条提出常规检查方法的规定，但不排除新的工具和检验办法。

**3.0.25** 提出本条是为了保证面层完工后的表面免遭破损，强调面层施工完成后的保护是非常必要的。

# 4 基层铺设

## 4.1 一般规定

**4.1.1** 本条根据现行国家标准《建筑工程施工质量验收统一标准》GB 50300—2001附录B表B.0.1和本规范表3.0.1中对建筑地面（子分部）工程、分项工程划分表的规定，提出了基层分项工程进行施工质量检验的适用范围。本节所列条文均系基层共性方面

的规定。

**4.1.2** 本条提出了对基层材料和基层铺设夯实后的施工质量要求。

**4.1.3** 本条提出在基层铺设前，对其下一层表面的施工质量要求。

**4.1.4** 本条提出垫层分段施工时，接槎处的留设位置和处理要求。

**4.1.5** 本条提出埋设暗管应予以稳固。

**4.1.6** 本条提出有防静电要求的整体地面的基层处理方法。

**4.1.7** 本条规定了基层（各构造层）表面质量的允许偏差值和相应的检验方法。

## 4.2 基 土

**4.2.1** 本条提出对基土的要求，规定土层结构被扰动的基土应进行换填，并予以压实。

**4.2.2** 本条提出软弱土层应进行处理，验收应按现行国家标准《建筑地基基础工程施工质量验收规范》GB 50202和现行行业标准《建筑地基处理技术规范》JGJ 79的规定执行。

**4.2.3** 本条提出填土施工过程中的质量控制和对土质的质量要求应符合国家现行有关标准的规定，并强调了分层压（夯）实的重要性。

**4.2.4** 本条提出填土施工前，应根据工程特点、填土料种类、密实度要求、施工条件等确定填土料的含水率控制范围、虚铺厚度、压实遍数等各项参数。填土压实时，土料应控制在最优含水量的状态下进行。重要工程或大面积的地面系指厂房、公共建筑地面和高填土，应采取击实试验确定最优含水量与相应的最大干密度。

### Ⅰ 主 控 项 目

**4.2.5** 本条对基土土质提出严格要求，规定了几种土料不应用作地面下填土。并提出了检验方法、检查数量。

**4.2.6** 由于土壤中有害气体氡长期存在且不易散去，氡浓度的大小将直接影响到人体的健康。因此提出对于Ⅰ类建筑，应对基土的氡浓度进行检测，并应符合现行国家标准《民用建筑工程室内环境污染控制规范》GB 50325的规定，提出了检验方法、检查数量。

**4.2.7** 本条强调基土的密实度和每层压实后的压实系数不应小于0.9，并提出了检验方法、检查数量。

### Ⅱ 一 般 项 目

**4.2.8** 本条规定了基土表面质量的允许偏差值和检验方法、检查数量。

## 4.3 灰 土 垫 层

**4.3.1** 本条提出了灰土垫层采用的材料，并规定了

厚度的最小限值，以便与现行国家标准《建筑地面设计规范》GB 50037 相一致。

**4.3.2** 本条提出熟化石灰粉可采用磨细生石灰，但应按体积比与粘土拌和洒水堆放 8h 后使用；还提出了代用材料，有利于三废处理和保护环境，有一定的经济效益和社会效益。材料代用前应按现行行业标准《粉煤灰石灰类道路基层施工及验收规程》CJJ 4 的规定进行检验，合格后方可使用。

**4.3.3** 本条提出了灰土垫层在施工中和施工后的质量要求。

**4.3.4** 本条提出了灰土垫层施工过程中的质量保证措施。

**4.3.5** 本条规定灰土垫层不宜在冬期施工。若必须在冬期施工，则：

**1** 不应在基土受冻的状态下铺设灰土；

**2** 不应采用冻土或夹有冻土块的土料。

#### Ⅰ 主 控 项 目

**4.3.6** 本条规定必须检查灰土垫层的体积比。当设计无要求时，一般常规提出熟化石灰与粘土的比例为 3:7。并提出了检验方法、检查数量。

#### Ⅱ 一 般 项 目

**4.3.7** 本条规定了灰土垫层的材料要求和检验方法、检查数量。

**4.3.8** 本条提出了灰土垫层表面质量的允许偏差值和检验方法、检查数量。

#### 4.4 砂垫层和砂石垫层

**4.4.1** 本条规定了砂垫层和砂石垫层最小厚度的限值，以便与现行国家标准《建筑地面设计规范》GB 50037 相一致。

**4.4.2** 本条提出了施工过程中的质量控制要求。

#### Ⅰ 主 控 项 目

**4.4.3** 本条规定了垫层的材料要求和检验方法、检查数量。

**4.4.4** 本条规定应检查垫层的干密度，可采取环刀法测定干密度或采用小型锤击贯入度测定，并提出了检验方法、检查数量。

#### Ⅱ 一 般 项 目

**4.4.5** 本条提出应检查垫层表面的质量情况和检验方法、检查数量。

**4.4.6** 本条提出了垫层表面质量的允许偏差值和检验方法、检查数量。

#### 4.5 碎石垫层和碎砖垫层

**4.5.1** 本条提出了垫层最小厚度的限值，以便与现行国家标准《建筑地面设计规范》GB 50037 相一致。

**4.5.2** 本条提出了施工过程中和夯实后的质量要求，以保证施工质量。

#### Ⅰ 主 控 项 目

**4.5.3** 本条规定了垫层的材料要求和检验方法、检查数量。

**4.5.4** 本条规定应检查垫层的密实度。并提出了检验方法、检查数量。

#### Ⅱ 一 般 项 目

**4.5.5** 本条提出了垫层表面质量的允许偏差值和检验方法、检查数量。

#### 4.6 三合土垫层和四合土垫层

**4.6.1** 本条提出了三合土垫层、四合土垫层所采用的材料，并规定了垫层最小厚度的限值，以便与现行国家标准《建筑地面设计规范》GB 50037 相一致。

**4.6.2** 本条提出了三合土垫层、四合土垫层在施工过程中的质量控制要求。

#### Ⅰ 主 控 项 目

**4.6.3** 本条规定了三合土垫层、四合土垫层的材料要求和检验方法、检查数量。

**4.6.4** 本条规定应检查三合土、四合土的体积比，并提出了检验方法、检查数量。

#### Ⅱ 一 般 项 目

**4.6.5** 本条提出了三合土垫层、四合土垫层表面质量的允许偏差值和检验方法、检查数量。

#### 4.7 炉 渣 垫 层

**4.7.1** 本条规定了垫层分别采用不同的组成材料的三种做法和垫层最小厚度的限值，以便与现行国家标准《建筑地面设计规范》GB 50037 相一致。

**4.7.2** 本条提出了炉渣材料使用前的施工质量控制要求和闷透时间的最低限值，以防止炉渣闷不透而引起体积膨胀，从而造成质量事故。

**4.7.3** 本条提出了施工过程中的质量控制要求，以保证垫层质量。

**4.7.4** 本条提出炉渣垫层一般不宜留设施工缝，以及必须留设时施工缝的处理方法。

#### Ⅰ 主 控 项 目

**4.7.5** 本条规定了炉渣垫层的材料要求和检验方法、检查数量。

**4.7.6** 本条规定应检查炉渣垫层的体积比，并提出了检验方法、检查数量。

**4.7.7** 本条提出了炉渣垫层施工后的质量要求和检验方法、检查数量。

**4.7.8** 本条提出了检查炉渣垫层表面质量的允许偏差值和检验方法、检查数量。

### 4.8 水泥混凝土垫层和陶粒混凝土垫层

**4.8.1** 本条提出地面处于长期低温条件下应设置缩缝及做法，以便引起施工中的重视。

**4.8.2** 本条规定了垫层最小厚度的限值，以便与现行国家标准《建筑地面设计规范》GB 50037相一致。

**4.8.3** 本条提出了垫层铺设前，对下一层表面的质量要求。

**4.8.4** 本条规定了垫层纵向、横向缩缝间距的最大限值。

**4.8.5** 本条提出了垫层纵向、横向缩缝的类型和施工质量要求，以确保垫层的质量。

**4.8.6** 本条提出了垫层分区、段浇筑的划分方法，并应与变形缝的位置相一致。

#### Ⅰ 主控项目

**4.8.8** 本条规定了水泥混凝土垫层、陶粒混凝土垫层的材料要求。提出陶粒宜选用粉煤灰陶粒、页岩陶粒是基于使用粘土陶粒会造成破坏耕地、污染环境；而粉煤灰陶粒、页岩陶粒可节约资源，综合利废。并提出了检验方法、检查数量。

**4.8.9** 本条规定应检查水泥混凝土的强度等级、陶粒混凝土的强度等级和密度，并提出了检验方法、检查数量。

#### Ⅱ 一般项目

**4.8.10** 本条提出了水泥混凝土垫层、陶粒混凝土垫层表面质量的允许偏差值和检验方法、检查数量。

### 4.9 找平层

**4.9.1** 本条针对找平层厚度，提出了分别采用两种不同材料的做法。

**4.9.2** 本条提出了铺设找平层前，其下一层的施工质量要求。

**4.9.3** 本条为强制性条文。是针对有防、排水要求的建筑地面工程作出的规定，以免出现渗漏和积水等缺陷。

**4.9.4** 本条系统地提出了预制钢筋混凝土板的板缝宽度、清理、填缝、养护和保护等各道工序的具体施工质量要求，以增强楼面与地面（架空板）的整体性，防止沿板缝方向出现开裂的质量缺陷。

**4.9.5** 本条提出对预制钢筋混凝土板的板端缝之间应增加防止面层开裂的构造措施。这也是克服水泥类面层出现裂缝的方法之一。

#### Ⅰ 主控项目

**4.9.6** 本条规定了找平层的材料要求和检验方法、检查数量。

**4.9.7** 本条规定应检查找平层的体积比或强度等级，及相应的最小限值，以便与现行国家标准《建筑地面设计规范》GB 50037相一致。并提出了检验方法、检查数量。

**4.9.8** 本条严格规定了对有防水要求的建筑地面工程的施工质量要求，强调应按本规范第3.0.24条的规定进行蓄水检验。并提出了检验方法、检查数量。

**4.9.9** 本条对有防静电要求的整体面层的找平层施工提出前提条件，其目的是确保面层的防静电效果。并提出了检验方法、检查数量。

有防静电要求的整体面层的找平层施工时，宜在已敷设好导电地网的基层上涂刷混凝土界面剂或用水湿润基面，再用掺入复合导电粉的干性水泥砂浆均匀铺设于导电地网上，确保找平面的平整和密实。

#### Ⅱ 一般项目

**4.9.10** 本条提出了对找平层与下一层之间的施工质量要求和检验方法、检查数量。

**4.9.11** 本条提出了对找平层表面的质量要求和检验方法、检查数量。

**4.9.12** 本条提出了找平层表面质量的允许偏差值和检验方法、检查数量。

### 4.10 隔 离 层

**4.10.1** 本条强调隔离层的材料应符合设计要求，其性能检测应送有资质的检测单位进行认定。

**4.10.2** 本条提出隔离层的层数（或道数）、上翻高度和有种植要求的地面隔离层的防根穿刺等应符合设计要求和现行有关标准的规定。

**4.10.3** 本条提出卷材类、涂料类隔离层施工对基层的要求，并规定隔离层铺设前应涂刷基层处理剂。对基层处理剂的选择亦作了规定。对于可带水作业的新型防水材料，其对基层的干燥度要求应符合产品的技术要求。

**4.10.4** 本条提出掺有防渗外加剂的水泥类隔离层，其防水剂、防油渗制剂的复合掺和水泥类隔离层的配合比、强度等级等均应符合设计要求。

**4.10.5** 本条对铺设防水、防油渗隔离层和穿管四周、柱墙面以及管道与套管之间的施工工艺作了严格规定，从施工角度保证了工程质量达到隔离要求。

**4.10.6** 考虑到隔离层兼作面层时可能与人体接触，因此规定其材料不得对人体及周围环境产生不利影响。

**4.10.7** 本条针对厕浴间和有防水、防油渗要求的建筑地面工程，提出完工后做蓄水试验的方法和要求。

## Ⅰ 主 控 项 目

**4.10.9** 本条提出了隔离层的材料要求和检验方法、检查数量。

**4.10.10** 本条提出卷材类、涂料类隔离层材料进入施工现场应进行复验，并提出了检验方法、检查数量。

**4.10.11** 本条为强制性条文。为了防止厕浴间和有防水要求的建筑地面发生渗漏，对楼层结构提出了确保质量的规定，并提出了检验方法、检查数量。

**4.10.12** 本条规定应检查水泥类防水隔离层的防水等级和强度等级，并提出了检验方法、检查数量。

**4.10.13** 本条为强制性条文。严格规定了防水隔离层的施工质量要求和检验方法、检查数量。

## Ⅱ 一 般 项 目

**4.10.14** 本条提出了隔离层的厚度要求和检验方法、检查数量。

对于涂膜防水隔离层，其平均厚度应符合设计要求，最小厚度不得小于设计厚度的80%，检验方法可采取针刺法或割取20mm×20mm的实样用卡尺测量。

**4.10.15** 本条提出隔离层与下一层的粘结质量要求和防水涂层的施工质量要求及检验方法、检查数量。

**4.10.16** 本条提出了隔离层表面质量的允许偏差值和检验方法、检查数量。

## 4.11 填 充 层

**4.11.1** 本条规定填充层材料的密度应符合设计要求。

**4.11.2** 本条对填充层下一层的施工质量提出要求，以保证填充层的铺设质量。

**4.11.3** 本条对填充层材料的铺设质量提出要求。

**4.11.4** 本条是为防止隔声垫在出地面收口处形成声桥而提出的技术措施和工艺要求。

**4.11.5** 本条对隔声垫上部保护层的构造作出规定。

## Ⅰ 主 控 项 目

**4.11.7** 本条提出了填充层的材料要求和检验方法、检查数量。

**4.11.8** 本条提出填充层的厚度、配合比应符合设计要求，并提出了检验方法、检查数量。

**4.11.9** 对有隔声要求的地面填充层，接缝不密闭将会影响阻隔或传导的效果，从而影响设计功能的实现，故作出要求密封良好的规定，并提出了检验方法、检查数量。

## Ⅱ 一 般 项 目

**4.11.10** 本条提出了填充层铺设后的质量要求和检

验方法、检查数量。

**4.11.11** 本条对填充层的坡度提出要求和检验方法、检查数量。

**4.11.12** 本条提出了填充层表面质量的允许偏差值和检验方法、检查数量。

**4.11.13** 本条特别针对用作隔声的填充层提出表面质量的允许偏差值和检验方法、检查数量。

## 4.12 绝 热 层

**4.12.1** 本条对绝热层材料的性能、品种、厚度、构造做法等提出要求。地面工程施工完成后，其热工性能尚应符合现行国家标准《公共建筑节能设计标准》GB 50189 和现行行业标准《民用建筑节能设计标准（采暖居住建筑部分）》JGJ 26、《夏热冬冷地区居住建筑节能设计标准》JGJ 134、《夏热冬暖地区居住建筑节能设计标准》JGJ 75 等的规定。

**4.12.2** 本条对建筑物室内接触基土的首层地面及楼层楼板铺设绝热层的前提条件作出规定。

**4.12.3** 本条提出有防水、防潮要求的地面在铺设绝热层前，防水、防潮隔离层应验收合格。

**4.12.4** 提出本条是为了防止因构造缺陷而产生热桥，从而影响地面的保温隔热效果。

**4.12.5** 本条提出地面绝热层与地面面层之间应设水泥混凝土结合层，并应按构造配筋。

**4.12.6** 本条提出地面绝热层采用外保温做法的适用范围及质量要求。

**4.12.7** 本条对建筑物勒脚处绝热层的铺设方法作出规定。

**4.12.8** 本条提出不应采用松散型材料或抹灰浆料作为地面绝热层材料。

## Ⅰ 主 控 项 目

**4.12.10** 本条提出了地面绝热层的材料要求和检验方法、检查数量。

**4.12.11** 本条提出应对进场的地面绝热层材料的主要性能指标进行复验，并提出了检验方法、检查数量。

绝热层材料的性能对于地面的保温隔热效果起到决定性的作用。为了保证绝热层材料的质量，避免不合格材料用于地面保温隔热工程，须由监理人员对进入现场的地面绝热层材料进行现场见证、随机抽样后，送有资质的试验、检测单位，对材料的有关性能参数进行复验，复验结果作为地面保温隔热工程质量验收的重要依据之一。

**4.12.12** 本条对板块状地面绝热材料的铺设方法和铺设质量提出要求，并提出了检验方法、检查数量。

## Ⅱ 一 般 项 目

**4.12.13** 本条对地面绝热层的厚度提出要求和检验

方法、检查数量。

**4.12.14** 提出本条是因为绝热层表面若出现裂纹，其保温隔热性能会因此而降低，并提出了检验方法、检查数量。

**4.12.15** 本条提出了地面绝热层与地面面层之间的水泥混凝土结合层或水泥砂浆找平层表面的允许偏差值和检验方法、检查数量。

# 5 整体面层铺设

## 5.1 一般规定

**5.1.1** 本条根据现行国家标准《建筑工程施工质量验收统一标准》GB 50300 的子分部工程划分，指明内容的适用范围及本章所列面层为整体面层子分部工程的分项工程。细石混凝土属混凝土，故加"（含细石混凝土）"予以明确。

**5.1.2** 本条强调铺设整体面层对水泥类基层的要求，以保证上下层结合牢固。

**5.1.3** 本条就防治整体类面层因温差、收缩等造成裂缝或拱起、起壳等质量缺陷，提出原则性的设缝要求，施工过程中应有较明确的工艺要求。

**5.1.4** 本条是对养护及使用前的保护要求，以保证面层的耐久性能。

**5.1.5** 本条主要是为了防治水泥类踢脚线的空鼓。

**5.1.6** 本条为一般规定，主要是对压光、抹平等的工序要求，防止因操作使表面结构破坏，影响面层质量。

**5.1.7** 本规范表 5.1.7 规定了各类整体面层的表面平整度、踢脚线上口平直、缝格顺直的允许偏差限值。

## 5.2 水泥混凝土面层

**5.2.1** 本条对面层厚度提出要求，因此施工过程中应对面层厚度采取控制措施并进行检查，以符合本规范和设计对面层厚度的要求。

**5.2.2** 本条提出铺设水泥混凝土面层时不得留施工缝，并规定面层施工间歇时间超过允许时间时，应对接槎处进行处理。

### Ⅰ 主控项目

**5.2.3** 本条对粗骨料的粒径提出要求和检验方法、检查数量。

**5.2.4** 本条对防水水泥混凝土中掺入的外加剂提出要求和检验方法、检查数量。

商品混凝土中掺入的外加剂应由混凝土供应单位提供检测报告；现场搅拌混凝土中掺入的外加剂应事先复验合格。

**5.2.5** 本条对面层的强度等级提出要求和检验方

法、检查数量。

**5.2.6** 本条对面层结合牢固提出要求和检验方法、检查数量。

### Ⅱ 一般项目

**5.2.7** 本条对面层的表面外观质量提出要求和检验方法、检查数量。

**5.2.8** 本条对面层的坡度提出要求和检验方法、检查数量。

**5.2.9** 本条对踢脚线质量提出要求和检验方法、检查数量。

**5.2.10** 本条对楼梯踏步质量提出要求和检验方法、检查数量。

**5.2.11** 本条提出了面层质量的允许偏差值和检验方法、检查数量。

## 5.3 水泥砂浆面层

**5.3.1** 本条对面层厚度提出要求，施工中应采取控制措施并进行检查。

### Ⅰ 主控项目

**5.3.2** 本条对面层所用材料如水泥、砂或石屑提出要求和检验方法、检查数量。

**5.3.3** 本条对防水水泥砂浆掺入的外加剂提出要求和检验方法、检查数量。

**5.3.4** 本条对水泥砂浆的体积比（强度等级）提出要求和检验方法、检查数量。

**5.3.5** 本条对有排水和防水要求的水泥砂浆面层的施工质量提出要求和检验方法、检查数量。

**5.3.6** 本条对面层结合牢固提出要求和检验方法、检查数量。

### Ⅱ 一般项目

**5.3.7** 本条对面层的坡度提出要求和检验方法、检查数量。

**5.3.8** 本条对面层的表面外观质量提出要求和检验方法、检查数量。

**5.3.9** 本条对踢脚线质量提出要求和检验方法、检查数量。

**5.3.10** 本条对楼梯踏步质量提出要求和检验方法、检查数量。

**5.3.11** 本条提出面层质量的允许偏差值和检验方法、检查数量。

## 5.4 水磨石面层

**5.4.1** 本条规定有防静电要求的水磨石拌和料内应掺入导电材料，并明确面层厚度除有特殊要求外，宜为 12mm～18mm。

**5.4.2** 本条明确了深色、浅色水磨石面层应采用的水泥品种，并对彩色面层使用的水泥和颜料的掺量提出要求。

**5.4.3** 本条明确了面层的结合层采用水泥砂浆时的强度等级和稠度要求。水泥砂浆的稠度以标准圆锥体沉入度计取。

**5.4.4** 本条对防静电水磨石面层中分格条的铺设作出规定。

防静电水磨石面层中的分格条宜按如下要求进行铺设：

找平层经养护达到5MPa以上强度后，先在找平层上按设计要求弹出纵、横垂直分格墨线或图案分格墨线，然后按墨线截裁经校正、绝缘、干燥处理的导电金属分格条。导电金属分格条的间隙宜控制在3mm~4mm，且十字交叉处不得碰接，如图5.4.4所示（当采用不导电分格条时，十字交叉处不受此限制）。分格条的嵌固可用纯水泥浆在分格条下部抹成八字角（与找平层约成30°角）通长座嵌牢固，八字角的高度宜比分格条顶面低3mm~5mm。在距十字中心的四个方向应各空出20mm不抹纯水泥浆，使石子能填入夹角内。

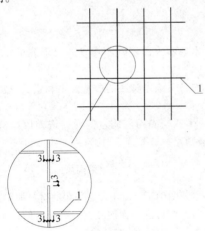

图5.4.4 防静电水磨石地面铜
（或不锈钢）分格条接头处理
1—地面铜（或不锈钢）分格条

**5.4.5** 本条明确了普通水磨石面层的磨光遍数。

**5.4.6** 本条要求在水磨石面层磨光后做好面层的保护，以防污染。

**5.4.7** 本条明确了防静电水磨石面层表面的处理要求。

Ⅰ 主 控 项 目

**5.4.8** 本条对水磨石面层的石粒、颜料等提出要求和检验方法、检查数量。

水磨石面层采用的石粒要求具有坚硬、可磨的特点。

**5.4.9** 本条规定了水磨石面层拌和料的体积比要求和检验方法、检查数量。

**5.4.10** 本条提出对防静电水磨石面层应分两阶段进行接地电阻和表面电阻检测，并提出了检验方法、检查数量。

**5.4.11** 本条对面层结合牢固提出要求和检验方法、检查数量。

Ⅱ 一 般 项 目

**5.4.12** 本条对面层目测检查提出要求和检验方法、检查数量。

**5.4.13** 本条对踢脚线质量提出要求和检验方法、检查数量。

**5.4.14** 本条对楼梯踏步质量提出要求和检验方法、检查数量。

**5.4.15** 本条提出面层质量的允许偏差值和检验方法、检查数量。

**5.5 硬化耐磨面层**

**5.5.1** 本条明确了硬化耐磨面层目前常用的材料及铺设方法。

**5.5.2** 本条对硬化耐磨面层采用拌和料铺设时的配合比和采用撒布铺设时的单位面积撒布量及撒布时间提出要求。

**5.5.3** 本条提出采用拌和料铺设硬化耐磨面层时，为加强面层与基层的粘结，应先在基层上铺设结合层。

**5.5.4** 本条提出采用拌和料铺设硬化耐磨面层时，铺设厚度和拌和料强度应符合设计要求，并给出了设计无要求时面层厚度和强度的最小限值。

**5.5.5** 本条提出采用撒布铺设的硬化耐磨面层，面层厚度、基层的厚度及强度应符合设计要求，并给出了设计无要求时基层的厚度和强度的最小限值。

**5.5.6** 本条对面层留缝提出要求。

**5.5.7** 本条强调面层铺设后应养护，以保证面层质量。

**5.5.8** 本条对面层投入使用时的强度提出要求，以防过早使用影响耐磨效果。

Ⅰ 主 控 项 目

**5.5.9** 本条对硬化耐磨面层采用的材料提出要求和检验方法、检查数量。

**5.5.10** 本条对采用拌和料铺设的硬化耐磨面层所用的水泥、金属渣、屑、纤维、石英砂、金刚砂等提出要求和检验方法、检查数量。

**5.5.11** 本条对硬化耐磨面层的主要技术指标，包括厚度、强度等级、耐磨性能等提出要求和检验方法、检查数量。

硬化耐磨面层的耐磨性能检验应按现行国家标准《无机地面材料耐磨性能试验方法》GB/T 12988的规定执行。

**5.5.12** 本条对面层结合牢固提出要求和检验方法、检查数量。

**5.5.13** 本条对面层的坡度提出要求和检验方法、检查数量。

**5.5.14** 本条对面层的表面外观质量提出要求和检验方法、检查数量。

**5.5.15** 本条对踢脚线质量提出要求和检验方法、检查数量。

**5.5.16** 本条提出硬化耐磨面层质量的允许偏差值和检验方法、检查数量。

## 5.6 防油渗面层

**5.6.1** 本条明确了防油渗面层的铺设方法或涂刷的材料。

**5.6.2** 本条对防油渗隔离层及防油渗面层的做法提出原则性要求，施工前应拟订详细的工艺要求，施工中应严格执行。

**5.6.3** 本条对防油渗混凝土面层的厚度、施工配合比等提出要求。

**5.6.4** 本条对防油渗混凝土的浇筑及分区段缝的留设和处理提出原则性要求，施工前应拟订详细的工艺要求，施工中应严格执行。

**5.6.5** 本条对防油渗混凝土面层的构造做法作出规定。

**5.6.6** 本条对防油渗涂料面层的厚度及采用的材料作出规定。

**5.6.7** 本条对防油渗面层采用的材料提出要求和检验方法、检查数量。

**5.6.8** 本条对防油渗混凝土的强度等级、抗渗性能，防油渗涂料的粘结强度等提出要求和检验方法、检查数量。

**5.6.9** 本条对防油渗混凝土面层结合牢固提出要求和检验方法、检查数量。

**5.6.10** 本条对防油渗涂料面层结合牢固提出要求和检验方法、检查数量。

**5.6.11** 本条对面层的坡度提出要求和检验方法、检查数量。

**5.6.12** 本条对面层的表面外观质量提出要求和检验方法、检查数量。

**5.6.13** 本条对踢脚线质量提出要求和检验方法、检查数量。

**5.6.14** 本条提出面层质量的允许偏差值和检验方法、检查数量。

## 5.7 不发火（防爆）面层

**5.7.1** 本条明确了不发火（防爆）面层采用的材料种类和铺设厚度要求。其他不发火材料包括不发火橡胶、不发火塑料、不发火石材、不发火木材以及不发火涂料等。

**5.7.2** 本条明确水泥类拌和料和其他不发火材料的铺设除应符合本规范同类面层的规定外，尚应符合材料的技术要求。

**5.7.4** 本条为强制性条文。强调面层在原材料加工和配制时，应随时检查，不得混入金属或其他易发生火花的杂质。并提出了检验方法、检查数量。

**5.7.5** 本条提出面层的强度等级应符合设计要求和检验方法、检查数量。

**5.7.6** 本条对面层结合牢固提出要求和检验方法、检查数量。

**5.7.7** 本条提出面层的试件应检验合格和检验方法、检查数量。

**5.7.8** 本条明确面层目测检查的要求和检验方法、检查数量。

**5.7.9** 本条明确踢脚线的质量要求和检验方法、检查数量。

**5.7.10** 本条明确面层质量的允许偏差值和检验方法、检查数量。

## 5.8 自流平面层

**5.8.1** 本条明确了自流平面层采用的材料种类。

**5.8.2** 本条对自流平面层在柱、墙等处的构造做法提出要求，并明确面层应分层施工。

**5.8.3** 本条对自流平面层的基层提出要求。基层的含水率可通过含水率测定仪测定。

**5.8.4** 本条对自流平面层的构造做法、厚度、颜色等提出要求。当设计无要求时，自流平面层的构造层可分为底涂层、中间层、表面层等。一般情况下，自流平面层的底涂层和表面层的厚度较薄。

**5.8.5** 本条提出有特殊要求的自流平面层应达到设计要求。

**5.8.6** 本条对自流平面层的铺设材料提出要求和检验方法、检查数量。

**5.8.7** 本条基于环保要求，提出自流平面层的涂料进入施工现场时，应提供有害物质限量合格的检测报告，并提出了检验方法、检查数量。

**5.8.8** 本条对自流平面层基层的强度等级提出要求

和检验方法、检查数量。

5.8.9 本条对自流平面层各构造层之间的粘结牢度提出要求和检验方法、检查数量。

5.8.10 本条对自流平面层的施工质量提出要求和检验方法、检查数量。

Ⅱ 一般项目

5.8.11 本条提出自流平面层的分层施工要求，各层施工应在前一层达到表干时方可进行，并提出了检验方法、检查数量。

5.8.12 本条提出自流平面层的表面观感要求和检验方法、检查数量。

5.8.13 本条提出自流平面层质量的允许偏差值和检验方法、检查数量。

### 5.9 涂料面层

5.9.1 本条明确了涂料面层所采用涂料的类型。

5.9.2 本条对涂料面层的基层提出要求，其目的是确保面层的施工质量。

5.9.3 本条对面层的厚度、颜色和分层施工提出要求。一般情况下，涂料面层的构造层可分为底涂层和表面层。

Ⅰ 主控项目

5.9.4 本条对涂料的选用提出要求和检验方法、检查数量。

5.9.5 本条基于环保要求，提出涂料进入施工现场时，应提供有害物质限量合格的检测报告，并提出了检验方法、检查数量。

5.9.6 本条对面层的施工质量提出要求和检验方法、检查数量。

Ⅱ 一般项目

5.9.7 本条对涂料的找平施工提出要求和检验方法、检查数量。

5.9.8 本条提出面层的表面观感要求和检验方法、检查数量。

5.9.9 本条对楼梯踏步质量提出要求和检验方法、检查数量。

5.9.10 本条提出面层质量的允许偏差值和检验方法、检查数量。

### 5.10 塑胶面层

5.10.1 本条提出塑胶面层按施工工艺可分为现浇型和卷材型两大类，均宜在沥青混凝土基层或水泥类基层上铺设。

现浇型塑胶面层材料一般是指以聚氨酯为主要材料的混合弹性体以及丙烯酸，采用现浇法施工；卷材型塑胶面层材料一般是指聚氨酯面层（含组合层）、

PVC面层（含组合层）、橡胶面层（含组合层）等，采用粘贴法施工。

塑胶面层按使用功能分类，可分为塑胶运动地板（面）和一般塑料面层。用作体育竞赛的塑胶运动地板（面）除应符合本节的要求外，还应符合国家现行体育竞赛场地专业规范的要求；一般塑料面层的施工质量验收应符合本规范第6.6节的有关规定。

5.10.2 本条对基层质量提出要求。对于水泥类基层，可用水泥砂浆或水泥基自流平涂料作为找平层，应视塑胶面层的具体要求而定；沥青混凝土应采用不含蜡或低蜡沥青，沥青混凝土基层应符合现行国家标准《沥青路面施工及验收规范》GB 50092的要求。一般情况下，塑胶运动地板（面）的基层宜采用半刚性的沥青混凝土。

5.10.3 本条对塑胶面层铺设时的环境温度提出要求。

Ⅰ 主控项目

5.10.4 本条对塑胶面层采用的材料提出要求和检验方法、检查数量。

5.10.5 本条对现浇型塑胶面层的配合比及成品试件提出要求和检验方法、检查数量。

对于现浇型塑胶面层材料，除需确认各种原材料是否相互兼容、面层表面是否具有耐久性和运动性能外，还需确认原材料的组合、铺装工艺、长期使用不会对环境造成污染。因此，现浇型塑胶面层的成品试件必须经专业实验室检测合格。

5.10.6 本条对现浇型和卷材型塑胶面层与基层的粘结牢固提出要求和检验方法、检查数量。

Ⅱ 一般项目

5.10.7 本条对塑胶面层的各组合层厚度、坡度、表面平整度等提出要求和检验方法、检查数量。

5.10.8 本条对塑胶面层的表面观感质量提出要求和检验方法、检查数量。

5.10.9 本条对卷材型塑胶面层的焊缝质量提出要求和检验方法、检查数量。

5.10.10 本条提出面层质量的允许偏差值和检验方法、检查数量。

### 5.11 地面辐射供暖的整体面层

5.11.1 本条提出地面辐射供暖的整体面层宜采用水泥混凝土面层、水泥砂浆面层等。

5.11.2 提出本条是为了保护地面辐射供暖系统免遭损坏，从而保证地面辐射供暖的效果。

Ⅰ 主控项目

5.11.3 本条针对地面辐射供暖的特点，对整体面层的材料或产品选择作出规定，可有效减少因材料或产

品自身质量问题而导致的地面工程质量事故。并提出了检验方法、检查数量。

**5.11.4** 本条提出为减少面层出现开裂、拱起等质量缺陷，应按设计要求的构造措施施工，并提出了检验方法、检查数量。

# 6 板块面层铺设

## 6.1 一般规定

**6.1.1** 本条阐明板块面层子分部施工质量检验所涵盖的分项工程为砖面层、大理石面层和花岗石面层、预制板块面层、料石面层、塑料板面层、活动地板面层、金属板面层、地毯面层、地面辐射供暖的板块面层等。

**6.1.2** 本条规定了板块面层施工时基层应具有的强度。

**6.1.3** 本条对结合层和填缝材料为水泥砂浆的拌制材料提出要求，以满足强度等级和适用性要求为主。

**6.1.4** 本条对胶结材料提出要求。

**6.1.5** 本条同水泥类材料的养护标准要求。

**6.1.6** 本条对大面积板块面层的伸、缩缝及分格缝提出要求。大面积板块面层系指厂房、公共建筑、部分民用建筑等的板块面层。

**6.1.7** 本条主要是为防治板块类踢脚线的空鼓。

**6.1.8** 本条提出板块面层质量的允许偏差值和相应的检验方法。允许偏差值考虑了不同板块的材料质量和材料特性对铺设质量的影响。

## 6.2 砖 面 层

**6.2.1** 本条阐明了砖面层可分为陶瓷锦砖、陶瓷地砖、缸砖和水泥花砖等。对于近年来建筑市场上广泛应用的广场砖、劈裂砖、仿古砖以及普通粘土砖等，施工时也可按本规范本章节的规定执行。

**6.2.2** 本条针对在水泥砂浆结合层上铺贴缸砖、陶瓷地砖、水泥花砖面层，提出铺贴前检验、铺贴过程以及铺贴后的养护应遵守的规定。

**6.2.3** 本条提出对陶瓷锦砖铺贴质量检验的有关要求。

**6.2.4** 本条是针对胶结料特点而作出的规定。

Ⅰ 主控项目

**6.2.5** 本条对砖面层采用的材料提出要求和检验方法、检查数量。

**6.2.6** 本条基于环保要求，提出进场的板块产品应有放射性限量合格的检测报告，并提出了检验方法、检查数量。

**6.2.7** 本条规定了面层与基层的结合要求和检验方法、检查数量。

Ⅱ 一般项目

**6.2.8** 本条对砖面层的观感质量提出要求和检验方法、检查数量。

**6.2.9** 本条对砖面层的镶边质量提出要求和检验方法、检查数量。

**6.2.10** 本条对踢脚线质量提出要求和检验方法、检查数量。

**6.2.11** 本条对楼梯和台阶踏步的质量提出要求和检验方法、检查数量。

**6.2.12** 本条对砖面层的坡度提出要求，以检查泼水不积水和蓄水不漏水为主要标准，并提出了检验方法、检查数量。

**6.2.13** 本条提出砖面层表面质量的允许偏差值和检验方法、检查数量。

## 6.3 大理石面层和花岗石面层

**6.3.1** 本条提出大理石面层、花岗石面层应在结合层上铺设。鉴于大理石为石灰岩，用于室外易风化；磨光板材用于室外地易滑伤人。因此，未经防滑处理的磨光大理石、磨光花岗石板材不得用于散水、踏步、台阶、坡道等地面工程。

**6.3.2** 本条为板材的现场检验、使用品种、试拼等的规定。

**6.3.3** 本条对大理石面层、花岗石面层的铺设作出规定，以便于检查验收。

Ⅰ 主控项目

**6.3.4** 本条对大理石、花岗石板块材料提出要求和检验方法、检查数量。

**6.3.5** 本条基于环保要求，提出进场的大理石、花岗石板块材料应有放射性限量合格的检测报告，并提出了检验方法、检查数量。

**6.3.6** 本条规定了面层与基层的结合要求和检验方法、检查数量。

Ⅱ 一般项目

**6.3.7** 本条提出大理石、花岗石板块应在与水泥的接触面采取刷沥青漆等隔离措施，避免板块出现返碱现象，并提出了检验方法、检查数量。

**6.3.8** 本条对面层观感质量提出要求和检验方法、检查数量。

**6.3.9** 本条对踢脚线质量提出要求和检验方法、检查数量。

**6.3.10** 本条对楼梯和台阶踏步质量提出要求和检验方法、检查数量。

**6.3.11** 本条对面层的坡度提出要求，以检查泼水不积水和蓄水不漏水为主要标准，并提出了检验方法、检查数量。

**6.3.12** 本条提出了大理石和花岗石面层表面质量的允许偏差值和检验方法、检查数量。

### 6.4 预制板块面层

**6.4.1** 本条阐明了预制板块面层分为水泥混凝土、水磨石、人造石等板材。玉晶石、微晶石板块属于人造石板块。

**6.4.2** 本条对现场加工的预制板块提出质量验收规定。

**6.4.3** 本条对不同色泽的预制板材填缝材料提出验收规定，若设计有要求，按设计要求验收。

**6.4.4** 本条规定了不同品种和强度等级的预制板块的使用方法。

**6.4.5** 本条规定了预制板块面层缝隙的处理方法。

#### Ⅰ 主 控 项 目

**6.4.6** 本条对预制板块的材料提出要求和检验方法、检查数量。

**6.4.7** 本条基于环保要求，提出进场的预制板块材料应有放射性限量合格的检测报告，并提出了检验方法、检查数量。

**6.4.8** 本条规定了面层与基层的结合要求和检验方法、检查数量。

#### Ⅱ 一 般 项 目

**6.4.9** 本条对预制板块的缺陷作出规定，提出了检验方法、检查数量。

**6.4.10** 本条对预制板块的观感质量提出要求和检验方法、检查数量。

**6.4.11** 本条对面层镶边的观感质量提出要求和检验方法、检查数量。

**6.4.12** 本条对踢脚线质量提出要求和检验方法、检查数量。

**6.4.13** 本条对楼梯和台阶踏步的质量提出要求和检验方法、检查数量。

**6.4.14** 本条提出预制板块面层表面质量的允许偏差值和检验方法、检查数量。

### 6.5 料 石 面 层

**6.5.1** 本条阐明料石面层分为天然条石和块石，均在结合层上铺设。

**6.5.2** 本条明确料石面层所用石材的规格、技术等级和厚度应以设计要求为检验依据。

**6.5.3** 本条规定不导电料石面层为辉绿岩石加工而成，除设计规定外，采用其他材料验收将不予认可。

**6.5.4** 本条分别对条石、块石面层结合层的材料、厚度及基土层作出规定。

#### Ⅰ 主 控 项 目

**6.5.5** 本条对料石面层的材料提出要求和检验方法、检查数量。

**6.5.6** 本条基于环保要求，提出进场的料石应有放射性限量合格的检验报告，并提出了检验方法、检查数量。

**6.5.7** 本条提出面层与基层的结合要求和检验方法、检查数量。

#### Ⅱ 一 般 项 目

**6.5.8** 本条以满足观感要求为主，并提出了检验方法、检查数量。

**6.5.9** 本条提出料石面层表面质量的允许偏差值和检验方法、检查数量。

### 6.6 塑料板面层

**6.6.1** 本条阐明塑料板面层采用的材料品种和铺设方法。

**6.6.2** 本条对水泥类基层表面规定了验收要求，并规定不应有麻面、起砂、裂缝等。

**6.6.3** 鉴于胶粘剂含有害物对人体有直接影响，规定胶粘剂必须符合国家现行有关标准的规定，不再作具体规定。基层和面层能否结合好应做相容性试验。

**6.6.4** 本条对塑料焊条的选择作了具体规定。

**6.6.5** 本条对铺贴塑料板面层时的室内相对湿度和温度提出要求。

**6.6.6** 本条为塑料板地面的养护要求。

**6.6.7** 本条的规定是确保地面的防静电效果。

#### Ⅰ 主 控 项 目

**6.6.8** 本条对塑料板面层采用的材料提出要求和检验方法、检查数量。

**6.6.9** 本条基于环保要求，规定进场的胶粘剂应有有害物限量合格的检测报告，并提出了检验方法、检查数量。

**6.6.10** 本条对面层与下一层粘结质量检验提出标准和允许存在的局部脱胶的限度，并提出了检验方法、检查数量。

#### Ⅱ 一 般 项 目

**6.6.11** 本条对塑胶板面层的观感质量提出要求和检验方法、检查数量。

**6.6.12** 本条对板块焊接时的质量提出要求和检验方法、检查数量。

**6.6.13** 本条对塑料板的镶边质量提出要求和检验方法、检查数量。

**6.6.14** 本条对踢脚线粘合的质量提出要求和检验方法、检查数量。

**6.6.15** 本条提出塑胶板面层质量的允许偏差值和检验方法、检查数量。

## 6.7 活动地板面层

**6.7.1** 本条阐明了活动地板面层宜用于有防尘和防静电要求的专业用房，并对其构造要求作了明确规定。

**6.7.2** 本条对板块的基层和金属支架的牢固度作了规定。

**6.7.3** 本条对活动地板的面层承载力和体积电阻率作出规定。

**6.7.4** 本条对金属支架支承的现浇水泥混凝土基层作出规定。

**6.7.5** 本条对防静电要求较高的活动地板的接地作出规定。如设计未明确接地方式，可选择单点接地、多点接地、混合接地等。

**6.7.6** 本条对面板的搁置作出验收规定。

**6.7.7** 本条对活动地板镶补作出质量检验规定，并对切割边、镶补处理要求作出规定。

**6.7.8** 本条主要源于洞口处人员活动频繁，洞口四周侧边和转角易损坏，旨在对洞口处进行加强，并作为洞口处质量检验的依据。

**6.7.9** 本条对活动地板在与柱、墙面的接缝处及通风口处等特殊部位的处理作出规定。

**6.7.10** 本条提出用于电子信息系统机房的活动地板面层的施工质量检验还应按国家相关现行标准的规定执行。

### Ⅰ 主 控 项 目

**6.7.11** 本条对活动地板面层的材料提出要求和检验方法、检查数量。

**6.7.12** 本条是为满足观感和动感要求进行的规定，并提出了检验方法、检查数量。

### Ⅱ 一 般 项 目

**6.7.13** 本条对观感质量提出要求和检验方法、检查数量。

**6.7.14** 本条提出面层质量的允许偏差值和检验方法、检查数量。

## 6.8 金属板面层

**6.8.1** 本条阐述金属板面层采用的金属板种类。

**6.8.2** 提出本条是为了避免金属板面层及其配件锈蚀后不易更换，影响使用。

**6.8.3** 本条基于耐久、安全角度考虑，规定金属板面层应进行防腐、防滑处理。

**6.8.4** 本条基于安全角度考虑，提出金属板面层应进行接地。

**6.8.5** 提出本条是为避免金属板面层影响磁性设备（如磁盘吊车）的正常工作。

### Ⅰ 主 控 项 目

**6.8.6** 本条对金属板面层的材料提出要求和检验方法、检查数量。

**6.8.7** 本条对面层与基层的固定及面层的接缝处理提出要求和检验方法、检查数量。

**6.8.8** 本条对面层及其附件的焊缝质量提出要求和检验方法、检查数量。

**6.8.9** 本条对面层与基层的结合牢固提出要求和检验方法、检查数量。

### Ⅱ 一 般 项 目

**6.8.10** 本条对金属板的外观质量提出要求和检验方法、检查数量。

**6.8.11** 本条对面层的施工质量提出要求和检验方法、检查数量。

**6.8.12** 本条对面层镶边作出质量检验规定，并提出了检验方法、检查数量。

**6.8.13** 本条对踢脚线的施工质量提出要求和检验方法、检查数量。

**6.8.14** 本条提出面层质量的允许偏差值和检验方法、检查数量。

## 6.9 地 毯 面 层

**6.9.1** 本条阐明地毯面层采用的材料类型和铺设方法。

**6.9.2** 本条规定了地毯面层下一层的施工质量要求。

**6.9.3** 本条规定了地毯衬垫的铺设质量要求。

**6.9.4** 本条对空铺地毯面层提出质量验收要求。

**6.9.5** 本条对实铺地毯面层提出质量验收要求。

**6.9.6** 本条提出楼梯地毯的铺设质量要求。

### Ⅰ 主 控 项 目

**6.9.7** 本条对地毯面层采用的材料提出要求和检验方法、检查数量。

**6.9.8** 本条基于环保要求，规定地毯面层采用的材料进入施工现场时，应提供有害物质限量合格的检测报告，并提出了检验方法、检查数量。

**6.9.9** 本条规定了地毯面层表面的施工质量要求和检验方法、检查数量。

### Ⅱ 一 般 项 目

**6.9.10** 本条规定了地毯面层的表面观感要求和检验方法、检查数量。

**6.9.11** 本条规定了地毯面层与其他面层交接处、收口处的施工质量要求和检验方法、检查数量。

### 6.10 地面辐射供暖的板块面层

**6.10.1** 本条提出地面辐射供暖的板块面层宜采用的

板块材料。

**6.10.2** 本条针对用胶结材料粘贴铺设板块面层，提出铺贴时填充层的含水率要求。

**6.10.3** 提出本条是为了保护地面辐射供暖系统免遭损坏，从而保证地面辐射供暖的效果。

Ⅰ 主 控 项 目

**6.10.4** 本条针对地面辐射供暖的特点，对板块面层的材料或产品选择作出规定，可有效减少因材料或产品自身质量问题而导致的地面工程质量事故，并提出了检验方法、检查数量。

**6.10.5** 本条提出为减少面层出现开裂、拱起等质量缺陷，应按设计要求的构造措施施工，并提出了检验方法、检查数量。

# 7 木、竹面层铺设

## 7.1 一 般 规 定

**7.1.1** 本章明确了建筑地面工程木、竹面层（子分部工程）是由实木地板面层、实木集成地板面层、竹地板面层、实木复合地板面层、浸渍纸层压木质地板面层、软木类地板面层、地面辐射供暖的木地板面层等分项工程组成，并对各分项工程（包括免刨、免漆类的板、块）面层的施工质量检验或验收作出了规定。

**7.1.2** 木、竹地板面层构成的各类木搁栅、垫木、垫层地板等材板质量应符合现行国家标准《木结构工程施工质量验收规范》GB 50206 的要求。木、竹地板面层构成的各层木、竹材料（含免刨、免漆类产品）除达到设计选材质量等级要求外，应严格控制其含水率限值和防腐、防蛀等要求。根据地区自然条件，含水率限制应为 8% ~ 13%；防腐、防蛀、防潮的处理不应采用沥青类处理剂，所选处理剂产品的技术质量标准应符合现行国家标准《民用建筑工程室内环境污染控制规范》GB 50325 的规定。

**7.1.3** 本条规定用于固定和加固用的金属零部件应不锈蚀。

**7.1.4** 建筑工程的厕浴间、厨房及有防水、防潮要求的建筑地面与木、竹地面应有建筑标高差，其标高差应符合设计要求；与其相邻的木、竹地面层应有防水、防潮处理，防水、防潮的构造做法应符合设计要求。

**7.1.5** 木、竹面层铺设在水泥类基层上，其基层的技术质量标准应符合本规范整体面层的要求。水泥类基层通过质量验收后方可进行木、竹面层铺设施工。

**7.1.6** 建筑地面木、竹面层采用架空构造设计时，其搁栅下的架空构造的施工除应符合设计要求外，尚应符合下列规定：

  **1** 架空构造的砖石地垄墙（墩）的砌筑和质量检验应符合现行国家标准《砌体工程施工质量验收规范》GB 50203 的要求。

  **2** 架空构造的水泥混凝土地垄墙（墩）的浇筑和质量检验应符合现行国家标准《混凝土结构工程施工质量验收规范》GB 50204 的要求。

  **3** 木质架空构造的铺设施工和质量检验应符合现行国家标准《木结构工程施工质量验收规范》GB 50206 的要求。

  **4** 钢材架空构造的施工和质量检验应符合现行国家标准《钢结构施工质量验收规范》GB 50205 的要求。

**7.1.7** 调研及考察和实施结果证明，木、竹面层的面层构造层、架空构造层、通风层等设计与施工是组成建筑木、竹地面的三大要素，其设计与施工质量结果直接影响建筑木、竹地面的正常使用功能、耐久程度及环境保护效果；通风层设计与施工尤为突出，无论原始的自然通风，或是近代的室内外的有组织通风，还是现代的机械通风，其通风的长久功能效果主要涉及室内通风沟、地面通风孔、室外通风窗的构造、施工及管理必须符合设计要求。所以本规范从施工方面明确其重要性。

**7.1.8** 本条提出木、竹面层质量的允许偏差值和相应的检验方法。

## 7.2 实木地板、实木集成地板、竹地板面层

**7.2.1 ~ 7.2.7** 本节各条对关键施工过程控制提出了要求，同时强调木搁栅固定时应采取措施防止损坏基层和基层中的预埋管线。为了防止实木地板、实木集成地板、竹地板面层整体产生线膨胀效应，规定木搁栅与柱、墙之间应留出 20mm 的缝隙；垫层地板与柱、墙之间应留出 8mm ~ 12mm 的缝隙；实木地板、实木集成地板、竹地板面层与柱、墙之间应留出 8mm ~ 12mm 的缝隙。

  垫层地板：指在木、竹地板面层下铺设的胶合板、中密度纤维板、细木工板、实木板等。由于铺设垫层地板可改善地板面层的平整度，增加行走时的脚部舒适感，因此常用作体育地板面层、舞台地板面层下的垫层。

Ⅰ 主 控 项 目

**7.2.8** 本条对实木地板、实木集成地板、竹地板面层所采用的材料、铺设时的木（竹）材含水率、胶粘剂等提出要求和检验方法、检查数量，如：实木地板应符合现行国家标准《实木地板 第 1 部分：技术要求》GB/T 15036.1 和《实木地板 第 2 部分：检验方法》GB/T 15036.2 的有关规定；实木集成地板应符合现行行业标准《实木集成地板》LY/T 1614 的有关规定；竹地板应符合现行国家标准《竹地板》GB/T 20240 的有关规定；胶粘剂应符合现行国家标

准《室内装饰装修材料胶粘剂中有害物质限量》GB 18583 的有关规定。

**7.2.9** 本条基于环保要求，规定进场的实木地板、实木集成地板、竹地板以及配套胶粘剂应有害物质限量合格的检测报告，并提出了检验方法、检查数量。

**7.2.10 ~ 7.2.12** 强调采用的木搁栅、垫木和垫层地板等应进行防腐、防蛀处理；木搁栅安装应牢固、平直；面层铺设应牢固、无松动，行走检验时不应有明显的声响，并提出了检验方法、检查数量。

Ⅱ 一般项目

**7.2.13 ~ 7.2.18** 要求板缝严密，接头错开，粘、钉严密；表面观感应刨平、磨光、洁净，无刨痕、毛刺，图案应清晰、颜色应均匀一致；踢脚线高度应一致。明确了实木地板、实木集成地板、竹地板面层施工质量的允许偏差值应符合本规范表 7.1.8 的规定。并提出了检验方法、检查数量。

### 7.3 实木复合地板面层

**7.3.1 ~ 7.3.5** 实木复合地板面层应采用条材或块材或拼花，以空铺或粘贴（满粘或点粘）法施工。本节对其关键施工过程控制和构造提出了要求。

Ⅰ 主控项目

**7.3.6** 本条对实木复合地板面层采用的地板、胶粘剂等提出要求和检验方法、检查数量，如实木复合地板应符合国家现行标准《复合地板》GB/T 18103 和《实木复合地板用胶合板》LY/T 1738 的有关规定；胶粘剂应符合现行国家标准《室内装饰装修材料胶粘剂中有害物质限量》GB 18583 的有关规定，并提出了检验方法、检查数量。

**7.3.7** 本条基于环保要求，规定进场的实木复合地板和配套胶粘剂应有有害物质限量合格的检测报告，并提出了检验方法、检查数量。

**7.3.8 ~ 7.3.10** 强调采用的木搁栅、垫木和垫层地板等应进行防腐、防蛀处理；木搁栅安装应牢固、平直；面层铺设应牢固，粘贴无空鼓、松动，行走检验时不应有明显的声响，并提出了检验方法、检查数量。

Ⅱ 一般项目

**7.3.11 ~ 7.3.15** 强调面层应缝隙严密，接头错开，表面观感应图案清晰、颜色一致，板面无翘曲，踢脚线高度应一致。明确了实木复合地板面层施工质量的允许偏差值应符合本规范表 7.1.8 的规定，并提出了检验方法、检查数量。

### 7.4 浸渍纸层压木质地板面层

**7.4.1 ~ 7.4.4** 浸渍纸层压木质地板面层应采用条材

或块材，以空铺或粘贴（满粘或点粘）法施工。本节对其关键施工过程控制和构造提出了要求。

Ⅰ 主控项目

**7.4.5** 本条对浸渍纸层压木质地板面层采用的地板、胶粘剂等提出要求和检验方法、检查数量，如浸渍纸层压木质地板应符合现行国家标准《浸渍纸层压木质地板》GB/T 18102 的有关规定；胶粘剂应符合现行国家标准《室内装饰装修材料胶粘剂中有害物质限量》GB 18583 的有关规定。

**7.4.6** 本条基于环保要求，规定进场的浸渍纸层压木质地板和配套胶粘剂应有有害物质限量合格的检测报告，并提出了检验方法、检查数量。

**7.4.7、7.4.8** 强调木搁栅、垫木、垫层地板等应进行防腐、防蛀处理；铺设应牢固、平整，粘贴无空鼓、松动，行走检验时不应有明显的声响，并提出了检验方法、检查数量。

Ⅱ 一般项目

**7.4.9 ~ 7.4.12** 强调面层应缝隙严密，接头错开，表面观感应图案清晰、颜色一致，板面无翘曲，踢脚线高度应一致。明确了浸渍纸层压木质地板面层施工质量的允许偏差值应符合本规范表 7.1.8 的规定，并提出了检验方法、检查数量。

### 7.5 软木类地板面层

**7.5.1 ~ 7.5.4** 阐明软木类地板分为软木地板和软木复合地板，其中软木地板面层应采用条材或块材，以粘贴方式施工；软木复合地板面层应采用条材或块材，以空铺方式施工。本节对其关键施工过程控制和构造提出了要求。

Ⅰ 主控项目

**7.5.5** 本条对软木类地板面层采用的地板、胶粘剂等提出要求和检验方法、检查数量，如软木类地板应符合现行行业标准《软木类地板》LY/T 1657 的有关规定；胶粘剂应符合现行国家标准《室内装饰装修材料胶粘剂中有害物质限量》GB 18583 的有关规定。

**7.5.6** 本条基于环保要求，规定进场的软木复合地板和配套胶粘剂应有有害物质限量合格的检测报告，并提出了检验方法、检查数量。

**7.5.7、7.5.8** 强调木搁栅、垫木、垫层地板等应进行防腐、防蛀处理；铺设应牢固、平整，粘贴无空鼓、松动，行走检验时不应有明显的声响，并提出了检验方法、检查数量。

Ⅱ 一般项目

**7.5.9 ~ 7.5.12** 强调面层应缝隙严密，接头错开，板面无翘曲，踢脚线高度应一致。明确了软木类地板面层施工质量的允许偏差值应符合本规范表7.1.8的规定，并提出了检验方法、检查数量。

### 7.6 地面辐射供暖的木板面层

**7.6.1** 本条提出地面辐射供暖的木板面层宜采用的板材产品。

**7.6.2** 本条规定了地面辐射供暖的木板面层的铺设方法。

**7.6.3** 本条针对用胶粘剂粘贴龙骨、垫层地板、面层地板，提出铺贴时填充层的含水率要求。

**7.6.4** 提出本条是为了保护地面辐射供暖系统免遭损坏，从而保证地面辐射供暖的效果。

#### Ⅰ 主 控 项 目

**7.6.5** 本条针对地面辐射供暖的特点，对木板面层的材料或产品选择作出规定，可有效减少因材料或产品自身质量问题而导致的地面工程质量事故，并提出了检验方法、检查数量。

**7.6.6** 本条提出为减少面层出现开裂、拱起等质量缺陷，应按设计要求的构造措施施工，并提出了检验方法、检查数量。

#### Ⅱ 一 般 项 目

**7.6.8** 提出本条是为了避免木板面层与填充层之间由于无龙骨架空层，填充层因供暖受热，引起层内潮起上涌，无法通风，从而导致木板面层受潮变形，并提出了检验方法、检查数量。

# 8 分部（子分部）工程验收

**8.0.1** 本条为建筑地面工程子分部工程合格的评定基础。

**8.0.2** 本条提出验收建筑地面工程时，工程质量检查控制资料均应符合保证工程质量验收的要求。

**8.0.3** 本条对建筑地面工程安全和功能项目检验作出了具体规定，应符合现行国家标准《建筑工程施工质量验收统一标准》GB 50300 的要求。

**8.0.4** 本条对建筑地面工程观感质量检验提出了具体规定，应符合现行国家标准《建筑工程施工质量验收统一标准》GB 50300 的要求。

## 附录A 不发火（防爆）建筑地面材料 及其制品不发火性的试验方法

**A.0.1** 不发火（防爆）建筑地面材料及其制品不发火的鉴定，可采用砂轮来进行。为确认用于试验的砂轮是合格的，应事先选择完全黑暗的房间（以便易于看见火花），在房间内对砂轮进行摩擦检查。检查时，砂轮的转速应控制在 600r/min～1000r/min，用工具钢、石英岩或含有石英岩的混凝土等能发生火花的试件在旋转的砂轮上进行摩擦，摩擦时应施加 10N～20N 的压力，如果发生清晰的火花，则该砂轮即认为是合格的，可用于不发火（防爆）建筑地面材料及其制品不发火性的试验。

**A.0.2** 不发火（防爆）建筑地面材料及其制品不发火性的试件应不少于 50 个，并从中选出不同表面、不同颜色、不同结晶体、不同硬度的 10 个试件用于不发火性试验。试验应在完全黑暗的房间内进行。试验时，砂轮的转速应控制在 600r/min～1000r/min，将试件的任意部分接触旋转的砂轮并施加 10N～20N 的压力后，仔细观察试件与砂轮摩擦的地方有无火花发生。试验需要持续到每个试件被磨掉不小于 20g 后才能停止。如在试验过程中没有发现任何瞬时的火花，可以判定该材料为不发火材料。

**A.0.3** 本条规定既可减少制品不符合不发火要求的可能性，也便于以后发现制品不符合不发火要求时，能检查原因（因留有样品）。

中华人民共和国国家标准

# 建筑装饰装修工程质量验收规范

Code for construction quality
acceptance of building decoration

GB 50210—2001

主编部门：中华人民共和国建设部
批准部门：中华人民共和国建设部
施行日期：2002年3月1日

# 关于发布国家标准《建筑装饰装修工程质量验收规范》的通知

根据建设部《关于印发一九九八年工程建设国家标准制定、修订计划（第二批）的通知》（建标〔1998〕244号）的要求，由建设部会同有关部门共同修订的《建筑装饰装修工程质量验收规范》，经有关部门会审，批准为国家标准，编号为GB50210—2001，自2002年3月1日起施行。其中，3.1.1、3.1.5、3.2.3、3.2.9、3.3.4、3.3.5、4.1.12、5.1.11、6.1.12、8.2.4、8.3.4、9.1.8、9.1.13、9.1.14、12.5.6为强制性条文，必须严格执行。原《装饰工程施工及验收规范》（GBJ 210—83）、《建筑装饰工程施工及验收规范》（JGJ 73—91）和《建筑工程质量检验评定标准》（GBJ 301—88）中第十章、第十一章同时废止。

本标准由建设部负责管理，中国建筑科学研究院负责具体解释工作，建设部标准定额研究所组织中国建筑工业出版社出版发行。

中华人民共和国建设部

2001年11月1日

# 前 言

本标准是根据建设部建标〔1998〕244号文《关于印发一九九九年工程建设国家标准制订、修订计划（第二批）的通知》的要求，由中国建筑科学研究院会同有关单位共同对《建筑装饰工程施工及验收规范》（JGJ 73—91）和《建筑工程质量检验评定标准》（GBJ 301—88）修订而成的。

在修订过程中，规范编制组开展了专题研究，进行了比较广泛的调查研究，总结了多年来建筑装饰装修工程在设计、材料、施工等方面的经验，按照"验评分离、强化验收、完善手段、过程控制"的方针，进行了全面的修改，并以多种方式广泛征求了全国有关单位的意见，对主要问题进行了反复修改，最后经审查定稿。

本规范是决定装饰装修工程能否交付使用的质量验收规范。建筑装饰装修工程按施工工艺和装修部位划分为10个子分部工程，除地面子分部工程单独成册外，其他9个子分部工程的质量验收均由本规范作出规定。

本规范共分13章。前三章为总则、术语和基本规定。第4章至第12章为子分部工程的质量验收，其中每章的第一节为一般规定，第二节及以后的各节为分项工程的质量验收。第13章为分部工程的质量验收。

本规范将来可能需要进行局部修订，有关局部修订的信息和条文内容将刊登在《工程建设标准化》杂志上。

本规范以黑体字标志的条文为强制性条文，必须严格执行。

为了提高规范质量，请各单位在执行本规范的过程中，注意总结经验，积累资料，随时将有关的意见反馈给中国建筑科学研究院（通讯地址：北京市北三环东路30号，邮政编码：100013），以供今后修订时参考。

本规范主编单位、参编单位和主要起草人：

本规范主编单位：中国建筑科学研究院

本规范参编单位：北京市建设工程质量监督总站

中国建筑一局装饰公司

深圳市建设工程质量监督检验总站

上海汇丽（集团）公司

深圳市科源建筑装饰工程有限公司

北京建谊建筑工程有限公司

本规范主要起草人：孟小平　侯茂盛　张元勃
熊　伟　李爱新　龚万森
李子新　吴宏康　庄可章
张　鸣

# 目　次

# 1 总　则

**1.0.1** 为了加强建筑工程质量管理，统一建筑装饰装修工程的质量验收，保证工程质量，制定本规范。

**1.0.2** 本规范适用于新建、扩建、改建和既有建筑的装饰装修工程的质量验收。

**1.0.3** 建筑装饰装修工程的承包合同、设计文件及其他技术文件对工程质量验收的要求不得低于本规范的规定。

**1.0.4** 本规范应与国家标准《建筑工程施工质量验收统一标准》（GB 50300—2001）配套使用。

**1.0.5** 建筑装饰装修工程的质量验收除应执行本规范外，尚应符合国家现行有关标准的规定。

# 2 术　语

**2.0.1** 建筑装饰装修　building decoration

为保护建筑物的主体结构、完善建筑物的使用功能和美化建筑物，采用装饰装修材料或饰物，对建筑物的内外表面及空间进行的各种处理过程。

**2.0.2** 基体　primary structure

建筑物的主体结构或围护结构。

**2.0.3** 基层　base course

直接承受装饰装修施工的面层。

**2.0.4** 细部　detail

建筑装饰装修工程中局部采用的部件或饰物。

# 3 基本规定

## 3.1 设　计

**3.1.1** 建筑装饰装修工程必须进行设计，并出具完整的施工图设计文件。

**3.1.2** 承担建筑装饰装修工程设计的单位应具备相应的资质，并应建立质量管理体系。由于设计原因造成的质量问题应由设计单位负责。

**3.1.3** 建筑装饰装修设计应符合城市规划、消防、环保、节能等有关规定。

**3.1.4** 承担建筑装饰装修工程设计的单位应对建筑物进行必要的了解和实地勘察，设计深度应满足施工要求。

**3.1.5** 建筑装饰装修工程设计必须保证建筑物的结构安全和主要使用功能。当涉及主体和承重结构改动或增加荷载时，必须由原结构设计单位或具备相应资质的设计单位核查有关原始资料，对既有建筑结构的安全性进行核验、确认。

**3.1.6** 建筑装饰装修工程的防火、防雷和抗震设计应符合现行国家标准的规定。

**3.1.7** 当墙体或吊顶内的管线可能产生冰冻或结露时，应进行防冻或防结露设计。

## 3.2 材　料

**3.2.1** 建筑装饰装修工程所用材料的品种、规格和质量应符合设计要求和国家现行标准的规定。当设计无要求时应符合国家现行标准的规定。严禁使用国家明令淘汰的材料。

**3.2.2** 建筑装饰装修工程所用材料的燃烧性能应符合现行国家标准《建筑内部装修设计防火规范》（GB 50222）、《建筑设计防火规范》（GBJ 16）和《高层民用建筑设计防火规范》（GB 50045）的规定。

**3.2.3** 建筑装饰装修工程所用材料应符合国家有关建筑装饰装修材料有害物质限量标准的规定。

**3.2.4** 所有材料进场时应对品种、规格、外观和尺寸进行验收。材料包装应完好，应有产品合格证书、中文说明书及相关性能的检测报告；进口产品应按规定进行商品检验。

**3.2.5** 进场后需要进行复验的材料种类及项目应符合本规范各章的规定。同一厂家生产的同一品种、同一类型的进场材料应至少抽取一组样品进行复验，当合同另有约定时应按合同执行。

**3.2.6** 当国家规定或合同约定应对材料进行见证检测时，或对材料的质量发生争议时，应进行见证检测。

**3.2.7** 承担建筑装饰装修材料检测的单位应具备相应的资质，并应建立质量管理体系。

**3.2.8** 建筑装饰装修工程所使用的材料在运输、储存和施工过程中，必须采取有效措施防止损坏、变质和污染环境。

**3.2.9** 建筑装饰装修工程所使用的材料应按设计要求进行防火、防腐和防虫处理。

**3.2.10** 现场配制的材料如砂浆、胶粘剂等，应按设计要求或产品说明书配制。

## 3.3 施　工

**3.3.1** 承担建筑装饰装修工程施工的单位应具备相应的资质，并应建立质量管理体系。施工单位应编制施工组织设计并应经过审查批准。施工单位应按有关的施工工艺标准或经审定的施工技术方案施工，并应对施工全过程实行质量控制。

**3.3.2** 承担建筑装饰装修工程施工的人员应有相应岗位的资格证书。

**3.3.3** 建筑装饰装修工程的施工质量应符合设计要求和本规范的规定，由于违反设计文件和本规范的规定施工造成的质量问题应由施工单位负责。

**3.3.4** 建筑装饰装修工程施工中，严禁违反设计文件擅自改动建筑主体、承重结构或主要使用功能；严禁未经设计确认和有关部门批准擅自拆改水、暖、电、燃气、通讯等配套设施。

**3.3.5** 施工单位应遵守有关环境保护的法律法规，并应采取有效措施控制施工现场的各种粉尘、废气、废弃物、噪声、振动等对周围环境造成的污染和危害。

**3.3.6** 施工单位应遵守有关施工安全、劳动保护、防火和防毒的法律法规，应建立相应的管理制度，并应配备必要的设备、器具和标识。

**3.3.7** 建筑装饰装修工程应在基体或基层的质量验收合格后施工。对既有建筑进行装饰装修前，应对基层进行处理并达到本规范的要求。

**3.3.8** 建筑装饰装修工程施工前应有主要材料的样板或做样板间（件），并应经有关各方确认。

**3.3.9** 墙面采用保温材料的建筑装饰装修工程，所用保温材料的类型、品种、规格及施工工艺应符合设计要求。

**3.3.10** 管道、设备等的安装及调试应在建筑装饰装修工程施工前完成，当必须同步进行时，应在饰面层施工前完成。装饰装修工程不得影响管道、设备等的使用和维修。涉及燃气管道的建筑装饰装修工程必须符合有关安全管理的规定。

**3.3.11** 建筑装饰装修工程的电器安装应符合设计要求和国家现行标准的规定。严禁不经穿管直接埋设电线。

**3.3.12** 室内外装饰装修工程施工的环境条件应满足施工工艺的要求。施工环境温度不应低于5℃。当必须在低于5℃气温下施工时，应采取保证工程质量的有效措施。

**3.3.13** 建筑装饰装修工程施工过程中应做好半成品、成品的保护，防止污染和损坏。

**3.3.14** 建筑装饰装修工程验收前应将施工现场清理干净。

# 4 抹 灰 工 程

## 4.1 一 般 规 定

**4.1.1** 本章适用于一般抹灰、装饰抹灰和清水砌体勾缝等分项工程的质量验收。

**4.1.2** 抹灰工程验收时应检查下列文件和记录：
　　1 抹灰工程的施工图、设计说明及其他设计文件。
　　2 材料的产品合格证书、性能检测报告、进场验收记录和复验报告。
　　3 隐蔽工程验收记录。
　　4 施工记录。

**4.1.3** 抹灰工程应对水泥的凝结时间和安定性进行复验。

**4.1.4** 抹灰工程应对下列隐蔽工程项目进行验收：

　　1 抹灰总厚度大于或等于35mm时的加强措施。
　　2 不同材料基体交接处的加强措施。

**4.1.5** 各分项工程的检验批应按下列规定划分：
　　1 相同材料、工艺和施工条件的室外抹灰工程每500～1000m² 应划分为一个检验批，不足500m² 也应划分为一个检验批。
　　2 相同材料、工艺和施工条件的室内抹灰工程每50个自然间（大面积房间和走廊按抹灰面积30m² 为一间）应划分为一个检验批，不足50间也应划分为一个检验批。

**4.1.6** 检查数量应符合下列规定：
　　1 室内每个检验批至少抽查10%，并不得少于3间；不足3间时应全数检查。
　　2 室外每个检验批每100m² 应至少抽查一处，每处不得小于10m²。

**4.1.7** 外墙抹灰工程施工前应先安装钢木门窗框、护栏等，并应将墙上的施工孔洞堵塞密实。

**4.1.8** 抹灰用的石灰膏的熟化期不应少于15d；罩面用的磨细石灰粉的熟化期不应少于3d。

**4.1.9** 室内墙面、柱面和门洞口的阳角做法应符合设计要求。设计无要求时，应采用1:2水泥砂浆做暗护角，其高度不应低于2m，每侧宽度不应小于50mm。

**4.1.10** 当要求抹灰层具有防水、防潮功能时，应采用防水砂浆。

**4.1.11** 各种砂浆抹灰层，在凝结前应防止快干、水冲、撞击、振动和受冻，在凝结后应采取措施防止玷污和损坏。水泥砂浆抹灰层应在湿润条件下养护。

**4.1.12** 外墙和顶棚的抹灰层与基层之间及各抹灰层之间必须粘结牢固。

## 4.2 一般抹灰工程

**4.2.1** 本节适用于石灰砂浆、水泥砂浆、水泥混合砂浆、聚合物水泥砂浆和麻刀石灰、纸筋石灰、石膏灰等一般抹灰工程的质量验收。一般抹灰工程分为普通抹灰和高级抹灰，当设计无要求时，按普通抹灰验收。

### 主 控 项 目

**4.2.2** 抹灰前基层表面的尘土、污垢、油渍等应清除干净，并应洒水润湿。

　　检验方法：检查施工记录。

**4.2.3** 一般抹灰所用材料的品种和性能应符合设计要求。水泥的凝结时间和安定性复验应合格。砂浆的配合比应符合设计要求。

　　检验方法：检查产品合格证书、进场验收记录、复验报告和施工记录。

**4.2.4** 抹灰工程应分层进行。当抹灰总厚度大于或等于35mm时，应采取加强措施。不同材料基体交接处表面的抹灰，应采取防止开裂的加强措施，当采用加强网时，加强网与各基体的搭接宽度不应小于

100mm。

检验方法：检查隐蔽工程验收记录和施工记录。

**4.2.5** 抹灰层与基层之间及各抹灰层之间必须粘结牢固，抹灰层应无脱层、空鼓，面层应无爆灰和裂缝。

检验方法：观察；用小锤轻击检查；检查施工记录。

### 一般项目

**4.2.6** 一般抹灰工程的表面质量应符合下列规定：

1　普通抹灰表面应光滑、洁净、接槎平整，分格缝应清晰。

2　高级抹灰表面应光滑、洁净、颜色均匀、无抹纹，分格缝和灰线应清晰美观。

检验方法：观察；手摸检查。

**4.2.7** 护角、孔洞、槽、盒周围的抹灰表面应整齐、光滑；管道后面的抹灰表面应平整。

检验方法：观察。

**4.2.8** 抹灰层的总厚度应符合设计要求；水泥砂浆不得抹在石灰砂浆层上；罩面石膏灰不得抹在水泥砂浆层上。

检验方法：检查施工记录。

**4.2.9** 抹灰分格缝的设置应符合设计要求，宽度和深度应均匀，表面应光滑，棱角应整齐。

检验方法：观察；尺量检查。

**4.2.10** 有排水要求的部位应做滴水线（槽）。滴水线（槽）应整齐顺直，滴水线应内高外低，滴水槽的宽度和深度均不应小于10mm。

检验方法：观察；尺量检查。

**4.2.11** 一般抹灰工程质量的允许偏差和检验方法应符合表4.2.11的规定。

**表4.2.11　一般抹灰的允许偏差和检验方法**

| 项次 | 项　目 | 允许偏差（mm） | | 检验方法 |
|---|---|---|---|---|
| | | 普通抹灰 | 高级抹灰 | |
| 1 | 立面垂直度 | 4 | 3 | 用2m垂直检测尺检查 |
| 2 | 表面平整度 | 4 | 3 | 用2m靠尺和塞尺检查 |
| 3 | 阴阳角方正 | 4 | 3 | 用直角检测尺检查 |
| 4 | 分格条（缝）直线度 | 4 | 3 | 拉5m线，不足5m拉通线，用钢直尺检查 |
| 5 | 墙裙、勒脚上口直线度 | 4 | 3 | 拉5m线，不足5m拉通线，用钢直尺检查 |

注：1）普通抹灰，本表第3项阴角方正可不检查；

　　2）顶棚抹灰，本表第2项表面平整度可不检查，但应平顺。

### 4.3　装饰抹灰工程

**4.3.1** 本节适用于水刷石、斩假石、干粘石、假面砖等装饰抹灰工程的质量验收。

### 主控项目

**4.3.2** 抹灰前基层表面的尘土、污垢、油渍等应清除干净，并应洒水润湿。

检验方法：检查施工记录。

**4.3.3** 装饰抹灰工程所用材料的品种和性能应符合设计要求。水泥的凝结时间和安定性复验应合格。砂浆的配合比应符合设计要求。

检验方法：检查产品合格证书、进场验收记录、复验报告和施工记录。

**4.3.4** 抹灰工程应分层进行。当抹灰总厚度大于或等于35mm时，应采取加强措施。不同材料基体交接处表面的抹灰，应采取防止开裂的加强措施，当采用加强网时，加强网与各基体的搭接宽度不应小于100mm。

检验方法：检查隐蔽工程验收记录和施工记录。

**4.3.5** 各抹灰层之间及抹灰层与基体之间必须粘接牢固，抹灰层应无脱层、空鼓和裂缝。

检验方法：观察；用小锤轻击检查；检查施工记录。

### 一般项目

**4.3.6** 装饰抹灰工程的表面质量应符合下列规定：

1　水刷石表面应石粒清晰、分布均匀、紧密平整、色泽一致，应无掉粒和接槎痕迹。

2　斩假石表面剁纹应均匀顺直、深浅一致，应无漏剁处；阳角处应横剁并留出宽窄一致的不剁边条，棱角应无损坏。

3　干粘石表面应色泽一致、不露浆、不漏粘，石粒应粘结牢固、分布均匀，阳角处应无明显黑边。

4　假面砖表面应平整、沟纹清晰、留缝整齐、色泽一致，应无掉角、脱皮、起砂等缺陷。

检验方法：观察；手摸检查。

**4.3.7** 装饰抹灰分格条（缝）的设置应符合设计要求，宽度和深度应均匀，表面应平整光滑，棱角应整齐。

检验方法：观察。

**4.3.8** 有排水要求的部位应做滴水线（槽）。滴水线（槽）应整齐顺直，滴水线应内高外低，滴水槽的宽度和深度均不应小于10mm。

检验方法：观察；尺量检查。

**4.3.9** 装饰抹灰工程质量的允许偏差和检验方法应符合表4.3.9的规定。

**表 4.3.9　装饰抹灰的允许偏差和检验方法**

| 项次 | 项　目 | 允许偏差（mm） | | | | 检验方法 |
| | | 水刷石 | 斩假石 | 干粘石 | 假面砖 | |
|---|---|---|---|---|---|---|
| 1 | 立面垂直度 | 5 | 4 | 5 | 5 | 用2m垂直检测尺检查 |
| 2 | 表面平整度 | 3 | 3 | 5 | 4 | 用2m靠尺和塞尺检查 |
| 3 | 阳角方正 | 3 | 3 | 4 | 4 | 用直角检测尺检查 |
| 4 | 分格条（缝）直线度 | 3 | 3 | 3 | 3 | 拉5m线，不足5m拉通线，用钢直尺检查 |
| 5 | 墙裙、勒脚上口直线度 | 3 | 3 | — | — | 拉5m线，不足5m拉通线，用钢直尺检查 |

## 4.4　清水砌体勾缝工程

**4.4.1**　本节适用于清水砌体砂浆勾缝和原浆勾缝工程的质量验收。

**主 控 项 目**

**4.4.2**　清水砌体勾缝所用水泥的凝结时间和安定性复验应合格。砂浆的配合比应符合设计要求。

　　检验方法：检查复验报告和施工记录。

**4.4.3**　清水砌体勾缝应无漏勾。勾缝材料应粘结牢固、无开裂。

　　检验方法：观察。

**一 般 项 目**

**4.4.4**　清水砌体勾缝应横平竖直，交接处应平顺，宽度和深度应均匀，表面应压实抹平。

　　检验方法：观察；尺量检查。

**4.4.5**　灰缝应颜色一致，砌体表面应洁净。

　　检验方法：观察。

# 5　门　窗　工　程

## 5.1　一　般　规　定

**5.1.1**　本章适用于木门窗制作与安装、金属门窗安装、塑料门窗安装、特种门安装、门窗玻璃安装等分项工程的质量验收。

**5.1.2**　门窗工程验收时应检查下列文件和记录：

　　1　门窗工程的施工图、设计说明及其他设计文件。

　　2　材料的产品合格证书、性能检测报告、进场验收记录和复验报告。

　　3　特种门及其附件的生产许可文件。

　　4　隐蔽工程验收记录。

　　5　施工记录。

**5.1.3**　门窗工程应对下列材料及其性能指标进行复验：

　　1　人造木板的甲醛含量。

　　2　建筑外墙金属窗、塑料窗的抗风压性能、空气渗透性能和雨水渗漏性能。

**5.1.4**　门窗工程应对下列隐蔽工程项目进行验收：

　　1　预埋件和锚固件。

　　2　隐蔽部位的防腐、填嵌处理。

**5.1.5**　各分项工程的检验批应按下列规定划分：

　　1　同一品种、类型和规格的木门窗、金属门窗、塑料门窗及门窗玻璃每100樘应划分为一个检验批，不足100樘也应划分为一个检验批。

　　2　同一品种、类型和规格的特种门每50樘应划分为一个检验批，不足50樘也应划分为一个检验批。

**5.1.6**　检查数量应符合下列规定：

　　1　木门窗、金属门窗、塑料门窗及门窗玻璃，每个检验批应至少抽查5%，并不得少于3樘，不足3樘时应全数检查；高层建筑的外窗，每个检验批应至少抽查10%，并不得少于6樘，不足6樘时应全数检查。

　　2　特种门每个检验批应至少抽查50%，并不得少于10樘，不足10樘时应全数检查。

**5.1.7**　门窗安装前，应对门窗洞口尺寸进行检验。

**5.1.8**　金属门窗和塑料门窗安装应采用预留洞口的方法施工，不得采用边安装边砌口或先安装后砌口的方法施工。

**5.1.9**　木门窗与砖石砌体、混凝土或抹灰层接触处应进行防腐处理并应设置防潮层；埋入砌体或混凝土中的木砖应进行防腐处理。

**5.1.10**　当金属窗或塑料窗组合时，其拼樘料的尺寸、规格、壁厚应符合设计要求。

**5.1.11**　建筑外门窗的安装必须牢固。在砌体上安装门窗严禁用射钉固定。

**5.1.12**　特种门安装除应符合设计要求和本规范规定外，还应符合有关专业标准和主管部门的规定。

## 5.2　木门窗制作与安装工程

**5.2.1**　本节适用于木门窗制作与安装工程的质量验收。

**主 控 项 目**

**5.2.2**　木门窗的木材品种、材质等级、规格、尺寸、框扇的线型及人造木板的甲醛含量应符合设计要求。设计未规定材质等级时，所用木材的质量应符合本规范附录 A 的规定。

检验方法：观察；检查材料进场验收记录和复验报告。

5.2.3 木门窗应采用烘干的木材，含水率应符合《建筑木门、木窗》（JG/T 122）的规定。

检验方法：检查材料进场验收记录。

5.2.4 木门窗的防火、防腐、防虫处理应符合设计要求。

检验方法：观察；检查材料进场验收记录。

5.2.5 木门窗的结合处和安装配件处不得有木节或已填补的木节。木门窗如有允许限值以内的死节及直径较大的虫眼时，应用同一材质的木塞加胶填补。对于清漆制品，木塞的木纹和色泽应与制品一致。

检验方法：观察。

5.2.6 门窗框和厚度大于 50mm 的门窗扇应用双榫连接。榫槽应采用胶料严密嵌合，并应用胶楔加紧。

检验方法：观察；手扳检查。

5.2.7 胶合板门、纤维板门和模压门不得脱胶。胶合板不得刨透表层单板，不得有戗槎。制作胶合板门、纤维板门时，边框和横楞应在同一平面上，面层、边框及横楞应加压胶结。横楞和上、下冒头应各钻两个以上的透气孔，透气孔应通畅。

检验方法：观察。

5.2.8 木门窗的品种、类型、规格、开启方向、安装位置及连接方式应符合设计要求。

检验方法：观察；尺量检查；检查成品门的产品合格证书。

5.2.9 木门窗框的安装必须牢固。预埋木砖的防腐处理、木门窗框固定点的数量、位置及固定方法应符合设计要求。

检验方法：观察；手扳检查；检查隐蔽工程验收记录和施工记录。

5.2.10 木门窗扇必须安装牢固，并应开关灵活，关闭严密，无倒翘。

检验方法：观察；开启和关闭检查；手扳检查。

5.2.11 木门窗配件的型号、规格、数量应符合设计要求，安装应牢固，位置应正确，功能应满足使用要求。

检验方法：观察；开启和关闭检查；手扳检查。

一般项目

5.2.12 木门窗表面应洁净，不得有刨痕、锤印。

检验方法：观察。

5.2.13 木门窗的割角、拼缝应严密平整。门窗框、扇裁口应顺直，刨面应平整。

检验方法：观察。

5.2.14 木门窗上的槽、孔应边缘整齐，无毛刺。

检验方法：观察。

5.2.15 木门窗与墙体间缝隙的填嵌材料应符合设计

要求，填嵌应饱满。寒冷地区外门窗（或门窗框）与砌体间的空隙应填充保温材料。

检验方法：轻敲门窗框检查；检查隐蔽工程验收记录和施工记录。

5.2.16 木门窗批水、盖口条、压缝条、密封条的安装应顺直，与门窗结合应牢固、严密。

检验方法：观察；手扳检查。

5.2.17 木门窗制作的允许偏差和检验方法应符合表5.2.17 的规定。

表 5.2.17　木门窗制作的允许偏差和检验方法

| 项次 | 项　目 | 构件名称 | 允许偏差（mm） | | 检验方法 |
|---|---|---|---|---|---|
| | | | 普通 | 高级 | |
| 1 | 翘曲 | 框 | 3 | 2 | 将框、扇平放在检查平台上，用塞尺检查 |
| | | 扇 | 2 | 2 | |
| 2 | 对角线长度差 | 框、扇 | 3 | 2 | 用钢尺检查，框量裁口里角，扇量外角 |
| 3 | 表面平整度 | 扇 | 2 | 2 | 用 1m 靠尺和塞尺检查 |
| 4 | 高度、宽度 | 框 | 0；−2 | 0；−1 | 用钢尺检查，框量裁口里角，扇量外角 |
| | | 扇 | +2；0 | +1；0 | |
| 5 | 裁口、线条结合处高低差 | 框、扇 | 1 | 0.5 | 用钢直尺和塞尺检查 |
| 6 | 相邻棂子两端间距 | 扇 | 2 | 1 | 用钢直尺检查 |

5.2.18 木门窗安装的留缝限值、允许偏差和检验方法应符合表 5.2.18 的规定。

表 5.2.18　木门窗安装的留缝限值、允许偏差和检验方法

| 项次 | 项　目 | 留缝限值（mm） | | 允许偏差（mm） | | 检验方法 |
|---|---|---|---|---|---|---|
| | | 普通 | 高级 | 普通 | 高级 | |
| 1 | 门窗槽口对角线长度差 | — | — | 3 | 2 | 用钢尺检查 |
| 2 | 门窗框的正、侧面垂直度 | — | — | 2 | 1 | 用 1m 垂直检测尺检查 |
| 3 | 框与扇、扇与扇接缝高低差 | — | — | 2 | 1 | 用钢直尺和塞尺检查 |
| 4 | 门窗扇对口缝 | 1～2.5 | 1.5～2 | — | — | 用塞尺检查 |

| 项次 | 项目 | | 留缝限值（mm） | | 允许偏差（mm） | | 检验方法 |
|---|---|---|---|---|---|---|---|
| | | | 普通 | 高级 | 普通 | 高级 | |
| 5 | 工业厂房双扇大门对口缝 | | 2~5 | — | — | — | 用塞尺检查 |
| 6 | 门窗扇与上框间留缝 | | 1~2 | 1~1.5 | — | — | |
| 7 | 门窗扇与侧框间留缝 | | 1~2.5 | 1~1.5 | — | — | |
| 8 | 窗扇与下框间留缝 | | 2~3 | 2~2.5 | — | — | |
| 9 | 门扇与下框间留缝 | | 3~5 | 3~4 | — | — | |
| 10 | 双层门窗内外框间距 | | — | — | 4 | 3 | 用钢尺检查 |
| 11 | 无下框时门扇与地面间留缝 | 外门 | 4~7 | 5~6 | — | — | 用塞尺检查 |
| | | 内门 | 5~8 | 6~7 | — | — | |
| | | 卫生间门 | 8~12 | 8~10 | — | — | |
| | | 厂房大门 | 10~20 | — | — | — | |

## 5.3 金属门窗安装工程

**5.3.1** 本节适用于钢门窗、铝合金门窗、涂色镀锌钢板门窗等金属门窗安装工程的质量验收。

### 主 控 项 目

**5.3.2** 金属门窗的品种、类型、规格、尺寸、性能、开启方向、安装位置、连接方式及铝合金门窗的型材壁厚应符合设计要求。金属门窗的防腐处理及填嵌、密封处理应符合设计要求。

检验方法：观察；尺量检查；检查产品合格证书、性能检测报告、进场验收记录和复验报告；检查隐蔽工程验收记录。

**5.3.3** 金属门窗框和副框的安装必须牢固。预埋件的数量、位置、埋设方式、与框的连接方式必须符合设计要求。

检验方法：手扳检查；检查隐蔽工程验收记录。

**5.3.4** 金属门窗扇必须安装牢固，并应开关灵活、关闭严密，无倒翘。推拉门窗扇必须有防脱落措施。

检验方法：观察；开启和关闭检查；手扳检查。

**5.3.5** 金属门窗配件的型号、规格、数量应符合设计要求，安装应牢固，位置应正确，功能应满足使用要求。

检验方法：观察；开启和关闭检查；手扳检查。

### 一 般 项 目

**5.3.6** 金属门窗表面应洁净、平整、光滑、色泽一致，无锈蚀。大面应无划痕、碰伤。漆膜或保护层应连续。

检验方法：观察。

**5.3.7** 铝合金门窗推拉门窗扇开关力应不大于100N。

检验方法：用弹簧秤检查。

**5.3.8** 金属门窗框与墙体之间的缝隙应填嵌饱满，并采用密封胶密封。密封胶表面应光滑、顺直，无裂纹。

检验方法：观察；轻敲门窗框检查；检查隐蔽工程验收记录。

**5.3.9** 金属门窗扇的橡胶密封条或毛毡密封条应安装完好，不得脱槽。

检验方法：观察；开启和关闭检查。

**5.3.10** 有排水孔的金属门窗，排水孔应畅通，位置和数量应符合设计要求。

检验方法：观察。

**5.3.11** 钢门窗安装的留缝限值、允许偏差和检验方法应符合表5.3.11的规定。

**表 5.3.11　钢门窗安装的留缝限值、允许偏差和检验方法**

| 项次 | 项目 | | 留缝限值（mm） | 允许偏差（mm） | 检验方法 |
|---|---|---|---|---|---|
| 1 | 门窗槽口宽度、高度 | ≤1500mm | — | 2.5 | 用钢尺检查 |
| | | >1500mm | — | 3.5 | |
| 2 | 门窗槽口对角线长度差 | ≤2000mm | — | 5 | 用钢尺检查 |
| | | >2000mm | — | 6 | |
| 3 | 门窗框的正、侧面垂直度 | | — | 3 | 用1m垂直检测尺检查 |
| 4 | 门窗横框的水平度 | | — | 3 | 用1m水平尺和塞尺检查 |
| 5 | 门窗横框标高 | | — | 5 | 用钢尺检查 |
| 6 | 门窗竖向偏离中心 | | — | 4 | 用钢尺检查 |
| 7 | 双层门窗内外框间距 | | — | 5 | 用钢尺检查 |
| 8 | 门窗框、扇配合间隙 | | ≤2 | — | 用塞尺检查 |
| 9 | 无下框时门扇与地面间留缝 | | 4~8 | — | 用塞尺检查 |

**5.3.12** 铝合金门窗安装的允许偏差和检验方法应符合表 5.3.12 的规定。

**表 5.3.12    铝合金门窗安装的允许偏差和检验方法**

| 项次 | 项 | 目 | 允许偏差（mm） | 检验方法 |
|---|---|---|---|---|
| 1 | 门窗槽口宽度、高度 | ≤1500mm | 1.5 | 用钢尺检查 |
| | | >1500mm | 2 | |
| 2 | 门窗槽口对角线长度差 | ≤2000mm | 3 | 用钢尺检查 |
| | | >2000mm | 4 | |
| 3 | 门窗框的正、侧面垂直度 | | 2.5 | 用垂直检测尺检查 |
| 4 | 门窗横框的水平度 | | 2 | 用1m水平尺和塞尺检查 |
| 5 | 门窗横框标高 | | 5 | 用钢尺检查 |
| 6 | 门窗竖向偏离中心 | | 5 | 用钢尺检查 |
| 7 | 双层门窗内外框间距 | | 4 | 用钢尺检查 |
| 8 | 推拉门窗扇与框搭接量 | | 1.5 | 用钢直尺检查 |

**5.3.13** 涂色镀锌钢板门窗安装的允许偏差和检验方法应符合表 5.3.13 的规定。

**表 5.3.13    涂色镀锌钢板门窗安装的允许偏差和检验方法**

| 项次 | 项 | 目 | 允许偏差（mm） | 检验方法 |
|---|---|---|---|---|
| 1 | 门窗槽口宽度、高度 | ≤1500mm | 2 | 用钢尺检查 |
| | | >1500mm | 3 | |
| 2 | 门窗槽口对角线长度差 | ≤2000mm | 4 | 用钢尺检查 |
| | | >2000mm | 5 | |
| 3 | 门窗框的正、侧面垂直度 | | 3 | 用垂直检测尺检查 |
| 4 | 门窗横框的水平度 | | 3 | 用1m水平尺和塞尺检查 |
| 5 | 门窗横框标高 | | 5 | 用钢尺检查 |
| 6 | 门窗竖向偏离中心 | | 5 | 用钢尺检查 |
| 7 | 双层门窗内外框间距 | | 4 | 用钢尺检查 |
| 8 | 推拉门窗扇与框搭接量 | | 2 | 用钢直尺检查 |

## 5.4　塑料门窗安装工程

**5.4.1** 本节适用于塑料门窗安装工程的质量验收。

### 主 控 项 目

**5.4.2** 塑料门窗的品种、类型、规格、尺寸、开启方向、安装位置、连接方式及填嵌密封处理应符合设计要求，内衬增强型钢的壁厚及设置应符合国家现行产品标准的质量要求。

检验方法：观察；尺量检查；检查产品合格证书、性能检测报告、进场验收记录和复验报告；检查隐蔽工程验收记录。

**5.4.3** 塑料门窗框、副框和扇的安装必须牢固。固定片或膨胀螺栓的数量与位置应正确，连接方式应符合设计要求。固定点应距窗角、中横框、中竖框 150~200mm，固定点间距不大于600mm。

检验方法：观察；手扳检查；检查隐蔽工程验收记录。

**5.4.4** 塑料门窗拼樘料内衬增强型钢的规格、壁厚必须符合设计要求，型钢应与型材内腔紧密吻合，其两端必须与洞口固定牢固。窗框必须与拼樘料连接紧密，固定点间距应不大于600mm。

检验方法：观察；手扳检查；尺量检查；检查进场验收记录。

**5.4.5** 塑料门窗扇应开关灵活、关闭严密，无倒翘。推拉窗扇必须有防脱落措施。

检验方法：观察；开启和关闭检查；手扳检查。

**5.4.6** 塑料门窗配件的型号、规格、数量应符合设计要求，安装应牢固，位置应正确，功能应满足使用要求。

检验方法：观察；手扳检查；尺量检查。

**5.4.7** 塑料门窗框与墙体间缝隙应采用闭孔弹性材料填嵌饱满，表面应采用密封胶密封。密封胶应粘结牢固，表面应光滑、顺直、无裂纹。

检验方法：观察；检查隐蔽工程验收记录。

### 一 般 项 目

**5.4.8** 塑料门窗表面应洁净、平整、光滑，大面应无划痕、碰伤。

检验方法：观察。

**5.4.9** 塑料门窗扇的密封条不得脱槽。旋转窗间隙应基本均匀。

**5.4.10** 塑料门窗扇的开关力应符合下列规定：

1 平开门窗扇平铰链的开关力应不大于80N；滑撑铰链的开关力应不大于80N，并不小于30N。

2 推拉门窗扇的开关力应不大于100N。

检验方法：观察；用弹簧秤检查。

**5.4.11** 玻璃密封条与玻璃及玻璃槽口的接缝应平整，不得卷边、脱槽。

检验方法：观察。

**5.4.12** 排水孔应畅通，位置和数量应符合设计要求。

检验方法：观察。

**5.4.13** 塑料门窗安装的允许偏差和检验方法应符合表5.4.13的规定。

**表5.4.13　塑料门窗安装的允许偏差和检验方法**

| 项次 | 项目 | | 允许偏差（mm） | 检验方法 |
|---|---|---|---|---|
| 1 | 门窗槽口宽度、高度 | ≤1500mm | 2 | 用钢尺检查 |
| | | >1500mm | 3 | |
| 2 | 门窗槽口对角线长度差 | ≤2000mm | 3 | 用钢尺检查 |
| | | >2000mm | 5 | |
| 3 | 门窗框的正、侧面垂直度 | | 3 | 用1m垂直检测尺检查 |
| 4 | 门窗横框的水平度 | | 3 | 用1m水平尺和塞尺检查 |
| 5 | 门窗横框标高 | | 5 | 用钢尺检查 |
| 6 | 门窗竖向偏离中心 | | 5 | 用钢直尺检查 |
| 7 | 双层门窗内外框间距 | | 4 | 用钢尺检查 |
| 8 | 同樘平开门窗相邻扇高度差 | | 2 | 用钢直尺检查 |
| 9 | 平开门窗铰链部位配合间隙 | | +2；-1 | 用塞尺检查 |
| 10 | 推拉门窗扇与框搭接量 | | +1.5；-2.5 | 用钢直尺检查 |
| 11 | 推拉门窗扇与竖框平行度 | | 2 | 用1m水平尺和塞尺检查 |

## 5.5　特种门安装工程

**5.5.1** 本节适用于防火门、防盗门、自动门、全玻门、旋转门、金属卷帘门等特种门安装工程的质量验收。

### 主控项目

**5.5.2** 特种门的质量和各项性能应符合设计要求。

检验方法：检查生产许可证、产品合格证书和性能检测报告。

**5.5.3** 特种门的品种、类型、规格、尺寸、开启方向、安装位置及防腐处理应符合设计要求。

检验方法：观察；尺量检查；检查进场验收记录和隐蔽工程验收记录。

**5.5.4** 带有机械装置、自动装置或智能化装置的特种门，其机械装置、自动装置或智能化装置的功能应符合设计要求和有关标准的规定。

检验方法：启动机械装置、自动装置或智能化装置，观察。

**5.5.5** 特种门的安装必须牢固。预埋件的数量、位置、埋设方式、与框的连接方式必须符合设计要求。

检验方法：观察；手扳检查；检查隐蔽工程验收记录。

**5.5.6** 特种门的配件应齐全，位置应正确，安装应牢固，功能应满足使用要求和特种门的各项性能要求。

检验方法：观察；手扳检查；检查产品合格证书、性能检测报告和进场验收记录。

### 一般项目

**5.5.7** 特种门的表面装饰应符合设计要求。

检验方法：观察。

**5.5.8** 特种门的表面应洁净，无划痕、碰伤。

检验方法：观察。

**5.5.9** 推拉自动门安装的留缝限值、允许偏差和检验方法应符合表5.5.9的规定。

**表5.5.9　推拉自动门安装的留缝限值、允许偏差和检验方法**

| 项次 | 项目 | | 留缝限值（mm） | 允许偏差（mm） | 检验方法 |
|---|---|---|---|---|---|
| 1 | 门槽口宽度、高度 | ≤1500mm | — | 1.5 | 用钢尺检查 |
| | | >1500mm | | 2 | |
| 2 | 门槽口对角线长度差 | ≤2000mm | | 2 | 用钢尺检查 |
| | | >2000mm | | 2.5 | |
| 3 | 门框的正、侧面垂直度 | | | 1 | 用1m垂直检测尺检查 |
| 4 | 门构件装配间隙 | | | 0.3 | 用塞尺检查 |
| 5 | 门梁导轨水平度 | | | 1 | 用1m水平尺和塞尺检查 |
| 6 | 下导轨与门梁导轨平行度 | | | 1.5 | 用钢尺检查 |
| 7 | 门扇与侧框间留缝 | | 1.2～1.8 | — | 用塞尺检查 |
| 8 | 门扇对口缝 | | 1.2～1.8 | — | 用塞尺检查 |

**5.5.10** 推拉自动门的感应时间限值和检验方法应符合表5.5.10的规定。

**表5.5.10　推拉自动门的感应时间限值和检验方法**

| 项次 | 项目 | 感应时间限值（s） | 检验方法 |
|---|---|---|---|
| 1 | 开门响应时间 | ≤0.5 | 用秒表检查 |
| 2 | 堵门保护延时 | 16～20 | 用秒表检查 |
| 3 | 门扇全开启后保持时间 | 13～17 | 用秒表检查 |

**5.5.11** 旋转门安装的允许偏差和检验方法应符合表5.5.11的规定。

表5.5.11 旋转门安装的允许偏差和检验方法

| 项次 | 项目 | 允许偏差（mm） | | 检验方法 |
|---|---|---|---|---|
| | | 金属框架玻璃旋转门 | 木质旋转门 | |
| 1 | 门扇正、侧面垂直度 | 1.5 | 1.5 | 用1m垂直检测尺检查 |
| 2 | 门扇对角线长度差 | 1.5 | 1.5 | 用钢尺检查 |
| 3 | 相邻扇高度差 | 1 | 1 | 用钢尺检查 |
| 4 | 扇与圆弧边留缝 | 1.5 | 2 | 用塞尺检查 |
| 5 | 扇与上顶间留缝 | 2 | 2.5 | 用塞尺检查 |
| 6 | 扇与地面间留缝 | 2 | 2.5 | 用塞尺检查 |

### 5.6 门窗玻璃安装工程

**5.6.1** 本节适用于平板、吸热、反射、中空、夹层、夹丝、磨砂、钢化、压花玻璃等玻璃安装工程的质量验收。

**主 控 项 目**

**5.6.2** 玻璃的品种、规格、尺寸、色彩、图案和涂膜朝向应符合设计要求。单块玻璃大于1.5m²时应使用安全玻璃。

检验方法：观察；检查产品合格证书、性能检测报告和进场验收记录。

**5.6.3** 门窗玻璃裁割尺寸应正确。安装后的玻璃应牢固，不得有裂纹、损伤和松动。

检验方法：观察；轻敲检查。

**5.6.4** 玻璃的安装方法应符合设计要求。固定玻璃的钉子或钢丝卡的数量、规格应保证玻璃安装牢固。

检验方法：观察；检查施工记录。

**5.6.5** 镶钉木压条接触玻璃处，应与裁口边缘平齐。木压条互相紧密连接，并与裁口边缘紧贴，割角应整齐。

检验方法：观察。

**5.6.6** 密封条与玻璃、玻璃槽口的接触应紧密、平整。密封胶与玻璃、玻璃槽口的边缘应粘结牢固、接缝平齐。

检验方法：观察。

**5.6.7** 带密封条的玻璃压条，其密封条必须与玻璃全部贴紧，压条与型材之间应无明显缝隙，压条接缝应不大于0.5mm。

检验方法：观察；尺量检查。

**一 般 项 目**

**5.6.8** 玻璃表面应洁净，不得有腻子、密封胶、涂料等污渍。中空玻璃内外表面均应洁净，玻璃中空层内不得有灰尘和水蒸气。

检验方法：观察。

**5.6.9** 门窗玻璃不应直接接触型材。单面镀膜玻璃的镀膜层及磨砂玻璃的磨砂面应朝向室内。中空玻璃的单面镀膜玻璃应在最外层，镀膜层应朝向室内。

检验方法：观察。

**5.6.10** 腻子应填抹饱满、粘结牢固；腻子边缘与裁口应平齐。固定玻璃的卡子不应在腻子表面显露。

检验方法：观察。

# 6 吊 顶 工 程

## 6.1 一 般 规 定

**6.1.1** 本章适用于暗龙骨吊顶、明龙骨吊顶等分项工程的质量验收。

**6.1.2** 吊顶工程验收时应检查下列文件和记录：

1 吊顶工程的施工图、设计说明及其他设计文件。

2 材料的产品合格证书、性能检测报告、进场验收记录和复验报告。

3 隐蔽工程验收记录。

4 施工记录。

**6.1.3** 吊顶工程应对人造木板的甲醛含量进行复验。

**6.1.4** 吊顶工程应对下列隐蔽工程项目进行验收：

1 吊顶内管道、设备的安装及水管试压。

2 木龙骨防火、防腐处理。

3 预埋件或拉结筋。

4 吊杆安装。

5 龙骨安装。

6 填充材料的设置。

**6.1.5** 各分项工程的检验批应按下列规定划分：

同一品种的吊顶工程每50间（大面积房间和走廊按吊顶面积30m²为一间）应划分为一个检验批，不足50间也应划分为一个检验批。

**6.1.6** 检查数量应符合下列规定：

每个检验批应至少抽查10%，并不得少于3间；不足3间时应全数检查。

**6.1.7** 安装龙骨前，应按设计要求对房间净高、洞口标高和吊顶内管道、设备及其支架的标高进行交接检验。

**6.1.8** 吊顶工程的木吊杆、木龙骨和木饰面板必须进行防火处理，并应符合有关设计防火规范的规定。

**6.1.9** 吊顶工程中的预埋件、钢筋吊杆和型钢吊杆应进行防锈处理。

6.1.10 安装饰面板前应完成吊顶内管道和设备的调试及验收。

6.1.11 吊杆距主龙骨端部距离不得大于300mm，当大于300mm时，应增加吊杆。当吊杆长度大于1.5m时，应设置反支撑。当吊杆与设备相遇时，应调整并增设吊杆。

6.1.12 重型灯具、电扇及其他重型设备严禁安装在吊顶工程的龙骨上。

## 6.2 暗龙骨吊顶工程

6.2.1 本节适用于以轻钢龙骨、铝合金龙骨、木龙骨等为骨架，以石膏板、金属板、矿棉板、木板、塑料板或格栅等为饰面材料的暗龙骨吊顶工程的质量验收。

### 主控项目

6.2.2 吊顶标高、尺寸、起拱和造型应符合设计要求。

检验方法：观察；尺量检查。

6.2.3 饰面材料的材质、品种、规格、图案和颜色应符合设计要求。

检验方法：观察；检查产品合格证书、性能检测报告、进场验收记录和复验报告。

6.2.4 暗龙骨吊顶工程的吊杆、龙骨和饰面材料的安装必须牢固。

检验方法：观察；手扳检查；检查隐蔽工程验收记录和施工记录。

6.2.5 吊杆、龙骨的材质、规格、安装间距及连接方式应符合设计要求。金属吊杆、龙骨应经过表面防腐处理；木吊杆、龙骨应进行防腐、防火处理。

检验方法：观察；尺量检查；检查产品合格证书、性能检测报告、进场验收记录和隐蔽工程验收记录。

6.2.6 石膏板的接缝应按其施工工艺标准进行板缝防裂处理。安装双层石膏板时，面层板与基层板的接缝应错开，并不得在同一根龙骨上接缝。

检验方法：观察。

### 一般项目

6.2.7 饰面材料表面应洁净、色泽一致，不得有翘曲、裂缝及缺损。压条应平直、宽窄一致。

检验方法：观察；尺量检查。

6.2.8 饰面板上的灯具、烟感器、喷淋头、风口篦子等设备的位置应合理、美观，与饰面板的交接应吻合、严密。

检验方法：观察。

6.2.9 金属吊杆、龙骨的接缝应均匀一致，角缝应吻合，表面应平整，无翘曲、锤印。木质吊杆、龙骨应顺直，无劈裂、变形。

检验方法：检查隐蔽工程验收记录和施工记录。

6.2.10 吊顶内填充吸声材料的品种和铺设厚度应符合设计要求，并应有防散落措施。

检验方法：检查隐蔽工程验收记录和施工记录。

6.2.11 暗龙骨吊顶工程安装的允许偏差和检验方法应符合表6.2.11的规定。

**表6.2.11　暗龙骨吊顶工程安装的允许偏差和检验方法**

| 项次 | 项　目 | 允许偏差（mm） | | | | 检验方法 |
|---|---|---|---|---|---|---|
| | | 纸面石膏板 | 金属板 | 矿棉板 | 木板、塑料板、格栅 | |
| 1 | 表面平整度 | 3 | 2 | 2 | 2 | 用2m靠尺和塞尺检查 |
| 2 | 接缝直线度 | 3 | 1.5 | 3 | 3 | 拉5m线，不足5m拉通线，用钢直尺检查 |
| 3 | 接缝高低差 | 1 | 1 | 1.5 | 1 | 用钢直尺和塞尺检查 |

## 6.3 明龙骨吊顶工程

6.3.1 本节适用于以轻钢龙骨、铝合金龙骨、木龙骨等为骨架，以石膏板、金属板、矿棉板、塑料板、玻璃板或格栅等为饰面材料的明龙骨吊顶工程的质量验收。

### 主控项目

6.3.2 吊顶标高、尺寸、起拱和造型应符合设计要求。

检验方法：观察；尺量检查。

6.3.3 饰面材料的材质、品种、规格、图案和颜色应符合设计要求。当饰面材料为玻璃板时，应使用安全玻璃或采取可靠的安全措施。

检验方法：观察；检查产品合格证书、性能检测报告和进场验收记录。

6.3.4 饰面材料的安装应稳固严密。饰面材料与龙骨的搭接宽度应大于龙骨受力面宽度的2/3。

检验方法：观察；手扳检查；尺量检查。

6.3.5 吊杆、龙骨的材质、规格、安装间距及连接方式应符合设计要求。金属吊杆、龙骨应进行表面防腐处理；木龙骨应进行防腐、防火处理。

检验方法：观察；尺量检查；检查产品合格证书、进场验收记录和隐蔽工程验收记录。

6.3.6 明龙骨吊顶工程的吊杆和龙骨安装必须牢固。

检验方法：手扳检查；检查隐蔽工程验收记录和施工记录。

### 一般项目

6.3.7 饰面材料表面应洁净、色泽一致，不得有翘曲、裂缝及缺损。饰面板与明龙骨的搭接应平整、吻合，压条应平直、宽窄一致。

　　检验方法：观察；尺量检查。

**6.3.8** 饰面板上的灯具、烟感器、喷淋头、风口篦子等设备的位置应合理、美观，与饰面板的交接应吻合、严密。

　　检验方法：观察。

**6.3.9** 金属龙骨的接缝应平整、吻合、颜色一致，不得有划伤、擦伤等表面缺陷。木质龙骨应平整、顺直，无劈裂。

　　检验方法：观察。

**6.3.10** 吊顶内填充吸声材料的品种和铺设厚度应符合设计要求，并应有防散落措施。

　　检验方法：检查隐蔽工程验收记录和施工记录。

**6.3.11** 明龙骨吊顶工程安装的允许偏差和检验方法应符合表6.3.11的规定。

表6.3.11　明龙骨吊顶工程安装的允许
偏差和检验方法

| 项次 | 项　目 | 允许偏差（mm） | | | | 检验方法 |
| | | 石膏板 | 金属板 | 矿棉板 | 塑料板玻璃板 | |
| 1 | 表面平整度 | 3 | 3 | 3 | 2 | 用2m靠尺和塞尺检查 |
| 2 | 接缝直线度 | 3 | 2 | 3 | 3 | 拉5m线，不足5m拉通线，用钢直尺检查 |
| 3 | 接缝高低差 | 1 | 1 | 2 | 1 | 用钢直尺和塞尺检查 |

# 7　轻质隔墙工程

## 7.1　一般规定

**7.1.1** 本章适用于板材隔墙、骨架隔墙、活动隔墙、玻璃隔墙等分项工程的质量验收。

**7.1.2** 轻质隔墙工程验收时应检查下列文件和记录：

　　1　轻质隔墙工程的施工图、设计说明及其他设计文件。

　　2　材料的产品合格证书、性能检测报告、进场验收记录和复验报告。

　　3　隐蔽工程验收记录。

　　4　施工记录。

**7.1.3** 轻质隔墙工程应对人造木板的甲醛含量进行复验。

**7.1.4** 轻质隔墙工程应对下列隐蔽工程项目进行验收：

　　1　骨架隔墙中设备管线的安装及水管试压。

　　2　木龙骨防火、防腐处理。

　　3　预埋件或拉结筋。

　　4　龙骨安装。

　　5　填充材料的设置。

**7.1.5** 各分项工程的检验批应按下列规定划分：

　　同一品种的轻质隔墙工程每50间（大面积房间和走廊按轻质隔墙的墙面30m² 为一间）应划分为一个检验批，不足50间也应划分为一个检验批。

**7.1.6** 轻质隔墙与顶棚和其他墙体的交接处应采取防开裂措施。

**7.1.7** 民用建筑轻质隔墙工程的隔声性能应符合现行国家标准《民用建筑隔声设计规范》（GBJ 118）的规定。

## 7.2　板材隔墙工程

**7.2.1** 本节适用于复合轻质墙板、石膏空心板、预制或现制的钢丝网水泥板等板材隔墙工程的质量验收。

**7.2.2** 板材隔墙工程的检查数量应符合下列规定：

　　每个检验批应至少抽查10%，并不得少于3间；不足3间时应全数检查。

### 主控项目

**7.2.3** 隔墙板材的品种、规格、性能、颜色应符合设计要求。有隔声、隔热、阻燃、防潮等特殊要求的工程，板材应有相应性能等级的检测报告。

　　检验方法：观察；检查产品合格证书、进场验收记录和性能检测报告。

**7.2.4** 安装隔墙板材所需预埋件、连接件的位置、数量及连接方法应符合设计要求。

　　检验方法：观察；尺量检查；检查隐蔽工程验收记录。

**7.2.5** 隔墙板材安装必须牢固。现制钢丝网水泥隔墙与周边墙体的连接方法应符合设计要求，并应连接牢固。

　　检验方法：观察；手扳检查。

**7.2.6** 隔墙板材所用接缝材料的品种及接缝方法应符合设计要求。

　　检验方法：观察；检查产品合格证书和施工记录。

### 一般项目

**7.2.7** 隔墙板材安装应垂直、平整、位置正确，板材不应有裂缝或缺损。

　　检验方法：观察；尺量检查。

**7.2.8** 板材隔墙表面应平整光滑、色泽一致、洁净，接缝应均匀、顺直。

　　检验方法：观察；手摸检查。

**7.2.9** 隔墙上的孔洞、槽、盒应位置正确、套割方正、边缘整齐。

检验方法：观察。

**7.2.10** 板材隔墙安装的允许偏差和检验方法应符合表7.2.10的规定。

**表 7.2.10　板材隔墙安装的允许偏差和检验方法**

| 项次 | 项　目 | 允许偏差（mm） | | | | 检验方法 |
|---|---|---|---|---|---|---|
| | | 复合轻质墙板 | | 石膏空心板 | 钢丝网水泥板 | |
| | | 金属夹芯板 | 其他复合板 | | | |
| 1 | 立面垂直度 | 2 | 3 | 3 | 3 | 用2m垂直检测尺检查 |
| 2 | 表面平整度 | 2 | 3 | 3 | 3 | 用2m靠尺和塞尺检查 |
| 3 | 阴阳角方正 | 3 | 3 | 3 | 4 | 用直角检测尺检查 |
| 4 | 接缝高低差 | 1 | 2 | 2 | 3 | 用钢直尺和塞尺检查 |

## 7.3　骨架隔墙工程

**7.3.1** 本节适用于以轻钢龙骨、木龙骨等为骨架，以纸面石膏板、人造木板、水泥纤维板等为墙面板的隔墙工程的质量验收。

**7.3.2** 骨架隔墙工程的检查数量应符合下列规定：

每个检验批应至少抽查10%，并不得少于3间；不足3间时应全数检查。

### 主 控 项 目

**7.3.3** 骨架隔墙所用龙骨、配件、墙面板、填充材料及嵌缝材料的品种、规格、性能和木材的含水率应符合设计要求。有隔声、隔热、阻燃、防潮等特殊要求的工程，材料应有相应性能等级的检测报告。

检验方法：观察；检查产品合格证书、进场验收记录、性能检测报告和复验报告。

**7.3.4** 骨架隔墙工程边框龙骨必须与基体结构连接牢固，并应平整、垂直、位置正确。

检验方法：手扳检查；尺量检查；检查隐蔽工程验收记录。

**7.3.5** 骨架隔墙中龙骨间距和构造连接方法应符合设计要求。骨架内设备管线的安装、门窗洞口等部位加强龙骨应安装牢固、位置正确，填充材料的设置应符合设计要求。

检验方法：检查隐蔽工程验收记录。

**7.3.6** 木龙骨及木墙面板的防火和防腐处理必须符合设计要求。

检验方法：检查隐蔽工程验收记录。

**7.3.7** 骨架隔墙的墙面板应安装牢固，无脱层、翘曲、折裂及缺损。

检验方法：观察；手扳检查。

**7.3.8** 墙面板所用接缝材料的接缝方法应符合设计要求。

检验方法：观察。

### 一 般 项 目

**7.3.9** 骨架隔墙表面应平整光滑、色泽一致、洁净、无裂缝，接缝应均匀、顺直。

检验方法：观察；手摸检查。

**7.3.10** 骨架隔墙上的孔洞、槽、盒应位置正确、套割吻合、边缘整齐。

检验方法：观察。

**7.3.11** 骨架隔墙内的填充材料应干燥，填充应密实、均匀、无下坠。

检验方法：轻敲检查；检查隐蔽工程验收记录。

**7.3.12** 骨架隔墙安装的允许偏差和检验方法应符合表7.3.12的规定。

**表 7.3.12　骨架隔墙安装的允许偏差和检验方法**

| 项次 | 项　目 | 允许偏差（mm） | | 检验方法 |
|---|---|---|---|---|
| | | 纸面石膏板 | 人造木板、水泥纤维板 | |
| 1 | 立面垂直度 | 3 | 4 | 用2m垂直检测尺检查 |
| 2 | 表面平整度 | 3 | 3 | 用2m靠尺和塞尺检查 |
| 3 | 阴阳角方正 | 3 | 3 | 用直角检测尺检查 |
| 4 | 接缝直线度 | — | 3 | 拉5m线，不足5m拉通线，用钢直尺检查 |
| 5 | 压条直线度 | — | 3 | 拉5m线，不足5m拉通线，用钢直尺检查 |
| 6 | 接缝高低差 | 1 | 1 | 用钢直尺和塞尺检查 |

## 7.4　活动隔墙工程

**7.4.1** 本节适用于各种活动隔墙工程的质量验收。

**7.4.2** 活动隔墙工程的检查数量应符合下列规定：

每个检验批应至少抽查20%，并不得少于6间；不足6间时应全数检查。

### 主 控 项 目

**7.4.3** 活动隔墙所用墙板、配件等材料的品种、规格、性能和木材的含水率应符合设计要求。有阻燃、防潮等特性要求的工程，材料应有相应性能等级的检测报告。

检验方法：观察；检查产品合格证书、进场验收记录、性能检测报告和复验报告。

**7.4.4** 活动隔墙轨道必须与基体结构连接牢固，并应位置正确。

检验方法：尺量检查；手扳检查。

**7.4.5** 活动隔墙用于组装、推拉和制动的构配件必须安装牢固、位置正确，推拉必须安全、平稳、灵活。

检验方法：尺量检查；手扳检查；推拉检查。

**7.4.6** 活动隔墙制作方法、组合方式应符合设计要求。

检验方法：观察。

### 一 般 项 目

**7.4.7** 活动隔墙表面应色泽一致、平整光滑、洁净，线条应顺直、清晰。

检验方法：观察；手摸检查。

**7.4.8** 活动隔墙上的孔洞、槽、盒应位置正确、套割吻合、边缘整齐。

检验方法：观察；尺量检查。

**7.4.9** 活动隔墙推拉应无噪声。

检验方法：推拉检查。

**7.4.10** 活动隔墙安装的允许偏差和检验方法应符合表 7.4.10 的规定。

**表 7.4.10　活动隔墙安装的允许偏差和检验方法**

| 项次 | 项　目 | 允许偏差（mm） | 检验方法 |
|---|---|---|---|
| 1 | 立面垂直度 | 3 | 用 2m 垂直检测尺检查 |
| 2 | 表面平整度 | 2 | 用 2m 靠尺和塞尺检查 |
| 3 | 接缝直线度 | 3 | 拉 5m 线，不足 5m 拉通线，用钢直尺检查 |
| 4 | 接缝高低差 | 2 | 用钢直尺和塞尺检查 |
| 5 | 接缝宽度 | | 用钢直尺检查 |

### 7.5　玻璃隔墙工程

**7.5.1** 本节适用于玻璃砖、玻璃板隔墙工程的质量验收。

**7.5.2** 玻璃隔墙工程的检查数量应符合下列规定：

每个检验批应至少抽查 20%，并不得少于 6 间；不足 6 间时应全数检查。

### 主 控 项 目

**7.5.3** 玻璃隔墙工程所用材料的品种、规格、性能、图案和颜色应符合设计要求。玻璃板隔墙应使用安全玻璃。

检验方法：观察；检查产品合格证书、进场验收记录和性能检测报告。

**7.5.4** 玻璃砖隔墙的砌筑或玻璃板隔墙的安装方法

应符合设计要求。

检验方法：观察。

**7.5.5** 玻璃砖隔墙砌筑中埋设的拉结筋必须与基体结构连接牢固，并应位置正确。

检验方法：手扳检查；尺量检查；检查隐蔽工程验收记录。

**7.5.6** 玻璃板隔墙的安装必须牢固。玻璃板隔墙胶垫的安装应正确。

检验方法：观察；手推检查；检查施工记录。

### 一 般 项 目

**7.5.7** 玻璃隔墙表面应色泽一致、平整洁净、清晰美观。

检验方法：观察。

**7.5.8** 玻璃隔墙接缝应横平竖直，玻璃应无裂痕、缺损和划痕。

检验方法：观察。

**7.5.9** 玻璃板隔墙嵌缝及玻璃砖隔墙勾缝应密实平整、均匀顺直、深浅一致。

检验方法：观察。

**7.5.10** 玻璃隔墙安装的允许偏差和检验方法应符合表 7.5.10 的规定。

**表 7.5.10　玻璃隔墙安装的允许偏差和检验方法**

| 项次 | 项　目 | 允许偏差（mm） 玻璃砖 | 玻璃板 | 检验方法 |
|---|---|---|---|---|
| 1 | 立面垂直度 | 3 | 2 | 用 2m 垂直检测尺检查 |
| 2 | 表面平整度 | 3 | — | 用 2m 靠尺和塞尺检查 |
| 3 | 阴阳角方正 | — | 2 | 用直角检测尺检查 |
| 4 | 接缝直线度 | — | 2 | 拉 5m 线，不足 5m 拉通线，用钢直尺检查 |
| 5 | 接缝高低差 | 3 | 2 | 用钢直尺和塞尺检查 |
| 6 | 接缝宽度 | — | 1 | 用钢直尺检查 |

## 8　饰面板（砖）工程

### 8.1　一 般 规 定

**8.1.1** 本章适用于饰面板安装、饰面砖粘贴等分项工程的质量验收。

**8.1.2** 饰面板（砖）工程验收时应检查下列文件和记录：

1　饰面板（砖）工程的施工图、设计说明及其他设计文件。

2 材料的产品合格证书、性能检测报告、进场验收记录和复验报告。

3 后置埋件的现场拉拔检测报告。

4 外墙饰面砖样板件的粘结强度检测报告。

5 隐蔽工程验收记录。

6 施工记录。

**8.1.3** 饰面板（砖）工程应对下列材料及其性能指标进行复验：

1 室内用花岗石的放射性。

2 粘贴用水泥的凝结时间、安定性和抗压强度。

3 外墙陶瓷面砖的吸水率。

4 寒冷地区外墙陶瓷面砖的抗冻性。

**8.1.4** 饰面板（砖）工程应对下列隐蔽工程项目进行验收：

1 预埋件（或后置埋件）。

2 连接节点。

3 防水层。

**8.1.5** 各分项工程的检验批应按下列规定划分：

1 相同材料、工艺和施工条件的室内饰面板（砖）工程每50间（大面积房间和走廊按施工面积30m² 为一间）应划分为一个检验批，不足50间也应划分为一个检验批。

2 相同材料、工艺和施工条件的室外饰面板（砖）工程每500～1000m² 应划分为一个检验批，不足500m² 也应划分为一个检验批。

**8.1.6** 检查数量应符合下列规定：

1 室内每个检验批应至少抽查10%，并不得少于3间；不足3间时应全数检查。

2 室外每个检验批每100m² 应至少抽查一处，每处不得小于10m²。

**8.1.7** 外墙饰面砖粘贴前和施工过程中，均应在相同基层上做样板件，并对样板件的饰面砖粘结强度进行检验，其检验方法和结果判定应符合《建筑工程饰面砖粘结强度检验标准》（JGJ 110）的规定。

**8.1.8** 饰面板（砖）工程的抗震缝、伸缩缝、沉降缝等部位的处理应保证缝的使用功能和饰面的完整性。

### 8.2 饰面板安装工程

**8.2.1** 本节适用于内墙饰面板安装工程和高度不大于24m、抗震设防烈度不大于7度的外墙饰面板安装工程的质量验收。

#### 主 控 项 目

**8.2.2** 饰面板的品种、规格、颜色和性能应符合设计要求，木龙骨、木饰面板和塑料饰面板的燃烧性能等级应符合设计要求。

检验方法：观察；检查产品合格证书、进场验收

记录和性能检测报告。

**8.2.3** 饰面板孔、槽的数量、位置和尺寸应符合设计要求。

检验方法：检查进场验收记录和施工记录。

**8.2.4** 饰面板安装工程的预埋件（或后置埋件）、连接件的数量、规格、位置、连接方法和防腐处理必须符合设计要求。后置埋件的现场拉拔强度必须符合设计要求。饰面板安装必须牢固。

检验方法：手扳检查；检查进场验收记录、现场拉拔检测报告、隐蔽工程验收记录和施工记录。

#### 一 般 项 目

**8.2.5** 饰面板表面应平整、洁净、色泽一致，无裂痕和缺损。石材表面应无泛碱等污染。

检验方法：观察。

**8.2.6** 饰面板嵌缝应密实、平直，宽度和深度应符合设计要求，嵌填材料色泽应一致。

检验方法：观察；尺量检查。

**8.2.7** 采用湿作业法施工的饰面板工程，石材应进行防碱背涂处理。饰面板与基体之间的灌注材料应饱满、密实。

检验方法：用小锤轻击检查；检查施工记录。

**8.2.8** 饰面板上的孔洞应套割吻合，边缘应整齐。

检验方法：观察。

**8.2.9** 饰面板安装的允许偏差和检验方法应符合表8.2.9的规定。

表 8.2.9 饰面板安装的允许偏差和检验方法

| 项次 | 项目 | 石材 | | | 瓷板 | 木材 | 塑料 | 金属 | 检验方法 |
|---|---|---|---|---|---|---|---|---|---|
| | | 光面 | 剁斧石 | 蘑菇石 | | | | | |
| 1 | 立面垂直度 | 2 | 3 | 3 | 2 | 1.5 | 2 | 2 | 用2m垂直检测尺检查 |
| 2 | 表面平整度 | 2 | 3 | — | 1.5 | 1 | 3 | 3 | 用2m靠尺和塞尺检查 |
| 3 | 阴阳角方正 | 2 | 4 | 4 | 2 | 1.5 | 3 | 3 | 用直角检测尺检查 |
| 4 | 接缝直线度 | 2 | 4 | 4 | 2 | 1 | 1 | 1 | 拉5m线，不足5m拉通线，用钢直尺检查 |
| 5 | 墙裙、勒脚上口直线度 | 2 | 3 | 3 | 2 | 2 | 2 | 2 | 拉5m线，不足5m拉通线，用钢直尺检查 |

续表

| 项次 | 项 目 | 允许偏差（mm） | | | | | | 检验方法 |
|---|---|---|---|---|---|---|---|---|
| | | 石 材 | | | 瓷板 | 木材 | 塑料 | 金属 | |
| | | 光面 | 剁斧石 | 蘑菇石 | | | | | |
| 6 | 接缝高低差 | 0.5 | 3 | — | 0.5 | 0.5 | 1 | 1 | 用钢直尺和塞尺检查 |
| 7 | 接缝宽度 | 1 | 2 | 2 | 1 | 1 | 1 | 1 | 用钢直尺检查 |

## 8.3 饰面砖粘贴工程

**8.3.1** 本节适用于内墙饰面砖粘贴工程和高度不大于100m、抗震设防烈度不大于8度、采用满粘法施工的外墙饰面砖粘贴工程的质量验收。

### 主 控 项 目

**8.3.2** 饰面砖的品种、规格、图案、颜色和性能应符合设计要求。

检验方法：观察；检查产品合格证书、进场验收记录、性能检测报告和复验报告。

**8.3.3** 饰面砖粘贴工程的找平、防水、粘结和勾缝材料及施工方法应符合设计要求及国家现行产品标准和工程技术标准的规定。

检验方法：检查产品合格证书、复验报告和隐蔽工程验收记录。

**8.3.4** 饰面砖粘贴必须牢固。

检验方法：检查样板件粘结强度检测报告和施工记录。

**8.3.5** 满粘法施工的饰面砖工程应无空鼓、裂缝。

检验方法：观察；用小锤轻击检查。

### 一 般 项 目

**8.3.6** 饰面砖表面应平整、洁净、色泽一致，无裂痕和缺损。

检验方法：观察。

**8.3.7** 阴阳角处搭接方式、非整砖使用部位应符合设计要求。

检验方法：观察。

**8.3.8** 墙面突出物周围的饰面砖应整砖套割吻合，边缘应整齐。墙裙、贴脸突出墙面的厚度应一致。

检验方法：观察；尺量检查。

**8.3.9** 饰面砖接缝应平直、光滑，填嵌应连续、密实；宽度和深度应符合设计要求。

检验方法：观察；尺量检查。

**8.3.10** 有排水要求的部位应做滴水线（槽）。滴水线（槽）应顺直，流水坡向应正确，坡度应符合设计要求。

检验方法：观察；用水平尺检查。

**8.3.11** 饰面砖粘贴的允许偏差和检验方法应符合表8.3.11的规定。

**表8.3.11 饰面砖粘贴的允许偏差和检验方法**

| 项次 | 项 目 | 允许偏差（mm） | | 检验方法 |
|---|---|---|---|---|
| | | 外墙面砖 | 内墙面砖 | |
| 1 | 立面垂直度 | 3 | 2 | 用2m垂直检测尺检查 |
| 2 | 表面平整度 | 4 | 3 | 用2m靠尺和塞尺检查 |
| 3 | 阴阳角方正 | 3 | 3 | 用直角检测尺检查 |
| 4 | 接缝直线度 | 3 | 3 | 拉5m线，不足5m拉通线，用钢直尺检查 |
| 5 | 接缝高低差 | 1 | 0.5 | 用钢直尺和塞尺检查 |
| 6 | 接缝宽度 | 1 | 1 | 用钢直尺检查 |

# 9 幕墙工程

## 9.1 一 般 规 定

**9.1.1** 本章适用于玻璃幕墙、金属幕墙、石材幕墙等分项工程的质量验收。

**9.1.2** 幕墙工程验收时应检查下列文件和记录：

1 幕墙工程的施工图、结构计算书、设计说明及其他设计文件。

2 建筑设计单位对幕墙工程设计的确认文件。

3 幕墙工程所用各种材料、五金配件、构件及组件的产品合格证书、性能检测报告、进场验收记录和复验报告。

4 幕墙工程所用硅酮结构胶的认定证书和抽查合格证明；进口硅酮结构胶的商检证；国家指定检测机构出具的硅酮结构胶相容性和剥离粘结性试验报告；石材用密封胶的耐污染性试验报告。

5 后置埋件的现场拉拔强度检测报告。

6 幕墙的抗风压性能、空气渗透性能、雨水渗漏性能及平面变形性能检测报告。

7 打胶、养护环境的温度、湿度记录；双组份硅酮结构胶的混匀性试验记录及拉断试验记录。

8 防雷装置测试记录。

9 隐蔽工程验收记录。

10 幕墙构件和组件的加工制作记录；幕墙安装施工记录。

**9.1.3** 幕墙工程应对下列材料及其性能指标进行复验：

1 铝塑复合板的剥离强度。

2 石材的弯曲强度；寒冷地区石材的耐冻融性；

室内用花岗石的放射性。

3 玻璃幕墙用结构胶的邵氏硬度、标准条件拉伸粘结强度、相容性试验；石材用结构胶的粘结强度；石材用密封胶的污染性。

**9.1.4** 幕墙工程应对下列隐蔽工程项目进行验收：

1 预埋件（或后置埋件）。

2 构件的连接节点。

3 变形缝及墙面转角处的构造节点。

4 幕墙防雷装置。

5 幕墙防火构造。

**9.1.5** 各分项工程的检验批应按下列规定划分：

1 相同设计、材料、工艺和施工条件的幕墙工程每 500～1000m² 应划分为一个检验批，不足 500m² 也应划分为一个检验批。

2 同一单位工程的不连续的幕墙工程应单独划分检验批。

3 对于异型或有特殊要求的幕墙，检验批的划分应根据幕墙的结构、工艺特点及幕墙工程规模，由监理单位（或建设单位）和施工单位协商确定。

**9.1.6** 检查数量应符合下列规定：

1 每个检验批每 100m² 应至少抽查一处，每处不得小于 10m²。

2 对于异型或有特殊要求的幕墙工程，应根据幕墙的结构和工艺特点，由监理单位（或建设单位）和施工单位协商确定。

**9.1.7** 幕墙及其连接件应具有足够的承载力、刚度和相对于主体结构的位移能力。幕墙构架立柱的连接金属角码与其他连接件应采用螺栓连接，并应有防松动措施。

**9.1.8** 隐框、半隐框幕墙所采用的结构粘结材料必须是中性硅酮结构密封胶，其性能必须符合《建筑用硅酮结构密封胶》（GB 16776）的规定；硅酮结构密封胶必须在有效期内使用。

**9.1.9** 立柱和横梁等主要受力构件，其截面受力部分的壁厚应经计算确定，且铝合金型材壁厚不应小于 3.0mm，钢型材壁厚不应小于 3.5mm。

**9.1.10** 隐框、半隐框幕墙构件中板材与金属框之间硅酮结构密封胶的粘结宽度，应分别计算风荷载标准值和板材自重标准值作用下硅酮结构密封胶的粘结宽度，并取其较大值，且不得小于 7.0mm。

**9.1.11** 硅酮结构密封胶应打注饱满，并应在温度 15℃～30℃、相对湿度 50% 以上、洁净的室内进行；不得在现场墙上打注。

**9.1.12** 幕墙的防火除应符合现行国家标准《建筑设计防火规范》（GBJ 16）和《高层民用建筑设计防火规范》（GB 50045）的有关规定外，还应符合下列规定：

1 应根据防火材料的耐火极限决定防火层的厚度和宽度，并应在楼板处形成防火带。

2 防火层应采取隔离措施。防火层的衬板应采用经防腐处理且厚度不小于 1.5mm 的钢板，不得采用铝板。

3 防火层的密封材料应采用防火密封胶。

4 防火层与玻璃不应直接接触，一块玻璃不应跨两个防火分区。

**9.1.13** 主体结构与幕墙连接的各种预埋件，其数量、规格、位置和防腐处理必须符合设计要求。

**9.1.14** 幕墙的金属框架与主体结构预埋件的连接、立柱与横梁的连接及幕墙面板的安装必须符合设计要求，安装必须牢固。

**9.1.15** 单元幕墙连接处和吊挂处的铝合金型材的壁厚应通过计算确定，并不得小于 5.0mm。

**9.1.16** 幕墙的金属框架与主体结构应通过预埋件连接，预埋件应在主体结构混凝土施工时埋入，预埋件的位置应准确。当没有条件采用预埋件连接时，应采用其他可靠的连接措施，并应通过试验确定其承载力。

**9.1.17** 立柱应采用螺栓与角码连接，螺栓直径应经过计算，并不应小于 10mm。不同金属材料接触时应采用绝缘垫片分隔。

**9.1.18** 幕墙的抗震缝、伸缩缝、沉降缝等部位的处理应保证缝的使用功能和饰面的完整性。

**9.1.19** 幕墙工程的设计应满足维护和清洁的要求。

### 9.2 玻璃幕墙工程

**9.2.1** 本节适用于建筑高度不大于 150m、抗震设防烈度不大于 8 度的隐框玻璃幕墙、半隐框玻璃幕墙、明框玻璃幕墙、全玻幕墙及点支承玻璃幕墙工程的质量验收。

### 主 控 项 目

**9.2.2** 玻璃幕墙工程所使用的各种材料、构件和组件的质量，应符合设计要求及国家现行产品标准和工程技术规范的规定。

检验方法：检查材料、构件、组件的产品合格证书、进场验收记录、性能检测报告和材料的复验报告。

**9.2.3** 玻璃幕墙的造型和立面分格应符合设计要求。

检验方法：观察；尺量检查。

**9.2.4** 玻璃幕墙使用的玻璃应符合下列规定：

1 幕墙应使用安全玻璃，玻璃的品种、规格、颜色、光学性能及安装方向应符合设计要求。

2 幕墙玻璃的厚度不应小于 6.0mm。全玻幕墙肋玻璃的厚度不应小于 12mm。

3 幕墙的中空玻璃应采用双道密封。明框幕墙的中空玻璃应采用聚硫密封胶及丁基密封胶；隐框和半隐框幕墙的中空玻璃应采用硅酮结构密封胶及丁基密封胶；镀膜面应在中空玻璃的第 2 或第 3 面上。

4 幕墙的夹层玻璃应采用聚乙烯醇缩丁醛（PVB）胶片干法加工合成的夹层玻璃。点支承玻璃幕墙夹层玻璃的夹层胶片（PVB）厚度不应小于0.76mm。

5 钢化玻璃表面不得有损伤；8.0mm以下的钢化玻璃应进行引爆处理。

6 所有幕墙玻璃均应进行边缘处理。

检验方法：观察；尺量检查；检查施工记录。

**9.2.5** 玻璃幕墙与主体结构连接的各种预埋件、连接件、紧固件必须安装牢固，其数量、规格、位置、连接方法和防腐处理应符合设计要求。

检验方法：观察；检查隐蔽工程验收记录和施工记录。

**9.2.6** 各种连接件、紧固件的螺栓应有防松动措施；焊接连接应符合设计要求和焊接规范的规定。

检验方法：观察；检查隐蔽工程验收记录和施工记录。

**9.2.7** 隐框或半隐框玻璃幕墙，每块玻璃下端应设置两个铝合金或不锈钢托条，其长度不应小于100mm，厚度不应小于2mm，托条外端应低于玻璃外表面2mm。

检验方法：观察；检查施工记录。

**9.2.8** 明框玻璃幕墙的玻璃安装应符合下列规定：

1 玻璃槽口与玻璃的配合尺寸应符合设计要求和技术标准的规定。

2 玻璃与构件不得直接接触，玻璃四周与构件凹槽底部应保持一定的空隙，每块玻璃下部应至少放置两块宽度与槽口宽度相同、长度不小于100mm的弹性定位垫块；玻璃两边嵌入量及空隙应符合设计要求。

3 玻璃四周橡胶条的材质、型号应符合设计要求，镶嵌应平整，橡胶条长度应比边框内槽长1.5%~2.0%，橡胶条在转角处应斜面断开，并应用粘结剂粘结牢固后嵌入槽内。

检验方法：观察；检查施工记录。

**9.2.9** 高度超过4m的全玻璃幕墙应吊挂在主体结构上，吊夹具应符合设计要求，玻璃与玻璃、玻璃与玻璃肋之间的缝隙，应采用硅酮结构密封胶填嵌严密。

检验方法：观察；检查隐蔽工程验收记录和施工记录。

**9.2.10** 点支承玻璃幕墙应采用带万向头的活动不锈钢爪，其钢爪间的中心距离应大于250mm。

检验方法：观察；尺量检查。

**9.2.11** 玻璃幕墙四周、玻璃幕墙内表面与主体结构之间的连接节点、各种变形缝、墙角的连接节点应符合设计要求和技术标准的规定。

检验方法：观察；检查隐蔽工程验收记录和施工记录。

**9.2.12** 玻璃幕墙应无渗漏。

检验方法：在易渗漏部位进行淋水检查。

**9.2.13** 玻璃幕墙结构胶和密封胶的打注应饱满、密实、连续、均匀、无气泡，宽度和厚度应符合设计要求和技术标准的规定。

检验方法：观察；尺量检查；检查施工记录。

**9.2.14** 玻璃幕墙开启窗的配件应齐全，安装应牢固，安装位置和开启方向、角度应正确；开启应灵活，关闭应严密。

检验方法：观察；手扳检查；开启和关闭检查。

**9.2.15** 玻璃幕墙的防雷装置必须与主体结构的防雷装置可靠连接。

检验方法：观察；检查隐蔽工程验收记录和施工记录。

**一般项目**

**9.2.16** 玻璃幕墙表面应平整、洁净；整幅玻璃的色泽应均匀一致；不得有污染和镀膜损坏。

检验方法：观察。

**9.2.17** 每平方米玻璃的表面质量和检验方法应符合表9.2.17的规定。

**表9.2.17 每平方米玻璃的表面质量和检验方法**

| 项次 | 项　目 | 质量要求 | 检验方法 |
|---|---|---|---|
| 1 | 明显划伤和长度>100mm的轻微划伤 | 不允许 | 观察 |
| 2 | 长度≤100mm的轻微划伤 | ≤8条 | 用钢尺检查 |
| 3 | 擦伤总面积 | ≤500mm² | 用钢尺检查 |

**9.2.18** 一个分格铝合金型材的表面质量和检验方法应符合表9.2.18的规定。

**表9.2.18 一个分格铝合金型材的表面质量和检验方法**

| 项次 | 项　目 | 质量要求 | 检验方法 |
|---|---|---|---|
| 1 | 明显划伤和长度>100mm的轻微划伤 | 不允许 | 观察 |
| 2 | 长度≤100mm的轻微划伤 | ≤2条 | 用钢尺检查 |
| 3 | 擦伤总面积 | ≤500mm² | 用钢尺检查 |

**9.2.19** 明框玻璃幕墙的外露框或压条应横平竖直，颜色、规格应符合设计要求，压条安装应牢固。单元玻璃幕墙的单元拼缝或隐框玻璃幕墙的分格玻璃拼缝应横平竖直、均匀一致。

检验方法：观察；手扳检查；检查进场验收记录。

**9.2.20** 玻璃幕墙的密封胶缝应横平竖直、深浅一致、宽窄均匀、光滑顺直。

检验方法：观察；手摸检查。

**9.2.21** 防火、保温材料填充应饱满、均匀，表面应密实、平整。

检验方法：检查隐蔽工程验收记录。

**9.2.22** 玻璃幕墙隐蔽节点的遮封装修应牢固、整齐、美观。

检验方法：观察；手扳检查。

**9.2.23** 明框玻璃幕墙安装的允许偏差和检验方法应符合表9.2.23的规定。

**表 9.2.23　明框玻璃幕墙安装的允许偏差和检验方法**

| 项次 | 项目 | | 允许偏差（mm） | 检验方法 |
|---|---|---|---|---|
| 1 | 幕墙垂直度 | 幕墙高度≤30m | 10 | 用经纬仪检查 |
| | | 30m＜幕墙高度≤60m | 15 | |
| | | 60m＜幕墙高度≤90m | 20 | |
| | | 幕墙高度＞90m | 25 | |
| 2 | 幕墙水平度 | 幕墙幅宽≤35m | 5 | 用水平仪检查 |
| | | 幕墙幅宽＞35m | 7 | |
| 3 | 构件直线度 | | 2 | 用2m靠尺和塞尺检查 |
| 4 | 构件水平度 | 构件长度≤2m | 2 | 用水平仪检查 |
| | | 构件长度＞2m | 3 | |
| 5 | 相邻构件错位 | | 1 | 用钢直尺检查 |
| 6 | 分格框对角线长度差 | 对角线长度≤2m | 3 | 用钢尺检查 |
| | | 对角线长度＞2m | 4 | |

**9.2.24** 隐框、半隐框玻璃幕墙安装的允许偏差和检验方法应符合表9.2.24的规定。

**表 9.2.24　隐框、半隐框玻璃幕墙安装的允许偏差和检验方法**

| 项次 | 项目 | | 允许偏差（mm） | 检验方法 |
|---|---|---|---|---|
| 1 | 幕墙垂直度 | 幕墙高度≤30m | 10 | 用经纬仪检查 |
| | | 30m＜幕墙高度≤60m | 15 | |
| | | 60m＜幕墙高度≤90m | 20 | |
| | | 幕墙高度＞90m | 25 | |
| 2 | 幕墙水平度 | 层高≤3m | 3 | 用水平仪检查 |
| | | 层高＞3m | 5 | |
| 3 | 幕墙表面平整度 | | 2 | 用2m靠尺和塞尺检查 |
| 4 | 板材立面垂直度 | | 2 | 用垂直检测尺检查 |
| 5 | 板材上沿水平度 | | 2 | 用1m水平尺和钢直尺检查 |

续表

| 项次 | 项目 | 允许偏差（mm） | 检验方法 |
|---|---|---|---|
| 6 | 相邻板材板角错位 | 1 | 用钢直尺检查 |
| 7 | 阳角方正 | 2 | 用直角检测尺检查 |
| 8 | 接缝直线度 | 3 | 拉5m线，不足5m拉通线，用钢直尺检查 |
| 9 | 接缝高低差 | 1 | 用钢直尺和塞尺检查 |
| 10 | 接缝宽度 | 1 | 用钢直尺检查 |

## 9.3　金属幕墙工程

**9.3.1** 本节适用于建筑高度不大于150m的金属幕墙工程的质量验收。

### 主 控 项 目

**9.3.2** 金属幕墙工程所使用的各种材料和配件，应符合设计要求及国家现行产品标准和工程技术规范的规定。

检验方法：检查产品合格证书、性能检测报告、材料进场验收记录和复验报告。

**9.3.3** 金属幕墙的造型和立面分格应符合设计要求。

检验方法：观察；尺量检查。

**9.3.4** 金属面板的品种、规格、颜色、光泽及安装方向应符合设计要求。

检验方法：观察；检查进场验收记录。

**9.3.5** 金属幕墙主体结构上的预埋件、后置埋件的数量、位置及后置埋件的拉拔力必须符合设计要求。

检验方法：检查拉拔力检测报告和隐蔽工程验收记录。

**9.3.6** 金属幕墙的金属框架立柱与主体结构预埋件的连接、立柱与横梁的连接、金属面板的安装必须符合设计要求，安装必须牢固。

检验方法：手扳检查；检查隐蔽工程验收记录。

**9.3.7** 金属幕墙的防火、保温、防潮材料的设置应符合设计要求，并应密实、均匀、厚度一致。

检验方法：检查隐蔽工程验收记录。

**9.3.8** 金属框架及连接件的防腐处理应符合设计要求。

检验方法：检查隐蔽工程验收记录和施工记录。

**9.3.9** 金属幕墙的防雷装置必须与主体结构的防雷装置可靠连接。

检验方法：检查隐蔽工程验收记录。

**9.3.10** 各种变形缝、墙角的连接节点应符合设计要求和技术标准的规定。

检验方法：观察；检查隐蔽工程验收记录。

**9.3.11** 金属幕墙的板缝注胶应饱满、密实、连续、均匀、无气泡，宽度和厚度应符合设计要求和技术标准的规定。

检验方法：观察；尺量检查；检查施工记录。

**9.3.12** 金属幕墙应无渗漏。

检验方法：在易渗漏部位进行淋水检查。

**一般项目**

**9.3.13** 金属板表面应平整、洁净、色泽一致。

检验方法：观察。

**9.3.14** 金属幕墙的压条应平直、洁净、接口严密、安装牢固。

检验方法：观察；手扳检查。

**9.3.15** 金属幕墙的密封胶缝应横平竖直、深浅一致、宽窄均匀、光滑顺直。

检验方法：观察。

**9.3.16** 金属幕墙上的滴水线、流水坡向应正确、顺直。

检验方法：观察；用水平尺检查。

**9.3.17** 每平方米金属板的表面质量和检验方法应符合表9.3.17的规定。

**表9.3.17 每平方米金属板的表面质量和检验方法**

| 项次 | 项 目 | 质量要求 | 检验方法 |
|---|---|---|---|
| 1 | 明显划伤和长度＞100mm的轻微划伤 | 不允许 | 观察 |
| 2 | 长度≤100mm的轻微划伤 | ≤8条 | 用钢尺检查 |
| 3 | 擦伤总面积 | ≤500mm² | 用钢尺检查 |

**9.3.18** 金属幕墙安装的允许偏差和检验方法应符合表9.3.18的规定。

**表9.3.18 金属幕墙安装的允许偏差和检验方法**

| 项次 | 项 目 | | 允许偏差（mm） | 检验方法 |
|---|---|---|---|---|
| 1 | 幕墙垂直度 | 幕墙高度≤30m | 10 | 用经纬仪检查 |
| | | 30m＜幕墙高度≤60m | 15 | |
| | | 60m＜幕墙高度≤90m | 20 | |
| | | 幕墙高度＞90m | 25 | |
| 2 | 幕墙水平度 | 层高≤3m | 3 | 用水平仪检查 |
| | | 层高＞3m | 5 | |
| 3 | 幕墙表面平整度 | | 2 | 用2m靠尺和塞尺检查 |
| 4 | 板材立面垂直度 | | 3 | 用垂直检测尺检查 |

续表

| 项次 | 项 目 | 允许偏差（mm） | 检验方法 |
|---|---|---|---|
| 5 | 板材上沿水平度 | 2 | 用1m水平尺和钢直尺检查 |
| 6 | 相邻板材板角错位 | 1 | 用钢直尺检查 |
| 7 | 阳角方正 | 2 | 用直角检测尺检查 |
| 8 | 接缝直线度 | 3 | 拉5m线，不足5m拉通线，用钢直尺检查 |
| 9 | 接缝高低差 | 1 | 用钢直尺和塞尺检查 |
| 10 | 接缝宽度 | 1 | 用钢直尺检查 |

## 9.4 石材幕墙工程

**9.4.1** 本节适用于建筑高度不大于100m、抗震设防烈度不大于8度的石材幕墙工程的质量验收。

**主控项目**

**9.4.2** 石材幕墙工程所用材料的品种、规格、性能和等级，应符合设计要求及国家现行产品标准和工程技术规范的规定。石材的弯曲强度不应小于8.0MPa；吸水率应小于0.8%。石材幕墙的铝合金挂件厚度不应小于4.0mm，不锈钢挂件厚度不应小于3.0mm。

检验方法：观察；尺量检查；检查产品合格证书、性能检测报告、材料进场验收记录和复验报告。

**9.4.3** 石材幕墙的造型、立面分格、颜色、光泽、花纹和图案应符合设计要求。

检验方法：观察。

**9.4.4** 石材孔、槽的数量、深度、位置、尺寸应符合设计要求。

检验方法：检查进场验收记录或施工记录。

**9.4.5** 石材幕墙主体结构上的预埋件和后置埋件的位置、数量及后置埋件的拉拔力必须符合设计要求。

检验方法：检查拉拔力检测报告和隐蔽工程验收记录。

**9.4.6** 石材幕墙的金属框架立柱与主体结构预埋件的连接、立柱与横梁的连接、连接件与金属框架的连接、连接件与石材面板的连接必须符合设计要求，安装必须牢固。

检验方法：手扳检查；检查隐蔽工程验收记录。

**9.4.7** 金属框架和连接件的防腐处理应符合设计要求。

检验方法：检查隐蔽工程验收记录。

**9.4.8** 石材幕墙的防雷装置必须与主体结构防雷装置可靠连接。

检验方法：观察；检查隐蔽工程验收记录和施工记录。

**9.4.9** 石材幕墙的防火、保温、防潮材料的设置应符合设计要求，填充应密实、均匀、厚度一致。

检验方法：检查隐蔽工程验收记录。

**9.4.10** 各种结构变形缝、墙角的连接节点应符合设计要求和技术标准的规定。

检验方法：检查隐蔽工程验收记录和施工记录。

**9.4.11** 石材表面和板缝的处理应符合设计要求。

检验方法：观察。

**9.4.12** 石材幕墙的板缝注胶应饱满、密实、连续、均匀、无气泡，板缝宽度和厚度应符合设计要求和技术标准的规定。

检验方法：观察；尺量检查；检查施工记录。

**9.4.13** 石材幕墙应无渗漏。

检验方法：在易渗漏部位进行淋水检查。

**一 般 项 目**

**9.4.14** 石材幕墙表面应平整、洁净，无污染、缺损和裂痕。颜色和花纹应协调一致，无明显色差，无明显修痕。

检验方法：观察。

**9.4.15** 石材幕墙的压条应平直、洁净、接口严密、安装牢固。

检验方法：观察；手扳检查。

**9.4.16** 石材接缝应横平竖直、宽窄均匀；阴阳角石板压向应正确，板边合缝应顺直；凸凹线出墙厚度应一致，上下口应平直；石材面板上洞口、槽边应套割吻合，边缘应整齐。

检验方法：观察；尺量检查。

**9.4.17** 石材幕墙的密封胶缝应横平竖直、深浅一致、宽窄均匀、光滑顺直。

检验方法：观察。

**9.4.18** 石材幕墙上的滴水线、流水坡向应正确、顺直。

检验方法：观察；用水平尺检查。

**9.4.19** 每平方米石材的表面质量和检验方法应符合表 9.4.19 的规定。

**表 9.4.19　　每平方米石材的表面质量和检验方法**

| 项次 | 项　　　目 | 质量要求 | 检验方法 |
|---|---|---|---|
| 1 | 裂痕、明显划伤和长度 >100mm 的轻微划伤 | 不允许 | 观察 |
| 2 | 长度≤100mm 的轻微划伤 | ≤8 条 | 用钢尺检查 |
| 3 | 擦伤总面积 | ≤500mm² | 用钢尺检查 |

**9.4.20** 石材幕墙安装的允许偏差和检验方法应符合表 9.4.20 的规定。

**表 9.4.20　　石材幕墙安装的允许偏差和检验方法**

| 项次 | 项　　　目 | | 允许偏差（mm） | | 检验方法 |
|---|---|---|---|---|---|
| | | | 光面 | 麻面 | |
| 1 | 幕墙垂直度 | 幕墙高度≤30m | 10 | | 用经纬仪检查 |
| | | 30m<幕墙高度≤60m | 15 | | |
| | | 60m<幕墙高度≤90m | 20 | | |
| | | 幕墙高度>90m | 25 | | |
| 2 | 幕墙水平度 | | 3 | | 用水平仪检查 |
| 3 | 板材立面垂直度 | | 3 | | 用水平仪检查 |
| 4 | 板材上沿水平度 | | 2 | | 用 1m 水平尺和钢直尺检查 |
| 5 | 相邻板材板角错位 | | 1 | | 用钢直尺检查 |
| 6 | 幕墙表面平整度 | | 2 | 3 | 用垂直检测尺检查 |
| 7 | 阳角方正 | | 2 | 4 | 用直角检测尺检查 |
| 8 | 接缝直线度 | | 3 | 4 | 拉 5m 线，不足 5m 拉通线，用钢直尺检查 |
| 9 | 接缝高低差 | | 1 | — | 用钢直尺和塞尺检查 |
| 10 | 接缝宽度 | | 1 | 2 | 用钢直尺检查 |

# 10　涂 饰 工 程

## 10.1　一 般 规 定

**10.1.1** 本章适用于水性涂料涂饰、溶剂型涂料涂饰、美术涂饰等分项工程的质量验收。

**10.1.2** 涂饰工程验收时应检查下列文件和记录：

1　涂饰工程的施工图、设计说明及其他设计文件。

2　材料的产品合格证书、性能检测报告和进场验收记录。

3 施工记录。

**10.1.3** 各分项工程的检验批应按下列规定划分：

1 室外涂饰工程每一栋楼的同类涂料涂饰的墙面每 500 ~ 1000m² 应划分为一个检验批，不足 500m² 也应划分为一个检验批。

2 室内涂饰工程同类涂料涂饰的墙面每 50 间（大面积房间和走廊按涂饰面积 30m² 为一间）应划分为一个检验批，不足 50 间也应划分为一个检验批。

**10.1.4** 检查数量应符合下列规定：

1 室外涂饰工程每 100m² 应至少检查一处，每处不得小于 10m²。

2 室内涂饰工程每个检验批应至少抽查 10%，并不得少于 3 间；不足 3 间时应全数检查。

**10.1.5** 涂饰工程的基层处理应符合下列要求：

1 新建筑物的混凝土或抹灰基层在涂饰涂料前应涂刷抗碱封闭底漆。

2 旧墙面在涂饰涂料前应清除疏松的旧装修层，并涂刷界面剂。

3 混凝土或抹灰基层涂刷溶剂型涂料时，含水率不得大于 8%；涂刷乳液型涂料时，含水率不得大于 10%。木材基层的含水率不得大于 12%。

4 基层腻子应平整、坚实、牢固，无粉化、起皮和裂缝；内墙腻子的粘结强度应符合《建筑室内用腻子》（JG/T 3049）的规定。

5 厨房、卫生间墙面必须使用耐水腻子。

**10.1.6** 水性涂料涂饰工程施工的环境温度应在 5 ~ 35℃之间。

**10.1.7** 涂饰工程应在涂层养护期满后进行质量验收。

## 10.2 水性涂料涂饰工程

**10.2.1** 本节适用于乳液型涂料、无机涂料、水溶性涂料等水性涂料涂饰工程的质量验收。

### 主 控 项 目

**10.2.2** 水性涂料涂饰工程所用涂料的品种、型号和性能应符合设计要求。

检验方法：检查产品合格证书、性能检测报告和进场验收记录。

**10.2.3** 水性涂料涂饰工程的颜色、图案应符合设计要求。

检验方法：观察。

**10.2.4** 水性涂料涂饰工程应涂饰均匀、粘结牢固，不得漏涂、透底、起皮和掉粉。

检验方法：观察；手摸检查。

**10.2.5** 水性涂料涂饰工程的基层处理应符合本规范第 10.1.5 条的要求。

检验方法：观察；手摸检查；检查施工记录。

### 一 般 项 目

**10.2.6** 薄涂料的涂饰质量和检验方法应符合表 10.2.6 的规定。

**表 10.2.6　薄涂料的涂饰质量和检验方法**

| 项次 | 项目 | 普通涂饰 | 高级涂饰 | 检验方法 |
|---|---|---|---|---|
| 1 | 颜色 | 均匀一致 | 均匀一致 | 观察 |
| 2 | 泛碱、咬色 | 允许少量轻微 | 不允许 | |
| 3 | 流坠、疙瘩 | 允许少量轻微 | 不允许 | |
| 4 | 砂眼、刷纹 | 允许少量轻微砂眼，刷纹通顺 | 无砂眼，无刷纹 | |
| 5 | 装饰线、分色线直线度允许偏差(mm) | 2 | 1 | 拉 5m 线，不足 5m 拉通线，用钢直尺检查 |

**10.2.7** 厚涂料的涂饰质量和检验方法应符合表 10.2.7 的规定。

**表 10.2.7　厚涂料的涂饰质量和检验方法**

| 项次 | 项目 | 普通涂饰 | 高级涂饰 | 检验方法 |
|---|---|---|---|---|
| 1 | 颜色 | 均匀一致 | 均匀一致 | 观察 |
| 2 | 泛碱、咬色 | 允许少量轻微 | 不允许 | |
| 3 | 点状分布 | — | 疏密均匀 | |

**10.2.8** 复层涂料的涂饰质量和检验方法应符合表 10.2.8 的规定。

**表 10.2.8　复层涂料的涂饰质量和检验方法**

| 项次 | 项目 | 质量要求 | 检验方法 |
|---|---|---|---|
| 1 | 颜色 | 均匀一致 | 观察 |
| 2 | 泛碱、咬色 | 不允许 | |
| 3 | 喷点疏密程度 | 均匀，不允许连片 | |

**10.2.9** 涂层与其他装修材料和设备衔接处应吻合，界面应清晰。

检验方法：观察。

## 10.3 溶剂型涂料涂饰工程

**10.3.1** 本节适用于丙烯酸酯涂料、聚氨酯丙烯酸涂料、有机硅丙烯酸涂料等溶剂型涂料涂饰工程的质量验收。

### 主 控 项 目

**10.3.2** 溶剂型涂料涂饰工程所选用涂料的品种、型号和性能应符合设计要求。

检验方法：检查产品合格证书、性能检测报告和进场验收记录。

**10.3.3** 溶剂型涂料涂饰工程的颜色、光泽、图案应符合设计要求。

检验方法：观察。

**10.3.4** 溶剂型涂料涂饰工程应涂饰均匀、粘结牢固，不得漏涂、透底、起皮和反锈。

检验方法：观察；手摸检查。

**10.3.5** 溶剂型涂料涂饰工程的基层处理应符合本规范第10.1.5条的要求。

检验方法：观察；手摸检查；检查施工记录。

### 一 般 项 目

**10.3.6** 色漆的涂饰质量和检验方法应符合表10.3.6的规定。

表10.3.6　色漆的涂饰质量和检验方法

| 项次 | 项目 | 普通涂饰 | 高级涂饰 | 检验方法 |
|---|---|---|---|---|
| 1 | 颜色 | 均匀一致 | 均匀一致 | 观察 |
| 2 | 光泽、光滑 | 光泽基本均匀　光滑无挡手感 | 光泽均匀一致　光滑 | 观察、手摸检查 |
| 3 | 刷纹 | 刷纹通顺 | 无刷纹 | 观察 |
| 4 | 裹棱、流坠、皱皮 | 明显处不允许 | 不允许 | 观察 |
| 5 | 装饰线、分色线直线度允许偏差（mm） | 2 | 1 | 拉5m线，不足5m拉通线，用钢直尺检查 |

注：无光色漆不检查光泽。

**10.3.7** 清漆的涂饰质量和检验方法应符合表10.3.7的规定。

表10.3.7　清漆的涂饰质量和检验方法

| 项次 | 项目 | 普通涂饰 | 高级涂饰 | 检验方法 |
|---|---|---|---|---|
| 1 | 颜色 | 基本一致 | 均匀一致 | 观察 |
| 2 | 木纹 | 棕眼刮平、木纹清楚 | 棕眼刮平、木纹清楚 | 观察 |
| 3 | 光泽、光滑 | 光泽基本均匀　光滑无挡手感 | 光泽均匀一致　光滑 | 观察、手摸检查 |
| 4 | 刷纹 | 无刷纹 | 无刷纹 | 观察 |
| 5 | 裹棱、流坠、皱皮 | 明显处不允许 | 不允许 | 观察 |

**10.3.8** 涂层与其他装修材料和设备衔接处应吻合，界面应清晰。

检验方法：观察。

### 10.4　美术涂饰工程

**10.4.1** 本节适用于套色涂饰、滚花涂饰、仿花纹涂饰等室内外美术涂饰工程的质量验收。

### 主 控 项 目

**10.4.2** 美术涂饰所用材料的品种、型号和性能应符合设计要求。

检验方法：观察；检查产品合格证书、性能检测报告和进场验收记录。

**10.4.3** 美术涂饰工程应涂饰均匀、粘结牢固，不得漏涂、透底、起皮、掉粉和反锈。

检验方法：观察；手摸检查。

**10.4.4** 美术涂饰工程的基层处理应符合本规范第10.1.5条的要求。

检验方法：观察；手摸检查；检查施工记录。

**10.4.5** 美术涂饰的套色、花纹和图案应符合设计要求。

检验方法：观察。

### 一 般 项 目

**10.4.6** 美术涂饰表面应洁净，不得有流坠现象。

检验方法：观察。

**10.4.7** 仿花纹涂饰的饰面应具有被模仿材料的纹理。

检验方法：观察。

**10.4.8** 套色涂饰的图案不得移位，纹理和轮廓应清晰。

检验方法：观察。

## 11　裱糊与软包工程

### 11.1　一 般 规 定

**11.1.1** 本章适用于裱糊、软包等分项工程的质量验收。

**11.1.2** 裱糊与软包工程验收时应检查下列文件和记录：

1　裱糊与软包工程的施工图、设计说明及其他设计文件。

2　饰面材料的样板及确认文件。

3　材料的产品合格证书、性能检测报告、进场验收记录和复验报告。

4　施工记录。

**11.1.3** 各分项工程的检验批应按下列规定划分：

同一品种的裱糊或软包工程每50间（大面积房间和走廊按施工面积30m² 为一间）应划分为一个检验批，不足50间也应划分为一个检验批。

**11.1.4** 检查数量应符合下列规定：

1 裱糊工程每个检验批应至少抽查10%，并不得少于3间，不足3间时应全数检查。

2 软包工程每个检验批应至少抽查20%，并不得少于6间，不足6间时应全数检查。

**11.1.5** 裱糊前，基层处理质量应达到下列要求：

1 新建筑物的混凝土或抹灰基层墙面在刮腻子前应涂刷抗碱封闭底漆。

2 旧墙面在裱糊前应清除疏松的旧装修层，并涂刷界面剂。

3 混凝土或抹灰基层含水率不得大于8%；木材基层的含水率不得大于12%。

4 基层腻子应平整、坚实、牢固，无粉化、起皮和裂缝；腻子的粘结强度应符合《建筑室内用腻子》（JG/T 3049）N型的规定。

5 基层表面平整度、立面垂直度及阴阳角方正应达到本规范第4.2.11条高级抹灰的要求。

6 基层表面颜色应一致。

7 裱糊前应用封闭底胶涂刷基层。

### 11.2 裱 糊 工 程

**11.2.1** 本章适用于聚氯乙烯塑料壁纸、复合纸质壁纸、墙布等裱糊工程的质量验收。

### 主 控 项 目

**11.2.2** 壁纸、墙布的种类、规格、图案、颜色和燃烧性能等级必须符合设计要求及国家现行标准的有关规定。

检验方法：观察；检查产品合格证书、进场验收记录和性能检测报告。

**11.2.3** 裱糊工程基层处理质量应符合本规范第11.1.5条的要求。

检验方法：观察；手摸检查；检查施工记录。

**11.2.4** 裱糊后各幅拼接应横平竖直，拼接处花纹、图案应吻合，不离缝，不搭接，不显拼缝。

检验方法：观察；拼缝检查距离墙面1.5m处正视。

**11.2.5** 壁纸、墙布应粘贴牢固，不得有漏贴、补贴、脱层、空鼓和翘边。

检验方法：观察；手摸检查。

### 一 般 项 目

**11.2.6** 裱糊后的壁纸、墙布表面应平整，色泽应一致，不得有波纹起伏、气泡、裂缝、皱折及斑污，斜视时应无胶痕。

检验方法：观察；手摸检查。

**11.2.7** 复合压花壁纸的压痕及发泡壁纸的发泡层应无损坏。

检验方法：观察。

**11.2.8** 壁纸、墙布与各种装饰线、设备线盒应交接严密。

检验方法：观察。

**11.2.9** 壁纸、墙布边缘应平直整齐，不得有纸毛、飞刺。

检验方法：观察。

**11.2.10** 壁纸、墙布阴角处搭接应顺光，阳角处应无接缝。

检验方法：观察。

### 11.3 软 包 工 程

**11.3.1** 本节适用于墙面、门等软包工程的质量验收。

### 主 控 项 目

**11.3.2** 软包面料、内衬材料及边框的材质、颜色、图案、燃烧性能等级和木材的含水率应符合设计要求及国家现行标准的有关规定。

检验方法：观察；检查产品合格证书、进场验收记录和性能检测报告。

**11.3.3** 软包工程的安装位置及构造做法应符合设计要求。

检验方法：观察；尺量检查；检查施工记录。

**11.3.4** 软包工程的龙骨、衬板、边框应安装牢固，无翘曲，拼缝应平直。

检验方法：观察；手扳检查。

**11.3.5** 单块软包面料不应有接缝，四周应绷压严密。

检验方法：观察；手摸检查。

### 一 般 项 目

**11.3.6** 软包工程表面应平整、洁净，无凹凸不平及皱折；图案应清晰、无色差，整体应协调美观。

检验方法：观察。

**11.3.7** 软包边框应平整、顺直、接缝吻合。其表面涂饰质量应符合本规范第10章的有关规定。

检验方法：观察；手摸检查。

**11.3.8** 清漆涂饰木制边框的颜色、木纹应协调一致。

检验方法：观察。

**11.3.9** 软包工程安装的允许偏差和检验方法应符合表11.3.9的规定。

表11.3.9 软包工程安装的允许偏差和检验方法

| 项次 | 项　　目 | 允许偏差（mm） | 检验方法 |
|---|---|---|---|
| 1 | 垂直度 | 3 | 用1m垂直检测尺检查 |
| 2 | 边框宽度、高度 | 0；-2 | 用钢尺检查 |
| 3 | 对角线长度差 | 3 | 用钢尺检查 |
| 4 | 裁口、线条接缝高低差 | 1 | 用钢直尺和塞尺检查 |

# 12 细部工程

## 12.1 一般规定

**12.1.1** 本章适用于下列分项工程的质量验收:

1 橱柜制作与安装。

2 窗帘盒、窗台板、散热器罩制作与安装。

3 门窗套制作与安装。

4 护栏和扶手制作与安装。

5 花饰制作与安装。

**12.1.2** 细部工程验收时应检查下列文件和记录:

1 施工图、设计说明及其他设计文件。

2 材料的产品合格证书、性能检测报告、进场验收记录和复验报告。

3 隐蔽工程验收记录。

4 施工记录。

**12.1.3** 细部工程应对人造木板的甲醛含量进行复验。

**12.1.4** 细部工程应对下列部位进行隐蔽工程验收:

1 预埋件（或后置埋件）。

2 护栏与预埋件的连接节点。

**12.1.5** 各分项工程的检验批应按下列规定划分:

1 同类制品每50间（处）应划分为一个检验批，不足50间（处）也应划分为一个检验批。

2 每部楼梯应划分为一个检验批。

## 12.2 橱柜制作与安装工程

**12.2.1** 本节适用于位置固定的壁柜、吊柜等橱柜制作与安装工程的质量验收。

**12.2.2** 检查数量应符合下列规定:

每个检验批应至少抽查3间（处），不足3间（处）时应全数检查。

### 主控项目

**12.2.3** 橱柜制作与安装所用材料的材质和规格、木材的燃烧性能等级和含水率、花岗石的放射性及人造木板的甲醛含量应符合设计要求及国家现行标准的有关规定。

检验方法：观察；检查产品合格证书、进场验收记录、性能检测报告和复验报告。

**12.2.4** 橱柜安装预埋件或后置埋件的数量、规格、位置应符合设计要求。

检验方法：检查隐蔽工程验收记录和施工记录。

**12.2.5** 橱柜的造型、尺寸、安装位置、制作和固定方法应符合设计要求。橱柜安装必须牢固。

检验方法：观察；尺量检查；手扳检查。

**12.2.6** 橱柜配件的品种、规格应符合设计要求。配件应齐全，安装应牢固。

检验方法：观察；手扳检查；检查进场验收记录。

**12.2.7** 橱柜的抽屉和柜门应开关灵活、回位正确。

检验方法：观察；开启和关闭检查。

### 一般项目

**12.2.8** 橱柜表面应平整、洁净、色泽一致，不得有裂缝、翘曲及损坏。

检验方法：观察。

**12.2.9** 橱柜裁口应顺直、拼缝应严密。

检验方法：观察。

**12.2.10** 橱柜安装的允许偏差和检验方法应符合表12.2.10的规定。

**表 12.2.10　橱柜安装的允许偏差和检验方法**

| 项次 | 项　目 | 允许偏差（mm） | 检验方法 |
|---|---|---|---|
| 1 | 外型尺寸 | 3 | 用钢尺检查 |
| 2 | 立面垂直度 | 2 | 用1m垂直检测尺检查 |
| 3 | 门与框架的平行度 | 2 | 用钢尺检查 |

## 12.3 窗帘盒、窗台板和散热器罩制作与安装工程

**12.3.1** 本节适用于窗帘盒、窗台板和散热器罩制作与安装工程的质量验收。

**12.3.2** 检查数量应符合下列规定:

每个检验批应至少抽查3间（处），不足3间（处）时应全数检查。

### 主控项目

**12.3.3** 窗帘盒、窗台板和散热器罩制作与安装所使用材料的材质和规格、木材的燃烧性能等级和含水率、花岗石的放射性及人造木板的甲醛含量应符合设计要求及国家现行标准的有关规定。

检验方法：观察；检查产品合格证书、进场验收记录、性能检测报告和复验报告。

**12.3.4** 窗帘盒、窗台板和散热器罩的造型、规格、尺寸、安装位置和固定方法必须符合设计要求。窗帘盒、窗台板和散热器罩的安装必须牢固。

检验方法：观察；尺量检查；手扳检查。

**12.3.5** 窗帘盒配件的品种、规格应符合设计要求，安装应牢固。

检验方法：手扳检查；检查进场验收记录。

### 一般项目

**12.3.6** 窗帘盒、窗台板和散热器罩表面应平整、洁

净、线条顺直、接缝严密、色泽一致，不得有裂缝、翘曲及损坏。

检验方法：观察。

**12.3.7** 窗帘盒、窗台板和散热器罩与墙面、窗框的衔接应严密，密封胶缝应顺直、光滑。

检验方法：观察。

**12.3.8** 窗帘盒、窗台板和散热器罩安装的允许偏差和检验方法应符合表 12.3.8 的规定。

**表 12.3.8** 窗帘盒、窗台板和散热器罩安装的允许偏差和检验方法

| 项次 | 项 目 | 允许偏差（mm） | 检验方法 |
|---|---|---|---|
| 1 | 水平度 | 2 | 用 1m 水平尺和塞尺检查 |
| 2 | 上口、下口直线度 | 3 | 拉 5m 线，不足 5m 拉通线，用钢直尺检查 |
| 3 | 两端距窗洞口长度差 | 2 | 用钢直尺检查 |
| 4 | 两端出墙厚度差 | 3 | 用钢直尺检查 |

### 12.4 门窗套制作与安装工程

**12.4.1** 本节适用于门窗套制作与安装工程的质量验收。

**12.4.2** 检查数量应符合下列规定：

每个检验批应至少抽查 3 间（处），不足 3 间（处）时应全数检查。

**主 控 项 目**

**12.4.3** 门窗套制作与安装所使用材料的材质、规格、花纹和颜色、木材的燃烧性能等级和含水率、花岗石的放射性及人造木板的甲醛含量应符合设计要求及国家现行标准的有关规定。

检验方法：观察；检查产品合格证书、进场验收记录、性能检测报告和复验报告。

**12.4.4** 门窗套的造型、尺寸和固定方法应符合设计要求，安装应牢固。

检验方法：观察；尺量检查；手扳检查。

**一 般 项 目**

**12.4.5** 门窗套表面应平整、洁净、线条顺直、接缝严密、色泽一致，不得有裂缝、翘曲及损坏。

检验方法：观察。

**12.4.6** 门窗套安装的允许偏差和检验方法应符合表 12.4.6 的规定。

**表 12.4.6** 门窗套安装的允许偏差和检验方法

| 项次 | 项 目 | 允许偏差（mm） | 检验方法 |
|---|---|---|---|
| 1 | 正、侧面垂直度 | 3 | 用 1m 垂直检测尺检查 |
| 2 | 门窗套上口水平度 | 1 | 用 1m 水平检测尺和塞尺检查 |
| 3 | 门窗套上口直线度 | 3 | 拉 5m 线，不足 5m 拉通线，用钢直尺检查 |

### 12.5 护栏和扶手制作与安装工程

**12.5.1** 本节适用于护栏和扶手制作与安装工程的质量验收。

**12.5.2** 检查数量应符合下列规定：

每个检验批的护栏和扶手应全部检查。

**主 控 项 目**

**12.5.3** 护栏和扶手制作与安装所使用材料的材质、规格、数量和木材、塑料的燃烧性能等级应符合设计要求。

检验方法：观察；检查产品合格证书、进场验收记录和性能检测报告。

**12.5.4** 护栏和扶手的造型、尺寸及安装位置应符合设计要求。

检验方法：观察；尺量检查；检查进场验收记录。

**12.5.5** 护栏和扶手安装预埋件的数量、规格、位置以及护栏与预埋件的连接节点应符合设计要求。

检验方法：检查隐蔽工程验收记录和施工记录。

**12.5.6** 护栏高度、栏杆间距、安装位置必须符合设计要求。护栏安装必须牢固。

检验方法：观察；尺量检查；手扳检查。

**12.5.7** 护栏玻璃应使用公称厚度不小于 12mm 的钢化玻璃或钢化夹层玻璃。当护栏一侧距楼地面高度为 5m 及以上时，应使用钢化夹层玻璃。

检验方法：观察；尺量检查；检查产品合格证书和进场验收记录。

**一 般 项 目**

**12.5.8** 护栏和扶手转角弧度应符合设计要求，接缝应严密，表面应光滑，色泽应一致，不得有裂缝、翘曲及损坏。

检验方法：观察；手摸检查。

**12.5.9** 护栏和扶手安装的允许偏差和检验方法应符合表 12.5.9 的规定。

**表 12.5.9　护栏和扶手安装的允许偏差和检验方法**

| 项次 | 项　目 | 允许偏差（mm） | 检验方法 |
|---|---|---|---|
| 1 | 护栏垂直度 | 3 | 用 1m 垂直检测尺检查 |
| 2 | 栏杆间距 | 3 | 用钢尺检查 |
| 3 | 扶手直线度 | 4 | 拉通线，用钢直尺检查 |
| 4 | 扶手高度 | 3 | 用钢尺检查 |

## 12.6　花饰制作与安装工程

**12.6.1**　本节适用于混凝土、石材、木材、塑料、金属、玻璃、石膏等花饰制作与安装工程的质量验收。

**12.6.2**　检查数量应符合下列规定：

1　室外每个检验批应全部检查。

2　室内每个检验批应至少抽查 3 间（处）；不足 3 间（处）时应全数检查。

### 主　控　项　目

**12.6.3**　花饰制作与安装所使用材料的材质、规格应符合设计要求。

检验方法：观察；检查产品合格证书和进场验收记录。

**12.6.4**　花饰的造型、尺寸应符合设计要求。

检验方法：观察；尺量检查。

**12.6.5**　花饰的安装位置和固定方法必须符合设计要求，安装必须牢固。

检验方法：观察；尺量检查；手扳检查。

### 一　般　项　目

**12.6.6**　花饰表面应洁净，接缝应严密吻合，不得有歪斜、裂缝、翘曲及损坏。

检验方法：观察。

**12.6.7**　花饰安装的允许偏差和检验方法应符合表 12.6.7 的规定。

**表 12.6.7　花饰安装的允许偏差和检验方法**

| 项次 | 项　目 | | 允许偏差（mm） | | 检验方法 |
|---|---|---|---|---|---|
| | | | 室内 | 室外 | |
| 1 | 条型花饰的水平度或垂直度 | 每米 | 1 | 2 | 拉线和用 1m 垂直检测尺检查 |
| | | 全长 | 3 | 6 | |
| 2 | 单独花饰中心位置偏移 | | 10 | 15 | 拉线和用钢直尺检查 |

## 13　分部工程质量验收

**13.0.1**　建筑装饰装修工程质量验收的程序和组织应符合《建筑工程施工质量验收统一标准》（GB50300—2001）第 6 章的规定。

**13.0.2**　建筑装饰装修工程的子分部工程及其分项工程应按本规范附录 B 划分。

**13.0.3**　建筑装饰装修工程施工过程中，应按本规范各章一般规定的要求对隐蔽工程进行验收，并按本规范附录 C 的格式记录。

**13.0.4**　检验批的质量验收应按《建筑工程施工质量验收统一标准》（GB 50300—2001）附录 D 的格式记录。检验批的合格判定应符合下列规定：

1　抽查样本均应符合本规范主控项目的规定。

2　抽查样本的 80%以上应符合本规范一般项目的规定。其余样本不得有影响使用功能或明显影响装饰效果的缺陷，其中有允许偏差的检验项目，其最大偏差不得超过本规范规定允许偏差的 1.5 倍。

**13.0.5**　分项工程的质量验收应按《建筑工程施工质量验收统一标准》（GB50300—2001）附录 E 的格式记录，各检验批的质量均应达到本规范的规定。

**13.0.6**　子分部工程的质量验收应按《建筑工程施工质量验收统一标准》（GB 50300—2001）附录 F 的格式记录。子分部工程中各分项工程的质量均应验收合格，并应符合下列规定：

1　应具备本规范各子分部工程规定检查的文件和记录。

2　应具备表 13.0.6 所规定的有关安全和功能的检测项目的合格报告。

3　观感质量应符合本规范各分项工程中一般项目的要求。

**表 13.0.6　有关安全和功能的检测项目表**

| 项次 | 子分部工程 | 检　测　项　目 |
|---|---|---|
| 1 | 门窗工程 | 1 建筑外墙金属窗的抗风压性能、空气渗透性能和雨水渗漏性能<br>2 建筑外墙塑料窗的抗风压性能、空气渗透性能和雨水渗漏性能 |
| 2 | 饰面板（砖）工程 | 1 饰面板后置埋件的现场拉拔强度<br>2 饰面砖样板件的粘结强度 |
| 3 | 幕墙工程 | 1 硅酮结构胶的相容性试验<br>2 幕墙后置埋件的现场拉拔强度<br>3 幕墙的抗风压性能、空气渗透性能、雨水渗漏性能及平面变形性能 |

**13.0.7**　分部工程的质量验收应按《建筑工程施工质量验收统一标准》（GB 50300—2001）附录 F 的格式

记录。分部工程中各子分部工程的质量均应验收合格，并应按本规范第13.0.6条1至3款的规定进行核查。

当建筑工程只有装饰装修分部工程时，该工程应作为单位工程验收。

**13.0.8** 有特殊要求的建筑装饰装修工程，竣工验收时应按合同约定加测相关技术指标。

**13.0.9** 建筑装饰装修工程的室内环境质量应符合国家现行标准《民用建筑工程室内环境污染控制规范》（GB 50325）的规定。

**13.0.10** 未经竣工验收合格的建筑装饰装修工程不得投入使用。

## 附录 A 木门窗用木材的质量要求

**A.0.1** 制作普通木门窗所用木材的质量应符合表A.0.1的规定。

**表 A.0.1 普通木门窗用木材的质量要求**

| 木材缺陷 | | 门窗扇的立梃、冒头、中冒头 | 窗棂、压条、门窗及气窗的线脚、通风窗立梃 | 门心板 | 门窗框 |
|---|---|---|---|---|---|
| 活节 | 不计个数，直径（mm） | <15 | <5 | <15 | <15 |
| | 计算个数，直径 | ≤材宽的1/3 | ≤材宽的1/3 | ≤30mm | ≤材宽的1/3 |
| | 任1延米个数 | ≤3 | ≤2 | ≤3 | ≤5 |
| 死节 | | 允许，计入活节总数 | 不允许 | 允许，计入活节总数 | 不允许 |
| 髓心 | | 不露出表面的，允许 | 不允许 | | 不露出表面的，允许 |
| 裂缝 | | 深度及长度≤厚度及材长的1/5 | 不允许 | 允许可见裂缝 | 深度及长度≤厚度及材长的1/4 |
| 斜纹的斜率（%） | | ≤7 | ≤5 | 不限 | ≤12 |
| 油眼 | | 非正面，允许 | | | |
| 其他 | | 浪形纹理、圆形纹理、偏心及化学变色，允许 | | | |

**A.0.2** 制作高级木门窗所用木材的质量应符合表A.0.2的规定。

**表 A.0.2 高级木门窗用木材的质量要求**

| 木材缺陷 | | 木门扇的立梃、冒头，中冒头 | 窗棂、压条、门窗及气窗的线脚，通风窗立梃 | 门心板 | 门窗框 |
|---|---|---|---|---|---|
| 活节 | 不计个数，直径（mm） | <10 | <5 | <10 | <10 |
| | 计算个数，直径 | ≤材宽的1/4 | ≤材宽的1/4 | ≤20mm | ≤材宽的1/3 |
| | 任1延米个数 | ≤2 | 0 | ≤2 | ≤3 |
| 死节 | | 允许，包括在活节总数中 | 不允许 | 允许，包括在活节总数中 | 不允许 |
| 髓心 | | 不露出表面的，允许 | 不允许 | | 不露出表面的，允许 |
| 裂缝 | | 深度及长度≤厚度及材长的1/6 | 不允许 | 允许可见裂缝 | 深度及长度≤厚度及材长的1/5 |
| 斜纹的斜率（%） | | ≤6 | ≤4 | ≤15 | ≤10 |
| 油眼 | | 非正面，允许 | | | |
| 其他 | | 浪形纹理、圆形纹理、偏心及化学变色，允许 | | | |

## 附录 B 子分部工程及其分项工程划分表

| 项次 | 子分部工程 | 分项工程 |
|---|---|---|
| 1 | 抹灰工程 | 一般抹灰，装饰抹灰，清水砌体勾缝 |
| 2 | 门窗工程 | 木门窗制作与安装，金属门窗安装，塑料门窗安装，特种门安装，门窗玻璃安装 |
| 3 | 吊顶工程 | 暗龙骨吊顶，明龙骨吊顶 |
| 4 | 轻质隔墙工程 | 板材隔墙，骨架隔墙，活动隔墙，玻璃隔墙 |
| 5 | 饰面板（砖）工程 | 饰面板安装，饰面砖粘贴 |
| 6 | 幕墙工程 | 玻璃幕墙，金属幕墙，石材幕墙 |
| 7 | 涂饰工程 | 水性涂料涂饰，溶剂型涂料涂饰，美术涂饰 |
| 8 | 裱糊与软包工程 | 裱糊，软包 |
| 9 | 细部工程 | 橱柜制作与安装，窗帘盒、窗台板及散热器罩制作与安装，门窗套制作与安装，护栏和扶手制作与安装，花饰制作与安装 |
| 10 | 建筑地面工程 | 基层，整体面层，板块面层，竹木面层 |

## 附录 C  隐蔽工程验收记录表

| 装饰装修工程名称 | | | 项目经理 | |
|---|---|---|---|---|
| 分项工程名称 | | | 专业工长 | |
| 隐蔽工程项目 | | | | |
| 施工单位 | | | | |
| 施工标准名称及代号 | | | | |
| 施工图名称及编号 | | | | |
| 隐蔽工程部位 | 质量要求 | 施工单位自查记录 | 监理（建设）单位验收记录 | |
| | | | | |
| | | | | |
| | | | | |
| | | | | |
| | | | | |
| 施工单位自查结论 | 施工单位项目技术负责人：<br>　　　　年　月　日 | | | |
| 监理（建设）单位验收结论 | 监理工程师（建设单位项目负责人）：<br>　　　　年　月　日 | | | |

## 本规范用词用语说明

1  为了便于在执行本规范条文时区别对待，对要求严格程度不同的用词说明如下：

（1）表示很严格，非这样做不可的用词：

正面词采用"必须"，反面词采用"严禁"；

（2）表示严格，在正常情况下均应这样做的用词：

正面词采用"应"，反面词采用"不应"或"不得"；

（3）表示允许稍有选择，在条件许可时首先应这样做的用词：

正面词采用"宜"，反面词采用"不宜"；

表示有选择，在一定条件下可以这样做的，采用"可"。

2  规范中指定应按其他有关标准、规范执行时，写法为："应符合……的规定"或"应按……执行"。

中华人民共和国国家标准

# 建筑装饰装修工程质量验收规范

GB 50210—2001

条 文 说 明

# 目　次

# 1 总　则

**1.0.1** 目前，对建筑装饰装修工程的质量验收主要依据两本标准：《建筑装饰工程施工及验收规范》（JGJ 73—91）和《建筑工程质量检验评定标准》（GBJ 301—88）的第十章、第十一章。在 20 世纪 90 年代，这两本标准为保证建筑装饰装修工程的质量发挥了重要作用。随着我国在科技和经济领域的快速发展，装饰装修工程的设计、施工、材料发生了很大变化；由于生活水平的提高，人们的要求和审美观也发生了很大变化。本规范是在两本标准的基础上编制的，同时，考虑了近十几年来建筑装饰装修领域发展的新材料、新技术。

**1.0.2** 此条所述新建、扩建、改建及既有建筑包括住宅工程，但不包括古建筑和保护性建筑。既有建筑是指已竣工验收合格交付使用的建筑。

**1.0.3** 本规范规定的施工质量要求是对建筑装饰装修工程的最低要求。建设单位不得要求设计单位按低于本规范的标准设计；设计单位提出的设计文件必须满足本规范的要求。双方不得签订低于本规范要求的合同文件。

当设计文件和承包合同的规定高于本规范的要求时，验收时必须以设计文件和承包合同为准。

# 2 术　语

**2.0.1** 关于建筑装饰装修，目前还有几种习惯性说法，如建筑装饰、建筑装修、建筑装潢等。从三个名词在正规文件中的使用情况来看，《建筑装饰工程施工及验收规范》（JGJ 73—91）和《建筑工程质量检验评定标准》（GBJ 301—88）沿用了建筑装饰一词，《建设工程质量管理条例》和《建筑内部装修设计防火规范》（GB 50222—1995）沿用了"建筑装修"一词。从三个名词的含义来看，"建筑装饰"反映面层处理比较贴切，"装修"一词与基层处理、龙骨设置等工程内容更为符合。而装潢一词的本意是指裱画。另外，装饰装修一词在实际使用中越来越广泛。由于上述原因，本规范决定采用"装饰装修"一词并对"建筑装饰装修"加以定义。本条所列"建筑装饰装修"术语的含义包括了目前使用的"建筑装饰"、"建筑装修"和"建筑装潢"。

# 3 基 本 规 定

**3.1.5** 随着我国经济的快速发展和人民生活水平的提高，建筑装饰装修行业已经成为一个重要的新兴行业，年产值已超过 1000 亿元人民币，从业人数达到 500 多万人。建筑装饰装修行业为公众营造出了美

丽、舒适的居住和活动空间，为社会积累了财富，已成为现代生活中不可或缺的一个组成部分。但是，在装饰装修活动中也存在一些不规范甚至相当危险的做法。例如，为了扩大使用面积随意拆改承重墙等。为了保证在任何情况下，建筑装饰装修活动本身不会导致建筑物的安全度降低，或影响到建筑物的主要使用功能如防水、采暖、通风、供电、供水、供燃气等，特制订本条。

**3.2.5** 对进场材料进行复验，是为保证建筑装饰装修工程质量采取的一种确认方式。在目前建筑材料市场假冒伪劣现象较多的情况下，进行复验有助于避免不合格材料用于装饰装修工程，也有助于解决提供样品与供货质量不一致的问题。本规范各章的第一节"一般规定"明确规定了需要复验的材料及项目。在确定项目时，考虑了三个因素，一是保证安全和主要使用功能，二是尽量减少复验发生的费用，三是尽量选择检测周期较短的项目。关于抽样数量的规定是最低要求，为了达到控制质量的目的，在抽取样品时应首先选取有疑问的样品，也可以由双方商定增加抽样数量。

**3.2.9** 建筑装饰装修工程采用大量的木质材料，包括木材和各种各样的人造木板，这些材料不经防火处理往往达不到防火要求。与建筑装饰装修工程有关的防火规范主要是《建筑内部装修设计防火规范》（GB 50222），《建筑设计防火规范》（GBJ 16）和《高层民用建筑设计防火规范》（GB 50045）也有相关规定。设计人员按上述规范给出所用材料的燃烧性能及处理方法后，施工单位应严格按设计进行选材和处理，不得调换材料或减少处理步骤。

**3.3.7** 基体或基层的质量是影响建筑装饰装修工程质量的一个重要因素。例如，基层有油污可能导致抹灰工程和涂饰工程出现脱层、起皮等质量问题；基体或基层强度不够可能导致饰面层脱落，甚至造成坠落伤人的严重事故。为了保证质量，避免返工，特制订本条。

**3.3.8** 一般来说，建筑装饰装修工程的装饰装修效果很难用语言准确、完整的表述出来；有时，某些施工质量问题也需要有一个更直观的评判依据。因此，在施工前，通常应根据工程情况确定制作样板间、样板件或封存材料样板。样板间适用于宾馆客房、住宅、写字楼办公室等工程，样板件适用于外墙饰面或室内公共活动场所，主要材料样板是指建筑装饰装修工程中采用的壁纸、涂料、石材等涉及颜色、光泽、图案花纹等评判指标的材料。不管采用哪种方式，都应由建设方、施工方、供货方等有关各方确认。

# 4 抹 灰 工 程

**4.1.5** 根据《建筑工程施工质量验收统一标准》

（GB 50300—2001）关于检验批划分的规定，及装饰装修工程的特点，对原标准予以修改。室外抹灰一般是上下层连续作业，两层之间是完整的装饰面，没有层与层之间的界限，如果按楼层划分检验批不便于检查。另一方面各建筑物的体量和层高不一致，即使是同一建筑其层高也不完全一致，按楼层划分检验批量的概念难确定。因此，规定室外按相同材料、工艺和施工条件每 500～1000m² 划分为一个检验批。

**4.1.12** 经调研发现，混凝土（包括预制混凝土）顶棚基体抹灰，由于各种因素的影响，抹灰层脱落的质量事故时有发生，严重危及人身安全，引起了有关部门的重视，如北京市为解决混凝土顶棚基体表面抹灰层脱落的质量问题，要求各建筑施工单位，不得在混凝土顶棚基体表面抹灰，用腻子找平即可，5 年来取得了良好的效果。

**4.2.1** 本规范将原标准中一般抹灰工程分为普通抹灰、中级抹灰和高级抹灰三级合并为普通抹灰和高级抹灰两级，主要是由于普通抹灰和中级抹灰的主要工序和表面质量基本相同，将原中级抹灰的主要工序和表面质量作为普通抹灰的要求。抹灰等级应由设计单位按照国家有关规定，根据技术、经济条件和装饰美观的需要来确定，并在施工图中注明。

**4.2.3** 材料质量是保证抹灰工程质量的基础，因此，抹灰工程所用材料如水泥、砂、石灰膏、石膏、有机聚合物等应符合设计要求及国家现行产品标准的规定，并应有出厂合格证；材料进场时应进行现场验收，不合格的材料不得用在抹灰工程上，对影响抹灰工程质量与安全的主要材料的某些性能如水泥的凝结时间和安定性进行现场抽样复验。

**4.2.4** 抹灰厚度过大时，容易产生起鼓、脱落等质量问题；不同材料基体交接处，由于吸水和收缩性不一致，接缝处表面的抹灰层容易开裂，上述情况均应采取加强措施，以切实保证抹灰工程的质量。

**4.2.5** 抹灰工程的质量关键是粘结牢固、无开裂、空鼓与脱落。如果粘结不牢，出现空鼓、开裂、脱落等缺陷，会降低对墙体保护作用，且影响装饰效果。经调研分析，抹灰层之所以出现开裂、空鼓和脱落等质量问题，主要原因是基体表面清理不干净，如：基体表面尘埃及疏松物、脱模剂和油渍等影响抹灰粘结牢固的物质未彻底清除干净；基体表面光滑，抹灰前未作毛化处理；抹灰前基体表面浇水不透，抹灰后砂浆中的水分很快被基体吸收，使砂浆中的水泥未充分水化生成水泥石，影响砂浆粘结力；砂浆质量不好，使用不当；一次抹灰过厚，干缩率较大等，都会影响抹灰层与基体的粘结牢固。

**4.3.1** 根据国内装饰抹灰的实际情况，本规范保留了《建筑装饰工程施工及验收规范》（JGJ 73—91）中水刷石、斩假石、干粘石、假面砖等项目，删除了水磨石、拉条灰、拉毛灰、洒毛灰、喷砂、喷涂、滚涂、弹涂、仿石和彩色抹灰等项目。但水刷石浪费水资源，并对环境有污染，应尽量减少使用。

# 5 门 窗 工 程

**5.1.5** 本条规定了门窗工程检验批划分的原则。即进场门窗应按品种、类型、规格各自组成检验批，并规定了各种门窗组成检验批的不同数量。

本条所称门窗品种，通常是指门窗的制作材料，如实木门窗、铝合金门窗、塑料门窗等；门窗类型指门窗的功能或开启方式，如平开窗、立转窗、自动门、推拉门等；门窗规格指门窗的尺寸。

**5.1.6** 本条对各种检验批的检查数量作出规定。考虑到对高层建筑（10 层及 10 层以上的居住建筑和建筑高度超过 24m 的公共建筑）的外窗各项性能要求应更为严格，故每个检验批的检查数量增加一倍。此外，由于特种门的重要性明显高于普通门，数量则较之普通门为少，为保证特种门的功能，规定每个检验批抽样检查的数量应比普通门加大。

**5.1.7** 本条规定了安装门窗前应对门窗洞口尺寸进行检查，除检查单个门窗洞口尺寸外，还应对能够通视的成排或成列的门窗洞口进行目测或拉通线检查。如果发现明显偏差，应向有关管理人员反映，采取处理措施后再安装门窗。

**5.1.8** 安装金属门窗和塑料门窗，我国规范历来规定应采用预留洞口的方法施工，不得采用边安装边砌口或先安装后砌口的方法施工，其原因主要是防止门窗框受挤压变形和表面保护层受损。木门窗安装也宜采用预留洞口的方法施工。如果采用先安装后砌口的方法施工时，则应注意避免门窗框在施工中受损、受挤压变形或受到污染。

**5.1.10** 组合窗拼樘料不仅起连接作用，而且是组合窗的重要受力部件，故对其材料应严格要求，其规格、尺寸、壁厚等应由设计给出，并应使组合窗能够承受该地区的瞬时风压值。

**5.1.11** 门窗安装是否牢固既影响使用功能又影响安全，其重要性尤其以外墙门窗更为显著。故本条规定，无论采用何种方法固定，建筑外墙门窗均必须确保安装牢固，并将此条列为强制性条文。内墙门窗安装也必须牢固，本规范将内墙门窗安装牢固的要求列入主控项目而非强制性条文。考虑到砌体中砖、砌块以及灰缝的强度较低，受冲击容易破碎，故规定在砌体上安装门窗时严禁用射钉固定。

**5.2.10** 在正常情况下，当门窗扇关闭时，门窗扇的上端本应与下端同时或上端略早于下端贴紧门窗的上框。所谓"倒翘"通常是指当门窗扇关闭时，门窗扇的下端已经贴紧门窗下框，而门窗扇的上端由于翘曲而未能与门窗的上框贴紧，尚有离缝的现象。

**5.2.11** 考虑到材料的发展，本规范将门窗五金件统一称为配件。门窗配件不仅影响门窗功能，也有可能影响安全，故本规范将门窗配件的型号、规格、数量及功能列为主控项目。

**5.2.17** 表中允许偏差栏中所列数值，凡注明正负号的，表示本规范对此偏差的不同方向有不同要求，应严格遵守。凡没有注明正负号的，即使其偏差可能具有方向性，但本规范并未对这类偏差的方向性作出规定，故检查时对这些偏差可以不考虑方向性要求。本条说明也适用本规范其他表格中的类似情况。

**5.2.18** 表中除给出允许偏差外，对留缝尺寸等给出了尺寸限值。考虑到所给尺寸限值是一个范围，故不再给出允许偏差。

**5.3.4** 推拉门窗扇意外脱落容易造成安全方面的伤害，对高层建筑情况更为严重，故规定推拉门窗扇必须有防脱落措施。

**5.4.4** 拼樘料的作用不仅是连接多樘窗，而且起着重要的固定作用。故本规范从安全角度，对拼樘料作出了严格要求。

**5.4.7** 塑料门窗的线性膨胀系数较大，由于温度升降易引起门窗变形或在门窗框与墙体间出现裂缝，为了防止上述现象，特规定塑料门窗框与墙体间缝隙应采用伸缩性能较好的闭孔弹性材料填嵌，并用密封胶密封。采用闭孔材料则是为了防止材料吸水导致连接件锈蚀，影响安装强度。

**5.5.1** 特种门种类繁多，功能各异，而且其品种、功能还在不断增加，故在规范中不能一一列出。本规范从安装质量验收角度，就其共性做出了原则规定。本规范未列明的其他特种门，也可参照本章的规定验收。

**5.6.9** 为防止门窗的框、扇型材胀缩、变形时导致玻璃破碎，门窗玻璃不应直接接触型材。为保护镀膜玻璃上的镀膜层及发挥镀膜层的作用，单面镀膜玻璃的镀膜层应朝向室内。双层玻璃的单面镀膜玻璃应在最外层，镀膜层应朝向室内。

# 6 吊顶工程

**6.1.1** 本章适用于龙骨加饰面板的吊顶工程。按照施工工艺不同，又分为暗龙骨吊顶和明龙骨吊顶。

**6.1.4** 为了既保证吊顶工程的使用安全，又做到竣工验收时不破坏饰面，吊顶工程的隐蔽工程验收非常重要，本条所列各款均应提供由监理工程师签名的隐蔽工程验收记录。

**6.1.8** 由于发生火灾时，火焰和热空气迅速向上蔓延，防火问题对吊顶工程是至关重要的，使用木质材料装饰装修顶棚时应慎重。《建筑内部装修设计防火规范》（GB 50222—1995）规定顶棚装饰装修材料的燃烧性能必须达到 A 级或 B1 级，未经防火处理的木质材料的燃烧性能达不到这个要求。

**6.1.12** 龙骨的设置主要是为了固定饰面材料，一些轻型设备如小型灯具、烟感器、喷淋头、风口箅子等也可以固定在饰面材料上。但如果把电扇和大型吊灯固定在龙骨上，可能会造成脱落伤人事故。为了保证吊顶工程的使用安全，特制定本条并作为强制性条文。

# 7 轻质隔墙工程

**7.1.1** 本章所说轻质隔墙是指非承重轻质内隔墙。轻质隔墙工程所用材料的种类和隔墙的构造方法很多，本章将其归纳为板材隔墙、骨架隔墙、活动隔墙、玻璃隔墙四种类型。加气混凝土砌块、空心砌块及各种小型砌块等砌体类轻质隔墙不含在本章范围内。

**7.1.3** 轻质隔墙施工要求对所使用人造木板的甲醛含量进行进场复验。目的是避免对室内空气环境造成污染。

**7.1.4** 轻质隔墙工程中的隐蔽工程施工质量是这一分项工程质量的重要组成部分。本条规定了轻质隔墙工程中的隐蔽工程验收内容，其中设备管线安装的隐蔽工程验收属于设备专业施工配合的项目，要求在骨架隔墙封面板前，对骨架中设备管线的安装进行隐蔽工程验收，隐蔽工程验收合格后才能封面板。

**7.1.6** 轻质隔墙与顶棚或其他材料墙体的交接处容易出现裂缝，因此，要求轻质隔墙的这些部位要采取防裂缝的措施。

**7.2.1** 板材隔墙是指不需设置隔墙龙骨，由隔墙板材自承重，将预制或现制的隔墙板材直接固定于建筑主体结构上的隔墙工程。目前这类轻质隔墙的应用范围很广，使用的隔墙板材通常分为复合板材、单一材料板材、空心板材等类型。常见的隔墙板材如金属夹芯板、预制或现制的钢丝网水泥板、石膏夹芯板、石膏水泥板、石膏空心板、泰柏板（舒乐舍板）、增强水泥聚苯板（GRC 板）、加气混凝土条板、水泥陶粒板等等。随着建材行业的技术进步，这类轻质隔墙板材的性能会不断提高，板材的品种也会不断变化。

**7.3.1** 骨架隔墙是指在隔墙龙骨两侧安装墙面板以形成墙体的轻质隔墙。这一类隔墙主要是由龙骨作为受力骨架固定于建筑主体结构上。目前大量应用的轻钢龙骨石膏板隔墙就是典型的骨架隔墙。龙骨骨架中根据隔声或保温设计要求可以设置填充材料，根据设备安装要求安装一些设备管线等等。龙骨常见的有轻钢龙骨系列、其他金属龙骨以及木龙骨。墙面板常见的有纸面石膏板、人造木板、防火板、金属板、水泥纤维板以及塑料板等。

**7.3.4** 龙骨体系沿地面、顶棚设置的龙骨及边框龙骨，是隔墙与主体结构之间重要的传力构件，要求这些龙骨必须与基体结构连接牢固，垂直和平整，交接处平直，位置准确。由于这是骨架隔墙施工质量的关键部位，故应作为隐蔽工程项目加以验收。

**7.3.5** 目前我国的轻钢龙骨主要有两大系列，一种是仿日本系列，一种是仿欧美系列。这两种系列的构造不同，仿日本龙骨系列要求安装贯通龙骨并在竖向龙骨竖向开口处安装支撑卡，以增强龙骨的整体性和刚度，而仿欧美系列则没有这项要求。在对龙骨进行隐蔽工程验收时可根据设计选用不同龙骨系列的有关规定进行检验，并符合设计要求。

骨架隔墙在有门窗洞口、设备管线安装或其他受力部位，应安装加强龙骨，增强龙骨骨架的强度，以保证在门窗开启使用或受力时隔墙的稳定。

一些有特殊结构要求的墙面，如曲面、斜面等，应按照设计要求进行龙骨安装。

**7.4.1** 活动隔墙是指推拉式活动隔墙、可拆装的活动隔墙等。这一类隔墙大多使用成品板材及其金属框架、附件在现场组装而成，金属框架及饰面板一般不需再作饰面层。也有一些活动隔墙不需要金属框架，完全是使用半成品板材现场加工制作成活动隔墙。这都属于本节验收范围。

**7.4.2** 活动隔墙在大空间多功能厅室中经常使用，由于这类内隔墙是重复及动态使用，必须保证使用的安全性和灵活性。因此，每个检验批抽查的比例有所增加。

**7.4.5** 推拉式活动隔墙在使用过程中，经常会由于滑轨推拉制动装置的质量问题而使得推拉使用不灵活，这是一个带有普遍性的质量问题，本条规定了要进行推拉开启检查，应该推拉平稳、灵活。

**7.5.1** 近年来，装饰装修工程中用钢化玻璃作内隔墙、用玻璃砖砌筑内隔墙日益增多，为适应这类隔墙工程的质量验收，特制定本节内容。

**7.5.2** 玻璃隔墙或玻璃砖砌筑隔墙在轻质隔墙中用量一般不是很大，但是有些玻璃隔墙的单块玻璃面积比较大，其安全性就很突出，因此，要对涉及安全性的部位和节点进行检查，而且每个检验批抽查的比例也有所提高。

**7.5.5** 玻璃砖砌筑隔墙中应埋设拉结筋，拉结筋要与建筑主体结构或受力杆件有可靠的连接；玻璃板隔墙的受力边也要与建筑主体结构或受力杆件有可靠的连接，以充分保证其整体稳定性，保证墙体的安全。

## 8 饰面板（砖）工程

**8.1.1** 饰面板工程采用的石材有花岗石、大理石、青石板和人造石材；采用的瓷板有抛光板和磨边板两种，面积不大于 $1.2m^2$，不小于 $0.5m^2$；金属饰面板有钢板、铝板等品种；木材饰面板主要用于内墙裙。陶瓷面砖主要包括釉面瓷砖、外墙面砖、陶瓷锦砖、陶瓷壁画、劈裂砖等；玻璃面砖主要包括玻璃锦砖、彩色玻璃面砖、釉面玻璃等。

**8.1.3** 本条仅规定对人身健康和结构安全有密切关系的材料指标进行复验。天然石材中花岗石的放射性超标的情况较多，故规定对室内用花岗石的放射性进行检测。

**8.1.7** 《外墙饰面砖工程施工及验收规程》（JGJ 126—2000）中 6.0.6 条第 3 款规定："外墙饰面砖工程，应进行粘结强度检验。其取样数量、检验方法、检验结果判定均应符合现行行业标准《建筑工程饰面砖粘结强度检验标准》（JGJ 110）的规定。"由于该方法为破坏性检验，破损饰面砖不易复原，且检验操作有一定难度，在实际验收中较少采用。故本条规定在外墙饰面砖粘贴前和施工过程中均应制作样板件并做粘结强度试验。

**8.2.7** 采用传统的湿作业法安装天然石材时，由于水泥砂浆在水化时析出大量的氢氧化钙，泛到石材表面，产生不规则的花斑，俗称泛碱现象，严重影响建筑物室内外石材饰面的装饰效果。因此，在天然石材安装前，应对石材饰面采用"防碱背涂剂"进行背涂处理。

## 9 幕墙工程

**9.1.1** 由金属构件与各种板材组成的悬挂在主体结构上、不承担主体结构荷载与作用的建筑物外围护结构，称为建筑幕墙。按建筑幕墙的面板可将其分为玻璃幕墙、金属幕墙、石材幕墙、混凝土幕墙及组合幕墙等。按建筑幕墙的安装形式又可将其分为散装建筑幕墙、半单元建筑幕墙、单元建筑幕墙、小单元建筑幕墙等。

**9.1.8** 隐框、半隐框玻璃幕墙所采用的中性硅酮结构密封胶，是保证隐框、半隐框玻璃幕墙安全性的关键材料。中性硅酮结构密封胶有单组份和双组份之分，单组份硅酮结构密封胶靠吸收空气中水分而固化，因此，单组份硅酮结构密封胶的固化时间较长，一般需要 14～21 天，双组份固化时间较短，一般为 7～10 天左右，硅酮结构密封胶在完全固化前，其粘结拉伸强度是很弱的，因此，玻璃幕墙构件在打注结构胶后，应在温度 20℃、湿度 50% 以上的干净室内养护，待完全固化后才能进行下道工序。

幕墙工程使用的硅酮结构密封胶，应选用法定检测机构检测合格的产品，在使用前必须对幕墙工程选用的铝合金型材、玻璃、双面胶带、硅酮耐候密封胶、塑料泡沫棒等与硅酮结构密封胶接触的材料做相容性试验和粘结剥离性试验，试验合格后才能进行打胶。

**9.1.9** 本条规定有双重含意，一是说幕墙的立柱和横梁等主要受力杆件，其截面受力部分的壁厚应经计算确定，但又规定了最小壁厚，即如计算的壁厚小于规定的最小壁厚时，应取最小壁厚值，计算的壁厚大于规定的最小壁厚时，应取计算值，这主要是由于某些构造要求无法计算，为保证幕墙的安全可靠而采取的双控措施。

**9.1.10** 硅酮结构密封胶的粘结宽度是保证半隐框、隐框玻璃幕墙安全的关键环节之一，当采用半隐框、隐框幕墙时，硅酮结构密封胶的粘结宽度一定要通过计算来确定。当计算的粘结宽度小于规定的最小值时则采用最小值，当计算值大于规定的最小值时则采用计算值。

**9.1.13** 幕墙工程使用的各种预埋件必须经过计算确定，以保证其具有足够的承载力。为了保证幕墙与主体结构连接牢固可靠，幕墙与主体结构连接的预埋件应在主体结构施工时，按设计要求的数量、位置和方法进行埋设，埋设位置应正确。施工过程中如将预埋件的防腐层损坏，应按设计要求重新对其进行防腐处理。

**9.1.15** 本条所提到单元幕墙连接处和吊挂处的壁厚，是按照板块的大小、自重及材质、连接型式严格计算的，并留有一定的安全系数，壁厚计算值如果大于5mm，应取计算值，如果壁厚计算值小于5mm，应取5mm。

**9.1.16** 幕墙构件与混凝土结构的连接一般是通过预埋件实现的。预埋件的锚固钢筋是锚固作用的主要来源，混凝土对锚固钢筋的粘结力是决定性的，因此预埋件必须在混凝土浇灌前埋入，施工时混凝土必须振捣密实。目前实际施工中，往往由于放入预埋件时，未采取有效措施来固定预埋件，混凝土浇铸时往往使预埋件偏离设计位置，影响立柱的连接，甚至无法使用。因此应将预埋件可靠地固定在模板上或钢筋上。

当施工未设预埋件、预埋件漏放、预埋件偏离设计位置、设计变更、旧建筑加装幕墙时，往往要使用后置埋件。采用后置埋件（膨胀螺栓或化学螺栓）时，应符合设计要求并应进行现场拉拔试验。

**9.2.1** 本条所规定的玻璃幕墙适用范围，参照了《玻璃幕墙工程技术规范》（JGJ 102—96）的规定，建筑高度大于150m的玻璃幕墙工程目前尚无国家或行业的设计和施工标准，故不包含在本规范规定的范围内。

**9.2.4** 本条规定幕墙应使用安全玻璃，安全玻璃时指夹层玻璃和钢化玻璃，但不包括半钢化玻璃。夹层玻璃是一种性能良好的安全玻璃，它的制作方法是用聚乙烯醇缩丁醛胶片（PVB）将两块玻璃牢固地粘结起来，受到外力冲击时，玻璃碎片粘在PVB胶片上，可以避免飞溅伤人。钢化玻璃是普通玻璃加热后急速冷却形成的，被打破时变成很多细小无锐角的碎片，不会造成割伤。半钢化玻璃虽然强度也比较大，但其破碎时仍然会形成锐利的碎片，因而不属于安全玻璃。

**9.3.1** 本条所规定的金属幕墙适用范围，参照了《金属与石材幕墙工程技术规范》（JGJ 133—2001）的规定，建筑高度大于150m的金属幕墙工程目前尚无国家或行业的设计和施工标准，故不包含在本规范规定的范围内。

**9.3.2** 金属幕墙工程所使用的各种材料、配件大部分都有国家标准，应按设计要求严格检查材料产品合格证书及性能检测报告、材料进场验收记录、复验报告。不符合规定要求的严禁使用。

**9.3.9** 金属幕墙结构中自上而下的防雷装置与主体结构的防雷装置可靠连接十分重要，导线与主体结构连接时应除掉表面的保护层，与金属直接连接。幕墙的防雷装置应由建筑设计单位认可。

**9.4.1** 本条所规定的石材幕墙适用范围，参照了《金属与石材幕墙工程技术规范》（JGJ 133—2001）的规定。对于建筑高度大于100m的石材幕墙工程，由于我国目前尚无国家或行业的设计和施工标准，故不包含在本规范规定的范围内。

**9.4.2** 石材幕墙所用的主要材料如石材的弯曲强度、金属框架杆件和金属挂件的壁厚应经过设计计算确定。本条款规定了最小限值，如计算值低于最小限值时，应取最小限值，这是为了保证石材幕墙安全而采取的双控措施。

**9.4.3** 由于石材幕墙的饰面板大都是选用天然石材，同一品种的石材在颜色、光泽和花纹上容易出现很大的差异；在工程施工中，又经常出现石材排放放样时，石材幕墙的立面分格与设计分格有很大的出入；这些问题都不同程度地降低了石材幕墙整体的装饰效果。本条要求石材幕墙的石材样品和石材的施工分格尺寸放样图应符合设计要求并取得设计的确认。

**9.4.4** 石板上用于安装的钻孔或开槽是石板受力的主要部位，加工时容易出现位置不正、数量不足、深度不够或孔槽壁太薄等质量问题，本条要求对石板上孔或槽的位置、数量、深度以及孔或槽的壁厚进行进场验收；如果是现场开孔或开槽，监理单位和施工单位应对其进行抽检，并做好施工记录。

**9.4.11** 本条是考虑目前石材幕墙在石材表面处理上有不同做法，有些工程设计要求在石材表面涂刷保护剂，形成一层保护膜，有些工程设计要求石材表面不作任何处理，以保持天然石材本色的装饰效果；在石材板缝的做法上也有开缝和密封缝的不同做法，在施工质量验收时应符合设计要求。

**9.4.14** 石材幕墙要求石板不能有影响其弯曲强度的裂缝。石板进场安装前应进行预拼，拼对石材表面花纹纹路，以保证幕墙整体观感无明显色差，石材表面纹路协调美观。天然石材的修痕应力求与石材表面质感和光泽一致。

# 10 涂 饰 工 程

**10.1.2** 涂饰工程所选用的建筑涂料，其各项性能应符合下述产品标准的技术指标。

1 《合成树脂乳液砂壁状建筑涂料》JG/T 24
2 《合成树脂乳液外墙涂料》 GB/T 9755
3 《合成树脂乳液内墙涂料》 GB/T 9756
4 《溶剂型外墙涂料》 GB/T 9757
5 《复层建筑涂料》 GB/T 9779
6 《外墙无机建筑涂料》 JG/T 25
7 《饰面型防火涂料通用技术标准》GB 12441
8 《水泥地板用漆》 HG/T 2004
9 《水溶性内墙涂料》 JC/T 423
10 《多彩内墙涂料》 JG/T 003
11 《聚氨酯清漆》 HG 2454
12 《聚氨酯磁漆》 HG/T 2660

**10.1.5** 不同类型的涂料对混凝土或抹灰基层含水率的要求不同，涂刷溶剂型涂料时，参照国际一般做法规定为不大于8%；涂刷乳液型涂料时，基层含水率控制在10%以下时装饰质量较好，同时，国内外建筑涂料产品标准对基层含水率的要求均在10%左右，故规定涂刷乳液型涂料时基层含水率不大于10%。

# 11 裱糊与软包工程

**11.1.1** 软包工程包括带内衬软包及不带内衬软包两种。

**11.1.5** 基层的质量与裱糊工程的质量有非常密切的关系；故作出本条规定。

1 新建筑物的混凝土抹灰基层如不涂刷抗碱封闭底漆，基层泛碱会导致裱糊后的壁纸变色。

2 旧墙面疏松的旧装修层如不清除，将会导致裱糊后的壁纸起鼓或脱落。清除后的墙面仍需达到裱糊对基层的要求。

3 基层含水率过大时，水蒸气会导致壁纸表面起鼓。

4 腻子与基层粘结不牢固，或出现粉化、起皮和裂缝，均会导致壁纸接缝处开裂，甚至脱落，影响裱糊质量。

5 抹灰工程的表面平整度、立面垂直度及阴阳角方正等质量均对裱糊质量影响很大，如其质量达不到高级抹灰的质量要求，将会造成裱糊时对花困难，并出现离缝和搭接现象，影响整体装饰效果，故抹灰质量应达到高级抹灰的要求。

6 如基层颜色不一致，裱糊后会导致壁纸表面发花，出现色差，特别是对遮蔽性较差的壁纸，这种现象将更严重。

7 底胶能防止腻子粉化，并防止基层吸水，为粘贴壁纸提供一个适宜的表面，还可使壁纸在对花、校正位置时易于滑动。

**11.2.6** 裱糊时，胶液极易从拼缝中挤出，如不及时擦去，胶液干后壁纸表面会产生亮带，影响装饰效果。

**11.2.10** 裱糊时，阴阳角均不能有对接缝，如有对接缝极易开胶、破裂，且接缝明显，影响装饰效果。阳角处应包角压实，阴角处应顺光搭接，这样可使拼缝看起来不明显。

**11.3.2** 木材含水率太高，在施工后的干燥过程中，会导致木材翘曲、开裂、变形，直接影响到工程质量。故应对其含水率进行进场验收。

**11.3.5** 如不绷压严密，经过一段时间，软包面料会因失去张力而出现下垂及皱折；单块软包上的面料不能拼接，因拼接既影响装饰效果，拼接处又容易开裂。

**11.3.8** 因清漆制品显示的是木料的本色，其色泽和木纹如相差较大，均会影响到装饰效果，故制定此条。

# 12 细 部 工 程

**12.1.1** 橱柜、窗帘盒、窗台板、散热器罩、门窗套、护栏、扶手、花饰等的制作与安装在建筑装饰装修工程中的比重越来越大。国家标准《建筑工程质量检验评定标准》（GBJ 301—88）第十一章第十节"细木制品工程"的内容已经不能满足新材料、新技术的发展要求，故本章不限定材料的种类，以利于创新和提高装饰装修水平。

**12.1.2** 验收时检查施工图、设计说明及其他设计文件，有利于强化设计的重要性，为验收提供依据，避免口头协议造成扯皮。材料进场验收、复验、隐蔽工程验收、施工记录是施工过程控制的重要内容，是工程质量的保证。

**12.1.3** 人造木板的甲醛含量过高会污染室内环境，进行复验有利于核查是否符合要求。

**12.2.1** 本条适用于位置固定的壁柜、吊柜等橱柜制作、安装工程的质量验收。不包括移动式橱柜和家具的质量验收。

**12.2.7** 橱柜抽屉、柜门开闭频繁，应灵活、回位正确。

**12.2.10** 橱柜安装允许偏差指标是参考北京市标准《高级建筑装饰工程质量检验评定标准》（DBJ 是01—27—96）第7.6条"高档固定家具"制定的。

**12.3.1** 本条适用于窗帘盒、散热器罩和窗台板制作、安装工程的质量验收。窗帘盒有木材、塑料、金属等多种材料做法，散热器罩以木材为主，窗台板有木材、天然石材、水磨石等多种材料做法。

**12.5.2** 护栏和扶手安全性十分重要，故每个检验批的护栏和扶手全部检查。

# 13 分部工程质量验收

**13.0.2** 本规范附录 B 列出了建筑装饰装修工程中十个子分部工程及其三十三个分项工程的名称，本规范第四章至第十二章分别对前九个子分部工程的施工质量提出要求。每章第一节是对子分部工程的一般规定，第二节及以后各节是对各个分项工程的施工质量要求。

　　与《建筑装饰工程施工及验收规范》（JGJ 73—91）相比，本规范对验收的范围和章节设置做了如下调整：

　　1　"门窗工程"增加了木门窗制作与安装和特种门安装；

　　2　将"玻璃工程"的内容分别并入相关的"门窗工程"和"轻质隔墙工程"；

　　3　"裱糊工程"扩充为"裱糊和软包工程"；

　　4　删去了"刷浆工程"；

　　5　"花饰工程"扩充为"细部工程"；

　　6　增加了"幕墙工程"。

**13.0.4** 本规范是决定装饰装修工程是否能够交付使用的质量验收规范，因此只有一个合格标准。在把握这个合格标准的松严程度时，编制组综合考虑了安全的需要、装饰效果的需要、技术的发展和目前施工的整体水平。本规范将涉及安全、健康、环保、以及主要使用功能方面的要求列为"主控项目"。"一般项目"大部分为外观质量要求，不涉及使用安全。考虑到目前我国装饰装修施工水平参差不齐，而某些外观质量问题返工成本高、效果不理想，故允许有 20% 以下的抽查样本存在既不影响使用功能也不明显影响装饰效果的缺陷，但是其中有允许偏差的检验项目，其最大偏差不得超过本规范规定允许偏差的 1.5 倍。

**13.0.7** 按照《建筑工程施工质量验收统一标准》GB 50300—2001 第 5.0.5 条的规定，分部工程验收和子分部工程验收均应按该标准附录 F 的格式记录。在进行装饰装修工程的子分部工程验收时，直接按照附录 F 的格式记录即可，但在进行装饰装修工程的分部工程验收时，应对附录 F 的格式稍加修改，"分项工程名称"应改为"子分部工程名称"，"检验批数"应改为"分项工程数"。

　　本条明确规定：分部工程中各子分部工程的质量均应验收合格。因此，进行分部工程验收时，应将子分部工程的验收结论进行汇总，不必再对子分部工程进行验收，但应对分部工程的质量控制资料（文件和记录）、安全和功能检验报告及观感质量进行核查。

**13.0.8** 有的建筑装饰装修工程除一般要求外，还会提出一些特殊的要求，如音乐厅、剧院、电影院、会堂等建筑对声学、光学有很高的要求；大型控制室、计算机房等建筑在屏蔽、绝缘方面需特别处理；一些实验室和车间有超净、防霉、防辐射等要求。为满足这些特殊要求，设计人员往往采用一些特殊的装饰装修材料和工艺。此类工程验收时，除执行本规范外，还应按设计对特殊要求进行检测和验收。

**13.0.9** 许多案例说明，如长期在空气污染严重、通风状况不良的室内居住或工作，会导致许多健康问题，轻者出现头痛、嗜睡、疲惫无力等症状；重者会导致支气管炎、癌症等疾病，此类病症被国际医学界统称为"建筑综合症"。而劣质建筑装饰装修材料散发出的有害气体是导致室内空气污染的主要原因。

　　近年来，我国政府逐步加强了对室内环境问题的管理，并正在将有关内容纳入技术法规。《民用建筑工程室内环境污染控制规范》（GB 50325）规定要对氡、甲醛、氨、苯及挥发性有机化合物进行控制，建筑装饰装修工程均应符合该规范的规定。

中华人民共和国国家标准

# 建筑给水排水及采暖工程
# 施工质量验收规范

Code for acceptance of construction quality of
Water supply drainage and heating works

GB 50242—2002

主编部门：辽 宁 省 建 设 厅
批准部门：中华人民共和国建设部
施行日期：２００２年４月１日

关于发布国家标准

《建筑给水排水及采暖工程施工质量验收规范》的通知

建标〔2002〕62号

根据建设部《关于印发〈一九九五至一九九六年工程建设国家标准制定修订计划〉的通知》（建标〔1996〕4号）的要求，辽宁省建设厅会同有关部门共同修订了《建筑给水排水及采暖工程施工质量验收规范》。我部组织有关部门对该规范进行了审查，现批准为国家标准，编号为 GB 50242—2002，自 2002 年 4 月 1 日起施行。其中，3.3.3、3.3.16、4.1.2、4.2.3、4.3.1、5.2.1、8.2.1、8.3.1、8.5.1、8.5.2、8.6.1、8.6.3、9.2.7、10.2.1、11.3.3、13.2.6、13.4.1、13.4.4、13.5.3、13.6.1 为强制性条文，必须严格执行。原《采暖与卫生工程施工及验收规范》GBJ 242—82 和《建筑采暖卫生与煤气工程质量检验评定标准》GBJ 302—88 中有关"采暖卫生工程"部分同时废止。

本规范由建设部负责管理和对强制性条文的解释，沈阳市城乡建设委员会负责具体技术内容的解释，建设部标准定额研究所组织中国建筑工业出版社出版发行。

中华人民共和国建设部

2002 年 3 月 15 日

前　　言

本规范是根据我部建标〔1996〕4号文件精神，由辽宁省建设厅为主编部门，沈阳市城乡建设委员会为主编单位，会同有关单位共同对《采暖与卫生工程施工及验收规范》GBJ 242—82 和《建筑采暖卫生及煤气工程质量检验评定标准》GBJ 302—88 修订而成的。

在修订过程中，规范编制组开展了专题研究，进行了比较广泛的调查研究，总结了多年建筑给水、排水及采暖工程设计、材料、施工的经验，按照"验评分离、强化验收、完善手段、过程控制"的方针，进行全面修改，增加了建筑中水系统及游泳池水系统安装、换热站安装、低温热水地板辐射采暖系统安装以及新材料（如：复合管、塑料管、铜管、新型散热器、快装管件等）的质量标准及检验方法，并以多种方式广泛征求了全国有关单位的意见，对主要问题进行了反复修改，于 2001 年 8 月经审查定稿。

本规范主要规定了工程质量验收的划分，程序和组织应按照国家标准《建筑工程施工质量验收统一标准》GB 50300 的规定执行；提出了使用功能的检验和检测内容；列出了各分项工程中主控项目和一般项目的质量检验方法。

本规范将来可能需要进行局部修订，有关局部修订的信息和条文内容将刊登在《工程建设标准化》杂志上。

本规范以黑体字标志的条文为强制性条文，必须严格执行。为了提高规范质量，请各单位在执行本规范的过程中，注意总结经验、积累资料，随时将有关的意见和建议反馈给沈阳市城乡建设委员会、国家标准《建筑给水排水及采暖工程施工质量验收规范》管理组（地址：沈阳市和平区总站路 115 号建筑大厦 8F，邮政编码：110002，EMAIL：songbo75 @ sohu. com），以供今后修订时参考。

**本规范主编单位：**沈阳市城乡建设委员会

**本规范参编单位：**中国建筑东北设计研究院

沈阳山盟建设（集团）公司

辽宁省建筑设计研究院

沈阳北方建设（集团）公司

中国建筑科学研究院

哈尔滨工业大学

福建亚通塑胶有限公司

**本规范主要起草人：**宋　波、罗　红、肖兰生

安玉衡、金振同、戴文阁

徐　伟、董重成、黄　维

陈　鹊、魏作友

# 目 次

# 1 总　　则

**1.0.1** 为了加强建筑工程质量管理，统一建筑给水、排水及采暖工程施工质量的验收，保证工程质量，制定本规范。

**1.0.2** 本规范适用于建筑给水、排水及采暖工程施工质量的验收。

**1.0.3** 建筑给水、排水及采暖工程施工中采用的工程技术文件、承包合同文件对施工质量验收的要求不得低于本规范的规定。

**1.0.4** 本规范应与国家标准《建筑工程施工质量验收统一标准》GB 50300 配套使用。

**1.0.5** 建筑给水、排水及采暖工程施工质量的验收除应执行本规范外，尚应符合国家现行有关标准、规范的规定。

# 2 术　　语

**2.0.1** 给水系统 water supply system
通过管道及辅助设备，按照建筑物和用户的生产、生活和消防的需要，有组织的输送到用水地点的网络。

**2.0.2** 排水系统 drainage system
通过管道及辅助设备，把屋面雨水及生活和生产过程所产生的污水、废水及时排放出去的网络。

**2.0.3** 热水供应系统 hot water supply system
为满足人们在生活和生产过程中对水温的某些特定要求而由管道及辅助设备组成的输送热水的网络。

**2.0.4** 卫生器具 sanitary fixtures
用来满足人们日常生活中各种卫生要求，收集和排放生活及生产中的污水、废水的设备。

**2.0.5** 给水配件 water supply fittings
在给水和热水供应系统中，用以调节、分配水量和水压，关断和改变水流方向的各种管件、阀门和水嘴的统称。

**2.0.6** 建筑中水系统 intermediate water system of building
以建筑物的冷却水、沐浴排水、盥洗排水、洗衣排水等为水源，经过物理、化学方法的工艺处理，用于厕所冲洗便器、绿化、洗车、道路浇洒、空调冷却及水景等的供水系统为建筑中水系统。

**2.0.7** 辅助设备 auxiliaries
建筑给水、排水及采暖系统中，为满足用户的各种使用功能和提高运行质量而设置的各种设备。

**2.0.8** 试验压力 test pressure
管道、容器或设备进行耐压强度和气密性试验规定所要达到的压力。

**2.0.9** 额定工作压力 rated working pressure
指锅炉及压力容器出厂时所标定的最高允许工作压力。

**2.0.10** 管道配件 pipe fittings
管道与管道或管道与设备连接用的各种零、配件的统称。

**2.0.11** 固定支架 fixed trestle
限制管道在支撑点处发生径向和轴向位移的管道支架。

**2.0.12** 活动支架 movable trestle
允许管道在支撑点处发生轴向位移的管道支架。

**2.0.13** 整装锅炉 integrative boiler
按照运输条件所允许的范围，在制造厂内完成总装整台发运的锅炉，也称快装锅炉。

**2.0.14** 非承压锅炉 boiler without bearing
以水为介质，锅炉本体有规定水位且运行中直接与大气相通，使用中始终与大气压强相等的固定式锅炉。

**2.0.15** 安全附件 safety accessory
为保证锅炉及压力容器安全运行而必须设置的附属仪表、阀门及控制装置。

**2.0.16** 静置设备 still equipment
在系统运行时，自身不做任何运动的设备，如水箱及各种罐类。

**2.0.17** 分户热计量 household-based heat metering
以住宅的户（套）为单位，分别计量向户内供给的热量的计量方式。

**2.0.18** 热计量装置 heat metering device
用以测量热媒的供热量的成套仪表及构件。

**2.0.19** 卡套式连接 compression joint
由带锁紧螺帽和丝扣管件组成的专用接头而进行管道连接的一种连接形式。

**2.0.20** 防火套管 fire-resisting sleeves
由耐火材料和阻燃剂制成的，套在硬塑料排水管外壁可阻止火势沿管道贯穿部位蔓延的短管。

**2.0.21** 阻火圈 firestops collar
由阻燃膨胀剂制成的，套在硬塑料排水管外壁可在发生火灾时将管道封堵，防止火势蔓延的套圈。

# 3 基 本 规 定

## 3.1 质 量 管 理

**3.1.1** 建筑给水、排水及采暖工程施工现场应具有必要的施工技术标准、健全的质量管理体系和工程质量检测制度，实现施工全过程质量控制。

**3.1.2** 建筑给水、排水及采暖工程的施工应按照批准的工程设计文件和施工技术标准进行施工。修改设计应有设计单位出具的设计变更通知单。

**3.1.3** 建筑给水、排水及采暖工程的施工应编制施工组织设计或施工方案，经批准后方可实施。

**3.1.4** 建筑给水、排水及采暖工程的分部、分项工程划分见附录 A。

**3.1.5** 建筑给水、排水及采暖工程的分项工程，应按系统、区域、施工段或楼层等划分。分项工程应划分成若干个检验批进行验收。

**3.1.6** 建筑给水、排水及采暖工程的施工单位应当具有相应的资质。工程质量验收人员应具备相应的专业技术资格。

## 3.2 材料设备管理

**3.2.1** 建筑给水、排水及采暖工程所使用的主要材料、成品、半成品、配件、器具和设备必须具有中文质量合格证明文件，规格、型号及性能检测报告应符合国家技术标准或设计要求。进场时应做检查验收，并经监理工程师核查确认。

**3.2.2** 所有材料进场时应对品种、规格、外观等进行验收。包装应完好，表面无划痕及外力冲击破损。

**3.2.3** 主要器具和设备必须有完整的安装使用说明书。在运输、保管和施工过程中，应采取有效措施防止损坏或腐蚀。

**3.2.4** 阀门安装前，应作强度和严密性试验。试验应在每批（同牌号、同型号、同规格）数量中抽查10%，且不少于一个。对于安装在主干管上起切断作用的闭路阀门，应逐个作强度和严密性试验。

**3.2.5** 阀门的强度和严密性试验，应符合以下规定：阀门的强度试验压力为公称压力的 1.5 倍；严密性试验压力为公称压力的 1.1 倍；试验压力在试验持续时间内应保持不变，且壳体填料及阀瓣密封面无渗漏。阀门试压的试验持续时间应不少于表 3.2.5 的规定。

**表 3.2.5　阀门试验持续时间**

| 公称直径 DN（mm） | 最短试验持续时间（s） | | |
| --- | --- | --- | --- |
| | 严密性试验 | | 强度试验 |
| | 金属密封 | 非金属密封 | |
| ≤50 | 15 | 15 | 15 |
| 65～200 | 30 | 15 | 60 |
| 250～450 | 60 | 30 | 180 |

**3.2.6** 管道上使用冲压弯头时，所使用的冲压弯头外径应与管道外径相同。

## 3.3 施工过程质量控制

**3.3.1** 建筑给水、排水及采暖工程与相关各专业之间，应进行交接质量检验，并形成记录。

**3.3.2** 隐蔽工程应在隐蔽前经验收各方检验合格后，才能隐蔽，并形成记录。

**3.3.3** 地下室或地下构筑物外墙有管道穿过的，应采取防水措施。对有严格防水要求的建筑物，必须采用柔性防水套管；

**3.3.4** 管道穿过结构伸缩缝、抗震缝及沉降缝敷设时，应根据情况采取下列保护措施：

**1** 在墙体两侧采取柔性连接。

**2** 在管道或保温层外皮上、下部留有不小于150mm 的净空。

**3** 在穿墙处做成方形补偿器，水平安装。

**3.3.5** 在同一房间内，同类型的采暖设备、卫生器具及管道配件，除有特殊要求外，应安装在同一高度上。

**3.3.6** 明装管道成排安装时，直线部分应互相平行。曲线部分：当管道水平或垂直并行时，应与直线部分保持等距；管道水平上下并行时，弯管部分的曲率半径应一致。

**3.3.7** 管道支、吊、托架的安装，应符合下列规定：

**1** 位置正确，埋设应平整牢固。

**2** 固定支架与管道接触应紧密，固定应牢靠。

**3** 滑动支架应灵活，滑托与滑槽两侧间应留有3～5mm 的间隙，纵向移动量应符合设计要求。

**4** 无热伸长管道的吊架、吊杆应垂直安装。

**5** 有热伸长管道的吊架、吊杆应向热膨胀的反方向偏移。

**6** 固定在建筑结构上的管道支、吊不得影响结构的安全。

**3.3.8** 钢管水平安装的支、吊架间距不应大于表3.3.8 的规定。

**表 3.3.8　钢管管道支架的最大间距**

| 公称直径（mm） | | 15 | 20 | 25 | 32 | 40 | 50 | 70 | 80 | 100 | 125 | 150 | 200 | 250 | 300 |
| --- | --- | --- | --- | --- | --- | --- | --- | --- | --- | --- | --- | --- | --- | --- | --- |
| 支架的最大间距（m） | 保温管 | 2 | 2.5 | 2.5 | 2.5 | 3 | 3 | 4 | 4 | 4.5 | 6 | 7 | 7 | 8 | 8.5 |
| | 不保温管 | 2.5 | 3 | 3.5 | 4 | 4.5 | 5 | 6 | 6.5 | 7 | 8 | 9.5 | 11 | 11 | 12 |

**3.3.9** 采暖、给水及热水供应系统的塑料管及复合管垂直或水平安装的支架间距应符合表3.3.9 的规定。采用金属制作的管道支架，应在管道与支架间加衬非金属垫或套管。

**表 3.3.9　塑料管及复合管管道支架的最大间距**

| 管径（mm） | | 12 | 14 | 16 | 18 | 20 | 25 | 32 | 40 | 50 | 63 | 75 | 90 | 110 |
| --- | --- | --- | --- | --- | --- | --- | --- | --- | --- | --- | --- | --- | --- | --- |
| 最大间距（m） | 立管 | 0.5 | 0.6 | 0.7 | 0.8 | 0.9 | 1.0 | 1.1 | 1.3 | 1.6 | 1.8 | 2.0 | 2.2 | 2.4 |
| | 水平管 冷水管 | 0.4 | 0.4 | 0.5 | 0.5 | 0.6 | 0.7 | 0.8 | 0.9 | 1.0 | 1.1 | 1.2 | 1.35 | 1.55 |
| | 水平管 热水管 | 0.2 | 0.2 | 0.25 | 0.3 | 0.3 | 0.35 | 0.4 | 0.5 | 0.6 | 0.7 | 0.8 | | |

**3.3.10** 铜管垂直或水平安装的支架间距应符合表3.3.10 的规定。

表 3.3.10 　　铜管管道支架的最大间距

| 公称直径 (mm) | | 15 | 20 | 25 | 32 | 40 | 50 | 65 | 80 | 100 | 125 | 150 | 200 |
|---|---|---|---|---|---|---|---|---|---|---|---|---|---|
| 支架的最大间距 (m) | 垂直管 | 1.8 | 2.4 | 2.4 | 3.0 | 3.0 | 3.0 | 3.5 | 3.5 | 3.5 | 3.5 | 4.0 | 4.0 |
| | 水平管 | 1.2 | 1.8 | 1.8 | 2.4 | 2.4 | 2.4 | 3.0 | 3.0 | 3.0 | 3.0 | 3.5 | 3.5 |

**3.3.11** 采暖、给水及热水供应系统的金属管道立管管卡安装应符合下列规定：

**1** 楼层高度小于或等于 5m，每层必须安装 1个。

**2** 楼层高度大于 5m，每层不得少于 2 个。

**3** 管卡安装高度，距地面应为 1.5～1.8m，2 个以上管卡应匀称安装，同一房间管卡应安装在同一高度上。

**3.3.12** 管道及管道支墩（座），严禁铺设在冻土和未经处理的松土上。

**3.3.13** 管道穿过墙壁和楼板，应设置金属或塑料套管。安装在楼板内的套管，其顶部应高出装饰地面20mm；安装在卫生间及厨房内的套管，其顶部应高出装饰地面50mm，底部应与楼板底面相平；安装在墙壁内的套管其两端与饰面相平。穿过楼板的套管与管道之间缝隙应用阻燃密实材料和防水油膏填实，端面光滑。穿墙套管与管道之间缝隙宜用阻燃密实材料填实，且端面应光滑。管道的接口不得设在套管内。

**3.3.14** 弯制钢管，弯曲半径应符合下列规定：

**1** 热弯：应不小于管道外径的 3.5 倍。

**2** 冷弯：应不小于管道外径的 4 倍。

**3** 焊接弯头：应不小于管道外径的 1.5 倍。

**4** 冲压弯头：应不小于管道外径。

**3.3.15** 管道接口应符合下列规定：

**1** 管道采用粘接接口，管端插入承口的深度不得小于表 3.3.15 的规定。

表 3.3.15 　　管端插入承口的深度

| 公称直径 (mm) | 20 | 25 | 32 | 40 | 50 | 75 | 100 | 125 | 150 |
|---|---|---|---|---|---|---|---|---|---|
| 插入深度 (mm) | 16 | 19 | 22 | 26 | 31 | 44 | 61 | 69 | 80 |

**2** 熔接连接管道的结合面应有一均匀的熔接圈，不得出现局部熔瘤或熔接圈凹凸不匀现象。

**3** 采用橡胶圈接口的管道，允许沿曲线敷设，每个接口的最大偏转角不得超过 2°。

**4** 法兰连接时衬垫不得凸入管内，其外边缘接近螺栓孔为宜。不得安放双垫或偏垫。

**5** 连接法兰的螺栓，直径和长度应符合标准，拧紧后，突出螺母的长度不应大于螺杆直径的 1/2。

**6** 螺纹连接管道安装后的管螺纹根部应有 2～3扣的外露螺纹，多余的麻丝应清理干净并做防腐处理。

**7** 承插口采用水泥捻口时，油麻必须清洁、填塞密实，水泥应捻入并密实饱满，其接口面凹入承口边缘的深度不得大于2mm。

**8** 卡箍（套）式连接两管口端应平整、无缝隙，沟槽应均匀，卡紧螺栓后管道应平直，卡箍（套）安装方向应一致。

**3.3.16** 各种承压管道系统和设备应做水压试验，非承压管道系统和设备应做灌水试验。

# 4 室内给水系统安装

## 4.1 一般规定

**4.1.1** 本章适用于工作压力不大于 1.0MPa 的室内给水和消火栓系统管道安装工程的质量检验与验收。

**4.1.2** 给水管道必须采用与管材相适应的管件。生活给水系统所涉及的材料必须达到饮用水卫生标准。

**4.1.3** 管径小于或等于 100mm 的镀锌钢管应采用螺纹连接，套丝扣时破坏的镀锌层表面及外露螺纹部分应做防腐处理；管径大于 100mm 的镀锌钢管应采用法兰或卡套式专用管件连接，镀锌钢管与法兰的焊接处应二次镀锌。

**4.1.4** 给水塑料管和复合管可以采用橡胶圈接口、粘接接口、热熔连接、专用管件连接及法兰连接等形式。塑料管和复合管与金属管件、阀门等的连接应使用专用管件连接，不得在塑料管上套丝。

**4.1.5** 给水铸铁管管道应采用水泥捻口或橡胶圈接口方式进行连接。

**4.1.6** 铜管连接可采用专用接头或焊接，当管径小于22mm 时宜采用承插或套管焊接，承口应迎介质流向安装；当管径大于或等于22mm 时宜采用对口焊接。

**4.1.7** 给水立管和装有 3 个或 3 个以上配水点的支管始端，均应安装可拆卸的连接件。

**4.1.8** 冷、热水管道同时安装应符合下列规定：

**1** 上、下平行安装时热水管应在冷水管上方。

**2** 垂直平行安装时热水管应在冷水管左侧。

## 4.2 给水管道及配件安装

### 主控项目

**4.2.1** 室内给水管道的水压试验必须符合设计要求。当设计未注明时，各种材质的给水管道系统试验压力均为工作压力的 1.5 倍，但不得小于 0.6MPa。

检验方法：金属及复合管给水管道系统在试验压力下观测 10min，压力降不应大于 0.02MPa，然后降到工作压力进行检查，应不渗不漏；塑料管给水系统应在试验压力下稳压 1h，压力降不得超过 0.05MPa，然后在工作压力的 1.15 倍状态下稳压 2h，压力降不得超过 0.03MPa，同时检查各连接处不得渗漏。

**4.2.2** 给水系统交付使用前必须进行通水试验并做好记录。

检验方法：观察和开启阀门、水嘴等放水。

**4.2.3** 生活给水系统管道在交付使用前必须冲洗和消毒，并经有关部门取样检验，符合国家《生活饮用水标准》方可使用。

检验方法：检查有关部门提供的检测报告。

**4.2.4** 室内直埋给水管道（塑料管道和复合管道除外）应做防腐处理。埋地管道防腐层材质和结构应符合设计要求。

检验方法：观察或局部解剖检查。

一 般 项 目

**4.2.5** 给水引入管与排水排出管的水平净距不得小于 1m。室内给水与排水管道平行敷设时，两管间的最小水平净距不得小于 0.5m；交叉铺设时，垂直净距不得小于 0.15m。给水管应铺在排水管上面，若给水管必须铺在排水管的下面时，给水管应加套管，其长度不得小于排水管管径的 3 倍。

检验方法：尺量检查。

**4.2.6** 管道及管件焊接的焊缝表面质量应符合下列要求：

**1** 焊缝外形尺寸应符合图纸和工艺文件的规定，焊缝高度不得低于母材表面，焊缝与母材应圆滑过渡。

**2** 焊缝及热影响区表面应无裂纹、未熔合、未焊透、夹渣、弧坑和气孔等缺陷。

检验方法：观察检查。

**4.2.7** 给水水平管道应有 2‰～5‰ 的坡度坡向泄水装置。

检验方法：水平尺和尺量检查。

**4.2.8** 给水管道和阀门安装的允许偏差应符合表 4.2.8 的规定。

表 4.2.8 管道和阀门安装的允许偏差和检验方法

| 项次 | 项 | 目 | | 允许偏差（mm） | 检验方法 |
|---|---|---|---|---|---|
| 1 | 水平管道纵横方向弯曲 | 钢管 | 每米<br>全长 25m 以上 | 1<br>▷25 | 用水平尺、直尺、拉线和尺量检查 |
| | | 塑料管复合管 | 每米<br>全长 25m 以上 | 1.5<br>▷25 | |
| | | 铸铁管 | 每米<br>全长 25m 以上 | 2<br>▷25 | |
| 2 | 立管垂直度 | 钢管 | 每米<br>5m 以上 | 3<br>▷8 | 吊线和尺量检查 |
| | | 塑料管复合管 | 每米<br>5m 以上 | 2<br>▷8 | |
| | | 铸铁管 | 每米<br>5m 以上 | 3<br>▷10 | |
| 3 | 成排管段和成排阀门 | | 在同一平面上间距 | 3 | 尺量检查 |

**4.2.9** 管道的支、吊架安装应平整牢固，其间距应符合本规范第 3.3.8 条、第 3.3.9 条或第 3.3.10 条的规定。

检验方法：观察、尺量及手扳检查。

**4.2.10** 水表应安装在便于检修、不受曝晒、污染和冻结的地方。安装螺翼式水表，表前与阀门应有不小于 8 倍水表接口直径的直线管段。表外壳距墙表面净距为 10～30mm；水表进水口中心标高按设计要求，允许偏差为 ±10mm。

检验方法：观察和尺量检查。

### 4.3 室内消火栓系统安装

主 控 项 目

**4.3.1** 室内消火栓系统安装完成后应取屋顶层（或水箱间内）试验消火栓和首层取二处消火栓做试射试验，达到设计要求为合格。

检验方法：实地试射检查。

一 般 项 目

**4.3.2** 安装消火栓水龙带，水龙带与水枪和快速接头绑扎好后，应根据箱内构造将水龙带挂放在箱内的挂钉、托盘或支架上。

检验方法：观察检查。

**4.3.3** 箱式消火栓的安装应符合下列规定：

**1** 栓口应朝外，并不应安装在门轴侧。

**2** 栓口中心距地面为 1.1m，允许偏差 ±20mm。

**3** 阀门中心距箱侧面为 140mm，距箱后内表面为 100mm，允许偏差 ±5mm。

**4** 消火栓箱体安装的垂直度允许偏差为 3mm。

检验方法：观察和尺量检查。

### 4.4 给水设备安装

主 控 项 目

**4.4.1** 水泵就位前的基础混凝土强度、坐标、标高、尺寸和螺栓孔位置必须符合设计规定。

检验方法：对照图纸用仪器和尺量检查。

**4.4.2** 水泵试运转的轴承温升必须符合设备说明书的规定。

检验方法：温度计实测检查。

**4.4.3** 敞口水箱的满水试验和密闭水箱（罐）的水压试验必须符合设计与本规范的规定。

检验方法：满水试验静置 24h 观察，不渗不漏；水压试验在试验压力下 10min 压力不降，不渗不漏。

一 般 项 目

**4.4.4** 水箱支架或底座安装，其尺寸及位置应符合设计规定，埋设平整牢固。

检验方法：对照图纸，尺量检查。

**4.4.5** 水箱溢流管和泄放管应设置在排水地点附近但不得与排水管直接连接。

检验方法：观察检查。

**4.4.6** 立式水泵的减振装置不应采用弹簧减振器。

检验方法：观察检查。

**4.4.7** 室内给水设备安装的允许偏差应符合表4.4.7的规定。

**表 4.4.7    室内给水设备安装的允许偏差和检验方法**

| 项次 | 项 目 | | 允许偏差（mm） | 检 验 方 法 |
|---|---|---|---|---|
| 1 | 静置设备 | 坐 标 | 15 | 经纬仪或拉线、尺量 |
| | | 标 高 | ±5 | 用水准仪、拉线和尺量检查 |
| | | 垂直度（每米） | 5 | 吊线和尺量检查 |
| 2 | 离心式水泵 | 立式泵体垂直度（每米） | 0.1 | 水平尺和塞尺检查 |
| | | 卧式泵体水平度（每米） | 0.1 | 水平尺和塞尺检查 |
| | 联轴器同心度 | 轴向倾斜（每米） | 0.8 | 在联轴器互相垂直的四个位置上用水准仪、百分表或测微螺钉和塞尺检查 |
| | | 径向位移 | 0.1 | |

**4.4.8** 管道及设备保温层的厚度和平整度的允许偏差应符合表4.4.8的规定。

**表 4.4.8    管道及设备保温的允许偏差和检验方法**

| 项次 | 项 目 | | 允许偏差（mm） | 检 验 方 法 |
|---|---|---|---|---|
| 1 | 厚 度 | | $+0.1\delta$ $-0.05\delta$ | 用钢针刺入 |
| 2 | 表面平整度 | 卷 材 | 5 | 用2m靠尺和楔形塞尺检查 |
| | | 涂 抹 | 10 | |

注：$\delta$ 为保温层厚度。

# 5 室内排水系统安装

## 5.1 一般规定

**5.1.1** 本章适用于室内排水管道、雨水管道安装工程的质量检验与验收。

**5.1.2** 生活污水管道应使用塑料管、铸铁管或混凝土管（由成组洗脸盆或饮用喷水器到共用水封之间的排水管和连接卫生器具的排水短管，可使用钢管）。

雨水管道宜使用塑料管、铸铁管、镀锌和非镀锌钢管或混凝土管等。

悬吊式雨水管道应选用钢管、铸铁管或塑料管。

易受振动的雨水管道（如锻造车间等）应使用钢管。

## 5.2 排水管道及配件安装

### 主控项目

**5.2.1** 隐蔽或埋地的排水管道在隐蔽前必须做灌水试验，其灌水高度应不低于底层卫生器具的上边缘或底层地面高度。

检验方法：满水15min水面下降后，再灌满观察5min，液面不降，管道及接口无渗漏为合格。

**5.2.2** 生活污水铸铁管道的坡度必须符合设计或本规范表5.2.2的规定。

**表 5.2.2    生活污水铸铁管道的坡度**

| 项次 | 管径（mm） | 标准坡度（‰） | 最小坡度（‰） |
|---|---|---|---|
| 1 | 50 | 35 | 25 |
| 2 | 75 | 25 | 15 |
| 3 | 100 | 20 | 12 |
| 4 | 125 | 15 | 10 |
| 5 | 150 | 10 | 7 |
| 6 | 200 | 8 | 5 |

检验方法：水平尺、拉线尺量检查。

**5.2.3** 生活污水塑料管道的坡度必须符合设计或本规范表5.2.3的规定。

**表 5.2.3    生活污水塑料管道的坡度**

| 项次 | 管径（mm） | 标准坡度（‰） | 最小坡度（‰） |
|---|---|---|---|
| 1 | 50 | 25 | 12 |
| 2 | 75 | 15 | 8 |
| 3 | 110 | 12 | 6 |
| 4 | 125 | 10 | 5 |
| 5 | 160 | 7 | 4 |

检验方法：水平尺、拉线尺量检查。

**5.2.4** 排水塑料管必须按设计要求及位置装设伸缩节。如设计无要求时，伸缩节间距不得大于4m。

高层建筑中明设排水塑料管道应按设计要求设置阻火圈或防火套管。

检验方法：观察检查。

**5.2.5** 排水主立管及水平干管管道均应做通球试验，通球球径不小于排水管道管径的2/3，通球率必须达到100%。

检查方法：通球检查。

### 一般项目

**5.2.6** 在生活污水管道上设置的检查口或清扫口，当设计无要求时应符合下列规定：

**1** 在立管上应每隔一层设置一个检查口，但在最底层和有卫生器具的最高层必须设置。如为两层建筑时，可仅在底层设置立管检查口；如有乙字弯管时，则在该层乙字弯管的上部设置检查口。检查口中心高度距操作地面一般为1m，允许偏差±20mm；检查口的朝向应便于检修。暗装立管，在检查口处应安装检修门。

    **2** 在连接2个及2个以上大便器或3个及3个以上卫生器具的污水横管上应设置清扫口。当污水管在楼板下悬吊敷设时，可将清扫口设在上一层楼地面上，污水管起点的清扫口与管道相垂直的墙面距离不得小于200mm；若污水管起点设置堵头代替清扫口时，与墙面距离不得小于400mm。

    **3** 在转角小于135°的污水横管上，应设置检查口或清扫口。

    **4** 污水横管的直线管段，应按设计要求的距离设置检查口或清扫口。

    检验方法：观察和尺量检查。

**5.2.7** 埋在地下或地板下的排水管道的检查口，应设在检查井内。井底表面标高与检查口的法兰相平，井底表面应有5%坡度，坡向检查口。

    检验方法：尺量检查。

**5.2.8** 金属排水管道上的吊钩或卡箍应固定在承重结构上。固定件间距：横管不大于2m；立管不大于3m。楼层高度小于或等于4m，立管可安装1个固定件。立管底部的弯管处应设支墩或采取固定措施。

    检验方法：观察和尺量检查。

**5.2.9** 排水塑料管道支、吊架间距应符合表5.2.9的规定。

**表5.2.9 排水塑料管道支吊架最大间距**（单位：m）

| 管径（mm） | 50 | 75 | 110 | 125 | 160 |
|---|---|---|---|---|---|
| 立　管 | 1.2 | 1.5 | 2.0 | 2.0 | 2.0 |
| 横　管 | 0.5 | 0.75 | 1.10 | 1.30 | 1.6 |

    检验方法：尺量检查。

**5.2.10** 排水通气管不得与风道或烟道连接，且应符合下列规定：

    **1** 通气管应高出屋面300mm，但必须大于最大积雪厚度。

    **2** 在通气管出口4m以内有门、窗时，通气管应高出门、窗顶600mm或引向无门、窗一侧。

    **3** 在经常有人停留的平屋顶上，通气管应高出屋面2m，并应根据防雷要求设置防雷装置。

    **4** 屋顶有隔热层应从隔热层板面算起。

    检验方法：观察和尺量检查。

**5.2.11** 安装未经消毒处理的医院含菌污水管道，不得与其他排水管道直接连接。

    检验方法：观察检查。

**5.2.12** 饮食业工艺设备引出的排水管及饮用水水箱的溢流管，不得与污水管道直接连接，并应留出不小于100mm的隔断空间。

    检验方法：观察和尺量检查。

**5.2.13** 通向室外的排水管，穿过墙壁或基础必须下返时，应采用45°三通和45°弯头连接，并应在垂直管段顶部设置清扫口。

    检验方法：观察和尺量检查。

**5.2.14** 由室内通向室外排水检查井的排水管，井内引入管应高于排出管或两管顶相平，并有不小于90°的水流转角，如跌落差大于300mm可不受角度限制。

    检验方法：观察和尺量检查。

**5.2.15** 用于室内排水的水平管道与水平管道、水平管道与立管的连接，应采用45°三通或45°四通和90°斜三通或90°斜四通。立管与排出管端部的连接，应采用两个45°弯头或曲率半径不小于4倍管径的90°弯头。

    检验方法：观察和尺量检查。

**5.2.16** 室内排水管道安装的允许偏差应符合表5.2.16的相关规定。

**表5.2.16 室内排水和雨水管道安装的允许偏差和检验方法**

| 项次 | 项　目 | | | 允许偏差（mm） | 检验方法 |
|---|---|---|---|---|---|
| 1 | 坐　标 | | | 15 | 用水准仪（水平尺）、直尺、拉线和尺量检查 |
| 2 | 标　高 | | | ±15 | |
| 3 | 横管纵横方向弯曲 | 铸铁管 | 每1m | ▷1 | |
| | | | 全长（25m以上） | ▷25 | |
| | | 钢管 | 每1m | 管径小于或等于100mm | 1 | |
| | | | | 管径大于100mm | 1.5 | |
| | | | 全长（25m以上） | 管径小于或等于100mm | ▷25 | |
| | | | | 管径大于100mm | ▷308 | |
| | | 塑料管 | 每1m | 1.5 | |
| | | | 全长（25m以上） | ▷38 | |
| | | 钢筋混凝土管、混凝土管 | 每1m | 3 | |
| | | | 全长（25m以上） | ▷75 | |
| 4 | 立管垂直度 | 铸铁管 | 每1m | 3 | 吊线和尺量检查 |
| | | | 全长（5m以上） | ▷15 | |
| | | 钢管 | 每1m | 3 | |
| | | | 全长（5m以上） | ▷10 | |
| | | 塑料管 | 每1m | 3 | |
| | | | 全长（5m以上） | ▷15 | |

## 5.3 雨水管道及配件安装

**主 控 项 目**

**5.3.1** 安装在室内的雨水管道安装后应做灌水试验，灌水高度必须到每根立管上部的雨水斗。

检验方法：灌水试验持续1h，不渗不漏。

**5.3.2** 雨水管道如采用塑料管，其伸缩节安装应符合设计要求。

检验方法：对照图纸检查。

**5.3.3** 悬吊式雨水管道的敷设坡度不得小于5‰；埋地雨水管道的最小坡度，应符合表5.3.3的规定。

表5.3.3 地下埋设雨水排水管道的最小坡度

| 项 次 | 管 径 (mm) | 最小坡度 (‰) |
|---|---|---|
| 1 | 50 | 20 |
| 2 | 75 | 15 |
| 3 | 100 | 8 |
| 4 | 125 | 6 |
| 5 | 150 | 5 |
| 6 | 200~400 | 4 |

检验方法：水平尺、拉线尺量检查。

**一 般 项 目**

**5.3.4** 雨水管道不得与生活污水管道相连接。

检验方法：观察检查。

**5.3.5** 雨水斗管的连接应固定在屋面承重结构上。雨水斗边缘与屋面相连处应严密不漏。连接管管径当设计无要求时，不得小于100mm。

检验方法：观察和尺量检查。

**5.3.6** 悬吊式雨水管道的检查口或带法兰堵口的三通的间距不得大于表5.3.6的规定。

表5.3.6 悬吊管检查口间距

| 项 次 | 悬吊管直径 (mm) | 检查口间距 (m) |
|---|---|---|
| 1 | ≤150 | ▷15 |
| 2 | ≥200 | ▷20 |

检验方法：拉线、尺量检查。

**5.3.7** 雨水管道安装的允许偏差应符合本规范表5.2.16的规定。

**5.3.8** 雨水钢管管道焊接的焊口允许偏差应符合表5.3.8的规定。

表5.3.8 钢管管道焊口允许偏差和检验方法

| 项次 | 项 目 | | 允许偏差 | 检验方法 |
|---|---|---|---|---|
| 1 | 焊口平直度 | 管壁厚10mm以内 | 管壁厚1/4 | 焊接检验尺和游标卡尺检查 |
| 2 | 焊缝加强面 | 高 度 | +1mm | |
| | | 宽 度 | | |
| 3 | 咬边 | 深 度 | 小于0.5mm | 直尺检查 |
| | | 长度 连续长度 | 25mm | |
| | | 总长度(两侧) | 小于焊缝长度的10% | |

## 6 室内热水供应系统安装

### 6.1 一 般 规 定

**6.1.1** 本章适用于工作压力不大于1.0MPa，热水温度不超过75℃的室内热水供应管道安装工程的质量检验与验收。

**6.1.2** 热水供应系统的管道应采用塑料管、复合管、镀锌钢管和铜管。

**6.1.3** 热水供应系统管道及配件安装应按本规范第4.2节的相关规定执行。

### 6.2 管道及配件安装

**主 控 项 目**

**6.2.1** 热水供应系统安装完毕，管道保温之前应进行水压试验。试验压力应符合设计要求。当设计未注明时，热水供应系统水压试验压力应为系统顶点的工作压力加0.1MPa，同时在系统顶点的试验压力不小于0.3MPa。

检验方法：钢管或复合管道系统试验压力下10min内压力降不大于0.02MPa，然后降至工作压力检查，压力应不降，且不渗不漏；塑料管道系统在试验压力下稳压1h，压力降不得超过0.05MPa，然后在工作压力1.15倍状态下稳压2h，压力降不得超过0.03MPa，连接处不得渗漏。

**6.2.2** 热水供应管道应尽量利用自然弯补偿热伸缩，直线段过长则应设置补偿器。补偿器型式、规格、位置应符合设计要求，并按有关规定进行预拉伸。

检验方法：对照设计图纸检查。

**6.2.3** 热水供应系统竣工后必须进行冲洗。

检验方法：现场观察检查。

**一 般 项 目**

**6.2.4** 管道安装坡度应符合设计规定。

检验方法：水平尺、拉线尺量检查。

**6.2.5** 温度控制器及阀门应安装在便于观察和维护的位置。

检验方法：观察检查。

**6.2.6** 热水供应管道和阀门安装的允许偏差应符合本规范表4.2.8的规定。

**6.2.7** 热水供应系统管道应保温（浴室内明装管道除外），保温材料、厚度、保护壳等应符合设计规定。保温层厚度和平整度的允许偏差应符合本规范表4.4.8的规定。

## 6.3 辅助设备安装

### 主 控 项 目

**6.3.1** 在安装太阳能集热器玻璃前，应对集热排管和上、下集管作水压试验，试验压力为工作压力的 1.5 倍。

检验方法：试验压力下 10min 内压力不降，不渗不漏。

**6.3.2** 热交换器应以工作压力的 1.5 倍作水压试验。蒸汽部分应不低于蒸汽供汽压力加 0.3MPa；热水部分应不低于0.4MPa。

检验方法：试验压力下10min内压力不降，不渗不漏。

**6.3.3** 水泵就位前的基础混凝土强度、坐标、标高、尺寸和螺栓孔位置必须符合设计要求。

检验方法：对照图纸用仪器和尺量检查。

**6.3.4** 水泵试运转的轴承温升必须符合设备说明书的规定。

检验方法：温度计实测检查。

**6.3.5** 敞口水箱的满水试验和密闭水箱（罐）的水压试验必须符合设计与本规范的规定。

检验方法：满水试验静置 24h，观察不渗不漏；水压试验在试验压力下 10min 压力不降，不渗不漏。

### 一 般 项 目

**6.3.6** 安装固定式太阳能热水器，朝向应正南。如受条件限制时，其偏移角不得大于15°。集热器的倾角，对于春、夏、秋三个季节使用的，应采用当地纬度为倾角；若以夏季为主，可比当地纬度减少10°。

检验方法：观察和分度仪检查。

**6.3.7** 由集热器上、下集管接往热水箱的循环管道，应有不小于 5‰ 的坡度。

检验方法：尺量检查。

**6.3.8** 自然循环的热水箱底部与集热器上集管之间的距离为 0.3～1.0m。

检验方法：尺量检查。

**6.3.9** 制作吸热钢板凹槽时，其圆度应准确，间距应一致。安装集热排管时，应用卡箍和钢丝紧固在钢板凹槽内。

检验方法：手扳和尺量检查。

**6.3.10** 太阳能热水器的最低处应安装泄水装置。

检验方法：观察检查。

**6.3.11** 热水箱及上、下集管等循环管道均应保温。

检验方法：观察检查。

**6.3.12** 凡以水作介质的太阳能热水器，在0℃以下地区使用，应采取防冻措施。

检验方法：观察检查。

**6.3.13** 热水供应辅助设备安装的允许偏差应符合

本规范表4.4.7的规定。

**6.3.14** 太阳能热水器安装的允许偏差应符合表 6.3.14 的规定。

**表 6.3.14 太阳能热水器安装的允许偏差和检验方法**

| 项　　目 | | | 允许偏差 | 检验方法 |
|---|---|---|---|---|
| 板式直管太阳能热水器 | 标　高 | 中心线距地面（mm） | ±20 | 尺　量 |
| | 固定安装朝向 | 最大偏移角 | 不大于15° | 分度仪检查 |

# 7　卫生器具安装

## 7.1　一 般 规 定

**7.1.1** 本章适用于室内污水盆、洗涤盆、洗脸（手）盆、盥洗槽、浴盆、淋浴器、大便器、小便器、小便槽、大便冲洗槽、妇女卫生盆、化验盆、排水栓、地漏、加热器、煮沸消毒器和饮水器等卫生器具安装的质量检验与验收。

**7.1.2** 卫生器具的安装应采用预埋螺栓或膨胀螺栓安装固定。

**7.1.3** 卫生器具安装高度如设计无要求时，应符合表 7.1.3 的规定。

**表 7.1.3　卫生器具的安装高度**

| 项次 | 卫生器具名称 | | 卫生器具安装高度（mm） | | 备　注 |
|---|---|---|---|---|---|
| | | | 居住和公共建筑 | 幼儿园 | |
| 1 | 污水盆（池） | 架空式落地式 | 800 500 | 800 500 | |
| 2 | 洗涤盆（池） | | 800 | 800 | |
| 3 | 洗脸盆、洗手盆（有塞、无塞） | | 800 | 500 | 自地面至器具上边缘 |
| 4 | 盥洗槽 | | 800 | 500 | |
| 5 | 浴　盆 | | ▷520 | | |
| 6 | 蹲式大便器 | 高水箱 低水箱 | 1800 900 | 1800 900 | 自台阶面至高水箱底 自台阶面至低水箱底 |
| 7 | 坐式大便器 | 高水箱 | 1800 | 1800 | 自地面至高水箱底 |
| | | 低水箱 外露排水管式 虹吸喷射式 | 510 470 | 370 | 自地面至低水箱底 |
| 8 | 小便器 | 挂　式 | 600 | 450 | 自地面至下边缘 |
| 9 | 小便槽 | | 200 | 150 | 自地面至台阶面 |
| 10 | 大便槽冲洗水箱 | | ≮2000 | | 自台阶面至水箱底 |
| 11 | 妇女卫生盆 | | 360 | | 自地面至器具上边缘 |
| 12 | 化验盆 | | 800 | | 自地面至器具上边缘 |

**7.1.4** 卫生器具给水配件的安装高度，如设计无要求时，应符合表7.1.4的规定。

表7.1.4 卫生器具给水配件的安装高度

| 项次 | 给水配件名称 | | 配件中心距地面高度（mm） | 冷热水龙头距离（mm） |
|---|---|---|---|---|
| 1 | 架空式污水盆（池）水龙头 | | 1000 | — |
| 2 | 落地式污水盆（池）水龙头 | | 800 | — |
| 3 | 洗涤盆（池）水龙头 | | 1000 | 150 |
| 4 | 住宅集中给水龙头 | | 1000 | — |
| 5 | 洗手盆水龙头 | | 1000 | — |
| 6 | 洗脸盆 | 水龙头（上配水） | 1000 | 150 |
| | | 水龙头（下配水） | 800 | 150 |
| | | 角阀（下配水） | 450 | — |
| 7 | 盥洗槽 | 水龙头 | 1000 | 150 |
| | | 冷热水管上下并行 其中热水龙头 | 1100 | 150 |
| 8 | 浴盆 | 水龙头（上配水） | 670 | 150 |
| 9 | 淋浴器 | 截止阀 | 1150 | 95 |
| | | 混合阀 | 1150 | |
| | | 淋浴喷头下沿 | 2100 | |
| 10 | 蹲式大便器（台阶面算起） | 高水箱角阀及截止阀 | 2040 | |
| | | 低水箱角阀 | 250 | — |
| | | 手动式自闭冲洗阀 | 600 | — |
| | | 脚踏式自闭冲洗阀 | 150 | — |
| | | 拉管式冲洗阀（从地面算起） | 1600 | — |
| | | 带防污助冲器阀门（从地面算起） | 900 | — |
| 11 | 坐式大便器 | 高水箱角阀及截止阀 | 2040 | |
| | | 低水箱角阀 | 150 | — |
| 12 | 大便槽冲洗水箱截止阀（从台阶面算起） | | ≥2400 | — |
| 13 | 立式小便器角阀 | | 1130 | — |
| 14 | 挂式小便器角阀及截止阀 | | 1050 | — |
| 15 | 小便槽多孔冲洗管 | | 1100 | — |
| 16 | 实验室化验水龙头 | | 1000 | — |
| 17 | 妇女卫生盆混合阀 | | 360 | |

注：装设在幼儿园内的洗手盆、洗脸盆和盥洗槽水嘴中心离地面安装高度应为700mm，其他卫生器具给水配件的安装高度，应按卫生器具实际尺寸相应减少。

## 7.2 卫生器具安装

### 主控项目

**7.2.1** 排水栓和地漏的安装应平正、牢固，低于排水表面，周边无渗漏。地漏水封高度不得小于50mm。

检验方法：试水观察检查。

**7.2.2** 卫生器具交工前应做满水和通水试验。

检验方法：满水后各连接件不渗不漏；通水试验给、排水畅通。

### 一般项目

**7.2.3** 卫生器具安装的允许偏差应符合表7.2.3的规定。

表7.2.3 卫生器具安装的允许偏差和检验方法

| 项次 | 项目 | | 允许偏差（mm） | 检验方法 |
|---|---|---|---|---|
| 1 | 坐标 | 单独器具 | 10 | 拉线、吊线和尺量检查 |
| | | 成排器具 | 5 | |
| 2 | 标高 | 单独器具 | ±15 | |
| | | 成排器具 | ±10 | |
| 3 | 器具水平度 | | 2 | 用水平尺和尺量检查 |
| 4 | 器具垂直度 | | 3 | 吊线和尺量检查 |

**7.2.4** 有饰面的浴盆，应留有通向浴盆排水口的检修门。

检验方法：观察检查。

**7.2.5** 小便槽冲洗管，应采用镀锌钢管或硬质塑料管。冲洗孔应斜向下方安装，冲洗水流同墙面成45°角。镀锌钢管钻孔后应进行二次镀锌。

检验方法：观察检查。

**7.2.6** 卫生器具的支、托架必须防腐良好，安装平整、牢固，与器具接触紧密、平稳。

检验方法：观察和手扳检查。

## 7.3 卫生器具给水配件安装

### 主控项目

**7.3.1** 卫生器具给水配件应完好无损伤，接口严密，启闭部分灵活。

检验方法：观察及手扳检查。

### 一般项目

**7.3.2** 卫生器具给水配件安装标高的允许偏差应符合表7.3.2的规定。

**7.3.3** 浴盆软管淋浴器挂钩的高度，如设计无要求，应距地面1.8m。

检验方法：尺量检查。

## 表7.3.2 卫生器具给水配件安装标高的允许偏差和检验方法

| 项次 | 项　　目 | 允许偏差（mm） | 检验方法 |
|---|---|---|---|
| 1 | 大便器高、低水箱角阀及截止阀 | ±10 | 尺量检查 |
| 2 | 水嘴 | ±10 | |
| 3 | 淋浴器喷头下沿 | ±15 | |
| 4 | 浴盆软管淋浴器挂钩 | ±20 | |

### 7.4 卫生器具排水管道安装

#### 主控项目

**7.4.1** 与排水横管连接的各卫生器具的受水口和立管均应采取妥善可靠的固定措施；管道与楼板的接合部位应采取牢固可靠的防渗、防漏措施。

　　检验方法：观察和手扳检查。

**7.4.2** 连接卫生器具的排水管道接口应紧密不漏，其固定支架、管卡等支撑位置应正确、牢固，与管道的接触应平整。

　　检验方法：观察及通水检查。

#### 一般项目

**7.4.3** 卫生器具排水管道安装的允许偏差应符合表7.4.3的规定。

#### 表7.4.3 卫生器具排水管道安装的允许偏差及检验方法

| 项次 | 检查项目 | | 允许偏差（mm） | 检验方法 |
|---|---|---|---|---|
| 1 | 横管弯曲度 | 每1m长 | 2 | 用水平尺量检查 |
| | | 横管长度≤10m，全长 | <8 | |
| | | 横管长度>10m，全长 | 10 | |
| 2 | 卫生器具的排水管口及横支管的纵横坐标 | 单独器具 | 10 | 用尺量检查 |
| | | 成排器具 | 5 | |
| 3 | 卫生器具的接口标高 | 单独器具 | ±10 | 用水平尺和尺量检查 |
| | | 成排器具 | ±5 | |

**7.4.4** 连接卫生器具的排水管管径和最小坡度，如设计无要求时，应符合表7.4.4的规定。

### 表7.4.4 连接卫生器具的排水管管径和最小坡度

| 项次 | 卫生器具名称 | | 排水管管径（mm） | 管道的最小坡度（‰） |
|---|---|---|---|---|
| 1 | 污水盆（池） | | 50 | 25 |
| 2 | 单、双格洗涤盆（池） | | 50 | 25 |
| 3 | 洗手盆、洗脸盆 | | 32～50 | 20 |
| 4 | 浴盆 | | 50 | 20 |
| 5 | 淋浴器 | | 50 | 20 |
| 6 | 大便器 | 高、低水箱 | 100 | 12 |
| | | 自闭式冲洗阀 | 100 | 12 |
| | | 拉管式冲洗阀 | 100 | 12 |
| 7 | 小便器 | 手动、自闭式冲洗阀 | 40～50 | 20 |
| | | 自动冲洗水箱 | 40～50 | 20 |
| 8 | 化验盆（无塞） | | 40～50 | 25 |
| 9 | 净身器 | | 40～50 | 20 |
| 10 | 饮水器 | | 20～50 | 10～20 |
| 11 | 家用洗衣机 | | 50（软管为30） | |

　　检验方法：用水平尺和尺量检查。

## 8 室内采暖系统安装

### 8.1 一般规定

**8.1.1** 本章适用于饱和蒸汽压力不大于0.7MPa，热水温度不超过130℃的室内采暖系统安装工程的质量检验与验收。

**8.1.2** 焊接钢管的连接，管径小于或等于32mm，应采用螺纹连接；管径大于32mm，采用焊接。镀锌钢管的连接见本规范第4.1.3条。

### 8.2 管道及配件安装

#### 主控项目

**8.2.1** 管道安装坡度，当设计未注明时，应符合下列规定：

　　**1** 气、水同向流动的热水采暖管道和汽、水同向流动的蒸汽管道及凝结水管道，坡度应为3‰，不得小于2‰；

　　**2** 气、水逆向流动的热水采暖管道和汽、水逆向流动的蒸汽管道，坡度不应小于5‰；

　　**3** 散热器支管的坡度应为1%，坡向应利于排气和泄水。

　　检验方法：观察，水平尺、拉线、尺量检查。

**8.2.2** 补偿器的型号、安装位置及预拉伸和固定支架的构造及安装位置应符合设计要求。

　　检验方法：对照图纸，现场观察，并查验预拉伸记录。

**8.2.3** 平衡阀及调节阀型号、规格、公称压力及安装位置应符合设计要求。安装完后应根据系统平衡要求进行调试并作出标志。

检验方法：对照图纸查验产品合格证，并现场查看。

**8.2.4** 蒸汽减压阀和管道及设备上安全阀的型号、规格、公称压力及安装位置应符合设计要求。安装完毕后应根据系统工作压力进行调试，并做出标志。

检验方法：对照图纸查验产品合格证及调试结果证明书。

**8.2.5** 方形补偿器制作时，应用整根无缝钢管煨制，如需要接口，其接口应设在垂直臂的中间位置，且接口必须焊接。

检验方法：观察检查。

**8.2.6** 方形补偿器应水平安装，并与管道的坡度一致；如其臂长方向垂直安装必须设排气及泄水装置。

检验方法：观察检查。

一 般 项 目

**8.2.7** 热量表、疏水器、除污器、过滤器及阀门的型号、规格、公称压力及安装位置应符合设计要求。

检验方法：对照图纸查验产品合格证。

**8.2.8** 钢管管焊口尺寸的允许偏差应符合本规范表5.3.8的规定。

**8.2.9** 采暖系统入口装置及分户热计量系统入户装置，应符合设计要求。安装位置应便于检修、维护和观察。

检验方法：现场观察。

**8.2.10** 散热器支管长度超过1.5m时，应在支管上安装管卡。

检验方法：尺量和观察检查。

**8.2.11** 上供下回式系统的热水干管变径应顶平偏心连接，蒸汽干管变径应底平偏心连接。

检验方法：观察检查。

**8.2.12** 在管道干管上焊接垂直或水平分支管道时，干管开孔所产生的钢渣及管壁等废弃物不得残留管内，且分支管道在焊接时不得插入干管内。

检验方法：观察检查。

**8.2.13** 膨胀水箱的膨胀管及循环管上不得安装阀门。

检验方法：观察检查。

**8.2.14** 当采暖热媒为110～130℃的高温水时，管道可拆卸件应使用法兰，不得使用长丝和活接头。法兰垫料应使用耐热橡胶板。

检验方法：观察和查验进料单。

**8.2.15** 焊接钢管管径大于32mm的管道转弯，在作为自然补偿时应使用煨弯。塑料管及复合管除必须使用直角弯头的场合外应使用管道直接弯曲转弯。

检验方法：观察检查。

**8.2.16** 管道、金属支架和设备的防腐和涂漆应附着良好，无脱皮、起泡、流淌和漏涂缺陷。

检验方法：现场观察检查。

**8.2.17** 管道和设备保温的允许偏差应符合本规范表4.4.8的规定。

**8.2.18** 采暖管道安装的允许偏差应符合表8.2.18的规定。

**表8.2.18 采暖管道安装的允许偏差和检验方法**

| 项次 | 项 目 | | | 允许偏差 | 检验方法 |
|---|---|---|---|---|---|
| 1 | 横管道纵、横方向弯曲（mm） | 每1m | 管径≤100mm | 1 | 用水平尺、直尺、拉线和尺量检查 |
| | | | 管径＞100mm | 1.5 | |
| | | 全长（25m以上） | 管径≤100mm | ≯13 | |
| | | | 管径＞100mm | ≯25 | |
| 2 | 立管垂直度（mm） | 每1m | | 2 | 吊线和尺量检查 |
| | | 全长（5m以上） | | ≯10 | |
| 3 | 弯管 | 椭圆率 $\dfrac{D_{max}-D_{min}}{D_{max}}$ | 管径≤100mm | 10% | 用外卡钳和尺量检查 |
| | | | 管径＞100mm | 8% | |
| | | 折皱不平度（mm） | 管径≤100mm | 4 | |
| | | | 管径＞100mm | 5 | |

注：$D_{max}$，$D_{min}$分别为管子最大外径及最小外径。

## 8.3 辅助设备及散热器安装

主 控 项 目

**8.3.1** 散热器组对后，以及整组出厂的散热器在安装之前应作水压试验。试验压力如设计无要求时应为工作压力的1.5倍，但不小于0.6MPa。

检验方法：试验时间为2～3min，压力不降且不渗不漏。

**8.3.2** 水泵、水箱、热交换器等辅助设备安装的质量检验与验收应按本规范第4.4节和第13.6节的相关规定执行。

一 般 项 目

**8.3.3** 散热器组对应平直紧密，组对后的平直度应符合表8.3.3规定。

**表8.3.3 组对后的散热器平直度允许偏差**

| 项次 | 散热器类型 | 片 数 | 允许偏差（mm） |
|---|---|---|---|
| 1 | 长 翼 型 | 2～4 | 4 |
| | | 5～7 | 6 |
| 2 | 铸铁片式钢制片式 | 3～15 | 4 |
| | | 16～25 | 6 |

检验方法：拉线和尺量

**8.3.4** 组对散热器的垫片应符合下列规定：

1 组对散热器垫片应使用成品，组对后垫片外露不应大于1mm。

2 散热器垫片材质当设计无要求时，应采用耐热橡胶。

检验方法：观察和尺量检查。

**8.3.5** 散热器支架、托架安装，位置应准确，埋设牢固。散热器支架、托架数量，应符合设计或产品说明书要求。如设计未注时，则应符合表8.3.5的规定。

**表8.3.5　散热器支架、托架数量**

| 项次 | 散热器型式 | 安装方式 | 每组片数 | 上部托钩或卡架数 | 下部托钩或卡架数 | 合计 |
|---|---|---|---|---|---|---|
| 1 | 长翼型 | 挂墙 | 2～4 | 1 | 2 | 3 |
| | | | 5 | 2 | 2 | 4 |
| | | | 6 | 2 | 3 | 5 |
| | | | 7 | 2 | 4 | 6 |
| 2 | 柱型柱翼型 | 挂墙 | 3～8 | 1 | 2 | 3 |
| | | | 9～12 | 2 | 2 | 4 |
| | | | 13～16 | 2 | 4 | 6 |
| | | | 17～20 | 2 | 5 | 7 |
| | | | 21～25 | 2 | 6 | 8 |
| 3 | 柱型柱翼型 | 带足落地 | 3～8 | 1 | — | 1 |
| | | | 8～12 | 1 | — | 2 |
| | | | 13～16 | 2 | — | 2 |
| | | | 17～20 | 2 | — | 2 |
| | | | 21～25 | 2 | — | 2 |

检验方法：现场清点检查

**8.3.6** 散热器背面与装饰后的墙内表面安装距离，应符合设计或产品说明书要求。如设计未注明，应为30mm。

检验方法：尺量检查。

**8.3.7** 散热器安装允许偏差应符合表8.3.7的规定。

**表8.3.7　散热器安装允许偏差和检验方法**

| 项次 | 项目 | 允许偏差（mm） | 检验方法 |
|---|---|---|---|
| 1 | 散热器背面与墙内表面距离 | 3 | 尺量 |
| 2 | 与窗中心线或设计定位尺寸 | 20 | |
| 3 | 散热器垂直度 | 3 | 吊线和尺量 |

**8.3.8** 铸铁或钢制散热器表面的防腐及面漆应附着良好，色泽均匀，无脱落、起泡、流淌和漏涂缺陷。

检验方法：现场观察。

### 8.4　金属辐射板安装

**主控项目**

**8.4.1** 辐射板在安装前应作水压试验，如设计无要求时试验压力应为工作压力1.5倍，但不得小于

0.6MPa。

检验方法：试验压力下2～3min压力不降且不渗不漏。

**8.4.2** 水平安装的辐射板应有不小于5‰的坡度坡向回水管。

检验方法：水平尺、拉线和尺量检查。

**8.4.3** 辐射板管道及带状辐射板之间的连接，应使用法兰连接。

检验方法：观察检查。

### 8.5　低温热水地板辐射采暖系统安装

**主控项目**

**8.5.1** 地面下敷设的盘管埋地部分不应有接头。

检验方法：隐蔽前现场查看。

**8.5.2** 盘管隐蔽前必须进行水压试验，试验压力为工作压力的1.5倍，但不小于0.6MPa。

检验方法：稳压1h内压力降不大于0.05MPa且不渗不漏。

**8.5.3** 加热盘管弯曲部分不得出现硬折弯现象，曲率半径应符合下列规定：

1　塑料管：不应小于管道外径的8倍。

2　复合管：不应小于管道外径的5倍。

检验方法：尺量检查

**一般项目**

**8.5.4** 分、集水器型号、规格、公称压力及安装位置、高度等应符合设计要求。

检验方法：对照图纸及产品说明书，尺量检查。

**8.5.5** 加热盘管管径、间距和长度应符合设计要求。间距偏差不大于±10mm。

检验方法：拉线和尺量检查。

**8.5.6** 防潮层、防水层、隔热层及伸缩缝应符合设计要求。

检验方法：填充层浇灌前观察检查。

**8.5.7** 填充层强度标号应符合设计要求。

检验方法：作试块抗压试验。

### 8.6　系统水压试验及调试

**主控项目**

**8.6.1** 采暖系统安装完毕，管道保温之前应进行水压试验。试验压力应符合设计要求。当设计未注时，应符合下列规定：

1　蒸汽、热水采暖系统，应以系统顶点工作压力0.1MPa作水压试验，同时在系统顶点的试验压力不小于0.3MPa。

2　高温热水采暖系统，试验压力应为系统顶点工作压力加0.4MPa。

**3** 使用塑料管及复合管的热水采暖系统,应以系统顶点工作压力加0.2MPa作水压试验,同时在系统顶点的试验压力不小于0.4MPa。

检验方法:使用钢管及复合管的采暖系统应在试验压力下10min内压力降不大于0.02MPa,降至工作压力后检查,不渗、不漏;

使用塑料管的采暖系统应在试验压力下1h内压力降不大于0.05MPa,然后降压至工作压力的1.15倍,稳压2h,压力降不大于0.03MPa,同时各连接处不渗、不漏。

**8.6.2** 系统试压合格后,应对系统进行冲洗并清扫过滤器及除污器。

检验方法:现场观察,直至排出水不含泥沙、铁屑等杂质,且水色不浑浊为合格。

**8.6.3** 系统冲洗完毕应充水、加热,进行试运行和调试。

检验方法:观察、测量室温应满足设计要求。

# 9 室外给水管网安装

## 9.1 一般规定

**9.1.1** 本章适用于民用建筑群(住宅小区)及厂区的室外给水管网安装工程的质量检验与验收。

**9.1.2** 输送生活给水的管道应采用塑料管、复合管、镀锌钢管或给水铸铁管。塑料管、复合管或给水铸铁管的管材、配件,应是同一厂家的配套产品。

**9.1.3** 架空或在地沟内敷设的室外给水管道其安装要求按室内给水管道的安装要求执行。塑料管道不得露天架空铺设,必须露天架空铺设时应有保温和防晒等措施。

**9.1.4** 消防水泵接合器及室外消火栓的安装位置、型式必须符合设计要求。

## 9.2 给水管道安装

### 主 控 项 目

**9.2.1** 给水管道在埋地敷设时,应在当地的冰冻线以下,如必须在冰冻线以上铺设时,应做可靠的保温防潮措施。在无冰冻地区,埋地敷设时,管顶的覆土埋深不得小于500mm,穿越道路部位的埋深不得小于700mm。

检验方法:现场观察检查。

**9.2.2** 给水管道不得直接穿越污水井、化粪池、公共厕所等污染源。

检验方法:观察检查。

**9.2.3** 管道接口法兰、卡扣、卡箍等应安装在检查井或地沟内,不应埋在土壤中。

检验方法:观察检查。

**9.2.4** 给水系统各种井室内的管道安装,如设计无要求,井壁距法兰或承口的距离:管径小于或等于450mm时,不得小于250mm;管径大于450mm时,不得小于350mm。

检验方法:尺量检查。

**9.2.5** 管网必须进行水压试验,试验压力为工作压力的1.5倍,但不得小于0.6MPa。

检验方法:管材为钢管、铸铁管时,试验压力下10min内压力降不应大于0.05MPa,然后降至工作压力进行检查,压力应保持不变,不渗不漏;管材为塑料管时,试验压力下,稳压1h压力降不大于0.05MPa,然后降至工作压力进行检查,压力应保持不变,不渗不漏。

**9.2.6** 镀锌钢管、钢管的埋地防腐必须符合设计要求,如设计无规定时,可按表9.2.6的规定执行。卷材与管材间应粘贴牢固,无空鼓、滑移、接口不严等。

检验方法:观察和切开防腐层检查。

表9.2.6　　　管道防腐层种类

| 防腐层层次 | 正常防腐层 | 加强防腐层 | 特加强防腐层 |
|---|---|---|---|
| (从金属表面起)1 | 冷底子油 | 冷底子油 | 冷底子油 |
| 2 | 沥青涂层 | 沥青涂层 | 沥青涂层 |
| 3 | 外包保护层 | 加强包扎层 | 加强保护层 |
|  |  | (封闭层) | (封闭层) |
| 4 |  | 沥青涂层 | 沥青涂层 |
| 5 |  | 外保护层 | 加强包扎层 |
| 6 |  |  | (封闭层) |
|  |  |  | 沥青涂层 |
| 7 |  |  | 外包保护层 |
| 防腐层厚度不小于(mm) | 3 | 6 | 9 |

**9.2.7** 给水管道在竣工后,必须对管道进行冲洗,饮用水管道还要在冲洗后进行消毒,满足饮用水卫生要求。

检验方法:观察冲洗水的浊度,查看有关部门提供的检验报告。

### 一 般 项 目

**9.2.8** 管道的坐标、标高、坡度应符合设计要求,管道安装的允许偏差应符合表9.2.8的规定。

表 9.2.8    室外给水管道安装的
允许偏差和检验方法

| 项次 | 项 | 目 | | 允许偏差（mm） | 检验方法 |
|---|---|---|---|---|---|
| 1 | 坐标 | 铸铁管 | 埋地 | 100 | 拉线和尺量检查 |
| | | | 敷设在沟槽内 | 50 | |
| | | 钢管、塑料管、复合管 | 埋地 | 100 | |
| | | | 敷设在沟槽内或架空 | 40 | |
| 2 | 标高 | 铸铁管 | 埋地 | ±50 | 拉线和尺量检查 |
| | | | 敷设在地沟内 | ±30 | |
| | | 钢管、塑料管、复合管 | 埋地 | ±50 | |
| | | | 敷设在地沟内或架空 | ±30 | |
| 3 | 水平管纵横向弯曲 | 铸铁管 | 直段（25m 以上）起点～终点 | 40 | 拉线和尺量检查 |
| | | 钢管、塑料管、复合管 | 直段（25m 以上）起点～终点 | 30 | |

9.2.9　管道和金属支架的涂漆应附着良好，无脱皮、起泡、流淌和漏涂等缺陷。

检验方法：现场观察检查。

9.2.10　管道连接应符合工艺要求，阀门、水表等安装位置应正确。塑料给水管道上的水表、阀门等设施其重量或启闭装置的扭矩不得作用于管道上，当管径≥50mm 时必须设独立的支承装置。

检验方法：现场观察检查。

9.2.11　给水管道与污水管道在不同标高平行敷设，其垂直间距在 500mm 以内时，给水管管径小于或等于 200mm 的，管壁水平距不得小于 1.5m；管径大于 200mm 的，不得小于 3m。

检验方法：观察和尺量检查。

9.2.12　铸铁管承插捻口连接的对口间隙应不小于 3mm，最大间隙不得大于表 9.2.12 的规定。

表 9.2.12    铸铁管承插捻口的对口最大间隙

| 管径（mm） | 沿直线敷设（mm） | 沿曲线敷设（mm） |
|---|---|---|
| 75 | 4 | 5 |
| 100-250 | 5 | 7-13 |
| 300-500 | 6 | 14-22 |

检验方法：尺量检查。

9.2.13　铸铁管沿直线敷设，承插捻口连接的环型间隙应符合表 9.2.13 的规定；沿曲线敷设，每个接口允许有 2°转角。

表 9.2.13    铸铁管承插捻口的环型间隙

| 管径（mm） | 标准环型间隙（mm） | 允许偏差（mm） |
|---|---|---|
| 75～200 | 10 | +3 −2 |
| 250～450 | 11 | +4 −2 |
| 500 | 12 | +4 −2 |

检验方法：尺量检查。

9.2.14　捻口用的油麻填料必须清洁，填塞后应捻实，其深度应占整个环型间隙深度的 1/3。

检验方法：观察和尺量检查。

9.2.15　捻口用水泥强度应不低于 32.5MPa，接口水泥应密实饱满，其接口水泥面凹入承口边缘的深度不得大于 2mm。

检验方法：观察和尺量检查。

9.2.16　采用水泥接口的给水铸铁管，在安装地点有侵蚀性的地下水时，应在接口处涂抹沥青防腐层。

检验方法：观察检查。

9.2.17　采用橡胶圈接口的埋地给水管道，在土壤或地下水对橡胶圈有腐蚀的地段，在回填土前应用沥青胶泥、沥青麻丝或沥青锯末等材料封闭橡胶圈接口。橡胶圈接口的管道，每个接口的最大偏转角不得超过表 9.2.17 的规定。

表 9.2.17    橡胶圈接口最大允许偏转角

| 公称直径（mm） | 100 | 125 | 150 | 200 | 250 | 300 | 350 | 400 |
|---|---|---|---|---|---|---|---|---|
| 允许偏转角度 | 5° | 5° | 5° | 5° | 4° | 4° | 4° | 3° |

检验方法：观察和尺量检查。

## 9.3　消防水泵接合器及室外消火栓安装

### 主 控 项 目

9.3.1　系统必须进行水压试验，试验压力为工作压力的 1.5 倍，但不得小于 0.6MPa。

检验方法：试验压力下，10min 内压力降不大于 0.05MPa，然后降至工作压力进行检查，压力保持不变，不渗不漏。

9.3.2　消防管道在竣工前，必须对管道进行冲洗。

检验方法：观察冲洗出水的浊度。

9.3.3　消防水泵接合器和消火栓的位置标志应明显，栓口的位置应方便操作。消防水泵接合器和室外消火栓当采用墙壁式时，如设计未要求，进、出水栓口的中心安装高度距地面应为 1.10m，其上方应设有防坠落物打击的措施。

检验方法：观察和尺量检查。

### 一 般 项 目

9.3.4　室外消火栓和消防水泵接合器的各项安装尺寸应符合设计要求，栓口安装高度允许偏差为 ±20mm。

检验方法：尺量检查。

9.3.5　地下式消防水泵接合器顶部进水口或地下式消火栓的顶部出水口与消防井盖底面的距离不得大于 400mm，井内应有足够的操作空间，并设爬梯。寒冷地区井内应做防冻保护。

检验方法：观察和尺量检查。

**9.3.6** 消防水泵接合器的安全阀及止回阀安装位置和方向应正确，阀门启闭应灵活。

检验方法：现场观察和手扳检查。

## 9.4 管沟及井室

### 主控项目

**9.4.1** 管沟的基层处理和井室的地基必须符合设计要求。

检验方法：现场观察检查。

**9.4.2** 各类井室的井盖应符合设计要求，应有明显的文字标识，各种井盖不得混用。

检验方法：现场观察检查。

**9.4.3** 设在通车路面下或小区道路下的各种井室，必须使用重型井圈和井盖，井盖上表面应与路面相平，允许偏差为 ±5mm。绿化带上和不通车的地方可采用轻型井圈和井盖，井盖的上表面应高出地坪50mm，并在井口周围以2%的坡度向外做水泥砂浆护坡。

检验方法：观察和尺量检查。

**9.4.4** 重型铸铁或混凝土井圈，不得直接放在井室的砖墙上，砖墙上应做不少于80mm厚的细石混凝土垫层。

检验方法：观察和尺量检查。

### 一 般 项 目

**9.4.5** 管沟的坐标、位置、沟底标高应符合设计要求。

检验方法：观察、尺量检查。

**9.4.6** 管沟的沟底层是原土层，或是夯实的回填土，沟底应平整，坡度应顺畅，不得有尖硬的物体、块石等。

检验方法：观察检查。

**9.4.7** 如沟基为岩石、不易清除的块石或为砾石层时，沟底应下挖 100~200mm，填铺细砂或粒径不大于 5mm 的细土，夯实到沟底标高后，方可进行管道敷设。

检验方法：观察和尺量检查。

**9.4.8** 管沟回填土，管顶上部 200mm 以内应用砂子或无块石及冻土块的土，并不得用机械回填；管顶上部 500mm 以内不得回填直径大于 100mm 的块石和冻土块；500mm 以上部分回填土中的块石或冻土块不得集中。上部用机械回填时，机械不得在管沟上行走。

检验方法：观察和尺量检查。

**9.4.9** 井室的砌筑应按设计或给定的标准图施工。井室的底标高在地下水位以上时，基层应为素土夯实；在地下水位以下时，基层应打100mm厚的混凝土底板。砌筑应采用水泥砂浆，内表面抹灰后应严密

不透水。

检验方法：观察和尺量检查。

**9.4.10** 管道穿过井壁处，应用水泥砂浆分二次填塞严密、抹平，不得渗漏。

检验方法：观察检查。

# 10 室外排水管网安装

## 10.1 一 般 规 定

**10.1.1** 本章适用于民用建筑群（住宅小区）及厂区的室外排水管网安装工程的质量检验与验收。

**10.1.2** 室外排水管道应采用混凝土管、钢筋混凝土管、排水铸铁管或塑料管。其规格及质量必须符合现行国家标准及设计要求。

**10.1.3** 排水管沟及井池的土方工程、沟底的处理、管道穿井壁处的处理、管沟及井池周围的回填要求等，均参照给水管沟及井室的规定执行。

**10.1.4** 各种排水井、池应按设计给定的标准图施工，各种排水井和化粪池均应用混凝土做底板（雨水井除外），厚度不小于100mm。

## 10.2 排水管道安装

### 主控项目

**10.2.1** 排水管道的坡度必须符合设计要求，严禁无坡或倒坡。

检验方法：用水准仪、拉线和尺量检查。

**10.2.2** 管道埋设前必须做灌水试验和通水试验，排水应畅通，无堵塞，管接口无渗漏。

检验方法：按排水检查井分段试验，试验水头应以试验段上游管顶加1m，时间不少于30min，逐段观察。

### 一 般 项 目

**10.2.3** 管道的坐标和标高应符合设计要求，安装的允许偏差应符合表 10.2.3 的规定。

**表 10.2.3 室外排水管道安装的允许偏差和检验方法**

| 项次 | 项 目 | | 允许偏差（mm） | 检验方法 |
|---|---|---|---|---|
| 1 | 坐标 | 埋地 | 100 | 拉线尺量 |
| | | 敷设在沟槽内 | 50 | |
| 2 | 标高 | 埋地 | ±20 | 用水平仪、拉线和尺量 |
| | | 敷设在沟槽内 | ±20 | |
| 3 | 水平管道纵横向弯曲 | 每5m长 | 10 | 拉线尺量 |
| | | 全长（两井间） | 30 | |

**10.2.4** 排水铸铁管采用水泥捻口时，油麻填塞应密实，接口水泥应密实饱满，其接口面凹入承口边缘且深度不得大于2mm。

检验方法：观察和尺量检查。

**10.2.5** 排水铸铁管外壁在安装前应除锈，涂二遍石油沥青漆。

检验方法：观察检查。

**10.2.6** 承插接口的排水管道安装时，管道和管件的承口应与水流方向相反。

检验方法：观察检查。

**10.2.7** 混凝土管或钢筋混凝土管采用抹带接口时，应符合下列规定：

1 抹带前应将管口的外壁凿毛，扫净，当管径小于或等于500mm时，抹带可一次完成；当管径大于500mm时，应分二次抹成，抹带不得有裂纹。

2 钢丝网应在管道就位前放入下方，抹压砂浆时应将钢丝网抹压牢固，钢丝网不得外露。

3 抹带厚度不得小于管壁的厚度，宽度宜为80～100mm。

检验方法：观察和尺量检查。

### 10.3 排水管沟及井池

#### 主 控 项 目

**10.3.1** 沟基的处理和井池的底板强度必须符合设计要求。

检验方法：现场观察和尺量检查，检查混凝土强度报告。

**10.3.2** 排水检查井、化粪池的底板及进、出水管的标高，必须符合设计，其允许偏差为±15mm。

检验方法：用水准仪及尺量检查。

#### 一 般 项 目

**10.3.3** 井、池的规格、尺寸和位置应正确，砌筑和抹灰符合要求。

检验方法：观察及尺量检查。

**10.3.4** 井盖选用应正确，标志应明显，标高应符合设计要求。

检验方法：观察、尺量检查。

## 11 室外供热管网安装

### 11.1 一 般 规 定

**11.1.1** 本章适用于厂区及民用建筑群（住宅小区）的饱和蒸汽压力不大于0.7MPa、热水温度不超过130℃的室外供热管网安装工程的质量检验与验收。

**11.1.2** 供热管网的管材应按设计要求。当设计未注明时，应符合下列规定：

1 管径小于或等于40mm时，应使用焊接钢管。

2 管径为50～200mm时，应使用焊接钢管或无缝钢管。

3 管径大于200mm时，应使用螺旋焊接钢管。

**11.1.3** 室外供热管道连接均应采用焊接连接。

### 11.2 管道及配件安装

#### 主 控 项 目

**11.2.1** 平衡阀及调节阀型号、规格及公称压力应符合设计要求。安装后应根据系统要求进行调试，并作出标志。

检验方法：对照设计图纸及产品合格证，并现场观察调试结果。

**11.2.2** 直埋无补偿供热管道预热伸长及三通加固符合设计要求。回填前应注意检查预制保温层外壳及接口的完好性。回填应按设计要求进行。

检验方法：回填前现场验核和观察。

**11.2.3** 补偿器的位置必须符合设计要求，并应按设计要求或产品说明书进行预拉伸。管道固定支架的位置和构造必须符合设计要求。

检验方法：对照图纸，并查验预拉伸记录。

**11.2.4** 检查井室、用户入口处管道布置应便于操作及维修，支、吊、托架稳固，并满足设计要求。

检验方法：对照图纸，观察检查。

**11.2.5** 直埋管道的保温应符合设计要求，接口在现场发泡时，接头处厚度应与管道保温层厚度一致，接头处保护层必须与管道保护层成一体，符合防潮防水要求。

检验方法：对照图纸，观察检查。

#### 一 般 项 目

**11.2.6** 管道水平敷设其坡度应符合设计要求。

检验方法：对照图纸，用水准仪（水平尺）、拉线和尺量检查。

**11.2.7** 除污器构造应符合设计要求，安装位置和方向应正确。管网冲洗后应清除内部污物。

检验方法：打开清扫口检查。

**11.2.8** 室外供热管道安装的允许偏差应符合表11.2.8的规定。

**11.2.9** 管道焊口的允许偏差应符合本规范表5.3.8的规定。

**11.2.10** 管道及管件焊接的焊缝表面质量应符合下列规定：

1 焊缝外形尺寸应符合图纸和工艺文件的规定，焊缝高度不得低于母材表面，焊缝与母材应圆滑过渡；

2 焊缝及热影响区表面应无裂纹、未熔合、未焊透、夹渣、弧坑和气孔等缺陷。

检验方法：观察检查。

**表 11.2.8　室外供热管道安装的允许偏差和检验方法**

| 项次 | 项目 | | 允许偏差 | 检验方法 |
|---|---|---|---|---|
| 1 | 坐标（mm） | 敷设在沟槽内及架空 | 20 | 用水准仪（水平尺）、直尺、拉线 |
| | | 埋地 | 50 | |
| 2 | 标高（mm） | 敷设在沟槽内及架空 | ±10 | 尺量检查 |
| | | 埋地 | ±15 | |
| 3 | 水平管道纵、横方向弯曲（mm） | 每1m　管径≤100mm | 1 | 用水准仪（水平尺）、直尺、拉线和尺量检查 |
| | | 管径>100mm | 1.5 | |
| | | 全长（25m以上）　管径≤100mm | ▷13 | |
| | | 管径>100mm | ▷25 | |
| 4 | 弯管 | 椭圆率 $\dfrac{D_{max}-D_{min}}{D_{max}}$　管径≤100mm | 8% | 用外卡钳和尺量检查 |
| | | 管径>100mm | 5% | |
| | | 折皱不平度（mm）　管径≤100mm | 4 | |
| | | 管径125~200mm | 5 | |
| | | 管径250~400mm | 7 | |

**11.2.11**　供热管道的供水管或蒸汽管，如设计无规定时，应敷设在载热介质前进方向的右侧或上方。

检验方法：对照图纸，观察检查。

**11.2.12**　地沟内的管道安装位置，其净距（保温层外表面）应符合下列规定：

与沟壁　　　　　　　　100~150mm；

与沟底　　　　　　　　100~200mm；

与沟顶（不通行地沟）　50~100mm；

　（半通行和通行地沟）200~300mm。

检验方法：尺量检查。

**11.2.13**　架空敷设的供热管道安装高度，如设计无规定时，应符合下列规定（以保温层外表面计算）：

　1　人行地区，不小于2.5m。

　2　通行车辆地区，不小于4.5m。

　3　跨越铁路，距轨顶不小于6m。

检验方法：尺量检查。

**11.2.14**　防锈漆的厚度应均匀，不得有脱皮、起泡、流淌和漏涂等缺陷。

检验方法：保温前观察检查。

**11.2.15**　管道保温层的厚度和平整度的允许偏差应符合本规范表4.4.8的规定。

**11.3　系统水压试验及调试**

**主 控 项 目**

**11.3.1**　供热管道的水压试验压力应为工作压力的1.5倍，但不得小于0.6MPa。

检验方法：在试验压力下10min内压力降不大于0.05MPa，然后降至工作压力下检查，不渗不漏。

**11.3.2**　管道试压合格后，应进行冲洗。

检验方法：现场观察，以水色不浑浊为合格。

**11.3.3**　管道冲洗完毕应通水、加热，进行试运行和调试。当不具备加热条件时，应延期进行。

检验方法：测量各建筑物热力入口处供回水温度及压力。

**11.3.4**　供热管道作水压试验时，试验管道上的阀门应开启，试验管道与非试验管道应隔断。

检验方法：开启和关闭阀门检查。

# 12　建筑中水系统及游泳池水系统安装

## 12.1　一 般 规 定

**12.1.1**　中水系统中的原水管道管材及配件要求按本规范第5章执行。

**12.1.2**　中水系统给水管道及排水管道检验标准按本规范第4、5两章规定执行。

**12.1.3**　游泳池排水系统安装、检验标准等按本规范第5章相关规定执行。

**12.1.4**　游泳池水加热系统安装、检验标准等均按本规范第6章相关规定执行。

## 12.2　建筑中水系统管道及辅助设备安装

**主 控 项 目**

**12.2.1**　中水高位水箱应与生活高位水箱分设在不同的房间内，如条件不允许只能设在同一房间时，与生活高位水箱的净距离应大于2m。

检验方法：观察和尺量检查。

**12.2.2**　中水给水管道不得装设取水水嘴。便器冲洗宜采用密闭型设备和器具。绿化、浇洒、汽车冲洗宜采用壁式或地下式的给水栓。

检验方法：观察检查。

**12.2.3**　中水供水管道严禁与生活饮用水给水管道连接，并应采取下列措施：

　1　中水管道外壁应涂浅绿色标志；

　2　中水池（箱）、阀门、水表及给水栓均应有"中水"标志。

检验方法：观察检查。

**12.2.4**　中水管道不宜暗装于墙体和楼板内。如必须暗装于墙槽内时，必须在管道上有明显且不会脱落的标志。

检验方法：观察检查。

**一 般 规 定**

**12.2.5**　中水给水管道管材及配件应采用耐腐蚀的给

水管管材及附件。

检验方法：观察检查。

**12.2.6** 中水管道与生活饮用水管道、排水管道平行埋设时，其水平净距离不得小于 0.5m；交叉埋设时，中水管道应位于生活饮用水管道下面，排水管道的上面，其净距离不应小于0.15m。

检验方法：观察和尺量检查。

### 12.3 游泳池水系统安装

#### 主 控 项 目

**12.3.1** 游泳池的给水口、回水口、泄水口应采用耐腐蚀的铜、不锈钢、塑料等材料制造。溢流槽、格栅应为耐腐蚀材料制造，并为组装型。安装时其外表面应与池壁或池底面相平。

检验方法：观察检查。

**12.3.2** 游泳池的毛发聚集器应采用铜或不锈钢等耐腐蚀材料制造，过滤筒（网）的孔径应不大于 3mm，其面积应为连接管截面积的 1.5~2 倍。

检验方法：观察和尺量计算方法。

**12.3.3** 游泳池地面，应采取有效措施防止冲洗排水流入池内。

检验方法：观察检查。

#### 一 般 规 定

**12.3.4** 游泳池循环水系统加药（混凝剂）的药品溶解池、溶液池及定量投加设备应采用耐腐蚀材料制作。输送溶液的管道应采用塑料管、胶管或铜管。

检验方法：观察检查。

**12.3.5** 游泳池的浸脚、浸腰消毒池的给水管、投药管、溢流管、循环管和泄空管应采用耐腐蚀材料制成。

检验方法：观察检查。

# 13 供热锅炉及辅助设备安装

## 13.1 一 般 规 定

**13.1.1** 本章适用于建筑供热和生活热水供应的额定工作压力不大于 1.25MPa、热水温度不超过 130℃的整装蒸汽和热水锅炉及辅助设备安装工程的质量检验与验收。

**13.1.2** 适用于本章的整装锅炉及辅助设备安装工程的质量检验与验收，除应按本规范规定执行外，尚应符合现行国家有关规范、规程和标准的规定。

**13.1.3** 管道、设备和容器的保温，应在防腐和水压试验合格后进行。

**13.1.4** 保温的设备和容器，应采用粘接保温钉固定保温层，其间距一般为200mm。当需采用焊接勾钉固

定保温层时，其间距一般为 250mm。

## 13.2 锅 炉 安 装

#### 主 控 项 目

**13.2.1** 锅炉设备基础的混凝土强度必须达到设计要求，基础的坐标、标高、几何尺寸和螺栓孔位置应符合表 13.2.1 的规定。

**表 13.2.1 锅炉及辅助设备基础的允许偏差和检验方法**

| 项次 | 项 目 | | 允许偏差（mm） | 检验方法 |
|---|---|---|---|---|
| 1 | 基础坐标位置 | | 20 | 经纬仪、拉线和尺量 |
| 2 | 基础各不同平面的标高 | | 0，-20 | 水准仪、拉线尺量 |
| 3 | 基础平面外形尺寸 | | 20 | 尺量检查 |
| 4 | 凸台上平面尺寸 | | 0，-20 | |
| 5 | 凹穴尺寸 | | +20，0 | |
| 6 | 基础上平面水平度 | 每 米 | 5 | 水平仪（水平尺）和楔形塞尺检查 |
| | | 全 长 | 10 | |
| 7 | 坚向偏差 | 每 米 | 5 | 经纬仪或吊线和尺量 |
| | | 全 高 | 10 | |
| 8 | 预埋地脚螺栓 | 标高（顶端） | +20，0 | 水准仪、拉线和尺量 |
| | | 中心距（根部） | 2 | |
| 9 | 预留地脚螺栓孔 | 中心位置 | 10 | 尺量 |
| | | 深 度 | -20，0 | |
| | | 孔壁垂直度 | 10 | 吊线和尺量 |
| 10 | 预埋活动地脚螺栓锚板 | 中心位置 | 5 | 拉线和尺量 |
| | | 标高 | +20，0 | |
| | | 水平度（带槽锚板） | 5 | 水平尺和楔形塞尺检查 |
| | | 水平度（带螺纹孔锚板） | 2 | |

**13.2.2** 非承压锅炉，应严格按设计或产品说明书的要求施工。锅筒顶部必须敞口或装设大气连通管，连通管上不得安装阀门。

检验方法：对照设计图纸或产品说明书检查。

**13.2.3** 以天然气为燃料的锅炉的天然气释放管或大气排放管不得直接通向大气，应通向贮存或处理装置。

检验方法：对照设计图纸检查。

**13.2.4** 两台或两台以上燃油锅炉共用一个烟囱时，每一台锅炉的烟道上均应配备风阀或挡板装置，并应具有操作调节和闭锁功能。

检验方法：观察和手扳检查。

**13.2.5** 锅炉的锅筒和水冷壁的下集箱及后棚管的后

集箱的最低处排污阀及排污管道不得采用螺纹连接。

检验方法：观察检查。

**13.2.6** 锅炉的汽、水系统安装完毕后，必须进行水压试验。水压试验的压力应符合表 13.2.6 的规定。

**表 13.2.6　水压试验压力规定**

| 项次 | 设备名称 | 工作压力 P(MPa) | 试验压力(MPa) |
|---|---|---|---|
| 1 | 锅炉本体 | P < 0.59 | 1.5P 但不小于 0.2 |
| | | 0.59 ≤ P ≤ 1.18 | P + 0.3 |
| | | P > 1.18 | 1.25P |
| 2 | 可分式省煤器 | P | 1.25P + 0.5 |
| 3 | 非承压锅炉 | 大气压力 | 0.2 |

注：①工作压力 P 对蒸汽锅炉指锅筒工作压力，对热水锅炉指锅炉额定出水压力；

②铸铁锅炉水压试验同热水锅炉；

③非承压锅炉水压试验压力为 0.2MPa，试验期间压力应保持不变。

检验方法：

1. 在试验压力下 **10min** 内压力降不超过 **0.02MPa**；然后降至工作压力进行检查，压力不降，不渗、不漏；

2. 观察检查，不得有残余变形，受压元件金属壁和焊缝上不得有水珠和水雾。

**13.2.7** 机械炉排安装完毕后应做冷态运转试验，连续运转时间不应少于 8h。

检验方法：观察运转试验全过程。

**13.2.8** 锅炉本体管道及管件焊接的焊缝质量应符合下列规定：

**1** 焊缝表面质量应符合本规范第 11.2.10 条的规定。

**2** 管道焊口尺寸的允许偏差应符合本规范表 5.3.8 的规定。

**3** 无损探伤的检测结果应符合锅炉本体设计的相关要求。

检验方法：观察和检验无损探伤检测报告。

**一般项目**

**13.2.9** 锅炉安装的坐标、标高、中心线和垂直度的允许偏差应符合表 13.2.9 的规定。

**表 13.2.9　锅炉安装的允许偏差和检验方法**

| 项次 | 项目 | | 允许偏差(mm) | 检验方法 |
|---|---|---|---|---|
| 1 | 坐标 | | 10 | 经纬仪、拉线和尺量 |
| 2 | 标高 | | ±5 | 水准仪、拉线和尺量 |
| 3 | 中心线垂直度 | 卧式锅炉炉体全高 | 3 | 吊线和尺量 |
| | | 立式锅炉炉体全高 | 4 | 吊线和尺量 |

**13.2.10** 组装链条炉排安装的允许偏差应符合表 13.2.10 的规定。

**表 13.2.10　组装链条炉排安装的允许偏差和检验方法**

| 项次 | 项目 | | 允许偏差(mm) | 检验方法 |
|---|---|---|---|---|
| 1 | 炉排中心位置 | | 2 | 经纬仪、拉线和尺量 |
| 2 | 墙板的标高 | | ±5 | 水准仪、拉线和尺量 |
| 3 | 墙板的垂直度，全高 | | 3 | 吊线和尺量 |
| 4 | 墙板间两对角线的长度之差 | | 5 | 钢丝线和尺量 |
| 5 | 墙板框的纵向位置 | | 5 | 经纬仪、拉线和尺量 |
| 6 | 墙板顶面的纵向水平度 | | 长度 1/1000，且 ≥5 | 拉线、水平尺和尺量 |
| 7 | 墙板间的距离 | 跨距 ≤ 2m | +3 0 | 钢丝线和尺量 |
| | | 跨距 > 2m | +5 0 | |
| 8 | 两墙板的顶面在同一水平面上相对高差 | | 5 | 水准仪、吊线和尺量 |
| 9 | 前轴、后轴的水平度 | | 长度 1/1000 | 拉线、水平尺和尺量 |
| 10 | 前轴和后轴和轴心线相对标高差 | | 5 | 水准仪、吊线和尺量 |
| 11 | 各轨道在同一水平面上的相对高差 | | 5 | 水准仪、吊线和尺量 |
| 12 | 相邻两轨道间的距离 | | ±2 | 钢丝线和尺量 |

**13.2.11** 往复炉排安装的允许偏差应符合表 13.2.11 的规定。

**表 13.2.11　往复炉排安装的允许偏差和检验方法**

| 项次 | 项目 | | 允许偏差(mm) | 检验方法 |
|---|---|---|---|---|
| 1 | 两侧板的相对标高 | | 3 | 水准仪、吊线和尺量 |
| 2 | 两侧板间距离 | 跨距 ≤ 2m | +3 0 | 钢丝线和尺量 |
| | | 跨距 > 2m | +4 0 | |
| 3 | 两侧板的垂直度，全高 | | 3 | 吊线和尺量 |
| 4 | 两侧板间对角线的长度之差 | | 5 | 钢丝线和尺量 |
| 5 | 炉排片的纵向间隙 | | 1 | 钢板尺量 |
| 6 | 炉排两侧的间隙 | | 2 | |

**13.2.12** 铸铁省煤器破损的肋片数不应大于总肋片数的 5%，有破损肋片的根数不应大于总根数的 10%。

铸铁省煤器支承架安装的允许偏差应符合表 13.2.12 的规定。

**表 13.2.12 铸铁省煤器支承架安装的允许偏差和检验方法**

| 项次 | 项　目 | 允许偏差（mm） | 检验方法 |
|---|---|---|---|
| 1 | 支承架的位置 | 3 | 经纬仪、拉线和尺量 |
| 2 | 支承架的标高 | 0 −5 | 水准仪、吊线和尺量 |
| 3 | 支承架的纵、横向水平度（每米） | 1 | 水平尺和塞尺检查 |

**13.2.13** 锅炉本体安装应按设计或产品说明书要求布置坡度并坡向排污阀。

检验方法：用水平尺或水准仪检查。

**13.2.14** 锅炉由炉底送风的风室及锅炉底座与基础之间必须封、堵严密。

检验方法：观察检查。

**13.2.15** 省煤器的出口处（或入口处）应按设计或锅炉图纸要求安装阀门和管道。

检验方法：对照设计图纸检查。

**13.2.16** 电动调节阀门的调节机构与电动执行机构的转臂应在同一平面内动作，传动部分应灵活、无空行程及卡阻现象，其行程及伺服时间应满足使用要求。

检验方法：操作时观察检查。

### 13.3 辅助设备及管道安装

#### 主 控 项 目

**13.3.1** 辅助设备基础的混凝土强度必须达到设计要求，基础的坐标、标高、几何尺寸和螺栓孔位置必须符合本规范表 13.2.1 的规定。

**13.3.2** 风机试运转，轴承温升应符合下列规定：

**1** 滑动轴承温度最高不得超过 60℃。

**2** 滚动轴承温度最高不得超过 80℃。

检验方法：用温度计检查。

轴承径向单振幅应符合下列规定：

**1** 风机转速小于 1000r/min 时，不应超过 0.10mm；

**2** 风机转速为 1000～1450r/min 时，不应超过 0.08mm。

检验方法：用测振仪表检查。

**13.3.3** 分汽缸（分水器、集水器）安装前应进行水压试验，试验压力为工作压力的 1.5 倍，但不得小于 0.6MPa。

检验方法：试验压力下 10min 内无压降、无渗漏。

**13.3.4** 敞口箱、罐安装前应做满水试验；密闭箱、罐应以工作压力的 1.5 倍作水压试验，但不得小于 0.4MPa。

检验方法：满水试验满水后静置 24h 不渗不漏；水压试验在试验压力下 10min 内无压降，不渗不漏。

**13.3.5** 地下直埋油罐在埋地前应做气密性试验，试验压力降不应小于 0.03MPa。

检验方法：试验压力下观察 30min 不渗、不漏，无压降。

**13.3.6** 连接锅炉及辅助设备的工艺管道安装完毕后，必须进行系统的水压试验，试验压力为系统中最大工作压力的 1.5 倍。

检验方法：在试验压力 10min 内压力降不超过 0.05MPa，然后降至工作压力进行检查，不渗不漏。

**13.3.7** 各种设备的主要操作通道的净距如设计不明确时不应小于 1.5m，辅助的操作通道净距不应小于 0.8m。

检验方法：尺量检查。

**13.3.8** 管道连接的法兰、焊缝和连接管件以及管道上的仪表、阀门的安装位置应便于检修，并不得紧贴墙壁、楼板或管架。

检验方法：观察检查。

**13.3.9** 管道焊接质量应符合本规范第 11.2.10 条的要求和表 5.3.8 的规定。

#### 一 般 项 目

**13.3.10** 锅炉辅助设备安装的允许偏差应符合表 13.3.10 的规定。

**表 13.3.10 锅炉辅助设备安装的允许偏差和检验方法**

| 项次 | 项　目 | | 允许偏差（mm） | 检验方法 |
|---|---|---|---|---|
| 1 | 送、引风机 | 坐标 | 10 | 经纬仪、拉线和尺量 |
| | | 标高 | ±5 | 水准仪、拉线和尺量 |
| 2 | 各种静置设备（各种容器、箱、罐等） | 坐标 | 15 | 经纬仪、拉线和尺量 |
| | | 标高 | ±5 | 水准仪、拉线和尺量 |
| | | 垂直度（1m） | 2 | 吊线和尺量 |
| 3 | 离心式水泵 | 泵体水平度（1m） | 0.1 | 水平尺和塞尺检查 |
| | 联轴器同心度 | 轴向倾斜（1m） | 0.8 | 水准仪、百分表（测微螺钉）和塞尺检查 |
| | | 径向位移 | 0.1 | |

**13.3.11** 连接锅炉及辅助设备的工艺管道安装的允许偏差应符合表 13.3.11 的规定。

**13.3.12** 单斗式提升机安装应符合下列规定：

**1** 导轨的间距偏差不大于 2mm。

**2** 垂直式导轨的垂直度偏差不大于 1‰；倾斜式导轨的倾斜度偏差不大于 2‰。

**3** 料斗的吊点与料斗垂心在同一垂线上，重合度偏差不大于 10mm。

**4** 行程开关位置应准确，料斗运行平稳，翻转灵活。

检验方法：吊线坠、拉线及尺量检查。

**表 13.3.11　工艺管道安装的允许偏差和检验方法**

| 项次 | 项　目 | | 允许偏差（mm） | 检验方法 |
|---|---|---|---|---|
| 1 | 坐标 | 架空 | 15 | 水准仪、拉线和尺量 |
| | | 地沟 | 10 | |
| 2 | 标高 | 架空 | ±15 | 水准仪、拉线和尺量 |
| | | 地沟 | ±10 | |
| 3 | 水平管道纵、横方向弯曲 | $DN \leqslant 100mm$ | 2‰，最大50 | 直尺和拉线检查 |
| | | $DN > 100mm$ | 3‰，最大70 | |
| 4 | 立管垂直 | | 2‰，最大15 | 吊线和尺量 |
| 5 | 成排管道间距 | | 3 | 直尺尺量 |
| 6 | 交叉管的外壁或绝热层间距 | | 10 | |

**13.3.13**　安装锅炉送、引风机，转动应灵活无卡碰等现象；送、引风机的传动部位，应设置安全防护装置。

检验方法：观察和启动检查。

**13.3.14**　水泵安装的外观质量检查：泵壳不应有裂纹、砂眼及凹凸不平等缺陷；多级泵的平衡管路应无损伤或折陷现象；蒸汽往复泵的主要部件、活塞及活动轴必须灵活。

检验方法：观察和启动检查。

**13.3.15**　手摇泵应垂直安装。安装高度如设计无要求时，泵中心距地面为800mm。

检验方法：吊线和尺量检查。

**13.3.16**　水泵试运转，叶轮与泵壳不应相碰，进、出口部位的阀门应灵活。轴承温升应符合产品说明书的要求。

检验方法：通电、操作和测温检查。

**13.3.17**　注水器安装高度，如设计无要求时，中心距地面为1.0～1.2m。

检验方法：尺量检查。

**13.3.18**　除尘器安装应平稳牢固，位置和进、出口方向应正确。烟管与引风机连接时应采用软接头，不得将烟管重量压在风机上。

检验方法：观察检查。

**13.3.19**　热力除氧器和真空除氧器的排汽管应通向室外，直接排入大气。

检验方法：观察检查。

**13.3.20**　软化水设备罐体的视镜应布置在便于观察的方向。树脂装填的高度应按设备说明书要求进行。

检验方法：对照说明书，观察检查。

**13.3.21**　管道及设备保温层的厚度和平整度的允计偏差应符合本规范表4.4.8的规定。

**13.3.22**　在涂刷油漆前，必须清除管道及设备表面的灰尘、污垢、锈斑、焊渣等物。涂漆的厚度应均匀，不得有脱皮、起泡、流淌和漏涂等缺陷。

检验方法：现场观察检查。

### 13.4　安全附件安装

**主　控　项　目**

**13.4.1**　锅炉和省煤器安全阀的定压和调整应符合表13.4.1的规定。锅炉上装有两个安全阀时，其中的一个按表中较高值定压，另一个按较低值定压。装有一个安全阀时，应按较低值定压。

**表 13.4.1　安全阀定压规定**

| 项次 | 工作设备 | 安全阀开启压力（MPa） |
|---|---|---|
| 1 | 蒸汽锅炉 | 工作压力 +0.02MPa |
| | | 工作压力 +0.04MPa |
| 2 | 热水锅炉 | 1.12倍工作压力，但不少于工作压力 +0.07MPa |
| | | 1.14倍工作压力，但不少于工作压力 +0.10MPa |
| 3 | 省煤器 | 1.1倍工作压力 |

检验方法：检查定压合格证书。

**13.4.2**　压力表的刻度极限值，应大于或等于工作压力的1.5倍，表盘直径不得小于100mm。

检验方法：现场观察和尺量检查。

**13.4.3**　安装水位表应符合下列规定：

1　水位表应有指示最高、最低安全水位的明显标志，玻璃板（管）的最低可见边缘应比最低安全水位低25mm；最高可见边缘应比最高安全水位高25mm。

2　玻璃管式水位表应有防护装置。

3　电接点式水位表的零点应与锅筒正常水位重合。

4　采用双色水位表时，每台锅炉只能装设一个，另一个装设普通水位表。

5　水位表应有放水旋塞（或阀门）和接到安全地点的放水管。

检验方法：现场观察和尺量检查。

**13.4.4**　锅炉的高　低水位报警器和超温、超压报警器及联锁保护装置必须按设计要求安装齐全和有效。

检验方法：启动、联动试验并作好试验记录。

**13.4.5**　蒸汽锅炉安全阀应安装通向室外的排汽管。热水锅炉安全阀泄水管应接到安全地点。在排汽管和泄水管上不得装设阀门。

检验方法：观察检查。

**13.4.6** 安装压力表必须符合下列规定：

1 压力表必须安装在便于观察和吹洗的位置，并防止受高温、冰冻和振动的影响，同时要有足够的照明。

2 压力表必须设有存水弯管。存水弯管采用钢管煨制时，内径不应小于 10mm；采用铜管煨制时，内径不应小于 6mm。

3 压力表与存水弯管之间应安装三通旋塞。

检验方法：观察和尺量检查。

**13.4.7** 测压仪表取源部件在水平工艺管道上安装时，取压口的方位应符合下列规定：

1 测量液体压力的，在工艺管道的下半部与管道的水平中心线成 0°~45° 夹角范围内。

2 测量蒸汽压力的，在工艺管道的上半部或下半部与管道水平中心线成 0°~45° 夹角范围内。

3 测量气体压力的，在工艺管道的上半部。

检验方法：观察和尺量检查。

**13.4.8** 安装温度计应符合下列规定：

1 安装在管道和设备上的套管温度计，底部应插入流动介质内，不得装在引出的管段上或死角处。

2 压力式温度计的毛细管应固定好并有保护措施，其转弯处的弯曲半径不应小于 50mm，温包必须全部浸入介质内；

3 热电偶温度计的保护套管应保证规定的插入深度。

检验方法：观察和尺量检查。

**13.4.9** 温度计与压力表在同一管道上安装时，按介质流动方向温度计应在压力表下游处安装，如温度计需在压力表的上游安装时，其间距不应小于 300mm。

检验方法：观察和尺量检查。

## 13.5 烘炉、煮炉和试运行

### 主 控 项 目

**13.5.1** 锅炉火焰烘炉应符合下列规定：

1 火焰应在炉膛中央燃烧，不应直接烧烤炉墙及炉拱。

2 烘炉时间一般不少于 4d，升温应缓慢，后期烟温不应高于 160℃，且持续时间不应少于 24h。

3 链条炉排在烘炉过程中应定期转动。

4 烘炉的中、后期应根据锅炉水水质情况排污。

检验方法：计时测温、操作观察检查。

**13.5.2** 烘炉结束后应符合下列规定：

1 炉墙经烘烤后没有变形、裂纹及塌落现象。

2 炉墙砌筑砂浆含水率达到 7% 以下。

检验方法：测试及观察检查。

**13.5.3** 锅炉在烘炉、煮炉合格后，应进行 48h 的带负荷连续试运行，同时应进行安全阀的热状态定压检验和调整。

检验方法：检查烘炉、煮炉及试运行全过程。

### 一 般 项 目

**13.5.4** 煮炉时间一般应为 2~3d，如蒸汽压力较低，可适当延长煮炉时间。非砌筑或浇注保温材料保温的锅炉，安装后可直接进行煮炉。煮炉结束后，锅筒和集箱内壁应无油垢，擦去附着物后金属表面应无锈斑。

检验方法：打开锅筒和集箱检查孔检查。

## 13.6 换热站安装

### 主 控 项 目

**13.6.1** 热交换器应以最大工作压力的 1.5 倍作水压试验，蒸汽部分应不低于蒸汽供汽压力加 0.3MPa；热水部分应不低于 0.4MPa。

检验方法：在试验压力下，保持 10min 压力不降。

**13.6.2** 高温水系统中，循环水泵和换热器的相对安装位置应按设计文件施工。

检验方法：对照设计图纸检查。

**13.6.3** 壳管式热交换器的安装，如设计无要求时，其封头与墙壁或屋顶的距离不得小于换热管的长度。

检验方法：观察和尺量检查。

### 一 般 项 目

**13.6.4** 换热站内设备安装的允许偏差应符合本规范表 13.3.10 的规定。

**13.6.5** 换热站内的循环泵、调节阀、减压器、疏水器、除污器、流量计等安装应符合本规范的相关规定。

**13.6.6** 换热站内管道安装的允许偏差应符合本规范表 13.3.11 的规定。

**13.6.7** 管道及设备保温层的厚度和平整度的允许偏差应符合本规范表 4.4.8 的规定。

# 14 分部（子分部）工程质量验收

**14.0.1** 检验批、分项工程、分部（或子分部）工程质量的验收，均应在施工单位自检合格的基础上进行。并应按检验批、分项、分部（或子分部）、单位（或子单位）工程的程序进行验收，同时做好记录。

1 检验批、分项工程的质量验收应全部合格。

检验批质量验收见附录 B。

分项工程质量验收见附录 C。

2 分部（子分部）工程的验收，必须在分项工程验收通过的基础上，对涉及安全、卫生和使用功能的重要部位进行抽样检验和检测。

子分部工程质量验收见附录 D。

建筑给水、排水及采暖（分部）工程质量验收见附录 E。

**14.0.2** 建筑给水、排水及采暖工程的检验和检测应包括下列主要内容：

1 承压管道系统和设备及阀门水压试验。

2 排水管道灌水、通球及通水试验。

3 雨水管道灌水及通水试验。

4 给水管道通水试验及冲洗、消毒检测。

5 卫生器具通水试验，具有溢流功能的器具满水试验。

6 地漏及地面清扫口排水试验。

7 消火栓系统测试。

8 采暖系统冲洗及测试。

9 安全阀及报警联动系统动作测试。

10 锅炉 48h 负荷试运行。

**14.0.3** 工程质量验收文件和记录中应包括下列主要内容：

1 开工报告。

2 图纸会审记录、设计变更及洽商记录。

3 施工组织设计或施工方案。

4 主要材料、成品、半成品、配件、器具和设备出厂合格证及进场验收单。

5 隐蔽工程验收及中间试验记录。

6 设备试运转记录。

7 安全、卫生和使用功能检验和检测记录。

8 检验批、分项、子分部、分部工程质量验收记录。

9 竣工图。

## 附录 A 建筑给水排水及采暖工程分部、分项工程划分

建筑给水排水及采暖工程的分部、子分部和分项工程可按附表 A 划分。

**附表 A 建筑给水、排水及采暖工程分部、分项工程划分表**

| 分部工程 | 序号 | 子分部工程 | 分项工程 |
|---|---|---|---|
| 建筑给水、排水及采暖工程 | 1 | 室内给水系统 | 给水管道及配件安装、室内消火栓系统安装、给水设备安装、管道防腐、绝热 |

续表

| 分部工程 | 序号 | 子分部工程 | 分项工程 |
|---|---|---|---|
| 建筑给水、排水及采暖工程 | 2 | 室内排水系统 | 排水管道及配件安装、雨水管道及配件安装 |
| | 3 | 室内热水供应系统 | 管道及配件安装、辅助设备安装、防腐、绝热 |
| | 4 | 卫生器具安装 | 卫生器具安装、卫生器具给水配件安装、卫生器具排水管道安装 |
| | 5 | 室内采暖系统 | 管道及配件安装、辅助设备及散热器安装、金属辐射板安装、低温热水地板辐射采暖系统安装、系统水压试验及调试、防腐、绝热 |
| | 6 | 室外给水管网 | 给水管道安装、消防水泵接合器及室外消火栓安装、管沟及井室 |
| | 7 | 室外排水管网 | 排水管道安装、排水管沟与井池 |
| | 8 | 室外供热管网 | 管道及配件安装、系统水压试验及调试、防腐、绝热 |
| | 9 | 建筑中水系统及游泳池系统 | 建筑中水系统管道及辅助设备安装、游泳池水系统安装 |
| | 10 | 供热锅炉及辅助设备安装 | 锅炉安装、辅助设备及管道安装、安全附件安装、烘炉、煮炉和试运行、换热站安装、防腐、绝热 |

## 附录 B 检验批质量验收

检验批质量验收表由施工单位项目专业质量检查员填写，监理工程师（建设单位项目专业技术负责人）组织施工单位项目质量（技术）负责人等进行验收，并按附表 B 填写验收结论。

**附表 B 检验批质量验收表**

| 工程名称 | | | 专业工长/证号 | | |
|---|---|---|---|---|---|
| 分部工程名称 | | | 施工班、组长 | | |
| 分项工程施工单位 | | | 验收部位 | | |
| 施工依据 | 标准名称 | | 材料/数量 | / | |
| | 编号 | | 设备/台数 | / | |
| | 存放处 | | 连接形式 | | |
| 主控项目 | 《规范》章、节、条、款号 | 质量规定 | 施工单位检查评定结果 | 监理（建设）单位验收 | |
| | | | | | |
| | | | | | |
| | | | | | |

| 工程名称 | | 专业工长/证号 | |
|---|---|---|---|
| 一般项目 | | | |
| | | | |
| | | | |
| | | | |
| 施工单位检查评定结果 | 项目专业质量检查员：<br>项目专业质量（技术）负责人：<br>年 月 日 | | |
| 监理（建设）单位验收结论 | 监理工程师：<br>（建设单位项目专业技术负责人）<br>年 月 日 | | |

## 附录 C  分项工程质量验收

分项工程质量验收由监理工程师（建设单位项目专业技术负责人）组织施工单位项目专业质量（技术）负责人等进行验收，并按附表 C 填写。

**附表 C _____分项工程质量验收表**

| 工程名称 | | 项目技术负责人/证号 | / |
|---|---|---|---|
| 子分部工程名称 | | 项目质检员/证号 | / |
| 分项工程名称 | | 专业工长/证号 | / |
| 分项工程施工单位 | | 检验批数量 | |
| 序号 | 检验批部位 | 施工单位检查评定结果 | 监理（建设）单位验收结论 |
| 1 | | | |
| 2 | | | |
| 3 | | | |
| 4 | | | |
| 5 | | | |
| 6 | | | |
| 7 | | | |
| 8 | | | |
| 9 | | | |
| 10 | | | |
| 检查结论 | 项目专业质量（技术）负责人：<br>年 月 日 | 验收结论 | 监理工程师：<br>（建设单位项目专业技术负责人）<br>年 月 日 |

## 附录 D  子分部工程质量验收

子分部工程质量验收由监理工程师（建设单位项目专业负责人）组织施工单位项目负责人、专业项目负责人、设计单位项目负责人进行验收，并按附录 D 填表。

**附表 D _____子分部工程质量验收表**

| 工程名称 | | 项目技术负责人/证号 | / |
|---|---|---|---|
| 子分部工程名称 | | 项目质检员/证号 | / |
| 子分部工程施工单位 | | 专业工长/证号 | / |
| 序号 | 分项工程名称 | 检验批数量 | 施工单位检查结果 | 监理（建设）单位验收结论 |
| 1 | | | | |
| 2 | | | | |
| 3 | | | | |
| 4 | | | | |
| 5 | | | | |
| 6 | | | | |
| | | | | |
| 质量管理 | | | | |
| 使用功能 | | | | |
| 观感质量 | | | | |
| 验收意见 | 专业施工单位 | 项目专业负责人：年 月 日 | | |
| | 施工单位 | 项目负责人：年 月 日 | | |
| | 设计单位 | 项目负责人：年 月 日 | | |
| | 监理（建设）单位 | 监理工程师：<br>（建设单位项目专业负责人）<br>年 月 日 | | |

## 附录 E  建筑给水排水及采暖（分部）工程质量验收

附表 E 由施工单位填写，验收结论由监理（建设）单位填写。综合验收结论由参加验收各方共同商定，建设单位填写，填写内容应对工程质量是否符合设计和规范要求及总体质量作出评价。

**附表 E  建筑给水排水及采暖(分部)**
**工程质量验收表**

| 工程名称 | | | 层数/建筑面积 | / |
|---|---|---|---|---|
| 施工单位 | | | 开/竣工日期 | / |
| 项目经理/证号 | / | 专业技术负责人/证号 | / | 项目专业技术负责人/证号 | / |

| 序号 | 项目 | 验收内容 | 验收结论 |
|---|---|---|---|
| 1 | 子分部工程质量验收 | 共____子分部,经查____子分部;符合规范及设计要求____子分部 | |
| 2 | 质量管理资料核查 | 共____项,经审查符合要求____项;经核定符合规范要求____项 | |
| 3 | 安全、卫生和主要使用功能核查抽查结果 | 共抽查____项,符合要求____项;经返工处理符合要求____项 | |
| 4 | 观感质量验收 | 共抽查____项,符合要求____项;不符合要求____项 | |
| 5 | 综合验收结论 | | |

| 参加验收单位 | 施工单位 | 设计单位 | 监理单位 | 建设单位 |
|---|---|---|---|---|
| | (公章) | (公章) | (公章) | (公章) |
| | 单位(项目)负责人: | 单位(项目)负责人: | 总监理工程师: | 单位(项目)负责人: |
| | 年 月 日 | 年 月 日 | 年 月 日 | 年 月 日 |

## 附录 F  本规范用词说明

**B.0.1**　为便于在执行本规范条文时区别对待,对要求严格程度不同的用词说明如下:

　　1　表示很严格,非这样做不可的用词:
　　　　正面词采用"必须",反面词采用"严禁"。

　　2　表示严格,在正常情况下均应这样做的用词:
　　　　正面词采用"应",反面词采用"不应"或"不得"。

　　3　表示允许稍有选择,在条件许可时,首先应这样做的用词:
　　　　正面词采用"宜",
　　　　反面词采用"不宜"。
　　　　表示有选择,在一定条件下可以这样做的,采用"可"。

**B.0.2**　条文中指明应按其他有关标准、规范执行时,采用"应按……执行"或"应符合……要求或者规定"。

中华人民共和国国家标准

# 建筑给水排水及采暖工程
# 施工质量验收规范

GB 50242—2002

条 文 说 明

# 目　　次

# 3 基 本 规 定

## 3.1 质 量 管 理

**3.1.1** 按照《建设工程质量管理条例》（以下简称《条例》）精神，结合《建筑工程施工质量验收统一标准》GB50300（以下简称《统一标准》），抓好施工企业对项目质量的管理，所以施工单位应有技术标准和工程质量检测仪器、设备，实现过程控制。

**3.1.2** 按《条例》精神，施工图设计文件必须经过审查批准方可施工使用的要求，并在原《采暖与卫生工程施工及验收规范》GBJ242—82（以下简称原《规范》）基础上，做了条文修改。

**3.1.3** 按《统一标准》要求，结合调研了解到，施工组织设计或施工方案对指导工程施工和提高施工质量，明确质量验收标准确有实效，同时监理或建设单位审查利于互相遵守。

**3.1.4** 按建筑给水、排水、采暖、锅炉工程的工艺特点，分项工程结合原《规范》进行划分。

**3.1.5** 该条提出了结合本专业特点，分项工程应按系统、区域、施工段或楼层等划分。又因为每个分项有大有小所以增加了检验批。如：一个30层楼的室内给水系统，可按每10层或每5层一个检验批。这样既便于施工划分，也便于检查记录。如：一个5层楼的室内排水系统，可以按每单元1个检验批进行验收检查。

**3.1.6** 按《条例》精神，结合调研发现建筑工程中，给水、排水或采暖工程的施工单位，有很多小包工队不具备施工资质，没有执行的技术标准，建设单位或总包单位为了降低成本，有意肢解发包工程，所以增加此条，加强建筑市场的管理。调研中还了解到验收人员中行政管理人员居多，专业技术人员太少或技术资格不够，故增加此内容。

## 3.2 材料设备管理

**3.2.1** 该条符合《条例》精神，经多年实用可行。按现行市场管理体制，增加了适应国情的中文质量证明文件及监理工程师核查确认。

**3.2.2** 进场材料的验收对提高工程质量是非常必要的，在对品种、规格、外观加强验收的同时，应对材料包装表面情况及外力冲击进行重点检验。

**3.2.3** 进场的主要器具和设备应有安装使用说明书是抓好工程质量的重要一环。调研中了解到器具和设备在安装上不规范、不正确的安装满足不了使用功能的情况时有出现，运行调试不按程序进行导致器具或设备损坏，所以增加此内容。在运输、保管和施工过程中对器具和设备的保护也很重要，措施不得当就有损坏和腐蚀情况。

**3.2.4** 取消了原《规范》第2.0.14条"如有漏、裂不合格的应再抽查20%，仍有不合格的则须逐个试验"。调研中了解到目前国内小型阀门厂很多，但质量问题也很多，若保留此条款内容则给施工单位增加了很大工作量，而且保护了质量差的产品。国内大企业或合资企业的阀门质量相对较好。

**3.2.5** 参考《通用阀门压力试验》GBJ/T 13927的有关规定。

**3.2.6** 调研中了解到，非标准冲压弯头有使用现象，缩小了管径，外观也不美观，故增加此条。

## 3.3 施工过程质量控制

**3.3.1** 按《条例》和《统一标准》精神，增加此条，主要是解决相关各专业间的矛盾，落实中间过程控制。

**3.3.2** 调研中了解到隐蔽工程出现的问题较多，处理较困难。给使用者、用户和管理者带来很多麻烦，故增加此条款。

**3.3.3** 原《规范》经过多年的实践对该条执行较为认真并有效地防止了质量事故的产生。如果忽略此条内容或不够重视将造成严重的后果，所以将此条列为强制性条文。

**3.3.4** 在调研中了解到，有些工程项目在伸缩缝、抗震缝及沉降缝处的管道安装，由于处理不当，使用中出现变形破裂现象，所以增加了此条款。

**3.3.5～3.3.7** 原《规范》第2.0.8条、第2.0.9条、第2.0.11条经过多年的实践是可行适用的，故保留。

**3.3.8** 原《规范》第2.0.12条中保温管道支架间距根据调研及参考一些资料适当地放宽0.5m。

**3.3.9** 参考中国工程建设标准化协会标准、资料和有关省市规定编写。

**3.3.10** 调研中了解到近年采用铜管做给水管材的很多，支架间距较杂。此条参考上海市工程建设标准化办公室的推荐性标准《建筑给水铜管管道工程技术规程》编写。

**3.3.11** 原《规范》第2.0.13条调整并增加同一房间管卡应安装在同一高度的要求。

**3.3.12～3.3.14** 原《规范》条文，增加了套管与管道之间缝隙应用阻燃密实材料。经过调研了解到，这个缝隙不堵不美观，而且不具私密性，所以增加此内容。

**3.3.15** 管道接口形式，保留了传统适用的连接形式，又增加了目前常见的新连接形式，并做了基本规定，有利于工程质量过程控制。

**3.3.16** 见各章节相关说明。

# 4 室内给水系统安装

## 4.1 一 般 规 定

**4.1.1** 本章适用范围。为适应当前高层建筑室内给水和消火栓系统工作压力的需求,经调研和组织专家论证,将其工作压力限定在不大于 1.0MPa 是合适的。

**4.1.2** 目前市场上可供选择的给水系统管材种类繁多,每种管材均有自己的专用管道配件及连接方法,故强调给水管道必须采用与管材相适应的管件,以确保工程质量。为防止生活饮用水在输送中受到二次污染,也强调了生活给水系统所涉及的材料必须达到饮用水卫生标准。

**4.1.3** 调研中了解到给水系统用镀锌钢管较为普遍,$DN \leqslant 100mm$ 镀锌钢管丝扣连接较多,同时使用中发现由于焊接破坏了镀锌层产生锈蚀十分严重,故要求管径小于或等于 100mm 的镀锌钢管应采用螺纹连接,并强调套丝后被破坏的镀锌层表面及外露螺纹部分应作防腐处理,以确保工程质量。管径大于 100mm 的镀锌钢管套丝困难,安装也不方便,故规定应采用法兰或卡箍(套)式等专用管件连接,并强调了镀锌钢管与法兰的焊接处应二次镀锌,防止锈蚀,以确保工程质量。

**4.1.4** 综合目前市场上出现的各种塑料管和复合管生产厂家推荐的管道连接方式。列出室内给水管道可采用的连接方法及使用范围。

**4.1.5** 给水铸铁管连接方式很多,本条列出的两种连接方式安装方便,问题较少,并能保证工程质量。

**4.1.6** 调研时了解到,铜管安装连接时,普遍做法是参照制冷系统管道的连接方法。限制承插连接管径为 22mm,以防管壁过厚易裂。

**4.1.7** 给水立管和装有 3 个或 3 个以上配水点的支管始端,要求安装可拆的连接件,主要是为了便于维修,拆装方便。

**4.1.8** 冷、热水管道同时安装,规定 1. 上下平行安装时热水管应在冷水管上方,主要防止冷水管安装在热水管上方时冷水管外表面结露;2. 垂直安装时热水管应在冷水管左侧,主要是便于管理、维修。

### 4.2 给水管道及配件安装

#### 主 控 项 目

**4.2.1** 强调室内给水管道试压必须按设计要求且符合规范规定,列为主控项目。检验方法分两档:金属及复合管给水管道系统试压参照钢制给水管道试压的有关规定;塑料给水管道系统试压则参照 CECS18:90 及各塑料给水管生产厂家的有关规定,制定本条以统一检验方法。

**4.2.2** 为保证使用功能,强调室内给水系统在竣工后或交付使用前必须通水试验,并作好记录,以备查验。

**4.2.3** 为保证水质、使用安全,强调生活饮用水管道在竣工后或交付使用前必须进行吹洗,除去杂物,使管道清洁,并经有关部门取样化验,达到国家《生活饮用水标准》才能交付使用。

**4.2.4** 为延长使用寿命,确保使用安全,规定除塑料管和复合管本身具有防腐功能可直接埋地敷设外,其他金属给水管材埋地敷设均应按规范规定作防腐处理。

#### 一 般 项 目

**4.2.5** 给水管与排水管上、下交叉铺设,规定给水管应铺设在排水管上面,主要是为防止给水水质不受污染。如因条件限制,给水管必须铺设在排水管下面时,给水管应加套管,为安全起见,规定套管长度不得小于排水管管径的 3 倍。

**4.2.6** 原《规范》第 9 章内容过于烦琐,使用不方便,根据调研确定此两款。

**4.2.7** 给水水平管道设置坡度坡向泄水装置是为了在试压冲洗及维修时能及时排空管道内的积水,尤其在北方寒冷地区,在冬季未正式采暖时管道内如有残存积水易冻结。

**4.2.8** 本条参照《建筑采暖卫生与煤气工程质量检验评定标准》GBJ 302—88(以下简称《验评标准》)第 2.1.14 条及表 2.1.14 并增加塑料管和复合管部分内容。

**4.2.9** 管道支吊架应外观平整,结构牢固,间距应符合规范规定,属一般控制项目。

**4.2.10** 为保护水表不受损坏,兼顾南北方气候差异限定水表安装位置。对螺翼式水表,为保证水表测量精度,规定了表前与阀门间应有不小于 8 倍水表接口直径的直线管段。水表外壳距墙面净距应保持安装距离。至于水表安装标高各地区有差异,不好作统一规定,应以设计为准,仅规定了允许偏差。

### 4.3 室内消火栓系统安装

#### 主 控 项 目

**4.3.1** 室内消火栓给水系统在竣工后均应作消火栓试射试验,以检验其使用效果,但不能逐个试射,故选取有代表性的三处:屋顶(北方一般在屋顶水箱间等室内)试验消火栓和首层取两处消火栓。屋顶试验消火栓试射可测出流量和压力(充实水柱);首层两处消火栓试射可检验两股充实水柱同时到达本消火栓应到达的最远点的能力。

#### 一 般 项 目

**4.3.2** 施工单位在竣工时往往不按规定把水龙带挂在消火栓箱内挂钉或水龙带卷盘上,而将水龙带卷放在消火栓箱内交工,建设单位接管后必须重新安装,否则失火时会影响使用。

**4.3.3** 箱式消火栓的安装,其栓口朝外并不应安装在门轴侧主要是取用方便;栓口中心距地面为 1.1m 符合现行防火设计规范规定。控制阀门中心距侧面及后内表面距离，规定允许偏差，给出箱体安装的垂直度允许偏差均为了确保工程质量和检验方便。

#### 4.4 给水设备安装

##### 主控项目

**4.4.1** 为保证水泵基础质量，对水泵就位前的混凝土强度、坐标、标高、尺寸和螺栓孔位置按设计要求进行控制。

**4.4.2** 为保证水泵运行安全，其试运转的轴承温升值必须符合设备说明书的限定值。

**4.4.3** 敞口水箱是无压的，作满水试验检验其是否渗漏即可。而密闭水箱（罐）是与系统连在一起的，其水压试验应与系统相一致，即以其工作压力的1.5倍作水压试验。

##### 一般项目

**4.4.4** 为使用安全，水箱的支架或底座应构造正确，埋设平整牢固，其尺寸及位置应符合设计规定。

**4.4.5** 水箱的溢流管和泄放管设置应引至排水地点附近是满足排水方便，不得与排水管直接连接，一定要断开是防止排水系统污物或细菌污染水箱水质。

**4.4.6** 因弹簧减振器不利于立式水泵运行时保持稳定，故规定立式水泵的减振装置不应采用弹簧减振器。

**4.4.7** 《验评标准》第2.3.7条及表2.3.7之1、2两项经多年使用起到了保证质量的作用。

**4.4.8** 《验评标准》第2.3.7条及表2.3.7之3项适用检查保温材料，而且非常方便，起到保证质量的作用。

## 5 室内排水系统安装

#### 5.1 一般规定

**5.1.1** 本章适用范围。

**5.1.2** 对室内排水管道可选用的管材作一般规定。

#### 5.2 排水管道及配件安装

##### 主控项目

**5.2.1** 隐蔽或埋地的排水管道在隐蔽前作灌水试验，主要是防止管道本身及管道接口渗漏。灌水高度不低于底层卫生器具的上边缘或底层地面高度，主要是按施工程序确定的，安装室内排水管道一般均采取先地下后地上的施工方法。从工艺要求看，铺完管道后，经试验检查无质量问题，为保护管道不被砸碰和不影响土建及其他工序，必须进行回填。如果先隐蔽，待一层主管做完再补做灌水试验，一旦有问题，就不好查找是哪段管道或接口漏水。

**5.2.2** 根据《验评标准》第3.4.8条表3.4.8，主要为保证排水畅通。

**5.2.3** 塑料排水管道内壁较光滑，结合对多项工程的调研，确定表5.2.3的坡度值。

**5.2.4** 参照CJJ/T 29—98：第3.1.3-4条；第3.1.17-20条；第4.1.14条编写。经调研，凡直线长度超过4m的排水塑料管道没有设伸缩节的都出现变形、裂漏等现象，这条规定是合适的；高层建筑中设排水塑料管道在楼板下设阻火圈或防火套管是防止发生火灾时塑料管被烧坏后火势穿过楼板使火灾蔓延到其他层。

**5.2.5** 根据对排水工程质量常见病的调研，保证工程质量要求排水立管及水平干管均应作通球试验；通球要必保100%；球径以不小于排水管径的2/3为宜。

##### 一般项目

**5.2.6** 参照《建筑给水排水设计规范》GBJ 15—88（以下简称《给排水设计规范》）第3.5.3条，结合近年施工经验设此条。其第4款中的污水横管的直线管段上检查口或清扫口之间的最大距离应符合表3.5.3的规定。

**5.2.7** 主要为了便于检查清扫。井底表面设坡度，是为了使井底内不积存脏物。

**5.2.8** 金属排水管道较重，要求吊钩或卡箍固定在承重结构上是为了安全。固定件间距则根据调研确定。要求立管底部的弯管处设支墩，主要防止立管下沉，造成管道接口断裂。

**5.2.9** 根据各排水塑料管材生产厂家提供的资料及对各施工单位现场调研综合编制表5.2.9。

**5.2.10** 参照《给排水设计规范》第3.6.9条、第3.6.11条编写。

**5.2.11** 参照《给排水设计规范》第3.3.3条3款，主要防止未经过灭菌处理的废水带来大量病菌排入污水管道进而扩散。

**5.2.12** 参照《给排水设计规范》第3.3.3条1、2款。主要为了防止大肠杆菌及有害气体沿溢流管道进入设备及水箱污染水质。

**5.2.13** 参照《给排水设计规范》第3.3.16条。主要为了便于清扫，防止管道堵塞。

**5.2.14** 参照《给排水设计规范》第3.3.19条。主要为了保证室内排水畅通，防止外管网污水倒流。

**5.2.15** 参照《给排水设计规范》第3.3.15条编写。

**5.2.16** 《验评标准》第3.1.12条表3.1.12经多年使用未发现问题，是适用的。

#### 5.3 雨水管道及配件安装

##### 主控项目

**5.3.1** 主要为保证工程质量。因雨水管有时是满管流，要具备一定的承压能力。

**5.3.2** 塑料排水管要求每层设伸缩节，作为雨水管也应按设计要求安装伸缩节。

**5.3.3** 主要为使排水通畅。

**5.3.4** 主要防止雨水管道满水后倒灌到生活污水管，破坏水封造成污染并影响雨水排出。

**5.3.5** 雨水斗的连接管应固定在屋面承重结构上，主要是为了安全、防止断裂；雨水斗边缘与屋面相连处应严密不漏，主要防止接触不严漏水。DN100 是雨水斗的最小规格。

**5.3.6** 主要为便于清扫。

**5.3.7** 参照《验评标准》第 3.1.12 条表 3.1.12 编写。

**5.3.8** 主要为检验焊接质量。

# 6 室内热水供应系统安装

## 6.1 一般规定

**6.1.1** 本章适用范围。热水温度不超过 75℃ 编写。

**6.1.2** 为保证卫生热水供应的质量。热水供应系统的管道应采用耐腐蚀、对水质无污染的管材。

**6.1.3** 热水供应系统管道及配件安装应与室内给水系统管道及配件安装要求相同。

## 6.2 管道及配件安装

### 主 控 项 目

**6.2.1** 《验评标准》第 4.2.2 条经多年使用未出现问题，只是增加了新的材料。热水供应系统安装完毕，管道保温前进行水压试验，主要是防止运行后漏水不易发现和返修。

**6.2.2** 为保证使用安全，热水供应系统管道热伸缩一定要考虑。补偿器部分沿用《验评标准》第 4.1.4 条，主要防止施工单位不按设计要求位置安装和不作安装前的预拉伸，致使补偿器达不到设计计算的伸长量，导致管道或接口断裂漏水漏汽。

**6.2.3** 要求基本同本规范第 4.2.3 条，只是可以不消毒，不必完全达到国家《生活饮用水标准》。

### 一 般 项 目

**6.2.4** 为保证热水供应系统运行安全，有利于管道系统排气和泄水。

**6.2.5** 温度控制器和阀门是热水制备装置中的重要部件之一，其安装必须符合设计要求，以保证热水供应系统的正常运行。

**6.2.6** 见本规范条文说明第 4.2.8 条。

**6.2.7** 为保证热水供应系统水温质量减少无效热损失，见本规范条文说明第 4.4.8 条。

## 6.3 辅助设备安装

### 主 控 项 目

**6.3.1** 太阳能热水器的集热排管和上、下集管是受热承压部分，为确保使用安全，在装集热玻璃之前一定要作水压试验。

**6.3.2** 热交换器是热水供应系统的主要辅助设备，其水压试验应与热水供应系统相同。

**6.3.3** 主要为保证水泵基础质量。

**6.3.4** 主要为保证水泵安全运行。

**6.3.5** 要求水箱安装前作满水和水压试验，主要避免安装后漏水不易修补。

### 一 般 项 目

**6.3.6** 根据各地经验及各太阳能热水器生产厂家的安装使用说明书综合编写。

**6.3.7** 主要为避免循环管路集存空气影响水循环。

**6.3.8** 为了保持系统有足够的循环压差，克服循环阻力。

**6.3.9** 为防止吸热板与采热管接触不严而影响集热效率。

**6.3.10** 为排空集热器内的集水，防止严寒地区不用时冻结。

**6.3.11** 为减少集热器热损失。

**6.3.12** 为避免集热器内载热流体被冻结。

**6.3.13** 保留《验评标准》第 4.3.7 条及表 4.3.7 之 1、2 项编写。

**6.3.14** 保留《验评标准》第 4.2.8 条及表 4.2.8 之 4 编写。

# 7 卫生器具安装

## 7.1 一般规定

**7.1.1** 本章适用范围。

**7.1.2** 用预埋螺栓和膨胀螺栓固定卫生器具仍是目前最常用的安装方法。

**7.1.3** 参照《给排水设计规范》第 3.2.7 条及表 3.2.7 编写。

**7.1.4** 参照《给水排水标准图集》S3 中 99S304《卫生设备安装》及卫生器具安装说明书综合编写。

## 7.2 卫生器具安装

### 主 控 项 目

**7.2.1** 为保证排水栓和地漏的使用安全，排水栓和地漏安装应平整、牢固，低于排水表面，这是最基本的要求。其周边的渗漏往往被人们所忽视，是一大隐患。强调周边做到无渗漏。规定水封高度，保证地漏使用功能。

**7.2.2** 经调研很多卫生器具如洗面盆、浴盆等如不作满水试验，其溢流口、溢流管是否畅通无从检查;所有的卫生器具均应作通水试验，以检验其使用效果。

**7.2.3** 保留《验评标准》第3.2.6条及表3.2.6编写。

**7.2.4** 主要为了方便检修。

**7.2.5** 主要是保证冲洗水质和冲洗效果。要求镀锌钢管钻孔后进行二次镀锌，主要是防止因钻孔氧化腐蚀，出水腐蚀墙面并减少冲洗管的使用寿命。

**7.2.6** 主要为了保证卫生器具安装质量。

### 7.3 卫生器具给水配件安装

#### 主 控 项 目

**7.3.1** 对卫生器具给水配件质量进行控制，主要是保证外观质量和使用功能。

#### 一 般 项 目

**7.3.2** 保留《验评标准》第2.2.6条及表2.2.6编写。

**7.3.3** 经调研，普遍认为挂钩距地面1.8m较为合适，使用方便。

### 7.4 卫生器具排水管道安装

#### 主 控 项 目

**7.4.1** 根据调研和多年的工程实践情况，卫生器具排水管道与楼板的接合部位一向是薄弱环节，存在严重质量通病，最容易漏水。故强调与排水横管连接的各卫生器具的受水口和立管均应采取妥善可靠的固定措施;管道与楼板的接合部位应采取牢固可靠的防渗、防漏措施。

**7.4.2** 保留《验评标准》第3.2.2条编写。主要为了杜绝卫生器具漏水，保证使用功能。

#### 一 般 项 目

**7.4.3** 保留《验评标准》第3.1.12条及表3.1.12编写。

**7.4.4** 参照GBJ 15—88第3.4.1条及表3.4.1编写。

# 8 室内采暖系统安装

## 8.1 一 般 规 定

**8.1.1** 根据国内采暖系统目前普遍使用的蒸汽压力及热水温度的现状，对本章的适用范围作出了规定。

**8.1.2** 管径小于或等于32mm的管道多用于连接散热设备立支管，拆卸相对较多，且截面较小，施焊时易使其截面缩小，因此参照各地习惯做法规定，不同管径的管道采用不同的连接方法。

此外，根据调查采暖系统近年来使用镀锌钢管渐多，增加了镀锌钢管连接的规定。

## 8.2 管道及配件安装

#### 主 控 项 目

**8.2.1** 管道坡度是热水采暖系统中的空气和蒸汽采暖系统中的凝结水顺利排除的重要措施，安装时应满足设计或本规范要求。

**8.2.2** 为妥善补偿采暖系统中的管道伸缩，避免因此而导致的管道破坏，本条规定补偿器及固定支架等应按设计要求正确施工。

**8.2.3** 在调研中发现，热水采暖系统由于水力失调导致热力失调的情况多有发生。为此，系统中的平衡阀及调节阀，应按设计要求安装，并在试运行时进行调节、作出标志。

**8.2.4** 此条规定目的在于保证蒸汽采暖系统安全正常的运行。

**8.2.5** 主要从受力状况考虑，使焊口处所受的力最小，确保方形补偿器不受损坏。

**8.2.6** 避免因方形补偿器垂直安装产生"气塞"造成的排气、泄水不畅。

#### 一 般 项 目

**8.2.7** 热量表、疏水器、降污器、过滤器及阀门等，是采暖系统的重要配件，为保证系统正常运行，安装时应符合设计要求。

**8.2.8** 见本规范第5.3.8条说明。

**8.2.9** 集中采暖建筑物热力入口及分户热计量户内系统入户装置，具有过滤、调节、计量及关断等多种功能，为保证正常运转及方便检修、查验，应按设计要求施工和验收。

**8.2.10** 为防止支管中部下沉，影响空气或凝结水的顺利排除，作此规定。

**8.2.11** 为保证热水干管顺利排气和蒸汽干管顺利排除凝结水，以利系统运行。

**8.2.12** 调研发现，采暖系统主干管道在与垂直或水平的分支管道连接时，常因钢渣挂在管壁内或分支管道本身经开孔处伸入干管内，影响介质流动。为避免此类事情发生，规定此条。

**8.2.13** 防止阀门误关导致膨胀水箱失效或水箱内水循环停止的不良后果。

**8.2.14** 高温热水一般工作压力较高，而一旦渗漏危害性也要高于低温热水，因此规定可拆件使用安全度较高的法兰和耐热橡胶板做垫料。

8.2.15 室内采暖系统的安装，当管道焊接连接时，较多使用冲压弯头。由于其弯曲半径小，不利于自然补偿。因此本条规定，在作为自然补偿时，应使用煨弯。同时规定，塑料管及铝塑复合管除必须使用直角弯头的场合，应使用管道弯曲转弯，以减少阻力和渗漏的可能，特别是在隐蔽敷设时。

8.2.16 保证涂漆质量，以利防锈和美观。

8.2.17 见本规范第4.4.8条说明。

8.2.18 本条规定基本延用《验评标准》第4.1.16条内容。据调查，在多年执行中是可行的。

### 8.3 辅助设备及散热器安装

#### 主控项目

8.3.1 散热器在系统运行时损坏漏水，危害较大。因此规定组对后和整组出厂的散热器在安装之前应进行水压试验，并限定最低试验压力为0.6MPa。

8.3.2 随着大型、高层建筑物兴建，很多室内采暖系统中附设有热交换装置、水泵及水箱等。因此作本条规定。

#### 一般项目

8.3.3 为保证散热器组对的平直度和美观，对其允许偏差做出规定。

8.3.4 为保证垫片质量，要求使用成品并对材质提出要求。

8.3.5 本条目的为保证散热器挂装质量。对于常用散热器支架及托架数量也做出了规定。

8.3.6 散热器的传热与墙表面的距离相关。过去散热器与墙表面的距离多以散热器中心计算。由于散热器厚度不同，其背面与墙表面距离即使相同，规定的距离也会各不相同，显得比较繁杂。本条规定，如设计未注明，散热器背面与装饰后的墙内表面距离应为30mm。

8.3.7 为保证散热器安装垂直和位置准确，规定了允许偏差。

8.3.8 保证涂漆质量，以利防锈和美观。

### 8.4 金属辐射板安装

#### 主控项目

8.4.1 保证辐射板具有足够的承压能力，利于系统安全运行。

8.4.2 保证泄水和放气的顺畅进行。

8.4.3 为便于拆卸检修，规定使用法兰连接。

### 8.5 低温热水地板辐射采暖系统安装

#### 主控项目

8.5.1 地板敷设采暖系统的盘管在填充层及地面内

隐蔽敷设，一旦发生渗漏，将难以处理，本条规定的目的在于消除隐患。

8.5.2 隐蔽前对盘管进行水压试验，检验其应具备的承压能力和严密性，以确保地板辐射采暖系统的正常运行。

8.5.3 盘管出现硬折弯情况，会使水流通面积减小，并可能导致管材损坏，弯曲时应予以注意，曲率半径不应小于本条规定。

#### 一般项目

8.5.4 分、集水器为地面辐射采暖系统盘管的分路装置，设有放气阀及关断阀等，属重要部件，应按设计要求进行施工及验收。

8.5.5 作为散热部件的盘管，在供回水温度一定的条件下，其散热量取决于盘管的管径及间距。为保证足够的散热量，应按设计图纸进行施工和验收。

8.5.6 为保证地面辐射采暖系统在完好和正常的情况下使用，防潮层、防水层、隔热层及伸缩缝等均应符合设计要求。

8.5.7 填充层的作用在于固定和保护散热盘管，使热量均匀散出。为保证其完好和正常使用，应符合设计要求的强度，特别在地面负荷较大时，更应注意。

### 8.6 系统水压试验及调试

#### 主控项目

8.6.1 据调查，原《规范》关于水压试验的内容，经多年实践，是基本适用可行的。本条规定在此基础上作了部分调整。塑料管和复合管其承压能力随着输送的热水温度的升高而降低。采暖系统中此种管道在运行时，承压能力较水压试验时有所降低。因此，与使用钢管的系统相比，水压试验值规定得稍高一些。

8.6.2 为保证系统内部清洁，防止因泥沙等积存影响热媒的正常流动。

8.6.3 系统充水、加热，进行试运行和调试是对采暖系统功能的最终检验，检验结果应满足设计要求。若加热条件暂不具备，应延期进行该项工作。

# 9 室外给水管网安装

## 9.1 一般规定

9.1.1 界定本章条文的适用范围。

9.1.2 规定输送生活饮用水的给水管道应采用塑料管、复合管，镀锌钢管或给水铸铁管是为保证水体不在输送中受污染。强调管材、管件应是同一厂家的配套产品是为了保证管材和管件的匹配公差一致，从而保证安装质量，同时也是为了让管材生产厂家承担材质的连带责任。

9.1.3 室外架空或在室外地沟内铺设给水管道与在

室内铺设给水管道安装条件和办法相似，故其检验和验收的要求按室内给水管道相关规定执行。但室外架空管道是在露天环境中，温度变化波动大，塑料管道在阳光的紫外线作用下会老化，所以要求室外架空铺设的塑料管道必须有保温和防晒等措施。

**9.1.4** 室外消防水泵接合器及室外消火栓的安装位置及形式是设计后，经当地消防部门综合当地情况按消防法规严格审定的，故不可随意改动。

## 9.2 给 水 管 道 安 装

### 主 控 项 目

**9.2.1** 要求将室外给水管道埋设在当地冰冻线以下，是为防止给水管道受冻损坏。调查时反映，一些特殊情况，如山区，有些管道必须在冰冻线以上铺设，管道的保温和防潮措施由于考虑不周出了问题，因此要求凡在冰冻线以上铺设的给水管道必须制定可靠的措施才能进行施工。

据资料介绍，地表 0.5m 以下的土层温度在一天内波动非常小，在此深度以下埋设管道，其中蠕变可视为不发生。另考虑到一般小区内给水管道内压及外部可能的荷载，考虑到各种管材的强度，在汇总多家意见的基础上，规定在无冰冻地区给水管道管顶的覆土埋深不得小于 500mm，穿越道路（含路面下）部位的管顶覆土埋深不得小于 700mm。

**9.2.2** 为使饮用水管道远离污染源，界定此条。

**9.2.3** 法兰、卡扣、卡箍等是管道可拆卸的连接件，埋在土壤中，这些管件必然要锈蚀，挖出后再拆卸已不可能。即或不挖出不做拆卸，这些管件的所在部位必然成为管道的易损部位，从而影响管道的寿命。

**9.2.4** 条文中尺寸是从便于安装和检修考虑确定的。

**9.2.5** 对管网进行水压试验，是确保系统能正常使用的关键，条文中规定的试验压力值及不同管材的试压检验方法是依据多年的施工实践，在广泛征求各方意见的基础上综合制订的。

**9.2.6** 本条文中镀锌钢管系指输送饮用水所采用的热镀锌钢管，钢管系指输送消防给水用的无缝或有缝钢管。镀锌钢管和钢管埋地铺设时为提高使用年限，外壁必须采取防腐蚀措施。目前常用的管外壁防腐蚀涂料有沥青漆、环氧树脂漆、酚醛树脂漆等，涂覆方法可采用刷涂、喷涂、浸涂等。条文的表 9.2.6 中给定的是多年沿用的老方法，但因其价格廉、易操作，适用性好等特点仍应采用，表中防腐层厚度可供涂覆其他防腐涂料时参考（对球墨铸铁给水管要求外壁必须刷沥青漆防腐）。

**9.2.7** 对输送饮用水的管道进行冲洗和消毒是保证人们饮用到卫生水的两个关键环节，要求不仅要做到

而且要做好。

### 一 般 项 目

**9.2.8** 条文的规定是本着既实际可行，又能起到控制质量的情况下给出的。

**9.2.9** 钢材的使用寿命与涂漆质量有直接关系。也是人们的感观的要求，故刷油质量必须控制好。

**9.2.10** 目前给水塑管的强度和刚度大都比钢管和给水铸铁管差，调查中发现，管径≥50mm 的给水塑料管道由于其管道上的阀门安装时没采取相应的辅助固定措施，在多次开启或拆卸时，多数引起了管道破损漏水的情况发生。

**9.2.11** 从便于检修操作和防止渗漏污染考虑预留的距离。

**9.2.12** 限定铸铁管承插口的对口最大间隙，主要为保证接口质量。

**9.2.13** 限定铸铁管承插口的环形间隙，主要为保证接口质量。

**9.2.14** 给水铸铁管采用承插捻口连接时，捻麻是接口内一项重要工作，麻捻压的虚和实将直接影响管接口的严密性。提出深度应占整个环形间隙深度的 1/3 是为进行施工过程控制时参考。

**9.2.15** 铸铁管的承插接口填料多年来一直采用石棉水泥或膨胀水泥，但石棉水泥因其中含有石棉绒，这种材料不符合饮用水卫生标准要求，故这次将其删除，推荐采用硅酸盐水泥捻口，捻口水泥的强度等级不得低于 32.5 级。

**9.2.16** 目的是防止有侵蚀性水质对接口填料造成腐蚀。

**9.2.17** 主要为保护橡胶圈接口处不受腐蚀性的土壤或地下水的侵蚀性损坏。条文还综合有关行标对橡胶圈接口最大偏转角度进行了限定。

## 9.3 消防水泵接合器及室外消火栓安装

### 主 控 项 目

**9.3.1** 根据调研及多年的工程实践，统一规定试验压力为工作压力的 1.5 倍，但不得小于 0.6MPa。这样既便于验收时掌握，也能满足工程需要。

**9.3.2** 消防管道进行冲洗的目的是为保证管道畅通，防止杂质、焊渣等损坏消火栓。

**9.3.3** 消防水泵接合器和消火栓的位置标志应明显，栓口的位置应方便操作，是为了突出其使用功能，确保操作快捷。室外消防水泵接合器和室外消火栓当采用墙壁式时，其进、出水栓口的中心安装高度距地面为 1.1m 也是为了方便操作。因栓口直接设在建筑物外墙上，操作时必然紧靠建筑物，为保证消防人员的操作安全，故强调上方必须有防坠落物打击的措施。

**9.3.4** 为了统一标准,保证使用功能。

**9.3.5** 为了保证实用和便于操作。

**9.3.6** 消防水泵接合器的安全阀应进行定压(定压值应由设计给定),定压后的系统应能保证最高处的一组消火栓的水栓能有 10～15m 的充实水柱。

## 9.4 管沟及井室

### 主 控 项 目

**9.4.1** 管沟的基层处理好坏,井室的地基是否牢固直接影响管网的寿命,一但出现不均匀沉降,就有可能造成管道断裂。

**9.4.2** 强调井盖上必须有明显的中文标志是为便于查找和区分各井室的功能。

**9.4.3** 调查时发现,许多小区的井圈和井盖在使用时轻型和重型不分,特别是用轻不用重,造成井盖损坏,给行车行人带来麻烦。这次对此突出做了要求。

**9.4.4** 强调重型铸铁或混凝土井圈,不得直接放在井室的砖墙上,砖墙上应做不少于 80mm 厚的细石混凝土垫层,垫层与井圈间应用高强度等级水泥砂浆找平,目的是为保证井圈与井壁成为一体,防止井圈受力不均时或反复冻胀后松动,压碎井壁砖导致井室塌陷。

### 一 般 项 目

**9.4.5** 本条界定了管沟的施工标准及应遵循的依据原则。

**9.4.6** 要求管沟的沟底应是原土层或夯实的回填土,目的是为了管道铺设后,沟底不塌陷。要求沟底不得有尖硬的物体、块石,目的是为了保护管壁在安装过程中不受损坏。

**9.4.7** 针对沟基下为岩石、无法清除的块石或沟底为砾石层时,为了保护管壁在安装过程中及以后的沉降过程中不受损坏,采取的措施。

**9.4.8** 本条文的规定是为了确保管道回填土的密实度和在管沟回填过程中管道不受损坏。

**9.4.9** 本条系对井室砌筑的施工要求。检查时建议可参照有关土建专业施工质量验收规范进行。

**9.4.10** 调查时发现,管道穿过井壁处,采用一次填塞易出现裂纹,二次填塞基本保证能消除裂纹,且表面也易抹平,故规定此条文。

# 10 室外排水管网安装

## 10.1 一 般 规 定

**10.1.1** 界定本章条文的适用范围。

**10.1.2** 调查中反映,住宅小区的室外排水工程大部分还在应用混凝土管、钢筋混凝土管、排水铸铁管,用的也比较安全,反映也较好,故条文中将其列入。以前常用的缸瓦管因管壁较脆,易破损,多数地区已不用或很少用,所以条文中没列入。近几年发展起来的各种塑料排水管如:聚氯乙烯直壁管、环向(或螺旋)加肋管、双壁波纹管、高密度聚乙烯双重壁缠绕管和非热塑性夹砂玻璃钢管等已大量问世,由于其施工方便、密封可靠、美观、耐腐蚀、耐老化、机械强度好等优点已被多数用户所认可,在上海市已被大量采用,完全有取代其他排水管的趋势,故将其列入条文中。

**10.1.3** 排水系统的管沟及井室的土方工程,沟底的处理,管道穿井壁处的处理,管沟及井池周围的回填要求等与给水系统的对应要求相同,因此确定执行同样规则。

**10.1.4** 要求各种排水井和化粪池必须用混凝土打底板是由其使用环境所决定,调查时发现一些井池坍塌多数是由于混凝土底板没打或打的质量不好,在粪水的长期浸泡下出的问题。故要求必须先打混凝土底板后,再在其上砌井室。

## 10.2 排水管道安装

### 主 控 项 目

**10.2.1** 找好坡度直接关系到排水管道的使用功能,故严禁无坡或倒坡。

**10.2.2** 排水管道中虽无压,但不应渗漏,长期渗漏处可导致管基下沉,管道悬空,因此要求在施工过程中,在两检查井间管道安装完毕后,即应做灌水试验。通水试验是检验排水使用功能的手段,随着从上游不断向下游做灌水试验的同时,也检验了通水的能力。

### 一 般 项 目

**10.2.3** 条文中的规定是本着既满足实际,又适当放宽情况下给出的。

**10.2.4** 排水铸铁管和给水铸铁管在安装程序上、过程控制的内容上相似,施工检查可参照给水铸铁管承插接口的要求执行,但在材质上,通过的介质、压力上又不同,故应承认差别。但必须要保证接口不漏水。

**10.2.5** 刷二遍石油沥青漆是为了提高管材抗腐蚀能力,提高管材使用年限。

**10.2.6** 承插接口的排水管道安装时,要求管道和管件的承口应与水流方向相反,是为了减少水流的阻力,减少水流对接口材料的压力(或冲刷力),从而保持抗渗漏能力,提高管网使用寿命。

**10.2.7** 条文中的控制规定是为确保抹带接口的质

量，使管道接口处不渗漏。

## 10.3 排水管沟与井池

### 主 控 项 目

10.3.1 如沟基夯实和支墩大小、尺寸、距离，强度等不符合要求，待管道安装上，土回填后必然造成沉降不均，管道或接口处将因受力不均而断裂。如井池底板不牢，必然产生井池体变形或开裂，必然迁带管道不均匀沉降，给管网带来损坏。因此必须重视排水沟基的处理和保证井池的底板强度。

10.3.2 检查井、化粪池的底板及进出水管的标高直接影响整个排水系统的使用功能，一处变动迁动多处。故相关标高必须严格控制好。

### 一 般 项 目

10.3.3 由于排水井池常期处在污水浸泡中，故其砌筑和抹灰等要求应比给水检查井室要严格。

10.3.4 排水检查井是住宅小区或厂区中数量最多的一种检查井，其井盖混用情况也最严重，损坏也最严重，群众意见也最大，故在通车路面下或小区道路下的排水井池也必须严格执行本规范第9.4.3条、第9.4.4条的规定。

# 11 室外供热管网安装

## 11.1 一 般 规 定

11.1.1 根据国内采暖系统蒸汽压力及热水温度的现状，对本章的适用范围做出了规定。

11.1.2 对供热管网的管材，首先规定应按设计要求，对设计未注明时，规定中给出了管材选用的推荐范围。

11.1.3 为保证管网安装质量，尽量减少渗漏可能性采用焊接。

## 11.2 管道及配件安装

### 主 控 项 目

11.2.1 在热水采暖的室外管网中，特别是枝状管网，装设平衡阀或调节阀已成为各用户之间压力平衡的重要手段。本条规定，施工与验收应符合设计要求并进行调试。

11.2.2 供热管道的直埋敷设渐多并已基本取代地沟敷设。本条对直埋管道的预热伸长、三通加固及回填等的要求做了规定。

11.2.3 补偿器及固定支架的正确安装，是供热管道解决伸缩补偿，保证管道不出现破损所不可缺少的，本条文规定，安装和验收应符合设计要求。

11.2.4 采暖用户入口装置设于室外者很多。用户入口装置及检查应按设计要求施工验收，以方便操作与维修。

11.2.5 与地沟敷设相比，直埋管道的保温构造有着更高的要求，接头处现场发泡施工时更须注意，本条规定应遵照设计要求。

### 一 般 项 目

11.2.6 坡度应符合设计要求，以便于排气、泄水及凝结水的流动。

11.2.7 为保证过滤效果，并及时清除脏物。

11.2.8 本条规定基本延用《验评标准》第8.0.16条内容。经实践验证可行，在控制管道安装允许偏差上是必须的，因此列入本条。

11.2.9 见本规范第5.3.8条说明。

11.2.10 为保证焊接质量，对焊缝质量标准提出具体要求。

11.2.11 为统一管道排列和便于管理维护。

11.2.12 主要为便于安装和检修。

11.2.13 主要在设计无要求时为保证和统一架空管道有足够的高度，以免影响行人或车辆通行。

11.2.14 保证涂漆质量，利于防锈。

11.2.15 见本规范第4.4.8条说明。

## 11.3 系统水压试验及调试

### 主 控 项 目

11.3.1 沿用原《规范》第8.2.10条。据调查，该条文规定的试验压力适用可行，因此引入本条文内。

11.3.2 为保证系统管道内部清洁，防止因泥沙等积存影响热媒正常流动。

11.3.3 对于室外供热管道功能的最终调试和检验。

11.3.4 为保证水压试验在规定管段内正常进行。

# 12 建筑中水系统及游泳池水系统安装

## 12.1 一 般 规 定

12.1.1 因中水水源多取自生活污水及冷却水等，故原水管道管材及配件要求应同建筑排水管道。

12.1.2 建筑中水供水及排水系统与室内给水及排水系统仅水质标准不同，其他均无本质区别，完全可以引用室内给水排水有关规范条文。

12.1.3 游泳池排水管材及配件应由耐腐蚀材料制成，其系统安装与检验要求应与室内排水系统安装及检验要求应完全相同，故可引用本规范第5章相关内容。

12.1.4 游泳池水加热系统与热水供应加热系统基本相同，故系统安装、检验及验收应与本规范第6章相关规定相同。

## 12.2　建筑中水系统管道及辅助设备安装

### 主 控 项 目

**12.2.1**　为防止中水污染生活饮用水，对其水的设置做出要求，以确保使用安全。

**12.2.2**　为防止误饮、误用。

**12.2.3**　为防止中水污染生活饮用水的几项措施。

**12.2.4**　为方便维修管理，也是防止误接、误饮、误用的措施。

### 一 般 项 目

**12.2.5**　中水供水需经过化学药物消毒处理，故对中水供水管道及配件要求为耐腐蚀材料。

**12.2.6**　为防止中水污染生活饮用水，参照CECS30：91第7.1.4条编写。

## 12.3　游泳池水系统安装

### 主 控 项 目

**12.3.1**　因游泳池水多数都循环使用且经加药消毒，故要求游泳池的给水、排水配件应由耐腐蚀材料制成。

**12.3.2**　毛发聚集器是游泳池循环水系统中的主要设备之一，应采用耐腐蚀材料制成。

**12.3.3**　防止清洗、冲洗等排水流入游泳池内而污染池水的措施。

### 一 般 项 目

**12.3.4**　因游泳池循环水需经加药消毒，故其循环管道应由耐腐蚀材料制成。

**12.3.5**　加药、投药和输药管道也应采用耐腐蚀材料制成，保证使用安全。

**12.3.6**　为保证使用卫生条件，本条所列管道均采用耐腐蚀管材。

# 13　供热锅炉及辅助设备安装

## 13.1　一 般 规 定

**13.1.1**　根据目前锅炉市场整装锅炉的炉型、吨位和额定工作压力等技术条件的变化及城市供暖向集中供热发展的趋势，以及绝大多数建筑施工企业锅炉安装队伍所具有的施工资质等级的情况，将本章的适用范围规定为"锅炉额定工作压力不大于1.25MPa，热水温度不超过130℃的整装蒸汽和热水锅炉及辅助设备"的安装。属于现场组装的锅炉（包括散装锅炉和组装锅炉）的安装应暂按行业标准《工业锅炉安装工程施工及验收规范》JBJ 27—96（以下简称《工业锅炉验收规范》）规定执行。

本章的规定同时也适用于燃油和燃气的供暖和供热水整装锅炉及辅助设备的安装工程的质量检验与验收。

**13.1.2**　供热锅炉安装工程不仅应执行建筑施工质量检验和验收的规范规定，同时还应执行国家环保、消防及安全监督等部门的有关规范、规程和标准的规定，以保证锅炉安全运行和使用功能。

本规范未涉及到的燃油锅炉的供油系统，燃气锅炉的供气系统，输煤系统及自控系统等的安装工程的质量检验和验收应执行相关行业的质量检验和验收规范及标准。

**13.1.3**　主要为防止管道、设备和容器未经试压和防腐就保温，不易检查管道、设备和容器自身和焊口或其他形式接口的渗漏情况和防腐质量。

**13.1.4**　为便于施工，并防止设备和容器的保温层脱落，规定保温层应采用钩钉或保温钉固定，其间距是根据调研中综合大多数施工企业目前施工经验而规定的。

## 13.2　锅 炉 安 装

### 主 控 项 目

**13.2.1**　为保证设备基础质量，规定了对锅炉及辅助设备基础进行工序交接验收时的验收标准。表13.2.1参考了国家标准《混凝土工程施工及验收规范》GB 50204—92和《验评标准》的有关标准和要求。

**13.2.2**　根据调研，近几年非承压热水锅炉（包括燃油、燃气的热水锅炉）被广泛采用，各地技术监督部门已经对非承压锅炉的安装和使用进行监管。非承压锅炉的安装，如果忽视了它的特殊性，不严格按设计或产品说明书的要求进行施工，也会造成不安全运行的隐患。非承压锅炉最特殊的要求之一就是锅筒顶部必须敞口或装设大气连通管。

**13.2.3**　因为天然气通过释放管或大气排放管直接向大气排放是十分危险的，所以不能直接排放，规定必须采取处理措施。

**13.2.4**　燃油锅炉是本规范新增的内容，参考美国《燃油和天然气单燃器锅炉炉膛防爆法规》（NFPA 85A—82）的有关规定，为保证安全运行而增补了此条规定。

**13.2.5**　主要是为了保证阀门与管道，管道与管道之间的连接强度和可靠性，避免锅炉运行事故，保证操作人员人身安全。

**13.2.6**　根据《蒸汽锅炉安全技术监察规程》和《热水锅炉安全技术监察规程》的规定，参考了《工业锅炉验收规范》做了适当修改。为保证非承压锅炉的安全运行，对非承压锅炉本体和管道也应进行水压试验，防止渗、漏。其试验标准按工作压力小于0.6MPa时，试验压力不小于 1.5P + 0.2MPa 的标准执行，因其工作压力为0，所以应为0.2MPa。

**13.2.7** 原《规范》的规定，据调查该条经多年实践是实用的，主要为保证锅炉安全可靠地运行。

**13.2.8** 保留原《规范》的规定，作为对锅炉安装焊接质量检验的标准。"锅炉本体管道"是指锅炉"三阀"（主汽阀或出水阀、安全阀、排污阀）之内的与锅炉锅筒或集箱连接的管道。

本条第3款所规定的"无损探伤的检测结果应符合锅炉本体设计的相关要求"，是指探伤数量和等级要求，为了保证安装焊接质量不低于锅炉制造的焊接质量。

### 一 般 项 目

**13.2.9** 主要为保证工程质量，控制锅炉安装位置。

**13.2.10** 参照《工业锅炉验收规范》及《链条炉排技术条件》（JBJ 3271—83）的有关规定，主要为检验锅炉炉排组装后或运输过程中是否有损坏或变形，控制炉排组装质量，保证锅炉安全运行。

**13.2.11** 参考《工业锅炉验收规范》的有关标准，主要为控制炉排安装偏差，保证锅炉可靠运行。

**13.2.12** 参考了原《规范》和《工业锅炉质量分等标准》（JB/DQ 9001—87）的规定，将原规定每根管肋片破损数不得超过总肋片数的10%修改为5%，提高了对省煤器的质量要求。

**13.2.13** 主要为便于排空锅炉内的积水和脏物。

**13.2.14** 根据整装锅炉安装施工的质量通病而规定，减少锅炉送风的漏风量。

**13.2.15** 根据《蒸汽锅炉安全监察规程》和《热水锅炉安全监察规程》规定，省煤器的出口处或入口处应安装安全阀、截止阀、止回阀、排气阀、排水管、旁通烟道、循环管等等，而有些设计者在设计时或者标注不全，或者笼统提出按有关规程处理，而施工单位则往往疏忽，造成锅炉运行时存在不安全隐患。

**13.2.16** 由于电动调节阀越来越普遍地使用，为保证确实发挥其调节和经济运行功能而规定的条款。

### 13.3 辅助设备及管道安装

#### 主 控 项 目

**13.3.1** 同第13.2.1条

**13.3.2** 为保证风机安装的质量和安全运行，参考了《工业锅炉验收规范》的有关规定。

**13.3.3** 为保证压力容器在运行中的安全可靠性，因此予以明确和强调。

**13.3.4** 在调研中反映有的施工单位，对敞口箱、罐在安装前不作满水试验，结果投入使用后渗、漏水

情况发生。为避免通病，故规定满水试验应静置24h，以保证满水试验的可靠性。

**13.3.5** 参考美国《油燃烧设备的安装》（NFPA31）中的同类设备的相关规定而制定的条款，主要是为保证储油罐体不渗、不漏。

**13.3.6** 为保证管道安装质量，所以作为主控项目予以规定。

**13.3.7** 主要为便于操作人员迅速处理紧急事故以及操作和维修。

**13.3.8** 根据调研，一些施工人员随意施工，常有不符合规范要求和不方便使用单位管理人员操作和检修的情况发生。本条规定是为了引起施工单位的重视。

**13.3.9** 根据《验评标准》的相关规定而制定的标准。

#### 一 般 项 目

**13.3.10** 根据《验评标准》的相关规定而制定的标准。

**13.3.11** 为明确和统一整装锅炉安装工艺管道的质量验收标准而制定的。此标准高于工业管道而低于室内采暖管道的标准，参考了《工业金属管道工程质量检验评定标准》（GB 50184—93）的有关规定。

**13.3.12** 为保证锅炉上煤设备的安装质量和安全运行而制定的验收标准。参考了《连续输送设备安装工程施工及验收规范》（JBJ 32—96）的有关内容而规定的。

**13.3.13** 参考了原《规范》的有关规定，并根据《电工名词术语·固定锅炉》（GB 2900·48—83）的统一提法，将过去的习惯用语锅炉"鼓风机"改为"送风机"。

**13.3.14** 为防止水泵由于运输和保管等原因将泵的主要部件、活塞、活动轴、管路及泵体损伤，故规定安装前必须进行检查。

**13.3.15** 主要为统一安装标准，便于操作。

**13.3.16** 主要为保证安装质量和正常运行。

**13.3.17** 为统一安装标准，便于操作。

**13.3.18** 为保证除尘器安装质量和正常运行，同时为使风机不受重压，延长使用寿命，规定了"不允许将烟管重量压在风机上"。

**13.3.19** 为避免操作运行出现人身伤害事故，故予以硬性规定。

**13.3.20** 为便于操作、观察和维护，保证经软化处理的水质质量而规定的。

**13.3.21** 保留《验评标准》有关条款而制定。

**13.3.22** 为保证防腐和油漆工程质量，消除油漆工程质量通病而制定。

### 13.4 安全附件安装

#### 主 控 项 目

**13.4.1** 主要为保证锅炉安全运行，一旦出现超过

规定压力时通过安全阀将锅炉压力泄放，使锅炉内压力降到正常运行状态，避免出现锅炉爆裂等恶性事故。故列为了强制性条文。

**13.4.2** 为保证压力表能正常计算和显示，同时也便于操作管理人员观察。

**13.4.3** 为保证真实反映锅炉及压力容器内水位情况，避免出现缺水和满的事故。对各种形式的水位表根据其构造特点做出了不同的规定。

**13.4.4** 为保证对锅炉超温、超压、满水和缺水等安全事故及时报警和处理，因此上述报警装置及联锁保护必须齐全，并且可靠有效。此条列为强制性条文。

**13.4.5** 主要为保证操作人员人身安全。

### 一 般 项 目

**13.4.6** 为保证锅炉安全运行，反映锅炉压力容器及管道内的真实压力。考虑到存水弯要经常冲洗，强调要求在压力表和存水弯之间应安装三通旋塞。

**13.4.7** 随着科学技术的发展，对锅炉安全运行的监控水平的不断提高，热工仪表得到广泛应用。参照《工业自动化仪表工程施工及验收规划》（GBJ 93—86）的有关规定而增加了本条规定。

**13.4.8** 规定不得将套管温度计装在管道及设备的死角处保证温度计全部浸入介质内和安装在温度变化灵敏的部位，是为了测量到被测介质的真实温度。

**13.4.9** 为避免或减少测温元件的套管所产生的阻力对被测介质压力的影响，取压口应选在测温元件的上游安装。

### 13.5 烘炉、煮炉和试运行

### 主 控 项 目

**13.5.1** 第 1 款规定是为了防止炉墙及炉拱温度过高，第 2 款规定是为了防止烟气升温过急、过高，两种情况都可能造成炉墙或炉拱变形、爆裂等事故，参考《工业锅炉验收规范》的相关规定，将后期烟温规定为不应高于 160℃；第 3 款规定是为防止火焰在不变位置上燃烧，烧坏炉排；第 4 款规定是为减少锅筒和集箱内的沉积物，防止结垢和影响锅炉自身的水循环，避免爆管事故。

**13.5.2** 为提高烘炉质量，参考了有关的资料及一些地方的操作规程，将目前一些规程中砌筑砂浆含水率应降到 10% 以下的规定修改为 7% 以下，以提高对烘炉的质量要求。本条又增加了对烘炉质量检验的宏观标准。

**13.5.3** 锅炉带负荷连续 48h 试运行，是全面考核锅炉及附属设备安装工程的施工质量和锅炉设计、制造及燃料适用性的重要步骤，是工程使用功能的综合检验，因此列为强制性条文。

### 一 般 项 目

**13.5.4** 为保证煮炉的效果必须保证煮炉的时间。规定了非砌筑和浇筑保温材料保温的锅炉安装后应直接进行煮炉的规定，目的在于强调整装的燃油、燃气锅炉安装后要进行煮炉，以除掉锅炉及管道中的油垢和附锈等。

### 13.6 换热站安装

### 主 控 项 目

**13.6.1** 为保证换热器在运行中安全可靠，因而将此条作为强制性条文。考虑到相互隔离的两个换热部分内介质的工作压力不同，故分别规定了试验压力参数。

**13.6.2** 在高温水系统中，热交换器应安装在循环水泵出口侧，以防止由于系统内一旦压力降低产生高温水汽化现象。做出此条规定，突出强调，以保证系统的正常运行。

**13.6.3** 主要是为了保证维修和更换换热管的操作空间。

### 一 般 项 目

**13.6.4** 同 13.3.10。

**13.6.5** 规定了热交换站内的循环泵、调节阀、减压器、疏水器、除污器、流量计等安装与本规范其他章节相应设备及阀、表的安装要求的一致性。

**13.6.6** 同 13.3.11。

**13.6.7** 同本规范 4.4.8。

## 14 分部（子分部）工程质量验收

**14.0.1** 依据《统一标准》，对检验批中的主控项目、一般项目和工艺过程进行的质量验收要求，对分项、分部工程的验收程序进行了划分和说明，并增加了验收表格。

**14.0.2** 重点突出了安全、卫生和使用功能的内容。这些项目应列出表格，在"施工工艺标准"或"施工技术指南"中体现。

**14.0.3** 保留原《规范》第 12.0.3 条，增加了技术质量管理内容和使用功能内容。

中华人民共和国国家标准

# 通风与空调工程施工质量验收规范

Code of acceptance for construction quality of
ventilation and air conditioning works

GB 50243—2002

主编部门：中华人民共和国建设部
批准部门：中华人民共和国建设部
施行日期：２００２年４月１日

# 关于发布国家标准
## 《通风与空调工程施工质量验收规范》的通知
### 建标〔2002〕60 号

根据建设部《关于印发〈二〇〇〇至二〇〇一年度工程建设国家标准制定、修订计划〉的通知》（建标〔2001〕87 号）的要求，上海市建设和管理委员会会同有关部门共同修订了《通风与空调工程施工质量验收规范》。我部组织有关部门对该规范进行了审查，现批准为国家标准，编号为 GB 50243—2002，自 2002 年 4 月 1 日起施行。其中，4.2.3、4.2.4、5.2.4、5.2.7、6.2.1、6.2.2、6.2.3、7.2.2、7.2.7、7.2.8、8.2.6、8.2.7、11.2.1、11.2.4 为强制性条文，必须严格执行。原《通风与空调工程质量检验评定标准》GBJ304—88 及《通风与空调工程施工及验收规范》GB 50243—97 同时废时。

本规范由建设部负责管理和对强制性条文的解释，上海市安装工程有限公司负责具体技术内容的解释，建设部标准定额研究所组织中国计划出版社出版发行。

中华人民共和国建设部

二〇〇二年三月十五日

# 前　　言

本规范是根据建设部建标[2001]87 号文件"关于印发《二〇〇〇至二〇〇一年度工程建设国家标准制订、修订计划》的通知"的要求，由上海市安装工程有限公司会同有关单位共同对《通风与空调工程质量检验评定标准》GBJ 304—88 和《通风与空调工程施工及验收规范》GB 50243—97 修订而成的。

在修订过程中，规范编制组开展了专题研究，进行了比较广泛、深入的调查研究，总结了多年来通风与空调工程施工质量检验和验收的经验，尤其总结了自 GB 50243—97 规范实施以来的工程实践经验，依照建设部"验评分离、强化验收、完善手段、过程控制"十六字方针，对原规范进行了全面修订。在修订的过程中，还以多种方式广泛征求了全国有关单位和行业专家的意见，对主要的质量指标进行了多次探讨和论证，对稿件进行了反复修改，最后经审定定稿。

本标准主要规定的内容有：

1　本规范的适用范围；

2　通风与空调工程施工质量验收的统一准则；

3　通风与空调工程施工质量验收中子分部工程的划分和所包含分项内容；

4　按通风与空调工程施工的特点，将本分部工程分为风管制作、风管部件制作、风管系统安装、通风与空调设备安装、空调制冷系统安装、空调水系统安装、防腐与绝热、系统调试、竣工验收和工程综合效能测定与调整等十个具体的工艺分类项目，并对其验收的内容、检查数量和检查方法作出了具体的规定；

5　按《建筑工程施工质量统一标准》GB 50300—2001 的规定，完善了本分部工程使用的质量验收记录；

6　为保证通风与空调工程使用效果与工程质量验收的完整，本规范对工程综合效能测定与调整作出了规定；

7　本规范中的强制性条文。

本规范将来可能需要进行局部修订，有关局部修订的信息和条文内容将刊登在《工程建设标准化》期刊上。

本规范以黑体字标志的条文为强制性条文，必须严格执行。

为了提高规范质量，请各单位在执行本规范的过程中，注意总结经验，积累资料，随时将有关的意见和建议反馈给上海市安装工程有限公司（上海市塘沽路 390 号，邮编：200080，E-mail：kj@ chinasiec. com），以供今后修订时参考。

本规范主编单位、参编单位和主要起草人：

**主 编 单 位**：上海市安装工程有限公司

**参 编 单 位**：同济大学

上海建筑设计研究院有限公司

陕西省设备安装工程公司

四川省工业设备安装公司

中国电子工程设计院

广州市机电安装有限公司

北京市设备安装工程公司

中国建筑科学研究院空气调节研究所

福建省建设工程质量监督总站

中国电子系统工程第二建设公司

北京城建九建设安装工程有限公司

**主要起草人**：张耀良　刘传聚　寿炜炜　于正富

姚守先　秦学礼　陈晓文　何伟斌

刘元光　彭　荣　路小闽　秦立洋

傅超凡

# 目　次

# 1 总　　则

**1.0.1** 为了加强建筑工程质量管理,统一通风与空调工程施工质量的验收,保证工程质量,制定本规范。

**1.0.2** 本规范适用于建筑工程通风与空调工程施工质量的验收。

**1.0.3** 本规范应与现行国家标准《建筑工程施工质量验收统一标准》GB 50300—2001 配套使用。

**1.0.4** 通风与空调工程施工中采用的工程技术文件、承包合同文件对施工质量的要求不得低于本规范的规定。

**1.0.5** 通风与空调工程施工质量的验收除应执行本规范的规定外,尚应符合国家现行有关标准规范的规定。

# 2 术　　语

**2.0.1** 风管　air duct

采用金属、非金属薄板或其他材料制作而成,用于空气流通的管道。

**2.0.2** 风道　air channel

采用混凝土、砖等建筑材料砌筑而成,用于空气流通的通道。

**2.0.3** 通风工程　ventilation works

送风、排风、除尘、气力输送以及防、排烟系统工程的统称。

**2.0.4** 空调工程　air conditioning works

空气调节、空气净化与洁净室空调系统的总称。

**2.0.5** 风管配件　duct fittings

风管系统中的弯管、三通、四通、各类变径及异形管、导流叶片和法兰等。

**2.0.6** 风管部件　duct accessory

通风、空调风管系统中的各类风口、阀门、排气罩、风帽、检查门和测定孔等。

**2.0.7** 咬口　seam

金属薄板边缘弯曲成一定形状,用于相互固定连接的构造。

**2.0.8** 漏风量　air leakage rate

风管系统中,在某一静压下通过风管本体结构及其接口,单位时间内泄出或渗入的空气体积量。

**2.0.9** 系统风管允许漏风量　air system permissible leakage rate

按风管系统类别所规定平均单位面积、单位时间内的最大允许漏风量。

**2.0.10** 漏风率　air system leakage ratio

空调设备、除尘器等,在工作压力下空气渗入或泄漏量与其额定风量的比值。

**2.0.11** 净化空调系统　air cleaning system

用于洁净空间的空气调节、空气净化系统。

**2.0.12** 漏光检测　air leak check with lighting

用强光源对风管的咬口、接缝、法兰及其他连接处进行透光检查,确定孔洞、缝隙等渗漏部位及数量的方法。

**2.0.13** 整体式制冷设备　packaged refrigerating unit

制冷机、冷凝器、蒸发器及系统辅助部件组装在同一机座上,而构成整体形式的制冷设备。

**2.0.14** 组装式制冷设备　assembling refrigerating unit

制冷机、冷凝器、蒸发器及辅助设备采用部分集中、部分分开安装形式的制冷设备。

**2.0.15** 风管系统的工作压力　design working pressure

指系统风管总风管处设计的最大的工作压力。

**2.0.16** 空气洁净度等级　air cleanliness class

洁净空间单位体积空气中,以大于或等于被考虑粒径的粒子最大浓度限值进行划分的等级标准。

**2.0.17** 角件　corner pieces

用于金属薄钢板法兰风管四角连接的直角型专用构件。

**2.0.18** 风机过滤器单元(FFU、FMU)　fan filter(module) unit

由风机箱和高效过滤器等组成的用于洁净空间的单元式送风机组。

**2.0.19** 空态　as-built

洁净室的设施已经建成,所有动力接通并运行,但无生产设备、材料及人员在场。

**2.0.20** 静态　at-rest

洁净室的设施已经建成,生产设备已经安装,并按业主及供应商同意的方式运行,但无生产人员。

**2.0.21** 动态　operational

洁净室的设施以规定的方式运行及规定的人员数量在场,生产设备按业主及供应商双方商定的状态下进行工作。

**2.0.22** 非金属材料风管　nonmetallic duct

采用硬聚氯乙烯、有机玻璃钢、无机玻璃钢等非金属无机材料制成的风管。

**2.0.23** 复合材料风管　foil-insulant composite duct

采用不燃材料面层复合绝热材料板制成的风管。

**2.0.24** 防火风管　refractory duct

采用不燃、耐火材料制成,能满足一定耐火极限的风管。

# 3 基 本 规 定

**3.0.1** 通风与空调工程施工质量的验收,除应符合本规范的规定外,还应按照被批准的设计图纸、合同约定的内容和相关技术标准的规定进行。施工图纸修改必须有设计单位的设计变更通知书或技术核定签证。

**3.0.2** 承担通风与空调工程项目的施工企业,应具有相应工程施工承包的资质等级及相应质量管理体系。

**3.0.3** 施工企业承担通风与空调工程施工图纸深化设计及施工时,还必须具有相应的设计资质及其质量管理体系,并应取得原设计单位的书面同意或签字认可。

**3.0.4** 通风与空调工程施工现场的质量管理应符合《建筑工程施工质量验收统一标准》GB 50300—2001 第3.0.1条的规定。

**3.0.5** 通风与空调工程所使用的主要原材料、成品、半成品和设备的进场,必须对其进行验收。验收应经监理工程师认可,并应形成相应的质量记录。

**3.0.6** 通风与空调工程的施工,应把每一个分项施工工序作为工序交接检验点,并形成相应的质量记录。

**3.0.7** 通风与空调工程施工过程中发现设计文件有差错的,应及时提出修改意见或更正建议,并形成书面文件及归档。

**3.0.8** 当通风与空调工程作为建筑工程的分部工程施工时,其子分部与分项工程的划分应按表3.0.8的规定执行。当通风与空调工程作为单位工程独立验收时,子分部上升为分部,分项工程的划分同上。

表 3.0.8　通风与空调分部工程的子分部划分

| 子分部工程 | 分　项　工　程 | |
|---|---|---|
| 送、排风系统 | 风管与配件制作 | 通风设备安装,消声设备制作与安装 |
| 防、排烟系统 | 部件制作 | 排烟风口、常闭正压风口与设备安装 |
| 除尘系统 | 风管系统安装 | 除尘与排污设备安装 |
| 空调系统 | 风管与设备防腐 风机安装 系统调试 | 空调设备安装,消声设备制作与安装,风管与设备绝热 |

| 子分部工程 | 分 项 工 程 | |
|---|---|---|
| 净化空调系统 | 风管与配件制作<br>部件制作<br>风管系统安装<br>风管与设备防腐<br>风机安装<br>系统调试 | 空调设备安装,消声设备制作与安装,风管与设备绝热,高效过滤器安装,净化设备安装 |
| 制冷系统 | 制冷机组安装,制冷剂管道及配件安装,制冷附属设备安装,管道及设备的防腐与绝热,系统调试 | |
| 空调水系统 | 冷热水管道系统安装,冷却水管道系统安装,冷凝水管道系统安装,阀门及部件安装,冷却塔安装,水泵及附属设备安装,管道与设备的防腐与绝热,系统调试 | |

**3.0.9** 通风与空调工程的施工应按规定的程序进行,并与土建及其他专业工种互相配合;与通风与空调系统有关的土建工程施工完毕后,应由建设或总承包、监理、设计及施工单位共同会检。会检的组织宜由建设、监理或总承包单位负责。

**3.0.10** 通风与空调工程分项工程施工质量的验收,应按本规范对应分项的具体条文规定执行。子分部中的各个分项,可根据施工工程的实际情况一次验收或数次验收。

**3.0.11** 通风与空调工程中的隐蔽工程,在隐蔽前必须经监理人员验收及认可签证。

**3.0.12** 通风与空调工程中从事管道焊接施工的焊工,必须具备操作资格证书和相应类别管道焊接的考核合格证书。

**3.0.13** 通风与空调工程竣工的系统调试,应在建设和监理单位的共同参与下进行,施工企业应具有专业检测人员和符合有关标准规定的测试仪器。

**3.0.14** 通风与空调工程施工质量的保修期限,自竣工验收合格日起计算为二个采暖期、供冷期。在保修期内发生施工质量问题的,施工企业应履行保修职责,责任方承担相应的经济责任。

**3.0.15** 净化空调系统洁净室(区域)的洁净度等级应符合设计的要求。洁净度等级的检测应按本规范附录B第B.4条的规定,洁净度等级与空气中悬浮粒子的最大浓度限值($C_n$)的规定,见本规范附录B表B.4.6-1。

**3.0.16** 分项工程检验批验收合格质量应符合下列规定:

  **1** 具有施工单位相应分项合格质量的验收记录;

  **2** 主控项目的质量抽样检验应全数合格;

  **3** 一般项目的质量抽样检验,除有特殊要求外,计数合格率不应小于80%,且不得有严重缺陷。

# 4 风 管 制 作

## 4.1 一 般 规 定

**4.1.1** 本章适用于建筑工程通风与空调工程中,使用的金属、非金属风管与复合材料风管或风道的加工、制作质量的检验与验收。

**4.1.2** 对风管制作质量的验收,应按其材料、系统类别和使用场所的不同分别进行,主要包括风管的材质、规格、强度、严密性与成品外观质量等项内容。

**4.1.3** 风管制作质量的验收,按设计图纸与本规范的规定执行。工程中所选用的外购风管,还必须提供相应的产品合格证明文件或进行强度和严密性的验证,符合要求的方可使用。

**4.1.4** 通风管道规格的验收,风管以外径或外边长为准,风道以内径或内边长为准。通风管道的规格宜按表4.1.4-1、表4.1.4-2的规定。圆形风管应优先采用基本系列。非规则椭圆型风管参照矩型风管,并以长径平面边长及短径尺寸为准。

表 4.1.4-1 圆形风管规格(mm)

| 风管直径 $D$ | | | |
|---|---|---|---|
| 基本系列 | 辅助系列 | 基本系列 | 辅助系列 |
| 100 | 80 | 250 | 240 |
| | 90 | 280 | 260 |
| 120 | 110 | 320 | 300 |
| 140 | 130 | 360 | 340 |
| 160 | 150 | 400 | 380 |
| 180 | 170 | 450 | 420 |
| 200 | 190 | 500 | 480 |
| 220 | 210 | 560 | 530 |
| 630 | 600 | 1250 | 1180 |
| 700 | 670 | 1400 | 1320 |
| 800 | 750 | 1600 | 1500 |
| 900 | 850 | 1800 | 1700 |
| 1000 | 950 | 2000 | 1900 |
| 1120 | 1060 | | |

表 4.1.4-2 矩形风管规格(mm)

| 风 管 边 长 | | | | |
|---|---|---|---|---|
| 120 | 320 | 800 | 2000 | 4000 |
| 160 | 400 | 1000 | 2500 | — |
| 200 | 500 | 1250 | 3000 | — |
| 250 | 630 | 1600 | 3500 | — |

**4.1.5** 风管系统按其系统的工作压力划分为三个类别,其类别划分应符合表4.1.5的规定。

表 4.1.5 风管系统类别划分

| 系统类别 | 系统工作压力<br>$P(Pa)$ | 密 封 要 求 |
|---|---|---|
| 低压系统 | $P \leqslant 500$ | 接缝和接管连接处严密 |
| 中压系统 | $500 < P \leqslant 1500$ | 接缝和接管连接处增加密封措施 |
| 高压系统 | $P > 1500$ | 所有的拼接缝和接管连接处,均应采取密封措施 |

**4.1.6** 镀锌钢板及各类含有复合保护层的钢板,应采用咬口连接或铆接,不得采用影响其保护层防腐性能的焊接连接方法。

**4.1.7** 风管的密封,应以板材连接的密封为主,可采用密封胶嵌缝和其他方法密封。密封胶性能应符合使用环境的要求,密封面宜设在风管的正压侧。

## 4.2 主 控 项 目

**4.2.1** 金属风管的材料品种、规格、性能与厚度等应符合设计和现行国家产品标准的规定。当设计无规定时,应按本规范执行。钢板或镀锌钢板的厚度不得小于表4.2.1-1的规定;不锈钢板的厚度不得小于表4.2.1-2的规定;铝板的厚度不得小于表4.2.1-3的规定。

表 4.2.1-1 钢板风管板材厚度(mm)

| 类 别<br>风管直径 $D$<br>或长边尺寸 $b$ | 圆形<br>风管 | 矩形风管 | | 除尘系统风管 |
|---|---|---|---|---|
| | | 中、低压系统 | 高压系统 | |
| $D(b) \leqslant 320$ | 0.5 | 0.5 | 0.75 | 1.5 |
| $320 < D(b) \leqslant 450$ | 0.6 | 0.6 | 0.75 | 1.5 |
| $450 < D(b) \leqslant 630$ | 0.75 | 0.6 | 0.75 | 2.0 |
| $630 < D(b) \leqslant 1000$ | 0.75 | 0.75 | 1.0 | 2.0 |
| $1000 < D(b) \leqslant 1250$ | 1.0 | 1.0 | 1.0 | 2.0 |

| 类别<br>风管直径 $D$<br>或长边尺寸 $b$ | 圆形<br>风管 | 矩形风管 | | 除尘系统风管 |
|---|---|---|---|---|
| | | 中、低<br>压系统 | 高压<br>系统 | |
| $1250<D(b)\leqslant 2000$ | 1.2 | 1.0 | 1.2 | 按设计 |
| $2000<D(b)\leqslant 4000$ | 按设计 | 1.2 | 按设计 | |

注:1 螺旋风管的钢板厚度可适当减小 10%～15%。
2 排烟系统风管钢板厚度可按高压系统。
3 特殊除尘系统风管钢板厚度应符合设计要求。
4 不适用于地下人防与防火隔墙的预埋管。

表 4.2.1-2 高、中、低压系统不锈钢板风管板材厚度(mm)

| 风管直径或长边尺寸 $b$ | 不锈钢板厚度 |
|---|---|
| $b\leqslant 500$ | 0.5 |
| $500<b\leqslant 1120$ | 0.75 |
| $1120<b\leqslant 2000$ | 1.0 |
| $2000<b\leqslant 4000$ | 1.2 |

表 4.2.1-3 中、低压系统铝板风管板材厚度(mm)

| 风管直径或长边尺寸 $b$ | 铝板厚度 |
|---|---|
| $b\leqslant 320$ | 1.0 |
| $320<b\leqslant 630$ | 1.5 |
| $630<b\leqslant 2000$ | 2.0 |
| $2000<b\leqslant 4000$ | 按设计 |

检查数量:按材料与风管加工批数量抽查 10%,不得少于 5件。

检查方法:查验材料质量合格证明文件、性能检测报告,尺量、观察检查。

4.2.2 非金属风管的材料品种、规格、性能与厚度等应符合设计和现行国家产品标准的规定。当设计无规定时,应按本规范执行。硬聚氯乙烯风管板材的厚度,不得小于表 4.2.2-1 或表 4.2.2-2 的规定;有机玻璃钢风管板材的厚度,不得小于表 4.2.2-3 的规定;无机玻璃钢风管板材的厚度应符合表 4.2.2-4 的规定,相应的玻璃布层数不应少于表 4.2.2-5 的规定,其表面不得出现返卤或严重泛霜。

用于高压风管系统的非金属风管厚度应按设计规定。

表 4.2.2-1 中、低压系统硬聚氯乙烯圆形风管板材厚度(mm)

| 风管直径 $D$ | 板材厚度 |
|---|---|
| $D\leqslant 320$ | 3.0 |
| $320<D\leqslant 630$ | 4.0 |
| $630<D\leqslant 1000$ | 5.0 |
| $1000<D\leqslant 2000$ | 6.0 |

表 4.2.2-2 中、低压系统硬聚氯乙烯矩形风管板材厚度(mm)

| 风管长边尺寸 $b$ | 板材厚度 |
|---|---|
| $b\leqslant 320$ | 3.0 |
| $320<b\leqslant 500$ | 4.0 |
| $500<b\leqslant 800$ | 5.0 |
| $800<b\leqslant 1250$ | 6.0 |
| $1250<b\leqslant 2000$ | 8.0 |

表 4.2.2-3 中、低压系统有机玻璃钢风管板材厚度(mm)

| 圆形风管直径 $D$ 或矩形风管长边尺寸 $b$ | 壁 厚 |
|---|---|
| $D(b)\leqslant 200$ | 2.5 |
| $200<D(b)\leqslant 400$ | 3.2 |
| $400<D(b)\leqslant 630$ | 4.0 |
| $630<D(b)\leqslant 1000$ | 4.8 |
| $1000<D(b)\leqslant 2000$ | 6.2 |

表 4.2.2-4 中、低压系统无机玻璃钢风管板材厚度(mm)

| 圆形风管直径 $D$ 或矩形风管长边尺寸 $b$ | 壁 厚 |
|---|---|
| $D(b)\leqslant 300$ | 2.5～3.5 |
| $300<D(b)\leqslant 500$ | 3.5～4.5 |
| $500<D(b)\leqslant 1000$ | 4.5～5.5 |
| $1000<D(b)\leqslant 1500$ | 5.5～6.5 |
| $1500<D(b)\leqslant 2000$ | 6.5～7.5 |
| $D(b)>2000$ | 7.5～8.5 |

表 4.2.2-5 中、低压系统无机玻璃钢风管玻璃纤维布厚度与层数(mm)

| 圆形风管直径 $D$<br>或矩形风管长边 $b$ | 风管管体玻璃纤维布厚度 | | 风管法兰玻璃纤维布厚度 | |
|---|---|---|---|---|
| | 0.3 | 0.4 | 0.3 | 0.4 |
| | 玻璃布层数 | | | |
| $D(b)\leqslant 300$ | 5 | 4 | 8 | 7 |
| $300<D(b)\leqslant 500$ | 7 | 5 | 10 | 8 |
| $500<D(b)\leqslant 1000$ | 8 | 6 | 13 | 9 |
| $1000<D(b)\leqslant 1500$ | 9 | 7 | 14 | 10 |
| $1500<D(b)\leqslant 2000$ | 12 | 9 | 16 | 14 |
| $D(b)>2000$ | 14 | 9 | 20 | 16 |

检查数量:按材料与风管加工批数量抽查 10%,不得少于 5件。

检查方法:查验材料质量合格证明文件、性能检测报告,尺量、观察检查。

4.2.3 防火风管的本体、框架与固定材料、密封垫料必须为不燃材料,其耐火等级应符合设计的规定。

检查数量:按材料与风管加工批数量抽查 10%,不应少于 5件。

检查方法:查验材料质量合格证明文件、性能检测报告,观察检查与点燃试验。

4.2.4 复合材料风管的覆面材料必须为不燃材料,内部的绝热材料应为不燃或难燃 B1 级,且对人体无害的材料。

检查数量:按材料与风管加工批数量抽查 10%,不应少于 5件。

检查方法:查验材料质量合格证明文件、性能检测报告,观察检查与点燃试验。

4.2.5 风管必须通过工艺性的检测或验证,其强度和严密性要求应符合设计或下列规定:

1 风管的强度应能满足在 1.5 倍工作压力下接缝处无开裂;

2 矩形风管的允许漏风量应符合以下规定:

低压系统风管 $Q_L\leqslant 0.1056P^{0.65}$

中压系统风管 $Q_M\leqslant 0.0352P^{0.65}$

高压系统风管 $Q_H\leqslant 0.0117P^{0.65}$

式中 $Q_L$、$Q_M$、$Q_H$——系统风管在相应工作压力下,单位面积风管单位时间内的允许漏风量[m³/(h·m²)];

$P$——指风管系统的工作压力(Pa)。

3 低压、中压圆形金属风管、复合材料风管以及采用非法兰形式的非金属风管的允许漏风量,应为矩形风管规定值的 50%;

4 砖、混凝土风道的允许漏风量不应大于矩形低压系统风管规定值的 1.5 倍;

5 排烟、除尘、低温送风系统按中压系统风管的规定,1～5级净化空调系统按高压系统风管的规定。

检查数量:按风管系统的类别和材质分别抽查,不得少于 3件及 15m²。

检查方法:检查产品合格证明文件和测试报告,或进行风管强度和漏风量测试(见本规范附录 A)。

4.2.6 金属风管的连接应符合下列规定:

1 风管板材拼接的咬口缝应错开,不得有十字型拼接缝。

2 金属风管法兰材料规格不应小于表 4.2.6-1 或表 4.2.6-2

的规定。中、低压系统风管法兰的螺栓及铆钉孔的孔距不得大于150mm;高压系统风管不得大于100mm。矩形风管法兰的四角部位应设有螺孔。

当采用加固方法提高了风管法兰部位的强度时,其法兰材料规格相应的使用条件可适当放宽。

无法兰连接风管的薄钢板法兰高度应参照金属法兰风管的规定执行。

**表 4.2.6-1 金属圆形风管法兰及螺栓规格(mm)**

| 风管直径 D | 法兰材料规格 | | 螺栓规格 |
| | 扁钢 | 角钢 | |
|---|---|---|---|
| D≤140 | 20×4 | — | M6 |
| 140<D≤280 | 25×4 | — | |
| 280<D≤630 | — | 25×3 | |
| 630<D≤1250 | — | 30×4 | M8 |
| 1250<D≤2000 | — | 40×4 | |

**表 4.2.6-2 金属矩形风管法兰及螺栓规格(mm)**

| 风管长边尺寸 b | 法兰材料规格(角钢) | 螺栓规格 |
|---|---|---|
| b≤630 | 25×3 | M6 |
| 630<b≤1500 | 30×3 | M8 |
| 1500<b≤2500 | 40×4 | |
| 2500<b≤4000 | 50×5 | M10 |

检查数量:按加工批数量抽查5%,不得少于5件。

检查方法:尺量、观察检查。

4.2.7 非金属(硬聚氯乙烯、有机、无机玻璃钢)风管的连接还应符合下列规定:

1 法兰的规格应分别符合表4.2.7-1、4.2.7-2、4.2.7-3的规定,其螺栓孔的间距不得大于120mm;矩形风管法兰的四角处,应设螺孔;

**表 4.2.7-1 硬聚氯乙烯圆形风管法兰规格(mm)**

| 风管直径 D | 材料规格<br>(宽×厚) | 连接螺栓 | 风管直径 D | 材料规格<br>(宽×厚) | 连接螺栓 |
|---|---|---|---|---|---|
| D≤180 | 35×6 | M6 | 800<D≤1400 | 45×12 | M10 |
| 180<D≤400 | 35×8 | | 1400<D≤1600 | 50×15 | |
| 400<D≤500 | 35×10 | M8 | 1600<D≤2000 | 60×15 | |
| 500<D≤800 | 40×10 | | D>2000 | 按设计 | |

**表 4.2.7-2 硬聚氯乙烯矩形风管法兰规格(mm)**

| 风管边长 b | 材料规格<br>(宽×厚) | 连接螺栓 | 风管边长 b | 材料规格<br>(宽×厚) | 连接螺栓 |
|---|---|---|---|---|---|
| b≤160 | 35×6 | M6 | 800<b≤1250 | 45×12 | M10 |
| 160<b≤400 | 35×8 | | 1250<b≤1600 | 50×15 | |
| 400<b≤500 | 35×10 | M8 | 1600<b≤2000 | 60×18 | |
| 500<b≤800 | 40×10 | M10 | b>2000 | 按设计 | |

**表 4.2.7-3 有机、无机玻璃钢风管法兰规格(mm)**

| 风管直径 D 或风管边长 b | 材料规格(宽×厚) | 连接螺栓 |
|---|---|---|
| D(b)≤400 | 30×4 | M8 |
| 400<D(b)≤1000 | 40×6 | |
| 1000<D(b)≤2000 | 50×8 | M10 |

2 采用套管连接时,套管厚度不得小于风管板材厚度。

检查数量:按加工批数量抽查5%,不得少于5件。

检查方法:尺量、观察检查。

4.2.8 复合材料风管采用法兰连接时,法兰与风管板材的连接应可靠,其绝热层不得外露,不应采用降低板材强度和绝热性能的连接方法。

检查数量:按加工批数量抽查5%,不得少于5件。

检查方法:尺量、观察检查。

4.2.9 砖、混凝土风道的变形缝,应符合设计要求,不应渗水和漏风。

检查数量:全数检查。

检查方法:观察检查。

4.2.10 金属风管的加固应符合下列规定:

1 圆形风管(不包括螺旋风管)直径大于等于800mm,且其管段长度大于1250mm或总表面积大于4m²均应采用加固措施;

2 矩形风管边长大于630mm,保温风管边长大于800mm,管段长度大于1250mm或低压风管单边平面大于1.2m²、中、高压风管大于1.0m²,均应采取加固措施;

3 非规则椭圆风管的加固,应参照矩形风管执行。

检查数量:按加工批抽查5%,不得少于5件。

检查方法:尺量、观察检查。

4.2.11 非金属风管的加固,除应符合本规范第4.2.10条的规定外还应符合下列规定:

1 硬聚氯乙烯风管的直径或边长大于500mm时,其风管与法兰的连接处应设加强板,且间距不得大于450mm;

2 有机及无机玻璃钢风管的加固,应为本体材料或防腐性能相同的材料,并与风管成一整体。

检查数量:按加工批抽查5%,不得少于5件。

检查方法:尺量、观察检查。

4.2.12 矩形风管弯管的制作,一般应采用曲率半径为一个平面边长的内外同心弧形弯管。当采用其他形式的弯管,平面边长大于500mm时,必须设置弯管导流片。

检查数量:其他形式的弯管抽查20%,不得少于2件。

检查方法:观察检查。

4.2.13 净化空调系统风管还应符合下列规定:

1 矩形风管边长小于或等于900mm时,底面板不应有拼接缝;大于900mm时,不应有横向拼接缝;

2 风管所用的螺栓、螺母、垫圈和铆钉均应采用与管材性能相匹配、不会产生电化学腐蚀的材料,或采取镀锌或其他防腐措施,并不得采用抽芯铆钉;

3 不应在风管内设加固框及加固筋,风管无法兰连接不得使用S形插条、直角形插条及立联合角形插条等形式;

4 空气洁净度等级为1～5级的净化空调系统风管不得采用按扣式咬口;

5 风管的清洗不得对人体和材质有危害的清洁剂;

6 镀锌钢板风管不得有镀锌层严重损坏的现象,如表层大面积白花、锌层粉化等。

检查数量:按风管数抽查20%,每个系统不得少于5个。

检查方法:查阅材料质量合格证明文件和观察检查,白绸布擦拭。

## 4.3 一般项目

4.3.1 金属风管的制作应符合下列规定:

1 圆形弯管的曲率半径(以中心线计)和最少分节数量应符合表4.3.1-1的规定。圆形弯管的弯曲角度及圆形三通、四通支管与总管夹角的制作偏差不应大于3°;

**表 4.3.1-1 圆形弯管曲率半径和最少节数**

| 弯管直径<br>D(mm) | 曲率半径<br>R | 弯管角度和最少节数 | | | | | | | |
| | | 90° | | 60° | | 45° | | 30° | |
| | | 中节 | 端节 | 中节 | 端节 | 中节 | 端节 | 中节 | 端节 |
|---|---|---|---|---|---|---|---|---|---|
| 80～220 | ≥1.5D | 2 | 2 | 1 | 2 | 1 | 2 | — | 2 |
| 220～450 | D～1.5D | 3 | 2 | 2 | 2 | 1 | 2 | — | 2 |
| 450～800 | D～1.5D | 4 | 2 | 2 | 2 | 2 | 2 | 1 | 2 |
| 800～1400 | D | 5 | 2 | 3 | 2 | 2 | 2 | 1 | 2 |
| 1400～2000 | D | 8 | 2 | 4 | 2 | 3 | 2 | 2 | 2 |

2 风管与配件的咬口缝应紧密、宽度应一致;折角应平直,圆弧应均匀;两端面平行。风管无明显扭曲与翘角;表面应平整,凹凸不大于10mm;

3 风管外径或外边长的允许偏差:当小于或等于300mm

时，为2mm；当大于300mm时，为3mm。管口平面度的允许偏差为2mm，矩形风管两条对角线长度之差不应大于3mm；圆形法兰任意正交两直径之差不应大于2mm；

**4** 焊接风管的焊缝应平整，不应有裂缝、凸瘤、穿透的夹渣、气孔及其他缺陷等，焊接后钢板的变形应矫正，并将焊渣及飞溅物清除干净。

检查数量：通风与空调工程按制作数量10%抽查，不得少于5件；净化空调工程按制作数量抽查20%，不得少于5件。

检查方法：查验测试记录，进行装配试验，尺量、观察检查。

**4.3.2** 金属法兰连接风管的制作还应符合下列规定：

**1** 风管法兰的焊缝应熔合良好、饱满，无假焊和孔洞；法兰平面度的允许偏差为2mm，同一批量加工的相同规格法兰的螺孔排列应一致，并具有互换性。

**2** 风管与法兰采用铆接连接时，铆接应牢固，不应有脱铆和漏铆现象；翻边应平整、紧贴法兰，其宽度应一致，且不应小于6mm；咬缝与四角处不应有开裂与孔洞。

**3** 风管与法兰采用焊接连接时，风管端不得高于法兰接口平面。除尘系统的风管，宜采用内侧满焊、外侧间断焊形式，风管端面距法兰接口平面不应小于5mm。

当风管与法兰采用点焊固定连接时，焊点应融合良好，间距不应大于100mm；法兰与风管应紧贴，不应有穿透的缝隙或孔洞。

**4** 当不锈钢板或铝板风管的法兰采用碳素钢时，其规格应符合本规范表4.2.6-1、4.2.6-2的规定，并应根据设计要求做防腐处理；铆钉应采用与风管材质相同或不产生电化学腐蚀的材料。

检查数量：通风与空调工程按制作数量抽查10%，不得少于5件；净化空调工程按制作数量抽查20%，不得少于5件。

检查方法：查验测试记录，进行装配试验，尺量、观察检查。

**4.3.3** 无法兰连接风管的制作还应符合下列规定：

**1** 无法兰连接风管的接口及连接件，应符合表4.3.3-1、表4.3.3-2的要求；圆形风管的芯管连接应符合表4.3.3-3的要求；

**2** 薄钢板法兰矩形风管的接口及附件，其尺寸应准确，形状应规则，接口处应严密；

薄钢板法兰的折边（或法兰条）应平直，弯曲度不应大于5/1000；弹性插条或弹簧夹应与薄钢板法兰相匹配；角件与风管薄钢板法兰四角接口的固定应稳固、紧贴，端面应平整，相连处不应有缝隙大于2mm的连续穿透缝；

**3** 采用C、S形插条连接的矩形风管，其边长不应大于630mm；插条与风管加工插口的宽度应匹配一致，其允许偏差为2mm；连接应平整、严密，插条两端压倒长度不应小于20mm；

**4** 采用立咬口、包边立咬口连接的矩形风管，其立筋的高度应大于或等于同规格风管的角钢法兰宽度。同一规格风管的立咬口、包边立咬口的高度应一致，折角应倾角、直线度允许偏差为5/1000；咬口连接铆钉的间距不应大于150mm，间隔应均匀；立咬口四角连接处的铆固，应紧密、无孔洞。

**表 4.3.3-1 圆形风管无法兰连接形式**

| 无法兰连接形式 | 附件板厚（mm） | 接口要求 | 使用范围 |
|---|---|---|---|
| 承插连接 | — | 插入深度≥30mm，有密封要求 | 低压风管 直径<700mm |
| 带加强筋承插 | — | 插入深度≥20mm，有密封要求 | 中、低压风管 |
| 角钢加固承插 | — | 插入深度≥20mm，有密封要求 | 中、低压风管 |
| 芯管连接 | ≥管板厚 | 插入深度≥20mm，有密封要求 | 中、低压风管 |
| 立筋抱箍连接 | ≥管板厚 | 翻边与楞筋匹配一致，紧固严密 | 低压风管 |
| 抱箍连接 | ≥管板厚 | 对口尽量靠近不重叠，抱箍居中 | 中、低压风管宽度≥100mm |

**表 4.3.3-2 矩形风管无法兰连接形式**

| 无法兰连接形式 | 附件板厚（mm） | 使用范围 |
|---|---|---|
| S形插条 | ≥0.7 | 低压风管单独使用连接处必须有固定措施 |
| C形插条 | ≥0.7 | 中、低压风管 |
| 立插条 | ≥0.7 | 中、低压风管 |
| 立咬口 | ≥0.7 | 中、低压风管 |
| 包边立咬口 | ≥0.7 | 中、低压风管 |
| 薄钢板法兰插条 | ≥1.0 | 中、低压风管 |
| 薄钢板法兰弹簧夹 | ≥1.0 | 中、低压风管 |
| 直角形平插条 | ≥0.7 | 低压风管 |
| 立联合角形插条 | ≥0.8 | 低压风管 |

注：薄钢板法兰风管也可采用铆接法兰条连接的方法。

**表 4.3.3-3 圆形风管的芯管连接**

| 风管直径 D(mm) | 芯管长度 l(mm) | 自攻螺丝或抽芯铆钉数量（个） | 外径允许偏差(mm) 圆管 | 外径允许偏差(mm) 芯管 |
|---|---|---|---|---|
| 120 | 120 | 3×2 | −1～0 | −3～−4 |
| 300 | 160 | 4×2 | −1～0 | −3～−4 |
| 400 | 200 | 4×2 | −2～0 | −4～−5 |
| 700 | 200 | 6×2 | −2～0 | −4～−5 |
| 900 | 200 | 8×2 | −2～0 | −4～−5 |
| 1000 | 200 | 8×2 | −2～0 | −4～−5 |

检查数量：按制作数量抽查10%，不得少于5件；净化空调工程抽查20%，均不得少于5件。

检查方法：查验测试记录，进行装配试验，尺量、观察检查。

**4.3.4** 风管的加固应符合下列规定：

**1** 风管的加固可采用楞筋、立筋、角钢（内、外加固）、扁钢、加固筋和管内支撑等形式，如图4.3.4；

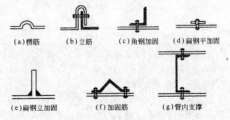

（a）楞筋　（b）立筋　（c）角钢加固　（d）扁钢平加固

（e）扁钢立加固　（f）加固筋　（g）管内支撑

图4.3.4 风管的加固形式

**2** 楞筋或楞线的加固，排列应规则，间隔应均匀，板面不应有明显的变形；

**3** 角钢、加固筋的加固,应排列整齐、均匀对称,其高度应小于或等于风管的法兰宽度。角钢、加固筋与风管的铆接应牢固、间隔均匀,不应大于220mm;两相交处应连接成一体;

**4** 管内支撑与风管的固定应牢固,各支撑点之间或与风管的边缘或法兰的间距应均匀,不应大于950mm;

**5** 中压和高压系统风管的管段,其长度大于1250mm时,还应有加固框补强。高压系统金属风管的单咬口缝,还应有防止咬口缝胀裂的加固或补强措施。

检查数量:按制作数量抽查10%,净化空调系统抽查20%,均不得少于5件。

检查方法:查验测试记录,进行装配试验,观察和尺量检查。

**4.3.5** 硬聚氯乙烯风管除应执行本规范第4.3.1条第1、3款和第4.3.2条第1款外,还应符合下列规定:

**1** 风管的两端面平行,无明显扭曲,外径或外边长的允许偏差为2mm;表面平整、圆弧均匀,凹凸不应大于5mm;

**2** 焊缝的坡口形式和角度应符合表4.3.5的规定;

表4.3.5 焊缝形式及坡口

| 焊缝形式 | 焊缝名称 | 图 形 | 焊缝高度 (mm) | 板材厚度 (mm) | 焊缝坡口张角 α (°) |
|---|---|---|---|---|---|
| 对接焊缝 | V形单面焊 | | 2~3 | 3~5 | 70~90 |
| | V形双面焊 | | 2~3 | 5~8 | 70~90 |
| | X形双面焊 | | 2~3 | ≥8 | 70~90 |
| 搭接焊缝 | 搭接焊 | | ≥最小板厚 | 3~10 | — |
| 填角焊缝 | 填角焊无坡角 | | ≥最小板厚 | 6~18 | — |
| | | | ≥最小板厚 | ≥3 | — |
| 对角焊缝 | V形对角焊 | | ≥最小板厚 | 3~5 | 70~90 |
| | V形对角焊 | | ≥最小板厚 | | 70~90 |
| | V形对角焊 | | ≥最小板厚 | 6~15 | 70~90 |

**3** 焊缝应饱满,焊条排列应整齐,无焦黄、断裂现象;

**4** 用于洁净室时,还应按本规范第4.3.11条的有关规定执行。

检查数量:按风管总数抽查10%,法兰数抽查5%,不得少于5件。

检查方法:尺量、观察检查。

**4.3.6** 有机玻璃钢风管除应执行本规范第4.3.1条第1~3款和第4.3.2条第1款外,还应符合下列规定:

**1** 风管不应有明显扭曲、内表面应平整光滑,外表面应整齐美观,厚度应均匀,且边缘无毛刺,并无气泡及分层现象;

**2** 风管的外径或外边长尺寸的允许偏差为3mm;圆形风管的任意正交两直径之差不应大于5mm;矩形风管的两对角线之差不应大于5mm;

**3** 法兰应与风管成一整体,并应有过渡圆弧,并与风管轴线成直角,管口平面度的允许偏差为3mm;螺孔的排列应均匀,至管壁的距离应一致,允许偏差为2mm;

**4** 矩形风管的边长大于900mm,且管段长度大于1250mm时,应加固。加固筋的分布应均匀、整齐。

检查数量:按风管总数抽查10%,法兰数抽查5%,不得少于5件。

检查方法:尺量、观察检查。

**4.3.7** 无机玻璃钢风管除应执行本规范第4.3.1条第1~3款和第4.3.2条第1款外,还应符合下列规定:

**1** 风管的表面应光洁、无裂纹、无明显泛霜和分层现象;

**2** 风管的外形尺寸的允许偏差应符合表4.3.7的规定;

**3** 风管法兰的规定与有机玻璃钢法兰相同。

检查数量:按风管总数抽查10%,法兰数抽查5%,不得少于5件。

检查方法:尺量、观察检查。

表4.3.7 无机玻璃钢风管外形尺寸(mm)

| 直径或大边长 | 矩形风管外表平面度 | 矩形风管管口对角线之差 | 法兰平面度 | 圆形风管两直径之差 |
|---|---|---|---|---|
| ≤300 | ≤3 | ≤3 | ≤2 | ≤3 |
| 301~500 | ≤3 | ≤4 | ≤2 | ≤3 |
| 501~1000 | ≤4 | ≤5 | ≤2 | ≤4 |
| 1001~1500 | ≤4 | ≤6 | ≤3 | ≤5 |
| 1501~2000 | ≤5 | ≤7 | ≤3 | ≤5 |
| >2000 | ≤6 | ≤8 | ≤3 | ≤5 |

**4.3.8** 砖、混凝土风道内表面水泥砂浆应抹平整、无裂缝,不渗水。

检查数量:按风道总数抽查10%,不得少于一段。

检查方法:观察检查。

**4.3.9** 双面铝箔绝热板风管除应执行本规范第4.3.1条第2、3款和第4.3.2条第2款外,还应符合下列规定:

**1** 板材拼接宜采用专用的连接构件,连接后板面平面度的允许偏差为5mm;

**2** 风管的折角应平直,拼缝粘接应牢固、平整,风管的粘结材料宜为难燃材料;

**3** 风管采用法兰连接时,其连接应牢固,法兰平面度的允许偏差为2mm;

**4** 风管的加固,应根据系统工作压力及产品技术标准的规定执行。

检查数量:按风管总数抽查10%,法兰数抽查5%,不得少于5件。

检查方法:尺量、观察检查。

**4.3.10** 铝箔玻璃纤维板风管除应执行本规范第4.3.1条第2、3款和第4.3.2条第2款外,还应符合下列规定:

**1** 风管的离心玻璃纤维板材应干燥、平整,板外表面的铝箔隔气保护层应与内芯玻璃纤维材料粘合牢固;内表面应有防纤维脱落的保护层,并应对人体无危害。

2 当风管连接采用插入接口形式时,接缝处的粘接应严密、牢固,外表面铝箔胶带密封的每一边粘贴宽度不应小于25mm,并应有辅助的连接固定措施。

当风管的连接采用法兰形式时,法兰与风管的连接应牢固,并应能防止板材纤维逸出和冷桥。

3 风管表面应平整、两端面平行,无明显凹穴、变形、起泡,铝箔无破损等。

4 风管的加固,应根据系统工作压力及产品技术标准的规定执行。

检查数量:按风管总数抽查10%,不得少于5件。

检查方法:尺量、观察检查。

4.3.11 净化空调系统风管还应符合以下规定:

1 现场应保持清洁,存放时应避免积尘和受潮。风管的咬口缝、折边和铆接等处有损坏时,应做防腐处理;

2 风管法兰铆钉孔的间距,当系统洁净度的等级为1~5级时,不应大于65mm;为6~9级时,不应大于100mm;

3 静压箱本体、箱内固定高效过滤器的框架及固定件应做镀锌、镀镍等防腐处理;

4 制作完成的风管,应进行第二次清洗,经检查达到清洁要求后应及时封口。

检查数量:按风管总数抽查20%,法兰数抽查10%,不得少于5件。

检查方法:观察检查,查阅风管清洗记录,用白绸布擦拭。

# 5 风管部件与消声器制作

## 5.1 一般规定

5.1.1 本章适用于通风与空调工程中风口、风阀、排风罩等其他部件及消声器的加工制作或产品质量的验收。

5.1.2 一般风量调节阀按设计文件和风阀制作的要求进行验收,其他风阀按外购产品质量进行验收。

## 5.2 主控项目

5.2.1 手动单叶片或多叶片调节风阀的手轮或扳手,应以顺时针方向转动为关闭,其调节范围及开启角度指示应与叶片开启角度相一致。

用于除尘系统间歇工作点的风阀,关闭时应能密封。

检查数量:按批抽查10%,不得少于1个。

检查方法:手动操作、观察检查。

5.2.2 电动、气动调节风阀的驱动装置,动作应可靠,在最大工作压力下工作正常。

检查数量:按批抽查10%,不得少于1个。

检查方法:核对产品的合格证明文件、性能检测报告,观察或测试。

5.2.3 防火阀和排烟阀(排烟口)必须符合有关消防产品标准的规定,并具有相应的产品合格证明文件。

检查数量:按种类、批抽查10%,不得少于2个。

检查方法:核对产品的合格证明文件、性能检测报告。

5.2.4 **防爆风阀的制作材料必须符合设计规定,不得自行替换。**

**检查数量:全数检查。**

**检查方法:核对材料品种、规格,观察检查。**

5.2.5 净化空调系统的风阀,其活动件、固定件以及紧固件均应采取镀锌或作其他防腐处理(如喷塑或烤漆);阀体与外界相通的

缝隙处,应有可靠的密封措施。

检查数量:按批抽查10%,不得少于1个。

检查方法:核对产品的材料,手动操作、观察。

5.2.6 工作压力大于1000Pa的调节风阀,生产厂应提供(在1.5倍工作压力下能自由开关)强度测试合格的证书(或试验报告)。

检查数量:按批抽查10%,不得少于1个。

检查方法:核对产品的合格证明文件、性能检测报告。

5.2.7 **防排烟系统柔性短管的制作材料必须为不燃材料。**

**检查数量:全数检查。**

**检查方法:核对材料品种的合格证明文件。**

5.2.8 消声弯管的平面边长大于800mm时,应加设吸声导流片;消声器内直接迎风面的布质覆面应有保护措施;净化空调系统消声器内的覆面应为不易产尘的材料。

检查数量:全数检查。

检查方法:观察检查、核对产品的合格证明文件。

## 5.3 一般项目

5.3.1 手动单叶片或多叶片调节风阀应符合下列规定:

1 结构应牢固,启闭应灵活,法兰应与相应材质风管的相一致;

2 叶片的搭接应贴合一致,与阀体缝隙应小于2mm;

3 截面积大于1.2m²的风阀应实施分组调节。

检查数量:按类别、批抽查10%,不得少于1个。

检查方法:手动操作、尺量、观察检查。

5.3.2 止回风阀应符合下列规定:

1 启闭灵活,关闭时应严密;

2 阀叶的转轴、铰链应采用不易锈蚀的材料制作,保证转动灵活、耐用;

3 阀片的强度应保证在最大负荷压力下不弯曲变形;

4 水平安装的止回风阀应有可靠的平衡调节机构。

检查数量:按类别、批抽查10%,不得少于1个。

检查方法:观察、尺量,手动操作试验与核对产品的合格证明文件。

5.3.3 插板风阀应符合下列规定:

1 壳体应严密,内壁应作防腐处理;

2 插板应平整,启闭灵活,并有可靠的定位固定装置;

3 斜插板风阀的上下接管应成一直线。

检查数量:按类别、批抽查10%,不得少于1个。

检查方法:手动操作,尺量、观察检查。

5.3.4 三通节风阀应符合下列规定:

1 拉杆或手柄的转轴与风管的结合处应严密;

2 拉杆可在任意位置上固定,手柄开关应标明调节的角度;

3 阀板调节方便,并不与风管相碰擦。

检查数量:按类别、批分别抽查10%,不得少于1个。

检查方法:观察、尺量,手动操作试验。

5.3.5 风量平衡阀应符合产品技术文件的规定。

检查数量:按类别、批分别抽查10%,不得少于1个。

检查方法:观察、尺量,核对产品的合格证明文件。

5.3.6 风罩的制作应符合下列规定:

1 尺寸正确、连接牢固、形状规则,表面平整光滑,其外壳不应有尖锐边角;

2 槽边侧吸罩、条缝抽风罩尺寸应正确,转角处弧度均匀、形状规则,吸入口平整,罩口加强板分隔间距应一致;

3 厨房锅灶排烟罩应采用不易锈蚀材料制作,其下部集水槽应严密不漏水,并坡向排放口,罩内油烟过滤器应便于拆卸和清洗。

检查数量:每批抽查10%,不得少于1个。

检查方法:尺量、观察检查。

5.3.7 风帽的制作应符合下列规定:

**1** 尺寸应正确,结构牢靠,风帽接管尺寸的允许偏差同风管的规定一致;

**2** 伞形风帽伞盖的边缘应有加固措施,支撑高度尺寸应一致;

**3** 锥形风帽内外锥体的中心应同心,锥体组合的连接缝应顺水,下部排水应畅通;

**4** 筒形风帽的形状应规则,外筒体的上下沿口应加固,其不圆度不应大于直径的2%。伞盖边缘与外筒体的距离应一致,挡风圈的位置应正确;

**5** 三叉形风帽三个支管的夹角应一致,与主管的连接应严密。主管与支管的锥度应为3°~4°。

检查数量:按批抽查10%,不得少于1个。

检查方法:尺量、观察检查。

**5.3.8** 矩形弯管导流叶片的迎风侧边缘应圆滑,固定应牢固。导流片的弧度应与弯管的角度相一致。导流片的分布应符合设计规定。当导流叶片的长度超过1250mm时,应有加强措施。

检查数量:按批抽查10%,不得少于1个。

检查方法:核对材料,尺量、观察检查。

**5.3.9** 柔性短管应符合下列规定:

**1** 应选用防腐、防潮、不透气、不易霉变的柔性材料。用于空调系统的应采取防止结露的措施;用于净化空调系统的还应是内壁光滑、不易产生尘埃的材料;

**2** 柔性短管的长度,一般宜为150~300mm,其连接处应严密、牢固可靠;

**3** 柔性短管不宜作为找正、找平的异径连接管;

**4** 设于结构变形缝的柔性短管,其长度宜为变形缝的宽度加100mm及以上。

检查数量:按数量抽查10%,不得少于1个。

检查方法:尺量、观察检查。

**5.3.10** 消声器的制作应符合下列规定:

**1** 所选用的材料,应符合设计的规定,如防火、防腐、防潮和卫生性能等要求;

**2** 外壳应牢固、严密,其漏风量应符合本规范第4.2.5条的规定;

**3** 充填的消声材料,应按规定的密度均匀铺设,并应有防止下沉的措施。消声材料的覆面层不得破损,搭接应顺气流,且应拉紧,界面无毛边;

**4** 隔板与壁板结合处应紧贴、严密,穿孔板应平整、无毛刺,其孔径和穿孔率应符合设计要求。

检查数量:按批抽查10%,不得少于1个。

检查方法:尺量、观察检查,核对材料合格的证明文件。

**5.3.11** 检查门应平整、启闭灵活、关闭严密,其与风管或空气处理室的连接处应采取密封措施,无明显渗漏。

净化空调系统风管检查门的密封垫料,宜采用成型密封胶带或软橡胶条制作。

检查数量:按数量抽查20%,不得少于1个。

检查方法:观察检查。

**5.3.12** 风口的验收,规格以颈部外径与外边长为准,其尺寸允许偏差值应符合表5.3.12的规定。风口的外表面饰面应平整、叶片或扩散环的分布应对称、颜色应一致、无明显的划伤和压痕;调节装置转动应灵活、可靠,定位后应无明显自由松动。

检查数量:按类别、批分别抽查5%,不得少于1个。

检查方法:尺量、观察检查,核对材料合格的证明文件与手动操作检查。

**表5.3.12 风口尺寸允许偏差(mm)**

| 圆 形 风 口 | | |
|---|---|---|
| 直 径 | ≤250 | >250 |
| 允 许 偏 差 | 0~-2 | 0~-3 |
| 矩 形 风 口 | | |
| 边 长 | <300 | 300~800 | >800 |
| 允 许 偏 差 | 0~-1 | 0~-2 | 0~-3 |
| 对角线长度 | <300 | 300~500 | >500 |
| 对角线长度之差 | ≤1 | ≤2 | ≤3 |

# 6 风管系统安装

## 6.1 一般规定

**6.1.1** 本章适用于通风与空调工程中的金属和非金属风管系统安装质量的检验和验收。

**6.1.2** 风管系统安装后,必须进行严密性检验,合格后方能交付下道工序。风管系统严密性检验以主、干管为主。在加工工艺得到保证的前提下,低压风管系统可采用漏光法检测。

**6.1.3** 风管系统吊、支架采用膨胀螺栓等胀锚方法固定时,必须符合其相应技术文件的规定。

## 6.2 主控项目

**6.2.1** 在风管穿过需要封闭的防火、防爆的墙体或楼板时,应设预埋管或防护套管,其钢板厚度不应小于1.6mm。风管与防护套管之间,应用不燃且对人体无危害的柔性材料封堵。

检查数量:按数量抽查20%,不得少于1个系统。

检查方法:尺量、观察检查。

**6.2.2** 风管安装必须符合下列规定:

**1** 风管内严禁其他管线穿越;

**2** 输送含有易燃、易爆气体或安装在易燃、易爆环境的风管系统应有良好的接地,通过生活区或其他辅助生产房间时必须严密,并不得设置接口;

**3** 室外立管的固定拉索严禁拉在避雷针或避雷网上。

检查数量:按数量抽查20%,不得少于1个系统。

检查方法:手扳、尺量、观察检查。

**6.2.3** 输送空气温度高于80℃的风管,应按设计规定采取防护措施。

检查数量:按数量抽查20%,不得少于1个系统。

检查方法:观察检查。

**6.2.4** 风管部件安装必须符合下列规定:

**1** 各类风管部件及操作机构的安装,应能保证其正常的使用功能,并便于操作;

**2** 斜插板风阀的安装,阀板必须为向上拉启;水平安装时,阀板还应为顺气流方向插入;

**3** 止回风阀、自动排气活门的安装方向应正确。

检查数量:按数量抽查20%,不得少于5件。

检查方法:尺量、观察检查,动作试验。

**6.2.5** 防火阀、排烟阀(口)的安装方向、位置应正确。防火分区隔墙两侧的防火阀,距墙表面不应大于200mm。

检查数量:按数量抽查20%,不得少于5件。

检查方法:尺量、观察检查,动作试验。

**6.2.6** 净化空调系统风管的安装还应符合下列规定:

**1** 风管、静压箱及其他部件,必须擦拭干净,做到无油污和浮尘,当施工停顿或完毕时,端口应封好;

**2** 法兰垫料应为不产尘、不易老化和具有一定强度和弹性的材料,厚度为5~8mm,不得采用乳胶海绵;法兰垫片应尽量减少拼接,并不允许直接对接连接,严禁在垫料表面涂涂料;

**3** 风管与洁净室吊顶、隔墙等围护结构的接缝处应严密。

检查数量:按数量抽查20%,不得少于1个系统。

检查方法:观察、用白绸布擦拭。

**6.2.7** 集中式真空吸尘系统的安装应符合下列规定:

**1** 真空吸尘系统弯管的曲率半径不应小于4倍管径,弯管的内壁面应光滑,不得采用褶皱弯管;

**2** 真空吸尘系统三通的夹角不得大于45°;四通制作应采用两个斜三通的做法。

检查数量:按数量抽查20%,不得少于2件。

检查方法：尺量、观察检查。

**6.2.8** 风管系统安装完毕后，应按系统类别进行严密性检验，漏风量应符合设计与本规范第4.2.5条的规定。风管系统的严密性检验，应符合下列规定：

**1** 低压系统风管的严密性检验应采用抽检，抽检率为5%，且不得少于1个系统。在加工工艺得到保证的前提下，采用漏光法检测。检测不合格时，应按规定的抽检率做漏风量测试。

中压系统风管的严密性检验，应在漏光法检测合格后，对系统漏风量测试进行抽检，抽检率为20%，且不得少于1个系统。

高压系统风管的严密性检验，为全数进行漏风量测试。

系统风管严密性检验的被抽检系统，应全数合格，则视为通过；如有不合格时，则应再加倍抽检，直至全数合格。

**2** 净化空调系统风管的严密性检验，1～5级的系统按高压系统风管的规定执行；6～9级的系统按本规范第4.2.5条的规定执行。

检查数量：按条文中的规定。

检查方法：按本规范附录A的规定进行严密性测试。

**6.2.9** 手动密闭阀安装，阀门上标志的箭头方向必须与受冲击波方向一致。

检查数量：全数检查。

检查方法：观察、核对检查。

### 6.3 一般项目

**6.3.1** 风管的安装应符合下列规定：

**1** 风管安装前，应清除内、外杂物，并做好清洁和保护工作；

**2** 风管安装的位置、标高、走向，应符合设计要求。现场风管接口的配置，不得缩小其有效截面；

**3** 连接法兰的螺栓应均匀拧紧，其螺母宜在同一侧；

**4** 风管接口的连接应严密、牢固。风管法兰的垫片材质应符合系统功能的要求，厚度不应小于3mm。垫片不应凸入管内，亦不宜突出法兰外；

**5** 柔性短管的安装，应松紧适度，无明显扭曲；

**6** 可伸缩性金属或非金属软风管的长度不宜超过2m，并不应有死弯或塌凹；

**7** 风管与砖、混凝土风道的连接接口，应顺着气流方向插入，并应采取密封措施。风管穿出屋面处应设有防雨装置；

**8** 不锈钢板、铝板风管与碳素钢支架的接触处，应有隔绝或防腐绝缘措施。

检查数量：按数量抽查10%，不得少于1个系统。

检查方法：尺量、观察检查。

**6.3.2** 无法兰连接风管的安装还应符合下列规定：

**1** 风管的连接处，应完整无缺损、表面平整，无明显扭曲；

**2** 承插式风管的四周缝隙应一致，无明显的弯曲或褶皱；内涂的密封胶应完整，外粘的密封胶带，应粘贴牢固、完整无缺损；

**3** 薄钢板法兰形式风管的连接，弹性插条、弹簧夹或紧固螺栓的间隔不应大于150mm，且分布均匀，无松动现象；

**4** 插条连接的矩形风管，连接后的板面应平整、无明显弯曲。

检查数量：按数量抽查10%，不得少于1个系统。

检查方法：尺量、观察检查。

**6.3.3** 风管的连接应平直、不扭曲。明装风管水平安装，水平度的允许偏差为3/1000，总偏差不应大于20mm。明装风管垂直安装，垂直度的允许偏差为2/1000，总偏差不应大于20mm。暗装风管的位置，应正确，无明显偏差。

除尘系统的风管，宜垂直或倾斜敷设，与水平夹角宜大于或等于45°，小坡度和水平管应尽量短。

对含有凝结水或其他液体的风管，坡度应符合设计要求，并在最低处设排液装置。

检查数量：按数量抽查10%，但不得少于1个系统。

检查方法：尺量、观察检查。

**6.3.4** 风管支、吊架的安装应符合下列规定：

**1** 风管水平安装，直径或长边尺寸小于等于400mm，间距不应大于4m；大于400mm，不应大于3m。螺旋风管的支、吊架间距可分别延长至5m和3.75m；对于薄钢板法兰的风管，其支、吊架间距不应大于3m。

**2** 风管垂直安装，间距不应大于4m，单根直管至少应有2个固定点。

**3** 风管支、吊架宜按国标图集与规范选用强度和刚度相适应的形式和规格。对于直径或边长大于2500mm的超宽、超重等特殊风管的支、吊架应按设计规定。

**4** 支、吊架不宜设置在风口、阀门、检查门及自控机构处，离风口或插接管的距离不宜小于200mm。

**5** 当水平悬吊的主、干风管长度超过20m时，应设置防止摆动的固定点，每个系统不应少于1个。

**6** 吊架的螺孔应采用机械加工。吊杆应平直，螺纹完整、光洁。安装后各副支、吊架的受力应均匀，无明显变形。风管或空调设备使用的可调隔振支、吊架的拉伸或压缩量应按设计的要求进行调整。

**7** 抱箍支架，折角应平直，抱箍应紧贴并箍紧风管。安装在支架上的圆形风管应设托座和抱箍，其圆弧应均匀，且与风管外径相一致。

检查数量：按数量抽查10%，不得少于1个系统。

检查方法：尺量、观察检查。

**6.3.5** 非金属风管的安装还应符合下列的规定：

**1** 风管连接两法兰端面应平行、严密，法兰螺栓两侧应加镀锌垫圈；

**2** 应适当增加支、吊架与水平风管的接触面积；

**3** 硬聚氯乙烯风管的直段连续长度大于20m，应按设计设置伸缩节；支管的重量不得由干管来承受，必须自行设置支、吊架；

**4** 风管垂直安装，支架间距不应大于3m。

检查数量：按数量抽查10%，不得少于1个系统。

检查方法：尺量、观察检查。

**6.3.6** 复合材料风管的安装还应符合下列规定：

**1** 复合材料风管的连接处，接缝应牢固，无孔洞和开裂。当采用插接连接时，接口应匹配、无松动，端口缝隙不应大于5mm；

**2** 采用法兰连接时，应有防冷桥的措施；

**3** 支、吊架的安装宜按产品标准的规定执行。

检查数量：按数量抽查10%，但不得少于1个系统。

检查方法：尺量、观察检查。

**6.3.7** 集中式真空吸尘系统的安装应符合下列规定：

**1** 吸尘管道的坡度宜为5/1000，并坡向立管或吸尘点；

**2** 吸尘嘴与管道的连接，应牢固、严密。

检查数量：按数量抽查20%，不得少于5件。

检查方法：尺量、观察检查。

**6.3.8** 各类风阀应安装在便于操作及检修的部位，安装后的手动或电动操作装置应灵活、可靠，阀门关闭应保持严密。

防火阀直径或长边尺寸大于等于630mm时，宜设独立支、吊架。

排烟阀（排烟口）及手动装置（包括预埋套管）的位置应符合设计要求。预埋套管不得有死弯及瘪陷。

除尘系统吸入管段的调节阀，宜安装在垂直管段上。

检查数量：按数量抽查10%，不得少于5件。

检查方法：尺量、观察检查。

**6.3.9** 风帽安装必须牢固，连接风管与屋面或墙面的交接处不应渗水。

检查数量：按数量抽查10%，不得少于5件。

检查方法：尺量、观察检查。

**6.3.10** 排、吸风罩的安装位置应正确，排列整齐，牢固可靠。

检查数量：按数量抽查10%，不得少于5件。

检查方法：尺量、观察检查。

6.3.11 风口与风管的连接应严密、牢固，与装饰面相紧贴；表面平整、不变形，调节灵活、可靠。条形风口的安装，接缝处应衔接自然，无明显缝隙。同一厅室、房间内的相同风口的安装高度应一致，排列应整齐。

明装无吊顶的风口，安装位置和标高偏差不应大于10mm。

风口水平安装，水平度的偏差不应大于3/1000。

风口垂直安装，垂直度的偏差不应大于2/1000。

检查数量：按数量抽查10%，不得少于1个系统或不少于5件和2个房间的风口。

检查方法：尺量、观察检查。

6.3.12 净化空调系统风口安装还应符合下列规定：

1 风口安装前应清扫干净，其边框与建筑顶棚或墙面间的接缝处应加设密封垫料或密封胶，不应漏风；

2 带高效过滤器的送风口，应采用可分别调节高度的吊杆。

检查数量：按数量抽查20%，不得少于1个系统或不少于5件和2个房间的风口。

检查方法：尺量、观察检查。

# 7 通风与空调设备安装

## 7.1 一般规定

7.1.1 本章适用于工作压力不大于5kPa的通风机与空调设备安装质量的检验与验收。

7.1.2 通风与空调设备应有装箱清单、设备说明书、产品质量合格证书和产品性能检测报告等随机文件，进口设备还应具有商检合格的证明文件。

7.1.3 设备安装前，应进行开箱检查，并形成验收文字记录。参加人员为建设、监理、施工和厂商等方单位的代表。

7.1.4 设备就位前应对其基础进行验收，合格后方能安装。

7.1.5 设备的搬运和吊装必须符合产品说明书的有关规定，并应做好设备的保护工作，防止因搬运或吊装而造成设备损伤。

## 7.2 主控项目

7.2.1 通风机的安装应符合下列规定：

1 型号、规格应符合设计规定，其出口方向应正确；

2 叶轮旋转应平稳，停转后不应每次停留在同一位置上；

3 固定通风机的地脚螺栓应拧紧，并有防松动措施。

检查数量：全数检查。

检查方法：依据设计图核对、观察检查。

**7.2.2 通风机传动装置的外露部位以及直通大气的进、出口，必须装设防护罩(网)或采取其他安全设施。**

检查数量：全数检查。

检查方法：依据设计图核对、观察检查。

7.2.3 空调机组的安装应符合下列规定：

1 型号、规格、方向和技术参数应符合设计要求；

2 现场组装的组合式空气调节机组应做漏风量的检测，其漏风量必须符合现行国家标准《组合式空调机组》GB/T 14294的规定。

检查数量：按总数抽检20%，不得少于1台。净化空调系统的机组，1～5级全数检查，6～9级抽查50%。

检查方法：依据设计图核对，检查测试记录。

7.2.4 除尘器的安装应符合下列规定：

1 型号、规格、进出口方向必须符合设计要求；

2 现场组装的除尘器壳体应做漏风量检测，在设计工作压力

下允许漏风率为5%，其中离心式除尘器为3%；

3 布袋除尘器、电除尘器的壳体及辅助设备接地应可靠。

检查数量：按总数抽查20%，不得少于1台；接地全数检查。

检查方法：按图核对、检查测试记录和观察检查。

7.2.5 高效过滤器应在洁净室及净化空调系统进行全面清扫和系统连续试车12h以上后，在现场拆开包装并进行安装。

安装前需进行外观检查和仪器检漏。目测不得有变形、脱落、断裂等破损现象；仪器抽检检漏应符合产品质量文件的规定。

合格后立即安装，其方向必须正确，安装后的高效过滤器四周及接口，应严密不漏；在调试前应进行扫描检漏。

检查数量：高效过滤器的仪器抽检检漏按批抽5%，不得少于1台。

检查方法：观察检查、按本规范附录B规定扫描检测或查看检测记录。

7.2.6 净化空调设备的安装还应符合下列规定：

1 净化空调设备与洁净室围护结构相连的接缝必须密封；

2 风机过滤器单元(FFU与FMU空气净化装置)应在清洁的现场进行外观检查，目测不得有变形、锈蚀、漆膜脱落、拼接板破损等现象；在系统试运转时，必须在进风口处加装临时中效过滤器作为保护。

检查数量：全数检查。

检查方法：按设计图核对、观察检查。

**7.2.7 静电空气过滤器金属外壳接地必须良好。**

检查数量：按总数抽查20%，不得少于1台。

检查方法：核对材料、观察检查或电阻测定。

7.2.8 电加热器的安装必须符合下列规定：

1 电加热器与钢构架间的绝热层必须为不燃材料；接线柱外露的应加设安全防护罩；

2 电加热器的金属外壳接地必须良好；

3 连接电加热器的风管的法兰垫片，应采用耐热不燃材料。

检查数量：按总数抽查20%，不得少于1台。

检查方法：核对材料、观察检查或电阻测定。

7.2.9 干蒸汽加湿器的安装，蒸汽喷管不应朝下。

检查数量：全数检查。

检查方法：观察检查。

7.2.10 过滤吸收器的安装方向必须正确，并应设独立支架，与室外的连接管段不得泄漏。

检查数量：全数检查。

检查方法：观察或检测。

## 7.3 一般项目

7.3.1 通风机的安装应符合下列规定：

1 通风机的安装，应符合表7.3.1的规定，叶轮转子与机壳的组装位置应正确；叶轮进风口插入风机壳进风口或密封圈的深度，应符合设备技术文件的规定，或为叶轮外径值的1/100；

表7.3.1 通风机安装的允许偏差

| 项次 | 项 目 | | 允许偏差 | 检验方法 |
|---|---|---|---|---|
| 1 | 中心线的平面位移 | | 10mm | 经纬仪或拉线和尺量检查 |
| 2 | 标高 | | ±10mm | 水准仪或水平仪、直尺、拉线和尺量检查 |
| 3 | 皮带轮轮宽中心平面偏移 | | 1mm | 在主、从动皮带轮端面拉线和尺量检查 |
| 4 | 传动轴水平度 | | 纵向 0.2/1000 横向 0.3/1000 | 在轴或皮带轮0°和180°的两个位置上，用水平仪检查 |
| 5 | 联轴器 | 两轴芯径向位移 | 0.05mm | 在联轴器互相垂直的四个位置上，用百分表检查 |
| | | 两轴线倾斜 | 0.2/1000 | |

**2** 现场组装的轴流风机叶片安装角度应一致，达到在同一平面内运转，叶轮与筒体之间的间隙应均匀，水平度允许偏差为1/1000；

**3** 安装隔振器的地面应平整，各组隔振器承受荷载的压缩量应均匀，高度误差应小于2mm；

**4** 安装风机的隔振钢支、吊架，其结构形式和外形尺寸应符合设计或设备技术文件的规定；焊接应牢固，焊缝应饱满、均匀。

检查数量：按总数抽查20%，不得少于1台。

检查方法：尺量、观察或检查施工记录。

**7.3.2** 组合式空调机组及柜式空调机组的安装应符合下列规定：

**1** 组合式空调机组各功能段的组装，应符合设计规定的顺序和要求；各功能段之间的连接应严密，整体应平直；

**2** 机组与供回水管的连接应正确，机组下部冷凝水排放管的水封高度应符合设计要求；

**3** 机组应清扫干净，箱体内应无杂物、垃圾和积尘；

**4** 机组内空气过滤器（网）和空气热交换器翅片应清洁、完好。

检查数量：按总数抽查20%，不得少于1台。

检查方法：观察检查。

**7.3.3** 空气处理室的安装应符合下列规定：

**1** 金属空气处理室壁板及各段的组装位置应正确，表面平整，连接严密、牢固；

**2** 喷水段的本体及其检查门不得漏水，喷水管和喷嘴的排列、规格应符合设计的规定；

**3** 表面式换热器的散热面应保持清洁、完好。当用于冷却空气时，在下部应设有排水装置，冷凝水的引流管或槽应畅通，冷凝水不外溢；

**4** 表面式换热器与围护结构间的缝隙，以及表面式热交换器之间的缝隙，应封堵严密；

**5** 换热器与系统供回水管的连接应正确，且严密不漏。

检查数量：按总数抽查20%，不得少于1台。

检查方法：观察检查。

**7.3.4** 单元式空调机组的安装应符合下列规定：

**1** 分体式空调机组的室外机和风冷整体式空调机组的安装，固定应牢固、可靠；除应满足冷却风循环空间的要求外，还应符合环境卫生保护有关法规的规定；

**2** 分体式空调机组的室内机的位置应正确，并保持水平，冷凝水排放应畅通。管道穿墙处必须密封，不得有雨水渗入；

**3** 整体式空调机组管道的连接应严密、无渗漏，四周应留有相应的维修空间。

检查数量：按总数抽查20%，不得少于1台。

检查方法：观察检查。

**7.3.5** 除尘设备的安装应符合下列规定：

**1** 除尘器的安装位置应正确、牢固平稳，允许误差应符合表7.3.5的规定；

表 7.3.5 除尘器安装允许偏差和检验方法

| 项次 | 项 目 | | 允许偏差(mm) | 检验方法 |
|---|---|---|---|---|
| 1 | 平面位移 | | ≤10 | 用经纬仪或拉线、尺量检查 |
| 2 | 标高 | | ±10 | 用水准仪、直尺、拉线和尺量检查 |
| 3 | 垂直度 | 每米 | ≤2 | 吊线和尺量检查 |
| | | 总偏差 | ≤10 | |

**2** 除尘器的活动或转动部件的动作应灵活、可靠，并应符合设计要求；

**3** 除尘器的排灰阀、卸料阀、排泥阀的安装应严密，并便于操作与维护修理。

检查数量：按总数抽查20%，不得少于1台。

检查方法：尺量、观察检查及检查施工记录。

**7.3.6** 现场组装的静电除尘器的安装，还应符合设备技术文件及下列规定：

**1** 阳极板组合后的阳极排平面度允许偏差为5mm，其对角线允许偏差为10mm；

**2** 阴极小框架组合后主平面的平面度允许偏差为5mm，其对角线允许偏差为10mm；

**3** 阴极大框架的整体平面度允许偏差为15mm，整体对角线允许偏差为10mm；

**4** 阳极板高度小于或等于7m的电除尘器，阴、阳极间距允许偏差为5mm。阳极板高度大于7m的电除尘器，阴、阳极间距允许偏差为10mm；

**5** 振打锤装置的固定，应可靠；振打锤的转动，应灵活。锤头方向应正确；振打锤头与振打砧之间应保持良好的线接触状态，接触长度应大于锤头厚度的0.7倍。

检查数量：按总数抽查20%，不得少于1组。

检查方法：尺量、观察检查及检查施工记录。

**7.3.7** 现场组装布袋除尘器的安装，还应符合下列规定：

**1** 外壳应严密、不漏，布袋接口应牢固；

**2** 分室反吹袋式除尘器的滤袋安装，必须平直。每条滤袋的拉紧力应保持在25～35N/m；与滤袋连接接触的短管和袋帽，应无毛刺；

**3** 机械回转扁袋式除尘器的旋臂，转动应灵活可靠，净气室上部的顶盖，应密封不漏气，旋转应灵活，无卡阻现象；

**4** 脉冲袋式除尘器的喷吹孔，应对准文氏管的中心，同心度允许偏差为2mm。

检查数量：按总数抽查20%，不得少于1台。

检查方法：尺量、观察检查及检查施工记录。

**7.3.8** 洁净室空气净化设备的安装，应符合下列规定：

**1** 带有通风机的气闸室、吹淋室与地面间应有隔振垫；

**2** 机械式余压阀的安装，阀体、阀板的转轴应水平，允许偏差为2/1000。余压阀的安装位置应在室内气流的下风侧，并不应在工作面高度范围内；

**3** 传递窗的安装，应牢固、垂直，与墙体的连接处应密封。

检查数量：按总数抽查20%，不得少于1件。

检查方法：尺量、观察检查。

**7.3.9** 装配式洁净室的安装应符合下列规定：

**1** 洁净室的顶板和壁板（包括夹芯材料）应为不燃材料；

**2** 洁净室的地面应干燥、平整，平整度允许偏差为1/1000；

**3** 壁板的构件和辅助材料的开箱，应在清洁的室内进行，安装前应严格检查其规格和质量。壁板应垂直安装，底部宜采用圆弧或钝角交接；安装后的壁板之间、壁板与顶板间的拼缝，应平整严密，墙板的垂直允许偏差为2/1000，顶板水平度的允许偏差与每个单间的几何尺寸的允许偏差均为2/1000；

**4** 洁净室吊顶在受荷载后应保持平直，压条全部紧贴。洁净室壁板若为上、下槽形板时，其接头应平整、严密；组装完毕的洁净室所有拼接缝，包括与建筑的接缝，均应采取密封措施，做到不脱落，密封良好。

检查数量：按总数抽查20%，不得少于5处。

检查方法：尺量、观察检查及检查施工记录。

**7.3.10** 洁净层流罩的安装应符合下列规定：

**1** 应设独立的吊杆，并有防晃动的固定措施；

**2** 层流罩安装的水平度允许偏差为1/1000，高度的允许偏差为±1mm；

**3** 层流罩安装在吊顶上，其四周与顶板之间应设有密封及隔振措施。

检查数量：按总数抽查20%，且不得少于5件。

检查方法：尺量、观察检查及检查施工记录。

**7.3.11** 风机过滤器单元（FFU、FMU）的安装应符合下列规定：

**1** 风机过滤器单元的高效过滤器安装前应按本规范第7.2.5条的规定检漏，合格后进行安装，方向必须正确；安装后的FFU或

FMU机组应便于检修；

**2** 安装后的FFU风机过滤器单元，应保持整体平整，与吊顶衔接良好。风机箱与过滤器之间的连接，过滤器单元与吊顶框架间应有可靠的密封措施。

检查数量：按总数抽查20%，且不得少于2个。

检查方法：尺量、观察检查及检查施工记录。

**7.3.12** 高效过滤器的安装应符合下列规定：

**1** 高效过滤器采用机械密封时，须采用密封垫料，其厚度为6~8mm，并定位贴于过滤器边框上，安装后垫料的压缩应均匀，压缩率为25%~50%；

**2** 采用液槽密封时，槽架安装应水平，不得有渗漏现象，槽内无污物和水分，槽内密封液高度宜为2/3槽深。密封液的熔点宜高于50℃。

检查数量：按总数抽查20%，且不得少于5个。

检查方法：尺量、观察检查。

**7.3.13** 消声器的安装应符合下列规定：

**1** 消声器安装前应保持干净，做到无油污和浮尘；

**2** 消声器安装的位置、方向应正确，与风管的连接应严密，不得有损坏与受潮。两组同类型消声器不宜直接串联；

**3** 现场安装的组合式消声器，消声组件的排列、方向和位置应符合设计要求。单个消声组件的固定应牢固；

**4** 消声器、消声弯管均应设独立支、吊架。

检查数量：整体安装的消声器，按总数抽查10%，且不得少于5台。现场组装的消声器全数检查。

检查方法：手扳和观察检查，核对安装记录。

**7.3.14** 空气过滤器的安装应符合下列规定：

**1** 安装平整、牢固，方向正确。过滤器与框架、框架与围护结构之间应严密无穿透缝；

**2** 框架式或粗效、中效袋式空气过滤器的安装，过滤器四周与框架应均匀压紧，无可见缝隙，并应便于拆卸和更换滤料；

**3** 卷绕式过滤器的安装，框架应平整、展开的滤料，应松紧适度、上下筒体应平行。

检查数量：按总数抽查10%，且不得少于1台。

检查方法：观察检查。

**7.3.15** 风机盘管机组的安装应符合下列规定：

**1** 机组安装前宜进行单机三速试运转及水压检漏试验。试验压力为系统工作压力的1.5倍，试验观察时间为2min，不渗漏为合格；

**2** 机组应设独立支、吊架，安装的位置、高度及坡度应正确、固定牢固；

**3** 机组与风管、回风箱或风口的连接，应严密、可靠。

检查数量：按总数抽查10%，且不得少于1台。

检查方法：观察检查、查阅检查试验记录。

**7.3.16** 转轮式换热器安装的位置、转轮旋转方向及接管应正确，运转应平稳。

检查数量：按总数抽查20%，且不得少于1台。

检查方法：观察检查。

**7.3.17** 转轮去湿机安装应牢固，转轮及传动部件应灵活、可靠，方向正确；处理空气与再生空气接管应正确；排风水平管须保持一定的坡度，并坡向排出方向。

检查数量：按总数抽查20%，且不得少于1台。

检查方法：观察检查。

**7.3.18** 蒸汽加湿器的安装应设置独立支架，并固定牢固；接管尺寸正确，无渗漏。

检查数量：全数检查。

检查方法：观察检查。

**7.3.19** 空气风幕机的安装，位置方向应正确、牢固可靠，纵向垂直度与横向水平度的偏差均不应大于2/1000。

检查数量：按总数10%的比例抽查，且不得少于1台。

检查方法：观察检查。

**7.3.20** 变风量末端装置的安装，应设单独支、吊架，与风管连接前宜做动作试验。

检查数量：按总数抽查10%，且不得少于1台。

检查方法：观察检查、查阅检查试验记录。

# 8 空调制冷系统安装

## 8.1 一般规定

**8.1.1** 本章适用于空调工程中工作压力不高于2.5MPa，工作温度在−20~150℃的整体式、组装式及单元式制冷设备（包括热泵）、制冷附属设备、其他配套设备和管路系统安装工程施工质量的检验和验收。

**8.1.2** 制冷设备、制冷附属设备、管道、管件及阀门的型号、规格、性能及技术参数等必须符合设计要求。设备机组的外表应无损伤、密封应良好，随机文件和配件应齐全。

**8.1.3** 与制冷机组配套的蒸汽、燃油、燃气供应系统和蓄冷系统的安装，还应符合设计文件、有关消防规范与产品技术文件的规定。

**8.1.4** 空调用制冷设备的搬运和吊装，应符合产品技术文件和本规范第7.1.5条的规定。

**8.1.5** 制冷机组本体的安装、试验、试运转及验收还应符合现行国家标准《制冷设备、空气分离设备安装工程施工及验收规范》GB 50274有关条文的规定。

## 8.2 主控项目

**8.2.1** 制冷设备与制冷附属设备的安装应符合下列规定：

**1** 制冷设备、制冷附属设备的型号、规格和技术参数必须符合设计要求，并具有产品合格证书、产品性能检验报告；

**2** 设备的混凝土基础必须进行质量交接验收，合格后方可安装；

**3** 设备安装的位置、标高和管口方向必须符合设计要求。用地脚螺栓固定的制冷设备或制冷附属设备，其垫铁的放置位置应正确、接触紧密；螺栓必须拧紧，并有防松动措施。

检查数量：全数检查。

检查方法：查阅图纸核对设备型号、规格；产品质量合格证书和性能检验报告。

**8.2.2** 直接膨胀表面式冷却器的外表应保持清洁、完整，空气与制冷剂应呈逆向流动；表面式冷却器与外壳四周的缝隙应堵严，冷凝水排放应畅通。

检查数量：全数检查。

检查方法：观察检查。

**8.2.3** 燃油系统的设备与管道，以及储油罐及日用油箱的安装，位置和连接方法应符合设计与消防要求。

燃气系统设备的安装应符合设计和消防要求。调压装置、过滤器的安装和调节应符合设备技术文件的规定，且应可靠接地。

检查数量：全数检查。

检查方法：按图纸核对、观察、查阅接地测试记录。

**8.2.4** 制冷设备的各项严密性试验和试运行的技术数据，均应符合设备技术文件的规定。对组装式的制冷机组和现场充注制冷剂的机组，必须进行吹污、气密性试验、真空试验和充注制冷剂检漏试验，其相应的技术数据必须符合产品技术文件和有关现行国家标准、规范的规定。

检查数量：全数检查。

检查方法：旁站观察、检查和查阅试运行记录。

**8.2.5** 制冷系统管道、管件和阀门的安装应符合下列规定：

**1** 制冷系统的管道、管件和阀门的型号、材质及工作压力等必须符合设计要求，并应具有出厂合格证、质量证明书；

**2** 法兰、螺纹等处的密封材料应与管内的介质性能相适应；

3 制冷剂液体管不得向上装成"Ω"形。气体管道不得向下装成"∪"形（特殊回油管除外）；液体支管引出时，必须从干管底部或侧面接出；气体支管引出时，必须从干管顶部或侧面接出；有两根以上的支管从干管引出时，连接部位应错开，间距不应小于2倍支管直径，且不小于200mm；

4 制冷机与附属设备之间制冷剂管道的连接，其坡度与坡向应符合设计及设备技术文件要求。当设计无规定时，应符合表8.2.5的规定。

表8.2.5 制冷剂管道坡度、坡向

| 管道名称 | 坡向 | 坡度 |
|---|---|---|
| 压缩机吸气水平管（氟） | 压缩机 | ≥10/1000 |
| 压缩机吸气水平管（氨） | 蒸发器 | ≥3/1000 |
| 压缩机排气水平管 | 油分离器 | ≥10/1000 |
| 冷凝器水平供液管 | 贮液器 | (1~3)/1000 |
| 油分离器至冷凝器水平管 | 油分离器 | (3~5)/1000 |

5 制冷系统投入运行前，应对安全阀进行调试校核，其开启和回座压力应符合设备技术文件的要求。

检查数量：按总数抽检20%，且不得少于5件。第5款全数检查。

检查方法：核查合格证明文件、观察、水平仪测量、查阅调校记录。

8.2.6 燃油管道系统必须设置可靠的防静电接地装置，其管道法兰应采用镀锌螺栓连接或在法兰处用铜导线进行跨接，且接合良好。

检查数量：系统全数检查。

检查方法：观察检查、查阅试验记录。

8.2.7 燃气系统管道与机组的连接不得使用非金属软管。燃气管道的吹扫和压力试验应为压缩空气或氮气，严禁用水。当燃气供气管道压力大于0.005MPa时，焊缝的无损检测的执行标准按设计规定。当设计无规定，且采用超声波探伤时，应全数检测，以质量不低于Ⅱ级为合格。

检查数量：系统全数检查。

检查方法：观察检查、查阅探伤报告和试验记录。

8.2.8 氨制冷剂系统管道、附件、阀门及填料不得采用铜或铜合金材料（磷青铜除外），管内不得镀锌。氨系统的管道焊缝应进行射线照相检验，抽检率为10%，以质量不低于Ⅲ级为合格。在不易进行射线照相检验操作的场合，可用超声波检验代替，以不低于Ⅱ级为合格。

检查数量：系统全数检查。

检查方法：观察检查、查阅探伤报告和试验记录。

8.2.9 输送乙二醇溶液的管道系统，不得使用内镀锌管道及配件。

检查数量：按系统的管段抽检20%，且不得少于5件。

检查方法：观察检查、查阅安装记录。

8.2.10 制冷管道系统应进行强度、气密性试验及真空试验，且必须合格。

检查数量：系统全数检查。

检查方法：旁站、观察检查和查阅试验记录。

## 8.3 一般项目

8.3.1 制冷机组与制冷附属设备的安装应符合下列规定：

1 制冷设备及制冷附属设备安装位置、标高的允许偏差，应符合表8.3.1的规定；

表8.3.1 制冷设备与制冷附属设备安装允许偏差和检验方法

| 项次 | 项目 | 允许偏差(mm) | 检验方法 |
|---|---|---|---|
| 1 | 平面位移 | 10 | 经纬仪或拉线和尺量检查 |
| 2 | 标高 | ±10 | 水准仪或经纬仪、拉线和尺量检查 |

2 整体安装的制冷机组，其机身纵、横向水平度的允许偏差为1/1000，并应符合设备技术文件的规定；

3 制冷附属设备安装的水平度或垂直度允许偏差为1/1000，并应符合设备技术文件的规定；

4 采用隔振措施的制冷设备或制冷附属设备，其隔振器安装位置应正确；各个隔振器的压缩量，应均匀一致，偏差不应大于2mm；

5 设置弹簧隔振的制冷机组，应设有防止机组运行时水平位移的定位装置。

检查数量：全数检查。

检查方法：在机座或指定的基准面上用水平仪、水准仪等检测、尺量与观察检查。

8.3.2 模块式冷水机组单元多台并联组合时，接口应牢固，且严密不漏。连接后机组的外表，应平整、完好，无明显的扭曲。

检查数量：全数检查。

检查方法：尺量、观察检查。

8.3.3 燃油系统油泵和蓄冷系统载冷剂泵的安装，纵、横向水平度允许偏差为1/1000，联轴器两轴芯轴向倾斜允许偏差为0.2/1000，径向位移为0.05mm。

检查数量：全数检查。

检查方法：在机座或指定的基准面上，用水平仪、水准仪等检测，尺量、观察检查。

8.3.4 制冷系统管道、管件的安装应符合下列规定：

1 管道、管件的内外壁应清洁、干燥；铜管管道支吊架的型式、位置、间距及管道安装标高应符合设计要求。连接制冷机的吸、排气管道应设单独支架；管径小于等于20mm的铜管道，在阀门处应设置支架；管道上下平行敷设时，吸气管应在下方；

2 制冷剂管道弯管的弯曲半径不应小于3.5D（管道直径），其最大外径与最小外径之差不应大于0.08D，且不应使用焊接弯管及皱褶弯管；

3 制冷剂管道分支管应按介质流向弯成90°弧度与主管连接，不宜使用弯曲半径小于1.5D的压制弯管；

4 铜管切口应平整、不得有毛刺、凹凸等缺陷，切口允许倾斜偏差为管径的1%，管口翻边后应保持同心，不得有开裂及皱褶，并应有良好的密封面；

5 采用承插钎焊接连接的铜管，其插接深度应符合表8.3.4的规定。承插的扩口方向应迎介质流向。当采用套接钎焊接连接时，其插接深度应不小于承插连接的规定。

采用对接焊缝组对管道的内壁应齐平，错边量不大于0.1倍壁厚，且不大于1mm。

表8.3.4 承插式焊接的铜管承口的扩口深度表(mm)

| 铜管规格 | ≤DN15 | DN20 | DN25 | DN32 | DN40 | DN50 | DN65 |
|---|---|---|---|---|---|---|---|
| 承插口的扩口深度 | 9~12 | 12~15 | 15~18 | 17~20 | 21~24 | 24~26 | 26~30 |

6 管道穿越墙体或楼板时，管道的支吊架和钢管的焊接应按本规范第9章的有关规定执行。

检查数量：按系统抽查20%，且不得少于5件。

检查方法：尺量、观察检查。

8.3.5 制冷系统阀门的安装应符合下列规定：

1 制冷剂阀门安装前应进行强度和严密性试验。强度试验压力为阀门公称压力的1.5倍，时间不得少于5min；严密性试验压力为阀门公称压力的1.1倍，持续时间30s不漏为合格。合格后应保持阀门内干燥。如阀门进、出口封闭破损或阀体锈蚀的还应进行解体清洗；

2 位置、方向和高度应符合设计要求；

3 水平管道上的阀门的手柄不应朝下；垂直管道上的阀门手柄应朝向便于操作的地方；

4 自控阀门安装的位置应符合设计要求。电磁阀、调节阀、热力膨胀阀、升降式止回阀等的阀头均应向上；热力膨胀阀的安装

位置应高于感温包,感温包应装在蒸发器末端的回气管上,与管道接触良好,绑扎紧密;

**5** 安全阀应垂直安装在便于检修的位置,其排气管的出口应朝向安全地带,排液管应装在泄水管上。

检查数量:按系统抽查20%,且不得少于5件。

检查方法:尺量、观察检查、旁站或查阅试验记录。

**8.3.6** 制冷系统的吹扫排污采用压力为0.6MPa的干燥压缩空气或氮气,以浅色布检查5min,无污物为合格。系统吹扫干净后,应将系统中阀门的阀芯拆下清洗干净。

检查数量:全数检查。

检查方法:观察、旁站或查阅试验记录。

# 9 空调水系统管道与设备安装

## 9.1 一般规定

**9.1.1** 本章适用于空调工程水系统安装子分部工程,包括冷(热)水、冷却水、凝结水系统的设备(不包括末端设备)、管道及附件施工质量的检验及验收。

**9.1.2** 镀锌钢管应采用螺纹连接。当管径大于DN100时,可采用卡箍式、法兰或焊接连接,但应对焊缝及热影响区的表面进行防腐处理。

**9.1.3** 从事金属管道焊接的企业,应具有相应项目的焊接工艺评定,焊工应持有相应类别焊接的焊工合格证书。

**9.1.4** 空调用蒸汽管道的安装,应按现行国家标准《建筑给水、排水及采暖工程施工质量验收规范》GB 50242—2002的规定执行。

## 9.2 主控项目

**9.2.1** 空调工程水系统的设备与附属设备、管道、管配件及阀门的型号、规格、材质及连接形式应符合设计规定。

检查数量:按总数抽查10%,且不得少于5件。

检查方法:观察检查外观质量并检查产品质量证明文件、材料进场验收记录。

**9.2.2** 管道安装应符合下列规定:

**1** 隐蔽管道必须按本规范第3.0.11条的规定执行;

**2** 焊接钢管、镀锌钢管不得采用热煨弯;

**3** 管道与设备的连接,应在设备安装完毕后进行,与水泵、制冷机组的接管必须为柔性接口。柔性短管不得强行对口连接,与其连接的管道应设置独立支架。

**4** 冷热水及冷却水系统应在系统冲洗、排污合格(目测:以排出口的水色和透明度与入水口对比相近,无可见杂物),再循环运行2h以上,且水质正常后才能与制冷机组、空调设备相贯通;

**5** 固定在建筑结构上的管道支、吊架,不得影响结构的安全。管道穿越墙体或楼板处应设钢制套管,管道接口不得置于套管内,钢制套管应与墙面饰面或楼板底部平齐,上部应高出楼层地面20~50mm,并不得将套管作为管道支撑。

保温管道与套管四周间隙应使用不燃绝热材料填塞紧密。

检查数量:系统全数检查。每个系统管道、部件数量抽查10%,且不得少于5件。

检查方法:尺量、观察检查、旁站或查阅试验记录、隐蔽工程记录。

**9.2.3** 管道系统安装完毕,外观检查合格后,应按设计要求进行水压试验。当设计无规定时,应符合下列规定:

**1** 冷热水、冷却水系统的试验压力,当工作压力小于等于1.0MPa时,为1.5倍工作压力,但最低不小于0.6MPa;当工作压力大于1.0MPa时,为工作压力加0.5MPa。

**2** 对于大型或高层建筑垂直位差较大的冷(热)媒水、冷却水管道系统宜采用分区、分层试压和系统试压相结合的方法。一般

建筑可采用系统试压方法。

分区、分层试压:对相对独立的局部区域的管道进行试压。在试验压力下,稳压10min,压力不得下降,再将系统压力降至工作压力,在60min内压力不得下降、外观检查无渗漏为合格。

系统试压:在各分区管道与系统主、干管全部连通后,对整个系统的管道进行系统的试压。试验压力以最低点的压力为准,但最低点的压力不得超过管道与组成件的承受压力。压力试验升至试验压力后,稳压10min,压力下降不得大于0.02MPa,再将系统压力降至工作压力,外观检查无渗漏为合格。

**3** 各类耐压塑料管的强度试验压力为1.5倍工作压力,严密性工作压力为1.15倍的设计工作压力;

**4** 凝结水系统采用充水试验,应以不渗漏为合格。

检查数量:系统全数检查。

检查方法:旁站观察或查阅试验记录。

**9.2.4** 阀门的安装应符合下列规定:

**1** 阀门的安装位置、高度、进出口方向必须符合设计要求,连接应牢固紧密;

**2** 安装在保温管道上的各类手动阀门,手柄均不得向下;

**3** 阀门安装前必须进行外观检查,阀门的铭牌应符合现行国家标准《通用阀门标志》GB 12220的规定。对于工作压力大于1.0MPa及在主干管上起到切断作用的阀门,应进行强度和严密性试验,合格后方准使用。其他阀门可不单独进行试验,待在系统试压中检验。

强度试验时,试验压力为公称压力的1.5倍,持续时间不少于5min,阀门的壳体、填料应无渗漏。

严密性试验时,试验压力为公称压力的1.1倍;试验压力在试验持续的时间内应保持不变,时间应符合表9.2.4的规定,以阀瓣密封面无渗漏为合格。

**表9.2.4 阀门压力持续时间**

| 公称直径 DN(mm) | 最短试验持续时间(s) | | |
|---|---|---|---|
| | 严密性试验 | | |
| | 金属密封 | 非金属密封 | |
| ≤50 | 15 | 15 | |
| 65~200 | 30 | 15 | |
| 250~450 | 60 | 30 | |
| ≥500 | 120 | 60 | |

检查数量:1、2款抽查5%,且不得少于1个。水压试验以每批(同牌号、同规格、同型号)数量中抽查20%,且不得少于1个。对于安装在主干管上起切断作用的闭路阀门,全数检查。

检查方法:按设计图核对,观察检查;旁站或查阅试验记录。

**9.2.5** 补偿器的补偿量和安装位置必须符合设计及产品技术文件的要求,并应根据设计计算的补偿量进行预拉伸或预压缩。

设有补偿器(膨胀节)的管道应设置固定支架,其结构形式和固定位置应符合设计要求,并应在补偿器的预拉伸(或预压缩)前固定。导向支架的设置应符合所安装产品技术文件的要求。

检查数量:抽查20%,且不得少于1个。

检查方法:观察检查,旁站或查阅补偿器的预拉伸或预压缩记录。

**9.2.6** 冷却塔的型号、规格、技术参数必须符合设计要求。对含有易燃材料冷却塔的安装,必须严格执行施工防火安全的规定。

检查数量:全数检查。

检查方法:按图纸核对,监督执行防火规定。

**9.2.7** 水泵的规格、型号、技术参数应符合设计要求和产品性能指标。水泵正常连续试运行的时间,不应少于2h。

检查数量:全数检查。

检查方法:按图纸核对,实测或查阅水泵试运行记录。

9.2.8 水箱、集水缸、分水缸、储冷罐的满水试验或水压试验必须符合设计要求。储冷罐内壁防腐涂层的材质、涂抹质量、厚度必须符合设计或产品技术文件要求，储冷罐与底座必须进行绝热处理。

检查数量：全数检查。

检查方法：尺量、观察检查，查阅试验记录。

### 9.3 一般项目

9.3.1 当空调水系统的管道，采用建筑用硬聚氯乙烯（PVC-U）、聚丙烯（PP-R）、聚丁烯（PB）与交联聚乙烯（PEX）等有机材料管道时，其连接方法应符合设计和产品技术要求的规定。

检查数量：按总数抽查20%，且不得少于2处。

检查方法：尺量、观察检查，验证产品合格证书和试验记录。

9.3.2 金属管道的焊接应符合下列规定：

1 管道焊接材料的品种、规格、性能应符合设计要求。管道对接焊口的组对和坡口形式等应符合表9.3.2的规定；对口的平直度是1/100，全长不大于10mm。管道的固定焊口应远离设备，且不宜与设备接口中心线相重合。管道对接焊缝与支、吊架的距离应大于50mm；

表9.3.2 管道焊接坡口形式和尺寸

| 项次 | 厚度 T(mm) | 坡口名称 | 坡口形式 | 坡口尺寸 | | | 备注 |
|---|---|---|---|---|---|---|---|
| | | | | 间隙 C(mm) | 钝边 P(mm) | 坡口角度 α(°) | |
| 1 | 1~3 | I型坡口 | | 0~1.5 | | | 内壁错边量≤0.1T，且≤2mm；外壁≤3mm |
| | 3~6 | | | 1~2.5 | | | |
| 2 | 6~9 | V型坡口 | | 0~2.0 | 0~2 | 65~75 | |
| | 9~26 | | | 0~3.0 | 0~3 | 55~65 | |
| 3 | 2~30 | T型坡口 | | 0~2.0 | | | — |

2 管道焊缝表面应清理干净，并进行外观质量的检查。焊缝外观质量不得低于现行国家标准《现场设备、工业管道焊接工程施工及验收规范》GB 50236中第11.3.3条的Ⅳ级规定（氨管为Ⅲ级）。

检查数量：按总数抽查20%，且不得少于1处。

检查方法：尺量、观察检查。

9.3.3 螺纹连接的管道，螺纹应清洁、规整，断丝或缺丝不大于螺纹全扣数的10%；连接牢固；接口处根部外露螺纹为2~3扣，无外露填料；镀锌管道的镀锌层应注意保护，对局部的破损处，应做防腐处理。

检查数量：按总数抽查5%，且不得少于5处。

检查方法：尺量、观察检查。

9.3.4 法兰连接的管道，法兰面应与管道中心线垂直，并同心。法兰对接应平行，其偏差不应大于其外径的1.5/1000，且不得大于2mm；连接螺栓长度应一致，螺母在同侧，均匀拧紧。螺栓紧固后不应低于螺母平面。法兰的衬垫规格、品种与厚度应符合设计的要求。

检查数量：按总数抽查5%，且不得少于5处。

检查方法：尺量、观察检查。

9.3.5 钢制管道的安装应符合下列规定：

1 管道和管件在安装前，应将其内、外壁的污物和锈蚀清除干净。当管道安装间断时，应及时封闭敞开的管口；

2 管道弯制弯管的弯曲半径，热弯不应小于管道外径的3.5倍，冷弯不应小于4倍；焊接弯管不应小于1.5倍；冲压弯管不应小于1倍。弯管的最大外径与最小外径的差不应大于管道外径的8/100，管壁减薄率不应大于15%；

3 冷凝水排水管坡度，应符合设计文件的规定。当设计无规定时，其坡度宜大于或等于8‰；软管连接的长度，不宜大于150mm；

4 冷热水管道与支、吊架之间，应有绝热衬垫（承压强度能满足管道重量的不燃、难燃硬质绝热材料或经防腐处理的木衬垫），其厚度不应小于绝热层厚度，宽度应大于支、吊架支承面的宽度。衬垫的表面应平整、衬垫接合面的空隙应填实。

5 管道安装的坐标、标高和纵、横向的弯曲度应符合表9.3.5的规定。在吊顶内等暗装管道的位置应正确，无明显偏差。

表9.3.5 管道安装的允许偏差和检验方法

| 项 目 | | | 允许偏差（mm） | 检验方法 |
|---|---|---|---|---|
| 坐标 | 架空及地沟 | 室外 | 25 | 按系统检查管道的起点、终点、分支点和变向点和各点之间的直管 |
| | | 室内 | 15 | |
| | 埋地 | | 60 | |
| 标高 | 架空及地沟 | 室外 | ±20 | 用经纬仪、水准仪、液体连通器、水平仪、拉线和尺量检查 |
| | | 室内 | ±15 | |
| | 埋地 | | ±25 | |
| 水平管道平直度 | DN≤100mm | | 2L‰，最大40 | 用直尺、拉线和尺量检查 |
| | DN>100mm | | 3L‰，最大60 | |
| 立管垂直度 | | | 5L‰，最大25 | 用直尺、线锤、拉线和尺量检查 |
| 成排管段间距 | | | 15 | 用直尺尺量检查 |
| 成排管段或成排阀门在同一平面上 | | | 3 | 用直尺、拉线和尺量检查 |

注：L——管道的有效长度（mm）。

检查数量：按总数抽查10%，且不得少于5处。

检查方法：尺量、观察检查。

9.3.6 钢塑复合管道的安装，当系统工作压力不大于1.0MPa时，可采用涂（衬）塑焊接钢管螺纹连接，与管道配件的连接深度和扭矩应符合表9.3.6-1的规定；当系统工作压力为1.0~2.5MPa时，可采用涂（衬）塑无缝钢管法兰连接或沟槽式连接，管道配件均为无缝钢管涂（衬）塑管件。

沟槽式连接的管道，其沟槽与橡胶密封圈和卡箍套必须为配套合格产品；支、吊架的间距应符合表9.3.6-2的规定。

表9.3.6-1 钢塑复合管螺纹连接深度及紧固扭矩

| 公称直径（mm） | | 15 | 20 | 25 | 32 | 40 | 50 | 65 | 80 | 100 |
|---|---|---|---|---|---|---|---|---|---|---|
| 螺纹连接 | 深度（mm） | 11 | 13 | 15 | 17 | 18 | 20 | 23 | 27 | 33 |
| | 牙数 | 6.0 | 6.5 | 7.0 | 7.5 | 8.0 | 9.0 | 10.0 | 11.5 | 13.5 |
| | 扭矩（N·m） | 40 | 60 | 100 | 120 | 150 | 200 | 250 | 300 | 400 |

表9.3.6-2 沟槽式连接管道的沟槽及支、吊架的间距

| 公称直径（mm） | 沟槽深度（mm） | 允许偏差（mm） | 支、吊架的间距（m） | 端面垂直度允许偏差（mm） |
|---|---|---|---|---|
| 65~100 | 2.20 | 0~+0.3 | 3.5 | 1.0 |
| 125~150 | 2.20 | 0~+0.3 | 4.2 | |
| 200 | 2.50 | 0~+0.3 | 4.2 | 1.5 |
| 225~250 | 2.50 | 0~+0.3 | 5.0 | |
| 300 | 2.50 | 0~+0.5 | 5.0 | |

注：1 连接管端面应平整光滑，无毛刺；沟槽过深，作为废品，不得使用。
2 支、吊架不得支承在连接头上，水平管的任意两个连接头中间必须有支、吊架。

检查数量：按总数抽查10%，且不得少于5处。

检查方法：尺量、观察检查、查阅产品合格证明文件。

9.3.7 风机盘管机组及其他空调设备与管道的连接，宜采用弹性

接管或软接管(金属或非金属软管),其耐压值应大于等于1.5倍的工作压力。软管的连接应牢固、不应有强扭和瘪管。

检查数量:按总数抽查10%,且不得少于5处。

检查方法:观察、查阅产品合格证明文件。

**9.3.8** 金属管道的支、吊架的型式、位置、间距、标高应符合设计或有关技术标准的要求。设计无规定时,应符合下列规定:

1 支、吊架的安装应平整牢固,与管道接触紧密。管道与设备连接处,应设独立支、吊架;

2 冷(热)媒水、冷却水系统管道机房内总、干管的支、吊架,应采用承重防晃管架;与设备连接的管道管架宜采用减振措施。当水平支管的管架采用单杆吊架时,应在管道起始点、阀门、三通、弯头及长度每隔15m设置承重防晃支、吊架;

3 无热位移的管道吊架,其吊杆应垂直安装;有热位移的,其吊杆应向热膨胀(或冷收缩)的反方向偏移安装,偏移量按计算确定;

4 滑动支架的滑动面应清洁、平整,其安装位置应从支承面中心向位移反方向偏移1/2位移值或符合设计文件规定;

5 竖井内的立管,每隔2~3层应设导向支架。在建筑结构负重允许的情况下,水平安装管道支、吊架的间距应符合表9.3.8的规定;

**表9.3.8 钢管道支、吊架的最大间距**

| 公称直径(mm) | 15 | 20 | 25 | 32 | 40 | 50 | 70 | 80 | 100 | 125 | 150 | 200 | 250 | 300 |
|---|---|---|---|---|---|---|---|---|---|---|---|---|---|---|
| 支架的最大间距(m) $L_1$ | 1.5 | 2.0 | 2.0 | 2.5 | 3.0 | 3.5 | 4.0 | 5.0 | 5.0 | 5.5 | 6.5 | 7.5 | 8.5 | 9.5 |
| 支架的最大间距(m) $L_2$ | 2.5 | 3.0 | 3.5 | 4.0 | 4.5 | 5.0 | 6.0 | 6.5 | 6.5 | 7.5 | 9.0 | 9.5 | 10.5 | |
| | 对大于300mm的管道可参考300mm管道 | | | | | | | | | | | | | |

注:1 适用于工作压力不大于2.0MPa,不保温或保温材料密度不大于200 kg/m³的管道系统。

2 $L_1$用于保温管道,$L_2$用于不保温管道。

6 管道支、吊架的焊接应由合格持证焊工施焊,并不得有漏焊、欠焊或焊接裂纹等缺陷。支架与管道焊接时,管道侧的咬边量,应小于0.1管壁厚。

检查数量:按系统支架数量抽查5%,且不得少于5个。

检查方法:尺量、观察检查。

**9.3.9** 采用建筑用硬聚氯乙烯(PVC-U)、聚丙烯(PP-R)与交联聚乙烯(PEX)等管道时,管道与金属支、吊架之间应有隔热措施,不可直接接触。当为热水管道时,还应加宽其接触的面积。支、吊架的间距应符合设计和产品技术要求的规定。

检查数量:按系统支架数量抽查5%,且不得少于5个。

检查方法:观察检查。

**9.3.10** 阀门、集气罐、自动排气装置、除污器(水过滤器)等管道部件的安装应符合设计要求,并应符合下列规定:

1 阀门安装的位置、进出口方向应正确,并便于操作;连接应牢固紧密,启闭灵活;成排阀门的排列应整齐美观,在同一平面上的允许偏差为3mm;

2 电动、气动等自控阀门在安装前应进行单体的调试,包括开启、关闭等动作试验;

3 冷冻水和冷却水的除污器(水过滤器)应安装在进机组前的管道上,方向正确且便于清污;与管道连接牢固、严密,其安装位置应便于滤网的拆装和清洗。过滤器滤网的材质、规格和包扎方法应符合设计要求;

4 闭式系统管路应在系统最高处及所有可能积聚空气的高点设置排气阀,在管路最低点应设置排水管及排水阀。

检查数量:按规格、型号抽查10%,且不得少于2个。

检查方法:对照设计文件尺量、观察和操作检查。

**9.3.11** 冷却塔安装应符合下列规定:

1 基础标高应符合设计的规定,允许误差为±20mm。冷却塔地脚螺栓与预埋件的连接或固定应牢固,各连接部件应采用热

镀锌或不锈钢螺栓,其紧固力应一致、均匀;

2 冷却塔安装应水平,单台冷却塔安装水平度和垂直度允许偏差均为2/1000。同一冷却水系统的多台冷却塔安装时,各台冷却塔的水面高度应一致,高差不应大于30mm;

3 冷却塔的出水口及喷嘴的方向和位置应正确,积水盘应严密无渗漏;分水器布水均匀。带转动布水器的冷却塔,其转动部分应灵活,喷水出口按设计或产品要求,方向应一致;

4 冷却塔风机叶片端部与塔体四周的径向间隙应均匀。对于可调整角度的叶片,角度应一致。

检查数量:全数检查。

检查方法:尺量、观察检查,积水盘做充水试验或查阅试验记录。

**9.3.12** 水泵及附属设备的安装应符合下列规定:

1 水泵的平面位置和标高允许偏差为±10mm,安装的地脚螺栓应垂直、拧紧,且与设备底座接触紧密;

2 垫铁组放置位置正确、平稳,接触紧密,每组不超过3块;

3 整体安装的泵,纵向水平偏差不应大于0.1/1000,横向水平偏差不应大于0.20/1000;解体安装的泵纵、横向安装水平偏差均不应大于0.05/1000;

水泵与电机采用联轴器连接时,联轴器两轴芯的允许偏差,轴向倾斜不应大于0.2/1000,径向位移不应大于0.05mm;

小型整体安装的管道水泵不应有明显偏斜。

4 减震器与水泵及水泵基础连接牢固、平稳、接触紧密。

检查数量:全数检查。

检查方法:扳手试拧、观察检查,用水平仪和塞尺测量或查阅设备安装记录。

**9.3.13** 水箱、集水器、分水器、储冷罐等设备的安装,支架或底座的尺寸、位置符合设计要求。设备与支架或底座接触紧密,安装平正、牢固。平面位置允许偏差为15mm,标高允许偏差为±5mm,垂直度允许偏差为1/1000。

膨胀水箱安装的位置及接管的连接,应符合设计文件的要求。

检查数量:全数检查。

检查方法:尺量、观察检查,旁站或查阅试验记录。

# 10 防腐与绝热

## 10.1 一般规定

**10.1.1** 风管与部件及空调设备绝热工程施工应在风管系统严密性检验合格后进行。

**10.1.2** 空调工程的制冷系统管道,包括制冷剂和空调水系统绝热工程的施工,应在管路系统强度与严密性检验合格和防腐处理结束后进行。

**10.1.3** 普通薄钢板在制作风管前,宜预涂防锈漆一遍。

**10.1.4** 支、吊架的防腐处理应与风管或管道相一致,其明装部分必须涂面漆。

**10.1.5** 油漆施工时,应采取防火、防冻、防雨等措施,并不应在低温或潮湿环境下作业。明装部分的最后一遍色漆,宜在安装完毕后进行。

## 10.2 主控项目

**10.2.1** 风管和管道的绝热,应采用不燃或难燃材料,其材质、密度、规格与厚度应符合设计要求。如采用难燃材料时,应对其难燃性进行检查,合格后方可使用。

检查数量:按批随机抽查1件。

检查方法:观察检查、检查材料合格证,并做点燃试验。

**10.2.2** 防腐涂料和油漆,必须是在有效保质期限内的合格产品。

检查数量：按批检查。

检查方法：观察、检查材料合格证。

**10.2.3** 在下列场合必须使用不燃绝热材料：

**1** 电加热器前后 800mm 的风管和绝热层；

**2** 穿越防火隔墙两侧 2m 范围内风管、管道和绝热层。

检查数量：全数检查。

检查方法：观察、检查材料合格证与做可燃试验。

**10.2.4** 输送介质温度低于周围空气露点温度的管道，当采用非闭孔性绝热材料时，隔汽层（防潮层）必须完整，且封闭良好。

检查数量：按数量抽查 10%，且不得少于 5 段。

检查方法：观察检查。

**10.2.5** 位于洁净室内的风管及管道的绝热，不应采用易产尘的材料（如玻璃纤维、短纤维矿棉等）。

检查数量：全数检查。

检查方法：观察检查。

## 10.3 一般项目

**10.3.1** 喷、涂油漆的漆膜，应均匀、无堆积、皱纹、气泡、掺杂、混色与漏涂等缺陷。

检查数量：按面积抽查 10%。

检查方法：观察检查。

**10.3.2** 各类空调设备、部件的油漆喷、涂，不得遮盖铭牌标志和影响部件的功能使用。

检查数量：按数量抽查 10%，且不得少于 2 个。

检查方法：观察检查。

**10.3.3** 风管系统部件的绝热，不得影响其操作功能。

检查数量：按数量抽查 10%，且不得少于 2 个。

检查方法：观察检查。

**10.3.4** 绝热材料层应密实，无裂缝、空隙等缺陷。表面应平整，当采用卷材或板材时，允许偏差为 5mm；采用涂抹或其他方式时，允许偏差为 10mm。防潮层（包括绝热层的端部）应完整，且封闭良好，其搭接缝应顺水。

检查数量：管道按轴线长度抽查 10%；部件、阀门抽查 10%，且不得少于 2 处。

检查方法：观察检查、用钢丝刺入保温层、尺量。

**10.3.5** 风管绝热层采用粘结方法固定时，施工应符合下列规定：

**1** 粘结剂的性能应符合使用温度和环境卫生的要求，并与绝热材料相匹配；

**2** 粘结材料宜均匀地涂在风管、部件或设备的外表面上，绝热材料与风管、部件及设备表面应紧密贴合，无空隙；

**3** 绝热层纵、横向的接缝，应错开；

**4** 绝热层粘贴后，如进行包扎或捆扎，包扎的搭接处应均匀、贴紧；捆扎的应松紧适度，不得损坏绝热层。

检查数量：按数量抽查 10%。

检查方法：观察检查和检查材料合格证。

**10.3.6** 风管绝热层采用保温钉连接固定时，应符合下列规定：

**1** 保温钉与风管、部件及设备表面的连接，可采用粘接或焊接，结合应牢固，不得脱落；焊接后应保持风管的平整，并不应影响镀锌钢板的防腐性能；

**2** 矩形风管或设备保温钉的分布应均匀，其数量底面每平方米不应少于 16 个，侧面不应少于 10 个，顶面不应少于 8 个。首行保温钉至风管或保温材料边沿的距离应小于 120mm；

**3** 风管法兰部位的绝热层的厚度，不应低于风管绝热层的 0.8 倍；

**4** 带有防潮隔汽层绝热材料的拼接处，应用粘胶带封严。粘胶带的宽度不应小于 50mm。粘胶带应牢固地粘贴在防潮面层上，不得有胀裂和脱落。

检查数量：按数量抽查 10%，且不得少于 5 处。

检查方法：观察检查。

**10.3.7** 绝热涂料作绝热层时，应分层涂抹，厚度均匀，不得有气泡和漏涂等缺陷，表面固化层应光滑，牢固无缝隙。

检查数量：按数量抽查 10%。

检查方法：观察检查。

**10.3.8** 当采用玻璃纤维布作绝热保护层时，搭接的宽度应均匀，宜为 30～50mm，且松紧适度。

检查数量：按数量抽查 10%，且不得少于 10m²。

检查方法：尺量、观察检查。

**10.3.9** 管道阀门、过滤器及法兰部位的绝热结构应能单独拆卸。

检查数量：按数量抽查 10%，且不得少于 5 个。

检查方法：观察检查。

**10.3.10** 管道绝热层的施工，应符合下列规定：

**1** 绝热产品的材质和规格，应符合设计要求，管壳的粘贴应牢固、铺设应平整，绑扎应紧密，无滑动、松弛与断裂现象；

**2** 硬质或半硬质绝热管壳的拼接缝隙，保温时不应大于 5mm，保冷时不应大于 2mm，并用粘结材料勾缝填满；纵缝应错开，外层的水平接缝应设在侧下方。当绝热层的厚度大于 100mm 时，应分层铺设，层间应压缝；

**3** 硬质或半硬质绝热管壳应用金属丝或难腐织带捆扎，其间距为 300～350mm，且每节至少捆扎 2 道；

**4** 松散或软质绝热材料应按规定的密度压缩其体积，疏密均匀。毡类材料在管道上包扎时，搭接处不应有空隙。

检查数量：按数量抽查 10%，且不得少于 10 段。

检查方法：尺量、观察检查及查阅施工记录。

**10.3.11** 管道防潮层的施工应符合下列规定：

**1** 防潮层应紧密粘贴在绝热层上，封闭良好，不得有虚粘、气泡、褶皱、裂缝等缺陷；

**2** 立管的防潮层，应由管道的低端向高端敷设，环向搭接的缝口应朝向低端；纵向的搭接缝位于管道的侧面，并顺水；

**3** 卷材防潮层采用螺旋形缠绕的方式施工时，卷材的搭接宽度宜为 30～50mm。

检查数量：按数量抽查 10%，且不得少于 10m。

检查方法：尺量、观察检查。

**10.3.12** 金属保护壳的施工，应符合下列规定：

**1** 应紧贴绝热层，不得有脱壳、褶皱、强行接口等现象。接口的搭接应顺水，并有凸筋加强，搭接尺寸为 20～25mm。采用自攻螺丝固定时，螺丝间距应匀称，并不得刺破防潮层。

**2** 户外金属保护壳的纵、横向接缝，应顺水，其纵向接缝应位于管道的侧面。金属保护壳与外墙面或屋顶的交接处应加设泛水。

检查数量：按数量抽查 10%。

检查方法：观察检查。

**10.3.13** 冷热源机房内制冷系统管道的外表面，应做色标。

检查数量：按数量抽查 10%。

检查方法：观察检查。

# 11 系 统 调 试

## 11.1 一 般 规 定

**11.1.1** 系统调试所使用的测试仪器和仪表，性能应稳定可靠，其精度等级及最小分度值应能满足测定的要求，并应符合国家有关计量法规及检定规程的规定。

**11.1.2** 通风与空调工程的系统调试，应由施工单位负责、监理单位监督，设计单位与建设单位参与和配合。系统调试的实施可以是施工企业本身或委托给具有调试能力的其他单位。

**11.1.3** 系统调试前,承包单位应编制调试方案,报送专业监理工程师审核批准;调试结束后,必须提供完整的调试资料和报告。

**11.1.4** 通风与空调工程系统无生产负荷的联合试运转及调试,应在制冷设备和通风与空调设备单机试运转合格后进行。空调系统带冷(热)源的正常联合试运转不应少于8h,当竣工季节与设计条件相差较大时,仅做不带冷(热)源试运转。通风、除尘系统的连续试运转不应少于2h。

**11.1.5** 净化空调系统运行前应在回风、新风的吸入口处和粗、中效过滤器前设置临时用过滤器(如无纺布等),实行对系统的保护。净化空调系统的检测和调整,应在系统进行全面清扫,且已运行24h及以上达到稳定后进行。

洁净室洁净度的检测,应在空态或静态下进行或按合约规定。室内洁净度检测时,人员不宜多于3人,均必须穿与洁净室洁净度等级相适应的洁净工作服。

## 11.2 主控项目

**11.2.1** 通风与空调工程安装完毕,必须进行系统的测定和调整(简称调试)。系统调试应包括下列项目:

    1 设备单机试运转及调试;

    2 系统无生产负荷下的联合试运转及调试。

    检查数量:全数。

    检查方法:观察、旁站、查阅调试记录。

**11.2.2** 设备单机试运转及调试应符合下列规定:

    1 通风机、空调机组中的风机,叶轮旋转方向正确、运转平稳、无异常振动与声响,其电机运行功率应符合设备技术文件的规定。在额定转速下连续运转2h后,滑动轴承外壳最高温度不得超过70℃;滚动轴承不得超过80℃;

    2 水泵叶轮旋转方向正确,无异常振动和声响,紧固连接部位无松动,其电机运行功率值符合设备技术文件的规定。水泵连续运转2h后,滑动轴承外壳最高温度不得超过70℃;滚动轴承不得超过75℃;

    3 冷却塔本体应稳固、无异常振动,其噪声应符合设备技术文件的规定。风机试运转按本条第1款的规定;

    冷却塔风机与冷却水系统循环试运行不少于2h,运行应无异常情况;

    4 制冷机组、单元式空调机组的试运转,应符合设备技术文件和现行国家标准《制冷设备、空气分离设备安装工程施工及验收规范》GB 50274的有关规定,正常运转不应少于8h;

    5 电控防火、防排烟风阀(口)的手动、电动操作应灵活、可靠,信号输出正确。

    检查数量:第1款按风机数量抽查10%,且不得少于1台;第2、3、4款全数检查;第5款按系统中风阀的数量抽查20%,且不得少于5件。

    检查方法:观察、旁站、用声级计测定、查阅试运转记录及有关文件。

**11.2.3** 系统无生产负荷的联合试运转及调试应符合下列规定:

    1 系统总风量调试结果与设计风量的偏差不应大于10%;

    2 空调冷热水、冷却水总流量测试结果与设计流量的偏差不应大于10%;

    3 舒适空调的温度、相对湿度应符合设计的要求。恒温、恒湿房间室内空气温度、相对湿度及波动范围应符合设计规定。

    检查数量:按风管系统数量抽查10%,且不得少于1个系统。

    检查方法:观察、旁站、查阅调试记录。

**11.2.4** 防排烟系统联合试运行与调试的结果(风量及正压)必须符合设计与消防的规定。

    检查数量:按总数抽查10%,且不得少于2个楼层。

    检查方法:观察、旁站、查阅调试记录。

**11.2.5** 净化空调系统还应符合下列规定:

    1 单向流洁净室系统的系统总风量调试结果与设计风量的允许偏差为0～20%,室内各风口风量与设计风量的允许偏差为15%。

    新风量与设计新风量的允许偏差为10%。

    2 单向流洁净室系统的室内截面平均风速的允许偏差为0～20%,且截面风速不均匀度不应大于0.25。

    新风量和设计新风量的允许偏差为10%。

    3 相邻不同级别洁净室之间和洁净室与非洁净室之间的静压差不应小于5Pa,洁净室与室外的静压差不应小于10Pa;

    4 室内空气洁净度等级必须符合设计规定的等级或在商定验收状态下的等级要求。

    高于等于5级的单向流洁净室,在门开启的状态下,测定距离门0.6m室内侧工作高度处空气的含尘浓度,亦不应超过室内洁净度等级上限的规定。

    检查数量:调试记录全数检查,测点抽查5%,且不得少于1点。

    检查方法:检查、验证调试记录,按本规范附录B进行测试校核。

## 11.3 一般项目

**11.3.1** 设备单机试运转及调试应符合下列规定:

    1 水泵运行时不应有异常振动和声响,壳体密封处不得渗漏、紧固连接部位不应松动,轴封的温升应正常;在无特殊要求的情况下,普通填料泄漏量不应大于60mL/h,机械密封的不应大于5mL/h;

    2 风机、空调机组、风冷热泵等设备运行时,产生的噪声不宜超过产品性能说明书的规定值;

    3 风机盘管机组的三速、温控开关的动作应正确,并与机组运行状态一一对应。

    检查数量:第1、2款抽查20%,且不得少于1台;第3款抽查10%,且不得少于5台。

    检查方法:观察、旁站、查阅试运转记录。

**11.3.2** 通风工程系统无生产负荷联试试运转及调试应符合下列规定:

    1 系统联动运转中,设备及主要部件的联动必须符合设计要求,动作协调、正确,无异常现象;

    2 系统经过平衡调整,各风口或吸风罩的风量与设计风量的允许偏差不应大于15%;

    3 湿式除尘器的供水与排水系统运行应正常。

**11.3.3** 空调工程系统无生产负荷联动试运转及调试还应符合下列规定:

    1 空调工程水系统应冲洗干净,不含杂物,并排除管道系统中的空气;系统连续运行应达到正常、平稳;水泵的压力和水泵电机的电流不应出现大幅波动。系统平衡调整后,各空调机组的水流量应符合设计要求,允许偏差为20%;

    2 各种自动计量检测元件和执行机构的工作应正常,满足建筑设备自动化(BA、FA等)系统对被测定参数进行检测和控制的要求;

    3 多台冷却塔并联运行时,各冷却塔的进、出水量应达到均衡一致;

    4 空调室内噪声应符合设计规定要求;

    5 有压差要求的房间、厅堂与其他相邻房间之间的压差,舒适性空调正压为0～25Pa;工艺性的空调应符合设计的规定;

    6 有环境噪声要求的场所,制冷、空调机组应按现行国家标准《采暖通风与空气调节设备噪声声功率级的测定——工程法》GB 9068的规定进行测定。洁净室内的噪声应符合设计的规定。

    检查数量:按系统数量抽查10%,且不得少于1个系统或1间。

    检查方法:观察、用仪表测量检查及查阅调试记录。

11.3.4 通风与空调工程的控制和监测设备，应能与系统的检测元件和执行机构正常沟通，系统的状态参数应能正确显示，设备联锁、自动调节、自动保护应能正确动作。

检查数量：按系统或监测系统总数抽查 30%，且不得少于 1 个系统。

检查方法：旁站观察，查阅调试记录。

# 12 竣 工 验 收

12.0.1 通风与空调工程的竣工验收，是在工程施工质量得到有效监控的前提下，施工单位通过整个分部工程的无生产负荷系统联合试运转与调试和观感质量的检查，按本规范要求将质量合格的分部工程移交建设单位的验收过程。

12.0.2 通风与空调工程的竣工验收，应由建设单位负责，组织施工、设计、监理等单位共同进行，合格后即应办理竣工验收手续。

12.0.3 通风与空调工程竣工验收时，应检查竣工验收的资料，一般包括下列文件及记录：

1 图纸会审记录、设计变更通知书和竣工图；

2 主要材料、设备、成品、半成品和仪表的出厂合格证明及进场检(试)验报告；

3 隐蔽工程检查验收记录；

4 工程设备、风管系统、管道系统安装及检验记录；

5 管道试验记录；

6 设备单机试运转记录；

7 系统无生产负荷联合试运转与调试记录；

8 分部(子分部)工程质量验收记录；

9 观感质量综合检查记录；

10 安全和功能检验资料的核查记录。

12.0.4 观感质量检查应包括以下项目：

1 风管表面应平整、无损坏；接管合理，风管的连接以及风管与设备或调节装置的连接，无明显缺陷；

2 风口表面应平整，颜色一致，安装位置正确，风口可调节部件应能正常动作；

3 各类调节装置的制作和安装应正确牢固，调节灵活，操作方便。防火及排烟阀等关闭严密，动作可靠；

4 制冷及水管系统的管道、阀门及仪表安装位置正确，系统无渗漏；

5 风管、部件及管道的支、吊架型式、位置及间距应符合本规范要求；

6 风管、管道的软性接管位置应符合设计要求，接管正确、牢固，自然无强扭；

7 通风机、制冷机、水泵、风机盘管机组的安装应正确牢固；

8 组合式空气调节机组外表平整光滑、接缝严密、组装顺序正确，喷水室外表面无渗漏；

9 除尘器、积尘室安装应牢固、接口严密；

10 消声器安装方向正确，外表面应平整无损坏；

11 风管、部件、管道及支架的油漆应附着牢固，漆膜厚度均匀，油漆颜色与标志符合设计要求；

12 绝热层的材质、厚度应符合设计要求；表面平整、无断裂和脱落；室外防潮层或保护壳应顺水搭接、无渗漏。

检查数量：风管、管道各按系统抽查 10%，且不得少于 1 个系统。各类部件、阀门及仪表抽检 5%，且不得少于 10 件。

检查方法：尺量、观察检查。

12.0.5 净化空调系统的观感质量检查还应包括下列项目：

1 空调机组、风机、净化空调机组、风机过滤单元和空气吹淋室等的安装位置应正确、固定牢固、连接严密，其偏差应符合本规范有关条文的规定；

2 高效过滤器与风管、风管与设备的连接处应有可靠密封；

3 净化空调机组、静压箱、风管及送回风口清洁无积尘；

4 装配式洁净室的内墙面、吊顶和地面应光滑、平整、色泽均匀、不起灰尘，地板静电值应低于设计规定；

5 送回风口、各类末端装置以及各类管道等与洁净室内表面的连接处密封处理应可靠、严密。

检查数量：按数量抽查 20%，且不得少于 1 个。

检查方法：尺量、观察检查。

# 13 综合效能的测定与调整

13.0.1 通风与空调工程交工前，应进行系统生产负荷的综合效能试验的测定与调整。

13.0.2 通风与空调工程带生产负荷的综合效能试验与调整，应在已具备生产试运行的条件下进行，由建设单位负责，设计、施工单位配合。

13.0.3 通风、空调系统带生产负荷的综合效能试验测定与调整的项目，应由建设单位根据工程性质、工艺和设计的要求进行确定。

13.0.4 通风、除尘系统综合效能试验可包括下列项目：

1 室内空气中含尘浓度或有害气体浓度与排放浓度的测定；

2 吸气罩罩口气流特性的测定；

3 除尘器阻力和除尘效率的测定；

4 空气油烟、酸雾过滤装置净化效率的测定。

13.0.5 空调系统综合效能试验可包括下列项目：

1 送回风口空气状态参数的测定与调整；

2 空气调节机组性能参数的测定与调整；

3 室内噪声的测定；

4 室内空气温度和相对湿度的测定与调整；

5 对气流有特殊要求的空调区域做气流速度的测定。

13.0.6 恒温恒湿空调系统除应包括空调系统综合效能试验项目外，尚可增加下列项目：

1 室内静压的测定和调整；

2 空调机组各功能段性能的测定和调整；

3 室内温度、相对湿度场的测定和调整；

4 室内气流组织的测定。

13.0.7 净化空调系统除应包括恒温恒湿空调系统综合效能试验项目外，尚可增加下列项目：

1 生产负荷状态下室内空气洁净度等级的测定；

2 室内浮游菌和沉降菌的测定；

3 室内自净时间的测定；

4 空气洁净高于 5 级的洁净室，除应进行净化空调系统综合效能试验项目外，尚应增加设备泄漏控制、防止污染扩散等特定项目的测定；

5 洁净度等级高于等于 5 级的洁净室，可进行单向气流流线平行度的检测，在工作区内气流流向与偏离规定方向的角度不大于 15°。

13.0.8 防排烟系统综合效能试验的测定项目，为模拟状态下安全区正压变化测定及烟雾扩散试验等。

13.0.9 净化空调系统的综合效能检测单位和检测状态，宜由建设、设计和施工单位三方协商确定。

## 附录A 漏光法检测与漏风量测试

### A.1 漏光法检测

**A.1.1** 漏光法检测是利用光线对小孔的强穿透力,对系统风管严密程度进行检测的方法。

**A.1.2** 检测应采用具有一定强度的安全光源。手持移动光源可采用不低于100W带保护罩的低压照明灯,或其他低压光源。

**A.1.3** 系统风管漏光检测时,光源可置于风管内侧或外侧,但其相对侧应为暗黑环境。检测光源应沿着被检测接口部位与接缝作缓慢移动,在另一侧进行观察,当发现有光线射出,则说明查到明显漏风处,并应做好记录。

**A.1.4** 对系统风管的检测,宜采用分段检测、汇总分析的方法。在严格安装质量管理的基础上,系统风管的检测以总管和干管为主。当采用漏光法检测系统的严密性时,低压系统风管以每10m接缝,漏光点不大于2处,且100m接缝平均不大于16处为合格;中压系统风管每10m接缝,漏光点不大于1处,且100m接缝平均不大于8处为合格。

**A.1.5** 漏光检测中对发现的条缝形漏光,应作密封处理。

### A.2 测试装置

**A.2.1** 漏风量测试应采用经检验合格的专用测量仪器,或采用符合现行国家标准《流量测量节流装置》规定的计量元件搭设的测量装置。

**A.2.2** 漏风量测试装置可采用风管式或风室式。风管式测试装置采用孔板做计量元件;风室式测试装置采用喷嘴做计量元件。

**A.2.3** 漏风量测试装置的风机,其风压和风量应选择分别大于被测定系统或设备的规定试验压力及最大允许漏风量的1.2倍。

**A.2.4** 漏风量测试装置试验压力的调节,可采用调整风机转速的方法,也可采用控制节流装置开度的方法。漏风量值必须在系统经调整后,保持稳压的条件下测得。

**A.2.5** 漏风量测试装置的压差测定应采用微压计,其最小读数分格不应大于2.0Pa。

**A.2.6** 风管式漏风量测试装置:

1 风管式漏风量测试装置由风机、连接风管、测压仪器、整流栅、节流器和标准孔板等组成(图A.2.6-1)。

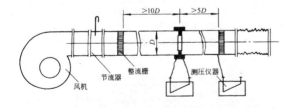

图A.2.6-1 正压风管式漏风量测试装置

2 本装置采用角接取压的标准孔板。孔板β值范围为0.22~0.7(β=d/D);孔板至前、后整流栅及整流栅外直管段距离,应分别符合大于10倍和5倍圆管直径D的规定。

3 本装置的连接风管均为光滑圆管。孔板上游2D范围内其圆度允许偏差为0.3%;下游为2%。

4 孔板与风管连接,其前端与管道轴线垂直度允许偏差为1°;孔板与风管同心度允许偏差为0.015D。

5 在第一整流栅后,所有连接部分应该严密不漏。

6 用下列公式计算漏风量:

$$Q = 3600\varepsilon \cdot \alpha \cdot A_n \sqrt{\frac{2}{\rho} \Delta P} \qquad (A.2.6)$$

式中 $Q$——漏风量(m³/h);

　　$\varepsilon$——空气流束膨胀系数;

　　$\alpha$——孔板的流量系数;

　　$A_n$——孔板开口面积(m²);

　　$\rho$——空气密度(kg/m³);

　　$\Delta P$——孔板差压(Pa)。

7 孔板的流量系数与β值的关系根据图A.2.6-2确定,其适用范围应满足下列条件,在此范围内,不计管道粗糙度对流量系数的影响。

$$10^5 < Re < 2.0 \times 10^6$$
$$0.05 < \beta^2 \leqslant 0.49$$
$$50\text{mm} < D \leqslant 1000\text{mm}$$

雷诺数小于$10^5$时,则应按现行国家标准《流量测量节流装置》求得流量系数$\alpha$。

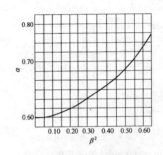

图A.2.6-2 孔板流量系数图

8 孔板的空气流束膨胀系数$\varepsilon$值可根据表A.2.6查得。

表A.2.6 采用角接取压标准孔板流束膨胀系数ε值(k=1.4)

| $P_2/P_1$ 　 $\beta^4$ | 1.0 | 0.98 | 0.96 | 0.94 | 0.92 | 0.90 | 0.85 | 0.80 | 0.75 |
|---|---|---|---|---|---|---|---|---|---|
| 0.08 | 1.0000 | 0.9930 | 0.9866 | 0.9803 | 0.9742 | 0.9681 | 0.9531 | 0.9381 | 0.9232 |
| 0.1 | 1.0000 | 0.9924 | 0.9854 | 0.9787 | 0.9720 | 0.9654 | 0.9491 | 0.9328 | 0.9166 |
| 0.2 | 1.0000 | 0.9918 | 0.9843 | 0.9770 | 0.9698 | 0.9627 | 0.9450 | 0.9275 | 0.9100 |
| 0.3 | 1.0000 | 0.9912 | 0.9831 | 0.9753 | 0.9676 | 0.9599 | 0.9410 | 0.9222 | 0.9034 |

注:1 本表允许内插,不允许外延。
　　2 $P_2/P_1$为孔板后与孔板前的全压值之比。

9 当测试系统或设备负压条件下的漏风量时,装置连接应符合图A.2.6-3的规定。

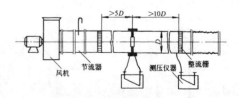

图A.2.6-3 负压风管式漏风量测试装置

**A.2.7** 风室式漏风量测试装置:

1 风室式漏风量测试装置由风机、连接风管、测压仪器、均流板、节流器、风室、隔板和喷嘴等组成,如图A.2.7-1所示。

2 测试装置采用标准长颈喷嘴(图A.2.7-2)。喷嘴必须按图A.2.7-1的要求安装在隔板上,数量可为单个或多个。两个喷嘴之间的中心距离不得小于较大喷嘴喉部直径的3倍;任一喷嘴中心到风室最近侧壁的距离不得小于其喷嘴喉部直径的 1.5 倍。

**3** 风室的断面积不应小于被测定风量按断面平均速度小于 0.75m/s 时的断面积。风室内均流板（多孔板）安装位置应符合图 A.2.7-1 的规定。

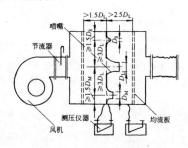

图 A.2.7-1　正压风室式漏风量测试装置
$D_S$—小号喷嘴直径　$D_M$—中号喷嘴直径　$D_L$—大号喷嘴直径

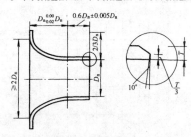

图 A.2.7-2　标准长颈喷嘴

**4** 风室中喷嘴两端的静压取压接口，应为多个且均布于四壁。静压取压接口至喷嘴隔板的距离不得大于最小喷嘴喉部直径的 1.5 倍。然后，并联成静压环，再与测压仪器相接。

**5** 采用本装置测定漏风量时，通过喷嘴喉部的流速应控制在 15～35m/s 范围内。

**6** 本装置要求风室中喷嘴隔板后的所有连接部分应严密不漏。

**7** 用下列公式计算单个喷嘴风量：

$$Q_n = 3600 C_d \cdot A_d \sqrt{\frac{2}{\rho}} \Delta P \qquad (A.2.7-1)$$

多个喷嘴风量：　　　　$Q = \sum Q_n$　　　　(A.2.7-2)

式中　$Q_n$——单个喷嘴漏风量（m³/h）；

$C_d$——喷嘴的流量系数（直径 127mm 以上取 0.99，小于 127mm 可按表 A.2.7 或图 A.2.7-3 查取）；

$A_d$——喷嘴的喉部面积（m²）；

$\Delta P$——喷嘴前后的静压差（Pa）。

表 A.2.7　喷嘴流量系数表

| $Re$ | 流量系数 $C_d$ | $Re$ | 流量系数 $C_d$ | $Re$ | 流量系数 $C_d$ | $Re$ | 流量系数 $C_d$ |
|---|---|---|---|---|---|---|---|
| 12000 | 0.950 | 40000 | 0.973 | 80000 | 0.983 | 200000 | 0.991 |
| 16000 | 0.956 | 50000 | 0.977 | 90000 | 0.984 | 250000 | 0.993 |
| 20000 | 0.961 | 60000 | 0.979 | 100000 | 0.985 | 300000 | 0.994 |
| 30000 | 0.969 | 70000 | 0.981 | 150000 | 0.989 | 350000 | 0.994 |

注：不计温度系数。

**8** 当测试系统或设备负压条件下的漏风量时，装置连接应符合图 A.2.7-4 的规定。

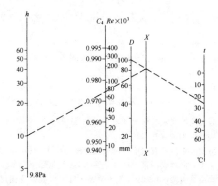

图 A.2.7-3　喷嘴流量系数推算图
注：先用直径与温度标尺在指数标尺（X）上求点，再将指数与压力标尺点相连，可求取流量系数值。

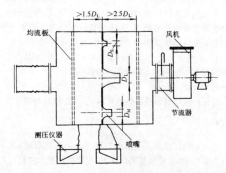

图 A.2.7-4　负压风室式漏风量测试装置

### A.3　漏风量测试

**A.3.1** 正压或负压系统风管与设备的漏风量测试，分正压试验和负压试验两类。一般可采用正压条件下的测试来检验。

**A.3.2** 系统漏风量测试可以整体或分段进行。测试时，被测系统的所有开口均应封闭，不应漏风。

**A.3.3** 被测系统的漏风量超过设计和本规范的规定时，应查出漏风部位（可用听、摸、观察、水或烟检漏），做好标记；修补完工后，重新测试，直至合格。

**A.3.4** 漏风量测定值一般应为规定测试压力下的实测数值。特殊条件下，也可用相近或大于规定压力下的测试代替，其漏风量可按下式换算：

$$Q_0 = Q(P_0/P)^{0.65} \qquad (A.3.4)$$

式中　$P_0$——规定试验压力，500Pa；

$Q_0$——规定试验压力下的漏风量〔m³/(h·m²)〕；

$P$——风管工作压力（Pa）；

$Q$——工作压力下的漏风量〔m³/(h·m²)〕。

# 附录 B　洁净室测试方法

## B.1　风量或风速的检测

**B.1.1** 对于单向流洁净室，采用室截面平均风速和截面积乘积的方法确定送风量。离高效过滤器 0.3m，垂直于气流的截面作为采样测试截面，截面上测点间距不宜大于 0.6m，测点数不应少于 5 个，以所有测点风速读数的算术平均值作为平均风速。

**B.1.2** 对于非单向流洁净室，采用风口法或风管法确定送风量，做法如下：

**1** 风口法是在安装有高效过滤器的风口处，根据风口形状连接辅助风管进行测量。即用镀锌钢板或其他不产尘材料做成与风口形状及内截面相同，长度等于2倍风口长边长的直管段，连接于风口外部。在辅助风管出口平面上，按最少测点数不少于6点均匀布置，使用热球式风速仪测定各测点之风速。然后，以求取的风口截面平均风速乘以风口净截面积求取测定风量。

2 对于风口上风侧有较长的支管段，且已经或可以钻孔时，可以用风管法确定风量。测量断面应位于大于或等于局部阻力部件前3倍管径或长边长，局部阻力部件后5倍管径或长边长的部位。

对于矩形风管，是将测定截面分割成若干个相等的小截面。每个小截面尽可能接近正方形，边长不应大于200mm，测点应位于小截面中心，但整个截面上的测点数不宜少于3个。

对于圆形风管，应根据管径大小，将截面划分成若干个面积相同的同心圆环，每个圆环测4点。根据管径确定圆环数量，不宜少于3个。

## B.2 静压差的检测

**B.2.1** 静压差的测定应在所有的门关闭的条件下，由高压向低压，由平面布置上与外界最远的里间房间开始，依次向外测定。

**B.2.2** 采用的微差压力计，其灵敏度不应低于2.0Pa。

**B.2.3** 有孔洞相通的不同等级相邻的洁净室，其洞口处应有合理的气流流向。洞口的平均风速大于等于0.2m/s时，可用热球风速仪检测。

## B.3 空气过滤器泄漏测试

**B.3.1** 高效过滤器的检漏，应使用采样速率大于1L/min的光学粒子计数器。D类高效过滤器宜使用激光粒子计数器或凝结核计数器。

**B.3.2** 采用粒子计数器检验高效过滤器，其上风侧应引入均匀浓度的大气尘或含其他气溶胶尘的空气。对大于等于$0.5\mu m$尘粒，浓度应大于或等于$3.5 \times 10^5$ pc/m³；或对大于等于$0.1\mu m$尘粒，浓度应大于或等于$3.5 \times 10^7$ pc/m³；若检测D类高效过滤器，对大于或等于$0.1\mu m$尘粒，浓度应大于或等于$3.5 \times 10^9$ pc/m³。

**B.3.3** 高效过滤器的检测采用扫描法，即在过滤器下风侧用粒子计数器的等动力采样头，放在距离被检部位表面20～30mm处，以5～20mm/s的速度，对过滤器的表面、边框和封头胶处进行移动扫描检查。

**B.3.3** 泄漏率的检测应在接近设计风速的条件下进行。将受检高效过滤器下风侧测得的泄漏浓度换算成透率，高效过滤器不得大于出厂合格透过率的2倍；D类高效过滤器不得大于出厂合格透过率的3倍。

**B.3.4** 在移动扫描检测工程中，应对计数突然递增的部位进行定点检验。

## B.4 室内空气洁净度等级的检测

**B.4.1** 空气洁净度等级的检测应在设计指定的占用状态（空态、静态、动态）下进行。

**B.4.2** 检测仪器的选用：应使用采样速率大于1L/min的光学粒子计数器，在仪器选用时应考虑粒径鉴别能力，粒子浓度适用范围和计数效率。仪表应有有效的标定合格证书。

**B.4.3** 采样点的规定：

1 最低限度的采样点数$N_L$，见表B.4.3；

**表B.4.3 最低限度的采样点数$N_L$表**

| 测点数$N_L$ | 2 | 3 | 4 | 5 | 6 | 7 | 8 | 9 | 10 |
|---|---|---|---|---|---|---|---|---|---|
| 洁净面积$A(m^2)$ | 2.1～6.0 | 6.1～12.0 | 12.1～20.0 | 20.1～30.0 | 30.1～42.0 | 42.1～56.0 | 56.1～72.0 | 72.1～90.0 | 90.1～110.0 |

注：1 在水平单向流时，面积$A$为与气流方向呈垂直的流动空气截面的面积。
2 最低限度的采样点数$N_L$按公式$N_L = A^{0.5}$计算（四舍五入取整数）。

2 采样点应均匀分布在整个面积内，并位于工作区的高度（距地坪0.8m的水平面），或设计单位、业主特指的位置。

**B.4.4** 采样量的确定：

1 每次采样的最少采样量见表B.4.4；

**表B.4.4 每次采样的最少采样量$V_s$(L)表**

| 洁净度等级 | 粒径($\mu m$) | | | | | |
|---|---|---|---|---|---|---|
| | 0.1 | 0.2 | 0.3 | 0.5 | 1.0 | 5.0 |
| 1 | 2000 | 8400 | — | — | — | — |
| 2 | 200 | 840 | 1960 | 5680 | — | — |
| 3 | 20 | 84 | 196 | 568 | 2400 | — |
| 4 | 2 | 8 | 20 | 57 | 240 | — |
| 5 | 2 | 2 | 2 | 6 | 24 | 680 |
| 6 | 2 | 2 | 2 | 2 | 2 | 68 |
| 7 | — | — | — | 2 | 2 | 7 |
| 8 | — | — | — | 2 | 2 | 2 |
| 9 | — | — | — | 2 | 2 | 2 |

2 每个采样点的最少采样时间为1min，采样量至少为2L；

3 每个洁净室（区）最少采样次数为3次。当洁净区仅有一个采样点时，则在该点至少采样3次；

4 对预期空气洁净度等级达到4级或更洁净的环境，采样量很大，可采用ISO 14644—1附录F规定的顺序采样法。

**B.4.5** 检测采样的规定：

1 采样时采样口处的气流速度，应尽可能接近室内的设计气流速度；

2 对单向流洁净室，其粒子计数器的采样管应迎着气流方向；对于非单向流洁净室，采样管口宜向上；

3 采样管必须干净，连接处不得有渗漏。采样管的长度应根据允许长度确定，如果无规定时，不宜大于1.5m；

4 室内的测定人员必须穿洁净工作服，且不宜超过3名，并应远离或位于采样点的下风侧静止不动或微动。

**B.4.6** 记录数据评价。空气洁净度测试中，当全室（区）测点为2～9点时，必须计算每个采样点的平均粒子浓度$C_i$值、全部采样点的平均粒子浓度$N$及其标准差，导出95%置信上限值；采样点超过9点时，可采用算术平均值$N$作为置信上限值。

1 每个采样点的平均粒子浓度$C_i$应小于或等于洁净度等级规定的限值，见表B.4.6-1；

**表B.4.6-1 洁净度等级及悬浮粒子浓度限值**

| 洁净度等级 | 大于或等于表中粒径$D$的最大浓度$C_n$(pc/m³) | | | | | |
|---|---|---|---|---|---|---|
| | $0.1\mu m$ | $0.2\mu m$ | $0.3\mu m$ | $0.5\mu m$ | $1.0\mu m$ | $5.0\mu m$ |
| 1 | 10 | 2 | — | — | — | — |
| 2 | 100 | 24 | 10 | 4 | — | — |
| 3 | 1000 | 237 | 102 | 35 | 8 | — |
| 4 | 10000 | 2370 | 1020 | 352 | 83 | — |
| 5 | 100000 | 23700 | 10200 | 3520 | 832 | 29 |
| 6 | 1000000 | 237000 | 102000 | 35200 | 8320 | 293 |
| 7 | — | — | — | 352000 | 83200 | 2930 |
| 8 | — | — | — | 3520000 | 832000 | 29300 |
| 9 | — | — | — | 35200000 | 8320000 | 293000 |

注：1 本表仅表示了整数值的洁净度等级（$N$）悬浮粒子最大浓度的限值。
　　2 对于非整数洁净度等级，其对应于粒子粒径$D(\mu m)$的最大浓度限值（$C_n$），应按下列公式计算求取。
$$C_n = 10^N \times \left(\frac{0.1}{D}\right)^{2.08}$$
　　3 洁净度等级定级的粒径范围应为0.1～5.0μm，用于定级的粒径数不应大于3个，且其粒径的顺序差不应小于1.5倍。

2 全部采样点的平均粒子浓度$N$的95%置信上限值，应小于或等于洁净度等级规定的限值。即：
$$(N + t \times s/\sqrt{n}) \leq 级别规定的限值$$

式中 $N$——室内各测点平均含尘浓度，$N = \sum C_i/n$；

　　　$n$——测点数；

　　　$s$——室内各测点平均含尘浓度$N$的标准差：$s =$

$$\sqrt{\frac{(C_i - N)^2}{n-1}};$$

$t$——置信度上限为95%时，单侧 $t$ 分布的系数，见表 B.4.6-2。

**表 B.4.6-2　$t$ 系数**

| 点数 | 2 | 3 | 4 | 5 | 6 | 7～9 |
|------|-----|-----|-----|-----|-----|------|
| $t$ | 6.3 | 2.9 | 2.4 | 2.1 | 2.0 | 1.9 |

**B.4.7** 每次测试应做记录，并提交性能合格或不合格的测试报告。测试报告应包括以下内容：

1 测试机构的名称、地址；

2 测试日期和测试者签名；

3 执行标准的编号及标准实施日期；

4 被测试的洁净室或洁净区的地址、采样点的特定编号及坐标图；

5 被测洁净室或洁净区的空气洁净度等级、被测粒径（或沉降菌、浮游菌）、被测洁净室所处的状态、气流流型和静压差；

6 测量用的仪器的编号和标定证书；测试方法细则及测试中的特殊情况；

7 测试结果包括在全部采样点坐标图上注明所测的粒子浓度（或沉降菌、浮游菌的菌落数）；

8 对异常测试值进行说明及数据处理。

### B.5　室内浮游菌和沉降菌的检测

**B.5.1** 微生物检测方法有空气悬浮微生物法和沉降微生物法两种，采样后的基片（或平皿）经过恒温箱内37℃、48h的培养生成菌落后进行计数。使用的采样器皿和培养液必须进行消毒灭菌处理。采样点可均匀布置或取代表性地域布置。

**B.5.2** 悬浮微生物法应采用离心式、狭缝式和针孔式等碰击式采样器，采样时间应根据空气中微生物浓度来决定，采样点数可与测定空气洁净度测点数相同。各种采样器应按仪器说明书规定的方法使用。

沉降微生物法，应采用直径为90mm培养皿，在采样点上沉降30min后进行采样，培养皿最少采样数应符合表 B.5.2 的规定。

**B.5.3** 制药厂洁净室（包括生物洁净室）室内浮游菌和沉降菌测试，也可采用按协议确定的采样方案。

**表 B.5.2　最少培养皿数**

| 空气洁净度级别 | 培养皿数 |
|----------------|----------|
| <5 | 44 |
| 5 | 14 |
| 6 | 5 |
| ≥7 | 2 |

**B.5.4** 用培养皿测定沉降菌，用碰撞式采样器或过滤采样器测定浮游菌，还应遵守以下规定：

1 采样装置采样前的准备及采样后的处理，均应在设有高效空气过滤器排风的负压实验室进行操作，该实验室的温度应为22±2℃；相对湿度应为 50%±10%；

2 采样仪器应消毒灭菌；

3 采样器选择应审核其精度和效率，并有合格证书；

4 采样装置的排气不应污染洁净室；

5 沉降皿个数及采样点、培养基及培养温度、培养时间应按有关规范的规定执行；

6 浮游菌采样器的采样率宜大于 100L/min；

7 碰撞培养基的空气速度应小于 20m/s。

### B.6　室内空气温度和相对湿度的检测

**B.6.1** 根据温度和相对湿度波动范围，应选择相应的具有足够精度的仪表进行测定。每次测定间隔不应大于 30min。

**B.6.2** 室内测点布置：

1 送回风口处；

2 恒温工作区具有代表性的地点（如沿着工艺设备周围布置或等距离布置）；

3 没有恒温要求的洁净室中心；

4 测点一般应布置在距外墙表面大于 0.5m，离地面 0.8m 的同一高度上；也可以根据恒温区的大小，分别布置在离地不同高度的几个平面上。

**B.6.3** 测点数应符合表 B.6.1 的规定。

**表 B.6.1　温、湿度测点数**

| 波动范围 | 室面积≤50m² | 每增加 20～50m² |
|----------|-------------|------------------|
| Δ$t$=±0.5～±2℃ | 5个 | 增加3～5个 |
| Δ$RH$=±5%～±10% | | |
| Δ$t$≤±0.5℃ | 点间距不应大于2m，点数不应少于5个 | |
| Δ$RH$≤±5% | | |

**B.6.4** 有恒温恒湿要求的洁净室。室温波动范围按各测点的各次温度中偏差控制点温度的最大值，占测点总数的百分比整理成累积统计曲线。如 90% 以上测点偏差值在室温波动范围内，为符合设计要求。反之，为不合格。

区域温度以各测点中最低的一次测试温度为基准，各测点平均温度与超偏差值的点数，占测点总数的百分比整理成累积统计曲线，90% 以上测点所达到的偏差值为区域温差，应符合设计要求。相对温度波动范围可按室温波动范围的规定执行。

### B.7　单向流洁净室截面平均速度，速度不均匀度的检测

**B.7.1** 洁净室垂直单向流和非单向流应选择距墙或围护结构内表面大于 0.5m，离地面高度 0.5～1.5m 作为工作区。水平单向流以距送风墙或围护结构内表面 0.5m 处的纵断面为第一工作面。

**B.7.2** 测定截面的测点数和测定仪器应符合本规范第 B.6.3 条的规定。

**B.7.3** 测定风速应用测定架固定风速仪，以避免人体干扰。不得不用手持风速仪测定时，手臂应伸至最长位置，尽量使人体远离测头。

**B.7.4** 室内气流流形的测定，宜采用发烟或悬挂丝线的方法，进行观察测量与记录。然后，标在记录的送风平面的气流流形图上。一般每台过滤器至少对应 1 个观察点。

风速的不均匀度 $\beta_0$ 按下列公式计算，一般 $\beta_0$ 值不应大于 0.25。

$$\beta_0 = \frac{s}{v}$$

式中　$v$——各测点风速的平均值；

$s$——标准差。

### B.8　室内噪声的检测

**B.8.1** 测噪声仪器应采用带倍频程分析的声级计。

**B.8.2** 测点布置应按洁净室面积均分，每50m² 设一点。测点位于其中心，距地面 1.1～1.5m 高度处或按工艺要求设定。

## 附录 C　工程质量验收记录用表

### C.1　通风与空调工程施工质量验收记录说明

**C.1.1** 通风与空调分部工程的检验批质量验收记录由施工项目本专业质量检查员填写，监理工程师（建设单位项目专业技术负责人）组织项目专业质量检查员等进行验收，并按各个分项工程的检验批质量验收表的要求记录。

C.1.2 通风与空调分部工程的分项工程质量验收记录由监理工程师(建设单位项目专业技术负责人)组织施工项目经理和有关专业设计负责人等进行验收,并按表C.3.1记录。

C.1.3 通风与空调分部(子分部)工程的质量验收记录由总监理工程师(建设单位项目专业技术负责人)组织项目专业质量检查员等进行验收,并按表C.4.1或表C.4.2记录。

### C.2 通风与空调工程施工质量检验批质量验收记录

C.2.1 风管与配件制作检验批质量验收记录见表C.2.1-1、C.2.1-2。

C.2.2 风管部件与消声器制作检验批质量验收记录见表C.2.2。

C.2.3 风管系统安装检验批质量验收记录见表C.2.3-1、C.2.3-2、C.2.3-3。

C.2.4 通风机安装检验批质量验收记录见表C.2.4。

C.2.5 通风与空调设备安装检验批质量验收记录见表C.2.5-1、C.2.5-2、C.2.5-3。

C.2.6 空调制冷系统安装检验批质量验收记录见表C.2.6。

C.2.7 空调水系统安装检验批质量验收记录见表C.2.7-1、C.2.7-2、C.2.7-3。

C.2.8 防腐与绝热施工检验批质量验收记录见表C.2.8-1、C.2.8-2。

C.2.9 工程系统调试检验批质量验收记录见表C.2.9。

### C.3 通风与空调分部工程的分项工程质量验收记录

C.3.1 通风与空调分部工程的分项工程质量验收记录见表C.3.1。

### C.4 通风与空调分部(子分部)工程的质量验收记录

C.4.1 通风与空调各子分部工程的质量验收记录按下列规定:
送、排风系统子分部工程见表C.4.1-1。
防、排烟系统子分部工程见表C.4.1-2。
除尘通风系统子分部工程见表C.4.1-3。
空调风管系统子分部工程见表C.4.1-4。
净化空调系统子分部工程见表C.4.1-5。
制冷系统子分部工程见表C.4.1-6。
空调水系统子分部工程见表C.4.1-7。

C.4.2 通风与空调分部(子分部)工程的质量验收记录见表C.4.2。

**表 C.2.1-1 风管与配件制作检验批质量验收记录**
**(金属风管)**

| 工程名称 | | 分项工程名称 | | 验收部位 | |
|---|---|---|---|---|---|
| 施工单位 | | 专业工长 | | 项目经理 | |
| 施工执行标准名称及编号 | | | | | |
| 分包单位 | | 分包项目经理 | | 施工班组长 | |
| | 质量验收规范的规定 | | 施工单位检查评定记录 | 监理(建设)单位验收记录 | |
| 主控项目 | 1 材质种类、性能及厚度<br>(第4.2.1条) | | | | |
| | 2 防火风管<br>(第4.2.3条) | | | | |
| | 3 风管强度及严密性工艺性检测<br>(第4.2.5条) | | | | |
| | 4 风管的连接<br>(第4.2.6条) | | | | |
| | 5 风管的加固<br>(第4.2.10条) | | | | |

**续表 C.2.1-1**

| | 质量验收规范的规定 | 施工单位检查评定记录 | 监理(建设)单位验收记录 |
|---|---|---|---|
| 主控项目 | 6 矩形弯管导流片<br>(第4.2.12条) | | |
| | 7 净化空调风管<br>(第4.2.13条) | | |
| 一般项目 | 1 圆形弯管制作<br>(第4.3.1-1条) | | |
| | 2 风管的外形尺寸<br>(第4.3.1-2,3条) | | |
| | 3 焊接风管<br>(第4.3.1-4条) | | |
| | 4 法兰风管制作<br>(第4.3.2条) | | |
| | 5 铝板或不锈钢板风管<br>(第4.3.2-4条) | | |
| | 6 无法兰矩形风管制作<br>(第4.3.3条) | | |
| | 7 无法兰圆形风管制作<br>(第4.3.3条) | | |
| | 8 风管的加固<br>(第4.3.4条) | | |
| | 9 净化空调风管<br>(第4.3.11条) | | |
| 施工单位检查结果评定 | | 项目专业质量检查员:　　年 月 日 | |
| 监理(建设)单位验收结论 | | 监理工程师:<br>(建设单位项目专业技术负责人)　　年 月 日 | |

**表 C.2.1-2 风管与配件制作检验批质量验收记录**
**(非金属、复合材料风管)**

| 工程名称 | | 分项工程名称 | | 验收部位 | |
|---|---|---|---|---|---|
| 施工单位 | | 专业工长 | | 项目经理 | |
| 施工执行标准名称及编号 | | | | | |
| 分包单位 | | 分包项目经理 | | 施工班组长 | |
| | 质量验收规范的规定 | | 施工单位检查评定记录 | 监理(建设)单位验收记录 | |
| 主控项目 | 1 材质种类、性能及厚度<br>(第4.2.2条) | | | | |
| | 2 复合材料风管的材料<br>(第4.2.4条) | | | | |
| | 3 风管强度及严密性工艺性检测<br>(第4.2.5条) | | | | |
| | 4 风管的连接<br>(第4.2.6、4.2.7条) | | | | |
| | 5 复合材料风管的连接<br>(第4.2.8条) | | | | |
| | 6 砖、混凝土风道的变形缝<br>(第4.2.9条) | | | | |
| | 7 风管的加固<br>(第4.2.11条) | | | | |
| | 8 矩形弯管导流片<br>(第4.2.12条) | | | | |
| | 9 净化空调风管<br>(第4.2.13条) | | | | |

续表 C.2.1-2

| | 质量验收规范的规定 | 施工单位检查记录 | 监理(建设)单位验收记录 |
|---|---|---|---|
| 一般项目 | 1 风管的外形尺寸（第4.3.1条） | | |
| | 2 硬聚氯乙烯风管（第4.3.5条） | | |
| | 3 有机玻璃钢风管（第4.3.6条） | | |
| | 4 无机玻璃钢风管（第4.3.7条） | | |
| | 5 砖、混凝土风道（第4.3.8条） | | |
| | 6 双面铝箔绝热板风管（第4.3.9条） | | |
| | 7 铝箔玻璃纤维板风管（第4.3.10条） | | |
| | 8 净化空调风管（第4.3.11条） | | |
| 施工单位检查结果评定 | | 项目专业质量检查员：　　　年　月　日 | |
| 监理(建设)单位验收结论 | | 监理工程师：（建设单位项目专业技术负责人）　　年　月　日 | |

续表 C.2.2

| | 质量验收规范的规定 | 施工单位检查记录 | 监理(建设)单位验收记录 |
|---|---|---|---|
| 一般项目 | 1 调节风阀（第5.3.1条） | | |
| | 2 止回风阀（第5.3.2条） | | |
| | 3 插板风阀（第5.3.3条） | | |
| | 4 三通调节阀（第5.3.4条） | | |
| | 5 风量平衡阀（第5.3.5条） | | |
| | 6 风罩（第5.3.6条） | | |
| | 7 风帽（第5.3.7条） | | |
| | 8 矩形弯管导流片（第5.3.8条） | | |
| | 9 柔性短管（第5.3.9条） | | |
| | 10 消声器（第5.3.10条） | | |
| | 11 检查门（第5.3.11条） | | |
| | 12 风口（第5.3.12条） | | |
| 施工单位检查结果评定 | | 项目专业质量检查员：　　　年　月　日 | |
| 监理(建设)单位验收结论 | | 监理工程师：（建设单位项目专业技术负责人）　　年　月　日 | |

表 C.2.2 风管部件与消声器制作检验批质量验收记录

| 工程名称 | | 分项工程名称 | | 验收部位 | |
|---|---|---|---|---|---|
| 施工单位 | | | 专业工长 | 项目经理 | |
| 施工执行标准名称及编号 | | | | | |
| 分包单位 | | 分包项目经理 | | 施工班组长 | |
| | 质量验收规范的规定 | 施工单位检查评定记录 | 监理(建设)单位验收记录 | | |
| 主控项目 | 1 一般风阀（第5.2.1条） | | | | |
| | 2 电动风阀（第5.2.2条） | | | | |
| | 3 防火阀、排烟阀(口)（第5.2.3条） | | | | |
| | 4 防爆风阀（第5.2.4条） | | | | |
| | 5 净化空调系统风阀（第5.2.5条） | | | | |
| | 6 特殊风阀（第5.2.6条） | | | | |
| | 7 防排烟柔性短管（第5.2.7条） | | | | |
| | 8 消声弯管、消声器（第5.2.8条） | | | | |

表 C.2.3-1 风管系统安装检验批质量验收记录
（送、排风，排烟系统）

| 工程名称 | | 分项工程名称 | | 验收部位 | |
|---|---|---|---|---|---|
| 施工单位 | | | 专业工长 | 项目经理 | |
| 施工执行标准名称及编号 | | | | | |
| 分包单位 | | 分包项目经理 | | 施工班组长 | |
| | 质量验收规范的规定 | 施工单位检查评定记录 | 监理(建设)单位验收记录 | | |
| 主控项目 | 1 风管穿越防火、防爆墙（第6.2.1条） | | | | |
| | 2 风管内严禁其他管线穿越（第6.2.2条） | | | | |
| | 3 室外立管的固定拉索（第6.2.2-3条） | | | | |
| | 4 高于80℃风管系统（第6.2.3条） | | | | |
| | 5 风阀的安装（第6.2.4条） | | | | |
| | 6 手动密闭阀安装（第6.2.9条） | | | | |
| | 7 风管严密性检验（第6.2.8条） | | | | |

| | 质量验收规范的规定 | 施工单位检查评定记录 | 监理(建设)单位验收记录 |
|---|---|---|---|
| 一般项目 | 1 风管系统的安装<br>(第6.3.1条) | | |
| | 2 无法兰风管系统的安装<br>(第6.3.2条) | | |
| | 3 风管安装的水平、垂直质量<br>(第6.3.3条) | | |
| | 4 风管的支、吊架<br>(第6.3.4条) | | |
| | 5 铝板、不锈钢板风管安装<br>(第6.3.1-8条) | | |
| | 6 非金属风管的安装<br>(第6.3.5条) | | |
| | 7 风阀的安装<br>(第6.3.8条) | | |
| | 8 风帽的安装<br>(第6.3.9条) | | |
| | 9 吸、排风罩的安装<br>(第6.3.10条) | | |
| | 10 风口的安装<br>(第6.3.11条) | | |
| 施工单位检查结果评定 | 项目专业质量检查员: 年 月 日 | | |
| 监理(建设)单位验收结论 | 监理工程师:<br>(建设单位项目专业技术负责人) 年 月 日 | | |

| | 质量验收规范的规定 | 施工单位检查评定记录 | 监理(建设)单位验收记录 |
|---|---|---|---|
| 一般项目 | 1 风管系统的安装<br>(第6.3.1条) | | |
| | 2 无法兰风管系统的安装<br>(第6.3.2条) | | |
| | 3 风管安装的水平、垂直质量<br>(第6.3.3条) | | |
| | 4 风管的支、吊架<br>(第6.3.4条) | | |
| | 5 铝板、不锈钢板风管安装<br>(第6.3.1-8条) | | |
| | 6 非金属风管的安装<br>(第6.3.5条) | | |
| | 7 复合材料风管安装<br>(第6.3.6条) | | |
| | 8 风阀的安装<br>(第6.3.8条) | | |
| | 9 风口的安装<br>(第6.3.11条) | | |
| | 10 变风量末端装置安装<br>(第7.3.20条) | | |
| 施工单位检查结果评定 | 项目专业质量检查员: 年 月 日 | | |
| 监理(建设)单位验收结论 | 监理工程师:<br>(建设单位项目专业技术负责人) 年 月 日 | | |

**表 C.2.3-2　风管系统安装检验批质量验收记录**

**(空调系统)**

| 工程名称 | | 分项工程名称 | | 验收部位 | |
|---|---|---|---|---|---|
| 施工单位 | | 专业工长 | | 项目经理 | |
| 施工执行标准<br>名称及编号 | | | | | |
| 分包单位 | | 分包项目经理 | | 施工班组长 | |
| | 质量验收规范的规定 | 施工单位检查评定记录 | | 监理(建设)单位验收记录 | |
| 主控项目 | 1 风管穿越防火、防爆墙<br>(第6.2.1条) | | | | |
| | 2 风管内严禁其他管线穿越<br>(第6.2.2条) | | | | |
| | 3 室外立管的固定拉索<br>(第6.2.2-3条) | | | | |
| | 4 高于80℃风管系统<br>(第6.2.3条) | | | | |
| | 5 风阀的安装<br>(第6.2.4条) | | | | |
| | 6 手动密闭阀安装<br>(第6.2.9条) | | | | |
| | 7 风管严密性检验<br>(第6.2.8条) | | | | |

**表 C.2.3-3　风管系统安装检验批质量验收记录**

**(净化空调系统)**

| 工程名称 | | 分项工程名称 | | 验收部位 | |
|---|---|---|---|---|---|
| 施工单位 | | 专业工长 | | 项目经理 | |
| 施工执行标准<br>名称及编号 | | | | | |
| 分包单位 | | 分包项目经理 | | 施工班组长 | |
| | 质量验收规范的规定 | 施工单位检查评定记录 | | 监理(建设)单位验收记录 | |
| 主控项目 | 1 风管穿越防火、防爆墙<br>(第6.2.1条) | | | | |
| | 2 风管内严禁其他管线穿越<br>(第6.2.2条) | | | | |
| | 3 室外立管的固定拉索<br>(第6.2.2-3条) | | | | |
| | 4 高于80℃风管系统<br>(第6.2.3条) | | | | |
| | 5 风阀的安装<br>(第6.2.4条) | | | | |
| | 6 手动密闭阀安装<br>(第6.2.5条) | | | | |
| | 7 净化风管安装<br>(第6.2.6条) | | | | |
| | 8 真空吸尘系统安装<br>(第6.2.7条) | | | | |
| | 9 风管严密性检验<br>(第6.2.8条) | | | | |

| | 质量验收规范的规定 | | |
|---|---|---|---|
| 一般项目 | 1 风管系统的安装（第6.3.1条） | | |
| | 2 无法兰风管系统的安装（第6.3.2条） | | |
| | 3 风管安装的水平、垂直质量（第6.3.3条） | | |
| | 4 风管的支、吊架（第6.3.4条） | | |
| | 5 铝板、不锈钢板风管安装（第6.3.1-8条） | | |
| | 6 非金属风管的安装（第6.3.5条） | | |
| | 7 复合材料风管安装（第6.3.6条） | | |
| | 8 风阀的安装（第6.3.8条） | | |
| | 9 净化空调风口的安装（第6.3.12条） | | |
| | 10 真空吸尘系统安装（第6.3.7条） | | |
| | 11 风口的安装（第6.3.12条） | | |
| | | | |
| 施工单位检查结果评定 | | 项目专业质量检查员： 年 月 日 | |
| 监理（建设）单位验收结论 | | 监理工程师：（建设单位项目专业技术负责人） 年 月 日 | |

| | 质量验收规范的规定 | | |
|---|---|---|---|
| 一般项目 | 1 离心风机的安装（第7.3.1-1条） | | |
| | 2 轴流风机的安装（第7.3.1-2条） | | |
| | 3 风机的隔振支架（第7.3.1-3、7.3.1-4条） | | |
| | | | |
| 施工单位检查结果评定 | | 项目专业质量检查员： 年 月 日 | |
| 监理（建设）单位验收结论 | | 监理工程师：（建设单位项目专业技术负责人） 年 月 日 | |

表 C.2.4 通风机安装检验批质量验收记录

| 工程名称 | | 分项工程名称 | | 验收部位 | |
|---|---|---|---|---|---|
| 施工单位 | | 专业工长 | | 项目经理 | |
| 施工执行标准名称及编号 | | | | | |
| 分包单位 | | 分包项目经理 | | 施工班组长 | |
| | 质量验收规范的规定 | 施工单位检查评定记录 | | 监理（建设）单位验收记录 | |
| 主控项目 | 1 通风机的安装（第7.2.1条） | | | | |
| | 2 通风机安全措施（第7.2.2条） | | | | |
| | | | | | |
| | | | | | |
| | | | | | |
| | | | | | |
| | | | | | |

表 C.2.5-1 通风与空调设备安装检验批质量验收记录
（通风系统）

| 工程名称 | | 分项工程名称 | | 验收部位 | |
|---|---|---|---|---|---|
| 施工单位 | | 专业工长 | | 项目经理 | |
| 施工执行标准名称及编号 | | | | | |
| 分包单位 | | 分包项目经理 | | 施工班组长 | |
| | 质量验收规范的规定 | 施工单位检查评定记录 | | 监理（建设）单位验收记录 | |
| 主控项目 | 1 通风机的安装（第7.2.1条） | | | | |
| | 2 通风机安全措施（第7.2.2条） | | | | |
| | 3 除尘器的安装（第7.2.4条） | | | | |
| | 4 布袋与静电除尘器的接地（第7.2.4-3条） | | | | |
| | 5 静电空气过滤器安装（第7.2.7条） | | | | |
| | 6 电加热器的安装（第7.2.8条） | | | | |
| | 7 过滤吸收器的安装（第7.2.10条） | | | | |

| 一般项目 | 1 通风机的安装（第7.3.1条） | | |
| | 2 除尘设备的安装（第7.3.5条） | | |
| | 3 现场组装静电除尘器的安装（第7.3.6条） | | |
| | 4 现场组装布袋除尘器的安装（第7.3.7条） | | |
| | 5 消声器的安装（第7.3.13条） | | |
| | 6 空气过滤器的安装（第7.3.14条） | | |
| | 7 蒸汽加湿器的安装（第7.3.18条） | | |
| | 8 空气风幕机的安装（第7.3.19条） | | |
| | | | |
| | | | |
| | | | |

| 施工单位检查结果评定 | 项目专业质量检查员：　　　年 月 日 |
| 监理（建设）单位验收结论 | 监理工程师：（建设单位项目专业技术负责人）　　　年 月 日 |

| 一般项目 | 1 通风机的安装（第7.3.1条） | | |
| | 2 组合式空调机组的安装（第7.3.2条） | | |
| | 3 现场组装的空气处理室安装（第7.3.3条） | | |
| | 4 单元式空调机组的安装（第7.3.4条） | | |
| | 5 消声器的安装（第7.3.13条） | | |
| | 6 风机盘管机组安装（第7.3.15条） | | |
| | 7 粗、中效空气过滤器的安装（第7.3.14条） | | |
| | 8 空气风幕机的安装（第7.3.19条） | | |
| | 9 转轮式换热器安装（第7.3.16条） | | |
| | 10 转轮式去湿器安装（第7.3.17条） | | |
| | 11 蒸汽加湿器安装（第7.3.18条） | | |
| | | | |
| | | | |

| 施工单位检查结果评定 | 项目专业质量检查员：　　　年 月 日 |
| 监理（建设）单位验收结论 | 监理工程师：（建设单位项目专业技术负责人）　　　年 月 日 |

**表 C.2.5-2　通风与空调设备安装检验批质量验收记录**
**（空调系统）**

| 工程名称 | | 分项工程名称 | | 验收部位 | |
| --- | --- | --- | --- | --- | --- |
| 施工单位 | | 专业工长 | | 项目经理 | |
| 施工执行标准名称及编号 | | | | | |
| 分包单位 | | 分包项目经理 | | 施工班组长 | |
| | 质量验收规范的规定 | | 施工单位检查评定记录 | 监理（建设）单位验收记录 | |
| 主控项目 | 1 通风机的安装（第7.2.1条） | | | | |
| | 2 通风机安全措施（第7.2.2条） | | | | |
| | 3 空调机组的安装（第7.2.3条） | | | | |
| | 4 静电空气过滤器安装（第7.2.7条） | | | | |
| | 5 电加热器的安装（第7.2.8条） | | | | |
| | 6 干蒸汽加湿器的安装（第7.2.9条） | | | | |
| | | | | | |
| | | | | | |

**表 C.2.5-3　通风与空调设备安装检验批质量验收记录**
**（净化空调系统）**

| 工程名称 | | 分项工程名称 | | 验收部位 | |
| --- | --- | --- | --- | --- | --- |
| 施工单位 | | 专业工长 | | 项目经理 | |
| 施工执行标准名称及编号 | | | | | |
| 分包单位 | | 分包项目经理 | | 施工班组长 | |
| | 质量验收规范的规定 | | 施工单位检查评定记录 | 监理（建设）单位验收记录 | |
| 主控项目 | 1 通风机的安装（第7.2.1条） | | | | |
| | 2 通风机安全措施（第7.2.2条） | | | | |
| | 3 空调机组的安装（第7.2.3条） | | | | |
| | 4 净化空调设备的安装（第7.2.6条） | | | | |
| | 5 高效过滤器的安装（第7.2.5条） | | | | |
| | 6 静电空气过滤器安装（第7.2.7条） | | | | |
| | 7 电加热器的安装（第7.2.8条） | | | | |
| | 8 干蒸汽加湿器的安装（第7.2.9条） | | | | |

| | 质量验收规范的规定 | 施工单位检查评定记录 | 监理(建设)单位验收记录 |
|---|---|---|---|
| 一般项目 | 1 通风机的安装<br>(第7.3.1条) | | |
| | 2 组合式净化空调机组的安装<br>(第7.3.2条) | | |
| | 3 净化室设备安装<br>(第7.3.8条) | | |
| | 4 装配式洁净室的安装<br>(第7.3.9条) | | |
| | 5 洁净室层流罩的安装<br>(第7.3.10条) | | |
| | 6 风机过滤单元安装<br>(第7.3.11条) | | |
| | 7 粗、中效空气过滤器的安装<br>(第7.3.14条) | | |
| | 8 高效过滤器安装<br>(第7.3.12条) | | |
| | 9 消声器的安装<br>(第7.3.13条) | | |
| | 10 蒸汽加湿器安装<br>(第7.3.18条) | | |
| 施工单位检查结果评定 | | 项目专业质量检查员： 年 月 日 | |
| 监理(建设)单位验收结论 | | 监理工程师：<br>(建设单位项目专业技术负责人) 年 月 日 | |

| | 质量验收规范的规定 | 施工单位检查评定记录 | 监理(建设)单位验收记录 |
|---|---|---|---|
| 一般项目 | 1 制冷设备安装<br>(第8.3.1-1、2、4、5条) | | |
| | 2 制冷附属设备安装<br>(第8.3.1-3条) | | |
| | 3 模块式冷水机组安装<br>(第8.3.2条) | | |
| | 4 泵的安装<br>(第8.3.3条) | | |
| | 5 制冷剂管道的安装<br>(第8.3.4-1、2、3、4条) | | |
| | 6 管道的焊接<br>(第8.3.4-5、6条) | | |
| | 7 阀门安装<br>(第8.3.5-2~5条) | | |
| | 8 阀门的试压<br>(第8.3.5-1条) | | |
| | 9 制冷系统的吹扫<br>(第8.3.6条) | | |
| 施工单位检查结果评定 | | 项目专业质量检查员： 年 月 日 | |
| 监理(建设)单位验收结论 | | 监理工程师：<br>(建设单位项目专业技术负责人) 年 月 日 | |

表 C.2.6 空调制冷系统安装检验批质量验收记录

| 工程名称 | | 分项工程名称 | | 验收部位 | |
|---|---|---|---|---|---|
| 施工单位 | | 专业工长 | | 项目经理 | |
| 施工执行标准名称及编号 | | | | | |
| 分包单位 | | 分包项目经理 | | 施工班组长 | |
| | 质量验收规范的规定 | | 施工单位检查评定记录 | 监理(建设)单位验收记录 | |
| 主控项目 | 1 制冷设备与附属设备安装<br>(第8.2.1-1、3条) | | | | |
| | 2 设备混凝土基础的验收<br>(第8.2.1-2条) | | | | |
| | 3 表冷器的安装<br>(第8.2.2条) | | | | |
| | 4 燃气、燃油系统设备的安装<br>(第8.2.3条) | | | | |
| | 5 制冷设备的严密性试验及试运行<br>(第8.2.4条) | | | | |
| | 6 管道及管配件的安装<br>(第8.2.5条) | | | | |
| | 7 燃油管道系统接地<br>(第8.2.6条) | | | | |
| | 8 燃气系统的安装<br>(第8.2.7条) | | | | |
| | 9 氨管道焊缝的无损检测<br>(第8.2.8条) | | | | |
| | 10 乙二醇管道系统的规定<br>(第8.2.9条) | | | | |
| | 11 制冷剂管路的试验<br>(第8.2.10条) | | | | |

表 C.2.7-1 空调水系统安装检验批质量验收记录<br>(金属管道)

| 工程名称 | | 分项工程名称 | | 验收部位 | |
|---|---|---|---|---|---|
| 施工单位 | | 专业工长 | | 项目经理 | |
| 施工执行标准名称及编号 | | | | | |
| 分包单位 | | 分包项目经理 | | 施工班组长 | |
| | 质量验收规范的规定 | | 施工单位检查评定记录 | 监理(建设)单位验收记录 | |
| 主控项目 | 1 系统的管材与配件验收<br>(第9.2.1条) | | | | |
| | 2 管道柔性接管的安装<br>(第9.2.2-3条) | | | | |
| | 3 管道的套管<br>(第9.2.2-5条) | | | | |
| | 4 管道补偿器安装及固定支架<br>(第9.2.5条) | | | | |
| | 5 系统的冲洗、排污<br>(第9.2.2-4条) | | | | |
| | 6 阀门的安装<br>(第9.2.4条) | | | | |
| | 7 阀门的试压<br>(第9.2.4-3条) | | | | |
| | 8 系统的试压<br>(第9.2.3条) | | | | |
| | 9 隐蔽管道的验收<br>(第9.2.2-1条) | | | | |

| 一般项目 | 1 管道的焊接（第9.3.2条） | | |
| | 2 管道的螺纹连接（第9.3.3条） | | |
| | 3 管道的法兰连接（第9.3.4条） | | |
| | 4 管道的安装（第9.3.5条） | | |
| | 5 钢塑复合管道的安装（第9.3.6条） | | |
| | 6 管道沟槽式连接（第9.3.6条） | | |
| | 7 管道的支、吊架（第9.3.8条） | | |
| | 8 阀门及其他部件的安装（第9.3.10条） | | |
| | 9 系统放气阀与排水阀（第9.3.10-4条） | | |
| 施工单位检查结果评定 | 项目专业质量检查员：　　　　年　月　日 | | |
| 监理(建设)单位验收结论 | 监理工程师：（建设单位项目专业技术负责人）　　　　年　月　日 | | |

| 一般项目 | 1 PVC-U 管道的安装（第9.3.1条） | | |
| | 2 PP-R 管道的安装（第9.3.1条） | | |
| | 3 PEX 管道的安装（第9.3.1条） | | |
| | 4 管道安装的位置（第9.3.9条） | | |
| | 5 管道的支、吊架（第9.3.8条） | | |
| | 6 阀门的安装（第9.3.10条） | | |
| | 7 系统放气阀与排水阀（第9.3.10-4条） | | |
| 施工单位检查结果评定 | 项目专业质量检查员：　　　　年　月　日 | | |
| 监理(建设)单位验收结论 | 监理工程师：（建设单位项目专业技术负责人）　　　　年　月　日 | | |

**表 C.2.7-2　空调水系统安装检验批质量验收记录**
**（非金属管道）**

| 工程名称 | | 分项工程名称 | | 验收部位 | |
|---|---|---|---|---|---|
| 施工单位 | | 专业工长 | | 项目经理 | |
| 施工执行标准名称及编号 | | | | | |
| 分包单位 | | 分包项目经理 | | 施工班组长 | |
| | 质量验收规范的规定 | 施工单位检查评定记录 | | 监理(建设)单位验收记录 | |
| 主控项目 | 1 系统的管材与配件验收（第9.2.1条） | | | | |
| | 2 管道柔性接管的安装（第9.2.2-3条） | | | | |
| | 3 管道的套管（第9.2.2-5条） | | | | |
| | 4 管道补偿器安装及固定支架（第9.2.5条） | | | | |
| | 5 系统的冲洗、排污（第9.2.2-4条） | | | | |
| | 6 阀门的安装（第9.2.4条） | | | | |
| | 7 阀门的试压（第9.2.4-3条） | | | | |
| | 8 系统的试压（第9.2.3条） | | | | |
| | 9 隐蔽管道的验收（第9.2.2-1条） | | | | |

**表 C.2.7-3　空调水系统安装检验批质量验收记录**
**（设备）**

| 工程名称 | | 分项工程名称 | | 验收部位 | |
|---|---|---|---|---|---|
| 施工单位 | | 专业工长 | | 项目经理 | |
| 施工执行标准名称及编号 | | | | | |
| 分包单位 | | 分包项目经理 | | 施工班组长 | |
| | 质量验收规范的规定 | 施工单位检查评定记录 | | 监理(建设)单位验收记录 | |
| 主控项目 | 1 系统的设备与附属设备（第9.2.1条） | | | | |
| | 2 冷却塔的安装（第9.2.6条） | | | | |
| | 3 水泵的安装（第9.2.7条） | | | | |
| | 4 其他附属设备的安装（第9.2.8条） | | | | |

| 一般项目 | 1 风机盘管的管道连接（第9.3.7条） | |
| | 2 冷却塔的安装（第9.3.11条） | |
| | 3 水泵及附属设备的安装（第9.3.12条） | |
| | 4 水箱、集水缸、分水缸、储冷罐等设备的安装（第9.3.13条） | |
| | 5 水过滤器等设备的安装（第9.3.10-3条） | |
| 施工单位检查结果评定 | 项目专业质量检查员：　　年　月　日 | |
| 监理（建设）单位验收结论 | 监理工程师：（建设单位项目专业技术负责人）　　年　月　日 | |

| 一般项目 | 1 防腐涂层质量（第10.3.1条） | |
| | 2 空调设备、部件油漆或绝热（第10.3.2、10.3.3条） | |
| | 3 绝热材料厚度及平整度（第10.3.4条） | |
| | 4 风管绝热粘接固定（第10.3.5条） | |
| | 5 风管绝热保温层钉固定（第10.3.6条） | |
| | 6 绝热涂料（第10.3.7条） | |
| | 7 玻璃布保护层的施工（第10.3.8条） | |
| | 8 金属保护壳的施工（第10.3.12条） | |
| 施工单位检查结果评定 | 项目专业质量检查员：　　年　月　日 | |
| 监理（建设）单位验收结论 | 监理工程师：（建设单位项目专业技术负责人）　　年　月　日 | |

表 C.2.8-1　防腐与绝热施工检验批质量验收记录
（风管系统）

| 工程名称 | | 分项工程名称 | | 验收部位 | |
|---|---|---|---|---|---|
| 施工单位 | | 专业工长 | | 项目经理 | |
| 施工执行标准名称及编号 | | | | | |
| 分包单位 | | 分包项目经理 | | 施工班组长 | |
| | 质量验收规范的规定 | | 施工单位检查评定记录 | 监理（建设）单位验收记录 | |
| 主控项目 | 1 材料的验证（第10.2.1条） | | | | |
| | 2 防腐涂料或油漆质量（第10.2.2条） | | | | |
| | 3 电加热器与防火墙2m管道（第10.2.3条） | | | | |
| | 4 低温风管的绝热（第10.2.4条） | | | | |
| | 5 洁净室内风管（第10.2.5条） | | | | |

表 C.2.8-2　防腐与绝热施工检验批质量验收记录
（管道系统）

| 工程名称 | | 分项工程名称 | | 验收部位 | |
|---|---|---|---|---|---|
| 施工单位 | | 专业工长 | | 项目经理 | |
| 施工执行标准名称及编号 | | | | | |
| 分包单位 | | 分包项目经理 | | 施工班组长 | |
| | 质量验收规范的规定 | | 施工单位检查评定记录 | 监理（建设）单位验收记录 | |
| 主控项目 | 1 材料的验证（第10.2.1条） | | | | |
| | 2 防腐涂料或油漆质量（第10.2.2条） | | | | |
| | 3 电加热器与防火墙2m管道（第10.2.3条） | | | | |
| | 4 冷冻水管道的绝热（第10.2.4条） | | | | |
| | 5 洁净室内管道（第10.2.5条） | | | | |

| | 质量验收项目 | | |
|---|---|---|---|
| 一般项目 | 1 防腐涂层质量（第10.3.1条） | | |
| | 2 空调设备、部件油漆或绝热（第10.3.2、10.3.3条） | | |
| | 3 绝热材料厚度及平整度（第10.3.4条） | | |
| | 4 绝热涂料（第10.3.7条） | | |
| | 5 玻璃布保护层的施工（第10.3.8条） | | |
| | 6 管道阀门的绝热（第10.3.9条） | | |
| | 7 管道绝热层的施工（第10.3.10条） | | |
| | 8 管道防潮层的施工（第10.3.11条） | | |
| | 9 金属保护层的施工（第10.3.12条） | | |
| | 10 机房内制冷管道色标（第10.3.13条） | | |
| 施工单位检查结果评定 | | 项目专业质量检查员：　　年　月　日 | |
| 监理（建设）单位验收结论 | | 监理工程师：（建设单位项目专业技术负责人）　　年　月　日 | |

### 表 C.2.9　工程系统调试检验批质量验收记录

| 工程名称 | | 分项工程名称 | | 验收部位 | |
|---|---|---|---|---|---|
| 施工单位 | | 专业工长 | | 项目经理 | |
| 施工执行标准名称及编号 | | | | | |
| 分包单位 | | 分包项目经理 | | 施工班组长 | |
| | 质量验收规范的规定 | 施工单位检查评定记录 | | 监理（建设）单位验收记录 | |
| 主控项目 | 1 通风机、空调机组单机试运转及调试（第11.2.2-1条） | | | | |
| | 2 水泵单机试运转及调试（第11.2.2-2条） | | | | |
| | 3 冷却塔单机试运转及调试（第11.2.2-3条） | | | | |
| | 4 制冷机组单机试运转及调试（第11.2.2-4条） | | | | |
| | 5 电控防、排烟阀的动作试验（第11.2.2-5条） | | | | |
| | 6 系统风量的调试（第11.2.3-1条） | | | | |
| | 7 空调水系统的调试（第11.2.3-2条） | | | | |
| | 8 恒温、恒湿空调（第11.2.3-3条） | | | | |
| | 9 防、排系统调试（第11.2.4条） | | | | |
| | 10 净化空调系统的调试（第11.2.5条） | | | | |

| | 质量验收项目 | | |
|---|---|---|---|
| 一般项目 | 1 风机、空调机组（第11.3.1-2、3条） | | |
| | 2 水泵的安装（第11.3.1-1条） | | |
| | 3 风口风量的平衡（第11.3.2-2条） | | |
| | 4 水系统的试运行（第11.3.1-1、3条） | | |
| | 5 水系统检测元件的工作（第11.3.3-2条） | | |
| | 6 空调房间的参数（第11.3.3-4、5、6条） | | |
| | 7 洁净空调房间的参数（第11.3.3条） | | |
| | 8 工程的控制和监测元件和执行结构（第11.3.4条） | | |
| 施工单位检查结果评定 | | 项目专业质量检查员：　　年　月　日 | |
| 监理（建设）单位验收结论 | | 监理工程师：（建设单位项目专业技术负责人）　　年　月　日 | |

### 表 C.3.1　通风与空调工程分项工程质量验收记录
（分项工程）

| 工程名称 | | 结构类型 | | 检验批数 | |
|---|---|---|---|---|---|
| 施工单位 | | 项目经理 | | 项目技术负责人 | |
| 分包单位 | | 分包单位负责人 | | 分包项目经理 | |
| 序号 | 检验批部位、区、段 | 施工单位检查评定结果 | | 监理（建设）单位验收结论 | |
| | | | | | |
| | | | | | |
| | | | | | |
| | | | | | |
| | | | | | |
| | | | | | |
| | | | | | |
| | | | | | |
| | | | | | |
| | | | | | |
| | | | | | |
| | | | | | |
| 检查结论 | 项目专业技术负责人：　　年　月　日 | | 验收结论 | 监理工程师：（建设单位项目专业技术负责人）　　年　月　日 | |

## 表 C.4.1-1　通风与空调子分部工程质量验收记录
### (送、排风系统)

| 工程名称 | | 结构类型 | | 层数 | |
|---|---|---|---|---|---|
| 施工单位 | | 技术部门负责人 | | 质量部门负责人 | |
| 分包单位 | | 分包单位负责人 | | 分包技术负责人 | |

| 序号 | 分项工程名称 | 检验批数 | 施工单位检查评定意见 | 验收意见 |
|---|---|---|---|---|
| 1 | 风管与配件制作 | | | |
| 2 | 部件制作 | | | |
| 3 | 风管系统安装 | | | |
| 4 | 风机与空气处理设备安装 | | | |
| 5 | 消声设备制作与安装 | | | |
| 6 | 风管与设备防腐 | | | |
| 7 | 系统调试 | | | |
| | | | | |
| | | | | |
| | | | | |

| 质量控制资料 | | | | |
|---|---|---|---|---|
| 安全和功能检验(检测)报告 | | | | |
| 观感质量验收 | | | | |

| 验收单位 | 分包单位 | 项目经理:　　　　年　月　日 |
|---|---|---|
| | 施工单位 | 项目经理:　　　　年　月　日 |
| | 勘察单位 | 项目负责人:　　　　年　月　日 |
| | 设计单位 | 项目负责人:　　　　年　月　日 |
| | 监理(建设)单位 | 总监理工程师:<br>(建设单位项目专业负责人)　年　月　日 |

## 表 C.4.1-3　通风与空调子分部工程质量验收记录
### (除尘系统)

| 工程名称 | | 结构类型 | | 层数 | |
|---|---|---|---|---|---|
| 施工单位 | | 技术部门负责人 | | 质量部门负责人 | |
| 分包单位 | | 分包单位负责人 | | 分包技术负责人 | |

| 序号 | 分项工程名称 | 检验批数 | 施工单位检查评定意见 | 验收意见 |
|---|---|---|---|---|
| 1 | 风管与配件制作 | | | |
| 2 | 部件制作 | | | |
| 3 | 风管系统安装 | | | |
| 4 | 风机安装 | | | |
| 5 | 除尘器与排污设备安装 | | | |
| 6 | 风管与设备防腐 | | | |
| 7 | 风管与设备绝热 | | | |
| 8 | 系统调试 | | | |
| | | | | |
| | | | | |

| 质量控制资料 | | | | |
|---|---|---|---|---|
| 安全和功能检验(检测)报告 | | | | |
| 观感质量验收 | | | | |

| 验收单位 | 分包单位 | 项目经理:　　　　年　月　日 |
|---|---|---|
| | 施工单位 | 项目经理:　　　　年　月　日 |
| | 勘察单位 | 项目负责人:　　　　年　月　日 |
| | 设计单位 | 项目负责人:　　　　年　月　日 |
| | 监理(建设)单位 | 总监理工程师:<br>(建设单位项目专业负责人)　年　月　日 |

## 表 C.4.1-2　通风与空调子分部工程质量验收记录
### (防、排烟系统)

| 工程名称 | | 结构类型 | | 层数 | |
|---|---|---|---|---|---|
| 施工单位 | | 技术部门负责人 | | 质量部门负责人 | |
| 分包单位 | | 分包单位负责人 | | 分包技术负责人 | |

| 序号 | 分项工程名称 | 检验批数 | 施工单位检查评定意见 | 验收意见 |
|---|---|---|---|---|
| 1 | 风管与配件制作 | | | |
| 2 | 部件制作 | | | |
| 3 | 风管系统安装 | | | |
| 4 | 风机与空气处理设备安装 | | | |
| 5 | 排烟风口、常闭正压风口安装 | | | |
| 6 | 风管与设备防腐 | | | |
| 7 | 系统调试 | | | |
| 8 | 消声设备制作与安装<br>(合用系统时检查) | | | |
| | | | | |

| 质量控制资料 | | | | |
|---|---|---|---|---|
| 安全和功能检验(检测)报告 | | | | |
| 观感质量验收 | | | | |

| 验收单位 | 分包单位 | 项目经理:　　　　年　月　日 |
|---|---|---|
| | 施工单位 | 项目经理:　　　　年　月　日 |
| | 勘察单位 | 项目负责人:　　　　年　月　日 |
| | 设计单位 | 项目负责人:　　　　年　月　日 |
| | 监理(建设)单位 | 总监理工程师:<br>(建设单位项目专业负责人)　年　月　日 |

## 表 C.4.1-4　通风与空调子分部工程质量验收记录
### (空调系统)

| 工程名称 | | 结构类型 | | 层数 | |
|---|---|---|---|---|---|
| 施工单位 | | 技术部门负责人 | | 质量部门负责人 | |
| 分包单位 | | 分包单位负责人 | | 分包技术负责人 | |

| 序号 | 分项工程名称 | 检验批数 | 施工单位检查评定意见 | 验收意见 |
|---|---|---|---|---|
| 1 | 风管与配件制作 | | | |
| 2 | 部件制作 | | | |
| 3 | 风管系统安装 | | | |
| 4 | 风机与空气处理设备安装 | | | |
| 5 | 消声设备制作与安装 | | | |
| 6 | 风管与设备防腐 | | | |
| 7 | 风管与设备绝热 | | | |
| 8 | 系统调试 | | | |
| | | | | |
| | | | | |

| 质量控制资料 | | | | |
|---|---|---|---|---|
| 安全和功能检验(检测)报告 | | | | |
| 观感质量验收 | | | | |

| 验收单位 | 分包单位 | 项目经理:　　　　年　月　日 |
|---|---|---|
| | 施工单位 | 项目经理:　　　　年　月　日 |
| | 勘察单位 | 项目负责人:　　　　年　月　日 |
| | 设计单位 | 项目负责人:　　　　年　月　日 |
| | 监理(建设)单位 | 总监理工程师:<br>(建设单位项目专业负责人)　年　月　日 |

表 C.4.1-5　通风与空调子分部工程质量验收记录
（净化空调系统）

| 工程名称 | | 结构类型 | | 层数 | |
|---|---|---|---|---|---|
| 施工单位 | | 技术部门负责人 | | 质量部门负责人 | |
| 分包单位 | | 分包单位负责人 | | 分包技术负责人 | |
| 序号 | 分项工程名称 | 检验批数 | 施工单位检查评定意见 | | 验收意见 |
| 1 | 风管与配件制作 | | | | |
| 2 | 部件制作 | | | | |
| 3 | 风管系统安装 | | | | |
| 4 | 风机与空气处理设备安装 | | | | |
| 5 | 消声设备制作与安装 | | | | |
| 6 | 风管与设备防腐 | | | | |
| 7 | 风管与设备绝热 | | | | |
| 8 | 高效过滤器安装 | | | | |
| 9 | 净化设备安装 | | | | |
| 10 | 系统调试 | | | | |
| 质量控制资料 | | | | | |
| 安全和功能检验(检测)报告 | | | | | |
| 观感质量验收 | | | | | |
| 验收单位 | 分包单位 | | 项目经理：　　　年　月　日 | | |
| | 施工单位 | | 项目经理：　　　年　月　日 | | |
| | 勘察单位 | | 项目负责人：　　年　月　日 | | |
| | 设计单位 | | 项目负责人：　　年　月　日 | | |
| | 监理(建设)单位 | | 总监理工程师：(建设单位项目专业负责人)　　年　月　日 | | |

表 C.4.1-7　通风与空调子分部工程质量验收记录
（空调水系统）

| 工程名称 | | 结构类型 | | 层数 | |
|---|---|---|---|---|---|
| 施工单位 | | 技术部门负责人 | | 质量部门负责人 | |
| 分包单位 | | 分包单位负责人 | | 分包技术负责人 | |
| 序号 | 分项工程名称 | 检验批数 | 施工单位检查评定意见 | | 验收意见 |
| 1 | 冷热水管道系统安装 | | | | |
| 2 | 冷却水管道系统安装 | | | | |
| 3 | 冷凝水管道系统安装 | | | | |
| 4 | 管道阀门和部件安装 | | | | |
| 5 | 冷却塔安装 | | | | |
| 6 | 水泵及附属设备安装 | | | | |
| 7 | 管道与设备的防腐和绝热 | | | | |
| 8 | 系统调试 | | | | |
| | | | | | |
| 质量控制资料 | | | | | |
| 安全和功能检验(检测)报告 | | | | | |
| 观感质量验收 | | | | | |
| 验收单位 | 分包单位 | | 项目经理：　　　年　月　日 | | |
| | 施工单位 | | 项目经理：　　　年　月　日 | | |
| | 勘察单位 | | 项目负责人：　　年　月　日 | | |
| | 设计单位 | | 项目负责人：　　年　月　日 | | |
| | 监理(建设)单位 | | 总监理工程师：(建设单位项目专业负责人)　　年　月　日 | | |

表 C.4.1-6　通风与空调子分部工程质量验收记录
（制冷系统）

| 工程名称 | | 结构类型 | | 层数 | |
|---|---|---|---|---|---|
| 施工单位 | | 技术部门负责人 | | 质量部门负责人 | |
| 分包单位 | | 分包单位负责人 | | 分包技术负责人 | |
| 序号 | 分项工程名称 | 检验批数 | 施工单位检查评定意见 | | 验收意见 |
| 1 | 制冷机组安装 | | | | |
| 2 | 制冷剂管道及配件安装 | | | | |
| 3 | 制冷附属设备安装 | | | | |
| 4 | 管道及设备的防腐和绝热 | | | | |
| 5 | 系统调试 | | | | |
| 质量控制资料 | | | | | |
| 安全和功能检验(检测)报告 | | | | | |
| 观感质量验收 | | | | | |
| 验收单位 | 分包单位 | | 项目经理：　　　年　月　日 | | |
| | 施工单位 | | 项目经理：　　　年　月　日 | | |
| | 勘察单位 | | 项目负责人：　　年　月　日 | | |
| | 设计单位 | | 项目负责人：　　年　月　日 | | |
| | 监理(建设)单位 | | 总监理工程师：(建设单位项目专业负责人)　　年　月　日 | | |

表 C.4.2　通风与空调分部工程质量验收记录

| 工程名称 | | 结构类型 | | 层数 | |
|---|---|---|---|---|---|
| 施工单位 | | 技术部门负责人 | | 质量部门负责人 | |
| 分包单位 | | 分包单位负责人 | | 分包技术负责人 | |
| 序号 | 子分部工程名称 | 检验批数 | 施工单位检查评定意见 | | 验收意见 |
| 1 | 送、排风系统 | | | | |
| 2 | 防、排烟系统 | | | | |
| 3 | 除尘系统 | | | | |
| 4 | 空调系统 | | | | |
| 5 | 净化空调系统 | | | | |
| 6 | 制冷系统 | | | | |
| 7 | 空调水系统 | | | | |
| 质量控制资料 | | | | | |
| 安全和功能检验(检测)报告 | | | | | |
| 观感质量验收 | | | | | |
| 验收单位 | 分包单位 | | 项目经理：　　　年　月　日 | | |
| | 施工单位 | | 项目经理：　　　年　月　日 | | |
| | 勘察单位 | | 项目负责人：　　年　月　日 | | |
| | 设计单位 | | 项目负责人：　　年　月　日 | | |
| | 监理(建设)单位 | | 总监理工程师：(建设单位项目专业负责人)　　年　月　日 | | |

## 本规范用词说明

1 为便于在执行本规范条文时区别对待,对要求严格程度不同的用词说明如下:

1)表示很严格,非这样做不可的用词:

正面词采用"必须",反面词采用"严禁"。

2)表示严格,在正常情况下均应这样做的用词:

正面词采用"应",反面词采用"不应"或"不得"。

3)表示允许稍有选择,在条件许可时首先应这样做的用词:

正面词采用"宜",反面词采用"不宜"。

表示有选择,在一定条件下可以这样做的用词采用"可"。

2 本规范中指明应按其他有关标准、规范执行的写法为"应符合……要求或规定"或"应按……执行"。

中华人民共和国国家标准

# 通风与空调工程施工质量验收规范

GB 50243—2002

条 文 说 明

# 目　次

# 1 总　　则

1.0.1　本条文阐明了制定本规范的目的。

1.0.2　本条文明确了本规范适用的对象。

1.0.3　本条文说明了本规范与《建筑工程施工质量验收统一标准》GB 50300—2001 的隶属关系，强调了在进行通风与空调工程施工质量验收时，还应执行上述标准的规定。

1.0.4　本条文规定了通风与空调工程施工质量验收的依据为本规范，为保证工程的使用安全、节能和整体质量，强调了有关工程施工合同的主要技术指标，不得低于本规范的规定。

1.0.5　通风与空调工程施工质量的验收，涉及较多的工程技术和设备，本规范不可能包括全部的内容。为满足和完善工程的验收标准，规定除应执行本规范的规定外，尚应符合现行国家有关标准、规范的规定。

# 2 术　　语

本章给出的 24 个术语，是在本规范的章节中所引用的。本规范的术语是从本规范的角度赋予其相应涵义的，但涵义不一定是术语的定义。同时，对中文术语还给出了相应的推荐性英文术语，该英文术语不一定是国际上的标准术语，仅供参考。

# 3 基 本 规 定

3.0.1　本条文对通风与空调工程施工验收的依据作出了规定：一是被批准的设计图纸，二是相关的技术标准。

按被批准的设计图纸进行工程的施工，是质量验收最基本的条件。工程施工是让设计意图转化为现实，故施工单位无权任意修改设计图纸。因此，本条文明确规定修改设计必须有设计变更的正式手续。这对保证工程质量有重要作用。

主要技术标准是指工程中约定的施工及质量验收标准，包括本规范、相关国家标准、行业标准、地方标准与企业标准。其中本规范和相关国家标准为最低标准，必须采纳。工程施工也可以全部或部分采纳高于国家标准的行业、地方或企业标准。

3.0.2　在不同的建筑项目施工中，通风与空调工程实际的情况差异很大。无论是工程实物量，还是工程施工的内容与难度，以及对工程施工管理和技术管理的要求，都会有所不同，不可能处于同一个水平层次。虽然从国际上来说，工程承包并没有严格的企业资质规定，但是，这并不符合当前我国建筑企业按施工的能力划分资质等级的建筑市场管理模式规定的现实。同时也应该看到，我国不同等级的企业，除极个别情况之外，也确实能体现相应层次的工程管理及工程施工的技术水平。为了更好地保证工程施工质量，规范规定施工企业具有相应的资质，还是符合目前我国建筑市场实际状况的。

3.0.3　随着我国建筑业市场经济的进一步发展，通风与空调工程的施工承包将逐渐向国际惯例靠拢。目前，少数有相当技术基础的大、中型施工企业，已经具有符合国际惯例的施工图深化和施工的能力，但大部分的中、小施工单位是不具备此项能力的，为了保证工程质量与国际市场的正常接轨，特制定本条文。

3.0.4　在《建筑工程施工质量验收统一标准》GB 50300—2001 中，已明确规定了建筑工程施工现场质量管理的全部内容，本规范直接引用。

3.0.5　通风与空调工程所使用的主要原材料、产成品、半成品和设备的质量，将直接影响到工程的整体质量。所以，本规范对其作出规定，在进入施工现场后，必须对其进行实物到货验收。验收一般应由供货商、监理、施工单位的代表共同参加，验收必须得到监理工程师的认可，并形成文件。

3.0.6　通风与空调工程对每一个具体的工程，有着不同的内容和要求。本条文从施工实际出发，强制制定了承担通风与空调工程的施工企业，应针对所施工的特定工程情况制定相应的工艺文件和技术措施，并规定以分项工程和本规范条文中所规定需验证的工序完毕后，均应作为工序检验的交接点，并应留有相应的质量记录。这个规定强调了施工过程的质量控制和施工过程质量的可追溯性，应予以执行。

3.0.7　本条文是对施工企业提出的要求。在通风与空调工程施工过程中，由施工人员发现工程施工图纸实施中的问题和部分差错，是正常的。我们要求按正规的手续，反映情况和及时更正，并将文件归档，这符合工程管理的基本规定。在这里要说明的是，对工程施工图的预审很重要，应予提倡。

3.0.8　通风与空调工程在整个建筑工程中，是属于一个分部工程。本规范根据通风与空调工程中各类系统的功能特性不同，划分为七个独立的子分部工程，以便于工程施工质量的监督和验收。在表 3.0.8 中对每个子分部，已经列举出相应的分项工程，分部工程的验收应按此规定执行。当通风与空调工程以独立的单项工程的形式进行施工承包时，则本条文规定的通风与空调分部工程上升为单位工程，子分部工程上升为分部工程，其分项工程的内容不发生变化。

3.0.9　本条文规定了通风与空调工程应按正确的、规定的施工程序进行，并与土建及其他专业工种的施工相互配合，通过对上道工程的质量交接验收，共同保证工程质量，以避免质量隐患或不必要的重复劳动。"质量交接会检"是施工过程中的重要环节，是对上道工序质量认可及分清责任的有效手段，符合建设工程质量管理的基本原则和我国建设工程的实际情况，应予以加强。条文较明确地规定了组织会检的责任者，有利于执行。

3.0.10　本条文是对通风与空调工程分项工程验收的规定。本规范是按照相同施工工艺的内容，进行分项编写的。同一个分项内容中，可能包含了不同子分部类似工艺的规定。因此，执行时必须按照规范对应分项中具体条文的详细内容，一一对照执行。如风管制作分项，它包括了多种材料风管的质量规定，如金属、非金属与复合材料风管的内容；也包括送风、排烟、空调、净化空调与除尘系统等子分部系统的风管。因为它们同为风管，具有基本的属性，故考虑放在同一章节中叙述比较合理。所以，对于各种材料、各个子分部工程中风管质量验收的具体规定，如风管的严密性、清洁度、加工的连接质量规定等，只能分列在具体的条文之中，要求执行时不能搞错。另外，条文对分项工程质量的验收规定为根据工程量的大小、施工工期的长短或加工批，可分别采取一个分项一次验收或分数次验收的方法。

3.0.11　通风与空调工程系统中的风管或管道，被安装于封闭的部位或埋设于结构内或直接埋地时，均属于隐蔽工程。在结构做永久性封闭前，必须对该部分将被隐蔽的风管或管道工程施工质量进行验收，且必须得到现场监理人员认可的合格签证，否则不得进行封闭作业。

3.0.12　在通风与空调工程施工中，金属管道采用焊接连接是一种常规的施工工艺之一。管道焊接的质量，将直接影响到系统的安全使用和工程的质量。根据《现场设备、工业管道焊接工程施工及验收规范》GB 50236—98 对焊工资格规定："从事相应的管道焊接作业，必须具有相应焊接方法考试项目合格证书，并在有效期内"的规定，通风与空调工程中施工的管道，包括多种焊接方法与质量等级，为保证工程施工质量故作出本规定。

3.0.13　通风与空调工程竣工的系统调试，是工程施工的一部分。它是将施工完毕的工程系统进行正确的调整，直至符合设计规定要求的过程。同时，系统调试也是对工程施工质量进行全面检验的过程。因此，本条文强调建设和监理单位共同参与，既能起到监督的作用，又能提高对工程系统的全面了解，利于将来运行的管理。

通风与空调工程竣工阶段的系统调试，是一项技术要求很高的工作，必须具有相应的专业技术人员和测试仪器，否则是不可能很好完成此项工作及达到预定效果的，故本条文作出了明确规定。

**3.0.14** 本条文根据《建筑工程质量管理条例》，规定通风与空调工程的保修期限为两个采暖期和供冷期。此段时间内，在工程使用过程中如发现一些问题，应是正常的。问题可能是由于施工设备与材料的原因，也可能是业主或设计原因造成的。因此，应对产生的问题进行调查分析，找出原因，分清责任，然后进行整改，由责任方承担经济损失。规定通风与空调工程质量以两个采暖期和供冷期为保修期限，这对设计和施工质量提出了比较高的要求，但有利于本行业技术水平的进步，应予以认真执行。

**3.0.15** 本条文是对净化空调系统洁净度等级的划分，应执行标准的规定。我国过去对净化空调系统洁净室等级的划分，是按照209b执行的，已经不能符合当前洁净室技术发展的需要。现在采用的标准为新修编的《洁净厂房设计规范》GB 50073—2001的规定，已与国际标准的划分相一致。工程的施工、调试、质量验收应统一以此为标准。

**3.0.16** 本条文规定了分项工程检验批质量验收合格的基本条件。

# 4 风管制作

## 4.1 一般规定

**4.1.1** 工业与民用建筑通风与空调工程中所使用的金属与非金属风管，其加工和制作质量都应符合本章条文的规定，并按相对应条文进行质量的检验和验收。

**4.1.2** 风管应按材料与不同分部项目规定的加工质量验收，一是要按风管的类别，是高压系统、中压系统，还是低压系统进行验收；二是要按风管属于哪个子分部进行验收。

**4.1.3** 风管验收的依据是本规范的规定和设计要求。一般情况下，风管的质量可以直接引用本规范。但当设计根据工程的需要，认为风管施工质量标准需要高于本规范的规定时，可以提出更严格的要求。此时，施工单位应按较高的标准进行施工，监理按照高标准验收。目前，风管的加工已经有向产品化发展的趋势，值得提倡。作为产品(成品)必须提供相应的产品合格证书或进行强度和严密性的验证，以证明所提供风管的加工工艺水平和质量。对工程中所选用的外购风管，应按要求进行查对，符合要求的方可同意使用。

**4.1.4** 本条文规定了风管的规格尺寸以外径或外边长为准；建筑风道以内径或内边长为准。风管板材的厚度较薄，以外径或外边长为准对风管的截面积影响很小，且与风管法兰以内径或内边长为准可相匹配。建筑风道的壁厚较厚，以内径或内边长为准可以正确控制风道的内截面面积。

条文对圆形风管规定了基本和辅助两个系列。一般送、排风及空调系统应采用基本系列。除尘与气力输送系统的风管，管内流速高，管径对系统的阻力损失影响较大，在优先采用基本系列的前提下，可以采用辅助系列。本规范强调采用基本系列的目的是在满足工程使用需要的前提下，实行工程的标准化施工。

对于矩形风管的口径尺寸，从工程施工的情况来看，规格数量繁多，不便于明确规定。因此，本条文采用规定边长规格，按需要组合的表达方法。

**4.1.5** 本条文规定了通风与空调工程中的风管，应按系统性质及工作压力划分为三个等级，即低压系统、中压系统与高压系统。不同压力等级的风管，可以适用于不同类别的风管系统，如一般通风、空调和净化空调等系统。这是根据当前通风与空调工程技术发展的需要和风管制作技术水平状况而提出的。表4.1.5中还列举了三个等级的密封要求，供在实际工程中选用。

**4.1.6** 镀锌钢板及含有各类复合保护层的钢板，优良的抗防腐蚀性能主要依靠这层保护薄膜。如果采用电焊或气焊熔焊焊接的连接方法，由于高温不仅使焊缝处的镀锌层被烧蚀，而且会造成大于数倍以上焊缝范围板面的保护层遭到破坏。被破坏了保护层后的复合钢板，可能由于发生电化学的作用，会使其焊缝范围处腐蚀的速度成倍增长。因此，规定镀锌钢板及含有各类复合保护层的钢板，在正常情况下不得采用破坏保护层的熔焊焊接连接方法。

**4.1.7** 本条文对风管密封的要点内容，从材料和施工方法上作出了规定。

## 4.2 主控项目

**4.2.1、4.2.2** 风管板材的厚度，以满足功能的需要为前提，过厚或过薄都不利于工程的使用。本条文从保证工程风管质量的角度出发，对常用材料风管的厚度，主要是对最低厚度进行了规定；而对无机玻璃钢风管则是规定了一个厚度范围，均不得违反。

无机玻璃钢风管是以中碱或无碱玻璃布为增强材料，无机胶凝材料为胶结材料制成的通风管道。对于无机玻璃钢风管质量控制的要点是本体的材料质量(包括强度和耐腐蚀性)与加工的外观质量。对一般水硬性胶凝材料的无机玻璃钢风管，主要是控制玻璃布的层数和加工的外观质量。对气硬性胶凝材料的无机玻璃钢风管，除了应控制玻璃布的层数和加工的外观质量外，还得注意其胶凝材料的质量。在加工过程中以胶结材料和玻璃纤维的性能、层数和两者的结合质量为关键。在实际的工程中，我们应该注意不使用一些加工质量较差，仅加厚无机材料涂层的风管。那样的风管既加重了风管的重量，又不能提高风管的强度和质量。故条文规定无机玻璃钢风管的厚度，为一个合理的区间范围。另外，无机玻璃钢风管如发生泛卤或严重泛霜，则表明胶结材料不符合风管使用性能的要求，不得应用于工程之中。

**4.2.3** 防火风管为建筑中的安全救生系统，是指建筑物局部起火后，仍能维持一定时间正常功能的风管。它们主要应用于火灾时的排烟和正压送风的救生保障系统，一般可分为1h、2h、4h等的不同要求级别。建筑物内的风管，需要具有一定时间的防火能力，这也是近年来，通过建筑物火灾发生后的教训而得来的。为了保证工程的质量和防火功能的正常发挥，规范规定了防火风管的本体、框架与固定、密封垫料不仅必须为不燃材料，而且其耐火性能还要满足设计防火等级的规定。

**4.2.4** 复合材料风管的板材，一般由两种或两种以上不同性能的材料所组成，它具有重量轻、导热系数小、施工操作方便等特点，具有较大推广应用的前景。复合材料风管中的绝热材料可以为多种性能的材料，为了保障在工程中风管使用的安全防火性能，规范规定其内部的绝热材料必须为不燃或难燃 $B_1$ 级，且是对人体无害的材料。

**4.2.5** 风管的强度和严密性能，是风管加工和制作质量的重要指标之一，必须达到。风管强度的检测主要检查风管的耐压能力，以保证系统安全运行的性能。验收合格的规定，为在1.5倍的工作压力下，风管的咬口或其他连接处没有张口、开裂等损坏的现象。

风管系统由于结构的原因，少量漏风是正常的，也可以说是不可避免的。但是过量的漏风，则会影响整个系统功能的实现和能源的大量浪费。因此，本条文对不同系统类别及功能风管的允许漏风量进行了明确的规定。允许漏风量是指在系统工作压力条件下，系统风管的单位表面积、在单位时间内允许空气泄漏的最大数量。这个规定对于风管严密性能的检验是比较科学的，它与国际上的通用标准相一致。条文还根据不同材料风管的连接特征，规定了相应的指标值，更有利于质量的监督和应用。

**4.2.6～4.2.8** 条文规定了金属、非金属和复合材料风管连接的基本要求。

4.2.9 本条文规定了砖、混凝土风管的变形缝应达到的基本质量要求。

4.2.10 本条文规定了圆形风管与矩形风管必须采取加固措施的范围和基本质量要求。当圆形风管直径大于等于800mm，且管段长度大于1250mm或管段长度不大于1250mm，但总表面积已大于4m²时，均应采取加固措施。矩形风管当边长大于等于630mm或保温风管边长大于等于800mm，且管段长度大于1250mm或管段长度不大于1250mm，但单边平表面积大于1.2m²（中、高压风管为1.0m²）时，也均应采取加固措施。条文将风管的加固与风管的口径、管段长度及表面积三者统一考虑是比较合理的，且便于执行，符合工程的实际情况。

在我国，非规则椭圆风管也已经开始应用，它主要采用螺旋风管的生产工艺，再经过定型加工而成。风管除去两侧的圆弧部分外，另两侧中间的平面部分与矩形风管相类似，故对其的加固也应执行与矩形风管相同的规定。

4.2.11 本条文对不同材料特性非金属风管的加固，作出了规定。硬聚氯乙烯风管焊缝的抗拉强度较低，故要求设有加强板。

4.2.12 为了降低风管系统的局部阻力，本条文对不采用曲率半径为一个平面边长的内外同心弧形弯管，其平面边长大于500mm的，作出了必须加设弯管导流片的规定。它主要依据为《全国通用通风管道配件图表》矩形弯管局部阻力系数的结论数据。

4.2.13 空气净化空调系统与一般通风、空调系统风管之间的区别，主要是体现在对风管的清洁度和严密性能要求上的差异。本条文就是针对这个特点，对其加工制作时应做到的具体内容作出了规定。

空气净化空调系统风管的制作，首先应去除风管内壁的油污及积尘，为了预防二次污染和对施工人员的保护，规定了清洗剂应为对人和板材无危害的材料。二是对镀锌钢板的质量作出了明确的规定，即表面镀锌层产生严重损坏的板材（如观察到板材表层镀锌层有大面积白花、用手一抹有粉末掉落现象）不得使用。三是对风管加工的一些工序要求作出了硬性的规定，如1～5级的净化空调系统风管不得采用按扣式咬口，不得采用抽芯铆钉等，应予执行。

### 4.3 一般项目

4.3.1 本条文是对金属风管制作质量的基本规定，应遵照执行。

4.3.2 本条文是对金属法兰风管的制作质量作出的规定。验收时应先验收法兰的质量，后验收风管的整体质量。

4.3.3 本条文是对金属无法兰风管的制作质量作出的规定。金属无法兰风管与法兰风管相比，虽在加工工艺上存在着较大的差别，但对其整体质量的要求应是相同的。因此本条文只是针对不同无法兰结构形式特点的质量验收内容，进行了叙述和规定。

4.3.4 本条文是对风管加固的验收标准，作出了具体的规定。

4.3.5～4.3.7 条文是根据硬聚氯乙烯、有机玻璃钢、无机玻璃钢风管的不同特性，分别规定了风管制作的质量验收规定。

4.3.8 砖、混凝土风道内表面的质量直接影响风管系统的使用性能，故对其施工质量的验收作出了规定。

4.3.9、4.3.10 本条文分别对双面铝箔绝热板和铝箔玻璃纤维绝热板新型材料风管的制作质量作出了规定。

复合材料风管都是以产品供应的形式，应用于工程。故本条文仅规定了一些基本的质量要求。在实际工程应用中，除应符合风管的一般质量要求外，还需根据产品技术标准的详细规定进行施工和验收。

4.3.11 条文对净化空调系统风管施工质量验收的特殊内容作出了规定。净化空调系统风管的洁净度等级不同，对风管的严密性要求亦不同。为了能保证其相对的质量，故对系统洁净等级为6～9级风管法兰铆钉的间距，规定为不应大于100mm；1～5级风管法兰铆钉的间距不应大于65mm。在工程施工中对制作完毕的净化空调系统风管，进行二次清洗及及时封口，可以较好地保持系统内部的清洁，很有必要。

# 5 风管部件与消声器制作

### 5.1 一般规定

本节规定了通风与空调工程中风管部件验收的一般规定。风管部件有施工企业按工程的需要自行加工的，也有外购的产成品。按我国工程施工发展的趋势，风管部件以产品生产为主的格局正在逐步形成。为此，本条文规定对一般风量调节阀按制作风阀的要求验收，其他的宜按外购产成品的质量进行验收。一般风量调节阀是指用于系统中，不要求严密关断的阀门，如三通调节阀、系统支管的调节阀等。

### 5.2 主控项目

5.2.1 本条文是对一般手动调节风阀质量验收的主控项目作出的规定。

5.2.2 本条文强调的是对调节风阀电动、气动驱动装置可靠性的验收。

5.2.3 防火阀与排烟阀是使用于建筑工程中的救生系统，其质量必须符合消防产品的规定。

5.2.4 防爆风阀主要使用于易燃、易爆的系统和场所，其材料使用不当，会造成严重的后果，故在验收时必须严格执行。

5.2.5 本条文是对净化空调系统风阀质量验收的主控项目作出的规定。

5.2.6 本条文强调的是对高压调节风阀动作可靠性的验收。

5.2.7 当火灾发生防排烟系统应用时，其管内或管外的空气温度都比较高，如应用普通可燃材料制作的柔性短管，在高温的烘烤下，极易造成破损或被引燃，会使系统功能失效。为此，本条文规定防排烟系统的柔性短管，必须用不燃材料做成。

5.2.8 当消声弯管的平面边长大于800mm时，其消声效果呈加速下降，而阻力反呈上升趋势。因此，条文作出规定，应加设吸声导流片，以改善气流组织，提高消声性能。阻性消声弯管和消声器内表面的覆面材料，大都是玻璃纤维织布材料，在管内气流长时间的冲击下，易使织面松动、纤维断裂而造成布面破损、吸声材料飞散。因此，本条文规定消声器内直接迎风面的布质覆面层应有保护措施。

净化空调系统对风管内的洁净要求很高，连接在系统中的消声器不应该是个发尘源，故本条文规定其消声器内的覆面材料应为不产尘或不易产尘的材料。

### 5.3 一般项目

5.3.1～5.3.4 条文按不同种类的风阀，对其制作质量进行了规定，以便于验收。

5.3.5 风量平衡阀是一个精度较高的风阀，都由专业工厂生产，故强调按产品标准进行验收。

5.3.6 本条文仅对通风系统中经常应用的吸风罩的基本质量验收要求作出了规定。

5.3.7 本条文按风帽的种类不同，分别规定了制作质量的验收要求。

5.3.8 弯管内设导流片可起到降低弯管局部阻力的作用。导流片的加工可以有多种形式和方法。现在已逐步向定型产品方向发展，故条文强调的是不同材质的矩形风管应用性能相同，而不是规定为同一材质。导流片置于矩形弯管内，迎风侧尖锐的边缘易产生噪声，不利于在系统中使用。导流片的安装可分为等距排列安装和非等距排列安装两种。等距排列的安装比较方便，且符合产品批量生产的特点；非等距排列安装需根据风管的口径进行计算，定位、安装比较复杂。另外，矩形弯管导流片还可以按气流特性进行全程分割。根据以上情况,条文规定导流片在弯管内的分布应符合设计比较妥当。

**5.3.9** 柔性短管的主要作用是隔振,常应用于与风机或带有动力的空调设备的进出口处,作为风管系统中的连接管;有时也用于建筑物的沉降缝处,作为伸缩管使用。因此,对其材质、连接质量和相应的长度进行规定和控制都是必要的。

**5.3.10** 本条文规定了一般阻性、抗性与阻抗复合式等消声器制作质量的验收要求。

**5.3.11** 检查门一般安装在风管或空调设备上,用于对系统设备的检查和维修,它的严密性能直接影响到系统的运行。因此,本条文主要强调了对检查门开启的灵活性和关闭时密封性的验收。

**5.3.12** 本条文规定了风口质量的验收要求。

# 6 风管系统安装

## 6.1 一般规定

本节仅对风管系统安装通用的施工内容作出了相应的规定。如风管系统严密性的检验和测试,风管吊、支架膨胀螺栓锚固的规定等。工程中风管系统的严密性检验,是一桩比较困难的工作。如一个风管系统常可能跨越多个楼层和房间,支管口的封堵比较困难,以及工程的交叉施工影响等。另外,从风管系统漏风的机理来分析,系统末端的静压小,相对的漏风量亦小。只要按工艺要求对支管的安装质量进行严格的监督管理,就能比较有效地控制它的漏风量。因此,在第6.1.2条中明确规定风管系统的严密性检验以主、干管为主。

## 6.2 主控项目

**6.2.1～6.2.3** 条文分别规定了风管系统工程中必须遵守的强制性项目内容。如不按规定施工都会有可能带来严重后果,因此必须遵守。

**6.2.4** 本条文规定了风管系统中一般部件安装应验收的主控项目内容。

**6.2.5** 防火阀、排烟阀的安装方向、位置会影响阀门功能的正常发挥,故必须正确。防火阀两侧的防火离墙越远,对过墙管的耐火性能要求越高,阀门的功能作用越差,故条文对此作出了规定。

**6.2.6** 本条文规定了净化空调风管系统安装应验收的主控项目内容。

**6.2.7** 本条文规定了真空吸尘风管系统安装应验收的主控项目内容。

**6.2.8** 本条文规定了风管系统安装后,必须进行严密性的检测。风管系统的严密性测试,是根据通风与空调工程发展需要而决定的,它与国际上技术先进国家的标准要求相一致。同时,风管系统的漏风量测试又是一件在操作上具有一定难度的工作。测试需要一些专业的检测仪器、仪表和设备;还需要对系统中的开口进行封堵,并要与工程的施工进度及其他工种施工相协调。因此,本规范根据我国通风与空调工程施工的实际情况,将工程的风管系统严密性的检验分为三个等级,分别规定了抽检数量和方法。

高压风管系统的泄漏,对系统的正常运行会产生较大的影响,应进行全数检测。

中压风管系统大都为低级别的净化空调系统、恒温恒湿与排烟系统等,对风管的质量有较高的要求,应进行系统漏风量的抽查检测。

低压系统在通风与空调工程中占有最大的数量,大都为一般的通风、排气和舒适性空调系统。它们对系统的严密性要求相对较低,少量的漏风对系统的正常运行影响不太大,不宜动用大量人力、物力进行现场系统的漏风量测定,宜采用严格施工工艺的监督,用附录A规定的漏光方法来替代。在漏光检测时,风管系统没有明

显的、众多的漏光点,可以说明工艺质量是稳定可靠的,就认为风管的漏风量符合规范的规定要求,可不再进行漏风量的测试。当漏光检测时,发现大量的、明显的漏光,则说明风管加工工艺质量存在问题,其漏风量会很大,那必须用漏风量的测试来进行验证。

1～5级的净化空调系统风管的过量泄漏,会严重影响洁净度目标的实现,故规定以高压系统的要求进行验收。

**6.2.9** 手动密闭阀是为了防止高压冲击波对人体的伤害而设置的,安装方向必须正确。

## 6.3 一般项目

**6.3.1** 本条文对风管系统安装中基本质量的验收要求作出了规定。如现场安装的风管接口、返弯或异径管等,由于配置不当、截面缩小过甚,往往会影响系统的正常运行,其中以连接风机和空调设备处的接口影响最为严重。

**6.3.2** 本条文按类别对无法兰连接风管安装中基本的质量验收要求作出了规定。

**6.3.3** 本条文对系统风管安装的位置、水平度、垂直度等的验收要求,作出了规定。对于暗装风管的水平度、垂直度,条文没有作出量的规定,只要求"位置应正确,无明显偏差"。这不是降低标准,而是从施工实际出发,如果暗装风管也要求其横平竖直,实际意义不大,况且在狭窄的空间内,各种管道纵横交叉,客观上也很难做到。

**6.3.4** 本条文对风管系统支、吊架安装质量的验收要求作出了规定。风管安装后,还应立即对其进行调整,以避免出现各副支、吊架受力不匀或风管局部变形。

**6.3.5～6.3.7** 条文分别对非金属、复合材料、集中式真空吸尘风管系统安装基本质量的验收要求作出了规定。

**6.3.8** 本条文对风管系统中各类风阀安装质量的验收要求作出了规定。

**6.3.9** 本条文对风管系统中风帽安装的最基本的质量要求(牢固和不渗漏)作出了规定。

**6.3.10** 本条文对风管系统中风罩安装的基本质量要求作出了规定。

**6.3.11** 本条文对风管系统中风口安装的基本质量要求作出了规定。风口安装质量应以连接的严密性和观感的舒适、美观为主。

**6.3.12** 净化空调系统风口安装有较高的要求,故本条文作了附加规定。

# 7 通风与空调设备安装

## 7.1 一般规定

本节对通风与空调工程风管系统设备安装的通用要求作出了规定。

设备的随机文件既代表了产品质量,又是安装、使用的说明书和技术指导资料,必须加以重视。随着国际交往的不断发展,国内工程中安装进口设备会有所增加。我们应该根据国际惯例,对所安装的设备规定必须通过国家商检部门的鉴定,并具有检验合格的证明文件。

通风与空调工程中大型、高空或特殊场合的设备吊装,是工程施工中一个特殊的工序,并具有较大的危险性,稍有疏忽就可能造成机毁人伤,因此必须加以重视。第7.1.5条就是为了保证安全施工所作出的规定。

## 7.2 主控项目

**7.2.1** 本条文规定了通风机安装验收的主控项目内容。工程现场对风机叶轮安装的质量和平衡性的检查,最有效、粗略的方法就是盘动叶轮,观察它的转动情况和是否会停留在同一个位置。

7.2.2 为防止由于风机对人的意外伤害,本条文对通风机转动件的外露部分和敞口作了强制的保护性措施规定。

7.2.3 本条文规定了空调机组安装验收主控项目的内容。一般大型空调机组由于体积大,不便于整体运输,常采用散装或组装能段运至现场进行整体拼装的施工方法。由于加工质量和组装水平的不同,组装后机组的密封性能存在着较大的差异,严重的漏风将影响系统的使用功能。同时,空调机组整机的漏风量测试也是工程设备验收的必要步骤之一。因此,现场组装的机组在安装完毕后,应进行漏风量的测试。

7.2.4 本条文规定了除尘器安装验收主控项目的内容。现场组装的除尘器,在安装完毕后,应进行机组的漏风量测试,本条文对设计工作压力下除尘器的允许漏风率作出了规定。

7.2.5 本条文规定了高效过滤器安装验收主控项目的内容。高效过滤器主要运用于洁净室及净化空调系统之中,其安装质量的好坏将直接影响到室内空气洁净度等级的实现,故应认真执行。

7.2.6 本条文规定了净化空调设备安装验收主控项目的内容。净化空调设备指的是空气净化系统应用的专用设备,安装时应达到清洁、严密。对于风机过滤器单元,还强调规定了系统试运行时,必须加装中效过滤器作为保护。

7.2.7 本条文强制规定了静电空气处理设备安装必须可靠接地的要求。

7.2.8 本条文强制规定了电加热器安装必须可靠接地和防止燃烧的要求。

7.2.9 本条文规定了干蒸汽加湿器安装、验收的主控项目内容。干蒸汽加湿器的喷气管如果向下安装,会使产生干蒸汽的工作环境遭到破坏,故不允许。

7.2.10 本条文规定了过滤吸收器安装验收主控项目的内容。过滤吸收器是人防工程中一个重要的空气处理装置,具有过滤、吸附有毒有害气体,保障人身安全的作用。如果安装发生差错,将会使过滤吸收器的功能失效,无法保证系统的安全使用。

## 7.3 一般项目

7.3.1 本条文对通风机安装的允许偏差和隔振支架安装的验收质量作出了规定。

为防止隔振器移位,规定安装隔振器地面应平整。同一机座的隔振器压缩量应一致,使隔振器受力均匀。

安装风机的隔振器和钢支、吊架应按其荷载和使用场合进行选用,并应符合设计和设备技术文件的规定,以防造成隔振器失效。

7.3.2 本条文对组合式空调机组安装的验收质量作出了规定。

组合式空调机的组装、功能段的排序应符合设计规定,还要求达到机组外观整体平直、功能段之间的连接严密、保持清洁及做好设备保护工作等质量要求。

7.3.3 本条文对现场组装的空气处理室安装的验收质量作出了规定。

现场组装空气处理室容易发生渗漏水的部位,主要是在预埋管、检查门、水管接口以及喷水段的组装接缝等处,施工质量验收时,应引起重视。目前,国内喷水式空气处理室,应用的数量虽然比较少,但是作为一种有效的空气处理形式,还是有实用的价值,故本规范给予保留。

表面式换热器的金属翅片在运输与安装过程中易被损坏和沾染污物,会增加空气阻力,影响热交换效率。所以条文也作了相应的规定,以防止类似情况的发生。

7.3.4 本条文是针对分体式空调机组和风冷整体式空调机组的安装,提出了质量验收的要求。

7.3.5 本条文对各类除尘器安装通用的验收质量作出了规定。

除尘器安装位置正确,可保证风管镶接的顺利进行。除尘器的安装质量与除尘效率有着密切关系。本条文对除尘器安装的允许偏差和检验方法作了具体规定。

除尘器的活动或转动部位为清灰的主要部件,故强调其动作应灵活、可靠。

除尘器的排灰阀、卸料阀、排泥阀的安装应严密,以防止产生粉尘泄漏、污染环境和影响除尘效率。

7.3.6 对现场组装的静电除尘器,本条文强调的是阴、阳电极极板的安装质量。

7.3.7 对现场组装的布袋除尘器的验收,主要应控制其外壳、布袋与机械落灰装置的安装质量。

7.3.8 本条文对净化空调系统洁净设备安装的验收质量作出了规定。

带有通风机的气闸室、吹淋室的振动会对洁净室的环境带来不利影响,因此,要求垫隔振垫。

条文对机械式余压阀、传递窗安装质量的验收,强调的是水平度和密封性。

7.3.9 本条文对装配式洁净室安装的验收质量作出了规定。

为保障装配室洁净室的安全使用,故规定其顶板和壁板为不燃材料。

洁净室干燥、平整的地面,才能满足其表面涂料与铺贴材料施工质量的需要。为控制洁净室的拼装质量,条文还对壁板、墙板安装的垂直度、顶板的水平度以及每个单间几何尺寸的允许偏差作出了规定。

对装配式洁净室的吊顶、壁板的接口等,强调接缝整齐、严密,并在承重后保持平整。装配式洁净室接缝的密封措施和操作质量,将直接影响洁净室的洁净等级和压差控制目标的实现,故需特别引起重视。

7.3.10 本条文对净化空调系统中洁净层流罩安装的验收质量作出了规定。

7.3.11 本条文对净化空调系统中风机过滤单元安装的验收质量作出了规定。

7.3.12 本条文对净化空调系统中高效过滤器安装的验收质量作出了规定。

高效过滤器采用机械密封时,密封垫料的厚度及安装的接缝处理非常重要,厚度应按条文的规定执行,接缝不应为直线连接。

当高效过滤器采用液槽密封时,密封液深度以2/3槽深为宜,过少会使插端口处不易密封,过多会造成密封液外溢。

7.3.13 本条文对消声器安装的验收质量作出了规定。

条文强调消声器安装前,应做外观检查;安装过程中,应注意保护与防潮。不少消声器安装是具有方向要求的,不能反方向安装。消声器、消声弯管的体积、重量大,应设置单独支、吊架,不应使风管承受消声器和消声弯管的重量。这样可以方便消声器或消声弯管的维修与更换。

7.3.14 本条文对空气过滤器安装的验收质量作出了规定。

空气过滤器与框架、框架与围护结构之间封堵的不严,会影响过滤器的滤尘效果,所以要求安装时无穿透的缝隙。

卷绕式过滤器的安装,应平整,上下筒体应平行,以达到滤料的松紧一致,使用时不发生跑料。

7.3.15 本条文对风机盘管空调器安装的验收质量作出了规定。

风机盘管机组安装前宜对产品的质量进行抽检,这样可使工程质量得到有效的控制,避免安装后发现问题再返工。风机盘管机组的安装,还应注意水平坡度的控制,坡度不当,会影响凝结水的正常排放。

风机盘管机组与风管、回风箱或风口的连接,在工程施工中常存在不到位、空缝等不良现象,故条文对此进行了强调。

7.3.16 本条文对转轮式换热器安装的验收质量作出了规定。

条文强调了风管连接不能搞错,以防止功能失效和系统空气的污染。

7.3.17 本条文对转轮式去湿器安装的验收质量作出了规定。

7.3.18 本条文对蒸汽加湿器安装的验收质量作出了规定。

为防止蒸汽加湿器使用过程中产生不必要的振动,应设置独立支架,并固定牢固。

**7.3.19** 本条文对空气风幕机安装的验收质量作出了规定。

为避免空气风幕机运转时发生不正常的振动,因此规定其安装应牢固可靠。风幕机常为明露安装,故对其垂直度、水平度的允许偏差作出了规定。

**7.3.20** 本条文对变风量末端装置安装的验收质量作出了规定。

变风量末端装置应设置单独支、吊架,以便于调整和检修;与风管连接前宜做动作试验,确认运行正常后再封口,可以保证安装后设备的正常运行。

# 8 空调制冷系统安装

## 8.1 一般规定

**8.1.1** 本条文把适用于空调工程制冷系统的工作范围,定为工作压力不高于 2.5MPa,工作温度在 −20～150℃ 的整体式、组装式及单元式制冷设备、制冷附属设备、其他配套设备和管路系统的安装工程。不包括空气分离、速冻、深冷等的制冷设备及系统。

**8.1.2** 空调制冷是一个完整的循环系统,要求其机组、附属设备、管道和阀门等,均必须相互匹配、完好。为此,本条文特作出了规定,要求它们的型号、规格和技术参数必须符合设计规定,不能任意调换。

**8.1.3** 现在,空调制冷系统制冷机组的动力源,不再是仅使用单一的电能,已经发展成为多种能源的新格局。空调制冷设备新能源,如燃油、燃气与蒸汽的安装,都具有较大的特殊性。为此,本条文强调应按设计文件、有关的规范和产品技术文件的规定执行。

**8.1.4** 制冷设备种类繁多,形状各一,其重量及体积差异很大,且装有相互关联的配件、仪表、电器和自控装置等,对搬运与吊装的要求较高。制冷机组的吊装就位,也是设备安装的主要工序之一。本条文强调吊装不使设备变形、受损是关键。对大型、高空和特殊场合的设备吊装,应编制施工方案。

**8.1.5** 空调制冷系统分部工程中制冷机组的本体安装,本规范采用直接引用《制冷设备、空气分离设备安装工程施工及验收规范》GB 50274—1998 的办法。

## 8.2 主控项目

**8.2.1** 本条文规定了对制冷设备及制冷附属设备安装质量的验收应符合的主控项目内容。

**8.2.2** 直接膨胀表面式换热器的换热效果,与换热器内、外两侧的传热状态条件有关。设备安装时应保持换热器外表面清洁、空气与制冷剂呈逆向流动的状态。

**8.2.3** 燃油与燃气系统的设备安装,消防安全是第一位的要求,故条文特别强调位置和连接方法应符合设计和消防的要求,并按设计规定可靠接地。

**8.2.4** 制冷设备各项严密性试验和试运行的过程,是对设备本体质量与安装质量验收的依据,必须引起重视。故本条文把它作为验收的主控项目。对于组装式的制冷设备,试验的项目应符合条文中所列举项目的全部,并均应符合相应技术标准规定的指标。

**8.2.5** 本条文对制冷系统管路安装的质量验收的主控项目作出了明确的规定。制冷剂管道连接的部位、坡向都会影响系统的正常运行,故本条文规定了验收的具体要求。

**8.2.6** 燃油管道系统的静电火花,可能会造成很大的危害,必须杜绝。本条文就是针对这个问题而作出规定的。

**8.2.7** 制冷设备应用的燃气管道可分为低压和中压两个类别。当接入管道的压力大于 0.005MPa 时,属于中压燃气系统,为了保障使用的安全,其管道的施工质量必须符合本条文的规定,如管道焊缝的焊接质量,应按设计的规定进行无损检测的验证,管道与设备的连接不得采用非金属软管,压力试验不得用水。燃气系统管道焊缝的焊接质量,采用无损检测的方法来进行质量的验证,要求是比较高的。但是,必须这样做,尤其对天然气类的管道。因为它们一旦泄漏燃烧、爆炸,将对建筑和人体造成严重危害。

**8.2.8** 氨属于有毒、有害气体,但又是性能良好的制冷介质。为了保障使用的安全,本条文对氨制冷系统的管道及其部件安装的密封要求作出了严格的规定,必须遵守。

**8.2.9** 乙二醇溶液与锌易产生不利于管道使用的化学反应,故规定不得使用镀锌管道和配件。

**8.2.10** 本条文规定的制冷管路系统,主要是指现场安装的制冷剂管路,包括气管、液管及配件。它们的强度、气密性与真空试验必须合格。这属于制冷管路系统施工验收中一个最基本的主控项目。

## 8.3 一般项目

**8.3.1** 不论是容积式制冷机组,还是吸收式制冷设备,它们对机体的水平度、垂直度等安装质量都有要求,否则会给机组的运行带来不良影响。因此,本条文对其验收要求作出了规定。

**8.3.2** 模块式制冷机组是按一定结构尺寸和形式,将制冷机、蒸发器、冷凝器、水泵及控制机构组成一个完整的制冷系统单元(即模块)。它既可以单独使用,又可以多个并联组成大容量冷水机组组合使用。模块与模块之间的管道,常采用 V 形夹固定连接。本条文就是对冷水管道、管道部件和阀门安装验收的质量要求作出了规定。

**8.3.3** 本条文对燃油泵和蓄冷系统载冷剂泵安装验收的质量要求作出了规定。

**8.3.4** 本条文是对制冷系统管道安装质量的一般项目内容作出了规定。

**8.3.5** 制冷系统中应用的阀门,在安装前均应进行严格的检查和验收。凡具有产品合格证明文件,进出口封闭良好,且在技术文件规定期限内的阀门,可不做解体清洗。如不符合上述条件的阀门应做全面拆卸检查,除污、除锈、清洗、更换垫料,然后重新组装,进行强度和密封性试验。同时,根据阀门的特性要求,条文对一些阀门的安装方向作出了规定。

**8.3.6** 本条文规定管路系统吹扫排污,应采用压力为 0.6MPa 干燥压缩空气或氮气,为的是控制管内的流速不致过大,又能满足管路清洁、安全施工的目的。

# 9 空调水系统管道与设备安装

## 9.1 一般规定

**9.1.1** 本条文规定了本章适用的范围。

**9.1.2** 镀锌钢管表面的镀锌层,是管道防腐的主要保护层,为不破坏镀锌层,故提倡采用螺纹连接。根据国内工程施工的情况,当管径大于等于 DN100mm 时,螺纹的加工与连接质量不太稳定,不如采用法兰、焊接或其他连接方法更为合适。对于闭式循环运行的冷媒水系统,管道内部的腐蚀性相对较弱,对被破坏的表面进行局部处理可以满足需要。但是,对于开式运行的冷却水系统,则应采取更为有效的防腐措施。

**9.1.3** 空调工程水系统金属管道的焊接,是该工程施工中应具备的一个基本技术条件。企业应具有相应焊接管道材料和条件的合格工艺评定,焊工应具有相应类别焊接考核合格且在有效期内的资格证书。这是保证管道焊接施工质量的前提条件。

**9.1.4** 空调工程的蒸汽能源管道或蒸汽加湿管道,其施工要求与采暖工程的规定相同,故本条采用直接引用《建筑给水、排水及采暖工程施工质量验收规范》GB 50242—2002 的方法。

## 9.2 主控项目

**9.2.1** 本条文规定了空调水系统的设备与附属设备、管道、管道部件和阀门的材质、型号和规格，必须符合设计的基本规定。

**9.2.2** 本条文主要规定了空调水系统管道、管道部件和阀门的施工，必须执行的主控项目内容和质量要求。

在实际工程中，空调工程水系统的管道存在有局部埋地或隐蔽铺设时，在为其实施覆土、浇捣混凝土或其他隐蔽施工之前，必须进行水压试验并合格。如有防腐及绝热施工的，则应该完成全部施工，并经过现场监理的认可和签字，办妥手续后，方可进行下道隐蔽工程的施工。这是强制性的规定，必须遵守。

管道与空调设备的连接，应在设备定位和管道冲洗合格后进行。一是可以保证接管的质量，二是可以防止管路内的垃圾堵塞空调设备。

**9.2.3** 空调工程管道水系统安装后必须进行水压试验（凝结水系统除外），试验压力根据工程系统的设计工作压力分为两种。冷热水、冷却水系统的试验压力，当工作压力小于等于1.0MPa时，为1.5倍工作压力，最低不小于0.6MPa；当工作压力大于等于1.0MPa时，为工作压力加0.5MPa。

一般建筑的空调工程，绝大部分建筑高度不会很高，空调水系统的工作压力大多不会大于1.0MPa。符合常规的压力试验条件，即试验压力为1.5倍的工作压力，并不得小于0.6MPa，稳压10min，压降不大于0.02MPa，然后降至工作压力做外观检查。因此，完全可以按该方法进行。

对于大型或高层建筑的空调水系统，其系统下部受静水压力的影响，工作压力往往很高，采用常规1.5倍工作压力的试验方法极易造成设备和零部件损坏。因此，对于工作压力大于1.0MPa的空调水系统，条文规定试验压力为工作压力加上0.5MPa。这是因为现在空调水系统绝大多数采用闭式循环系统，目的是为了节约水泵的运行能耗，这也就决定了因各种原因造成管道内压力上升不会大于0.5MPa。这种试压方法在国内高层建筑工程中试用过，效果良好，符合工程实际情况。

试压压力是以系统最高处，还是最低处的压力为准，这个问题以前一直没有明确过，本条文明确了应以最低处的压力为准。这是因为，如果以系统最高处压力试压，那么系统最低处的试验压力等于1.5倍的工作压力再加上高度差引起的静压差值。这在高层建筑中最低处压力甚至会再增大几个MPa，将远远超出了管配件的承压能力。所以，取点为最高处是不合适的。此外，在系统设计时，计算系统最高压力也是在系统最低，随着管道位置的提高，内部的压力也逐步降低。在系统实际运行时，高度—压力变化关系同样是这样；因此一个系统只要最低处的试验压力比工作压力高出一个ΔP，那么系统管道的任意处的试验压力也比该处的工作压力同样高出一个ΔP，也就是说系统管道的任意处都有安全保证。所以条文明确了这一点。

对于各类耐压非金属（塑料）管道系统的试验压力规定为1.5倍的工作压力，（试验）工作压力为1.15倍的设计工作压力，这是考虑非金属管道的强度，随着温度的上升而下降，故适当提高了（试验）工作压力的压力值。

**9.2.4** 本条文规定了空调水系统管道阀门安装，必须遵守的主控项目的内容。

空调水系统中的阀门质量，是系统工程质量验收的一个重要项目。但是，从国家整体质量管理的角度来说，阀门的本体质量应归属于产品的范畴，不能因为产品质量的问题而要求在工程施工中负责产品的检验工作。本规范从职责范围和工程施工的要求出发，对阀门的检验规定为阀门安装前必须进行外观检查，其外表应无损伤、阀体无锈蚀，阀体的铭牌应符合《通用阀门标志》GB 12220的规定。

管道阀门的强度试验过去一直是参照《采暖与卫生工程施工及验收规范》GBJ 242—82中的通用规定，抽查10%数量的阀门进行试验。由于在一个较大工程中的阀门数量很多，要进行10%的阀门的强度试验，其工作量也是惊人的，何况阀门的规格也相当多，试验很困难，不应在施工过程中占用大量的人力和物力。为

此，修编后的条文将根据各种阀门的不同要求予以区别对待：

**1** 对于工作压力高于1.0MPa的阀门规定抽检20%，这个要求比原抽检10%严格了。

**2** 对于安装在主干管上起切断作用的阀门，条文规定按全数检查。

**3** 其他阀门的强度检验工作可结合管道的强度试验工作一起进行。条文规定的阀门强度试验压力（1.5倍的工作压力）和压力持续时间（5min）均符合国家行业标准《阀门检验与管理规程》SH 3518—2000的规定。

这样，不但减少了阀门检验的工作量，而且也提高了检验的要求。既保证了工程质量，又易于实施。

**9.2.5** 本条文规定了管道补偿器安装质量验收的主控项目内容。

**9.2.6** 本条文规定了空调水系统中冷却塔的安装，必须遵守的主控项目的内容。玻璃钢冷却塔虽然具有重量轻、耐化学腐蚀、性能高的特点，在工程中得到广泛应用。但是，玻璃钢外壳以及塑料点波片或蜂窝片大都是易燃物品。在系统运行的过程中，被水不断的冲淋，不可能发生燃烧，但是，在安装施工的过程中却是非常容易被引燃的。因此，本条文特别提出规定，必须严格遵守施工防火安全管理的规定。

**9.2.7** 本条文规定了空调水系统中的水泵的安装，必须遵守的主控项目的内容。

**9.2.8** 本条文规定了空调水系统其他附属设备安装必须遵守的主控项目的内容。

### 9.3 一般项目

**9.3.1** 根据当前有机类化学新型材料管道的发展，为了适应工程新材料施工质量的监督和检验，本条文对非金属管道和管道部件安装的基本质量要求作出了规定。

**9.3.2** 金属管道的焊接质量，直接影响空调水系统工程的正常运行和安全使用，故本条文对空调水系统金属管道安装焊接的基本质量要求作出了规定。

**9.3.3** 本条文对采用螺纹连接管道施工质量验收的一般要求作出了规定。

**9.3.4** 本条文对采用法兰连接的管道施工质量验收的一般要求作出了规定。

**9.3.5** 本条文对空调水系统钢制管道、管道部件等施工质量验收的一般要求作出了规定。对于管道安装的允许偏差和支、吊架衬垫的检查方法等也作了说明。

**9.3.6** 钢塑复合管道既具有钢管的强度，又具有塑料管耐腐蚀的特性，是一种空调水系统中应用较理想的材料。但是，如果在施工过程中处理不当，管内的涂塑层遭到破坏，则会丧失其优良的防腐蚀性能。故本条文规定当系统工作压力小于等于1.0MPa，钢塑复合管采用螺纹连接时，宜采用涂（衬）塑焊接钢管与无缝钢管涂（衬）塑管配件，螺纹连接的深度和扭矩应符合本规范条文中9.3.6-1的规定。当系统工作压力大于1.0MPa时，宜采用涂（衬）塑无缝钢管法兰连接或沟槽式连接，管道的配件也为无缝钢管涂（衬）塑管件。沟槽式连接管道的沟槽与连接使用的橡胶密封圈和卡箍套也必须为配套合格产品。这点应该引起重视，否则不易保证施工质量。

管道的沟槽式连接为弹性连接，不具有刚性管道的特性，故规定支、吊架不得支承在连接卡箍上，其间距应符合本规范条文中表9.3.6-2的规定。水平管的任何两个连接卡箍之间必须设有支、吊架。

**9.3.7** 本条文对风机盘管施工质量验收的一般要求作出了规定。

**9.3.8** 本条文对空调水系统管道支、吊架安装的基本质量要求作出了规定。以往管道系统支、吊架的间距和要求，一直套用《采暖与卫生工程施工及验收规范》GBJ 242—82的规定。它与当前的技术发展存在较大的差距，因而进行了计算和新编。本条文规定的金属管道的支、吊架的最大跨距，是以工作压力不大于2.0MPa，

现在工程常用的绝热材料和管道的口径为条件的。支、吊架条文表9.3.8中规定的最大口径为 $DN300mm$，保温管道的间距为9.5m。对于大于 $DN300mm$ 的管道口径也按这个间距执行。这是因为空调水系统的管道，绝大多数为室内管道，更长的支、吊架距离不符合施工现场的条件。

沟槽式连接管道的支、吊架距离，不得执行本条文的规定。

**9.3.9** 本条文仅对空调水系统的非金属管道支、吊架安装的基本质量要求作出了规定。热水系统的非金属管道，其强度与温度成反比，故要求增加其支、吊架承面的面积，一般宜加倍。

**9.3.10** 本条文仅对空调水管道阀门及部件安装的基本质量要求作出了规定。

**9.3.11** 本条文主要对空调系统应用的冷却塔及附属设备安装的基本质量要求作出了规定。冷却塔安装的位置大都在建筑顶部，一般需要设置专用的基础或支座。冷却塔属于大型的轻型结构设备，运行时既有水的循环，又有风的循环。因此，在设备安装验收时，应强调安装的固定质量和连接质量。

**9.3.12** 本条文对水泵安装施工质量验收的一般要求作出了规定。

**9.3.13** 本条文对空调水系统附属设备安装的基本质量要求作出了规定。

# 10 防腐与绝热

## 10.1 一般规定

**10.1.1** 本条文规定了风管与部件及空调设备绝热工程施工的前提条件，是在风管系统严密性检验合格后才能进行。风管系统的严密性检验，是指对风管系统所进行的漏光检测或漏风量测定。

**10.1.2** 本条文是对空调制冷剂管道和空调水系统管道的绝热施工条件的规定。管道的绝热施工是管道安装工程的后道工序，只有当前道工序完成，并被验证合格后才能进行。

**10.1.3** 普通薄钢板风管的防腐处理，可采取两种方法，即先加工成型后刷防腐漆和先刷防腐漆后再加工成型。两者相比，后者的施工工效高，并对咬口缝和法兰铆接处的防腐效果要好得多。为了提高风管的防腐性能，保障工程质量，故作此规定。

**10.1.4** 在一般的情况下，支、吊架与风管或管道同为黑色金属材料，并处于同一环境。因此，它们的防腐处理理应与风管或管道相一致。而在有些含有酸、碱或其他腐蚀性气体的建筑厂房，风管或管道采用硬聚氯乙烯、玻璃钢或不锈钢板（管）时，则支、吊架的防腐处理应与风管、管道的抗腐蚀性能相同或按设计的规定执行。

油漆可分为底漆和面漆。底漆以附着和防锈蚀的性能为主，面漆以保护底漆、增加抗老化性能和调节表面色泽为主。非隐蔽明装部分的支、吊架，如不刷面漆会使防腐底漆很快老化失效，且不美观。

**10.1.5** 油漆施工时，应采用防火、防冻、防雨等措施，这是一般油漆工程施工必须做到的基本要求。但是，有些操作人员并不重视这方面的工作，不但会影响油漆质量，还可能引发火灾事故。另外，大部分的油漆在低温时（通常指5℃以下）黏度增大，喷涂不易进行，造成厚薄不匀，不易干燥或缺陷，影响防腐效果。如果在潮湿的环境下（一般指相对湿度大于85%）进行防腐施工，由于金属表面聚集了一定量的水汽，易使涂膜附着能力降低和产生气孔等，故作此规定。

## 10.2 主控项目

**10.2.1** 本条文规定了空调工程系统风管和管道使用的绝热材料，必须是不燃或难燃材料，不得为可燃材料。从防火的角度出发，绝热材料应尽量采用不燃的材料。但是，从绝热的使用效果、性能等诸条件来对比，难燃材料还有其相对的长处，在工程中还占

有一定的比例。难燃材料一般用易燃材料作基材，采用添加阻燃剂或浸涂阻燃材料而制成。它们的外型与易燃材料差异不大，很易混淆。无论是国内、还是国外，都发生过空调工程中绝热材料被引燃后造成恶果。为此，条文明确规定，当工程绝热材料为难燃材料时，必须对其难燃性能进行验证，合格后方准使用。

**10.2.2** 防腐涂料和油漆都有一定的有效期，超过期限后，其性能会发生很大的变化。工程中当然不得使用过期的和不合格的产品。

**10.2.3** 本条文规定了电加热器前后 800mm 和防火隔墙两侧2m 范围内风管的绝热材料，必须为不燃材料。这主要是为了防止电加热器可能引起绝热材料的自燃和杜绝邻室火灾通过风管或管道绝热材料传递的通道。

**10.2.4** 本条文规定了空调冷媒水系统的管道，当采用通孔性的绝热材料时，隔汽层（防潮层）必须完整、密封。通孔性绝热材料由疏松的纤维材料和空气层组成，空气是热的不良导体，两者结合构成了良好的绝热性能。这个性能的前提条件是要求空气层是静止的或流动非常缓慢。所以，使用通孔性绝热材料作为绝热材料时，外表面必须加设隔汽层（防潮层），且隔汽层应完整，并封闭良好。当使用于输送介质温度低于周围空气露点温度的管道时，隔汽层的开口之处与绝热材料内层的空气产生对流，空气中的水蒸汽遇到过冷的管道将被凝结、析出。凝结水的产生将进一步降低材料的热阻，加速空气的对流，随着时间的推移最终导致绝热层失效。

**10.2.5** 洁净室控制的主要对象就是空气中的浮尘数量，室内风管与管道的绝热材料如采用易产尘的材料（如玻璃纤维、短纤维矿棉等），显然对洁净室内的洁净度达标不利。故条文规定不应采用易产尘的材料。

## 10.3 一般项目

**10.3.1** 本条文仅对空调工程油漆施工质量的基本质量要求作出了规定。

**10.3.2** 空调工程施工中，一些空调设备或风管与管道的部件，需要进行油漆修补或重新涂刷。在操作中不注意对设备标志的保护与对风口等的转动轴、叶片活动面的防护，会造成标志无法辨认或叶片粘连影响正常使用等问题。故本条文作出了规定。

**10.3.3** 本条文仅对风管部件绝热施工的基本质量要求作出了规定。

**10.3.4** 本条文仅对空调工程中绝热层施工的拼接和厚度控制的基本质量要求作出了规定。

**10.3.5** 本条文仅对空调工程的绝热，采用粘接方法固定施工时，为控制其基本质量作出了规定。当前，通风与空调工程绝热施工中可使用的粘接材料品种繁多，它们的理化性能各不相同。因此，我们规定粘接剂的选择，必须符合环境卫生的要求，并与绝热材料相匹配，不应发生熔蚀、产生有毒气体等不良现象。对于采用粘接的部分绝热材料，随着时间的推移，有可能发生分层、脱胶等现象。为了提高其使用的质量和寿命，可采用打包捆扎或包扎。捆扎的应松紧适度，不得损坏绝热层；包扎的搭接处应均匀、贴紧。

**10.3.6** 本条文仅对空调风管绝热层采用保温钉进行固定连接施工的基本质量要求作出了规定。采用保温钉固定绝热层的施工方法，其钉的固定极为关键。在工程中保温钉脱落的现象时有发生。保温钉不牢固的主要原因，有粘接剂选择不当、粘接处不清洁（有油污、灰尘或水汽等），粘接剂过期失效或粘接后未完全固化等。因此，条文强调粘接应牢固，不得脱落。

如果保温钉的连接采用焊接固定的方法，则要求固定牢固，能在数千克的拉力下不脱落。同时，应在保温钉焊接后，仍保持风管的平整。当保温钉焊接连接应用于镀锌钢板时，应达到不影响其防腐性能。一般宜采用螺柱焊焊接的技术和方法

**10.3.7** 绝热涂料是一种新型的不燃绝热材料，施工时直接涂抹在风管、管道或设备的表面，经干燥固化后形成绝热层。该材料的施工，主要是涂抹性的湿作业，故规定要涂层均匀，不应有气泡

和漏涂等缺陷。当涂层较厚时,应分层施工。

**10.3.8** 本条文仅对玻璃布保护层安装的基本质量要求作出了规定。

**10.3.9** 本条文对空调水系统的管道阀门、法兰等部位的绝热施工,规定为可单独拆卸的结构,以方便系统的维修和保养。

**10.3.10** 本条文仅对空调水系统管道绝热施工的基本质量要求作出了规定。

**10.3.11** 本条文仅对空调水系统管道绝热防潮层施工的基本质量要求作出了规定。

**10.3.12** 本条文仅对绝热层金属保护壳安装的基本质量要求作出了规定。

**10.3.13** 为了方便系统的管理和维修,应根据国家有关规定作出标识。

# 11 系统调试

## 11.1 一般规定

**11.1.1** 本条文对应用于通风与空调工程调试的仪器、仪表性能和精度要求作出了规定。

**11.1.2** 本条文明确规定通风与空调工程完工后的系统调试,应以施工企业为主,监理单位监督,设计单位、建设单位参与配合。设计单位的参与,除应提供工程设计的参数外,还应对调试过程中出现的问题提出明确的修改意见;监理、建设单位参加调试,既可起到工程的协调作用,又有助于工程的管理和质量的验收。

对有的施工企业,本身不具备工程系统调试的能力,则可以采用委托给具有相应调试能力的其他单位或施工企业。

**11.1.3** 本条文对通风与空调工程的调试,作出了必须编制调试方案的规定。通风与空调工程的系统调试是一项技术性很强的工作,调试的质量会直接影响到工程系统功能的实现。因此,本条文规定调试前必须编制调试方案,方案可指导调试人员按规定的程序、正确方法与进度实施调试,同时,也利于监理对调试过程的监督。

**11.1.4** 本条文对通风与空调工程系统无生产负荷的联合试运转及调试,无故障正常运转的时间要求作出了规定。

**11.1.5** 本条文对净化空调工程系统调试的要求作出了具体的规定。

## 11.2 主控项目

**11.2.1** 通风与空调工程完工后,为了使工程达到预期的目标,规定必须进行系统的测定和调整(简称调试)。它包括设备的单机试运转和调试及无生产负荷下的联合试运转及调试两大内容。这是必须进行的强制性规定。其中系统无生产负荷下的联合试运转及调试,还可分为子分部系统的联合试运转与调试及整个分部工程系统的平衡与调整。

**11.2.2** 本条文规定了空调工程系统设备的单机试运转,应达到的主控制项目及要求。

**11.2.3** 本条文规定了空调工程系统无生产负荷的联动试运转及调试,应达到的主要控制项目及要求。

**11.2.4** 通风与空调工程中的防排烟是建筑内的安全保障救生设备系统,必须符合设计和消防的验收规定。属于强制性条文。

**11.2.5** 本条文规定了洁净空调工程系统无生产负荷的联动试运转及调试,应达到的主控项目及要求。洁净室洁净度的测定,一般应以空态或静态为主,并应符合设计的规定等级,另外,工程也可以采用与业主商定验收状态条件下,进行室内的洁净度的测定和验证。

## 11.3 一般项目

**11.3.1** 本条文对通风、空调系统设备单机试运转的基本质量要求作出了规定。

**11.3.2** 本条文对通风工程系统无生产负荷的联动试运转及调试的基本质量要求作出了规定。

**11.3.3** 本条文对空调工程系统无生产负荷的联动试运转及调试的基本质量要求作出了规定。

**11.3.4** 本条文对通风、空调工程的控制和监测设备,与系统的检测元件和执行机构的沟通,以及整个自控系统正常运行的基本质量要求作出了规定。

# 12 竣工验收

**12.0.1** 本条文将通风与空调工程的竣工验收强调为一个交接的验收过程。

**12.0.2** 本条文规定通风与空调工程的竣工验收,应由建设单位负责,组织施工、设计、监理等单位(项目)负责人及技术、质量负责人、监理工程师共同参加的对本分部工程进行的竣工验收,合格后即应办理验收手续。

**12.0.3** 本条文规定了通风与空调工程施工竣工验收应提供的文件和资料。

**12.0.4** 本条文规定了通风与空调工程外观检查项目和质量标准。

通风与空调工程有时按独立单位工程的形式进行工程的验收,甚至仅以本规范所划分的一个子分部作为一个独立的单位工程,那时可以将通风与空调工程分部或子分部作为一个独立验收单位,但必须有相应工程内容完整的验收资料。

**12.0.5** 本条文规定了净化空调工程需增加的外观检查项目和质量标准。

# 13 综合效能的测定与调整

本章将通风与空调工程综合效能测定和调整的项目和要求进行了规定,以完善整个工程的验收。

工程系统的综合效能测定和调整是对通风与空调工程整体质量的检验和验证。但是,它的实施需要一定的条件,其中最基本的就是要满足生产负荷的工况,并在此条件下进行测试和调整,最后作出评价。因此,这项工作只能由建设单位或业主来组织和实施。

系统效能测试与生产有联系又有矛盾,尤其进入正式产品生产后,矛盾更为突出。为了能保证工程投资效益的正常发挥,这项工作最好在工程试运行或试生产阶段,或正式投产前进行。

工程系统的综合效能测定和调整的具体项目内容的选定,应由建设单位或业主根据产品工艺的要求进行综合衡量为好。一般应以适用为准则,不宜提出过高的要求。在调试过程中,设计和施工单位应参与配合。

净化空调系统的综合效能测定和调整与洁净室的运行状态密切相关。因此,需要由建设单位、供应商、设计和施工多方对检测的状态进行协商后确定。

中华人民共和国国家标准

# 建筑电气工程施工质量验收规范

Code of acceptance of construction quality
of electrical installation in building

GB 50303—2002

主编部门：浙 江 省 建 设 厅
批准部门：中华人民共和国建设部
施行日期：2 0 0 2 年 6 月 1 日

# 关于发布国家标准《建筑电气
# 工程施工质量验收规范》的通知

## 建标〔2002〕82 号

根据建设部《关于印发〈二〇〇〇至二〇〇一年度工程建设国家标准制定、修订计划〉的通知》（建标〔2001〕87 号）的要求，浙江省建设厅会同有关部门共同修订了《建筑电气工程施工质量验收规范》。我部组织有关部门对该规范进行了审查，现批准为国家标准，编号为 GB 50303—2002，自 2002 年 6 月 1 日起施行。其中，3.1.7、3.1.8、4.1.3、7.1.1、8.1.3、9.1.4、11.1.1、12.1.1、13.1.1、14.1.2、15.1.1、19.1.2、19.1.6、21.1.3、22.1.2、24.1.2 为强制性条文，必须严格执行。原《建筑电气安装工程质量检验评定标准》GBJ 303—88、《电气装置安装工程 1kV 及以下配线工程施工及验收规范》GB 50258—96、《电气装置安装工程电气照明装置施工及验收规范》GB 50259—96同时废止。

本规范由建设部负责管理和对强制性条文的解释，浙江省开元安装集团有限公司负责具体技术内容的解释，建设部标准定额研究所组织中国计划出版社出版发行。

中华人民共和国建设部
二〇〇二年四月一日

# 前　　言

本规范是根据建设部《关于印发〈二〇〇〇至二〇〇一年度工程建设国家标准制定、修订计划〉的通知》（建标〔2001〕87 号）的要求，由浙江省建设厅负责组织主编单位浙江省开元安装集团有限公司（原浙江省工业设备安装公司）会同有关单位共同对《建筑电气安装工程质量检验评定标准》GBJ 303—88、《电气装置安装工程 1kV 及以下配线工程施工及验收规范》GB 50258—96、《电气装置安装工程电气照明装置施工及验收规范》GB 50259—96 修订而成的。

本规范在编制过程中，编制组进行了比较广泛的调查研究，总结了我国建筑电气工程施工质量控制和质量验收的实践经验，在坚持"验评分离、强化验收、完善手段、过程控制"指导原则的前提下，与《建筑工程施工质量验收统一标准》GB 50300—2001协调一致，并征求了设计、监理、施工各有关单位的意见。于 2001 年 10 月进行审查定稿。

本规范是含有强制性条文的强制性标准。是以保证工程安全、使用功能、人体健康、环境效益和公众利益为重点，对建筑电气工程施工质量作出控制和验收的规定。同时也适当地规定了少许外观质量要求的条款。

本规范将来可能需要进行局部修订，有关局部修订的信息和条文内容将刊登在《工程建设标准化》杂志上。

本规范以黑体字标识的条文为强制性条文，必须严格执行。

为了提高规范质量，请各单位在执行本标准的过程中，注意总结经验，积累资料，随时将有关意见和建议反馈给浙江省开元安装集团有限公司（地址：浙江省杭州市开元路 21 号　邮政编码 310001），以供今后修订时参考。

本规范主编单位、参编单位和主要起草人：

**主 编 单 位**：浙江省开元安装集团有限公司

**参 编 单 位**：北京市建设工程质量监督总站
　　　　　　　杭州市建筑工程质量监督站
　　　　　　　浙江省建筑设计研究院
　　　　　　　上海市建设工程质量监督总站

**主要起草人**：钱大治　王振生　傅慈英　刘波平
　　　　　　　林　翰　徐乃一　李维瑜

# 目　次

# 1 总 则

**1.0.1** 为了加强建筑工程质量管理,统一建筑电气工程施工质量的验收,保证工程质量,制定本规范。

**1.0.2** 本规范适用于满足建筑物预期使用功能要求的电气安装工程施工质量验收。适用电压等级为10kV及以下。

**1.0.3** 本规范应与国家标准《建筑工程施工质量验收统一标准》GB 50300—2001和相应的设计规范配套使用。

**1.0.4** 建筑电气工程施工中采用的工程技术文件、承包合同文件对施工质量验收的要求不得低于本规范的规定。

**1.0.5** 建筑电气工程施工质量验收除应执行本规范外,尚应符合国家现行有关标准、规范的规定。

# 2 术 语

**2.0.1 布线系统 wiring system**

一根电缆(电线)、多根电缆(电线)或母线以及固定它们的部件的组合。如果需要,布线系统还包括封装电缆(电线)或母线的部件。

**2.0.2 电气设备 electrical equipment**

发电、变电、输电、配电或用电的任何物件,诸如电机、变压器、电器、测量仪表、保护装置、布线系统的设备、电气用具。

**2.0.3 用电设备 current-using equipment**

将电能转换成其他形式能量(例如光能、热能、机械能)的设备。

**2.0.4 电气装置 electrical installation**

为实现一个或几个具体目的且特性相配合的电气设备的组合。

**2.0.5 建筑电气工程(装置) electrical installation in building**

为实现一个或几个具体目的且特性相配合的、由电气装置、布线系统和用电设备电气部分的组合。这种组合能满足建筑物预期的使用功能和安全要求,也能满足使用建筑物的人的安全需要。

**2.0.6 导管 conduit**

在电气安装中用来保护电线或电缆的圆型或非圆型的布线系统的一部分,导管有足够的密封性,使电线电缆只能从纵向引入,而不能从横向引入。

**2.0.7 金属导管 metal conduit**

由金属材料制成的导管。

**2.0.8 绝缘导管 insulating conduit**

没有任何导电部分(不管是内部金属衬套或是外部金属网、金属涂层等均不存在),由绝缘材料制成的导管。

**2.0.9 保护导体(PE) protective conductor(PE)**

为防止发生电击危险而与下列部件进行电气连接的一种导体:

——裸露导电部件;

——外部导电部件;

——主接地端子;

——接地电极(接地装置);

——电源的接地点或人为的中性接点。

**2.0.10 中性保护导体(PEN) PEN conductor**

一种同时具有中性导体和保护导体功能的接地导体。

**2.0.11 可接近的 accessible**

(用于配线方式)在不损坏建筑物结构或装修的情况下就能移

出或暴露的,或者不是永久性地封装在建筑物的结构或装修中的。

(用于设备)因为没有锁住的门、抬高或其他有效方法来防护,而许可十分靠近者。

**2.0.12 景观照明 landscape lighting**

为表现建筑物造型特色、艺术特点、功能特征和周围环境布置的照明工程,这种工程通常在夜间使用。

# 3 基本规定

## 3.1 一般规定

**3.1.1** 建筑电气工程施工现场的质量管理,除应符合现行国家标准《建筑工程施工质量验收统一标准》GB 50300—2001的3.0.1规定外,尚应符合下列规定:

1 安装电工、焊工、起重吊装工和电气调试人员等,按有关要求持证上岗;

2 安装和调试用各类计量器具,应检定合格,使用时在有效期内。

**3.1.2** 除设计要求外,承力建筑钢结构构件上,不得采用熔焊连接固定电气线路、设备和器具的支架、螺栓等部件;且严禁热加工开孔。

**3.1.3** 额定电压交流1kV及以下、直流1.5kV及以下的应为低压电器设备、器具和材料;额定电压大于交流1kV、直流1.5kV的应为高压电器设备、器具和材料。

**3.1.4** 电气设备上计量仪表和与电气保护有关的仪表应检定合格,当投入试运行时,应在有效期内。

**3.1.5** 建筑电气动力工程的空载试运行和建筑电气照明工程的负荷试运行,应按本规范规定执行;建筑电气动力工程的负荷试运行,依据电气设备及相关建筑设备的种类、特性,编制试运行方案或作业指导书,并经施工单位审查批准,监理单位确认后执行。

**3.1.6** 动力和照明工程的漏电保护装置应做模拟动作试验。

**3.1.7 接地(PE)或接零(PEN)支线必须单独与接地(PE)或接零(PEN)干线相连接,不得串联连接。**

**3.1.8 高压的电气设备和布线系统及继电保护系统的交接试验,必须符合现行国家标准《电气装置安装工程电气设备交接试验标准》GB 50150的规定。**

**3.1.9** 低压的电气设备和布线系统的交接试验,应符合本规范的规定。

**3.1.10** 送至建筑智能化工程变送器的电量信号精度等级应符合设计要求,状态信号应正确;接收建筑智能化工程的指令应使建筑电气工程的自动开关动作符合指令要求,且手动、自动切换功能正常。

## 3.2 主要设备、材料、成品和半成品进场验收

**3.2.1** 主要设备、材料、成品和半成品进场检验结论应有记录,确认符合本规范规定,才能在施工中应用。

**3.2.2** 因有异议送有资质试验室进行抽样检测,试验室应出具检测报告,确认符合本规范和相关技术标准规定,才能在施工中应用。

**3.2.3** 依法定程序批准进入市场的新电气设备、器具和材料进场验收,除符合本规范规定外,尚应提供安装、使用、维修和试验要求等技术文件。

**3.2.4** 进口电气设备、器具和材料进场验收,除符合本规范规定外,尚应提供商检证明和中文的质量合格证明文件、规格、型号、性能检测报告以及中文的安装、使用、维修和试验要求等技术文件。

**3.2.5** 经批准的免检产品或认定的名牌产品,当进场验收时,宜不做抽样检测。

3.2.6 变压器、箱式变电所、高压电器及电瓷制品应符合下列规定：

1 查验合格证和随带技术文件，变压器有出厂试验记录；

2 外观检查：有铭牌，附件齐全，绝缘件无缺损、裂纹，充油部分不渗漏，充气高压设备气压指示正常，涂层完整。

3.2.7 高低压成套配电柜、蓄电池柜、不间断电源柜、控制柜（屏、台）及动力、照明配电箱（盘）应符合下列规定：

1 查验合格证和随带技术文件，实行生产许可证和安全认证制度的产品，有许可证编号和安全认证标志。不间断电源柜有出厂试验记录；

2 外观检查：有铭牌，柜内元器件无损坏丢失、接线无脱落脱焊，蓄电池柜内电池壳体无碎裂、漏液，充油、充气设备无泄漏，涂层完整，无明显碰撞凹陷。

3.2.8 柴油发电机组应符合下列规定：

1 依据装箱单，核对主机、附件、专用工具、备品备件和随带技术文件，查验合格证和出厂试运行记录，发电机及其控制柜有出厂试验记录；

2 外观检查：有铭牌，机身无缺损，涂层完整。

3.2.9 电动机、电加热器、电动执行机构和低压开关设备等应符合下列规定：

1 查验合格证和随带技术文件，实行生产许可证和安全认证制度的产品，有许可证编号和安全认证标志；

2 外观检查：有铭牌，附件齐全，电气接线端子完好，设备器件无缺损，涂层完整。

3.2.10 照明灯具及附件应符合下列规定：

1 查验合格证，新型气体放电灯具有随带技术文件；

2 外观检查：灯具涂层完整，无损伤，附件齐全。防爆灯具铭牌上有防爆标志和防爆合格证号，普通灯具有安全认证标志；

3 对成套灯具的绝缘电阻、内部接线等性能进行现场抽样检测。灯具的绝缘电阻值不小于2MΩ，内部接线为铜芯绝缘电线，芯线截面积不小于0.5mm²，橡胶或聚氯乙烯（PVC）绝缘电线的绝缘层厚度不小于0.6mm。对游泳池和类似场所灯具（水下灯及防水灯具）的密闭和绝缘性能有异议时，按批抽样送有资质的试验室检测。

3.2.11 开关、插座、接线盒和风扇及其附件应符合下列规定：

1 查验合格证，防爆产品有防爆标志和防爆合格证号，实行安全认证制度的产品有安全认证标志；

2 外观检查：开关、插座的面板及接线盒盒体完整、无碎裂、零件齐全，风扇无损坏，涂层完整，调速器等附件适配；

3 对开关、插座的电气和机械性能进行现场抽样检测。检测规定如下：

1）不同极性带电部件间的电气间隙和爬电距离不小于3mm；

2）绝缘电阻值不小于5MΩ；

3）用自攻锁紧螺钉或自切螺钉安装的，螺钉与软塑固定件旋合长度不小于8mm，软塑固定件在经受10次拧紧退出试验后，无松动或掉渣，螺钉及螺纹无损坏现象；

4）金属间相旋合的螺钉螺母，拧紧后完全退出，反复5次仍能正常使用；

4 对开关、插座、接线盒及其面板等塑料绝缘材料阻燃性能有异议时，按批抽样送有资质的试验室检测。

3.2.12 电线、电缆应符合下列规定：

1 按批查验合格证，合格证有生产许可证编号，按《额定电压450/750V及以下聚氯乙烯绝缘电缆》GB 5023.1～5023.7标准生产的产品有安全认证标志；

2 外观检查：包装完好，抽检的电线绝缘层完整无损，厚度均匀。电缆无压扁、扭曲，铠装不松卷。耐热、阻燃的电线、电缆外护层有明显标识和制造厂标；

3 按制造标准，现场抽样检测绝缘层厚度和圆形线芯的直径。线芯直径误差不大于标称直径的1%；常用的BV型绝缘电线

的绝缘层厚度不小于表3.2.12的规定；

表3.2.12 BV型绝缘电线的绝缘层厚度

| 序　　号 | 1 | 2 | 3 | 4 | 5 | 6 | 7 | 8 | 9 | 10 | 11 | 12 | 13 | 14 | 15 | 16 | 17 |
|---|---|---|---|---|---|---|---|---|---|---|---|---|---|---|---|---|---|
| 电线芯线标称截面积（mm²） | 1.5 | 2.5 | 4 | 6 | 10 | 16 | 25 | 35 | 50 | 70 | 95 | 120 | 150 | 185 | 240 | 300 | 400 |
| 绝缘层厚度规定值（mm） | 0.7 | 0.8 | 0.8 | 0.8 | 1.0 | 1.0 | 1.2 | 1.2 | 1.4 | 1.4 | 1.6 | 1.6 | 1.8 | 2.0 | 2.2 | 2.4 | 2.6 |

4 对电线、电缆绝缘性能、导电性能和阻燃性能有异议时，按批抽样送有资质的试验室检测。

3.2.13 导管应符合下列规定：

1 按批查验合格证；

2 外观检查：钢导管无压扁、内壁光滑。非镀锌钢导管无严重锈蚀，按制造标准油漆出厂的油漆完整；镀锌钢导管镀层覆盖完整、表面无锈斑；绝缘导管及配件不碎裂、表面有阻燃标记和制造厂标；

3 按制造标准现场抽样检测导管的管径、壁厚及均匀度。对绝缘导管及配件的阻燃性能有异议时，按批抽样送有资质的试验室检测。

3.2.14 型钢和电焊条应符合下列规定：

1 按批查验合格证和材质证明书；有异议时，按批抽样送有资质的试验室检测；

2 外观检查：型钢表面无严重锈蚀，无过度扭曲、弯折变形；电焊条包装完整，拆包抽检，焊条尾部无锈斑。

3.2.15 镀锌制品（支架、横担、接地极、避雷用型钢等）和外线金具应符合下列规定：

1 按批查验合格证或镀锌厂出具的镀锌质量证明书；

2 外观检查：镀锌层覆盖完整、表面无锈斑，金具配件齐全，无砂眼。对镀锌质量有异议时，按批抽样送有资质的试验室检测。

3.2.16 电缆桥架、线槽应符合下列规定：

1 查验合格证；

2 外观检查：部件齐全，表面光滑、不变形。钢制桥架涂层完整，无锈蚀；玻璃钢制桥架色泽均匀，无破损碎裂；铝合金桥架涂层完整，无扭曲变形，不压扁，表面不划伤。

3.2.17 封闭母线、插接母线应符合下列规定：

1 查验合格证和随带安装技术文件；

2 外观检查：防潮密封良好，各段编号标志清晰，附件齐全，外壳不变形，母线螺栓搭接面平整、镀层覆盖完整、无起皮和麻面；插接母线上的静触头无缺损，表面光滑、镀层完整。

3.2.18 裸母线、裸导线应符合下列规定：

1 查验合格证；

2 外观检查：包装完好，裸母线平直，表面无明显划痕，测量厚度和宽度符合制造标准；裸导线表面无明显损伤，不松股、扭折和断股（线），测量线径符合制造标准。

3.2.19 电缆头部件及接线端子应符合下列规定：

1 查验合格证；

2 外观检查：部件齐全，表面无裂纹和气孔，随带的袋装涂料或填料不泄漏。

3.2.20 钢制灯柱应符合下列规定：

1 按批查验合格证；

2 外观检查：涂层完整，根部接线盒盒盖紧固件和内置熔断器、开关等器件齐全，盒盖密封垫片完整。钢柱内设有专用接地螺栓，地脚螺孔位置按提供的附图尺寸，允许偏差为±2mm。

3.2.21 钢筋混凝土电杆和其他混凝土制品应符合下列规定：

1 按批查验合格证；

2 外观检查：表面平整，无缺角露筋，每个制品表面有合格印记；钢筋混凝土电杆表面光滑，无纵向、横向裂纹，杆身平直，弯曲不大于杆长的1/1000。

### 3.3 工序交接确认

**3.3.1** 架空线路及杆上电气设备安装应按以下程序进行：

1 线路方向和杆位及拉线坑位测量埋桩后，经检查确认，才能挖掘杆坑和拉线坑；

2 杆坑、拉线坑的深度和坑型，经检查确认，才能立杆和埋设拉线盘；

3 杆上高压电气设备交接试验合格，才能通电；

4 架空线路做绝缘检查，且经单相冲击试验合格，才能通电；

5 架空线路的相位经检查确认，才能与接户线连接。

**3.3.2** 变压器、箱式变电所安装应按以下程序进行：

1 变压器、箱式变电所的基础验收合格，且对埋入基础的电线导管、电缆导管和变压器进、出线预留孔及相关预埋件进行检查，才能安装变压器、箱式变电所；

2 杆上变压器的支架紧固检查后，才能吊装变压器且就位固定；

3 变压器及接地装置交接试验合格，才能通电。

**3.3.3** 成套配电柜、控制柜（屏、台）和动力、照明配电箱（盘）安装应按以下程序进行：

1 埋设的基础型钢和柜、屏、台下的电缆沟等相关建筑物检查合格，才能安装柜、屏、台；

2 室内外落地动力配电箱的基础验收合格，且对埋入基础的电线导管、电缆导管进行检查，才能安装箱体；

3 墙上明装的动力、照明配电箱（盘）的预埋件（金属埋件、螺栓），在抹灰前预留和预埋；暗装的动力、照明配电箱的预留孔和动力、照明配线的线盒及电线导管等，经检查确认到位，才能安装配电箱（盘）；

4 接地（PE）或接零（PEN）连接完成后，核对柜、屏、台、箱、盘内的元件规格、型号，且交接试验合格，才能投入试运行。

**3.3.4** 低压电动机、电加热器及电动执行机构应与机械设备完成连接，绝缘电阻测试合格，经手动操作符合工艺要求，才能接线。

**3.3.5** 柴油发电机组安装应按以下程序进行：

1 基础验收合格，才能安装机组；

2 地脚螺栓固定的机组初平、螺栓孔灌浆、精平、紧固地脚螺栓、二次灌浆等机械安装程序；安放式的机组将底部垫平、垫实；

3 油、气、水冷、风冷、烟气排放等系统和隔振防噪声设施安装完成；按设计要求配置的消防器材齐全到位，发电机静态试验、随机配电盘控制柜接线检查合格，才能空载试运行；

4 发电机空载试运行和试验调整合格，才能负荷试运行；

5 在规定时间内，连续无故障负荷试运行合格，才能投入备用状态。

**3.3.6** 不间断电源按产品技术要求试验调整，应检查确认，才能接至馈电网路。

**3.3.7** 低压电气动力设备试验和试运行应按以下程序进行：

1 设备的可接近裸露导体接地（PE）或接零（PEN）连接完成，经检查合格，才能进行试验；

2 动力成套配电（控制）柜、屏、台、箱、盘的交流工频耐压试验、保护装置的动作试验合格，才能通电；

3 控制回路模拟动作试验合格，盘车或手动操作，电气部分与机械部分的转动或动作协调一致，经检查确认，才能空载试运行。

**3.3.8** 裸母线、封闭母线、插接式母线安装应按以下程序进行：

1 变压器、高低压成套配电柜、穿墙套管及绝缘子等安装就位，经检查合格，才能安装变压器和高低压成套配电柜的母线；

2 封闭、插接式母线安装，在结构封顶、室内底层地面施工完成或已确定地面标高、场地清理、层间距离复核后，才能确定支架设置位置；

3 与封闭、插接式母线安装位置有关的管道、空调及建筑装修工程施工基本结束，确认扫尾施工不会影响已安装的母线，才能安装母线；

4 封闭、插接式母线每段母线组对接前，绝缘电阻测试合格，绝缘电阻值大于20MΩ，才能安装组对；

5 母线支架和封闭、插接式母线的外壳接地（PE）或接零（PEN）连接完成，母线绝缘电阻测试和交流工频耐压试验合格，才能通电。

**3.3.9** 电缆桥架安装和桥架内电缆敷设应按以下程序进行：

1 测量定位，安装桥架的支架，经检查确认，才能安装桥架；

2 桥架安装检查合格，才能敷设电缆；

3 电缆敷设前绝缘测试合格，才能敷设；

4 电缆电气交接试验合格，且对接线去向、相位和防火隔堵措施等检查确认，才能通电。

**3.3.10** 电缆在沟内、竖井内支架上敷设应按以下程序进行：

1 电缆沟、电缆竖井内的施工临时设施、模板及建筑废料等清除，测量定位后，才能安装支架；

2 电缆沟、电缆竖井内支架安装及电缆导管敷设结束，接地（PE）或接零（PEN）连接完成，经检查确认，才能敷设电缆；

3 电缆敷设前绝缘测试合格，才能敷设；

4 电缆交接试验合格，且对接线去向、相位和防火隔堵措施等检查确认，才能通电。

**3.3.11** 电线导管、电缆导管和线槽敷设应按以下程序进行：

1 除埋入混凝土中的非镀锌钢导管外壁不做防腐处理外，其他场所的非镀锌钢导管内外壁均做防腐处理，经检查确认，才能配管；

2 室外直埋导管的路径、沟槽深度、宽度及垫层处理经检查确认，才能埋设导管；

3 现浇混凝土板内配管在底层钢筋绑扎完成，上层钢筋未绑扎前敷设，且检查确认，才能绑扎上层钢筋和浇捣混凝土；

4 现浇混凝土墙体内的钢筋网片绑扎完成，门、窗等位置已放线，经检查确认，才能在墙体内配管；

5 被隐蔽的接线盒和导管在隐蔽前检查合格，才能隐蔽；

6 在梁、板、柱等部位明管的导管套管、埋件、支架等检查合格，才能配管；

7 吊顶上的灯位及电气器具位置先放样，且与土建及各专业施工单位商定，才能在吊顶内配管；

8 顶棚和墙面的喷浆、油漆或壁纸等基本完成，才能敷设线槽、槽板。

**3.3.12** 电线、电缆穿管及线槽敷线应按以下程序进行：

1 接地（PE）或接零（PEN）及其他焊接施工完成，经检查确认，才能穿入电线或电缆以及线槽内敷线；

2 与导管连接的柜、屏、台、箱、盘安装完成，管内积水及杂物清理干净，经检查确认，才能穿入电线、电缆；

3 电缆穿管前绝缘测试合格，才能穿入导管；

4 电线、电缆交接试验合格，且对接线去向和相位等检查确认，才能通电。

**3.3.13** 钢索配管的预埋件及预留孔，应预埋、预留完成；装修工程除地面外基本结束，才能吊装钢索及敷设线路。

**3.3.14** 电缆头制作和接线应按以下程序进行：

1 电缆连接位置、连接长度和绝缘测试经检查确认，才能制作电缆头；

2 控制电缆绝缘电阻测试和校线合格，才能接线；

3 电线、电缆交接试验和相位核对合格，才能接线。

**3.3.15** 照明灯具安装应按以下程序进行：

1 安装灯具的预理螺栓、吊杆和吊顶上嵌入式灯具安装专用骨架等完成，按设计要求做承载试验合格，才能安装灯具；

2 影响灯具安装的模板、脚手架拆除；顶棚和墙面喷浆、油漆或壁纸等及地面清理工作基本完成后，才能安装灯具；

3 导线绝缘测试合格,才能灯具接线;

4 高空安装的灯具,地面通断电试验合格,才能安装。

3.3.16 照明开关、插座、风扇安装:吊扇的吊钩预埋完成,电线绝缘测试应合格,顶棚和墙面的喷浆、油漆或壁纸等应基本完成,才能安装开关、插座和风扇。

3.3.17 照明系统的测试和通电试运行应以下程序进行:

1 电线绝缘电阻测试前电线的接续完成;

2 照明箱(盘)、灯具、开关、插座的绝缘电阻测试在就位或接线前完成;

3 备用电源或事故照明电源作空载自动投切试验前拆除负荷,空载自动投切试验合格,才能做有载自动投切试验;

4 电气器具及线路绝缘电阻测试合格,才能通电试验;

5 照明全负荷试验必须在本条的1、2、4完成后进行。

3.3.18 接地装置安装应以下程序进行:

1 建筑物基础接地体:底板钢筋敷设完成,按设计要求做接地施工,经检查确认,才能支模或浇捣混凝土;

2 人工接地体:按设计要求位置开挖沟槽,经检查确认,才能打入接地极和敷设地下接地干线;

3 接地模块:按设计位置开挖模块坑,并将地下接地干线引到模块上,经检查确认,才能相互焊接;

4 装置隐蔽:检查验收合格,才能覆土回填。

3.3.19 引下线安装应按以下程序进行:

1 利用建筑物柱内主筋作引下线,在柱内主筋绑扎后,按设计要求施工,经检查确认,才能支模;

2 直接从基础接地体或人工接地体暗敷埋入粉刷层内的引下线,经检查确认不外露,才能贴面砖或刷涂料等;

3 直接从基础接地体或人工接地体引出明敷的引下线,先埋设或安装支架,经检查确认,才能敷设引下线。

3.3.20 等电位联结应按以下程序进行:

1 总等电位联结:对可作导接地体的金属管道入户处和供总等电位联结的接地干线的位置检查确认,才能安装焊接总等电位联结端子板,按设计要求做总等电位联结;

2 辅助等电位联结:对供辅助等电位联结的接地母线位置检查确认,才能安装焊接辅助等电位联结端子板,按设计要求做辅助等电位联结;

3 对特殊要求的建筑金属屏蔽网箱,网箱施工完成,经检查确认,才能与接地线连接。

3.3.21 接闪器安装:接地装置和引下线应施工完成,才能安装接闪器,且与引下线连接。

3.3.22 防雷接地系统测试:接地装置施工完成测试应合格;避雷接闪器安装完成,整个防雷接地系统连成回路,才能系统测试。

# 4 架空线路及杆上电气设备安装

## 4.1 主控项目

4.1.1 电杆坑、拉线坑的深度允许偏差,应不深于设计坑深100mm,不浅于设计坑深50mm。

4.1.2 架空导线的弧垂值,允许偏差为设计弧垂值的±5%,水平排列的同档导线间弧垂值偏差为±50mm。

**4.1.3 变压器中性点应与接地装置引出干线直接连接,接地装置的接地电阻值必须符合设计要求。**

4.1.4 杆上变压器和高压绝缘子、高压隔离开关、跌落式熔断器、避雷器等必须按本规范第3.1.8条的规定交接试验合格。

4.1.5 杆上低压配电箱的电气装置和馈电线路交接试验应符合下列规定:

1 每路配电开关及保护装置的规格、型号,应符合设计要求;

2 相间和相对地间的绝缘电阻值应大于0.5MΩ;

3 电气装置的交流工频耐压试验电压为1kV,当绝缘电阻值大于10MΩ时,可采用2500V兆欧表摇测替代,试验持续时间1min,无击穿闪络现象。

## 4.2 一般项目

4.2.1 拉线的绝缘子及金具应齐全,位置正确,承力拉线应与线路中心线方向一致,转角拉线应与线路分角线方向一致。拉线应收紧,收紧程度与杆上导线数量规格及弧垂值相适配。

4.2.2 电杆组立应正直,直线杆横向位移不应大于50mm,杆梢偏移不应大于梢径的1/2,转角杆紧线后不向内侧倾斜,向外角倾斜不应大于1个梢径。

4.2.3 直线杆单横担应装于受电侧,终端杆、转角杆的单横担应装于拉线侧。横担的上下歪斜和左右扭斜,从横担端部测量不应大于20mm。横担等镀锌制品应热浸镀锌。

4.2.4 导线无断股、扭绞和死弯,与绝缘子固定可靠,金具规格应与导线规格适配。

4.2.5 线路的跳线、过引线、接户线的线间和线对地间的安全距离,电压等级为6~10kV的,应大于300mm;电压等级为1kV及以下的,应大于150mm。用绝缘导线架设的线路,绝缘破口处应修补完整。

4.2.6 杆上电气设备安装应符合下列规定:

1 固定电气设备的支架、紧固件为热浸镀锌制品,紧固件及防松零件齐全;

2 变压器油位正常、附件齐全、无渗油现象、外壳涂层完整;

3 跌落式熔断器安装的相间距离不小于500mm;熔管试操动能自然打开旋下;

4 杆上隔离开关分、合操动灵活,操动机构机械锁定可靠,分合时三相同期性好,分闸后,刀片与静触头间空气间隙不小于200mm;地面操作杆的接地(PE)可靠,且有标识;

5 杆上避雷器排列整齐,相间距离不小于350mm,电源侧引线铜线截面积不小于16mm²,铝线截面积不小于25mm²,接地侧引线铜线截面积不小于25mm²,铝线截面积不小于35mm²。与接地装置引出线连接可靠。

# 5 变压器、箱式变电所安装

## 5.1 主控项目

5.1.1 变压器安装应位置正确,附件齐全,油浸变压器油位正常,无渗油现象。

5.1.2 接地装置引出的接地干线与变压器的低压侧中性点直接连接;接地干线与箱式变电所的N母线和PE母线直接连接;变压器箱体、干式变压器的支架或外壳应接地(PE)。所有连接应可靠,紧固件及防松零件齐全。

5.1.3 变压器必须按本规范第3.1.8条的规定交接试验合格。

5.1.4 箱式变电所及落地式配电箱的基础应高于室外地坪,周围排水通畅。用地脚螺栓固定的螺帽齐全,拧紧牢固;自由安放的应垫平放正。金属箱式变电所及落地式配电箱,箱体应接地(PE)或接零(PEN)可靠,且有标识。

5.1.5 箱式变电所的交接试验,必须符合下列规定:

1 由高压成套开关柜、低压成套开关柜和变压器三个独立单元组成的箱式变电所高压电气设备部分,按本规范3.1.8的规定交接试验合格;

2 高压开关、熔断器等与变压器组合在同一个密闭油箱内的箱式变电所,交接试验按产品提供的技术文件要求执行;

3 低压成套配电柜交接试验符合本规范第4.1.5条的规定。

## 5.2 一般项目

**5.2.1** 有载调压开关的传动部分润滑应良好，动作灵活，点动给定位置与开关实际位置一致，自动调节符合产品的技术文件要求。

**5.2.2** 绝缘件应无裂纹、缺损和瓷件瓷釉损坏等缺陷，外表清洁，测温仪表指示准确。

**5.2.3** 装有滚轮的变压器就位后，应将滚轮用能拆卸的制动部件固定。

**5.2.4** 变压器应按产品技术文件要求进行检查器身，当满足下列条件之一时，可不检查器身。

    **1** 制造厂规定不检查器身者；

    **2** 就地生产仅做短途运输的变压器，且在运输过程中有效监督，无紧急制动、剧烈振动、冲撞或严重颠簸等异常情况者。

**5.2.5** 箱式变电所内外涂层完整、无损伤，有通风口的风口防护网完好。

**5.2.6** 箱式变电所的高低压柜内部接线完整、低压每个输出回路标记清晰，回路名称准确。

**5.2.7** 装有气体继电器的变压器顶盖，沿气体继电器的气流方向有1.0%～1.5%的升高坡度。

# 6 成套配电柜、控制柜(屏、台)和动力、照明配电箱(盘)安装

## 6.1 主控项目

**6.1.1** 柜、屏、台、箱、盘的金属框架及基础型钢必须接地(PE)或接零(PEN)可靠；装有电器的可开启门，门和框架的接地端子间应用裸编织铜线连接，且有标识。

**6.1.2** 低压成套配电柜、控制柜(屏、台)和动力、照明配电箱(盘)应有可靠的电击保护。柜(屏、台、箱、盘)内保护导体应有裸露的连接外部保护导体的端子，当设计无要求时，柜(屏、台、箱、盘)内保护导体最小截面积 $S_p$ 不应小于表6.1.2的规定。

**表6.1.2　保护导体的截面积**

| 相线的截面积 $S$(mm²) | 相应保护导体的最小截面积 $S_p$(mm²) |
| --- | --- |
| $S \leqslant 16$ | $S$ |
| $16 < S \leqslant 35$ | 16 |
| $35 < S \leqslant 400$ | $S/2$ |
| $400 < S \leqslant 800$ | 200 |
| $S > 800$ | $S/4$ |

注：$S$指柜(屏、台、箱、盘)电源进线相线截面积，且两者($S$、$S_p$)材质相同。

**6.1.3** 手车、抽出式成套配电柜推拉应灵活，无卡阻碰撞现象。动触头与静触头的中心线应一致，且触头接触紧密，投入时，接地触头先于主触头接触；退出时，接地触头后于主触头脱开。

**6.1.4** 高压成套配电柜必须按本规范第3.1.8条的规定交接试验合格，且应符合下列规定：

    **1** 继电保护元器件、逻辑元件、变送器和控制用计算机等单体校验合格，整组试验动作正确，整定参数符合设计要求；

    **2** 凡经法定程序批准，进入市场投入使用的新高压电气设备和继电保护装置，按产品技术文件要求交接试验。

**6.1.5** 低压成套配电柜交接试验，必须符合本规范第4.1.5条的规定。

**6.1.6** 柜、屏、台、箱、盘间线路的线间和线对地间绝缘电阻值，馈电线路必须大于0.5MΩ；二次回路必须大于1MΩ。

**6.1.7** 柜、屏、台、箱、盘间二次回路交流工频耐压试验，当绝缘电阻值大于10MΩ时，用2500V兆欧表摇测1min，应无闪络击穿现象；当绝缘电阻值在1～10MΩ时，做1000V交流工频耐压试验，时间1min，应无闪络击穿现象。

**6.1.8** 直流屏试验，应将屏内电子器件从线路上退出，检测主回路线间和线对地间绝缘电阻值大于0.5MΩ，直流屏所附蓄电池组的充、放电应符合产品技术文件要求；整流器的控制调整和输出特性试验应符合产品技术文件要求。

**6.1.9** 照明配电箱(盘)安装应符合下列规定：

    **1** 箱(盘)内配线整齐，无绞接现象。导线连接紧密，不伤芯线，不断股。垫圈下螺丝两侧压的导线截面积相同，同一端子上导线连接不多于2根，防松垫圈等零件齐全。

    **2** 箱(盘)内开关动作灵活可靠，带有漏电保护的回路，漏电保护装置动作电流不大于30mA，动作时间不大于0.1s。

    **3** 照明箱(盘)内，分别设置零线(N)和保护地线(PE线)汇流排，零线和保护地线经汇流排配出。

## 6.2 一般项目

**6.2.1** 基础型钢安装应符合表6.2.1的规定。

**表6.2.1　基础型钢安装允许偏差**

| 项　　目 | 允　许　偏　差 | |
| --- | --- | --- |
| | (mm/m) | (mm/全长) |
| 不直度 | 1 | 5 |
| 水平度 | 1 | 5 |
| 不平行度 | / | 5 |

**6.2.2** 柜、屏、台、箱、盘相互间或与基础型钢应用镀锌螺栓连接，且防松零件齐全。

**6.2.3** 柜、屏、台、箱、盘安装垂直度允许偏差为1.5‰，相互间接缝不应大于2mm，成列盘面偏差不应大于5mm。

**6.2.4** 柜、屏、台、箱、盘内检查试验应符合下列规定：

    **1** 控制开关及保护装置的规格、型号符合设计要求；

    **2** 闭锁装置动作准确、可靠；

    **3** 主开关的辅助开关切换动作与主开关动作一致；

    **4** 柜、屏、台、箱、盘上的标识器件标明被控设备编号及名称，或操作位置，接线端子有编号，且清晰、工整、不易脱色；

    **5** 回路中的电子元件不应参加交流工频耐压试验；48V及以下回路可不做交流工频耐压试验。

**6.2.5** 低压电器组合应符合下列规定：

    **1** 发热元件安装在散热良好的位置；

    **2** 熔断器的熔体规格、自动开关的整定值符合设计要求；

    **3** 切换压板接触良好，相邻压板间有安全距离，切换时，不触及相邻的压板；

    **4** 信号回路的信号灯、按钮、光字牌、电铃、电笛、事故电钟等动作和信号显示准确；

    **5** 外壳需接地(PE)或接零(PEN)的，连接可靠；

    **6** 端子排安装牢固，端子有序号，强电、弱电端子隔离布置，端子规格与芯线截面积大小适配。

**6.2.6** 柜、屏、台、箱、盘间配线：电流回路采用额定电压不低于750V，芯线截面积不小于2.5mm²的铜芯绝缘电线或电缆；除电子元件回路或类似回路外，其他回路的电线应采用额定电压不低于750V，芯线截面不小于1.5mm²的铜芯绝缘电线或电缆。

    二次回路连线成束绑扎，不同电压等级、交流、直流线路及计算机控制线路应分别绑扎，且有标识；固定后不应妨碍手车开关或抽出式部件的拉出或推入。

6.2.7 连接柜、屏、台、箱、盘面板上的电器及控制台、板等可动部位的电线应符合下列规定：

    1 采用多股铜芯软电线，敷设长度留有适当裕量；

    2 线束有外套塑料管等加强绝缘保护层；

    3 与电器连接时，端部绞紧，且有不开口的终端端子或搪锡，不松散、断股；

    4 可转动部位的两端用卡子固定。

6.2.8 照明配电箱（盘）安装应符合下列规定：

    1 位置正确，部件齐全，箱体开孔与导管管径适配，暗装配电箱箱盖紧贴墙面，箱（盘）涂层完整；

    2 箱（盘）内接线整齐，回路编号齐全，标识正确；

    3 箱（盘）不采用可燃材料制作；

    4 箱（盘）安装牢固，垂直度允许偏差为 1.5‰；底边距地面为 1.5m，照明配电板底边距地面不小于 1.8m。

# 7 低压电动机、电加热器及电动执行机构检查接线

## 7.1 主控项目

**7.1.1 电动机、电加热器及电动执行机构的可接近裸露导体必须接地（PE）或接零（PEN）。**

7.1.2 电动机、电加热器及电动执行机构绝缘电阻值应大于 $0.5M\Omega$。

7.1.3 100kW 以上的电动机，应测量各相直流电阻值，相互差不应大于最小值的 2%；无中性点引出的电动机，测量线间直流电阻值，相互差不应大于最小值的 1%。

## 7.2 一般项目

7.2.1 电气设备安装应牢固，螺栓及防松零件齐全，不松动。防水防潮电气设备的接线入口及接线盒等应做密封处理。

7.2.2 除电动机随带技术文件说明不允许在施工现场抽芯检查外，有下列情况之一的电动机，应抽芯检查：

    1 出厂时间已超过制造厂保证期限，无保证期限的已超过出厂时间一年以上；

    2 外观检查、电气试验、手动盘转和试运转，有异常情况。

7.2.3 电动机抽芯检查应符合下列规定：

    1 线圈绝缘层完好、无伤痕，端部绑线不松动，槽楔固定、无断裂，引线焊接饱满，内部清洁，通风孔道无堵塞；

    2 轴承无锈斑，注油（脂）的型号、规格和数量正确，转子平衡块紧固，平衡螺丝锁紧，风扇叶片无裂纹；

    3 连接用紧固件的防松零件齐全完整；

    4 其他指标符合产品技术文件的特有要求。

7.2.4 在设备接线盒内裸露的不同相导线间和导线对地间最小距离应大于 8mm，否则应采取绝缘防护措施。

# 8 柴油发电机组安装

## 8.1 主控项目

8.1.1 发电机的试验必须符合本规范附录 A 的规定。

8.1.2 发电机组至低压配电柜馈电线路的相间、相对地间的绝缘电阻值应大于 $0.5M\Omega$；塑料绝缘电缆馈电线路直流耐压试验为 2.4kV，时间 15min，泄漏电流稳定，无击穿现象。

**8.1.3 柴油发电机馈电线路连接后，两端的相序必须与原供电系统的相序一致。**

8.1.4 发电机中性线（工作零线）应与接地干线直接连接，螺栓防松零件齐全，且有标识。

## 8.2 一般项目

8.2.1 发电机组随带的控制柜接线应正确，紧固件紧固状态良好，无遗漏脱落。开关、保护装置的型号、规格正确，验证出厂试验的锁定标记应无位移，有位移应重新按制造厂要求试验标定。

8.2.2 发电机本体和机械部分的可接近裸露导体应接地（PE）或接零（PEN）可靠，且有标识。

8.2.3 受电侧低压配电柜的开关设备、自动或手动切换装置和保护装置等试验合格，应按设计的自备电源使用分配预案进行负荷试验，机组连续运行 12h 无故障。

# 9 不间断电源安装

## 9.1 主控项目

9.1.1 不间断电源的整流装置、逆变装置和静态开关装置的规格、型号必须符合设计要求。内部线连接正确，紧固件齐全，可靠不松动，焊接连接无脱落现象。

9.1.2 不间断电源的输入、输出各级保护系统和输出的电压稳定性、波形畸变系数、频率、相位、静态开关的动作等各项技术性能指标试验调整必须符合产品技术文件要求，且符合设计文件要求。

9.1.3 不间断电源装置间连线的线间、线对地间绝缘电阻值应大于 $0.5M\Omega$。

**9.1.4 不间断电源输出端的中性线（N 极），必须与由接地装置直接引来的接地干线相连接，做重复接地。**

## 9.2 一般项目

9.2.1 安放不间断电源的机架组装应横平竖直，水平度、垂直度允许偏差不应大于 1.5‰，紧固件齐全。

9.2.2 引入或引出不间断电源装置的主回路电线、电缆和控制电线、电缆应分别穿保护管敷设，在电缆支架上平行敷设应保持 150mm 的距离；电线、电缆的屏蔽护套接地连接可靠，与接地干线就近连接，紧固件齐全。

9.2.3 不间断电源装置的可接近裸露导体应接地（PE）或接零（PEN）可靠，且有标识。

9.2.4 不间断电源正常运行时产生的 A 声级噪声，不应大于 45dB；输出额定电流为 5A 及以下的小型不间断电源噪声，不应大于 30dB。

# 10 低压电气动力设备试验和试运行

## 10.1 主控项目

10.1.1 试运行前，相关电气设备和线路应按本规范的规定试验合格。

10.1.2 现场单独安装的低压电器交接试验项目应符合本规范附录 B 的规定。

## 10.2 一般项目

10.2.1 成套配电（控制）柜、台、箱、盘的运行电压、电流应正常，各种仪表指示正常。

10.2.2 电动机应试通电，检查转向和机械转动有无异常情况；可空载试运行的电动机，时间一般为 2h，记录空载电流，且检查机身和轴承的温升。

10.2.3 交流电动机在空载状态下(不投料)可启动次数及间隔时间应符合产品技术条件的要求;无要求时,连续启动 2 次的时间间隔不应小于 5min,再次启动应在电动机冷却至常温下。空载状态(不投料)运行,应记录电流、电压、温度、运行时间等有关数据,且应符合建筑设备或工艺装置的空载状态运行(不投料)要求。

10.2.4 大容量(630A 及以上)导线或母线连接处,在设计计算负荷运行情况下应做温度抽测记录,温升值稳定且不大于设计值。

10.2.5 电动执行机构的动作方向及指示,应与工艺装置的设计要求保持一致。

# 11 裸母线、封闭母线、插接式母线安装

## 11.1 主控项目

11.1.1 绝缘子的底座、套管的法兰、保护网(罩)及母线支架等可接近裸露导体应接地(PE)或接零(PEN)可靠。不应作为接地(PE)或接零(PEN)的接续导体。

11.1.2 母线与母线或母线与电器接线端子,当采用螺栓搭接连接时,应符合下列规定:

1 母线的各类搭接连接的钻孔直径和搭接长度符合本规范附录 C 的规定,用力矩扳手拧紧钢制连接螺栓的力矩值符合本规范附录 D 的规定;

2 母线接触面保持清洁,涂电力复合脂,螺栓孔周边无毛刺;

3 连接螺栓两侧有平垫圈,相邻垫圈间有大于 3mm 的间隙,螺栓侧装有弹簧垫圈或锁紧螺母;

4 螺栓受力均匀,不使电器的接线端子受额外应力。

11.1.3 封闭、插接式母线安装应符合下列规定:

1 母线与外壳同心,允许偏差为±5mm;

2 当段与段连接时,两相邻段母线及外壳对准,连接后不使母线及外壳受额外应力;

3 母线的连接方法符合产品技术文件要求。

11.1.4 室内裸母线的最小安全净距符合本规范附录 E 的规定。

11.1.5 高压母线交流工频耐压试验必须按本规范第 3.1.8 条的规定交接试验合格。

11.1.6 低压母线交接试验应符合本规范第 4.1.5 条的规定。

## 11.2 一般项目

11.2.1 母线的支架与预埋铁件采用焊接固定时,焊缝应饱满,采用膨胀螺栓固定时,选用的螺栓应适配,连接应牢固。

11.2.2 母线与母线、母线与电器接线端子搭接,搭接面的处理应符合下列规定:

1 铜与铜:室外、高温且潮湿的室内,搭接面搪锡;干燥的室内,不搪锡;

2 铝与铝:搭接面不做涂层处理;

3 钢与钢:搭接面搪锡或镀锌;

4 铜与铝:在干燥的室内,铜导体搭接面搪锡;在潮湿场所,铜导体搭接面搪锡,且采用铜铝过渡板与铝导体连接;

5 钢与铜或铝:钢搭接面搪锡。

11.2.3 母线的相序排列及涂色,当设计无要求时应符合下列规定:

1 上、下布置的交流母线,由上至下排列为 A、B、C 相;直流母线正极在上,负极在下;

2 水平布置的交流母线,由盘后向盘前排列为 A、B、C 相;直流母线正极在后,负极在前;

3 面对引下线的交流母线,由左至右排列为 A、B、C 相;直流母线正极在左,负极在右;

4 母线的涂色:交流,A 相为黄色、B 相为绿色、C 相为红色;直流,正极为赭色、负极为蓝色;在连接处或支持件边缘两侧 10mm 以内不涂色。

11.2.4 母线在绝缘子上安装应符合下列规定:

1 金具与绝缘子间的固定平整牢固,不使母线受额外应力;

2 交流母线的固定金具或其他支持金具不形成闭合铁磁回路;

3 除固定点外,当母线平置时,母线支持夹板的上部压板与母线间有 1～1.5mm 的间隙;当母线立置时,上部压板与母线间有 1.5～2mm 的间隙;

4 母线的固定点,每段设置 1 个,设置于全长或两母线伸缩节的中点;

5 母线采用螺栓搭接时,连接处距绝缘子的支持夹板边缘不小于 50mm。

11.2.5 封闭、插接式母线组装和固定位置应正确,外壳与底座间、外壳各连接部位和母线的连接螺栓应按产品技术文件要求选择正确,连接紧固。

# 12 电缆桥架安装和桥架内电缆敷设

## 12.1 主控项目

12.1.1 金属电缆桥架及其支架和引入或引出的金属电缆导管必须接地(PE)或接零(PEN)可靠,且必须符合下列规定:

1 金属电缆桥架及其支架全长应不少于 2 处与接地(PE)或接零(PEN)干线相连接;

2 非镀锌电缆桥架间连接板的两端跨接铜芯接地线,接地线最小允许截面积不小于 4mm²;

3 镀锌电缆桥架间连接板的两端不跨接地线,但连接板两端不少于 2 个有防松螺帽或防松垫圈的连接固定螺栓。

12.1.2 电缆敷设严禁有绞拧、铠装压扁、护层断裂和表面严重划伤等缺陷。

## 12.2 一般项目

12.2.1 电缆桥架安装应符合下列规定:

1 直线段钢制电缆桥架长度超过 30m、铝合金或玻璃钢制电缆桥架长度超过 15m 设有伸缩节;电缆桥架跨越建筑物变形缝处设置补偿装置;

2 电缆桥架转弯处的弯曲半径,不小于桥架内电缆最小允许弯曲半径,电缆最小允许弯曲半径见表 12.2.1-1;

表 12.2.1-1 电缆最小允许弯曲半径

| 序号 | 电缆种类 | 最小允许弯曲半径 |
|---|---|---|
| 1 | 无铅包钢铠护套的橡皮绝缘电力电缆 | 10D |
| 2 | 有钢铠护套的橡皮绝缘电力电缆 | 20D |
| 3 | 聚氯乙烯绝缘电力电缆 | 10D |
| 4 | 交联聚氯乙烯绝缘电力电缆 | 15D |
| 5 | 多芯控制电缆 | 10D |

注:D 为电缆外径。

3 当设计无要求时,电缆桥架水平安装的支架间距为 1.5～3m;垂直安装的支架间距不大于 2m;

4 桥架与支架间螺栓、桥架连接板螺栓固定紧固无遗漏,螺母位于桥架外侧;当铝合金桥架与钢支架固定时,有相互间绝缘的防电化腐蚀措施;

5 电缆桥架敷设在易燃易爆气体管道和热力管道的下方,当设计无要求时,与管道的最小净距,符合表 12.2.1-2 的规定;

表 12.2.1-2　与管道的最小净距(m)

| 管道类别 | | 平行净距 | 交叉净距 |
|---|---|---|---|
| 一般工艺管道 | | 0.4 | 0.3 |
| 易燃易爆气体管道 | | 0.5 | 0.5 |
| 热力管道 | 有保温层 | 0.5 | 0.3 |
| | 无保温层 | 1.0 | 0.5 |

　　6　敷设在竖井内和穿越不同防火区的桥架,按设计要求位置,有防火隔堵措施;

　　7　支架与预埋件焊接固定时,焊缝饱满;膨胀螺栓固定时,选用螺栓适配,连接紧固,防松零件齐全。

12.2.2　桥架内电缆敷设应符合下列规定:

　　1　大于 45°倾斜敷设的电缆每隔 2m 处设固定点;

　　2　电缆出入电缆沟、竖井、建筑物、柜(盘)、台处以及管子管口处等均做密封处理;

　　3　电缆敷设排列整齐,水平敷设的电缆,首尾两端、转弯两侧及每隔 5~10m 处设固定点;电缆敷设于垂直桥架内的电缆固定点间距,不大于表 12.2.2 的规定。

表 12.2.2　电缆固定点的间距(mm)

| 电缆种类 | | 固定点的间距 |
|---|---|---|
| 电力电缆 | 全塑型 | 1000 |
| | 除全塑型外的电缆 | 1500 |
| 控制电缆 | | 1000 |

12.2.3　电缆的首端、末端和分支处应设标志牌。

# 13　电缆沟内和电缆竖井内电缆敷设

## 13.1　主控项目

13.1.1　金属电缆支架、电缆导管必须接地(PE)或接零(PEN)可靠。

13.1.2　电缆敷设严禁有绞拧、铠装压扁、护层断裂和表面严重划伤等缺陷。

## 13.2　一般项目

13.2.1　电缆支架安装应符合下列规定:

　　1　当设计无要求时,电缆支架最上层至竖井顶部或楼板的距离不小于 150~200mm;电缆支架最下层至沟底或地面的距离不小于 50~100mm;

　　2　当设计无要求时,电缆支架层间最小允许距离符合表 13.2.1 的规定;

表 13.2.1　电缆支架层间最小允许距离(mm)

| 电缆种类 | 支架层间最小距离 |
|---|---|
| 控制电缆 | 120 |
| 10kV 及以下电力电缆 | 150~200 |

　　3　支架与预埋件焊接固定时,焊缝饱满;用膨胀螺栓固定时,选用螺栓适配,连接紧固,防松零件齐全。

13.2.2　电缆在支架上敷设,转弯处的最小允许弯曲半径应符合本规范表 12.2.1-1 的规定。

13.2.3　电缆敷设固定应符合下列规定:

　　1　垂直敷设或大于 45°倾斜敷设的电缆在每个支架上固定;

　　2　交流单芯电缆或分相后的每相电缆固定用的夹具和支架,不形成闭合铁磁回路;

　　3　电缆排列整齐,少交叉;当设计无要求时,电缆支持点间距,不大于表 13.2.3 的规定;

表 13.2.3　电缆支持点间距(mm)

| 电缆种类 | | 敷设方式 | |
|---|---|---|---|
| | | 水平 | 垂直 |
| 电力电缆 | 全塑型 | 400 | 1000 |
| | 除全塑型外的电缆 | 800 | 1500 |
| 控制电缆 | | 800 | 1000 |

　　4　当设计无要求时,电缆与管道的最小净距,符合本规范表 12.2.1-2 的规定,且敷设在易燃易爆气体管道和热力管道的下方;

　　5　敷设电缆的电缆沟和竖井,按设计要求位置,有防火隔堵措施。

13.2.4　电缆的首端、末端和分支处应设标志牌。

# 14　电线导管、电缆导管和线槽敷设

## 14.1　主控项目

14.1.1　金属的导管和线槽必须接地(PE)或接零(PEN)可靠,并符合下列规定:

　　1　镀锌的钢导管、可挠性导管和金属线槽不得熔焊跨接接地线,以专用接地卡跨接的两卡间连线为铜芯软导线,截面积不小于 4mm²;

　　2　当非镀锌钢导管采用螺纹连接时,连接处的两端焊跨接地线;当镀锌钢导管采用螺纹连接时,连接处的两端用专用接地卡固定跨接接地线;

　　3　金属线槽不作设备的接地导体,当设计无要求时,金属线槽全长不少于 2 处与接地(PE)或接零(PEN)干线连接;

　　4　非镀锌金属线槽间连接板的两端跨接铜芯接地线,镀锌线槽间连接板的两端不跨接接地线,但连接板两端不少于 2 个有防松螺帽或防松垫圈的连接固定螺栓。

14.1.2　金属导管严禁对口熔焊连接;镀锌和壁厚小于等于 2mm 的钢导管不得套管熔焊连接。

14.1.3　防爆导管不应采用倒扣连接;当连接有困难时,应采用防爆活接头,其接合面应严密。

14.1.4　当绝缘导管在砌体上剔槽埋设时,应采用强度等级不小于 M10 的水泥砂浆抹面保护,保护层厚度大于 15mm。

## 14.2　一般项目

14.2.1　室外埋地敷设的电缆导管,埋深不应小于 0.7m。壁厚小于等于 2mm 的钢电线导管不应埋设于室外土壤内。

14.2.2　室外导管的管口应设置在盒、箱内。在落地式配电箱内的管口,箱底无封板时,管口应高出基础面 50~80mm。所有管口在穿入电线、电缆后应做密封处理。由箱式变电所或落地式配电箱引向建筑物的导管,建筑物一侧的导管管口应设在建筑物内。

14.2.3　电缆导管的弯曲半径不应小于电缆最小允许弯曲半径,电缆最小允许弯曲半径应符合本规范表 12.2.1-1 的规定。

14.2.4　金属导管内外壁应防腐处理;埋设于混凝土内的导管内壁应防腐处理,外壁可不防腐处理。

14.2.5　室内进入落地式柜、台、箱、盘内的导管管口,应高出柜、台、箱、盘的基础面 50~80mm。

14.2.6　暗配的导管,埋设深度与建筑物、构筑物表面的距离不应小于 15mm;明配的导管应排列整齐,固定点间距均匀,安装牢固;在终端、弯头中点或柜、台、箱、盘等边缘的距离 150~500mm 范围内设有管卡,中间直线段管卡间的最大距离应符合表 14.2.6 的规定。

表 14.2.6　管卡间最大距离

| 敷设方式 | 导管种类 | 导管直径(mm) | | | | |
|---|---|---|---|---|---|---|
| | | 15～20 | 25～32 | 32～40 | 50～65 | 65 以上 |
| | | 管卡间最大距离(m) | | | | |
| 支架或沿墙明敷 | 壁厚>2mm 刚性钢导管 | 1.5 | 2.0 | 2.5 | 2.5 | 3.5 |
| | 壁厚≤2mm 刚性钢导管 | 1.0 | 1.5 | 2.0 | — | — |
| | 刚性绝缘导管 | 1.0 | 1.5 | 1.5 | 2.0 | 2.0 |

**14.2.7** 线槽应安装牢固,无扭曲变形,紧固件的螺母应在线槽外侧。

**14.2.8** 防爆导管敷设应符合下列规定:

　　**1** 导管间及与灯具、开关、线盒等的螺纹连接处紧密牢固,除设计有特殊要求外,连接处不跨接接地线,在螺纹上涂以电力复合酯或导电性防锈酯;

　　**2** 安装牢固顺直,镀锌层锈蚀或剥落处做防腐处理。

**14.2.9** 绝缘导管敷设应符合下列规定:

　　**1** 管口平整光滑;管与管、管与盒(箱)等器件采用插入法连接时,连接处结合面涂专用胶合剂,接口牢固密封;

　　**2** 直埋于地下或楼板内的刚性绝缘导管,在穿出地面或楼板易受机械损伤的一段,采取保护措施;

　　**3** 当设计无要求时,埋设在墙内或混凝土内的绝缘导管,采用中型以上的导管;

　　**4** 沿建筑物、构筑物表面和在支架上敷设的刚性绝缘导管,按设计要求装设温度补偿装置。

**14.2.10** 金属、非金属柔性导管敷设应符合下列规定:

　　**1** 刚性导管经柔性导管与电气设备、器具连接,柔性导管的长度在动力工程中不大于 0.8m,在照明工程中不大于 1.2m;

　　**2** 可挠金属管或其他柔性导管与刚性导管或电气设备、器具间的连接采用专用接头;复合型可挠金属管或其他柔性导管的连接处密封良好,防液覆盖层完整无损;

　　**3** 可挠金属导管和金属柔性导管不能做接地(PE)或接零(PEN)的接续导体。

**14.2.11** 导管和线槽,在建筑物变形缝处,应补偿装置。

# 15　电线、电缆穿管和线槽敷线

## 15.1　主控项目

**15.1.1** 三相或单相的交流单芯电缆,不得单独穿于钢导管内。

**15.1.2** 不同回路、不同电压等级和交流与直流的电线,不应穿于同一导管内;同一交流回路的电线应穿于同一金属导管内,且管内电线不得有接头。

**15.1.3** 爆炸危险环境照明线路的电线和电缆额定电压不得低于750V,且电线必须穿于钢导管内。

## 15.2　一般项目

**15.2.1** 电线、电缆穿管前,应清除管内杂物和积水。管口应有保护措施,不进入接线盒(箱)的垂直管口穿入电线、电缆后,管口应密封。

**15.2.2** 当采用多相供电时,同一建筑物、构筑物的电线绝缘层颜色选择应一致,即保护地线(PE)应是黄绿相间色,零线用淡蓝色;相线用:A 相——黄色、B 相——绿色、C 相——红色。

**15.2.3** 线槽敷线应符合下列规定:

　　**1** 电线在线槽内有一定余量,不得有接头。电线按回路编号分段绑扎,绑扎点间距不应大于 2m;

　　**2** 同一回路的相线和零线,敷设于同一金属线槽内;

　　**3** 同一电源的不同回路无抗干扰要求的线路可敷设于同一

线槽内;敷设于同一线槽内有抗干扰要求的线路用隔板隔离,或采用屏蔽电线且屏蔽护套一端接地。

# 16　槽板配线

## 16.1　主控项目

**16.1.1** 槽板内电线无接头,电线连接设在器具处;槽板与各种器具连接时,电线应留有余量,器具底座应压住槽板端部。

**16.1.2** 槽板敷设应紧贴建筑物表面,且横平竖直、固定可靠,严禁用木楔固定;木槽板应经阻燃处理,塑料槽板表面应有阻燃标识。

## 16.2　一般项目

**16.2.1** 木槽板无劈裂,塑料槽板无扭曲变形。槽板底板固定点间距应小于 500mm;槽板盖板固定点间距应小于 300mm;底板距终端 50mm 和盖板距终端 30mm 处应固定。

**16.2.2** 槽板的底板接口与盖板接口应错开 20mm,盖板在直线段和 90°转角处成 45°斜口对接,T 形分支处成三角叉接,盖板应无翘角,接口应严密整齐。

**16.2.3** 槽板穿过梁、墙和楼板处应有保护套管,跨越建筑物变形缝槽板应设补偿装置,且与槽板结合严密。

# 17　钢索配线

## 17.1　主控项目

**17.1.1** 应采用镀锌钢索,不应采用含油芯的钢索。钢索的钢丝直径应小于 0.5mm,钢索不应有扭曲和断股等缺陷。

**17.1.2** 钢索的终端拉环埋件应牢固可靠,钢索与终端拉环套接处应采用心形环,固定钢索的线卡不少于 2 个,钢索端头应用镀锌铁线绑扎紧密,且应接地(PE)或接零(PEN)可靠。

**17.1.3** 当钢索长度在 50m 及以下时,应在钢索一端装设花篮螺栓紧固;当钢索长度大于 50m 时,应在钢索两端装设花篮螺栓紧固。

## 17.2　一般项目

**17.2.1** 钢索中间吊架间距不应大于 12m,吊架与钢索连接处的吊钩深度不应小于 20mm,并应有防止钢索跳出的锁定零件。

**17.2.2** 电线和灯具在钢索上安装后,钢索应承受全部负载,且钢索表面应整洁、无锈蚀。

**17.2.3** 钢索配线的零件间和线间距离应符合表 17.2.3 的规定。

表 17.2.3　钢索配线的零件间和线间距离(mm)

| 配线类别 | 支持件之间最大距离 | 支持件与灯头盒之间最大距离 |
|---|---|---|
| 钢 管 | 1500 | 200 |
| 刚性绝缘导管 | 1000 | 150 |
| 塑料护套线 | 200 | 100 |

# 18　电缆头制作、接线和线路绝缘测试

## 18.1　主控项目

**18.1.1** 高压电力电缆直流耐压试验必须按本规范第 3.1.8 条的

规定交接试验合格。

**18.1.2** 低压电线和电缆,线间和线对地间的绝缘电阻值必须大于 0.5MΩ。

**18.1.3** 铠装电力电缆头的接地线应采用铜绞线或镀锡铜编织线,截面积不应小于表 18.1.3 的规定。

表 18.1.3　电缆芯线和接地线截面积($mm^2$)

| 电缆芯线截面积 | 接地线截面积 |
| --- | --- |
| 120 及以下 | 16 |
| 150 及以上 | 25 |
| 注:电缆芯线截面积在 16mm² 及以下,接地线截面积与电缆芯线截面积相等。 | |

**18.1.4** 电线、电缆接线必须准确,并联运行电线或电缆的型号、规格、长度、相位应一致。

### 18.2　一般项目

**18.2.1** 芯线与电器设备的连接应符合下列规定:

　　1　截面积在 10mm² 及以下的单股铜芯线和单股铝芯线直接与设备、器具的端子连接;

　　2　截面积在 2.5mm² 及以下的多股铜芯线拧紧搪锡或接续端子后与设备、器具的端子连接;

　　3　截面积大于 2.5mm² 的多股铜芯线,除设备自带插接式端子外,接续端子后与设备或器具的端子连接;多股铜芯线与插接式端子连接前,端部拧紧搪锡;

　　4　多股铝芯线接续端子后与设备、器具的端子连接;

　　5　每个设备和器具的端子接线不多于 2 根电线。

**18.2.2** 电线、电缆的芯线连接金具(连接管和端子),规格应与芯线的规格适配,且不得采用开口端子。

**18.2.3** 电线、电缆的回路标记应清晰,编号准确。

# 19　普通灯具安装

### 19.1　主控项目

**19.1.1** 灯具的固定应符合下列规定:

　　1　灯具重量大于 3kg 时,固定在螺栓或预埋吊钩上;

　　2　软线吊灯,灯具重量在 0.5kg 及以下时,采用软电线自身吊装;大于 0.5kg 的灯具采用吊链,且软电线编叉在吊链内,使电线不受力;

　　3　灯具固定牢固可靠,不使用木楔。每个灯具固定用螺钉或螺栓不少于 2 个;当绝缘台直径在 75mm 及以下时,采用 1 个螺钉或螺栓固定。

**19.1.2** 花灯吊钩圆钢直径不应小于灯具挂销直径,且不应小于 **6mm**。大型花灯的固定及悬吊装置,应按灯具重量的 2 倍做过载试验。

**19.1.3** 当钢管做灯杆时,钢管内径不应小于 10mm,钢管厚度不应小于 1.5mm。

**19.1.4** 固定灯具带电部件的绝缘材料以及提供防触电保护的绝缘材料,应耐燃烧和防明火。

**19.1.5** 当设计无要求时,灯具的安装高度和使用电压等级应符合下列规定:

　　1　一般敞开式灯具,灯头对地面距离不小于下列数值(采用安全电压时除外):

　　　1)室外:2.5m(室外墙上安装);

　　　2)厂房:2.5m;

　　　3)室内:2m;

　　　4)软吊线带升降器的灯具在吊线展开后:0.8m。

　　2　危险性较大及特殊危险场所,当灯具距地面高度小于 2.4m 时,使用额定电压为 36V 及以下的照明灯具,或有专用保护措施。

**19.1.6** 当灯具距地面高度小于 2.4m 时,灯具的可接近裸露导体必须接地(PE)或接零(PEN)可靠,并应有专用接地螺栓,且有标识。

### 19.2　一般项目

**19.2.1** 引向每个灯具的导线线芯最小截面积应符合表 19.2.1 的规定。

表 19.2.1　导线线芯最小截面积($mm^2$)

| 灯具安装的场所及用途 | | 线芯最小截面积 | | |
| --- | --- | --- | --- | --- |
| | | 铜芯软线 | 铜线 | 铝线 |
| 灯头线 | 民用建筑室内 | 0.5 | 0.5 | 2.5 |
| | 工业建筑室内 | 0.5 | 1.0 | 2.5 |
| | 室外 | 1.0 | 1.0 | 2.5 |

**19.2.2** 灯具的外形、灯头及其接线应符合下列规定:

　　1　灯具及其配件齐全,无机械损伤、变形、涂层剥落和灯罩破裂等缺陷;

　　2　软线吊灯的软线两端做保护扣,两端芯线搪锡;当装升降器时,套塑料软管,采用安全灯头;

　　3　除敞开式灯具外,其他各类灯具灯泡容量在 100W 及以上者采用瓷质灯头;

　　4　连接灯具的软线盘扣、搪锡压线,当采用螺口灯头时,相线接于螺口灯头中间的端子上;

　　5　灯头的绝缘外壳不破损和漏电;带有开关的灯头,开关手柄无裸露的金属部分。

**19.2.3** 变电所内,高低压配电设备及裸母线的正上方不应安装灯具。

**19.2.4** 装有白炽灯泡的吸顶灯具,灯泡不应紧贴灯罩;当灯泡与绝缘台间距离小于 5mm 时,灯泡与绝缘台间应采取隔热措施。

**19.2.5** 安装在重要场所的大型灯具的玻璃罩,应采取防止玻璃罩碎裂后向下溅落的措施。

**19.2.6** 投光灯的底座及支架应固定牢固,枢轴应沿需要的光轴方向拧紧固定。

**19.2.7** 安装在室外的壁灯应有泄水孔,绝缘台与墙面之间应有防水措施。

# 20　专用灯具安装

### 20.1　主控项目

**20.1.1** 36V 及以下行灯变压器和行灯安装必须符合下列规定:

　　1　行灯电压不大于 36V,在特殊潮湿场所或导电良好的地面上以及工作地点狭窄、行动不便的场所行灯电压不大于 12V;

　　2　变压器外壳、铁芯和低压侧的任意一端或中性点,接地(PE)或接零(PEN)可靠;

　　3　行灯变压器为双圈变压器,其电源侧和负荷侧有熔断器保护,熔丝额定电流分别不应大于变压器一次、二次的额定电流;

　　4　行灯灯体及手柄绝缘良好,坚固耐热耐潮湿;灯头与灯体结合紧固,灯头无开关,灯泡外部有金属保护网、反光罩及悬吊挂钩,挂钩固定在灯具的绝缘手柄上。

**20.1.2** 游泳池和类似场所灯具(水下灯及防水灯具)的等电位联结应可靠,并有明显标识,其电源的专用漏电保护装置应全部检测合格。自电源引入灯具的导管必须采用绝缘导管,严禁采用金属或有金属护层的导管。

**20.1.3** 手术台无影灯安装应符合下列规定:

    **1** 固定灯座的螺栓数量不少于灯具法兰底座上的固定孔数,且螺栓直径与底座孔径相适配;螺栓采用双螺母锁固;

    **2** 在混凝土结构上螺栓与主筋相焊接或将螺栓末端弯曲与主筋绑扎锚固;

    **3** 配电箱内装有专用的总开关及分路开关,电源分别接在两条专用的回路上,开关至灯具的电线采用额定电压不低于750V的铜芯多股绝缘电线。

**20.1.4** 应急照明灯具安装应符合下列规定:

    **1** 应急照明灯的电源除正常电源外,另有一路电源供电;或者是独立于正常电源的柴油发电机组供电;或由蓄电池柜供电或选用自带电源型应急灯具;

    **2** 应急照明在正常电源断电后,电源转换时间为:疏散照明≤15s;备用照明≤15s(金融商店交易所≤1.5s);安全照明≤0.5s;

    **3** 疏散照明由安全出口标志灯和疏散标志灯组成。安全出口标志灯距地高度不低于2m,且安装在疏散出口和楼梯口里侧的上方;

    **4** 疏散标志灯安装在安全出口的顶部,楼梯间、疏散走道及其转角处应安装在1m以下的墙面上。不易安装的部位可安装在上部。疏散通道上的标志灯间距不大于20m(人防工程不大于10m);

    **5** 疏散标志灯的设置,不影响正常通行,且不在其周围设置容易混同疏散标志灯的其他标志牌等;

    **6** 应急照明灯具,运行中温度大于60℃的灯具,当靠近可燃物时,采取隔热、散热等防火措施。当采用白炽灯、卤钨灯等光源时,不直接安装在可燃装修材料或可燃物件上;

    **7** 应急照明线路在每个防火分区有独立的应急照明回路,穿越不同防火分区的线路有防火隔堵措施;

    **8** 疏散照明线路采用耐火电线、电缆,穿管明敷或在非燃烧体内穿刚性导管暗敷,暗敷保护层厚度不小于30mm。电线采用额定电压不低于750V的铜芯绝缘电线。

**20.1.5** 防爆灯具安装应符合下列规定:

    **1** 灯具的防爆标志、外壳防护等级和温度组别与爆炸危险环境相适配。当设计无要求时,灯具类种和防爆结构的选型应符合表20.1.5的规定;

表20.1.5 灯具种类和防爆结构的选型

| 爆炸危险区域防爆结构<br>照明设备种类 | Ⅰ 区 | | Ⅱ 区 | |
|---|---|---|---|---|
| | 隔爆型<br>d | 增安型<br>e | 隔爆型<br>d | 增安型<br>e |
| 固定式灯 | ○ | × | ○ | ○ |
| 移动式灯 | △ | | ○ | |
| 携带式电池灯 | ○ | | ○ | |
| 镇流器 | ○ | △ | ○ | ○ |

注:○为适用;△为慎用;×为不适用。

    **2** 灯具配套齐全,不用非防爆零件替代灯具配件(金属护网、灯罩、接线盒等);

    **3** 灯具的安装位置离开释放源,且不在各种管道的泄压口及排放口上下方安装灯具;

    **4** 灯具及开关安装牢固可靠,灯具吊管及开关与接线盒螺纹啮合扣数不少于5扣,螺纹加工光滑、完整、无锈蚀,并在螺纹上涂以电力复合脂或导电性防锈脂;

    **5** 开关安装位置便于操作,安装高度1.3m。

**20.2 一般项目**

**20.2.1** 36V及以下行灯变压器和行灯安装应符合下列规定:

    **1** 行灯变压器的固定支架牢固,油漆完整;

    **2** 携带式局部照明灯电线采用橡套软线。

**20.2.2** 手术台无影灯安装应符合下列规定:

    **1** 底板紧贴顶板,四周无缝隙;

    **2** 表面保持整洁、无污染,灯具镀、涂层完整无划伤。

**20.2.3** 应急照明灯具安装应符合下列规定:

    **1** 疏散照明采用荧光灯或白炽灯;安全照明采用卤钨灯,或采用瞬时可靠点燃的荧光灯;

    **2** 安全出口标志灯和疏散标志灯装有玻璃或非燃材料的保护罩,面板亮度均匀度为1:10(最低:最高),保护罩应完整、无裂纹。

**20.2.4** 防爆灯具安装应符合下列规定:

    **1** 灯具及开关的外壳完整,无损伤、无凹陷或沟槽,灯罩无裂纹,金属护网无扭曲变形,防爆标志清晰;

    **2** 灯具及开关的紧固螺栓无松动、锈蚀,密封垫圈完好。

# 21 建筑物景观照明灯、航空障碍标志灯和庭院灯安装

## 21.1 主控项目

**21.1.1** 建筑物彩灯安装应符合下列规定:

    **1** 建筑物顶部彩灯采用有防雨性能的专用灯具,灯罩要拧紧;

    **2** 彩灯配线管路按明配管敷设,且有防雨功能。管路间、管路与灯头盒间螺纹连接,金属导管及彩灯的构架、钢索等可接近裸露导体接地(PE)或接零(PEN)可靠;

    **3** 垂直彩灯悬挂挑臂采用不小于10#的槽钢。端部吊挂钢索用的吊钩螺栓直径不小于10mm,螺栓在槽钢上固定,两侧有螺帽,且加平垫及弹簧垫圈紧固;

    **4** 悬挂钢丝绳直径不小于4.5mm,底把圆球直径不小于16mm,地锚采用架空外线用拉线盘,埋设深度大于1.5m;

    **5** 垂直彩灯采用防水吊线灯头,下端灯头距离地面高于3m。

**21.1.2** 霓虹灯安装应符合下列规定:

    **1** 霓虹灯管完好,无破裂;

    **2** 灯管采用专用的绝缘支架固定,且牢固可靠。灯管固定后,与建筑物、构筑物表面的距离不小于20mm;

    **3** 霓虹灯专用变压器采用双圈式,所供灯管长度不大于允许负载长度,露天安装的有防雨措施;

    **4** 霓虹灯专用变压器的二次电线和灯管间的连接线采用额定电压大于15kV的高压绝缘电线。二次电线与建筑物、构筑物表面的距离不小于20mm。

**21.1.3** 建筑物景观照明灯具安装应符合下列规定:

    **1** 每套灯具的导电部分对地绝缘电阻值大于2MΩ;

    **2** 在人行道等人员来往密集场所安装的落地式灯具,无围栏防护,安装高度距地面2.5m以上;

    **3** 金属构架和灯具的可接近裸露导体及金属软管的接地(PE)或接零(PEN)可靠,且有标识。

**21.1.4** 航空障碍标志灯安装应符合下列规定:

    **1** 灯具装设在建筑物或构筑物的最高部位。当最高部位平面面积较大或为建筑群时,除在最高端装设外,还在其外侧转角的顶端分别装设灯具;

    **2** 当灯具在烟囱顶上装设时,安装在低于烟囱口1.5～3m的部位且呈正三角形水平排列;

    **3** 灯具的选型根据安装高度决定;低光强的(距地面60m以下装设时采用)为红色光,其有效光强大于1600cd。高光强的(距

地面 150m 以上装设时采用）为白色光，有效光强随背景亮度而定；

4 灯具的电源按主体建筑中最高负荷等级要求供电；

5 灯具安装牢固可靠，且设置维修和更换光源的措施。

21.1.5 庭院灯安装应符合下列规定：

1 每套灯具的导电部分对地绝缘电阻值大于 2MΩ；

2 立柱式路灯、落地式路灯、特种园艺灯等灯具与基础固定可靠，地脚螺栓备帽齐全。灯具的接线盒或熔断器盒，盒盖的防水密封垫完整。

3 金属立柱及灯具可接近裸露导体接地（PE）或接零（PEN）可靠。接地线单设干线，干线沿庭院灯布置位置形成环网状，且不少于 2 处与接地装置引出线连接。由干线引出支线与金属灯柱及灯具的接地端子连接，且有标识。

### 21.2 一般项目

21.2.1 建筑物彩灯安装应符合下列规定：

1 建筑物顶部彩灯灯罩完整，无碎裂；

2 彩灯电线导管防腐完好，敷设平整、顺直。

21.2.2 霓虹灯安装应符合下列规定：

1 当霓虹灯变压器明装时，高度不小于 3m；低于 3m 采取防护措施；

2 霓虹灯变压器的安装位置方便检修，且隐蔽在不易被非检修人触及的场所，不装在吊平顶内；

3 当橱窗内装有霓虹灯时，橱窗门与霓虹灯变压器一次侧开关有联锁装置，确保开门不接通霓虹灯变压器的电源；

4 霓虹灯变压器二次侧的电线采用玻璃制品绝缘支持物固定，支持点距离不大于下列数值：

水平线段：0.5m；

垂直线段：0.75m。

21.2.3 建筑物景观照明灯构架应固定可靠，地脚螺栓拧紧，备帽齐全；灯具的螺栓紧固、无遗漏。灯具外露的电线或电缆应有柔性金属导管保护。

21.2.4 航空障碍标志灯安装应符合下列规定：

1 同一建筑物或建筑群灯具间的水平、垂直距离不大于 45m；

2 灯具的自动通、断电源控制装置动作准确。

21.2.5 庭院灯安装应符合下列规定：

1 灯具的自动通、断电源控制装置动作准确，每套灯具熔断器盒内熔丝齐全，规格与灯具适配；

2 架空线路电杆上的路灯，固定可靠，紧固件齐全、拧紧，灯位正确；每套灯具配有熔断器保护。

## 22 开关、插座、风扇安装

### 22.1 主控项目

22.1.1 当交流、直流或不同电压等级的插座安装在同一场所时，应有明显的区别，且必须选择不同结构、不同规格和不能互换的插座；配套的插头应按交流、直流或不同电压等级区别使用。

22.1.2 插座接线应符合下列规定：

1 单相两孔插座，面对插座的右孔或上孔与相线连接，左孔或下孔与零线连接；单相三孔插座，面对插座的右孔与相线连接，左孔与零线连接；

2 单相三孔、三相四孔及三相五孔插座的接地（PE）或接零（PEN）线接在上孔。插座的接地端子不与零线端子连接。同一场所的三相插座，接线的相序一致；

3 接地（PE）或接零（PEN）线在插座间不串联连接。

22.1.3 特殊情况下插座安装应符合下列规定：

1 当接插有触电危险家用电器的电源时，采用能断开电源的带开关插座，开关断开相线；

2 潮湿场所采用密封型并带保护地线触头的保护型插座，安装高度不低于 1.5m。

22.1.4 照明开关安装应符合下列规定：

1 同一建筑物、构筑物的开关采用同一系列的产品，开关的通断位置一致，操作灵活、接触可靠；

2 相线经开关控制；民用住宅无软线引至床边的床头开关。

22.1.5 吊扇安装应符合下列规定：

1 吊扇挂钩安装牢固，吊扇挂钩的直径不小于吊扇挂销直径，且不小于 8mm，有防振橡胶垫；挂销的防松零件齐全、可靠；

2 吊扇扇叶距地高度不小于 2.5m；

3 吊扇组装不改变扇叶角度，扇叶固定螺栓防松零件齐全；

4 吊杆间、吊杆与电机间螺纹连接，啮合长度不小于 20mm，且防松零件齐全紧固；

5 吊扇接线正确，当运转时扇叶无明显颤动和异常声响。

22.1.6 壁扇安装应符合下列规定：

1 壁扇底座采用尼龙塞或膨胀螺栓固定；尼龙塞或膨胀螺栓的数量不少于 2 个，且直径不小于 8mm。固定牢固可靠；

2 壁扇防护罩扣紧，固定可靠，当运转时扇叶和防护罩无明显颤动和异常声响。

### 22.2 一般项目

22.2.1 插座安装应符合下列规定：

1 当不采用安全型插座时，托儿所、幼儿园及小学等儿童活动场所安装高度不小于 1.8m；

2 暗装的插座面板紧贴墙面，四周无缝隙，安装牢固，表面光滑整洁、无碎裂、划伤，装饰帽齐全；

3 车间及试（实）验室的插座安装高度距地面不小于 0.3m；特殊场所暗装的插座不小于 0.15m；同一室内插座安装高度一致；

4 地插座面板与地面齐平或紧贴地面，盖板固定牢固，密封良好。

22.2.2 照明开关安装应符合下列规定：

1 开关安装位置便于操作，开关边缘距门框边缘的距离 0.15～0.2m，开关距地面高度 1.3m；拉线开关距地面高度 2～3m，层高小于 3m 时，拉线开关距顶板不小于 100mm，拉线出口垂直向下；

2 相同型号并列安装及同一室内开关安装高度一致，且控制有序不错位。并列安装的拉线开关的相邻间距不小于 20mm；

3 暗装的开关面板应紧贴墙面，四周无缝隙，安装牢固，表面光滑整洁、无碎裂、划伤，装饰帽齐全。

22.2.3 吊扇安装应符合下列规定：

1 涂层完整，表面无划痕、无污染，吊杆上下吊碗安装牢固到位；

2 同一室内并列安装的吊扇开关高度一致，且控制有序不错位。

22.2.4 壁扇安装应符合下列规定：

1 壁扇下侧边缘距地面高度不小于 1.8m；

2 涂层完整，表面无划痕、无污染，防护罩无变形。

## 23 建筑物照明通电试运行

### 23.1 主控项目

23.1.1 照明系统通电，灯具回路控制应与照明配电箱及回路的标识一致；开关与灯具控制顺序相对应，风扇的转向及调速开关应正常。

23.1.2 公用建筑照明系统通电连续试运行时间应为 24h，民用住宅照明系统通电连续试运行时间应为 8h。所有照明灯具均应开启，且每 2h 记录运行状态 1 次，连续试运行时间内无故障。

# 24 接地装置安装

## 24.1 主控项目

**24.1.1** 人工接地装置或利用建筑物基础钢筋的接地装置必须在地面以上按设计要求位置设测试点。

**24.1.2 测试接地装置的接地电阻值必须符合设计要求。**

**24.1.3** 防雷接地的人工接地装置的接地干线埋设，经人行通道处埋地深度不应小于 1m，且应采取均压措施或在其上方铺设卵石或沥青地面。

**24.1.4** 接地模块顶面埋深不应小于 0.6m，接地模块间距不应小于模块长度的 3～5 倍。接地模块埋设基坑，一般为模块外形尺寸的 1.2～1.4 倍，且在开挖深度内详细记录地层情况。

**24.1.5** 接地模块应垂直或水平就位，不应倾斜设置，保持与原土层接触良好。

## 24.2 一般项目

**24.2.1** 当设计无要求时，接地装置顶面埋设深度不应小于 0.6m。圆钢、角钢及钢管接地极应垂直埋入地下，间距不应小于 5m。接地装置的焊接应采用搭接焊，搭接长度应符合下列规定：

1 扁钢与扁钢搭接为扁钢宽度的 2 倍，不少于三面施焊；

2 圆钢与圆钢搭接为圆钢直径的 6 倍，双面施焊；

3 圆钢与扁钢搭接为圆钢直径的 6 倍，双面施焊；

4 扁钢与钢管，扁钢与角钢焊接，紧贴角钢外侧两面，或紧贴 3/4 钢管表面，上下两侧施焊；

5 除埋设在混凝土中的焊接接头外，有防腐措施。

**24.2.2** 当设计无要求时，接地装置的材料采用为钢材，热浸镀锌处理，最小允许规格、尺寸应符合表 24.2.2 的规定：

表 24.2.2 最小允许规格、尺寸

| 种类、规格及单位 | | 敷设位置及使用类别 | | | |
|---|---|---|---|---|---|
| | | 地 上 | | 地 下 | |
| | | 室 内 | 室 外 | 交流电流回路 | 直流电流回路 |
| 圆钢直径(mm) | | 6 | 8 | 10 | 12 |
| 扁钢 | 截面(mm²) | 60 | 100 | 100 | 100 |
| | 厚度(mm) | 3 | 4 | 4 | 6 |
| 角钢厚度(mm) | | 2 | 2.5 | 4 | 6 |
| 钢管管壁厚度(mm) | | 2.5 | 2.5 | 3.5 | 4.5 |

**24.2.3** 接地模块应集中引线，用干线把接地模块并联焊接成一个环路，干线的材质与接地模块焊接点的材质应相同，钢制的采用热浸镀锌扁钢，引出线不少于 2 处。

# 25 避雷引下线和变配电室接地干线敷设

## 25.1 主控项目

**25.1.1** 暗敷在建筑物抹灰层内的引下线应有卡钉分段固定；明敷的引下线应平直、无急弯，与支架焊接处，油漆防腐，且无遗漏。

**25.1.2** 变压器室、高低压开关室内的接地干线应有不少于 2 处与接地装置引出干线连接。

**25.1.3** 当利用金属构件、金属管道做接地线时，应在构件或管道与接地干线间焊接金属跨接线。

## 25.2 一般项目

**25.2.1** 钢制接地线的焊接连接应符合本规范第 24.2.1 条的规定，材料采用及最小允许规格、尺寸应符合本规范第 24.2.2 条的规定。

**25.2.2** 明敷接地引下线及室内接地干线的支持件间距应均匀，水平直线部分 0.5～1.5m；垂直直线部分 1.5～3m；弯曲部分 0.3～0.5m。

**25.2.3** 接地线在穿越墙壁、楼板和地坪处应加套钢管或其他坚固的保护套管，钢套管应与接地线做电气连通。

**25.2.4** 变配电室内明敷接地干线安装应符合下列规定：

1 便于检查，敷设位置不妨碍设备的拆卸与检修；

2 当沿建筑物墙壁水平敷设时，距地面高度 250～300mm；与建筑物墙壁间的间隙 10～15mm；

3 当接地线跨越建筑物变形缝时，设补偿装置；

4 接地线表面沿长度方向，每段为 15～100mm，分别涂以黄色和绿色相间的条纹；

5 变压器室、高压配电室的接地干线上应设置不少于 2 个供临时接地用的接线柱或接地螺栓。

**25.2.5** 当电缆穿过零序电流互感器时，电缆头的接地线应通过零序电流互感器后接地；由电缆头至穿过零序电流互感器的一段电缆金属护层和接地线应对地绝缘。

**25.2.6** 配电间隔和静止补偿装置的栅栏门及变配电室金属门铰链处的接地连接，应采用编织铜线。变配电室的避雷器应用最短的接地线与接地干线连接。

**25.2.7** 设计要求接地的幕墙金属框架和建筑物的金属门窗，应就近与接地干线连接可靠，连接处不同金属间应有防电化腐蚀措施。

# 26 接闪器安装

## 26.1 主控项目

**26.1.1** 建筑物顶部的避雷针、避雷带等必须与顶部外露的其他金属物连成一个整体的电气通路，且与避雷引下线连接可靠。

## 26.2 一般项目

**26.2.1** 避雷针、避雷带应位置正确，焊接固定的焊缝饱满无遗漏，螺栓固定的应备帽等防松零件齐全，焊接部分补刷的防腐油漆完整。

**26.2.2** 避雷带应平正顺直，固定点支持件间距均匀、固定可靠，每个支持件应能承受大于 49N(5kg) 的垂直拉力。当设计无要求时，支持件间距符合本规范第 25.2.2 条的规定。

# 27 建筑物等电位联结

## 27.1 主控项目

**27.1.1** 建筑物等电位联结干线应从与接地装置有不少于 2 处直接连接的接地干线或总等电位箱引出，等电位联结干线或局部等电位箱间的连接线形成环形网路，环形网路应就近与等电位联结干线或局部等电位箱连接。支线间不应串联连接。

**27.1.2** 等电位联结的线路最小允许截面应符合表 27.1.2 的规定：

表 27.1.2 线路最小允许截面(mm²)

| 材 料 | 截 面 | |
|---|---|---|
| | 干线 | 支线 |
| 钢 | 16 | 6 |
| 钢 | 50 | 16 |

## 27.2 一般项目

**27.2.1** 等电位联结的可接近裸露导体或其他金属部件、构件与支线连接应可靠，熔焊、钎焊或机械紧固应导通正常。

**27.2.2** 需等电位联结的高级装修金属部件或零件,应有专用接线螺栓与等电位联结支线连接,且有标识;连接处螺帽紧固、防松零件齐全。

# 28 分部(子分部)工程验收

**28.0.1** 当建筑电气分部工程施工质量检验时,检验批的划分应符合下列规定:

1 室外电气安装工程中分项工程的检验批,依据庭院大小、投运时间先后、功能区块不同划分;

2 变配电室安装工程中分项工程的检验批,主变配电室为1个检验批;有数个分变配电室,且不属于子单位工程的子分部工程,各为1个检验批,其验收记录汇入所有变配电室有关分项工程的验收记录中;如各分变配电室属于各个单位工程的子分部工程,所属分项工程各为1个检验批,其验收记录应为一个分项工程验收记录,经子分部工程验收记录汇入分部工程验收记录中;

3 供电干线安装工程分项工程的检验批,依据供电区段和电气线缆竖井的编号划分;

4 电气动力和电气照明安装工程中分项工程及建筑物等电位联结分项工程的检验批,其划分的界区,应与建筑土建工程一致;

5 备用和不间断电源安装工程中分项工程各自成为1个检验批;

6 防雷及接地装置安装工程中分项工程检验批,人工接地装置和利用建筑物基础钢筋的接地体各为1个检验批,大型基础可按区块划分成几个检验批;避雷引下线安装6层以下的建筑为1个检验批,高层建筑依均压环设置间隔的层数为1个检验批;接闪器安装同一屋面为1个检验批。

**28.0.2** 当验收建筑电气工程时,应核查下列各项质量控制资料,且检查分项工程质量验收记录和分部(子分部)质量验收记录应正确,责任单位和责任人的签章齐全。

1 建筑电气工程施工图设计文件和图纸会审记录及洽商记录;

2 主要设备、器具、材料的合格证和进场验收记录;

3 隐蔽工程记录;

4 电气设备交接试验记录;

5 接地电阻、绝缘电阻测试记录;

6 空载试运行和负荷试运行记录;

7 建筑照明通电试运行记录;

8 工序交接合格等施工安装记录。

**28.0.3** 根据单位工程实际情况,检查建筑电气分部(子分部)工程所含分项工程的质量验收记录应无遗漏缺项。

**28.0.4** 当单位工程质量验收时,建筑电气分部(子分部)工程实物质量的抽检部位如下,且抽检结果应符合本规范规定。

1 大型公用建筑的变配电室,技术层的动力工程,供电干线的竖井,建筑顶部的防雷工程,重要的或大面积活动场所的照明工程,以及5%自然间的建筑电气动力、照明工程;

2 一般民用建筑的配电室和5%自然间的建筑电气照明工程,以及建筑顶部的防雷工程;

3 室外电气工程以变配电室为主,且抽检各类灯具的5%。

**28.0.5** 核查各类技术资料应齐全,且符合工序要求,有可追溯性;各责任人均应签章确认。

**28.0.6** 为方便检测验收,高低压配电装置的调整试验应提前通知监理和有关监督部门,实行旁站确认。变配电室通电后可抽测的项目主要是:各类电源自动切换或通断装置、馈电线路的绝缘电阻、接地(PE)或接零(PEN)的导通状态、开关插座的接线正确性、漏电保护装置的动作电流和时间、接地装置的接地电阻和由照明设计确定的照度等。抽测的结果应符合本规范规定和设计要求。

**28.0.7** 检验方法应符合下列规定:

1 电气设备、电缆和继电保护系统的调整试验结果,查阅试验记录或试验时旁站;

2 空载试运行和负荷试运行结果,查阅试运行记录或试运行时旁站;

3 绝缘电阻、接地电阻和接地(PE)或接零(PEN)导通状态及插座接线正确性的测试结果,查阅测试记录或测试时旁站或用适配仪表进行抽测;

4 漏电保护装置动作数据值,查阅测试记录或用适配仪表进行抽测;

5 负荷试运行时大电流节点温升测量用红外线遥测温度仪抽测或查阅负荷试运行记录;

6 螺栓紧固程度用适配工具做扳动试验;有最终拧紧力矩要求的螺栓用扭力扳手抽测;

7 需吊芯、抽芯检查的变压器和大型电动机,吊芯、抽芯时旁站或查阅吊芯、抽芯记录;

8 需做动作试验的电气装置,高压部分不应带电试验,低压部分无负荷试验;

9 水平度用铁水平尺测量,垂直度用线锤吊线尺量,盘面平整度拉线尺量,各种距离的尺寸用塞尺、游标卡尺、钢尺、塔尺或采用其他仪器仪表等测量;

10 外观质量情况目测检查;

11 设备规格型号、标志及接线,对照工程设计图纸及其变更文件检查。

## 附录 A 发电机交接试验

**表 A 发电机交接试验**

| 序号 | 内容部位 | | 试验内容 | 试验结果 |
|---|---|---|---|---|
| 1 | 定子电路 | | 测量定子绕组的绝缘电阻和吸收比 | 绝缘电阻值大于0.5MΩ<br>沥青浸胶及烘卷云母绝缘吸收比大于1.3<br>环氧粉云母绝缘吸收比大于1.6 |
| 2 | | | 在常温下,绕组表面温度与空气温度差在±3℃范围内测量各相直流电阻 | 各相直流电阻值相互间差值不大于最小值2%,与出厂值在同温度下比差值不大于2% |
| 3 | | | 交流工频耐压试验1min | 试验电压为1.5Un+750V,无闪络击穿现象,Un为发电机额定电压 |
| 4 | 静态试验 | 转子电路 | 用1000V兆欧表测量转子绝缘电阻 | 绝缘电阻值大于0.5MΩ |
| 5 | | | 在常温下,绕组表面温度与空气温度差在±3℃范围内测量绕组直流电阻 | 数值与出厂值在同温度下比差值不大于2% |
| 6 | | | 交流工频耐压试验1min | 用2500V摇表测量绝缘电阻替代 |
| 7 | | 励磁电路 | 退出励磁电路电子器件后,测量励磁电路的线路设备的绝缘电阻 | 绝缘电阻值大于0.5MΩ |
| 8 | | | 退出励磁电路电子器件后,进行交流工频耐压试验1min | 试验电压1000V,无击穿闪络现象 |
| 9 | | 其他 | 有绝缘轴承的用1000V兆欧表测量轴承绝缘电阻 | 绝缘电阻值大于0.5MΩ |
| 10 | | | 测量检温计(埋入式)绝缘电阻,校验检温计精度 | 用250V兆欧表检测不短路,精度符合出厂规定 |
| 11 | | | 测量灭磁电阻,自同步电阻器的直流电阻 | 与铭牌相比较,其差值为±10% |
| 12 | 运转试验 | | 发电机空载特性试验 | 按设备说明书比对,符合要求 |
| 13 | | | 测量相序 | 相序与出线标识相符 |
| 14 | | | 测量空载和负荷后轴电压 | 按设备说明书比对,符合要求 |

## 附录 B  低压电器交接试验

**表 B  低压电器交接试验**

| 序号 | 试验内容 | 试验标准或条件 |
|---|---|---|
| 1 | 绝缘电阻 | 用500V兆欧表摇测,绝缘电阻值大于等于1MΩ;潮湿场所,绝缘电阻值大于等于0.5MΩ |
| 2 | 低压电器动作情况 | 除产品另有规定外,电压、液压或气压在额定值的85%～110%范围内能可靠动作 |
| 3 | 脱扣器的整定值 | 整定值误差不得超过产品技术条件的规定 |
| 4 | 电阻器和变阻器的直流电阻差值 | 符合产品技术条件规定 |

## 附录 D  母线搭接螺栓的拧紧力矩

**表 D  母线搭接螺栓的拧紧力矩**

| 序号 | 螺栓规格 | 力矩值(N·m) |
|---|---|---|
| 1 | M8 | 8.8～10.8 |
| 2 | M10 | 17.7～22.6 |
| 3 | M12 | 31.4～39.2 |
| 4 | M14 | 51.0～60.8 |
| 5 | M16 | 78.5～98.1 |
| 6 | M18 | 98.0～127.4 |
| 7 | M20 | 156.9～196.2 |
| 8 | M24 | 274.6～343.2 |

## 附录 C  母线螺栓搭接尺寸

**表 C  母线螺栓搭接尺寸**

| 搭接形式 | 类别 | 序号 | 连接尺寸(mm) | | | 钻孔要求 | | 螺栓规格 |
|---|---|---|---|---|---|---|---|---|
| | | | $b_1$ | $b_2$ | $a$ | $\phi$ (mm) | 个数 | |
| | 直线连接 | 1 | 125 | 125 | $b_1$ 或 $b_2$ | 21 | 4 | M20 |
| | | 2 | 100 | 100 | $b_1$ 或 $b_2$ | 17 | 4 | M16 |
| | | 3 | 80 | 80 | $b_1$ 或 $b_2$ | 13 | 4 | M12 |
| | | 4 | 63 | 63 | $b_1$ 或 $b_2$ | 11 | 4 | M10 |
| | | 5 | 50 | 50 | $b_1$ 或 $b_2$ | 9 | 4 | M8 |
| | | 6 | 45 | 45 | $b_1$ 或 $b_2$ | 9 | 4 | M8 |
| | 直线连接 | 7 | 40 | 40 | 80 | 13 | 2 | M12 |
| | | 8 | 31.5 | 31.5 | 63 | 11 | 2 | M10 |
| | | 9 | 25 | 25 | 50 | 9 | 2 | M8 |
| | 垂直连接 | 10 | 125 | 125 | — | 21 | 4 | M20 |
| | | 11 | 125 | 100～80 | — | 17 | 4 | M16 |
| | | 12 | 125 | 63 | — | 13 | 4 | M12 |
| | | 13 | 100 | 100～80 | — | 17 | 4 | M16 |
| | | 14 | 80 | 80～63 | — | 13 | 4 | M12 |
| | | 15 | 63 | 63～50 | — | 11 | 4 | M10 |
| | | 16 | 50 | 50 | — | 9 | 4 | M8 |
| | | 17 | 45 | 45 | — | 9 | 4 | M8 |
| | 垂直连接 | 18 | 125 | 50～40 | — | 17 | 2 | M16 |
| | | 19 | 100 | 63～40 | — | 17 | 2 | M16 |
| | | 20 | 80 | 63～40 | — | 15 | 2 | M14 |
| | | 21 | 63 | 50～40 | — | 13 | 2 | M12 |
| | | 22 | 50 | 45～40 | — | 11 | 2 | M10 |
| | | 23 | 63 | 31.5～25 | — | 11 | 2 | M10 |
| | | 24 | 50 | 31.5～25 | — | 9 | 2 | M8 |

| 搭接形式 | 类别 | 序号 | 连接尺寸(mm) | | | 钻孔要求 | | 螺栓规格 |
|---|---|---|---|---|---|---|---|---|
| | | | $b_1$ | $b_2$ | $a$ | $\phi$ (mm) | 个数 | |
| 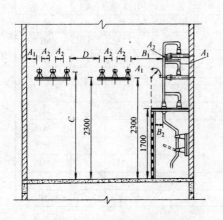 | 垂直连接 | 25 | 125 | 31.5～25 | 60 | 11 | 2 | M10 |
| | | 26 | 100 | 31.5～25 | 50 | 9 | 2 | M8 |
| | | 27 | 80 | 31.5～25 | 50 | 9 | 2 | M8 |
| | 垂直连接 | 28 | 40 | 40～31.5 | — | 13 | 1 | M12 |
| | | 29 | 40 | 25 | — | 11 | 1 | M10 |
| | | 30 | 31.5 | 31.5～25 | — | 11 | 1 | M10 |
| | | 31 | 25 | 22 | — | 9 | 1 | M8 |

# 附录 E  室内裸母线最小安全净距

表 E  室内裸母线最小安全净距(mm)

| 符号 | 适用范围 | 图号 | 额定电压(kV) | | | |
|---|---|---|---|---|---|---|
| | | | 0.4 | 1～3 | 6 | 10 |
| $A_1$ | 1. 带电部分至接地部分之间<br>2. 网状和板状遮栏向上延伸线距地 2.3m 处与遮栏上方带电部分之间 | 图 E.1 | 20 | 75 | 100 | 125 |
| $A_2$ | 1. 不同相的带电部分之间<br>2. 断路器和隔离开关的断口两侧带电部分之间 | 图 E.1 | 20 | 75 | 100 | 125 |
| $B_1$ | 1. 栅状遮栏至带电部分之间<br>2. 交叉的不同时停电检修的无遮栏带电部分之间 | 图 E.1<br>图 E.2 | 800 | 825 | 850 | 875 |
| $B_2$ | 网状遮栏至带电部分之间 | 图 E.1 | 100 | 175 | 200 | 225 |
| $C$ | 无遮栏裸导体至地(楼)面之间 | 图 E.1 | 2300 | 2375 | 2400 | 2425 |
| $D$ | 平行的不同时停电检修的无遮栏裸导体之间 | 图 E.1 | 1875 | 1875 | 1900 | 1925 |
| $E$ | 通向室外的出线套管至室外通道的路面 | 图 E.2 | 3650 | 4000 | 4000 | 4000 |

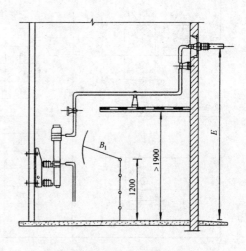

图 E.1  室内 $A_1$、$A_2$、$B_1$、$B_2$、$C$、$D$ 值校验　　　　图 E.2  室内 $B_1$、$E$ 值校验

## 本规范用词说明

1　为便于在执行本规范条文时区别对待,对要求严格程度不同的用词说明如下:

1)表示很严格,非这样做不可的用词:

正面词采用"必须";反面词采用"严禁";

2)表示严格,在正常情况下均应这样做的用词:

正面词采用"应";反面词采用"不应"或"不得";

3)表示允许稍有选择,在条件许可时首先应这样做的用词:

正面词采用"宜";反面词采用"不宜";

表示有选择,在一定条件下可以这样做的用词采用"可"。

2　本规范中指明应按其他有关标准、规范执行时,写法为"应符合……的要求或规定"或"应按……执行"。

中华人民共和国国家标准

# 建筑电气工程施工质量验收规范

GB 50303—2002

条 文 说 明

# 目　次

# 1 总　则

**1.0.1** 明确规范制定的目的,是为对建筑电气工程施工质量验收时,提供判断质量是否合格的标准,即符合规范合格,反之不合格;换言之,要求施工时,对照规范来执行,因而规范起到保证工程质量的作用。

**1.0.2** 说明适用范围、建筑电气工程的含义和适用的电压等级。

**1.0.3** 在电气分部工程质量验收时,判断技术及技术管理是否符合要求,是以本规范作依据。而验收的程序和组织;单位(子单位)工程、分部(子分部)工程、分项工程和检验批的划分,以及合格判定;发生工程质量不符合规定的处理;以及验收中使用的表格及填写方法等,均必须遵循统一标准的规定。

**1.0.4** 本条是认真执行具体落实《建设工程质量管理条例》规定的体现,也是符合标准化法的规定。即不管哪个层次的标准,其内容不得低于国家标准的规定。

**1.0.5** 本条规定有两层意思。第一,虽然制定规范时,已注意到相关法律、法规、技术标准和管理标准的有关规定,使之不违反且协调一致,但不可能全部反映出来,尤其是国家颁发的产品制造技术标准、技术条件中,对安装和使用要求部分,更是难能全部、完整反映。制定规范时,已考虑到这个情况,对新产品安装、新技术应用,其施工质量验收作了比较灵活的描述。

第二,随着我国经济发展和技术进步加快,新的生产力发展迅猛,入世后,经济、技术管理趋向国际化更为突现,与规范相关的法律、法规、技术标准和管理标准,必然会更迭或修正,即使本规范也在所难免,这层意思是说明要有动态观念,密切注意变化,才能及时顺利执行本规范。

# 3　基本规定

## 3.1　一般规定

**3.1.1** 《建筑工程施工质量验收统一标准》3.0.1对施工现场应有的质量管理体系、制度和遵循的施工技术标准及其检查内容(见《统一标准》附录A)作出了明确的规定。本条结合本专业特点,在符合《统一标准》3.0.1及附录A的规定前提下,作补充规定。

**3.1.2** 建筑电气工程施工,基本上在建筑结构施工完成以后,才能全面展开。钢结构构件就位前,按设计要求做好电气安装用支架、螺栓等部件的定位和连接,而构件就位,形成整体,处于受力状态,若不管构件大小、受力情况,盲目采用熔焊连接电气安装用的支架、螺栓等部件,会导致构件变形,使受拉构件失去预期承载能力,而存在隐患,显然是不允许的。气割开孔等热加工作业和熔焊一样会影响钢结构工程质量。

**3.1.3** 本条是对建筑电气工程高低压的定义。与已颁布施行的国家标准《低压成套开关设备和控制设备》"第一部分:型式试验和部分型式试验成套设备"GB 7251.1 idt IEC439-1 中的规定是一致的。且与IEC-64的出版物364-1相吻合的。是与国际标准相同的。

**3.1.4** 这些仪表的指示或信号准确与否,关系到正确判断电气设备和其他建筑设备的运行状态,以及预期的功能和安全要求。

**3.1.5** 电气空载试运行,是指通电、不带负载,照明工程一般不做空载试运行,通电试灯即为负荷试运行。动力工程的空载试运行则有两层含义,一是电动机或其他电动执行机构等与建筑设备脱离,无机械上的连接单独通电运转,这时对电气线路、开关、保护系统等是有载的,不过负荷很小,而电动机或其他电动执行机构等是空载的;二是电动机或其他电动执行机构等与建筑设备相连接,通

电运转,但建筑设备既不输入,也不输出,如泵不打水,空压机不输气等。这时建筑设备处于空载状态,如建筑设备有输入输出,则就成为负荷试运行,本规范指的负荷试运行就是建筑设备有输入输出情况下的试运行。

负荷试运行方案或作业指导书的审查批准和确认单位,可根据工程具体情况按单位的管理制度实施审查批准和确认,但必须有负责人签字。

**3.1.6** 漏电保护装置,也称残余(冗余)电流保护装置,是当用电设备发生电气故障形成电气设备可接近裸露导体带电时,为避免造成电击伤害人或动物而迅速切断电源的保护装置,故而在安装前或安装后要作模拟动作试验,以保证其灵敏度和可靠性。

**3.1.7** 电气设备或导管等可接近裸露导体的接地(PE)或接零(PEN)可靠是防止电击伤害的主要手段。关于干线与支线的区别如图1所示。

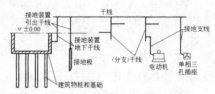

图 1　干线与支线的区别

从上图可知,干线是在施工设计时,依据整个单位工程使用寿命和功能来布置选择的,它的连接通常具有不可拆卸性,如熔焊连接,只有在整个供电系统进行技术改造时,干线包括分支干线才有可能更动敷设位置和相互连接处的位置,所以说干线本身始终处于良好的电气导通状态。而支线是由干线引向某个电气设备、器具(如电动机、单相三孔插座等)以及其他需接地或接零单独个体的接地线,通常用可拆卸的螺栓连接;这些设备、器具及其他需接地或接零的单独个体,在使用中往往由于维修、更换等种种原因需临时或永久的拆除,若他们的接地支线彼此间是相互串联连接,只要拆除中间一件,则与干线相方向相反的另一侧所有电气设备、器具及其他需接地或接零的单独个体全部失去电击保护,这显然不允许,要严禁发生的,所以支线不能串联连接。

**3.1.8** 高压的电气设备和布线系统及继电保护系统,在建筑电气工程中,是电网电力供应的高压终端,在投入运行前必须做交接试验,试验标准统一按现行国家标准《电气装置安装工程电气设备交接试验标准》GB 50150执行。

**3.1.9** 低压部分交接试验结合建筑电气工程特点在有的分项工程中作了补充规定。

**3.1.10** 建筑智能化工程能正常运转离不开建筑电气工程的配合,条文的规定以明确彼此间接口关系。

## 3.2　主要设备、材料、成品和半成品进场验收

本节各条款是基于如下情况编写的,一是制造商是按制造标准制造的,供货商(销售商)是依法经营的;二是进场验收的检查要点,是由于产品流通过程中,因保管、运输不当而造成的缺损,目的是及时采取补救措施;三是发生异议的条件,是近期因产品质量低劣而被曝光的有关制造商的产品;经了解在工程使用中因质量不好而发生质量安全事故的同一铭牌的产品;进场验收时发现与同类产品比较或与制造标准比较有明显差异的产品。

**3.2.1** 主要设备、材料、成品和半成品进场检验工作,是施工管理的停止点,其工作过程、检验结论要有书面证据,所以要有记录,检验工作应由施工单位和监理单位参加,施工单位为主,监理单位确认。

**3.2.2** 因有异议而送有资质的试验室进行检测,检测的结果描述在检测报告中,经异议各方共同确认是否符合要求,符合要求,才能使用,不符合要求应退货或做其他处理。有资质的试验室是指依照法律、法规规定,经相应政府行政主管部门或其授权机构认可

的试验室。

**3.2.3** 新的电气设备、器具、材料随着技术进步和创新，必然会不断涌现，而被积极推广应用。正因为新、认知的人少，也必然有新的安装技术要求，使用维修保养有特定的规定。为使新设备、器具、材料顺利进入市场，作出此条规定。

**3.2.4** 中国入世后，进口的电气设备、器具、材料日趋增多，按国际惯例应进行商检，且提供中文的相关文件。

**3.2.5** 为推动产品质量的提高和稳定，制定本条文。

**3.2.6** 合格证表示制造商已做有关试验检测并符合标准，可以出厂进入市场，同时也表明制造商对产品质量的承诺和负有相关质量法律责任。出厂试验记录至关重要，交接试验的结果要与出厂试验记录相对比，用以判断在运输、保管、安装中是否失当，而导致变压器内部结构遭到损坏或变异。

通过对设备、器具和材料表面检查是否有缺损，从而判断到达施工现场前有否因运输、保管不当而遭到损坏，尤其是电瓷、充油、充气的部位要认真检查。

**3.2.7** 当前，建筑电气工程使用的设备、器具、材料有的是实行生产许可证的，有的是经安全认证的，有的是经合格认证的。实行生产许可证的是国家强制执行的，而经安全认证或合格认证的产品，是企业为了保证产品质量、提高社会信誉，自愿向认可的认证机构申请认证，经认证合格，制造商必然会在技术文件中加以说明，产品上会有认证标志。同理，许可证的编号也是会出现在技术文件或铭牌上。但是列入许可证目录的产品是动态的，且随着产品更新换代、制造标准修订变化也大，因而要广收资料、掌握信息、密切注意变化。

不间断电源柜或成套柜要提供出厂试验记录，目的是为了在交接试验时作对比用。

成套配电柜、屏、台、箱、盘在运输过程中，因受振使螺栓松动或导线连接脱落脱焊是经常发生的，所以进场验收时要注意检查，以利采取措施、使其正确复位。

**3.2.8** 柴油发电机组供货时，零部件多，要依据装箱单逐一清点。通常发电机是由柴油机厂向电机厂订货后，统一组装成发电机组，有电机制造厂的出厂试验记录，可在交接试验时作对比用。

**3.2.10** 气体放电灯具通常接线比普通灯具复杂，且附件多，有防高温要求，尤其新型气体放电灯具，功率也大，因而需要提供技术文件，以利正确安装。

按现行国家标准《爆炸性环境用防爆电气设备》GB 3836 的规定，防爆电气产品获得防爆合格证后方可生产。防爆电气设备的类型、级别、组别和外壳上的"Ex"标志，是其重要特征，验收时要依据设计图纸认真仔细核对。

对成套灯具的使用安全发生异议，以现场抽样检测为主，重点在于导电部分的绝缘电阻和使用的电线芯线大小是否符合要求。由于建筑电气工程中Ⅱ类灯具很少使用，所以未将Ⅱ类灯具的有关要求纳入。

对游泳池和类似场所灯具（水下灯和防水灯具）的质量有异议时，现场不具备抽样检测条件，要送至有资质的试验室抽样检测。

测量绝缘电阻时，兆欧表的电压等级，按现行国家标准《电气装置安装工程电气设备交接试验标准》GB 50150 规定执行，即：

(1)100V 以下的电气设备或线路，采用 250V 兆欧表；

(2)100～500V 的电气设备或线路，采用 500V 兆欧表；

(3)500～3000V 的电气设备或线路，采用 1000V 兆欧表；

(4)3000～10000V 的电气设备或线路，采用 2500V 兆欧表。

注：本检测方法对用电设备的电气部分绝缘检测同样适用，本说明对以后有关条款同样有效。

**3.2.11** 合格证查验和外观检查如前所述，不再作其他说明（以下各条同）。在《家用和类似用途电器的安全 第一部分：通用要求》GB 4706.1 eqv IEC335-1 中第 29 章爬电距离、电器间隙及穿通绝缘距离的表 21 规定，工作电压大于 250～400V 不同极性带电部

件之间为 2～4mm，考虑到所述电器为有防止污染物沉积保护的，故取 3mm；其绝缘电阻按Ⅱ类器具加以考虑，绝缘电阻值为 5MΩ。关于螺钉螺母旋合的要求和试验，该标准第 28 章 1 款有规定。阻燃性能试验，现场不能满足规定条件时，应送有资质的试验室进行检测。

**3.2.12** 《额定电压 450V/750V 及以下聚氯乙烯绝缘电缆》第一部分：一般要求 GB 5023.1 idt IEC227-1 中前言指出"本标准使用的产品均是我国电工产品认证委员会强制认证的产品"，所以按此标准生产的产品均应有安全认证的标志。施行生产许可证的，应在合格证上或提供的文件上有合格证编号。

按现行国家标准《额定电压 450/750V 及以下聚氯乙烯绝缘软电缆》GB 5023.1～5023.7idt IEC227-1～7 生产的电缆（电线），其适用范围是交流标称电压不超过 450/750V 的动力装置。与旧标准相比，对施工安装而言，要掌握的是：①$U_0/U$ 的定义基本不变，仅作了文字上的调整；②没有了 300/500V 这个电压等级；③铝芯绝缘电线的制造标准未列入国家标准；④型号规格的命名有了较大的变化。

通常在进场验收时，对电线、电缆的绝缘层厚度和电线的线芯直径比较关注，数据与国际标准的规定是一致的。

仅从电线、电缆的几何尺寸，不足以说明其导电性能、绝缘性能一定能满足要求。电线、电缆的绝缘性能、导电性能和阻燃性能，除与几何尺寸有关外，更重要的是与构成的化学成分有关，在进场验收时是无法判定的，要送有资质的试验室进行检测。

**3.2.13** 电气安装用导管也是建筑电气工程中使用的大宗材料，按国家推荐性标准《电气安装用导管的技术要求 通用要求》GB/T 13381.1 和特殊要求等标准，进行现场验收；这些标准与 IEC 标准是基本一致的。

**3.2.14** 严重锈蚀是指型钢因防护不妥，表面产生鳞片状的氧化物；过度扭曲或弯折变形是指在施工现场用普通手工工具无法以人力矫正的变形。电焊条是弧焊条，如保管存放不妥，会引起受潮，所附焊药变质，通常判断的方法是焊条尾部裸露的钢材是否生锈，这种锈斑形成连续的条或块，表示焊条已经无法在工程上使用。

**3.2.15** 镀锌制品通常有两种供应方法，一种是进入现场的是已镀好锌的成品或半成品，只要查验合格证即可；另一种是进货为未镀锌的钢材，经加工后，出场委托进行热浸镀锌后再进场，这样就既要查验钢材的合格证，又要查验镀锌厂出具的镀锌质量证明书。

电气工程使用的镀锌制品，在许多产品标准中均规定为热浸镀锌工艺所制成。热浸镀锌的工艺镀层厚，使制品的使用年限长，虽然外观质量比电镀锌工艺差一点，但电气工程中使用的镀锌横担、支架、接地极和避雷线等以使用寿命为主要考虑因素，况且室外和埋入地下较多，故规定要用热浸镀锌的制品。

**3.2.16** 由于不同材质的电缆桥架应用的环境不同，防腐蚀的性能也不同，所以对外观质量的要求也各有特点。

**3.2.17** 封闭母线、插接母线订货时，除指定导电部分的规格尺寸外，还要根据电气设备布置位置和建筑物层高、母线敷设位置等条件，提出母线外形尺寸的规格和要求，这些是制造商必须满足的，且应在其提供的安装技术文件上作出说明，包括编号或安装顺序号，安装注意事项等。

母线搭接面和插接式母线静触头表面的镀层质量和平整度是导电良好的关键，也是查验的重点。

**3.2.20** 庭院内的钢制灯柱路灯或其他金属制成的园艺灯具，每套灯具通常备有熔断器等保护装置，有的甚至还有独立的控制开关，这样配置的目的很明显，是为了不因一套灯具发生故障而使同一回路内的所有灯具中断工作，且又方便检修。钢制灯柱或其他金属制成的园艺灯具，其金属部分不宜埋入土中固定，连接部分的混凝土基础要略高于周边地面，以减缓腐蚀损坏。钢制灯柱与基础的连接，常用法兰与基础地脚螺栓相连，因而要规定螺孔的偏位

尺寸。

**3.2.21** 在工程规模较大时,钢筋混凝土电杆和其他混凝土制品常是分批进场,所以要按批查验。

对混凝土电杆的检验要求,符合《电气装置安装工程 35kV 及以下架空电力线路施工及验收规范》GB 50173 的规定。

### 3.3 工序交接确认

**3.3.1** 架空线路的架设位置既要考虑地面道路照明、线路与两侧建筑物和树木的安全距离及接户线引接等因素,又要顾及杆坑和拉线坑下有无地下管线,且要留出必要的管线检修移位时因挖土防电杆倒伏的位置,这样才能满足功能要求,也是安全可靠的。因而施工时,线路方向及杆位、拉线坑位的定位是关键工作,如不依据设计图纸位置埋桩确认,后续工作是无法展开的。

杆坑、拉线坑的坑深、坑型关系到线路抗倒伏能力,所以必须按设计图纸或施工大样图的规定进行验收后,才能立杆或埋设拉线盘。

杆上高压电气设备和材料均要按本规范技术规定(即分项工程中的具体规定)进行试验后才能通电,即不经试验不准通电。至于在安装前试验还是安装后试验,可视具体情况而定。通常是在地面试验后再安装就位,但必须注意,安装时应不使电气设备和材料受到撞击和破损,尤其应注意防止电瓷部件的损坏。

架空线路的绝缘检查,主要以目视检查,检查的目的是查看线路上有无如树枝、风筝和其他杂物悬挂在上面。采用单相冲击试验后才能三相同时通电,这一操作要求是为了检查每相对地绝缘是否可靠,在单相合闸的涌流电压作用下是否会击穿绝缘,如首次通电贸然三相同时合闸,万一发生绝缘击穿,事故的后果要比单相合闸绝缘击穿大得多。

架空线路相位确定后,接户线接电时不致接错,不使单相220V 入户的接线错接成 380V 入户,也可对有相序要求的保证序正确,同时对三相负荷的分配均匀也有好处。

**3.3.2** 基础验收是土建工作和安装工作的中间工序交接,只有验收合格,才能开展安装工作。验收时应依据施工设计图纸核对形位尺寸,并对是否可以安装(指混凝土强度、基坑回填、集油坑卵石铺设等条件)作出判断。

除杆上变压器可以视具体情况在安装前或安装后做交接试验外,其他的均应在安装就位后做交接试验。

**3.3.3** 本条是土建和安装的工序交接,如相关建筑物不符合要求,安装后建筑物的修补或处理操作难度很大,也对安装好的柜、台会有不利的影响。

装在墙上的配电盘、箱,无论是暗装还是明装,其施工工序安排得好坏,直接影响墙面装修质量和建筑物的观感质量,因而要认真重视预埋、预留工作与土建工作的工序合理搭接。

柜、屏、台、箱、盘内的元件规格、型号,在设备进场验收时,已依据其随带的技术文件进行核对,但在施工中经常发生因用电设备容量变化而修改设计,这时就要调元器件。因此在电气交接试验前,依据施工设计图纸及变更文件,再进行一次认真仔细的核对工作很有必要,有利于试验的正确性和通电运行的安全性。

**3.3.4** 这是操作工序,要十分注意电气设备的动作方向符合建筑设备的工艺要求。如电动机正转打开阀门,反转关闭阀门;温度控制器接通,电加热器通电加温,反之断电停止加温。若与工艺要求不一致,轻则不能达到预期功能要求,重则损坏电气设备或其他建筑设备,也可能给智能化系统联动调校带来麻烦。

**3.3.5** 柴油发电机组的柴油机需空载试运行,经检查无油、水泄漏,且机械运转平稳、转速自动或手动控制符合要求,这时发电机已做过静态试验,才具备条件做下一步的发电机空载和负载试验。为了防止空载试运行时发生意外,燃油外漏,引发火灾事故,所以要按设计要求或消防规定配齐灭火器材,同时还应做好消防灭火预案。

柴油机空载试运行合格,做发电机空载试验,否则盲目带上发电机负荷,是不安全的。

一幢建筑物配有柴油发电机等备用电源,目的是当市电因故中断供电时,建筑物内的重要用电负荷仍能得到电能,可以持续运行,成为选择备用电源容量的依据。正因为备用电源的重要性和提供人们安全感的需要,所以其投入备用状态前要经可靠的负荷试运行。

**3.3.6** 不间断电源主要供给计算机和智能化系统,其输出的电压或电流的质量要求高,要满足需要,所以调试合格后,才能允许接至馈电网络,否则会导致整个智能化系统失灵损坏,甚至崩溃。

**3.3.7** 设备的可接近裸露导体即原规范中的非带电金属部分,新的提法比较合理,"可接近"的主体是指人或动物,这与 IEC 标准的提法与理解是一致的。接地(PE)或接零(PEN)由施工设计选定,只有做好该项工作后进行电气测试、试验,对人身和设备的安全才是有保障的。

规定先试验,合格后通电,是重要的、合理的工作顺序,目的是确保安全。

电气设备的转动或直线运动均是为了给建筑设备提供符合需要的动力,动作方向是否正确是关键,不然建筑设备无法正常工作;不能逆向动作的设备,方向错了会造成损坏。控制回路的模拟动作试验,是指电气线路的主回路开关出线处断开,电动机等电气设备不受电动作;但是控制回路是通电的,可以模拟合闸、分闸,也可以将各个联锁触点(包括电信号和非电信号),进行人工模拟动作而控制主回路开关的动作。

**3.3.8** 封闭母线和插接式母线是依据建筑结构和母线布置位置的订货图分段制造,进场验收也依照订货图查编规格尺寸和外观质量。建筑物的实际尺寸和图纸标注尺寸间有一定的误差,所以要验证建筑物的实际尺寸,是否与预期尺寸基本一致,若有差异(指超过预期误差)可及时设法处理。

封闭母线和插接式母线外壳比管道包括有些风管在内强度要差一些,所以各专业安装的程序安排为各种管道先装、母线殿后。这是因为母线先装,会影响粉刷工程的操作,而使局部位置无法粉刷,后装则可以避免粉刷中对母线外壳的污染。

封闭母线和插接式母线是分段供货,现场组对连接,完成后要检查总体交流工频耐压水平和绝缘程度。为了能顺利通过最终检验,防患于未然,所以安装前要对各段母线进行绝缘检查,包括各相对的和相间的绝缘检查。

**3.3.9** 先装支架是合理的工序,如反过来进行施工,不仅会导致电缆桥架损坏,而且要用大量的临时支撑,也是极不经济的。

电缆敷设前要做预试绝缘检查,如合格则可进行敷设,否则最终试验不合格,拆下返工浪费太大。

无论高压低压建筑电气工程,施工的最后阶段,都应做交接试验,合格后才能交付通电,投入运行。这样可以鉴别工程的可靠性和在分、合闸过程中暂态冲击的耐受能力。所以电缆通电前也必须按本规范规定做交接试验。电缆的防火隔堵措施在施工设计中有明确的位置和具体要求,措施未实施,电缆不能通电,以防万一发生电气火灾,导致整幢建筑物受损。

**3.3.10** 电缆在沟内、竖井内支架上敷设,支架要经预制、防腐和安装,且还要焊接接地(PE)或接零(PEN)线,同时对有碍安装或安装后不便清理的建筑垃圾进行清除,具备这样的条件,才能敷设固定电缆,否则不能施工。

**3.3.11** 从现行国家推荐性标准《电气安装用导管的技术要求通用要求》GB/T 1338.1 的规定来分析,金属导管的内外表面应有防腐蚀的防护层且根据防腐蚀的能力高低分 6 个等级。所以对金属导管的内外表面不需作防腐处理的理由是不充分的,问题是选用何种防腐等级或用何种方式防腐,应由施工设计根据导管的使用环境和预期使用寿命作出确定。

明确现浇混凝土楼板内钢筋绑扎与电气配管的关系,是电气安装与建筑工程土建施工合理搭接的工序,这样做,可以既保证钢筋工程质量,又保证电气配管质量。

**3.3.12** 电线、电缆的绝缘外保护层是不允许高温灼烤的,否则要影响其绝缘的可靠性和完整性,所以穿管敷线前应将焊接施工尤其是熔焊施工全部结束。

**3.3.14** 电缆头制作是电缆安装的关键工序,尤其是芯线截面较大的电力电缆,电缆头的引线与开关设备连接时要注意引线的方向,留有足够的长度,不致使开关设备的连接处受额外引力或发生强行组对一样的强制力,以避免受到振动后使设备损坏。剖开电缆前,应先确认一下连接的开关设备是否施工设计的位置。

**3.3.15** 安装灯具的预埋件和嵌入式灯具安装专用骨架通常由施工设计出图,要注意的是有的可能在土建施工图上,也有的可能在电气安装施工图上,这就要求做好协调分工,特别在图纸会审时给以明确。

**3.3.17** 照明工程的通电是带电后就有负荷,因而事先的检查要认真仔细,严格按本规范工序执行,同时照明工程在大型公用建筑中起着重要作用,面大量广是其主要特点,所以通电试灯要有序进行。插座等的通电测试也要一个回路一个回路地进行,以防止供电电压失误造成批灯具烧毁或电气器具损坏。

**3.3.18** 图纸会审和做好土建施工、电气安装施工协调工作是正确完成这道工序的关键。

接地模块与干线焊接位置,要依据模块供货商提供的技术文件,在实施焊接时做一次核对,以检查有无特殊要求。

**3.3.21** 这是一个重要工序的排列,不准逆反,否则要酿大祸。若先装接闪器,而接地装置尚未施工,引下线也没有连接,会使建筑物遭受雷击的概率大增。

# 4 架空线路及杆上电气设备安装

## 4.1 主控项目

**4.1.1** 架空线路的杆型、拉线设置及两者的埋设深度,在施工设计时是依据所在地的气象条件、土壤特性、地形情况等因素加以考虑决定的。埋设深度是否足够,涉及线路的抗风能力和稳固性。太深会使材料浪费。允许偏差的数值与现行国家标准《电气装置安装工程35kV及以下架空电力线路施工及验收规范》GB 50173的规定相一致。

**4.1.2** 规范中要测量的弧垂值,是档距内的最大弧垂值,因建筑电气工程中的架空线路处于地形平坦处居多,所以最大弧垂值的位置在档距的1/2处。施工时紧线器收紧程度越大,导线受到张力越大,弧垂值越小。施工设计时依据导线规格大小和架空线路的档距大小,经计算或查表给定弧垂值,但要注意弧垂值的大小与环境温度有关,通常设计给定是标准气温下的,施工中测量要经实际温度下换算修正。为了使导线摆动时不致相互碰线,所以要求导线间弧垂值偏差不大于50mm。允许偏差的数据与现行国家标准《电气装置安装工程35kV及以下架空电力线路施工及验收规范》GB 50173的规定相一致。

**4.1.3** 变压器的中性点即变压器低压侧三相四线输出的中性点(N端子)。为了用电安全,建筑电气设计选用中性点(N)接地的系统,并规定与其相连的接地装置接地电阻最大值,施工后实测值不允许超过规定值。由接地装置引出的干线,以最近距离直接与变压器中性点(N端子)可靠连接,以确保低压供电系统可靠、安全地运行。

**4.1.4** 架空线路的绝缘子、高压隔离开关、跌落式熔断器等对地的绝缘电阻,是在安装前逐个(逐相)用2500V兆欧表摇测。高压的绝缘子、高压隔离开关、跌落式熔断器还要做交流工频耐压试验,试验数据和时间按现行国家标准《电气装置安装工程电气设备交接试验标准》GB 50150执行。

**4.1.5** 低压部分的交接试验分为线路和装置两个单元,线路仅测量绝缘电阻,装置既要测量绝缘电阻又要做工频耐压试验。测量和试验的目的,是对出厂试验的复核,以使通电前对供电的安全性和可靠性作出判断。

## 4.2 一般项目

**4.2.1** 拉线是使线路稳固的主要部件之一,且受振动和易受人们不经意的扰动,所以其紧固金具是否齐全是关系到拉线能否正常受力,保持张紧状态,不使电杆因受力不平衡或受风力影响而发生歪斜倾覆的关键。拉线的位置要正确,目的是使电杆横向受力处于平衡状态,理论上说,拉线位置对了,正常情况下,电杆只受到垂直向下的压力。

**4.2.2** 本条是对电杆组立的形位要求,目的是在线路架设后,使电杆和线路的受力状态处于合理和允许的情况下,即线路受力正常,电杆受的弯距也是最小。

**4.2.3** 本条是约定俗成和合理布置相结合的规定。

**4.2.5** 本条是线路架设中或连接时必须注意的安全规定,有两层含义,即确保绝缘可靠和便于带电维修。

**4.2.6** 因考虑到打开跌落熔断器时,有电弧产生,防止在有风天气下打开发生飞弧现象而导致相间断路,所以必须大于规定的最小距离。

# 5 变压器、箱式变电所安装

## 5.1 主控项目

**5.1.1** 本条是对变压器安装的基本要求,位置正确是指中心线和标高符合设计要求。采用定尺寸的封闭母线做引出入线,则更应控制变压器的安装定位位置。油浸变压器有渗油现象说明密封不好,是不应存在的现象。

**5.1.2** 变压器的接地既有高压部分的保护接地,又有低压部分的工作接地;而低压供电系统在建筑电气工程中普遍采用TN-S或TN-C-S系统,即不同形式的保护接零系统。且两者共用同一个接地装置,在变配电室要求接地装置从地下引出的接地干线,以最近的路径直接引至变压器壳体和变压器的零母线N(变压器的中性点)及低压供电系统的PE干线或PEN干线,中间尽量减少螺栓搭接处,决不允许经其他电气装置接地后,串联连接过来,以确保运行中人身和电气设备的安全。油浸变压器箱体、干式变压器的铁芯和金属件,以及有保护外壳的干式变压器金属箱体,均是电气装置中重要的经常为人接触的非带电可接近裸露导体,为了人身及动物和设备安全,其保护接地极十分重要。

**5.1.3** 变压器安装好后,必须经交接试验合格,并出具报告后,才具备通电条件。交接试验的内容和要求,即合格的判定条件是依据现行国家标准《电气装置安装工程电气设备交接试验标准》GB 50150。

**5.1.4** 箱式变电所在建筑电气工程中以住宅小区室外设置为主要形式,本体有较好的防雨雪和通风性能,但其底部不是全密闭的,故而要注意防潮水入侵,其基础的高度及周围排水通道设置应在施工图上加以明确。因产品的固定形式有两种,所以分别加以描述。

**5.1.5** 目前国内箱式变电所主要有两种产品,前者为高压柜、低压柜、变压器三个独立的单元组合而成,后者为引进技术生产的高压开关设备和变压器设在一个油箱内的箱式变电所。根据产品的技术要求不同,试验的内容和具体的规定也不一样。

## 5.2 一般项目

**5.2.1** 为提高供电质量,建筑电气工程经常采用有载调压变压器,而且是以自动调节的为主,通电前除应做电气交接试验外,还应对有载调压开关裸露在(油)箱外的机械传动部分做检查,要在点动试验符合要求后,才能切换到自动位置。自动切换调节的有载调压变压器,由于控制调整的元件不同,调整试验时,还应注意产品技术文件的特殊规定。

5.2.2 变压器就位后,要在其上部配装进出入母线和其他有关部件,往往由于工作不慎,在施工中会给变压器外部的绝缘器件造成损伤,所以交接试验和通电前均应认真检查是否有损坏,且外表不应有尘垢,否则初通电时会有电气故障发生。变压器的测温仪表在安装前应对其准确度进行检定,尤其带讯号发送的更应这样做。

5.2.3 装有滚轮的变压器定位在钢制的轨道(滑道)上,就位找正纵横中心线后,即应按施工图纸装好制动装置,不拆卸滑轮,便于变压器日后退出吊芯和维修。但也有明显的缺点,就是轻度的地震或受到意外的冲力时,变压器很容易发生位移,导致器身和上部外接线损坏而造成电气安全事故,所以安装好制动装置是攸关着变压器的安全运行。

5.2.4 器身不做检查的条件是与《电气装置安装工程电力变压器、油浸电抗器、互感器施工及验收规范》GBJ 148 的规定相一致的。从总体看,变压器在施工现场不做器身检查是发展趋势,除施工现场条件不如制造厂条件好这一因素外,在产品结构设计和质量管理及货运管理水平日益提高的情况下,器身检查发现的问题日益减少,有些引进的变压器等设备在技术文件中明确不准进行器身检查,是由供货方作出担保的。

5.2.7 气体继电器是油浸变压器保护继电器之一,装在变压器箱体与油枕的连通管水平段中间。当变压器过载或局部故障时,使线圈有机绝缘或变压器油发生气化,升至箱体顶部,为有利气体流向气体继电器发出报警信号,并使气体经油枕泄放,因而要有规定的升高坡度,决不允许倒置。安装无气体继电器的小型油浸变压器,为了同样的理由,使各种原因产生的气体方便经油枕、呼吸器泄放,有升高坡度,是合理的。

# 6 成套配电柜、控制柜(屏、台)和动力、照明配电箱(盘)安装

## 6.1 主控项目

6.1.1 对高压柜而言是保护接地。对低压柜而言是接零,因低压供电系统布线或制式不同,有 TN-C、TN-C-S、TN-S 不同的系统,而将保护地线分别称为 PE 线和 PEN 线。显然,在正常情况下 PE 线内无电流流通,其电位与接地装置的电位相同;而 PEN 线内当三相供电不平衡时,有电流流通,各点的电位也不相同,靠近接地装置端最低,与接地干线引出端的电位相同。设计时对此已作了充分考虑,对接地电阻值、PE 线和 PEN 线的大小规格、是否要重复接地、继电保护设置等做出选择安排,而施工时要保证各接地连接可靠,正常情况下不松动,且标识明显,使人身、设备在通电运行中确保安全。施工操作虽工艺简单,但施工质量是至关重要的。

6.1.2 依据现行国家标准《低压成套开关设备和控制设备 第一部分:型式试验和部分型式试验成套设备》GB 7251.1 idt IEC439-1 7.4 电击防护规定,低压成套设备中的 PE 线要符合该标准 7.4.3.1.7 表 4 的要求,且指明 PE 线的导体材料和相线导体材料不同时,要将 PE 线导体截面积的确定,换算至与表 4 相同的导电要求,其理由是使载流容量足以承受流过的接地故障电流,使保护器动作,在保护器件动作电流和时间范围内,不会损坏保护导体或破坏它的电连续性。诚然也不应在发生故障至保护器件动作这个时段内危及人身安全。本条规定的原则是适用于供电系统各级的 PE 线导体截面积的选择。

6.1.3 本条规定,产品制造是要确保达到的,也是安装后必须检

查的项目。动、静触头中心线一致使通电可靠,接地触头的先入后出是保证安全的必要措施,家用电器的插头制造也是遵循保护接地先于电源接通,后于电源断开这一普遍性的安全原则。

6.1.4 高压配电柜内的电气设备,要经电气交接试验,并由试验室出具试验报告,判定符合要求后,才能通电试运行。

控制回路的校验、试验与控制回路中的元器件的规格型号有关,整组试验的有关参数通常由设计单位给定,并得到当地供电单位的确认,目的是既保证建筑电气工程本身的稳定可靠运行,又不影响整个供电电网的安全。由于技术进步和创新,高压配电柜内的主回路和二次回路的元器件必然会相继涌现新的产品,因而其试验要求还来不及纳入规范而已在较大范围内推广应用,所以要按新产品提供的技术要求进行试验。

6.1.7 试验的要求和规定与现行国家标准《电气装置安装工程电气设备交接试验标准》GB 50150 的规定一致。

6.1.8 直流屏柜是指蓄电池的充电整流装置、直流配电开关和蓄电池组合在一起的成套柜,即交流电源送入、直流电源分路送出的成套柜,其投入运行前应按产品技术文件要求做相关试验和操作,并对其主回路的绝缘电阻进行检测。

6.1.9 每个接线端子上的电线连接不超过 2 根,是为了连接紧密,不因通电后由于冷热交替等时间因素而过早在检修期内发生松动,同时也考虑到方便检修,不使因检修而扩大停电范围。同一垫圈下的螺丝两侧压的电线截面积和线径均应一致,实际上这是一个结构是否合理的问题,如不一致,螺丝既受拉力,又受弯距,使电线芯线必然一根压紧、另一根稍差,对导电不利。

漏电保护装置的设置和选型由设计确定。本条强调对漏电保护装置的检测,数据要符合要求,本规范所述是指对民用建筑电气工程而言,与《民用建筑电气工程设计规范》JGJ/T 16—92 相一致。根据 IEC 出版物 479(1974)提供的《电流通过人体的效应》一文来看,如电流为 30mA、时间 0.1s 是属于②区,即通常为无病理生理危险效应,且离发生危险的③区和④区有着较大的安全空间(见图 1)。

目前在建筑电气工程中,尤其是在照明工程中,TN-S 系统,即三相五线制应用普遍,要求 PE 线与 N 线截然分开,所以在照明配电箱内要分设 PE 排和 N 排。这不仅施工时要严格区分,日后维修时也要注意不能因误接而失去应有的保护作用。

因照明配电箱额定容量有大小,小容量的出线回路少,仅 2~3 个回路,可以用数个接线柱(如绝缘的多孔瓷或胶木接头)分别组合成 PE 和 N 接线排,但决不允许两者混合连接。

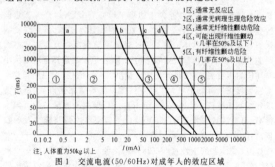

图 1 交流电流(50/60Hz)对成年人的效应区域
注:人体重为 50kg 以上。

## 6.2 一般项目

6.2.2 用螺栓连接固定,既方便拆卸更迭,又避免因焊接固定而造成柜箱壳体涂层防腐损坏、使用寿命缩短。

6.2.3 原有关标准规范中,除有垂直度、相互间接缝、成列盘面间的安装要求外,还有盘顶的高度差规定。由于盘、柜、屏、台的生产技术从国外引进较多,其标准也不同,尤其表现在盘、柜的高度方面,这样对柜顶标高的控制就失去了实际意义。如订货时并列安

装的柜、盘来自同一家制造商,且明确外形尺寸,控制好基础型钢的安装尺寸,盘顶标高一般是自然会形成一致的。

**6.2.4、6.2.5** 在施工中检查和施工后检验及试动作的质量要求,这是常规,这样,才能确保通电运行正常,安全保护可靠,日后操作维护方便。

**6.2.6** 柜盘等的内部接线由制造商完成。本条规定是指柜盘间的二次回路连线的敷设,也适用于因设计变更需要施工现场对盘柜内二次回路连线的修改。为了不相互干扰,成束绑扎时要分开,标识清楚便于检修。

**6.2.7** 如制造商按订货图制造,设计不作变更,本条在施工中基本很少应用。用铜芯软导线作加强绝缘保护层、端部固定等,均是为了在运行中保护电线不致反复弯曲受力而折断线芯、破坏绝缘,同时也为了开启或闭合面板时,防止电线两端的元器件接线端子受到不应有的机械应力,而使通电中断。上述措施均是为了达到安全运行的目的。

**6.2.8** 标识齐全、正确是为方便使用和维修,防止误操作而发生人身触电事故。

# 7 低压电动机、电加热器及电动执行机构检查接线

## 7.1 主控项目

**7.1.1** 建筑电气的低压动力工程采用何种供电系统,由设计选定,但可接近的裸露导体(即原规范中的非带电金属部分)必须接地或接零,以确保使用安全。

**7.1.2、7.1.3** 建筑电气工程中电动机容量一般不大,其启动控制也不甚复杂,所以交接试验内容也不多,主要是绝缘电阻检测和大电机的直流电阻检测。

## 7.2 一般项目

**7.2.2** 关于电动机是否要抽芯是有争论的,有的认为施工现场条件没有制造厂车间内条件好,在现场拆卸检查没有好处,况且有的制造厂说明书明确规定不允许拆卸检查(如某些特殊电动机或进口的电动机);另一种意见认为,电动机安装前应做抽芯检查,只要在施工现场找一个干净通风、湿度在允许范围内的场所即可,尤其是开启式电动机一定要抽芯检查。为此现行国家标准《电气装置安装工程旋转电机施工及验收规范》GB 50170 第3.2.2条对是否要抽芯的条件作出了规定,同时也明确了制造厂不允许抽芯的电动机要另行处理。可以理解为电动机有抽芯检查的必要,而制造厂又明确说明不允许抽芯,则应召集制造厂代表会同协商处理,以明确责任。本条仅对抽芯检查的部位和要求作出了相应的规定。

**7.2.3** 本条仅对抽芯检查的部位和要求作出了相应的规定。

**7.2.4** 本条是对操作过电压引起放电,避免发生事故作出的规定。与有关制造标准相协调一致。

# 8 柴油发电机组安装

## 8.1 主控项目

**8.1.1** 在建筑电气工程中,自备电源的柴油发电机,均选用380V/220V的低压发电机,发电机在制造厂均做出厂试验,合格后与柴油发动机组成套供货。安装后应按本规范规定做交接试验。

由于电气交接试验是在空载情况下对发电机性能的考核,而负载情况下的考核要和柴油机有关试验一并进行,包括柴油机的调速特性能否满足供电质量要求等。

**8.1.2** 由柴油发电机至配电室或经配套的控制柜至配电室的馈电线路,以绝缘电线或电力电缆来考虑,通电前应按本条规定进行试验;如馈电线路是封闭母线,则应按本规范对封闭母线的验收规定进行检查和试验。

**8.1.3** 核相是两个电源向同一供电系统供电的必经手续,虽然不出现并列运行,但相序一致才能确保用电设备的性能和安全。

## 8.2 一般项目

**8.2.1** 有的柴油发电机及其控制柜、配电柜在出厂时已做负载试验,并按产品制造要求对发电机本体保护的各类保护装置做出标定或锁定。考虑到成套供应的柴油发电机,经运输保管和施工安装,有可能随各柜的紧固件发生松动移位,所以要认真检查,以确保安全运行。

**8.2.3** 与柴油发电机馈电有关的电气线路及其元器件的试验均合格后,才具有作为备用电源的可能性。而其可靠性检验是在建筑物尚未正式投入使用,按设计预案,使柴油发电机带上预定负荷,经12h连续运转,无机械和电气故障,方可认为这个备用电源是可靠的。

现行国家标准《工频柴油发电机组通用技术条件》GB 2820 第7.14"额定工况下的连续试运行试验"也明确指出:"连续运行12h内应无漏油、漏水、漏气等不正常现象"。

# 9 不间断电源安装

## 9.1 主控项目

**9.1.1** 现行国家标准《不间断电源设备》GB 7260 中明确,其功能单元由整流装置、逆变装置、静态开关和蓄电池组四个功能单元组成,由制造厂以柜式出厂供货,有的组合在一起,容量大的分柜供应,安装时基本与柜盘安装要求相同。但有其独特性,供电质量和其他技术指标是由设计根据负荷性质对产品提出特殊要求,因而对规格型号的核对和内部线路的检查显得十分必要。

**9.1.2** 不间断电源的整流、逆变、静态开关各个功能单元都要单独试验合格,才能进行整个不间断电源试验。这种试验根据供货协议可以在工厂或安装现场进行,以安装现场试验为最佳选择,因为如无特殊说明,在制造厂试验一般使用的是电阻性负载。无论采用何种方式,都必须符合工程设计文件和产品技术条件的要求。

**9.1.4** 不间断电源输出端的中性线(N极)通过接地装置引入干线做重复接地,有利于遏制中心点漂移,使三相电压均衡度提高。同时,当引向不间断电源供电侧的中性线意外断开时,可确保不间断电源输出端不会引起电压升高而损坏由其供电的重要用电设备,以保证整幢建筑物的安全使用。

## 9.2 一般项目

**9.2.1** 本条是对机架组装质量的规定。

**9.2.2** 为防止运行中的相互干扰,确保屏蔽可靠,故作此规定。

**9.2.4** 本条是对噪声的规定。既考核产品制造质量,又维护了环境质量,有利于保护有人值班的变配电室工作人员的身体健康。

# 10 低压电气动力设备试验和试运行

## 10.1 主控项目

**10.1.1** 建筑电气工程和其他电气工程一样,反映它的施工质量有两个方面,一是静态的检查检测是否符合本规范的有关规定;另

一是动态的空载试运行及与其他建筑设备一起的负荷试运行,试运行符合要求,才能最终判定施工质量为合格。鉴于在整个施工过程中,大量的时间为安装阶段,即静态的验收阶段,而施工的最终阶段为试运行阶段,两个阶段相隔时间很长,用在同一个分项工程中来填表检验很不方便,故而单列这个分项,把动态检查验收分离出来,更具有可操作性。

电气动力设备试运行前,各项电气交接试验均应合格,而交接试验的核心是承受电压冲击的能力,也就是确保了电气装置的绝缘状态良好,各类开关和控制保护动作正确,使在试运行中检验电流承受能力和冲击有可靠的安全保护。

**10.1.2** 在试运行前,要对相关的现场单独安装的各类低压电器进行单体的试验和检测,符合本规范规定,才具有试运行的必备条件。与试运行有关的成套柜、屏、台、箱、盘已在试运行前试验合格。

#### 10.2 一般项目

**10.2.1** 试运行时要检测有关仪表的指示,并做记录,对照电气设备的铭牌标示值有否超标,以判定试运行是否正常。

**10.2.2** 电动机的空载电流一般为额定电流的30%(指导步电动机)以下,机身的温升经2h空载试运行不会太高,重点是考核机械装配质量,尤其要注意噪声是否太大或有异常撞击声响,此外要检查轴承的温度是否正常,如滚动轴承润滑脂填充量过多,会导致轴承温度过高,且试运行中温度上升剧烈。

**10.2.3** 电动机启动瞬间电流要比额定电流大,有的达6~8倍,虽然空载(设备不投料)无负荷,但因被拖动的设备转动惯量大(如风机等),启动电流衰减的速度慢、时间长。为防止因启动频繁造成电动机线圈过热,而作此规定。调频调速启动的电动机要按产品技术文件的规定确定启动的间隔时间。

**10.2.4** 在负荷试运行时,随着设备负荷的增大,电气装置主回路的负荷电流也增大,直至达到设计预期的最大值,这时主回路导体的温度随着试运行时间延续而逐渐稳定在允许范围内的最高值,这是正常现象。只要设计选择无失误,主回路的导体本身是不会有问题的,而要出现故障的往往是其各个连接处,所以试运行时要对连接处的发热情况注意检查,防止因过热而发生故障。这也是对导体连接质量的最终检验。过去采用观察连接处导体的颜色变化或用变色漆指示;一般不能用测温仪表直接去测带电导体的温度,可使用红外线遥测温度仪进行测量,也是使用单位为日常维护需要通常配备的仪表。通过调研,反馈意见认为以630A为界较妥。

**10.2.5** 电动执行机构的动作方向,在手动或点动时已经确认与工艺装置要求一致,但在联动试运行时,仍需仔细检查,否则工艺的工况会出现不正常,有的会导致诱发安全事故。

## 11 裸母线、封闭母线、插接式母线安装

#### 11.1 主控项目

**11.1.1** 母线是供电主干线,凡与其相关的可接近的裸露导体要接地或接零的理由主要是:发生漏电可导入接地装置,确保接触电压不危及人身安全,同时也给具有保护或讯号的控制回路正确发出讯号提供可能。为防止接地或接零支线线间的串联连接,所以规定不能作为接地或接零的中间导体。

**11.1.2** 建筑电气工程选用的母线均为矩形铜、铝硬母线,不选用软母线和管型母线。本规范仅对矩形母线的安装作了规定。所有规定均与现行国家标准《电气装置安装工程母线装置施工及验收规范》GBJ 149一致。其中第3款对"垫圈间应有大于3mm的间隙"是指钢垫圈而言。

**11.1.3** 由于封闭、插接式母线是定尺寸按施工图订货和供应,制造商提供的安装技术要求文件,指明连接程序、伸缩节设置和连接以及其他说明,所以安装时要注意符合产品技术文件要求。

**11.1.4** 安全净距指带电导体与非带电物体或不同相带电导体间的空间最近距离。保持这个距离可以防止各种原因引起的过电压而发生空气击穿现象,诱发短路事故等电气故障,规定的数值与现行国家标准《电气装置安装工程母线装置施工及验收规范》GBJ 149一致。

**11.1.5** 母线和其他供电线路一样,安装完毕后,要做电气交接试验。必须注意,6kV以上(含6kV)的母线试验时与穿墙套管断开,因为有时两者的试验电压是不同的。

#### 11.2 一般项目

**11.2.2** 本条是为防止电化腐蚀而作出的规定。因每种金属的化学活泼程度不同,相互接触表现正负极性也不相同。在潮湿场所会形成电池,而导致金属腐蚀,采用过渡层,可降低接触处的接触电压,而缓解腐蚀速度。而腐蚀速度往往取决于环境的潮湿与否和空气的洁净程度。

**11.2.3** 本条是为了鉴别相位而作的规定,以方便维护检修和扩建结线等。

**11.2.4** 本条是对矩形母线在支持绝缘子上固定的技术要求,是保证母线通电后,在负荷电流下不发生短路环涡流效应,使母线可自由伸缩,防止局部过热及产生热膨胀后应力增大而影响母线安全运行。

## 12 电缆桥架安装和桥架内电缆敷设

#### 12.1 主控项目

**12.1.1** 建筑电气工程中的电缆桥架均为钢制产品,较少采用在工业工程中为了防腐蚀而使用的非金属桥架或铝合金桥架。所以其接地或接零尤为重要,目的是为了保证供电干线电路的使用安全。有的施工设计在桥架内底部,全线敷设一支铜或镀锌扁钢制成的保护地线(PE),且与桥架每段有数个电气连通点,则桥架的接地或接零保护十分可靠,因而验收时可不做本条2、3款的检查。

**12.1.2** 要在每层电缆敷设完成后,进行检查;全部敷设完毕,经检查后,才能盖上桥架的盖板。

#### 12.2 一般项目

**12.2.1** 直线敷设的电缆桥架,要考虑因环境温度变化而引起膨胀或收缩,所以要装补偿的伸缩节,以免产生过大的引力而破坏桥架本体。建筑物伸缩缝处的桥架补偿装置是为了防止建筑物沉降等发生位移时,切断桥架和电缆的措施,以保证供电安全可靠。电缆敷设要保持电缆弯曲半径不小于最小允许弯曲半径值,目的是防止破坏电缆的绝缘层和外护层,太小了要引起断裂而破坏导电功能,数据来自制造和检验标准。为了使电缆供电时散热良好和当气体管道发生故障时,最大限度地减少对桥架及电缆的影响,因而作出敷设位置和注意事项的规定,同时根据防火需要提出应做好防火隔堵措施等均是必要的防范规定。

**12.2.2** 所有对固定点的规定,是使电缆固定时受力合理,保证固定可靠,不因受到意外冲击时发生脱位而影响正常供电。出入口、管子口的封堵目的是防火、防小动物入侵、防异物跌入的需要,均是为安全供电而设置的技术防范措施。

**12.2.3** 为运行中巡视和方便维护检修而作出的规定。

# 13 电缆沟内和电缆竖井内电缆敷设

## 13.1 主控项目

**13.1.1** 本条是根据电气装置的可接近的裸露导体(旧称非带电金属部分)均应接地或接零这一原则提出的,目的是保护人身安全和供电安全,如整个建筑物要求等电位联结,更毋用置疑,要接地或接零。

**13.1.2** 在电缆沟内和竖井内的支架上敷设电缆,其外观检查,可以全部敷设完后进行,它不同于桥架内要分层检查,原因是查验时的可见情况好。

## 13.2 一般项目

**13.2.1** 电缆在沟内或竖井内敷设,要用支架支持或固定,因而支架的安装是关键,其相互间距离是否恰当,将影响通电后电缆的散热状况是否良好、对电缆的日常巡视和维护检修是否方便,以及在电缆弯曲处的弯曲半径是否合理。

**13.2.3** 本条是电缆敷设在支架上的基本要求,也是为了安全供电应该做出的规定。尤其在采用预制电缆头做分支连接时,要防止分支处电缆芯线单相固定时,采用的夹具和支架形成闭合铁磁回路。电缆在竖井内敷设完毕,先做电气交接试验,合格后再按设计要求做防火隔堵措施。防火隔堵是否符合要求,是施工验收时必检的项目。

**13.2.4** 为运行中巡视和方便维护检修而作出的规定。

# 14 电线导管、电缆导管和线槽敷设

## 14.1 主控项目

**14.1.1** 电气装置的可接近的裸露导体要接地和接零是用电安全的基本要求,以防产生电击现象。本条主要突出对镀锌与非镀锌的不同处理方法和要求。设计选用镀锌的材料,理由是抗锈蚀性好,使用寿命长,施工中不应破坏锌保护层,保护层不仅是外表面,还包括内壁表面,如果焊接接地线用熔焊法,则必然引起破坏内外表面的锌保护层,外表面尚可用刷油漆补救,而内表面则无法刷漆。这显然违背了施工设计采用镀锌材料的初衷,若施工设计既选用镀锌材料,说明中又允许熔焊处理,其推理上必然相悖。

**14.1.2** 镀锌管不能熔焊连接的理由如 14.1.1 所述,考虑到技术经济原因,钢导管不得采用熔焊对口连接,技术上熔焊会产生烧穿,内部结瘤,使穿线缆时损坏绝缘层,埋入混凝土中会渗入浆水导致导管堵塞,这种现象是不容许发生的;若使用高素质焊工,采用气体保护焊方法,进行焊口破坏性抽查,在建筑电气配管来说没有这个必要,不仅施工工序烦琐,使施工效率低下,在经济上也是不合算的。现已有不少薄壁钢导管的连接工艺标准问世,如螺纹连接、紧定连接、卡套连接等,技术上既可行,经济上又价廉,只要依据具体情况选用不同连接方法,薄壁钢导管的连接工艺问题是可以解决的。这条规定仅是不允许安全风险太大的熔焊连接工艺的应用。如果紧定连接、卡套连接等的工艺标准经鉴定,镀锌钢导管的连接处可不跨接接地线,且各种状况下的试验数据齐全,足以证明这种连接工艺的接地导通可靠持久,则连接处不跨接接地线的理由成立。

条文中的薄壁钢导管是指壁厚小于等于2mm的钢管;壁厚大于2mm的称厚壁钢导管。

**14.1.3** 倒扣连接管螺纹长,接口不严密,尤其是正压防爆,充保护气体防爆,极易发生泄漏现象,破坏防爆性能,是不允许的。且市场上有与防爆等级相适配的各类导管安装用配件供应,是完全可能做到的。

## 14.2 一般项目

**14.2.1** 建筑电气工程的室外部分与主体建筑的电气工程往往是紧密相连的,如庭院布置的需要、对建筑景观照明的需要,且维修更新的周期短,人来车往接触频繁。因此设计中考虑的原则也不一样,不能与工厂或长途输电的电缆一样采用直埋敷设;敷设的位置也很难避免车辆和人流的干扰。为确保安全,均规定为穿导管敷设,且要有一定的埋设深度。电线导管直埋于土壤内,尤其是薄壁的很易腐蚀,使用寿命不长。

**14.2.2** 管口设在盒箱和建筑物内,是为防止雨水侵入;管口密封有两层含义,一是防止异物进入;二是最大限度地减少管内凝露,以减缓内壁锈蚀现象。

**14.2.4** 非镀锌钢导管的防腐,对外壁防腐的争论不大,内壁防腐尤其是管径小,较难处理,主要是工艺较麻烦,不是做不到。据《电气安装用导管的技术要求——通用要求》GB/T 1338.1 附录 A 和《电气安装用导管的特殊要求——金属导管》GB/T 14823.1 两个与 IEC 614 标准相一致的国家推荐性标准介绍,钢导管要有防护能力,分为 5 个等级,并作出防护试验的细则规定。由此可以认为,非镀锌钢导管应做防护(防腐),不过什么场所选用何种等级,是施工设计要明确的,否则仅认为导管内外要做油漆处理。

**14.2.5** 管口高出基础面的目的是防止尘埃等异物进入管子,也避免清扫冲洗地面时,水流入管内,以使管子的防腐和电线的绝缘处于良好状态;管口太高了也不合适,会影响电线或电缆的上引和柜箱盘内下部电气设备的接线。

**14.2.6** 暗配管要有一定的埋设深度,太深不利于与盒箱连接,有时剔槽太深会影响墙体等建筑物的质量;太浅同样不利于与盒箱连接,还会使建筑物表面有裂纹,在某些潮湿场所(如实验室等),钢导管的锈蚀会印显在墙面上,所以埋设深度恰当,既保护导管又不影响建筑物质量。

明配管要合理设置固定点,是为了穿线缆时不发生管子移位脱落现象,也是为了使电气线路有足够的机械强度,受到冲击(如轻度地震)仍安全可靠地保持使用功能。

**14.2.7** 线槽内的各种连接螺栓,均要由内向外穿,应尽量使螺栓的头部与线槽内壁平齐,以利敷线,不致敷线时损坏导线的绝缘护层。

**14.2.8** 在建筑电气工程中,需要按防爆标准施工的具有爆炸和火灾危险环境的场所,主要是锅炉房和自备柴油发电机机组的燃油或燃气供给运转室,以及燃料的小额储备室。其配管应按防爆要求执行。由于防爆线路明用低压流体镀锌钢管做导管,管子间连接、管子与电气设备器具间连接一律采用螺纹连接,且要在丝扣上涂电力复合酯,使导管具有导电连续性,所以除设计要求外,可以不跨接接地线。同时有些防爆接线盒等器具是铝合金的,也不宜焊接,因而施工设计中通常有专用保护地线(PE线)与设备、器具及零部件用螺栓连接,使接地可靠连通。

**14.2.9** 刚性绝缘导管可以螺纹连接,更适宜用胶合剂胶接,胶接可方便与设备器具间的连接,效率高、质量好、便于施工。

**14.2.10** 在建筑电气工程中,不能将柔性导管用做线路的敷设,仅在刚性导管不能准确入电气设备器具时,做过渡导管用,所以要限制其长度,且动力工程和照明工程有所不同,其规定的长度是结合工程实际,经向各地调研后取得共识而确定的。

## 15 电线、电缆穿管和线槽敷线

### 15.1 主控项目

15.1.1 本条是为了防止产生涡流效应必须遵守的规定。

15.1.2 本条是为防止相互干扰，避免发生故障时扩大影响面而作出的规定。同一交流回路要穿在同一金属管内的目的，也是为了防止产生涡流效应。回路是指同一个控制开关及保护装置引出的线路，包括相线和中性线或直流正、负2根电线，且线路自始端至用电设备器具之间或至下一级配电箱之间不再设置保护装置。

15.1.3 由于现行国家标准 GB 5023.1～5023.7idt IEC 227 的聚氯乙烯绝缘电缆的额定电压提高为 450/750V，故而将电压提高为750V，其余规定与《电气装置安装工程爆炸和火灾危险环境电气装置施工及验收规范》GB 50257 相一致。

### 15.2 一般项目

15.2.2 电线外护层的颜色不同是为区别其功能不同而设定的，对识别和方便维检修均有利。PE 线的颜色是全世界统一的，其他电线的颜色还未一致起来。要求同一建筑物内其不同功能的电线绝缘层颜色有区别是提高服务质量的体现。

15.2.3 为方便识别和检修，对每个回路在线槽内进行分段绑扎；由于线槽内电线有相互交叉和平行紧靠现象，所以要注意有抗电磁干扰要求的线路采取屏蔽和隔离措施。

## 16 槽板配线

在建筑电气工程的照明工程中，随着人们物质生活水平的提高，大型公用建筑已基本不用槽板配线，在一般民用建筑或有些古建筑的修复工程中，以及个别地区仍有较多的使用。

槽板配线除应注意材料的防火外，更应注意敷设牢固和建筑物棱线的协调，使之具有装饰美观的效果。

## 17 钢索配线

### 17.1 主控项目

17.1.1 采用镀锌钢索是为抗锈蚀而延长使用寿命；规定钢索直径是为使钢索柔性好，且在使用中不因经常摆动而发生钢丝过早断裂；不采用含油芯的钢索可以避免积尘，便于清扫。

17.1.2 固定电气线路的钢索，其端部固定是否可靠是影响安全的关键，所以必须注意。钢索是电气装置的可接近的裸露导体，为防触电危险，故必须接地或接零。

17.1.3 钢索配线有一个弧垂问题，弧垂的大小应按设计要求调整，装设花篮螺栓的目的是便于调整弧垂值。弧垂值的大小在某些场所是个敏感的事，太小会使钢索超过允许受力值；太大钢索摆动幅度大，不利于在其上固定的线路和灯具等正常运行，还要考虑其自由振荡频率与同一场所的其他建筑设备的运转频率的关系，不要产生共振现象，所以要将弧垂值调整适当。

### 17.2 一般项目

17.2.1 钢索有中间吊架，可改善钢索受力状态。为防止钢索受振动而跳出破坏整条线路，所以在吊架上要有锁定装置，锁定装置是既可打开放入钢索，又可闭合防止钢索跳出，锁定装置和吊架一样，与钢索间无强制性固定。

17.2.3 为确保钢索上线路可靠固定制定本规定。其数值与原《电气装置安装工程 1kV 及以下配线工程施工及验收规范》GB 50258—96 的规定一致。

## 18 电缆头制作、接线和线路绝缘测试

### 18.1 主控项目

18.1.1、18.1.2 馈电线路敷设完毕，电缆做好电缆头、电线做好连接端子后，与其他电气设备、器具一样，要做电气交接试验，合格后，方能通电运行。

18.1.3 接地线的截面积应按电缆线路故障时，接地电流的大小而选定。在建筑电气工程中由于容量比发电厂、大型变电所小，故障电流也较小，加上实际工程中也缺乏设计提供的资料，所以表中推荐值为经常选用值，在使用中尚未发现因故障而熔断现象。使用镀锡铜编织线，更有利于方便橡塑电缆头焊接地线，如用铜绞线也应先搪锡再焊接。

18.1.4 接线准确，是指定位准确，不要错接开关的位号或编号，也不要把相位接错，以避免送电时造成失误而引发重大安全事故。并联运行的线路设计通常采用同规格型号，使之处于最经济合理状态，而施工同样使负荷电流平衡达到设计要求，所以要十分注意长度和连接方法。相位一致是并联运行的基本条件，也是必检项目，否则不可能并联运行。

### 18.2 一般项目

18.2.1 为保证导线与设备器具连接可靠，不致通电运行后发生过热效应，并诱发燃烧事故，作此规定。要说明一下，芯线的端子即端部的接头，俗称铜接头、铝接头，也有称接线鼻子的；设备、器具的端子指设备、器具的接线柱、接线螺丝或其他形式的接线处，即俗称的接线桩头；而标示线路符号套在电线端部做标记用的零件称端子头；有些设备内、外部接线的接口零件称端子板。

18.2.2 大规格金具、端子与小规格芯线连接，如焊接要多用焊料，不经济，如压接更不可取，压接不到位且压不紧，电阻大，运行时要过热而出故障；反之小规格金具、端子与大规格芯线连接，必然要截去部分芯线，同样不能保证连接质量，而在使用中易引发电气故障，所以必须两者适配。开口端子一般用于实验室或调试用的临时线路上，以便拆装，不应用在永久性连接的线路上，否则可靠性就无法保证。

18.2.3 本条是为日常巡视和方便维护检修需要而作的规定。

## 19 普通灯具安装

### 19.1 主控项目

19.1.1 由于灯具悬于人们日常生活工作的正上方，能否可靠固定，在受外力冲击情况下也不致坠落（如轻度地震等）而危害人身安全，是至关重要的。普通软线吊灯，已大部分由双股包塑料软线替代纱包双芯花线，其抗张强度降低，以227IEC06（RV）导线为例，其所用的塑料是 PVC/D，交货状态的抗张强度为 10N/mm²，在80℃空气中经一周老化后为 10±20%N/mm²，取下限为 8N/mm²（约可承受质量为 0.8kg 不被拉断）。而软线吊灯的自重连塑料灯伞、灯头、灯泡在内重量不超过 0.5kg，为确保安全，将普通吊线灯的重量规定为 0.5kg，超过时要用吊链。其余的规定与原《电气装置安装工程电气照明装置施工及验收规范》GB 50258—96 规定

一致。

19.1.2 固定灯具的吊钩与灯具一致，是等强度概念。若直径小于6mm，吊钩易受意外拉力而变直、发生灯具坠落现象，故规定此下限。大型灯具的固定及悬吊装置由施工设计经计算后出图预埋安装，为检验其牢固程度是否符合图纸要求，故应做过载试验，同样是为了使用安全。

19.1.3 钢管吊杆与灯具和吊杆上端法兰均为螺纹连接，直径太小，壁厚太薄，均不利套丝，套丝后强度不能保证，受外力冲撞或风吹后易发生螺纹断裂现象，于安全使用不利。故作此规定。

19.1.4 灯具制造标准中已有此项规定，施工中在固定灯具或另外提供安装的防触电保护材料同样也要遵守此项规定。

19.1.5 在建筑电气照明工程中，灯具的安装位置和高度，以及根据不同场所采用的电压等级，通常由施工设计确定，施工时应严格按设计要求执行。本条仅作设计的补充。

19.1.6 据统计，人站立时平均伸臂范围最高处可达2.4m高度，也即是可能碰到可接近的裸露导体的高限，故而当灯具安装高度距地面小于2.4m时，其可接近的裸露导体必须接地或接零，以确保人身安全。

### 19.2 一般项目

19.2.1 为保证电线能承受一定的机械应力和可靠地安全运行，根据不同使用场所和电线种类，规定了引向灯具的电线最小允许芯线截面积。由于制造电线的标准已采用IEC 227标准，因此仅对有关规范规定的非推荐性标称截面积作了修正，如0.4mm² 改为0.5mm²；0.8mm² 改为1.0mm²。

19.2.3 为确保灯具维修时的人身安全，同时也不致因维修需要而使变配电设备正常供电中断，造成不必要的损失，故作此规定。

19.2.4 白炽灯泡发热量较大，离绝缘台过近，不管绝缘台是木质的还是塑料制成的，均会因过热而易烤焦或老化，导致燃烧，故应在灯泡与绝缘台间设置隔热阻燃制品，如石棉布等。

19.2.7 灯具制造标准《灯具一般安全要求与试验》GB 7000.1（相同于IEC 598-1）"4.17排水孔"中一段文字是这样描述的："防滴、防淋、防溅和防喷灯具应设计得如果灯具内积水能及时有效地排出，比如开一个或多个排水孔。"同样室外的壁灯应防淋、如有积水，应可以及时排放，如灯具本身不会积水，则无开排水孔的需要，也就是说水密型或伞型壁灯可以不开排水孔。制定这条规定是要引起注意检查，施工中查验排水孔是否畅通，没有的话，要加工钻孔。

## 20 专用灯具安装

### 20.1 主控项目

20.1.1 在建筑电气工程中，除有些特殊场所，如电梯井道底坑、技术层的某些部位为检修安全而设置固定的低压照明电源外，大都是作工具用的移动便携式低压电源和灯具。

　双圈的行灯变压器次级线圈只要有一点接地或接零即可箝制电压，在任何情况下不会超过安全电压，即使初级线圈因漏电而窜人次级线圈时也能得到有效保护。

20.1.2 采用何种安全防护措施，由施工设计确定，但施工时要依据已确定的防护措施按本规范规定执行。

20.1.3 手术台上无影灯重量较大，使用中根据需要经常调节移动，子母式的更是如此，所以其固定和防松是安装的关键。它的供电方式由设计选定，通常由双回路引向灯具，而其专用控制箱由多个电源供电，以确保供电绝对可靠，施工中要注意多电源的识别和连接，如有应急直流供电的话要区别标识。

20.1.4 应急疏散照明是当建筑物处于特殊情况下，如火灾、空袭、市电供电中断等，使建筑物的某些关键位置的照明器具仍能持续工作，并有效指导人群安全撤离，所以是至关重要的。本条所述各项规定虽然应在施工设计中按有关规范作出明确要求，但是均为实际施工中应认真执行的条款，有的还需施工终结时给予试验和检测，以确认是否达到预期的功能要求。

20.1.5 防爆灯具的安装主要是严格按图纸规定选用规格型号，且不混淆，更不能用非防爆产品替代。各泄放口上下方不得安装灯具，主要因为泄放时有气体冲击，会损坏防爆灯具，如管道放出的是爆炸性气体，更加危险。

### 20.2 一般项目

20.2.2 手术室应是无菌洁净场所，不能积尘，要便于清扫消毒，保持无影灯安装密闭、表面整洁，不仅是给病人一个宁静安谧的观感，更主要是卫生工作的需要。

20.2.3 应急照明是在特殊情况起关键作用的照明，有争分夺秒的含义，只要通电需瞬时发光，故其灯源不能用延时点燃的高汞灯泡等。疏散指示灯要明亮醒目，且在人群通过时偶尔碰撞也不应有所损坏。

## 21 建筑物景观照明灯、航空障碍标志灯和庭院灯安装

### 21.1 主控项目

21.1.1 彩灯安装在建筑物外部，通常与建筑物的轮廓线一致，以显示建筑造型的魅力。正由于在室外，密闭防水是施工的关键。垂直装设的彩灯采用直敷钢索配线，在室外受风力的侵扰，悬挂装置的机械强度至关重要。所有可接近的裸露导体均应保护接地，是为防止人身触电事故的发生。

21.1.2 霓虹灯为高压气体放电饰用灯具，通常安装在临街商店的正面，人行道的正上方，要特别注意安装牢固可靠，防止高电压泄漏和气体放电使灯管破碎下落伤人，同样也要防止风力破坏下落伤人。

21.1.3 随着城市美化，建筑物立面反射灯应用众多，有的由于位置关系，灯架安装在人员来往密集的场所或易被人接触的位置，因而要有严格的防灼伤和防触电的措施。

21.1.4 随高层建筑物和高耸构筑物的增多，航空障碍标志灯的安装也深为人们关心，虽然其位置选型由施工设计确定，但施工中应掌握的原则还是要纳入本规范，以防止误装、误用。由于其装在建筑物或构筑物外侧高处，对维护和更换光源不便也不安全，所以要有专门措施，而这种措施要由建筑设计来提供，如预留悬梯的挂件或可活动的专用平台等，这些在图纸会审时要加以注意。

21.1.5 庭院灯形式多种，结构上高矮不一，造型上花样众多，材料上有金属和非金属之分，但有着装在室外要防雨水入侵，人们日常易接触灯具表面，随着园艺更新而灯具更换周期短等共同点，因而灯具绝缘、密闭防水、牢固稳妥、接地可靠是要严格注意的，尤其是灯具的接地支线不能串联连接，以防止个别灯具移位或更换使其他灯具失去接地保护作用，而发生人身安全事故。在大的公园内要注意重复接地极的必要性和每套灯具熔断器熔芯的适配性。

### 21.2 一般项目

21.2.2 霓虹灯变压器是升压变压器，输出电压高，要注意变压器本体安全保护，又不应危及人身安全。如商店橱窗内装有霓虹灯，当有人进入橱窗进行商品布置或维修灯具时，应将橱窗门打开直至人员退出橱窗时才关闭，这样可避免高电压危及人身安全。

21.2.4 航空障碍标志灯安装位置高，检修不方便，要在安装前调试试灯，符合要求后就位，可最大限度地减少危险的高空作业。

21.2.5 为了节约用电,庭院灯和杆上路灯现通常有根据自然光的亮度而自动启闭,所以要进行调试,不像以前只要装好后,用人工开断试亮即可。由于庭院灯的作用除照亮人们使行动方便或点缀园艺外,实则还有夜间安全警卫的作用,所以每套灯具的熔丝要适配,否则某套灯具的故障会造成整个回路停电,较大面积没有照明,是对人们行动和安全不利的。

## 22 开关、插座、风扇安装

### 22.1 主控项目

22.1.1 同一场所装有交流和直流的电源插座,或不同电压等级的插座,是为不同需要的用电设备而设置的,用电时不能插错,否则会导致设备损坏或危及人身安全,这是常规知识,但必须在措施上作出保证。

22.1.2 为了统一接线位置,确保用电安全,尤其三相五线制在建筑电气工程中较普遍地得到推广应用,零线和保护地线不能混同,除在变压器中性点可互连外,其各处均不能相互连通,在插座的接线位置要严格区分,否则有可能导致线路工作不正常和危及人身安全。

22.1.4 照明开关是人们每日接触最频繁的电气器具,为方便实用,要求通断位置一致,也可给维修人员提供安全操作保障,就是说,如位置紊乱、不切断相线,易给维修人员造成认知上的错觉,检修时较易产生触电现象。

22.1.5 本条规定的主旨是确保使用安全。吊扇为转动的电气器具,运转时有轻微的振动,为防安装器件松动而发生坠落,故其减振防松措施要齐全。

22.1.6 由于城乡住宅高度趋低,吊扇使用屡有事故发生。壁扇应用较多,固定可靠和转动部分防护措施完善及运转正常是鉴别壁扇制造和安装质量的要点。

### 22.2 一般项目

22.2.1 插座的安装高度应以方便使用为原则,但在某些易引起触电事故的场所,如小学等易发生用导电异物去触及插座导电部分,所以应加以限制。同一场所的插座高度一致是为了观感舒适的要求,但一致的程度如何,应由企业标准确定。

22.2.3 本条是为方便使用,注意观感作出的规定。

22.2.4 本条是为不影响人们的日常行动,避免由于不慎伤及人身作出的规定。其余为观感要求。

## 23 建筑物照明通电试运行

### 23.1 主控项目

23.1.1 照明工程包括照明配电箱、线路、开关、插座和灯具等。安装施工结束后,要做通电试验,以检验施工质量和设计的预期功能,符合要求方能认为合格。

23.1.2 大型公用建筑的照明工程负荷大、灯具众多,且本身要求可靠性严,所以要做连续负荷试验,以检查整个照明工程的发热稳定性和安全性。同时也可暴露一些灯具和光源的质量问题,以便于更换,若有照明照度自动控制系统,则试灯时可检测照度随着开启回路多少而变化的规律,给建筑智能化软件设计提供依据或检验其设计之符合性。民用建筑也要通电试运行以检查线路和灯具安装质量。

的可靠性和安全性,但由于容量与大型公用建筑相比要小,故而通电时间较短。

## 24 接地装置安装

### 24.1 主控项目

24.1.1 由于人工接地装置、利用建筑物基础钢筋的接地装置或两者联合的接地装置,均会随着时间的推移、地下水位的变化、土壤导电率的变化,其接地电阻值也会发生变化。故要对接地电阻值进行检测监视,则每幢有接地装置的建筑物要设置检测点,通常不少于2个。施工中不可遗漏。

24.1.2 由于建筑物性质不同,建筑物内的建筑设备种类不同,对接地装置的设置和接地电阻值的要求也不同,所以施工设计要给出接地电阻值数据,施工结束后检测。检测结果必须符合要求,若不符合应由原设计单位提出措施,进行完善后经检测,直至符合要求为止。

24.1.3 在施工设计时,一般尽量避免防雷接地干线穿越人行通道,以防止雷击时跨步电压过高而危及人身安全。

24.1.4、24.1.5 接地模块是新型的人工接地体,埋设时除按本规范规定执行外,还要参阅供货商提供的有关技术说明。

### 24.2 一般项目

24.2.2 热浸镀锌锌层厚,抗腐蚀,有较长的使用寿命,材料使用的最小允许规格的规定与现行国家标准《电气装置安装工程接地装置施工及验收规范》GB 50169一致。但不能作为施工中选择接地体的依据,选择的依据是施工设计,但施工设计也不应选择比最小允许规格还小的规格。

## 25 避雷引下线和变配电室接地干线敷设

### 25.1 主控项目

25.1.1 避雷引下线的敷设方式由施工设计选定,如埋入抹灰层内的引下线则应分段卡牢固定,且紧贴砌体表面,不能有过大的起伏,否则会影响抹灰施工,也不能保证应有的抹灰层厚度。避雷引下线允许焊接连接和专用支架固定,但焊接处要刷油漆防腐,如用专用卡具连接或固定,不破坏镀锌保护层则更好。

25.1.2 为保证供电系统接地可靠和故障电流的流散畅通,故作此规定。

### 25.2 一般项目

25.2.2 明敷接地引下线的间距均匀是观感的需要,规定间距的数值是考虑受力和可靠,使线路能顺直;要注意同一条线路的间距均匀一致,可以在给定的数值范围选取一个定值。

25.2.3 保护管的作用是避免引下线受到意外冲击而损坏或脱落。钢保护管要与引下线做电气连通,可使雷电泄放电流以最小阻抗向接地装置泄放,不连通的钢管如一个短路环一样,套在引下线外部,互抗存在,泄放电流受阻,引下线电压升高,易产生反击现象。

25.2.5 本条是为使零序电流互感器正确反映电缆运行情况,并防止离散电流的影响而使零序保护错误发出讯号或动作而作出的规定。

## 26 接闪器安装

### 26.1 主控项目

26.1.1 形成等电位,可防静电危害。与现行国家标准《电气装置安装工程接地装置施工及验收规范》GB 50169 的规定相一致。

### 26.2 一般项目

26.2.2 本条是为使避雷带顺直、固定可靠,不因受外力作用而发生脱落现象而做出的规定。

## 27 建筑物等电位联结

### 27.1 主控项目

27.1.1 建筑物是否需要等电位联结、哪些部位或设施需等电位联结、等电位联结干线或等电位箱的布置均应由施工设计来确定。本规范仅对等电位联结施工中应遵守的事项作出规定。主旨是连接可靠合理,不因某个设施的检修而使等电位联结系统开断。

### 27.2 一般项目

27.2.2 在高级装修的卫生间内,各种金属部件外观华丽,应在内侧设置专用的等电位连接点与暗敷的等电位连接支线连通,这样就不会因乱接而影响观感质量。

中华人民共和国国家标准

# 电梯工程施工质量验收规范

Code for acceptance of installation quality of
lifts, escalators and passenger conveyors

GB 50310—2002

主编部门：中华人民共和国建设部
批准部门：中华人民共和国建设部
施行日期：2 0 0 2 年 6 月 1 日

# 关于发布国家标准《电梯工程施工质量验收规范》的通知

## 建标〔2002〕80 号

根据我部"关于印发《二〇〇〇至二〇〇一年度工程建设国家标准制定、修订计划》的通知"（建标〔2001〕87 号）的要求，由建设部会同有关部门共同修订的《电梯工程施工质量验收规范》，经有关部门会审，批准为国家标准，编号为 GB 50310—2002，自 2002 年 6 月 1 日起施行。其中，4.2.3、4.5.2、4.5.4、4.8.1、4.8.2、4.9.1、4.10.1、4.11.3、6.2.2 为强制性条文，必须严格执行。原《电梯安装工程质量检验评定标准》GBJ 310—88、《电气装置安装工程 电梯电气装置施工及验收规范》GB 50182—93 同时废止。

本规范由建设部负责管理和对强制性条文的解释。中国建筑科学研究院建筑机械化研究分院负责具体技术内容的解释。建设部标准定额研究所组织中国建筑工业出版社出版发行。

中华人民共和国建设部

二〇〇二年四月一日

# 前　　言

根据我部"关于印发《二〇〇〇至二〇〇一年度工程建设国家标准制定、修订计划》的通知"（建标〔2001〕87 号）的要求，由中国建筑科学研究院建筑机械化研究分院会同有关单位共同对《电梯安装工程质量检验评定标准》GBJ 310—88 修订而成的。

本规范在编制过程中，编写组进行了广泛的调查研究，认真总结了我国电梯安装工程质量验收的实践经验，同时参考了 EN 81—1：1998《电梯制造与安装安全规范》及 EN 81—2：1998《液压电梯制造与安装安全规范》，并广泛征求了有关单位的意见，由建设部组织审查。

本规范以建设部提出的"验评分离、强化验收、完善手段、过程控制"为指导方针；以《建筑工程施工质量验收统一标准》为准则；把电梯安装工程规范的质量检验和质量评定、质量验收和施工工艺的内容分开，将可采纳的检验和验收内容修订成本规范相应条款；强化电梯安装工程质量验收要求，明确验收检验项目，尤其是把涉及到电梯安装工程的质量、安全及环境保护等方面的内容，作为主控项目要求；完善设备进场验收、土建交接检验、分项工程检验及整机检测项目，充分反映电梯安装工程质量验收的条件和内容，进一步提高各条款的科学性、可操作性，减少人为因素的干扰和观感评价的影响；施工过程中电梯安装单位内部应对分项工程逐一进行自检，上一道工序没有验收合格就不能进行下一道工序施工；在确保电梯安装工程质量的前提下，考虑电梯安装工艺及电梯产品的技术进步，以使本规范能更好地反映电梯安装工程的质量。

进入建筑工程现场的电梯产品应符合国家标准 GB 7588、GB 10060、GB 16899 的规定。

本规范将来可能需要进行局部修订，有关局部修订的信息和条文内容将刊登在《工程建设标准化》杂志上。

本规范以黑体字标志的条文为强制性条文，必须严格执行。

为了提高规范质量，请各单位在执行本规范过程中，注意总结经验，积累资料，随时将有关的意见和建议反馈给中国建筑科学研究院建筑机械化研究分院（河北省廊坊市金光道 61 号，邮政编码：065000. E-mail：fwcgb@ heinfo. net），以供今后修订时参考。

主编单位：中国建筑科学研究院建筑机械化研究分院

参编单位：国家电梯质量监督检验中心
　　　　　中国迅达电梯有限公司
　　　　　天津奥的斯电梯有限公司
　　　　　上海三菱电梯有限公司
　　　　　广州日立电梯有限公司
　　　　　沈阳东芝电梯有限公司
　　　　　苏州江南电梯有限公司
　　　　　华升富士达电梯有限公司
　　　　　大连星玛电梯有限公司

主要起草人：陈凤旺　严　涛　江　琦　陈化平
　　　　　　陆棕桦　王兴琪　曾健智　陈秋丰
　　　　　　魏山虎　陈路阳　王启文

# 目　次

# 1 总 则

**1.0.1** 为了加强建筑工程质量管理，统一电梯安装工程施工质量的验收，保证工程质量，制订本规范。

**1.0.2** 本规范适用于电力驱动的曳引式或强制式电梯、液压电梯、自动扶梯和自动人行道安装工程质量的验收；本规范不适用于杂物电梯安装工程质量的验收。

**1.0.3** 本规范应与国家标准《建筑工程施工质量验收统一标准》GB 50300—2001 配套使用。

**1.0.4** 本规范是对电梯安装工程质量的最低要求，所规定的项目都必须达到合格。

**1.0.5** 电梯安装工程质量验收除应执行本规范外，尚应符合现行有关国家标准的规定。

# 2 术 语

**2.0.1** 电梯安装工程 installation of lifts, escalators and passenger conveyors

电梯生产单位出厂后的产品，在施工现场装配成整机至交付使用的过程。

注：本规范中的"电梯"是指电力驱动的曳引式或强制式电梯、液压电梯、自动扶梯和自动人行道。

**2.0.2** 电梯安装工程质量验收 acceptance of installation quality of lifts, escalators and passenger conveyors

电梯安装的各项工程在履行质量检验的基础上，由监理单位（或建设单位）、土建施工单位、安装单位等几方共同对安装工程的质量控制资料、隐蔽工程和施工检查记录等档案材料进行审查，对安装工程进行普查和整机运行考核，并对主控项目全验和一般项目抽验，根据本规范以书面形式对电梯安装工程质量的检验结果作出确认。

**2.0.3** 土建交接检验 handing over inspection of machine rooms and wells

电梯安装前，应由监理单位（或建设单位）、土建施工单位、安装单位共同对电梯井道和机房（如果有）按本规范的要求进行检查，对电梯安装条件作出确认。

# 3 基 本 规 定

**3.0.1** 安装单位施工现场的质量管理应符合下列规定：

1 具有完善的验收标准、安装工艺及施工操作规程。

2 具有健全的安装过程控制制度。

**3.0.2** 电梯安装工程施工质量控制应符合下列规定：

1 电梯安装前应按本规范进行土建交接检验，可按附录 A 表 A 记录。

2 电梯安装前应按本规范进行电梯设备进场验收，可按附录 B 表 B 记录。

3 电梯安装的各分项工程应按企业标准进行质量控制，每个分项工程应有自检记录。

**3.0.3** 电梯安装工程质量验收应符合下列规定：

1 参加安装工程施工和质量验收人员应具备相应的资格。

2 承担有关安全性能检测的单位，必须具有相应资质。仪器设备应满足精度要求，并应在检定有效期内。

3 分项工程质量验收均应在电梯安装单位自检合格的基础上进行。

4 分项工程质量应分别按主控项目和一般项目检查验收。

5 隐蔽工程应在电梯安装单位检查合格后，于隐蔽前通知有关单位检查验收，并形成验收文件。

# 4 电力驱动的曳引式或强制式电梯安装工程质量验收

## 4.1 设备进场验收

### 主 控 项 目

**4.1.1** 随机文件必须包括下列资料：

1 土建布置图；

2 产品出厂合格证；

3 门锁装置、限速器、安全钳及缓冲器的型式试验证书复印件。

### 一 般 项 目

**4.1.2** 随机文件还应包括下列资料：

1 装箱单；

2 安装、使用维护说明书；

3 动力电路和安全电路的电气原理图。

**4.1.3** 设备零部件应与装箱单内容相符。

**4.1.4** 设备外观不应存在明显的损坏。

## 4.2 土建交接检验

### 主 控 项 目

**4.2.1** 机房（如果有）内部、井道土建（钢架）结构及布置必须符合电梯土建布置图的要求。

**4.2.2** 主电源开关必须符合下列规定：

1 主电源开关应能够切断电梯正常使用情况下最大电流；

2 对有机房电梯该开关应能从机房入口处方便地接近；

3 对无机房电梯该开关应设置在井道外工作人

员方便接近的地方，且应具有必要的安全防护。

**4.2.3** 井道必须符合下列规定：

**1** 当底坑底面下有人员能到达的空间存在，且对重（或平衡重）上未设有安全钳装置时，对重缓冲器必须能安装在（或平衡重运行区域的下边必须）一直延伸到坚固地面上的实心桩墩上；

**2** 电梯安装之前，所有层门预留孔必须设有高度不小于 1.2m 的安全保护围封，并应保证有足够的强度；

**3** 当相邻两层门地坎间的距离大于 11m 时，其间必须设置井道安全门，井道安全门严禁向井道内开启，且必须装有安全门处于关闭时电梯才能运行的电气安全装置。当相邻轿厢间有相互救援用轿厢安全门时，可不执行本款。

### 一 般 项 目

**4.2.4** 机房（如果有）还应符合下列规定：

**1** 机房内应设有固定的电气照明，地板表面上的照度不应小于 200lx。机房内应设置一个或多个电源插座。在机房内靠近入口的适当高度处应设有一个开关或类似装置控制机房照明电源。

**2** 机房内应通风，从建筑物其他部分抽出的陈腐空气，不得排入机房内。

**3** 应根据产品供应商的要求，提供设备进场所需要的通道和搬运空间。

**4** 电梯工作人员应能方便地进入机房或滑轮间，而不需要临时借助于其他辅助设施。

**5** 机房应采用经久耐用且不易产生灰尘的材料建造，机房内的地板应采用防滑材料。

注：此项可在电梯安装后验收。

**6** 在一个机房内，当有两个以上不同平面的工作平台，且相邻平台高度差大于 0.5m 时，应设置楼梯或台阶，并应设置高度不小于 0.9m 的安全防护栏杆。当机房地面有深度大于 0.5m 的凹坑或槽坑时，均应盖住。供人员活动空间和工作台面以上的净高度不应小于 1.8m。

**7** 供人员进出的检修活板门应有不小于 0.8m × 0.8m 的净通道，开门到位后应能自行保持在开启位置。检修活板门关闭后应能支撑两个人的重量（每个人按在门的任意 0.2m × 0.2m 面积上作用 1000N 的力计算），不得有永久性变形。

**8** 门或检修活板门应装有带钥匙的锁，它应从机房内不用钥匙打开。只供运送器材的活板门，可只在机房内部锁住。

**9** 电源零线和接地线应分开。机房内接地装置的接地电阻值不应大于 4Ω。

**10** 机房应有良好的防渗、防漏水保护。

**4.2.5** 井道还应符合下列规定：

**1** 井道尺寸是指垂直于电梯设计运行方向的井道截面沿电梯设计运行方向投影所测定的井道最小净空尺寸，该尺寸应和土建布置图所要求的一致，允许偏差应符合下列规定：

　**1）** 当电梯行程高度小于等于 30m 时为 0 ～ +25mm；

　**2）** 当电梯行程高度大于 30m 且小于等于 60m 时为 0 ～ +35mm；

　**3）** 当电梯行程高度大于 60m 且小于等于 90m 时为 0 ～ +50mm；

　**4）** 当电梯行程高度大于 90m 时，允许偏差应符合土建布置图要求。

**2** 全封闭或部分封闭的井道，井道的隔离保护、井道壁、底坑底面和顶板应具有安装电梯部件所需要的足够强度，应采用非燃烧材料建造，且应不易产生灰尘。

**3** 当底坑深度大于 2.5m 且建筑物布置允许时，应设置一个符合安全门要求的底坑进口；当没有进入底坑的其他通道时，应设置一个从层门进入底坑的永久性装置，且此装置不得凸入电梯运行空间。

**4** 井道应为电梯专用，井道内不得装设与电梯无关的设备、电缆等。井道可装设采暖设备，但不得采用蒸汽和水作为热源，且采暖设备的控制与调节装置应装在井道外面。

**5** 井道内应设置永久性电气照明，井道内照度应不得小于 50lx，井道最高点和最低点 0.5m 以内应各装一盏灯，再设中间灯，并分别在机房和底坑设置一控制开关。

**6** 装有多台电梯的井道内各电梯的底坑之间应设置最低点离底坑地面不大于 0.3m，且至少延伸到最低层站楼面以上 2.5m 高度的隔障，在隔障宽度方向上隔障与井道壁之间的间隙不应大于 150mm。

当轿顶边缘和相邻电梯运动部件（轿厢、对重或平衡重）之间的水平距离小于 0.5m 时，隔障应延长贯穿整个井道的高度。隔障的宽度不得小于被保护的运动部件（或其部分）的宽度每边再各加 0.1m。

**7** 底坑内应有良好的防渗、防漏水保护，底坑内不得有积水。

**8** 每层楼面应有水平面基准标识。

### 4.3 驱 动 主 机

### 主 控 项 目

**4.3.1** 紧急操作装置动作必须正常。可拆卸的装置必须置于驱动主机附近易接近处，紧急救援操作说明必须贴于紧急操作时易见处。

### 一 般 项 目

**4.3.2** 当驱动主机承重梁需埋入承重墙时，埋入端长度应超过墙厚中心至少 20mm，且支承长度不应小于 75mm。

**4.3.3** 制动器动作应灵活，制动间隙调整应符合产品设计要求。

**4.3.4** 驱动主机、驱动主机底座与承重梁的安装应符合产品设计要求。

**4.3.5** 驱动主机减速箱（如果有）内油量应在油标所限定的范围内。

**4.3.6** 机房内钢丝绳与楼板孔洞边间隙为 20 ~ 40mm，通向井道的孔洞四周应设置高度不小于 50mm 的台缘。

### 4.4 导　轨

#### 主 控 项 目

**4.4.1** 导轨安装位置必须符合土建布置图要求。

#### 一 般 项 目

**4.4.2** 两列导轨顶面间的距离偏差应为：轿厢导轨 0 ~ +2mm；对重导轨 0 ~ +3mm。

**4.4.3** 导轨支架在井道壁上的安装应固定可靠。预埋件应符合土建布置图要求。锚栓（如膨胀螺栓等）固定应在井道壁的混凝土构件上使用，其连接强度与承受振动的能力应满足电梯产品设计要求，混凝土构件的压缩强度应符合土建布置图要求。

**4.4.4** 每列导轨工作面（包括侧面与顶面）与安装基准线每 5m 的偏差均不应大于下列数值：

轿厢导轨和设有安全钳的对重（平衡重）导轨为 0.6mm；不设安全钳的对重（平衡重）导轨为 1.0mm。

**4.4.5** 轿厢导轨和设有安全钳的对重（平衡重）导轨工作面接头处不应有连续缝隙，导轨接头处台阶不应大于 0.05mm。如超过应修平，修平长度应大于 150mm。

**4.4.6** 不设安全钳的对重（平衡重）导轨接头处缝隙不应大于 1.0mm，导轨工作面接头处台阶不应大于 0.15mm。

### 4.5 门 系 统

#### 主 控 项 目

**4.5.1** 层门地坎至轿厢地坎之间的水平距离偏差为 0 ~ +3mm，且最大距离严禁超过 35mm。

**4.5.2** 层门强迫关门装置必须动作正常。

**4.5.3** 动力操纵的水平滑动门在关门开始的 1/3 行程之后，阻止关门的力严禁超过 150N。

**4.5.4** 层门锁钩必须动作灵活，在证实锁紧的电气安全装置动作之前，锁紧元件的最小啮合长度为 7mm。

#### 一 般 项 目

**4.5.5** 门刀与层门地坎、门锁滚轮与轿厢地坎间隙不应小于 5mm。

**4.5.6** 层门地坎水平度不得大于 2/1000，地坎应高出装修地面 2 ~ 5mm。

**4.5.7** 层门指示灯盒、召唤盒和消防开关盒应安装正确，其面板与墙面贴实，横竖端正。

**4.5.8** 门扇与门扇、门扇与门套、门扇与门楣、门扇与门口处轿壁、门扇下端与地坎的间隙，乘客电梯不应大于 6mm，载货电梯不应大于 8mm。

### 4.6 轿　厢

#### 主 控 项 目

**4.6.1** 当距轿底面在 1.1m 以下使用玻璃轿壁时，必须在距轿底面 0.9 ~ 1.1m 的高度安装扶手，且扶手必须独立地固定，不得与玻璃有关。

#### 一 般 项 目

**4.6.2** 当桥厢有反绳轮时，反绳轮应设置防护装置和挡绳装置。

**4.6.3** 当轿顶外侧边缘至井道壁水平方向的自由距离大于 0.3m 时，轿顶应装设防护栏及警示性标识。

### 4.7 对重（平衡重）

#### 一 般 项 目

**4.7.1** 当对重（平衡重）架有反绳轮，反绳轮应设置防护装置和挡绳装置。

**4.7.2** 对重（平衡重）块应可靠固定。

### 4.8 安 全 部 件

#### 主 控 项 目

**4.8.1** 限速器动作速度整定封记必须完好，且无拆动痕迹。

**4.8.2** 当安全钳可调节时，整定封记应完好，且无拆动痕迹。

#### 一 般 项 目

**4.8.3** 限速器张紧装置与其限位开关相对位置安装应正确。

**4.8.4** 安全钳与导轨的间隙应符合产品设计要求。

**4.8.5** 轿厢在两端站平层位置时，轿厢、对重的缓冲器撞板与缓冲器顶面间的距离应符合土建布置图要求。轿厢、对重的缓冲器撞板中心与缓冲器中心的偏差不应大于 20mm。

**4.8.6** 液压缓冲器柱塞铅垂度不应大于 0.5%，充液量应正确。

## 4.9 悬挂装置、随行电缆、补偿装置

### 主 控 项 目

**4.9.1** 绳头组合必须安全可靠，且每个绳头组合必须安装防螺母松动和脱落的装置。

**4.9.2** 钢丝绳严禁有死弯。

**4.9.3** 当轿厢悬挂在两根钢丝绳或链条上，且其中一根钢丝绳或链条发生异常相对伸长时，为此装设的电气安全开关应动作可靠。

**4.9.4** 随行电缆严禁有打结和波浪扭曲现象。

### 一 般 项 目

**4.9.5** 每根钢丝绳张力与平均值偏差不应大于5%。

**4.9.6** 随行电缆的安装应符合下列规定：

    **1** 随行电缆端部应固定可靠。

    **2** 随行电缆在运行中应避免与井道内其他部件干涉。当轿厢完全压在缓冲器上时，随行电缆不得与底坑地面接触。

**4.9.7** 补偿绳、链、缆等补偿装置的端部应固定可靠。

**4.9.8** 对补偿绳的张紧轮，验证补偿绳张紧的电气安全开关应动作可靠。张紧轮应安装防护装置。

## 4.10 电 气 装 置

### 主 控 项 目

**4.10.1** 电气设备接地必须符合下列规定：

    **1** 所有电气设备及导管、线槽的外露可导电部分均必须可靠接地（PE）；

    **2** 接地支线应分别直接接至接地干线接线柱上，不得互相连接后再接地。

**4.10.2** 导体之间和导体对地之间的绝缘电阻必须大于1000Ω/V，且其值不得小于：

    **1** 动力电路和电气安全装置电路：0.5MΩ；

    **2** 其他电路（控制、照明、信号等）：0.25MΩ。

### 一 般 项 目

**4.10.3** 主电源开关不应切断下列供电电路：

    **1** 轿厢照明和通风；

    **2** 机房和滑轮间照明；

    **3** 机房、轿顶和底坑的电源插座；

    **4** 井道照明；

    **5** 报警装置。

**4.10.4** 机房和井道内应按产品要求配线。软线和无护套电缆应在导管、线槽或能确保起到等效防护作用的装置中使用。护套电缆和橡套软电缆可明敷于井道或机房内使用，但不得明敷于地面。

**4.10.5** 导管、线槽的敷设应整齐牢固。线槽内导线总面积不应大于线槽净面积60%；导管内导线总面积不应大于导管内净面积40%；软管固定间距不应大于1m，端头固定间距不应大于0.1m。

**4.10.6** 接地支线应采用黄绿相间的绝缘导线。

**4.10.7** 控制柜（屏）的安装位置应符合电梯土建布置图中的要求。

## 4.11 整机安装验收

### 主 控 项 目

**4.11.1** 安全保护验收必须符合下列规定：

    **1** 必须检查以下安全装置或功能：

      1）断相、错相保护装置或功能

        当控制柜三相电源中任何一相断开或任何二相错接时，断相、错相保护装置或功能应使电梯不发生危险故障。

        注：当错相不影响电梯正常运行时可没有错相保护装置或功能。

      2）短路、过载保护装置

        动力电路、控制电路、安全电路必须有与负载匹配的短路保护装置；动力电路必须有过载保护装置。

      3）限速器

        限速器上的轿厢（对重、平衡重）下行标志必须与轿厢（对重、平衡重）的实际下行方向相符。限速器铭牌上的额定速度、动作速度必须与被检电梯相符。限速器必须与其型式试验证书相符。

      4）安全钳

        安全钳必须与其型式试验证书相符。

      5）缓冲器

        缓冲器必须与其型式试验证书相符。

      6）门锁装置

        门锁装置必须与其型式试验证书相符。

      7）上、下极限开关

        上、下极限开关必须是安全触点，在端站位置进行动作试验时必须动作正常。在轿厢或对重（如果有）接触缓冲器之前必须动作，且缓冲器完全压缩时，保持动作状态。

      8）轿顶、机房（如果有）、滑轮间（如果有）、底坑停止装置

        位于轿顶、机房（如果有）、滑轮间（如果有）、底坑的停止装置的动作必须正常。

    **2** 下列安全开关，必须动作可靠：

      1）限速器绳张紧开关；

      2）液压缓冲器复位开关；

      3）有补偿张紧轮时，补偿绳张紧开关；

4）当额定速度大于 3.5m/s 时，补偿绳轮防跳开关；

5）轿厢安全窗（如果有）开关；

6）安全门、底坑门、检修活板门（如果有）的开关；

7）对可拆卸式紧急操作装置所需要的安全开关；

8）悬挂钢丝绳（链条）为两根时，防松动安全开关。

**4.11.2** 限速器安全钳联动试验必须符合下列规定：

1 限速器与安全钳电气开关在联动试验中必须动作可靠，且应使驱动主机立即制动；

2 对瞬时式安全钳，轿厢应载有均匀分布的额定载重量；对渐进式安全钳，轿厢应载有均匀分布的 125% 额定载重量。当短接限速器及安全钳电气开关，轿厢以检修速度下行，人为使限速器机械动作时，安全钳应可靠动作，轿厢必须可靠制动，且轿底倾斜度不应大于 5%。

**4.11.3** 层门与轿门的试验必须符合下列规定：

1 每层层门必须能够用三角钥匙正常开启；

2 当一个层门或轿门（在多扇门中任何一扇门）非正常打开时，电梯严禁启动或继续运行。

**4.11.4** 曳引式电梯的曳引能力试验必须符合下列规定：

1 轿厢在行程上部范围空载上行及行程下部范围载有 125% 额定载重量下行，分别停层 3 次以上，轿厢必须可靠地制停（空载上行工况应平层）。轿厢载有 125% 额定载重量以正常运行速度下行时，切断电动机与制动器供电，电梯必须可靠制动。

2 当对重完全压在缓冲器上，且驱动主机按轿厢上行方向连续运转时，空载轿厢严禁向上提升。

**一般项目**

**4.11.5** 曳引式电梯的平衡系数应为 0.4 ~ 0.5。

**4.11.6** 电梯安装后应进行运行试验；轿厢分别在空载、额定载荷工况下，按产品设计规定的每小时启动次数和负载持续率各运行 1000 次（每天不少于 8h），电梯应运行平稳、制动可靠、连续运行无故障。

**4.11.7** 噪声检验应符合下列规定：

1 机房噪声：对额定速度小于等于 4m/s 的电梯，不应大于 80dB（A）；对额定速度大于 4m/s 的电梯，不应大于 85dB（A）。

2 乘客电梯和病床电梯运行中轿内噪声：对额定速度小于等于 4m/s 的电梯，不应大于 55dB（A）；对额定速度大于 4m/s 的电梯，不应大于 60dB（A）。

3 乘客电梯和病床电梯的开关门过程噪声不应大于 65dB（A）。

**4.11.8** 平层准确度检验应符合下列规定：

1 额定速度小于等于 0.63m/s 的交流双速电梯，

应在 ±15mm 的范围内；

2 额定速度大于 0.63m/s 且小于等于 1.0m/s 的交流双速电梯，应在 ±30mm 的范围内；

3 其他调速方式的电梯，应在 ±15mm 的范围内。

**4.11.9** 运行速度检验应符合下列规定：

当电源为额定频率和额定电压、轿厢载有 50% 额定载荷时，向下运行至行程中段（除去加速加减速段）时的速度，不应大于额定速度的 105%，且不应小于额定速度的 92%。

**4.11.10** 观感检查应符合下列规定：

1 轿门带动层门开、关运行，门扇与门扇、门扇与门套、门扇与门楣、门扇与门口处轿壁、门扇下端与地坎应无刮碰现象；

2 门扇与门扇、门扇与门套、门扇与门楣、门扇与门口处轿壁、门扇下端与地坎之间各自的间隙在整个长度上应基本一致；

3 对机房（如果有）、导轨支架、底坑、轿顶、轿内、轿门、层门及门地坎等部位应进行清理。

# 5 液压电梯安装工程质量验收

## 5.1 设备进场验收

**主控项目**

**5.1.1** 随机文件必须包括下列资料：

1 土建布置图；

2 产品出厂合格证；

3 门锁装置、限速器（如果有）、安全钳（如果有）及缓冲器（如果有）的型式试验合格证书复印件。

**一般项目**

**5.1.2** 随机文件还应包括下列资料：

1 装箱单；

2 安装、使用维护说明书；

3 动力电路和安全电路的电气原理图；

4 液压系统原理图。

**5.1.3** 设备零部件应与装箱单内容相符。

**5.1.4** 设备外观不应存在明显的损坏。

## 5.2 土建交接检验

**5.2.1** 土建交接检验应符合本规范第 4.2 节的规定。

## 5.3 液压系统

**主控项目**

**5.3.1** 液压泵站及液压顶升机构的安装必须按土建布置图进行。顶升机构必须安装牢固，缸体垂直度严禁大于0.4‰。

一 般 项 目

**5.3.2** 液压管路应可靠联接，且无渗漏现象。

**5.3.3** 液压泵站油位显示应清晰、准确。

**5.3.4** 显示系统工作压力的压力表应清晰、准确。

5.4 导 轨

**5.4.1** 导轨安装应符合本规范第4.4节的规定。

5.5 门 系 统

**5.5.1** 门系统安装应符合本规范第4.5节的规定。

5.6 轿 厢

**5.6.1** 轿厢安装应符合本规范第4.6节的规定。

5.7 平 衡 重

**5.7.1** 如果有平衡重，应符合本规范第4.7节的规定。

5.8 安 全 部 件

**5.8.1** 如果有限速器、安全钳或缓冲器，应符合本规范第4.8节的有关规定。

5.9 悬挂装置、随行电缆

主 控 项 目

**5.9.1** 如果有绳头组合，必须符合本规范第4.9.1条的规定。

**5.9.2** 如果有钢丝绳，严禁有死弯。

**5.9.3** 当轿厢悬挂在两根钢丝绳或链条上，其中一根钢丝绳或链条发生异常相对伸长时，为此装设的电气安全开关必须动作可靠。对具有两个或多个液压顶升机构的液压电梯，每一组悬挂钢丝绳均应符合上述要求。

**5.9.4** 随行电缆严禁有打结和波浪扭曲现象。

一 般 项 目

**5.9.5** 如果有钢丝绳或链条，每根张力与平均值偏差不应大于5%。

**5.9.6** 随行电缆的安装还应符合下列规定：

1 随行电缆端部应固定可靠。

2 随行电缆在运行中应避免与井道内其他部件干涉。当轿厢完全压在缓冲器上时，随行电缆不得与底坑地面接触。

5.10 电 气 装 置

**5.10.1** 电气装置安装应符合本规范第4.10节的规定。

5.11 整机安装验收

主 控 项 目

**5.11.1** 液压电梯安全保护验收必须符合下列规定：

1 必须检查以下安全装置或功能：

1）断相、错相保护装置或功能

当控制柜三相电源中任何一相断开或任何二相错接时，断相、错相保护装置或功能应使电梯不发生危险故障。

注：当错相不影响电梯正常运行时可没有错相保护装置或功能。

2）短路、过载保护装置

动力电路、控制电路、安全电路必须有与负载匹配的短路保护装置；动力电路必须有过载保护装置。

3）防止轿厢坠落、超速下降的装置

液压电梯必须装有防止轿厢坠落、超速下降的装置，且各装置必须与其型式试验证书相符。

4）门锁装置

门锁装置必须与其型式试验证书相符。

5）上极限开关

上极限开关必须是安全触点，在端站位置进行动作试验时必须动作正常。它必须在柱塞接触到其缓冲制停装置之前动作，且柱塞处于缓冲制停区时保持动作状态。

6）机房、滑轮间（如果有）、轿顶、底坑停止装置

位于轿顶、机房、滑轮间（如果有）、底坑的停止装置的动作必须正常。

7）液压油温升保护装置

当液压油达到产品设计温度时，温升保护装置必须动作，使液压电梯停止运行。

8）移动轿厢的装置

在停电或电气系统发生故障时，移动轿厢的装置必须能移动轿厢上行或下行，且下行时还必须装设防止顶升机构与轿厢运动相脱离的装置。

2 下列安全开关，必须动作可靠：

1）限速器（如果有）张紧开关；

2）液压缓冲器（如果有）复位开关；

3）轿厢安全窗（如果有）开关；

4）安全门、底坑门、检修活板门（如果有）的开关；

5）悬挂钢丝绳（链条）为两根时，防松动安全开关。

**5.11.2** 限速器（安全绳）安全钳联动试验必须符合下列规定：

**1** 限速器（安全绳）与安全钳电气开关在联动试验中必须动作可靠，且应使电梯停止运行。

**2** 联动试验时轿厢载荷及速度应符合下列规定：

 1）当液压电梯额定载重量与轿厢最大有效面积符合表5.11.2的规定时，轿厢应载有均匀分布的额定载重量；当液压电梯额定载重量小于表5.11.2规定的轿厢最大有效面积对应的额定载重量时，轿厢应载有均匀分布的125%的液压电梯额定载重量，但该载荷不应超过表5.11.2规定的轿厢最大有效面积对应的额定载重量；

 2）对瞬时式安全钳，轿厢应以额定速度下行；对渐进式安全钳，轿厢应以检修速度下行。

**3** 当装有限速器安全钳时，使下行阀保持开启状态（直到钢丝绳松弛为止）的同时，人为使限速器机械动作，安全钳应可靠动作，轿厢必须可靠制动，且轿底倾斜度不应大于5%。

**4** 当装有安全绳安全钳时，使下行阀保持开启状态（直到钢丝绳松弛为止）的同时，人为使安全绳机械动作，安全钳应可靠动作，轿厢必须可靠制动，且轿底倾斜度不应大于5%。

**表 5.11.2　额定载重量与轿厢最大有效面积之间关系**

| 额定载重量（kg） | 轿厢最大有效面积（m²） | 额定载重量（kg） | 轿厢最大有效面积（m²） | 额定载重量（kg） | 轿厢最大有效面积（m²） | 额定载重量（kg） | 轿厢最大有效面积（m²） |
|---|---|---|---|---|---|---|---|
| 100[1] | 0.37 | 525 | 1.45 | 900 | 2.20 | 1275 | 2.95 |
| 180[2] | 0.58 | 600 | 1.60 | 975 | 2.35 | 1350 | 3.10 |
| 225 | 0.70 | 630 | 1.66 | 1000 | 2.40 | 1425 | 3.25 |
| 300 | 0.90 | 675 | 1.75 | 1050 | 2.50 | 1500 | 3.40 |
| 375 | 1.10 | 750 | 1.90 | 1125 | 2.65 | 1600 | 3.56 |
| 400 | 1.17 | 800 | 2.00 | 1200 | 2.80 | 2000 | 4.20 |
| 450 | 1.30 | 825 | 2.05 | 1250 | 2.90 | 2500[3] | 5.00 |

注：1　一人电梯的最小值；
  2　二人电梯的最小值；
  3　额定载重量超过2500kg时，每增加100kg面积增加0.16m²，对中间的载重量其面积由线性插入法确定。

**5.11.3** 层门与轿门的试验符合下列规定：

层门与轿门的试验必须符合本规范第4.11.3条的规定。

**5.11.4** 超载试验必须符合下列规定：

当轿厢载有120%额定载荷时液压电梯严禁启动。

**一般项目**

**5.11.5** 液压电梯安装后应进行运行试验；轿厢在额定载重量工况下，按产品设计规定的每小时启动次数运行1000次（每天不少于8h），液压电梯应平稳、制动可靠、连续运行无故障。

**5.11.6** 噪声检验应符合下列规定：

**1** 液压电梯的机房噪声不应大于85dB（A）；

**2** 乘客液压电梯和病床液压电梯运行中轿内噪声不应大于55dB（A）；

**3** 乘客液压电梯和病床液压电梯的开关门过程噪声不应大于65dB（A）。

**5.11.7** 平层准确度检验应符合下列规定：

液压电梯平层准确度应在±15mm范围内。

**5.11.8** 运行速度检验应符合下列规定：

空载轿厢上行速度与上行额定速度的差值不应大于上行额定速度的8%；载有额定载重量的轿厢下行速度与下行额定速度的差值不应大于下行额定速度的8%。

**5.11.9** 额定载重量沉降量试验应符合下列规定：

载有额定载重量的轿厢停靠在最高层站时，停梯10min，沉降量不应大于10mm，但因油温变化而引起的油体积缩小所造成的沉降不包括在10mm内。

**5.11.10** 液压泵站溢流阀压力检查应符合下列规定：

液压泵站上的溢流阀应设定在系统压力为满载压力的140%～170%时动作。

**5.11.11** 超压静载试验应符合下列规定：

将截止阀关闭，在轿内施加200%的额定载荷，持续5min后，液压系统应完好无损。

**5.11.12** 观感检查应符合本规范第4.11.10条的规定。

# 6　自动扶梯、自动人行道安装工程质量验收

## 6.1　设备进场验收

**主控项目**

**6.1.1** 必须提供以下资料：

**1** 技术资料

 1）梯级或踏板的型式试验报告复印件，或胶带的断裂强度证明文件复印件；

 2）对公共交通型自动扶梯、自动人行道应有扶手带的断裂强度证书复印件。

**2** 随机文件

 1）土建布置图；

 2）产品出厂合格证。

**一般项目**

**6.1.2** 随机文件还应提供以下资料：

**1** 装箱单；

**2** 安装、使用维护说明书；

**3** 动力电路和安全电路的电气原理图。

**6.1.3** 设备零部件应与装箱单内容相符。

**6.1.4** 设备外观不应存在明显的损坏。

### 6.2 土建交接检验

#### 主 控 项 目

**6.2.1** 自动扶梯的梯级或自动人行道的踏板或胶带上空，垂直净高度严禁小于2.3m。

**6.2.2** 在安装之前，井道周围必须设有保证安全的栏杆或屏障，其高度严禁小于1.2m。

#### 一 般 项 目

**6.2.3** 土建工程应按照土建布置图进行施工，且其主要尺寸允许误差应为：

提升高度 −15 ~ +15mm；跨度 0 ~ +15mm。

**6.2.4** 根据产品供应商的要求应提供设备进场所需的通道和搬运空间。

**6.2.5** 在安装之前，土建施工单位应提供明显的水平基准线标识。

**6.2.6** 电源零线和接地线应始终分开。接地装置的接地电阻值不应大于4Ω。

### 6.3 整机安装验收

#### 主 控 项 目

**6.3.1** 在下列情况下，自动扶梯、自动人行道必须自动停止运行，且第4款至第11款情况下的开关断开的动作必须通过安全触点或安全电路来完成。

　　**1** 无控制电压；

　　**2** 电路接地的故障；

　　**3** 过载；

　　**4** 控制装置在超速和运行方向非操纵逆转下动作；

　　**5** 附加制动器（如果有）动作；

　　**6** 直接驱动梯级、踏板或胶带的部件（如链条或齿条）断裂或过分伸长；

　　**7** 驱动装置与转向装置之间的距离（无意性）缩短；

　　**8** 梯级、踏板或胶带进入梳齿板处有异物夹住，且产生损坏梯级、踏板或胶带支撑结构；

　　**9** 无中间出口的连续安装的多台自动扶梯、自动人行道中的一台停止运行；

　　**10** 扶手带入口保护装置动作；

　　**11** 梯级或踏板下陷。

**6.3.2** 应测量不同回路导线对地的绝缘电阻。测量时，电子元件应断开。导体之间和导体对地之间的绝缘电阻应大于1000Ω/V，且其值必须大于：

　　**1** 动力电路和电气安全装置电路 0.5MΩ；

　　**2** 其他电路（控制、照明、信号等）0.25MΩ。

**6.3.3** 电气设备接地必须符合本规范第4.10.1条的规定：

#### 一 般 项 目

**6.3.4** 整机安装检查应符合下列规定：

　　**1** 梯级、踏板、胶带的楞齿及梳齿板应完整、光滑；

　　**2** 在自动扶梯、自动人行道入口处应设置使用须知的标牌；

　　**3** 内盖板、外盖板、围裙板、扶手支架、扶手导轨、护壁板接缝应平整。接缝处的凸台不应大于0.5mm；

　　**4** 梳齿板梳齿与踏板面齿槽的啮合深度不应小于6mm；

　　**5** 梳齿板梳齿与踏板面齿槽的间隙不应小于4mm；

　　**6** 围裙板与梯级、踏板或胶带任何一侧的水平间隙不应大于4mm，两边的间隙之和不应大于7mm。当自动人行道的围裙板设置在踏板或胶带之上时，踏板表面与围裙板下端之间的垂直间隙不应大于4mm。当踏板或胶带有横向摆动时，踏板或胶带的侧边与围裙板垂直投影之间不得产生间隙。

　　**7** 梯级间或踏板间的间隙在工作区段内的任何位置，从踏面测得的两个相邻梯级或两个相邻踏板之间的间隙不应大于6mm。在自动人行道过渡曲线区段，踏板的前缘和相邻踏板的后缘啮合，其间隙不应大于8mm；

　　**8** 护壁板之间的空隙不应大于4mm。

**6.3.5** 性能试验应符合下列规定：

　　**1** 在额定频率和额定电压下，梯级、踏板或胶带沿运行方向空载时的速度与额定速度之间的允许偏差为±5%；

　　**2** 扶手带的运行速度相对梯级、踏板或胶带的速度允许偏差为 0 ~ +2%。

**6.3.6** 自动扶梯、自动人行道制动试验应符合下列规定：

　　**1** 自动扶梯、自动人行道应进行空载制动试验，制停距离应符合表6.3.6-1的规定。

**表6.3.6-1　制 停 距 离**

| 额定速度 | 制停距离范围（m） | |
|---|---|---|
| （m/s） | 自动扶梯 | 自动人行道 |
| 0.5 | 0.20 ~ 1.00 | 0.20 ~ 1.00 |
| 0.65 | 0.30 ~ 1.30 | 0.30 ~ 1.30 |
| 0.75 | 0.35 ~ 1.50 | 0.35 ~ 1.50 |
| 0.90 | — | 0.40 ~ 1.70 |
| 注：若速度在上述数值之间，制停距离用插入法计算。制停距离应从电气制动装置动作开始测量。 | | |

　　**2** 自动扶梯应进行载有制动载荷的制停距离试验（除非制停距离可以通过其他方法检验），制动载

荷应符合表 6.3.6-2 规定，制停距离应符合表 6.3.6-1 的规定；对自动人行道，制造商应提供按载有表 6.3.6-2 规定的制动载荷计算的制停距离，且制停距离应符合表 6.3.6-1 的规定。

**表 6.3.6-2　　制动载荷**

| 梯级、踏板或胶带的名义宽度（m） | 自动扶梯每个梯级上的载荷（kg） | 自动人行道每 0.4m 长度上的载荷（kg） |
|---|---|---|
| $z \leqslant 0.6$ | 60 | 50 |
| $0.6 < z \leqslant 0.8$ | 90 | 75 |
| $0.8 < z \leqslant 1.1$ | 120 | 100 |

注：1　自动扶梯受载的梯级数量由提升高度除以最大可见梯级踢板高度求得，在试验时允许将总制动载荷分布在所求得的 2/3 的梯级上；
　　2　当自动人行道倾斜角度不大于 6°，踏板或胶带的名义宽度大于 1.1m 时，宽度每增加 0.3m，制动载荷应在每 0.4m 长度上增加 25kg；
　　3　当自动人行道在长度范围内有多个不同倾斜角度（高度不同）时，制动载荷应仅考虑到那些能组合成最不利载荷的水平区段和倾斜区段。

**6.3.7** 电气装置还应符合下列规定：

**1** 主电源开关不应切断电源插座、检修和维护所必需的照明电源。

**2** 配线应符合本规范第 4.10.4、4.10.5、4.10.6 条的规定。

**6.3.8** 观感检查应符合下列规定：

**1** 上行和下行自动扶梯、自动人行道，梯级、踏板或胶带与围裙板之间应无刮碰现象（梯级、踏板或胶带上的导向部分与围裙板接触除外），扶手带外表面应无刮痕。

**2** 对梯级（踏板或胶带）、梳齿板、扶手带、护壁板、围裙板、内外盖板、前沿板及活动盖板等部位的外表面应进行清理。

# 7　分部（子分部）工程质量验收

**7.0.1** 分项工程质量验收合格应符合下列规定：

**1** 各分项工程中的主控项目应进行全验，一般项目应进行抽验，且均应符合合格质量规定。可按附录 C 表 C 记录。

**2** 应具有完整的施工操作依据、质量检查记录。

**7.0.2** 分部（子分部）工程质量验收合格应符合下列规定：

**1** 子分部工程所含分项工程的质量均应验收合格且验收记录应完整。子分部可按附录 D 表 D 记录；

**2** 分部工程所含子分部工程的质量均应验收合格。分部工程质量验收可按附录 E 表 E 记录汇总；

**3** 质量控制资料应完整；

**4** 观感质量应符合本规范要求。

**7.0.3** 当电梯安装工程质量不合格时，应按下列规定处理：

**1** 经返工重做、调整或更换部件的分项工程，

应重新验收；

**2** 通过以上措施仍不能达到本规范要求的电梯安装工程，不得验收合格。

# 附录 A　土建交接检验记录表

**表 A　　土建交接检验记录表**

| 工程名称 | | | |
|---|---|---|---|
| 安装地点 | | | |
| 产品合同号/安装合同号 | | 梯　号 | |
| 施工单位 | | 项目负责人 | |
| 安装单位 | | 项目负责人 | |
| 监理（建设）单位 | | 监理工程师/项目负责人 | |
| 执行标准名称及编号 | | | |

| 检　验　项　目 | | 检　验　结　果 | |
|---|---|---|---|
| | | 合　格 | 不合格 |
| 主控项目 | | | |
| | | | |
| | | | |
| | | | |
| | | | |
| 一般项目 | | | |
| | | | |
| | | | |
| | | | |

| 验　收　结　论 | | |
|---|---|---|
| 施工单位 | 安装单位 | 监理（建设）单位 |
| 项目负责人 | 项目负责人 | 监理工程师（项目负责人） |
| 年　月　日 | 年　月　日 | 年　月　日 |

（参加验收单位）

## 附录 B 设备进场验收记录表

**表 B　　　设备进场验收记录表**

| 工程名称 | | | | | |
|---|---|---|---|---|---|
| 安装地点 | | | | | |
| 产品合同号/安装合同号 | | | 梯　号 | | |
| 电梯供应商 | | | 代　表 | | |
| 安装单位 | | | 项目负责人 | | |
| 监理（建设）单位 | | | 监理工程师/项目负责人 | | |
| 执行标准名称及编号 | | | | | |

| 检　验　项　目 | | 检验结果 | |
|---|---|---|---|
| | | 合　格 | 不合格 |
| 主控项目 | | | |
| | | | |
| | | | |
| | | | |
| | | | |
| | | | |
| | | | |
| 一般项目 | | | |
| | | | |
| | | | |
| | | | |
| | | | |
| | | | |

**验　收　结　论**

| | 电梯供应商 | 安装单位 | 监理（建设）单位 |
|---|---|---|---|
| 参加验收单位 | | | |
| | 代表：<br>　年　月　日 | 项目负责人：<br>　年　月　日 | 监理工程师：<br>（项目负责人）<br>　年　月　日 |

## 附录 C 分项工程质量验收记录表

**表 C　　　分项工程质量验收记录表**

| 工程名称 | | | | |
|---|---|---|---|---|
| 安装地点 | | | | |
| 产品合同号/安装合同号 | | | 梯　号 | |
| 安装单位 | | | 项目负责人 | |
| 监理（建设）单位 | | | 监理工程师/项目负责人 | |
| 执行标准名称及编号 | | | | |

| 检　验　项　目 | | 检　验　结　果 | |
|---|---|---|---|
| | | 合　格 | 不合格 |
| 主控项目 | | | |
| | | | |
| | | | |
| | | | |
| | | | |
| | | | |
| 一般项目 | | | |
| | | | |
| | | | |
| | | | |

**验　收　结　论**

| | 安装单位 | 监理（建设）单位 |
|---|---|---|
| 参加验收单位 | | |
| | 项目负责人：<br>　年　月　日 | 监理工程师：<br>（项目负责人）<br>　年　月　日 |

## 附录 D 子分部工程质量验收记录表

**表 D    子分部工程质量验收记录表**

| 工程名称 | | | |
|---|---|---|---|
| 安装地点 | | | |
| 产品合同号/安装合同号 | | 梯 号 | |
| 安装单位 | | 项目负责人 | |
| 监理（建设）单位 | | 监理工程师/项目负责人 | |

| 序号 | 分项工程名称 | 检 验 结 果 | |
|---|---|---|---|
| | | 合 格 | 不合格 |
| | | | |
| | | | |
| | | | |
| | | | |
| | | | |
| | | | |
| | | | |
| | | | |
| | | | |
| | | | |
| | | | |
| | | | |
| | | | |
| | | | |
| | | | |
| | | | |
| | | | |
| | | | |
| | | | |
| | | | |
| | | | |
| | | | |

| 验 收 结 论 | | |
|---|---|---|
| | 安装单位 | 监理（建设）单位 |
| 参加验收单位 | | |
| | 项目负责人：<br>年 月 日 | 总监理工程师：<br>（项目负责人）<br>年 月 日 |

## 附录 E 分部工程质量验收记录表

**表 E    分部工程质量验收记录表**

| 工程名称 | | | |
|---|---|---|---|
| 安装地点 | | | |
| 监理（建设）单位 | | 监理工程师/项目负责人 | |

| 子分部工程名称 | | | 检 验 结 果 | |
|---|---|---|---|---|
| | | | 合 格 | 不合格 |
| 合同号 | 梯 号 | 安装单位 | | |
| | | | | |
| | | | | |
| | | | | |
| | | | | |
| | | | | |
| | | | | |
| | | | | |
| | | | | |
| | | | | |
| | | | | |
| | | | | |
| | | | | |
| | | | | |
| | | | | |
| | | | | |
| | | | | |
| | | | | |
| | | | | |
| | | | | |
| | | | | |
| | | | | |
| | | | | |
| | | | | |
| | | | | |
| | | | | |

| 验 收 结 论 | |
|---|---|
| 监理（建设）单位 | |
| | |
| | 总监理工程师：<br>（项目负责人）<br>年 月 日 |

## 本规范用词说明

1　为便于在执行本规范条文时区别对待，对要求严格程度不同的用词说明如下：

1）表示很严格，非这样做不可的用词：

正面词采用"必须"；

反面词采用"严禁"。

2）表示严格，在正常情况均应这样做的用词：

正面词采用"应"；

反面词采用"不应"或"不得"。

3）表示允许稍有选择，在条件许可时，首先应这样做的用词：

正面词采用"宜"；反面词采用"不宜"。

表示允许有选择，在一定条件下可以这样做的，采用"可"。

2　在条文中按指定的标准、规范执行时，写法为"应符合……的规定"或"应按……的规定执行"。

中华人民共和国国家标准

# 电梯工程施工质量验收规范

## GB 50310—2002

## 条 文 说 明

# 目　次

# 1 总　　则

**1.0.1** 本条说明制订本规范的目的。

电梯作为重要的建筑设备，其总装配是在施工现场完成，电梯安装工程质量对于提高工程的整体质量水平至关重要。《电梯工程施工质量验收规范》是十四个工程质量验收规范的重要组成部分，是与《建设工程质量管理条例》系列配套的标准规范。

由于电梯安装工程技术的发展、电梯产品标准的修订及工程标准体系的改革，现有的电梯安装工程标准《电梯安装工程质量检验评定标准》GBJ 310—88、《电气装置安装工程　电梯电气装置施工及验收规范》GB 50182—93 已不能满足电梯安装工程的需要。另外，对于液压电梯子分部工程及自动扶梯、自动人行道子分部工程还没有制订安装工程质量验收依据，因此本规范的制订，在提高工程的整体质量、减少质量纠纷、保证电梯产品正常使用、延长电梯使用寿命等方面均具有重要意义。

# 2 术　　语

**2.0.1～2.0.3** 列出了理解和执行本规范应掌握的几个基本的术语。本规范中的"电梯"是电力驱动的曳引式或强制式电梯、液压电梯及自动扶梯和自动人行道的总称。

# 3 基 本 规 定

**3.0.1** 本条规定了电梯安装单位施工现场的质量管理应包括的内容。

1 安装工艺是指在施工现场指导安装人员完成作业的技术文件，安装工艺也可以称作安装手册或安装说明书。

2 安装工程过程控制制度是指电梯安装单位为了实现过程控制，所制订的上、下工序之间验收的规程。

**3.0.3** 本条规定了电梯安装工程质量验收的要求。

5 有关单位是指监理单位、建设单位。

# 4 电力驱动的曳引式或强制式电梯安装工程质量验收

## 4.1 设备进场验收

设备进场验收是保证电梯安装工程质量的重要环节之一。全面、准确地进行进场验收能够及时发现问题，解决问题，为即将开始的电梯安装工程奠定良好的基础，也是体现过程控制的必要手段。

**4.1.1～4.1.2** 随机文件是电梯产品供应商应移交给建设单位及安装单位的文件，这些文件应针对所安装的电梯产品，应能指导电梯安装人员顺利、准确地进行安装作业，是保证电梯安装工程质量的关键。

**4.1.1**

3 因为门锁装置、限速器、安全钳、缓冲器

是保证电梯安全的部件，因此在设备进场阶段必须提供由国家指定部门出具的型式试验合格证复印件。

**4.1.2**

3 电气原理图是电气装置分项工程安装、接线、调试及交付使用后维修必备的文件。

**4.1.4** 本条规定电梯设备进场时应进行观感检查，损坏是指因人为或意外而造成明显的凹凸、断裂、永久变形、表面涂层脱落等缺陷。

## 4.2 土建交接检验

**4.2.1～4.2.5** 是保证电梯安装工程顺利进行和确保电梯安装工程质量的重要环节。

## 4.3 驱 动 主 机

**4.3.1** 为了紧急救援操作时，正确、安全、方便地进行救援工作。

## 4.4 导　　轨

**4.4.3** 根据技术的发展，增加了用锚栓（如膨胀螺栓等）固定导轨支架的安装方式。

## 4.5 门 系 统

**4.5.5** 要求安装人员应将门刀与地坎，门锁滚轮与地坎间隙调整正确。避免在电梯运行时，出现摩擦、碰撞。

## 4.6 轿　　厢

**4.6.3** 警示性标识可采用警示性颜色或警示性标语、标牌。

## 4.8 安 全 部 件

**4.8.1** 为防止其他人员调整限速器、改变动作速度，造成安全钳误动作或达到动作速度而不能动作。

**4.8.2** 为防止其他人员调整安全钳，造成其失去应有作用。

## 4.11 整机安装验收

**4.11.3** 层门与轿门联锁是防止发生坠落、剪切的安全保护。

# 5 液压电梯安装工程质量验收

## 5.11 整机安装验收

**5.11.5** 电梯每完成一个启动、正常运行、停止过程计数一次。

# 6 自动扶梯、自动人行道安装工程质量验收

**6.3.6** 对于倾斜角度大于6°的自动人行道，踏板或胶带的名义宽度不应大于1.1m。

中华人民共和国国家标准

# 智能建筑工程质量验收规范

Code for acceptance of quality of intelligent building systems

GB 50339—2013

批准部门：中华人民共和国住房和城乡建设部
施行日期：2 0 1 4 年 2 月 1 日

# 中华人民共和国住房和城乡建设部
# 公　告

## 第 83 号

### 住房城乡建设部关于发布国家标准
### 《智能建筑工程质量验收规范》的公告

现批准《智能建筑工程质量验收规范》为国家标准，编号为 GB 50339－2013，自 2014 年 2 月 1 日起实施。其中，第 12.0.2、22.0.4 条为强制性条文，必须严格执行。原《智能建筑工程质量验收规范》GB 50339－2003 同时废止。

本规范由我部标准定额研究所组织中国建筑工业出版社出版发行。

中华人民共和国住房和城乡建设部

2013 年 6 月 26 日

## 前　　言

根据原建设部《关于印发〈2006 年工程建设标准规范制订、修订计划（第一批）〉的通知》（建标 [2006] 77 号）要求，规范编制组经广泛调查研究，认真总结实践经验，参考有关国际标准和国外先进标准，并在广泛征求意见的基础上，修订本规范。

本规范的主要技术内容是：1. 总则；2. 术语和符号；3. 基本规定；4. 智能化集成系统；5. 信息接入系统；6. 用户电话交换系统；7. 信息网络系统；8. 综合布线系统；9. 移动通信室内信号覆盖系统；10. 卫星通信系统；11. 有线电视及卫星电视接收系统；12. 公共广播系统；13. 会议系统；14. 信息导引及发布系统；15. 时钟系统；16. 信息化应用系统；17. 建筑设备监控系统；18. 火灾自动报警系统；19. 安全技术防范系统；20. 应急响应系统；21. 机房工程；22. 防雷与接地。

本规范修订的主要技术内容是：1. 取消了住宅（小区）智能化 1 章；2. 增加了移动通信室内信号覆盖系统、卫星通信系统、会议系统、信息导引及发布系统、时钟系统和应急响应系统 6 章；3. 将原第 4 章通信网络系统拆分为信息接入系统、用户电话交换系统、有线电视及卫星电视接收系统和公共广播系统共 4 章，将原第 5 章信息网络系统拆分为信息网络系统和信息化应用系统 2 章，将原第 12 章环境调整为机房工程，对保留的各章所涉及的主要技术内容进行了补充、完善和必要的修改。

本规范中以黑体字标志的条文为强制性条文，必须严格执行。

本规范由住房和城乡建设部负责管理和对强制性条文的解释，由同方股份有限公司负责具体技术内容的解释。执行过程中如有意见或建议，请寄送同方股份有限公司智能建筑工程质量验收规范编制组（地址：北京市海淀区王庄路 1 号清华同方科技广场 A 座 23 层；邮编：100083）。

本 规 范 主 编 单 位：同方股份有限公司

本 规 范 参 编 单 位：中国建筑业协会智能建筑分会

中国建筑标准设计研究院

北京市建筑设计研究院有限公司

上海现代建筑设计（集团）有限公司

中国电子工程设计院

清华大学

同方泰德国际科技（北京）有限公司

上海延华智能科技（集团）股份有限公司

上海市安装工程集团有限公司

深圳市赛为智能股份有限公司

北京捷通机房设备工程有限公司

北京泰豪智能工程有限公司

合肥爱默尔电子科技有限公司

厦门万安智能股份有限公司

大连理工现代工程检测有限公司

深圳市台电实业有限公司

深圳市信息安全测评中心

本规范主要起草人员：赵晓宇　段文凯　吴悦明
赵凤泉　蒋　健　张丹育
崔耀华　胡洪波　孙　兰
张　宜　顾克明　孙成群

苗占胜　姜文潭　赵济安
杨建光　王东伟　李翠萍
李　晓　汪　浩　林必毅
王粱东　侯移门　赵晓波
秦绪忠　吴品堃　刘洪山
王福林　李　健　罗维芳
武　刚

本规范主要审查人员：张文才　谢　卫　程大章
刘希清　朱立彤　瞿二澜
范同顺　周名嘉　刘　芳
朱跃忠　白幸园

# 目　次

# Contents

# 1 总　　则

**1.0.1** 为加强智能建筑工程质量管理，规范智能建筑工程质量验收，规定智能建筑工程质量检测和验收的组织程序和合格评定标准，保证智能建筑工程质量，制定本规范。

**1.0.2** 本规范适用于新建、扩建和改建工程中的智能建筑工程的质量验收。

**1.0.3** 智能建筑工程的质量验收除应符合本规范外，尚应符合国家现行有关标准的规定。

# 2　术语和符号

## 2.1　术　　语

**2.1.1** 系统检测　system checking and measuring
建筑智能化系统安装、调试、自检完成并经过试运行后，采用特定的方法和仪器设备对系统功能和性能进行全面检查和测试并给出结论。

**2.1.2** 整改　rectification
对工程中的不合格项进行修改和调整，使其达到合格的要求。

**2.1.3** 试运行　trial running
建筑智能化系统安装、调试和自检完成后，系统按规定时间进行连续运行的过程。

**2.1.4** 项目监理机构　project supervision
监理单位派驻工程项目负责履行委托监理合同的组织机构。

**2.1.5** 验收小组　acceptance group
工程验收时，建设单位组织相关人员形成的、承担验收工作的临时机构。

## 2.2　符　　号

HFC——混合光纤同轴网
ICMP——因特网控制报文协议
IP——网络互联协议
PCM——脉冲编码调制
QoS——服务质量保证
VLAN——虚拟局域网

# 3　基本规定

## 3.1　一般规定

**3.1.1** 智能建筑工程质量验收应包括工程实施的质量控制、系统检测和工程验收。

**3.1.2** 智能建筑工程的子分部工程和分项工程划分应符合表3.1.2的规定。

**表 3.1.2　智能建筑工程的子分部工程和分项工程划分**

| 子分部工程 | 分项工程 |
|---|---|
| 智能化集成系统 | 设备安装，软件安装，接口及系统调试，试运行 |
| 信息接入系统 | 安装场地检查 |
| 用户电话交换系统 | 线缆敷设，设备安装，软件安装，接口及系统调试，试运行 |
| 信息网络系统 | 计算机网络设备安装，计算机网络软件安装，网络安全设备安装，网络安全软件安装，系统调试，试运行 |
| 综合布线系统 | 梯架、托盘、槽盒和导管安装，线缆敷设，机柜、机架、配线架的安装，信息插座安装，链路或信道测试，软件安装，系统调试，试运行 |
| 移动通信室内信号覆盖系统 | 安装场地检查 |
| 卫星通信系统 | 安装场地检查 |
| 有线电视及卫星电视接收系统 | 梯架、托盘、槽盒和导管安装，线缆敷设，设备安装，软件安装，系统调试，试运行 |
| 公共广播系统 | 梯架、托盘、槽盒和导管安装，线缆敷设，设备安装，软件安装，系统调试，试运行 |
| 会议系统 | 梯架、托盘、槽盒和导管安装，线缆敷设，设备安装，软件安装，系统调试，试运行 |
| 信息导引及发布系统 | 梯架、托盘、槽盒和导管安装，线缆敷设，显示设备安装，机房设备安装，软件安装，系统调试，试运行 |

| 子分部工程 | 分项工程 |
|---|---|
| 时钟系统 | 梯架、托盘、槽盒和导管安装，线缆敷设，设备安装，软件安装，系统调试，试运行 |
| 信息化应用系统 | 梯架、托盘、槽盒和导管安装，线缆敷设，设备安装，软件安装，系统调试，试运行 |
| 建筑设备监控系统 | 梯架、托盘、槽盒和导管安装，线缆敷设，传感器安装，执行器安装，控制器、箱安装，中央管理工作站和操作分站设备安装，软件安装，系统调试，试运行 |
| 火灾自动报警系统 | 梯架、托盘、槽盒和导管安装，线缆敷设，探测器类设备安装，控制器类设备安装，其他设备安装，软件安装，系统调试，试运行 |
| 安全技术防范系统 | 梯架、托盘、槽盒和导管安装，线缆敷设，设备安装，软件安装，系统调试，试运行 |
| 应急响应系统 | 设备安装，软件安装，系统调试，试运行 |
| 机房工程 | 供配电系统，防雷与接地系统，空气调节系统，给水排水系统，综合布线系统，监控与安全防范系统，消防系统，室内装饰装修，电磁屏蔽，系统调试，试运行 |
| 防雷与接地 | 接地装置，接地线，等电位联结，屏蔽设施，电涌保护器，线缆敷设，系统调试，试运行 |

**3.1.3** 系统试运行应连续进行 120h。试运行中出现系统故障时，应重新开始计时，直至连续运行满 120h。

### 3.2 工程实施的质量控制

**3.2.1** 工程实施的质量控制应检查下列内容：

1 施工现场质量管理检查记录；

2 图纸会审记录；存在设计变更和工程洽商时，还应检查设计变更记录和工程洽商记录；

3 设备材料进场检验记录和设备开箱检验记录；

4 隐蔽工程（随工检查）验收记录；

5 安装质量及观感质量验收记录；

6 自检记录；

7 分项工程质量验收记录；

8 试运行记录。

**3.2.2** 施工现场质量管理检查记录应由施工单位填写、项目监理机构总监理工程师（或建设单位项目负责人）作出检查结论，且记录的格式应符合本规范附录 A 的规定。

**3.2.3** 图纸会审记录、设计变更记录和工程洽商记录应符合现行国家标准《智能建筑工程施工规范》GB 50606 的规定。

**3.2.4** 设备材料进场检验记录和设备开箱检验记录应符合下列规定：

1 设备材料进场检验记录应由施工单位填写、监理（建设）单位的监理工程师（项目专业工程师）作出检查结论，且记录的格式应符合本规范附录 B 的表 B.0.1 的规定；

2 设备开箱检验记录应符合现行国家标准《智能建筑工程施工规范》GB 50606 的规定。

**3.2.5** 隐蔽工程（随工检查）验收记录应由施工单位填写、监理（建设）单位的监理工程师（项目专业工程师）作出检查结论，且记录的格式应符合本规

范附录 B 的表 B.0.2 的规定。

**3.2.6** 安装质量及观感质量验收记录应由施工单位填写、监理（建设）单位的监理工程师（项目专业工程师）作出检查结论，且记录的格式应符合本规范附录 B 的表 B.0.3 的规定。

**3.2.7** 自检记录由施工单位填写、施工单位的专业技术负责人作出检查结论，且记录的格式应符合本规范附录 B 的表 B.0.4 的规定。

**3.2.8** 分项工程质量验收记录应由施工单位填写、施工单位的专业技术负责人作出检查结论、监理（建设）单位的监理工程师（项目专业技术负责人）作出验收结论，且记录的格式应符合本规范附录 B 的表 B.0.5 的规定。

**3.2.9** 试运行记录应由施工单位填写、监理（建设）单位的监理工程师（项目专业工程师）作出检查结论，且记录的格式应符合本规范附录 B 的表 B.0.6 的规定。

**3.2.10** 软件产品的质量控制除应检查本规范第 3.2.4 条规定的内容外，尚应检查文档资料和技术指标，并应符合下列规定：

1 商业软件的使用许可证和使用范围应符合合同要求；

2 针对工程项目编制的应用软件，测试报告中的功能和性能测试结果应符合工程项目的合同要求。

**3.2.11** 接口的质量控制除应检查本规范第 3.2.4 条规定的内容外，尚应符合下列规定：

1 接口技术文件应符合合同要求；接口技术文件应包括接口概述、接口框图、接口位置、接口类型与数量、接口通信协议、数据流向和接口责任边界等内容；

2 根据工程项目实际情况修订的接口技术文件应经过建设单位、设计单位、接口提供单位和施工单位签字确认；

**3** 接口测试文件应符合设计要求；接口测试文件应包括测试链路搭建、测试用仪器仪表、测试方法、测试内容和测试结果评判等内容；

**4** 接口测试应符合接口测试文件要求，测试结果记录应由接口提供单位、施工单位、建设单位和项目监理机构签字确认。

## 3.3 系统检测

**3.3.1** 系统检测应在系统试运行合格后进行。

**3.3.2** 系统检测前应提交下列资料：

**1** 工程技术文件；

**2** 设备材料进场检验记录和设备开箱检验记录；

**3** 自检记录；

**4** 分项工程质量验收记录；

**5** 试运行记录。

**3.3.3** 系统检测的组织应符合下列规定：

**1** 建设单位应组织项目检测小组；

**2** 项目检测小组应指定检测负责人；

**3** 公共机构的项目检测小组应由有资质的检测单位组成。

**3.3.4** 系统检测应符合下列规定：

**1** 应依据工程技术文件和本规范规定的检测项目、检测数量及检测方法编制系统检测方案，检测方案应经建设单位或项目监理机构批准后实施；

**2** 应按系统检测方案所列检测项目进行检测，系统检测的主控项目和一般项目应符合本规范附录 C 的规定；

**3** 系统检测应按照先分项工程，再子分部工程，最后分部工程的顺序进行，并填写《分项工程检测记录》、《子分部工程检测记录》和《分部工程检测汇总记录》；

**4** 分项工程检测记录由检测小组填写，检测负责人作出检测结论，监理（建设）单位的监理工程师（项目专业技术负责人）签字确认，且记录的格式应符合本规范附录 C 的表 C.0.1 的规定；

**5** 子分部工程检测记录由检测小组填写，检测负责人作出检测结论，监理（建设）单位的监理工程师（项目专业技术负责人）签字确认，且记录的格式应符合本规范附录 C 的表 C.0.2 ~ 表 C.0.16 的规定；

**6** 分部工程检测汇总记录由检测小组填写，检测负责人作出检测结论，监理（建设）单位的监理工程师（项目专业技术负责人）签字确认，且记录的格式应符合本规范附录 C 的表 C.0.17 的规定。

**3.3.5** 检测结论与处理应符合下列规定：

**1** 检测结论应分为合格和不合格；

**2** 主控项目有一项及以上不合格的，系统检测结论应为不合格；一般项目有两项及以上不合格的，系统检测结论应为不合格；

**3** 被集成系统接口检测不合格的，被集成系统和集成系统的系统检测结论均应为不合格；

**4** 系统检测不合格时，应限期对不合格项进行整改，并重新检测，直至检测合格。重新检测时抽检应扩大范围。

## 3.4 分部（子分部）工程验收

**3.4.1** 建设单位应按合同进度要求组织人员进行工程验收。

**3.4.2** 工程验收应具备下列条件：

**1** 按经批准的工程技术文件施工完毕；

**2** 完成调试及自检，并出具系统自检记录；

**3** 分项工程质量验收合格，并出具分项工程质量验收记录；

**4** 完成系统试运行，并出具系统试运行报告；

**5** 系统检测合格，并出具系统检测记录；

**6** 完成技术培训，并出具培训记录。

**3.4.3** 工程验收的组织应符合下列规定：

**1** 建设单位应组织工程验收小组负责工程验收；

**2** 工程验收小组的人员应根据项目的性质、特点和管理要求确定，并应推荐组长和副组长；验收人员的总数应为单数，其中专业技术人员的数量不应低于验收人员总数的 50%；

**3** 验收小组应对工程实体和资料进行检查，并作出正确、公正、客观的验收结论。

**3.4.4** 工程验收文件应包括下列内容：

**1** 竣工图纸；

**2** 设计变更记录和工程洽商记录；

**3** 设备材料进场检验记录和设备开箱检验记录；

**4** 分项工程质量验收记录；

**5** 试运行记录；

**6** 系统检测记录；

**7** 培训记录和培训资料。

**3.4.5** 工程验收小组的工作应包括下列内容：

**1** 检查验收文件；

**2** 检查观感质量；

**3** 抽检和复核系统检测项目。

**3.4.6** 工程验收的记录应符合下列规定：

**1** 应由施工单位填写《分部（子分部）工程质量验收记录》，设计单位的项目负责人和项目监理机构总监理工程师（建设单位项目专业负责人）作出检查结论，且记录的格式应符合本规范附录 D 的表 D.0.1 的规定；

**2** 应由施工单位填写《工程验收资料审查记录》，项目监理机构总监理工程师（建设单位项目负责人）作出检查结论，且记录的格式应符合本规范附录 D 的表 D.0.2 的规定；

**3** 应由施工单位按表填写《验收结论汇总记录》，验收小组作出检查结论，且记录的格式应符合本规范附录 D 的表 D.0.3 的规定。

**3.4.7** 工程验收结论与处理应符合下列规定：

　　**1** 工程验收结论应分为合格和不合格；

　　**2** 本规范第 3.4.4 条规定的工程验收文件齐全、观感质量符合要求且检测项目合格时，工程验收结论应为合格，否则应为不合格；

　　**3** 当工程验收结论为不合格时，施工单位应限期整改，直到重新验收合格；整改后仍无法满足使用要求的，不得通过工程验收。

# 4 智能化集成系统

**4.0.1** 智能化集成系统的设备、软件和接口等的检测和验收范围应根据设计要求确定。

**4.0.2** 智能化集成系统检测应在被集成系统检测完成后进行。

**4.0.3** 智能化集成系统检测应在服务器和客户端分别进行，检测点应包括每个被集成系统。

**4.0.4** 接口功能应符合接口技术文件和接口测试文件的要求，各接口均应检测，全部符合设计要求的应为检测合格。

**4.0.5** 检测集中监视、储存和统计功能时，应符合下列规定：

　　**1** 显示界面应为中文；

　　**2** 信息显示应正确，响应时间、储存时间、数据分类统计等性能指标应符合设计要求；

　　**3** 每个被集成系统的抽检数量宜为该系统信息点数的 5%，且抽检点数不应少于 20 点，当信息点数少于 20 点时应全部检测；

　　**4** 智能化集成系统抽检总点数不宜超过 1000 点；

　　**5** 抽检结果全部符合设计要求的，应为检测合格。

**4.0.6** 检测报警监视及处理功能时，应现场模拟报警信号，报警信息显示应正确，信息显示响应时间应符合设计要求。每个被集成系统的抽检数量不应少于该系统报警信息点数的 10%。抽检结果全部符合设计要求的，应为检测合格。

**4.0.7** 检测控制和调节功能时，应在服务器和客户端分别输入设置参数，调节和控制效果应符合设计要求。各被集成系统应全部检测，全部符合设计要求的应为检测合格。

**4.0.8** 检测联动配置及管理功能时，应现场逐项模拟触发信号，所有被集成系统的联动动作均应安全、正确、及时和无冲突。

**4.0.9** 权限管理功能检测应符合设计要求。

**4.0.10** 冗余功能检测应符合设计要求。

**4.0.11** 文件报表生成和打印功能应逐项检测。全部符合设计要求的应为检测合格。

**4.0.12** 数据分析功能应对各被集成系统逐项检测。全部符合设计要求的应为检测合格。

**4.0.13** 验收文件除应符合本规范第 3.4.4 条的规定外，尚应包括下列内容：

　　**1** 针对项目编制的应用软件文档；

　　**2** 接口技术文件；

　　**3** 接口测试文件。

# 5 信息接入系统

**5.0.1** 本章适用于对铜缆接入网系统、光缆接入网系统和无线接入网系统等信息接入系统设备安装场地的检查。

**5.0.2** 信息接入系统的检查和验收范围应根据设计要求确定。

**5.0.3** 机房的净高、地面防静电、电源、照明、温湿度、防尘、防水、消防和接地等应符合通信工程设计要求。

**5.0.4** 预留孔洞位置、尺寸和承重荷载应符合通信工程设计要求。

# 6 用户电话交换系统

**6.0.1** 本章适用于用户电话交换系统、调度系统、会议电话系统和呼叫中心的工程实施的质量控制、系统检测和竣工验收。

**6.0.2** 用户电话交换系统的检测和验收范围应根据设计要求确定。

**6.0.3** 用户电话交换系统的机房接地应符合现行国家标准《通信局（站）防雷与接地工程设计规范》GB 50689 的有关规定。

**6.0.4** 对于抗震设防的地区，用户电话交换系统的设备安装应符合现行行业标准《电信设备安装抗震设计规范》YD 5059 的有关规定。

**6.0.5** 用户电话交换系统工程实施的质量控制除应符合本规范第 3 章的规定外，尚应检查电信设备入网许可证。

**6.0.6** 用户电话交换系统的业务测试、信令方式测试、系统互通测试、网络管理及计费功能测试等检测结果，应满足系统的设计要求。

# 7 信息网络系统

## 7.1 一般规定

**7.1.1** 信息网络系统可根据设备的构成，分为计算机网络系统和网络安全系统。信息网络系统的检测和验收范围应根据设计要求确定。

**7.1.2** 对于涉及国家秘密的网络安全系统，应按国家保密管理的相关规定进行验收。

**7.1.3** 网络安全设备除应符合本规范第3章的规定外，尚应检查公安部计算机管理监察部门审批颁发的安全保护等信息系统安全专用产品销售许可证。

**7.1.4** 信息网络系统验收文件除应符合本规范第3.4.4条的规定外，尚应包括下列内容：

1 交换机、路由器、防火墙等设备的配置文件；

2 QoS规划方案；

3 安全控制策略；

4 网络管理软件的相关文档；

5 网络安全软件的相关文档。

## 7.2 计算机网络系统检测

**7.2.1** 计算机网络系统的检测可包括连通性、传输时延、丢包率、路由、容错功能、网络管理功能和无线局域网功能检测等。采用融合承载通信架构的智能化设备网，还应进行组播功能检测和QoS功能检测。

**7.2.2** 计算机网络系统的检测方法应根据设计要求选择，可采用输入测试命令进行测试或使用相应的网络测试仪器。

**7.2.3** 计算机网络系统的连通性检测应符合下列规定：

1 网管工作站和网络设备之间的通信应符合设计要求，并且各用户终端应根据安全访问规则只能访问特定的网络与特定的服务器；

2 同一VLAN内的计算机之间应能交换数据包，不在同一VLAN内的计算机之间不应交换数据包；

3 应按接入层设备总数的10%进行抽样测试，且抽样数不应少于10台；接入层设备少于10台的，应全部测试；

4 抽检结果全部符合设计要求的，应为检测合格。

**7.2.4** 计算机网络系统的传输时延和丢包率的检测应符合下列规定：

1 应检测从发送端口到目的端口的最大延时和丢包率等数值；

2 对于核心层的骨干链路、汇聚层到核心层的上联链路，应进行全部检测；对接入层到汇聚层的上联链路，应按不低于10%的比例进行抽样测试，且抽样数不应少于10条；上联链路数不足10条的，应全部检测；

3 抽检结果全部符合设计要求的，应为检测合格。

**7.2.5** 计算机网络系统的路由检测应包括路由设置的正确性和路由的可达性，并应根据核心设备路由表采用路由测试工具或软件进行测试。检测结果符合设计要求的，应为检测合格。

**7.2.6** 计算机网络系统的组播功能检测应采用模拟软件生成组播流。组播流的发送和接收检测结果符合

设计要求的，应为检测合格。

**7.2.7** 计算机网络系统的QoS功能应检测队列调度机制。能够区分业务流并保障关键业务数据优先发送的，应为检测合格。

**7.2.8** 计算机网络系统的容错功能应采用人为设置网络故障的方法进行检测，并应符合下列规定：

1 对具备容错能力的计算机网络系统，应具有错误恢复和故障隔离功能，并在出现故障时自动切换；

2 对有链路冗余配置的计算机网络系统，当其中的某条链路断开或有故障发生时，整个系统仍应保持正常工作，并在故障恢复后应能自动切换回主系统运行；

3 容错功能应全部检测，且全部结果符合设计要求的，应为检测合格。

**7.2.9** 无线局域网的功能检测除应符合本规范第7.2.3～7.2.8条的规定外，尚应符合下列规定：

1 在覆盖范围内接入点的信道信号强度应不低于－75dBm；

2 网络传输速率不应低于5.5Mbit/s；

3 应采用不少于100个ICMP 64Byte帧长的测试数据包，不少于95%路径的数据包丢失率应小于5%；

4 应采用不少于100个ICMP 64Byte帧长的测试数据包，不小于95%且跳数小于6的路径的传输时延应小于20ms；

5 应按无线接入点总数的10%进行抽样测试，抽样数不应少于10个；无线接入点少于10个的，应全部测试。抽检结果全部符合本条第1～4款要求的，应为检测合格。

**7.2.10** 计算机网络系统的网络管理功能应在网管工作站检测，并应符合下列规定：

1 应搜索整个计算机网络系统的拓扑结构图和网络设备连接图；

2 应检测自诊断功能；

3 应检测对网络设备进行远程配置的功能，当具备远程配置功能时，应检测网络性能参数含网络节点的流量、广播率和错误率等；

4 检测结果符合设计要求的，应为检测合格。

## 7.3 网络安全系统检测

**7.3.1** 网络安全系统检测宜包括结构安全、访问控制、安全审计、边界完整性检查、入侵防范、恶意代码防范和网络设备防护等安全保护能力的检测。检测方法应依据设计确定的信息系统安全防护等级进行制定，检测内容应按现行国家标准《信息安全技术 信息系统安全等级保护基本要求》GB/T 22239执行。

**7.3.2** 业务办公网及智能化设备网与互联网连接时，应检测安全保护技术措施。检测结果符合设计要求

的，应为检测合格。

**7.3.3** 业务办公网及智能化设备网与互联网连接时，网络安全系统应检测安全审计功能，并应具有至少保存 60d 记录备份的功能。检测结果符合设计要求的，应为检测合格。

**7.3.4** 对于要求物理隔离的网络，应进行物理隔离检测，且检测结果符合下列规定的应为检测合格：

1 物理实体上应完全分开；

2 不应存在共享的物理设备；

3 不应有任何链路上的连接。

**7.3.5** 无线接入认证的控制策略应符合设计要求，并应按设计要求的认证方式进行检测，且应抽取网络覆盖区域内不同地点进行 20 次认证。认证失败次数不超过 1 次的，应为检测合格。

**7.3.6** 当对网络设备进行远程管理时，应检测防窃听措施。检测结果符合设计要求的，应为检测合格。

# 8 综合布线系统

**8.0.1** 综合布线系统检测应包括电缆系统和光缆系统的性能测试，且电缆系统测试项目应根据布线信道或链路的设计等级和布线系统的类别要求确定。

**8.0.2** 综合布线系统测试方法应按现行国家标准《综合布线系统工程验收规范》GB 50312 的规定执行。

**8.0.3** 综合布线系统检测单项合格判定应符合下列规定：

1 一个及以上被测项目的技术参数测试结果不合格的，该项目应判为不合格；某一被测项目的检测结果与相应规定的差值在仪表准确度范围内的，该被测项目应判为合格；

2 采用 4 对对绞电缆作为水平电缆或主干电缆，所组成的链路或信道有一项及以上指标测试结果不合格的，该链路或信道应判为不合格；

3 主干电缆大对数电缆中按 4 对对绞线对组成的链路一项及以上测试指标不合格的，该线对应判为不合格；

4 光纤链路或信道测试结果不满足设计要求的，该光纤链路或信道应判为不合格；

5 未通过检测的链路或信道应在修复后复检。

**8.0.4** 综合布线系统检测的综合合格判定应符合下列规定：

1 对绞电缆布线全部检测时，无法修复的链路、信道或不合格线对数量有一项及以上超过被测总数的 1% 的，结论应判为不合格；光缆布线检测时，有一条及以上光纤链路或信道无法修复的，应判为不合格；

2 对于抽样检测，被抽样检测点（线对）不合格比例不大于被测总数 1% 的，抽样检测应判为

合格，且不合格点（线对）应予以修复并复检；被抽样检测点（线对）不合格比例大于 1% 的，应判为一次抽样检测不合格，并应进行加倍抽样，加倍抽样不合格比例不大于 1% 的，抽样检测应判为合格；不合格比例仍大于 1% 的，抽样检测应判为不合格，且应进行全部检测，并按全部检测要求进行判定；

3 全部检测或抽样检测结论为合格的，系统检测的结论应为合格；全部检测结论为不合格的，系统检测的结论应为不合格。

**8.0.5** 对绞电缆链路或信道和光纤链路或信道的检测应符合下列规定：

1 自检记录应包括全部链路或信道的检测结果；

2 自检记录中各单项指标全部合格时，应判为检测合格；

3 自检记录中各单项指标中有一项及以上不合格时，应抽检，且抽样比例不应低于 10%，抽样点应包括最远布线点；抽检结果的判定应符合本规范第 8.0.4 条的规定。

**8.0.6** 综合布线的标签和标识应按 10% 抽检，综合布线管理软件功能应全部检测。检测结果符合设计要求的，应判为检测合格。

**8.0.7** 电子配线架应检测管理软件中显示的链路连接关系与链路的物理连接的一致性，并应按 10% 抽检。检测结果全部一致的，应判为检测合格。

**8.0.8** 综合布线系统的验收文件除应符合本规范第 3.4.4 条的规定外，尚应包括综合布线管理软件的相关文档。

# 9 移动通信室内信号覆盖系统

**9.0.1** 本章适用于对移动通信室内信号覆盖系统设备安装场地的检查。

**9.0.2** 机房的净高、地面防静电、电源、照明、温湿度、防尘、防水、消防和接地等，应符合通信工程设计要求。

**9.0.3** 预留孔洞位置和尺寸应符合设计要求。

# 10 卫星通信系统

**10.0.1** 本章适用于对卫星通信系统设备安装场地的检查。

**10.0.2** 机房的净高、地面防静电、电源、照明、温湿度、防尘、防水、消防和接地等，应符合通信工程设计要求。

**10.0.3** 预留孔洞位置、尺寸以及承重荷载和屋顶楼板孔洞防水处理应符合设计要求。

**10.0.4** 预埋天线的安装加固件、防雷和接地装置的位置和尺寸应符合设计要求。

# 11 有线电视及卫星电视接收系统

**11.0.1** 有线电视及卫星电视接收系统的设备及器材的进场验收，除应符合本规范第3章的规定外，尚应检查国家广播电视总局或有资质检测机构颁发的有效认定标识。

**11.0.2** 对有线电视及卫星电视接收系统进行主观评价和客观测试时，应选用标准测试点，并应符合下列规定：

　　**1** 系统的输出端口数量小于1000时，测试点不得少于2个；系统的输出端口数量大于等于1000时，每1000点应选取（2~3）个测试点；

　　**2** 对于基于HFC或同轴传输的双向数字电视系统，主观评价的测试点数应符合本条第1款规定，客观测试点的数量不应少于系统输出端口数量的5%，测试点数不应少于20个；

　　**3** 测试点应至少有一个位于系统中主干线的最后一个分配放大器之后的点。

**11.0.3** 客观测试应包括下列内容，且检测结果符合设计要求应判定为合格：

　　**1** 应测试卫星接收电视系统的接收频段、视频系统指标及音频系统指标；

　　**2** 应测量有线电视系统的终端输出电平。

**11.0.4** 模拟信号的有线电视系统主观评价应符合下列规定：

　　**1** 模拟电视主要技术指标应符合表11.0.4-1的规定；

表 11.0.4-1　模拟电视主要技术指标

| 序号 | 项目名称 | 测试频道 | 主观评价标准 |
|---|---|---|---|
| 1 | 系统载噪比 | 系统总频道的10%且不少于5个，不足5个全检，且分布于整个工作频段的高、中、低段 | 无噪波，即无"雪花干扰" |
| 2 | 载波互调比 | 系统总频道的10%且不少于5个，不足5个全检，且分布于整个工作频段的高、中、低段 | 图像中无垂直、倾斜或水平条纹 |
| 3 | 交扰调制比 | 系统总频道的10%且不少于5个，不足5个全检，且分布于整个工作频段的高、中、低段 | 图像中无移动、垂直或斜图案，即无"窜台" |
| 4 | 回波值 | 系统总频道的10%且不少于5个，不足5个全检，且分布于整个工作频段的高、中、低段 | 图像中无沿水平方向分布在右边一条或多条轮廓线，即无"重影" |
| 5 | 色/亮度时延差 | 系统总频道的10%且不少于5个，不足5个全检，且分布于整个工作频段的高、中、低段 | 图像中色、亮信息对齐，即无"彩色鬼影" |
| 6 | 载波交流声 | 系统总频道的10%且不少于5个，不足5个全检，且分布于整个工作频段的高、中、低段 | 图像中无上下移动的水平条纹，即无"滚道"现象 |
| 7 | 伴音和调频广播的声音 | 系统总频道的10%且不少于5个，不足5个全检，且分布于整个工作频段的高、中、低段 | 无背景噪声，如丝丝声、哼声、蜂鸣声和串音等 |

　　**2** 图像质量的主观评价应符合下列规定：

　　　1）图像质量主观评价评分应符合表11.0.4-2的规定；

表 11.0.4-2　图像质量主观评价评分

| 图像质量主观评价 | 评分值（等级） |
|---|---|
| 图像质量极佳，十分满意 | 5分（优） |
| 图像质量好，比较满意 | 4分（良） |
| 图像质量一般，尚可接受 | 3分（中） |
| 图像质量差，勉强能看 | 2分（差） |
| 图像质量低劣，无法看清 | 1分（劣） |

　　　2）评价项目可包括图像清晰度、亮度、对比度、色彩还原性、图像色彩及色饱和度等

内容；

　　　3）评价人员数量不宜少于5个，各评价人员应独立评分，并应取算术平均值为评价结果；

　　　4）评价项目的得分值不低于4分的应判定为合格。

**11.0.5** 对于基于HFC或同轴传输的双向数字电视系统下行指标的测试，检测结果符合设计要求的应判定为合格。

**11.0.6** 对于基于HFC或同轴传输的双向数字电视系统上行指标的测试，检测结果符合设计要求的应判定为合格。

**11.0.7** 数字信号的有线电视系统主观评价的项目和要求应符合表11.0.7的规定。且测试时应选择源图

像和源声音均较好的节目频道。

### 表11.0.7 数字信号的有线电视系统主观评价的项目和要求

| 项目 | 技术要求 | 备注 |
|---|---|---|
| 图像质量 | 图像清晰、色彩鲜艳、无马赛克或图像停顿 | 符合本规范第11.0.4条第2款要求 |
| 声音质量 | 对白清晰；音质无明显失真；不应出现明显的噪声和杂音 | — |
| 唇音同步 | 无明显的图像滞后或超前于声音的现象 | — |
| 节目频道切换 | 节目频道切换时不能出现严重的马赛克或长时间黑屏现象；节目切换平均等待时间应小于2.5s，最大不应超过3.5s | 包括加密频道和不在同一射频频点的节目频道 |
| 字幕 | 清晰、可识别 | — |

**11.0.8** 验收文件除应符合本规范第3.4.4条的规定外，尚应包括用户分配电平图。

## 12 公共广播系统

**12.0.1** 公共广播系统可包括业务广播、背景广播和紧急广播。检测和验收的范围应根据设计要求确定。
**12.0.2** 当紧急广播系统具有火灾应急广播功能时，应检查传输线缆、槽盒和导管的防火保护措施。
**12.0.3** 公共广播系统检测时，应打开广播分区的全部广播扬声器，测量点宜均匀布置，且不应在广播扬声器附近和其声辐射轴线上。
**12.0.4** 公共广播系统检测时，应检测公共广播系统的应备声压级，检测结果符合设计要求的应判定为合格。
**12.0.5** 主观评价时应对广播分区逐个进行检测和试听，并应符合下列规定：
　　**1** 语言清晰度主观评价评分应符合表12.0.5的规定；

### 表12.0.5 语言清晰度主观评价评分

| 主观评价 | 评分值（等级） |
|---|---|
| 语言清晰度极佳，十分满意 | 5分（优） |
| 语言清晰度好，比较满意 | 4分（良） |
| 语言清晰度一般，尚可接受 | 3分（中） |
| 语言清晰度差，勉强能听 | 2分（差） |
| 语言清晰度低劣，无法接受 | 1分（劣） |

　　**2** 评价人员应独立评价打分，评价结果应取所有评价人员打分的算术平均值；
　　**3** 评价结果不低于4分的应判定为合格。
**12.0.6** 公共广播系统检测时，应检测紧急广播的功能和性能，检测结果符合设计要求的应判定为合格。当紧急广播包括火灾应急广播功能时，还应检测下列内容：
　　**1** 紧急广播具有最高级别的优先权；
　　**2** 警报信号触发后，紧急广播向相关广播区播放警示信号、警报语声文件或实时指挥语声的响应时间；
　　**3** 音量自动调节功能；
　　**4** 手动发布紧急广播的一键到位功能；
　　**5** 设备的热备用功能、定时自检和故障自动告警功能；
　　**6** 备用电源的切换时间；
　　**7** 广播分区与建筑防火分区匹配。
**12.0.7** 公共广播系统检测时，应检测业务广播和背景广播的功能，符合设计要求的应判定为合格。
**12.0.8** 公共广播系统检测时，应检测公共广播系统的声场不均匀度、漏出声衰减及系统设备信噪比，检测结果符合设计要求的应判定为合格。
**12.0.9** 公共广播系统检测时，应检查公共广播系统的扬声器位置，分布合理、符合设计要求的应判定为合格。

## 13 会议系统

**13.0.1** 会议系统可包括会议扩声系统、会议视频显示系统、会议灯光系统、会议同声传译系统、会议讨论系统、会议电视系统、会议表决系统、会议集中控制系统、会议摄像系统、会议录播系统和会议签到管理系统等。检测和验收的范围应根据设计要求确定。
**13.0.2** 会议系统检测时，应根据系统规模和实际所选用功能和系统，以及会议室的重要性和设备复杂性确定检测内容和验收项目。
**13.0.3** 会议系统检测前，宜检查会议系统引入电源和会场建声的检测记录。
**13.0.4** 会议系统检测应符合下列规定：
　　**1** 功能检测应采用现场模拟的方法，根据设计要求逐项检测；
　　**2** 性能检测可采用客观测量或主观评价方法进行。
**13.0.5** 会议扩声系统的检测应符合下列规定：
　　**1** 声学特性指标可检测语言传输指数，或直接检测下列内容：
　　　　**1）** 最大声压级；
　　　　**2）** 传输频率特性；
　　　　**3）** 传声增益；

4）声场不均匀度；

5）系统总噪声级。

2 声学特性指标的测量方法应符合现行国家标准《厅堂扩声特性测量方法》GB/T 4959 的规定，检测结果符合设计要求的应判定为合格。

3 主观评价应符合下列规定：

1）声源应包括语言和音乐两类；

2）评价方法和评分标准应符合本规范第12.0.5 条的规定。

**13.0.6** 会议视频显示系统的检测应符合下列规定：

1 显示特性指标的检测应包括下列内容：

1）显示屏亮度；

2）图像对比度；

3）亮度均匀性；

4）图像水平清晰度；

5）色域覆盖率；

6）水平视角、垂直视角。

2 显示特性指标的测量方法应符合现行国家标准《视频显示系统工程测量规范》GB/T 50525 的规定。检测结果符合设计要求的应判定为合格。

3 主观评价应符合本规范第11.0.4 条第 2 款的规定。

**13.0.7** 具有会议电视功能的会议灯光系统，应检测平均照度值。检测结果符合设计要求的应判定为合格。

**13.0.8** 会议讨论系统和会议同声传译系统应检测与火灾自动报警系统的联动功能。检测结果符合设计要求的应判定为合格。

**13.0.9** 会议电视系统的检测应符合下列规定：

1 应对主会场和分会场功能分别进行检测；

2 性能评价的检测宜包括声音延时、声像同步、会议电视回声、图像清晰度和图像连续性；

3 会议灯光系统的检测宜包括照度、色温和显色指数；

4 检测结果符合设计要求的应判定为合格。

**13.0.10** 其他系统的检测应符合下列规定：

1 会议同声传译系统的检测应按现行国家标准《红外线同声传译系统工程技术规范》GB 50524 的规定执行；

2 会议签到管理系统应测试签到的准确性和报表功能；

3 会议表决系统应测试表决速度和准确性；

4 会议集中控制系统的检测应采用现场功能演示的方法，逐项进行功能检测；

5 会议录播系统应对现场视频、音频、计算机数字信号的处理、录制和播放功能进行检测，并检验其信号处理和录播系统的质量；

6 具备自动跟踪功能的会议摄像系统应与会议讨论系统相配合，检查摄像机的预置位调用功能；

7 检测结果符合设计要求的应判定为合格。

# 14 信息导引及发布系统

**14.0.1** 信息引导及发布系统可由信息播控设备、传输网络、信息显示屏（信息标识牌）和信息导引设施或查询终端等组成，检测和验收的范围应根据设计要求确定。

**14.0.2** 信息引导及发布系统检测应以系统功能检测为主，图像质量主观评价为辅。

**14.0.3** 信息引导及发布系统功能检测应符合下列规定：

1 应根据设计要求对系统功能逐项检测；

2 软件操作界面应显示准确、有效；

3 检测结果符合设计要求的应判定为合格。

**14.0.4** 信息引导及发布系统检测时，应检测显示性能，且结果符合设计要求的应判定为合格。

**14.0.5** 信息引导及发布系统检测时，应检查系统断电后再次恢复供电时的自动恢复功能，且结果符合设计要求的应判定为合格。

**14.0.6** 信息引导及发布系统检测时，应检测系统终端设备的远程控制功能，且结果符合设计要求的应判定为合格。

**14.0.7** 信息引导及发布系统的图像质量主观评价，应符合本规范第11.0.4 条第 2 款的规定。

# 15 时 钟 系 统

**15.0.1** 时钟系统测试方法应符合现行行业标准《时间同步系统》QB/T 4054 的相关规定。

**15.0.2** 时钟系统检测应以接收及授时功能为主，其他功能为辅。

**15.0.3** 时钟系统检测时，应检测母钟与时标信号接收器同步、母钟对子钟同步校时的功能，检测结果符合设计要求的应判定为合格。

**15.0.4** 时钟系统检测时，应检测平均瞬时日差指标，检测结果符合下列条件的应判定为合格：

1 石英谐振器一级母钟的平均瞬时日差不大于0.01s/d；

2 石英谐振器二级母钟的平均瞬时日差不大于0.1s/d；

3 子钟的平均瞬时日差在（ - 1.00 ~ + 1.00）s/d。

**15.0.5** 时钟系统检测时，应检测时钟显示的同步偏差，检测结果符合下列条件的应判定为合格：

1 母钟的输出口同步偏差不大于 50ms；

2 子钟与母钟的时间显示偏差不大于 1s。

**15.0.6** 时钟系统检测时，应检测授时校准功能，检测结果符合下列条件的应判定为合格：

**1** 一级母钟能可靠接收标准时间信号及显示标准时间，并向各二级母钟输出标准时间信号；无标准时间信号时，一级母钟能正常运行；

**2** 二级母钟能可靠接收一级母钟提供的标准时间信号，并向子钟输出标准时间信号；无一级母钟时间信号时，二级母钟能正常运行；

**3** 子钟能可靠接收二级母钟提供的标准时间信号；无二级母钟时间信号时，子钟能正常工作，并能单独调时。

**15.0.7** 时钟系统检测时，应检测母钟、子钟和时间服务器等运行状况的监测功能，结果符合设计要求的应判定为合格。

**15.0.8** 时钟系统检测时，应检查时钟系统断电后再次恢复供电时的自动恢复功能，结果符合设计要求的应判定为合格。

**15.0.9** 时钟系统检测时，应检查时钟系统的使用可靠性，符合下列条件的应判定为合格：

**1** 母钟在正常使用条件下不停走；

**2** 子钟在正常使用条件下不停走，时间显示正常且清楚。

**15.0.10** 时钟系统检测时，应检查有日历显示的时钟换历功能，结果符合设计要求的应判定为合格。

**15.0.11** 时钟系统检测时，应检查时钟系统对其他系统主机的校时和授时功能，结果符合设计要求的应判定为合格。

# 16 信息化应用系统

**16.0.1** 信息化应用系统可包括专业业务系统、信息设施运行管理系统、物业管理系统、通用业务系统、公众信息系统、智能卡应用系统和信息安全管理系统等，检测和验收的范围应根据设计要求确定。

**16.0.2** 信息化应用系统按构成要素分为设备和软件，系统检测应先检查设备，后检测应用软件。

**16.0.3** 应用软件测试应按软件需求规格说明编制测试大纲，并确定测试内容和测试用例，且宜采用黑盒法进行。

**16.0.4** 信息化应用系统检测时，应检查设备的性能指标，结果符合设计要求的应判定为合格。对于智能卡设备还应检测下列内容：

**1** 智能卡与读写设备间的有效作用距离；

**2** 智能卡与读写设备间的通信传输速率和读写验证处理时间；

**3** 智能卡序号的唯一性。

**16.0.5** 信息化应用系统检测时，应测试业务功能和业务流程，结果符合软件需求规格说明的应判定为合格。

**16.0.6** 信息化应用系统检测时，应用软件的重要功能和性能测试应包括下列内容，结果符合软件需求规格说明的应判定为合格：

**1** 重要数据删除的警告和确认提示；

**2** 输入非法值的处理；

**3** 密钥存储方式；

**4** 对用户操作进行记录并保存的功能；

**5** 各种权限用户的分配；

**6** 数据备份和恢复功能；

**7** 响应时间。

**16.0.7** 应用软件修改后，应进行回归测试，修改后的应用软件能满足软件需求规格说明的应判定为合格。

**16.0.8** 应用软件的一般功能和性能测试应包括下列内容，结果符合软件需求规格说明的应判定为合格：

**1** 用户界面采用的语言；

**2** 提示信息；

**3** 可扩展性。

**16.0.9** 信息化应用系统检测时，应检查运行软件产品的设备中安装的软件，没有安装与业务应用无关的软件的应判定为合格。

**16.0.10** 信息化应用系统验收文件除应符合本规范第3.4.4条的规定外，尚应包括应用软件的软件需求规格说明、安装手册、操作手册、维护手册和测试报告。

# 17 建筑设备监控系统

**17.0.1** 建筑设备监控系统可包括暖通空调监控系统、变配电监测系统、公共照明监控系统、给排水监控系统、电梯和自动扶梯监测系统及能耗监测系统等。检测和验收的范围应根据设计要求确定。

**17.0.2** 建筑设备监控系统工程实施的质量控制除应符合本规范第3章的规定外，用于能耗结算的水、电、气和冷/热量表等，尚应检查制造计量器具许可证。

**17.0.3** 建筑设备监控系统检测应以系统功能测试为主，系统性能评测为辅。

**17.0.4** 建筑设备监控系统检测应采用中央管理工作站显示与现场实际情况对比的方法进行。

**17.0.5** 暖通空调监控系统的功能检测应符合下列规定：

**1** 检测内容应按设计要求确定；

**2** 冷热源的监测参数应全部检测；空调、新风机组的监测参数应按总数的20%抽检，且不应少于5台，不足5台时应全部检测；各种类型传感器、执行器应按10%抽检，且不应少于5只，不足5只时应全部检测；

**3** 抽检结果全部符合设计要求的应判定为合格。

**17.0.6** 变配电监测系统的功能检测应符合下列规定：

**1** 检测内容应按设计要求确定;

**2** 对高低压配电柜的运行状态、变压器的温度、储油罐的液位、各种备用电源的工作状态和联锁控制功能等应全部检测;各种电气参数检测数量应按每类参数抽20%,且数量不应少于20点,数量少于20点时应全部检测;

**3** 抽检结果全部符合设计要求的应判定为合格。

**17.0.7** 公共照明监控系统的功能检测应符合下列规定:

**1** 检测内容应按设计要求确定;

**2** 应按照明回路总数的10%抽检,数量不应少于10路,总数少于10路时应全部检测;

**3** 抽检结果全部符合设计要求的应判定为合格。

**17.0.8** 给排水监控系统的功能检测应符合下列规定:

**1** 检测内容应按设计要求确定;

**2** 给水和中水监控系统应全部检测;排水监控系统应抽检50%,且不得少于5套,总数少于5套时应全部检测;

**3** 抽检结果全部符合设计要求的应判定为合格。

**17.0.9** 电梯和自动扶梯监测系统应检测启停、上下行、位置、故障等运行状态显示功能。检测结果符合设计要求的应判定为合格。

**17.0.10** 能耗监测系统应检测能耗数据的显示、记录、统计、汇总及趋势分析等功能。检测结果符合设计要求的应判定为合格。

**17.0.11** 中央管理工作站与操作分站的检测应符合下列规定:

**1** 中央管理工作站的功能检测应包括下列内容:

　1)运行状态和测量数据的显示功能;

　2)故障报警信息的报告应及时准确,有提示信号;

　3)系统运行参数的设定及修改功能;

　4)控制命令应无冲突执行;

　5)系统运行数据的记录、存储和处理功能;

　6)操作权限;

　7)人机界面应为中文。

**2** 操作分站的功能应检测监控管理权限及数据显示与中央管理工作站的一致性;

**3** 中央管理工作站功能应全部检测,操作分站应抽检20%,且不得少于5个,不足5个时应全部检测;

**4** 检测结果符合设计要求的应判定为合格。

**17.0.12** 建筑设备监控系统实时性的检测应符合下列规定:

**1** 检测内容应包括控制命令响应时间和报警信号响应时间;

**2** 应抽检10%且不得少于10台,少于10台时应全部检测;

**3** 抽测结果全部符合设计要求的应判定为合格。

**17.0.13** 建筑设备监控系统可靠性的检测应符合下列规定:

**1** 检测内容应包括系统运行的抗干扰性能和电源切换时系统运行的稳定性;

**2** 应通过系统正常运行时,启停现场设备或投切备用电源,观察系统的工作情况进行检测;

**3** 检测结果符合设计要求的应判定为合格。

**17.0.14** 建筑设备监控系统可维护性的检测应符合下列规定:

**1** 检测内容应包括:

　1)应用软件的在线编程和参数修改功能;

　2)设备和网络通信故障的自检测功能。

**2** 应通过现场模拟修改参数和设置故障的方法检测;

**3** 检测结果符合设计要求的应判定为合格。

**17.0.15** 建筑设备监控系统性能评测项目的检测应符合下列规定:

**1** 检测宜包括下列内容:

　1)控制网络和数据库的标准化、开放性;

　2)系统的冗余配置;

　3)系统可扩展性;

　4)节能措施。

**2** 检测方法应根据设备配置和运行情况确定;

**3** 检测结果符合设计要求的应判定为合格。

**17.0.16** 建筑设备监控系统验收文件除应符合本规范第3.4.4条的规定外,还应包括下列内容:

**1** 中央管理工作站软件的安装手册、使用和维护手册;

**2** 控制器箱内接线图。

# 18　火灾自动报警系统

**18.0.1** 火灾自动报警系统提供的接口功能应符合设计要求。

**18.0.2** 火灾自动报警系统工程实施的质量控制、系统检测和工程验收应符合现行国家标准《火灾自动报警系统施工及验收规范》GB 50166 的规定。

# 19　安全技术防范系统

**19.0.1** 安全技术防范系统可包括安全防范综合管理系统、入侵报警系统、视频安防监控系统、出入口控制系统、电子巡查系统和停车库(场)管理系统等子系统。检测和验收的范围应根据设计要求确定。

**19.0.2** 高风险对象的安全技术防范系统除应符合本规范的规定外,尚应符合国家现行有关标准的规定。

**19.0.3** 安全技术防范系统工程实施的质量控制除应符合本规范第3章的规定外,对于列入国家强制性认证产品目录的安全防范产品尚应检查产品的认证证书或检测报告。

**19.0.4** 安全技术防范系统检测应符合下列规定：

　　**1** 子系统功能应按设计要求逐项检测；

　　**2** 摄像机、探测器、出入口识读设备、电子巡查信息识读器等设备抽检的数量不应低于20%，且不应少于3台，数量少于3台时应全部检测；

　　**3** 抽检结果全部符合设计要求的，应判定子系统检测合格；

　　**4** 全部子系统功能检测均合格的，系统检测应判定为合格。

**19.0.5** 安全防范综合管理系统的功能检测应包括下列内容：

　　**1** 布防/撤防功能；

　　**2** 监控图像、报警信息以及其他信息记录的质量和保存时间；

　　**3** 安全技术防范系统中的各子系统之间的联动；

　　**4** 与火灾自动报警系统和应急响应系统的联动、报警信号的输出接口；

　　**5** 安全技术防范系统中的各子系统对监控中心控制命令的响应准确性和实时性；

　　**6** 监控中心对安全技术防范系统中的各子系统工作状态的显示、报警信息的准确性和实时性。

**19.0.6** 视频安防监控系统的检测应符合下列规定：

　　**1** 应检测系统控制功能、监视功能、显示功能、记录功能、回放功能、报警联动功能和图像丢失报警功能等，并应按现行国家标准《安全防范工程技术规范》GB 50348 中有关视频安防监控系统检验项目、检验要求及测试方法的规定执行；

　　**2** 对于数字视频安防监控系统，还应检测下列内容：

　　　　1）具有前端存储功能的网络摄像机及编码设备进行图像信息的存储；

　　　　2）视频智能分析功能；

　　　　3）音视频存储、回放和检索功能；

　　　　4）报警预录和音视频同步功能；

　　　　5）图像质量的稳定性和显示延迟。

**19.0.7** 入侵报警系统的检测应包括入侵报警功能、防破坏及故障报警功能、记录及显示功能、系统自检功能、系统报警响应时间、报警复核功能、报警声级、报警优先功能等，并应按现行国家标准《安全防范工程技术规范》GB 50348 中有关入侵报警系统检验项目、检验要求及测试方法的规定执行。

**19.0.8** 出入口控制系统的检测应包括出入目标识读装置功能、信息处理/控制设备功能、执行机构功能、报警功能和访客对讲功能等，并应按现行国家标准《安全防范工程技术规范》GB 50348 中有关出入口控制系统检验项目、检验要求及测试方法的规定执行。

**19.0.9** 电子巡查系统的检测应包括巡查设置功能、记录打印功能、管理功能等，并应按现行国家标准《安全防范工程技术规范》GB 50348 中有关电子巡查系统检验项目、检验要求及测试方法的规定执行。

**19.0.10** 停车库（场）管理系统的检测应符合下列规定：

　　**1** 应检测识别功能、控制功能、报警功能、出票验票功能、管理功能和显示功能等，并应按现行国家标准《安全防范工程技术规范》GB 50348 中有关停车库（场）管理系统检验项目、检验要求及测试方法的规定执行；

　　**2** 应检测紧急情况下的人工开闸功能。

**19.0.11** 安全技术防范系统检测时，应检查监控中心管理软件中电子地图显示的设备位置，且与现场位置一致的应判定为合格。

**19.0.12** 安全技术防范系统的安全性及电磁兼容性检测应符合现行国家标准《安全防范工程技术规范》GB 50348 的有关规定。

**19.0.13** 安全技术防范系统中的各子系统可分别进行验收。

# 20　应急响应系统

**20.0.1** 应急响应系统检测应在火灾自动报警系统、安全技术防范系统、智能化集成系统和其他关联智能化系统等通过系统检测后进行。

**20.0.2** 应急响应系统检测应按设计要求逐项进行功能检测。检测结果符合设计要求的应判定为合格。

# 21　机　房　工　程

**21.0.1** 机房工程宜包括供配电系统、防雷与接地系统、空气调节系统、给水排水系统、综合布线系统、监控与安全防范系统、消防系统、室内装饰装修和电磁屏蔽等。检测和验收的范围应根据设计要求确定。

**21.0.2** 机房工程实施的质量控制除应符合本规范第3章的规定外，有防火性能要求的装饰装修材料还应检查防火性能证明文件和产品合格证。

**21.0.3** 机房工程系统检测前，宜检查机房工程的引入电源质量的检测记录。

**21.0.4** 机房工程验收时，应检测供配电系统的输出电能质量，检测结果符合设计要求的应判定为合格。

**21.0.5** 机房工程验收时，应检测不间断电源的供电时延，检测结果符合设计要求的应判定为合格。

**21.0.6** 机房工程验收时，应检测静电防护措施，检测结果符合设计要求的应判定为合格。

**21.0.7** 弱电间检测应符合下列规定：

　　**1** 室内装饰装修应检测下列内容，检测结果符合设计要求的应判定为合格：

　　　　1）房间面积、门的宽度及高度和室内顶棚

净高；

2）墙、顶和地的装修面层材料；

3）地板铺装；

4）降噪隔声措施。

2　线缆路由的冗余应符合设计要求。

3　供配电系统的检测应符合下列规定：

1）电气装置的型号、规格和安装方式应符合设计要求；

2）电气装置与其他系统联锁动作的顺序及响应时间应符合设计要求；

3）电线、电缆的相序、敷设方式、标志和保护等应符合设计要求；

4）不间断电源装置支架应安装平整、稳固，内部接线应连接正确，紧固件应齐全、可靠不松动，焊接连接不应有脱落现象；

5）配电柜（屏）的金属框架及基础型钢接地应可靠；

6）不同回路、不同电压等级和交流与直流的电线的敷设应符合设计要求；

7）工作面水平照度应符合设计要求。

4　空调通风系统应检测下列内容，检测结果符合设计要求的应判定为合格：

1）室内温度和湿度；

2）室内洁净度；

3）房间内与房间外的压差值。

5　防雷与接地的检测应按本规范第22章的规定执行。

6　消防系统的检测应按本规范第18章的规定执行。

**21.0.8**　对于本规范第21.0.7条规定的弱电间以外的机房，应按现行国家标准《电子信息系统机房施工及验收规范》GB 50462中有关供配电系统、防雷与接地系统、空气调节系统、给水排水系统、综合布线系统、监控与安全防范系统、消防系统、室内装饰装修和电磁屏蔽等系统的检验项目、检验要求及测试方法的规定执行，检测结果符合设计要求的应判定为合格。

**21.0.9**　机房工程验收文件除应符合本规范第3.4.4条的规定外，尚应包括机柜设备装配图。

## 22　防雷与接地

**22.0.1**　防雷与接地宜包括智能化系统的接地装置、接地线、等电位联结、屏蔽设施和电涌保护器。检测和验收的范围应根据设计要求确定。

**22.0.2**　智能建筑的防雷与接地系统检测前，宜检查建筑物防雷工程的质量验收记录。

**22.0.3**　智能建筑的防雷与接地系统检测应检查下列内容，结果符合设计要求的应判定为合格：

1　接地装置及接地连接点的安装；

2　接地电阻的阻值；

3　接地导体的规格、敷设方法和连接方法；

4　等电位联结带的规格、联结方法和安装位置；

5　屏蔽设施的安装；

6　电涌保护器的性能参数、安装位置、安装方式和连接导线规格。

**22.0.4**　智能建筑的接地系统必须保证建筑内各智能化系统的正常运行和人身、设备安全。

**22.0.5**　智能建筑的防雷与接地系统的验收文件除应符合本规范第3.4.4条的规定外，尚应包括防雷保护设备的一览表。

## 附录A　施工现场质量管理检查记录

**表A　施工现场质量管理检查记录**

|  |  |  | 资料编号 |  |
|---|---|---|---|---|
| 工程名称 |  |  | 施工许可证（开工证） |  |
| 建设单位 |  |  | 项目负责人 |  |
| 设计单位 |  |  | 项目负责人 |  |
| 监理单位 |  |  | 总监理工程师 |  |
| 施工单位 |  | 项目经理 |  | 项目技术负责人 |
| 序号 | 项目 |  | 内容 |  |
| 1 | 现场质量管理制度 |  |  |  |
| 2 | 质量责任制 |  |  |  |
| 3 | 施工安全技术措施 |  |  |  |
| 4 | 主要专业工种操作上岗证书 |  |  |  |
| 5 | 施工单位资质与管理制度 |  |  |  |
| 6 | 施工图审查情况 |  |  |  |
| 7 | 施工组织设计、施工方案及审批 |  |  |  |
| 8 | 施工技术标准 |  |  |  |
| 9 | 工程质量检验制度 |  |  |  |
| 10 | 现场设备、材料存放与管理 |  |  |  |
| 11 | 检测设备、计量仪表检验 |  |  |  |

检查结论：

总监理工程师
（建设单位项目负责人）　　　　　年　月　日

## 附录 B 工程实施的质量控制记录

**B.0.1** 智能建筑的设备材料进场检验记录应按表 B.0.1 执行。

**B.0.2** 智能建筑的隐蔽工程（随工检查）验收记录应按表 B.0.2 执行。

**B.0.3** 智能建筑的安装质量及观感质量验收记录应按表 B.0.3 执行。

**B.0.4** 智能建筑的自检记录应按表 B.0.4 执行。

**B.0.5** 智能建筑的分项工程质量验收记录应按表 B.0.5 执行。

**B.0.6** 智能建筑的试运行记录应按表 B.0.6 执行。

### 表 B.0.1 设备材料进场检验记录

| | | | | | | | | |
|---|---|---|---|---|---|---|---|---|
| | | | | | | 资料编号 | | |
| 工程名称 | | | | | | 检验日期 | | |
| 序号 | 名称 | 规格型号 | 进场数量 | 生产厂家 合格证号 | | 检验项目 | 检验结果 | 备注 |
| | | | | | | | | |
| | | | | | | | | |
| | | | | | | | | |
| | | | | | | | | |
| | | | | | | | | |
| | | | | | | | | |
| | | | | | | | | |
| | | | | | | | | |
| | | | | | | | | |
| | | | | | | | | |
| 检验结论： | | | | | | | | |
| 签字栏 | 施工单位 | | | 专业质检员 | 专业工长 | | 检验员 | |
| | | | | | | | | |
| | 监理（建设）单位 | | | | 专业工程师 | | | |

## 表 B.0.2 隐蔽工程（随工检查）验收记录

| | 资料编号 | |
|---|---|---|
| 工程名称 | | |
| 隐检项目 | 隐检日期 | |
| 隐检部位 | 层　　　轴线　　　标高 | |

隐检依据：施工图图号_____，设计变更/洽商（编号_____）及有关国家现行标准等。

主要材料名称及规格/型号：_____

_____

隐检内容：

申报人：

检查意见：

检查结论：□ 同意隐检　　　　　　　　　　　　　　□ 不同意，修改后进行复查

复查结论：

复查人：　　　　　　　　　　　　　　　　　　　　复查日期：

| 签字栏 | 施工单位 | | 专业技术负责人 | 专业质检员 | 专业工长 |
|---|---|---|---|---|---|
| | | | | | |
| | 监理（建设）单位 | | 专业工程师 | | |

表 B.0.3　安装质量及观感质量验收记录

| | | | | | | | | | | | | | | | | | |
|---|---|---|---|---|---|---|---|---|---|---|---|---|---|---|---|---|---|
| | | | | | | | 资料编号 | | | | | | | | | | |
| 工程名称 | | | | | | | | | | | | | | | | | |
| 系统名称 | | | | | | | | | 检查日期 | | | | | | | | |
| 检查部位＼检查项目 | 1 | 2 | 3 | 4 | 5 | 1 | 2 | 3 | 4 | 5 | 1 | 2 | 3 | 4 | 5 | | |
| | | | | | | | | | | | | | | | | | |
| | | | | | | | | | | | | | | | | | |
| | | | | | | | | | | | | | | | | | |
| | | | | | | | | | | | | | | | | | |
| | | | | | | | | | | | | | | | | | |
| | | | | | | | | | | | | | | | | | |
| | | | | | | | | | | | | | | | | | |
| | | | | | | | | | | | | | | | | | |
| | | | | | | | | | | | | | | | | | |
| | | | | | | | | | | | | | | | | | |
| | | | | | | | | | | | | | | | | | |

检查结论：

| 签字栏 | 施工单位 | | 专业技术负责人 | 专业质检员 | 专业工长 |
|---|---|---|---|---|---|
| | | | | | |
| | 监理（建设）单位 | | | 专业工程师 | |

## 表 B.0.4 自检记录

| 工程名称 | | 编号 | |
|---|---|---|---|
| 系统名称 | | 检测部位 | |
| 施工单位 | | 项目经理 | |
| 执行标准名称及编号 | | | |

| | 自检内容 | 自检结果 | | 备注 |
|---|---|---|---|---|
| | | 合格 | 不合格 | |
| 主控项目 | | | | |
| | | | | |
| | | | | |
| | | | | |
| | | | | |
| | | | | |
| 一般项目 | | | | |
| | | | | |
| | | | | |
| 强制性条文 | | | | |
| | | | | |

施工单位的自检结论



专业技术负责人

年 月 日



注：1 自检结果栏中，左列打"√"为合格，右列打"√"为不合格；
　　2 备注栏内填写自检时出现的问题。

表 B.0.5 _____分项工程质量验收记录

| 工程名称 | | 结构类型 | |
|---|---|---|---|
| 分部（子分部）工程名称 | | 检验批数 | |
| 施工单位 | | 项目经理 | |

| 序号 | 检验批名称、部位、区段 | 施工单位检查评定结果 | 监理（建设）单位验收结论 |
|---|---|---|---|
| 1 | | | |
| 2 | | | |
| 3 | | | |
| 4 | | | |
| 5 | | | |
| 6 | | | |
| 7 | | | |
| 8 | | | |
| 9 | | | |
| 10 | | | |
| 11 | | | |

| 说明 | |
|---|---|
| 检查结论 | 施工单位专业技术负责人：<br><br>年 月 日 | 验收结论 | 监理工程师：<br>（建设单位项目专业技术负责人）<br><br>年 月 日 |

**表 B.0.6 试运行记录**

| | | | 资料编号 | |
|---|---|---|---|---|
| 工程名称 | | | | |
| 系统名称 | | | 试运行部位 | |

| 序号 | 日期/时间 | 系统试运转记录 | 值班人 | 备 注 |
|---|---|---|---|---|
| | | | | |
| | | | | |
| | | | | |
| | | | | |
| | | | | |
| | | | | |
| | | | | 系统试运转记录栏中，注明正常/不正常，并每班至少填写一次；不正常的要说明情况（包括修复日期） |
| | | | | |
| | | | | |
| | | | | |
| | | | | |
| | | | | |
| | | | | |

结论：

| 签字栏 | 施工单位 | | 专业技术负责人 | 专业质检员 | 施工员 |
|---|---|---|---|---|---|
| | | | | | |
| | 监理（建设）单位 | | | 专业工程师 | |

# 附录 C 检 测 记 录

C.0.1 智能建筑的分项工程检测记录应按表 C.0.1 执行。

**表 C.0.1 分项工程检测记录**

| 工程名称 | | 编号 | |
|---|---|---|---|
| 子分部工程 | | | |
| 分项工程名称 | | 验收部位 | |
| 施工单位 | | 项目经理 | |
| 施工执行标准名称及编号 | | | |

| 检测项目及抽检数 | 检测记录 | 备注 |
|---|---|---|
| | | |
| | | |
| | | |
| | | |
| | | |
| | | |
| | | |
| | | |
| | | |
| | | |
| | | |
| | | |

检测结论：

监理工程师签字　　　　　　　　　　　　　　　　　　　检测负责人签字

（建设单位项目专业技术负责人）

　　　年　月　日　　　　　　　　　　　　　　　　　　　年　月　日

**C.0.2** 智能化集成系统子分部工程检测记录应按表 C.0.2 执行。

**表 C.0.2  智能化集成系统子分部工程检测记录**

| 工程名称 | | | | 编号 | | |
|---|---|---|---|---|---|---|
| 子分部名称 | 智能化集成系统 | | | 检测部位 | | |
| 施工单位 | | | | 项目经理 | | |
| 执行标准<br>名称及编号 | | | | | | |
| | 检测内容 | 规范条款 | 检测结果记录 | 结果评价 | | 备注 |
| | | | | 合格 | 不合格 | |
| 主控项目 | 接口功能 | 4.0.4 | | | | |
| | 集中监视、储存和统计功能 | 4.0.5 | | | | |
| | 报警监视及处理功能 | 4.0.6 | | | | |
| | 控制和调节功能 | 4.0.7 | | | | |
| | 联动配置及管理功能 | 4.0.8 | | | | |
| | 权限管理功能 | 4.0.9 | | | | |
| | 冗余功能 | 4.0.10 | | | | |
| 一般项目 | 文件报表生成和打印功能 | 4.0.11 | | | | |
| | 数据分析功能 | 4.0.12 | | | | |

检测结论：

监理工程师签字　　　　　　　　　　　　　　　　　　　　　　检测负责人签字
（建设单位项目专业技术负责人）
　　　　　　年　月　日　　　　　　　　　　　　　　　　　　　　年　月　日

注：1 结果评价栏中，左列打"√"为合格，右列打"√"为不合格；
　　2 备注栏内填写检测时出现的问题。

**C.0.3** 用户电话交换系统子分部工程检测记录应按表 C.0.3 执行。

表 C.0.3 用户电话交换系统子分部工程检测记录

| 工程名称 | | | | 编号 | |
|---|---|---|---|---|---|
| 子分部名称 | 用户电话交换系统 | | | 检测部位 | |
| 施工单位 | | | | 项目经理 | |
| 执行标准<br>名称及编号 | | | | | |

| | 检测内容 | 规范条款 | 检测结<br>果记录 | 结果评价 | | 备注 |
|---|---|---|---|---|---|---|
| | | | | 合格 | 不合格 | |
| 主控项目 | 业务测试 | 6.0.5 | | | | |
| | 信令方式测试 | 6.0.5 | | | | |
| | 系统互通测试 | 6.0.5 | | | | |
| | 网络管理测试 | 6.0.5 | | | | |
| | 计费功能测试 | 6.0.5 | | | | |

检测结论：

监理工程师签字　　　　　　　　　　　　　　　　　　　检测负责人签字
（建设单位项目专业技术负责人）
　　　　　年　月　日　　　　　　　　　　　　　　　　　　年　月　日

注：1 结果评价栏中，左列打"√"为合格，右列打"√"为不合格；
　　2 备注栏内填写检测时出现的问题。

**C.0.4** 信息网络系统子分部工程检测记录应按表 C.0.4 执行。

表 C.0.4　信息网络系统子分部工程检测记录

| 工程名称 | | | 编号 | | |
|---|---|---|---|---|---|
| 子分部名称 | 信息网络系统 | | 检测部位 | | |
| 施工单位 | | | 项目经理 | | |
| 执行标准名称及编号 | | | | | |

| | 检测内容 | 规范条款 | 检测结果记录 | 结果评价 | | 备注 |
|---|---|---|---|---|---|---|
| | | | | 合格 | 不合格 | |
| 主控项目 | 计算机网络系统连通性 | 7.2.3 | | | | |
| | 计算机网络系统传输时延和丢包率 | 7.2.4 | | | | |
| | 计算机网络系统路由 | 7.2.5 | | | | |
| | 计算机网络系统组播功能 | 7.2.6 | | | | |
| | 计算机网络系统 QoS 功能 | 7.2.7 | | | | |
| | 计算机网络系统容错功能 | 7.2.8 | | | | |
| | 计算机网络系统无线局域网的功能 | 7.2.9 | | | | |
| | 网络安全系统安全保护技术措施 | 7.3.2 | | | | |
| | 网络安全系统安全审计功能 | 7.3.3 | | | | |
| | 网络安全系统有物理隔离要求的网络的物理隔离检测 | 7.3.4 | | | | |
| | 网络安全系统无线接入认证的控制策略 | 7.3.5 | | | | |
| 一般项目 | 计算机网络系统网络管理功能 | 7.2.10 | | | | |
| | 网络安全系统远程管理时，防窃听措施 | 7.3.6 | | | | |

检测结论：

监理工程师签字　　　　　　　　　　　　　　　　　　　　检测负责人签字
（建设单位项目专业技术负责人）
　　　　年　月　日　　　　　　　　　　　　　　　　　　　　年　月　日

注：1　结果评价栏中，左列打"√"为合格，右列打"√"为不合格；
　　2　备注栏内填写检测时出现的问题。

**C.0.5** 综合布线系统子分部工程检测记录应按表 C.0.5 执行。

表 C.0.5  综合布线系统子分部工程检测记录

| 工程名称 | | | | 编号 | |
|---|---|---|---|---|---|
| 子分部名称 | 综合布线系统 | | | 检测部位 | |
| 施工单位 | | | | 项目经理 | |
| 执行标准名称及编号 | | | | | |

| | 检测内容 | 规范条款 | 检测结果记录 | 结果评价 合格 | 结果评价 不合格 | 备注 |
|---|---|---|---|---|---|---|
| 主控项目 | 对绞电缆链路或信道和光纤链路或信道的检测 | 8.0.5 | | | | |
| 一般项目 | 标签和标识检测,综合布线管理软件功能 | 8.0.6 | | | | |
| | 电子配线架管理软件 | 8.0.7 | | | | |

检测结论:

监理工程师签字
(建设单位项目专业技术负责人)
　　　年　月　日

检测负责人签字
　　　年　月　日

注：1　结果评价栏中，左列打"√"为合格，右列打"√"为不合格；
　　2　备注栏内填写检测时出现的问题。

**C.0.6** 有线电视及卫星电视接收系统子分部工程检测记录应按表 C.0.6 执行。

表 C.0.6　有线电视及卫星电视接收系统子分部工程检测记录

| 工程名称 | | | | 编号 | | |
|---|---|---|---|---|---|---|
| 子分部名称 | 有线电视及卫星电视接收系统 | | | 检测部位 | | |
| 施工单位 | | | | 项目经理 | | |
| 执行标准名称及编号 | | | | | | |

| | 检测内容 | 规范条款 | 检测结果记录 | 结果评价 | | 备注 |
|---|---|---|---|---|---|---|
| | | | | 合格 | 不合格 | |
| 主控项目 | 客观测试 | 11.0.3 | | | | |
| | 主观评价 | 11.0.4 | | | | |
| 一般项目 | HFC 网络和双向数字电视系统下行测试 | 11.0.5 | | | | |
| | HFC 网络和双向数字电视系统上行测试 | 11.0.6 | | | | |
| | 有线数字电视主观评价 | 11.0.7 | | | | |

检测结论：

监理工程师签字
（建设单位项目专业技术负责人）
　　　　　年　月　日

检测负责人签字
　　　　　年　月　日

注：1　结果评价栏中，左列打"√"为合格，右列打"√"为不合格；
　　2　备注栏内填写检测时出现的问题。

**C.0.7** 公共广播系统子分部工程检测记录应按表 C.0.7 执行。

表 C.0.7 公共广播系统子分部工程检测记录

| 工程名称 | | | 编号 | | |
|---|---|---|---|---|---|
| 子分部名称 | 公共广播系统 | | 检测部位 | | |
| 施工单位 | | | 项目经理 | | |
| 执行标准名称及编号 | | | | | |

| | 检测内容 | 规范条款 | 检测结果记录 | 结果评价 | | 备注 |
|---|---|---|---|---|---|---|
| | | | | 合格 | 不合格 | |
| 主控项目 | 公共广播系统的应备声压级 | 12.0.4 | | | | |
| | 主观评价 | 12.0.5 | | | | |
| | 紧急广播的功能和性能 | 12.0.6 | | | | |
| 一般项目 | 业务广播和背景广播的功能 | 12.0.7 | | | | |
| | 公共广播系统的声场不均匀度、漏出声衰减及系统设备信噪比 | 12.0.8 | | | | |
| | 公共广播系统的扬声器分布 | 12.0.9 | | | | |
| 强制性条文 | 当紧急广播系统具有火灾应急广播功能时，应检查传输线缆、槽盒和导管的防火保护措施 | 12.0.2 | | | | |

检测结论：

监理工程师签字
（建设单位项目专业技术负责人）
　　　　　　年　月　日

检测负责人签字
　　　　　　年　月　日

注：1　结果评价栏中，左列打"√"为合格，右列打"√"为不合格；
　　2　备注栏内填写检测时出现的问题。

C.0.8 会议系统子分部工程检测记录应按表 C.0.8 执行。

表 C.0.8 会议系统子分部工程检测记录

| 工程名称 | | | | 编号 | | |
|---|---|---|---|---|---|---|
| 子分部名称 | 会议系统 | | | 检测部位 | | |
| 施工单位 | | | | 项目经理 | | |
| 执行标准<br>名称及编号 | | | | | | |
| 检测内容 | | 规范条款 | 检测结果记录 | 结果评价 | | 备注 |
| | | | | 合格 | 不合格 | |
| 主控项目 | 会议扩声系统声学特性指标 | 13.0.5 | | | | |
| | 会议视频显示系统显示特性指标 | 13.0.6 | | | | |
| | 具有会议电视功能的会议灯光系统的平均照度值 | 13.0.7 | | | | |
| | 与火灾自动报警系统的联动功能 | 13.0.8 | | | | |
| 一般项目 | 会议电视系统检测 | 13.0.9 | | | | |
| | 其他系统检测 | 13.0.10 | | | | |

检测结论：

监理工程师签字　　　　　　　　　　　　　　　　　　检测负责人签字
（建设单位项目专业技术负责人）
　　　　年 月 日　　　　　　　　　　　　　　　　　　　　　年 月 日

注：1 结果评价栏中，左列打"√"为合格，右列打"√"为不合格；
　　2 备注栏内填写检测时出现的问题。

**C.0.9** 信息导引及发布系统子分部工程检测记录应按表 C.0.9 执行。

**表 C.0.9 信息导引及发布系统子分部工程检测记录**

| 工程名称 | | | 编号 | | |
|---|---|---|---|---|---|
| 子分部名称 | 信息导引及发布系统 | | 检测部位 | | |
| 施工单位 | | | 项目经理 | | |
| 执行标准名称及编号 | | | | | |
| | 检测内容 | 规范条款 | 检测结果记录 | 结果评价 合格 / 不合格 | 备注 |
| 主控项目 | 系统功能 | 14.0.3 | | | |
| 主控项目 | 显示性能 | 14.0.4 | | | |
| 一般项目 | 自动恢复功能 | 14.0.5 | | | |
| 一般项目 | 系统终端设备的远程控制功能 | 14.0.6 | | | |
| 一般项目 | 图像质量主观评价 | 14.0.7 | | | |

检测结论：

监理工程师签字
（建设单位项目专业技术负责人）
　　　　年　月　日

检测负责人签字

　　　　年　月　日

注：1 结果评价栏中，左列打"√"为合格，右列打"√"为不合格；
　　2 备注栏内填写检测时出现的问题。

**C.0.10** 时钟系统子分部工程检测记录应按表 C.0.10 执行。

表 C.0.10 时钟系统子分部工程检测记录

| 工程名称 | | | 编号 | |
|---|---|---|---|---|
| 子分部名称 | 时钟系统 | | 检测部位 | |
| 施工单位 | | | 项目经理 | |
| 执行标准名称及编号 | | | | |

| | 检测内容 | 规范条款 | 检测结果记录 | 结果评价 合格 | 结果评价 不合格 | 备注 |
|---|---|---|---|---|---|---|
| 主控项目 | 母钟与时标信号接收器同步、母钟对子钟同步校时的功能 | 15.0.3 | | | | |
| | 平均瞬时日差指标 | 15.0.4 | | | | |
| | 时钟显示的同步偏差 | 15.0.5 | | | | |
| | 授时校准功能 | 15.0.6 | | | | |
| 一般项目 | 母钟、子钟和时间服务器等运行状态的监测功能 | 15.0.7 | | | | |
| | 自动恢复功能 | 15.0.8 | | | | |
| | 系统的使用可靠性 | 15.0.9 | | | | |
| | 有日历显示的时钟换历功能 | 15.0.10 | | | | |

检测结论：

监理工程师签字
（建设单位项目专业技术负责人）
　　年　月　日

检测负责人签字

　　　　年　月　日

注：1 结果评价栏中，左列打"√"为合格，右列打"√"为不合格；
　　2 备注栏内填写检测时出现的问题。

**C.0.11** 信息化应用系统子分部工程检测记录应按表 C.0.11 执行。

表 C.0.11 信息化应用系统子分部工程检测记录

| 工程名称 | | | | | 编号 | | |
|---|---|---|---|---|---|---|---|
| 子分部名称 | 信息化应用系统 | | | | 检测部位 | | |
| 施工单位 | | | | | 项目经理 | | |
| 执行标准名称及编号 | | | | | | | |
| | 检测内容 | 规范条款 | 检测结果记录 | 结果评价 | | 备注 |
| | | | | 合格 | 不合格 | |
| 主控项目 | 检查设备的性能指标 | 16.0.4 | | | | |
| | 业务功能和业务流程 | 16.0.5 | | | | |
| | 应用软件功能和性能测试 | 16.0.6 | | | | |
| | 应用软件修改后回归测试 | 16.0.7 | | | | |
| 一般项目 | 应用软件功能和性能测试 | 16.0.8 | | | | |
| | 运行软件产品的设备中与应用软件无关的软件检查 | 16.0.9 | | | | |

检测结论：

监理工程师签字
(建设单位项目专业技术负责人)
　　　　年　月　日

检测负责人签字

　　　　年　月　日

注：1 结果评价栏中，左列打"√"为合格，右列打"√"为不合格；
　　2 备注栏内填写检测时出现的问题。

**C. 0. 12** 建筑设备监控系统子分部工程检测记录应按表 C. 0. 12 执行。

表 C. 0. 12　建筑设备监控系统子分部工程检测记录

| 工程名称 | | | 编号 | |
|---|---|---|---|---|
| 子分部名称 | 建筑设备监控系统 | | 检测部位 | |
| 施工单位 | | | 项目经理 | |
| 执行标准<br>名称及编号 | | | | |

| | 检测内容 | 规范条款 | 检测结<br>果记录 | 结果评价 | | 备注 |
|---|---|---|---|---|---|---|
| | | | | 合格 | 不合格 | |
| 主控项目 | 暖通空调监控系统的功能 | 17.0.5 | | | | |
| | 变配电监测系统的功能 | 17.0.6 | | | | |
| | 公共照明监控系统的功能 | 17.0.7 | | | | |
| | 给排水监控系统的功能 | 17.0.8 | | | | |
| | 电梯和自动扶梯监测系统<br>启停、上下行、位置、故障<br>等运行状态显示功能 | 17.0.9 | | | | |
| | 能耗监测系统能耗数据的<br>显示、记录、统计、汇总及<br>趋势分析等功能 | 17.0.10 | | | | |
| | 中央管理工作站与操作分<br>站功能及权限 | 17.0.11 | | | | |
| | 系统实时性 | 17.0.12 | | | | |
| | 系统可靠性 | 17.0.13 | | | | |
| 一般项目 | 系统可维护性 | 17.0.14 | | | | |
| | 系统性能评测项目 | 17.0.15 | | | | |

检测结论：

监理工程师签字　　　　　　　　　　　　　　　　检测负责人签字
（建设单位项目专业技术负责人）
　　　　年　月　日　　　　　　　　　　　　　　　　年　月　日

注：1　结果评价栏中，左列打"√"为合格，右列打"√"为不合格；
　　2　备注栏内填写检测时出现的问题。

**C.0.13** 安全技术防范系统子分部工程检测记录应按表 C.0.13 执行。

表 C.0.13 安全技术防范系统子分部工程检测记录

| 工程名称 | | | | | 编号 | | |
|---|---|---|---|---|---|---|---|
| 子分部名称 | 安全技术防范系统 | | | | 检测部位 | | |
| 施工单位 | | | | | 项目经理 | | |
| 执行标准名称及编号 | | | | | | | |
| | 检测内容 | 规范条款 | 检测结果记录 | 结果评价 | | 备注 | |
| | | | | 合格 | 不合格 | | |
| 主控项目 | 安全防范综合管理系统的功能 | 19.0.5 | | | | | |
| | 视频安防监控系统控制功能、监视功能、显示功能、存储功能、回放功能、报警联动功能和图像丢失报警功能 | 19.0.6 | | | | | |
| | 入侵报警系统的入侵报警功能、防破坏及故障报警功能、记录及显示功能、系统自检功能、系统报警响应时间、报警复核功能、报警声级、报警优先功能 | 19.0.7 | | | | | |
| | 出入口控制系统的出入目标识读装置功能、信息处理/控制设备功能、执行机构功能、报警功能和访客对讲功能 | 19.0.8 | | | | | |
| | 电子巡查系统的巡查设置功能、记录打印功能、管理功能 | 19.0.9 | | | | | |
| | 停车库（场）管理系统的识别功能、控制功能、报警功能、出票验票功能、管理功能和显示功能 | 19.0.10 | | | | | |
| 一般项目 | 监控中心管理软件中电子地图显示的设备位置 | 19.0.11 | | | | | |
| | 安全性及电磁兼容性 | 19.0.12 | | | | | |

检测结论：

监理工程师签字                                          检测负责人签字
（建设单位项目专业技术负责人）

年　月　日                                                 年　月　日

注：1 结果评价栏中，左列打"√"为合格，右列打"√"为不合格；
　　2 备注栏内填写检测时出现的问题。

**C. 0. 14** 应急响应系统子分部工程检测记录应按表 C. 0. 14 执行。

表 C. 0. 14 应急响应系统子分部工程检测记录

| 工程名称 | | | 编号 | | |
|---|---|---|---|---|---|
| 子分部名称 | 应急响应系统 | | 检测部位 | | |
| 施工单位 | | | 项目经理 | | |
| 执行标准名称及编号 | | | | | |
| | 检测内容 | 规范条款 | 检测结果记录 | 结果评价 合格 不合格 | 备注 |
| 主控项目 | 功能检测 | 20.0.2 | | | |

检测结论：

监理工程师签字
（建设单位项目专业技术负责人）
      年　月　日

检测负责人签字
      年　月　日

注：1　结果评价栏中，左列打"√"为合格，右列打"√"为不合格；
　　2　备注栏内填写检测时出现的问题。

**C. 0. 15** 机房工程子分部工程检测记录应按表 C. 0. 15 执行。

表 C. 0. 15 机房工程子分部工程检测记录

| 工程名称 | | | | | 编号 | | | |
|---|---|---|---|---|---|---|---|---|
| 子分部名称 | | 机房工程 | | | 检测部位 | | | |
| 施工单位 | | | | | 项目经理 | | | |
| 执行标准名称及编号 | | | | | | | | |
| | 检测内容 | | 规范条款 | 检测结果记录 | 结果评价 | | 备注 | |
| | | | | | 合格 | 不合格 | | |
| 主控项目 | 供配电系统的输出电能质量 | | 21.0.4 | | | | | |
| | 不间断电源的供电时延 | | 21.0.5 | | | | | |
| | 静电防护措施 | | 21.0.6 | | | | | |
| | 弱电间检测 | | 21.0.7 | | | | | |
| | 机房供配电系统、防雷与接地系统、空气调节系统、给水排水系统、综合布线系统、监控与安全防范系统、消防系统、室内装饰装修和电磁屏蔽等系统检测 | | 21.0.8 | | | | | |

检测结论：

监理工程师签字
(建设单位项目专业技术负责人)
　　年　月　日

检测负责人签字

　　年　月　日

注：1 结果评价栏中，左列打"√"为合格，右列打"√"为不合格；
　　2 备注栏内填写检测时出现的问题。

**C.0.16** 防雷与接地子分部工程检测记录应按表 C.0.16 执行。

表 C.0.16 防雷与接地子分部工程检测记录

| 工程名称 | | | | 编号 | | |
|---|---|---|---|---|---|---|
| 子分部名称 | 防雷与接地 | | | 检测部位 | | |
| 施工单位 | | | | 项目经理 | | |
| 执行标准名称及编号 | | | | | | |
| 检测内容 | | 检测内容 | 规范条款 | 检测结果记录 | 结果评价 合格 / 不合格 | | 备注 |
| | 接地装置与接地连接点安装 | | 22.0.3 | | | | |
| | 接地导体的规格、敷设方法和连接方法 | | 22.0.3 | | | | |
| 主控项目 | 等电位联结带的规格、联结方法和安装位置 | | 22.0.3 | | | | |
| | 屏蔽设施的安装 | | 22.0.3 | | | | |
| | 电涌保护器的性能参数、安装位置、安装方式和连接导线规格 | | 22.0.3 | | | | |
| 强制性条文 | 智能建筑的接地系统必须保证建筑内各智能化系统的正常运行和人身、设备安全 | | 22.0.4 | | | | |

检测结论：

监理工程师签字  
（建设单位项目专业技术负责人）  
　　年　月　日

检测负责人签字

　　年　月　日

注：1 结果评价栏中，左列打"√"为合格，右列打"√"为不合格；
　　2 备注栏内填写检测时出现的问题。

**C.0.17** 智能建筑分部工程检测汇总记录应按表 C.0.17 执行。

表 C.0.17 分部工程检测汇总记录

| 工程名称 | | | | 编号 | | |
|---|---|---|---|---|---|---|
| 设计单位 | | | 施工单位 | | | |
| 子分部名称 | 序号 | 内容及问题 | | 检测结果 | | |
| | | | | 合格 | 不合格 | |
| | | | | | | |
| | | | | | | |
| | | | | | | |
| | | | | | | |
| | | | | | | |
| | | | | | | |
| | | | | | | |
| | | | | | | |
| | | | | | | |
| | | | | | | |
| | | | | | | |
| | | | | | | |
| | | | | | | |

检测结论：



检测负责人签字
　　年　　月　　日

注：在检测结果栏，按实际情况在相应空格内打"√"（左列打"√"为合格，右列打"√"为不合格）。

# 附录 D 分部（子分部）工程验收记录

D.0.1 智能建筑分部（子分部）工程质量验收记录应按表 D.0.1 执行。

表 D.0.1 _____分部（子分部）工程质量验收记录

| 工程名称 | | | 结构类型 | | 层数 | |
|---|---|---|---|---|---|---|
| 施工单位 | | | 技术负责人 | | 质量负责人 | |
| 序号 | 子分部（分项）工程名称 | | 分项工程（检验批）数 | 施工单位检查评定 | | 验收意见 |
| 1 | | | | | | |
| | | | | | | |
| | | | | | | |
| | | | | | | |
| | | | | | | |
| | | | | | | |
| | | | | | | |
| | | | | | | |
| 2 | 质量控制资料 | | | | | |
| 3 | 安全和功能检验（检测）报告 | | | | | |
| 4 | 观感质量验收 | | | | | |
| 验收单位 | 施工单位 | | 项目经理 | | | 年 月 日 |
| | 设计单位 | | 项目负责人 | | | 年 月 日 |
| | 监理（建设）单位 | | | | | |

**D.0.2** 智能建筑工程验收资料审查记录应按表 D.0.2 执行。

表 D.0.2 工程验收资料审查记录

| 工程名称 | | 施工单位 | | |
|---|---|---|---|---|
| 序号 | 资料名称 | 份数 | 审核意见 | 审核人 |
| 1 | 图纸会审、设计变更、洽商记录、竣工图及设计说明 | | | |
| 2 | 材料、设备出厂合格证及技术文件及进场检（试）验报告 | | | |
| 3 | 隐蔽工程验收记录 | | | |
| 4 | 系统功能测定及设备调试记录 | | | |
| 5 | 系统技术、操作和维护手册 | | | |
| 6 | 系统管理、操作人员培训记录 | | | |
| 7 | 系统检测报告 | | | |
| 8 | 工程质量验收记录 | | | |

结论：

　　　　　　　　　　　　　　　　　　　　　　　　　　　　总监理工程师：

施工单位项目经理：　　　　　　　　　　　　　　　　　（建设单位项目负责人）

　　　年　月　日　　　　　　　　　　　　　　　　　　　　　年　月　日

**D.0.3** 智能建筑工程质量验收结论汇总记录应按表 D.0.3 执行。

表 D.0.3　验收结论汇总记录

| 工程名称 | | 编号 | |
|---|---|---|---|
| 设计单位 | | 施工单位 | |
| 工程实施的质量控制检验结论 | | 验收人签名：　　年　月　日 | |
| 系统检测结论 | | 验收人签名：　　年　月　日 | |
| 系统检测抽检结果 | | 抽检人签名：　　年　月　日 | |
| 观感质量验收 | | 验收人签名：　　年　月　日 | |
| 资料审查结论 | | 审查人签名：　　年　月　日 | |
| 人员培训考评结论 | | 考评人签名：　　年　月　日 | |
| 运行管理队伍及规章制度审查 | | 审查人签名：　　年　月　日 | |
| 设计等级要求评定 | | 评定人签名：　　年　月　日 | |
| 系统验收结论 | | 验收小组组长签名：<br><br>日期： | |
| 建议与要求：<br><br><br><br><br>验收组长、副组长签名： | | | |
| 注：1　本汇总表须附本附录所有表格、行业要求的其他文件及出席验收会与验收机构人员名单（签到）。<br>　　2　验收结论一律填写"合格"或"不合格"。 | | | |

## 本规范用词说明

1 为便于在执行本规范条文时区别对待，对要求严格程度不同的用词说明如下：

1）表示很严格，非这样做不可的用词：

正面词采用"应"，反面词采用"严禁"；

2）表示严格，在正常情况下均应这样做的用词：

正面词采用"应"，反面词采用"不应"或"不得"；

3）表示允许稍有选择，在条件许可时首先应这样做的用词：

正面词采用"宜"，反面词采用"不宜"；

4）表示有选择，在一定条件下可以这样做的用词采用"可"。

2 条文中指明应按其他有关标准执行的写法为："应符合……的规定"或"应按……执行"。

## 引用标准名录

1 《火灾自动报警系统施工及验收规范》GB 50166

2 《综合布线系统工程验收规范》GB 50312

3 《安全防范工程技术规范》GB 50348

4 《电子信息系统机房施工及验收规范》GB 50462

5 《红外线同声传译系统工程技术规范》GB 50524

6 《视频显示系统工程测量规范》GB/T 50525

7 《智能建筑工程施工规范》GB 50606

8 《通信局（站）防雷与接地工程设计规范》GB 50689

9 《厅堂扩声特性测量方法》GB/T 4959

10 《信息安全技术 信息系统安全等级保护基本要求》GB/T 22239

11 《时间同步系统》QB/T 4054

12 《电信设备安装抗震设计规范》YD 5059

中华人民共和国国家标准

# 智能建筑工程质量验收规范

GB 50339—2013

条 文 说 明

# 修 订 说 明

《智能建筑工程质量验收规范》GB 50339－2013，经住房和城乡建设部2013年6月26日以第83号公告批准、发布。

本规范是在《智能建筑工程质量验收规范》GB 50339－2003的基础上修订而成，上一版的主编单位是清华同方股份有限公司，参编单位是建设部建筑智能化系统工程设计专家工作委员会、北京市建筑设计研究院、信息产业部北京邮电设计院、中国建筑标准设计研究所、上海现代建筑设计（集团）有限公司、中国电子工程设计院、中国电信集团公司、北京华夏正邦科技有限公司、北京中加集成智能系统工程有限公司、厦门市万安科技有限公司、广州市机电安装有限公司、深圳鑫王自动化工程有限公司、武汉安泰系统工程有限公司、北京寰岛中安安全系统工程技术有限公司、巨龙信息技术有限责任公司、上海市安装工程有限公司、北京金智厦建筑智能化系统工程咨询有限公司、海湾科技集团有限公司，主要起草人员是江亿、孙述璞、张青虎、濮容生、张宜、孙兰、崔晓东、杨维迅、岳子平、王家隽、刘延宁、龚代明、王冬松、杨柱石、于凡、黄与群、王辉、段文凯、吴翘、郝斌、路刚、陈海岩。

本次修订的主要技术内容是：1. 总则。2. 术语和符号。3. 基本规定。4. 智能化集成系统。5. 信息接入系统。6. 用户电话交换系统。7. 信息网络系统。8. 综合布线系统。9. 移动通信室内信号覆盖系统。10. 卫星通信系统。11. 有线电视及卫星电视接收系统。12. 公共广播系统。13. 会议系统。14. 信息导引及发布系统。15. 时钟系统。16. 信息化应用系统。17. 建筑设备监控系统。18. 火灾自动报警系统。19. 安全技术防范系统。20. 应急响应系统。21. 机房工程。22. 防雷与接地。另有附录A～附录D，共4部分。

本规范修订过程中，编制组进行了对上版规范执行情况的调查研究，总结了我国工程建设智能建筑专业领域近年来的实践经验，同时参考了国外先进技术法规和标准。取消了住宅（小区）智能化1章；增加了移动通信室内信号覆盖系统、卫星通信系统、会议系统、信息导引及发布系统、时钟系统和应急响应系统6章；将原第4章通信网络系统拆分为信息接入系统、用户电话交换系统、有线电视及卫星电视接收系统和公共广播系统共4章；将原第5章信息网络系统拆分为信息网络系统和信息化应用系统2章，将原第12章环境调整为机房工程，对保留的各章所涉及的主要技术内容进行了补充、完善和必要的修改。

为便于广大设计、施工、科研、学校等单位有关人员在使用本规范时能正确理解和执行条文规定，《智能建筑工程质量验收规范》编制组按章、节、条顺序编制了本标准的条文说明，对条文规定的目的、依据以及执行中需要注意的有关事项进行了说明，还着重对强制性条文的强制性理由做了解释。但是，本条文说明不具备与规范正文同等的法律效力，仅供使用者作为理解和把握规范规定的参考。

# 目　次

# 1 总　则

**1.0.1** 明确规范制定的目的。本规范中智能建筑工程是指建筑智能化系统工程。

智能建筑工程是建筑工程中不可缺少的组成部分，需要一套规范来指导我国智能建筑工程建设的质量验收。本规范修订中坚持了"验评分离、强化验收、完善手段、过程控制"的指导思想，规定了智能建筑工程质量的验收方法、程序和质量指标。

**1.0.3** 规范性引用文件的规定。

**1** 本规范根据《建筑工程施工质量验收统一标准》GB 50300 规定的原则编制，执行本规范时还应与《智能建筑设计标准》GB/T 50314 和《智能建筑工程施工规范》GB 50606 配套使用；

**2** 本规范所引用的国家现行标准是指现行的工程建设国家标准和行业标准；

**3** 合同和工程文件中要求采用国际标准时，应按要求采用适用的国际标准，但不应低于本规范的规定。

# 3 基本规定

## 3.1 一般规定

**3.1.1** 为贯彻"验评分离、强化验收、完善手段、过程控制"的十六字方针，根据智能建筑的特点，将智能建筑工程质量验收过程划分为"工程实施的质量控制"、"系统检测"和"工程验收"三个阶段。

根据工程实践的经验，占绝大多数的不合格工程都是由于设备、材料不合格造成的，因此在工程中把好设备、材料的质量关是非常重要的。其主要办法就是在设备、器材进场时进行验收。而智能化系统涉及的产品种类繁多，因此对其质量检查单独进行规定。

**3.1.2** 智能建筑工程中子分部工程和分项工程的划分。

对于单位建筑工程，智能建筑工程为其中的一个分部工程。根据智能建筑工程的特点，本规范按照专业系统及类别划分为若干子分部工程，再按照主要工种、材料、施工工艺和设备类别等划分为若干分项工程。

不同功能的建筑还可能配置其他相关的专业系统，如医院的呼叫对讲系统、体育场馆的升旗系统、售验票系统等等，可根据工程项目内容补充作为子分部工程进行验收。

**3.1.3** 工程施工完成后，通电进行试运行是对系统运行稳定性观察的重要阶段，也是对设备选用、系统设计和实际施工质量的直接检验。

各系统应在调试自检完成后进行一段时间连续不中断的试运行，当有联动功能时需要联动试运行。试运行中如出现系统故障，应在排除故障后，重新开始试运行直至满 120h。

## 3.2 工程实施的质量控制

**3.2.1** 关于工程实施的质量控制检查内容的规定。

施工过程的质量控制应符合现行国家标准《建筑工程施工质量验收统一标准》GB 50300 和《智能建筑工程施工规范》GB 50606 的规定。验收时应检查施工过程中形成的记录。

**3.2.10** 软件产品的质量控制要求。

软件产品分为商业软件和针对项目编制的应用软件两类。

商业软件包括：操作系统软件、数据库软件、应用系统软件、信息安全软件和网管软件等；商业化的软件应提供完整的文档，包括：安装手册、使用和维护手册等。

针对项目编制的应用软件包括：用户应用软件、用户组态软件及接口软件等；针对项目编制的软件应提供完整的文档，包括：软件需求规格说明、安装手册、使用和维护手册及软件测试报告等。

**3.2.11** 接口的质量控制要求。

接口通常由接口设备及与之配套的接口软件构成，实现系统之间的信息交互。接口是智能建筑工程中出现问题最多的环节，因此本条对接口的检测验收程序和要求作了专门规定。

由于接口涉及智能建筑工程施工单位和接口提供单位，且需要多方配合完成，建设单位（项目监理机构）在设计阶段应组织相关单位提交接口技术文件和接口测试文件，这两个文件均需各方确认，在接口测试阶段应检查接口双方签字确认的测试结果记录，以保证接口的制造质量。

## 3.3 系统检测

**3.3.3** 关于系统检测的组织的规定。

系统检测应由建设单位组织专人进行。因为智能建筑与信息技术密切相关，应用新技术和新产品多，且技术发展迅速，进行智能建筑工程的系统检测应有合格的检测人员和相关的检测设备。

公共机构是指全部或部分使用财政性资金的国家机关、事业单位和团体组织；为保证工程质量，也由于智能建筑工程各系统的专业性，系统检测应由建设单位委托具有相关资质的专业检测机构实施。

智能建筑工程专业检测机构的资质目前有几种：1. 通过智能建筑工程检测的计量（CMA）认证，取得《计量认证证书》；2. 省（市）以上政府建设行政主管部门颁发的《智能建筑工程检测资质证书》；3. 中国合格评定国家认可委员会（CNAS）实验室认可评审的《实验室认可证书》和《检查机构认可证书》，通过认可的检查机构既可以出具《智能建筑工程检测报告》，也可以出具《智能建筑工程检查/鉴定报告》。

**3.3.4** 关于系统检测的规定。

应根据工程技术文件以及本规范的相关规定来编制系统检测方案，项目如有特殊要求应在工程设计说明中包括系统功能及性能的要求。此条款体现了动态跟进技术发展的思想，既能跟上技术的发展，又能做到检测要求合理和保证工程质量。

子分部中的分项工程含有其他分项工程的设备和材料时，应参照相关分项的规定进行。例如，其他系统中的光缆敷设应按照本规范第 8 章的规定进行检测，网络设备和应用软件应分别按本规范第 7 章和第 16 章的规定进行检测。

**3.3.5** 本条对检测结论与处理只做原则性规定，各系统将根据其自身特点和质量控制要求作出具体规定。

第 3 款　由于智能建筑工程通常接口遇到的问题较多，为保证各方对接口的重视，做此规定。凡是被集成系统接口检测不合格的，则判定为该系统和集成系统的系统检测均不合格。

### 3.4　分部（子分部）工程验收

**3.4.4** 工程验收文件的内容。

第 1 款　竣工图纸包括系统设计说明、系统结构图、施工平面图和设备材料清单等内容。各系统如有特殊要求详见各章的相关规定。

第 7 款　培训一般有现场操作、系统操作和使用维护等内容，根据各系统情况编制培训资料。各系统如有特殊要求详见各章的相关规定。

**3.4.5** 本条所列验收内容是各系统在验收时应进行认真查验的内容，但不限于此内容。本规范中各系统有特殊要求时，可在各章中作出补充规定。

第 2 款　主要是对在系统检测和试运行中发现问题的子系统或项目部分进行复检。

第 3 款　观感质量包括设备的布局合理性、使用方便性及外观等内容。

## 4　智能化集成系统

**4.0.1** 本系统的设备包括：集成系统平台与被集成子系统连通需要的综合布线设备、网络交换机、计算机网卡、硬线连接、服务器、工作站、网络安全、存储、协议转换设备等。

软件包括：集成系统平台软件（各子系统进行信息交互的平台，可进行持续开发和扩展功能，具有开放架构的成熟的应用软件）及基于平台的定制功能软件、数据库软件、操作系统、防病毒软件、网络安全软件、网管软件等。

接口是指被集成子系统与集成平台软件进行数据互通的通信接口。

集成功能包括下列内容：

1　数据集中监视、统计和储存

通过统一的人机界面显示子系统各种数据并进行统计和存档，数据显示与被集成子系统一致，数据响应时间满足使用要求。能够支持的同时在线设备数量及用户数量、并发访问能力满足使用要求。

2　报警监视及处理

通过统一的人机界面实现对各系统中报警数据的显示，并能提供画面和声光报警。可根据各种设备的有关性能指标，指定相应的报警规则，通过电脑显示器，显示报警具体信息并打印，同时可按照预先设置发送给相应管理人员。报警数据显示与被集成子系统一致，数据响应时间满足使用要求。

3　文件报表生成和打印

能将报警、数据统计、操作日志等按用户定制格式生成和打印报表。

4　控制和调节

通过集成系统设置参数，调节和控制子系统设备。控制响应时间满足使用要求。

5　联动配置及管理

通过集成系统配置子系统之间的联动策略，实现跨系统之间的联动控制等。控制响应时间满足使用要求。

6　数据分析

提供历史数据分析，为第三方软件，例如：物业管理软件、办公管理软件、节能管理软件等提供设备运行情况、设备维护预警、节能管理等方面的标准化数据以及决策依据。

安全性包括：

1　权限管理

具有集中统一的用户注册管理功能，并根据注册用户的权限，开放不同的功能。权限级别至少具有管理级、操作级、浏览级等。

2　冗余

双机备份及切换、数据库备份、备用电源及切换和通信链路的冗余切换、故障自诊断、事故情况下的安全保障措施。

**4.0.3** 关于系统检测的总体规定。其中检测点应包括各被集成系统，抽检比例或点数详见后续规定。

**4.0.5** 关于集中监视、储存和统计功能检测的规定。

关于抽检数量的确定，以大型公共建筑的智能化集成系统进行测算。大型公共建筑一般指建筑面积 2 万 m² 以上的办公建筑、商业建筑、旅游建筑、科教文卫建筑、通信建筑以及交通运输用房。对于 2 万 m² 的公共建筑，被集成系统通常包括：建筑设备监控系统，安全技术防范系统，火灾自动报警系统，公共广播系统，综合布线系统等。集成的信息包括数值、语音和图像等，总信息点数约为2000（不同功能建筑的系统配置会有不同），按5%比例的抽检点数约为100点，考虑到每个被集成系统都要抽检，规定每个被集成系统的抽检点数下限为20点。

20万m²的大型公共建筑或集成信息点为2万的集成系统抽检总点数约为1000点，已涵盖绝大多数实际工程的使用范围，而且考虑到系统检测的周期和经费等问题，推荐抽检总点数不超过1000点。

**4.0.6** 关于报警监视及处理功能检测的规定。

考虑到报警信息比较重要而且报警点也相对较少，抽检比例比第4.0.5条的规定增加一倍。

**4.0.7** 关于控制和调节功能检测的规定。

考虑到控制和调节点很少且重要，因此规定进行全检。

**4.0.8** 关于联动配置及管理功能检测的规定。

与第4.0.7条类似，联动功能很重要，因此规定进行全检。

**4.0.9** 冗余功能包括双机备份及切换、数据库备份、备用电源及切换和通信链路冗余切换、故障自诊断，事故情况下的安全保障措施。

# 5 信息接入系统

**5.0.1** 目前，智能建筑工程中信息接入系统大多由电信运营商或建设单位测试验收。本章仅为保障信息接入系统的通信畅通，对通信设备安装场地的检查提出技术要求。

# 6 用户电话交换系统

**6.0.1** 考虑到用户电话交换设备本身可以具备调度功能、会议电话功能和呼叫中心功能，在用户容量较大时，可单独设置调度系统、会议电话系统和呼叫中心。因此本章用户电话交换系统工程的验收还适用于调度系统、会议电话系统和呼叫中心的验收内容和要求。

**6.0.6** 考虑到在测试阶段一般不具备接入设备容量20%以上的用户终端设备或电路的条件，为了满足整个智能建筑工程验收的进度要求，系统检测合格后，可进入智能建筑工程验收阶段。

待智能化系统通过验收，用户入驻，当接入的用户终端设备与电路容量满足试运转条件后，方可进行系统的试运转。系统试运转时间不应小于3个月，试运转期间设备运行应满足下列要求：

1 试运转期间，因元器件损坏等原因，需要更换印制板的次数每月不应大于0.04次/100户及0.004次/30路PCM。

2 试运转期间，因软件编程错误造成的故障不应大于2件/月。

3 呼叫测试
  1）局内接通率测试应符合下列规定：
    a 处理器正常工作时，接通率不应小于99%。
    b 处理器超负荷20%时，接通率不应小于95%。
  2）局间接通率测试应符合下列规定：
    a 处理器正常工作时，接通率不应小于99.5%。
    b 处理器超负荷20%时，接通率不应小于97.5%。

# 7 信息网络系统

## 7.1 一般规定

**7.1.1** 本条对信息网络系统所涉及的具体检测和验收范围进行界定。由于信息网络系统的含义较为宽泛，而智能建筑工程中一般只包括计算机网络系统和网络安全系统。因为信息网络系统是通信承载平台，会因承载业务和传输介质的不同而有不同的功能及检测要求，所以本章对信息网络系统进行了不同层次的划分以便于验收的实施。根据承载业务的不同，分为业务办公网和智能化设备网；根据传输介质的不同，分为有线网和无线网。

当前建筑智能化系统中存在大量采用IP网络架构的设备，本章规定了智能化设备网的验收内容。智能化设备网是指在建筑物内构建相对独立的IP网络，用于承载安全技术防范系统、建筑设备监控系统、公共广播系统、信息导引及发布系统等业务。智能化设备网可采用单独组网或统一组网的网络架构，并根据各系统的业务需求和数据特征，通过VLAN、QoS等保障策略对数据流量提供高可靠、高实时和高安全的传输承载服务。因智能化设备网承载的业务对网络性能具有特殊要求，故验收标准应与业务办公网有所差异。

根据国家标准《信息安全技术 信息系统安全等级保护基本要求》GB/T 22239－2008的规定，广义的信息安全包括物理安全、网络安全、主机安全、数据安全和应用安全五个层面，本章中提到的网络安全只是其中的一个层面。

**7.1.3** 本规定根据公安部1997年12月12日下发的《计算机信息系统安全专用产品检测和销售许可证管理办法》制订。

## 7.2 计算机网络系统检测

**7.2.1** 智能化设备网需承载音视频等多媒体业务，对延时和丢包等网络性能要求较高，尤其公共广播系统经常通过组播功能发送数据，因此，智能化设备网应具备组播功能和一定的 QoS 功能。

**7.2.3** 系统连通性的测试方法及测试合格指标，可按《基于以太网技术的局域网系统验收测评规范》GB/T 21671-2008 第 7.1.1 条的相关规定执行。

**7.2.4** 传输时延和丢包率的测试方法及测试合格指标，可依照国家标准《基于以太网技术的局域网系统验收测评规范》GB/T 21671-2008 第 7.1.4 条和第 7.1.5 条的相关规定执行。

**7.2.5** 路由检测的方法及测试合格指标，可依照《具有路由功能的以太网交换机测试方法》YD/T 1287 的相关规定执行。

**7.2.6** 建筑智能化系统中的视频安防监控、公共广播、信息导引及发布系统的部分业务流需采用组播功能。

**7.2.7** 通过 QoS，网络系统能够对报警数据、视频流等对实时性要求较高的数据提供优先服务，从而保证较低的时延。

**7.2.9** 无线局域网的检测要求。

第 1 款 是对无线网络覆盖范围内的接入信号强度作出的规定。dBm 是无线通信领域内的常用单位，表示相对于 1 毫瓦的分贝数，中文名称为分贝毫瓦，在各国移动通信技术规范中广泛使用 dBm 单位对无线信号强度和设备发射功率进行描述。

第 5 款 无线接入点的抽测比例按照国家标准《基于以太网技术的局域网系统验收测评规范》GB/T 21671-2008 中的抽测比例规定执行。

### 7.3 网络安全系统检测

**7.3.1** 根据国家标准《信息安全技术 信息系统安全等级保护基本要求》GB/T 22239-2008，信息系统安全基本技术要求从物理安全、网络安全、主机安全、应用安全和数据安全五个层面提出，本标准仅限于网络安全层面。

根据信息安全技术的国家标准，信息系统安全采用等级保护体系，共设置五级安全保护等级。在每一级安全保护等级中，均对网络安全内容进行了明确规定。建筑智能化工程中的网络安全系统检测，应符合信息系统安全等级保护体系的要求，严格按照设计确定的防护等级进行相关项目检测。

**7.3.2** 网络安全措施的要求。

本条制定的依据来自于公安部第 82 号令《互联网安全保护技术措施规定》，互联网服务提供者和联网使用单位应当落实下列互联网安全保护技术措施：防范计算机病毒、网络入侵和攻击破坏等危害网络安全事项或者行为的技术措施；重要数据库和系统主要设备的冗灾备份等措施。尤其智能化设备网所承载的视频安防监控、出入口控制、信息导引及发布、建筑设备监控、公共广播等智能化系统关乎人们生命财产安全及建筑物正常运行，因此该网络系统在与互联网

连接，应采取安全保护技术措施以保障该网络的高可靠运行。

**7.3.3** 网络安全系统安全审计功能的要求。

本条制定的依据来自于公安部第 82 号令《互联网安全保护技术措施规定》，提供互联网接入服务的单位，其网络安全系统应具有安全审计功能，能够记录、跟踪网络运行状态，监测、记录网络安全事件等。

**7.3.6** 当对网络设备进行远程管理时，应防止鉴别信息在网络传输过程中被窃听，通常可采用加密算法对传输信息进行有效加密。

## 8 综合布线系统

**8.0.5** 信道测试应在完成链路测试的基础上实施，主要是测试设备线缆与跳线的质量，该测试对布线系统在高速计算机网络中的应用尤为重要。

**8.0.6** 综合布线管理软件的显示、监测、管理和扩容等功能应根据厂商提供的产品手册内容进行系统检测。

## 9 移动通信室内信号覆盖系统

**9.0.1** 目前，智能建筑工程中移动通信室内信号覆盖系统大多由电信运营商或建设单位测试验收。本章仅为保障移动通信室内信号覆盖系统的通信畅通，对通信设备安装场地的检查提出技术要求。

## 10 卫星通信系统

**10.0.1** 目前，智能建筑工程中卫星通信系统大多由电信运营商或建设单位测试验收。本章仅为保障卫星通信系统的通信畅通，对通信设备安装场地的检查提出技术要求。

## 11 有线电视及卫星电视接收系统

本章验收的信号源包括自办节目和卫星节目，传输分配网络的干线可采用射频同轴电缆或光缆。

**11.0.1** 本条提出的设备及器材验收主要依据《广播电视设备器材入网认定管理办法》的规定，包括的设备及器材有：有线电视系统前端设备器材；有线电视干线传输设备器材；用户分配网络的各种设备器材；广播电视中心节目制作和播出设备器材；广播电视信号无线发射与传输设备器材；广播电视信号加解扰、加解密设备器材；卫星广播设备器材；广播电视系统专用电源产品；广播电视监测、监控设备器材；其他法律、行政法规规定应进行入网认定的设备器材。另外，有线电视设备也属于国家广播电影电视总局强制入网认证的广播电视设备。

**11.0.2** 标准测试点应是典型的系统输出口或其等效终端。等效终端的信号应和正常的系统输出口信号在电性能上等同。标准测试点应选择噪声、互调失真、交调失真、交流声调制以及本地台直接窜入等影响最大的点。

第2款 因为双向数字电视系统具有数字传输功能，可做上网等应用，因此对于传输网络的要求较高，做此规定。

第3款 为保证测试点选取具有代表性，做此规定。

**11.0.4** 关于模拟信号的有线电视系统的主观评价的规定。

第2款 关于图像质量的主观评价，本次修订做了调整。

现行国家标准《有线电视系统工程技术规范》GB 50200 中采用五级损伤制评定，五级损伤制评分分级见表1的规定。

因为视频显示在建筑智能化系统中有诸多应用，考虑到本规范的适用性较广而且为了便于实际操作，因此本次修订做了相应调整。

**表1 五级损伤制评分分级**

| 图像质量损伤的主观评价 | 评分分级 |
| --- | --- |
| 图像上不觉察有损伤或干扰存在 | 5 |
| 图像上有稍可觉察的损伤或干扰，但不令人讨厌 | 4 |
| 图像上有明显觉察的损伤或干扰，令人讨厌 | 3 |
| 图像上损伤或干扰较严重，令人相当讨厌 | 2 |
| 图像上损伤或干扰极严重，不能观看 | 1 |

**11.0.5** 基于 HFC 或同轴传输的双向数字电视系统的下行测试指标，可以依据行业标准《有线广播电视系统技术规范》GY/T 106-1999 和《有线数字电视系统技术要求和测量方法》GY/T 221-2005 有关规定，主要技术要求见表2。

**表2 系统下行输出口技术要求**

| 序号 | 测试内容 | | 技术要求 |
| --- | --- | --- | --- |
| 1 | 模拟频道输出口电平 | | 60dBμV ~ 80dBμV |
| 2 | 数字频道输出口电平 | | 50dBμV ~ 75dBμV |
| 3 | 频道间电平差 | 相邻频道电平差 | ≤3dB |
| | | 任意模拟/数字频道间 | ≤10dB |
| | | 模拟频道与数字频道间电平差 | 0dB ~ 10dB |
| 4 | MER | 64QAM，均衡关闭 | ≥24dB |
| 5 | BER（误码率） | 24H，Rs 解码后 | 1×10E-6 |
| 6 | C/N（模拟频道） | | ≥43dB |
| 7 | 载波交流声比（HUM）（模拟） | | ≤3% |
| 8 | 数字射频信号与噪声功率比SD，RF/N | | ≥26dB（64QAM） |
| 9 | 载波复合二次差拍比（C/CSO） | | ≥54dB |
| 10 | 载波复合三次差拍比（C/CTB） | | ≥54dB |

**11.0.6** 基于 HFC 或同轴传输的双向数字电视系统上行测试指标，可以依据行业标准《HFC 网络上行传输物理通道技术规范》GY/T 180-2001 有关规定，主要技术要求见表3。

**表3 系统上行技术要求**

| 序号 | 测试内容 | 技术要求 |
| --- | --- | --- |
| 1 | 上行通道频率范围 | （5~65）MHz |
| 2 | 标称上行端口输入电平 | 100dBμV |
| 3 | 上行传输路由增益差 | ≤10dB |
| 4 | 上行通道频率响应 | ≤10dB（7.4MHz ~ 61.8MHz） |
| | | ≤1.5dB（7.4MHz ~ 61.8MHz 任意 3.2MHz 范围内） |
| 5 | 信号交流声调制比 | ≤7% |
| 6 | 载波/汇集噪声 | ≥20dB（Ra 波段） |
| | | ≥26dB（Rb、Rc 波段） |

**11.0.7** 关于数字信号的有线电视系统的主观评价的项目和要求，依据行业标准《有线数字电视系统技术要求和测量方法》GY/T 221-2006 确定。

# 12 公共广播系统

**12.0.1** 公共广播系统工程包括电声部分和建筑声学工程两个部分。本规范中涉及的智能建筑工程安装的公共广播系统工程，只针对电声工程部分。

根据国家标准《公共广播系统工程技术规范》GB 50526-2010 的规定，业务广播是指公共广播系统向服务区播送的、需要被全部或部分听众收听的日常广播，包括发布通知、新闻、信息、语声文件、寻呼、报时等。背景广播是指公共广播系统向其服务区播送渲染环境气氛的广播，包括背景音乐和各种场合的背景音响（包括环境模拟声）等。紧急广播是指公共广播系统为应对突发公共事件而向其服务区发布广播，包括警报信号、指导公众疏散的信息和有关部门进行现场指挥的命令等。

**12.0.2** 本条为强制性条文。

为保证火灾发生初期火灾应急广播系统的线路不被破坏，能够正常向相关防火分区播放警示信号（含警笛）、警报语声文件或实时指挥语声，协助人员逃生制定本条文。否则，火灾发生时，火灾应急广播系统的线路烧毁，不能利用火灾应急广播有效疏导人流，直接危及火灾现场人员生命。

国家标准《公共广播系统工程技术规范》GB 50526-2010 中第 3.5.6 条和《智能建筑工程施工规范》GB 50606-2010 第 9.2.1 条第 3 款均为强制性条款，对火灾应急广播系统传输线缆、槽盒和导管的选材及施工作出了规定，本规范强调的是其检验。

在施工验收过程中，为保证火灾应急广播系统传输线路可靠、安全，该传输线路需要采取防火保护措施。防火保护措施包括传输线路中线缆、槽盒和导管的选材及安装等。

火灾应急广播系统传输线路需要满足火灾前期连续工作的要求，验收时重点检查下列内容：

1 明敷时（包括敷设在吊顶内）需要穿金属导管或金属槽盒，并在金属管或金属槽盒上涂防火涂料进行保护；

2 暗敷时，需要穿导管，并且敷设在不燃烧体结构内且保护层厚度不小于 30mm；

3 当采用阻燃或耐火电缆时，敷设在电缆井、电缆沟内时，可以不采取防火保护措施。

12.0.4 公共广播系统的电声性能指标，在国家标准《公共广播系统工程技术规范》GB 50526-2010 中有相关规定，见表 4。

表 4 公共广播系统电声性能指标

| 性能<br>指标<br>分类 | 应备声压级* | 声场不均匀度（室内） | 漏出声衰减 | 系统设备信噪比 | 扩声系统语言传输指数 | 传输频率特性（室内） |
|---|---|---|---|---|---|---|
| 一级业务广播系统 | ≥83dB | ≤10dB | ≥15dB | ≥70dB | ≥0.55 | 图1 |
| 二级业务广播系统 | | ≤12dB | ≥12dB | ≥65dB | ≥0.45 | 图2 |
| 三级业务广播系统 | | — | — | — | ≥0.40 | 图3 |
| 一级背景广播系统 | ≥80dB | ≤10dB | ≥15dB | ≥70dB | | 图1 |
| 二级背景广播系统 | | ≤12dB | ≥12dB | ≥65dB | | 图2 |
| 三级背景广播系统 | | — | — | — | | — |
| 一级紧急广播系统 | ≥86dB | — | ≥15dB | ≥70dB | ≥0.55 | — |
| 二级紧急广播系统 | | — | ≥12dB | ≥65dB | ≥0.45 | — |
| 三级紧急广播系统 | | — | — | — | ≥0.40 | — |

*注：紧急广播的应备声压级尚应符合：以现场环境噪声为基准，紧急广播的信噪比应等于或大于 12dB。

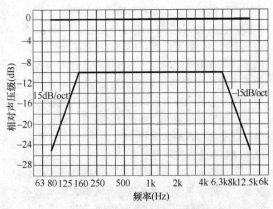

图 1  一级业务广播、一级背景广播
室内传输频率特性容差域
（以频带内的最大值为 0dB）

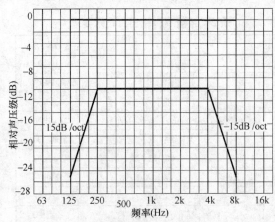

图 2  二级业务广播、二级背景广播
室内传输频率特性容差域
（以频带内的最大值为 0dB）

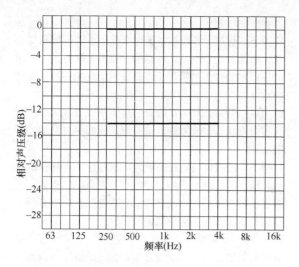

图3 三级业务广播 室内传输频率特性容差域
（以频带内的最大值为0dB）

# 13 会议系统

**13.0.3** 本条规定的是会议系统检测前的检查内容。

会议系统设备对供电质量要求较高，电源干扰容易影响音、视频的质量，故提出本条要求。供电电源质量包括供电的电压、相位、频率和接地等。

在会议系统工程实施中，常常将会场装修与系统设备进行分开招标实施，为了避免招标文件对建声指标无要求也不作测试导致影响会场使用效果，所以会议系统进行系统检测前宜提供合格的会场建声检测记录。建声指标和电声指标是两个同等重要声学指标。

会场建声检测主要内容有：混响时间、本底噪声和隔声量。混响时间可以按照国家《剧场、电影院和多用途厅堂建筑声学设计规范》GB/T 50356 的相关规定进行检测。会议系统以语言扩声为主，会场混响时间适当短些，一般参考值为(1.0±0.2)s，具有会议电视功能的会议室混响时间更短些，宜为(0.6±0.1)s。同时提倡低频不上升的混响时间频率特性，应该尽可能在(63~4000)Hz范围内低频不上升，减少低频的掩蔽效应，对提高语言清晰度大有益处。

**13.0.4** 会议系统检测的要求。

第2款 系统性能检测有两种方法：客观测量和主观评价，同等重要，可根据实际情况选择。会议系统最终效果是以人们现场主观感觉来评价，语言信息靠人耳试听、图像信息靠视觉感知、整体效果需通过试运行来综合评判。

**13.0.5** 本条为会议扩声系统的检测规定。

第1款为会议声学特性指标的规定。

国家标准《厅堂扩声系统设计规范》GB 50371 - 2006 中对会议类扩声系统声学特性指标：最大声压级、传输频率特性、传声增益、声场不均匀度和系统总噪声级都有了明确规定（俗称五大指标）。国家标准《会议电视会场系统工程设计规范》GB 50635 - 2010 中增加了扩声系统语言传输指数（STIPA）的要求，并且制定了定量标准，一级大于等于0.60、二级大于等于0.50。

对于扩声系统的语言传输指数（STIPA），即常讲的语言清晰度（亦有称语言可懂度），这里作为主控项目，意指非常重要。只要STIPA达到了设计要求，其他五大指标基本也会达标。语言传输指数（STIPA）测试值是指会场具有代表性的多个测量点的测试数据的平均值。

**13.0.6** 因为灯光照射到投影幕布上会对显示图像产生干扰，降低对比度，所以在本系统检测中要开启会议灯光，观察环境光对屏幕图像显示质量的影响程度。会议系统中应将这种影响缩小到最低程度。

**13.0.7** 本条为会议电视灯光系统检测的规定。

具有会议电视功能的系统对照度要求较高，国家标准《会议电视会场系统工程设计规范》GB 50635 - 2010 规定的会议电视灯光平均照度值见表5。

表5 会议电视灯光平均照度值

| 照明区域 | 垂直照度（lx） | 参考平面 | 水平照度（lx） | 参考平面 |
|---|---|---|---|---|
| 主席台座席区 | ≥400 | 1.40m 垂直面 | ≥600 | 0.75m 水平面 |
| 听众摄像区 | ≥300 | 1.40m 垂直面 | ≥500 | 0.75m 水平面 |

**13.0.8** 火灾自动报警联动功能的检测要求。

系统与火灾自动报警的联动功能是指，一旦消防中心有联动信号发送过来，系统可立即自动终止会议，同时会议讨论系统的会议单元及翻译单元可显示报警提示，并自动切换到报警信号，让与会人员通过耳机、会议单元扬声器或会场扩声系统听到紧急广播。

**13.0.9** 本条为会议电视系统的规定。

第1款 会议电视系统的会场功能有：主会场与分会场。在设计中往往比较注重主会场功能设计，常常忽视分会场功能设计，造成在作为分会场使用时效果很差。尤其是会议灯光系统要有明显不同的两个工作模式：主会场灯光工作模式、分会场灯光工作模式，才能保证会议电视会场使用效果。

# 14 信息导引及发布系统

**14.0.3** 信息导引及发布系统的功能主要包括网络播放控制、系统配置管理和日志信息管理等，根据设计要求确定检测项目。

**14.0.4** 视频显示系统，包括LED视频显示系统、投影型视频显示系统和电视型视频显示系统，其性能和指标需符合国家标准《视频显示系统工程技术规范》GB 50464－2008 第 3 章"视频显示系统工程的分类和分级"的规定，检测方法需符合现行国家标准《视频显示系统工程测量规范》GB/T 50525 的规定。

**14.0.7** 图像质量的主观评价项目，可以按国家标准《视频显示系统工程技术规范》GB 50464－2008 第 7.4.9 条和第 7.4.10 条执行。

## 15 时 钟 系 统

**15.0.4** 本条来源于行业标准《时间同步系统》QB/T 4054－2010，其规定的平均瞬时日差指标见表6。

表 6 平均瞬时日差指标

| 类 别 | 平均瞬时日差（s/d） | | |
|---|---|---|---|
| | 优等 | 一等 | 合格 |
| 石英谐振器一级母钟 | 0.001 | 0.005 | 0.01 |
| 石英谐振器二级母钟 | 0.01 | 0.05 | 0.1 |
| 子钟 | －0.50～＋0.50 | | －1.00～＋1.00 |

## 16 信息化应用系统

**16.0.3** 应用软件的测试内容包括基本功能、界面操作的标准性、系统可扩展性、管理功能和业务应用功能等，根据软件需求规格说明的要求确定。

黑盒法是指测试不涉及软件的结构及编码等，只要求规定的输入能够获得预定的输出。

**16.0.7** 应用软件修改后进行回归测试，主要是验证是否因修改引出新的错误，修改后的应用软件仍需满足软件需求规格说明的要求。

## 17 建筑设备监控系统

**17.0.1** 建筑设备监控系统主要是用于对智能建筑内各类机电设备进行监测和控制，以达到安全、可靠、节能和集中管理的目的。监测和控制的范围及方式等与具体项目及其设备配置相关，因此应根据设计要求确定检测和验收的范围。

**17.0.3** 建筑设备监控系统功能检测主要体现在：

1 监视功能。系统设备状态、参数及其变化在中央管理工作站和操作分站的显示功能。

2 报警功能。系统设备故障和设备超过参数限定值运行时在中央管理工作站和操作分站报警功能。

3 控制功能。水泵、风机等系统动力设备，风阀、水阀等可调节设备在中央管理工作站和操作分站

远程控制功能。

**17.0.6** 建筑设备监控系统对变配电系统一般只监不控，因此对变配电系统的检测，重点是核对条文要求的各项参数在中央管理工作站显示与现场实际数值的一致性。

**17.0.7** 可以针对工程选定的具体控制方式，模拟现场参数变化，检验系统自动控制功能和中央站远程控制功能。

**17.0.9** 建筑设备监控系统对电梯和自动扶梯系统一般只监不控。对电梯和自动扶梯监测系统的检测，一般要求核对电梯和自动扶梯的各项参数在中央管理工作站显示与现场实际数值的一致性。

**17.0.10** 能耗监测、统计和趋势分析适应国家节能减排政策的需要。建筑设备监控系统的应用，例如各设备的运行时间累计、耗电量统计和能效分析等可以为建筑中设备的运行管理和节能工作的量化和优化发挥巨大作用。近年来，随着住房和城乡建设部在全国主要省市进行远程能耗监管平台的建设，本系统还可为其提供基本数据的远传，为国家建筑节能工作做出贡献。由于该部分功能与建筑业主的需求和国家与地方的政策密切相关，因此本条文要求做能耗管理功能的检查，以符合设计要求为合格的判据。

**17.0.11** 对中央管理工作站和操作分站的检测以功能检查为主，所有功能和各管理界面全检。

**17.0.12** 系统控制命令响应时间是指从系统控制命令发出到现场执行器开始动作的这一段时间。系统报警信号响应时间是指从现场报警信号达到其设定值到控制中心出现报警信号的这一段时间。上述两种响应时间受系统规模大小、网络架构、选用设备的灵敏度和系统控制软件等因素影响很大，当设计无明确要求时，一般实际工程在秒级是可以接受的。

**17.0.15** 建筑设备监控系统评测项目应根据项目具体情况确定。

第 2 款 系统的冗余配置主要是指控制网络、工作站、服务器、数据库和电源等设备的配置；

第 3 款 系统的可扩展性是指现场控制器输入/输出口的备用量；

第 4 款 目前常用的节能措施有空调设备的优化控制、冷热源负荷自动调节、照明设备自动控制、水泵和风机的变频调速等。进行节能评价是一项重要的工作，具体评价方法可参见相关标准要求。因为节能评测是一项多专业、多系统的综合工作，本条款推荐在条件适宜情况下进行此项评测，需要根据设备配置情况确定评测内容。

## 19 安全技术防范系统

**19.0.1** 本规定中所列安全技术防范系统的范围是目前通用型公共建筑物广泛采用的系统。

**19.0.2** 在现行国家标准《安全防范工程技术规范》GB 50348 中，高风险建筑包括文物保护单位和博物馆、银行营业场所、民用机场、铁路车站、重要物资储存库等。由于这类建筑的使用功能对于安全的要求较高，因此应执行专业标准和特殊行业的相关标准。

**19.0.3** 列入国家安全技术防范产品强制性认证目录的产品需要取得 CCC 认证证书；列入国家安全技术防范产品登记目录的产品需要取得生产登记批准书。

**19.0.5** 综合管理系统是指对各安防子系统进行集成管理的综合管理软硬件平台。检查综合管理系统时，集成管理平台上显示的各项信息（如工作状态和报警信息等）和各子系统自身的管理计算机（或管理主机）上所显示的各项信息内容应一致，并能真实反映各个系统的实际工作状态；对集成管理平台可进行控制的子系统，从集成管理平台和子系统管理计算机（或管理主机）上发出的指令，子系统均应正确响应。具体的集成管理功能和性能指标应按设计要求逐项进行检查。

**19.0.6** 视频安防监控系统的检测要求和数字视频安防监控系统的检测内容。

第2款　对于数字视频安防监控系统的检测内容的补充要求。其中第3）项：音视频存储功能检测包括存储格式（如 H. 264、MPEG-4 等）、存储方式（如集中存储、分布存储等）、存储质量（如高清、标清等）、存储容量和存储帧率等。对存储设备进行回放试验，检查其试运行中存贮的图像最大容量、记录速度（掉帧情况）等。通过操作试验，对检测记录进行检索、回放等，检测其功能。

**19.0.13** 各子系统可独立建设，并可由不同施工单位实施，可根据合同约定分别进行验收。

## 20　应急响应系统

**20.0.1** 本规范所称的应急响应系统是指以智能化集成系统、火灾自动报警系统、安全技术防范系统或其他智能化系统为基础，综合公共广播系统、信息导引及发布系统、建筑设备监控系统等，所构建的对各类突发公共安全事件具有报警响应和联动功能的综合性集成系统，以维护公共建筑物（群）区域内的公共安全。

## 21　机　房　工　程

**21.0.1** 智能建筑工程中的机房包括信息接入机房、有线电视前端机房、智能化总控室、信息网络机房、用户电话交换机房、信息设施系统总配线机房、消防控制室、安防监控中心、应急响应中心、弱电间和电信间等。

**21.0.3** 机房所用电源包括：智能化系统交、直流供电设备；智能化系统配备的不间断供电设备、蓄电池组和充电设备；以及供电传输、操作、保护和改善电能质量的设备和装置。

**21.0.7** 智能化系统弱电间除布放线缆外，还需要放置很多电子信息系统的设备，如安防设备、网络设备等，机房工程的质量对电子信息系统设备的正常运行有影响。因此在本条中单独列出对智能化系统弱电间的检测规定，加强对弱电间的工程质量控制。

第2款　线缆路由主要指敷设线缆的梯架、槽盒、托盘和导管的空间。检测冗余度的主要原因是便于智能化系统今后的扩展性和灵活调整性，确保后期改造和扩展的空间冗余。

## 22　防雷与接地

**22.0.4** 本条为强制性条文。

为了防止由于雷电、静电和电源接地故障等原因导致建筑智能化系统的操作维护人员电击伤亡以及设备损坏，故作此强制性规定。建筑智能化系统工程中有大量安装在室外的设备（如安全技术防范系统的室外报警设备和摄像机、有线电视系统的天线、信息导引系统的室外终端设备、时钟系统的室外子钟等等，还有机房中的主机设备如网络交换机等）需可靠地与接地系统连接，保证雷击、静电和电源接地故障产生的危害不影响人身安全及智能化设备的运行。

智能化系统电子设备的接地系统，一般可分为功能性接地、直流接地、保护性接地和防雷接地，接地系统的设置直接影响到智能化系统的正常运行和人身安全。当接地系统采用共用接地方式时，其接地电阻应采用接地系统中要求最小的接地电阻值。

检测建筑智能化系统工程中的接地装置、接地线、接地电阻和等电位联结符合设计的要求，并检测电涌保护器、屏蔽设施、静电防护设施、智能化系统设备及线路可靠接地。接地电阻值除另有规定外，电子设备接地电阻值不应大于 $4\Omega$，接地系统共用接地电阻不应大于 $1\Omega$。当电子设备接地与防雷接地系统分开时，两接地装置的距离不应小于 10m。

中华人民共和国国家标准

# 建筑节能工程施工质量验收规范

Code for acceptance of energy efficient building construction

GB 50411—2007

主编部门：中华人民共和国建设部
批准单位：中华人民共和国建设部
施行日期：２００７年１０月１日

# 中华人民共和国建设部
# 公 告

## 第 554 号

---

### 建设部关于发布国家标准
### 《建筑节能工程施工质量验收规范》的公告

现批准《建筑节能工程施工质量验收规范》为国家标准，编号为 GB 50411 — 2007，自 2007 年 10 月 1 日起实施。其中，第 1.0.5、3.1.2、3.3.1、4.2.2、4.2.7、4.2.15、5.2.2、6.2.2、7.2.2、8.2.2、9.2.3、9.2.10、10.2.3、10.2.14、11.2.3、11.2.5、11.2.11、12.2.2、13.2.5、15.0.5 条为强制性条文，必须严格执行。

本规范由建设部标准定额研究所组织中国建筑工业出版社出版发行。

中华人民共和国建设部

2007 年 1 月 16 日

## 前 言

为了贯彻落实科学发展观，做好建筑"四节"工作，加强建筑节能工程的施工质量管理，提高建筑工程节能技术水平，根据建设部（建标函［2005］84 号）《关于印发〈2005 年工程建设标准规范制订、修订计划（第一批）〉的通知》，由中国建筑科学研究院会同有关单位共同编制本规范。

在编制过程中，编制组进行了广泛的调查研究，开展专题讨论和试验，以多种方式征求了国内外有关科研、设计、施工、质检、检测、监理、墙改等单位的意见，参考了国内外相关标准。

本规范依据国家现行法律法规和相关标准，总结了近年来我国建筑工程中节能工程的设计、施工、验收和运行管理方面的实践经验和研究成果，借鉴了国际先进经验和做法，充分考虑了我国现阶段建筑节能工程的实际情况，突出了验收中的基本要求和重点，是一部涉及多专业，以达到建筑节能要求为目标的施工验收规范。

本规范共分 15 章及 3 个附录。内容包括：墙体、幕墙、门窗、屋面、地面、采暖、通风与空气调节、空调与采暖系统冷热源及管网、配电与照明、监测与控制、建筑节能工程现场实体检验、建筑节能分部工程质量验收。

本规范中用黑体字标志的条文为强制性条文，必须严格执行。

本规范由建设部负责管理和对强制性条文的解释，由中国建筑科学研究院负责具体技术内容的解释。为提高规范质量，请各单位在执行本规范过程中，注意总结经验、积累资料，随时将有关的意见和建议反馈给中国建筑科学研究院《建筑节能工程施工质量验收规范》编制组（地址：北京市北三环东路 30 号，邮编 100013，E-MAIL：songbo163163 @ 163.com），以供今后修订时参考。

本规范主编单位、参编单位和主要起草人：
主编单位：中国建筑科学研究院
参编单位：北京市建设工程质量监督总站
广东省建筑科学研究院
河南省建筑科学研究院
山东省建筑设计研究院
同方股份有限公司
中国建筑东北设计研究院
中国人民解放军工程与环境质量监督总站
北京大学建筑设计研究院
江苏省建筑科学研究院有限公司
深圳市建设工程质量监督总站
建设部科技发展促进中心
宁波市建设委员会
上海市建设工程安装质量监督总站
中国建筑业协会建筑节能专业委员会
哈尔滨市墙体材料改革建筑节能办公室
宁波荣山新型材料有限公司

哈尔滨天硕建材工业有限公司

北京振利高新技术公司

广东粤铝建筑装饰有限公司

深圳金粤幕墙装饰工程有限公司

中国建筑第八工程局

北京住总集团有限责任公司

松下电工株式会社

三井物产（中国）贸易有限公司

广东省工业设备安装公司

欧文斯科宁（中国）投资有限公司

及时雨保温隔音技术有限公司

西门子楼宇科技（天津）有限公司

江苏仪征久久防水保温隔热工程公司

大连实德集团有限公司

主要起草人：宋　波　张元勃　杨仕超　栾景阳
　　　　　　于晓明　金丽娜　孙述璞　冯金秋
（以下按姓氏笔画）万树春　王　虹　史新华
　　　　　　　　阮　华　刘锋钢　许锦峰
　　　　　　　　佟贵森　陈海岩　李爱新
　　　　　　　　肖绪文　应柏平　张广志
　　　　　　　　张文库　吴兆军　杨西伟
　　　　　　　　杨　坤　杨　霁　姚　勇
　　　　　　　　赵诚颢　康玉范　徐凯讯
　　　　　　　　顾福林　黄　江　黄振利
　　　　　　　　涂逢祥　韩　红　彭尚银
　　　　　　　　潘延平

# 目　次

# 1 总　　则

**1.0.1**　为了加强建筑节能工程的施工质量管理，统一建筑节能工程施工质量验收，提高建筑工程节能效果，依据现行国家有关工程质量和建筑节能的法律、法规、管理要求和相关技术标准，制订本规范。

**1.0.2**　本规范适用于新建、改建和扩建的民用建筑工程中墙体、幕墙、门窗、屋面、地面、采暖、通风与空调、空调与采暖系统的冷热源及管网、配电与照明、监测与控制等建筑节能工程施工质量的验收。

**1.0.3**　建筑节能工程中采用的工程技术文件、承包合同文件对工程质量的要求不得低于本规范的规定。

**1.0.4**　建筑节能工程施工质量验收除应执行本规范外，尚应遵守《建筑工程施工质量验收统一标准》GB 50300、各专业工程施工质量验收规范和国家现行有关标准的规定。

**1.0.5**　单位工程竣工验收应在建筑节能分部工程验收合格后进行。

# 2 术　　语

**2.0.1**　**保温浆料**　insulating mortar
由胶粉料与聚苯颗粒或其他保温轻骨料组配，使用时按比例加水搅拌混合而成的浆料。

**2.0.2**　**凸窗**　bay window
位置凸出外墙外侧的窗。

**2.0.3**　**外门窗**　outside doors and windows
建筑围护结构上有一个面与室外空气接触的门或窗。

**2.0.4**　**玻璃遮阳系数**　shading coefficient
透过窗玻璃的太阳辐射得热与透过标准 3mm 透明窗玻璃的太阳辐射得热的比值。

**2.0.5**　**透明幕墙**　transparent curtain wall
可见光能直接透射入室内的幕墙。

**2.0.6**　**灯具效率**　luminaire efficiency
在相同的使用条件下，灯具发出的总光通量与灯具内所有光源发出的总光通量之比。

**2.0.7**　**总谐波畸变率（THD）**　total harmonic distortion
周期性交流量中的谐波含量的方均根值与其基波分量的方均根值之比（用百分数表示）。

**2.0.8**　**不平衡度** $\varepsilon$　unbalance factor $\varepsilon$
指三相电力系统中三相不平衡的程度，用电压或电流负序分量与正序分量的方均根值百分比表示。

**2.0.9**　**进场验收**　site acceptance
对进入施工现场的材料、设备等进行外观质量检查和规格、型号、技术参数及质量证明文件核查并形成相应验收记录的活动。

**2.0.10**　**进场复验**　site reinspection
进入施工现场的材料、设备等在进场验收合格的基础上，按照有关规定从施工现场抽取试样送至试验室进行部分或全部性能参数检验的活动。

**2.0.11**　**见证取样送检**　evidential test
施工单位在监理工程师或建设单位代表见证下，按照有关规定从施工现场随机抽取试样，送至有见证检测资质的检测机构进行检测的活动。

**2.0.12**　**现场实体检验**　in-situ inspection
在监理工程师或建设单位代表见证下，对已经完成施工作业的分项或分部工程，按照有关规定在工程实体上抽取试样，在现场进行检验或送至有见证检测资质的检测机构进行检验的活动。简称实体检验或现场检验。

**2.0.13**　**质量证明文件**　quality proof document
随同进场材料、设备等一同提供的能够证明其质量状况的文件。通常包括出厂合格证、中文说明书、型式检验报告及相关性能检测报告等。进口产品应包括出入境商品检验合格证明。适用时，也可包括进场验收、进场复验、见证取样检验和现场实体检验等资料。

**2.0.14**　**核查**　check
对技术资料的检查及资料与实物的核对。包括：对技术资料的完整性、内容的正确性、与其他相关资料的一致性及整理归档情况的检查，以及将技术资料中的技术参数等与相应的材料、构件、设备或产品实物进行核对、确认。

**2.0.15**　**型式检验**　type inspection
由生产厂家委托有资质的检测机构，对定型产品或成套技术的全部性能及其适用性所作的检验。其报告称型式检验报告。通常在工艺参数改变、达到预定生产周期或产品生产数量时进行。

# 3 基 本 规 定

## 3.1 技术与管理

**3.1.1**　承担建筑节能工程的施工企业应具备相应的资质；施工现场应建立相应的质量管理体系、施工质量控制和检验制度，具有相应的施工技术标准。

**3.1.2**　设计变更不得降低建筑节能效果。当设计变更涉及建筑节能效果时，应经原施工图设计审查机构审查，在实施前应办理设计变更手续，并获得监理或建设单位的确认。

**3.1.3**　建筑节能工程采用的新技术、新设备、新材料、新工艺，应按照有关规定进行评审、鉴定及备案。施工前应对新的或首次采用的施工工艺进行评价，并制定专门的施工技术方案。

**3.1.4**　单位工程的施工组织设计应包括建筑节能工程施工内容。建筑节能工程施工前，施工单位应编制建筑节能工程施工方案并经监理（建设）单位审查批准。施工单位应对从事建筑节能工程施工作业的人员进行技术交底和必要的实际操作培训。

**3.1.5** 建筑节能工程的质量检测,除本规范14.1.5条规定的以外,应由具备资质的检测机构承担。

## 3.2 材料与设备

**3.2.1** 建筑节能工程使用的材料、设备等,必须符合设计要求及国家有关标准的规定。严禁使用国家明令禁止使用与淘汰的材料和设备。

**3.2.2** 材料和设备进场验收应遵守下列规定:

**1** 对材料和设备的品种、规格、包装、外观和尺寸等进行检查验收,并应经监理工程师(建设单位代表)确认,形成相应的验收记录。

**2** 对材料和设备的质量证明文件进行核查,并应经监理工程师(建设单位代表)确认,纳入工程技术档案。进入施工现场用于节能工程的材料和设备均应具有出厂合格证、中文说明书及相关性能检测报告;定型产品和成套技术应有型式检验报告,进口材料和设备应按规定进行出入境商品检验。

**3** 对材料和设备应按照本规范附录A及各章的规定在施工现场抽样复验。复验应为见证取样送检。

**3.2.3** 建筑节能工程使用材料的燃烧性能等级和阻燃处理,应符合设计要求和现行国家标准《高层民用建筑设计防火规范》GB 50045、《建筑内部装修设计防火规范》GB 50222 和《建筑设计防火规范》GB 50016 等的规定。

**3.2.4** 建筑节能工程使用的材料应符合国家现行有关标准对材料有害物质限量的规定,不得对室内外环境造成污染。

**3.2.5** 现场配制的材料如保温浆料、聚合物砂浆等,应按设计要求或试验室给出的配合比配制。当未给出要求时,应按照施工方案和产品说明书配制。

**3.2.6** 节能保温材料在施工使用时的含水率应符合设计要求、工艺要求及施工技术方案要求。当无上述要求时,节能保温材料在施工使用时的含水率不应大于正常施工环境湿度下的自然含水率,否则应采取降低含水率的措施。

## 3.3 施工与控制

**3.3.1** 建筑节能工程应按照经审查合格的设计文件和经审查批准的施工方案施工。

**3.3.2** 建筑节能工程施工前,对于采用相同建筑节能设计的房间和构造做法,应在现场采用相同材料和工艺制作样板间或样板件,经有关各方确认后方可进行施工。

**3.3.3** 建筑节能工程的施工作业环境和条件,应满足相关标准和施工工艺的要求。节能保温材料不宜在雨雪天气中露天施工。

## 3.4 验收的划分

**3.4.1** 建筑节能工程为单位建筑工程的一个分部工程。其分项工程和检验批的划分,应符合下列规定:

**1** 建筑节能分项工程应按照表3.4.1划分。

**2** 建筑节能工程应按照分项工程进行验收。当建筑节能分项工程的工程量较大时,可以将分项工程划分为若干个检验批进行验收。

**3** 当建筑节能工程验收无法按照上述要求划分分项工程或检验批时,可由建设、监理、施工等各方协商进行划分。但验收项目、验收内容、验收标准和验收记录均应遵守本规范的规定。

**4** 建筑节能分项工程和检验批的验收应单独填写验收记录,节能验收资料应单独组卷。

**表 3.4.1 建筑节能分项工程划分**

| 序号 | 分项工程 | 主要验收内容 |
|---|---|---|
| 1 | 墙体节能工程 | 主体结构基层;保温材料;饰面层等 |
| 2 | 幕墙节能工程 | 主体结构基层;隔热材料;保温材料;隔汽层;幕墙玻璃;单元式幕墙板块;通风换气系统;遮阳设施;冷凝水收集排放系统等 |
| 3 | 门窗节能工程 | 门;窗;玻璃;遮阳设施等 |
| 4 | 屋面节能工程 | 基层;保温隔热层;保护层;防水层;面层等 |
| 5 | 地面节能工程 | 基层;保温层;保护层;面层等 |
| 6 | 采暖节能工程 | 系统制式;散热器;阀门与仪表;热力入口装置;保温材料;调试等 |
| 7 | 通风与空气调节节能工程 | 系统制式;通风与空调设备;阀门与仪表;绝热材料;调试等 |
| 8 | 空调与采暖系统的冷热源及管网节能工程 | 系统制式;冷热源设备;辅助设备;管网;阀门与仪表;绝热、保温材料;调试等 |
| 9 | 配电与照明节能工程 | 低压配电电源;照明光源、灯具;附属装置;控制功能;调试等 |
| 10 | 监测与控制节能工程 | 冷、热源系统的监测控制系统;空调水系统的监测控制系统;通风与空调系统的监测控制系统;监测与计量装置;供配电的监测控制系统;照明自动控制系统;综合控制系统等 |

# 4 墙体节能工程

## 4.1 一般规定

**4.1.1** 本章适用于采用板材、浆料、块材及预制复合墙板等墙体保温材料或构件的建筑墙体节能工程质量验收。

**4.1.2** 主体结构完成后进行施工的墙体节能工程，应在基层质量验收合格后施工，施工过程中应及时进行质量检查、隐蔽工程验收和检验批验收，施工完成后应进行墙体节能分项工程验收。与主体结构同时施工的墙体节能工程，应与主体结构一同验收。

**4.1.3** 墙体节能工程当采用外保温定型产品或成套技术时，其型式检验报告中应包括安全性和耐候性检验。

**4.1.4** 墙体节能工程应对下列部位或内容进行隐蔽工程验收，并应有详细的文字记录和必要的图像资料：

　1　保温层附着的基层及其表面处理；

　2　保温板粘结或固定；

　3　锚固件；

　4　增强网铺设；

　5　墙体热桥部位处理；

　6　预置保温板或预制保温墙板的板缝及构造节点；

　7　现场喷涂或浇注有机类保温材料的界面；

　8　被封闭的保温材料厚度；

　9　保温隔热砌块填充墙体。

**4.1.5** 墙体节能工程的保温材料在施工过程中应采取防潮、防水等保护措施。

**4.1.6** 墙体节能工程验收的检验批划分应符合下列规定：

　1　采用相同材料、工艺和施工做法的墙面，每 $500\sim1000m^2$ 面积划分为一个检验批，不足 $500\ m^2$ 也为一个检验批。

　2　检验批的划分也可根据与施工流程相一致且方便施工与验收的原则，由施工单位与监理（建设）单位共同商定。

## 4.2 主控项目

**4.2.1** 用于墙体节能工程的材料、构件等，其品种、规格应符合设计要求和相关标准的规定。

　检验方法：观察、尺量检查；核查质量证明文件。

　检查数量：按进场批次，每批随机抽取 3 个试样进行检查；质量证明文件应按照其出厂检验批进行核查。

**4.2.2** 墙体节能工程使用的保温隔热材料，其导热

系数、密度、抗压强度或压缩强度、燃烧性能应符合设计要求。

　检验方法：核查质量证明文件及进场复验报告。

　检查数量：全数检查。

**4.2.3** 墙体节能工程采用的保温材料和粘结材料等，进场时应对其下列性能进行复验，复验应为见证取样送检：

　1　保温材料的导热系数、密度、抗压强度或压缩强度；

　2　粘结材料的粘结强度；

　3　增强网的力学性能、抗腐蚀性能。

　检验方法：随机抽样送检，核查复验报告。

　检查数量：同一厂家同一品种的产品，当单位工程建筑面积在 $20000m^2$ 以下时各抽查不少于 3 次；当单位工程建筑面积在 $20000m^2$ 以上时各抽查不少于 6 次。

**4.2.4** 严寒和寒冷地区外保温使用的粘结材料，其冻融试验结果应符合该地区最低气温环境的使用要求。

　检验方法：核查质量证明文件。

　检查数量：全数检查。

**4.2.5** 墙体节能工程施工前应按照设计和施工方案的要求对基层进行处理，处理后的基层应符合保温层施工方案的要求。

　检验方法：对照设计和施工方案观察检查；核查隐蔽工程验收记录。

　检查数量：全数检查。

**4.2.6** 墙体节能工程各层构造做法应符合设计要求，并应按照经过审批的施工方案施工。

　检验方法：对照设计和施工方案观察检查；核查隐蔽工程验收记录。

　检查数量：全数检查。

**4.2.7** 墙体节能工程的施工，应符合下列规定：

　**1**　保温隔热材料的厚度必须符合设计要求。

　**2**　保温板材与基层及各构造层之间的粘结或连接必须牢固。粘结强度和连接方式应符合设计要求。保温板材与基层的粘结强度应做现场拉拔试验。

　**3**　保温浆料应分层施工。当采用保温浆料做外保温时，保温层与基层之间及各层之间的粘结必须牢固，不应脱层、空鼓和开裂。

　**4**　当墙体节能工程的保温层采用预埋或后置锚固件固定时，锚固件数量、位置、锚固深度和拉拔力应符合设计要求。后置锚固件应进行锚固力现场拉拔试验。

　检验方法：观察；手扳检查；保温材料厚度采用钢针插入或剖开尺量检查；粘结强度和锚固力核查试验报告；核查隐蔽工程验收记录。

　检查数量：每个检验批抽查不少于 3 处。

**4.2.8** 外墙采用预置保温板现场浇筑混凝土墙体

时，保温板的验收应符合本规范第 4.2.2 条的规定；保温板的安装位置应正确、接缝严密，保温板在浇筑混凝土过程中不得移位、变形，保温板表面应采取界面处理措施，与混凝土粘结应牢固。

混凝土和模板的验收，应按《混凝土结构工程施工质量验收规范》GB 50204 的相关规定执行。

检验方法：观察检查；核查隐蔽工程验收记录。

检查数量：全数检查。

**4.2.9** 当外墙采用保温浆料做保温层时，应在施工中制作同条件养护试件，检测其导热系数、干密度和压缩强度。保温浆料的同条件养护试件应见证取样送检。

检验方法：核查试验报告。

检查数量：每个检验批应抽样制作同条件养护试块不少于 3 组。

**4.2.10** 墙体节能工程各类饰面层的基层及面层施工，应符合设计和《建筑装饰装修工程质量验收规范》GB 50210 的要求，并应符合下列规定：

1 饰面层施工的基层应无脱层、空鼓和裂缝，基层应平整、洁净，含水率应符合饰面层施工的要求。

2 外墙外保温工程不宜采用粘贴饰面砖做饰面层；当采用时，其安全性与耐久性必须符合设计要求。饰面砖应做粘结强度拉拔试验，试验结果应符合设计和有关标准的规定。

3 外墙外保温工程的饰面层不得渗漏。当外墙外保温工程的饰面层采用饰面板开缝安装时，保温层表面应具有防水功能或采取其他防水措施。

4 外墙外保温层及饰面层与其他部位交接的收口处，应采取密封措施。

检验方法：观察检查；核查试验报告和隐蔽工程验收记录。

检查数量：全数检查。

**4.2.11** 保温砌块砌筑的墙体，应采用具有保温功能的砂浆砌筑。砌筑砂浆的强度等级应符合设计要求。砌体的水平灰缝饱满度不应低于 90%，竖直灰缝饱满度不应低于 80%。

检验方法：对照设计核查施工方案和砌筑砂浆强度试验报告。用百格网检查灰缝砂浆饱满度。

检查数量：每楼层的每个施工段至少抽查一次，每次抽查 5 处，每处不少于 3 个砌块。

**4.2.12** 采用预制保温墙板现场安装的墙体，应符合下列规定：

1 保温墙板应有型式检验报告，型式检验报告中应包含安装性能的检验；

2 保温墙板的结构性能、热工性能及与主体结构的连接方法应符合设计要求，与主体结构连接必须牢固；

3 保温墙板的板缝处理、构造节点及嵌缝做法应符合设计要求；

4 保温墙板板缝不得渗漏。

检验方法：核查型式检验报告、出厂检验报告、对照设计观察和淋水试验检查；核查隐蔽工程验收记录。

检查数量：型式检验报告、出厂检验报告全数核查；其他项目每个检验批抽查 5%，并不少于 3 块（处）。

**4.2.13** 当设计要求在墙体内设置隔汽层时，隔汽层的位置、使用的材料及构造做法应符合设计要求和相关标准的规定。隔汽层应完整、严密，穿透隔汽层处应采取密封措施。隔汽层冷凝水排水构造应符合设计要求。

检验方法：对照设计观察检查；核查质量证明文件和隐蔽工程验收记录。

检查数量：每个检验批抽查 5%，并不少于 3 处。

**4.2.14** 外墙或毗邻不采暖空间墙体上的门窗洞口四周的侧面，墙体上凸窗四周的侧面，应按设计要求采取节能保温措施。

检验方法：对照设计观察检查，必要时抽样剖开检查；核查隐蔽工程验收记录。

检查数量：每个检验批抽查 5%，并不少于 5 个洞口。

**4.2.15** 严寒和寒冷地区外墙热桥部位，应按设计要求采取节能保温等隔断热桥措施。

检验方法：对照设计和施工方案观察检查；核查隐蔽工程验收记录。

检查数量：按不同热桥种类，每种抽查 20%，并不少于 5 处。

## 4.3 一 般 项 目

**4.3.1** 进场节能保温材料与构件的外观和包装应完整无破损，符合设计要求和产品标准的规定。

检验方法：观察检查。

检查数量：全数检查。

**4.3.2** 当采用加强网作为防止开裂的措施时，加强网的铺贴和搭接应符合设计和施工方案的要求。砂浆抹压应密实，不得空鼓，加强网不得皱褶、外露。

检验方法：观察检查；核查隐蔽工程验收记录。

检查数量：每个检验批抽查不少于 5 处，每处不少于 2m²。

**4.3.3** 设置空调的房间，其外墙热桥部位应按设计要求采取隔断热桥措施。

检验方法：对照设计和施工方案观察检查；核查隐蔽工程验收记录。

检查数量：按不同热桥种类，每种抽查 10%，并不少于 5 处。

**4.3.4** 施工产生的墙体缺陷，如穿墙套管、脚手眼、孔洞等，应按照施工方案采取隔断热桥措施，不得影响墙体热工性能。

检验方法：对照施工方案观察检查。

检查数量：全数检查。

**4.3.5** 墙体保温板材接缝方法应符合施工方案要求。保温板接缝应平整严密。

检验方法：观察检查。

检查数量：每个检验批抽查 10%，并不少于 5 处。

**4.3.6** 墙体采用保温浆料时，保温浆料层宜连续施工；保温浆料厚度应均匀、接茬应平顺密实。

检验方法：观察、尺量检查。

检查数量：每个检验批抽查 10%，并不少于 10 处。

**4.3.7** 墙体上容易碰撞的阳角、门窗洞口及不同材料基体的交接处等特殊部位，其保温层应采取防止开裂和破损的加强措施。

检验方法：观察检查；核查隐蔽工程验收记录。

检查数量：按不同部位，每类抽查 10%，并不少于 5 处。

**4.3.8** 采用现场喷涂或模板浇注的有机类保温材料做外保温时，有机类保温材料应达到陈化时间后方可进行下道工序施工。

检查方法：对照施工方案和产品说明书进行检查。

检查数量：全数检查。

# 5 幕墙节能工程

## 5.1 一般规定

**5.1.1** 本章适用于透明和非透明的各类建筑幕墙的节能工程质量验收。

**5.1.2** 附着于主体结构上的隔汽层、保温层应在主体结构工程质量验收合格后施工。施工过程中应及时进行质量检查、隐蔽工程验收和检验批验收，施工完成后应进行幕墙节能分项工程验收。

**5.1.3** 当幕墙节能工程采用隔热型材时，隔热型材生产厂家应提供型材所使用的隔热材料的力学性能和热变形性能试验报告。

**5.1.4** 幕墙节能工程施工中应对下列部位或项目进行隐蔽工程验收，并应有详细的文字记录和必要的图像资料：

1 被封闭的保温材料厚度和保温材料的固定；

2 幕墙周边与墙体的接缝处保温材料的填充；

3 构造缝、结构缝；

4 隔汽层；

5 热桥部位、断热节点；

6 单元式幕墙板块间的接缝构造；

7 冷凝水收集和排放构造；

8 幕墙的通风换气装置。

**5.1.5** 幕墙节能工程使用的保温材料在安装过程中应采取防潮、防水等保护措施。

**5.1.6** 幕墙节能工程检验批划分，可按照《建筑装饰装修工程质量验收规范》GB 50210 的规定执行。

## 5.2 主控项目

**5.2.1** 用于幕墙节能工程的材料、构件等，其品种、规格应符合设计要求和相关标准的规定。

检验方法：观察、尺量检查；核查质量证明文件。

检查数量：按进场批次，每批随机抽取 3 个试样进行检查；质量证明文件应按照其出厂检验批进行核查。

**5.2.2** 幕墙节能工程使用的保温隔热材料，其导热系数、密度、燃烧性能应符合设计要求。幕墙玻璃的传热系数、遮阳系数、可见光透射比、中空玻璃露点应符合设计要求。

检验方法：核查质量证明文件和复验报告。

检查数量：全数核查。

**5.2.3** 幕墙节能工程使用的材料、构件等进场时，应对其下列性能进行复验，复验应为见证取样送检：

1 保温材料：导热系数、密度；

2 幕墙玻璃：可见光透射比、传热系数、遮阳系数、中空玻璃露点；

3 隔热型材：抗拉强度、抗剪强度。

检验方法：进场时抽样复验，验收时核查复验报告。

检查数量：同一厂家的同一种产品抽查不少于一组。

**5.2.4** 幕墙的气密性能应符合设计规定的等级要求。当幕墙面积大于 3000m² 或建筑外墙面积 50% 时，应现场抽取材料和配件，在检测试验室安装制作试件进行气密性能检测，检测结果应符合设计规定的等级要求。

密封条应镶嵌牢固、位置正确、对接严密。单元幕墙板块之间的密封应符合设计要求。开启扇应关闭严密。

检验方法：观察及启闭检查；核查隐蔽工程验收记录、幕墙气密性能检测报告、见证记录。

气密性能检测试件应包括幕墙的典型单元、典型拼缝、典型可开启部分。试件应按照幕墙工程施工图进行设计。试件设计应经建筑设计单位项目负责人、监理工程师同意并确认。气密性能的检测应按照国家现行有关标准的规定执行。

检查数量：核查全部质量证明文件和性能检测报告。现场观察及启闭检查按检验批抽查 30%，并不少于 5 件（处）。气密性能检测应对一个单位工程中面积超过 1000m² 的每一种幕墙均抽取一个试件进行检测。

**5.2.5** 幕墙节能工程使用的保温材料，其厚度应符合设计要求，安装牢固，且不得松脱。

检验方法：对保温板或保温层采取针插法或剖开法，尺量厚度；手扳检查。

检查数量：按检验批抽查 10%，并不少于 5 处。

**5.2.6** 遮阳设施的安装位置应满足设计要求。遮阳设施的安装应牢固。

检验方法：观察；尺量；手扳检查。

检查数量：检查全数的 10%，并不少于 5 处；牢固程度全数检查。

**5.2.7** 幕墙工程热桥部位的隔断热桥措施应符合设计要求，断热节点的连接应牢固。

检验方法：对照幕墙节能设计文件，观察检查。

检查数量：按检验批抽查 10%，并不少于 5 处。

**5.2.8** 幕墙隔汽层应完整、严密、位置正确，穿透隔汽层处的节点构造应采取密封措施。

检验方法：观察检查。

检查数量：按检验批抽查 10%，并不少于 5 处。

**5.2.9** 冷凝水的收集和排放应通畅，并不得渗漏。

检验方法：通水试验、观察检查。

检查数量：按检验批抽查 10%，并不少于 5 处。

### 5.3 一 般 项 目

**5.3.1** 镀（贴）膜玻璃的安装方向、位置应正确。中空玻璃应采用双道密封。中空玻璃的均压管应密封处理。

检验方法：观察；检查施工记录。

检查数量：每个检验批抽查 10%，并不少于 5 件（处）。

**5.3.2** 单元式幕墙板块组装应符合下列要求：

**1** 密封条：规格正确，长度无负偏差，接缝的搭接符合设计要求；

**2** 保温材料：固定牢固，厚度符合设计要求；

**3** 隔汽层：密封完整、严密；

**4** 冷凝水排水系统通畅，无渗漏。

检验方法：观察检查；手扳检查；尺量；通水试验。

检查数量：每个检验批抽查 10%，并不少于 5 件（处）。

**5.3.3** 幕墙与周边墙体间的接缝处应采用弹性闭孔材料填充饱满，并应采用耐候密封胶密封。

检查方法：观察检查。

检查数量：每个检验批抽查 10%，并不少于 5 件（处）。

**5.3.4** 伸缩缝、沉降缝、抗震缝的保温或密封做法应符合设计要求。

检验方法：对照设计文件观察检查。

检查数量：每个检验批抽查 10%，并不少于 10

件（处）。

**5.3.5** 活动遮阳设施的调节机构应灵活，并应能调节到位。

检验方法：现场调节试验，观察检查。

检查数量：每个检验批抽查 10%，并不少于 10 件（处）。

# 6 门窗节能工程

## 6.1 一 般 规 定

**6.1.1** 本章适用于建筑外门窗节能工程的质量验收，包括金属门窗、塑料门窗、木质门窗、各种复合门窗、特种门窗、天窗以及门窗玻璃安装等节能工程。

**6.1.2** 建筑门窗进场后，应对其外观、品种、规格及附件等进行检查验收，对质量证明文件进行核查。

**6.1.3** 建筑外门窗工程施工中，应对门窗框与墙体接缝处的保温填充做法进行隐蔽工程验收，并应有隐蔽工程验收记录和必要的图像资料。

**6.1.4** 建筑外门窗工程的检验批应按下列规定划分：

**1** 同一厂家的同一品种、类型、规格的门窗及门窗玻璃每 100 樘划分为一个检验批，不足 100 樘也为一个检验批。

**2** 同一厂家的同一品种、类型和规格的特种门每 50 樘划分为一个检验批，不足 50 樘也为一个检验批。

**3** 对于异形或有特殊要求的门窗，检验批的划分应根据其特点和数量，由监理（建设）单位和施工单位协商确定。

**6.1.5** 建筑外门窗工程的检查数量应符合下列规定：

**1** 建筑门窗每个检验批应抽查 5%，并不少于 3 樘，不足 3 樘时应全数检查；高层建筑的外窗，每个检验批应抽查 10%，并不少于 6 樘，不足 6 樘时应全数检查。

**2** 特种门每个检验批应抽查 50%，并不少于 10 樘，不足 10 樘时应全数检查。

## 6.2 主 控 项 目

**6.2.1** 建筑外门窗的品种、规格应符合设计要求和相关标准的规定。

检验方法：观察、尺量检查；核查质量证明文件。

检查数量：按本规范第 6.1.5 条执行；质量证明文件应按照其出厂检验批进行核查。

**6.2.2** 建筑外窗的气密性、保温性能、中空玻璃露点、玻璃遮阳系数和可见光透射比应符合设计要求。

检验方法：核查质量证明文件和复验报告。

检查数量：全数核查。

**6.2.3** 建筑外窗进入施工现场时，应按地区类别对其下列性能进行复验，复验应为见证取样送检：

**1** 严寒、寒冷地区：气密性、传热系数和中空玻璃露点；

**2** 夏热冬冷地区：气密性、传热系数、玻璃遮阳系数、可见光透射比、中空玻璃露点；

**3** 夏热冬暖地区：气密性、玻璃遮阳系数、可见光透射比、中空玻璃露点。

检验方法：随机抽样送检；核查复验报告。

检查数量：同一厂家同一品种同一类型的产品各抽查不少于3樘（件）。

**6.2.4** 建筑门窗采用的玻璃品种应符合设计要求。中空玻璃应采用双道密封。

检验方法：观察检查；核查质量证明文件。

检查数量：按本规范第6.1.5条执行。

**6.2.5** 金属外门窗隔断热桥措施应符合设计要求和产品标准的规定，金属副框的隔断热桥措施应与门窗框的隔断热桥措施相当。

检验方法：随机抽样，对照产品设计图纸，剖开或拆开检查。

检查数量：同一厂家同一品种、类型的产品各抽查不少于1樘。金属副框的隔断热桥措施按检验批抽查30%。

**6.2.6** 严寒、寒冷、夏热冬冷地区的建筑外窗，应对其气密性做现场实体检验，检测结果应满足设计要求。

检验方法：随机抽样现场检验。

检查数量：同一厂家同一品种、类型的产品各抽查不少于3樘。

**6.2.7** 外门窗框或副框与洞口之间的间隙应采用弹性闭孔材料填充饱满，并使用密封胶密封；外门窗框与副框之间的缝隙应使用密封胶密封。

检验方法：观察检查；核查隐蔽工程验收记录。

检查数量：全数检查。

**6.2.8** 严寒、寒冷地区的外门安装，应按照设计要求采取保温、密封等节能措施。

检验方法：观察检查。

检查数量：全数检查。

**6.2.9** 外窗遮阳设施的性能、尺寸应符合设计和产品标准要求；遮阳设施的安装应位置正确、牢固，满足安全和使用功能的要求。

检验方法：核查质量证明文件；观察、尺量、手扳检查。

检查数量：按本规范第6.1.5条执行；安装牢固程度全数检查。

**6.2.10** 特种门的性能应符合设计和产品标准要求；特种门安装中的节能措施，应符合设计要求。

检验方法：核查质量证明文件；观察、尺量检查。

检查数量：全数检查。

**6.2.11** 天窗安装的位置、坡度应正确，封闭严密，嵌缝处不得渗漏。

检验方法：观察、尺量检查；淋水检查。

检查数量：按本规范第6.1.5条执行。

## 6.3 一般项目

**6.3.1** 门窗扇密封条和玻璃镶嵌的密封条，其物理性能应符合相关标准的规定。密封条安装位置应正确，镶嵌牢固，不得脱槽，接头处不得开裂。关闭门窗时密封条应接触严密。

检验方法：观察检查。

检查数量：全数检查。

**6.3.2** 门窗镀（贴）膜玻璃的安装方向应正确，中空玻璃的均压管应密封处理。

检验方法：观察检查。

检查数量：全数检查。

**6.3.3** 外门窗遮阳设施调节应灵活，能调节到位。

检验方法：现场调节试验检查。

检查数量：全数检查。

# 7 屋面节能工程

## 7.1 一般规定

**7.1.1** 本章适用于建筑屋面节能工程，包括采用松散保温材料、现浇保温材料、喷涂保温材料、板材、块材等保温隔热材料的屋面节能工程的质量验收。

**7.1.2** 屋面保温隔热工程的施工，应在基层质量验收合格后进行。施工过程中应及时进行质量检查、隐蔽工程验收和检验批验收，施工完成后应进行屋面节能分项工程验收。

**7.1.3** 屋面保温隔热工程应对下列部位进行隐蔽工程验收，并应有详细的文字记录和必要的图像资料：

**1** 基层；

**2** 保温层的敷设方式、厚度；板材缝隙填充质量；

**3** 屋面热桥部位；

**4** 隔汽层。

**7.1.4** 屋面保温隔热层施工完成后，应及时进行找平层和防水层的施工，避免保温隔热层受潮、浸泡或受损。

## 7.2 主控项目

**7.2.1** 用于屋面节能工程的保温隔热材料，其品种、规格应符合设计要求和相关标准的规定。

检验方法：观察、尺量检查；核查质量证明

文件。

检查数量：按进场批次，每批随机抽取 3 个试样进行检查；质量证明文件应按照其出厂检验批进行核查。

**7.2.2** 屋面节能工程使用的保温隔热材料，其导热系数、密度、抗压强度或压缩强度、燃烧性能应符合设计要求。

检验方法：核查质量证明文件及进场复验报告。

检查数量：全数检查。

**7.2.3** 屋面节能工程使用的保温隔热材料，进场时应对其导热系数、密度、抗压强度或压缩强度、燃烧性能进行复验，复验应为见证取样送检。

检验方法：随机抽样送检，核查复验报告。

检查数量：同一厂家同一品种的产品各抽查不少于 3 组。

**7.2.4** 屋面保温隔热层的敷设方式、厚度、缝隙填充质量及屋面热桥部位的保温隔热做法，必须符合设计要求和有关标准的规定。

检验方法：观察、尺量检查。

检查数量：每 $100m^2$ 抽查一处，每处 $10m^2$，整个屋面抽查不得少于 3 处。

**7.2.5** 屋面的通风隔热架空层，其架空高度、安装方式、通风口位置及尺寸应符合设计及有关标准要求。架空层内不得有杂物。架空面层应完整，不得有断裂和露筋等缺陷。

检验方法：观察、尺量检查。

检查数量：每 $100m^2$ 抽查一处，每处 $10m^2$，整个屋面抽查不得少于 3 处。

**7.2.6** 采光屋面的传热系数、遮阳系数、可见光透射比、气密性应符合设计要求。节点的构造做法应符合设计和相关标准的要求。采光屋面的可开启部分应按本规范第 6 章的要求验收。

检验方法：核查质量证明文件；观察检查。

检查数量：全数检查。

**7.2.7** 采光屋面的安装应牢固，坡度正确，封闭严密，嵌缝处不得渗漏。

检验方法：观察、尺量检查；淋水检查；核查隐蔽工程验收记录。

检查数量：全数检查。

**7.2.8** 屋面的隔汽层位置应符合设计要求，隔汽层应完整、严密。

检验方法：对照设计观察检查；核查隐蔽工程验收记录。

检查数量：每 $100m^2$ 抽查一处，每处 $10m^2$，整个屋面抽查不得少于 3 处。

### 7.3 一 般 项 目

**7.3.1** 屋面保温隔热层应按施工方案施工，并应符合下列规定：

**1** 松散材料应分层敷设、按要求压实、表面平整、坡向正确；

**2** 现场采用喷、浇、抹等工艺施工的保温层，其配合比应计量准确，搅拌均匀、分层连续施工，表面平整，坡向正确。

**3** 板材应粘贴牢固、缝隙严密、平整。

检验方法：观察、尺量、称重检查。

检查数量：每 $100m^2$ 抽查一处，每处 $10m^2$，整个屋面抽查不得少于 3 处。

**7.3.2** 金属板保温夹芯屋面应铺装牢固、接口严密、表面洁净、坡向正确。

检验方法：观察、尺量检查；核查隐蔽工程验收记录。

检查数量：全数检查。

**7.3.3** 坡屋面、内架空屋面当采用敷设于屋面内侧的保温材料做保温隔热层时，保温隔热层应有防潮措施，其表面应有保护层，保护层的做法应符合设计要求。

检验方法：观察检查；核查隐蔽工程验收记录。

检查数量：每 $100m^2$ 抽查一处，每处 $10m^2$，整个屋面抽查不得少于 3 处。

## 8 地面节能工程

### 8.1 一 般 规 定

**8.1.1** 本章适用于建筑地面节能工程的质量验收。包括底面接触室外空气、土壤或毗邻不采暖空间的地面节能工程。

**8.1.2** 地面节能工程的施工，应在主体或基层质量验收合格后进行。施工过程中应及时进行质量检查、隐蔽工程验收和检验批验收，施工完成后应进行地面节能分项工程验收。

**8.1.3** 地面节能工程应对下列部位进行隐蔽工程验收，并应有详细的文字记录和必要的图像资料：

**1** 基层；

**2** 被封闭的保温材料厚度；

**3** 保温材料粘结；

**4** 隔断热桥部位。

**8.1.4** 地面节能分项工程检验批划分应符合下列规定：

**1** 检验批可按施工段或变形缝划分；

**2** 当面积超过 $200m^2$ 时，每 $200m^2$ 可划分为一个检验批，不足 $200m^2$ 也为一个检验批；

**3** 不同构造做法的地面节能工程应单独划分检验批。

### 8.2 主 控 项 目

**8.2.1** 用于地面节能工程的保温材料，其品种、规格应符合设计要求和相关标准的规定。

检验方法：观察、尺量或称重检查；核查质量证明文件。

检查数量：按进场批次，每批随机抽取3个试样进行检查；质量证明文件应按照其出厂检验批进行核查。

**8.2.2** 地面节能工程使用的保温材料，其导热系数、密度、抗压强度或压缩强度、燃烧性能应符合设计要求。

检验方法：核查质量证明文件和复验报告。

检查数量：全数核查。

**8.2.3** 地面节能工程采用的保温材料，进场时应对其导热系数、密度、抗压强度或压缩强度、燃烧性能进行复验，复验应为见证取样送检。

检验方法：随机抽样送检，核查复验报告。

检查数量：同一厂家同一品种的产品各抽查不少于3组。

**8.2.4** 地面节能工程施工前，应对基层进行处理，使其达到设计和施工方案的要求。

检验方法：对照设计和施工方案观察检查。

检查数量：全数检查。

**8.2.5** 地面保温层、隔离层、保护层等各层的设置和构造做法以及保温层的厚度应符合设计要求，并应按施工方案施工。

检验方法：对照设计和施工方案观察检查；尺量检查。

检查数量：全数检查。

**8.2.6** 地面节能工程的施工质量应符合下列规定：

**1** 保温板与基层之间、各构造层之间的粘结应牢固，缝隙应严密；

**2** 保温浆料应分层施工；

**3** 穿越地面直接接触室外空气的各种金属管道应按设计要求，采取隔断热桥的保温措施。

检验方法：观察检查；核查隐蔽工程验收记录。

检查数量：每个检验批抽查2处，每处10m²；穿越地面的金属管道处全数检查。

**8.2.7** 有防水要求的地面，其节能保温做法不得影响地面排水坡度，保温层面层不得渗漏。

检验方法：用长度500mm水平尺检查；观察检查。

检查数量：全数检查。

**8.2.8** 严寒、寒冷地区的建筑首层直接与土壤接触的地面、采暖地下室与土壤接触的外墙、毗邻不采暖空间的地面以及底面直接接触室外空气的地面应按设计要求采取保温措施。

检验方法：对照设计观察检查。

检查数量：全数检查。

**8.2.9** 保温层的表面防潮层、保护层应符合设计要求。

检验方法：观察检查。

检查数量：全数检查。

## 8.3 一般项目

**8.3.1** 采用地面辐射采暖的工程，其地面节能做法应符合设计要求，并应符合《地面辐射供暖技术规程》JGJ 142 的规定。

检验方法：观察检查。

检查数量：全数检查。

# 9 采暖节能工程

## 9.1 一般规定

**9.1.1** 本章适用于温度不超过95℃室内集中热水采暖系统节能工程施工质量的验收。

**9.1.2** 采暖系统节能工程的验收，可按系统、楼层等进行，并应符合本规范第3.4.1条的规定。

## 9.2 主控项目

**9.2.1** 采暖系统节能工程采用的散热设备、阀门、仪表、管材、保温材料等产品进场时，应按设计要求对其类型、材质、规格及外观等进行验收，并应经监理工程师（建设单位代表）检查认可，且应形成相应的验收记录。各种产品和设备的质量证明文件和相关技术资料应齐全，并应符合国家现行有关标准和规定。

检验方法：观察检查；核查质量证明文件和相关技术资料。

检查数量：全数检查。

**9.2.2** 采暖系统节能工程采用的散热器和保温材料等进场时，应对其下列技术性能参数进行复验，复验应为见证取样送检：

**1** 散热器的单位散热量、金属热强度；

**2** 保温材料的导热系数、密度、吸水率。

检验方法：现场随机抽样送检；核查复验报告。

检查数量：同一厂家同一规格的散热器按其数量的1%进行见证取样送检，但不得少于2组；同一厂家同材质的保温材料见证取样送检的次数不得少于2次。

**9.2.3** 采暖系统的安装应符合下列规定：

**1** 采暖系统的制式，应符合设计要求；

**2** 散热设备、阀门、过滤器、温度计及仪表应按设计要求安装齐全，不得随意增减和更换；

**3** 室内温度调控装置、热计量装置、水力平衡装置以及热力入口装置的安装位置和方向应符合设计要求，并便于观察、操作和调试；

**4** 温度调控装置和热计量装置安装后，采暖系统应能实现设计要求的分室（区）温度调控、分栋热计量和分户或分室（区）热量分摊的功能。

检验方法：观察检查。

检查数量：全数检查。

**9.2.4** 散热器及其安装应符合下列规定：

**1** 每组散热器的规格、数量及安装方式应符合设计要求；

**2** 散热器外表面应刷非金属性涂料。

检验方法：观察检查。

检查数量：按散热器组数抽查5%，不得少于5组。

**9.2.5** 散热器恒温阀及其安装应符合下列规定：

**1** 恒温阀的规格、数量应符合设计要求；

**2** 明装散热器恒温阀不应安装在狭小和封闭空间，其恒温阀阀头应水平安装，且不应被散热器、窗帘或其他障碍物遮挡；

**3** 暗装散热器的恒温阀应采用外置式温度传感器，并应安装在空气流通且能正确反映房间温度的位置上。

检验方法：观察检查。

检查数量：按总数抽查5%，不得少于5个。

**9.2.6** 低温热水地面辐射供暖系统的安装除了应符合本规范第9.2.3条的规定外，尚应符合下列规定：

**1** 防潮层和绝热层的做法及绝热层的厚度应符合设计要求；

**2** 室内温控装置的传感器应安装在避开阳光直射和有发热设备且距地1.4m处的内墙面上。

检验方法：防潮层和绝热层隐蔽前观察检查；用钢针刺入绝热层、尺量；观察检查、尺量室内温控装置传感器的安装高度。

检查数量：防潮层和绝热层按检验批抽查5处，每处检查不少于5点；温控装置按每个检验批抽查10个。

**9.2.7** 采暖系统热力入口装置的安装应符合下列规定：

**1** 热力入口装置中各种部件的规格、数量，应符合设计要求；

**2** 热计量装置、过滤器、压力表、温度计的安装位置、方向应正确，并便于观察、维护；

**3** 水力平衡装置及各类阀门的安装位置、方向应正确，并便于操作和调试。安装完毕后，应根据系统水力平衡要求进行调试并做出标志。

检验方法：观察检查；核查进场验收记录和调试报告。

检查数量：全数检查。

**9.2.8** 采暖管道保温层和防潮层的施工应符合下列规定：

**1** 保温层应采用不燃或难燃材料，其材质、规格、厚度等应符合设计要求；

**2** 保温管壳的粘贴应牢固、铺设应平整；硬质

或半硬质的保温管壳每节至少应用防腐金属丝或难腐织带或专用胶带进行捆扎或粘贴2道，其间距为300～350mm，且捆扎、粘贴应紧密，无滑动、松弛及断裂现象；

**3** 硬质或半硬质保温管壳的拼接缝隙不应大于5mm，并用粘结材料勾缝填满，纵缝应错开，外层的水平接缝应设在侧下方；

**4** 松散或软质保温材料应按规定的密度压缩其体积，疏密应均匀；毡类材料在管道上包扎时，搭接处不应有空隙；

**5** 防潮层应紧密粘贴在保温层上，封闭良好，不得有虚粘、气泡、褶皱、裂缝等缺陷；

**6** 防潮层的立管应由管道的低端向高端敷设，环向搭接缝应朝向低端；纵向搭接缝应位于管道的侧面，并顺水；

**7** 卷材防潮层采用螺旋形缠绕的方式施工时，卷材的搭接宽度宜为30～50mm；

**8** 阀门及法兰部位的保温层结构应严密，且能单独拆卸并不得影响其操作功能。

检验方法：观察检查；用钢针刺入保温层、尺量。

检查数量：按数量抽查10%，且保温层不得少于10段、防潮层不得少于10m、阀门等配件不得少于5个。

**9.2.9** 采暖系统应随施工进度对与节能有关的隐蔽部位或内容进行验收，并应有详细的文字记录和必要的图像资料。

检验方法：观察检查；核查隐蔽工程验收记录。

检查数量：全数检查。

**9.2.10** 采暖系统安装完毕后，应在采暖期内与热源进行联合试运转和调试。联合试运转和调试结果应符合设计要求，采暖房间温度相对于设计计算温度不得低于2℃，且不高于1℃。

检验方法：检查室内采暖系统试运转和调试记录。

检查数量：全数检查。

### 9.3 一 般 项 目

**9.3.1** 采暖系统过滤器等配件的保温层应密实、无空隙，且不影响其操作功能。

检验方法：观察检查。

检查数量：按类别数量抽查10%，且均不得少于2件。

## 10 通风与空调节能工程

### 10.1 一 般 规 定

**10.1.1** 本章适用于通风与空调系统节能工程施工

质量的验收。

**10.1.2** 通风与空调系统节能工程的验收，可按系统、楼层等进行，并应符合本规范第3.4.1条的规定。

## 10.2 主控项目

**10.2.1** 通风与空调系统节能工程所使用的设备、管道、阀门、仪表、绝热材料等产品进场时，应按设计要求对其类型、材质、规格及外观等进行验收，并应对下列产品的技术性能参数进行核查。验收与核查的结果应经监理工程师（建设单位代表）检查认可，并应形成相应的验收、核查记录。各种产品和设备的质量证明文件和相关技术资料应齐全，并应符合有关国家现行标准和规定。

  **1** 组合式空调机组、柜式空调机组、新风机组、单元式空调机组、热回收装置等设备的冷量、热量、风量、风压、功率及额定热回收效率；

  **2** 风机的风量、风压、功率及其单位风量耗功率；

  **3** 成品风管的技术性能参数；

  **4** 自控阀门与仪表的技术性能参数。

  检验方法：观察检查；技术资料和性能检测报告等质量证明文件与实物核对。

  检查数量：全数检查。

**10.2.2** 风机盘管机组和绝热材料进场时，应对其下列技术性能参数进行复验，复验应为见证取样送检。

  **1** 风机盘管机组的供冷量、供热量、风量、出口静压、噪声及功率；

  **2** 绝热材料的导热系数、密度、吸水率。

  检验方法：现场随机抽样送检；核查复验报告。

  检查数量：同一厂家的风机盘管机组按数量复验2%，但不得少于2台；同一厂家同材质的绝热材料复验次数不得少于2次。

**10.2.3** 通风与空调节能工程中的送、排风系统及空调风系统、空调水系统的安装，应符合下列规定：

  **1** 各系统的制式，应符合设计要求；

  **2** 各种设备、自控阀门与仪表应按设计要求安装齐全，不得随意增减和更换；

  **3** 水系统各分支管路水力平衡装置、温控装置与仪表的安装位置、方向应符合设计要求，并便于观察、操作和调试；

  **4** 空调系统应能实现设计要求的分室（区）温度调控功能。对设计要求分栋、分区或分户（室）冷、热计量的建筑物，空调系统应能实现相应的计量功能。

  检验方法：观察检查。

  检查数量：全数检查。

**10.2.4** 风管的制作与安装应符合下列规定：

  **1** 风管的材质、断面尺寸及厚度应符合设计要求；

  **2** 风管与部件、风管与土建风道及风管间的连接应严密、牢固；

  **3** 风管的严密性及风管系统的严密性检验和漏风量，应符合设计要求或现行国家标准《通风与空调工程施工质量验收规范》GB 50243 的有关规定；

  **4** 需要绝热的风管与金属支架的接触处、复合风管及需要绝热的非金属风管的连接和内部支撑加固等处，应有防热桥的措施，并应符合设计要求。

  检验方法：观察、尺量检查；核查风管及风管系统严密性检验记录。

  检查数量：按数量抽查10%，且不得少于1个系统。

**10.2.5** 组合式空调机组、柜式空调机组、新风机组、单元式空调机组的安装应符合下列规定：

  **1** 各种空调机组的规格、数量应符合设计要求；

  **2** 安装位置和方向应正确，且与风管、送风静压箱、回风箱的连接应严密可靠；

  **3** 现场组装的组合式空调机组各功能段之间连接应严密，并应做漏风量的检测，其漏风量应符合现行国家标准《组合式空调机组》GB/T 14294 的规定；

  **4** 机组内的空气热交换器翅片和空气过滤器应清洁、完好，且安装位置和方向必须正确，并便于维护和清理。当设计未注明过滤器的阻力时，应满足粗效过滤器的初阻力 $\leqslant 50$Pa（粒径 $\geqslant 5.0\mu m$，效率：$80\% > E \geqslant 20\%$）；中效过滤器的初阻力 $\leqslant 80$Pa（粒径 $\geqslant 1.0\mu m$，效率：$70\% > E \geqslant 20\%$）的要求。

  检验方法：观察检查；核查漏风量测试记录。

  检查数量：按同类产品的数量抽查20%，且不得少于1台。

**10.2.6** 风机盘管机组的安装应符合下列规定：

  **1** 规格、数量应符合设计要求；

  **2** 位置、高度、方向应正确，并便于维护、保养；

  **3** 机组与风管、回风箱及风口的连接应严密、可靠；

  **4** 空气过滤器的安装应便于拆卸和清理。

  检验方法：观察检查。

  检查数量：按总数抽查10%，且不得少于5台。

**10.2.7** 通风与空调系统中风机的安装应符合下列规定：

  **1** 规格、数量应符合设计要求；

  **2** 安装位置及进、出口方向应正确，与风管的连接应严密、可靠。

  检验方法：观察检查。

  检查数量：全数检查。

**10.2.8** 带热回收功能的双向换气装置和集中排风

系统中的排风热回收装置的安装应符合下列规定：

**1** 规格、数量及安装位置应符合设计要求；

**2** 进、排风管的连接应正确、严密、可靠；

**3** 室外进、排风口的安装位置、高度及水平距离应符合设计要求。

检验方法：观察检查。

检查数量：按总数抽检20%，且不得少于1台。

**10.2.9** 空调机组回水管上的电动两通调节阀、风机盘管机组回水管上的电动两通（调节）阀、空调冷热水系统中的水力平衡阀、冷（热）量计量装置等自控阀门与仪表的安装应符合下列规定：

**1** 规格、数量应符合设计要求；

**2** 方向应正确，位置应便于操作和观察。

检验方法：观察检查。

检查数量：按类型数量抽查10%，且均不得少于1个。

**10.2.10** 空调风管系统及部件的绝热层和防潮层施工应符合下列规定：

**1** 绝热层应采用不燃或难燃材料，其材质、规格及厚度等应符合设计要求；

**2** 绝热层与风管、部件及设备应紧密贴合，无裂缝、空隙等缺陷，且纵、横向的接缝应错开；

**3** 绝热层表面应平整，当采用卷材或板材时，其厚度允许偏差为5mm；采用涂抹或其他方式时，其厚度允许偏差为10mm；

**4** 风管法兰部位绝热层的厚度，不应低于风管绝热层厚度的80%；

**5** 风管穿楼板和穿墙处的绝热层应连续不间断；

**6** 防潮层（包括绝热层的端部）应完整，且封闭良好，其搭接缝应顺水；

**7** 带有防潮层隔汽层绝热材料的拼缝处，应用胶带封严，粘胶带的宽度不应小于50mm；

**8** 风管系统部件的绝热，不得影响其操作功能。

检验方法：观察检查；用钢针刺入绝热层、尺量检查。

检查数量：管道按轴线长度抽查10%；风管穿楼板和穿墙处及阀门等配件抽查10%，且不得少于2个。

**10.2.11** 空调水系统管道及配件的绝热层和防潮层施工，应符合下列规定：

**1** 绝热层应采用不燃或难燃材料，其材质、规格及厚度等应符合设计要求；

**2** 绝热管壳的粘贴应牢固、铺设应平整；硬质或半硬质的绝热管壳每节至少应用防腐金属丝或难腐织带或专用胶带进行捆扎或粘贴2道，其间距为300～350mm，且捆扎、粘贴应紧密，无滑动、松弛与断裂现象；

**3** 硬质或半硬质绝热管壳的拼接缝隙，保温时不应大于5mm、保冷时不应大于2mm，并用粘结材料勾缝填满；纵缝应错开，外层的水平接缝应设在侧下方；

**4** 松散或软质保温材料应按规定的密度压缩其体积，疏密应均匀；毡类材料在管道上包扎时，搭接处不应有空隙；

**5** 防潮层与绝热层应结合紧密，封闭良好，不得有虚粘、气泡、褶皱、裂缝等缺陷；

**6** 防潮层的立管应由管道的低端向高端敷设，环向搭接缝应朝向低端；纵向搭接缝应位于管道的侧面，并顺水；

**7** 卷材防潮层采用螺旋形缠绕的方式施工时，卷材的搭接宽度宜为30～50mm；

**8** 空调冷热水管穿楼板和穿墙处的绝热层应连续不间断，且绝热层与穿楼板和穿墙处的套管之间应用不燃材料填实不得有空隙，套管两端应进行密封封堵；

**9** 管道阀门、过滤器及法兰部位的绝热结构应能单独拆卸，且不得影响其操作功能。

检验方法：观察检查；用钢针刺入绝热层、尺量检查。

检查数量：按数量抽查10%，且绝热层不得少于10段、防潮层不得少于10m、阀门等配件不得少于5个。

**10.2.12** 空调水系统的冷热水管道与支、吊架之间应设置绝热衬垫，其厚度不应小于绝热层厚度，宽度应大于支、吊架支承面的宽度。衬垫的表面应平整，衬垫与绝热材料之间应填实无空隙。

检验方法：观察、尺量检查。

检查数量：按数量抽检5%，且不得少于5处。

**10.2.13** 通风与空调系统应随施工进度对与节能有关的隐蔽部位或内容进行验收，并应有详细的文字记录和必要的图像资料。

检验方法：观察检查；核查隐蔽工程验收记录。

检查数量：全数检查。

**10.2.14** 通风与空调系统安装完毕，应进行通风机和空调机组等设备的单机试运转和调试，并应进行系统的风量平衡调试。单机试运转和调试结果应符合设计要求；系统的总风量与设计风量的允许偏差不应大于10%，风口的风量与设计风量的允许偏差不应大于15%。

检验方法：观察检查；核查试运转和调试记录。

检验数量：全数检查。

## 10.3 一般项目

**10.3.1** 空气风幕机的规格、数量、安装位置和方向应正确，纵向垂直度和横向水平度的偏差均不应大于2/1000。

检验方法：观察检查。

检查数量：按总数量抽查 10%，且不得少于 1 台。

**10.3.2** 变风量末端装置与风管连接前宜做动作试验，确认运行正常后再封口。

检验方法：观察检查。

检查数量：按总数量抽查 10%，且不得少于 2 台。

# 11 空调与采暖系统冷热源及管网节能工程

## 11.1 一般规定

**11.1.1** 本章适用于空调与采暖系统中冷热源设备、辅助设备及其管道和室外管网系统节能工程施工质量的验收。

**11.1.2** 空调与采暖系统冷热源设备、辅助设备及其管道和管网系统节能工程的验收，可分别按冷源和热源系统及室外管网进行，并应符合本规范第 3.4.1 条的规定。

## 11.2 主控项目

**11.2.1** 空调与采暖系统冷热源设备及其辅助设备、阀门、仪表、绝热材料等产品进场时，应按照设计要求对其类型、规格和外观等进行检查验收，并应对下列产品的技术性能参数进行核查。验收与核查的结果应经监理工程师（建设单位代表）检查认可，并应形成相应的验收、核查记录。各种产品和设备的质量证明文件和相关技术资料应齐全，并应符合国家现行有关标准和规定。

1 锅炉的单台容量及其额定热效率；

2 热交换器的单台换热量；

3 电机驱动压缩机的蒸气压缩循环冷水（热泵）机组的额定制冷量（制热量）、输入功率、性能系数（COP）及综合部分负荷性能系数（IPLV）；

4 电机驱动压缩机的单元式空气调节机、风管送风式和屋顶式空气调节机组的名义制冷量、输入功率及能效比（EER）；

5 蒸汽和热水型溴化锂吸收式机组及直燃型溴化锂吸收式冷（温）水机组的名义制冷量、供热量、输入功率及性能系数；

6 集中采暖系统热水循环水泵的流量、扬程、电机功率及耗电输热比（EHR）；

7 空调冷热水系统循环水泵的流量、扬程、电机功率及输送能效比（ER）；

8 冷却塔的流量及电机功率；

9 自控阀门与仪表的技术性能参数。

检验方法：观察检查；技术资料和性能检测报告等质量证明文件与实物核对。

检查数量：全数核查。

**11.2.2** 空调与采暖系统冷热源及管网节能工程的绝热管道、绝热材料进场时，应对绝热材料的导热系数、密度、吸水率等技术性能参数进行复验，复验应为见证取样送检。

检验方法：现场随机抽样送检；核查复验报告。

检查数量：同一厂家同材质的绝热材料复验次数不得少于 2 次。

**11.2.3** 空调与采暖系统冷热源设备和辅助设备及其管网系统的安装，应符合下列规定：

1 管道系统的制式，应符合设计要求；

2 各种设备、自控阀门与仪表应按设计要求安装齐全，不得随意增减和更换；

3 空调冷（热）水系统，应能实现设计要求的变流量或定流量运行；

4 供热系统应能根据热负荷及室外温度变化实现设计要求的集中质调节、量调节或质-量调节相结合的运行。

检验方法：观察检查。

检查数量：全数检查。

**11.2.4** 空调与采暖系统冷热源和辅助设备及其管道和室外管网系统，应随施工进度对与节能有关的隐蔽部位或内容进行验收，并应有详细的文字记录和必要的图像资料。

检验方法：观察检查；核查隐蔽工程验收记录。

检查数量：全数检查。

**11.2.5** 冷热源侧的电动两通调节阀、水力平衡阀及冷（热）量计量装置等自控阀门与仪表的安装，应符合下列规定：

1 规格、数量应符合设计要求；

2 方向应正确，位置应便于操作和观察。

检验方法：观察检查。

检查数量：全数检查。

**11.2.6** 锅炉、热交换器、电机驱动压缩机的蒸气压缩循环冷水（热泵）机组、蒸汽或热水型溴化锂吸收式冷水机组及直燃型溴化锂吸收式冷（温）水机组等设备的安装，应符合下列要求：

1 规格、数量应符合设计要求；

2 安装位置及管道连接应正确。

检验方法：观察检查。

检查数量：全数检查。

**11.2.7** 冷却塔、水泵等辅助设备的安装应符合下列要求：

1 规格、数量应符合设计要求；

2 冷却塔设置位置应通风良好，并应远离厨房排风等高温气体；

3 管道连接应正确。

检验方法：观察检查。

检查数量：全数检查。

**11.2.8** 空调冷热源水系统管道及配件绝热层和防潮层的施工要求，可按照本规范第10.2.11条的规定执行。

**11.2.9** 当输送介质温度低于周围空气露点温度的管道，采用非闭孔绝热材料作绝热层时，其防潮层和保护层应完整，且封闭良好。

检验方法：观察检查。

检查数量：全数检查。

**11.2.10** 冷热源机房、换热站内部空调冷热水管道与支、吊架之间绝热衬垫的施工可按照本规范第10.2.12条执行。

**11.2.11** 空调与采暖系统冷热源和辅助设备及其管道和管网系统安装完毕后，系统试运转及调试必须符合下列规定：

1 冷热源和辅助设备必须进行单机试运转及调试；

2 冷热源和辅助设备必须同建筑物室内空调或采暖系统进行联合试运转及调试。

3 联合试运转及调试结果应符合设计要求，且允许偏差或规定值应符合表11.2.11的有关规定。当联合试运转及调试不在制冷期或采暖期时，应先对表11.2.11中序号2、3、5、6四个项目进行检测，并在第一个制冷期或采暖期内，带冷（热）源补做序号1、4两个项目的检测。

**表11.2.11 联合试运转及调试检测项目**
**与允许偏差或规定值**

| 序号 | 检测项目 | 允许偏差或规定值 |
|---|---|---|
| 1 | 室内温度 | 冬季不得低于设计计算温度2℃，且不应高于1℃；夏季不得高于设计计算温度2℃，且不应低于1℃ |
| 2 | 供热系统室外管网的水力平衡度 | 0.9～1.2 |
| 3 | 供热系统的补水率 | ≤0.5% |
| 4 | 室外管网的热输送效率 | ≥0.92 |
| 5 | 空调机组的水流量 | ≤20% |
| 6 | 空调系统冷热水、冷却水总流量 | ≤10% |

检验方法：观察检查；核查试运转和调试记录。

检验数量：全数检查。

### 11.3 一般项目

**11.3.1** 空调与采暖系统的冷热源设备及其辅助设备、配件的绝热，不得影响其操作功能。

检验方法：观察检查。

检查数量：全数检查。

# 12 配电与照明节能工程

### 12.1 一般规定

**12.1.1** 本章适用于建筑节能工程配电与照明的施工质量验收。

**12.1.2** 建筑配电与照明节能工程验收的检验批划分应按本规范第3.4.1条的规定执行。当需要重新划分检验批时，可按照系统、楼层、建筑分区划分为若干个检验批。

**12.1.3** 建筑配电与照明节能工程的施工质量验收，应符合本规范和《建筑电气工程施工质量验收规范》GB 50303的有关规定、已批准的设计图纸、相关技术规定和合同约定内容的要求。

### 12.2 主控项目

**12.2.1** 照明光源、灯具及其附属装置的选择必须符合设计要求，进场验收时应对下列技术性能进行核查，并经监理工程师（建设单位代表）检查认可，形成相应的验收、核查记录。质量证明文件和相关技术资料应齐全，并应符合国家现行有关标准和规定。

1 荧光灯灯具和高强度气体放电灯灯具的效率不应低于表12.2.1-1的规定。

**表12.2.1-1 荧光灯灯具和高强度**
**气体放电灯灯具的效率允许值**

| 灯具出光口形式 | 开敞式 | 保护罩（玻璃或塑料） | | 格栅 | 格栅或透光罩 |
|---|---|---|---|---|---|
| | | 透明 | 磨砂、棱镜 | | |
| 荧光灯灯具 | 75% | 65% | 55% | 60% | — |
| 高强度气体放电灯灯具 | 75% | | | 60% | 60% |

2 管型荧光灯镇流器能效限定值应不小于表12.2.1-2的规定。

**表12.2.1-2 镇流器能效限定值**

| 标称功率（W） | | 18 | 20 | 22 | 30 | 32 | 36 | 40 |
|---|---|---|---|---|---|---|---|---|
| 镇流器能效因数（BEF） | 电感型 | 3.154 | 2.952 | 2.770 | 2.232 | 2.146 | 2.030 | 1.992 |
| | 电子型 | 4.778 | 4.370 | 3.998 | 2.870 | 2.678 | 2.402 | 2.270 |

3 照明设备谐波含量限值应符合表12.2.1-3的规定。

表 12.2.1-3 照明设备谐波含量的限值

| 谐波次数 n | 基波频率下输入电流百分比数表示的最大允许谐波电流（%） |
|---|---|
| 2 | 2 |
| 3 | 30×λ<sup>注</sup> |
| 5 | 10 |
| 7 | 7 |
| 9 | 5 |
| 11≤n≤39（仅有奇次谐波） | 3 |

注：λ 是电路功率因数。

检验方法：观察检查；技术资料和性能检测报告等质量证明文件与实物核对。

检查数量：全数核查。

**12.2.2** 低压配电系统选择的电缆、电线截面不得低于设计值，进场时应对其截面和每芯导体电阻值进行见证取样送检。每芯导体电阻值应符合表 12.2.2 的规定。

表 12.2.2 不同标称截面的电缆、电线每芯导体最大电阻值

| 标称截面（mm²） | 20℃时导体最大电阻（Ω/km）圆铜导体（不镀金属） |
|---|---|
| 0.5 | 36.0 |
| 0.75 | 24.5 |
| 1.0 | 18.1 |
| 1.5 | 12.1 |
| 2.5 | 7.41 |
| 4 | 4.61 |
| 6 | 3.08 |

续表 12.2.2

| 标称截面（mm²） | 20℃时导体最大电阻（Ω/km）圆铜导体（不镀金属） |
|---|---|
| 10 | 1.83 |
| 16 | 1.15 |
| 25 | 0.727 |
| 35 | 0.524 |
| 50 | 0.387 |
| 70 | 0.268 |
| 95 | 0.193 |
| 120 | 0.153 |
| 150 | 0.124 |
| 185 | 0.0991 |
| 240 | 0.0754 |
| 300 | 0.0601 |

检验方法：进场时抽样送检，验收时核查检验报告。

检查数量：同厂家各种规格总数的 10%，且不少于 2 个规格。

**12.2.3** 工程安装完成后应对低压配电系统进行调试，调试合格后应对低压配电电源质量进行检测。其中：

**1** 供电电压允许偏差：三相供电电压允许偏差为标称系统电压的 ±7%；单相 220V 为 +7%、−10%。

**2** 公共电网谐波电压限值为：380V 的电网标称电压，电压总谐波畸变率（THDu）为 5%，奇次（1～25 次）谐波含有率为 4%，偶次（2～24 次）谐波含有率为 2%。

**3** 谐波电流不应超过表 12.2.3 中规定的允许值。

表 12.2.3 谐波电流允许值

| 标准电压（kV） | 基准短路容量（MVA） | 谐波次数及谐波电流允许值（A） | | | | | | | | | | | |
|---|---|---|---|---|---|---|---|---|---|---|---|---|---|
| | | 2 | 3 | 4 | 5 | 6 | 7 | 8 | 9 | 10 | 11 | 12 | 13 |
| | | 78 | 62 | 39 | 62 | 26 | 44 | 19 | 21 | 16 | 28 | 13 | 24 |
| | | 谐波次数及谐波电流允许值（A） | | | | | | | | | | | |
| | | 14 | 15 | 16 | 17 | 18 | 19 | 20 | 21 | 22 | 23 | 24 | 25 |
| 0.38 | 10 | 11 | 12 | 9.7 | 18 | 8.6 | 16 | 7.8 | 8.9 | 7.1 | 14 | 6.5 | 12 |

**4** 三相电压不平衡度允许值为 2%，短时不得超过 4%。

检验方法：在已安装的变频和照明等可产生谐波的用电设备均可投入的情况下，使用三相电能质量分析仪在变压器的低压侧测量。

检查数量：全部检测。

**12.2.4** 在通电试运行中，应测试并记录照明系统的照度和功率密度值。

    **1** 照度值不得小于设计值的 90%；

    **2** 功率密度值应符合《建筑照明设计标准》GB 50034 中的规定。

    检验方法：在无外界光源的情况下，检测被检区域内平均照度和功率密度。

    检查数量：每种功能区检查不少于 2 处。

### 12.3 一般项目

**12.3.1** 母线与母线或母线与电器接线端子，当采用螺栓搭接连接时，应采用力矩扳手拧紧，制作应符合《建筑电气工程施工质量验收规范》GB 50303 标准中有关规定。

    检验方法：使用力矩扳手对压接螺栓进行力矩检测。

    检查数量：母线按检验批抽查 10%。

**12.3.2** 交流单芯电缆或分相后的每相电缆宜品字型（三叶型）敷设，且不得形成闭合铁磁回路。

    检验方法：观察检查。

    检查数量：全数检查。

**12.3.3** 三相照明配电干线的各相负荷宜分配平衡，其最大相负荷不宜超过三相负荷平均值的 115%，最小相负荷不宜小于三相负荷平均值的 85%。

    检验方法：在建筑物照明通电试运行时开启全部照明负荷，使用三相功率计检测各相负载电流、电压和功率。

    检查数量：全部检查。

## 13 监测与控制节能工程

### 13.1 一般规定

**13.1.1** 本章适用于建筑节能工程监测与控制系统的施工质量验收。

**13.1.2** 监测与控制系统施工质量的验收应执行《智能建筑工程质量验收规范》GB 50339 相关章节的规定和本规范的规定。

**13.1.3** 监测与控制系统验收的主要对象应为采暖、通风与空气调节和配电与照明所采用的监测与控制系统，能耗计量系统以及建筑能源管理系统。

    建筑节能工程所涉及的可再生能源利用、建筑冷热电联供系统、能源回收利用以及其他与节能有关的建筑设备监控部分的验收，应参照本章的相关规定执行。

**13.1.4** 监测与控制系统的施工单位应依据国家相关标准的规定，对施工图设计进行复核。当复核结果不能满足节能要求时，应向设计单位提出修改建议，由设计单位进行设计变更，并经原节能设计审查机构

批准。

**13.1.5** 施工单位应依据设计文件制定系统控制流程图和节能工程施工验收大纲。

**13.1.6** 监测与控制系统的验收分为工程实施和系统检测两个阶段。

**13.1.7** 工程实施由施工单位和监理单位随工程实施过程进行，分别对施工质量管理文件、设计符合性、产品质量、安装质量进行检查，及时对隐蔽工程和相关接口进行检查，同时，应有详细的文字和图像资料，对监测与控制系统进行不少于 168h 的不间断试运行。

**13.1.8** 系统检测内容应包括对工程实施文件和系统自检文件的复核，对监测与控制系统的安装质量、系统节能监控功能、能源计量及建筑能源管理等进行检查和检测。

    系统检测内容分为主控项目和一般项目，系统检测结果是监测与控制系统的验收依据。

**13.1.9** 对不具备试运行条件的项目，应在审核调试记录的基础上进行模拟检测，以检测监测与控制系统的节能监控功能。

### 13.2 主控项目

**13.2.1** 监测与控制系统采用的设备、材料及附属产品进场时，应按照设计要求对其品种、规格、型号、外观和性能等进行检查验收，并应经监理工程师（建设单位代表）检查认可，且应形成相应的质量记录。各种设备、材料和产品附带的质量证明文件和相关技术资料应齐全，并应符合国家现行有关标准和规定。

    检验方法：进行外观检查；对照设计要求核查质量证明文件和相关技术资料。

    检查数量：全数检查。

**13.2.2** 监测与控制系统安装质量应符合以下规定：

    **1** 传感器的安装质量应符合《自动化仪表工程施工及验收规范》GB 50093 的有关规定；

    **2** 阀门型号和参数应符合设计要求，其安装位置、阀前后直管段长度、流体方向等应符合产品安装要求；

    **3** 压力和差压仪表的取压点、仪表配套的阀门安装应符合产品要求；

    **4** 流量仪表的型号和参数、仪表前后的直管段长度等应符合产品要求；

    **5** 温度传感器的安装位置、插入深度应符合产品要求；

    **6** 变频器安装位置、电源回路敷设、控制回路敷设应符合设计要求；

    **7** 智能化变风量末端装置的温度设定器安装位置应符合产品要求；

    **8** 涉及节能控制的关键传感器应预留检测孔或

检测位置，管道保温时应做明显标注。

检验方法：对照图纸或产品说明书目测和尺量检查。

检查数量：每种仪表按20%抽检，不足10台全部检查。

**13.2.3** 对经过试运行的项目，其系统的投入情况、监控功能、故障报警连锁控制及数据采集等功能，应符合设计要求。

检验方法：调用节能监控系统的历史数据、控制流程图和试运行记录，对数据进行分析。

检查数量：检查全部进行过试运行的系统。

**13.2.4** 空调与采暖的冷热源、空调水系统的监测控制系统应成功运行，控制及故障报警功能应符合设计要求。

检验方法：在中央工作站使用检测系统软件，或采用在直接数字控制器或冷热源系统自带控制器上改变参数设定值和输入参数值，检测控制系统的投入情况及控制功能；在工作站或现场模拟故障，检测故障监视、记录和报警功能。

检查数量：全部检测。

**13.2.5** **通风与空调监测控制系统的控制功能及故障报警功能应符合设计要求。**

检验方法：在中央工作站使用检测系统软件，或采用在直接数字控制器或通风与空调系统自带控制器上改变参数设定值和输入参数值，检测控制系统的投入情况及控制功能；在工作站或现场模拟故障，检测故障监视、记录和报警功能。

检查数量：按总数的20%抽样检测，不足5台全部检测。

**13.2.6** 监测与计量装置的检测计量数据应准确，并符合系统对测量准确度的要求。

检验方法：用标准仪器仪表在现场实测数据，将此数据分别与直接数字控制器和中央工作站显示数据进行比对。

检查数量：按20%抽样检测，不足10台全部检测。

**13.2.7** 供配电的监测与数据采集系统应符合设计要求。

检验方法：试运行时，监测供配电系统的运行工况，在中央工作站检查运行数据和报警功能。

检查数量：全部检测。

**13.2.8** 照明自动控制系统的功能应符合设计要求，当设计无要求时应实现下列控制功能：

1 大型公共建筑的公用照明区应采用集中控制并应按照建筑使用条件和天然采光状况采取分区、分组控制措施，并按需要采取调光或降低照度的控制措施；

2 旅馆的每间（套）客房应设置节能控制型开关；

3 居住建筑有天然采光的楼梯间、走道的一般照明，应采用节能自熄开关；

4 房间或场所设有两列或多列灯具时，应按下列方式控制：

 1）所控灯列与侧窗平行；

 2）电教室、会议室、多功能厅、报告厅等场所，按靠近或远离讲台分组。

检验方法：

1 现场操作检查控制方式；

2 依据施工图，按回路分组，在中央工作站上进行被检回路的开关控制，观察相应回路的动作情况；

3 在中央工作站改变时间表控制程序的设定，观察相应回路的动作情况；

4 在中央工作站采用改变光照度设定值、室内人员分布等方式，观察相应回路的控制情况。

5 在中央工作站改变场景控制方式，观察相应的控制情况。

检查数量：现场操作检查为全数检查，在中央工作站上检查按照明控制箱总数的5%检测，不足5台全部检测。

**13.2.9** 综合控制系统应对以下项目进行功能检测，检测结果应满足设计要求：

1 建筑能源系统的协调控制；

2 采暖、通风与空调系统的优化监控。

检验方法：采用人为输入数据的方法进行模拟测试，按不同的运行工况检测协调控制和优化监控功能。

检查数量：全部检测。

**13.2.10** 建筑能源管理系统的能耗数据采集与分析功能，设备管理和运行管理功能，优化能源调度功能，数据集成功能应符合设计要求。

检验方法：对管理软件进行功能检测。

检查数量：全部检查。

## 13.3 一 般 项 目

**13.3.1** 检测监测与控制系统的可靠性、实时性、可维护性等系统性能，主要包括下列内容：

1 控制设备的有效性，执行器动作与控制系统的指令一致，控制系统性能稳定符合设计要求；

2 控制系统的采样速度、操作响应时间、报警反应速度应符合设计要求；

3 冗余设备的故障检测正确性及其切换时间和切换功能应符合设计要求；

4 应用软件的在线编程（组态）、参数修改、下载功能、设备及网络故障自检测功能应符合设计要求；

5 控制器的数据存储能力和所占存储容量应符合设计要求；

**6** 故障检测与诊断系统的报警和显示功能应符合设计要求；

**7** 设备启动和停止功能及状态显示应正确；

**8** 被控设备的顺序控制和连锁功能应可靠；

**9** 应具备自动控制/远程控制/现场控制模式下的命令冲突检测功能；

**10** 人机界面及可视化检查。

检验方法：分别在中央工作站、现场控制器和现场利用参数设定、程序下载、故障设定、数据修改和事件设定等方法，通过与设定的显示要求对照，进行上述系统的性能检测。

检查数量：全部检测。

# 14 建筑节能工程现场检验

## 14.1 围护结构现场实体检验

**14.1.1** 建筑围护结构施工完成后，应对围护结构的外墙节能构造和严寒、寒冷、夏热冬冷地区的外窗气密性进行现场实体检测。当条件具备时，也可直接对围护结构的传热系数进行检测。

**14.1.2** 外墙节能构造的现场实体检验方法见本规范附录C。其检验目的是：

**1** 验证墙体保温材料的种类是否符合设计要求；

**2** 验证保温层厚度是否符合设计要求；

**3** 检查保温层构造做法是否符合设计和施工方案要求。

**14.1.3** 严寒、寒冷、夏热冬冷地区的外窗现场实体检测应按照国家现行有关标准的规定执行。其检验目的是验证建筑外窗气密性是否符合节能设计要求和国家有关标准的规定。

**14.1.4** 外墙节能构造和外窗气密性的现场实体检验，其抽样数量可以在合同中约定，但合同中约定的抽样数量不应低于本规范的要求。当无合同约定时应按照下列规定抽样：

**1** 每个单位工程的外墙至少抽查3处，每处一个检查点；当一个单位工程外墙有2种以上节能保温做法时，每种节能做法的外墙应抽查不少于3处；

**2** 每个单位工程的外窗至少抽查3樘。当一个单位工程外窗有2种以上品种、类型和开启方式时，每种品种、类型和开启方式的外窗应抽查不少于3樘。

**14.1.5** 外墙节能构造的现场实体检验应在监理（建设）人员见证下实施，可委托有资质的检测机构实施，也可由施工单位实施。

**14.1.6** 外窗气密性的现场实体检测应在监理（建设）人员见证下抽样，委托有资质的检测机构实施。

**14.1.7** 当对围护结构的传热系数进行检测时，应由建设单位委托具备检测资质的检测机构承担；其检测方法、抽样数量、检测部位和合格判定标准等可在合同中约定。

**14.1.8** 当外墙节能构造或外窗气密性现场实体检验出现不符合设计要求和标准规定的情况时，应委托有资质的检测机构扩大一倍数量抽样，对不符合要求的项目或参数再次检验。仍然不符合要求时应给出"不符合设计要求"的结论。

对于不符合设计要求的围护结构节能构造应查找原因，对因此造成的对建筑节能的影响程度进行计算或评估，采取技术措施予以弥补或消除后重新进行检测，合格后方可通过验收。

对于建筑外窗气密性不符合设计要求和国家现行标准规定的，应查找原因进行修理，使其达到要求后重新进行检测，合格后方可通过验收。

## 14.2 系统节能性能检测

**14.2.1** 采暖、通风与空调、配电与照明工程安装完成后，应进行系统节能性能的检测，且应由建设单位委托具有相应检测资质的检测机构检测并出具报告。受季节影响未进行的节能性能检测项目，应在保修期内补做。

**14.2.2** 采暖、通风与空调、配电与照明系统节能性能检测的主要项目及要求见表14.2.2，其检测方法应按国家现行有关标准规定执行。

**表14.2.2 系统节能性能检测主要项目及要求**

| 序号 | 检测项目 | 抽样数量 | 允许偏差或规定值 |
|---|---|---|---|
| 1 | 室内温度 | 居住建筑每户抽测卧室或起居室1间，其他建筑按房间总数抽测10% | 冬季不得低于设计计算温度2℃，且不应高于1℃；夏季不得高于设计计算温度2℃，且不应低于1℃ |
| 2 | 供热系统室外管网的水力平衡度 | 每个热源与换热站均不少于1个独立的供热系统 | 0.9～1.2 |
| 3 | 供热系统的补水率 | 每个热源与换热站均不少于1个独立的供热系统 | 0.5%～1% |

| 序号 | 检测项目 | 抽样数量 | 允许偏差或规定值 |
|---|---|---|---|
| 4 | 室外管网的热输送效率 | 每个热源与换热站均不少于1个独立的供热系统 | ≥0.92 |
| 5 | 各风口的风量 | 按风管系统数量抽查10%，且不得少于1个系统 | ≤15% |
| 6 | 通风与空调系统的总风量 | 按风管系统数量抽查10%，且不得少于1个系统 | ≤10% |
| 7 | 空调机组的水流量 | 按系统数量抽查10%，且不得少于1个系统 | ≤20% |
| 8 | 空调系统冷热水、冷却水总流量 | 全　数 | ≤10% |
| 9 | 平均照度与照明功率密度 | 按同一功能区不少于2处 | ≤10% |

**14.2.3** 系统节能性能检测的项目和抽样数量也可以在工程合同中约定，必要时可增加其他检测项目，但合同中约定的检测项目和抽样数量不应低于本规范的规定。

# 15 建筑节能分部工程质量验收

**15.0.1** 建筑节能分部工程的质量验收，应在检验批、分项工程全部验收合格的基础上，进行外墙节能构造实体检验，严寒、寒冷和夏热冬冷地区的外窗气密性现场检测，以及系统节能性能检测和系统联合试运转与调试，确认建筑节能工程质量达到验收条件后方可进行。

**15.0.2** 建筑节能工程验收的程序和组织应遵守《建筑工程施工质量验收统一标准》GB 50300 的要求，并应符合下列规定：

**1** 节能工程的检验批验收和隐蔽工程验收应由监理工程师主持，施工单位相关专业的质量检查员与施工员参加；

**2** 节能分项工程验收应由监理工程师主持，施工单位项目技术负责人和相关专业的质量检查员、施工员参加；必要时可邀请设计单位相关专业的人员参加；

**3** 节能分部工程验收应由总监理工程师（建设单位项目负责人）主持，施工单位项目经理、项目技术负责人和相关专业的质量检查员、施工员参加；施工单位的质量或技术负责人应参加；设计单位节能设计人员应参加。

**15.0.3** 建筑节能工程的检验批质量验收合格，应符合下列规定：

**1** 检验批应按主控项目和一般项目验收；

**2** 主控项目应全部合格；

**3** 一般项目应合格；当采用计数检验时，至少应有90%以上的检查点合格，且其余检查点不得有严重缺陷；

**4** 应具有完整的施工操作依据和质量验收记录。

**15.0.4** 建筑节能分项工程质量验收合格，应符合下列规定：

**1** 分项工程所含的检验批均应合格；

**2** 分项工程所含检验批的质量验收记录应完整。

**15.0.5** 建筑节能分部工程质量验收合格，应符合下列规定：

**1** 分项工程应全部合格；

**2** 质量控制资料应完整；

**3** 外墙节能构造现场实体检验结果应符合设计要求；

**4** 严寒、寒冷和夏热冬冷地区的外窗气密性现场实体检测结果应合格；

**5** 建筑设备工程系统节能性能检测结果应合格。

**15.0.6** 建筑节能工程验收时应对下列资料核查，并纳入竣工技术档案：

**1** 设计文件、图纸会审记录、设计变更和洽商；

**2** 主要材料、设备和构件的质量证明文件、进场检验记录、进场核查记录、进场复验报告、见证试验报告；

**3** 隐蔽工程验收记录和相关图像资料；

**4** 分项工程质量验收记录；必要时应核查检验批验收记录；

**5** 建筑围护结构节能构造现场实体检验记录；

**6** 严寒、寒冷和夏热冬冷地区外窗气密性现场检测报告；

**7** 风管及系统严密性检验记录；

**8** 现场组装的组合式空调机组的漏风量测试记录；

**9** 设备单机试运转及调试记录；

**10** 系统联合试运转及调试记录；

**11** 系统节能性能检验报告；

**12** 其他对工程质量有影响的重要技术资料。

**15.0.7** 建筑节能工程分部、分项工程和检验批的质量验收表见本规范附录B。

    **1** 分部工程质量验收表见本规范附录B中表B.0.1；

    **2** 分项工程质量验收表见本规范附录B中表B.0.2；

    **3** 检验批质量验收表见本规范附录B中表B.0.3。

# 附录A 建筑节能工程进场材料和设备的复验项目

**A.0.1** 建筑节能工程进场材料和设备的复验项目应符合表A.0.1的规定。

**表A.0.1 建筑节能工程进场材料和设备的复验项目**

| 章号 | 分项工程 | 复验项目 |
|---|---|---|
| 4 | 墙体节能工程 | 1 保温材料的导热系数、密度、抗压强度或压缩强度；<br>2 粘结材料的粘结强度；<br>3 增强网的力学性能、抗腐蚀性能 |
| 5 | 幕墙节能工程 | 1 保温材料：导热系数、密度；<br>2 幕墙玻璃：可见光透射比、传热系数、遮阳系数、中空玻璃露点；<br>3 隔热型材：抗拉强度、抗剪强度 |
| 6 | 门窗节能工程 | 1 严寒、寒冷地区：气密性、传热系数和中空玻璃露点；<br>2 夏热冬冷地区：气密性、传热系数、玻璃遮阳系数、可见光透射比、中空玻璃露点；<br>3 夏热冬暖地区：气密性、玻璃遮阳系数、可见光透射比、中空玻璃露点 |
| 7 | 屋面节能工程 | 保温隔热材料的导热系数、密度、抗压强度或压缩强度 |
| 8 | 地面节能工程 | 保温材料的导热系数、密度、抗压强度或压缩强度 |
| 9 | 采暖节能工程 | 1 散热器的单位散热量、金属热强度；<br>2 保温材料的导热系数、密度、吸水率 |
| 10 | 通风与空调节能工程 | 1 风机盘管机组的供冷量、供热量、风量、出口静压、噪声及功率；<br>2 绝热材料的导热系数、密度、吸水率 |
| 11 | 空调与采暖系统冷、热源及管网节能工程 | 绝热材料的导热系数、密度、吸水率 |
| 12 | 配电与照明节能工程 | 电缆、电线截面和每芯导体电阻值 |

# 附录B 建筑节能分部、分项工程和检验批的质量验收表

**B.0.1** 建筑节能分部工程质量验收应按表B.0.1的规定填写。

**表B.0.1 建筑节能分部工程质量验收表**

| 工程名称 | | 结构类型 | | 层 数 | |
|---|---|---|---|---|---|
| 施工单位 | | 技术部门负责人 | | 质量部门负责人 | |
| 分包单位 | | 分包单位负责人 | | 分包技术负责人 | |

| 序号 | 分项工程名称 | 验收结论 | 监理工程师签字 | 备注 |
|---|---|---|---|---|
| 1 | 墙体节能工程 | | | |
| 2 | 幕墙节能工程 | | | |
| 3 | 门窗节能工程 | | | |
| 4 | 屋面节能工程 | | | |
| 5 | 地面节能工程 | | | |
| 6 | 采暖节能工程 | | | |
| 7 | 通风与空调节能工程 | | | |
| 8 | 空调与采暖系统的冷热源及管网节能工程 | | | |
| 9 | 配电与照明节能工程 | | | |
| 10 | 监测与控制节能工程 | | | |
| 质量控制资料 | | | | |
| 外墙节能构造现场实体检验 | | | | |
| 外窗气密性现场实体检测 | | | | |
| 系统节能性能检测 | | | | |
| 验收结论 | | | | |

其他参加验收人员：

| 验收单位 | 分包单位： | 项目经理： | 年 月 日 |
|---|---|---|---|
| | 施工单位： | 项目经理： | 年 月 日 |
| | 设计单位： | 项目负责人： | 年 月 日 |
| | 监理（建设）单位： | 总监理工程师：<br>（建设单位项目负责人） 年 月 日 | |

**B.0.2** 建筑节能分项工程质量验收汇总应按表

B.0.2 的规定填写。

**表 B.0.2 _____分项工程质量验收汇总表**

| 工程名称 | | | 检验批数量 | |
|---|---|---|---|---|
| 设计单位 | | | 监理单位 | |
| 施工单位 | | 项目经理 | | 项目技术负责人 |
| 分包单位 | | 分包单位负责人 | | 分包项目经理 |
| 序号 | 检验批部位、区段、系统 | | 施工单位检查评定结果 | 监理（建设）单位验收结论 |
| 1 | | | | |
| 2 | | | | |
| 3 | | | | |
| 4 | | | | |
| 5 | | | | |
| 6 | | | | |
| 7 | | | | |
| 8 | | | | |
| 9 | | | | |
| 10 | | | | |
| 11 | | | | |
| 12 | | | | |
| 13 | | | | |
| 14 | | | | |
| 15 | | | | |
| 施工单位检查结论： | | | 验收结论： | |
| 项目专业质量（技术）负责人<br>年 月 日 | | | 监理工程师：<br>（建设单位项目专业技术负责人）<br>年 月 日 | |

**B.0.3** 建筑节能工程检验批/分项工程质量验收应按表 B.0.3 的规定填写。

**表 B.0.3 _____检验批/分项工程质量验收表 编号：**

| 工程名称 | | 分项工程名称 | | 验收部位 | |
|---|---|---|---|---|---|
| 施工单位 | | | 专业工长 | | 项目经理 |
| 施工执行标准名称及编号 | | | | | |
| 分包单位 | | | 分包项目经理 | | 施工班组长 |
| | 验收规范规定 | | 施工单位检查评定记录 | | 监理（建设）单位验收记录 |
| 主控项目 | 1 | 第 条 | | | |
| | 2 | 第 条 | | | |
| | 3 | 第 条 | | | |
| | 4 | 第 条 | | | |
| | 5 | 第 条 | | | |
| | 6 | 第 条 | | | |
| | 7 | 第 条 | | | |
| | 8 | 第 条 | | | |
| | 9 | 第 条 | | | |
| | 10 | 第 条 | | | |
| 一般项目 | 1 | 第 条 | | | |
| | 2 | 第 条 | | | |
| | 3 | 第 条 | | | |
| | 4 | 第 条 | | | |
| 施工单位检查评定结果 | | 项目专业质量检查员：<br>（项目技术负责人）<br>年 月 日 | | | |
| 监理（建设）单位验收结论 | | 监理工程师：<br>（建设单位项目专业技术负责人）<br>年 月 日 | | | |

## 附录C 外墙节能构造钻芯检验方法

**C.0.1** 本方法适用于检验带有保温层的建筑外墙其节能构造是否符合设计要求。

**C.0.2** 钻芯检验外墙节能构造应在外墙施工完工后、节能分部工程验收前进行。

**C.0.3** 钻芯检验外墙节能构造的取样部位和数量，应遵守下列规定：

    **1** 取样部位应由监理（建设）与施工双方共同确定，不得在外墙施工前预先确定；

    **2** 取样部位应选取节能构造有代表性的外墙上相对隐蔽的部位，并宜兼顾不同朝向和楼层；取样部位必须确保钻芯操作安全，且应方便操作。

    **3** 外墙取样数量为一个单位工程每种节能保温做法至少取3个芯样。取样部位宜均匀分布，不宜在同一个房间外墙上取2个或2个以上芯样。

**C.0.4** 钻芯检验外墙节能构造应在监理（建设）人员见证下实施。

**C.0.5** 钻芯检验外墙节能构造可采用空心钻头，从保温层一侧钻取直径70mm的芯样。钻取芯样深度为钻透保温层到达结构层或基层表面，必要时也可钻透墙体。

    当外墙的表层坚硬不易钻透时，也可局部剔除坚硬的面层后钻取芯样。但钻取芯样后应恢复原有外墙的表面装饰层。

**C.0.6** 钻取芯样时应尽量避免冷却水流入墙体内及污染墙面。从空心钻头中取出芯样时应谨慎操作，以保持芯样完整。当芯样严重破损难以准确判断节能构造或保温层厚度时，应重新取样检验。

**C.0.7** 对钻取的芯样，应按照下列规定进行检查：

    **1** 对照设计图纸观察、判断保温材料种类是否符合设计要求；必要时也可采用其他方法加以判断；

    **2** 用分度值为1mm的钢尺，在垂直于芯样表面（外墙面）的方向上量取保温层厚度，精确到1mm；

    **3** 观察或剖开检查保温层构造做法是否符合设计和施工方案要求。

**C.0.8** 在垂直于芯样表面（外墙面）的方向上实测芯样保温层厚度，当实测芯样厚度的平均值达到设计厚度的95%及以上且最小值不低于设计厚度的90%时，应判定保温层厚度符合设计要求；否则，应判定保温层厚度不符合设计要求。

**C.0.9** 实施钻芯检验外墙节能构造的机构应出具检验报告。检验报告的格式可参照表C.0.9样式。检验报告至少应包括下列内容：

    **1** 抽样方法、抽样数量与抽样部位；

    **2** 芯样状态的描述；

    **3** 实测保温层厚度，设计要求厚度；

    **4** 按照本规范14.1.2条的检验目的给出是否符合设计要求的检验结论；

    **5** 附有带标尺的芯样照片并在照片上注明每个芯样的取样部位；

    **6** 监理（建设）单位取样见证人的见证意见；

    **7** 参加现场检验的人员及现场检验时间；

    **8** 检测发现的其他情况和相关信息。

**C.0.10** 当取样检验结果不符合设计要求时，应委托具备检测资质的见证检测机构增加一倍数量再次取样检验。仍不符合设计要求时应判定围护结构节能构造不符合设计要求。此时应根据检验结果委托原设计单位或其他有资质的单位重新验算房屋的热工性能，提出技术处理方案。

**C.0.11** 外墙取样部位的修补，可采用聚苯板或其他保温材料制成的圆柱形塞填充并用建筑密封胶密封。修补后宜在取样部位挂贴注有"外墙节能构造检验点"的标志牌。

**表C.0.9 外墙节能构造钻芯检验报告**

| 外墙节能构造检验报告 | | 报告编号 | | |
| --- | --- | --- | --- | --- |
| | | 委托编号 | | |
| | | 检测日期 | | |
| 工程名称 | | | | |
| 建设单位 | | 委托人/联系电话 | | |
| 监理单位 | | 检测依据 | | |
| 施工单位 | | 设计保温材料 | | |
| 节能设计单位 | | 设计保温层厚度 | | |
| 检验结果 | 检验项目 | 芯样1 | 芯样2 | 芯样3 |
| | 取样部位 | 轴线/层 | 轴线/层 | 轴线/层 |
| | 芯样外观 | 完整/基本完整/破碎 | 完整/基本完整/破碎 | 完整/基本完整/破碎 |
| | 保温材料种类 | | | |
| | 保温层厚度 | mm | mm | mm |
| | 平均厚度 | mm | | |
| | 围护结构分层做法 | 1基层；2 3 4 5 | 1基层；2 3 4 5 | 1基层；2 3 4 5 |
| | 照片编号 | | | |
| 结论： | | | 见证意见：1抽样方法符合规定；2现场钻芯真实；3芯样照片真实；4其他：<br><br>见证人： | | |
| 批准 | | 审核 | | 检验 |
| 检验单位 | | （印章） | | 报告日期 |

## 本规范用词说明

1　为了便于在执行本规范条文时区别对待，对要求严格程度不同的用词说明如下：

1）表示很严格，非这样做不可的用词：

正面词采用"必须"，反面词采用"严禁"；

2）表示严格，在正常情况下均应这样做的用词：

正面词采用"应"，反面词采用"不应"或"不得"；

3）表示允许稍有选择，在条件许可时首先应这样做的用词：

正面词采用"宜"，反面词采用"不宜"；

表示有选择，在一定条件下可以这样做的，采用"可"。

2　规范中指定应按其他标准、规范执行时，采用："应按……执行"或"应符合……的要求或规定"。

# 中华人民共和国国家标准

# 建筑节能工程施工质量验收规范

GB 50411—2007

## 条 文 说 明

# 目 次

# 1 总　则

标准的"总则"一章，通常叙述本项标准编制的目的、依据、适用范围、各项规定的严格程度，以及本标准与其他标准的关系等基本事项。

**1.0.1** 阐述制定本规范的目的与依据。

制定节能验收规范的目的，是为了加强建筑节能工程的施工质量管理，统一建筑节能工程施工质量验收，提高建筑工程节能效果，使其达到设计要求。而制定的依据则是现行国家有关工程质量和建筑节能的法律、法规、管理要求和相关技术标准等。需要理解的是，作为验收标准，是从验收角度对施工质量提出的要求和规定，不能也不应是全面的要求。

**1.0.2** 界定本规范的适用范围。

本规范的适用范围，是新建、改建和扩建的民用建筑。在一个单位工程中，适用的具体范围是建筑工程中围护结构、设备专业等各个专业的建筑节能分项工程施工质量的验收。对于既有建筑节能改造工程由于可列入改建工程的范畴，故也应遵守本规范的要求。

**1.0.3** 阐述本规范各项规定的总体"水平"，即"严格程度"。由于是适用于全国的验收规范，与其他验收规范一样，本规范各项规定的"水平"是最低要求，即"最起码的要求"。

**1.0.4** 阐述本规范与其他相关验收规范的关系。这种关系遵守协调一致、互相补充的原则，即无论是本规范还是其他相应规范，在施工和验收中都应遵守，不得违反。

**1.0.5** 根据国家规定，建设工程必须节能，节能达不到要求的建筑工程不得验收交付使用。因此，规定单位工程竣工验收应在建筑节能分部工程验收合格后方可进行。即建筑节能验收是单位工程验收的先决条件，具有"一票否决权"。

# 2 术　语

术语通常为在本标准中出现的其含义需要加以界定、说明或解释的重要词汇。尽管在确定和解释术语时尽可能考虑了习惯和通用性，但是理论上术语只在本标准中有效，列出的目的主要是防止出现错误理解。当本标准列出的术语在本规范以外使用时，应注意其可能含有与本规范不同的含义。

# 3 基 本 规 定

## 3.1 技术与管理

**3.1.1** 本条对承担建筑节能工程施工任务的施工企业提出资质要求。执行中，目前国家尚未制定专门的

节能工程施工资质，故应按照国家现行规定具备相应的建筑工程承包的施工资质。如国家制定专门的节能工程施工资质，则应按照国家规定执行。

对施工现场的要求，本规范与统一标准及各专业验收规范一致。

本条要求施工现场具有相应的施工技术标准，指与施工有关的各种技术标准，包括工艺标准、验收标准以及与工程有关的材料标准、检验标准等；不仅包括国家、行业和地方标准，也可以包括与工程有关的企业标准、施工方案及作业指导书等。

**3.1.2** 由于材料供应、工艺改变等原因，建筑工程施工中可能需要改变节能设计。为了避免这些改变影响节能效果，本条对涉及节能的设计变更严格加以限制。

本条规定有三层含义：第一，任何有关节能的设计变更，均须事前办理设计变更手续；第二，有关节能的设计变更不应降低节能效果；第三，涉及节能效果的设计变更，除应由原设计单位认可外，还应报原负责节能设计审查机构审查方可确定。确定变更后，并应获得监理或建设单位的确认。

本条的设定增加了节能设计变更的难度，是为了尽可能维护已经审查确定的节能设计要求，减少不必要的节能设计变更。

**3.1.3** 建筑节能工程采用的新技术、新设备、新材料、新工艺，通常称为"四新"技术。"四新"技术由于"新"，尚没有标准可作为依据。对于"四新"技术的应用，应采取积极、慎重的态度。国家鼓励建筑节能工程施工中采用"四新"技术，但为了防止不成熟的技术或材料被应用到工程上，国家同时又规定了对于"四新"技术要进行科技成果鉴定、技术评审或实行备案等措施。具体做法是：应按照有关规定进行评审鉴定及备案方可采用，节能施工中应遵照执行。

此外，与"四新"技术类似的，还有新的或首次采用的施工工艺。考虑到建筑节能施工中涉及的新材料、新技术较多，对于从未有过的施工工艺，或者其他单位虽已做过但是本施工单位尚未做过的施工工艺，应进行"预演"并进行评价，需要时应调整参数再次演练，直至达到要求。施工前还应制定专门的施工技术方案以保证节能效果。

**3.1.4** 单位工程的施工组织设计应包括建筑节能工程施工内容。建筑节能工程施工前，施工企业应编制建筑节能工程施工技术方案并经监理（建设）单位审查批准。施工单位应对从事建筑节能工程施工作业的专业人员进行技术交底和必要的实际操作培训。

鉴于建筑节能的重要性，每个工程的施工组织设计中均应列明有关本工程与节能施工有关的内容以便规划、组织和指导施工。施工前，施工企业还应专门编制建筑节能工程施工技术方案，经监理单位审批后

实施。没有实行监理的工程则应由建设单位审批。

从事节能施工作业人员的操作技能对于节能施工效果影响较大，且许多节能材料和工艺对于某些施工人员可能并不熟悉，故应在节能施工前对相关人员进行技术交底和必要的实际操作培训，技术交底和培训均应留有记录。

**3.1.5** 建筑节能效果只能通过检测数据来评价，因此检测结论的正确与否十分重要。目前建设部关于检测机构资质管理办法（第141号建设部令）中尚未包括节能专项检测资质，故目前承担建筑节能工程检测试验的检测机构应具备见证检测资质并通过节能试验项目的计量认证。待国家颁发节能专项检测资质后应按照相关规定执行。

### 3.2 材料与设备

**3.2.1** 材料、设备是节能工程的物质基础，通常在设计中规定或在合同中约定。凡设计有要求的应符合设计要求，同时也要符合国家有关产品质量标准的规定，此即对它们的质量进行"双控"。对于设计未提出要求或尚无国家和行业标准的材料和设备，则应该在合同中约定，或在施工方案中明确，并且应该得到监理或建设单位的同意或确认。这些材料和设备，虽然尚无国家和行业标准，但是应该有地方或企业标准。这些材料和设备必须符合地方或企业标准中的质量要求。

执行中应注意，由于采暖、空调系统及其他建筑机电设备的技术性能参数对于节能效果影响较大，故更应严格要求其符合国家有关标准的规定。近几年来，国家对于技术指标落后或质量存在较大问题的材料、设备明令禁止使用，节能工程施工应严格遵守这些规定，不得采购和使用。

本条提出的设计要求，是指工程的设计要求，而非设备生产厂家对产品或设备的设计要求。

**3.2.2** 本条给出了材料和设备进场验收的具体规定。材料和设备的进场验收是把好材料合格关的重要环节，进场验收通常可分为三个步骤：

**1** 首先是对其品种、规格、包装、外观和尺寸等"可视质量"进行检查验收，并应经监理工程师或建设单位代表核准。进场验收应形成相应的质量记录。材料和设备的可视质量，指那些可以通过目视和简单的尺量、称重、敲击等方法进行检查的质量。

**2** 其次是对质量证明文件的核查。由于进场验收时对"可视质量"的检查只能检查材料和设备的外观质量，其内在质量难以判定，需由各种质量证明文件加以证明，故进场验收必须对材料和设备附带的质量证明文件进行核查。这些质量证明文件通常也称技术资料，主要包括质量合格证、中文说明书及相关性能检测报告、型式检验报告等；进口材料和设备应按规定进行出入境商品检验。这些质量证明文件应纳入工程技术档案。

**3** 对于建筑节能效果影响较大的部分材料和设备应实施抽样复验，以验证其质量是否符合要求。由于抽样复验需要花费较多的时间和费用，故复验数量、频率和参数应控制到最少，主要针对那些直接影响节能效果的材料、设备的部分参数。

本规范各章均提出了进场材料和设备的复验项目。为方便查找和使用，本规范将各章提出的材料、设备的复验项目汇总在附录A中，但是执行中仍应对照和满足各章的具体要求。参照建设部建建字〔2000〕211号文件规定，重要的试验项目应实行见证取样和送检，以提高试验的真实性和公正性，本规范规定建筑节能工程进场材料和设备的复验应为见证取样送检。

**3.2.3** 本条对建筑节能工程所使用材料的耐火性能作出规定。耐火性能是建筑工程最重要的性能之一，直接影响用户安全，故有必要加以强调。对材料耐火性能的具体要求，应由设计提出，并应符合相应标准的要求。

**3.2.4** 为了保护环境，国家制定了建筑装饰材料有害物质限量标准，建筑节能工程使用的材料与建筑装饰材料类似，往往附着在结构的表面，容易造成污染，故规定应符合这些材料有害物质限量标准，不得对室内外环境造成污染。目前判断竣工工程室内环境是否污染通常按照《民用建筑室内环境污染控制规范》GB 50325的要求进行。

**3.2.5** 现场配制的材料由于现场施工条件的限制，其质量较难保证。本条规定主要是为了防止现场配制的随意性，要求必须按设计要求或配合比配制，并规定了应遵守的关于配置要求的关系与顺序。即：首先应按设计要求或试验室给出的配合比进行现场配制。当无上述要求时，可以按照产品说明书配制。执行中应注意上述配制要求，均应具有可追溯性，并应写入施工方案中。不得按照经验或口头通知配制。

**3.2.6** 多数节能保温材料的含水率对节能效果有明显影响，但是这一情况在施工中未得到足够重视。本条规定了施工中控制节能保温材料含水率的原则。即节能保温材料在施工使用时的含水率应符合设计要求、工艺标准要求及施工技术方案要求。通常设计或工艺标准应给出材料的含水率要求，这些要求应该体现在施工技术方案中。但是目前缺少上述含水率要求的情况较多，考虑到施工管理水平的不同，本规范给出了控制含水率的基本原则亦即最低要求：节能保温材料的含水率不应大于正常施工环境湿度中的自然含水率，否则应采取降低含水率的措施。据此，雨季施工、材料受潮或泡水等情形下，应采取适当措施控制保温材料的含水率。

### 3.3 施工与控制

**3.3.1** 本条为强制性条文，是对节能工程施工的基本要求。设计文件和施工技术方案，是节能工程施工也是所有工程施工均应遵循的基本要求。对于设计文件应当经过设计审查机构的审查；施工技术方案则应通过建设或监理单位的审查。施工中的变更，同样应经过审查，见本规范相关章节。

**3.3.2** 制作样板间的方法是在长期施工中总结出来行之有效的方法。不仅可以直观地看到和评判其质量与工艺状况，还可以对材料、做法、效果等进行直接检查，相当于验收的实物标准。因此节能工程施工也应当借鉴和采用。样板间方法主要适用于重复采用同样建筑节能设计的房间和构造做法，制作时应采用相同材料和工艺在现场制作，经有关各方确认后方可进行施工。

施工中应注意，样板间或样板件的技术资料（材料、工艺、验收资料）应纳入工程技术档案。

**3.3.3** 建筑节能工程的施工作业往往在主体结构完成后进行，其作业条件各不相同。部分节能材料对环境条件的要求较高，例如保温材料对环境湿度及施工时气候的要求等。这些要求多数在工艺标准或施工技术方案中加以规定，因此本条要求建筑节能工程的施工作业环境条件，应满足相关标准和施工工艺的要求。

### 3.4 验收的划分

**3.4.1** 本条给出了建筑节能验收与其他已有的各个分部分项工程验收的关系，确定了节能验收在总体验收中的定位，故称之为验收的划分。

建筑节能验收本来属于专业验收的范畴，其许多验收内容与原有建筑工程的分部分项验收有交叉与重复，故建筑节能工程验收的定位有一定困难。为了与已有的《建筑工程施工质量验收统一标准》GB 50300 和各专业验收规范一致，本规范将建筑节能工程作为单位建筑工程的一个分部工程来进行划分和验收，并规定了其包含的各分项工程划分的原则，主要有四项规定：

一是直接将节能分部工程划分为 10 个分项工程，给出了这 10 个分项工程名称及需要验收的主要内容。划分这些分项工程的原则与《建筑工程施工质量验收统一标准》GB 50300 及各专业工程施工质量验收规范原有的划分尽量一致。表 3.4.1 中的各个分项工程，是指"其节能性能"，这样理解就能够与原有的分部工程划分协调一致。

二是明确节能工程应按分项工程验收。由于节能工程验收内容复杂，综合性较强，验收内容如果对检验批直接给出易造成分散和混乱。故本规范的各项验收要求均直接对分项工程提出。当分项工程较大时，可以划分成检验批验收，其验收要求不变。

三是考虑到某些特殊情况下，节能验收的实际内容或情况难以按照上述要求进行划分和验收，如遇到某建筑物分期或局部进行节能改造时，不易划分分部、分项工程，此时允许采取建设、监理、设计、施工等各方协商一致的划分方式进行节能工程的验收。但验收项目、验收标准和验收记录均应遵守本规范的规定。

四是规定有关节能的项目应单独填写检查验收表格，作出节能项目验收记录并单独组卷，以与建设部要求节能审图单列的规定一致。

## 4 墙体节能工程

### 4.1 一般规定

**4.1.1** 本条规定了墙体节能工程的适用范围。本章的适用范围，实际涵盖了目前所有的墙体节能做法。除了所列举的板材、浆料、块材、构件外，采用其他节能材料的墙体也应遵照执行。

**4.1.2** 本条规定墙体节能验收的程序性要求。分为两种情况：

一种情况是墙体节能工程在主体结构完成后施工，对此在施工过程中应及时进行质量检查、隐蔽工程验收、相关检验批和分项工程验收，施工完成后应进行墙体节能子分部工程验收。大多数墙体节能工程都是在主体结构内侧或外侧表面做保温层，故属于这种情况。

另一种是与主体结构同时施工的墙体节能工程，如现浇夹心复合保温墙板等，对此无法分别验收，只能与主体结构一同验收。验收时结构部分应符合相应的结构规范要求，而节能工程应符合本规范的要求。

**4.1.3** 墙体节能工程采用的外保温成套技术或产品，是由供应方配套提供。对于其生产过程中采用的材料、工艺难以在施工现场进行检查，耐久性在短期内更是难以判断，因此主要依靠厂方提供的型式检验报告加以证实。型式检验报告本应包含耐久性能检验，但是由于该项检验较复杂，现实中有部分不规范的型式检验报告不做该项检验。故本条规定型式检验报告的内容应包括耐候性检验。当供应方不能提供耐久性检验参数时，应由具备资格的检测机构予以补做。

**4.1.4** 本条列出墙体节能工程通常应该进行隐蔽工程验收的具体部位和内容，以规范隐蔽工程验收。当施工中出现本条未列出的内容时，应在施工组织设计、施工方案中对隐蔽工程验收内容加以补充。

需要注意，本条要求隐蔽工程验收不仅应有详细的文字记录，还应有必要的图像资料，这是为了利用现代科技手段更好地记录隐蔽工程的真实情况。对于"必要"的理解，可理解为有隐蔽工程全貌和有代表性的局部（部位）照片。其分辨率以能够表达清楚受检部位的情况为准。照片应作为隐蔽工程验收资料与文字资料一同归档保存。

**4.1.6** 节能工程分项工程划分的方法和应遵守的原则已由本规范 3.4.1 条规定。如果分项工程的工程量较大，出现需要划分检验批的情况时，可按照本条规定进行。本条规定的原则与现行国家标准《建筑装饰装修工程质量验收规范》GB 50210 保持一致。

应注意墙体节能工程检验批的划分并非是惟一或绝对的。当遇到较为特殊的情况时，检验批的划分也可根据方便施工与验收的原则，由施工单位与监理（建设）单位共同商定。

### 4.2 主 控 项 目

**4.2.1** 本条是对墙体节能工程使用材料、构件的基本规定。要求材料、构件的品种、规格等应符合设计要求，不能随意改变和替代。在材料、构件进场时通过目视和尺量、秤重等方法检查，并对其质量证明文件进行核查确认。检查数量为每种材料、构件按进场批次每批次随机抽取 3 个试样进行检查。当能够证实多次进场的同种材料属于同一生产批次时，可按该材料的出厂检验批次和抽样数量进行检查。如果发现问题，应扩大抽查数量，最终确定该批材料、构件是否符合设计要求。

**4.2.2** 本条为强制性条文。是在 4.2.1 条规定基础上，要求墙体节能工程使用的保温隔热材料的导热系数、密度、抗压强度或压缩强度，以及燃烧性能均应符合设计要求。

保温隔热材料的主要热工性能和燃烧性能是否满足本条规定，主要依靠对各种质量证明文件的核查和进场复验。核查质量证明文件包括核查材料的出厂合格证、性能检测报告、构件的型式检验报告等。对有进场复验规定的要核查进场复验报告。本条中除材料的燃烧性能外均应进行进场复验，故均应核查复验报告。对材料燃烧性能则应核查其质量证明文件。对于新材料，应检查是否通过技术鉴定，其热工性能和燃烧性能检验结果是否符合设计要求和本规范相关规定。

应该注意，当上述质量证明文件和各种检测报告为复印件时，应加盖证明其真实性的相关单位印章和经手人员签字，并应注明原件存放处。必要时，还应核对原件。

**4.2.3** 本条列出墙体节能工程保温材料和粘结材料等进场复验的具体项目和参数要求。复验的试验方法应遵守相应产品的试验方法标准。复验指标是否合格应依据设计要求和产品标准判定。复验抽样频率为：同一厂家的同一种类产品（不考虑规格）应至少抽样复验 3 次。当单位工程建筑面积超过 20000m² 时应抽查 6 次。不同厂家、不同种类（品种）的材料均应分别抽样进行复验。所谓种类，是指材质或材料品种。复验应见证取样送检，由具备见证资质的检测

机构进行试验。根据建设部 141 号令第 12 条规定，见证取样试验应由建设单位委托。

**4.2.4** 严寒、寒冷地区的外保温粘结材料，由于处在较为严酷的条件下，故对其增加了冻融试验要求。本条所要求进行的冻融试验不是进场复验，是指由材料生产、供应方委托送检的试验。这些试验应按照有关产品标准进行，其结果应符合产品标准的规定。冻融试验可由生产或供应方委托通过计量认证具备产品检验资质的检验机构进行试验并提供报告。

**4.2.5** 为了保证墙体节能工程质量，需要对墙体基层表面进行处理，然后进行保温层施工。基层表面处理对于保证安全和节能效果很重要，由于基层表面处理属于隐蔽工程，施工中容易被忽视，事后无法检查。本条强调对基层表面进行的处理应按照设计和施工方案的要求进行，以满足保温层施工工艺的需要。并规定施工中应全数检查，验收时则应核查所有隐蔽工程验收记录。

**4.2.6** 除面层外，墙体节能工程各层构造做法均为隐蔽工程，完工后难以检查。因此本条给出了施工中实体检查和验收时资料核查两种检查方法和数量。在施工过程中对于隐蔽工程应该随做随验，并做好记录。检查的内容主要是墙体节能工程各层构造做法是否符合设计要求，以及施工工艺是否符合施工方案要求。检验批验收时则应核查这些隐蔽工程验收记录。

**4.2.7** 本条为强制性条文。对墙体节能工程施工提出 4 款基本要求，这些要求主要关系到安全和节能效果，十分重要。本条要求的粘贴强度和锚固拉拔力试验，当施工企业试验室有能力时可由施工企业试验室承担，也可委托给具备见证资质的检测机构进行试验。采用的试验方法可以在承包合同中约定，也可选择现行行业标准、地方标准推荐的相关试验方法。

**4.2.8** 外墙采用预置保温板现场浇筑混凝土墙体时，除了保温材料本身质量外，容易出现的主要问题是保温板移位的问题。故本条要求施工单位安装保温板时应做到位置正确、接缝严密，在浇筑混凝土过程中应采取措施并设专人照看，以保证保温板不移位、不变形、不损坏。

**4.2.9** 外墙保温层采用保温浆料做法时，由于施工现场的条件所限，保温浆料的配制与施工质量不易控制。为了检验浆料保温层的实际保温效果，本条规定应在施工中制作同条件养护试件，以检测其导热系数、干密度和压缩强度等参数。保温浆料同条件养护试块试验应实行见证取样送检，由建设单位委托给具备见证资质的检测机构进行试验。

**4.2.10** 本条是对墙体节能工程的各类饰面层施工质量的规定。除了应符合设计要求和《建筑装饰装修工程质量验收规范》GB 50210 的规定外，本条提出了 4 项要求。提出这些要求的主要目的是防止外墙外保温出现安全问题和保温效果失效的问题。

第2款提出外墙外保温工程不宜采用粘贴饰面砖做饰面层的要求，是鉴于目前许多外墙外保温工程经常采用饰面砖饰面，而考虑到外墙外保温工程中的保温层强度一般较低，如果表面粘贴较重的饰面砖，使用年限较长后容易变形脱落，故本规范建议不宜采用。当一定要采用时，则规定必须有保证保温层与饰面砖安全性与耐久性的措施。

第3款提出不应渗漏的要求，是保证保温效果的重要规定。特别对外墙外保温工程的饰面层采用饰面板开缝安装时，规定保温层表面应具有防水功能或采取其他相应的防水措施，以防止保温层浸水失效。如果设计无此要求，应提出洽商解决。

**4.2.11** 保温砌块砌筑的墙体，通常设计均要求采用具有保温功能的砂浆砌筑。由于其灰缝饱满度与密实性对节能效果有一定影响，故对于保温砌体灰缝砂浆饱满度的要求应严于普通灰缝。本规范要求水平灰缝饱满度不应低于90%，竖直灰缝不应低于80%，相当于对小砌块的要求，实践证明是可行的。

**4.2.12** 采用预制保温墙板现场安装组成保温墙体，具有施工进度快、产品质量稳定、保温效果可靠等优点。但是组装过程容易出现连接、渗漏等问题。为此本条规定首先应有型式检验报告证明预制保温墙板产品及其安装性能合格，包括保温墙板的结构性能、热工性能等均应合格；其次墙板与主体结构的连接方法应符合设计要求，墙板的板缝、构造节点及嵌缝做法应与设计一致。检查安装好的保温墙板板缝不得渗漏，可采用现场淋水试验的方法，对墙体板缝部位连续淋水1h不渗漏为合格。

**4.2.13** 墙体内隔汽层的作用，主要为防止空气中的水分进入保温层造成保温效果下降，进而形成结露等问题。本条针对隔汽层容易出现的破损、透汽等问题，规定隔汽层设置的位置、使用的材料及构造做法，应符合设计要求和相关标准的规定。要求隔汽层应完整、严密，穿透隔汽层处应采取密封措施。隔汽层冷凝水排水构造应符合设计要求。

**4.2.14** 本条所指的门窗洞口四周墙侧面，是指窗洞口的侧面，即与外墙面垂直的4个小面。这些部位容易出现热桥或保温层缺陷。对于外墙和毗邻不采暖空间墙体上的上述部位，以及凸窗外凸部分的四周墙侧面和地面，均应按设计要求采取隔断热桥或节能保温措施。当设计未对上述部位提出要求时，施工单位应与设计、建设或监理单位联系，确认是否应采取处理措施。

**4.2.15** 本条特别对严寒、寒冷地区的外墙热桥部位提出要求。这些地区外墙的热桥，对于墙体总体保温效果影响较大。故要求均应按设计要求采取隔断热桥或节能保温措施。当缺少设计要求时，应提出办理洽商，或按照施工技术方案进行处理。完工后采用热工成像设备进行扫描检查，可以辅助了解其处理措施是否有效。本条为主控项目，与4.3.3条列为一般项目的非严寒、寒冷地区的要求在严格程度上有区别。

### 4.3 一般项目

**4.3.1** 在出厂运输和装卸过程中，节能保温材料与构件的外观如棱角、表面等容易损坏，其包装容易破损，这些都可能进一步影响到材料和构件的性能。如：包装破损后材料受潮，构件运输中出现裂缝等，这类现象应该引起重视。本条针对这种情况作出规定：要求进入施工现场的节能保温材料和构件的外观和包装应完整无破损，并符合设计要求和材料产品标准的规定。

**4.3.2** 本条是对于玻纤网格布的施工要求。玻纤网格布属于隐蔽工程，其质量缺陷完工后难以发现，故施工中应加强管理和严格要求。

**4.3.6** 从施工工艺角度看，除配制外，保温浆料的抹灰与普通装饰抹灰基本相同。保温浆料层的施工，包括对基层和面层的要求、对接槎的要求、对分层厚度和压实的要求等，均应按照抹灰工艺执行。

**4.3.7** 本条主要针对容易碰撞、破损的保温层特殊部位要求采取加强措施，防止被损坏。具体防止开裂和破损的加强措施通常由设计或施工技术方案确定。

**4.3.8** 有机类保温材料的陈化，也称"熟化"，是该类材料的一个特点。由于有机类保温材料的体积需经过一定时间才趋于稳定，故本条提出了对材料陈化时间的要求。其具体陈化时间可根据不同有机类保温材料的产品说明书确定。

## 5 幕墙节能工程

### 5.1 一般规定

**5.1.1** 建筑幕墙包括玻璃幕墙（透明幕墙）、金属幕墙、石材幕墙及其他板材幕墙，种类非常繁多。随着建筑的现代化，越来越多的建筑使用建筑幕墙，建筑幕墙以其美观、轻质、耐久、易维修等优良特性被建筑师和业主所亲睐，在建筑中禁止使用建筑幕墙是不现实的。

虽然建筑幕墙的种类繁多，但作为建筑的围护结构，在建筑节能的要求方面还是有一定的共性，节能标准对其性能指标也有着明确的要求。玻璃幕墙属于透明幕墙，与建筑外窗在节能方面有着共同的要求。但玻璃幕墙的节能要求也与外窗有着很明显的不同，玻璃幕墙往往与其他的非透明幕墙是一体的，不可分离。非透明幕墙虽然与墙体有着一样的节能指标要求，但由于其构造的特殊性，施工与墙体有着很大的不同，所以不适于和墙体的施工验收放在一起。

另外，由于建筑幕墙的设计施工往往是另外进行专业分包，施工验收按照《建筑装饰装修工程质量验收规范》GB 50210 进行，而且也往往是先单独验收，所以将建筑幕墙单列一章。

**5.1.2** 有些幕墙的非透明部分的隔汽层或保温层附着在建筑主体的实体墙上。对于这类建筑幕墙，保温材料或隔汽层需要在实体墙的墙面质量满足要求后才能进行施工作业，否则保温材料可能粘贴不牢固，隔汽层（或防水层）附着不理想。另外，主体结构往往是土建单位施工，幕墙是专业分包，在施工中若不进行分阶段验收，出现质量问题时容易发生纠纷。

**5.1.3** 铝合金隔热型材、钢隔热型材在一些幕墙工程中已经得到应用。隔热型材的隔热材料一般是尼龙或发泡的树脂材料等。这些材料是很特殊的，既要保证足够的强度，又要有较小的导热系数，还要满足幕墙型材在尺寸方面的苛刻要求。从安全的角度而言，型材的力学性能是非常重要的，对于有机材料，其热变形性能也非常重要。型材的力学性能主要包括抗剪强度和横向抗拉强度等；热变形性能包括热膨胀系数、热变形温度等。

**5.1.4** 对建筑幕墙节能工程施工进行隐蔽工程验收是非常重要的。这样一方面可以确保节能工程的施工质量，另一方面可以避免工程质量纠纷。

在非透明幕墙中，幕墙保温材料的固定是否牢固，可以直接影响到节能的效果。如果固定不牢，保温材料可能会脱离，从而造成部分部位无保温材料。另外，如果采用彩釉玻璃一类的材料作为幕墙的外饰面板，保温材料直接贴到玻璃上很容易使得玻璃的温度不均匀，从而使玻璃更加容易自爆。

幕墙的隔汽层、冷凝水收集和排放构造等都是为了避免非透明幕墙部位结露，结露的水渗漏到室内，让室内的装饰发霉、变色、腐烂。一般，如果非透明幕墙保温层的隔汽性好，幕墙与室内侧墙体之间的空间内就不会有凝结水。但为了确保凝结水不破坏室内的装饰，不影响室内环境，许多幕墙设置了冷凝水收集、排放系统。

幕墙周边与墙体间接缝处的保温填充，幕墙的构造缝、沉降缝、热桥部位、断热节点等，这些部位虽然不是幕墙能耗的主要部位，但处理不好，也会大大影响幕墙的节能。这些部位主要是密封问题和热桥问题。密封问题对于冬季节能非常重要，热桥则容易引起结露和发霉，所以必须将这些部位处理好。

单元式幕墙板块间的缝隙密封是非常重要的。由于单元缝隙处理不好，修复特别困难，所以应该特别注意施工质量。这里质量不好，不仅会使得气密性能差，还常常引起雨水渗漏。

许多幕墙安装有通风换气装置。通风换气装置能使得建筑室内达到足够的新风量，同时也可以使得房间在空调不启动的情况下达到一定的舒适度。虽然通风换气装置往往耗能，但舒适的室内环境可以使得我们少开空调制冷，因而通风换气装置是非常必要的。

一般，以上这些部位在幕墙施工完毕后都将隐蔽，为了方便以后的质量验收，应该进行隐蔽工程验收。

**5.1.5** 幕墙节能工程的保温材料多是多孔材料，很容易潮湿变质或改变性状。比如岩棉板、玻璃棉板容易受潮而松散，膨胀珍珠岩板受潮后导热系数会增大等。所以在安装过程中应采取防潮、防水等保护措施，避免上述情况发生。

## 5.2 主控项目

**5.2.1** 用于幕墙节能工程的材料、构件等的品种、规格符合设计要求和相关标准的规定，这是一般性的要求，应该得到满足。

比如幕墙玻璃是决定玻璃幕墙节能性能的关键构件，玻璃品种应采用设计的品种。幕墙玻璃的品种信息主要内容包括：结构、单片玻璃品种、中空玻璃的尺寸、气体层、间隔条等。

再如：隔热型材的隔热条、隔热材料（一般为发泡材料）等，其尺寸和导热系数对框的传热系数影响很大，所以隔热条的类型、尺寸必须满足设计的要求。

又如：幕墙的密封条是确保幕墙密封性能的关键材料。密封材料要保证足够的弹性（硬度适中、弹性恢复好）、耐久性。密封条的尺寸是幕墙设计时确定下来的，应与型材、安装间隙相配套。如果尺寸不满足要求，要么大了合不拢，要么小了漏风。

幕墙的遮阳构件种类繁多，如百叶、遮阳板、遮阳挡板、卷帘、花格等。对于遮阳构件，其尺寸直接关系到遮阳效果。如果尺寸不够大，必然不能按照设计的预期遮住阳光。遮阳构件所用的材料也是非常重要的，材料的光学性能、材质、耐久性等均很重要，所以材料应为所设计的材料。遮阳构件的构造关系到其结构安全、灵活性、活动范围等，应该按照设计的构造制作遮阳的构件。

**5.2.2** 幕墙材料、构配件等的热工性能是保证幕墙节能指标的关键，所以必须满足要求。材料的热工性能主要是导热系数，许多构件也是如此，但复合材料和复合构件的整体性能则主要是热阻。

比如有些幕墙采用隔热附件（材料）来隔断热桥，而不是采用隔热型材。这些隔热附件往往是垫块、连接件之类。对隔热附件，其导热系数也应该不大于产品标准的要求。

玻璃的传热系数、遮阳系数、可见光透射比对于玻璃幕墙都是主要的节能指标要求，所以应该满足设计要求。中空玻璃露点应满足产品标准要求，以保证产品的密封质量和耐久性。

**5.2.3** 非透明幕墙保温材料的导热系数非常重要，

而达到设计值往往并不困难，所以应要求不大于设计值。保温材料的密度与导热系数有很大关系，而且密度偏差过大，往往意味着材料的性能也发生了很大的变化。

幕墙玻璃是决定玻璃幕墙节能性能的关键构件。玻璃的传热系数越大，对节能越不利；而遮阳系数越大，对空调的节能越不利（严寒地区由于冬季很冷，且采暖期特别长，情况正好相反）；可见光透射比对自然采光很重要，可见光透射比越大，对采光越有利。中空玻璃露点是反映中空玻璃产品密封性能的重要指标，露点不满足要求，产品的密封则不合格，其节能性能必然受到很大的影响。

隔热型材的力学性能非常重要，直接关系到幕墙的安全，所以应符合设计要求和相关产品标准的规定。不能因为节能而影响到幕墙的结构安全，所以要对型材的力学性能进行复验。

**5.2.4** 幕墙的气密性能指标是幕墙节能的重要指标。一般幕墙设计均规定有气密性能的等级要求，幕墙产品应该符合要求。

由于幕墙的气密性能与节能关系重大，所以当建筑所设计的幕墙面积超过一定量后，应该对幕墙的气密性能进行检测。但是，由于幕墙是特殊的产品，其性能需要现场的安装工艺来保证，所以一般要求进行建筑幕墙的三个性能（气密、水密、抗风压性能）的检测。然而，多少面积的幕墙需要检测，有关国家和行业标准一直都没有明确的规定。本规范规定，当幕墙面积大于建筑外墙面积50%或3000m²时，应现场抽取材料和配件，在检测试验室安装制作试件进行气密性能检测。这为幕墙检测数量问题作出了明确的规定，方便执行。

由于一栋建筑中的幕墙往往比较复杂，可能由多种幕墙组合成组合幕墙，也可能是多幅不同的幕墙。对于组合幕墙，只需要进行一个试件的检测即可；而对于不同幕墙幅面，则要求分别进行检测。对于面积比较小的幅面，则可以不分开对其进行检测。

在保证幕墙气密性能的材料中，密封条很重要，所以要求镶嵌牢固、位置正确、对接严密。单元式幕墙板块之间的密封一般采用密封条。单元板块间的缝隙有水平缝和垂直缝，还有水平缝和垂直缝交叉处的十字缝，为了保证这些缝隙的密封，单元式幕墙都有专门的密封设计。施工时应该严格按照设计进行安装。第一方面，需要密封条完整，尺寸满足要求；第二方面，单元板块必须安装到位，缝隙的尺寸不能偏大；第三方面，板块之间还需要在少数部位加装一些附件，并进行注胶密封，保证特殊部位的密封。

幕墙的开启扇是幕墙密封的另一关键部件。开启扇位置到位，密封条压缩合适，开启扇方能关闭严密。由于幕墙的开启扇一般是平开窗或悬窗，气密性能比较好，只要关闭严密，可保证其设计的密封性能。

**5.2.5** 在非透明幕墙中，幕墙保温材料的固定是否牢固，可以直接影响到节能的效果。如果固定不牢，容易造成部分部位无保温材料。另外，也可能影响彩釉玻璃一类外饰面板材料的安全。

保温材料的厚度越厚，保温隔热性能就越好，所以厚度应不小于设计值。由于幕墙保温材料一般比较松散，采取针插法即可检测厚度。有些板材比较硬，可采用剖开法检测厚度。

**5.2.6** 幕墙的遮阳设施若要满足节能的要求，一般应该安置在室外。由于对太阳光的遮挡是按照太阳的高度和方位角来设计的，所以遮阳设施的安装位置对于遮阳而言非常重要。只有安装在合适位置、尺寸合适的遮阳装置，才能满足节能的设计要求。

由于遮阳设施一般安装在室外，而且是突出建筑物的构件，很容易受到风荷载的作用。遮阳设施的抗风问题在遮阳设施的应用中一直是热门问题，我国的《建筑结构荷载规范》GB 50009对这个问题没有很明确的规定。在工程中，大型遮阳设施的抗风往往需要进行专门的研究。在目前北方普遍采用外墙外保温的情况下，活动外遮阳设施的固定往往成了难以解决的问题。所以，在设计安装遮阳设施的时候应考虑到各个方面的因素，合理设计，牢固安装。由于遮阳设施的安全问题非常重要，所以要进行全数的检查。

**5.2.7** 幕墙工程热桥部位的隔断热桥措施是幕墙节能设计的重要内容，在完成了幕墙面板中部的传热系数和遮阳系数设计的情况下，隔断热桥则成为主要矛盾。这些节点设计如果不理想，首要的问题是容易引起结露。如果大面积的热桥问题处理不当，则会增大幕墙的传热系数，使得通过幕墙的热损耗大大增加。判断隔断热桥措施是否可靠，主要是看固体的传热路径是否被有效隔断，这些路径包括：通过型材截面、通过幕墙的连接件、通过螺丝等紧固件、中空玻璃边缘的间隔条等。

型材截面的断热节点主要是通过采用隔热型材或隔热垫来实现的，其安全性取决于型材的隔热条、发泡材料或连接紧固件。通过幕墙连接件、螺丝等紧固件的热桥则需要进行转换连接的方式，通过一个尼龙件（或类似材料制作的附件）进行连接的转换，隔断固体的热传递路径。由于这些转换连接都增加了一个连接，其是否牢固则成为安全隐患问题，应进行相关的检查和确认。

**5.2.8** 非透明幕墙的隔汽层是为了避免幕墙部位内部结露，结露的水很容易使保温材料发生性状的改变，如果结冰，则问题更加严重。如果非透明幕墙保温层的隔汽性好，幕墙与室内侧墙体之间的空间内就不会有凝结水。为了实现这个目标，隔汽层必须完整，必须设在保温材料靠近水蒸气压较高的一侧（冬季为室内）。如果隔汽层放错了位置，不但起不到隔汽作用，反而有可能使结露加剧。一般冬季比较容易结露，所以隔汽层应放在保温材料靠近室内的一侧。

幕墙的非透明部分常常有许多需要穿透隔汽层的部件，如连接件等。对这些节点构造采取密封措施很重要，以保证隔汽层的完整。

**5.2.9** 幕墙的凝结水收集和排放构造是为了避免幕墙结露的水渗漏到室内，让室内的装饰发霉、变色、腐烂等。为了确保凝结水不破坏室内的装饰，不影响室内环境，凝结水收集、排放系统应该发挥有效的作用。为了验证凝结水的收集和排放，可以进行一定的试验。

### 5.3 一 般 项 目

**5.3.1** 镀（贴）膜玻璃在节能方面有两方面的作用，一方面是遮阳，另一方面是降低传热系数。对于遮阳而言，镀膜可以反射阳光或吸收阳光，所以镀膜一般应放在靠近室外的玻璃上。为了避免镀膜层的老化，镀膜面一般在中空玻璃内部，单层玻璃应将镀膜置于室内侧。对于低辐射玻璃（Low-E 玻璃），低辐射膜应该置于中空玻璃内部。

目前制作中空玻璃一般均应采用双道密封。因为一般来说密封胶的水蒸气渗透阻力还不足以保证中空玻璃内部空气干燥，需要再加一道丁基胶密封。有些暖边隔条将密封和间隔两个功能置于一身，本身的密封效果很好，可以不受此限制，实际上这样的间隔条本身就有双道密封的效果。

为了保证中空玻璃在长途（尤其是海拔高度、温度相差悬殊）运输过程中不至于损坏，或者保证中空玻璃不至于因生产环境和使用环境相差甚远而出现损坏或变形，许多中空玻璃设有均压管。在玻璃安装完成之后，为了确保中空玻璃的密封，均压管应进行密封处理。

**5.3.2** 单元式幕墙板块是在工厂内组装完成运送到现场的。运送到现场的单元板块一般都将密封条、保温材料、隔汽层、凝结水收集装置安装好了，所以幕墙板块到现场后应对这些安装好的部分进行检查验收。

**5.3.3** 幕墙周边与墙体接缝部位虽然不是幕墙能耗的主要部位，但处理不好，也会大大影响幕墙的节能。由于幕墙边缘一般都是金属边框，所以存在热桥问题，应采用弹性闭孔材料填充饱满。另外，幕墙有水密性要求，所以应采用耐候胶进行密封。

**5.3.4** 幕墙的构造缝、沉降缝、热桥部位、断热节点等处理不好，也会影响到幕墙的节能和结露。这些部位主要是要解决好密封问题和热桥问题，密封问题对于冬季节能非常重要，热桥则容易引起结露。

**5.3.5** 活动遮阳设施的调节机构是保证活动遮阳设

施发挥作用的重要部件。这些部件应灵活，能够将遮阳板等调节到位。

## 6 门窗节能工程

### 6.1 一 般 规 定

**6.1.1** 与围护结构节能密切相关的门窗主要是与室外空气接触的门窗，包括普通门窗、凸窗、天窗、倾斜窗以及不封闭阳台的门连窗。这些门窗的保温隔热的节能验收，均在本章作出了明确规定。

**6.1.2** 门窗的外观、品种、规格及附件等均与节能的相关性能以及门窗的质量有关，所以应进行检查验收，并对质量证明文件进行核查。

**6.1.3** 门窗框与墙体缝隙虽然不是能耗的主要部位，但处理不好，会大大影响门窗的节能。这些部位主要是密封问题和热桥问题。密封问题对于冬季节能非常重要，热桥则容易引起结露和发霉，所以必须将这些部位处理好。

### 6.2 主 控 项 目

**6.2.1** 建筑外门窗的品种、规格符合设计要求和相关标准的规定，这是一般性的要求，应该得到满足。门窗的品种一般包含了型材、玻璃等主要材料和主要配件、附件的信息，也包含一定的性能信息，规格包含了尺寸、分格信息等。

**6.2.2** 建筑外窗的气密性、保温性能、中空玻璃露点、玻璃遮阳系数和可见光透射比都是重要的节能指标，所以应符合强制的要求。

**6.2.3** 为了保证进入工程用的门窗质量达到标准，保证门窗的性能，需要在建筑外窗进入施工现场时进行复验。由于在严寒、寒冷、夏热冬冷地区对门窗保温节能性能要求更高，门窗容易结露，所以需要对门窗的气密性能、传热系数进行复验；夏热冬暖地区由于夏天阳光强烈，太阳辐射对建筑能耗的影响很大，主要考虑门窗的夏季隔热，所以在此仅对气密性能进行复验。

玻璃的遮阳系数、可见光透射比以及中空玻璃的露点是建筑玻璃的基本性能，应该进行复验。因为在夏热冬冷和夏热冬暖地区，遮阳系数是非常重要的。

**6.2.4** 门窗的节能很大程度上取决于门窗所用玻璃的形式（如单玻、双玻、三玻等）、种类（普通平板玻璃、浮法玻璃、吸热玻璃、镀膜玻璃、贴膜玻璃）及加工工艺（如单道密封、双道密封等），为了达到节能要求，建筑门窗采用的玻璃品种应符合设计要求。

中空玻璃一般均应采用双道密封，为保证中空玻璃内部空气不受潮，需要再加一道丁基胶密封。有些暖边间隔条将密封和间隔两个功能置于一身，本身的密封效果很好，可以不受此限制。

**6.2.5** 金属窗的隔热措施非常重要，直接关系到传热系数的大小。金属框的隔断热桥措施一般采用穿条式隔热型材、注胶式隔热型材，也有部分采用连接点断热措施。验收时应检查金属外门窗隔断热桥措施是否符合设计要求和产品标准的规定。

有些金属门窗采用先安装副框的干法安装方法。这种方法因可以在土建基本施工完成后安装门窗，因而门窗的外观质量得到了很好的保护。但金属副框经常会形成新的热桥，应该引起足够的重视。这里要求金属副框的隔热措施隔热效果与门窗型材所采取的措施效果相当。

**6.2.6** 严寒、寒冷、夏热冬冷地区的建筑外窗，为了保证应用到工程的产品质量，本规范要求对外窗的气密性能做现场实体检验。

**6.2.7** 外门窗框与副框之间以及外门窗框或副框与洞口之间间隙的密封也是影响建筑节能的一个重要因素，控制不好，容易导致渗水、形成热桥，所以应该对缝隙的填充进行检查。

**6.2.8** 严寒、寒冷地区的外门节能也很重要，设计中一般均会采取保温、密封等节能措施。由于外门一般不多，而往往又不容易做好，因而要求全数检查。

**6.2.9** 在夏季炎热的地区应用外窗遮阳设施是很好的节能措施。遮阳设施的性能主要是其遮挡阳光的能力，这与其尺寸、颜色、透光性能等均有很大关系，还与其调节能力有关，这些性能均应符合设计要求。为保证达到遮阳设计要求，遮阳设施的安装位置应正确。

由于遮阳设施安装在室外效果好，而目前在北方普遍采用外墙外保温，活动外遮阳设施的固定往往成了难以解决的问题。所以遮阳设施的牢固问题要引起重视。

**6.2.10** 特种门与节能有关的性能主要是密封性能和保温性能。对于人员出入频繁的门，其自动启闭、阻挡空气渗透的性能也很重要。另外，安装中采取的相应措施也非常重要，应按照设计要求施工。

**6.2.11** 天窗与节能有关的性能均与普通门窗类似。天窗的安装位置、坡度等均应正确，并保证封闭严密，不渗漏。

### 6.3 一 般 项 目

**6.3.1** 门窗扇和玻璃的密封条的安装及性能对门窗节能有很大影响，使用中经常出现由于断裂、收缩、低温变硬等缺陷造成门窗渗水，气密性能差。密封条质量应符合《塑料门窗密封条》GB/T 12002 标准的要求。

密封条安装完整、位置正确、镶嵌牢固对于保证门窗的密封性能均很重要。关闭门窗时应保证密封条的接触严密，不脱槽。

**6.3.2** 镀（贴）膜玻璃在节能方面有两方面的作用，一方面是遮阳，另一方面是降低传热系数。膜层位置与节能的性能和中空玻璃的耐久性均有关。

为了保证中空玻璃在长途运输过程中不至于损坏，或者保证中空玻璃不至于因生产环境和使用环境相差甚远而出现损坏或变形，许多中空玻璃设有均压管。在玻璃安装完成之后，均压管应进行密封处理，从而确保中空玻璃的密封性能。

**6.3.3** 活动遮阳设施的调节机构是保证活动遮阳设施发挥作用的重要部件。这些部件应灵活，能够将遮阳构件调节到位。

## 7 屋面节能工程

### 7.1 一 般 规 定

**7.1.1** 本条规定了建筑屋面节能工程验收适用范围，包括采用松散、现浇、喷涂、板材及块材等保温隔热材料施工的平屋面、坡屋面、倒置式屋面、架空屋面、种植屋面、蓄水屋面、采光屋面等。

**7.1.2** 本条对屋面保温隔热工程施工条件提出了明确的要求。要求敷设保温隔热层的基层质量必须达到合格，基层的质量不仅影响屋面工程质量，而且对保温隔热层的质量也有直接的影响，基层质量不合格，将无法保证保温隔热层的质量。

**7.1.3** 本条对影响屋面保温隔热效果的隐蔽部位提出隐蔽验收要求。主要包括：①基层；②保温层的敷设方式、厚度及缝隙填充质量；③屋面热桥部位；④隔汽层。因为这些部位被后道工序隐蔽覆盖后无法检查和处理，因此在被隐蔽覆盖前必须进行验收，只有合格后才能进行后序施工。

**7.1.4** 屋面保温隔热层施工完成后的防潮处理非常重要，特别是易吸潮的保温隔热材料。因为保温材料受潮后，其孔隙中存在水蒸气和水，而水的导热系数（$\lambda = 0.5$）比静态空气的导热系数（$\lambda = 0.02$）要大20多倍，因此材料的导热系数也必然增大。若材料孔隙中的水分受冻成冰，冰的导热系数（$\lambda = 2.0$）相当于水的导热系数的4倍，则材料的导热系数更大。黑龙江省低温建筑科学研究所对加气混凝土导热系数与含水率的关系进行测试，其结果见表1。

上述情况说明，当材料的含水率增加 1% 时，其导热系数则相应增大 5% 左右；而当材料的含水率从干燥状态（$\omega = 0$）增加到 20% 时，其导热系数则几乎增大一倍。还需特别指出的是：材料在干燥状态下，其导热系数是随着温度的降低而减少；而材料在潮湿状态下，当温度降到 0℃ 以下，其中的水分冷却成冰，则材料的导热系数必然增大。

**表 1　加气混凝土导热系数与含水率的关系**

| 含水率 $\omega$（%） | 导热系数 $\lambda$ [W/（m·K）] | 含水率 $\omega$（%） | 导热系数 $\lambda$ [W/（m·K）] |
|---|---|---|---|
| 0 | 0.13 | 15 | 0.21 |
| 5 | 0.16 | 20 | 0.24 |
| 10 | 0.19 | — | — |

含水率对导热系数的影响颇大，特别是负温度下更使导热系数增大，为保证建筑物的保温效果，在保温隔热层施工完成后，应尽快进行防水层施工，在施工过程中应防止保温层受潮。

## 7.2　主控项目

**7.2.1**　本条规定屋面节能工程所用保温隔热材料的品种、规格应按设计要求和相关标准规定选择，不得随意改变其品种和规格。材料进场时通过目视、尺量、称重和核对其使用说明书、出厂合格证以及型式检验报告等方法进行检查，确保其品种、规格及相关性能参数符合设计要求。

**7.2.2**　强制性条文。在屋面保温隔热工程中，保温隔热材料的导热系数、密度或干密度指标直接影响到屋面保温隔热效果，抗压强度或压缩强度影响到保温隔热层的施工质量，燃烧性能是防止火灾隐患的重要条件，因此应对保温隔热材料的导热系数、密度或干密度、抗压强度或压缩强度及燃烧性能进行严格的控制，必须符合节能设计要求、产品标准要求以及相关施工技术标准要求。应检查保温隔热材料的合格证、有效期内的产品性能检测报告及进场验收记录所代表的规格、型号和性能参数是否与设计要求和有关标准相符，并重点检查进场复验报告，复验报告必须是第三方见证取样，检验样品必须是按批量随机抽取。

**7.2.3**　在屋面保温隔热工程中，保温材料的性能对于屋面保温隔热的效果起到了决定性的作用。为了保证用于屋面保温隔热材料的质量，避免不合格材料用于屋面保温隔热工程，参照常规建筑工程材料进场验收办法，对进场的屋面保温隔热材料也由监理人员现场见证随机抽样送有资质的试验室复验，复验内容主要包括保温隔热材料的导热系数、密度、抗压强度或压缩强度、燃烧性能，复验结果作为屋面保温隔热工程质量验收的一个依据。

**7.2.4**　影响屋面保温隔热效果的主要因素除了保温隔热材料的性能以外，另一重要因素是保温隔热材料的厚度、敷设方式以及热桥部位的处理等。在一般情况下，只要保温隔热材料的热工性能（导热系数、密度或干密度）和厚度、敷设方式均达到设计标准要求，其保温隔热效果也基本上能达到设计要求。因此，在本规范第7.2.2条按主控项目对保温隔热材料的热工性能进行控制外，本条要求对保温隔热材料的厚度、敷设方式以及热桥部位也按主控项目进行验收。

检查方法：对于保温隔热层的敷设方式、缝隙填充质量和热桥部位采取观察检查，检查敷设的方式、位置、缝隙填充的方式是否正确，是否符合设计要求和国家有关标准要求。保温隔热层的厚度可采取钢针插入后用尺测量，也可采取将保温层切开用尺直接测量。具体采取哪种方法由验收人员根据实际情况选取。

**7.2.5**　影响架空隔热效果的主要因素有三个方面：一是架空层的高度、通风口的尺寸和架空通风安装方式；二是架空层材质的品质和架空层的完整性；三是架空层内应畅通，不得有杂物。因此在验收时一是检查架空层的型式，用尺测量架空层的高度及通风口的尺寸是否符合设计要求。二是检查架空层的完整性，不应断裂或损坏。如果使用了有断裂和露筋等缺陷的制品，日久后会使隔热层受到破坏，对隔热效果带来不良的影响。三是检查架空层内不得残留施工过程中的各种杂物，确保架空层内气流畅通。

**7.2.6**　本条是对采光屋面节能方面的基本要求，其传热系数、遮阳系数、可见光透射比、气密性是影响采光屋面节能效果的主要因素，因此必须达到设计要求。通过检查出厂合格证、型式检验报告、进场见证取样复检报告等进行验证。

**7.2.7**　本条对采光屋面的安装质量提出具体要求。安装要牢固是要保证采光屋面的可靠性、安全性，特别是沿海地区，屋面的风荷载非常大，如果不能牢固可靠的安装，在受到负压时会使屋面脱落。封闭要严密，嵌缝处要填充严密，不得渗漏，一方面是减少空气渗透，减少能耗，另一方面是避免雨水渗漏，确保使用功能。采用观察、尺量检查其安装牢固性能和坡度，通过淋水试验检查其严密性能，并核查其隐蔽验收记录。采光屋面主要是公共建筑，数量不多，并且很重要，所以要全数检查。

**7.2.8**　本条要求在施工过程中要保证屋面隔汽层位置、完整性、严密性应符合设计要求。主要通过观察检查和核查隐蔽工程验收记录进行验证。

## 7.3　一般项目

**7.3.1**　保温层的铺设应按本条文规定检查保温层施工质量，应保证表面平整、坡向正确、铺设牢固、缝隙严密，对现场配料的还要检查配料记录。

**7.3.2**　本条要求金属保温夹芯屋面板的安装应牢固，接口应严密，坡向应正确。检查方法是观察与尺量，应重点检查其接口的气密性和穿钉处的密封性，不得渗水。

**7.3.3**　当屋面的保温层敷设于屋面内侧时，如果保温层未进行密闭防潮处理，室内空气中湿气将渗入保温层，并在保温层与屋面基层之间结露，这不仅增大了保温材料导热系数，降低节能效果，而且由于受潮之后还容易产生细菌，最严重的可能会有水溢出，因此必须对保温材料采取有效防潮措施，使之与室内的空气隔绝。

# 8 地面节能工程

## 8.1 一般规定

**8.1.1** 本条明确了本章的适用范围，本条所讲的建筑地面节能工程是指包括采暖空调房间接触土壤的地面、毗邻不采暖空调房间的楼地面、采暖地下室与土壤接触的外墙、不采暖地下室上面的楼板、不采暖车库上面的楼板、接触室外空气或外挑楼板的地面。

**8.1.2** 本条对地面保温工程施工条件提出了明确的要求，要求敷设保温层的基层质量必须达到合格，基层的质量不仅影响地面工程质量，而且对保温的质量也有直接的影响，基层质量不合格，必然影响保温的质量。

**8.1.3** 本条对影响地面保温效果的隐蔽部位提出隐蔽验收要求。主要包括：①基层；②保温层厚度；③保温材料与基层的粘结强度；④地面热桥部位。因为这些部位被后道工序隐蔽覆盖后无法检查和处理，因此在被隐蔽覆盖前必须进行验收，只有合格后才能进行后序施工。

**8.1.4** 本条参照《建筑地面工程施工质量验收规范》GB 50209 的有关规定，给出了地面节能工程检验批划分的原则和方法，并对检验批抽查数量作出基本规定。

## 8.2 主控项目

**8.2.1** 本条规定地面节能工程所用保温材料的品种、规格应按设计要求和相关标准规定选择，不得随意改变其品种和规格。材料进场时通过目视、尺量、称重和核对其使用说明书、出厂合格证以及型式检验报告等方法进行检查，确保其品种、规格符合设计要求。

**8.2.2** 强制性条文。在地面保温工程中，保温材料的导热系数、密度或干密度指标直接影响到地面保温效果，抗压强度或压缩强度影响到保温层的施工质量，燃烧性能是防止火灾隐患的重要条件，因此应对保温材料的导热系数、密度或干密度、抗压强度或压缩强度及燃烧性能进行严格的控制，必须符合节能设计要求、产品标准要求以及相关施工技术标准要求。应检查材料的合格证、有效期内的产品性能检测报告及进场验收记录所代表的规格、型号和性能参数是否与设计要求和有关标准相符，并重点检查进场复验报告，复验报告必须是第三方见证取样，检验样品必须是按批量随机抽取。

**8.2.3** 在地面保温工程中，保温材料的性能对于地面保温的效果起到了决定性的作用。为了保证用于地面保温材料的质量，避免不合格材料用于地面保温工程，参照常规建筑工程材料进场验收办法，对进场的地面保温材料也由监理人员现场见证随机抽样送有资质的试验室对有关性能参数进行复验，复验结果作为地面保温工程质量验收的一个依据。复验报告必须是第三方见证取样，检验样品必须是按批随机抽取。

**8.2.4** 为了保证施工质量，在进行地面保温施工前，应将基层处理好，基层应平整、清洁，接触土壤地面应将垫层处理好。

**8.2.5** 影响地面保温效果的主要因素除了保温材料的性能和厚度以外，另一重要因素是保温层、保护层等的设置和构造做法以及热桥部位的处理等。在一般情况下，只要保温材料的热工性能（导热系数、密度或干密度）和厚度、敷设方式均达到设计标准要求，其保温效果也基本上能达到设计要求。因此，在本规范第 8.2.2 条按主控项目对保温材料的热工性能进行控制外，本条要求对保温层、保护层等的设置和构造做法以及热桥部位也按主控项目进行验收。

对于保温层的敷设方式、缝隙填充质量和热桥部位采取观察检查，检查敷设的方式、位置、缝隙填充的方式是否正确，是否符合设计要求和国家有关标准要求。保温层厚度可采用钢针插入后用尺测量，也可采用将保温层切开用尺直接测量。

**8.2.6** 地面节能工程的施工质量应符合本条的规定。在施工过程中保温层与基层之间粘结牢固、缝隙严密是非常必要的。特别是地下室（或车库）的顶板粘贴 XPS 板、EPS 板或粉刷胶粉聚苯颗粒时，虽然这些部位不同于建筑外墙那样有风荷载的作用，但由于顶板上部有活动荷载，会使其产生振动，从而引发脱落。在楼板下面粉刷浆料保温层时分层施工也是非常重要的，每层的厚度不应超过 20mm，如果过厚，由于自重力的作用在粉刷过程中容易产生空鼓和脱落。对于严寒、寒冷地区，穿越接触室外空气地面的各种金属类管道都是传热量很大的热桥，这些热桥部位除了对节能效果有一定的影响外，其热桥部位的周围还可能结露，影响使用功能，因此必须对其采取有效的措施进行处理。

**8.2.7** 本条对有防水要求地面的构造做法和验收方法提出了明确要求。对于厨卫等有防水要求的地面进行保温时，应尽可能将保温层设置在防水层下，可避免保温层浸水吸潮影响保温效果。当确实需要将保温层设置在防水层上面时，则必须对保温层进行防水处理，不得使保温层吸水受潮。另外在铺设保温层时，要确保地面排水坡度不受影响，保证地面排水畅通。

**8.2.8** 在严寒、寒冷地区，冬季室外最低气温在 −15℃以下，冻土层厚度在 400mm 以上，建筑首层直接与土壤接触的周边地面是热桥部位，如不采取有效措施进行处理，会在建筑室内地面产生结露，影响节能效果，因此必须对这些部位采取保温隔热措施。

**8.2.9** 对保温层表面必须采取有效措施进行保护，其目的之一是防止保温层材料吸潮，保温层吸潮含水率增大后，将显著影响保温效果，其二是提高保温层表面的抗冲击能力，防止保温层受到外力的破坏。

### 8.3 一般项目

**8.3.1** 本条规定地面辐射供暖工程应按《地面辐射供暖技术规程》JGJ 142 规定执行。

# 9 采暖节能工程

## 9.1 一般规定

**9.1.1** 根据目前国内室内采暖系统的热水温度现状，对本章的适用范围做出了规定。室内集中热水采暖系统包括散热设备、管道、保温、阀门及仪表等。

**9.1.2** 本条给出了采暖系统节能工程验收的划分原则和方法。

采暖系统节能工程的验收，应根据工程的实际情况、结合本专业特点，分别按系统、楼层等进行。

采暖系统可以按每个热力入口作为一个检验批进行验收；对于垂直方向分区供暖的高层建筑采暖系统，可按照采暖系统不同的设计分区分别进行验收；对于系统大且层数多的工程，可以按几个楼层作为一个检验批进行验收。

## 9.2 主控项目

**9.2.1** 采暖系统中散热设备的散热量、金属热强度和阀门、仪表、管材、保温材料等产品的规格、热工技术性能是采暖系统节能工程中的主要技术参数。为了保证采暖系统节能工程施工全过程的质量控制，对采暖系统节能工程采用的散热设备、阀门、仪表、管材、保温材料等产品的进场，要按照设计要求对其类别、规格及外观等进行逐一核对验收，验收一般应由供货商、监理、施工单位的代表共同参加，并应经监理工程师（建设单位代表）检查认可，形成相应的验收记录。各种产品和设备的质量证明文件和相关技术资料应齐全，并应符合国家现行有关标准和规定。

**9.2.2** 采暖系统中散热器的单位散热量、金属热强度和保温材料的导热系数、密度、吸水率等技术参数，是采暖系统节能工程中的重要性能参数，它是否符合设计要求，将直接影响采暖系统的运行及节能效果。因此，本条文规定在散热器和保温材料进场时，应对其热工等技术性能参数进行复验。复验应采取见证取样送检的方式，即在监理工程师或建设单位代表见证下，按照有关规定从施工现场随机抽取试样，送至有见证检测资质的检测机构进行检测，并应形成相应的复验报告。

**9.2.3** 强制性条文。在采暖系统中系统制式也就是管道的系统形式，是经过设计人员周密考虑而设计的，要求施工单位必须按照设计图纸进行施工。

设备、阀门以及仪表能否安装到位，直接影响采暖系统的节能效果，任何单位不得擅自减和更换。

在实际工程中，温控装置经常被遮挡，水力平衡装置因安装空间狭小无法调节，有很多采暖系统的热力入口只有总开关阀门和旁通阀门，没有按照设计要求安装热计量装置、过滤器、压力表、温度计等入口装置；有的工程虽然安装了入口装置，但空间狭窄，过滤器和阀门无法操作、热计量装置、压力表、温度计等仪表很难观察读取。常常是采暖系统热力入口装置起不到过滤、热能计量及调节水力平衡等功能，从而达不到节能的目的。

同时，本条还强制性规定设有温度调控装置和热计量装置的采暖系统安装完毕后，应能实现设计要求的分室（区）温度调控和分栋热计量及分户或分室（区）热量（费）分摊，这也是国家有关节能标准所要求的。

**9.2.4** 目前对散热器的安装存在不少误区，常常会出现散热器的规格、数量及安装方式与设计不符等情况。如把散热器全包起来，仅留很少一点点通道，或随意减少散热器的数量，以致每组散热器的散热量不能达到设计要求，而影响采暖系统的运行效果。散热器暗装在罩内时，不但散热器的散热量会大幅度减少，而且由于罩内空气温度远远高于室内空气温度，从而使罩内墙体的温差传热损失大大增加。散热器暗装时，还会影响恒温阀的正常工作。另外，实验证明：散热器外表面涂刷非金属性涂料时，其散热量比涂刷金属性涂料时能增加 10% 左右。故本条文对此进行了强调和规定。

**9.2.5** 散热器恒温阀（又称温控阀、恒温器）安装在每组散热器的进水管上，它是一种自力式调节控制阀，用户可根据对室温高低的要求，调节并设定室温。散热器恒温阀阀头如果垂直安装或被散热器、窗帘或其他障碍物遮挡，恒温阀将不能真实反映出室内温度，也就不能及时调节进入散热器的水流量，从而达不到节能的目的。恒温阀应具有人工调节和设定室内温度的功能，并通过感应室温自动调节流经散热器的热水流量，实现室温自动恒定。对于安装在装饰罩内的恒温阀，则必须采用外置式传感器，传感器应设在能正确反映房间温度的位置。

**9.2.6** 在低温热水地面辐射供暖系统的施工安装时，对无地下室的一层地面应分别设置防潮层和绝热层，绝热层采用聚苯乙烯泡沫塑料板［导热系数为 $\leqslant 0.041W/(m \cdot K)$，密度 $\geqslant 20.0kg/m^3$］时，其厚度不应小于 30mm；直接与室外空气相邻的楼板应设绝热层，绝热层采用聚苯乙烯泡沫塑料板［导热系数为≤0.041W／（m·K），密度≥20.0kg/m³］时，其厚度不应小于40mm。当采用其他绝热材料时，可根据热阻相当的原则确定厚度。室内温控装置的传感器应安装在距地面1.4m的内墙面上（或与室内照明开关并排设置），并应避开阳光直射和发热设备。

**9.2.7** 在实际工程中有很多采暖系统的热力入口只有系统阀门和旁通阀门，没有安装热计量装置、过滤器、压力表、温度计等入口装置；有的工程虽然安装了入口装置，但空间狭窄，过滤器和阀门无法操作，热计量装置、压力表、温度计等仪表很难观察读取。常常是采暖系统热力入口装置起不到过滤、热能计量及调节水力平衡等功能，从而达不到节能的目的。故本条文对此进行了强调，并作出规定。

**9.2.8** 采暖管道保温厚度是由设计人员依据保温材料的导热系数、密度和采暖管道允许的温降等条件计算得出的。如果管道保温的厚度等技术性能达不到设计要求，或者保温层与管道粘贴不紧密牢固，以及设在地沟及潮湿环境内的保温管道不做防潮层或防潮层做得不完整或有缝隙，都将会严重影响采暖管道的保温效果。因此，本条文对采暖管道保温层和防潮层的施工作出了规定。

**9.2.9** 采暖保温管道及附件，被安装于封闭的部位或直接埋地时，均属于隐蔽工程。在封闭前，必须对该部分将被隐蔽的管道工程施工质量进行验收，且必须得到现场监理人员认可的合格签证，否则不得进行封闭作业。必要时，应对隐蔽部位进行录像或照相以便追溯。

**9.2.10** 强制性条文。采暖系统工程安装完工后，为了使采暖系统达到正常运行和节能的预期目标，规定应在采暖期与热源连接进行系统联合试运转和调试。联合试运转及调试结果应符合设计要求，室内温度不得低于设计计算温度2℃，且不应高于1℃。采暖系统工程竣工如果是在非采暖期或虽然在采暖期却还不具备热源条件时，应对采暖系统进行水压试验，试验压力应符合设计要求。但是，这种水压试验，并不代表系统已进行调试和达到平衡，不能保证采暖房间的室内温度能达到设计要求。因此，施工单位和建设单位应在工程（保修）合同中进行约定，在具备热源条件后的第一个采暖期期间再进行联合试运转及调试，并补做本规范表14.2.2中序号为1的"室内温度"项的调试。补做的联合试运转及调试报告应经监理工程师（建设单位代表）签字确认，以补充完善验收资料。

### 9.3 一 般 项 目

**9.3.1** 采暖系统的过滤器等配件应做好保温，保温层应密实、无空隙，且不得影响其操作功能。

# 10 通风与空调节能工程

## 10.1 一 般 规 定

**10.1.1** 本条明确了本章适用的范围。本条文所讲的通风系统是指包括风机、消声器、风口、风管、风阀等部件在内的整个送、排风系统。空调系统包括空调风系统和空调水系统，前者是指包括空调末端设备、消声器、风管、风阀、风口等部件在内的整个空调送、回风系统；后者是指除了空调冷热源及其辅助设备与管道及室外管网以外的空调水系统。

**10.1.2** 本条给出了通风与空调系统节能工程验收的划分原则和方法。

系统节能工程的验收，应根据工程的实际情况、结合本专业特点，分别按系统、楼层等进行。

空调冷（热）水系统的验收，一般应按系统分区进行；通风与空调的风系统可按风机或空调机组等所各自负担的风系统，分别进行验收。

对于系统大且层数多的空调冷（热）水系统及通风与空调的风系统工程，可分别按几个楼层作为一个检验批进行验收。

## 10.2 主 控 项 目

**10.2.1** 通风与空调系统所使用的设备、管道、阀门、仪表、绝热材料等产品是否相互匹配、完好，是决定其节能效果好坏的重要因素。本条是对其进场验收的规定，这种进场验收主要是根据设计要求对有关材料和设备的类型、材质、规格及外观等"可视质量"和技术资料进行检查验收，并应经监理工程师（建设单位代表）核准。进场验收应形成相应的验收记录。事实表明，许多通风与空调工程，由于在产品的采购过程中擅自改变有关设备、绝热材料等的设计类型、材质或规格等，结果造成了设备的外形尺寸偏大、设备重量超重、设备耗电功率大、绝热材料绝热效果差等不良后果，从而给设备的安装和维修带来了不便，给建筑物带来了安全隐患，并且降低了通风与空调系统的节能效果。

由于进场验收只能核查材料和设备的外观质量，其内在质量则需由各种质量证明文件和技术资料加以证明。故进场验收的一项重要内容，是对材料和设备附带的质量证明文件和技术资料进行检查。这些文件和资料应符合国家现行有关标准和规定并应齐全，主要包括质量合格证明文件、中文说明书及相关性能检测报告。进口材料和设备还应按规定进行出入境商品检验合格证明。

为保证通风与空调节能工程的质量，本条文作出了在有关设备、自控阀门与仪表进场时，应对其热工等技术性能参数进行核查，并应形成相应的核查记录。对有关设备等的核查，应根据设计要求对其技术资料和相关性能检测报告等所表示的热工等技术性能参数进行一一核对。事实表明，许多空调工程，由于所选用空调末端设备的冷量、热量、风量、风压及功率高于或低于设计要求，而造成了空调系统能耗高或空调效果差等不良后果。

风机是空调与通风系统运行的动力，如果选择不当，就有可能加大其动力和单位风量的耗功率，造成能源浪费。为了降低空调与通风系统的能耗，设计人员在进行风机选型时，都要根据具体工程进行详细的计算，以控制风机的单位风量耗功率不大于《公共建筑节能设计标准》GB 50189—2005 第 5.3.26 所规定的限值（见表2）。所以，风机在采购过程中，未经设计人员同意，都不应擅自改变风机的技术性能参数，并应保证其单位风量耗功率满足国家现行有关标准的规定。

**表2　风机的单位风量耗功率限值 [ W/(m³/h) ]**

| 系统型式 | 办公建筑 | | 商业、旅馆建筑 | |
|---|---|---|---|---|
| | 粗效过滤 | 粗、中效过滤 | 粗效过滤 | 粗、中效过滤 |
| 两管制定风量系统 | 0.42 | 0.48 | 0.46 | 0.52 |
| 四管制定风量系统 | 0.47 | 0.53 | 0.51 | 0.58 |
| 两管制变风量系统 | 0.58 | 0.64 | 0.62 | 0.68 |
| 四管制变风量系统 | 0.63 | 0.69 | 0.67 | 0.74 |
| 普通机械通风系统 | 0.32 | | | |

注：1　$W_s = P/(3600\eta_t)$，式中 $W_s$ 为单位风量耗功率，W/(m³/h)；$P$ 为风机全压值，Pa；$\eta_t$ 为包含风机、电机及传动效率在内的总效率（%）。

2　普通机械通风系统中不包括厨房等需要特定过滤装置的房间的通风系统。

3　严寒地区增设预热盘管时，单位风量耗功率可增加 0.035 [W/(m³/h)]。

4　当空调机组内采用湿膜加湿方法时，单位风量耗功率可增加 0.053 [W/(m³/h)]。

**10.2.2**　通风与空调节能工程中风机盘管机组和绝热材料的用量较多，且其供冷量、供热量、风量、出口静压、噪声、功率及绝热材料的导热系数、材料密度、吸水率等技术性能参数是否符合设计要求，会直接影响通风与空调节能工程的节能效果和运行的可靠性。因此，本条文规定在风机盘管机组和绝热材料进场时，应对其热工等技术性能参数进行复验。复验应采取见证取样送检的方式，即在监理工程师或建设单位代表见证下，按照有关规定从施工现场随机抽取试样，送至有见证检测资质的检测机构进行检测，并应形成相应的复验报告。

**10.2.3**　为保证通风与空调节能工程中送、排风系统及空调风系统、空调水系统具有节能效果，首先要求工程设计人员将其设计成具有节能功能的系统；其

次要求在各系统中要选用节能设备和设置一些必要的自控阀门与仪表，并安装齐全到位。这些要求，必然会增加工程的初投资。因此，有的工程为了降低工程造价，根本不考虑日后的节能运行和减少运行费用等问题，在产品采购或施工过程中擅自改变了系统的制式并去掉一些节能设备和自控阀门与仪表，或将节能设备及自控阀门更换为不节能的设备及手动阀门，导致了系统无法实现节能运行，能耗及运行费用大大增加。为避免上述现象的发生，保证以上各系统的节能效果，本条做出了通风与空调节能工程中送、排风系统及空调风系统、空调水系统的安装制式应符合设计要求的强制性规定，且各种节能设备、自控阀门与仪表应全部安装到位，不得随意增加、减少和更换。

水力平衡装置，其作用是可以通过对系统水力分布的调整与设定，保持系统的水力平衡，保证获得预期的空调效果。为使其发挥正常的功能，本条文要求其安装位置、方向应正确，并便于调试操作。

空调系统安装完毕后应能实现分室（区）进行温度调控，一方面是为了通过对各空调场所室温的调节达到舒适度要求；另一方面是为了通过调节室温而达到节能的目的。对有分栋、分室（区）冷、热计量要求的建筑物，要求其空调系统安装完毕后，能够通过冷（热）量计量装置实现冷、热计量，是节约能源的重要手段，按照用冷、热量的多少来计收空调费用，既公平合理，更有利于提高用户的节能意识。

**10.2.4**　制定本条的目的是为了保证通风与空调系统所用风管的质量以及风管系统安装的严密，减少因漏风和热桥作用等带来的能量损失，保证系统安全可靠地运行。

工程实践表明，许多通风与空调工程中的风管并没有严格按照设计和有关国家现行标准的要求去制作和安装，造成了风管品质差、断面积小、厚度薄等不良现象，且安装不严密、缺少防热桥措施，对系统安全可靠地运行和节能产生了不利的影响。

防热桥措施一般是在需要绝热的风管与金属支、吊架之间设置绝热衬垫（承压强度能满足管道重量的不燃、难燃硬质绝热材料或经防腐处理的木衬垫），其厚度不应小于绝热层厚度，宽度应大于支、吊架支承面的宽度。衬垫的表面应平整，衬垫与绝热材料间应填实无空隙；复合风管及需要绝热的非金属风管的连接和内部支撑加固处的热桥，通过外部敷设的符合设计要求的绝热层就可防止产生。

**10.2.5**　本条文对组合式空调机组、柜式空调机组、新风机组、单元式空调机组安装的验收质量作出了规定。

**1**　组合式空调机组、柜式空调机组、单元式空调机组是空调系统中的重要末端设备，其规格、台数是否符合设计要求，将直接影响其能耗大小和空调场所的空调效果。事实表明，许多工程在安装过程中擅

自更改了空调末端设备的台数，其后果是或因设备台数增多造成设备超重而给建筑物安全带来了隐患及能耗增大，或因设备台数减少及规格与设计不符等而造成了空调效果不佳。因此，本条文对此进行了强调。

2　本条文对各种空调机组的安装位置和方向的正确性提出了要求，并要求机组与风管、送风静压箱、回风箱的连接应严密可靠，其目的是为了减少管道交叉、方便施工、减少漏风量，进而保证工程质量、满足使用要求、降低能耗。

3　一般大型空调机组由于体积大，不便于整体运输，常采用散装或组装功能段运至现场进行整体拼装的施工方法。由于加工质量和组装水平的不同，组装后机组的密封性能存在较大的差异，严重的漏风量不仅影响系统的使用功能，而且会增加能耗；同时，空调机组的漏风量测试也是工程设备验收的必要步骤之一。因此，现场组装的机组在安装完毕后，应进行漏风量的测试。

4　空气热交换器翅片在运输与安装过程中被损坏和沾染污物，会增加空气阻力，影响热交换效率，增加系统的能耗。本条文还对粗、中效空气过滤器的阻力参数做出要求，主要目的是对空气过滤器的初阻力有所控制，以保证节能要求。

**10.2.6**　风机盘管机组是建筑物中最常用的空调末端设备之一，其规格、台数及安装位置和高度是否符合设计要求，将直接影响其能耗和空调场所的空调效果。事实表明，许多工程在安装过程中擅自改变风机盘管的设计台数和安装位置、高度及方向，其后果是所采用的风机盘管机组的耗电功率、风量、风压、冷量、热量等技术性能参数与设计不匹配，能耗增大，房间气流组织不合理，空调效果差，且安装维修不方便。因此，本条文对此进行了强调。

风机盘管机组与风管、回风箱或风口的连接，在工程施工中常存在不到位、空缝或通过吊顶间接连接风口等不良现象，使直接送入房间的风量减少、风压降低、能耗增大、空气品质下降，最终影响了空调效果，故本条文对此进行了强调。

**10.2.7**　工程实践表明，空调机组或风机出风口与风管系统不合理的连接，可能会造成风系统阻力的增大，进而引起风机性能急剧地变坏；风机与风管连接时使空气在进出风机时尽可能均匀一致，且不要有方向或速度的突然变化，则可大大减小风系统的阻力，进而减小风机的全压和耗电功率。因此，本条文作出了风机的安装位置及出口方向应正确的规定。

**10.2.8**　本条文强调双向换气装置和排风热回收装置的规格、数量应符合设计要求，是为了保证对系统排风的热回收效率（全热和显热）不低于60%。条文要求其安装和进、排风口位置及接管等应正确，是为了防止功能失效和污浊的排风对系统的新风引起污染。

**10.2.9**　在空调系统中设置自控阀门和仪表，是实现系统节能运行的必要条件。当空调场所的空调负荷发生变化时，电动两通调节阀和电动两通阀，可以根据已设定的温度通过调节经空调机组的水流量，使空调冷热水系统实现变流量的节能运行；水力平衡装置，可以通过对系统水力分布的调整与设定，保持系统的水力平衡，保证获得预期的空调效果；冷（热）量计量装置，是实现量化管理、节约能源的重要手段，按照用冷、热量的多少来计收空调费用，既公平合理，更有利于提高用户的节能意识。

工程实践表明，许多工程为了降低造价，不考虑日后的节能运行和减少运行费用等问题，未经设计人员同意，就擅自去掉一些自控阀门与仪表，或将自控阀门更换为不具备主动节能功能的手动阀门，或将平衡阀、热计量装置去掉；有的工程虽然安装了自控阀门与仪表，但是其进、出口方向和安装位置却不符合产品及设计要求。这些不良做法，导致了空调系统无法进行节能运行和水力平衡及冷（热）量计量，能耗及运行费用大大增加。为避免上述现象的发生，本条文对此进行了强调。

**10.2.10、10.2.11**　本条文对空调风、水系统管道及其部、配件绝热层和防潮层施工的基本质量要求作出了规定。绝热节能效果的好坏除了与绝热材料的材质、密度、导热系数、热阻等有着密切的关系外，还与绝热层的厚度有直接的关系。绝热层的厚度越大，热阻就越大，管道的冷（热）损失就越小，绝热节能效果就好。工程实践表明，许多空调工程因绝热层的厚度等不符合设计要求，而降低了绝热材料的热阻，导致绝热失败，浪费了大量的能源；另外，从防火的角度出发，绝热材料应尽量采用不燃的材料。但是，从我国目前生产绝热材料品种的构成，以及绝热材料的使用效果、性能等诸多条件来对比，难燃材料还有其相对的长处，在工程中还占有一定的比例。无论是国内还是国外，都发生过空调工程中的绝热材料，因防火性能不符合设计要求被引燃后而造成恶果的案例。因此，本条文明确规定，风管和空调水系统管道的绝热应采用不燃或难燃材料，其材质、密度、导热系数、规格与厚度等应符合设计要求。

空调风管和冷热水管穿楼板和穿墙处的绝热层应连续不间断，均是为了保证绝热效果，以防止产生凝结水并导致能量损失；绝热层与穿楼板和穿墙处的套管之间应用不燃材料填实不得有空隙，套管两端应进行密封封堵，是出于防火和防水的考虑；空调风管系统部件的绝热不得影响其操作功能，以及空调水管道的阀门、过滤器及法兰部位的绝热结构应能单独拆卸且不得影响其操作功能，均是为了方便维修保养和运行管理。

**10.2.12**　在空调水系统冷热水管道与支、吊架之间应设置绝热衬垫（承压强度能满足管道重量的不燃、难燃硬质绝热材料或经防腐处理的木衬垫），是防止产生冷桥作用而造成能量损失的重要措施。工程实践表明，许多空调工程的冷热水管道与支、吊架之间由于没有设置绝热衬垫，管道与支、吊架直接接触而形成了冷桥，导致了能量损失并且产生了凝结水。因此，本条对空调水系统的冷热水管道与支、吊架之间应设置绝热衬垫进行了强调，并对其设置要求和检查方法也作了说明。

**10.2.13** 通风与空调系统中与节能有关的隐蔽部位位置特殊，一旦出现质量问题后不易发现和修复。因此，本条文规定应随施工进度对其及时进行验收。通常主要隐蔽部位检查内容有：地沟和吊顶内部的管道、配件安装及绝热、绝热层附着的基层及其表面处理、绝热材料粘结或固定、绝热板材的板缝及构造节点、热桥部位处理等。

**10.2.14** 强制性条文。通风与空调节能工程安装完工后，为了达到系统正常运行和节能的预期目标，规定必须进行通风机和空调机组等设备的单机试运转和调试及系统的风量平衡调试。试运转和调试结果应符合设计要求；通风与空调系统的总风量与设计风量的允许偏差不应大于10%，各风口的风量与设计风量的允许偏差不应大于15%。

### 10.3 一般项目

**10.3.1** 本条文对空气风幕机的安装验收作出了规定。

空气风幕机的作用是通过其出风口送出具有一定风速的气流并形成一道风幕屏障，来阻挡由于室内外温差而引起的室内外冷（热）量交换，以此达到节能的目的。带有电热装置或能通过热媒加热送出热风的空气风幕机，被称作热空气幕。公共建筑中的空气风幕机，一般应安装在经常开启且不设门斗及前室外门的上方，并且宜采用由上向下的送风方式，出口风速应通过计算确定，一般不宜大于6m/s。空气风幕机的台数，应保证其总长度略大于或等于外门的宽度。

实际工程中，经常发现安装的空气风幕机其规格和数量不符合设计要求，安装位置和方向也不正确。如：有的设计选型是热空气幕，但安装的却是一般的自然风空气风幕机；有的安装在内门的上方，起不到应有的作用；有的采用暗装，但却未设置回风口，无法保证出口风速；有的总长度小于外门的宽度，难以阻挡屏障全部的室内外冷（热）量交换，节能效果不明显。为避免上述等不良现象的发生，本条文对此进行了强调。

**10.3.2** 本条文对变风量末端装置的安装验收作出了规定。

变风量末端装置是变风量空调系统的重要部件，其规格和技术性能参数是否符合设计要求、动作是否

可靠，将直接关系到变风量空调系统能否正常运行和节能效果的好坏，最终影响空调效果，故条文对此进行了强调。

## 11 空调与采暖系统冷热源及管网节能工程

### 11.1 一般规定

**11.1.1** 本条文规定了本章适用的范围。

**11.1.2** 本条给出了采暖与空调系统冷热源、辅助设备及其管道和管网系统节能工程验收的划分原则和方法。

空调的冷源系统，包括冷源设备及其辅助设备（含冷却塔、水泵等）和管道；空调与采暖的热源系统，包括热源设备及其辅助设备和管道。

不同的冷源或热源系统，应分别进行验收；室外管网应单独验收，不同的系统应分别进行。

### 11.2 主控项目

**11.2.1** 本条是对空调与采暖系统冷热源设备及其辅助设备、阀门、仪表、绝热材料等产品进场验收与核查的规定，其中，对进场验收的具体解析可参见本规范第10.2.1条的有关条文说明。

空调与采暖系统在建筑物中是能耗大户，而其冷热源和辅助设备又是空调与采暖系统中的主要设备，其能耗量占整个空调与采暖系统总能耗量的大部分，其选型是否合理，热工等技术性能参数是否符合设计要求，将直接影响空调与采暖系统的总能耗及使用效果。事实表明，许多工程基于降低空调与采暖系统冷热源及其辅助设备的初投资，在采购过程中，擅自改变了有关设备的类型和规格，使其制冷量、制热量、额定热效率、流量、扬程、输入功率等性能系数不符合设计要求，结果造成空调与采暖系统能耗过大、安全可靠性差、不能满足使用要求等不良后果。因此，为保证空调与采暖系统冷热源及管网节能工程的质量，本条文作出了在空调与采暖系统的冷热源及其辅助设备进场时，应对其热工等技术性能进行核查，并应形成相应的核查记录的规定。对有关设备等的核查，应根据设计要求对其技术资料和相关性能检测报告等所表示的热工等技术性能参数进行一一核对。

锅炉的额定热效率、电机驱动压缩机的蒸气压缩循环冷水（热泵）机组的性能系数和综合部分负荷性能系数、单元式空气调节机及风管送风式和屋顶式空气调节机组的能效比、蒸汽和热水型溴化锂吸收式机组及直燃型溴化锂吸收式冷（温）水机组的性能参数，是反映上述设备节能效果的一个重要参数，其数值越大，节能效果就越好；反之亦然。因此，在上述设备进场时，应核查它们的有关性能参数是否符合设计要求并满足国家现行有关标准的规定，进而促进高

效、节能产品的市场，淘汰低效、落后产品的使用。
表3～表7摘录了国家现行有关标准对空调与采暖系统冷热源设备有关性能参数的规定值，供采购和验收设备时参考。

**表3 锅炉的最低设计效率（%）**

| 锅炉类型、燃料种类及发热值 | 在下列锅炉容量（MW）下的设计效率（%） | | | | | | |
|---|---|---|---|---|---|---|---|
| | 0.7 | 1.4 | 2.8 | 4.2 | 7.0 | 14.0 | >28.0 |
| 燃煤 II类烟煤 | — | — | 73 | 74 | 78 | 79 | 80 |
| 燃煤 III类烟煤 | — | — | 74 | 76 | 78 | 80 | 82 |
| 燃油、燃气 | 86 | 87 | 87 | 88 | 89 | 90 | 90 |

**表4 冷水（热泵）机组制冷性能系数（COP）**

| 类型 | | 额定制冷量（kW） | 性能系数（W/W） |
|---|---|---|---|
| 水冷 | 活塞式/涡旋式 | <528 | ≥3.8 |
| | | 528～1163 | ≥4.0 |
| | | >1163 | ≥4.2 |
| | 螺杆式 | <528 | ≥4.10 |
| | | 528～1163 | ≥4.30 |
| | | >1163 | ≥4.60 |
| | 离心式 | <528 | ≥4.40 |
| | | 528～1163 | ≥4.70 |
| | | >1163 | ≥5.10 |
| 风冷或蒸发冷却 | 活塞式/涡旋式 | ≤50 | ≥2.40 |
| | | >50 | ≥2.60 |
| | 螺杆式 | ≤50 | ≥2.60 |
| | | >50 | ≥2.80 |

**表5 冷水（热泵）机组综合部分负荷性能系数（IPLV）**

| 类型 | | 额定制冷量（kW） | 综合部分负荷性能系数（W/W） |
|---|---|---|---|
| 水冷 | 螺杆式 | <528 | ≥4.47 |
| | | 528～1163 | ≥4.81 |
| | | >1163 | ≥5.13 |
| | 离心式 | <528 | ≥4.49 |
| | | 528～1163 | ≥4.88 |
| | | >1163 | ≥5.42 |

注：IPLV值是基于单台主机运行工况。

**表6 单元式机组能效比（EER）**

| 类型 | | 能效比（W/W） |
|---|---|---|
| 风冷式 | 不接风管 | ≥2.60 |
| | 接风管 | ≥2.30 |
| 水冷式 | 不接风管 | ≥3.00 |
| | 接风管 | ≥2.70 |

**表7 溴化锂吸收式机组性能参数**

| 机型 | 名义工况 | | | | 性能参数 | | |
|---|---|---|---|---|---|---|---|
| | 冷（温）水进/出口温度（°C） | 冷却水进/出口温度（°C） | 蒸汽压力（MPa） | | 单位制冷量蒸汽耗量[kg/(kW·h)] | 性能系数（W/W） | |
| | | | | | | 制冷 | 供热 |
| 蒸汽双效 | 18/13 | 30/35 | 0.25 | | ≤1.40 | | |
| | 12/7 | | 0.4 | | | | |
| | | | 0.6 | | ≤1.31 | | |
| | | | 0.8 | | ≤1.28 | | |
| 直燃 | 供冷 12/7 | 30/35 | | | | ≥1.10 | |
| | 供热出口 60 | | | | | | ≥0.90 |

注：直燃机的性能系数为：制冷量（供热量）/[加热源消耗量（以低位热值计）+电力消耗量（折算成一次能）]。

循环水泵是集中热水采暖系统和空调冷（热）水系统循环的动力，其耗电输热比（EHR）和输送能效比（ER），分别反映了集中热水采暖系统和空调冷（热）水系统的输送效率，其数值越小，输送效率越高，系统的能耗就越低；反之亦然。在实际工程中，往往把循环水泵的扬程选得过高，导致其耗电输热比和输送能效比过高，使系统因输送效率低下而不节能。因此，在循环水泵进场时，应核查其耗电输热比和输送能效比，是否符合设计要求并满足国家现行有关标准的规定值，以便把这部分经常性的能耗控制在一个合理的范围内，进而达到节能的目的。表8、表9摘录了国家现行有关节能标准中对集中采暖系统热水循环水泵的耗电输热比（EHR）和空调冷热水系统的输送能效比（ER）的计算公式与限值，供采购和验收水泵时参考。

**表8 EHR计算公式和计算系数及电机传动效率**

| 热负荷 Q（kW） | | <2000 | ≥2000 |
|---|---|---|---|
| 电机和传动部分的效率 η | 直联方式 | 0.88 | 0.9 |
| | 联轴器连接方式 | 0.87 | 0.89 |
| 计算系数 A | | 0.00556 | 0.005 |

注：$EHR=N/Q\eta$，并应满足 $EHR \leqslant A(20.4+\alpha\sum L)/\Delta t$。式中 $N$ 为水泵在设计工况的轴功率（kW）；$Q$ 为建筑供热负荷（kW）；$\eta$ 为电机和传动部分的效率（%），按表8选取；$A$ 为与热负荷有关的计算系数，按表8选取；$\Delta t$ 为设计供回水温度差（°C），按照设计要求选取；$\sum L$ 为室外主干线（包括供回水管）总长度（m）；$\alpha$ 为与 $\sum L$ 有关的计算系数，按如下选取或计算：当 $\sum L \leqslant 400$m 时，$\alpha=0.0115$；当 $400 < \sum L < 1000$m时，$\alpha=0.003833+3.067/\sum L$；当 $\sum L \geqslant 1000$m 时，$\alpha=0.0069$。

**表9　空调冷热水系统的最大输送能效比（ER）**

| 管道类型 | 两管制热水管道 | | | 四管制热水管道 | 空调冷水管道 |
|---|---|---|---|---|---|
| | 严寒地区 | 寒冷地区/夏热冬冷地区 | 夏热冬冷地区 | | |
| ER | 0.00577 | 0.00433 | 0.00865 | 0.00673 | 0.0241 |

注：1　$ER = 0.002342H/(\Delta T \cdot \eta)$。式中 $H$ 为水泵设计扬程（m）；$\Delta T$ 为供回水温差；$\eta$ 为水泵在设计工作点的效率（%）。

2　两管制热水管道系统中的输送能效比值，不适用于采用直燃式冷水机组和热泵冷水机组作为热源的空调热水系统。

**11.2.2**　绝热材料的导热系数、材料密度、吸水率等技术性能参数，是空调与采暖系统冷热源及管网节能工程的主要参数，它是否符合设计要求，将直接影响到空调与采暖系统冷热源及管网的绝热节能效果。因此，本条文规定在绝热管道和绝热材料进场时，应对绝热材料的上述技术性能参数进行复验。复验应采取见证取样检测的方式，即在监理工程师或建设单位代表见证下，按照有关规定从施工现场随机抽取试样，送至有见证检测资质的检测机构进行检测，并应形成相应的复验报告。

**11.2.3**　强制性条文。为保证空调与采暖系统具有良好的节能效果，首先要求将冷热源机房、换热站内的管道系统设计成具有节能功能的系统制式；其次要求所选用的省电节能型冷、热源设备及其辅助设备，均要安装齐全、到位；另外在各系统中要设置一些必要的自控阀门和仪表，是系统实现自动化、节能运行的必要条件。上述要求增加工程的初投资是必然的，但是，有的工程为了降低工程造价，却忽略了日后的节能运行和减少运行费用等重要问题，未经设计单位同意，就擅自改变系统的制式并去掉一些节能设备和自控阀门与仪表，或将节能设备及自控阀门更换为不节能的设备及手动阀门，导致了系统无法实现节能运行，能耗及运行费用大大增加。为避免上述现象的发生，保证以上各系统的节能效果，本条作出了空调与采暖管道系统的制式及其安装应符合设计要求、各种设备和自控阀门与仪表应安装齐全且不得随意增减和更换的强制性规定。

本条文规定的空调冷（热）水系统应能实现设计要求的变流量或定流量运行，以及热水采暖系统应能实现根据热负荷及室外温度的变化实现设计要求的集中质调节、量调节或质-量调节相结合的运行，是空调与采暖系统最终达到节能目的有效运行方式。为此，本条文作出了强制性的规定，要求安装完毕的空调与供热工程，应能实现工程设计的节能运行方式。

**11.2.4**　空调与采暖系统冷热源、辅助设备及其管道和管网系统中与节能有关的隐蔽部位位置特殊，一旦出现质量问题后不易发现和修复。因此，本条文规定应随施工进度对其及时进行验收。通常主要的隐蔽部位检查内容有：地沟和吊顶内部的管道安装及绝热、绝热层附着的基层及其表面处理、绝热材料粘结或固定、绝热板材的板缝及构造节点、热桥部位处理等。

**11.2.5**　强制性条文。在冷热源及空调系统中设置自控阀门和仪表，是实现系统节能运行等的必要条件。当空调场所的空调负荷发生变化时，电动两通调节阀和电动两通阀，可以根据已设定的温度通过调节流经空调机组的水流量，使空调冷热水系统实现变流量的节能运行；水力平衡装置，可以通过对系统水力分布的调整与设定，保持系统的水力平衡，保证获得预期的空调和供热效果；冷（热）量计量装置，是实现量化管理、节约能源的重要手段，按照所用冷、热量的多少来计收空调和采暖费用，既公平合理，更有利于提高用户的节能意识。

工程实践表明，许多工程为了降低造价，不考虑日后的节能运行和减少运行费用等问题，未经设计人员同意，就擅自去掉一些自控阀门与仪表，或将自控阀门更换为不具备主动节能功能的手动阀门，或将平衡阀、热计量装置去掉；有的工程虽然安装了自控阀门与仪表，但是其进、出口方向和安装位置却不符合产品及设计要求。这些不良做法，导致了空调与采暖系统无法进行节能运行和水力平衡及冷（热）量计量，能耗及运行费用大大增加。为避免上述现象的发生，本条文对此进行了强调。

**11.2.6、11.2.7**　空调与采暖系统在建筑物中是能耗大户，而锅炉、热交换器、电机驱动压缩机的蒸气压缩循环冷水（热泵）机组、蒸汽或热水型溴化锂吸收式冷水机组及直燃型溴化锂吸收式冷（温）水机组、冷却塔、冷热水循环水泵等设备又是空调与采暖系统中的主要设备，因其能耗量占整个空调与采暖系统总能耗量的大部分，其规格、数量是否符合设计要求，安装位置及管道连接是否合理、正确，将直接影响空调与采暖系统的总能耗及空调场所的空调效果。工程实践表明，许多工程在安装过程中，未经设计人员同意，擅自改变了有关设备的规格、台数及安装位置，有的甚至将管道接错。其后果是或因设备台数增加而增大了设备的能耗，给设备的安装带来了不便，也给建筑物的安全带来了隐患；或因设备台数减少而降低了系统运行的可靠性，满足不了工程使用要求；或因安装位置及管道连接不符合设计要求，加大了系统阻力，影响了设备的运行效率，增大了系统的能耗。因此，本条文对此进行了强调。

**11.2.8**　本条文的说明参见本规范第10.2.11条的条文解释。

**11.2.9**　保冷管道的绝热层外的隔汽层（防潮层）是防止结露、保证绝热效果的有效手段，保护层是用来保护隔汽层的（具有隔汽性的闭孔绝热材料，可认为是隔汽层和保护层）。输送介质温度低于周围空气露点温度的管道，当采用非闭孔绝热材料作绝热层而不设防潮层（隔汽层）和保护层或者虽然设了但不完整、有缝隙时，空气中的水蒸气就极易被暴露的非闭孔性绝热材料吸收或从缝隙中流入绝热层而产生凝结水，使绝热材料的导热系数急剧增大，不但起不到绝热的作用，反而使绝热性能降低、冷量损失加大。因此，本条文要求非闭孔性绝热材料的隔汽层（防潮层）和保护层必须完整，且封闭良好。

**11.2.10** 本条文的说明参见本规范第10.2.12条的条文解释。

**11.2.11** 强制性条文。空调与采暖系统的冷、热源和辅助设备及其管道和室外管网系统安装完毕后，为了达到系统正常运行和节能的预期目标，规定必须进行空调与采暖系统冷、热源和辅助设备的单机试运转及调试和各系统的联合试运转及调试。单机试运转及调试，是进行系统联合试运转及调试的先决条件，是一个较容易执行的项目。系统的联合试运转及调试，是指系统在有冷热负荷和冷热源的实际工况下的试运行和调试。联合试运转及调试结果应满足本规范表11.2.11中的相关要求。当建筑物室内空调与采暖系统工程竣工不在空调制冷期或采暖期时，联合试运转及调试只能进行表11.2.11中序号为2、3、5、6的四项内容。因此，施工单位和建设单位应在工程（保修）合同中进行约定，在具备冷热源条件后的第一个空调期或采暖期期间再进行联合试运转及调试，并补做本规范表11.2.11中序号为1、4的两项内容。补做的联合试运转及调试报告应经监理工程师（建设单位代表）签字确认后，以补充完善验收资料。

各系统的联合试运转受到工程竣工时间、冷热源条件、室内外环境、建筑结构特性、系统设置、设备质量、运行状态、工程质量、调试人员技术水平和调试仪器等诸多条件的影响和制约，是一项技术性较强、很难不折不扣地执行的工作；但是，它又是非常重要、必须完成好的工程施工任务。因此，本条对此进行了强制性规定。对空调与采暖系统冷热源和辅助设备的单机试运转及调试和系统的联合试运转及调试的具体要求，可详见《通风与空调工程施工质量验收规范》GB 50243 的有关规定。

### 11.3 一 般 项 目

**11.3.1** 本条文对空调与采暖系统的冷、热源设备及其辅助设备、配件绝热施工的基本质量要求作出了规定。

## 12 配电与照明节能工程

### 12.1 一 般 规 定

**12.1.1** 本条文规定了本章适用的范围。

**12.1.2** 本条给出了配电与照明节能工程验收检验批的划分原则和方法。

**12.1.3** 本条给出了配电与照明节能工程验收的依据。

### 12.2 主 控 项 目

**12.2.1** 照明耗电在各个国家的总发电量中占有很大的比例。目前，我国照明耗电大体占全国总发电量的10% ~ 12%，2001 年我国总发电量为14332.5 亿度（kWh），年照明耗电达 1433.25 ~ 1719.9 亿度。为此，照明节电，具有重要意义。1998 年 1 月 1 日我国颁布了《节约能源法》，其中包括照明节电。选择高效的照明光源、灯具及其附属装置直接关系到建筑照明系统的节能效果。如室内灯具效率的检测方法依据《室内灯具光度测试》GB/T 9467 进行，道路灯具、投光灯具的检测方法依据其各自标准 GB/T 9468 和 GB/T 7002 进行。各种镇流器的谐波含量检测依据《低压电气及电子设备发出的谐波电流限值（设备每相输入电流≤16A）》GB 17625.1 进行，各种镇流器的自身功耗检测依据各自的性能标准进行，如管形荧光灯用交流电子镇流器应依据《管形荧光灯用交流电子镇流器性能要求》GB/T 15144 进行，气体放电灯的整体功率因数检测依据国家相关标准进行。生产厂家应提供以上数据的性能检测报告。

**12.2.2** 工程中使用伪劣电线电缆会造成发热，造成极大的安全隐患，同时增加线路损耗。为加强对建筑电气中使用的电线和电缆的质量控制，工程中使用的电线和电缆进场时均应进行抽样送检。相同材料、截面导体和相同芯数为同规格，如 VV3 * 185 与 YJV3 * 185 为同规格，BV6.0 与 BVV6.0 为同规格。

**12.2.3** 此项检测主要是对建筑的低压配电电源质量情况，当建筑内使用了变频器、计算机等用电设备时，可能会造成电源质量下降，谐波含量增加，谐波电流危害较大，当其通过变压器时，会明显增加铁心损耗，使变压器过热；当其通过电机，令电机铁心损耗增加，转子产生振动，影响工作质量；谐波电流还增加线路能耗与压损，尤其增加零线上电流，并对电子设备的正常工作和安全产生危害。

**12.2.4** 应重点对公共建筑和建筑的公共部分的照明进行检查。考虑到住宅项目（部分）中住户的个性使用情况偏差较大，一般不建议对住宅内的测试结果作为判断的依据。

### 12.3 一 般 项 目

**12.3.1** 加强对母线压接头的质量控制，避免由于压接头的加工质量问题而产生局部接触电阻增加，从而造成发热，增加损耗。母线搭接螺栓的拧紧力矩如下：

| 序号 | 螺栓规格 | 力矩值（N·m） |
|---|---|---|
| 1 | M8 | 8.8～10.8 |
| 2 | M10 | 17.7～22.6 |
| 3 | M12 | 31.4～39.2 |
| 4 | M14 | 51.0～60.8 |
| 5 | M16 | 78.5～98.1 |
| 6 | M18 | 98.0～127.4 |
| 7 | M20 | 156.9～196.2 |
| 8 | M24 | 274.6～343.2 |

**12.3.2** 交流单相或三相单芯电缆如果并排敷设或用铁制卡箍固定会形成铁磁回路，造成电缆发热，增加损耗并形成安全隐患。

**12.3.3** 电源各相负载不均衡会影响照明器具的发光效率和使用寿命，造成电能损耗和资源浪费。检查方法中的试运行不是带载运行，应该是在所有照明灯具全部投入的情况下用功率表测量。

# 13 监测与控制节能工程

## 13.1 一般规定

**13.1.1** 说明本章的适用范围。

**13.1.2** 建筑节能工程监测与控制系统的施工验收应以智能建筑的建筑设备监控系统为基础进行施工验收。

**13.1.3** 建筑节能工程涉及很多内容，因建筑类别、自然条件不同，节能重点也应有所差别。在各类建筑能耗中，采暖、通风与空气调节，供配电及照明系统是主要的建筑耗能大户；建筑节能工程应按不同设备、不同耗能用户设置检测计量系统，便于实施对建筑能耗的计量管理，故列为检测验收的重点内容。建筑能源管理系统（BEMS, building energy management system）是指用于建筑能源管理的管理策略和软件系统。建筑冷热源电联供系统（BCHP, building cooling heating & power）是为建筑物提供电、冷、热的现场能源系统。

**13.1.4** 监测与控制系统的施工图设计、控制流程和软件通常由施工单位完成，是保证施工质量的重要环节，本条规定应对原设计单位的施工图进行复核，并在此基础上进行深化设计和必要的设计变更。对建筑节能工程监测与控制系统设计施工图进行复核时，具体项目及要求可参考表10。

**表10 建筑节能工程监测与控制系统功能综合表**

| 类型 | 序号 | 系统名称 | 检测与控制功能 | 备注 |
|---|---|---|---|---|
| 通风与空气调节控制系统 | 1 | 空气处理系统控制 | 空调箱启停控制状态显示<br>送回风温度检测<br>焓值控制<br>过渡季节新风温度控制<br>最小新风量控制<br>过滤器报警<br>送风压力检测<br>风机故障报警<br>冷（热）水流量调节<br>加湿器控制<br>风门控制<br>风机变频调速<br>二氧化碳浓度、室内温湿度检测<br>与消防自动报警系统联动 | |
| | 2 | 变风量空调系统控制 | 总风量调节<br>变静压控制<br>定静压控制<br>加热系统控制<br>智能化变风量末端装置控制<br>送风温湿度控制<br>新风量控制 | |
| | 3 | 通风系统控制 | 风机启停控制状态显示<br>风机故障报警<br>通风设备温度控制<br>风机排风排烟联动<br>地下车库二氧化碳浓度控制<br>根据室内外温差中空玻璃幕墙通风控制 | |
| | 4 | 风机盘管系统控制 | 室内温度检测<br>冷热水量开关控制<br>风机启停和状态显示<br>风机变频调速控制 | |
| 冷热源、空调水的监测控制 | 1 | 压缩式制冷机组控制 | 运行状态监视<br>启停程序控制与连锁<br>台数控制（机组群控）<br>机组疲劳度均衡控制 | 能耗计量 |
| | 2 | 变制冷剂流量空调系统控制 | | 能耗计量 |
| | 3 | 吸收式制冷系统/冰蓄冷系统控制 | 运行状态监视<br>启停控制<br>制冰/融冰控制 | 冰库蓄冰量检测、能耗累计 |
| | 4 | 锅炉系统控制 | 台数控制<br>燃烧负荷控制<br>换热器一次侧供回水温度监视<br>换热器一次侧供回水流量控制<br>换热器二次侧供回水温度监视<br>换热器二次侧供回水流量控制<br>换热器二次侧供回变频泵控制<br>换热器二次侧供回水压力监视<br>换热器二次侧回水压差旁通控制<br>换热站其他控制 | 能耗计量 |

## 续表10

| 类型 | 序号 | 系统名称 | 检测与控制功能 | 备注 |
|---|---|---|---|---|
| 冷热源、空调水的监测控制 | 5 | 冷冻水系统控制 | 供回水温差控制<br>供回水流量控制<br>冷冻水循环泵启停控制和状态显示（二次冷冻水循环泵变频调速）<br>冷冻水循环泵过载报警<br>供回水压力监视<br>供回水压差旁通控制 | 冷源负荷监视，能耗计量 |
| | 6 | 冷却水系统控制 | 冷却水进出口温度检测<br>冷却水泵启停控制和状态显示<br>冷却水泵变频调速<br>冷却水循环泵过载报警<br>冷却塔风机启停控制和状态显示<br>冷却塔风机变频调速<br>冷却塔风机故障报警<br>冷却塔排污控制 | 能耗计量 |
| 供配电系统监测 | 1 | 供配电系统监测 | 功率因数控制<br>电压、电流、功率、频率、谐波、功率因数检测<br>中/低压开关状态显示<br>变压器温度检测与报警 | 用电量计量 |
| 照明系统控制 | 1 | 照明系统控制 | 磁卡、传感器、照明的开关控制<br>根据亮度的照明控制<br>办公区照度控制<br>时间表控制<br>自然采光控制<br>公共照明区开关控制<br>局部照明控制<br>照明的全系统优化控制<br>室内场景设定控制<br>室外景观照明场景设定控制<br>路灯时间表及亮度开关控制 | 照明系统用电量计量 |
| 综合控制系统 | 1 | 综合控制系统 | 建筑能源系统的协调控制<br>采暖、空调与通风系统的优化监控 | |
| 建筑能源管理系统的能耗数据采集与分析 | | 建筑能源管理系统的能耗数据采集与分析 | 管理软件功能检测 | |

建筑节能工程的设计是工程质量的关键，也是检测验收目标设定的依据，故作此说明。

1 建筑节能工程设计审核要点：

1）合理利用太阳能、风能等可再生能源。

2）根据总能量系统原理，按能源的品位合理利用能源。

3）选用高效、节能、环保的先进技术和设备。

4）合理配置建筑物的耗能设施。

5）用智能化系统实现建筑节能工程的优化监控，保证建筑节能系统在优化运行中节省能源。

6）建立完善的建筑能源（资源）计量系统，加强建筑物的能源管理和设备维护，在保证建筑物功能和性能的前提下，通过计量和管理节约能耗。

7）综合考虑建筑节能工程的经济效益和环保效益，优化节能工程设计。

2 审核内容包括：

1）与建筑节能相关的设计文件、技术文件、设计图纸和变更文件。

2）节能设计及施工所执行标准和规范要求。

3）节能设计目标和节能方案。

4）节能控制策略和节能工艺。

5）节能工艺要求的系统技术参数指标及设计计算文件。

6）节能控制流程设计和设备选型及配置。

13.1.5 监测与控制系统的检测验收是按监测与控制回路进行的。本条要求施工单位按监测与控制回路制定控制流程图和相应的节能工程施工验收大纲，提交监理工程师批准，在检测验收过程中按施工验收大纲实施。

13.1.6 根据13.1.2条的规定，监测与控制系统的验收流程应与《智能建筑工程质量验收规范》GB 50339一致，以免造成重复和混乱。

13.1.7 工程实施过程检查将直接采用智能建筑子分部工程中"建筑设备监控系统"的检测结果。

13.1.8 本条列出了与建筑节能关系密切的系统检测项目。

13.1.9 因为空调、采暖为季节性运行设备，有时在工程验收阶段无法进行不间断试运行，只能通过模拟检测对其功能和性能进行测试。具体测试应按施工单位提交的施工验收大纲进行。

## 13.2 主控项目

13.2.1 设备材料的进场检查应执行《智能建筑工程质量验收规范》GB 50339和本规范3.2节的有关规定。

13.2.2 监测与控制系统的现场仪表安装质量对监测与控制系统的功能发挥和系统节能运行影响较大，本条要求对现场仪表的安装质量进行重点检查。

13.2.3 在试运行中，对各监控回路分别进行自动控制投入、自动控制稳定性、监测控制各项功能、系统连锁和各种故障报警试验，调出计算机内的全部试运行历史数据，通过查阅现场试运行记录和对试运行历史数据进行分析，确定监控系统是否符合设计要求。

**13.2.4** 验收时，冷热源、空调水系统因季节原因无法进行不间断试运行时，按此条规定执行。黑盒法是一种系统检测方法，这种测试方法不涉及内部过程，只要求规定的输入得到预定的输出。

**13.2.5** 验收时，通风与空调系统因季节原因无法进行不间断试运行时，按此条规定执行。

**13.2.6** 本条主要适用于与监测与控制系统联网的监测与计量仪表的检测。

**13.2.7** 当供配电的监测与控制系统联网时，应满足本条所提出的功能要求。

**13.2.8** 照明控制是建筑节能的主要环节，照明控制应满足本条所规定的各项功能要求。

**13.2.9** 综合控制系统的功能包括建筑能源系统的协调控制，及采暖、通风与空调系统的优化监控。

**1** 建筑能源系统的协调控制是指将整个建筑物看成一个能源系统，综合考虑建筑物中的所有耗能设备和系统，包括建筑物内的人员，以建筑物中的环境要求为目标，实现所有建筑设备的协调控制，使所有设备和系统在不同的运行工况下尽可能高效运行，实现节能的目标。因涉及建筑物内的多种系统之间的协调动作，故称之为协调控制。

**2** 采暖、通风与空调系统的优化监控是根据建筑环境的需求，合理控制系统中的各种设备，使其尽可能运行在设备的高效率区内，实现节能运行。如时间表控制、一次泵变流量控制等控制策略。

**3** 人为输入的数据可以是通过仿真模拟系统产生的数据，也可以是同类在运行建筑的历史数据。模拟测试应由施工单位或系统供货厂商提出方案并执行测试。

**13.2.10** 监测与控制系统应设置建筑能源管理系统，以保证建筑设备通过优化运行、维护、管理实现节能。建筑能源管理系按时间（月或年），根据检测、计量和计算的数据，作出统计分析，绘制成图表；或按建筑物内各分区或用户，或按建筑节能工程的不同系统，绘制能流图；用于指导管理者实现建筑的节能运行。

### 13.3 一般项目

**13.3.1** 本条所列系统性能检测是实现节能的重要保证。这部分检测内容一般已在建筑设备监控系统的验收中完成，进行建筑节能工程检测验收时，以复核已有的检测结果为主，故列为一般项目。

# 14 建筑节能工程现场检验

## 14.1 围护结构现场实体检验

**14.1.1** 对已完工的工程进行实体检验，是验证工程质量的有效手段之一。通常只有对涉及安全或重要功能的部位采取这种方法验证。围护结构对于建筑节能意义重大，虽然在施工过程中采取了多种质量控制手段，但是其节能效果到底如何仍难确认。曾拟议对墙体等进行传热系数检测，但是受到检测条件、检测费用和检测周期的制约，不宜广泛推广。经过多次征求意见，并在部分工程上试验，决定对围护结构的外墙和建筑外窗进行现场实体检验。据此本条规定了建筑围护结构现场实体检验项目为外墙节能构造和部分地区的外窗气密性。但是当部分工程具备条件时，也可对围护结构直接进行传热系数的检测。此时的检测方法、抽样数量等应在合同中约定或遵守另外的规定。

**14.1.2** 规定了外墙节能构造现场实体检验目的和方法。规定其检验目的的作用是要求检验报告应该给出相应的检验结果。

**1** 验证保温材料的种类是否符合设计要求；

**2** 验证保温层厚度是否符合设计要求；

**3** 检查保温层构造做法是否符合设计和施工方案要求。

围护结构的外墙节能构造现场实体检验的方法可采取本规范附录 C 规定的方法。

**14.1.3** 外窗气密性的实体检验，是指对已经完成安装的外窗在其使用位置进行的测试。检验方法按照国家现行有关标准执行。检验目的是抽样验证建筑外窗气密性是否符合节能设计要求和国家有关标准的规定。这项检验实际上是在进场验收合格的基础上，检验外窗的安装（含组装）质量，能够有效防止"送检窗合格、工程用窗不合格"的"挂羊头、卖狗肉"不法行为。当外窗气密性出现不合格时，应当分析原因，进行返工修理，直至达到合格水平。

**14.1.4** 本条规定了现场实体检验的抽样数量。给出了两种确定抽样数量的方法：一种是可以在合同中约定，另一种是本规范规定的最低数量。最低数量是一个单位工程每项实体检验最少抽查 3 个试件（3 个点、3 樘窗等）。实际上，这样少的抽样数量不足以进行质量评定或工程验收，因此这种实体检验只是一种验证。它建立在过程控制的基础上，以极少的抽样来对工程质量进行验证。这对造假者能够构成威慑，对合格质量则并无影响。由于抽样少，经济负担也相对较轻。

**14.1.5** 本条规定了承担围护结构现场实体检验任务的实施单位。考虑到围护结构的现场实体检验是采用钻芯法验证其节能保温做法，操作简单，不需要使用试验仪器，为了方便施工，故规定现场实体检验除了可以委托有资质的检测单位来承担外，也可由施工单位自行实施。但是不论由谁实施均须进行见证，以保证检验的公正性。

**14.1.6** 本条规定了承担外窗现场实体检验任务的实施单位。考虑到外窗气密性检验操作较复杂，需要使用整套试验仪器，故规定应委托有资质的检测单位承担，对"有资质的检测单位"的理解，可参照3.1.5条的条文说明。本项检验应进行见证，以保证检验的公正性。

**14.1.7** 本条中检测机构的资质要求，可参见本规范3.1.5条的条文说明。

**14.1.8** 当现场实体检验出现不符合要求的情况时，显示节能工程质量可能存在问题。此时为了得出更为真实可靠的结论，应委托有资质的检测单位再次检验。且为了增加抽样的代表性，规定应扩大一倍数量再次抽样。再次检验只需要对不符合要求的项目或参数检验，不必对已经符合要求的参数再次检验。如果再次检验仍然不符合要求时，则应给出"不符合要求"的结论。

考虑到建筑工程的特点，对于不符合要求的项目难以立即拆除返工，通常的做法是首先查找原因，对所造成的影响程度进行计算或评估，然后采取某些可行的技术措施予以弥补、修理或消除，这些措施有时还需要征得节能设计单位的同意。注意消除隐患后必须重新进行检测，合格后方可通过验收。

### 14.2 系统节能性能检测

**14.2.1～14.2.3** 本条给出了采暖、通风与空调及冷热源、配电与照明系统节能性能检测的主要项目及要求，并规定对这些项目节能性能的检测应由建设单位委托具有相应资质的第三方检测单位进行。所有的检测项目可以在工程合同中约定，必要时可增加其他检测项目。另外，表14.2.2中序号为1～8的检测项目，也是本规范第9～11章中强制性条文规定的在室内空调与采暖系统及其冷热源和管网工程竣工验收时所必须进行的试运转及调试内容。为了保证工程的节能效果，对于表14.2.2中所规定的某个检测项目如果在工程竣工验收时可能会因受某种条件的限制（如采暖工程不在采暖期竣工或竣工时热源和室外管网工程还没有安装完毕等）而不能进行时，那么施工单位与建设单位应事先在工程（保修）合同中对该检测项目作出延期补做试运转及调试的约定。

## 15 建筑节能分部工程质量验收

**15.0.1** 本条提出了建筑节能分部工程质量验收的条件。这些要求与统一标准完全一致，即共有两个条件：第一，检验批、分项、子分部工程应全部验收合格，第二，应通过外窗气密性现场检测、围护结构墙体节能构造实体检验、系统功能检验和无生产负荷系统联合试运转与调试，确认节能分部工程质量达到可以进行验收的条件。

**15.0.2** 本条是对建筑节能工程验收程序和组织的具体规定。其验收的程序和组织与《建筑工程施工质量验收统一标准》GB 50300的规定一致，即应由监理方（建设单位项目负责人）主持，会同参与工程建设各方共同进行。

**15.0.3** 本条是对建筑节能工程检验批验收合格质量条件的基本规定。本条规定与《建筑工程施工质量验收统一标准》GB 50300和各专业工程施工质量验收规范完全一致。应注意对于"一般项目"不能作为可有可无的验收内容，验收时应要求一般项目亦应"全部合格"。当发现不合格情况时，应进行返工修理。只有当难以修复时，对于采用计数检验的验收项目，才允许适当放宽，即至少有90%以上的检查点合格即可通过验收，同时规定其余10%的不合格点不得有"严重缺陷"。对"严重缺陷"可理解为明显影响了使用功能，造成功能上的缺陷或降低。

**15.0.5** 考虑到建筑节能工程的重要性，建筑节能工程分部工程质量验收，除了应在各相关分项工程验收合格的基础上进行技术资料检查外，增加了对主要节能构造、性能和功能的现场实体检验。在分部工程验收之前进行的这些检查，可以更真实地反映工程的节能性能。具体检查内容在各章均有规定。

**15.0.7** 本规范给出了建筑节能工程分部、子分部、分项工程和检验批的质量验收记录格式。该格式系参照其他验收规范的规定并结合节能工程的特点制定，具体见本规范附录B。

当节能工程按分项工程直接验收时，附录B中给出的表B.0.2可以省略，不必填写。此时使用表B.0.3即可。

## 附录C 外墙节能构造钻芯检验方法

**C.0.1** 给出本方法的适用范围。当对围护结构中墙体之外的部位（如屋面、地面等）进行节能构造检验时，也可以参照本附录规定进行。

**C.0.2** 给出采用本方法检验外墙节能构造的时间。即应在外墙施工完工后、节能分部工程验收前进行。

**C.0.3** 给出钻芯检验外墙节能构造的取样部位和数量规定。实施时应事先制定方案，在确定取样部位后在图纸上加以标柱。

**C.0.5** 给出钻芯检验外墙节能构造的方法。规范建议钻取直径70mm的芯样，是综合考虑了多种直径芯样的实际效果后确定的。实施时如有困难，也可以采取50～100mm范围内的其他直径。由于检验目的是验证墙体节能构造，故钻取芯样深度只需要钻透保温层到达结构层或基层表面即可。

**C.0.6** 为避免钻取芯样时冷却水流入墙体内或污染墙面，钻芯时应采用内注水冷却方式的钻头。

**C.0.7** 给出对芯样的检查方法。可分为3个步骤进行检查并作出检查记录（原始记录）：

**1** 对照设计图纸观察、判断；

**2** 量取厚度；

**3** 观察或剖开检查构造做法。

**C. 0. 8** 给出是否符合设计要求结论的判断方法。即实测厚度的平均值达到设计厚度的95%及以上时，应判符合；否则应判不符合设计要求。

**C. 0. 9** 给出钻芯检验外墙节能构造的检验报告主要内容。这些内容实际上也是对检测报告的基本要求。无论是由检测单位还是由施工单位进行检验，均应按照这些内容和报告格式的要求出具报告，并应保存检验原始记录以备查对。

**C. 0. 10** 当出现检验结果不符合设计要求时，首先应考虑取点的代表性及偶然性等因素，故应增加一倍数量再次取样检验。当证实确实不符合要求时，应按照统一标准规定的原则进行处理。此时应委托原设计单位或其他有资质的单位重新验算房屋的热工性能，提出技术处理方案。

**C. 0. 11** 给出对外墙取样部位的修补要求。规范要求采用保温材料填充并用建筑胶密封。实际操作中应注意填塞密实并封闭严密，不允许使用混凝土或碎砖加砂浆等材料填塞，以避免产生热桥。规范建议修补后宜在取样部位挂贴标志牌加以标示。